有机化学学习指导

主　编　○　朱万仁　韦庆敏
副主编　○　谭明雄　何　军　李家贵
　　　　　　罗旭健　周　振　陶萍芳
　　　　　　梁达文

西南交通大学出版社
·成都·

内 容 简 介

本书依据高等学校有机化学教学大纲要求编写而成。考虑到学生期末复习和总复习，或者各章节不同学习阶段的需求，把本书按有机化学复习纲要、有机化学各章思考题及答案、有机化学各章基础练习题、有机化学各章习题及精解、重要有机化学人名反应、有机化合物常见增长和缩短碳链的方法、有机合成50题及精解、有机反应历程50题及精解等进行编写而成。

本书内容安排合理，编排新颖，内容丰富，有利于学生全面、综合地掌握基础有机化学知识，有利于考研学生总复习。

图书在版编目（CIP）数据

有机化学学习指导／朱万仁，韦庆敏主编．—成都：西南交通大学出版社，2017.6
ISBN 978-7-5643-5239-4

Ⅰ.①有… Ⅱ.①朱… ②韦… Ⅲ.①有机化学–师范大学–教学参考资料 Ⅳ.①O62

中国版本图书馆 CIP 数据核字（2017）第 007462 号

有机化学学习指导

主 编 朱万仁 韦庆敏

责任编辑	牛 君
封面设计	何东琳设计工作室
出版发行	西南交通大学出版社 （四川省成都市二环路北一段 111 号 西南交通大学创新大厦 21 楼）
发行部电话	028-87600564 028-87600533
邮政编码	610031
网　　址	http://www.xnjdcbs.com
印　　刷	成都中铁二局永经堂印务有限责任公司
成品尺寸	185 mm×260 mm
印　　张	28
字　　数	696 千
版　　次	2017 年 6 月第 1 版
印　　次	2017 年 6 月第 1 次
书　　号	ISBN 978-7-5643-5239-4
定　　价	58.00 元

课件咨询电话：028-87600533
图书如有印装质量问题　本社负责退换
版权所有　盗版必究　举报电话：028-87600562

前 言

　　对于化学、应用化学、化工、材料化学及相关专业的学生，想要更好地学习、把握有机化学课程的基本概念、基础知识和基本理论，必须通过必要的思考题和习题的练习，才能更好地巩固、扩展和应用所学的知识。根据有机化学教学大纲，本书主要以李景宁主编的《有机化学》的思考题与习题作为主要参考练习来编排，给出相应的参考答案；同时结合教学大纲，对要求学生掌握的基本理论、基本知识以及知识的运用等作了一些归纳总结、启发引导，以求达到帮助学生更好地掌握有机化学的基本知识和基本理论及其应用的目的。本书重在归纳、引导、启发，对于化学相关专业的学生，特别是考研的学生进行系统复习具有实际意义和帮助。

　　我们编写组全体老师共同努力，分工合作，共同商讨解决编写中遇到的系列问题。为了使学生在复习时进一步掌握有机化学的基本知识、基本理论，提高分析问题、解决问题的能力，本书中列举了重要的有机化学人名反应，归纳出常见的增长、缩短碳链的方法。特别是为了帮助学生解决复习时遇到的两大难点，即有机合成分析和反应历程的解释，我们编写了第 7 章有机合成 50 题及精解，第 8 章有机反应历程 50 题及精解，以使学生掌握有机合成和反应机理解释的基本方法，提高复习效率。这也是本书最突出的特点。

　　本书的出版得到了玉林师范学院各级领导和同仁的大力支持和鼓励，有关人员付出了辛勤劳动，在此表示真诚的谢意。

　　由于编写时间仓促，加之编者水平有限，书中不当之处在所难免，敬请同仁和广大师生指正。

编　者
2017 年 1 月

目　录

第一章　有机化学复习纲要 ··· 1
第一节　有机化合物的命名 ··· 1
一、衍生物命名 ·· 1
二、系统命名法 ·· 2
三、立体异构体的命名 ·· 4
四、多官能团化合物的命名 ·· 5
第二节　基本概念与理化性质比较 ·· 6
一、有关物理性质的问题 ·· 6
二、酸碱性的强弱问题 ·· 9
三、反应活性中间体的稳定性问题 ·· 13
四、芳香性的判断 ··· 19
五、关于立体异构问题 ··· 21
第三节　完成反应式 ··· 25
第四节　有机化学反应历程 ··· 31
一、自由基反应 ··· 31
二、亲电加成反应 ··· 33
三、亲电取代反应 ··· 35
四、消除反应 ·· 37
五、羰基的亲核加成反应 ·· 38
第五节　有机化合物的分离与鉴别 ·· 40
一、有机化合物的鉴别 ·· 40
二、有机混合物的分离、提纯 ··· 40
第六节　有机化合物的合成 ··· 41
第七节　有机化合物的结构推导 ··· 47

第二章　有机化学各章思考题及答案 ·· 50
第一章　绪　论 ··· 50
第二章　烷　烃 ··· 50
第三章　单烯烃 ··· 53
第四章　炔烃和二烯烃 ·· 55
第五章　脂环烃 ··· 57

第六章　对映异构 ··· 58
  第七章　芳　烃 ··· 62
  第八章　现代物理实验方法在有机化学中的应用 ································· 63
  第九章　卤代烃 ··· 65
  第十章　醇、酚和醚 ··· 67
  第十一章　醛、酮 ··· 71
  第十二章　羧　酸 ··· 74
  第十三章　羧酸衍生物 ··· 75
  第十四章　含氮有机化合物 ··· 78
  第十五章　含硫、含磷和含硅有机化合物 ··· 82
  第十七章　周环反应 ··· 86
  第十九章　糖类化合物 ··· 86
  第二十章　蛋白质和核酸 ··· 89

第三章　有机化学各章基础练习题 ··· 92

  第一章　绪　论 ··· 92
  第二章　烷　烃 ··· 92
  第三章　单烯烃 ··· 94
  第四章　炔烃和二烯烃 ··· 96
  第五章　脂环烃 ··· 97
  第六章　对映异构 ··· 99
  第七章　芳　烃 ··· 102
  第八章　现代物理实验方法在有机化学中的应用 ································· 104
  第九章　卤代烃 ··· 105
  第十章　醇、酚和醚 ··· 107
  第十一章　醛、酮 ··· 110
  第十二章　羧　酸 ··· 113
  第十三章　羧酸衍生物 ··· 116
  第十四章　含氮有机化合物 ··· 117
  第十五章　含硫、含磷和含硅有机化合物 ··· 120
  第十七章　周环反应 ··· 121
  第十八章　杂环化合物 ··· 122
  第十九章　糖类化合物 ··· 124
  第二十章　蛋白质和核酸 ··· 126

第四章　有机化学各章习题及精解 ··· 128

  第一章　绪　论 ··· 128
  第二章　烷　烃 ··· 129
  第三章　单烯烃 ··· 134

第四章　炔烃和二烯烃 ………………………………………………………………… 141

　　第五章　脂环烃 …………………………………………………………………………… 149

　　第六章　对映异构 ………………………………………………………………………… 153

　　第七章　芳　烃 …………………………………………………………………………… 165

　　第八章　现代物理实验方法在有机化学中的应用 ……………………………………… 176

　　第九章　卤代烃 …………………………………………………………………………… 185

　　第十章　醇、酚和醚 ……………………………………………………………………… 200

　　第十一章　醛、酮 ………………………………………………………………………… 216

　　第十二章　羧　酸 ………………………………………………………………………… 230

　　第十三章　羧酸衍生物 …………………………………………………………………… 234

　　第十四章　含氮有机化合物 ……………………………………………………………… 239

　　第十五章　含硫、含磷和含硅有机化合物 ……………………………………………… 252

　　第十六章　过渡金属π配合物及其在有机合成中的应用 ……………………………… 256

　　第十七章　周环反应 ……………………………………………………………………… 259

　　第十八章　杂环化合物 …………………………………………………………………… 263

　　第十九章　糖类化合物 …………………………………………………………………… 270

　　第二十章　蛋白质和核酸 ………………………………………………………………… 280

　　第二十一章　萜类和甾族化合物 ………………………………………………………… 284

第五章　重要有机化学人名反应 ………………………………………………………… 289

Arbuzov 反应 ………………………………………………………………………………… 289

Arndt-Eister 反应 …………………………………………………………………………… 290

Baeyer-Villiger 氧化 ………………………………………………………………………… 291

Beckmann 重排 ……………………………………………………………………………… 293

Birch 还原 …………………………………………………………………………………… 294

Bucherer 反应 ………………………………………………………………………………… 295

Cannizzaro 反应 ……………………………………………………………………………… 296

Chichibabin 反应 …………………………………………………………………………… 298

Claisen 重排 ………………………………………………………………………………… 299

Claisen 酯缩合反应 ………………………………………………………………………… 301

Claisen-Schmidt 反应 ……………………………………………………………………… 303

Clemmensen 还原 …………………………………………………………………………… 303

Combes 合成法 ……………………………………………………………………………… 304

Cope 重排 …………………………………………………………………………………… 305

Cope 消除反应 ……………………………………………………………………………… 306

Curtius 反应 ………………………………………………………………………………… 308

Dakin 反应 …………………………………………………………………………………… 308

Darzens 反应 ………………………………………………………………………………… 310

Demjanov 重排 ……………………………………………………………………………… 311

Dieckmann 缩合反应	312
Diels-Alder 反应	313
Elbs 反应	316
Eschweiler-Clarke 反应	317
Favorskii 反应	318
Favorskii 重排	318
Friedel-Crafts 烷基化反应	319
Friedel-Crafts 酰基化反应	321
Fries 重排	322
Gabriel 合成法	323
Gattermann 反应	324
Gattermann-Koch 反应	325
Gomberg-Bachmann 反应	326
Hantzsch 合成法	326
Haworth 反应	327
Hell-Volhard-Zelinski 反应	328
Hinsberg 反应	329
Hofmann 烷基化	330
Hofmann 消除反应	331
Hofmann 重排（降解）	331
Houben-Hoesch 反应	332
Hunsdiecker 反应	333
Kiliani 氰化增碳法	334
Knoevenagel 反应	334
Knorr 反应	335
Koble 反应	336
Koble-Schmitt 反应	336
Leuckart 反应	337
Lossen 反应	338
Mannich 反应	340
Meerwein-Ponndorf 反应	341
Michael 加成反应	341
Norrish Ⅰ和Ⅱ型裂解反应	342
Oppenauer 氧化	343
Paal-Knorr 反应	344
Pictet-Spengler 合成法	345
Pschorr 反应	346
Reformatsky 反应	347
Reimer-Tiemann 反应	348

Reppe 合成法	349
Robinson 缩环反应	350
Robinson 还原反应	351
Ruff 递降反应	351
Sandmeyer 反应	352
Schiemann 反应	352
Schmidt 反应	353
Skraup 合成法	355
Sommelet 合成法	356
Stephen 还原	358
Stevens 重排	358
Strecker 氨基酸合成法	359
Tiffeneau-Demjanov 重排	360
Ullmann 反应	361
Vilsmeier 反应	362
Wagner-Meerwein 重排	363
Wacker 反应	365
Williamson 合成法	365
Wittig 反应	366
Wohl 递降反应	367
Zeisel 甲氧基测定法	368

第六章 有机化合物常见增长和缩短碳链的方法 369

第一节 增长碳链的方法 369
　一、增加一个碳原子的常见方法 369
　二、增加两个碳原子的常见方法 373
　三、增加三个碳原子的常见方法 375
　四、增加四个碳原子的常见方法 377
　五、碳链倍增法 377

第二节 缩短碳链的方法 378
　一、减少一个碳原子的常见方法 378
　二、烯烃通过氧化断键减去一个及多个碳的方法 379

第七章 有机合成 50 题及精解 381

第八章 有机反应历程 50 题及精解 415

参考文献 437

第一章　有机化学复习纲要

有机化学的内容多，知识面广，要进行全面的复习，需要的时间比较长，尤其是按照章节依次进行全面复习。为了提高复习效率，提出以下复习方案。复习方案主要按照知识的系统性进行编排，把有机化学知识体系分为七大板块。

第一节　有机化合物的命名

一、衍生物命名

常用官能团优先次序：—COOH、—SO$_3$H、—COOR、—COCl、—CONH$_2$、—CN、—CH=O（—C=O）、—OH、—SH、—NH$_2$、C≡C、C=C、—OR、—R、—X、—NO$_2$（—OR、—X、—NO$_2$常做取代基）。

要点：

（1）每类化合物以最简单的一个化合物为母体，将其余部分作为取代基来命名。

（2）选择结构中级数最高或对称性最好的碳原子为母体碳原子。

例如：

（1）$CH_3CH-\underset{\underset{CH_3}{|}}{\overset{\overset{CH_3}{|}}{C}}-CH_2CH_3$
　　二甲基正丙基异丙基甲烷

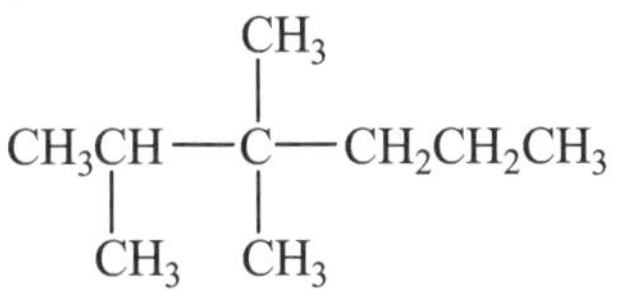

（2）$CH_3-\underset{\underset{CH_3}{|}}{\overset{\overset{CH_3}{|}}{C}}-CH_2-\underset{\underset{CH_3}{|}}{\overset{\overset{CH_3}{|}}{C}}-CH_3$
　　二叔丁基甲烷

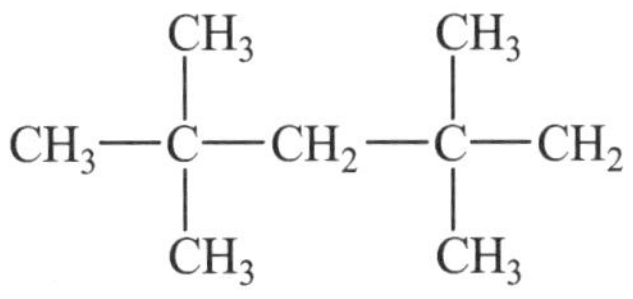

（3）$\underset{CH_3CH_2}{\overset{CH_3}{>}}C=CH_2$
　　不对称甲基乙基乙烯

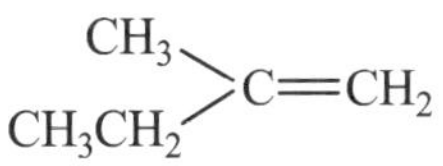

（4）$CH_3CH_2-CH=CH-CH(CH_3)_2$
　　对称乙基异丙基乙烯

注意：两个取代基与同一个双键碳原子相连，统称为"不对称"；取代基分别与两个双键碳原子相连，统称为"对称"。显然，冠以"对称"或"不对称"与取代基是否相同无关。

练 习

用衍生物命名法命名下列化合物：

（1）HC≡C—CH=CH$_2$ （2）C$_6$H$_5$—CO—C$_6$H$_5$ （3）C$_6$H$_5$—C(OH)(C$_6$H$_5$)—C$_6$H$_5$

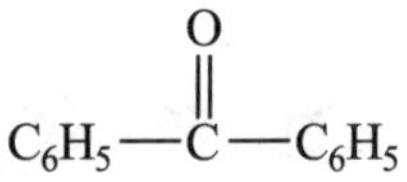

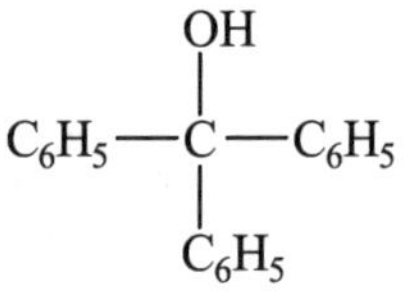

二、系统命名法

系统命名的基本方法是：选择主要官能团→确定主链位次→排列取代基顺序→写出化合物全称。

要点：

1. 最低系列

当碳链以不同方向编号，得到两种或两种以上不同的编号序列时，顺次逐项比较各序列的不同位次，首先遇到位次最小者，定为"最低系列"。

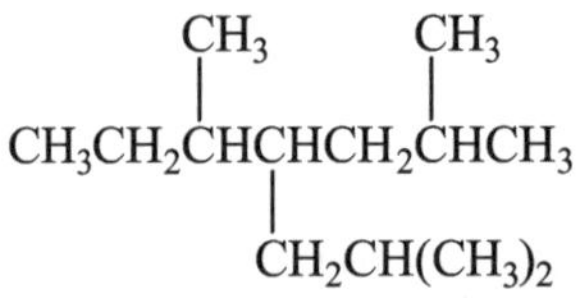

$$CH_3CH_2CH(CH_3)CHCH_2CH(CH_3)CH_3$$
$$|$$
$$CH_2CH(CH_3)_2$$

2,5-二甲基-4-异丁基庚烷

2. 优先基团后列出

当主碳链上有多个取代基时，命名时这些基团的列出顺序遵循"较优基团后列出"的原则，较优基团的确定依据是"次序规则"。

例如：两条等长碳链，选择连有取代基多的为主链。

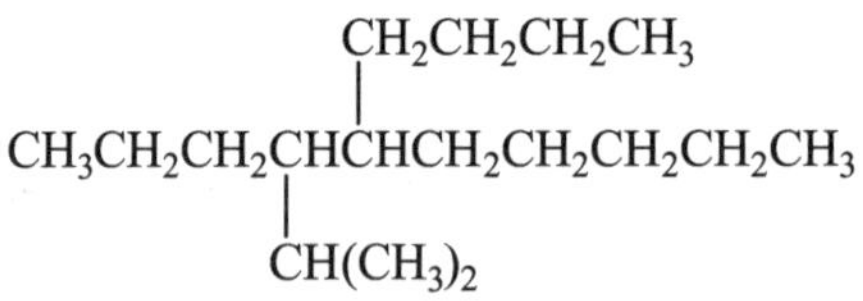

$$CH_3CH_2CH_2CHCHCH_2CH_2CH_2CH_3$$
$$|\qquad|$$
$$CH(CH_3)_2\ CH_2CH_2CH_3$$

5-丁基-4-异丙基癸烷

注意：异丙基优先于正丁基。

3. 分子中同时含双、三键化合物

（1）双、三键处于不同位次——取双、三键具有最小位次的编号。

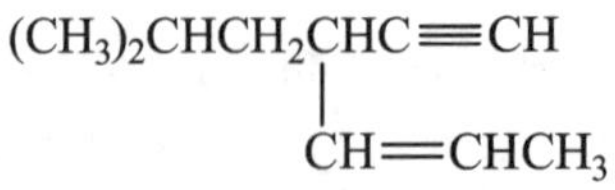

$$(CH_3)_2CHCH_2CHC≡CH$$
$$|$$
$$CH=CHCH_3$$

3-异丁基-4-己烯-1-炔

（2）双、三键处于相同的位次，选择双键具有最低位次的编号。

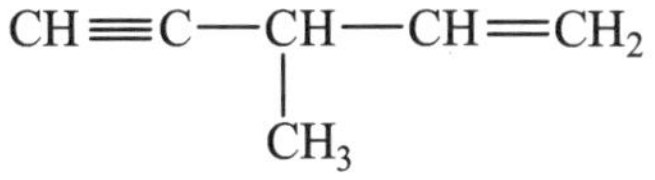

$$CH\equiv C-CH-CH=CH_2$$
$$\qquad\qquad |$$
$$\qquad\qquad CH_3$$

3-甲基-1-戊烯-4-炔

练 习

用系统命名法命名下列化合物：

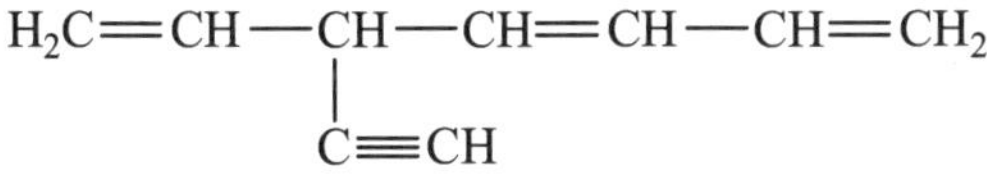

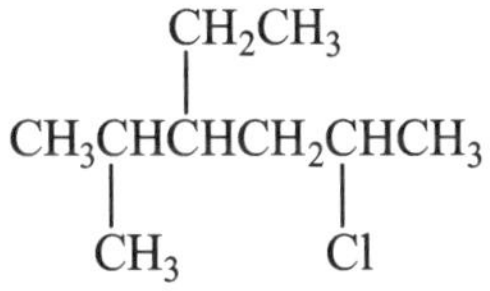

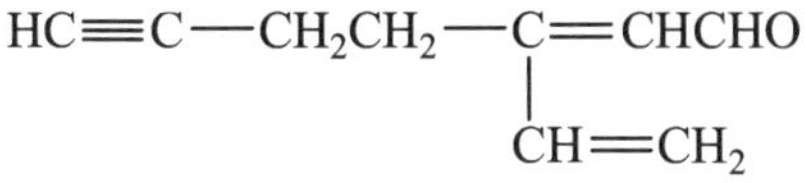

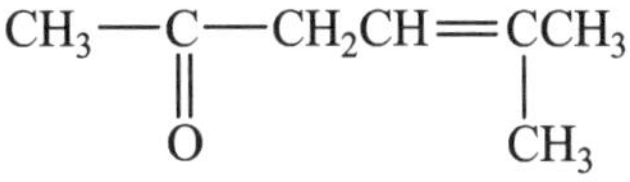

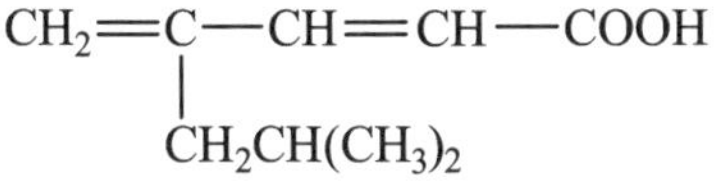

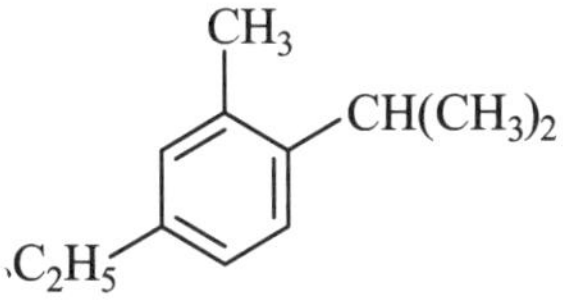

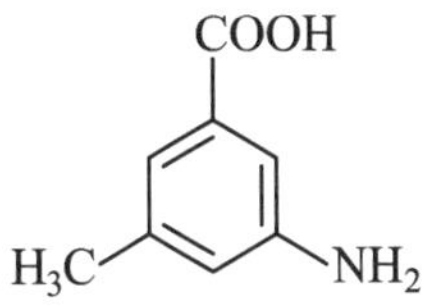

$$H_2C=CH-CH-CH-CH-CH=CH_2$$
$$\qquad\qquad\quad |$$
$$\qquad\qquad\quad C\equiv CH$$

$$\begin{array}{c} \quad\quad\quad CH_2CH_3 \\ CH_3CHCHCH_2CHCH_3 \\ \quad | \quad\quad\quad\quad | \\ \quad CH_3 \quad\quad\quad Cl \end{array}$$

$$HC\equiv C-CH_2CH_2-C=CHCHO$$
$$\qquad\qquad\qquad\qquad |$$
$$\qquad\qquad\qquad\qquad CH=CH_2$$

$$CH_3-C-CH_2CH=CHCH_3$$
$$\qquad\parallel\qquad\qquad\qquad |$$
$$\qquad O\qquad\qquad\qquad CH_3$$

$$CH_2=C-CH=CH-COOH$$
$$\qquad\quad |$$
$$\qquad\quad CH_2CH(CH_3)_2$$

4. 桥环与螺环化合物

（1）编号从桥头碳开始，经最长桥→次长桥→最短桥。

1,8,8-三甲基二环[3.2.1]-6-辛烯

（2）最长桥与次长桥等长时，从靠近官能团的桥头碳开始编号。

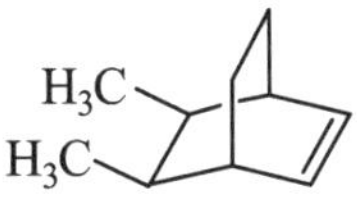

5,6-二甲基二环[2.2.2]-2-辛烯

（3）最短桥上没有桥原子时应以"0"计。

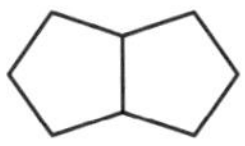

二环[3.3.0]辛烷

（4）螺环烃编号总是从与螺原子邻接的小环开始。

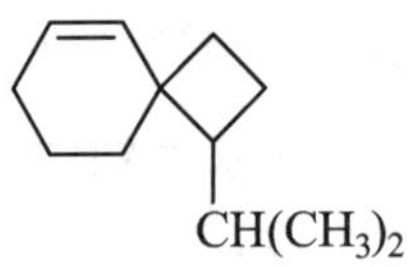

1-异丙基螺[3.5]-5-壬烯

三、立体异构体的命名

1. Z/E 法

该法用于所有顺反异构体。按"次序规则"，两个"优先"基团在双键同侧的构型为 Z 型；反之，为 E 型。

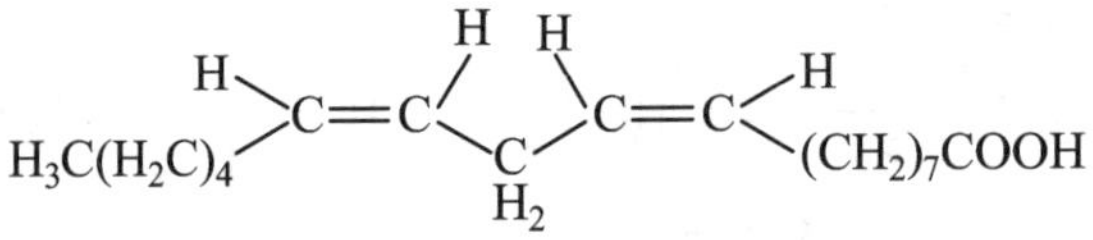

(9Z, 12Z)-9, 12-十八碳二烯酸

顺/反和 Z/E 这两种标记方法，在大多数情况下是一致的，即顺式即为 Z 式，反式即为 E 式。但两者有时是不一致的，如：

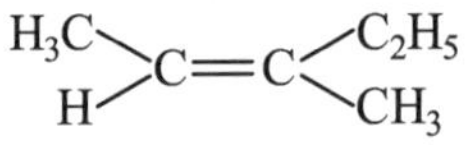

反-3-甲基-2-戊烯
(Z)-3-甲基-2-戊烯

对于多烯烃的标记要注意：在遵守"双键的位次尽可能小"的原则下，若还可选择的话，编号由 Z 型双键一端开始（即 Z 优先于 E）。

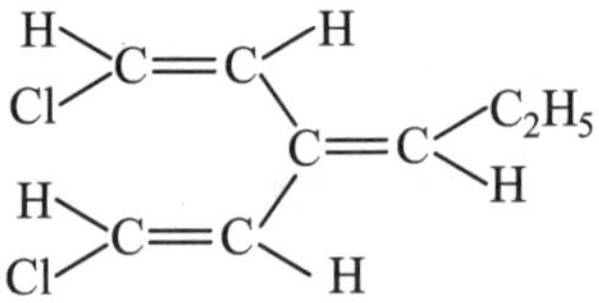

3-(E-2-氯乙烯基)-(1Z, 3Z)-1-氯-1, 3-己二烯

2. R/S 法

该法是将最小基团放在远离观察者的位置，再看其他三个基团，按次序规则由大到小的顺序，若为顺时针，则构型为 R；反之为 S。

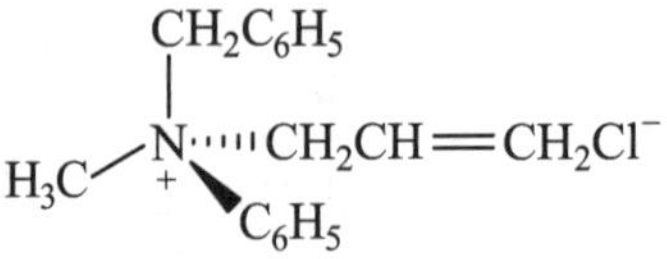

(R)-氯化甲基烯丙基苄基苯基铵

如果给出的是 Fischer 投影式，其构型的判断注意把握：投影式里"横前竖后"（横着排列的键排在前排，竖起来的键排在后排）。

可以借助手做模型，最小的基团放在手臂上，按照"横前竖后"的要求，首先对号入座，然后把手拿出来，指尖对着眼睛观看。顺时针者为 *R*；反之，则为 *S*。

(*S*)-2-羟基-2-溴丙醇   (*R*)-2-羟基-2-溴丙醇   (2*R*, 3*Z*)-3-戊烯-2-醇

(2*Z*, 4*R*, 1′*S*)-4-甲基-3-(1-甲基丙基)-2-己烯

注意：两个相同手性碳，*R* 优先于 *S*。

3. 桥环化合物内/外型的标记

桥上的原子或基团与主桥在同侧为外型（*exo-*）；在异侧为内型（*endo-*）。
主桥的确定：

桥含杂原子   桥含较少原子   饱和的桥

此外，主桥的确定还可根据：桥所带的取代基数目少；桥所带的取代基按"次序规则"排序较小。

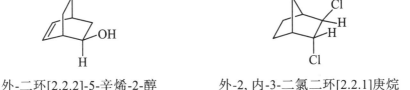

外-二环[2.2.2]-5-辛烯-2-醇   外-2,内-3-二氯二环[2.2.1]庚烷

四、多官能团化合物的命名

当分子中含有两种或两种以上官能团时，其命名遵循官能团优先次序、最低系列和次序规则。

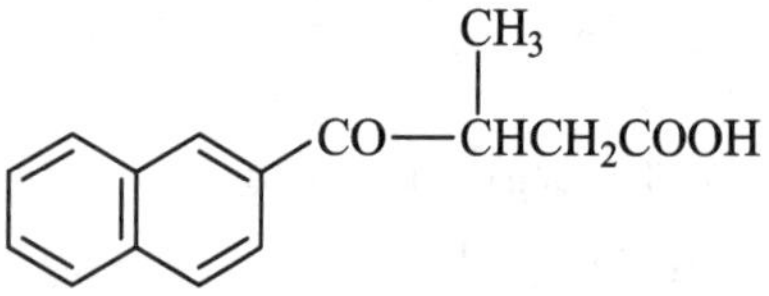

$$\underset{\text{3-(2-萘甲酰基)丁酸}}{\text{[naphthyl]}-CO-CH(CH_3)-CH_2COOH} \qquad \underset{N,N\text{-二乙氨基甲酸异丙酯}}{(CH_3CH_2)_2N-CO-OCH(CH_3)_2}$$

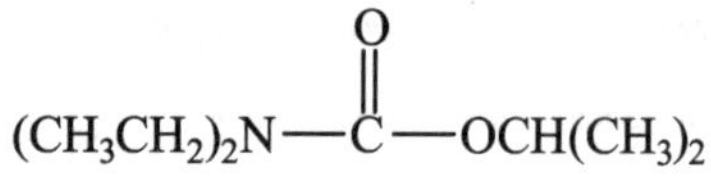

练 习

用系统命名法命名下列化合物：

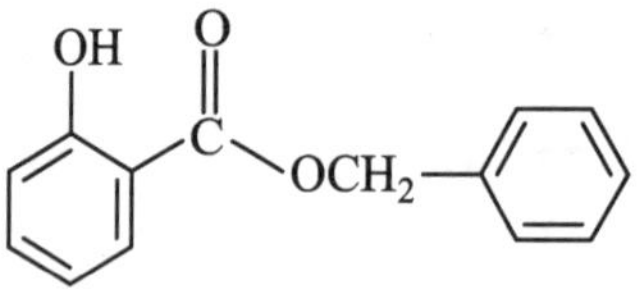

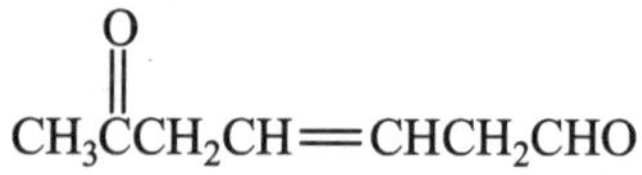

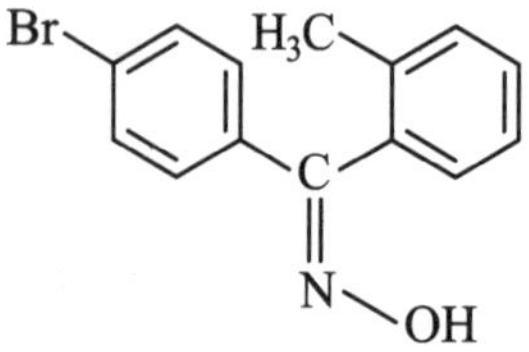

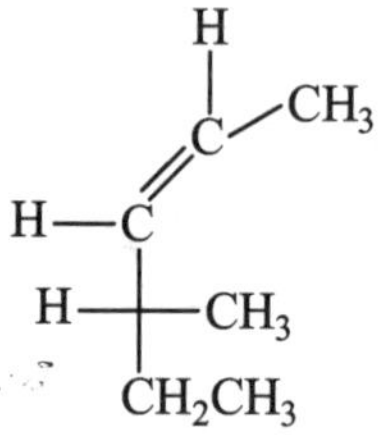

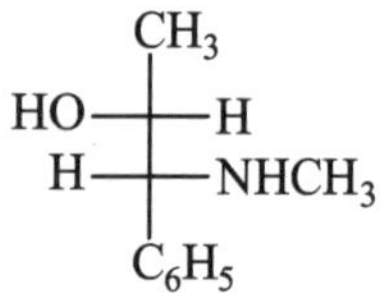

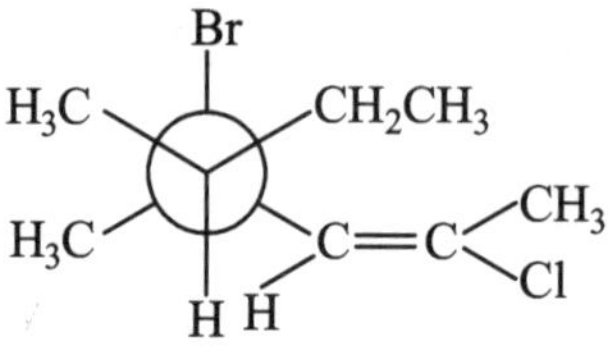

第二节 基本概念与理化性质比较

有机化学中的基本概念内容广泛，很难规定一个确切的范围。这里所说的基本概念主要是指有机化学的结构理论及理化性能方面的问题，如化合物的物理性质，共价键的基本属性，电子理论中诱导效应和共轭效应，分子的手性、酸碱性、芳香性、稳定性、中间体、反应活性，亲电反应，亲核反应等。

这类试题的形式也很灵活，有选择、填空、回答问题、计算等。

一、有关物理性质的问题

1. 沸点与分子结构的关系

化合物沸点的高低，主要取决于分子间引力的大小，分子间引力越大，沸点就越高。而分子间引力的大小受分子的偶极矩、极化度、氢键等因素的影响。化合物的沸点与结构的关系有如下规律：

（1）在同系物中，分子的分子量增加，沸点升高；直链烃的沸点＞支链异构体，支链越多，沸点越低。

	$CH_3CH_2CH_3$	$CH_3CH_2CH_2CH_3$	$CH_3CHCH_2CH_3$ $\quad\;\,\mid$ $\quad\;\,CH_3$	$H_3C-\underset{\underset{CH_3}{\mid}}{\overset{\overset{CH_3}{\mid}}{C}}-CH_3$
沸点/℃：	−0.5	36.1	27.9	9.5

（2）含极性基团的化合物（如醇、卤代物、硝基化合物等）偶极矩增大，比母体烃类化合物沸点高。同分异构体的沸点一般是：伯异构体＞仲异构体＞叔异构体。

	$CH_3CH_2CH_2CH_3$	$CH_3CH_2CH_2Cl$	$CH_3CH_2CH_2NO_2$
沸点/℃	−0.5	78.4	153

	$CH_3CH_2CH_2CH_2OH$	$CH_3CHCH_2CH_3$ $\quad\;\,\mid$ $\quad\;\,OH$	$H_3C-\underset{\underset{OH}{\mid}}{\overset{\overset{CH_3}{\mid}}{C}}-CH_3$
沸点/℃	117.7	99.5	82.5

（3）分子中引入能形成缔合氢键的原子或原子团时，则沸点显著升高，且该基团越多，沸点越高。

	$CH_3CH_2CH_3$	$CH_3CH_2CH_2OH$	$CH_2CH_2CH_2$ $\,\mid\quad\quad\;\,\mid$ $OH\quad\;\;OH$	$CH_2-CH-CH_2$ $\,\mid\quad\quad\mid\quad\quad\mid$ $OH\;\;OH\;\;OH$
沸点/℃：	−45	97	216	290

	CH_3CH_2OH	$CH_3CH_2OCH_2CH_3$	CH_3COOH	$CH_3COOC_2H_5$
沸点/℃	78	34.6	118	77

形成分子间氢键的比形成分子内氢键的沸点高。

沸点/℃：	279	215

（4）在顺反异构体中，一般顺式异构体的沸点高于反式。

沸点/°C:　　　　　60.1　　　　　　48　　　　　　37　　　　　　29

2. 熔点与分子结构的关系

熔点的高低取决于晶格引力的大小，晶格引力越大，熔点越高。而晶格引力的大小主要由分子间作用力的性质、分子的结构和形状以及晶格的类型所决定。

晶格引力：以离子间的电性吸引力最大，偶极分子间的吸引力与分子间的缔合次之，非极性分子间的色散力最小。因此，化合物的熔点与其结构的关系通常有以下规律：

（1）以离子为晶格单位的无机盐、有机盐或能形成内盐的氨基酸等都有很高的熔点。

（2）在分子中引入极性基团，偶极矩增大，熔点、沸点都升高，故极性化合物比分子量接近的非极性化合物的熔点高。但在羟基上引入烃基时，熔点降低。

熔点/°C:　　　　　5.4　　　　　　41.8　　　　　　105　　　　　　32

（3）能形成分子间氢键的比形成分子内氢键的熔点高。

熔点/°C:　　　116　　　　　-7　　　　　109　　　　　28　　　　　213　　　　　159

（4）同系物中，熔点随分子的分子量增大而升高，且分子结构越对称，其排列越整齐，晶格间引力越大，熔点越高。

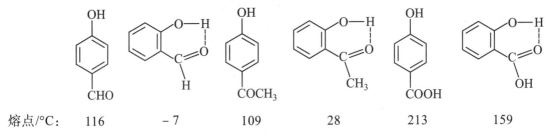

熔点/°C:　　　　　10.4　　　　　　-56.8

3. 溶解度与分子结构的关系

有机化合物的溶解度与分子的结构及所含的官能团有密切的关系，可用"相似相溶"的经验规律判断。

（1）一般离子型的有机化合物易溶于水，如有机酸盐、胺的盐类。

（2）能与水形成氢键的极性化合物易溶于水，如单官能团的醇、醛、酮、胺等化合物，其中直链烃基 < 4 个碳原子，支链烃基 < 5 个碳原子的一般都溶于水，且随碳原子数的增加，在水中的溶解度逐渐减小。例如：

$$CH_3OH \quad C_2H_5OH \quad CH_3CH_2CH_2OH \quad CH_3CH_2CH_2CH_2OH$$

三个碳以下的醇可与水以任意比例混溶，丁醇只溶 7.9%。

（3）能形成分子内氢键的化合物在水中的溶解度减小。如水杨醛、邻硝基苯酚等。

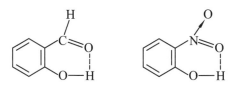

注意：一些易水解的化合物，遇水水解也溶于水，如酰卤、酸酐等。

（4）一般碱性化合物可溶于酸，如有机胺可溶于盐酸。含氧化合物可与浓硫酸作用生成盐，而溶于过量的浓硫酸中。乙醚溶于浓硫酸。

$$CH_3CH_2OCH_2CH_3 + H_2SO_4 \longrightarrow CH_3CH_2\overset{+}{\underset{H}{O}}CH_2CH_3$$

（5）一般酸性有机化合物可溶于碱，如羧酸、酚、磺酸等可溶于 NaOH 中。

二、酸碱性的强弱问题

化合物酸碱性的强弱主要受其结构的电子效应、杂化、氢键、空间效应和溶剂的影响。

（一）羧酸的酸性

1. 脂肪族羧酸

连有 $-I$ 效应的原子或基团，酸性增强；连有 $+I$ 效应的原子或基团，使酸性减弱。

$$O_2NCH_2COOH > FCH_2COOH > ClCH_2COOH > BrCH_2COOH > ICH_2COOH$$

pK_a　　　1.23　　　　2.66　　　　2.86　　　　2.90　　　　3.16

可见 $-I$ 效应上升，酸性增强。

$$Cl_3CCOOH > Cl_2CHCOOH > ClCH_2COOH > CH_3COOH$$

pK_a　　　0.65　　　　1.29　　　　2.66　　　　4.76

可见，诱导效应具有加和性，诱导效应与距离成反比。

$$\underset{\underset{\text{Cl}}{|}}{\text{CH}_3\text{CH}_2\text{CHCOOH}} > \underset{\underset{\text{Cl}}{|}}{\text{CH}_3\text{CHCH}_2\text{COOH}} > \underset{\underset{\text{Cl}}{|}}{\text{CH}_2\text{CH}_2\text{CH}_2\text{COOH}} > \text{CH}_3\text{CH}_2\text{CH}_2\text{COOH}$$

pK_a　　　　2.84　　　　　　　　4.06　　　　　　　　　4.52　　　　　　　　　4.82

2. 芳香族羧酸

芳环上的取代基对芳香酸酸性的影响要复杂得多。一般来说，在芳环上引入吸电子基团，使酸性增强；引入供电子基团使酸性减弱。而且，酸性强弱还与基团所连接的位置有关。

（1）对位取代芳香酸的酸性同时受诱导效应和共轭效应的影响。

（结构式：对-NO$_2$-C$_6$H$_4$-COOH > 对-Cl-C$_6$H$_4$-COOH > C$_6$H$_5$-COOH > 对-CH$_3$O-C$_6$H$_4$-COOH）

　　　　　　　　　－I、－C 效应　　　－I > ＋C　　　　　　　　　＋C > －I

pK_a　　　　　　3.42　　　　　　　3.99　　　　　　4.20　　　　　　4.47

（2）间位取代芳香酸的酸性，因共轭效应受阻，主要受诱导效应的影响。

（结构式：间-NO$_2$ > 间-Cl > 间-OH > 间-OCH$_3$ > 苯甲酸）

－I 效应　　　　　－I　　　　　　－I　　　　　　－I　　　　　　－I

pK_a　　　　　　3.45　　　　　　3.83　　　　　　4.08　　　　　　4.09　　　　　　4.20

（3）邻位取代芳香酸的酸性都比苯甲酸的酸性强，这主要是电子效应和空间效应综合影响的结果。由于邻位取代基的空间效应使苯环与羧基难以形成共平面，难以产生共轭效应（苯环与羧基共轭时，苯环具有＋C 效应）；另一方面，邻位取代基与羧基的距离较近，－I 效应的影响较大，故酸性增强。

（结构式：邻-NO$_2$ > 对-NO$_2$ > 间-NO$_2$ > 邻-OCH$_3$ > 间-OCH$_3$ > 对-OCH$_3$）

pK_a　　　　2.17　　　　　3.42　　　　　3.45　　　　　4.09　　　　　4.09　　　　　4.47

有的邻位基团能与羧基形成氢键，使羧基上的氢更易解离，因此表现出更强的酸性。

（二）醇的酸性

醇在水溶液中的酸性次序为：

	H₂O	CH₃OH	CH₃CH₂OH	(CH₃)₂CHOH	(CH₃)₃COH
pK_a	15.7	16	17	18	19

这种现象可用溶剂效应来解释，以水和叔丁醇为例：水的共轭碱氢氧根离子能很好地被水溶剂化，因而较稳定；但叔丁醇的共轭碱(CH₃)₃CO⁻则因空间位阻较大难以被水溶剂化，所以不稳定。若在气相中，因不存在溶剂化效应，其酸性的强弱次序刚好相反。

如果在醇分子中引入具有 −I 效应的原子或基团，其酸性将明显增强。

	CH₃CH₂OH	N≡CCH₂OH
pK_a	17	5.6

烯醇类化合物的酸性比醇类化合物强得多。这是因为羟基氧原子的未共用电子对与双键发生共轭作用，从而降低了氧原子上的电子云密度，使 O—H 键的极性增强。

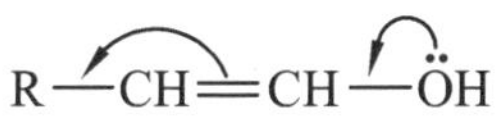

$$R-CH=CH-\ddot{O}H$$

若 R 原子团中含有双键，特别是含羰基并与双键共轭时，其酸性明显增强。

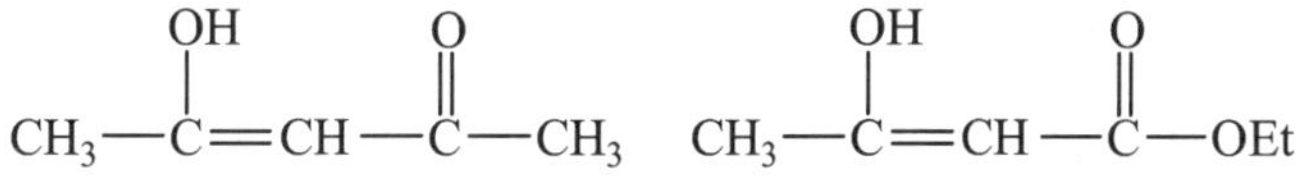

	CH₃−C(OH)=CH−C(O)−CH₃	CH₃−C(OH)=CH−C(O)−OEt
pK_a	9	11

（三）酚的酸性

酚的酸性比醇强，但比羧酸弱。

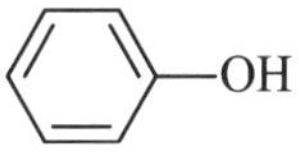

	CH₃COOH	C₆H₅OH	CH₃CH₂OH
pK_a	4.76	9.98	17

取代酚的酸性取决于取代基的性质和取代基在苯环上所处的位置。

苯环上连有 −I、−C 基团，酚的酸性增强；连有 +I、+C 基团，酸性减弱。

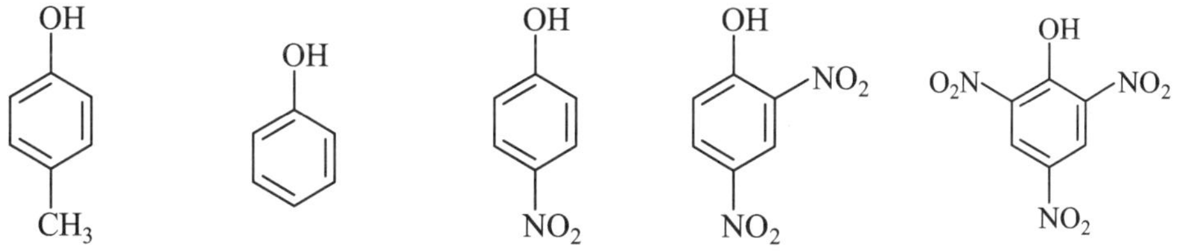

	对甲苯酚	苯酚	对硝基苯酚	2,4-二硝基苯酚	2,4,6-三硝基苯酚
pK_a	10.26	10.0	7.15	4.09	0.25

取代酚的酸性不仅与取代基的电子效应有关，还与空间效应有关。

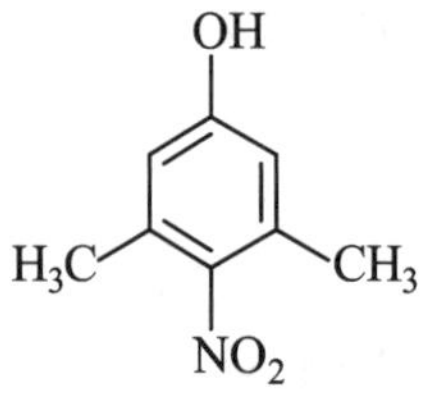

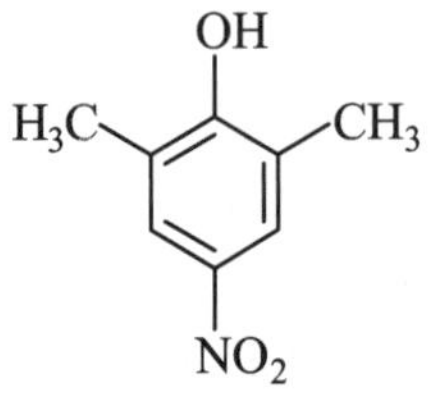

	3,5-二甲基-4-硝基苯酚	2,6-二甲基-4-硝基苯酚
pK_a	8.24	7.16

这是由于在 3,5-二甲基-4-硝基苯酚中，3,5 位两个甲基的空间效应，使苯环与硝基不能处在一个平面上，苯环与硝基的共轭效应遭到破坏，即硝基的 $-C$ 效应减弱。

（四）烃类的酸性

烷烃的酸性比 NH_3 弱。

	CH_3CH_3	$CH_2=CH_2$	$CH\equiv CH$
pK_a	40	36.5	25

其原因在于碳原子的杂化状态不同（电负性：$sp > sp^2 > sp^3$）。

烷基苯的酸性比饱和烃的酸性强。

	Ph_3CH	Ph_2CH_2	$PhCH_3$	CH_4
pK_a	31.5	33.5	35	40

这可由其失去质子的共轭碱来判断。

稳定性：$Ph_3C^- \quad Ph_2CH^- \quad PhCH_2^-$ 依次降低

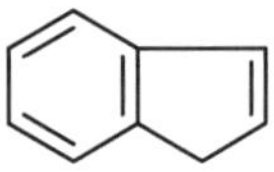

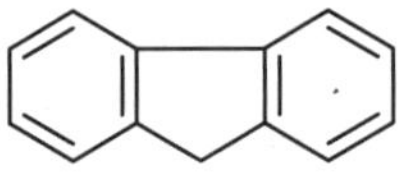

	环戊二烯	茚	芴
pK_a	16	20	23

失去质子后形成的环戊二烯负离子，因其具有芳香性，酸性增强。

（五）胺的碱性

1. 脂肪胺的碱性

在气相或不能形成氢键的溶剂中，其碱性只考虑电子效应，但在水溶液中：

$$(CH_3)_2NH > CH_3NH_2 > (CH_3)_3N > NH_3$$

| pK_b | 3.27 | 3.38 | 4.21 | 4.76 |

胺在水溶液中的碱性是电子效应、溶剂化效应和空间效应综合影响的结果。

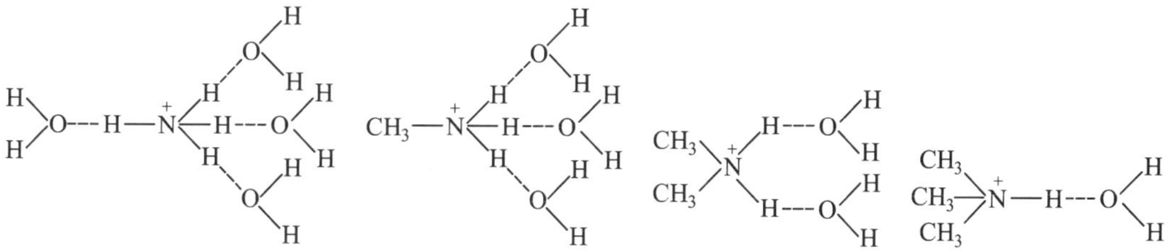

胺分子中连有—Cl、—NO_2等吸电子基团时，其碱性减弱。

2. 芳胺的碱性

在水溶液中芳胺的碱性比 NH_3 弱。芳胺碱性的强弱次序为：

$$PhNH_2 > Ph_2NH > Ph_3N$$

取代芳胺的碱性强弱与取代基的性质和在苯环上的位置有关。当苯环上连有供电子基团时，碱性增强；连有吸电子基团时，碱性减弱。

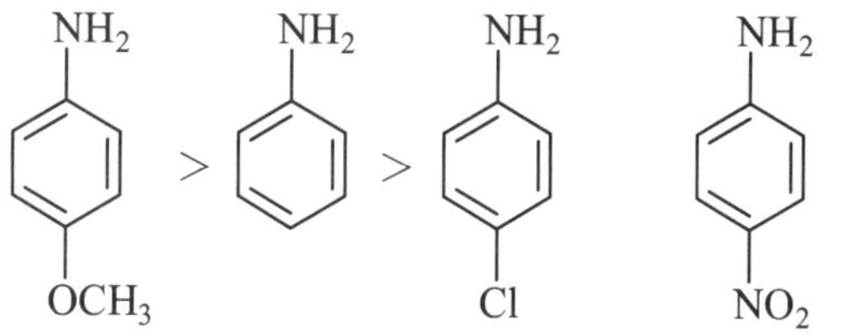

	$+C>-I$		$-I>+C$	$-I$、$-C$
pK_b	8.71	9.38	10.54	13.02

碱性：脂肪胺 > NH_3 > 芳胺

三、反应活性中间体的稳定性问题

（一）电子效应的影响

取代基的电子效应包括诱导效应和共轭效应。它们将对活性中间体——碳正离子、碳负离子和碳自由基的稳定性产生影响 。凡能使电荷分散的因素，都将使中间体的稳定性增强。

1. 碳正离子或碳自由基（中心碳原子均为 sp^2 杂化）

A. 　　B. $\overset{+}{C}H_3$　　C. 　　D. $CH_3\overset{+}{C}HCH_3$

σ-p 超共轭　　p-π 共轭　　σ-p 超共轭

$$C > D > A > B$$

A. 　　B. 　　C. $CH_3CH{=}CH\overset{+}{C}H_2$　　D. $CH_3\overset{+}{C}HCH_2CH_3$

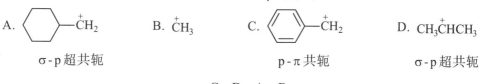

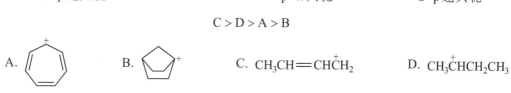

有芳香性	难伸展成平面	共轭和 σ-p 超共轭	σ-p 超共轭

A > C > D > B

A. Ph₃C·　　　　B. (CH₃)₃C·　　　　C. CH₃ĊHCH₃　　　　D. CH₃CH=ĊH
　3° 自由基　　　　3° 自由基　　　　　2° 自由基　　　　　乙烯型自由基

A > B > C > D

2. 碳负离子

中心碳原子的杂化方式：

中心碳原子与　　　　　　　　　烷基碳负离子
π 键或苯环连接

中心碳原子杂化方式不同：杂化轨道的 s 成分增加，生成的碳负离子稳定性增大。

$$HC\equiv C^- > CH_2=CH^- > CH_3CH_2^-$$

（1）诱导效应：中心碳原子连有强吸电子基时，碳负离子的稳定性增加。

$$(F_3C)_3C^- > F_3C^- > CH_3^-$$

中心碳原子连有供电子基时，碳负离子的稳定性降低。

$$CH_3^- > RCH_2^- > R_2CH^- > R_3C^-$$

（2）共轭效应：中心碳原子与 π 键直接相连时，其未共用电子对因与 π 键共轭而离域，从而使碳负离子的稳定性增加。

$$(C_6H_5)_3C^- > (C_6H_5)_2CH^- > C_6H_5CH_2^-$$

$$\underset{CH_3}{\overset{^-CH_2}{>}}C=O < {^-CH}\underset{COOEt}{\overset{COOEt}{<}} < {^-CH}\underset{COOEt}{\overset{COOCH_3}{<}} < {^-CH}\underset{COCH_3}{\overset{COCH_3}{}}$$

（二）化学反应速率

1. 自由基取代反应

反应的难易程度取决于活性中间体烃基自由基的稳定性，烃基自由基越稳定，其反应速率越快。

A. (CH₃)₃CH ⇒ (CH₃)₃C·　　B. CH₄ ⇒ CH₃·　　C. CH₃CH₃ ⇒ CH₃CH₂·　　D. (CH₃)₂CH₂ ⇒ (CH₃)₂CH·

A > D > C > B

2. 亲电加成反应

亲电加成反应的反应速率取决于碳碳不饱和键电子云密度的大小，电子云密度越大，反应速率越快。

烯烃双键碳原子上连有供电子基时，反应活性增大，反应速率加快；反之，反应速率减慢。

A. $(CH_3)_2CH{=}CH(CH_3)_2$　　B. $CH_2{=}CHCOOH$　　C. $CH_2{=}CHCH_3$

$$A > C > B$$

HX 与烯烃发生亲电加成反应，其反应速率取决于 HX 离解的难易程度。

$$HI > HBr > HCl$$

3. 亲电取代反应

芳香族化合物亲电取代反应的反应速率取决于芳环上电子云密度的大小。当芳环上连有供电子基（除卤素外的第一类定位基）时，芳环上的电子云密度增大，反应速率加快；连有吸电子基（卤素和第二类定位基）时，芳环上的电子云密度减小，反应速率减慢。

A.
第一类（例外）

B.
第二类（强）

C.

D.
第一类

E.
第二类（弱）

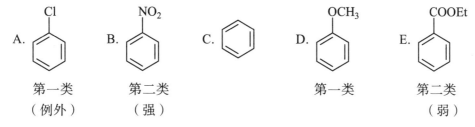

$$D > C > A > E > B$$

4. 亲核取代反应

（1）烃基结构

S_N1 反应——电子效应是影响反应速率的主要因素。凡有利于碳正离子生成，并能使之稳定的因素均可加速 S_N1 反应。

卤代烃发生 S_N1 反应的活泼顺序是：

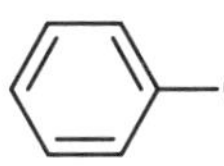

 $—CH_2X \sim R_3C—X > R_2CH—X > RCH_2—X > CH_3—X$

A. $CH_3CH{=}CHCH_2Cl$　烯丙型卤

B. $CH_3\underset{|\atop Cl}{C}HCH_2CH_3$　2° RX

C. $CH_3CH_2CH_2CH_2Cl$　1° RX

D. $CH_3CH_2CH{=}CHCl$　乙烯型卤

$$A > B > C > D$$

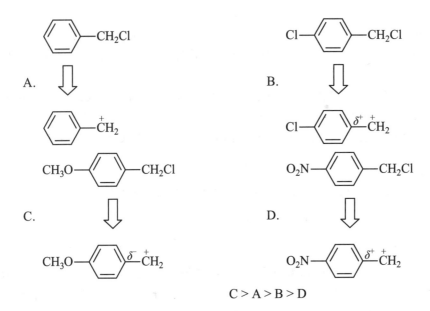

C > A > B > D

注意：当杂原子与中心碳原子直接相连时，因中间体碳正离子的正电荷得到分散，有利于 S_N1 反应的进行。如：

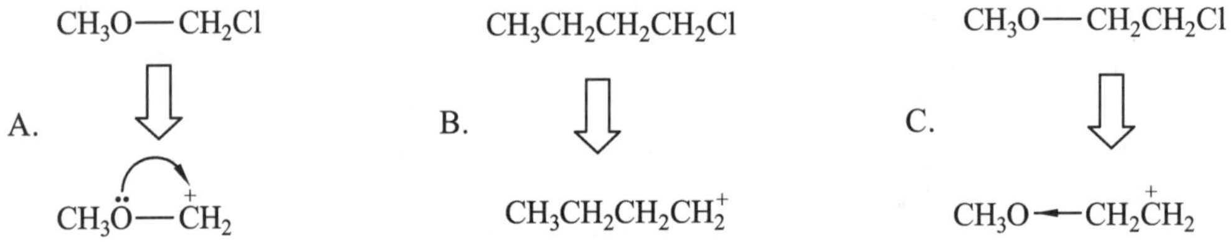

CH₃O—CH₂Cl   CH₃CH₂CH₂CH₂Cl   CH₃O—CH₂CH₂Cl

A. ⇓   B. ⇓   C. ⇓

$CH_3\ddot{O}$—$\overset{+}{C}H_2$ $CH_3CH_2CH_2\overset{+}{C}H_2$ $CH_3O \leftarrow \overset{+}{C}H_2CH_2$

A > B > C

S_N2 反应——空间效应是影响反应速率的主要因素。

α、β-碳原子上烃基增多，不但不利于亲核试剂从背后进攻，且造成过渡态拥挤，从而使 S_N2 反应活性降低。

S_N2 反应的活泼顺序为： $CH_3X > 1° RX > 2° RX > 3° RX$

A. $(CH_3)_2CHCH_2Br$ B. CH_3CH_2Br C. $CH_3CH_2CH_2Br$ D. $(CH_3)_3CCH_2Br$

B > C > A > D

（2）离去基团

无论 S_N1 反应还是 S_N2 反应，离去基团总是带着一对电子离开中心碳原子。

离去基团的碱性越弱，越容易离开中心碳原子，其反应活性越高。

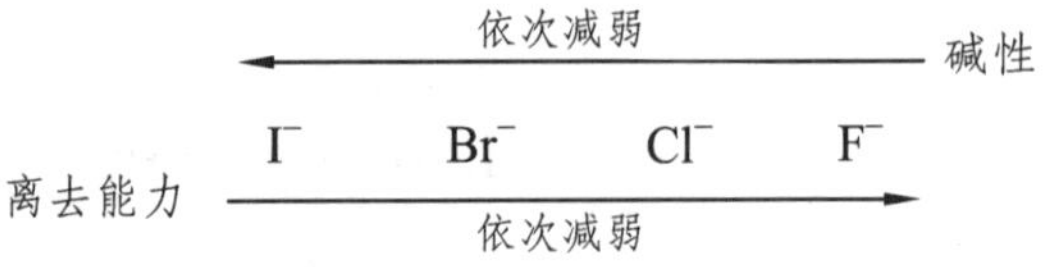

$$\text{离去能力} \xrightarrow{\qquad I^- \quad Br^- \quad Cl^- \quad F^- \qquad} \text{碱性（依次减弱）}$$

卤代烃的反应活性顺序是： RI > RBr > RCl

（3）亲核试剂

亲核试剂主要影响 S_N2 反应。

试剂中亲核原子相同时，其亲核能力为：

$$RO^- > HO^- > ArO^- > RCOO^- > R\ddot{O}H > H_2\ddot{O}$$

同周期元素形成的不同亲核试剂，其亲核能力为：

$$NH_2^- > OH^- > F^- \qquad R_3C^- > R_2N^- > RO^- > F^-$$

同族元素形成的不同亲核试剂，中心原子的可极化度越大，其亲核能力越强。

$$RS^- > RO^- \qquad RSH > ROH$$
$$I^- > Br^- > Cl^- > F^- \qquad （在质子性溶剂中）$$

【例1】 下列亲核试剂在质子溶剂中与 CH_3CH_2I 反应，试比较它们的反应速率：

（1）A. $CH_3CH_2CH_2O^-$　　B. $(CH_3CH_2CH_2)_3C^-$　　C. $(CH_3CH_2CH_2)_2N^-$

$$B > C > A$$

以上排序是考虑同周期元素的亲核性。

（2）A. $CH_3CH_2CH_2CH_2O^-$　　B. $(CH_3)_3CO^-$　　C. $CH_3CH_2\underset{\underset{CH_3}{|}}{C}HO^-$

$$A > C > B$$

比较同一元素的亲核性，必须考虑空间位阻的大小，空间位阻大，亲核性则小。上述醇钠氧负离子的亲核性大小排序就是这样。又如：

A. C₆H₅—O⁻　　B. $CH_3CH_2O^-$　　C. HO^-

$$B > C > A$$

另外，同一周期元素化合物的亲核性，主要考虑元素亲核性的大小：

A. $CH_3CH_2\overset{O}{\overset{\|}{C}}O^-$　　B. $CH_3CH_2O^-$　　C. $CH_3CH_2S^-$

$$C > B > A$$

有时，要综合考虑各方面的因素，才能做出准确的判断。如：

A. $CH_3CH_2O^-$　　B. C₆H₅—S⁻　　C. $(CH_3)_3CO^-$

$$B > A > C$$

5. 亲核加成

亲核加成反应主要包括醛、酮的亲核加成反应和羧酸及其衍生物的亲核加成反应。

亲核加成反应的反应速率取决于羰基化合物本身的结构，即羰基碳原子的正电荷量。而羰基碳原子的正电荷量又取决于取代基的电子效应和空间效应。当羰基连有吸电子基团时，羰基碳原子的正电性增大，反应活性增强；反之，反应活性减弱。当连有能与羰基发生共轭的基团时，因共轭效应的影响，羰基碳原子的正电荷得到分散，反应活性降低。

醛、酮的羰基的反应活性顺序是：

$$\underset{H}{\overset{H}{>}}C=O > \underset{H}{\overset{CH_3}{>}}C=O > \underset{H}{\overset{R}{>}}C=O > \underset{H}{\overset{Ph}{>}}C=O > \underset{CH_3}{\overset{CH_3}{>}}C=O >$$

$$\underset{R}{\overset{CH_3}{>}}C=O > \underset{R}{\overset{R}{>}}C=O > \underset{Ph}{\overset{CH_3}{>}}C=O > \underset{Ph}{\overset{R}{>}}C=O > \underset{Ph}{\overset{Ph}{>}}C=O$$

羧酸衍生物的反应活性顺序是：

$$R-\underset{\underset{O}{\|}}{C}-X > R-\underset{\underset{O}{\|}}{C}-O-\underset{\underset{O}{\|}}{C}-R > R-\underset{\underset{O}{\|}}{C}-OR > R-\underset{\underset{O}{\|}}{C}-NH_2$$

【例 2】 按亲核加成反应的活泼顺序排列下列化合物：
（1）A. $ClCH_2CHO$　　B. $CH_2=CHCHO$　　C. CH_3CH_2CHO　　D. $BrCH_2CHO$
$$A > D > C > B$$

（2）A. 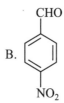　　B. 　　C. (CHO-tolyl)　　D. (CHO-chlorophenyl)

$$B > D > A > C$$

【例 3】 按酯化反应速率由快到慢的顺序排列下列化合物：
A. CH_3COCl　　B. $CH_3COOC_2H_5$　　C. CH_3CONH_2　　D. $(CH_3CO)_2O$
$$A > D > B > C$$

用乙醇进行酯化，判断各种羧酸进行酯化反应的速率，要考虑羧酸的空间结构和电子效应等。例如：

A. $(CH_3)_3CCOOH$　　B. CH_3CH_2COOH　　C. $(CH_3)_2CHCOOH$
$$B > C > A$$

A. 乙酸　　B. 丙酸　　C. α-甲基丙酸　　D. α,α-二甲基丙酸
$$A > B > C > D$$

当选定一种固定的羧酸，分别与不同的醇进行反应，判断其反应快慢：
苯甲酸酯化：A. 正丙醇　　B. 乙　醇　　C. 甲　醇　　D. 仲丁醇
$$C > B > A > D$$

当选定一种固定的醇，分别与不同的羧酸进行反应，判断其反应快慢，要综合考虑空间因素和电子效应等。例如：
用苯甲醇酯化：A. 2,6-二甲基苯甲酸　　B. 邻甲基苯甲酸　　C. 苯甲酸
$$C > B > A$$

6. 消除反应

消除反应主要指卤代烃脱 HX 和醇的分子内脱水。

卤代烃：3° RX ＞ 2° RX ＞ 1° RX　　　RI ＞ RBr ＞ RCl ＞ RF

醇：3° ROH ＞ 2° ROH ＞ 1° ROH

【例 4】　按 E1 反应活性由大到小排列：

（1）A.

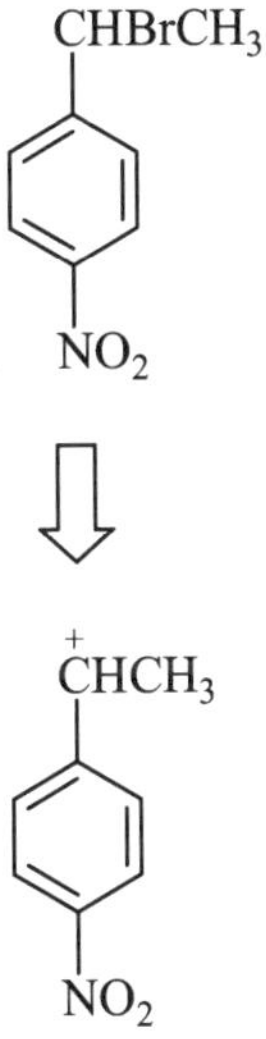

B.

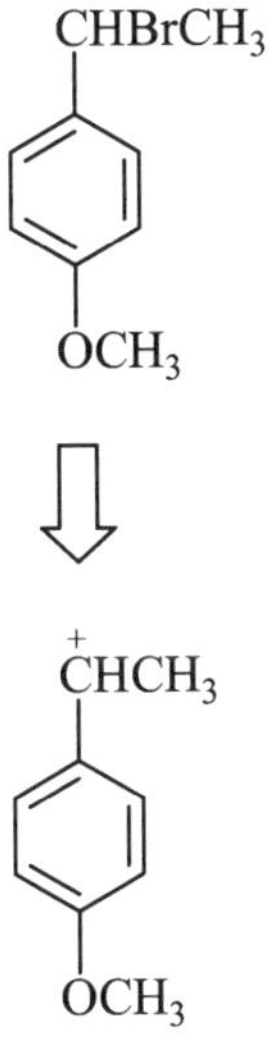

C.

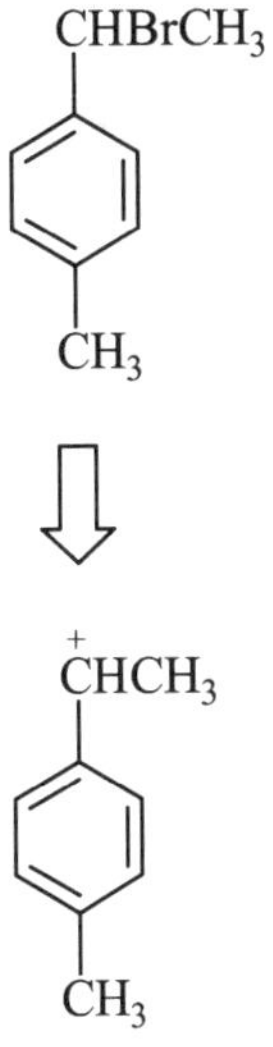

D.

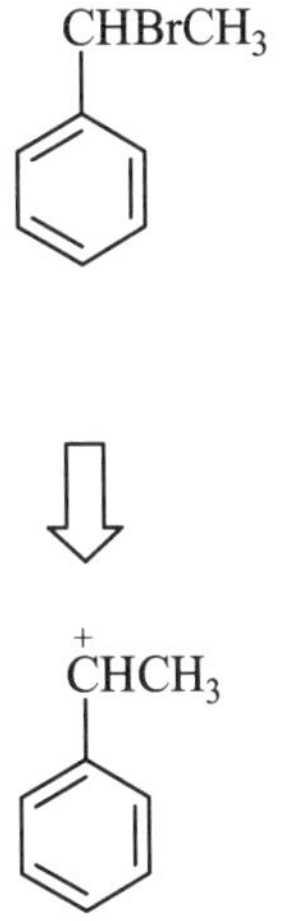

B ＞ C ＞ D ＞ A

（2）A.

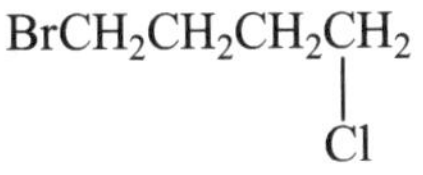

B.

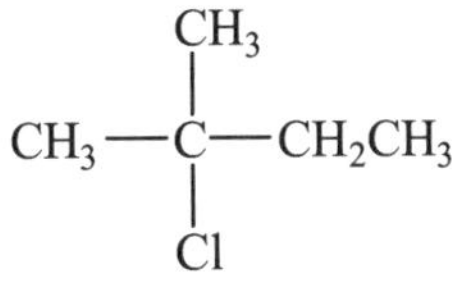

C.

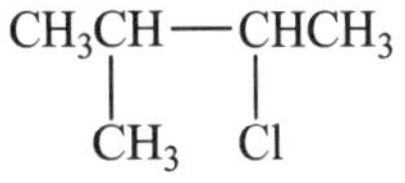

B ＞ C ＞ A

【例 5】　按 E2 反应活性由大到小排列：

A.

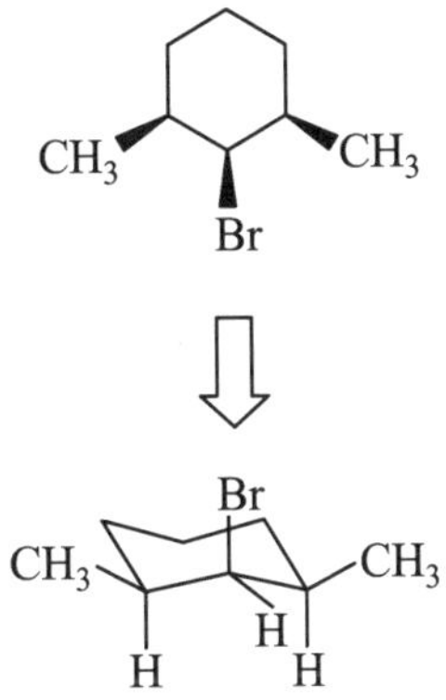

B.

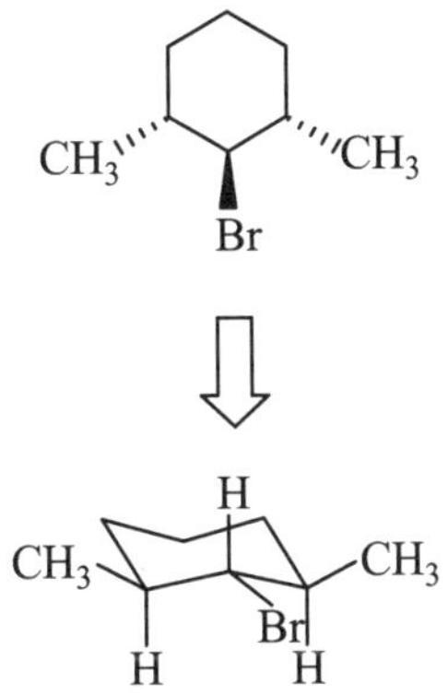

C.

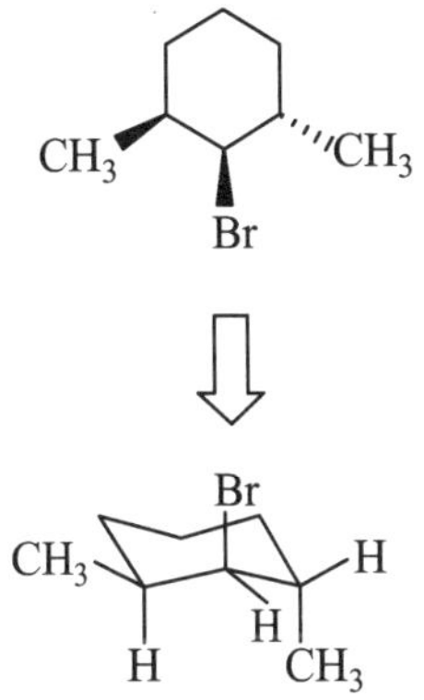

A ＞ C ＞ B

四、芳香性的判断

芳香性的判断依据有三条：

（1）必须是闭合的环状共轭体系；

（2）成环原子要共平面或接近共平面；
（3）π电子必须符合$4n+2$的休克尔规则。

1. 单环体系芳香性的判断

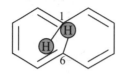 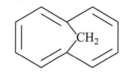

前者，1,6-位的两个氢相互排斥，成环原子不能共平面，没有芳香性。后者，避免了1,6-位氢原子间的排斥作用，因而有芳香性。

含杂原子的平面单环体系，也可用休克尔规则来判断是否具有芳香性。

在噻吩中，只有一对电子参与共轭体系，π电子数符合$4n+2$规则，有芳香性。在咪唑中，3-N上的未共用电子未参与共轭，π电子数符合$4n+2$规则，有芳香性。在吡啶中，N上的未共用电子未参与共轭，因而有芳香性。

2. 稠环体系

稠环指的是由单环多烯稠并而成的多环多烯体系。若稠环体系的成环原子接近或在一个平面上，仍可用休克尔规则判断。其方法是：略去中心桥键，直接利用休克尔规则进行判断，若π电子数符合$4n+2$的规则，就有芳香性。

例如：

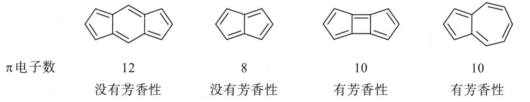

π电子数	12	8	10	10
	没有芳香性	没有芳香性	有芳香性	有芳香性

3. 环状有机离子

π电子数 = 成环原子数 −1　　　π电子数 = 成环原子数 +1

前者有芳香性，后者没有。
由此推断：

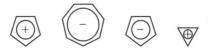

前面两个没有芳香性，后两个有芳香性。

4. 富烯及衍生物

这类化合物都具有较大的偶极矩，说明它们的电荷分离程度较大。因此，这类化合物在用休克尔规则判断其是否具有芳香性时，先将分子写成偶极结构式，分别对含有两个电荷相反的共轭环进行判断，若两个环的 π 电子数都符合 $4n+2$ 的休克尔规则，那么整个分子就具有芳香性。

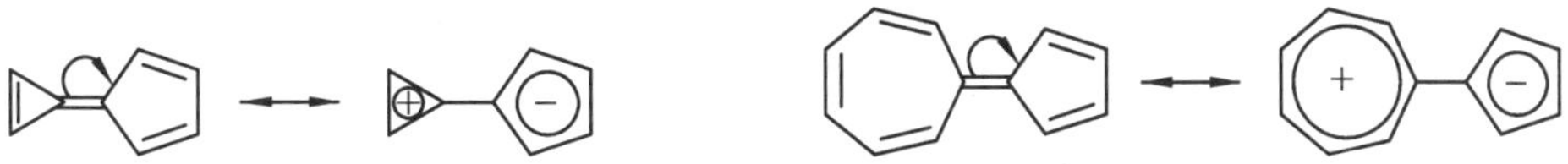

依照休克尔规则，该两种化合物均有芳香性。

五、关于立体异构问题

（一）几何异构

产生的原因：双键或环使单键的自由旋转受到限制，因此分子具有不同的空间排布方式，即构型不同。

含双键的化合物：只要有一个双键原子连有相同的原子或基团，就不存在顺反异构（N 原子上的孤对电子可看成是一个基团）。

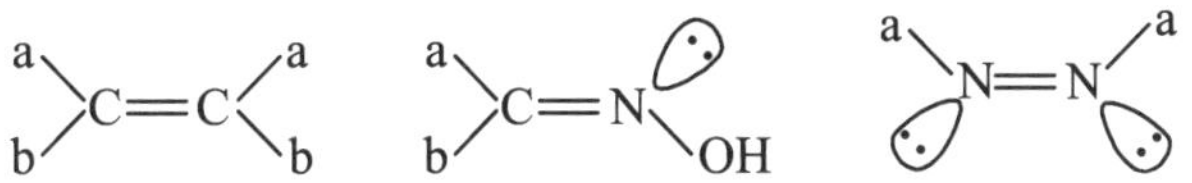

环烃化合物：必须两个或两个以上的环碳原子连有不同的原子或基团。

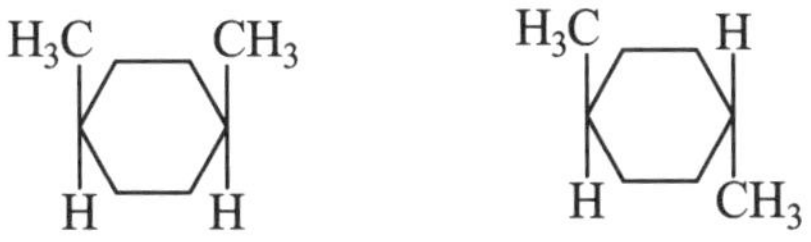

（二）旋光异构

如果一个分子与其镜象不能重合，它就是手性分子。手性分子又称为光学活性化合物。

互为镜象的两个化合物称为对映异构体，简称对映体。互为对映体的两个化合物，除旋光方向相反外，一般的化学性质、物理性质相同。

一个化合物有无手性，一般可根据分子是否存在对称面和对称中心来判断。如果一个分子既没有对称面，也没有对称中心，则该分子即为手性分子。

1. 判断饱和键的分子是否有手性

通常看是否有手性碳原子。若分子中只含一个手性碳原子，它一定是手性分子，存在一对对映体。

含两个手性碳
- 两个不同手性碳
  - 旋光异构体数目：$2^n = 2^2 = 4$（个）
  - 对映体数目：$2^{n-1} = 2^{2-1} = 2$（对）
- 两个相同手性碳
  - 旋光异构体数目：3个
  - 对映体数目：1对，内消旋体：1个

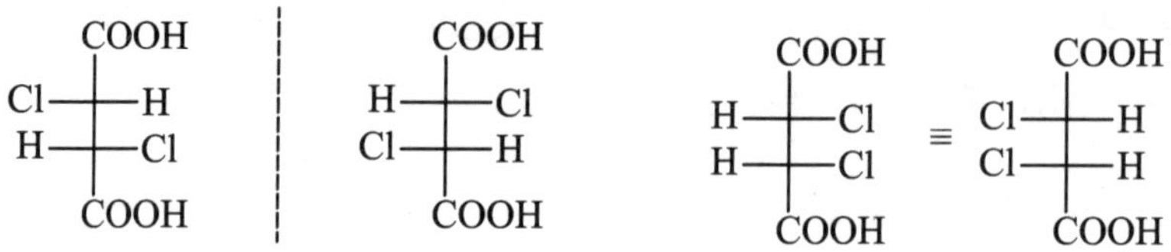

前者一对组成外消旋体；后者是内消旋体。

2. 含杂原子的对映异构体

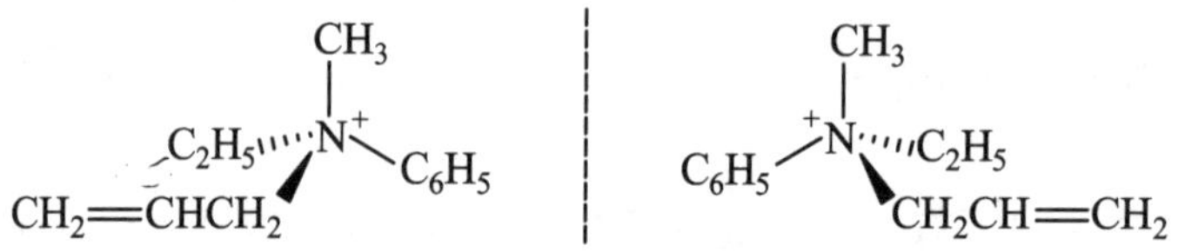

3. 含手性轴和手性面化合物

典型的含手性轴化合物——丙二烯型化合物：

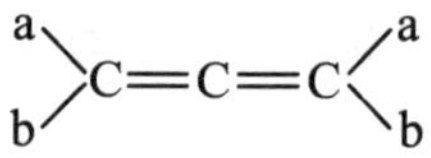

两端的不饱和碳原子只要有一个连有两个相同的原子或基团，这个分子就没有手性。同理，螺环化合物也是如此。

4. 环状化合物

顺反异构和旋光异构往往同时存在。

顺式异构体、1,3-二取代环丁烷和 1,4-二取代环己烷（无论两个取代基是否相同，是顺式还是反式）均因有对称面而无旋光性。

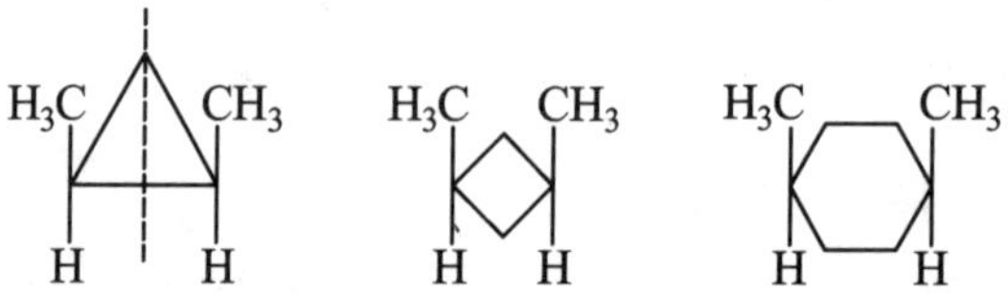

前者是内消旋体；后两个均有对称面，没有手性碳，不是内消旋体。

其他三元、四元、五元、六元环状化合物，只要是反式异构体，因分子中既无对称面，也无对称中心，因而均有旋光性（无论两个取代基是否相同）。

5. 内消旋体、外消旋体、非对映体和差向异构体

内消旋体：分子中含个数相同的手性碳原子，且有对称面。

对称的手性碳原子的构型必定相反，即一个为 R-型，另一个为 S-型。

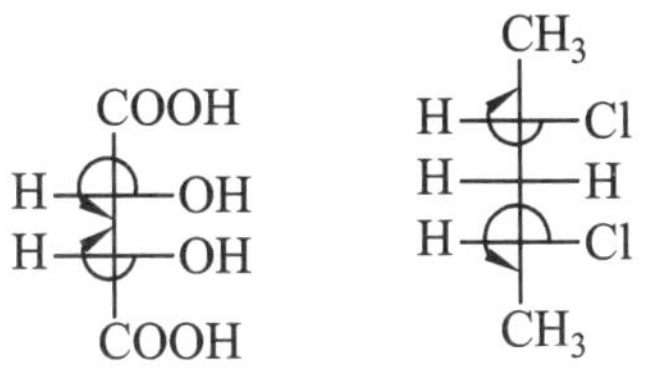

$$
\begin{array}{c}
\text{COOH} \\
\text{H}\!-\!\!\!-\!\text{OH} \\
\text{H}\!-\!\!\!-\!\text{OH} \\
\text{COOH}
\end{array}
\qquad
\begin{array}{c}
\text{CH}_3 \\
\text{H}\!-\!\!\!-\!\text{Cl} \\
\text{H}\!-\!\!\!-\!\text{H} \\
\text{H}\!-\!\!\!-\!\text{Cl} \\
\text{CH}_3
\end{array}
$$

外消旋体：等量对映体的混合物。

非对映体：构造相同、构型不同，但又不呈镜象关系的化合物，互为非对映体。

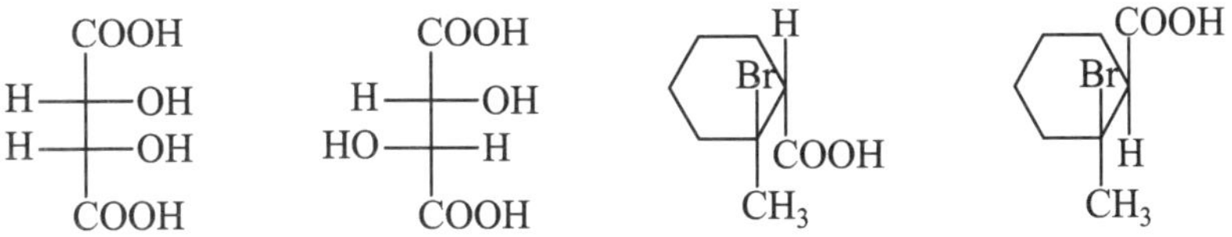

差向异构体：在含多个手性碳原子的旋光异构体中，若两个异构体只有一个手性碳原子的构型不同，其余各手性碳原子的构型均相同，这两个异构体就互为差向异构体。

差向异构体必定是非对映体，非对映体不一定是差向异构体。

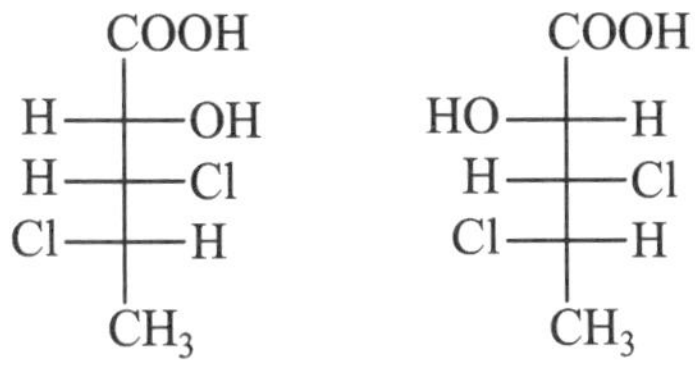

它们既互为差向异构体，也是非对映体。

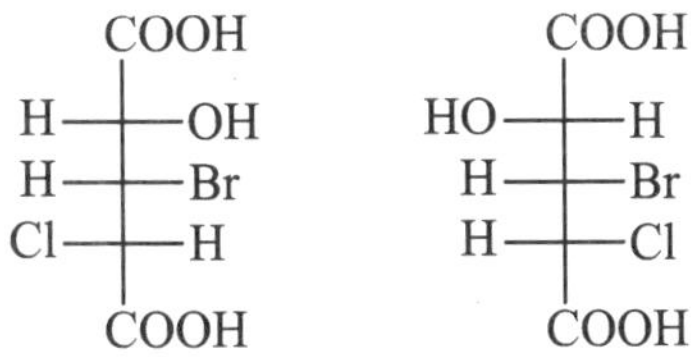

它们是非对映体，但不是差向异构体。

（三）构象异构

一般是指同一构型的分子中，由于单键旋转而产生的原子或基团在空间排列形式不同，这种异构称为构象异构。

在构型一定的分子的无数个构象中，其优势构象（即稳定构象）通常是能量最低的构象。

判断分子构象的稳定性主要考虑：各种张力和偶极-偶极相互作用。一般说来，稳定构象是各种张力最小，偶极-偶极相互作用最大的那种排列。

1. 直链烃及其衍生物

从能量上看，大的原子或基团处于对位交叉式是最稳定的构象，因为这样排布，原子或基团彼此间的距离最远，相互排斥力最小。

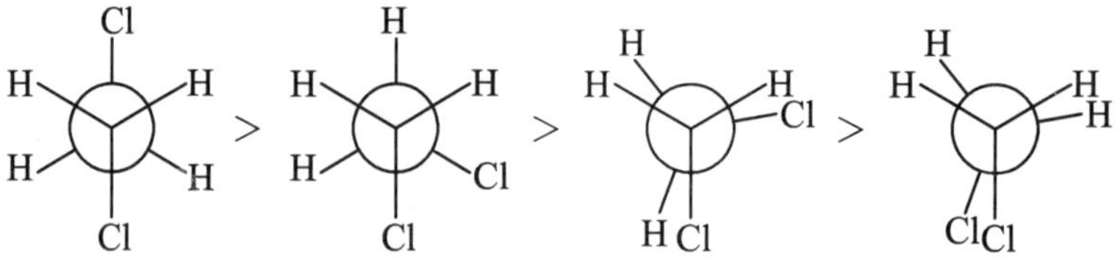

处于邻位交叉的原子或基团，若能形成分子内氢键，则邻位交叉式是优势构象。

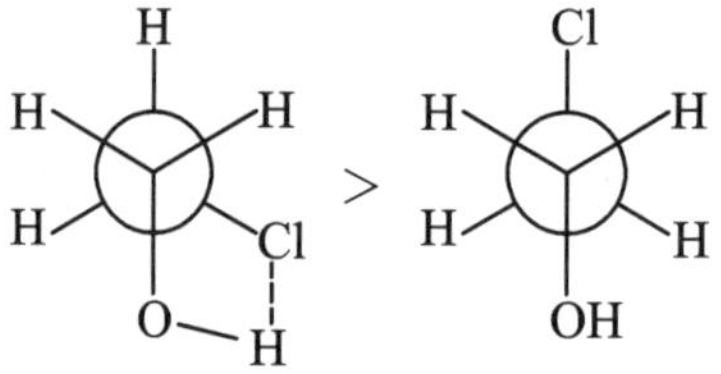

2. 环己烷及取代环己烷的优势构象

一取代环己烷的优势构象：取代基处于 e 键稳定。

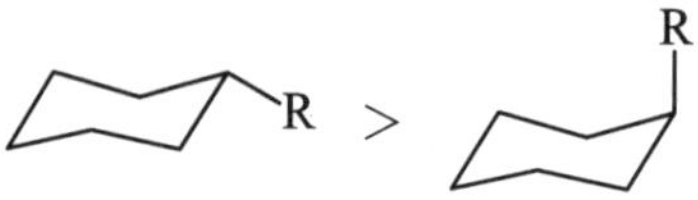

二取代环己烷的优势构象：在满足两个原子或基团的空间构型的前提下，处于 e 键的取代基多者稳定；大的取代基处于 e 键稳定。

例如：顺-1-甲基-2异丙基环己烷和反-1-甲基-2-异丙基环己烷的稳定构象为

【例6】 写出下列化合物的优势构象：

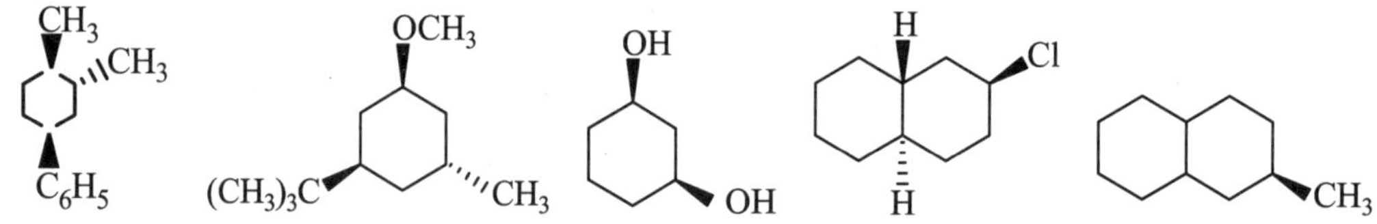

解： 优势构象如下：

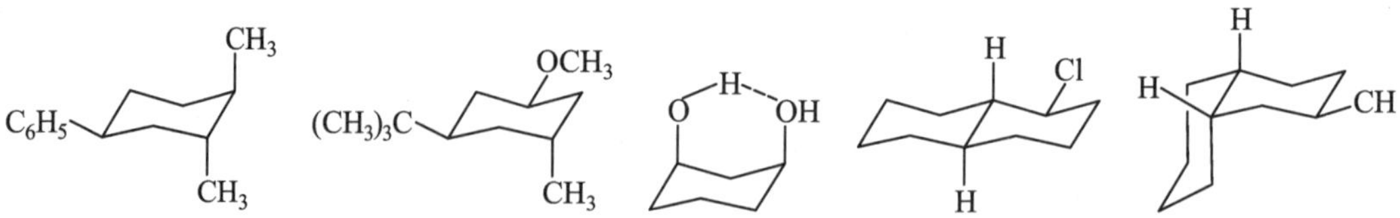

第三节　完成反应式

这是一类覆盖面宽、考核点多样化的试题。解答这类问题应该考虑以下几个方面：

（1）确定反应类型；
（2）确定反应部位；
（3）考虑反应的区域选择性；
（4）考虑反应的立体化学问题；
（5）考虑反应的终点等问题。

例如

（1）$CH_3CHCH_2CCH_3$（带CH₃、CH₃支链）+ Cl_2 $\xrightarrow{\text{光照}}$ $CH_3\text{—}\underset{Cl}{\overset{CH_3}{C}}\text{—}CH_2\text{—}\underset{CH_3}{\overset{CH_3}{C}}\text{—}CH_3$

这是自由基取代反应，发生在反应活性较高的 3° H 上。

（2）$CH_2\text{=}CH\text{—}CH_2\text{—}\underset{Cl}{CH}\text{—}CH_3$ $\xrightarrow[\Delta]{\text{KOH醇溶液}}$ $CH_2\text{=}CH\text{—}CH\text{=}CH\text{—}CH_3$

这是卤代烃的消除反应，消除取向遵循 Saytzeff 规则，生成取代基多、热力学稳定的共轭二烯烃。

（3）$Br\text{—}CH\text{=}CH\text{—}CH_2CH_2Br$ $\xrightarrow[(1\text{ mol})]{OH^-}$ $Br\text{—}CH\text{=}CH\text{—}CH_2CH_2OH$

这是卤代烃的亲核取代反应，发生在反应活性较高的 C—X 键上。

（4）$2\ CH_3CH_2COOC_2H_5$ $\xrightarrow[2)\ H^+]{1)\ C_2H_5ONa}$ $CH_3CH_2\overset{\beta}{\underset{\|}{C}}\text{—}\overset{\alpha}{\underset{CH_3}{CH}}COOC_2H_5$ （C上双键O）

这是含有 α-H 的酯在强碱条件下的 Claisen 酯缩合反应，产物的结构特点是：除乙酸乙酯外，其他含 α-H 的酯都将得到在 α-位上有支链的 β-酮酸酯。

（5）$CH_3\text{—}\underset{CH_3}{\overset{CH_3}{\underset{|}{\overset{|}{C}}}}\text{—}CH\text{=}CH_2$ + Br_2 $\xrightarrow{CH_3OH}$ $CH_3\text{—}\underset{CH_3}{\overset{CH_3}{\underset{|}{\overset{|}{C}}}}\text{—}\underset{Br}{CH}\text{—}CH_2\text{—}Br$

反应物是空间位阻较大的 α-烯烃（端烯），在加溴时将得到以重排产物为主的二卤代烃。

（6）$CH_3\text{—}\underset{NH_2}{CH}\text{—}COOH$ $\xrightarrow{\Delta}$ 2,5-二甲基二酮哌嗪（含HN、NH、两个=O、两个CH₃的六元环）

反应物是 α-氨基酸，其受热生成交酰胺。

（7） $CH_3NO_2 + HCHO$ （过量） $\xrightarrow{OH^-}$ $(HOCH_2)_3\overset{\beta}{C}-\overset{\alpha}{N}O_2$

该反应是含有活泼氢的化合物与不含 α-H 的醛的缩合反应。生成 β-羟基化合物。

（8） $HOCH_2CH_2\underset{CH_3}{\overset{|}{C}H}COOH \xrightarrow{\Delta}$ [γ-丁内酯-α-甲基]

该化合物为 γ-羟基酸，受热发生分子内脱水，生成内酯。

（9） $CH_3-\underset{\underset{CH_3}{|}}{\overset{\overset{CH_3}{|}}{C}}-CH-OH \xrightarrow{HBr} CH_3-\underset{\underset{CH_3}{|}}{\overset{\overset{CH_3}{|}}{C}}-CH-Br + CH_3-\underset{\underset{Br}{|}}{\overset{\overset{CH_3}{|}}{C}}-\underset{\underset{CH_3}{|}}{C}H-CH_3$

该反应是醇羟基被卤素取代的反应，反应按 S_N1 历程进行。与 HBr 反应的特点是：易发生重排。

（10） $(CH_3CH_2)_3\overset{+}{N}CH_2-CH_2-\underset{\underset{O}{\|}}{C}-CH_3 \, OH^- \xrightarrow{\Delta} CH_2=CH-\underset{\underset{O}{\|}}{C}-CH_3 + (CH_3CH_2)_3N$

这是季胺碱的热消除反应，理应生成连有取代基少的烯烃，即 Hofmann 产物。但该规律只适用于烷基季胺碱。本题的反应物为非烷基季胺碱，消除生成热力学稳定的 Saytzeff 产物。

（11） $HO-CH_2-\underset{\underset{CH_3}{|}}{\overset{\overset{CH_3}{|}}{C}}-\underset{\underset{OH}{|}}{C}H-CH_2-OH \xrightarrow{HIO_4} HO-CH_2-\underset{\underset{CH_3}{|}}{\overset{\overset{CH_3}{|}}{C}}-CHO + HCHO$

该反应为多元醇的高碘酸分解反应，但高碘酸只分解 α-二醇。

（12） $\underset{COOC_2H_5}{\overset{COOC_2H_5}{|}}$ + $2CH_3CH=CHCH=CHCOOC_2H_5 \xrightarrow{C_2H_5ONa}$

$\underset{COCH_2CH=CHCH=CHCOOC_2H_5}{\overset{COCH_2CH=CHCH=CHCOOC_2H_5}{|}}$

该反应系交错 Claisen 酯缩合反应，不饱和酸酯中的 "ε-H" 受共轭效应的影响而显示出一定的 "酸性"。

（13） $(CH_3)_2CHCH=CHCH_2Br \xrightarrow[H_2O]{CH_3COONa}$

$(CH_3)_2CHCH=CHCH_2OCOCH_3 + (CH_3)_2CHCHCH=CH_2$
$\underset{OCOCH_3}{|}$

该反应是羧酸根与活泼卤代烃的反应，反应按 S_N1 历程进行，必将伴随重排产物生成。这是制备酯的又一方法。

（14） $(CH_3)_2CHCH=CHCH_2Br \xrightarrow[C_2H_5OH]{C_2H_5ONa} (CH_3)_2CHCH=CHCH_2OC_2H_5$

该反应是卤代烃的醇解反应，反应产物为醚。

（15） $(CH_3)_3C{-}CH_2Br \xrightarrow[H_2O]{OH^-} (CH_3)_2CCH_2CH_3$
                                                                    $|$
                                                                   OH

该反应是卤代烃的碱性水解反应，随反应物 β-C 上的烃基增多，反应逐渐过渡到按 S_N1 历程进行，将得到以重排产物为主的醇。

（16） [苯] + $CH_3{-}\underset{\underset{CH_3}{|}}{\overset{\overset{CH_3}{|}}{C}}{-}CH_2Cl \xrightarrow{AlCl_3}$ [苯基-C(CH₃)₂-CH₂CH₃]

这是苯的烷基化反应；当烷基化试剂的碳原子数 ≥3 时易发生重排。

（17） [Ph]—CHO + $CH_3CH{=}CHCHO \xrightarrow{OH^-}$ [Ph]—CH=CH CH₂CH=CHCHO

这是 α,β-不饱和醛（或酮）的交错缩合反应，这里的关键是 "α-氢" 的确认，"γ-H" 受共轭效应的影响而显示出一定的 "酸性"。

（18） [Ph-C(=NOH)-C₆H₄-CH₃] $\xrightarrow{H_2SO_4}$ [Ph-NH-CO-C₆H₄-CH₃]

[2-甲基环己酮肟] $\xrightarrow{H_2SO_4}$ [3-甲基-ε-己内酰胺]

这是肟在酸催化下的 Beckmann 重排反应；产物为 N-取代酰胺，其规律是：处于肟羟基反式的基团重排到酰胺 N 原子上。

（19） $CH_3{-}$[苯环]$-CONH_2 \xrightarrow{Br_2/NaOH} CH_3{-}$[苯环]$-NH_2$

这是酰胺的 Hofmann 降解反应，其产物特点是：生成减少一个碳原子的有机胺。

（20） [(2R,3S)-2-甲基-3-溴戊烷构型] $\xrightarrow{(CH_3)_3CO^-K^+}$ [Z-3-甲基-2-戊烯]

该反应是强碱存在下的 E2 消除反应，其立体化学要求是 β-H 与离去基团处于反式共平面。产物的构型为 Z-型。

（21） [顺-3,4-二甲基-1,2-二氢化环己二烯] $\xrightarrow{\Delta}$ [顺式产物]

27

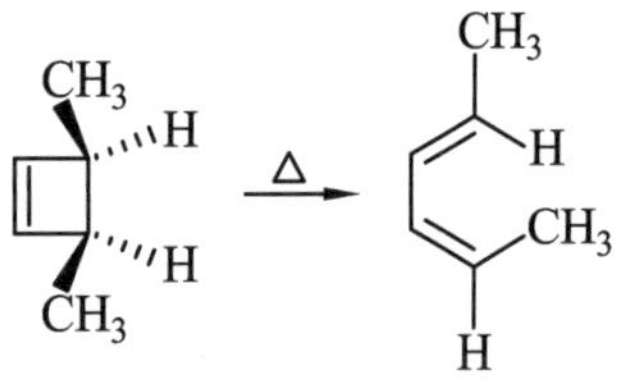

该反应为周环反应中的电环化反应，其规律是：

共轭 π 电子数	热反应	光照反应
$4n$	顺 旋	对 旋
$4n+2$	对 旋	顺 旋

值得注意的是：电环化反应是可逆反应，在同一条件下加热或光照，遵循同样的规律。

（22）该反应是羰基化合物的加成，其立体化学遵循 Cram 规则一，即：

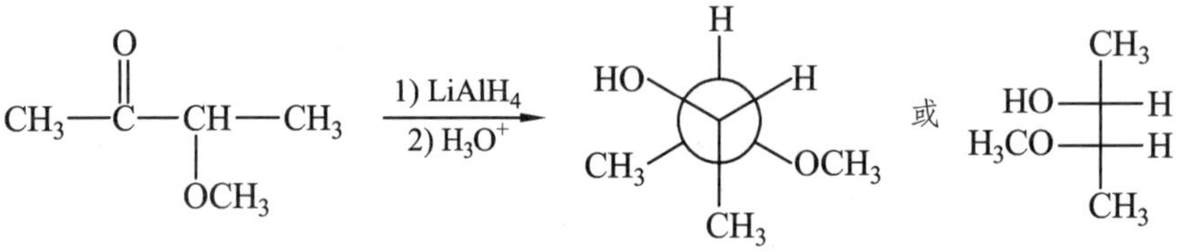

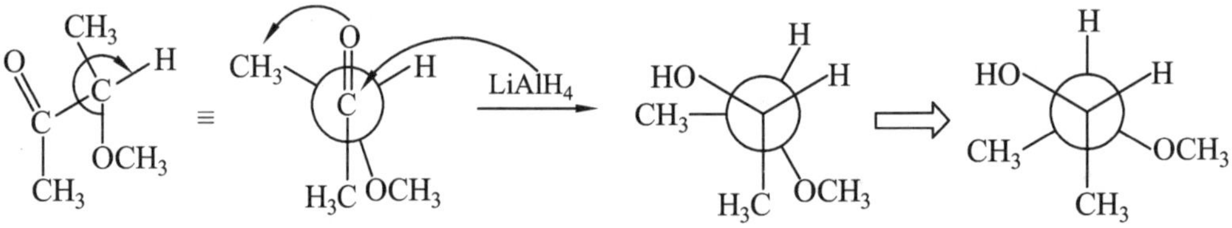

（23）BrCH$_2$CH$_2$CH$_2$CHO $\xrightarrow{A}$ BrCH$_2$CH$_2$CH$_2$CH(OC$_2$H$_5$)$_2$ $\xrightarrow{B}$ BrMgCH$_2$CH$_2$CH$_2$CH(OC$_2$H$_5$)$_2$ $\xrightarrow{C}$ D $\longrightarrow$ (CH$_3$)$_2$C(OH)—CH$_2$CH$_2$CHO $\xrightarrow{E}$

(CH$_3$)$_2$C(OH)—CH$_2$CH$_2$CH$_2$OH

A：C$_2$H$_5$OH/HCl　　B：Mg/(C$_2$H$_5$)$_2$O　　C：CH$_3$COCH$_3$　　D：H$_3$O$^+$　　E：NaBH$_4$

（24）⌬  + CH$_3$CH$_2$Cl $\xrightarrow{AlCl_3}$ F $\xrightarrow[h\nu]{Br_2}$ G $\xrightarrow[C_2H_5OH]{KOH}$ H $\xrightarrow[\text{2) NaBH}_4/OH^-]{\text{1) Hg(OAc)}_2/H_2O}$ I $\xrightarrow[\Delta]{CH_3COOH/H^+}$ J

F：PhCH$_2$CH$_3$　　G：PhCHBrCH$_3$　　H：PhCH=CH$_2$

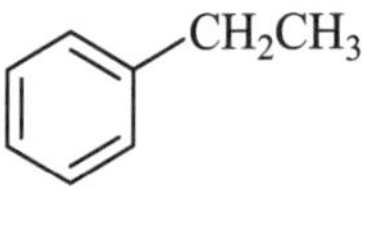

28

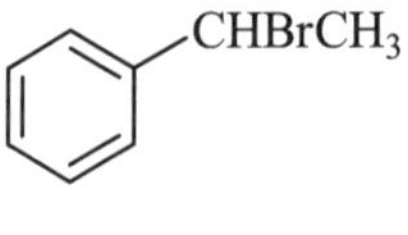

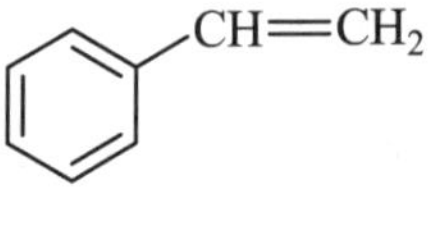

I: C₆H₅-CH(OH)-CH₃   J: C₆H₅-CH(CH₃)-OCOCH₃

(25) C₆H₅-CH₂Cl $\xrightarrow[\text{2) H}_3\text{O}^+, \Delta]{\text{1) KCN}}$ K $\xrightarrow[\text{2) KCN}]{\text{1) Cl}_2/\text{P}}$ L $\xrightarrow[\text{2) C}_2\text{H}_5\text{OH}]{\text{1) H}_3\text{O}^+}$ M $\xrightarrow[\text{2) C}_2\text{H}_5\text{Br}]{\text{1) C}_2\text{H}_5\text{ONa}}$ N $\xrightarrow{(\text{NH}_2)_2\text{CO}}$ O (C₁₂H₁₂N₂O₃)

K: C₆H₅-CH₂COOH

L: C₆H₅-CH(CN)COOH

M: C₆H₅-CH(COOC₂H₅)₂

N: C₆H₅-C(C₂H₅)(COOC₂H₅)₂

O: 5-ethyl-5-phenylbarbituric acid

练 习

(1) (CH₃)₃C—CH₂Br $\xrightarrow[\text{C}_2\text{H}_5\text{OH}, \Delta]{\text{OH}^-}$ ((CH₃)₂C=CHCH₃)

(2) C₆H₅—MgBr $\xrightarrow[\text{2) H}_3\text{O}^+]{\text{1) CH}_3\text{CN}}$ (C₆H₅—COCH₃)

(3) 3,4-dichloronitrobenzene + CH₃O⁻ $\xrightarrow{\text{CH}_3\text{OH}}$ (2-chloro-4-nitroanisole)

(4) C₆H₅—CHO + (CH₃CH₂CO)₂O $\xrightarrow[\Delta]{\text{CH}_3\text{CH}_2\text{COONa}}$ (C₆H₅—CH=C(CH₃)—COOH)

(5) 1,1-dimethyl-3-cyanopiperidinium $\xrightarrow[\Delta]{\text{OH}^-}$ (1-methyl-2-cyano-1,2,3,4-tetrahydropyridine with N(CH₃))

(6) CH₃-cyclopentyl-CH=CH₂ $\xrightarrow[\text{ROOR}]{\text{HBr}}$ (CH₃-cyclopentyl-CH₂CH₂Br)

29

(7) CH₃CH=CHCH₂CH₃ (trans-2-pentene) $\xrightarrow{Br_2 + H_2O}$ (CH₃CH₂―C(Br)(H)―C(H)(OH)―CH₂CH₃)

(8) C₆H₅CH₂CH(CH₃)COOH $\xrightarrow{SOCl_2}$ $\xrightarrow{NH_3}$ $\xrightarrow{Br_2/OH^-}$ (C₆H₅CH₂CH(NH₂)CH₃)

(9) (2-methyl-5-methylcyclohexanone) $\xrightarrow{1)\ LiAlH_4}{2)\ H_3O^+}$ (2-methyl-5-methylcyclohexanol)

(10) 4-isopropylaniline $\xrightarrow{A}\xrightarrow{B}\xrightarrow{C}$ 2-bromo-4-isopropylaniline

A: $(CH_3CO)_2O$
B: $Br_2 / FeBr_3$
C: H_3O^+

(11) C₆H₅COOH $\xrightarrow{D}\xrightarrow{E}\xrightarrow{F}$ C₆H₅CH₂NH₂

D: $SOCl_2$ E: NH_3 F: $LiAlH_4$

(12) $BrCH_2CH_2Br + 2KCN \longrightarrow$ G $\xrightarrow{H_3O^+}$ H $\xrightarrow{\Delta}$ I $\xrightarrow{C_6H_6}{AlCl_3}$ J $\xrightarrow{Zn-Hg}{HCl}$ K

G: $NCCH_2CH_2CN$ H: $\begin{matrix}CH_2COOH\\ |\\ CH_2COOH\end{matrix}$ I: succinic anhydride

J: C₆H₅―COCH₂CH₂COOH   K: C₆H₅―CH₂CH₂CH₂COOH

(13) NC―C₆H₃(OH)―CO―(CH₂)₂Cl $\xrightarrow{Na_2CO_3}{\Delta}$ L $\xrightarrow{NH_2NH_2/OH^-}$ M $\xrightarrow{H_3O^+}$

N $\xrightarrow{1)\ LiAlH_4}{2)\ H_3O^+}$ O $\xrightarrow{1)\ Na}{2)\ CH_3CH_2I}$ P

30

L: [结构式: 6-氰基-4-色满酮]   M: [结构式: 6-氰基色满]   N: [结构式: 色满-6-甲酸]

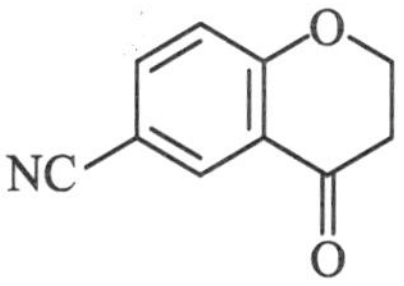

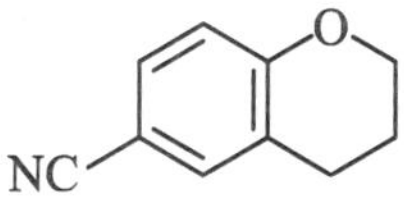

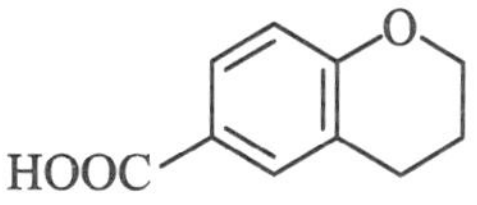

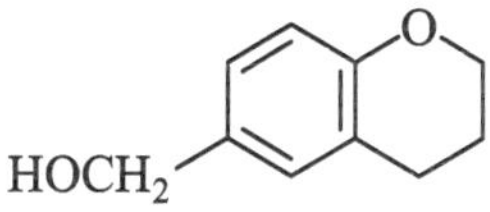

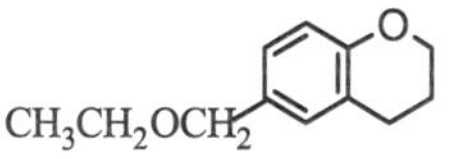

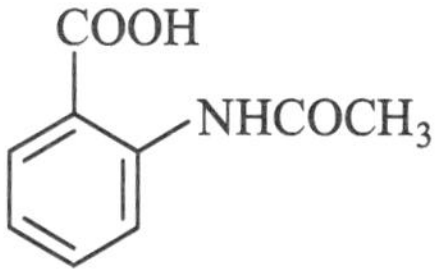

O: [结构式: 6-羟甲基色满]   P: [结构式: 6-乙氧甲基色满]

(14) [邻氨基苯甲酸] $\xrightarrow{Q}$ R $\xrightarrow{S}$ [2-乙酰氨基-3-硝基苯甲酸] $\xrightarrow{T}$

[2-氨基-3-硝基苯甲酸] $\xrightarrow{U}$ V $\xrightarrow{W}$ [2-碘-3-硝基苯甲酸]

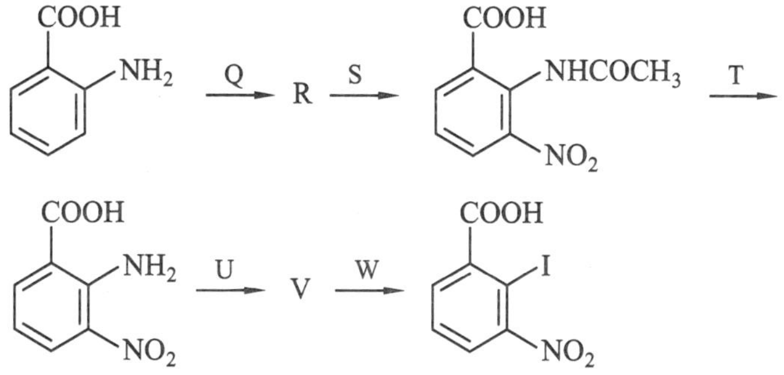

Q: $(CH_3CO_2)O$ R: [2-乙酰氨基苯甲酸]   S: HNO_3/H_2SO_4

T: $H_2O/NaOH$ U: $NaNO_2 + HCl / 0 \sim 5\ ℃$ V: [2-重氮-3-硝基苯甲酸氯化物]

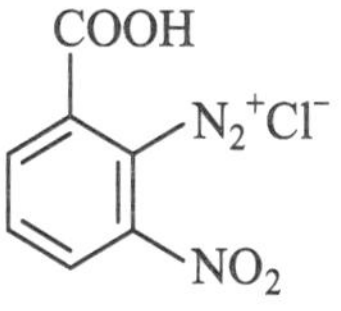

W: KI

第四节 有机化学反应历程

反应机理是对反应过程的描述。因此，解这类题应尽可能地详尽，中间过程不能省略。要解好这类题，其首要条件是熟悉各类基本反应的机理，并能将这些机理重现、改造和组合。

书写反应机理时，常涉及电子的转移，规定用弯箭头表示电子的转移。单箭头表示转移单个电子，双箭头表示转移两个电子。

一、自由基反应

自由基反应，通常指有机分子在反应中共价键发生均裂，产生自由基中间体。有自由基参加的反应称为自由基反应。

【例1】

$$C_6H_5CH_2CH_3 + Cl_2 \xrightarrow{h\nu} C_6H_5\underset{Cl}{CHCH_3} + C_6H_5CH_2CH_2Cl$$

反应速率：　　　　　　　　　　　　　　14.1　　　　　1

解：

$$Cl-Cl \xrightarrow{h\nu} 2\,Cl\cdot$$

$$Cl\cdot + CH_3CH_2-C_6H_5 \longrightarrow \begin{cases} CH_3\dot{C}H-C_6H_5 \quad (A) \\ \dot{C}H_2CH_2-C_6H_5 \quad (B) \end{cases}$$

稳定性：A > B

【例2】

$$CH_3CH_2CH_2CH_3 + Cl_2 \longrightarrow CH_3\underset{Cl}{CH}CH_2CH_3 \;(\pm)$$

解：

$$Cl-Cl \xrightarrow{h\nu} 2\,Cl\cdot$$

$$CH_3CH_2CH_2CH_3 + Cl\cdot \longrightarrow CH_3\dot{C}HCH_2CH_3$$

【例3】

$$\overset{*}{C}H_2=CH-CH_3 \xrightarrow[\Delta]{Cl_2} \overset{*}{C}H_2=CH-CH_2Cl + Cl\overset{*}{C}H_2-CH=CH_2$$

解：

$$Cl-Cl \xrightarrow{h\nu} 2\,Cl\cdot$$

$$\overset{*}{C}H_2=CH-CH_3 + Cl\cdot \longrightarrow \overset{*}{C}H_2=CH-\dot{C}H_2 + HCl$$

$$\underset{1}{\overset{*}{C}H_2}=\underset{2}{CH}-\underset{3}{\dot{C}H_2} \longleftrightarrow \cdot\underset{1}{\overset{*}{C}H_2}-\underset{2}{CH}=\underset{3}{CH_2} \quad \text{或写成} \quad \overset{*}{C}H_2\!=\!\!=\!\dot{C}H\!=\!\!=\!CH_2$$

$$\downarrow Cl_2 \qquad\qquad\qquad\qquad \downarrow Cl_2$$

$$\overset{*}{C}H_2=CH-CH_2Cl \quad + \quad Cl\overset{*}{C}H_2-CH=CH_2 + \cdot Cl$$

【例4】 依据下列反应事实，写出其可能的反应机理。

$$(CH_3)_3CH + CCl_4 \xrightarrow[\Delta]{(CH_3)_3C-O-O-C(CH_3)_3} (CH_3)_3CCl + CHCl_3 + (CH_3)_3COH \text{（少量）}$$

解：

链引发 $\begin{cases} (CH_3)_3C-O \mid O-C(CH_3)_3 \xrightarrow{\Delta} 2(CH_3)_3CO \cdot \\ (CH_3)_3CO \cdot + (CH_3)_3CH \longrightarrow (CH_3)_3COH + (CH_3)_3C \cdot \end{cases}$

链增长 $\begin{cases} (CH_3)_3C \cdot + CCl_4 \longrightarrow (CH_3)_3CCl + \cdot CCl_3 \\ (CH_3)_3CH + \cdot CCl_3 \longrightarrow CHCl_3 + (CH_3)_3C \cdot \end{cases}$

重复进行，即生成 $(CH_3)_3CCl$ 和 $CHCl_3$ 两种主要产物。
至于 $(CH_3)_3COH$ 的量，则与加入过氧化物的量有关。

练 习

1. 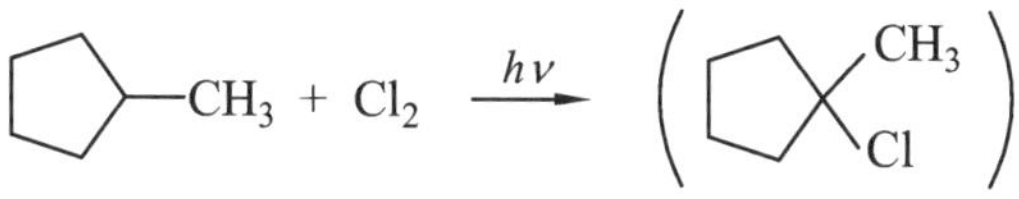 ⬡—CH₃ + Cl₂ $\xrightarrow{h\nu}$ (⬡(CH₃)(Cl))

2. 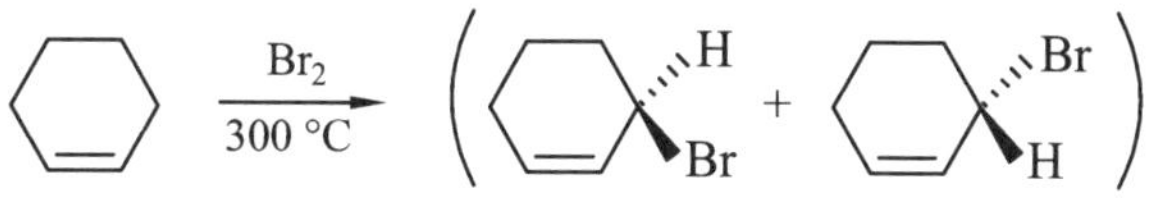 ⬡ $\xrightarrow{Br_2}{300\ °C}$ (环己烯-Br + 环己烯-Br 对映体)

3. 已知：烯烃 R—CH₂—CH=CH₂，与 NBS 试剂在 CCl_4 溶液中，由于少量过氧化苯甲酰引发可发生溴代反应，试写出其反应产物及反应历程，并解释为什么不发生加成反应。

二、亲电加成反应

1. 鎓离子历程

X_2 与 C=C 经 π-络合物形成卤鎓离子，亲核的卤负离子 X^- 经反式加成生成产物。

【例5】

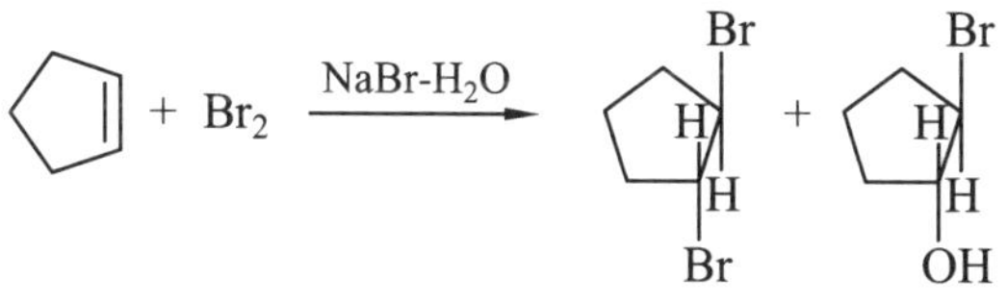

⬡ + Br₂ $\xrightarrow{NaBr-H_2O}$ (环戊烷-Br,H,H,Br) + (环戊烷-Br,H,H,OH)

解：

⬡ + $\overset{\delta^+}{Br}$—$\overset{\delta^-}{Br}$ ⟶ ⬡‖$\overset{\delta^+}{Br}$---$\overset{\delta^-}{Br}$ ⟶ (环戊烷-Br⁺ 鎓离子)

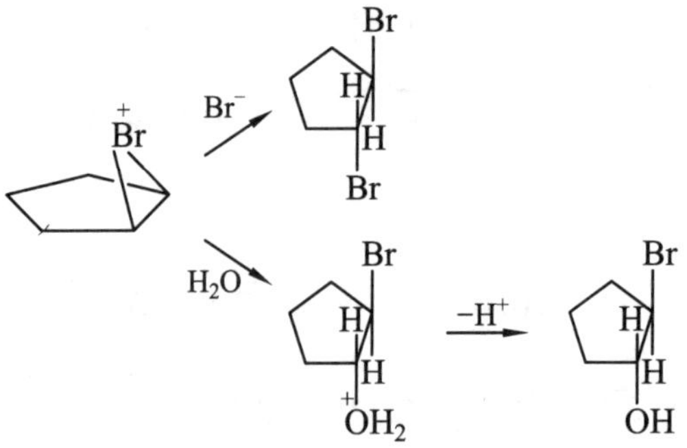

2. 碳正离子历程

烯烃与 HX 加成，H⁺首先加到 C═C 电子云密度较高的碳原子上，形成较稳定的碳正离子，然后，X⁻再加成上去。

如果加成得到的碳正离子不稳定，有可能重排为较稳定的碳正离子，生成取代或消除产物。

【例 6】

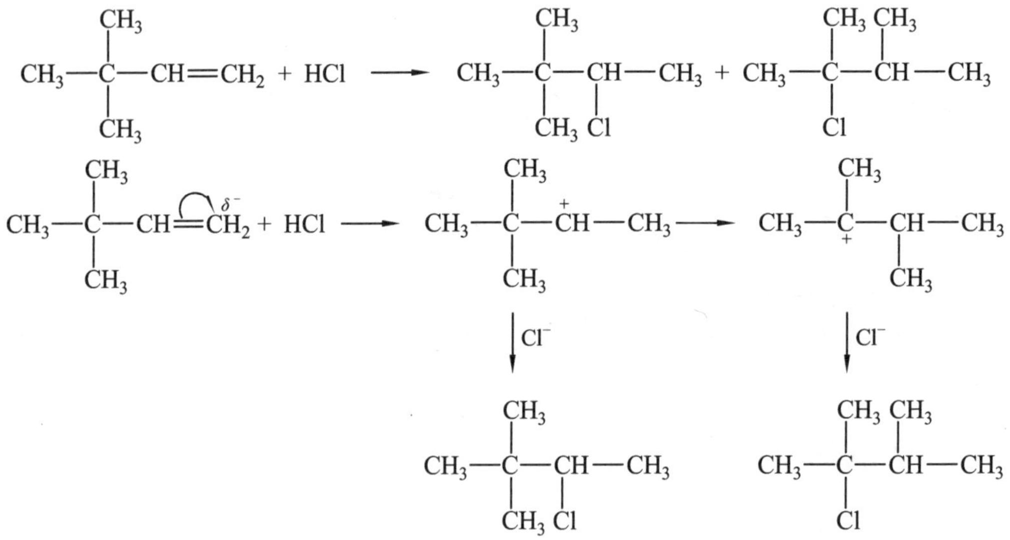

【例 7】

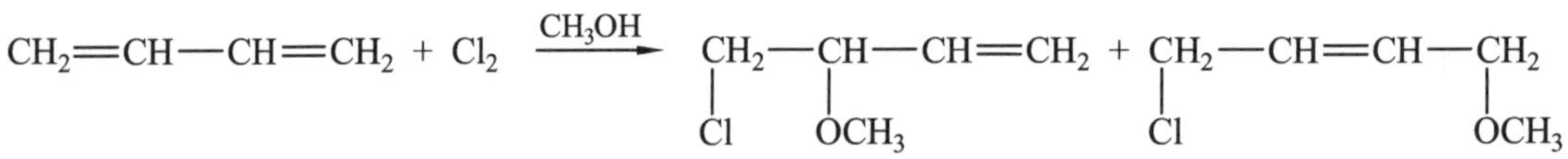

解：

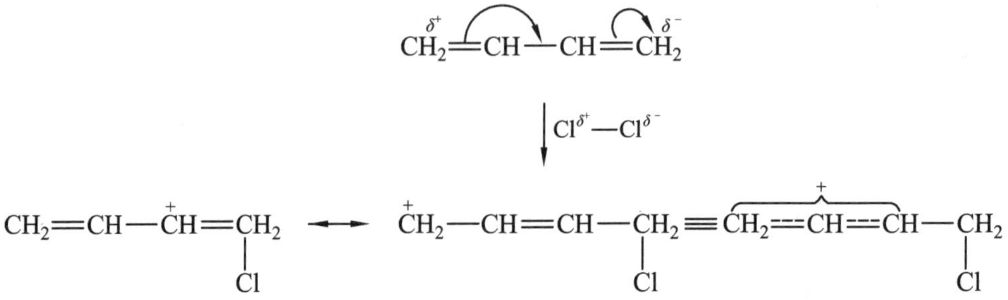

$$CH_2=CH-CH-CH_2 \quad\quad CH_2-CH=CH-CH_2$$
$$\underset{CH_3\overset{+}{O}H}{}\underset{Cl}{} \quad\quad \underset{CH_3\overset{+}{O}H}{}\underset{Cl}{}$$

（上方箭头标注 $CH_3\ddot{O}H$）

【例 8】

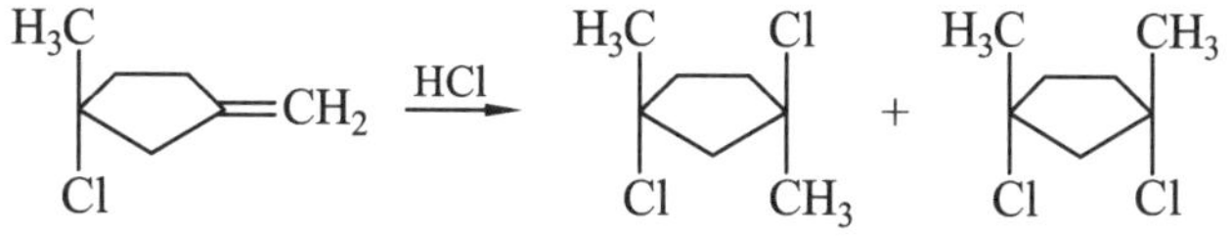

（反应式图：1-氯-1-甲基-3-亚甲基环戊烷 + HCl → 两种产物）

解：

（机理图，生成两种产物：一种有旋光性，一种无旋光性）

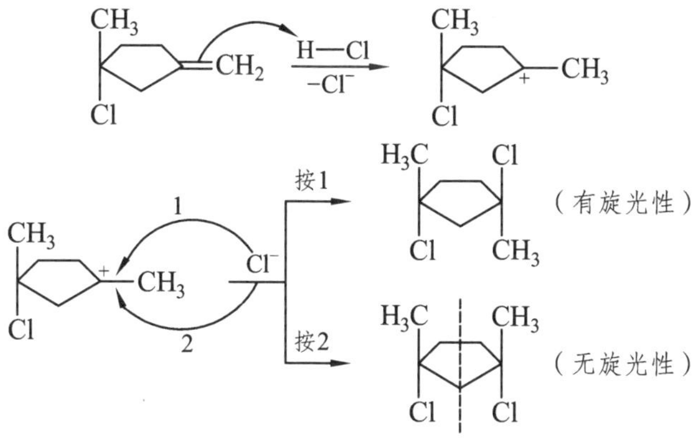

练 习

1. 异丁烯在硫酸催化下可发生二聚，生成分子式为 C_8H_{16} 的两种混合物，它们被催化加氢后生成同一烷烃（2,2,4-三甲基戊烷），试写出其反应历程。

2. 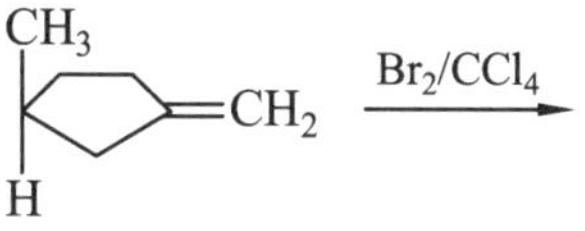 （结构式）$\xrightarrow{Br_2/CCl_4}$ (　) + (　)，并写出其反应历程。

3. 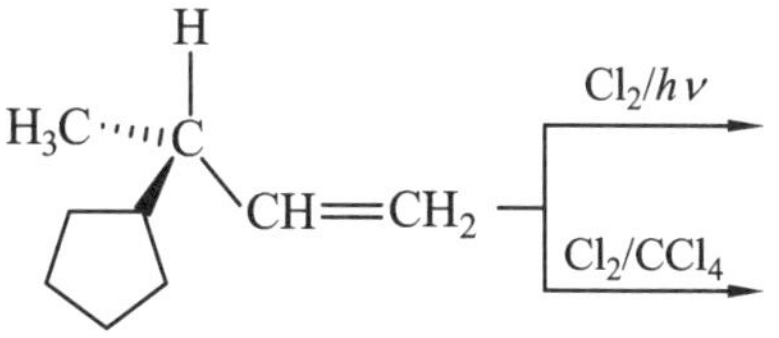 （结构式）$\begin{array}{c}\xrightarrow{Cl_2/h\nu} (\quad) \\ \xrightarrow{Cl_2/CCl_4} (\quad)\end{array}$，并写出其反应历程。

三、亲电取代反应

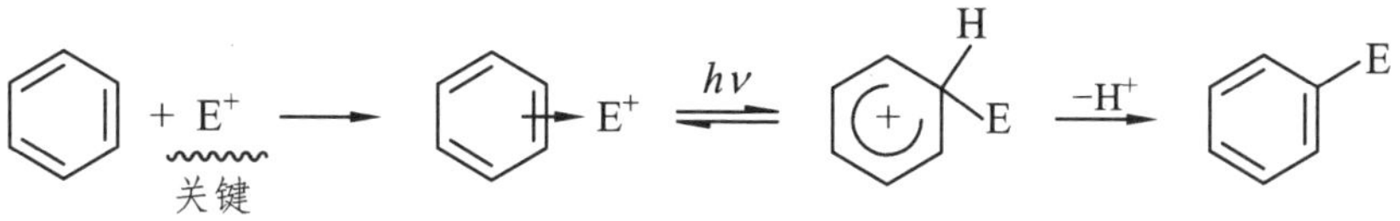

$$\underset{\text{关键}}{\bigcirc + E^+} \longrightarrow \bigcirc\!\!\!\!+\ E^+ \xrightleftharpoons[]{h\nu} \overset{H}{\underset{E}{\bigcirc\!\!\!\!+}} \xrightarrow{-H^+} \bigcirc\!\!-E$$

重点在 F-C（傅-克）反应。

【例9】

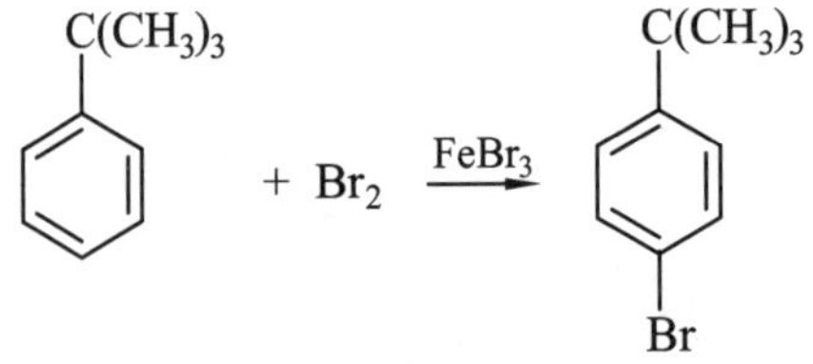

$$\underset{}{C_6H_5C(CH_3)_3} + Br_2 \xrightarrow{FeBr_3} \text{对-溴-叔丁基苯}$$

解:

$$Br\text{—}Br + FeBr_3 \longrightarrow Br^+ + FeBr_4^- \ (Br\text{—}Br \cdot FeBr_3)$$

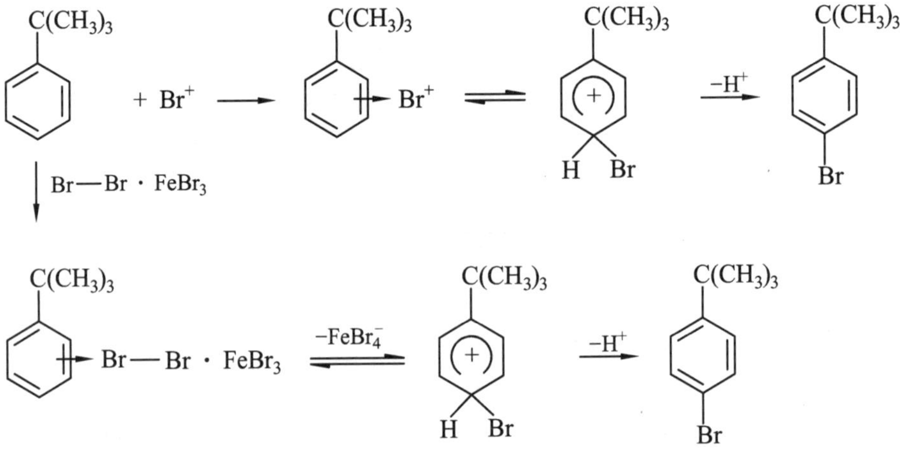

历程经由 Br^+ 进攻芳环生成 σ-络合物,再经 $-H^+$ 得产物;或经 $Br\text{—}Br \cdot FeBr_3$ 进攻,消去 $FeBr_4^-$ 后同样得 σ-络合物,再 $-H^+$ 得对位溴代产物。

$$FeBr_4^- + H^+ \longrightarrow HBr + FeBr_3$$

【例10】

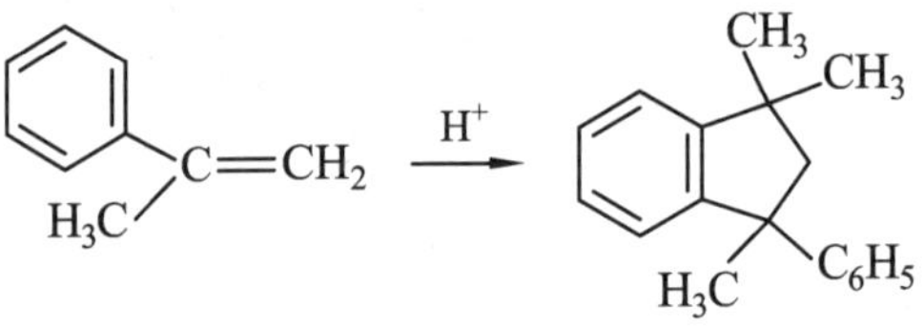

$$\underset{H_3C}{\overset{C_6H_5}{>}}C=CH_2 \xrightarrow{H^+} \text{1,1,3-三甲基-3-苯基茚满}$$

解: H^+ 加成到烯烃生成叔碳正离子 $C_6H_5\overset{+}{C}(CH_3)_2$,再与另一分子烯烃加成,所得碳正离子发生分子内芳环亲电取代关环,最后 $-H^+$ 得产物。

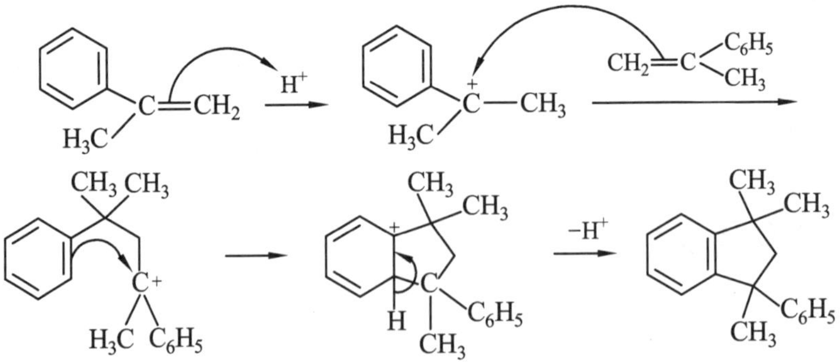

练 习

写出下列反应的反应历程:

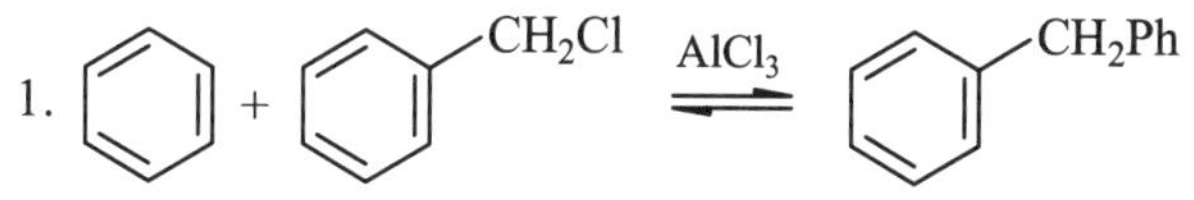

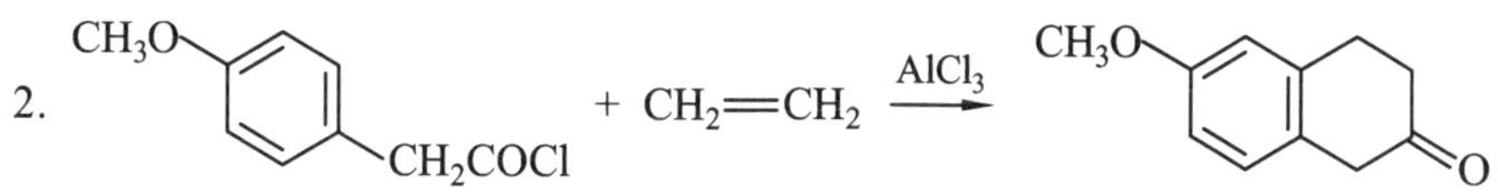

1. [phenyl] + [PhCH₂Cl] ⇌ (AlCl₃) [PhCH₂Ph]

2. [4-MeO-C₆H₄-CH₂COCl] + CH₂=CH₂ →(AlCl₃) [6-methoxy-2-tetralone]

四、消除反应

消除反应主要有 E1 和 E2 两种反应历程。

消除反应除 β-消除反应外，还有 α-消除反应。重点是 β-消除反应，β-消除反应的立体化学特征：在溶液中进行的消除反应通常为反式消除，而热消除反应通常为顺式消除反应。

【例 11】 2,3-二氯丁烷在叔丁醇钠的叔丁醇溶液中进行消除反应，得到两个顺反异构体，分别写出其反应历程。

解：2,3-二氯丁烷有 2 个手性碳原子，故有 3 个旋光异构体，即 1 对对映体和 1 个内消旋体。

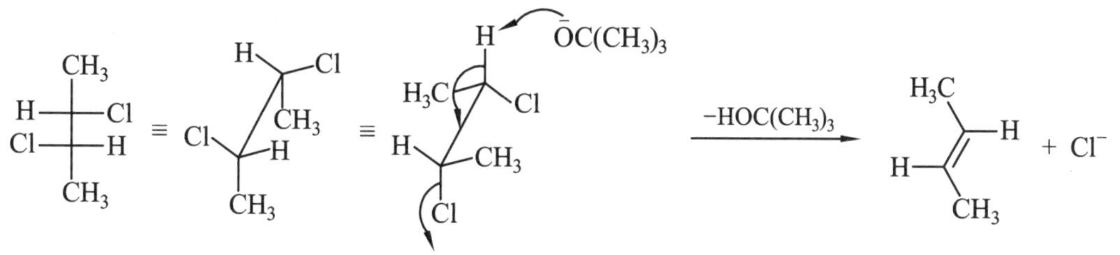

1 对对映体反应的结果均得反式烯烃。

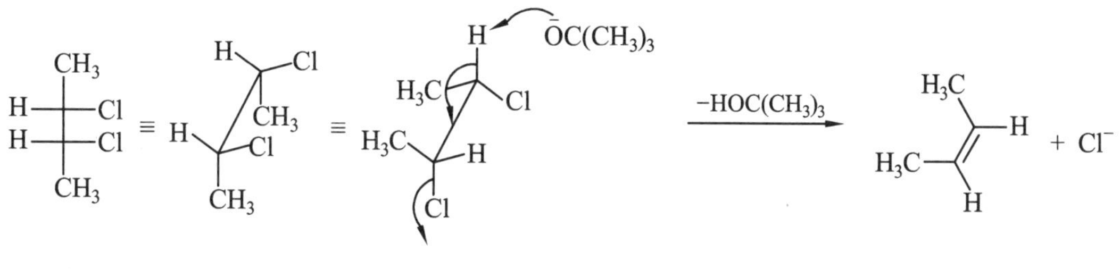

内消旋体反应得到顺式烯烃。

【例 12】 写出下列反应的反应历程。

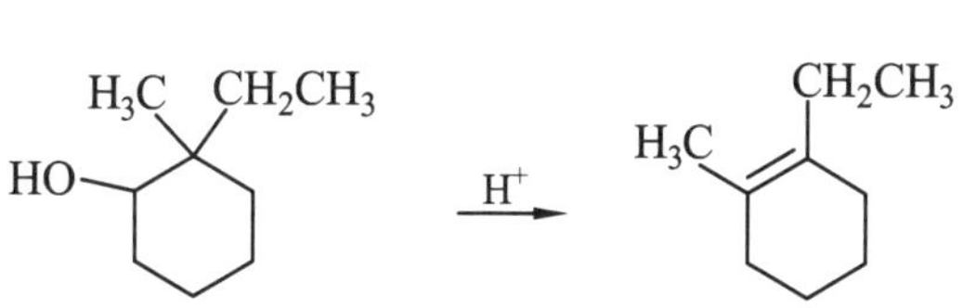

解：

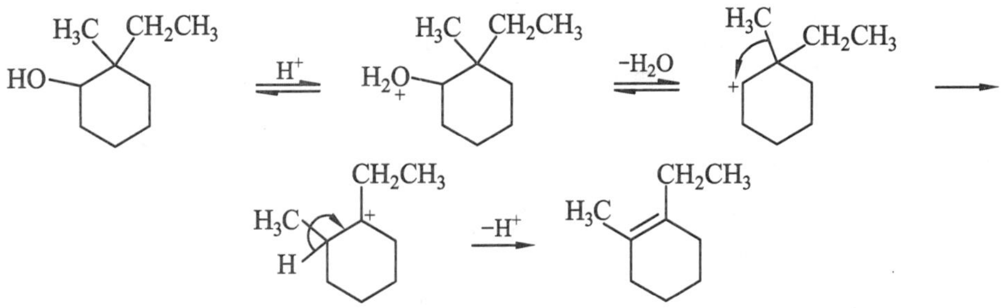

练 习

写出下列反应的反应历程：

1. 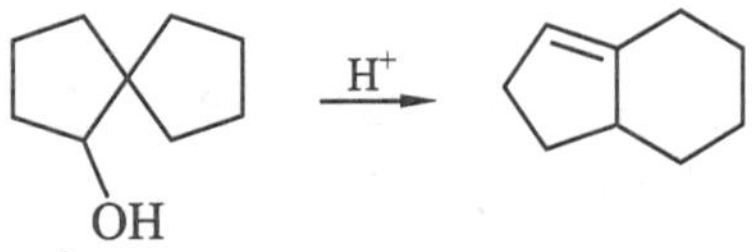 [螺环醇] $\xrightarrow{H^+}$ [氢化茚烯]

2. 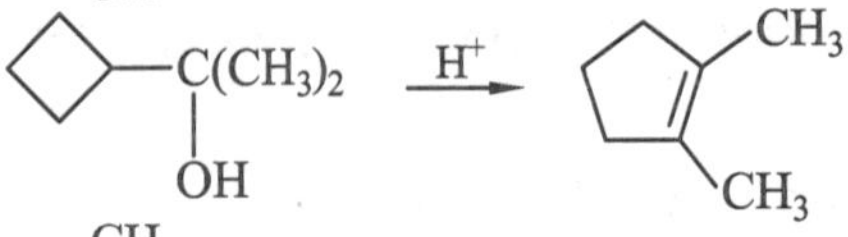 [环丁基-C(CH₃)₂OH] $\xrightarrow{H^+}$ [1,2-二甲基环戊烯]

3. 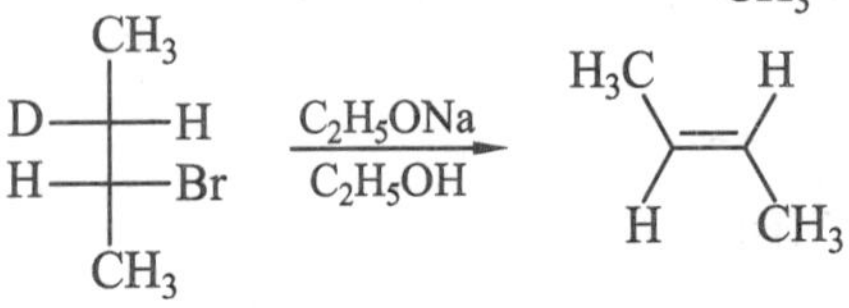 [CH₃-CDH-CHBr-CH₃ (Fischer投影式)] $\xrightarrow[C_2H_5OH]{C_2H_5ONa}$ [(E)-2-丁烯-d]

五、羰基的亲核加成反应

羰基的亲核加成反应历程可分为简单亲核加成反应和加成-消去反应历程。

1. 简单亲核加成反应

简单亲核加成反应包括与 HCN、NaHSO₃、ROH 的加成，其中以与 ROH 的加成（即缩醛反应）最为重要。

【例 13】 写出下列反应的反应历程。

$$CH_2CH_2CH_2CHO + CH_3CH_2OH \xrightleftharpoons{HCl(干)} \text{[四氢呋喃-2-基乙醚]}$$
（左侧末端有 OH）

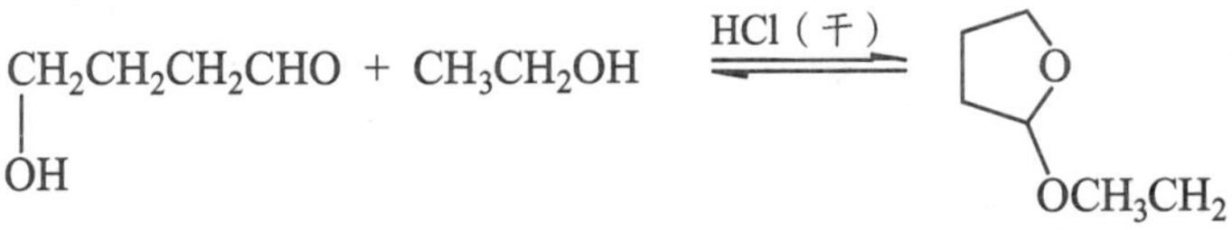

解：

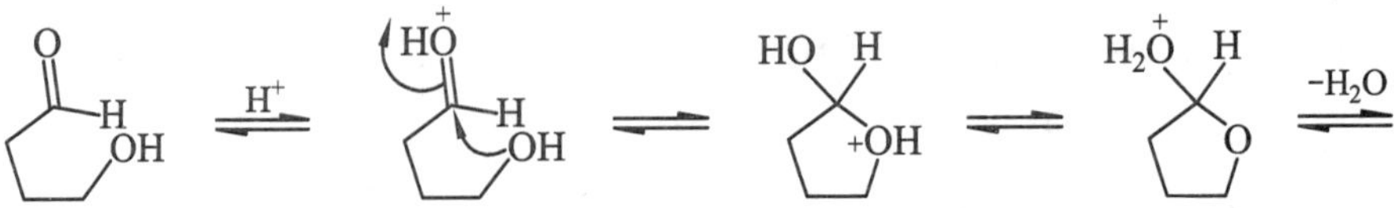

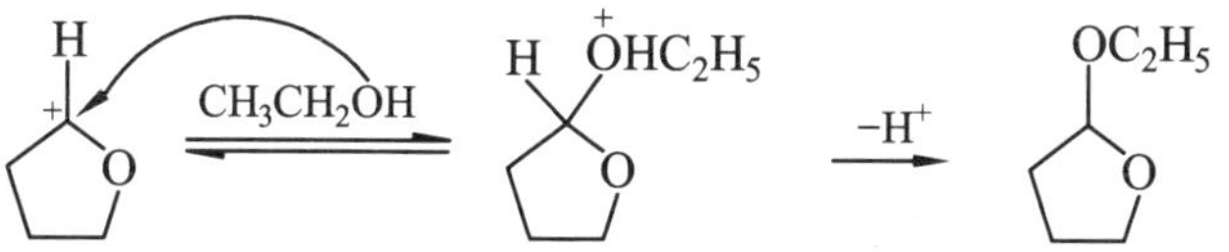

2. 加成-消去历程

加成-消去历程里主要指醛、酮与氨及其衍生物的加成。

3. α-碳为亲核试剂的羰基亲核加成

这类反应包括羟醛缩合、Perkin 反应、Claisen 缩合、Michael 加成反应等。

【例 14】 写出下列反应的反应历程：

(1) $C_6H_5CHO + CH_3COCH_3 \xrightarrow[\Delta]{OH^-} C_6H_5CH=CHCOCH_3$

(2) 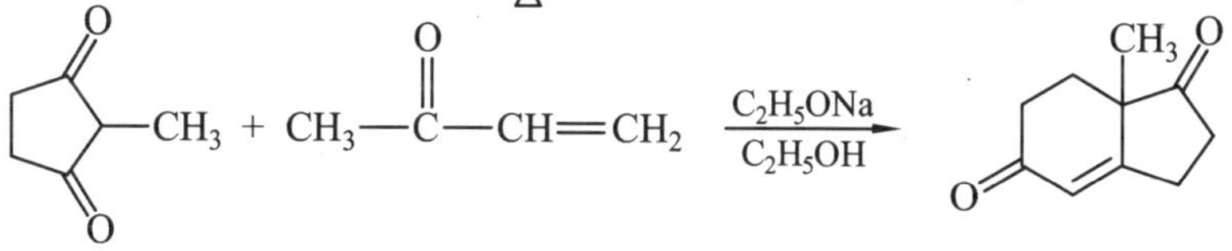 [环戊烷-1,3-二酮-2-甲基] + $CH_3-\overset{O}{\underset{\|}{C}}-CH=CH_2 \xrightarrow{C_2H_5ONa/C_2H_5OH}$ [双环产物]

解：

(1) $CH_3COCH_3 \xrightarrow[-H_2O]{OH^-} CH_3CO\overset{-}{C}H_2 \xrightarrow{C_6H_5CHO} C_6H_5\overset{O^-}{\underset{|}{C}H}-CH_2COCH_3 \xrightarrow[-OH^-]{H_2O}$

$C_6H_5\overset{OH}{\underset{|}{C}H}-CH_2COCH_3 \xrightarrow[-H_2O]{\Delta} C_6H_5CH=CHCOCH_3$

(2) [完整的 Michael 加成及分子内 aldol 缩合机理图示，包括去质子、Michael 加成、互变异构、重排、分子内羟醛缩合、脱水等步骤]

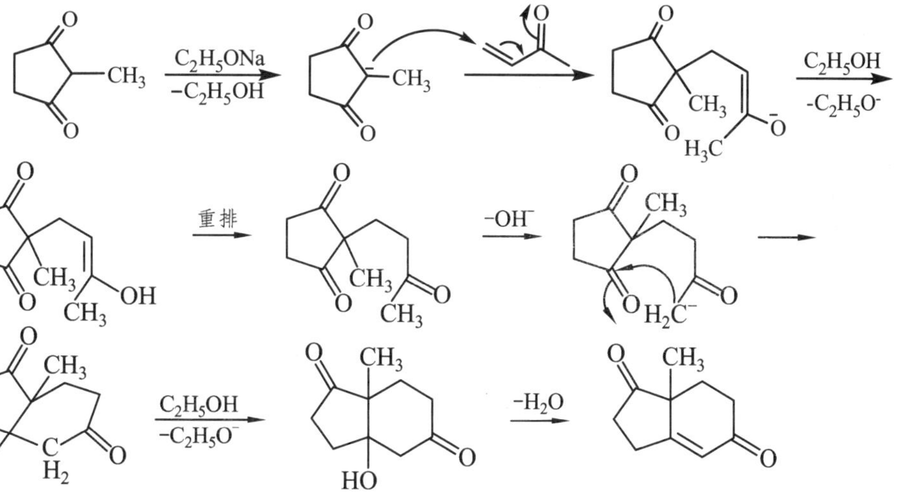

练 习

1. $2\ CH_3CH_2CHO \xrightarrow[\Delta]{dil.\ OH^-} CH_3CH_2CH=\underset{\underset{CH_3}{|}}{C}-CHO$

2. 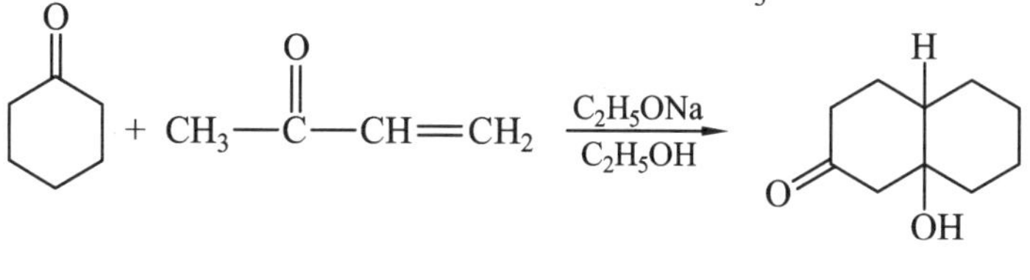 [环己酮] + $CH_3-\overset{O}{\underset{\|}{C}}-CH=CH_2 \xrightarrow{C_2H_5ONa/C_2H_5OH}$ [十氢萘酮-羟基产物]

3. 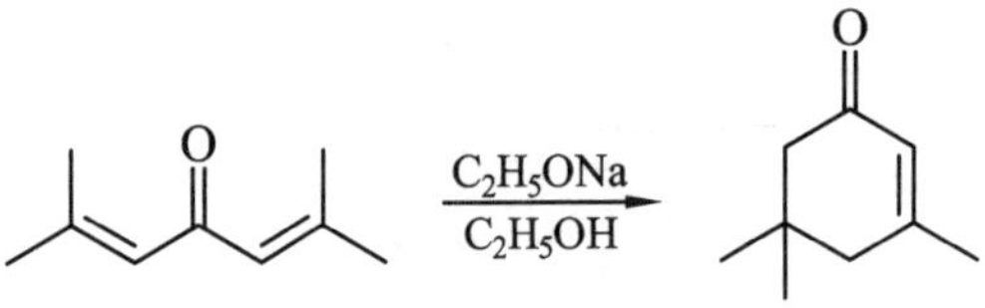 $\xrightarrow{\text{C}_2\text{H}_5\text{ONa}}{\text{C}_2\text{H}_5\text{OH}}$

第五节　有机化合物的分离与鉴别

一、有机化合物的鉴别

鉴别有机化合物的依据是化合物的特征反应。作为鉴别反应的试验应考虑以下问题：
（1）反应现象明显，易于观察，即有颜色变化，有沉淀产生，有气体生成等。
（2）方法简便、可靠、时间较短。
（3）反应具有特征性，干扰小。
解好这类试题需要对各类化合物的鉴别方法进行较为详尽的总结，以便应用。

二、有机混合物的分离、提纯

1. 有机混合物的分离

有机混合物分离的一般原则是：
（1）根据混合物各组分的溶解度不同进行分离；
（2）根据混合物各组分的化学性质不同进行分离；
（3）根据混合物各组分的挥发性不同进行分离。

【例1】　试分离硝基苯、苯胺和苯酚的混合物。

解：

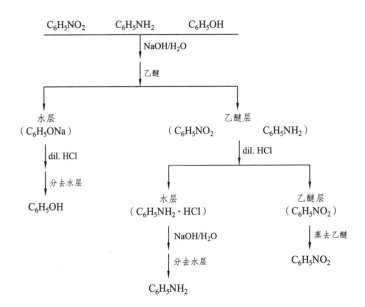

2. 有机混合物的提纯

提纯与分离不同的是：混合物中只有含量较高的组分是所需要的，其他物质视为杂质，弃之不要。其方法通常是用化学方法使杂质发生化学反应而易于除去。

【例2】 在乙酸正丁酯的合成中，反应后溶液中含有乙酸、正丁醇、乙酸正丁酯、硫酸和水，如何得到纯的乙酸正丁酯？

解：

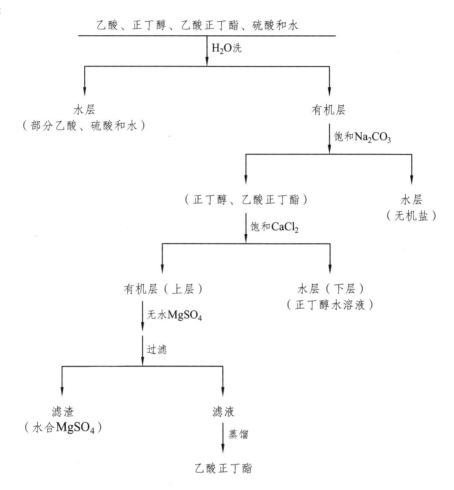

第六节　有机化合物的合成

解好有机合成题的基础是将有机反应按官能团转化、增长碳链、减少碳链、重组碳架、环扩大、环缩小、开环、关环等进行归纳，熟记，灵活应用。

解合成题通常分两步进行：

（1）运用倒推法即逆合成分析法对目标分子进行剖析，一步步倒推至所需的原料（指定的），最终确定合成所需的起始原料。这就要求全面掌握各类化学反应和各类化合物的拆分方法。

(2) 以剖析为依据，写出合成方案。

下面以四种类型进行举例分析：

【例1】 完成下列转化：

(1) CH≡CCH₂CH₂Br ⟶ CH₃COCH₂CH₂CH₂CH₂OH

倒推法分析：目标分子一方面是一个甲基酮，另一方面又是一个比原料增加两个碳原子的伯醇。

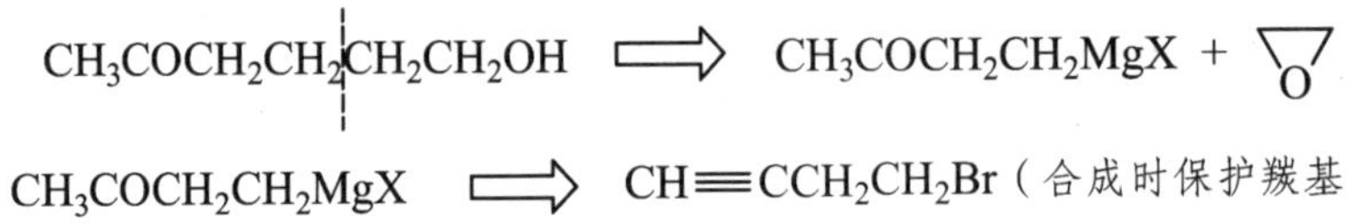

$$CH_3COCH_2CH_2 | CH_2CH_2OH \Longrightarrow CH_3COCH_2CH_2MgX + \underset{O}{\triangle}$$

$$CH_3COCH_2CH_2MgX \Longrightarrow CH\equiv CCH_2CH_2Br \text{（合成时保护羰基）}$$

合成：

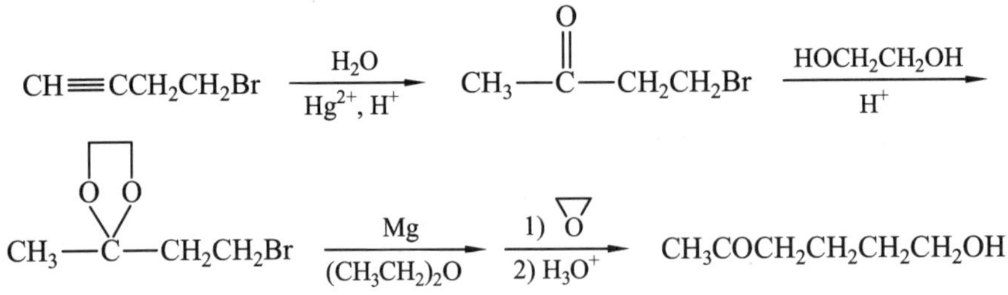

$$CH\equiv CCH_2CH_2Br \xrightarrow[Hg^{2+}, H^+]{H_2O} CH_3-\underset{\underset{O}{\parallel}}{C}-CH_2CH_2Br \xrightarrow[H^+]{HOCH_2CH_2OH}$$

$$CH_3-\underset{\overset{O\ O}{\triangle}}{C}-CH_2CH_2Br \xrightarrow[(CH_3CH_2)_2O]{Mg} \xrightarrow[2)\ H_3O^+]{1)\ \triangle_O} CH_3COCH_2CH_2CH_2CH_2OH$$

(2) 环己醇 ⟶ H₃C-CO-(CH₂)₄CHO

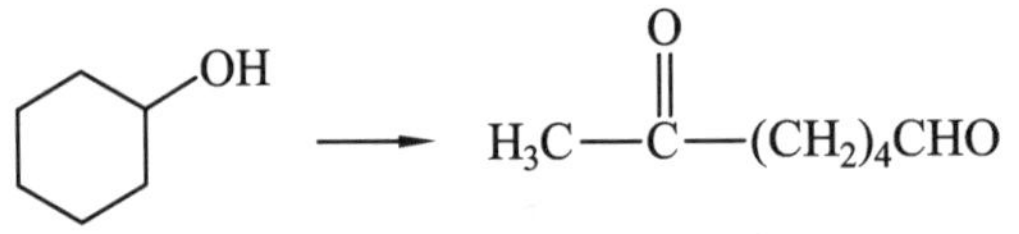

倒推法分析：这是增加一个碳原子的反应，且由环状化合物转化成链状化合物。

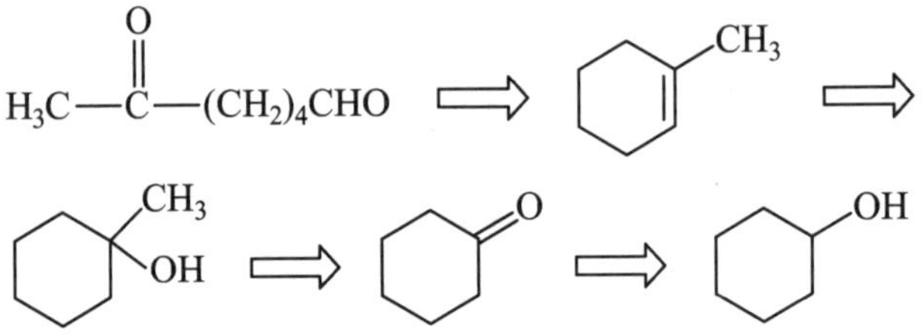

H₃C-CO-(CH₂)₄CHO ⟹ 1-甲基环己烯 ⟹ 1-甲基环己醇 ⟹ 环己酮 ⟹ 环己醇

合成：

环己醇 $\xrightarrow{K_2Cr_2O_7/H^+}$ 环己酮 $\xrightarrow[2)\ H_3O^+]{1)\ CH_3MgBr}$ 1-甲基环己醇 $\xrightarrow[-H_2O]{H^+,\ \Delta}$

1-甲基环己烯 $\xrightarrow[2)\ Zn/H_2O]{1)\ O_3}$ H₃C-CO-(CH₂)₄CHO

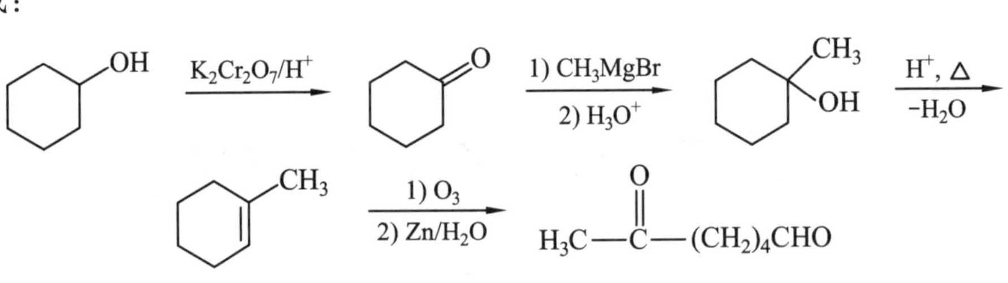

(3) C₂H₅OH ⟶ H₂NCH₂CH₂CH₂CH₂NH₂

倒推法分析：这是一个增加两个碳原子的反应，目标分子为胺。

H₂NCH₂CH₂CH₂CH₂NH₂ ⟹ NC—CH₂CH₂—CN ⟹
Br—CH₂CH₂—Br ⟹ CH₂=CH₂ ⟹ C₂H₅OH

合成：

$$C_2H_5OH \xrightarrow[\Delta]{H^+} CH_2=CH_2 \xrightarrow{Br_2/CCl_4} BrCH_2CH_2Br \xrightarrow{NaCN}$$

$$NCCH_2CH_2CN \xrightarrow{H_2/Ni} H_2NCH_2CH_2CH_2CH_2NH_2$$

（4）

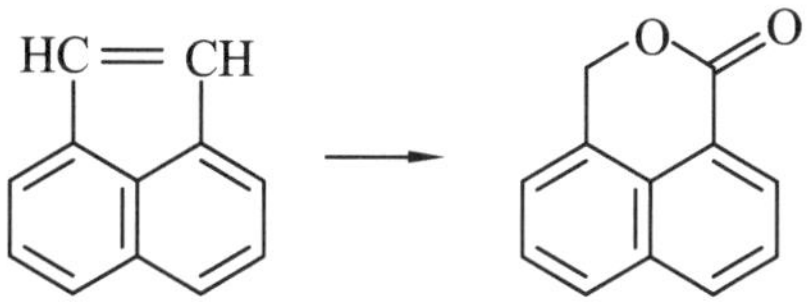

倒推法分析：该转化是一个扩环反应，目标分子为经分子内酯化生成的内酯。

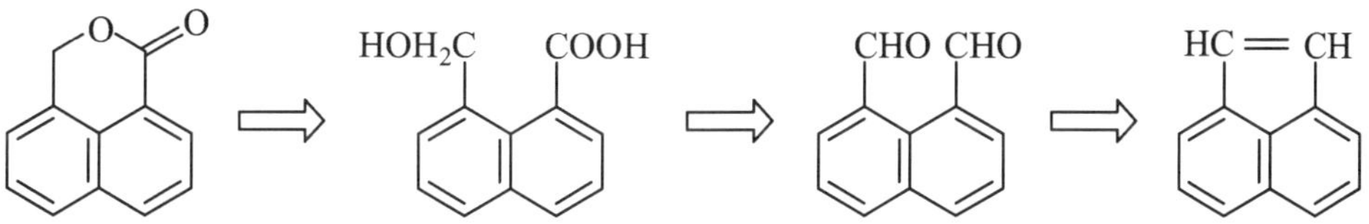

合成：

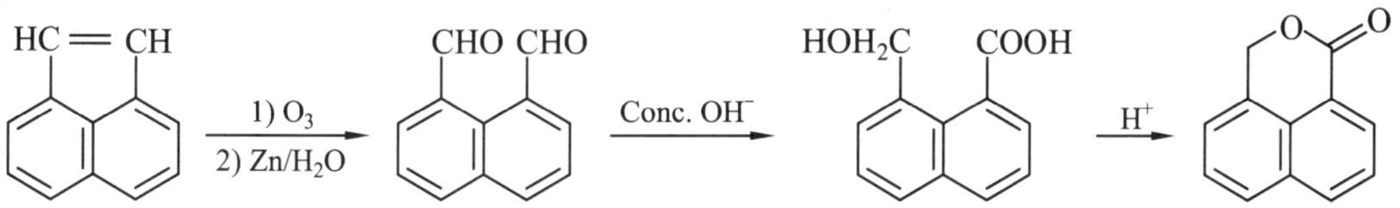

练 习

完成下列转化：

1. $CH_3COCH_2CH_3 \longrightarrow CH_3CH_2-CH(CH_3)-O-CH_3$

合成：

$$CH_3COCH_2CH_3 \xrightarrow{H_2/Ni} CH_3CH(OH)CH_2CH_3 \xrightarrow{Na} CH_3CH(O^-Na^+)CH_2CH_3 \xrightarrow{CH_3I} TM$$

2. 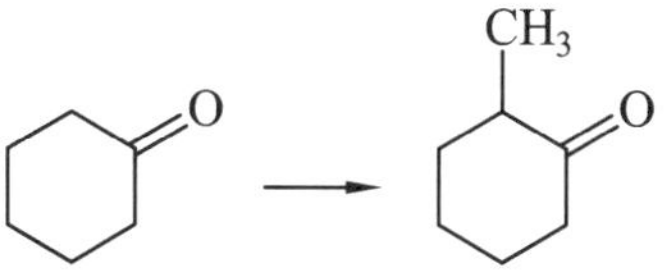 环己酮 → 2-甲基环己酮

合成：

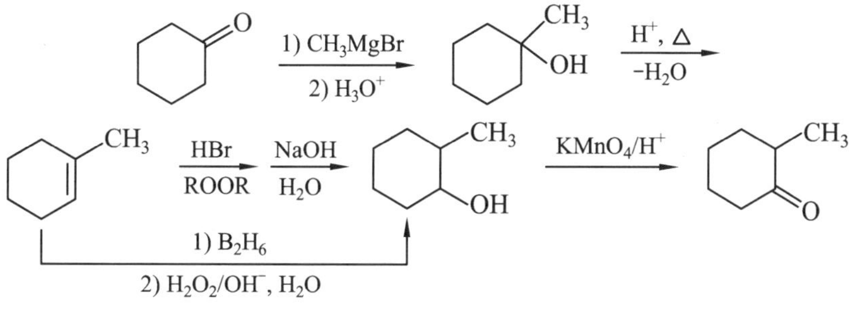

【例2】 用C4以下的开链烃合成（无机试剂任选）：

(1) 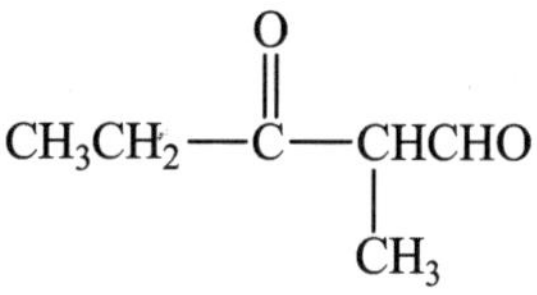 $CH_3CH_2-\overset{O}{\underset{\|}{C}}-\underset{CH_3}{\overset{|}{CH}}CHO$

分析：目标分子是一个 β-酮醛。

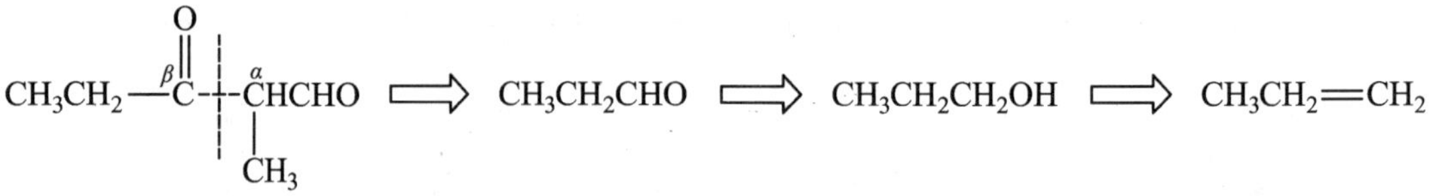

$CH_3CH_2-\overset{O}{\underset{\beta\|}{C}}\dashv\underset{CH_3}{\overset{\alpha|}{CH}}CHO \Longrightarrow CH_3CH_2CHO \Longrightarrow CH_3CH_2CH_2OH \Longrightarrow CH_3CH=CH_2$

在合成中要注意保护羰基。

合成：

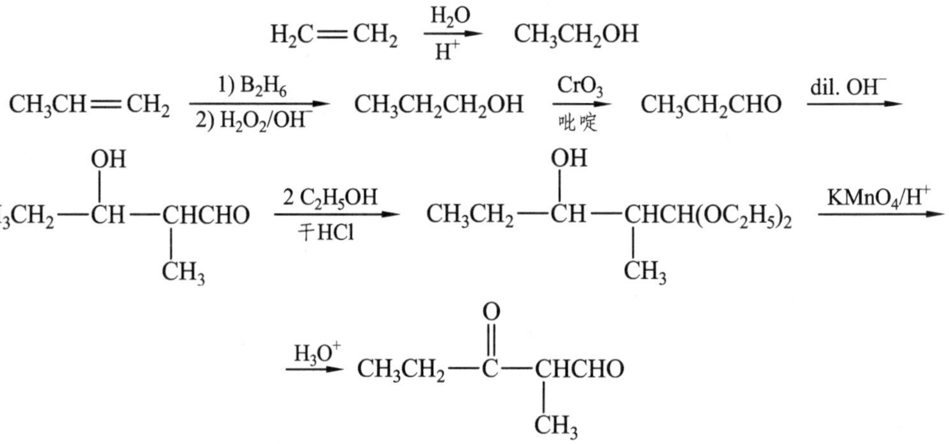

$H_2C=CH_2 \xrightarrow[H^+]{H_2O} CH_3CH_2OH$

$CH_3CH=CH_2 \xrightarrow[2) H_2O_2/OH^-]{1) B_2H_6} CH_3CH_2CH_2OH \xrightarrow[\text{吡啶}]{CrO_3} CH_3CH_2CHO \xrightarrow{\text{dil. } OH^-}$

$CH_3CH_2\underset{OH}{\overset{|}{CH}}-\underset{CH_3}{\overset{|}{CH}}CHO \xrightarrow[\text{干HCl}]{2\ C_2H_5OH} CH_3CH_2\underset{OH}{\overset{|}{CH}}-\underset{CH_3}{\overset{|}{CH}}CH(OC_2H_5)_2 \xrightarrow{KMnO_4/H^+}$

$\xrightarrow{H_3O^+} CH_3CH_2-\overset{O}{\underset{\|}{C}}-\underset{CH_3}{\overset{|}{CH}}CHO$

(2) $H_2C=CHCH_2\underset{CH_3}{\overset{|}{CH}}-O-CH_2-\overset{}{CH}\underset{O}{\diagdown}CH_2$

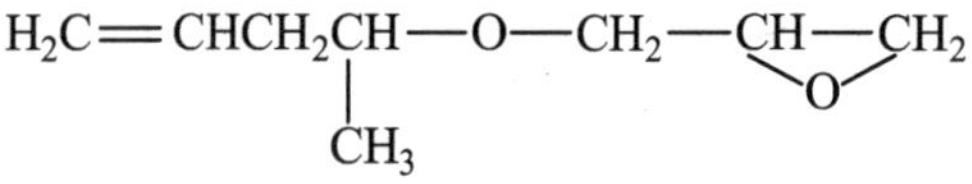

分析：

$H_2C=CHCH_2\underset{CH_3}{\overset{|}{CH}}\overset{1}{-}O\overset{2}{-}CH_2-CH\underset{O}{\diagdown}CH_2 \Longrightarrow$

$\overset{1}{\Longrightarrow} H_2C=CHCH_2\underset{CH_3}{\overset{|}{CH}}-X + NaO-CH_2-CH\underset{O}{\diagdown}CH_2$

（不可取，仲卤烷在碱性条件下易发生消除）

$\overset{2}{\Longrightarrow} H_2C=CHCH_2\underset{CH_3}{\overset{|}{CH}}-ONa + Cl-CH_2-CH\underset{O}{\diagdown}CH_2$

$H_2C=CHCH_2\underset{OH}{\overset{|}{CH}}-CH_3 \Longrightarrow H_2C=CHCH_2MgX + CH_3CHO$

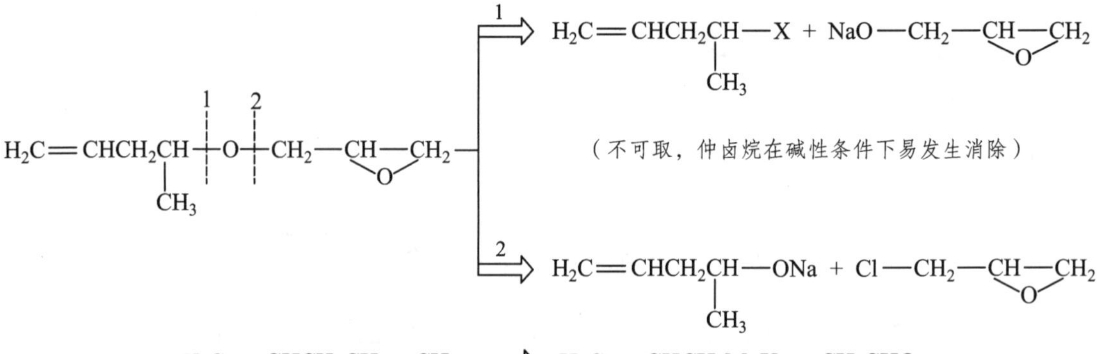

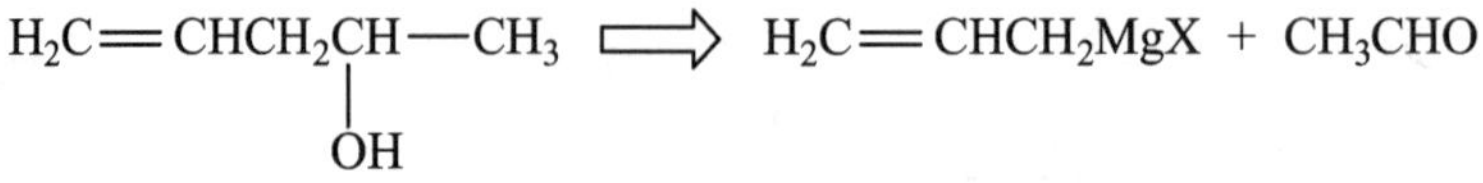

合成：

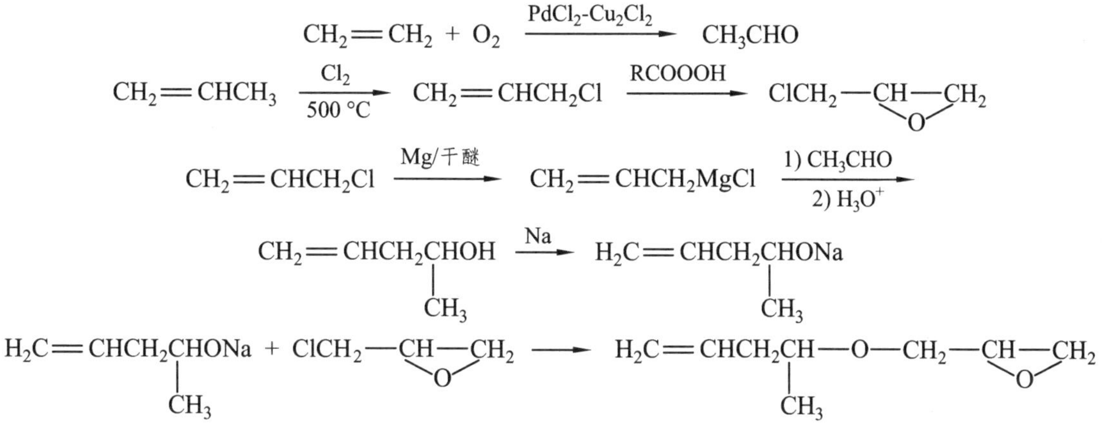

$$CH_2=CH_2 + O_2 \xrightarrow{PdCl_2-Cu_2Cl_2} CH_3CHO$$

$$CH_2=CHCH_3 \xrightarrow{Cl_2}{500\ ℃} CH_2=CHCH_2Cl \xrightarrow{RCOOOH} ClCH_2-CH\underset{O}{-}CH_2$$

$$CH_2=CHCH_2Cl \xrightarrow{Mg/干醚} CH_2=CHCH_2MgCl \xrightarrow{1)\ CH_3CHO}{2)\ H_3O^+}$$

$$CH_2=CHCH_2CH(OH)CH_3 \xrightarrow{Na} H_2C=CHCH_2CH(ONa)CH_3$$

$$H_2C=CHCH_2CH(ONa)CH_3 + ClCH_2-CH\underset{O}{-}CH_2 \longrightarrow H_2C=CHCH_2CH(CH_3)-O-CH_2-CH\underset{O}{-}CH_2$$

【例3】 以指定原料合成（其他试剂任选）：

（1）$CH_3CH_2OH \longrightarrow$ (3-甲基-环己-1,3-二烯基)-CH_2CH_2OH

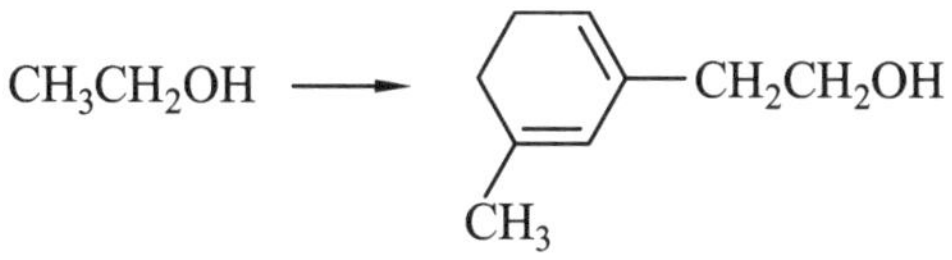

分析：

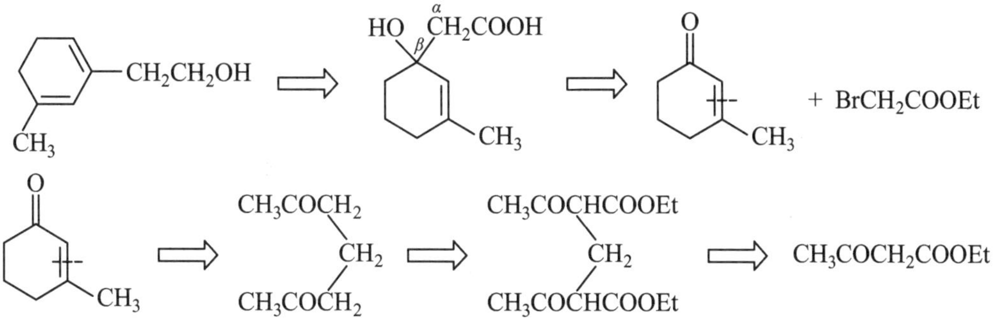

逆合成分析图示

合成：

$$CH_3CH_2OH \xrightarrow{KMnO_4}{H^+} \xrightarrow{Br_2}{P} \xrightarrow{C_2H_5OH}{H^+} CH_2(Br)COOC_2H_5$$

$$2CH_3COOH \xrightarrow{2C_2H_5OH}{H^+} 2CH_2COOC_2H_5 \xrightarrow{1)\ C_2H_5ONa}{2)\ CH_3COOH} CH_3COCH_2COOC_2H_5$$

$$2CH_3COCH_2COOC_2H_5 \xrightarrow{1)\ C_2H_5ONa}{2)\ CH_2Br_2} CH_2(CH_3COCHCOOC_2H_5)_2 \xrightarrow{1)\ H_2O/OH^-}{2)\ H^+} \xrightarrow{\Delta}{-CO_2}$$

$$CH_2(CH_3COCH_2)_2 \xrightarrow{KOH, H_2O}{\Delta} \text{(3-甲基-环己-2-烯-1-酮)} \xrightarrow{BrCH_2COOC_2H_5}{Zn, 甲苯} \xrightarrow{H_3O^+} \text{产物}$$

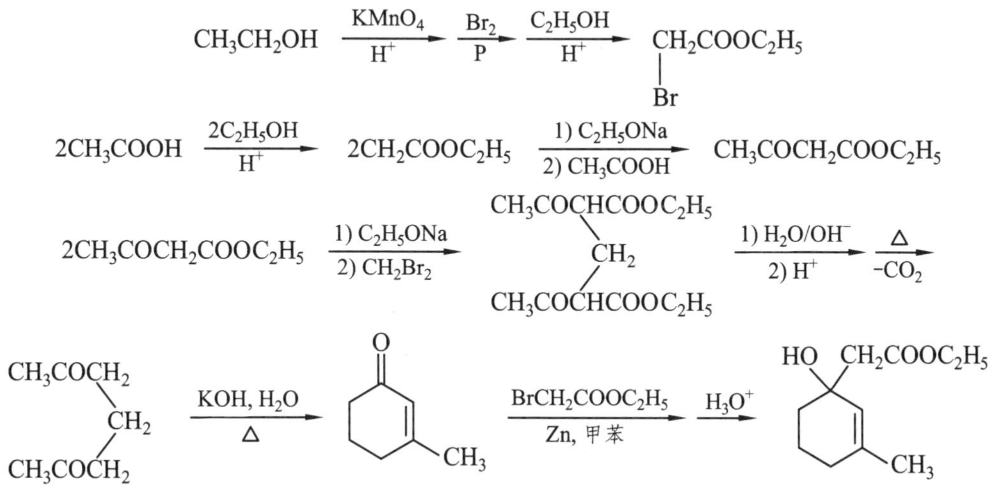

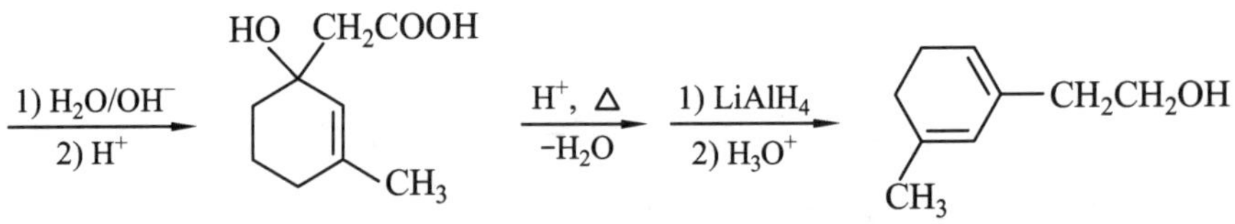

$$\xrightarrow[\text{2) H}^+]{\text{1) H}_2\text{O/OH}^-} \text{[1-hydroxy-3-methylcyclohex-2-enyl acetic acid]} \xrightarrow[-\text{H}_2\text{O}]{\text{H}^+, \Delta} \xrightarrow[\text{2) H}_3\text{O}^+]{\text{1) LiAlH}_4} \text{[3-methylcyclohex-2-enyl ethanol]}$$

(2) 甲苯 ⟶ 2-甲氧基-5-甲基-4'-硝基二苯甲酮

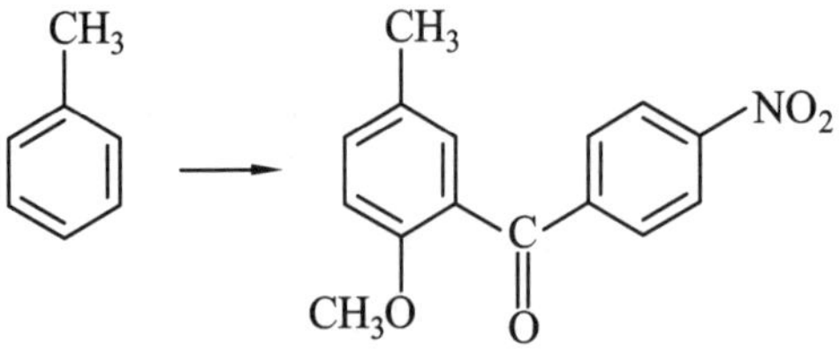

分析：此类化合物的切断尤其要注意，酰基化反应在含有强吸电子基（如硝基）的芳环上是不能发生的。所以，只有在羰基的左侧切断才有效，另一侧的切断是无效的。

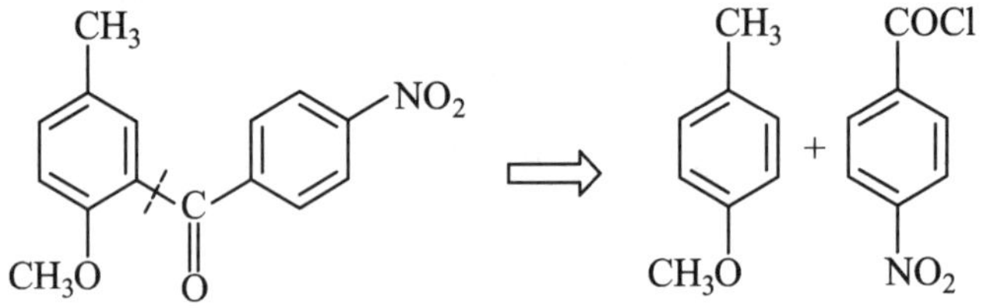

[切断分析示意图]

合成：

$$\text{甲苯} \xrightarrow[\text{100 °C}]{\text{H}_2\text{SO}_4} \xrightarrow{\text{Na}_2\text{CO}_3} \xrightarrow[\text{300 °C}]{\text{NaOH}} \text{4-甲基酚钠} \xrightarrow{\text{CH}_3\text{I}} \text{4-甲基苯甲醚}$$

$$\text{甲苯} \xrightarrow[\text{H}_2\text{SO}_4]{\text{HNO}_3} \xrightarrow{\text{KMnO}_4/\text{H}^+} \xrightarrow{\text{SOCl}_2} \text{对硝基苯甲酰氯}$$

$$\text{4-甲基苯甲醚} + \text{对硝基苯甲酰氯} \xrightarrow{\text{AlCl}_3} \text{目标产物}$$

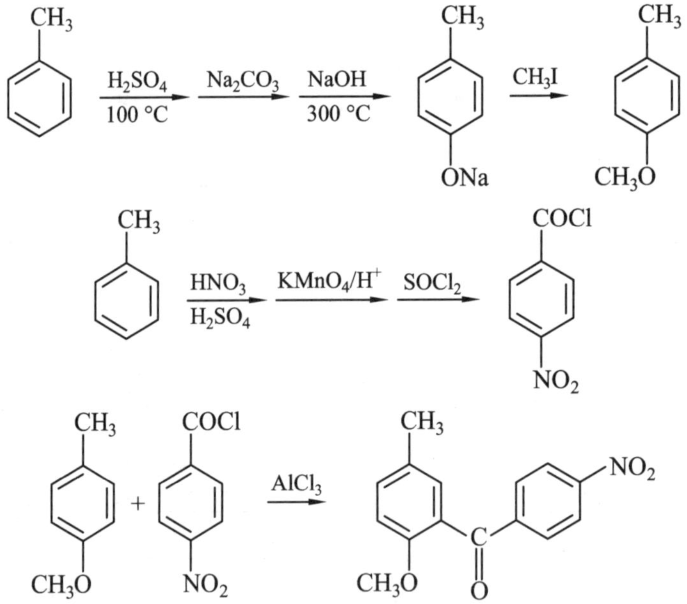

练 习

以指定原料合成（其他试剂任选）：

1. 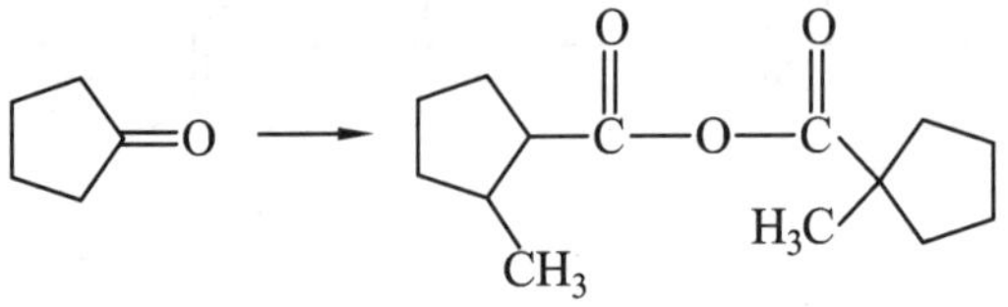 环戊酮 ⟶ [目标酸酐产物]

合成：

1. 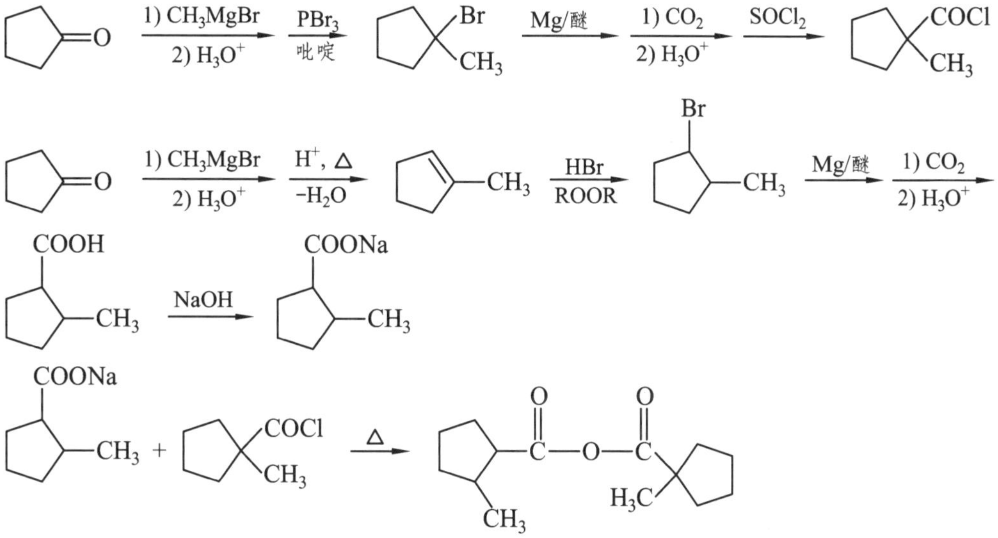 [环戊酮] → 1) CH₃MgBr / 2) 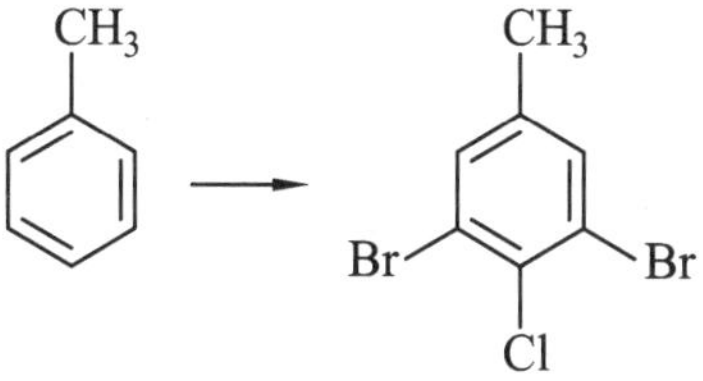 H₃O⁺ → PBr₃/吡啶 → [1-甲基-1-溴环戊烷] → Mg/醚 → 1) CO₂ / 2) H₃O⁺ → SOCl₂ → [1-甲基环戊基甲酰氯]

[环戊酮] → 1) CH₃MgBr / 2) H₃O⁺ → H⁺, Δ, −H₂O → [1-甲基环戊烯] → HBr/ROOR → [2-甲基-1-溴环戊烷] → Mg/醚 → 1) CO₂ / 2) H₃O⁺ →

[2-甲基环戊烷甲酸] → NaOH → [2-甲基环戊烷甲酸钠]

[2-甲基环戊烷甲酸钠] + [1-甲基环戊基甲酰氯] → Δ → [混酐产物]

2. [甲苯] → [3,5-二溴-4-氯甲苯]

合成：

[甲苯] → HNO₃/H₂SO₄ → Fe + HCl → Br₂ → [2,6-二溴-4-甲基苯胺] → NaNO₂ + HCl, 0~5 °C → CuCl/HCl →

[3,5-二溴-4-氯甲苯]

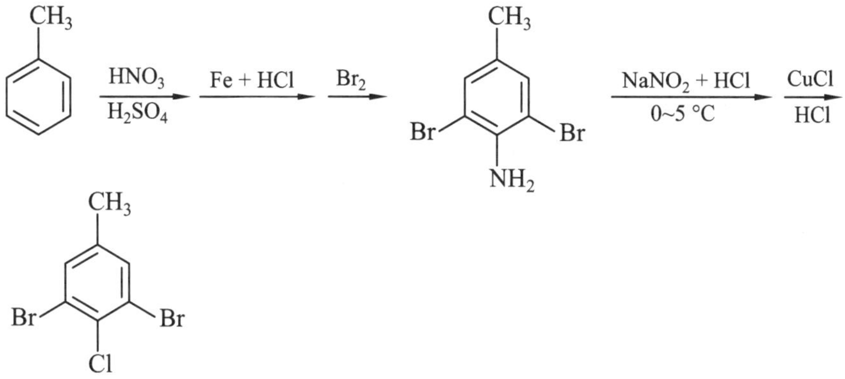

第七节　有机化合物的结构推导

（1）要求熟练掌握各类有机化合物的化学、物理以及四谱性质。
（2）熟练掌握各类有机化合物的互相转化。
（3）熟练掌握常见的人名反应。
（4）熟练掌握常见的重排反应。

下面以几个例子说明：

【例1】 有一烃 A(C_9H_{12})，能吸收 3 mol 溴，与 $Cu(NH_3)_2Cl$ 溶液能生成红色沉淀，A 在 $HgSO_4$-H_2SO_4 存在下能水合生成 B($C_9H_{14}O$)；B 与过量的饱和 $NaHSO_3$ 溶液反应生成白色结晶，B 与 NaOI 作用生成一种黄色沉淀和一种酸 C($C_8H_{12}O_2$)；C 能使 Br_2-CCl_4 溶液褪色，C 用臭氧氧化然后还原水解，生成 D($C_7H_{10}O_3$)；D 能与羰基试剂反应，还能与 $[Ag(NH_3)_2]OH$ 溶液发生银镜反应，生成一种无 α-H 的二元酸。确定 A、B、C、D 的构造式，并写出有关的主要反应式。

解：

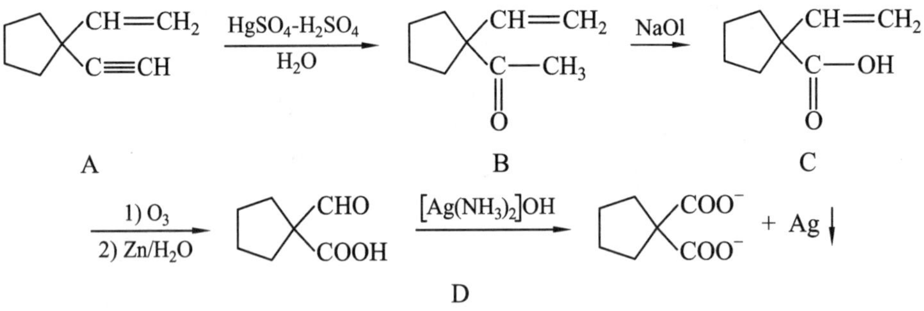

【例2】 旋光性化合物 A（右旋）的分子式为 $C_7H_{11}Br$，在过氧化物存在下与 HBr 反应生成 B 和 C 异构体，B、C 的分子式为 $C_7H_{12}Br_2$，B 有旋光性，C 无旋光性。用 1 mol KOH-C_2H_5OH 溶液处理 B，产生(+)-A，处理 C 产生(±)-A。用 KOH-C_2H_5OH 溶液处理 A 得 D，D 的分子式为 C_7H_{10}。D 经臭氧氧化及还原水解生成 2 mol 甲醛和 1 mol 1,3-环戊二酮。写出 A、B、C 和 D 的结构及有关反应式。

解：

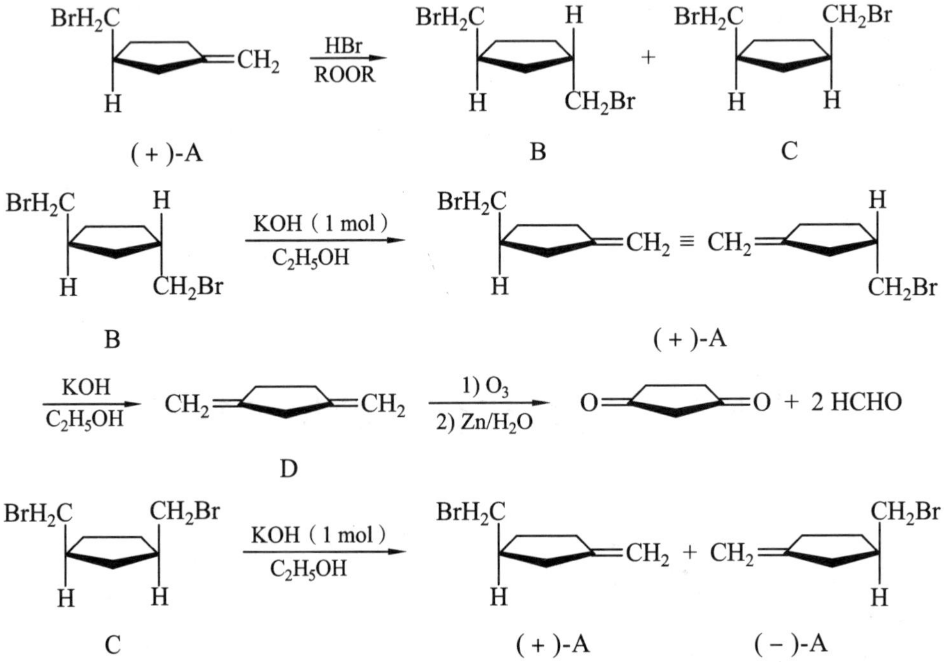

【例 3】 根据以下信息推测 A、B 和 C 的结构。

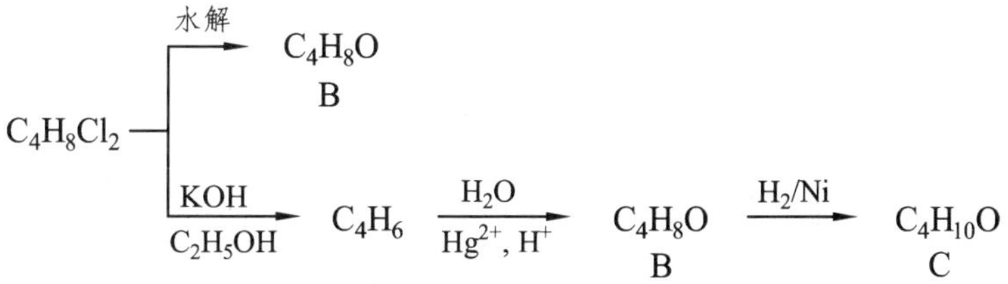

$$C_4H_8Cl_2 \xrightarrow{\text{水解}} \underset{B}{C_4H_8O}$$

$$C_4H_8Cl_2 \xrightarrow[C_2H_5OH]{KOH} C_4H_6 \xrightarrow[Hg^{2+}, H^+]{H_2O} \underset{B}{C_4H_8O} \xrightarrow{H_2/Ni} \underset{C}{C_4H_{10}O}$$

B 有碘仿反应，IR 谱图在 1 715 cm^{-1} 处有强吸收带。A 的 NMR 谱图表明：3H（单峰），2H（四重峰），3H（三重峰）。

解：

A：CH$_3$CH$_2$CCl$_2$CH$_3$ B：CH$_3$CH$_2$COCH$_3$ C：CH$_3$CH$_2$CH(OH)CH$_3$

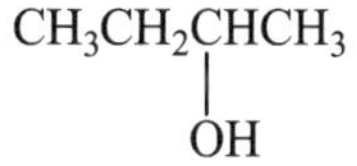

【例 4】 某化合物的分子式为 C$_5$H$_{10}$O$_2$，红外光谱在 1 750、1 250 cm^{-1} 处有强吸收峰；核磁共振谱在 δ =1.2 ppm（双重峰，6H），δ =1.9 ppm（单峰，3H），δ =5.0 ppm（七重峰，1H）处有吸收峰。试确定该化合物的构造式。

解：

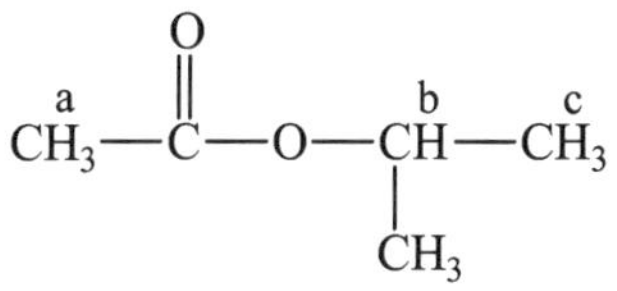

$$\overset{a}{CH_3}-\overset{\displaystyle O}{\overset{\|}{C}}-O-\overset{b}{CH}(\underset{CH_3}{})-\overset{c}{CH_3}$$

a：δ =1.9， b：δ =5.0， c：δ =1.2
IR：C═O：1 750 cm^{-1}，C—O：1 250 cm^{-1}

第二章 有机化学各章思考题及答案

第一章 绪 论

略。

第二章 烷 烃

2-1 写出庚烷的同分异构体的构造式和键线式。

解： 构造式如下：

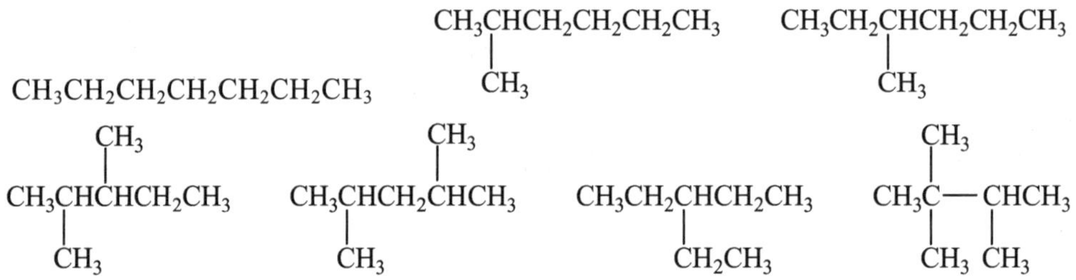

$$CH_3CH_2CH_2CH_2CH_2CH_2CH_3$$

$$CH_3CHCH_2CH_2CH_2CH_3 \atop CH_3$$

$$CH_3CH_2CHCH_2CH_2CH_3 \atop CH_3$$

$$CH_3 \atop CH_3CHCHCH_2CH_3 \atop CH_3$$

$$CH_3 \atop CH_3CHCH_2CHCH_3 \atop CH_3$$

$$CH_3CH_2CHCH_2CH_3 \atop CH_2CH_3$$

$$CH_3CH_3 \atop CH_3C\!\!-\!\!CHCH_3 \atop CH_3CH_3$$

键线式如下：

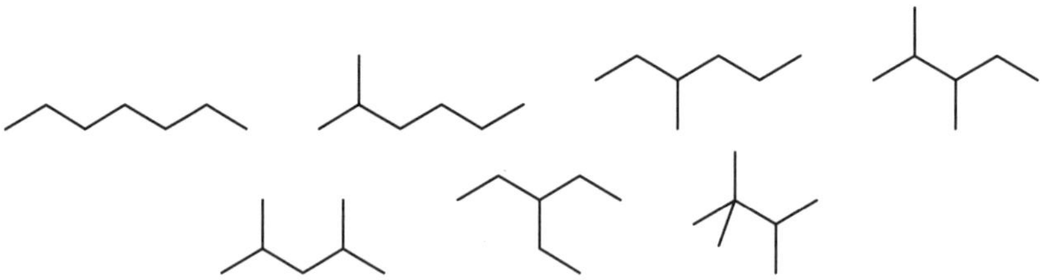

2-2 标出下列有机物的伯、仲、叔和季碳。

$$(CH_3)_2CHCH_2C(CH_3)_3$$

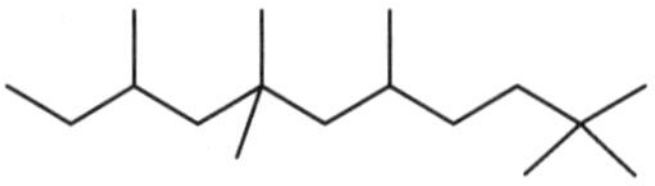

解：

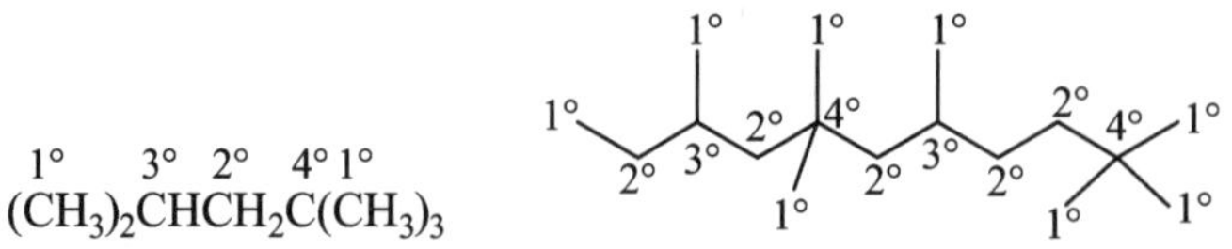

$$\overset{1°}{(CH_3)_2}\overset{3°}{CH}\overset{2°}{CH_2}\overset{4°}{C}\overset{1°}{(CH_3)_3}$$

2-3 将下列基团按次序规则排列（较优基团写在后）

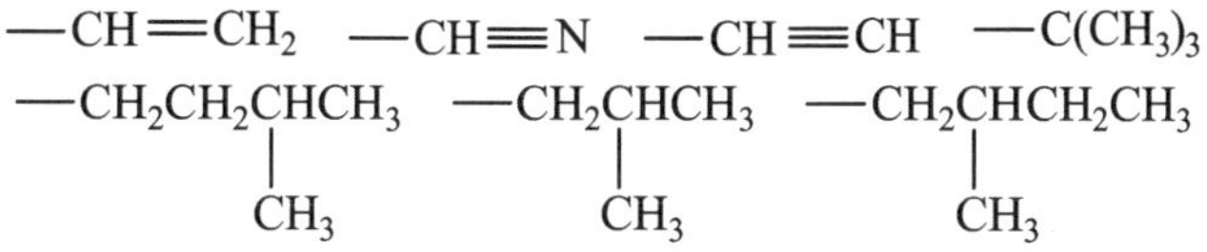

$$-CH=CH_2 \quad -CH\equiv N \quad -CH\equiv CH \quad -C(CH_3)_3$$
$$-CH_2CH_2CHCH_3 \quad -CH_2CHCH_3 \quad -CH_2CHCH_2CH_3$$
$$\qquad\qquad |\qquad\qquad\qquad |\qquad\qquad\qquad |$$
$$\qquad\qquad CH_3\qquad\qquad\quad CH_3\qquad\qquad\quad CH_3$$

解：按次序规则排列如下（"较优"基团在后）。

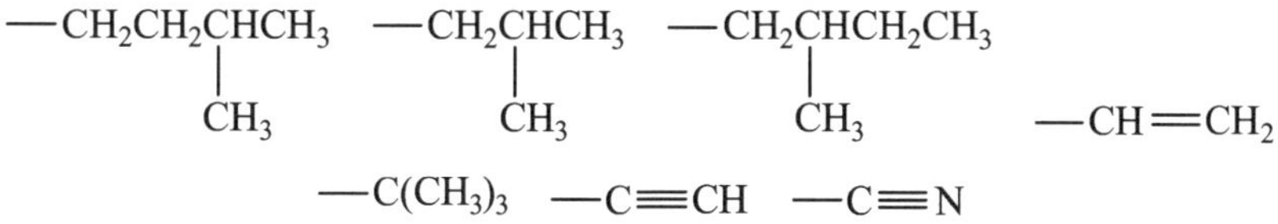

$$-CH_2CH_2CHCH_3 \quad -CH_2CHCH_3 \quad -CH_2CHCH_2CH_3$$
$$\qquad\qquad |\qquad\qquad\qquad |\qquad\qquad\qquad |$$
$$\qquad\qquad CH_3\qquad\qquad\quad CH_3\qquad\qquad\quad CH_3 \qquad -CH=CH_2$$

$$-C(CH_3)_3 \quad -C\equiv CH \quad -C\equiv N$$

2-4 用系统命名法写出问题 2-1 中庚烷的各同分异构体的名称。

解：庚烷，2-甲基己烷，3-甲基己烷，2,3-二甲基戊烷，2,4-二甲基戊烷，3-乙基戊烷，2,2,3-三甲基丁烷。

2-5 为什么在结晶状态时，烷烃的碳链排列一般呈锯齿状？

解：锯齿状的构象最稳定。

2-6 根据乙烷的两种极限构象模型，写出其楔形透视式、锯架透视式和纽曼投影式。

解：

A.

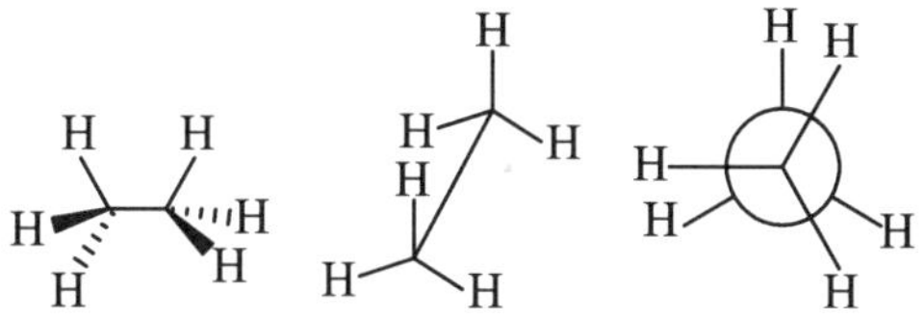

B.

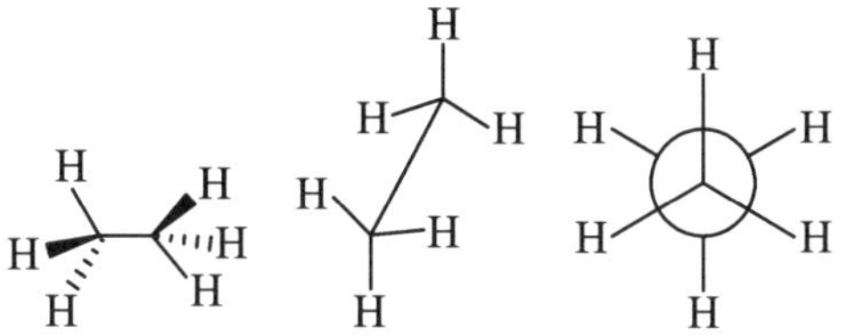

2-7 （1）解释正丁烷构象的能量变化曲线。

（2）写出丙烷、戊烷的主要构象式（以楔形透视式、锯架透视式和纽曼投影式表示）。

解：

（1）正丁烷的极限构象式及其能量大小排列如下：

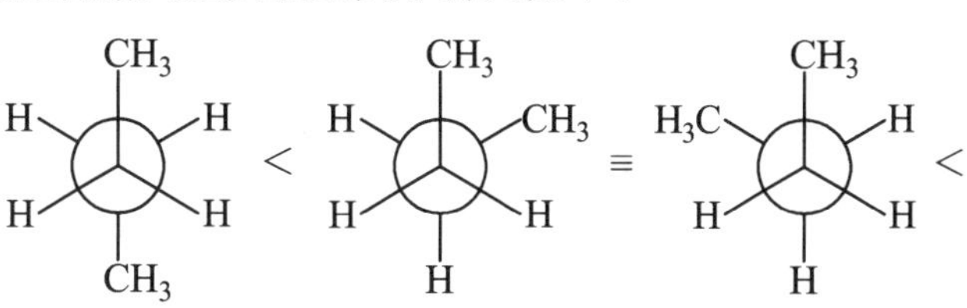

对位交叉式 < 邻位交叉式 ≡

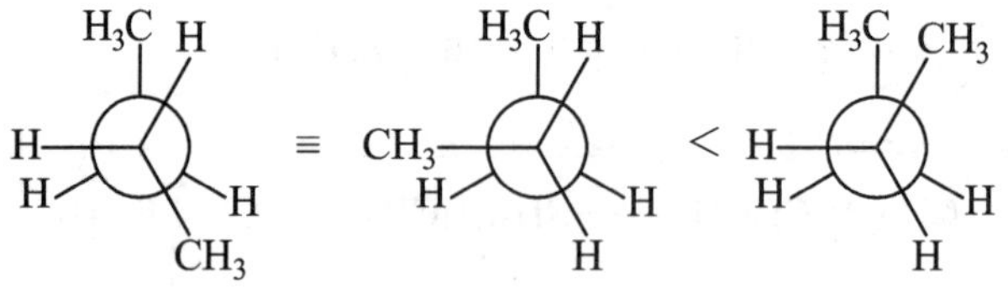

部分重叠式   全重叠式

对位交叉式能量最低，处在能量曲线的最低波谷处；邻位交叉式能量居于第二位，处于能量曲线次低波谷处；部分重叠式能量处于次高位置，处于能量曲线的次高波峰处；全重叠式能量最高，处在能量曲线的最高波峰处。

（2）丙烷的主要构象式：

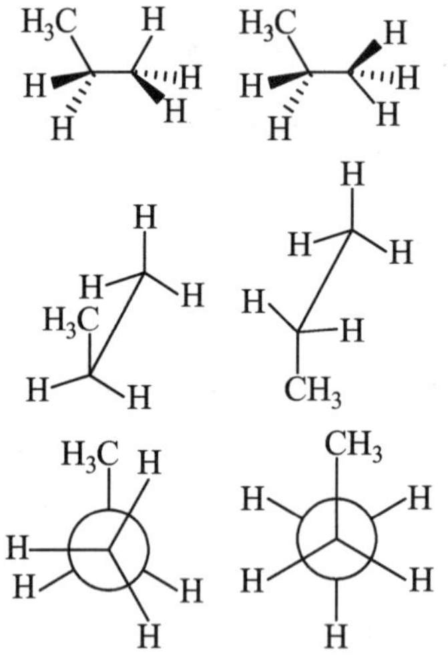

戊烷的主要构象式如下：

其中楔形透视式为

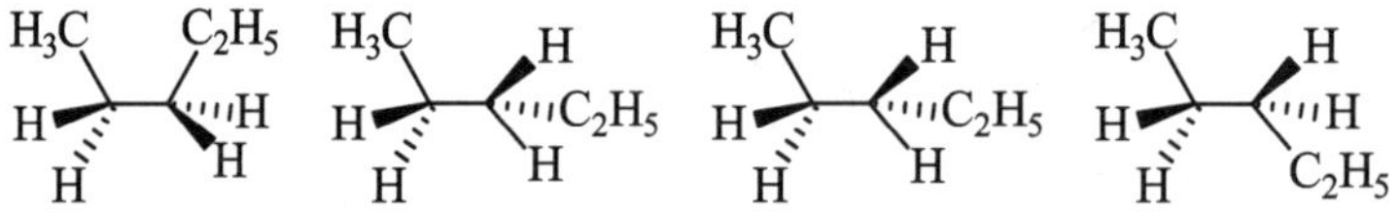

锯架透视式为

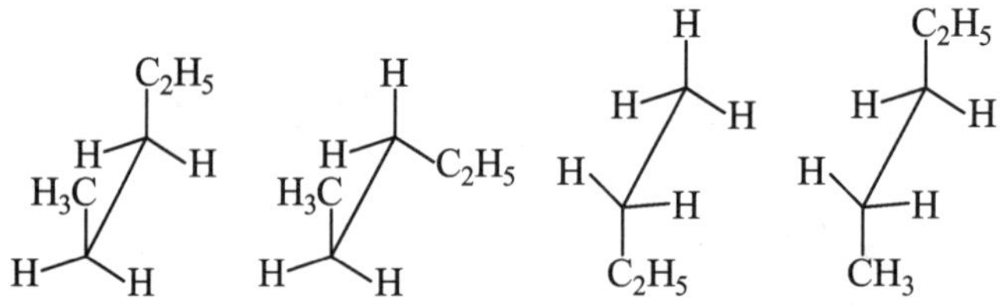

纽曼投影式为

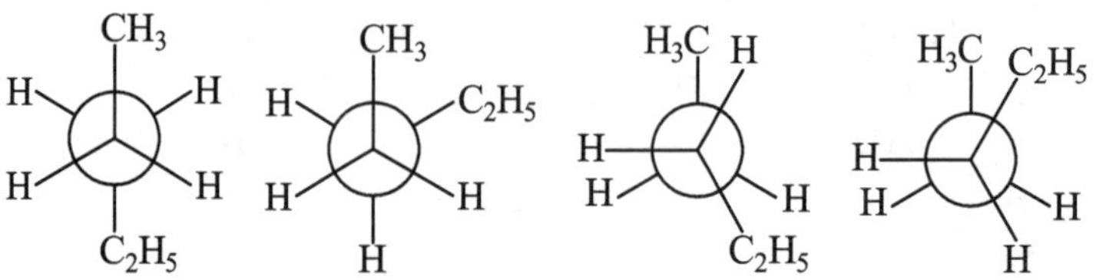

2-8 解释：异戊烷的熔点（-159.9 ℃）低于正戊烷（-129.7 ℃），而新戊烷的熔点（-16.6 ℃）却最高？

解：烷烃的熔点与烃的对称性、分子排列的紧密程度有关，因为戊烷的对称性比异戊烷好，新戊烷又比戊烷的对称性更好，所以新戊烷的熔点最高。

2-9 甲烷和氯气的混合物在光照时，为什么首先是氯分子发生均裂，而不是甲烷分子的碳氢键发生均裂？

解：查表（手册）可知，C—H 键的键能为 415.3 kJ·mol^{-1}；而 Cl—Cl 键的键能为 242.5 kJ·mol^{-1}。后者键能更小，更容易断裂，所以氯气分子易发生均裂。

2-10 设氯、溴分别与甲烷起反应时 E_{Cl} 为 16.7 kJ·mol^{-1}、E_{Br} 70.3 kJ·mol^{-1}、ΔH_{Cl} 为 -104.8 kJ·mol^{-1}、ΔH_{Br} 为 -37.3 kJ·mol^{-1}，何者易起卤代反应呢？

解：因为氯化的反应活化能比溴化小，所以更易发生氯化反应。

第三章 单烯烃

3-1 写出分子式为戊烯的链状单烯烃的同分异构体的构造式和键线式。

解：戊烯的同分异构体的构造式如下：

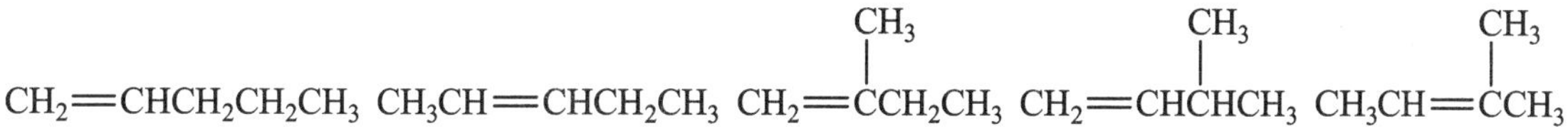

CH$_2$=CHCH$_2$CH$_2$CH$_3$ CH$_3$CH=CHCH$_2$CH$_3$ CH$_2$=C(CH$_3$)CH$_2$CH$_3$ CH$_2$=CHCH(CH$_3$)CH$_3$ CH$_3$CH=C(CH$_3$)CH$_3$

键线式如下：

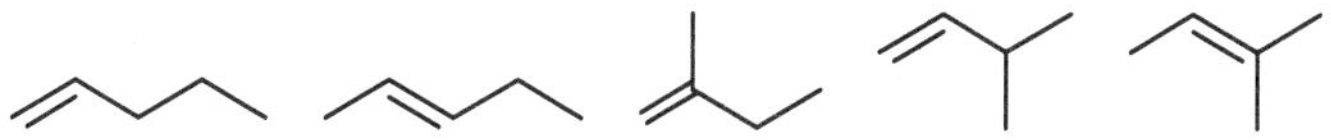

3-2 1. 命名下列各烯烃，构造式以键线式表示之，键线式以构造式表示之。

（1）(CH$_3$)$_3$CC(CH$_2$)CH$_2$CH$_3$ （2）$\begin{matrix}C_2H_5 \\ H_3C\end{matrix}$C=C$\begin{matrix}CH_3 \\ H\end{matrix}$ （3） 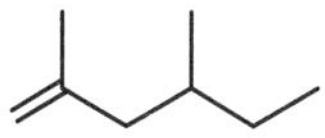   （4）

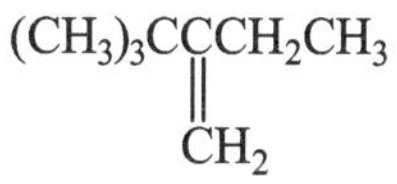

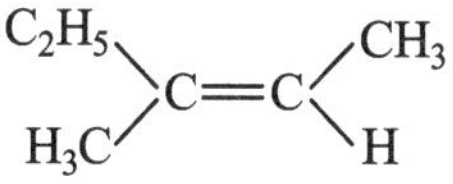

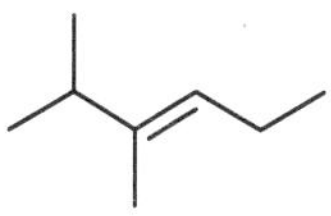

2. 判断下列化合物有无顺反异构，如果有，则写出其构型和名称。
（1）异丁烯 （2）4-甲基-3-庚烯 （3）2-己烯

1. **解**：（1）3,3-二甲基-2-乙基-1-丁烯 （2）(Z)-3-甲基-2-戊烯 （3）2,4-二甲基-1-己烯
   （4）(E)-2,3-二甲基-3-己烯

它们的构造式或键线式如下：

（1）  （2） 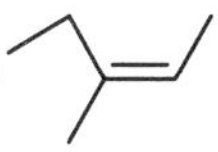 （3）CH$_2$=C(CH$_3$)CH$_2$CH(CH$_3$)CH$_2$CH$_3$ （4）$\begin{matrix}(H_3C)_2HC \\ H_3C\end{matrix}$C=C$\begin{matrix}H \\ CH_2CH_3\end{matrix}$

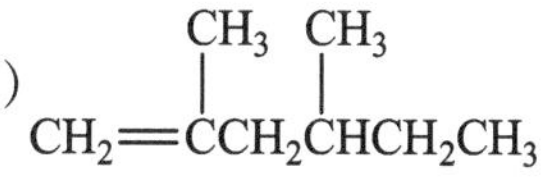

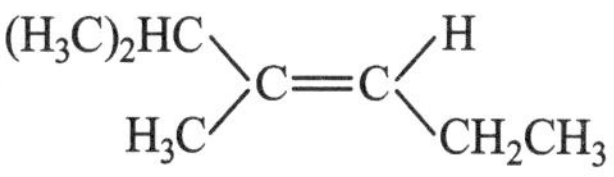

2. **解**：有顺反异构体的有（2）和（3）

（2） 　(Z)-4-甲基-3-庚烯　(E)-4-甲基-3-庚烯　　　（3）　(Z)-2-己烯　(E)-2-己烯

3-3 下列化合物与溴化氢起加成反应时，主要产物是什么？
异丁烯，　3-甲基-1-丁烯，　2,4-二甲基-2-戊烯

解：主要产物分别是：

（结构式略，见图）

3-4 为什么反式烯烃比顺式烯烃稳定？

解：因为顺式烯烃较大的基团在双键的同一侧，基团间有排斥力。而反式烯烃的较大基团在双键的异侧，大基团间没有排斥力。所以反式烯烃更加稳定。

3-5 有一化合物甲，分子式为 C_7H_{14}，经臭氧氧化、还原水解后得到一分子醛和一分子酮，试推测化合物甲的结构。

$$C_7H_{14} \xrightarrow[\text{2) Zn/H}_2\text{O}]{\text{1) O}_3} H_3C-\underset{H}{\overset{}{C}}=O + \underset{H_3C}{\overset{H_3C}{>}}CH-\underset{CH_3}{\overset{}{C}}=O$$

解：甲的结构为

$$CH_3CH=\underset{CH_3}{\overset{CH_3}{C}}CH(CH_3)_2$$

3-6 试写出 1-丁烯高温氯代反应历程。

解：反应历程如下

$$Cl-Cl \xrightarrow{\text{高温}} 2Cl\cdot$$

$$Cl\cdot + CH_2=CHCH_2CH_3 \longrightarrow CH_2=CH\dot{C}HCH_3$$

$$CH_2=CH\dot{C}HCH_3 + Cl_2 \longrightarrow CH_2=CH\underset{Cl}{\overset{}{C}}HCH_3 + Cl\cdot$$

3-7 将下列原子或基团按照 $-I$ 效应的相对强度由大到小排序，并试总结规律。
（1）卤族元素　（2）—OR、—NR_2、—F　（3）—SH、—OH、—CH_3、—CH=CH_2

解：$-I$ 效应相对强度排列如下：
（1）F > Cl > Br > I；　　　（2）—F > —OR > —NR_2，
（3）—OH > —SH > —CH=CH_2 > —CH_3

3-8 烯烃与卤素单质以及与卤化氢进行亲电加成反应，生成什么样的中间体？为什么？

解：加卤素单质时，通常能形成环状鎓正离子，每个原子最外层电子均能形成八偶体的稳定结构，因而中间体稳定。但氢离子形成环状正离子的话不能形成稳定的八偶体（氢为二偶体）稳定结构，因而更易形成相对稳定的碳正离子。

第四章 炔烃和二烯烃

4-1 炔烃有没有顺反异构体，为什么？

解：炔烃没有顺反异构体。因为炔烃是直线型结构。

4-2 写出炔烃 C_6H_{10} 的同分异构体，命名之。

解：

$HC\equiv CCH_2CH_2CH_2CH_3$　　$HC\equiv CCH(CH_3)CH_2CH_3$　　$HC\equiv CCH_2CH(CH_3)_2$　　$H_3CC\equiv CCH_2CH_2CH_3$

　1-己炔　　　　　　3-甲基-1-戊炔　　　　　　4-甲基-1-戊炔　　　　　　2-己炔

$H_3CC\equiv CCH(CH_3)_2$　　　　$H_3CH_2CC\equiv CCH_2CH_3$

　4-甲基-2-戊炔　　　　　　　3-己炔

4-3 利用共价键的键能进行计算，证明乙醛比乙烯醇稳定。

解：它们结构的不同点是，乙烯醇有：$C=C$，$C—O$，$O—H$ 等；酮式有：$C=O$，$C—C$。

乙烯醇不相同的键的键能之和为：$610+357.7+462.8=1\ 430.5$（kJ/mol）

乙醛不相同的键的键能之和为：$748.9+345.6=1\ 094.5$ kJ/mol

可见后者数值较小，因而更加稳定。

4-4 区别下列各组化合物。

（1）1-丁炔和 2-丁炔　　（2）1-丁炔和 1,3-丁二烯　　（3）1-丁炔和 1-丁烯

解：

（1） $\begin{matrix} HC\equiv CCH_2CH_3 \\ H_3CC\equiv CCH_3 \end{matrix} \xrightarrow{[Ag(NH_3)_2]^+} \begin{cases} +\ \text{灰白色沉淀} \\ - \end{cases}$

（2） $\begin{matrix} HC\equiv CCH_2CH_3 \\ CH_2=CH-CH=CH_2 \end{matrix} \xrightarrow{[Cu(NH_3)_4]^+} \begin{cases} +\ \text{砖红色沉淀} \\ - \end{cases}$

（3） $\begin{matrix} HC\equiv CCH_2CH_3 \\ CH_2=CH-CH_2CH_3 \end{matrix} \xrightarrow{[Ag(NH_3)_2]^+} \begin{cases} +\ \text{灰白色沉淀} \\ - \end{cases}$

4-5 写出下列反应的主要产物（键线式）：

（1） 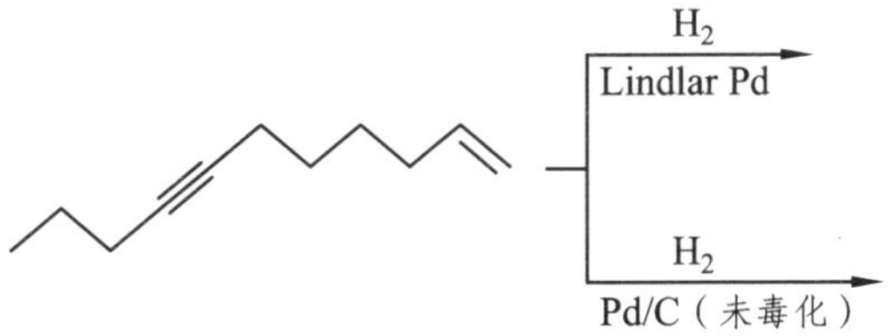 [结构式] $\xrightarrow[\text{Pd/C（未毒化）}]{\text{Lindlar Pd, }H_2 \ /\ H_2}$

（2） [3-乙炔基吡啶] $+\ H_2 \xrightarrow{\text{Pd/C}}$

解：

（1）  [structure: long-chain diene] （2） 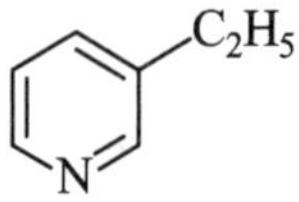 [structure: 3-ethylpyridine]

4-6 完成下列反应式：

（1） HC≡CH + CH₃COOH $\xrightarrow[\Delta]{\text{碱}}$

（2） HC≡CH + HCN $\xrightarrow[\Delta]{\text{CuCl}_2}$

解：

（1） HC≡CH + CH₃COOH $\xrightarrow[\Delta]{\text{碱}}$ CH₂=CHOOCCH₃

（2） HC≡CH + HCN $\xrightarrow[\Delta]{\text{CuCl}_2}$ CH₂=CHCN

4-7 由指定原料合成：

（1）丙烯合成 2-丁炔； （2）1-丁炔合成 (Z)-2-戊烯

解：

（1） CH₂=CHCH₃ + Br₂ ⟶ BrCH₂CHBrCH₃ $\xrightarrow[\text{乙醇}]{\text{KOH}}$ $\xrightarrow{\text{NaNH}_2}$

CH₃C≡CH $\xrightarrow{\text{NaNH}_2}$ CH₃C≡CNa $\xrightarrow{\text{CH}_3\text{Cl}}$ CH₃C≡CCH₃

（2） CH≡CCH₂CH₃ + NaNH₂ ⟶ NaC≡CCH₂CH₃ $\xrightarrow{\text{CH}_3\text{Cl}}$

H₃CC≡CCH₂CH₃ $\xrightarrow{\text{H}_2}{\text{Pd-BaSO}_4}$ [顺式-2-戊烯结构]

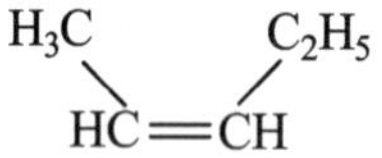

4-8 写出下列化合物的名称（两种）和键线式：

[structure shown]

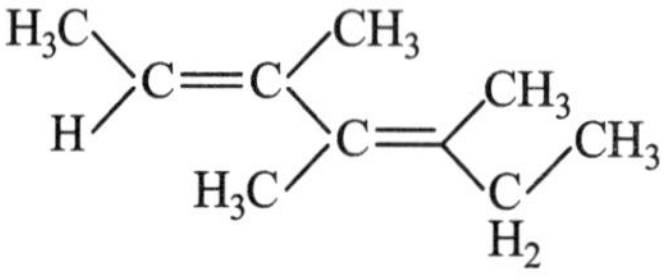

解：

名称：顺,反-2,3,4-三甲基-2,4-庚二烯；(2E,4E)-2,3,4-三甲基-2,4-庚二烯

键线式：

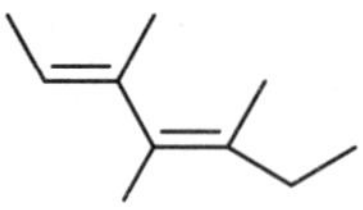

[键线式结构]

4-9 完成下列反应（以键线式表示）：

（1） 1,3-丁二烯 + [CH₂=CHCHO] $\xrightarrow{300\ °C}$ （2）  [环己二烯] $\xrightarrow{\Delta}$

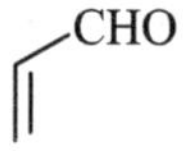

解：

（1） 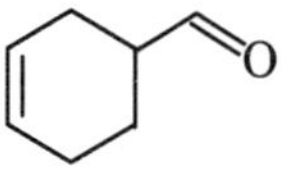 [环己烯-甲醛结构] （2） 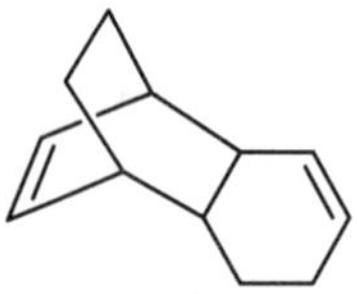 [双环加成产物结构]

第五章 脂环烃

5-1 试写出含有 5 个碳原子的环烷烃的构造异构体，并命名之。

解：

1,1-二甲基环丙烷   1,2-二甲基环丙烷   乙基环丙烷   甲基环丁烷   环戊烷

5-2 命名下列化合物：

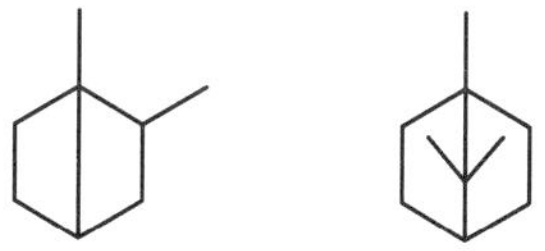

解：（1）1,2-二甲基二环[2.2.0]己烷；（2）1,7,7-三甲基二环[2.2.1]庚烷

5-3 请仔细复习环己烷的椅式与船式间转变的能量变化，并注意环己烷椅式构象的转变情况。

解：

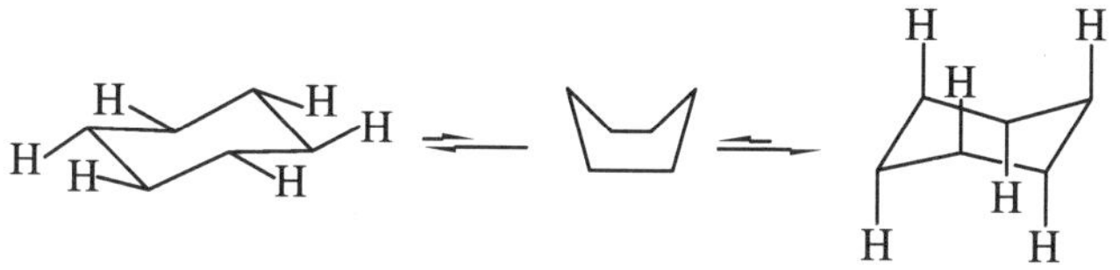

环己烷可以从一种椅式构象翻转成能量相等的另一椅式构象，比船式的能量低。H 原子从一种椅式构象的 e 键翻转后形成另一椅式构象的 a 键；与此相似，H 原子从一种椅式构象的 a 键翻转后形成另一椅式构象的 e 键。

5-4 写出环戊二烯自身二聚反应主要产物的构型。

解：

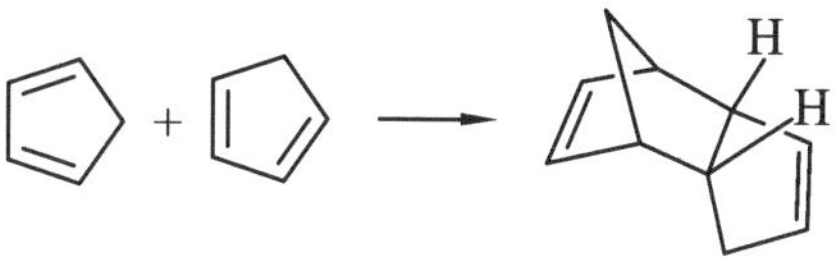

5-5 完成下列反应（只写出主要产物）。

解：

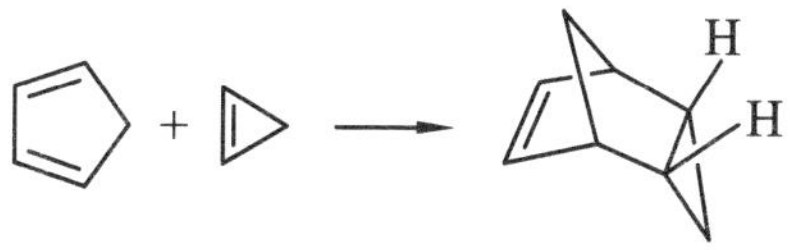

5-6 写出由环戊二烯合成金刚烷的合成路线。

解：

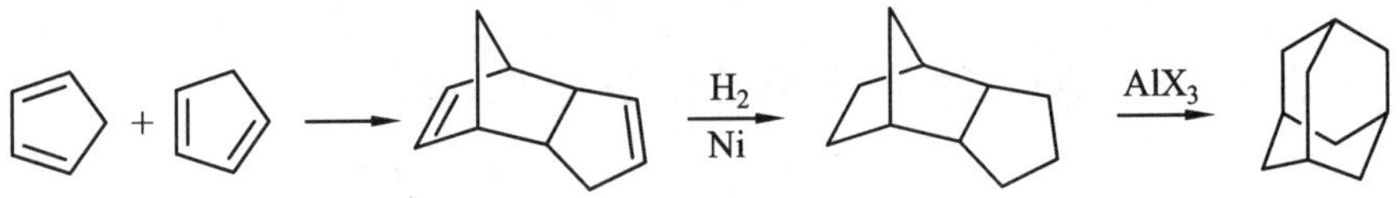

环戊二烯 + 环戊二烯 ⟶ 双环戊二烯 $\xrightarrow{H_2/Ni}$ 氢化双环戊二烯 $\xrightarrow{AlX_3}$ 金刚烷

5-7 写出以乙炔为唯一原料（碳源）合成反-3-己烯的合成路线。

解：

$HC\equiv CH \xrightarrow{H_2/Pd-BaSO_4} H_2C=CH_2 \xrightarrow{HCl} CH_3CH_2Cl$

$HC\equiv CH \xrightarrow{NaNH_2} NaC\equiv CNa \xrightarrow{CH_3CH_2Cl} H_3CH_2CC\equiv CCH_2CH_3 \xrightarrow{Na/NH_3(l)}$

反-3-己烯（C_2H_5 与 C_2H_5 反式构型）

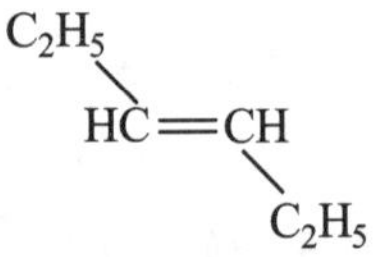

5-8 写出由丁二烯合成乙基环己烷的合成路线，并指出其中碳骨骼的形成过程。

解：

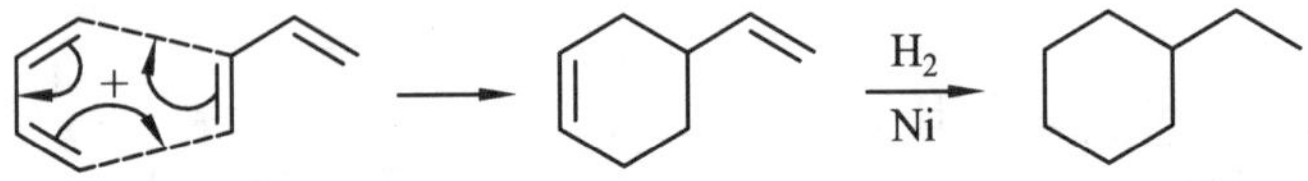

丁二烯 + 乙烯基化合物 ⟶ 4-乙烯基环己烯 $\xrightarrow{H_2/Ni}$ 乙基环己烷

5-9 写出以含有小于或等于2个碳的有机物（≤C_2原料）合成顺-3-己烯的合成路线，并指出其中碳滑骼的形成与立体化学的要求是如何实现的。

解：

$H_2C=CH_2 \xrightarrow{HCl} CH_3CH_2Cl$

$HC\equiv CH \xrightarrow{NaNH_2} NaC\equiv CNa \xrightarrow{CH_3CH_2Cl}$

$H_3CH_2CC\equiv CCH_2CH_3 \xrightarrow{H_2/Pd-BaSO_4}$ 顺-3-己烯（C_2H_5 与 C_2H_5 顺式构型）

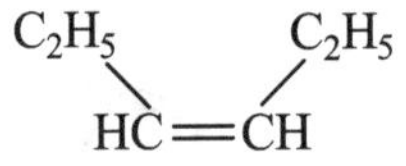

通过 Lindlar 催化剂催化加氢，得到顺-3-己烯。

第六章 对映异构

6-1 某物质溶于乙醇，质量浓度是 140 g/L。

（1）取部分溶液放在 5 cm 的盛液管中，在 20 °C 用钠光灯做光源测得其旋光度为 +2.1°，试计算该化合物的比旋光度。

（2）把同样的溶液放在 10 cm 的盛液管中，预测其旋光度。

（3）如果把 10 mL 上述溶液稀释到 20 mL，然后放在 5 cm 的盛液管中，预测其旋光度。

解：

（1） $[\alpha]_\lambda^t = \dfrac{+2.1}{0.5 \times 0.14} = 30°$

（2）样品管改为 10 cm，预测它的旋光度为 + 4.2°

（3）约为 + 1.1°

6-2 下列化合物中有无手性碳原子？用星号（*）标出下列化合物中的手性碳原子。

（1） CH₃CH₂CH₂CHC₂H₅
                    |
                    CH₃
  　　　　（2） C₆H₅CHDCH₃ 　　　（3） (PhCH₂)₂CHCH₃

（4） HOOC—CH₂—CHOH—CH₃ 　　（5） 环己烷-OH, Cl

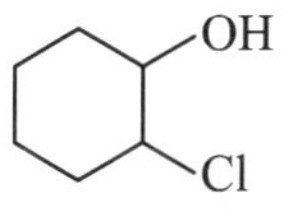

解：

（1） CH₃CH₂CH₂*CHC₂H₅
                    |
                    CH₃
 　　　　　　　（2） C₆H₅*CHDCH₃ 　　　（3）无

（4） HOOC—CH₂—*CHOH—CH₃ 　　（5） 环己烷带 *OH 和 *Cl

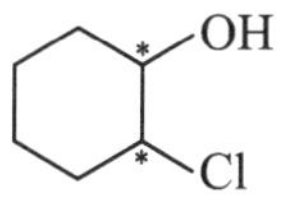

6-3 下列分子的构型中各有哪些对称面？

（1） CHCl₃ 　　（2） Br₂C=CH₂ (顺式)　　（3） 间二甲苯

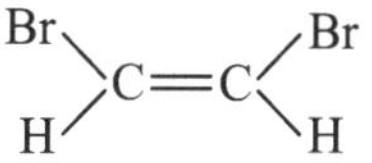

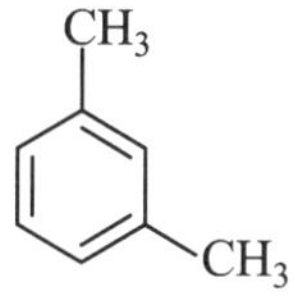

解：（1）有一个通过 C—H 和 C—Cl 等键的平面的对称面

（2）有两个对称面：一个通过垂直和平分 C=C 的面；另一个通过平分 6 个原子的面。

（3）有两个对称面：一个通过垂直苯环、平分 C2 和 C5 的面；另一个通过平分 6 个 C 原子和 2 个甲基的面。

6-4 下列化合物哪个具有对称中心？若有，请标示。

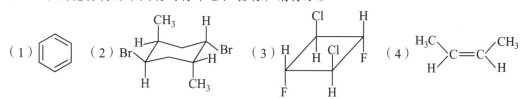

解：（1）有对称中心，在苯环的中心。

（2）有对称中心，在 2 个甲基的连线和 2 个溴原子连线的交点上。

6-5 找出下列化合物的对称面和对称轴，是几重对称轴？

（1） 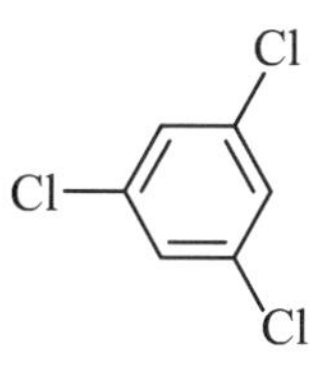 1,3,5-三氯苯　　（2） F—BF₂　　（3） 环状结构含 Cl, H

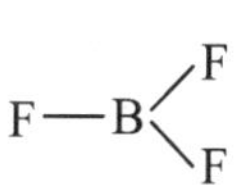

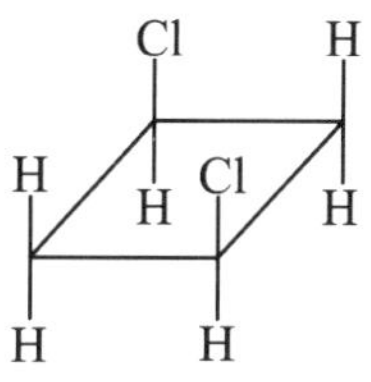

解：

（1）有 4 个对称面：分别垂直苯环，平分一条 C—Cl 键的面，和平分 6 个碳、3 个氢和 3 个氯的面。

有 4 条对称轴：1 个 C3 轴，垂直于苯环面并穿过中心；3 条 C2 轴，分别穿越 C—Cl 的轴。

（2）与（1）相似，不再赘述。

（3）有 2 个对称面：平分两条 C—Cl 键并垂直于四边形平面的面；另一个是与前者平面垂直并且垂直于四边形平面的面。

有 1 条 C2 对称轴：垂直于四边形平面并处于中心的轴。

6-6 下列构型式中哪些是相同的，哪些是对映体？

（1）A. $H_3C\overset{Cl}{\underset{H}{-}}Br$ B. 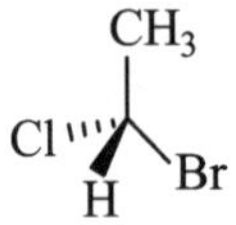 $Cl\overset{CH_3}{\underset{H}{-}}Br$ C. 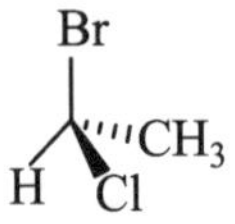 $H\overset{Br}{\underset{Cl}{-}}CH_3$

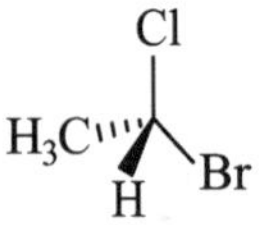

（2）A. $HO-\overset{CHO}{\underset{CH_2OH}{|}}-H$ B. 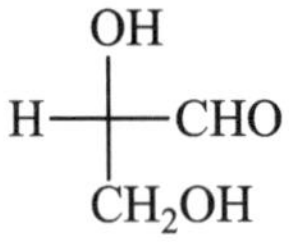 $H-\overset{OH}{\underset{CH_2OH}{|}}-CHO$ C. 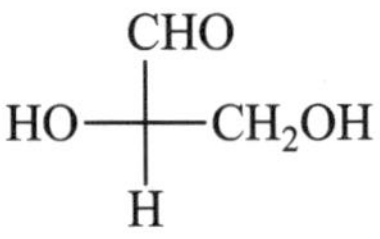 $HO-\overset{CHO}{\underset{H}{|}}-CH_2OH$ D. 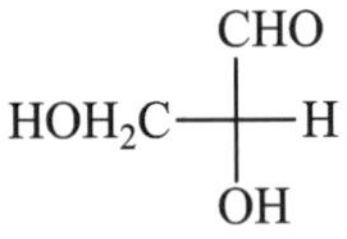 $HOH_2C-\overset{CHO}{\underset{OH}{|}}-H$

解：（1）A 与 B、B 与 C 是对映体；A 与 C（R 构型）相同。

（2）A 与 B、C 与 D 相同；A 与 C、B 与 D（R 构型）是对映体。

6-7 指出下列物质的构型是 R 还是 S 构型？

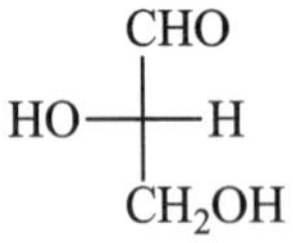

（1）$ClH_2C-\overset{Cl}{\underset{CH_3}{|}}-CH(CH_3)_2$ （2）$H_2C=CH-\overset{H}{\underset{Br}{|}}-CH_2CH_3$ （3）$H-\overset{NH_2}{\underset{COOC_2H_5}{|}}-COOH$

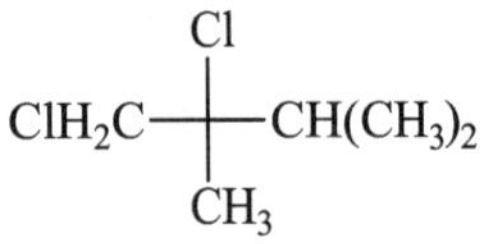

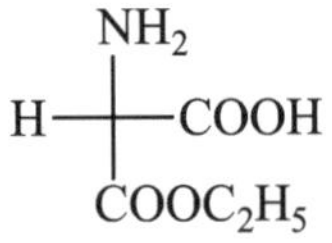

解：（1）为 S 构型；（2）和（3）是 R 构型。

6-8 画出 2-氯-3-溴丁烷的光学异构体的费歇尔投影式、楔形式和锯架透视式，并指出它们的外消旋体。

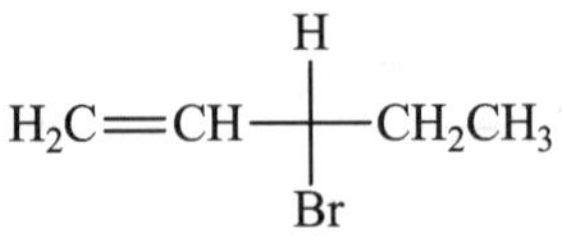

解： 费歇尔投影式：

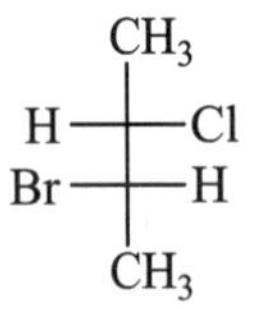

$$\begin{array}{cccc}
\text{CH}_3 & \text{CH}_3 & \text{CH}_3 & \text{CH}_3 \\
\text{H}-\!\!\!-\text{Cl} & \text{Cl}-\!\!\!-\text{H} & \text{H}-\!\!\!-\text{Cl} & \text{Cl}-\!\!\!-\text{H} \\
\text{Br}-\!\!\!-\text{H} & \text{H}-\!\!\!-\text{Br} & \text{H}-\!\!\!-\text{Br} & \text{Br}-\!\!\!-\text{H} \\
\text{CH}_3 & \text{CH}_3 & \text{CH}_3 & \text{CH}_3 \\
\text{I} & \text{II} & \text{III} & \text{IV}
\end{array}$$

其中 I 与 II、III 与 IV 分别组成外消旋体。

其楔形式如下：

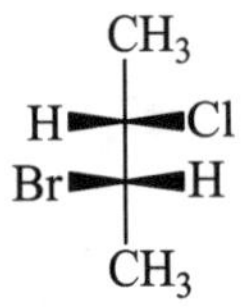

$$\begin{array}{cccc}
\text{CH}_3 & \text{CH}_3 & \text{CH}_3 & \text{CH}_3 \\
\text{H}\!\!\Join\!\!\text{Cl} & \text{Cl}\!\!\Join\!\!\text{H} & \text{H}\!\!\Join\!\!\text{Cl} & \text{Cl}\!\!\Join\!\!\text{H} \\
\text{Br}\!\!\Join\!\!\text{H} & \text{H}\!\!\Join\!\!\text{Br} & \text{H}\!\!\Join\!\!\text{Br} & \text{Br}\!\!\Join\!\!\text{H} \\
\text{CH}_3 & \text{CH}_3 & \text{CH}_3 & \text{CH}_3 \\
\text{I} & \text{II} & \text{III} & \text{IV}
\end{array}$$

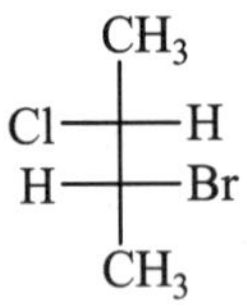

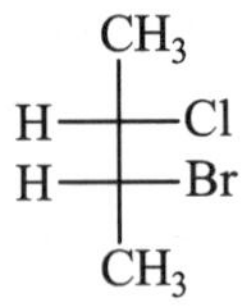

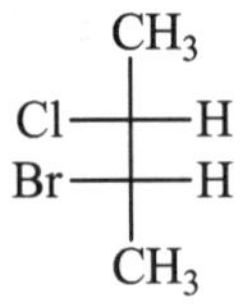

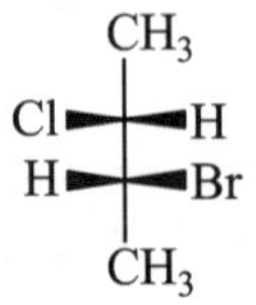

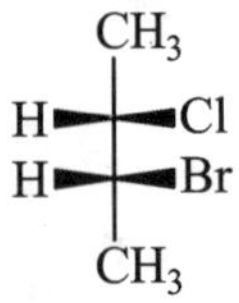

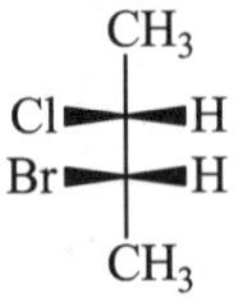

其锯架透视式如下：

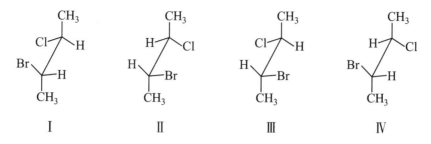

6-9 画出下列化合物所有可能的光学异构体的费歇尔投影式，指出哪些互为对映体？哪些是内消旋体？

（1）1,2-二溴丁烷　　　（2）3,4-二甲基-3,4-二溴己烷
（3）2,4-二氯戊烷　　　（4）2,3,4-三羟基戊二酸

解：

(1)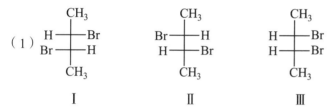

Ⅰ与Ⅱ为外消旋体，Ⅲ是内消旋体。

(2)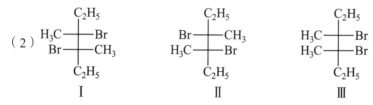

其中Ⅰ与Ⅱ是对映体，Ⅲ是内消旋体。

(3)

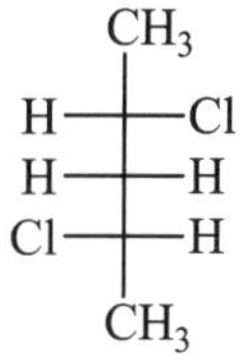

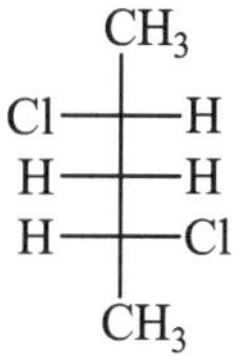

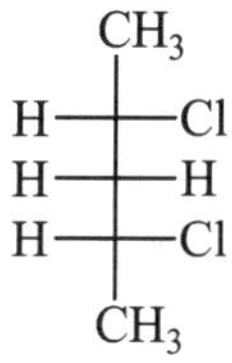

其中Ⅰ与Ⅱ是外消旋体；Ⅲ是内消旋体。

(4)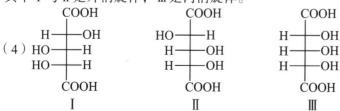

其中Ⅰ与Ⅱ是外消旋体，Ⅲ是内消旋体。

第七章 芳 烃

7-1 苯的分子式为 C_6H_6，1,4-己二炔的构造式也符合 C_6H_6，为什么不用它作为苯的构造式呢？

解：1,4-己二炔没有芳香性，与苯的性质相差甚远，所以不用它作为苯的构造式。

7-2 除凯库勒式、杜瓦式外，还可能有什么经典结构式符合碳四价、氢一价的要求，并且 6 个 C、6 个 H 都相同呢？

解：还可以用下式表示：

7-3 写出芳烃 $C_{10}H_{14}$ 的所有异构体的构造式，并命名之。

解：

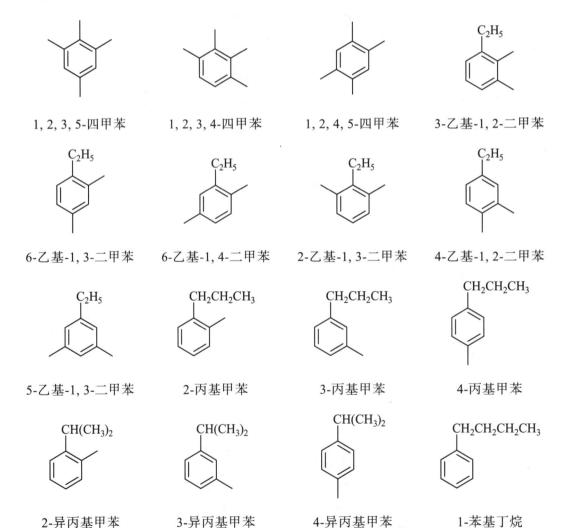

| 2-甲基-1-苯基丙烷 | 2-苯基丁烷 | 叔丁基苯 |

7-4 指出由甲苯制备对硝基邻溴甲苯各步骤的反应条件。

解： 两步的反应条件如下：

（1）$HNO_3\text{-}H_2SO_4$；（2）$Br_2\text{-}FeBr_3$

7-5 查出甲烷和甲苯氯化的反应热及 C—H 键的键能等数据，加以比较，说明其难易程度。

解： 苄基氯的反应热焓大约为：$-338.9-431+322+242.5=-205.4$（kJ/mol）

甲基氯的反应热焓大约为：$-338.9-431+415.3+242.5=-101.1$（kJ/mol）

从计算结果可见，甲苯更加容易发生氯代反应。

7-6 用箭头表示第三个取代基进入下列各化合物中的位置，并解释其原因。

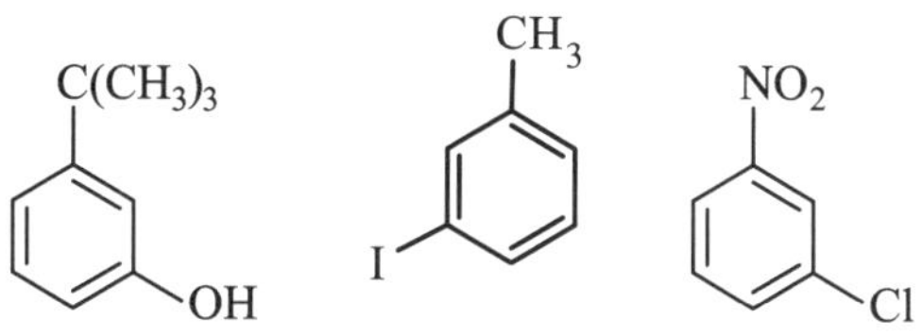

解：

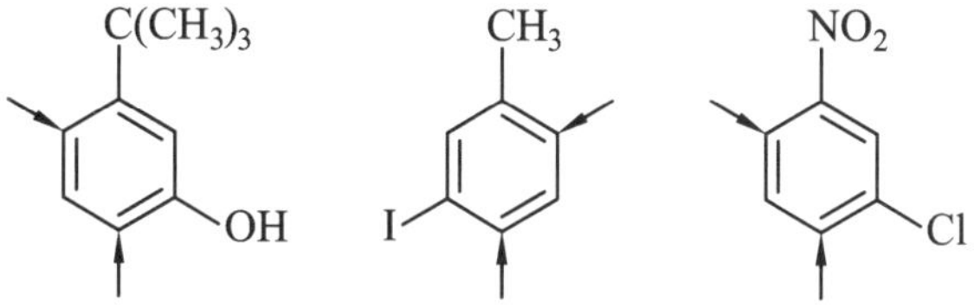

第 1 个，两个取代基性质相同，由作用强的 —OH 主导；第 2 个，两个取代基性质相同，由甲基主导；第 3 个，两个取代基性质不同，由邻对位定位基 —Cl 主导。

7-7 试画一表说明各类烃之间互相转化的事例。

解： 略。

第八章 现代物理实验方法在有机化学中的应用

8-1 化合物甲和乙的分子式均为 C_5H_6O，并都在近紫外区吸收较强，但乙较甲在较长波长有吸收。试推测这两个化合物的可能构造式。

解： 甲和乙的可能结构为

$C_2H_5C{\equiv}C\text{—}CH{=}O \quad CH_2{=}CH\text{—}CH{=}CH\text{—}CH{=}O$

8-2 化合物 A、B、C 和 D 的分子式均为 C_4H_6，红外光谱吸收峰 A 的近 $2\,200\ cm^{-1}$，B 的近 $1\,950\ cm^{-1}$，C 的近 $1\,650\ cm^{-1}$，D 在这些区域无任何吸收。试推测各自可能的结构

解：A、B、C 和 D 可能的结构为

$CH_3C\equiv CCH_3$ $CH_2=C=CH-CH_3$ $CH_2=CHCH=CH_2$ $CH\equiv CCH_2CH_3$ 或 ▱

8-3 化合物 A 和 B 的分子式都为 $C_2H_4Br_2$。A 的氢核磁共振谱有一个单峰；B 则有两组信号，一组是双重峰，一组是四重峰。试推测 A 和 B 的结构式。

解：A 为 CH_2Br-CH_2Br，四个 H 为磁等性质子，只有一个峰。

B 为 CH_3-CHBr_2，甲基上的 H 被邻位的一个 H 原子裂分为双峰；与溴原子相连的碳上的 H 被邻位甲基三个 H 裂分为四重峰。

8-4 问题 8-2 中的化合物 C_4H_6 有四种含有双键结构的化合物。其中两种在氢核磁共振谱中无甲基共振峰，但在乙烯基区有两个氢的共振峰；第三种物质有一个甲基共振峰及在乙烯基区有两个氢的共振峰；第四种物质有一个甲基共振峰及在乙烯基区有一个氢的共振峰。试推测这四种化合物的可能结构，并指出进一步用什么方法可确定它们的结构。

解：第一、第二种烯烃为 1,3-丁二烯和环丁烯；第三种烯烃为 1,2-丁二烯；第四种为 1-甲基环丙烯。结合 H 的核磁共振谱图中各种峰的分裂方式，可以进一步确定它们的结构。

8-5 下列化合物，会给出多少组氢核磁共振信号？

(1) $CH_3CH_2CH_2Br$ (2) 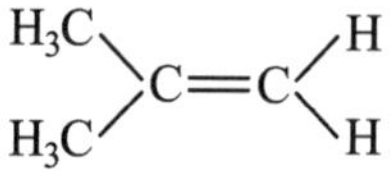 $\begin{array}{c}H_3C\\H_3C\end{array}C=C\begin{array}{c}H\\H\end{array}$ (3) $\begin{array}{c}H_3C\\Br\end{array}C=C\begin{array}{c}H\\H\end{array}$

(4) $\begin{array}{c}H\\Cl\end{array}C=C\begin{array}{c}H\\H\end{array}$ (5) 对位取代苯（CH_3 和 $C(CH_3)_3$）   (6) $CH_3CCl_2CH_2Cl$

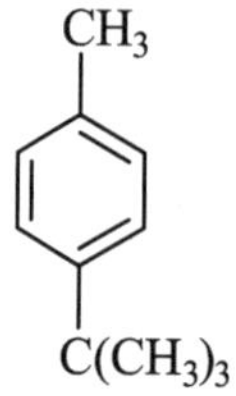

解：(1) 三组；(2) 两组；(3) 三组；(4) 三组；(5) 四组；(6) 两组。

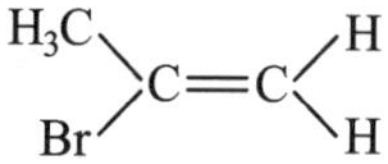

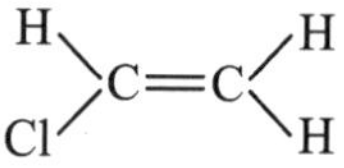

8-6 下列化合物在 $^{13}C\{^1H\}$ 谱中有几个峰？用 a、b、c 等字母按化学位移由大到小的顺序分别标在对应的碳原子上。每个峰又可在偏共振去偶谱图中裂分为几重峰？

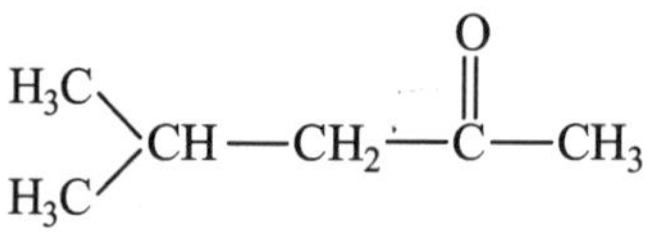

$$\begin{array}{c}H_3C\\H_3C\end{array}CH-CH_2-\underset{\underset{O}{\|}}{C}-CH_3$$

解：

$$\begin{array}{c}H_3C\\H_3C\end{array}\underset{a}{\overset{b}{CH}}-\underset{c}{CH_2}-\underset{d}{\underset{\underset{O}{\|}}{C}}-\underset{e}{CH_3}$$

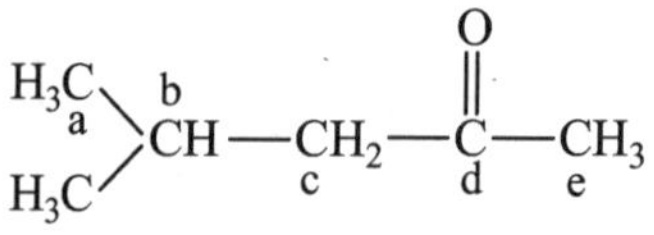

碳谱的化学位移值排列如下：d > c > e > b > a

偏共振去偶谱图裂分峰状况分别为：d 为单峰，c 为三重峰，e 为四重峰，b 为双峰，a 为四重峰。

8-7 在碘甲烷的质谱中，m/z 为 142 和 143 两个峰是什么离子产生的峰？m/z 为 143 的峰的相对丰度为 m/z 为 142 峰的 1.1%，如何解释？

解：m/z 为 142 和 143 均属于分子离子峰。142 为分子离子峰，143 为同位素分子离子峰；m/z 为 143 峰仅为 142 丰度的 1.1%，其原因是质量大的同位素丰度很小。

8-8 只含碳和氢且 m/z 为 43，65，77，91 的碎片离子分别是什么？

解：含 C 和 H 且 m/z 为 43，65，77，91 的碎片分别是

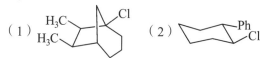

第九章 卤代烃

9-1 写出下列化合物的结构式。
（1）6,7-二甲基-1-氯二环[3.2.1]辛烷 （2）(1S, 2R)-2-苯基-1-氯环己烷最稳定的构象式。

解：

（1）H₃C／H₃C—Cl （2）Ph／Cl

9-2 写出分子式 $C_5H_{11}Br$ 的同分异构体的构造式，用系统命名法命名，并指出一级、二级和三级卤代烃。

解：

1-溴戊烷（一级）　　2-溴戊烷（二级）　　3-溴戊烷（二级）　　3-甲基-1-溴丁烷（一级）

2-甲基-2-溴丁烷（三级）　　2-甲基-1-溴丁烷（一级）　　3-甲基-2-溴丁烷（二级）　　2,2-二甲基-1-溴丙烷（一级）

9-3 从 1-溴丙烷制备下列化合物。
（1）$CH_3CH_2CH_2CH(CH_3)_2$ （2）$CH_3CH_2CH_2CN$ （3）$CH_3CH_2CH_2D$

解：

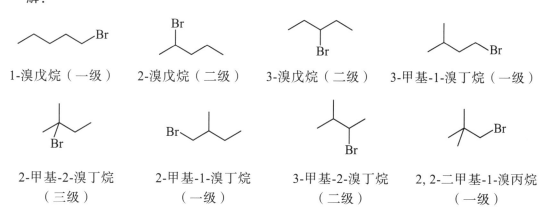

（2）CH₃CH₂CH₂Br $\xrightarrow{\text{NaCN}}$ CH₃CH₂CH₂CN

（3）CH₃CH₂CH₂Br $\xrightarrow[\text{(C}_2\text{H}_5)_2\text{O}]{\text{Mg}}$ CH₃CH₂CH₂MgBr $\xrightarrow{\text{D}_2\text{O}}$ CH₃CH₂CH₂D

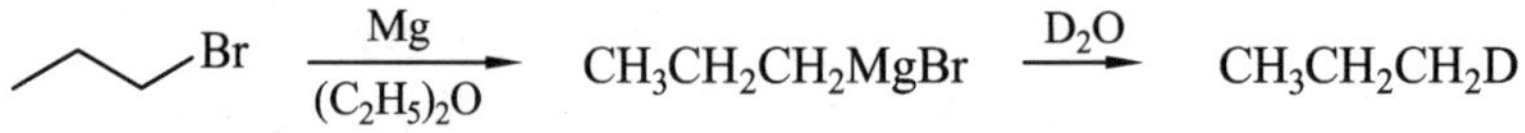

9-4 （1）按 S_N1 反应的活性顺序排列以下化合物：

2-甲基-1-溴丁烷，2-甲基-2-溴丁烷，3-甲基-2-溴丁烷

（2）按 S_N2 反应活性顺序排列以下化合物：

1-溴丁烷，2-甲基-2-溴丁烷，2-溴丁烷

解：

（1）2-甲基-2-溴丁烷 > 3-甲基-2-溴丁烷 > 2-甲基-1-溴丁烷

（2）1-溴丁烷 > 2-溴丁烷 > 2-甲基-2-溴丁烷

9-5 写出分子式 C₄H₇Cl 的氯代烯烃的所有同分异构体，并对它们系统命名，指出其各属哪一类卤代烯烃。

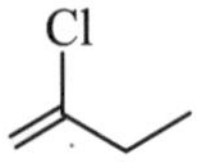

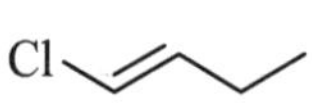

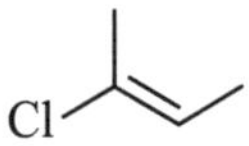

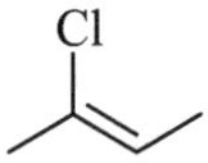

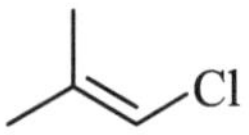

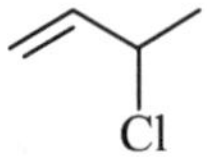

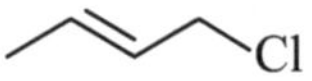

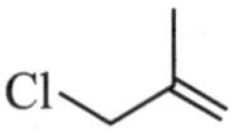

解：

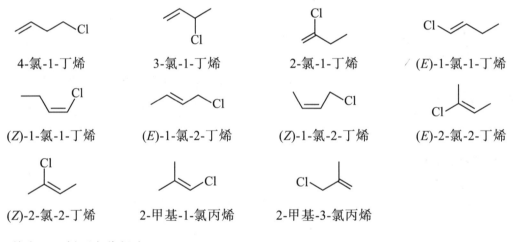

9-6 将下列各组化合物按照对 AgNO₃（乙醇溶液）的反应活性大小次序排列。

（1）2-甲基-2-溴丙烷、2-溴丙烯、2-溴丁烷、2-苯基-2-溴丙烷

（2）1-溴丁烷、2-氯戊烷，1-碘丙烷

解： 卤代烃与 AgNO₃ 醇溶液的反应属于亲核取代单分子历程（S_N1），反应活性顺序为

（1）2-苯基-2-溴丙烷 > 2-甲基-2-溴丙烷 > 2-溴丁烷 > 2-溴丙烯。

（2）1-碘丙烷 > 1-溴丙烷 > 1-氯丙烷

9-7 完成下列反应式：

（1）CH$_2$=CHCH$_2$F + HCl $\longrightarrow$ （2）CH$_2$=CHCl + HCl $\longrightarrow$

解：

（1）CH$_2$=CHCH$_2$F + HCl $\longrightarrow$ CH$_2$ClCH$_2$CH$_2$F

（2）CH$_2$=CHCl + HCl $\longrightarrow$ CH$_3$CHCl$_2$

9-8 以氯代环己烷和氯苯为例，分别从 C—Cl 键的键长、解离能、偶极距、与亲核试剂及金属的反应等方面对一氯代烷烃和一卤代芳烃的性质进行比较。

解：

表 2-1

名　称	C—Cl 键长 /nm	键的离解能/ kJ·mol^{-1}	偶极距 /10^{-30}	与亲核试剂反应	与金属反应
氯代环己烷	0.176 7	338.9	5.97（大）	快	快
氯苯	0.171 3	401.3	小	慢	慢

第十章　醇、酚和醚

10-1 写出分子式 C$_6$H$_{13}$OH 的一级、二级、三级醇的构造式各一个，并用系统命名法命名。

解：

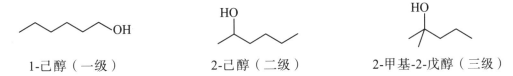

1-己醇（一级）　　　　2-己醇（二级）　　　　2-甲基-2-戊醇（三级）

10-2 将下列化合物按沸点的高低排列次序：3-己醇、正己烷、二甲基正丙基甲醇、正辛醇、正己醇。

解：

正辛醇 > 正己醇 > 3-己醇 > 二甲基正丙基甲醇 > 正己烷

10-3 为什么乙醚的沸点（34 ℃）比正丁醇的沸点（118 ℃）低得多？

解： 这是因为乙醚分子间不能形成氢键，仅有较小的极性；而正丁醇分子间可以形成氢键，因而沸点高。

10-4 列出 1-丁醇、2-丁醇、2-甲基-2-丙醇与金属钠反应的活性次序；再列出三种醇钠的碱性大小次序。

解： 与金属钠反应的活性顺序为

1-丁醇 > 2-丁醇 > 2-甲基-2-丙醇

形成醇钠的碱性大小顺序为

1-丁醇钠 < 2-丁醇钠 < 2-甲基-2-丙醇钠

10-5 如何区别下列各组化合物。

（1）2-甲基-2-丙醇，1-丁醇，2-丁醇

（2）苄醇，α-苯基乙醇，β-苯基乙醇

解：

(1) 2-甲基-2-丙醇 / 2-丁醇 / 1-丁醇 $\xrightarrow{\text{浓盐酸}}_{\text{无水氯化锌}}$
- ＋ 很快变浑浊并分层
- ＋ 约10 min变浑浊并分层
- － 常温不反应

(2) 苄醇 / α-苯基乙醇 / β-苯基乙醇 $\xrightarrow{\text{浓盐酸}}_{\text{无水氯化锌}}$
- ＋ 稍慢变浑浊并分层
- ＋ 很快变浑浊并分层
- － 常温不反应

10-6 选用哪些醇可以合成下列烯烃。

（1）2-甲基-1-丁烯；（2）2-苯基-2-丁烯；（3）1-甲基环己烯；（4）2-甲基-5-溴-2-戊烯

解： 所选择的醇分别为

(1) 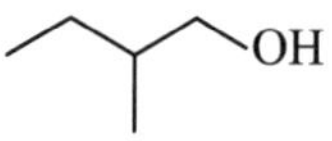 2-甲基-1-丁醇结构 (2) 2-苯基-2-丁醇结构 (3) 1-甲基环己醇 (4) 2-甲基-5-溴-2-戊醇

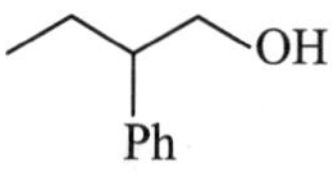

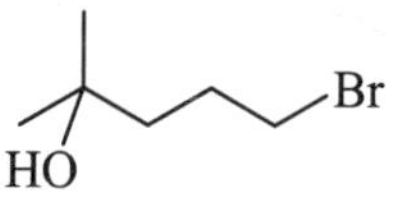

10-7 （1）下列化合物用高碘酸处理，产物是什么？

A. 1,2-丙二醇；B. 2,3-二甲基-2,3-丁二醇

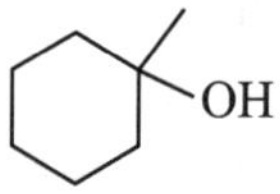

（2）写出以下反应方程式中有关的反应物。

$$A + HIO_4 \longrightarrow CH_3COCH_3 + HCHO$$
$$B + HIO_4 \longrightarrow 2HOOC-CHO$$

解：（1）前者是甲醛和乙醛；后者是丙酮。

（2）有关反应物分别为

A. 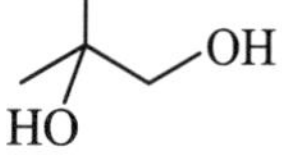 2-甲基-1,2-丙二醇   B. 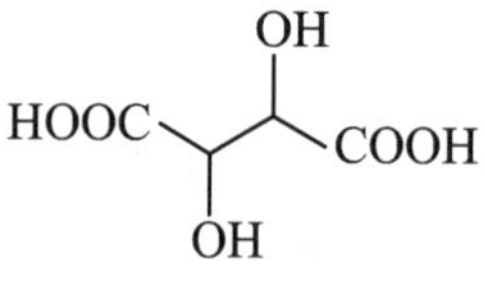 2,3-二羟基丁二酸（HOOC-CH(OH)-CH(OH)-COOH）

10-8 用反应方程式表示异丙醇的制备。

（1）以烯烃为原料；（2）以卤代烷为原料；（3）由格氏试剂制备；（4）工业上以哪种方法为宜？为什么？

解：

（1）$CH_2=CHCH_3 + H_2O \xrightarrow{H_2SO_4} (CH_3)_2CHOH$

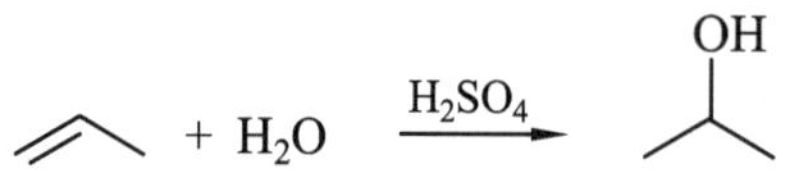

（2）$\underset{\text{Cl}}{\text{CH}_3\text{CHCH}_3}$ + H$_2$O $\xrightarrow{\text{NaOH}}$ $\underset{\text{OH}}{\text{CH}_3\text{CHCH}_3}$

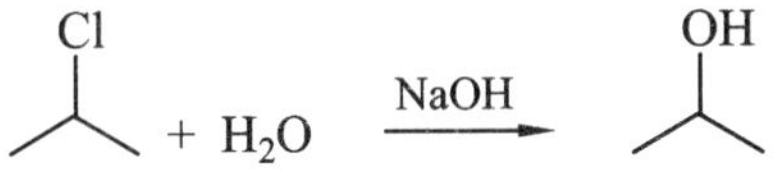

（3）CH$_3$MgCl + CH$_3$CHO ⟶ (CH$_3$)$_2$CHOMgCl $\xrightarrow{\text{H}_3\text{O}^+}$ (CH$_3$)$_2$CHOH

（4）工业上以方法（1）为宜。因为丙烯是便宜的一级化工原料，石油炼油厂的尾气。

10-9 选用适当的格氏试剂和适当的醛、酮合成下列各种醇。

1-苯基-2-丙醇，环己基甲醇，2-甲基-2-丁醇

解：

（1）PhCH$_2$MgCl + CH$_3$CHO $\xrightarrow{\text{Et}_2\text{O}}$ PhCH$_2\underset{\text{OMgCl}}{\text{CHCH}_3}$ $\xrightarrow{\text{H}_3\text{O}^+}$ PhCH$_2\underset{\text{OH}}{\text{CHCH}_3}$

（2）C$_6$H$_{11}$MgCl + HCHO $\xrightarrow{\text{Et}_2\text{O}}$ C$_6$H$_{11}$CH$_2$OMgCl $\xrightarrow{\text{H}_3\text{O}^+}$ C$_6$H$_{11}$CH$_2$OH

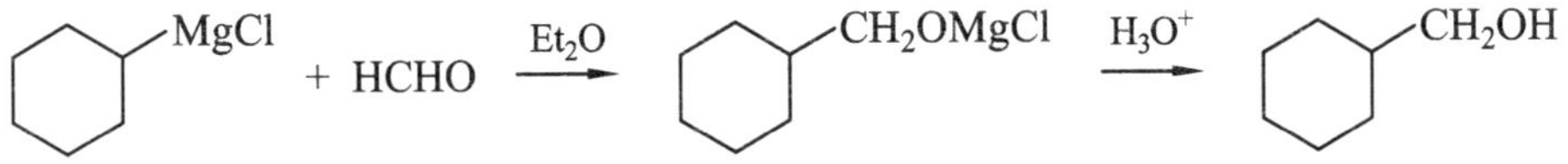

（3）CH$_3$MgCl + CH$_3$COC$_2$H$_5$ $\xrightarrow{\text{Et}_2\text{O}}$ (CH$_3$)$_2\underset{\text{OMgCl}}{\text{CCH}_2\text{CH}_3}$ $\xrightarrow{\text{H}_3\text{O}^+}$ (CH$_3$)$_2\underset{\text{OH}}{\text{CCH}_2\text{CH}_3}$

10-10 试将下列各组化合物按 E1 历程进行时的速率快慢排列成序。

（1）(CH$_3$)$_3$C—Cl，(CH$_3$)$_3$C—I，(CH$_3$)$_3$C—Br

（2）(CH$_3$)$_2$CHCHCH$_3$ (CH$_3$)$_2$CHCH$_2$CH$_2$OH   (CH$_3$)$_2$CCH$_2$CH$_3$
　　　　 |　　　　　　　　　　　　　　　　　　　　　　　　　 |
　　　　OH　　　　　　　　　　　　　　　　　　　　　　　　OH

（3）H$_3$C—C$_6$H$_4$—SO$_2$—OCH(CH$_3$)$_2$ HOCH(CH$_3$)$_2$ H$_2\overset{+}{\text{O}}$CH(CH$_3$)$_2$

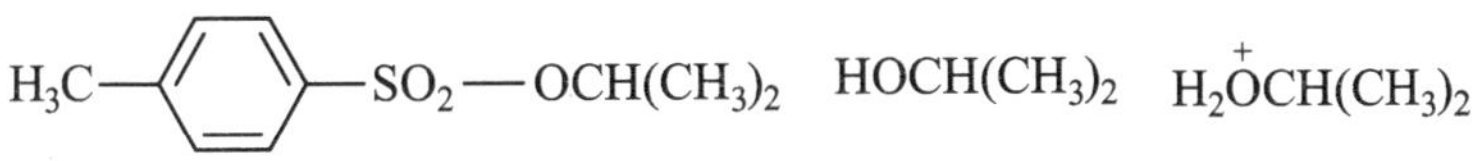

解：按 E1 历程反应速率排列次序为

（1）(CH$_3$)$_3$C—I > (CH$_3$)$_3$C—Br > (CH$_3$)$_3$C—Cl

（2）(CH$_3$)$_2\underset{\text{OH}}{\text{C}}CH_2CH_3$ > (CH$_3$)$_2$CH$\underset{\text{OH}}{\text{CH}}CH_3$ > (CH$_3$)$_2$CHCH$_2$CH$_2$OH

（3）H$_3$C—C$_6$H$_4$—SO$_2$—OCH(CH$_3$)$_2$ > H$_2\overset{+}{\text{O}}$CH(CH$_3$)$_2$ > HOCH(CH$_3$)$_2$

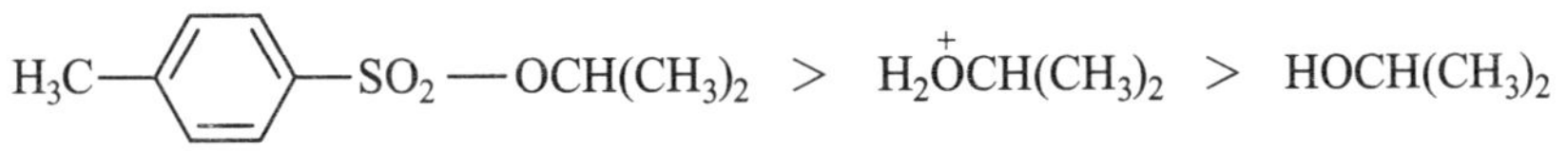

10-11 写出下列反应的主要产物的构型式。

（1）[氯代环己烷结构] $\xrightarrow{\text{KOH-C}_2\text{H}_5\text{OH}}$

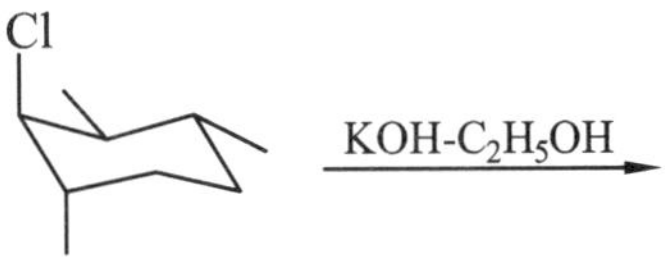

（2）[Newman投影式：Br, H, H, Br, Ph, Ph] $\xrightarrow{\text{OH}^-, \text{E}_2}$

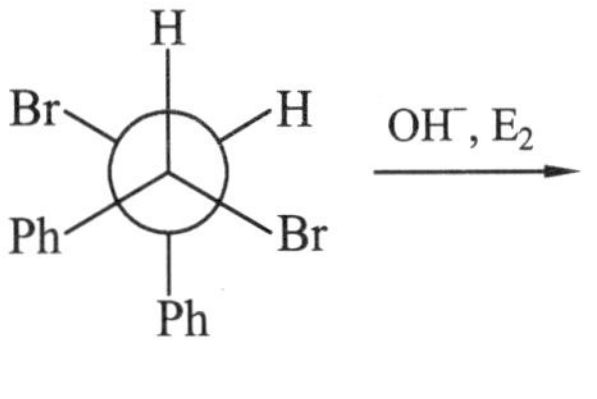

解：

（1） [结构式：2,6-二甲基环己烯]　　（2） [结构式：Ph(Br)C=C(H)Ph]

10-12 完成下列反应式。

（1）$(CH_3)_2C=CHCH_2CH_3$ + $CFBr_3$ $\xrightarrow{n\text{-}C_4H_9Li}$

（2）[环戊烯醇结构式] + $CHBr_3$ $\xrightarrow{(CH_3)_3COK}$

解：

（1）$(CH_3)_2C=CHCH_2CH_3$ + $CFBr_3$ $\xrightarrow{n\text{-}C_4H_9Li}$ $(CH_3)_2C\overset{Br\;Br}{\underset{}{\diagdown\!/}}CHCH_2CH_3$ (环丙烷结构)

（2）[环戊烯醇] + $CHBr_3$ $\xrightarrow{(CH_3)_3COK}$ [二溴双环产物结构]

10-13 排出下列化合物的酸性次序：间溴苯酚、间甲苯酚、间硝基苯酚、苯酚

解：酸性次序为间硝基苯酚 >间溴苯酚>苯酚>间甲苯酚。

10-14 在下列化合物中，哪些可以生成分子内氢键？
邻甲苯酚，对硝基苯酚，邻硝基苯酚，邻氟苯酚

解：能生成分子内氢键的有：邻硝基苯酚和邻氟苯酚。

10-15 写出邻甲苯酚与以下化合物反应的主要产物并命名。
（1）NaOH 溶液　　（2）FeCl$_3$ 溶液　　（3）溴化苄（NaOH 溶液）　　（4）溴水

解：（1）邻甲苯酚钠；（2）六邻甲苯酚合铁；（3）邻甲苯基苄基醚；（4）6-甲基-2,4-二溴苯酚

10-16 以苯或甲苯及必要的其他试剂为原料合成：邻甲氧基苯甲醇、对异丙基苯酚。

解：

甲苯 $\xrightarrow[\text{FeBr}_3]{\text{Br}_2}$ 邻溴甲苯 $\xrightarrow{\text{CH}_3\text{ONa}}$ 邻甲氧基甲苯 $\xrightarrow{\text{NBS}}$

邻(溴甲基)甲氧基苯 $\xrightarrow[\text{H}_2\text{O}]{\text{NaOH}}$ 邻甲氧基苯甲醇

苯 $\xrightarrow[\text{FeBr}_3]{\text{Br}_2}$ 溴苯 $\xrightarrow{\text{CH}_3\text{ONa}}$ 苯甲醚 $\xrightarrow[(\text{CH}_3)_2\text{CHCl}]{\text{AlCl}_3}$

$$\underset{\text{OCH}_3}{\underset{|}{\text{C}_6\text{H}_4}}\text{-CH(CH}_3)_2 \xrightarrow[\text{H}_2\text{O}]{\text{HI}} \underset{\text{OH}}{\underset{|}{\text{C}_6\text{H}_4}}\text{-CH(CH}_3)_2$$

10-17 选择适合的醇或酚为原料合成以下化合物：苯基正丙基醚、甲基环己基醚。

解：

$$\text{C}_6\text{H}_5\text{OH} \xrightarrow[\text{NaOH}]{\text{CH}_3(\text{CH}_2)_2\text{Br}} \text{C}_6\text{H}_5\text{O}(\text{CH}_2)_2\text{CH}_3$$

$$\text{C}_6\text{H}_{11}\text{OH} \xrightarrow{\text{Na}} \text{C}_6\text{H}_{11}\text{ONa} \xrightarrow{\text{CH}_3\text{I}} \text{C}_6\text{H}_{11}\text{OCH}_3$$

第十一章 醛、酮

11-1 试写出下列醛的结构：

解：（1）间羟基苯甲醛；（2）1,2-萘二甲醛；（3）对甲酰基苯乙酸。

（1）间-HOC₆H₄-CHO　（2）1,2-(CHO)₂-C₁₀H₆　（3）对-OHC-C₆H₄-CH₂COOH

11-2 试用两种命名法命名下列化合物：

（1）1-丁酰基萘　（2）苯基丙酮

解：（1）1-丁酰基萘；1-萘-1-丁酮；（2）苯基丙酮；甲基苄基甲酮。

11-3 用光谱法区别下列各种化合物，并说明理由。

（1）乙醛和丁酮　（2）2-戊酮和 3-己烯-2-酮

解：（1）羰基吸收峰吸收波数大的为乙醛，小的为丁酮。

（2）前者紫外光谱的吸收波长数值较小，后者因有共轭链，所以较大。

11-4 以丙酮为原料可以制备合成有机玻璃的单体 α-甲基丙烯酸甲酯。写出反应式，并注明必要条件。

解：

$$(\text{CH}_3)_2\text{C}=\text{O} + \text{NaCN} \xrightarrow{\text{H}_2\text{O}} (\text{CH}_3)_2\underset{\text{CN}}{\underset{|}{\text{C}}}\text{OH} \xrightarrow{\text{H}^+} \text{CH}_2=\underset{\text{CN}}{\underset{|}{\text{C}}}\text{CH}_3 \xrightarrow[\text{CH}_3\text{OH}]{\text{H}^+} \text{CH}_2=\underset{\text{COOCH}_3}{\underset{|}{\text{C}}}\text{CH}_3$$

11-5 完成下列反应式：

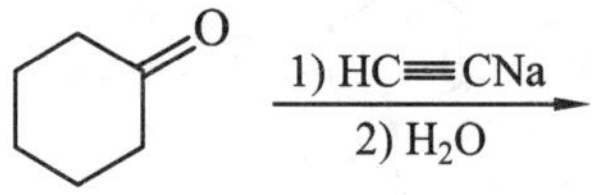

环己酮 $\xrightarrow[\text{2) H}_2\text{O}]{\text{1) HC≡CNa}}$

解：

环己酮 $\xrightarrow[\text{2) H}_2\text{O}]{\text{1) HC≡CNa}}$ 1-乙炔基环己醇（环己基上同时连有 OH 和 C≡CH）

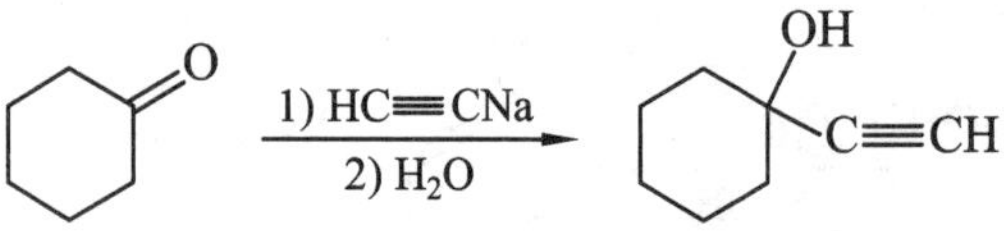

11-6 格氏试剂与醛、酮加成产物水解制取醇时，有时使用硫酸溶液，有时使用氯化铵溶液，这是为什么？

解： 通常得到的产物体积比较小的醇使用氯化铵就可以水解。但是，当所得到的产品体积大的醇，就要使用硫酸进行水解，否则水解速率很慢。

11-7 用铂为催化剂，使(R)-3-甲基环戊酮加氢成醇时，会产生几种异构体？为什么？哪种异构体为优势产物？为什么？

解：

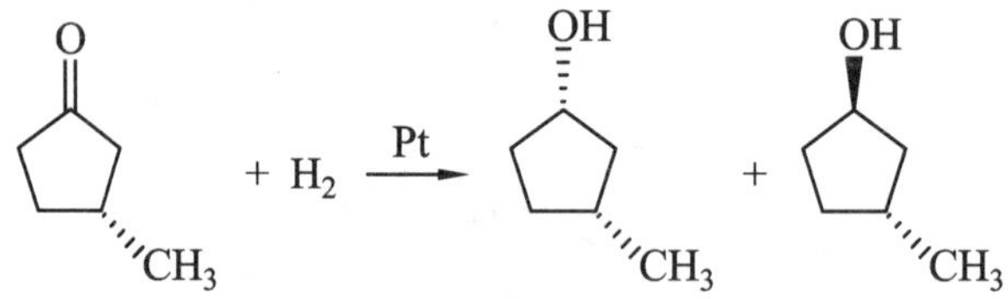

(R)-3-甲基环戊酮 + H_2 $\xrightarrow{\text{Pt}}$ 顺式-3-甲基环戊醇（较多） + 反式-3-甲基环戊醇（较少）

可得两种异构体。因为酮是平面型的结构，氢原子既可从环的上侧进攻羰基，也可从环的下侧进攻羰基。但是由于环的下侧有一个甲基，从下侧进攻时受到的空间阻力较大，所以氢原子从环的上侧进攻羰基的几率大些，得到较多的产物。

11-8 完成下列反应方程式：

（1）$CH_3CH=CHCOCH_3$ $\xrightarrow[\text{i-PrOH}]{(i\text{-PrO})_3\text{Al}}$

（2）4,4-二甲氧基环己酮 $\xrightarrow[\text{二缩乙二醇醚}]{NH_2NH_2, NaOH}$

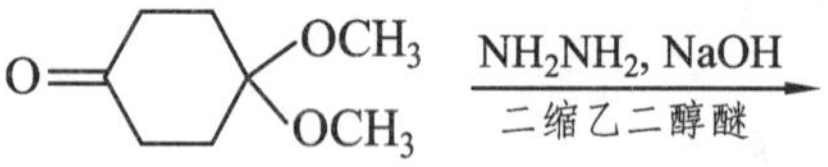

解：

（1）$CH_3CH=CHCOCH_3$ $\xrightarrow[\text{i-PrOH}]{(i\text{-PrO})_3\text{Al}}$ $CH_3CH=CHCH(OH)CH_3$

（2）4,4-二甲氧基环己酮 $\xrightarrow[\text{二缩乙二醇醚}]{NH_2NH_2, NaOH}$ 1,1-二甲氧基环己烷

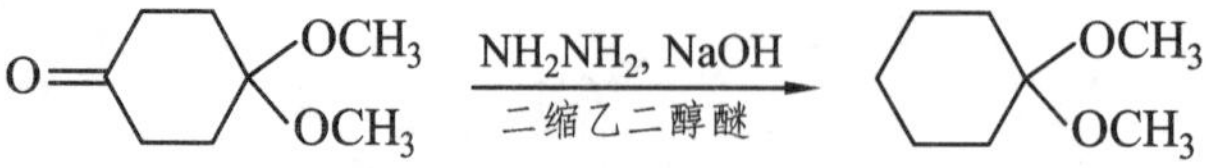

11-9 醛、酮的 α-H 被卤素取代生成一卤代醛、酮后，其余 α-H 是否更容易被卤素所取

代，试说明理由。如用酸做催化剂呢？

解：醛、酮的 α-H 被卤素取代生成一卤代醛、酮后，由于卤原子具有吸电子作用，其余剩下的 α-H 的酸性增强，更加容易被碱夺取下来，形成碳负离子，发生进一步的卤代，直至没有 α-H 的存在。但是在酸性条件下，形成烯醇式进行反应，是一个可逆反应，因此，不易使反应进行到底。

11-10 用酸催化也可发生羟醛缩合反应。例如，丙酮被干燥的 HCl 催化，慢慢地生成下列产物，写出反应的历程。

解：

$$CH_3CCH_3 \underset{}{\overset{H^+}{\rightleftharpoons}} CH_3CH=CH_2 \overset{\ddot{O}H}{\underset{C(CH_3)_2}{\rightleftharpoons}} \overset{O}{\underset{}{}} CH_3CH_2C(CH_3)_2 \overset{\overset{+}{OH}\ \overset{-}{O}}{\underset{}{}} \rightleftharpoons$$

$$CH_3CH_2C(CH_3)_2 \overset{O\ OH}{\underset{}{}} \overset{-H_2O}{\longrightarrow} CH_3CCH=C(CH_3)_2 \overset{O}{\underset{}{}}$$

$$CH_2=CCH=C(CH_3)_2 \overset{\ddot{O}H}{\underset{C(CH_3)_2}{\rightleftharpoons}} \overset{O}{\underset{}{}} (CH_3)_2CHCH_2CCH=C(CH_3)_2 \overset{\overset{-}{O}\ \overset{+}{OH}}{\underset{}{}} \rightleftharpoons$$

$$(CH_3)_2CCH_2CCH=C(CH_3)_2 \overset{OH\ O}{\underset{}{}} \overset{-H_2O}{\longrightarrow} (CH_3)_2C=CHCCH=C(CH_3)_2 \overset{O}{\underset{}{}}$$

11-11 具有工业价值的季戊四醇，可由甲醛和乙醛进行"交叉"羟醛缩合反应制得。试写出有关反应式和反应条件。

解：

$$CH_3CHO + 3HCH_2O \xrightarrow{\text{稀 }OH^-} HOH_2C-\underset{\underset{CH_2OH}{|}}{\overset{\overset{CH_2OH}{|}}{C}}-CHO \xrightarrow[OH^-]{HCHO} HOH_2C-\underset{\underset{CH_2OH}{|}}{\overset{\overset{CH_2OH}{|}}{C}}-CH_2OH$$

11-12 在氢氰酸对乙醛的加成反应中，分别加入几滴 NaOH 或 HCl 溶液，反应速率有无变化？为什么？

解：加入几滴氢氧化钠，反应速率加快；加入几滴盐酸，反应速率减慢。因为这是一个亲核加成反应，反应速率大小取决于氰根离子的浓度。当加入几滴碱液后，氢氰酸的电离平衡向右移动，氰根离子浓度增大，促进了亲核加成。反之，滴加几滴酸会抑制氢氰酸的电离，使氰根离子浓度降低，使反应速率减慢。

11-13 用 $NaBH_4$ 还原 3,3-二甲基环戊酮成醇，所得产物有无旋光性？为什么？

解：

环戊酮(带3,3-二甲基) $\xrightarrow{NaBH_4}$ 环戊醇(带3,3-二甲基) ($\pm$)

产物没有旋光性，因为所得产物是一对外消旋体。

第十二章 羧 酸

12-1 系统命名下列有机物

（1）$\text{H}_3\text{CHC}-\text{CHCOOH}$ 带有 Cl 和 CH_3 取代基

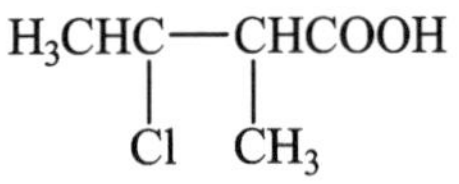

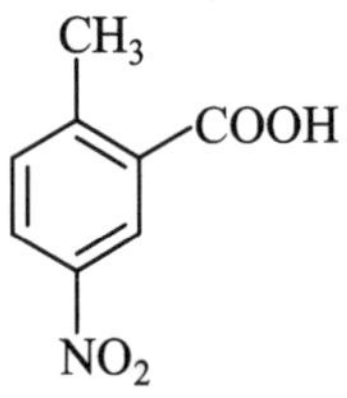

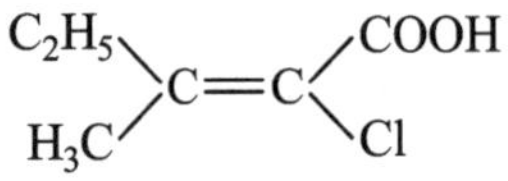

（2）2-甲基-5-硝基苯甲酸结构

（3）$\text{C}_2\text{H}_5\text{C}=\text{CCOOH}$，另一侧为 H_3C 和 Cl

（4）$\text{H}-\overset{\text{COOH}}{\underset{\text{CH}_3}{\text{C}}}-\text{Br}$

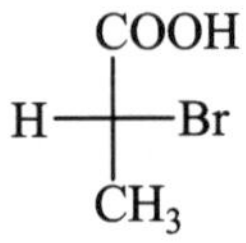

解：（1）2-甲基-3-氯丁酸　（2）5-硝基-2-甲基苯甲酸　（3）(E)-3-甲基-2-氯-2-戊烯酸
（4）(R)-2-溴丙酸

12-2 试估计下列化合物沸点的高低：丁烷、乙醚、丁醇、丁酸。

解：丁酸 > 丁醇 > 乙醚 > 丁烷

12-3 为什么 5 个碳原子以上的醇、酮、羧酸在水中溶解度很小？

解：5 个碳以上的醇、酮、羧酸等烷基比较大，分子的极性变小，根据相似相溶规则，它们在水中的溶解度变得很小。

12-4 试从表 12-2（教材）中总结羧酸结构对其酸性强弱影响的规律。

解：当羧基邻近有供电子基时，其酸性减弱，且供电子能力与酸性大小成反比关系。有吸电子基时，其酸性增强，且离羧基越近，吸电子能力越强，则酸性越强；反之亦然。

12-5 说明乙醇对 pH 试纸呈中性，而 $\text{CF}_3\text{CH}_2\text{OH}$ 对 pH 试纸呈酸性的原因。

解：因为三氟甲基是一个强吸电子基，使 O—H 键的电子更加偏向氧原子一边，H^+ 更加易离解出来，因而其酸性更强。

12-6 解释下列现象：
（1）对硝基苯甲酸比苯甲酸的酸性强；　（2）间碘苯甲酸比对碘苯甲酸的酸性强。

解：（1）对硝基具有吸电子的 $-I$ 效应和吸电子的 $-C$ 效应，使羧基上的 O—H 键电子偏向氧原子一边，其比苯甲酸更加容易电离出 H^+，因此其酸性更强。
（2）当碘连接在间位上时，作用于羧基，只有吸电子的 $-I$ 效应（没有 C 效应的影响）；反之连接在对位上时，具有吸电子的 $-I$ 效应，还有给电子的 $+C$ 效应存在，总的来说，碘对羧基的吸电子能力没有在间位上强。

12-7 写出反应方程式，指出苯甲酸如何变成：
（1）苯甲酸钠　（2）苯甲酰氯　（3）苯甲酸丙酯

解：

（1）$\text{C}_6\text{H}_5\text{COOH} + \text{NaOH} \longrightarrow \text{C}_6\text{H}_5\text{COONa} + \text{H}_2\text{O}$

（2）$\text{C}_6\text{H}_5\text{COOH} + \text{SOCl}_2 \longrightarrow \text{C}_6\text{H}_5\text{COCl} + \text{SO}_2 + \text{HCl}$

（3） $C_6H_5COOH + n\text{-}C_3H_7OH \xrightarrow{H^+} C_6H_5COOC_3H_7\text{-}n + H_2O$

12-8 有一未知化合物（A）能和苯肼发生反应，0.290 g A 需要用 25 mL 0.1 mol·L^{-1} KOH 中和。A 分子的碳链带支链，能发生碘仿反应，不含有醇羟基。试推断 A 的结构。

解：能发生碘仿反应，则 A 为甲基酮，发生中和反应说明含有羧基，因次该化合物是一个有支链的酮酸。又知其分子量为 $0.29 \div (0.025 \times 0.1) = 116$，所以该化合物为

2-甲基-3-丁酮酸。

12-9 为什么二氯醋酸与甲醇酯化速率比乙酸快？

解：二氯醋酸的二氯甲基具有吸电子作用，可以活化羧基，有利于与甲醇酯化生成酯；而醋酸中的甲基是给电子基团，不能活化羧基，不利于酯化反应。

12-10 2 mol 乙酸和 1 mol 乙醇酯化时，根据平衡常数（$K = 4$）计算乙酸乙酯的最高产率，并指出增加某一反应物的浓度对产品的产率有何影响。

解：设生成的酯为 x mol。

依据化学平衡进行计算，得

$$x^2 - 4x + 8/3 = 0$$

求得 $x = 0.84$ (mol)

最大转化率：$0.84 \div 1 \times 100\% = 84\%$

所以，增加乙酸的物质的量，有利于提高乙醇的转化率。

第十三章 羧酸衍生物

13-1 写出下列反应的产物：

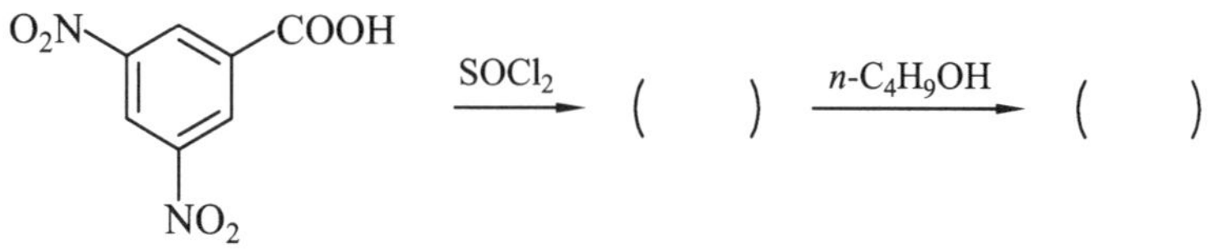

3,5-二硝基苯甲酸 $\xrightarrow{SOCl_2}$ （　　）$\xrightarrow{n\text{-}C_4H_9OH}$ （　　）

解：

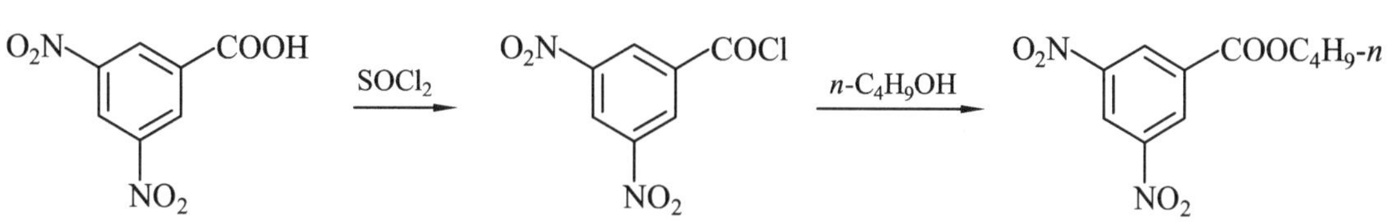

3,5-二硝基苯甲酸 $\xrightarrow{SOCl_2}$ 3,5-二硝基苯甲酰氯 $\xrightarrow{n\text{-}C_4H_9OH}$ 3,5-二硝基苯甲酸正丁酯

13-2 完成下述反应：

$C_6H_5NH_2 + (CH_3CO)_2O \longrightarrow$

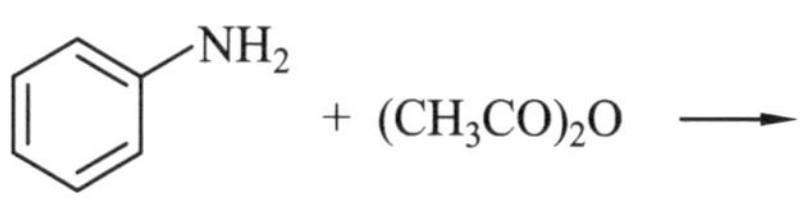

解：

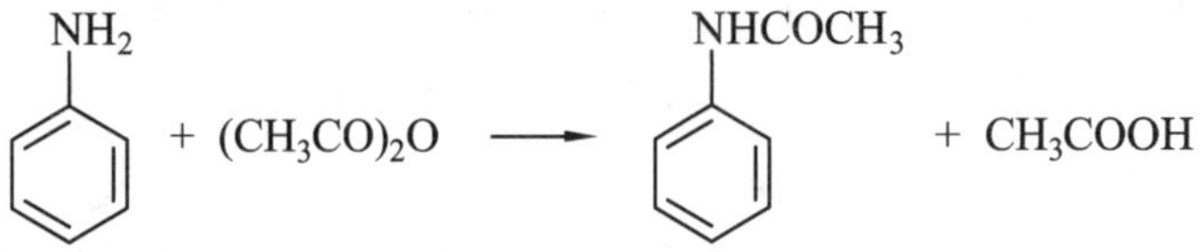

$$\underset{\text{(苯胺)}}{C_6H_5NH_2} + (CH_3CO)_2O \longrightarrow \underset{\text{NHCOCH}_3}{C_6H_5} + CH_3COOH$$

13-3 完成下列反应：
（1）合成 $CH_3CH_2COCH(CH_3)COOC_2H_5$
（2）由 $(CH_3)_2CHCH_2COOH$ 合成 $(CH_3)_2CHCH_2COCOOH$

解：

（1） 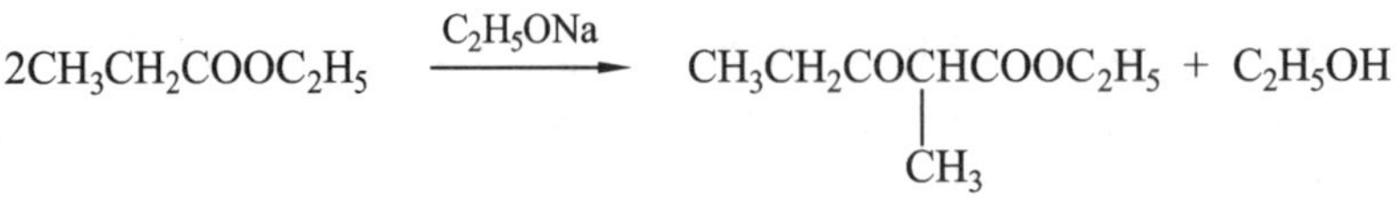 $2CH_3CH_2COOC_2H_5 \xrightarrow{C_2H_5ONa} CH_3CH_2COCH(CH_3)COOC_2H_5 + C_2H_5OH$

（2） 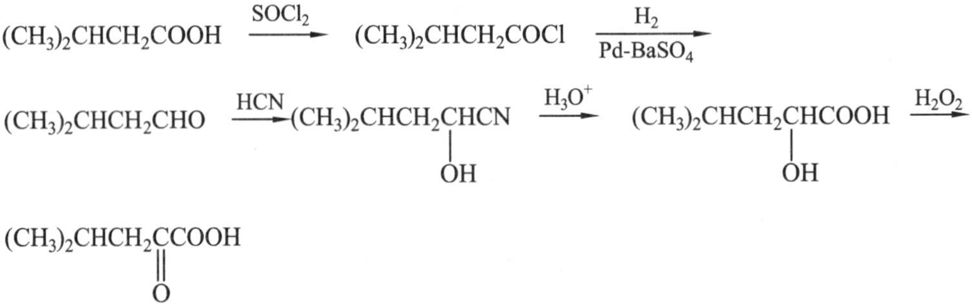 $(CH_3)_2CHCH_2COOH \xrightarrow{SOCl_2} (CH_3)_2CHCH_2COCl \xrightarrow[Pd\text{-}BaSO_4]{H_2}$

$(CH_3)_2CHCH_2CHO \xrightarrow{HCN} (CH_3)_2CHCH_2CH(OH)CN \xrightarrow{H_3O^+} (CH_3)_2CHCH_2CH(OH)COOH \xrightarrow{H_2O_2}$

$(CH_3)_2CHCH_2COCOOH$

13-4 由乙酰乙酸乙酯合成下列化合物：
（1）2-己醇　　（2）2,5-己二酮　　（3）正戊酸

解：

（1） 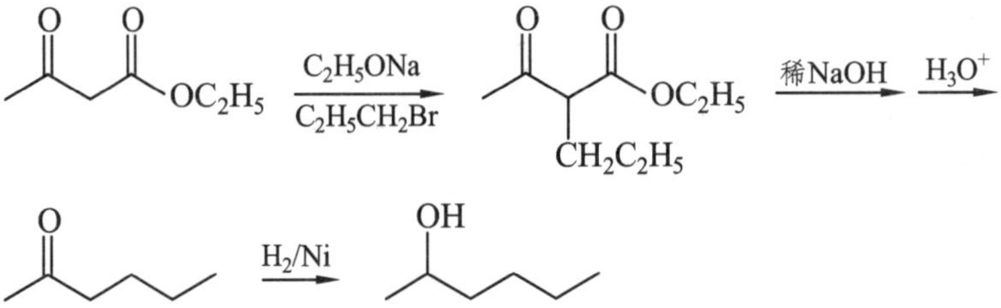 $CH_3COCH_2COOC_2H_5 \xrightarrow[C_2H_5CH_2Br]{C_2H_5ONa} CH_3COCH(CH_2C_2H_5)COOC_2H_5 \xrightarrow{\text{稀}NaOH} \xrightarrow{H_3O^+}$

$CH_3COCH_2CH_2CH_2CH_3 \xrightarrow{H_2/Ni} CH_3CH(OH)CH_2CH_2CH_2CH_3$

（2） $CH_3COCH_2COOC_2H_5 \xrightarrow[CH_3COCH_2Br]{C_2H_5ONa} CH_3COCH(CH_2COCH_3)COOC_2H_5 \xrightarrow{\text{稀}NaOH} \xrightarrow{H_3O^+} CH_3COCH_2CH_2COCH_3$

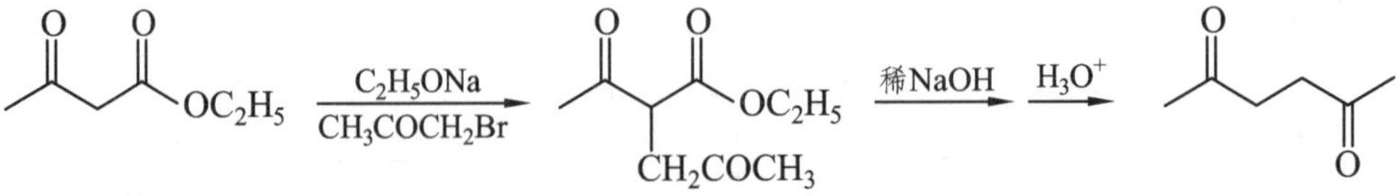

（3） $CH_3COCH_2COOC_2H_5 \xrightarrow[C_2H_5CH_2Br]{C_2H_5ONa} CH_3COCH(CH_2C_2H_5)COOC_2H_5 \xrightarrow{\text{浓}NaOH} \xrightarrow{H_3O^+} CH_3CH_2CH_2CH_2COOH$

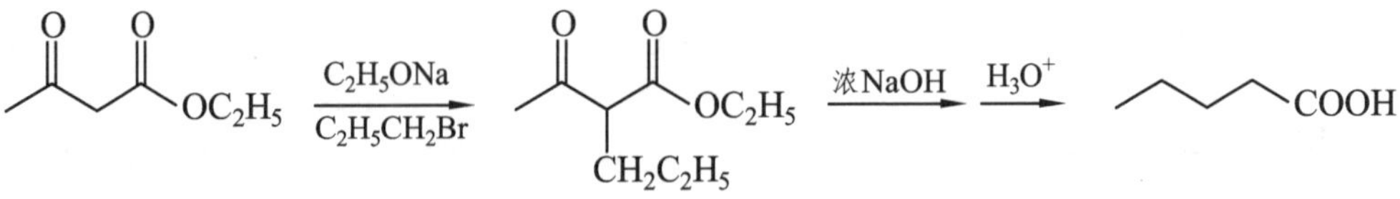

13-5 由丙二酸二乙酯及其他原料合成下列化合物：
（1）3-甲基丁酸　　（2）庚二酸　　（3）环戊基甲酸

解：

（1）$CH_2(COOC_2H_5)_2 \xrightarrow[(CH_3)_2CHBr]{C_2H_5ONa} (CH_3)_2CHCH(COOC_2H_5)_2 \xrightarrow{浓NaOH} \xrightarrow[\Delta]{H_3O^+}$

$(CH_3)_2CHCH_2COOH$

（2）$2CH_2(COOC_2H_5)_2 \xrightarrow[Br(CH_2)_3Br]{C_2H_5ONa} (H_2C)_3\begin{matrix}CH(COOC_2H_5)_2\\ \\CH(COOC_2H_5)_2\end{matrix} \xrightarrow{浓NaOH} \xrightarrow[\Delta]{H_3O^+}$ 环庚烷-1,2-二甲酸 (COOH, COOH)

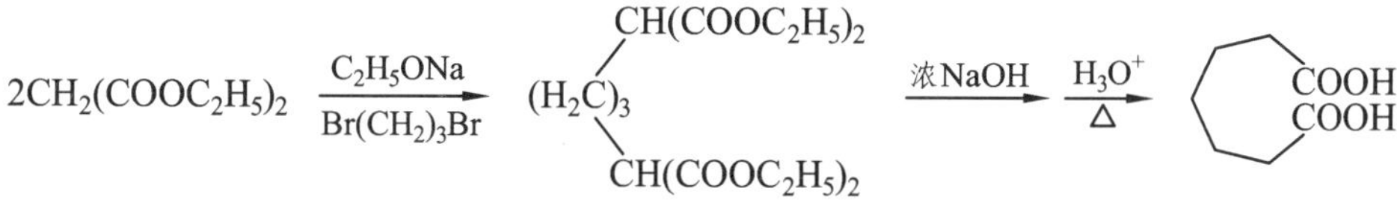

（3）$CH_2(COOC_2H_5)_2 \xrightarrow[Br(CH_2)_4Br]{C_2H_5ONa}$ 环戊烷-1,1-二甲酸乙酯 $\xrightarrow{浓NaOH} \xrightarrow[\Delta]{H_3O^+}$ 环戊基甲酸

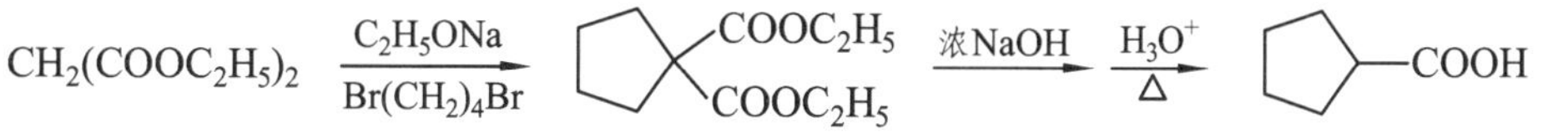

13-6 试总结羧酸、酰卤、酸酐、酯、酰胺之间的相互关系。

解： 略。

13-7 试写出由 RCN 变成 RCH_2NH_2 和 RNH_2 的合成路线。

解：

$$RCN \xrightarrow{H_2/Ni} RCH_2NH_2$$

$$RCN \xrightarrow{H_2O/H^+} RCONH_2 \xrightarrow[OH^-]{Br_2} RNH_2$$

13-8 甲醇溶液中用 CH_3ONa 催化，乙酸叔丁酯转化变成乙酸甲酯的速率只有乙酸乙酯在同样条件下转变为乙酸甲酯的十分之一。而在稀盐酸的甲醇溶液中乙酸叔丁酯迅速转变成甲基叔丁基醚和醋酸，而乙酸乙酯只能很慢地变成乙醇和乙酸甲酯。写出合理的历程来解释上述现象。

解： 在碱性条件下：

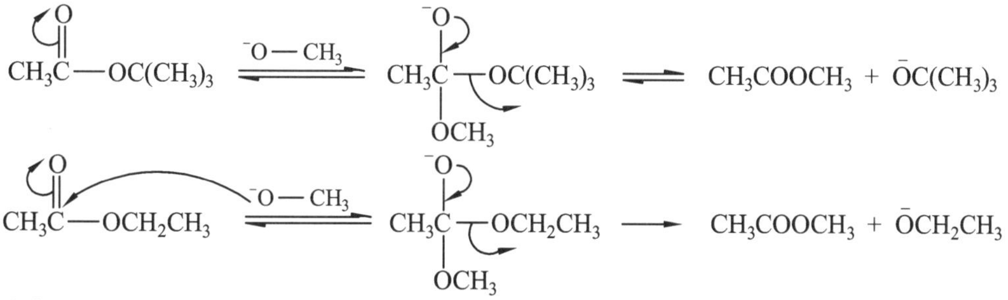

$$CH_3\overset{O}{\underset{\|}{C}}-OC(CH_3)_3 \xrightleftharpoons{\ ^-O-CH_3} CH_3\overset{-O}{\underset{OCH_3}{\overset{|}{C}}}-OC(CH_3)_3 \rightleftharpoons CH_3COOCH_3 + {}^-OC(CH_3)_3$$

$$CH_3\overset{O}{\underset{\|}{C}}-OCH_2CH_3 \xrightleftharpoons{\ ^-O-CH_3} CH_3\overset{-O}{\underset{OCH_3}{\overset{|}{C}}}-OCH_2CH_3 \rightarrow CH_3COOCH_3 + {}^-OCH_2CH_3$$

前者空间阻碍比较大，所以反应速率慢；反之，后者快得多。

在酸性条件下：

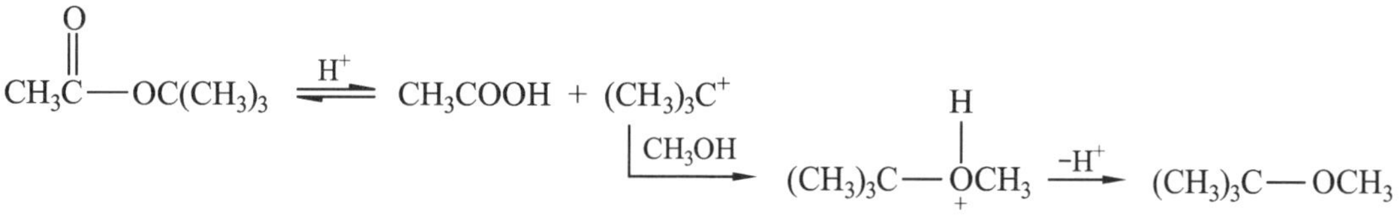

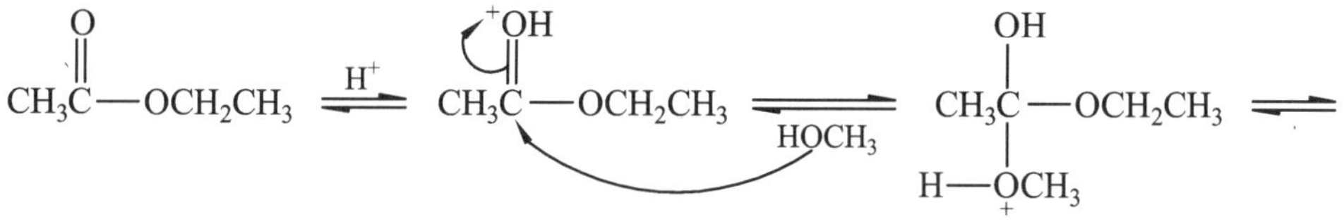

$$CH_3\overset{O}{\underset{\|}{C}}-OC(CH_3)_3 \xrightleftharpoons{H^+} CH_3COOH + (CH_3)_3C^+ \xrightarrow{CH_3OH} (CH_3)_3C-\overset{H}{\underset{|}{\overset{|}{O}}}CH_3 \xrightarrow{-H^+} (CH_3)_3C-OCH_3$$

$$CH_3\overset{O}{\underset{\|}{C}}-OCH_2CH_3 \xrightleftharpoons{H^+} CH_3\overset{+OH}{\underset{\|}{C}}-OCH_2CH_3 \xrightleftharpoons{HOCH_3} CH_3\overset{OH}{\underset{H-\overset{+}{O}CH_3}{\overset{|}{C}}}-OCH_2CH_3 \rightleftharpoons$$

$$\underset{\underset{OCH_3}{|}}{\overset{\overset{OH}{|}}{CH_3C}}-\overset{\overset{H}{|}}{\overset{+}{O}}CH_2CH_3 \rightleftharpoons CH_3\overset{\overset{+OH}{|}}{C}-OCH_3 + CH_3CH_2OH$$

$$\Updownarrow -H^+$$

$$CH_3\overset{\overset{O}{\|}}{C}-OCH_3$$

前者生成了稳定的叔丁基碳正离子，后者没有；此外，在后者的反应中，甲醇是一个亲核性很弱的试剂，所以反应速率很慢。

13-9 写出乙酰氯与乙醇反应的反应历程。

解：

$$CH_3\overset{\overset{O}{\|}}{C}-Cl + HOCH_2CH_3 \longrightarrow \underset{\underset{Cl}{|}}{CH_3\overset{\overset{-O}{|}}{C}}-\overset{\overset{H}{|}}{\overset{+}{O}}CH_2CH_3 \longrightarrow \underset{\underset{Cl}{|}}{CH_3\overset{\overset{OH}{|}}{C}}-OCH_2CH_3 \xrightarrow{-Cl^-}$$

$$CH_3\overset{\overset{+OH}{|}}{C}-OCH_2CH_3 \longrightarrow CH_3\overset{\overset{O}{\|}}{C}-OCH_2CH_3 + H^+$$

第十四章　含氮有机化合物

14-1 用化学方法区别下列各组化合物：
（1）硝基苯和1-硝基丙烷　　　　（2）苯酚和2,4,6-三硝基苯酚（苦味酸）

解：

$$\left.\begin{array}{l}C_6H_5-NO_2\\ CH_3CH_2CH_2NO_2\end{array}\right\}\xrightarrow{NaOH}\left\{\begin{array}{l}-\\ +\text{ 溶于NaOH溶液}\end{array}\right.$$

注： 因为硝基是强吸电子基，硝基旁边的氢原子酸性增强，而显示酸性。

$$\left.\begin{array}{l}\text{C}_6\text{H}_5\text{OH}\\ \text{2,4,6-(NO}_2)_3\text{C}_6\text{H}_2\text{OH}\end{array}\right\}\xrightarrow{NaHCO_3}\left\{\begin{array}{l}-\\ +\text{ CO}_2\uparrow\end{array}\right.$$

注： 因为硝基是强吸电子基，三个硝基吸电子的作用使苯酚的酸性接近于无机强酸。

14-2 命名下列化合物：

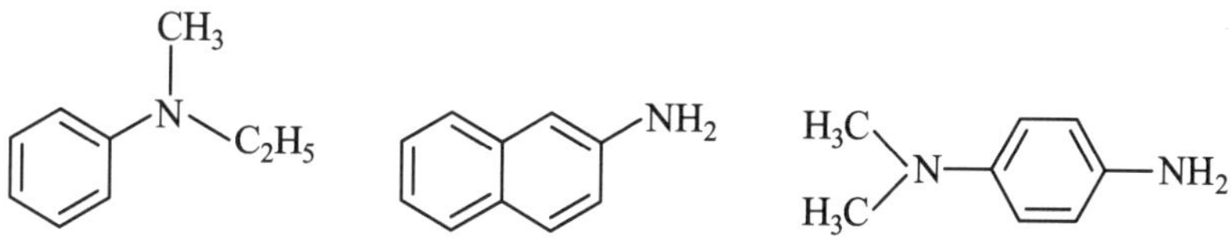

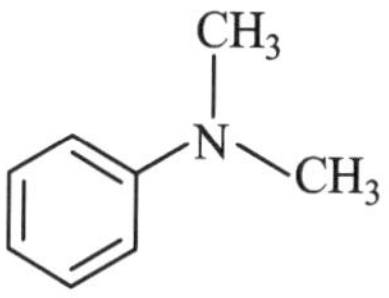

解：按顺序分别为：N-甲基-N-乙基苯胺；2-萘胺；N,N-二甲基对苯二胺；N,N-二甲基苯胺；烯丙胺；三甲基乙烯基溴化铵。

14-3 试比较下列化合物的碱性强弱

(1) 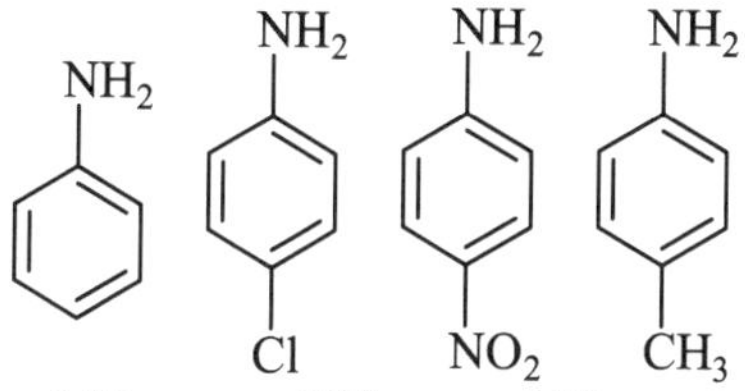 苯胺、对氯苯胺、对硝基苯胺、对甲基苯胺

(2) 对氨基苯甲酸、对甲氧基苯胺、对硝基苯胺、间硝基苯胺

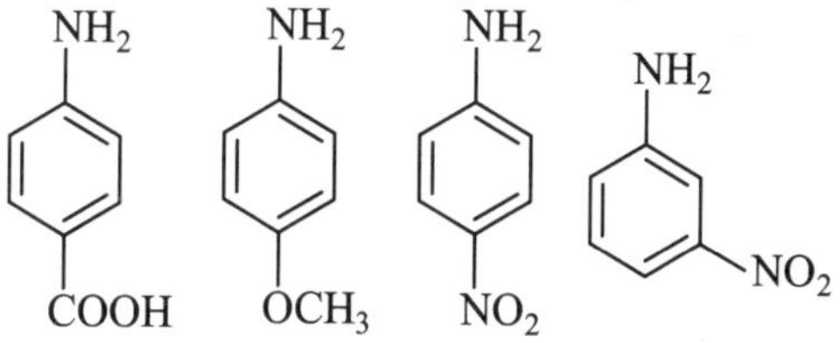

(3) $HOCH_2CH_2NH_2$ $CH_3CH_2NH_2$ $HOCH_2CH_2CH_2NH_2$

解：

(1) 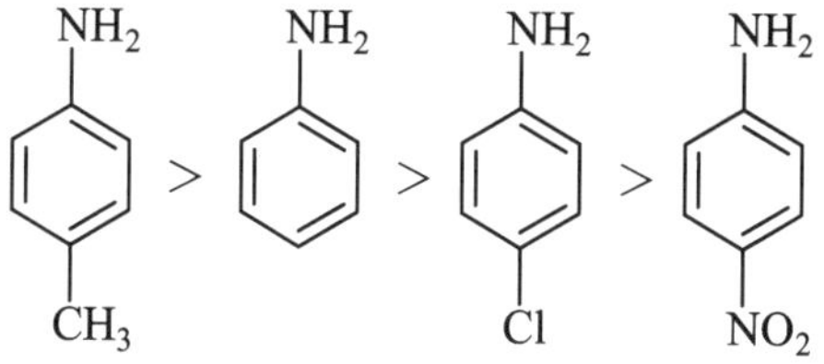 对甲基苯胺 > 苯胺 > 对氯苯胺 > 对硝基苯胺

(2) 对甲氧基苯胺 > 对氨基苯甲酸 > 间硝基苯胺 > 对硝基苯胺

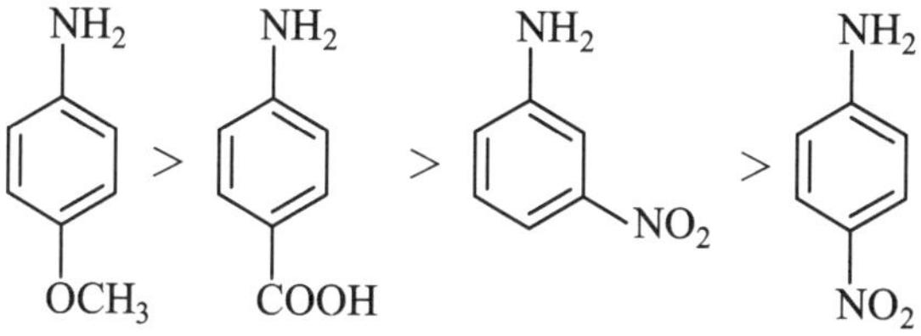

(3) $CH_3CH_2NH_2$ > $HOCH_2CH_2CH_2NH_2$ > $HOCH_2CH_2NH_2$

14-4 用化学方法鉴别乙胺、二乙胺和三乙胺三个胺类化合物。

解：

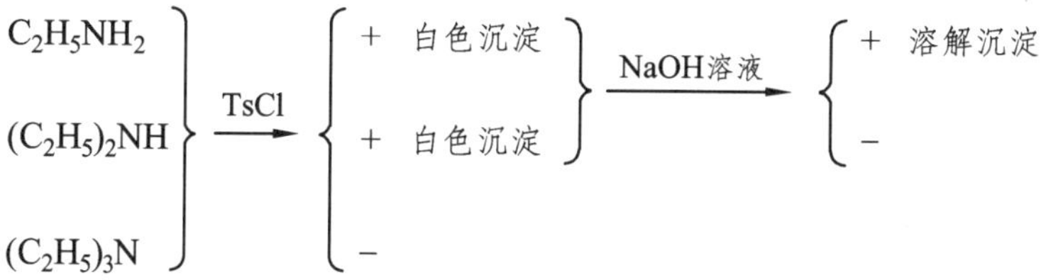

$C_2H_5NH_2$, $(C_2H_5)_2NH$, $(C_2H_5)_3N$ $\xrightarrow{TsCl}$ { + 白色沉淀 / + 白色沉淀 / – } $\xrightarrow{NaOH溶液}$ { 溶解沉淀 / – }

14-5 简要写出用酸、碱和有机溶剂分离提纯苯甲酸、对甲苯酚、苯胺和苯等混合物的方法。

解：

$$\left.\begin{array}{l}C_6H_5COOH\\p\text{-}CH_3C_6H_4OH\\C_6H_5NH_2\\C_6H_6\end{array}\right\}\xrightarrow{Na_2CO_3}\left\{\begin{array}{l}\text{水相}\xrightarrow{\text{加酸至酸性}}\xrightarrow{\text{加入过量的}NaHCO_3}\left\{\begin{array}{l}\text{水相}\xrightarrow{H^+}C_6H_5COOH\\\text{未溶沉淀为对甲苯酚}\end{array}\right.\\\text{有机相}\xrightarrow{H^+}\left\{\begin{array}{l}\text{水相}\xrightarrow[\text{中和}]{Na_2CO_3}C_6H_5NH_2\\\text{有机相（苯）}\end{array}\right.\end{array}\right.$$

14-6 完成下列反应式：

（1）环己胺(NH$_2$) ⟶ 环己烯

（2）2-甲基哌啶 $\xrightarrow{2CH_3I}\xrightarrow[H_2O]{Ag_2O}\xrightarrow{\Delta}$

解：

（1）环己胺 $\xrightarrow[HCl/1\sim5\ ℃]{NaNO_2}$ 环己醇 $\xrightarrow{H_3O^+}$ 此处应为 H$^+$ ⟶ 环己烯

（2）2-甲基哌啶 $\xrightarrow{2CH_3I}\xrightarrow[H_2O]{Ag_2O}\xrightarrow{\Delta}$ (H$_3$C)$_2$N—CH$_2$CH$_2$CH$_2$CH=CH$_2$

14-7 如何通过还原氨化的方法制备下列胺：

（1）苯基(CH(NH$_2$)CH$_3$) （2）CH$_3$(CH$_2$)$_4$CH$_2$NHC$_6$H$_5$

解：

（1）苯 + (CH$_3$CO)$_2$O $\xrightarrow{AlCl_3}$ 苯乙酮 $\xrightarrow{NH_3}$ 苯基C(=NH)CH$_3$ $\xrightarrow{LiAlH_4}$

苯基CH(NH$_2$)CH$_3$

（2） CH$_3$(CH$_2$)$_4$COCl + C$_6$H$_5$NH$_2$ ⟶ CH$_3$(CH$_2$)$_4$CONHC$_6$H$_5$ $\xrightarrow{\text{LiAlH}_4}$
CH$_3$(CH$_2$)$_4$CH$_2$NHC$_6$H$_5$

14-8 以甲苯为主要原料合成下列化合物：（1）间甲苯胺；（2）间甲苯甲酸。

解：

(1) 甲苯 $\xrightarrow[\text{HNO}_3]{\text{H}_2\text{SO}_4}$ 对硝基甲苯 $\xrightarrow{\text{HCl/Fe}}$ 对甲苯胺 $\xrightarrow[\text{2) HNO}_3/\text{H}_2\text{SO}_4]{\text{1) (CH}_3\text{CO)}_2\text{O}}$

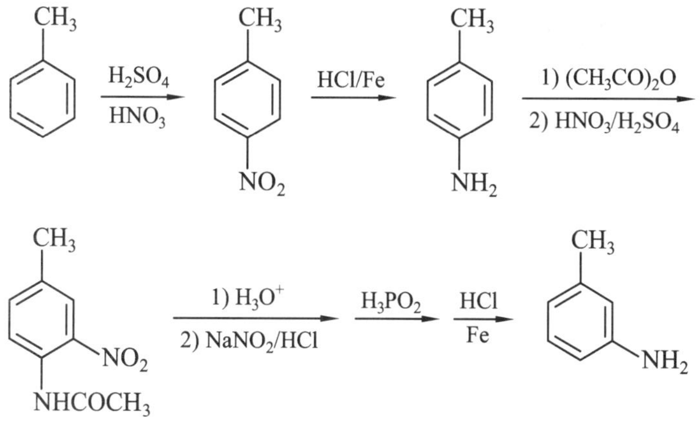

4-甲基-2-硝基乙酰苯胺 $\xrightarrow[\text{2) NaNO}_2/\text{HCl}]{\text{1) H}_3\text{O}^+}$ $\xrightarrow{\text{H}_3\text{PO}_2}$ $\xrightarrow[\text{Fe}]{\text{HCl}}$ 间甲苯胺

(2) 甲苯 $\xrightarrow[\text{H}_2\text{SO}_4]{\text{HNO}_3}$ 对硝基甲苯 $\xrightarrow[\text{2) (CH}_3\text{CO)}_2\text{O}]{\text{1) HCl/Fe}}$ 对甲基乙酰苯胺 $\xrightarrow[\text{2) H}_3\text{O}^+]{\text{1) HNO}_3/\text{H}_2\text{SO}_4}$

4-甲基-2-硝基苯胺 $\xrightarrow[\text{2) H}_3\text{PO}_2]{\text{1) NaNO}_2/\text{HCl}}$ 间硝基甲苯 $\xrightarrow{\text{HCl/Fe}}$ 间甲苯胺 $\xrightarrow[\text{2) KCN/CuCN}]{\text{1) NaNO}_2/\text{HCl}}$

间甲基苯腈 $\xrightarrow{\text{H}_3\text{O}^+}$ 间甲苯甲酸

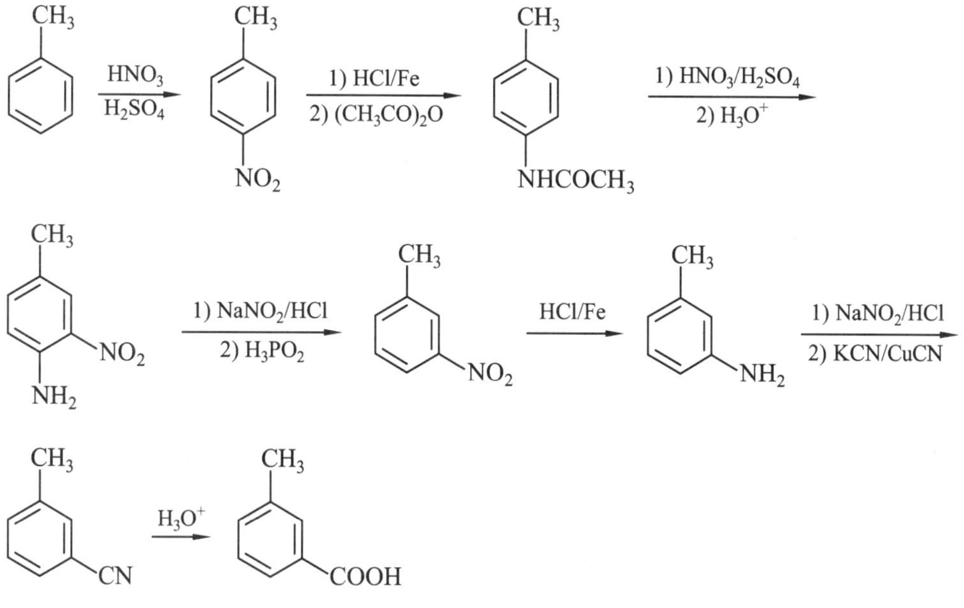

14-9 以对硝基苯胺为起始原料合成 1,2,3-三溴苯。

解：

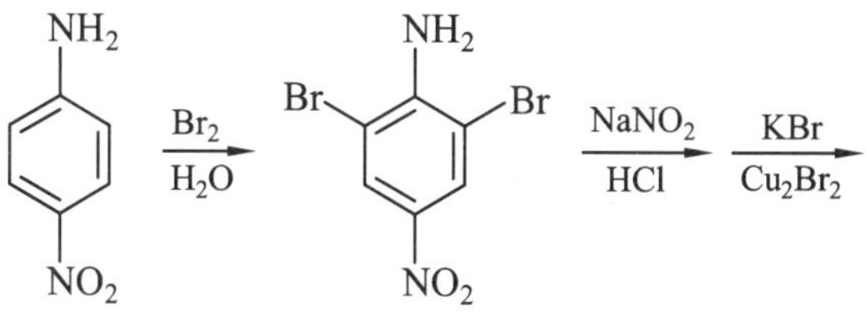

对硝基苯胺 $\xrightarrow[\text{H}_2\text{O}]{\text{Br}_2}$ 2,6-二溴-4-硝基苯胺 $\xrightarrow{\text{NaNO}_2}{\text{HCl}}$ $\xrightarrow[\text{Cu}_2\text{Br}_2]{\text{KBr}}$

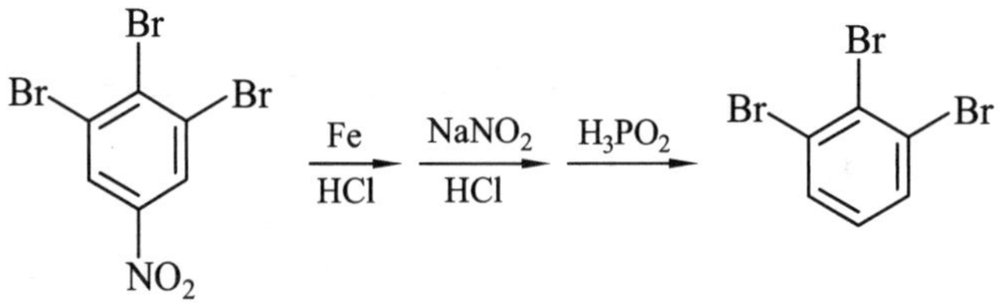

第十五章 含硫、含磷和含硅有机化合物

15-1 试写出分子式为 $C_4H_{10}S$ 的各种可能的化合物,并命名之。

解:

| 1-丁硫醇 | 2-甲基-1-丙硫醇 | 2-丁硫醇 |

| 2-甲基-2-丙硫醇 | 甲丙硫醚 | 二乙硫醚 | 甲异丙硫醚 |

15-2 试以酸性增强的顺序排列下列化合物:

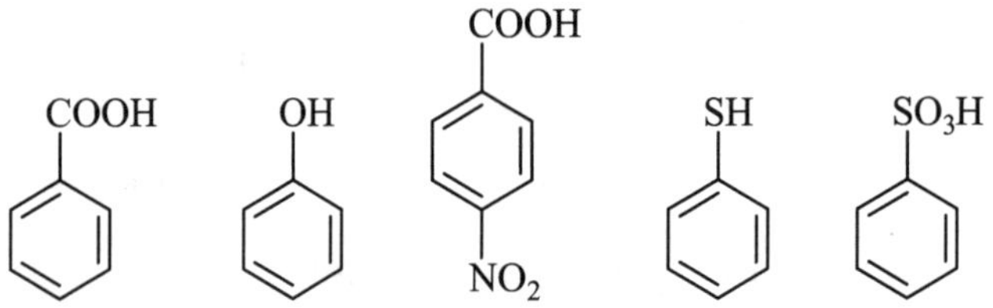

COOH，OH，4-NO_2-COOH，SH，SO_3H

解:

SO_3H(苯) > 4-NO_2-COOH(苯) > COOH(苯) > SH(苯) > OH(苯)

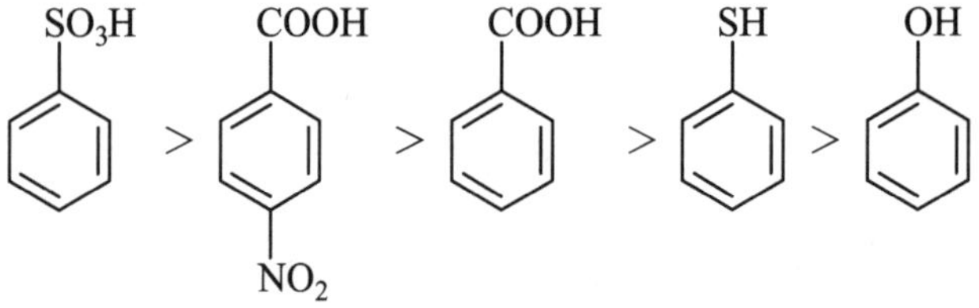

15-3 试以乙醇、仲丁醇为原料合成丁酮缩乙二硫醇。

解:

$C_2H_5OH \xrightarrow[\Delta]{H^+} CH_2=CH_2 \xrightarrow{Br_2} BrCH_2CH_2Br \xrightarrow{NaHS} HSCH_2CH_2SH$

$CH_3CH_2CH(OH)CH_3 \xrightarrow[350\ ℃]{O_2/Cu} $ (丁酮) $\xrightarrow[H^+]{HSCH_2CH_2SH}$ (缩硫醇产物)

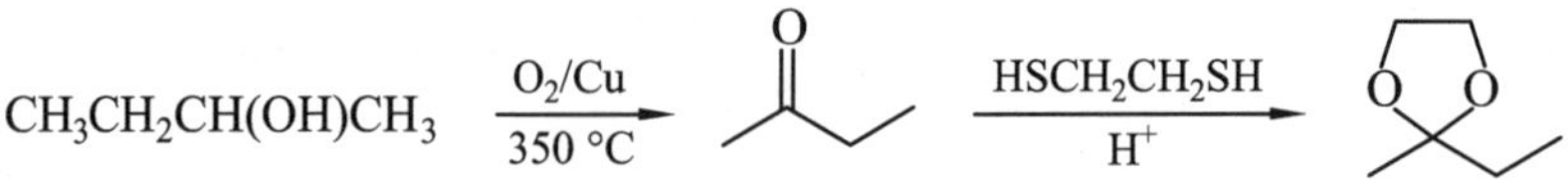

15-4 合理解释如下反应:

$$C_6H_5SH + \underset{}{\text{(norbornene)}} \xrightarrow{ROOR} \underset{}{\text{(norbornyl-SC}_6\text{H}_5\text{)}}$$

解： 反应机理如下：

$$ROOR \xrightarrow{h\nu} 2RO\cdot \xrightarrow[-ROH]{C_6H_5SH} C_6H_5S\cdot \longrightarrow \cdots \longrightarrow$$

$$\cdots \xrightarrow{C_6H_5SH} \text{产物} + C_6H_5S\cdot$$

15-5 试以正丁醇为起始原料合成溴化甲基乙基正丁基锍。

解：

$$CH_3CH_2CH_2CH_2OH \xrightarrow{HBr} CH_3CH_2CH_2CH_2Br \xrightarrow{NaHS} CH_3CH_2CH_2CH_2SH \xrightarrow[NaOH]{CH_3CH_2Cl}$$

$$CH_3CH_2CH_2CH_2SCH_2CH_3 \xrightarrow{CH_3Br} CH_3CH_2CH_2CH_2\overset{+}{\underset{\underset{CH_3}{|}}{S}}CH_2CH_3\;Br^-$$

15-6 试写出下列转化步骤中 A、B、C、D 的结构。

间苯二甲醛 $\xrightarrow[H^+]{2HS(CH_2)_3SH}$ A $\xrightarrow{2BuLi}$ B $\xrightarrow{\text{间-双(溴甲基)苯}}$ C $\xrightarrow[\text{兰尼Ni}]{H_2}$ D

解：

A. 间苯环上两个1,3-二硫戊环基取代物

B. A 的二锂盐（α-碳负离子）

C. 双大环硫缩酮结构

D. [2.2]间环芳烃

15-7 试用有机硫试剂合成下列化合物。

（1）3-甲基-2-丁酮　　（2）4-羟基-3-己酮（α-羟基酮）

解： 按要求使用了有机硫试剂合成：

（1） $CH_2=CHCH_3 \xrightarrow{HBr} CH_3CHBrCH_3$

$CH_2=CH_2 \xrightarrow{H_3O^+} CH_3CH_2OH \xrightarrow[\text{吡啶}]{CrO_3} CH_3CHO \xrightarrow[H^+]{(CH_2CH_2SH)_2}$

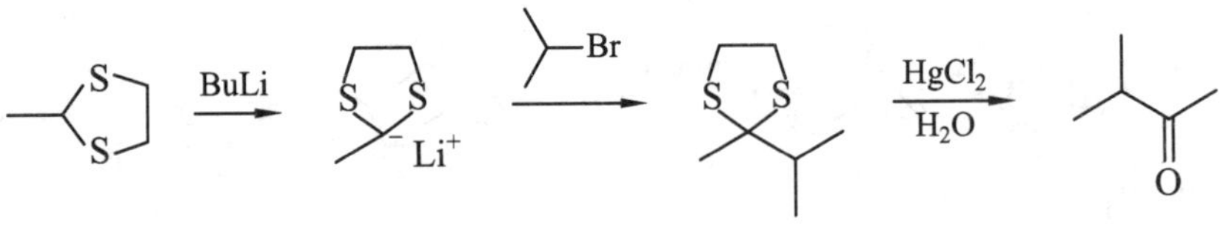

(2) $CH_3CH=CH_2 \xrightarrow{BH_3} (CH_3CH_2CH_2)_3B \xrightarrow{H_2O_2} \xrightarrow{OH^-/H_2O} CH_3CH_2CH_2OH \xrightarrow[\text{吡啶}]{CrO_3}$

$CH_3CH_2CHO \xrightarrow[H^+]{(CH_2CH_2SH)_2}$ [2-ethyl-1,3-dithiolane] $\xrightarrow{BuLi}$ [lithiated dithiolane] $\xrightarrow[2) H_2O]{1) CH_3CH_2CHO}$

[dithiolane alcohol intermediate] $\xrightarrow[H_2O]{HgCl_2}$ $CH_3CH_2\underset{O}{\overset{\|}{C}}CH(OH)C_2H_5$

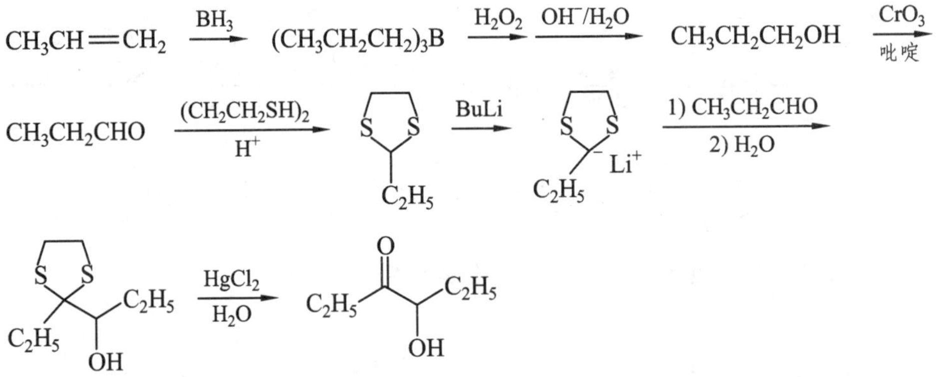

15-8 试预测下列反应中的主要含硫产物：

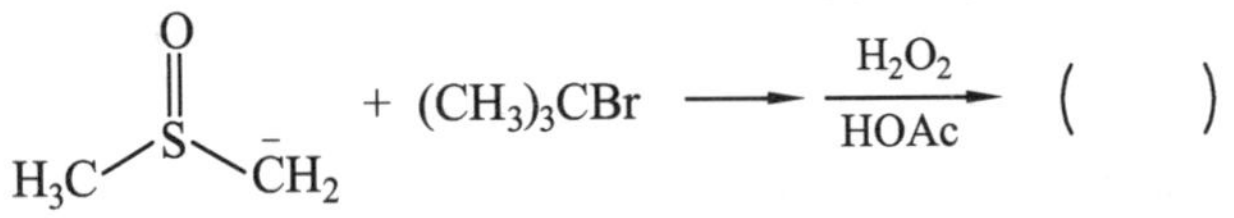

$H_3C-\overset{O}{\underset{\|}{S}}-\bar{C}H_2$ + $(CH_3)_3CBr \longrightarrow \xrightarrow[HOAc]{H_2O_2}$ (　　)

解：

$H_3C-\overset{O}{\underset{\|}{S}}-\bar{C}H_2$ + $(CH_3)_3CBr \longrightarrow CH_3\underset{CH_3}{\overset{|}{C}}=CH_2 \xrightarrow[HOAc]{H_2O_2} CH_3-\underset{OAc}{\overset{CH_3}{\underset{|}{\overset{|}{C}}}}-CH_2OH$

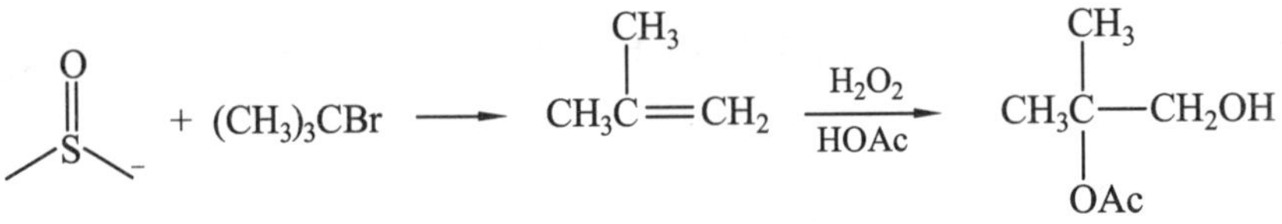

15-9 完成下列转化（其中有一步反应要求用有机硫试剂）：

(1) 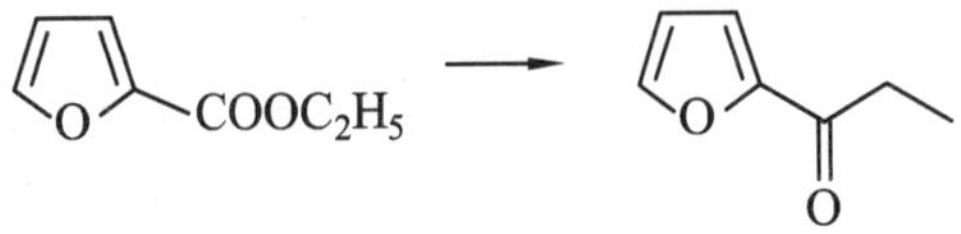 呋喃-COOC$_2$H$_5$ $\longrightarrow$ 呋喃-C(=O)CH$_2$CH$_3$

(2) PhCHO $\longrightarrow$ Ph-CH=CH-环氧化物(含甲基)

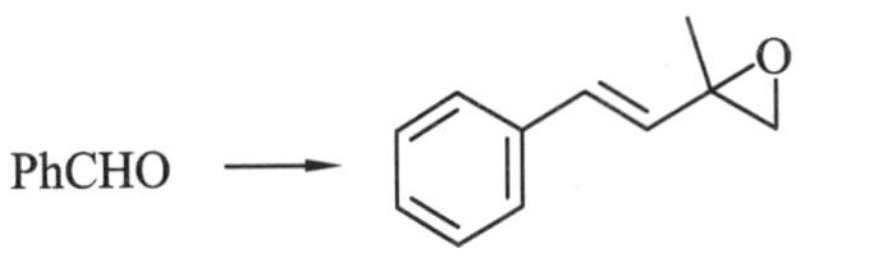

解： 按要求使用有机硫试剂

(1) 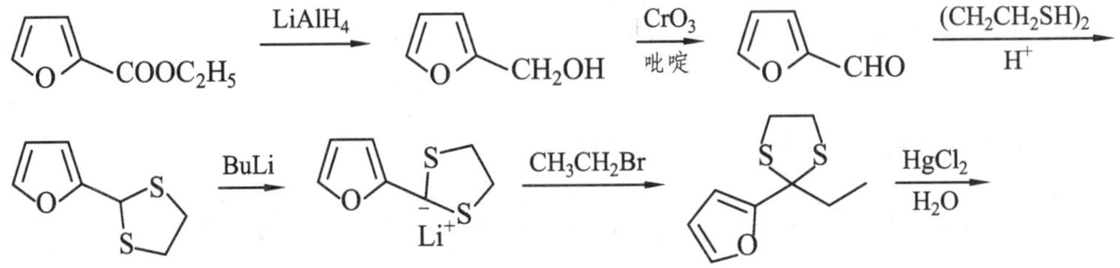 呋喃-COOC$_2$H$_5$ $\xrightarrow{LiAlH_4}$ 呋喃-CH$_2$OH $\xrightarrow[\text{吡啶}]{CrO_3}$ 呋喃-CHO $\xrightarrow[H^+]{(CH_2CH_2SH)_2}$

呋喃-[1,3-dithiolane] $\xrightarrow{BuLi}$ 呋喃-[lithiated dithiolane] $\xrightarrow{CH_3CH_2Br}$ 呋喃-[ethyl dithiolane] $\xrightarrow[H_2O]{HgCl_2}$

84

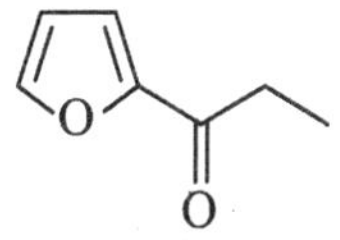

（furan-2-yl propyl ketone structure）

（2）PhCHO + (CH$_3$)$_2$CO $\xrightarrow[\Delta]{\text{稀OH}^-}$ PhCH=CHC(=O)CH$_3$ $\xrightarrow{(CH_3)_2\overset{+}{S}\overset{-}{C}H_2}$

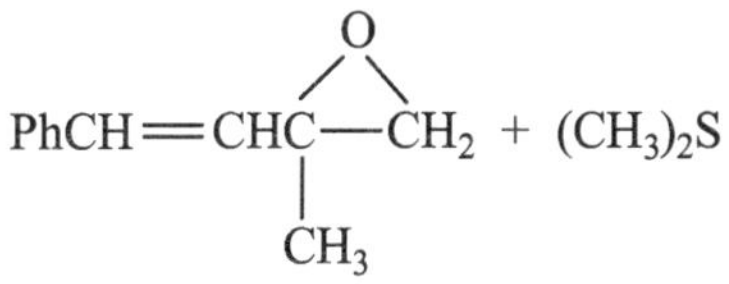

PhCH=CHC(CH$_3$)(—O—)CH$_2$ + (CH$_3$)$_2$S

15-10 以苯为原料合成对溴苯磺酰氯。

解：

苯 $\xrightarrow[\text{Fe}]{\text{Br}_2}$ Br—C$_6$H$_4$— $\xrightarrow[\Delta]{\text{H}_2\text{SO}_4}$ Br—C$_6$H$_4$—SO$_3$H $\xrightarrow[170\sim180\ ^\circ\text{C}]{\text{PCl}_5}$ Br—C$_6$H$_4$—SO$_2$Cl

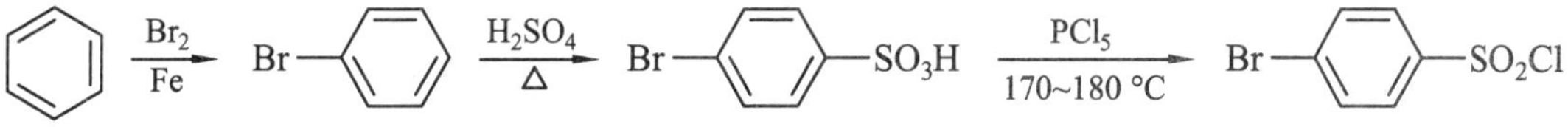

15-11 试完成下列转化（要求经过磺酸酯中间步骤）：

（1）环己醇—OH ⟶ 环己基—OCOCH$_3$

（2）(CH$_3$CH$_2$)$_2$CHOH ⟶ (CH$_3$CH$_2$)$_2$CHSCH$_2$CH$_3$

解： 反应经过磺酸酯中间体：

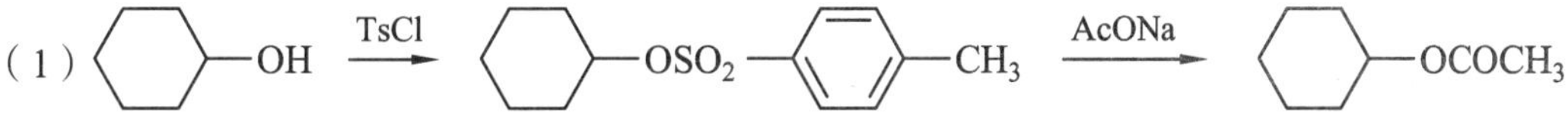

（1）环己醇—OH $\xrightarrow{\text{TsCl}}$ 环己基—OSO$_2$—C$_6$H$_4$—CH$_3$ $\xrightarrow{\text{AcONa}}$ 环己基—OCOCH$_3$

（2）(CH$_3$CH$_2$)$_2$CHOH $\xrightarrow{\text{TsCl}}$ (CH$_3$CH$_2$)$_2$CHOTs $\xrightarrow{\text{CH}_3\text{CH}_2\text{SNa}}$ (CH$_3$CH$_2$)$_2$CHSCH$_2$CH$_3$

15-12 如何以苯胺为原料合成对氨基苯磺酰胺？

解：

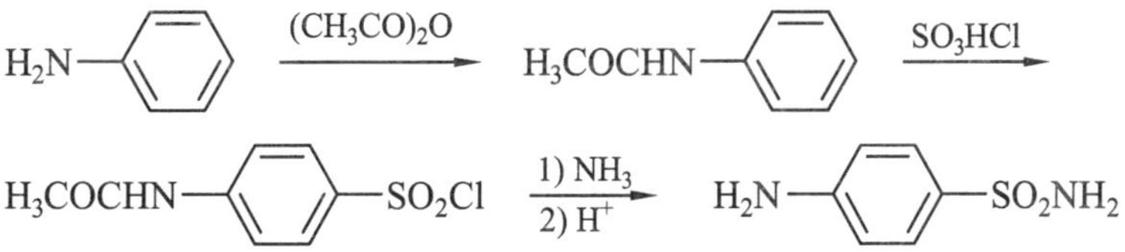

H$_2$N—C$_6$H$_5$ $\xrightarrow{(CH_3CO)_2O}$ H$_3$COCHN—C$_6$H$_5$ $\xrightarrow{\text{SO}_3\text{HCl}}$

H$_3$COCHN—C$_6$H$_4$—SO$_2$Cl $\xrightarrow[\text{2) H}^+]{\text{1) NH}_3}$ H$_2$N—C$_6$H$_4$—SO$_2$NH$_2$

15-13 由三氯化磷合成 (CH$_3$)$_2$PC(CH$_3$)$_3$。

解：

PCl$_3$ + 2CH$_3$MgCl $\xrightarrow{\text{Et}_2\text{O}}$ (CH$_3$)$_2$PCl $\xrightarrow[\text{Et}_2\text{O}]{(CH_3)_3CMgCl}$ (CH$_3$)$_2$PC(CH$_3$)$_3$

15-14 试用维悌斯试剂合成下列化合物：

（1）PhCH=C(CH₃)₂   （2） [cyclopentylidene]=CHPh   （3）H₃CO-C₆H₄-C(CH₃)=CHOCH₃

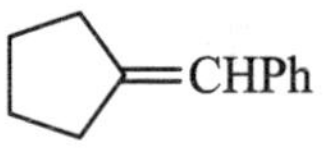

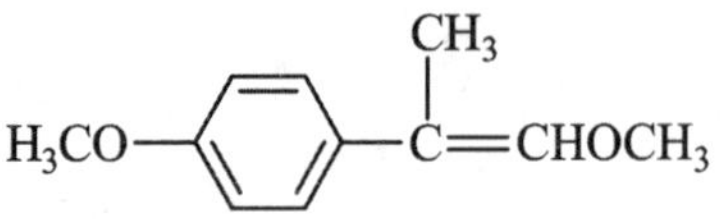

解：

（1）Ph₃P + (CH₃)₂CHBr ⟶ Ph₃P⁺CH(CH₃)₂Br⁻ $\xrightarrow{BuLi}$

Ph₃P=C(CH₃)₂ $\xrightarrow{PhCHO}$ PhCH=C(CH₃)₂

（2）[cyclopentane] $\xrightarrow{Br_2/h\nu}$ [cyclopentyl]-Br $\xrightarrow{Ph_3P}$ Ph₃P⁺-[cyclopentyl] Br⁻ $\xrightarrow{BuLi}$

Ph₃P=[cyclopentylidene] $\xrightarrow{PhCHO}$ [cyclopentylidene]=CHPh

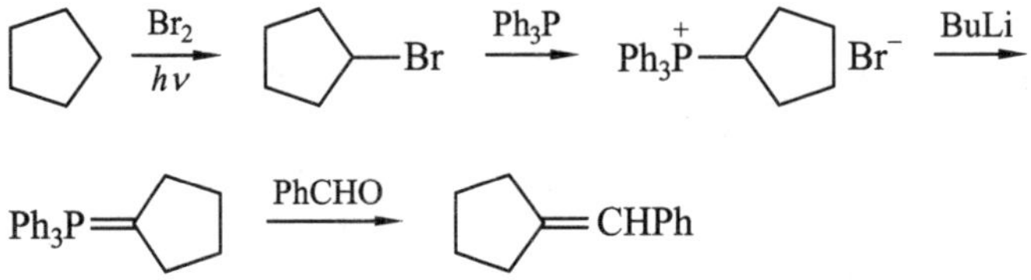

（3）ClCH₂OCH₃ + Ph₃P $\xrightarrow{BuLi}$ Ph₃P=CHOCH₃

H₃CO-C₆H₅ $\xrightarrow[AlCl_3]{(CH_3CO)_2O}$ H₃CO-C₆H₄-COCH₃ $\xrightarrow{Ph_3P=CHOCH_3}$

H₃CO-C₆H₄-C(CH₃)=CHOCH₃

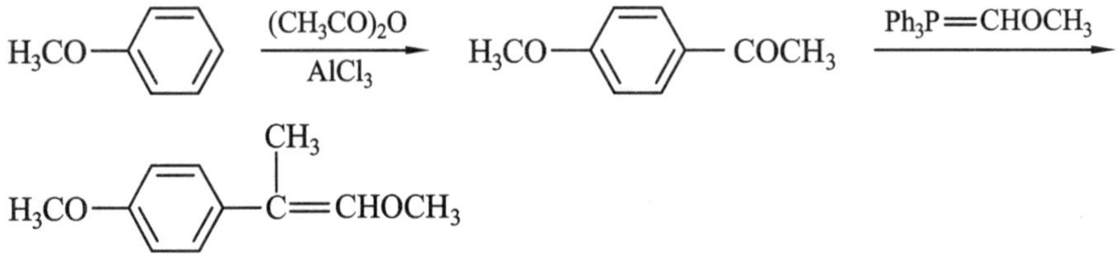

第十七章　周环反应

17-1 二茂铁乙酰基化，第二个乙酰基进入第二个茂环而不是同一个环，这是为什么？

答：乙酰化反应是一个亲电取代反应，第二个乙酰基有选择的进入茂环π电子云密度高的环。因为乙酰基是吸电子基，会降低茂环的π电子云密度，两环相比，没有酰基的第二个茂环的π电子云密度高，因此，第二个乙酰基进入第二个茂环而不是同一个环。另一方面，由于乙酰基是较强的吸电子基，乙酰化后的茂环再也不能进行第二次酰基化反应。

第十九章　糖类化合物

19-1 C2为羰基的己糖应有几对对映异构体？属于D型的有几种？属于L型的有几种？它们之间是什么关系？写出它们的构型式。

解：已知该糖有三个手性碳，$2^3 = 8$，可知有 8 种。其中 D 型 4 种，L 型 4 种；它们之间是对映异构或非对映异构之间的关系。它们的构型式如下：

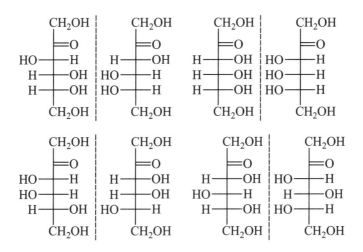

19-2 用 R，S 法命名 D-(−)-核糖。

解：D-(−)-核糖的构型和名称如下：

($2R$, $3R$, $4R$)-2, 3, 4, 5-五羟基戊醛

19-3 写出核糖与下列试剂作用时的产物：
（1）苯肼　（2）溴水　（3）稀硝酸　（4）高碘酸　（5）H_2/Ni

解：反应产物的结构分别如下：

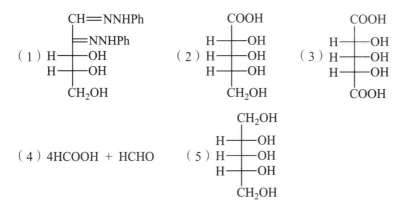

19-4 如何把 D-核糖变成 D-苏阿糖和 D-赤藓糖？

解：反应过程分别如下：

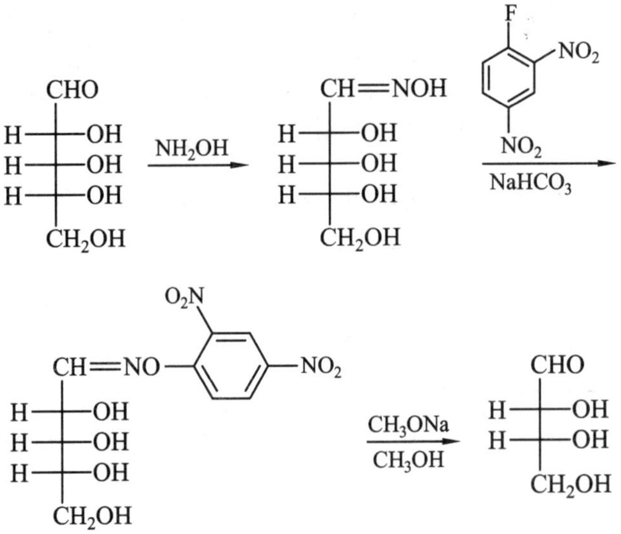

19-5 写出 D-(+)-甘露糖的环状结构。用两种方法表示出来，指出 α-型和 β-型。

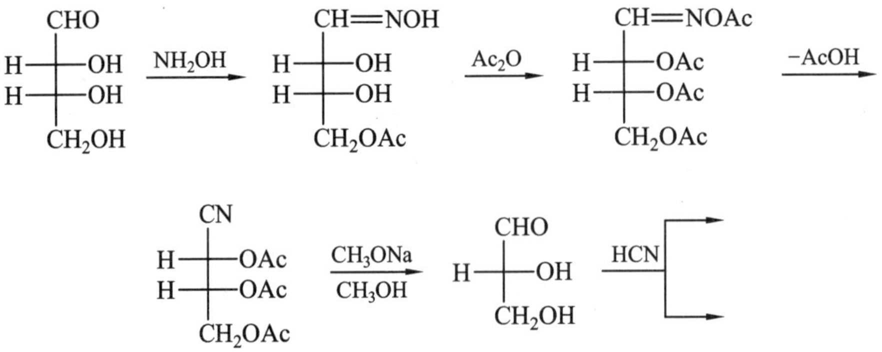

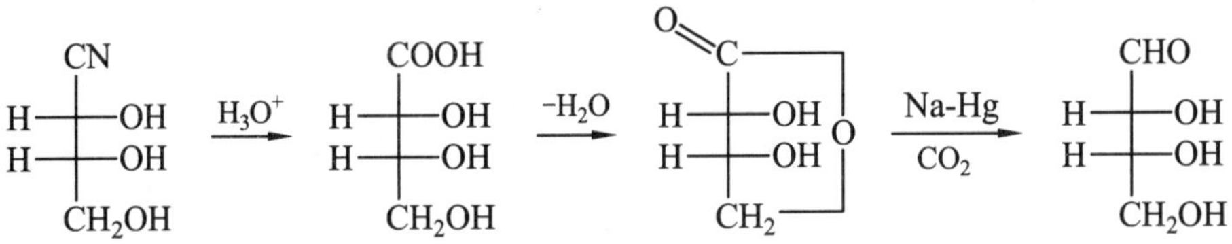

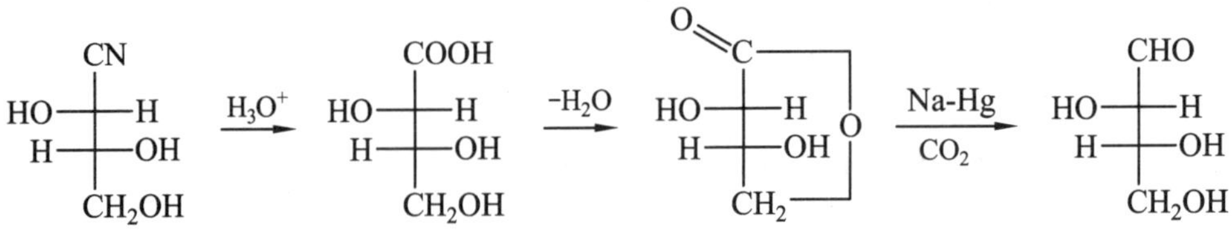

解：D-甘露糖的构象式和哈武斯式如下：

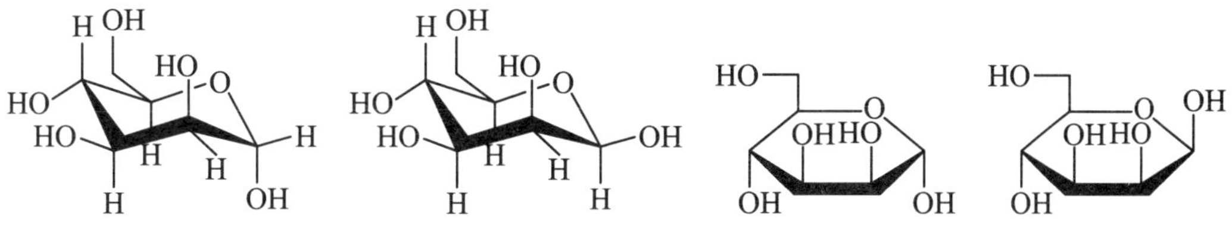

α-型　　　　β-型　　　　α-型　　　　β-型

第二十章　蛋白质和核酸

20-1　完成下列反应：

（1）$CH_3CH_2CH=O \longrightarrow \underset{OH}{CH_3CH_2\overset{|}{C}HCN} \longrightarrow \underset{Cl}{CH_3CH_2\overset{|}{C}HCN} \xrightarrow{NH_3} \xrightarrow{H_3O^+}$

（2）$\underset{NH_2}{H_3C-\overset{|}{C}H-COOH} \longrightarrow \underset{NHCOCH_3}{H_3C-\overset{|}{C}H-COOH}$

解：

（1）$CH_3CH_2CH=O + HCN \longrightarrow \underset{OH}{CH_3CH_2\overset{|}{C}HCN} \xrightarrow{SOCl_2}$

$\underset{Cl}{CH_3CH_2\overset{|}{C}HCN} \xrightarrow{NH_3} \xrightarrow{H_3O^+} \underset{NH_2}{CH_3CH_2\overset{|}{C}HCOOH}$

（2）$\underset{NH_2}{H_3C-\overset{|}{C}H-COOH} \xrightarrow{(CH_3CO)_2O} \underset{NHCOCH_3}{H_3C-\overset{|}{C}H-COOH}$

20-2　在某一个氨基酸的水溶液中，加入酸至 pH 小于 7 的某个值时，可观察到此氨基酸被沉淀下来，这是什么原因？在这一 pH 时，该氨基酸以何种形式存在？这一氨基酸的等电点小于 7，还是大于 7？

解：这是因为 pH 达到了该氨基酸的等电点，此时该氨基酸的溶解度最低，因此该氨基酸沉淀下来。在这一 pH 时，氨基酸以偶极离子的形式存在，其等电点小于 7。

20-3　用简单的化学方法区别下列化合物：

$$H_3C-\underset{\underset{^+NH_2CH_3}{|}}{CH}-\overset{\overset{O}{\|}}{C}-O^- \quad HOOCH_2C-\underset{\underset{^+NH_3}{|}}{CH}-\overset{\overset{O}{\|}}{C}-O^- \quad H_2C-CH_2\overset{\overset{O}{\|}}{C}-O^- \text{和} H_2N-CH_2CH_2-\underset{\underset{^+NH_3}{|}}{CH}-\overset{\overset{O}{\|}}{C}-O^-$$
$$\underset{^+NH_3}{|}$$

解:

$$\left.\begin{array}{l} H_3C-\underset{\underset{^+NH_2CH_3}{|}}{CH}-\overset{\overset{O}{\|}}{C}-OH \\[2ex] HOOCH_2C-\underset{\underset{^+NH_3}{|}}{CH}-\overset{\overset{O}{\|}}{C}-OH \\[2ex] H_2C-CH_2\overset{\overset{O}{\|}}{C}-OH \\ \underset{^+NH_3}{|} \\[2ex] H_2C-CH_2-\underset{\underset{^+NH_3}{|}}{CH}-\overset{\overset{O}{\|}}{C}-OH \\ \underset{H_2N}{|} \end{array}\right\} \xrightarrow{HNO_2(\text{过量})} \left\{\begin{array}{l} - \\[2ex] +\text{释放出量少的氮气} \\[2ex] +\text{释放出量少的氮气} \\[2ex] +\text{释放出两倍体积的氮气} \end{array}\right. \xrightarrow{pH\text{试纸}} \left\{\begin{array}{l} +\text{较小} \\[4ex] +\text{较大} \end{array}\right.$$

20-4 给出下列化合物的名称，水解可以产生哪些氨基酸？

（1）$H_2N-\underset{\underset{CH_3}{|}}{CH}-\overset{\overset{O}{\|}}{C}-NH-CH_2-COOH$

（2）$HOOC-\underset{\underset{NH_2}{|}}{CH}-CH_2CH_2-\overset{\overset{O}{\|}}{C}-NH-\underset{\underset{CH_2SH}{|}}{CH}-\overset{\overset{O}{\|}}{C}-NHCH_2COOH$

解:（1）名称为：丙-甘二肽；水解后可得到丙氨酸和甘氨酸。
（2）名称为：γ-谷氨酰半胱氨酰甘氨酸；水解后可得到
谷氨酸、半胱氨酸和甘氨酸。

20-5 写出下列四肽的结构式：丙氨酰-缬氨酰-甘氨酰-甘氨酸。

解: 丙胺酰-缬氨酰-甘氨酰-甘氨酸的结构如下：

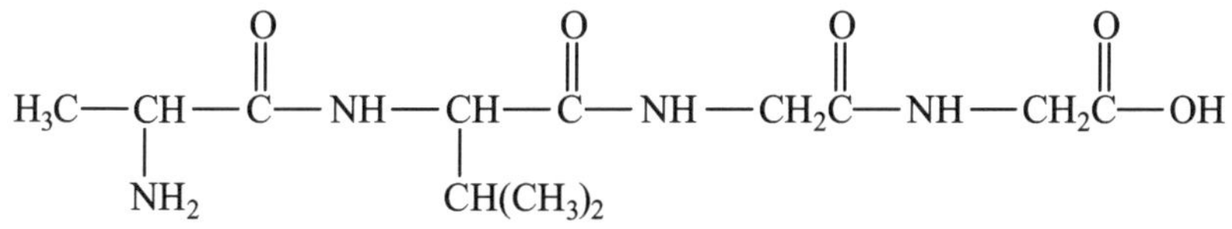

$$\text{H}_3\text{C}-\underset{\underset{\text{NH}_2}{|}}{\text{CH}}-\overset{\overset{\text{O}}{\|}}{\text{C}}-\text{NH}-\underset{\underset{\text{CH}(\text{CH}_3)_2}{|}}{\text{CH}}-\overset{\overset{\text{O}}{\|}}{\text{C}}-\text{NH}-\text{CH}_2\overset{\overset{\text{O}}{\|}}{\text{C}}-\text{NH}-\text{CH}_2\overset{\overset{\text{O}}{\|}}{\text{C}}-\text{OH}$$

20-6 比较蛋白质和淀粉的连接方式。怎样用化学方法区别它们呢？

答：蛋白质是由一系列的酰胺键（肽键）键合起来形成的天然高分子化合物，而淀粉的主链是通过 α-1,4-糖苷键键合起来形成的天然高分子化合物。蛋白质遇淡蓝色的氢氧化铜立即转变成深蓝色的溶液（双缩脲反应），淀粉无双缩脲反应；淀粉遇 KI_3 立即转变成蓝紫色溶液，蛋白质不能和碘作用形成紫色。

第三章 有机化学各章基础练习题

第一章 绪 论

1. 在下列化合物中，偶极矩最大的是（   ）。
   A. H_3CCH_2Cl B. $H_2C=CHCl$ C. $HC\equiv CCl$ D. C_6H_5-Cl
2. 根据当代的观点，有机物应该是（   ）。
   A. 来自动植物的化合物   B. 来自于自然界的化合物
   C. 人工合成的化合物   D. 含碳的化合物
3. 1828年维勒（F. Wohler）合成尿素时，他用的是（   ）。
   A. 碳酸铵   B. 醋酸铵   C. 氰酸铵   D. 草酸铵
4. 有机物的结构特点之一就是多数有机物都以（   ）。
   A. 配位键结合   B. 共价键结合   C. 离子键结合   D. 氢键结合
5. 根据元素化合价，下列分子式正确的是（   ）。
   A. C_6H_{13} B. $C_5H_9Cl_2$ C. $C_8H_{16}O$ D. $C_7H_{15}O$
6. 下列共价键中极性最强的是（   ）。
   A. $H-C$ B. $C-O$ C. $H-O$ D. $C-N$
7. 下列溶剂中极性最强的是（   ）。
   A. $C_2H_5OC_2H_5$ B. CCl_4 C. C_6H_6 D. CH_3CH_2OH
8. 下列溶剂中最难溶解离子型化合物的是（   ）。
   A. H_2O B. CH_3OH C. $CHCl_3$ D. C_8H_{18}
9. 下列溶剂中最易溶解离子型化合物的是（   ）。
   A. 正庚烷   B. 石油醚   C. 水   D. 苯
10. 通常有机物分子中发生化学反应的主要结构部位是（   ）。
    A. 键   B. 氢键   C. 所有碳原子   D. 官能团（功能基）

第二章 烷 烃

1. 在烷烃的自由基取代反应中，不同类型的氢被取代活性最大的是（   ）。
   A. 一级   B. 二级   C. 三级   D. 都不是
2. 氟、氯、溴三种不同的卤素在同种条件下，与某种烷烃发生自由基取代时，对不同氢选择性最高的是（   ）。

A. 氟　　　　　　B. 氯　　　　　　C. 溴

3. 在自由基反应中化学键发生（　　）。

A. 异裂　　　　B. 均裂　　　　C. 不断裂　　　　D. 既不是异裂也不是均裂

4. 下列烷烃沸点最低的是（　　）。

A. 正己烷　　　　　　　　　B. 2,3-二甲基戊烷

C. 3-甲基戊烷　　　　　　　D. 2,3-二甲基丁烷

5. 在具有同碳原子数的烷烃构造异构体中，最稳定的是（　　）的异构体。

A. 支链较多　　　B. 支链较少　　　C. 无支链

6. 引起烷烃构象异构的原因是（　　）。

A. 分子中的双键旋转受阻　　　　B. 分子中的单双键共轭

C. 分子中有双键　　　　　　　　D. 分子中的两个碳原子围绕C—C单键作相对旋转

7. 将下列化合物绕C—C键旋转时，哪一个化合物需要克服的能垒最大（　　）。

A. CH_2ClCH_2Br　　B. CH_2ClCH_2I　　C. CH_2ClCH_2Cl　　D. CH_2ICH_2I

8. $ClCH_2CH_2Br$最稳定的构象是（　　）。

A. 顺交叉式　　　B. 部分重叠式　　　C. 全重叠式　　　D. 反交叉式

9. 假定甲基自由基为平面构型，其未成对电子处在什么轨道（　　）。

A. 1s　　　　　B. 2s　　　　　C. sp^2　　　　　D. 2p

10. 下列游离基中相对最不稳定的是（　　）。

A. $(CH_3)_3C\cdot$　　B. $CH_2=CHCH_2\cdot$　　C. $CH_3\cdot$　　D. $CH_3CH_2\cdot$

11. 构象异构是属于（　　）。

A. 结构异构　　　B. 碳链异构　　　C. 互变异构　　　D. 立体异构

12. 下列烃的命名（　　）是正确的。

A. 乙基丙烷　　　　　　　　B. 2-甲基-3-乙基丁烷

C. 2,2-二甲基-4-异丙基庚烷　D. 3-甲基-2-丁烯

13. 下列烃的命名（　　）不符合系统命名法。

A. 2-甲基-3-乙基辛烷　　　　B. 2,4-二甲基-3-乙基己烷

C. 2,3-二甲基-5-异丙基庚烷　D. 2,3,5-三甲基-4-丙基庚烷

14. 按沸点由高到低的次序排列以下四种烷烃：①庚烷；②2,2-二甲基丁烷；③己烷；④戊烷（　　）。

A. ③＞②＞①＞④　　　　　B. ①＞③＞②＞④

C. ①＞②＞③＞④　　　　　D. ①＞②＞③＞④

15. 异己烷进行氯化，其一氯代物有（　　）种。

A. 2种　　　　　B. 3种　　　　　C. 4种　　　　　D. 5种

16. 某化合物的分子式为C_5H_{12}，其一元氯代产物只有一种，结构式是（　　）。

A. $C(CH_3)_4$　　　　　　　　B. $CH_3CH_2CH_2CH_2CH_3$

C. $(CH_3)_2CHCH_2CH_3$

17. 下列分子中，表示烷烃的是（　　）。

A. C_2H_2　　　　B. C_2H_4　　　　C. C_2H_6　　　　D. C_6H_6

18. 下列各组化合物中，属同系物的是（　　）。

A. C_2H_6 和 C_4H_8 B. C_3H_8 和 C_6H_{14}
C. C_8H_{16} 和 C_4H_{10} D. C_5H_{12} 和 C_7H_{14}

19. 甲烷分子不是以碳原子为中心的平面结构，而是以碳原子为中心的正四面体结构，其原因之一是甲烷的平面结构式解释不了下列事实（　　）。
A. CH_3Cl 不存在同分异构体 B. CH_2Cl_2 不存在同分异构体
C. $CHCl_3$ 不存在同分异构体 D. CH_4 是非极性分子

20. 甲基丁烷和氯气发生取代反应时，能生成一氯化物异构体的数目是（　　）。
A. 1 种 B. 2 种 C. 3 种 D. 4 种

21. 实验室制取甲烷的正确方法是（　　）。
A. 乙醇与浓硫酸在 170 ℃ 条件下反应
B. 电石直接与水反应
C. 无水醋酸钠与碱石灰混合物加热至高温
D. 醋酸钠与氢氧化钠混合物加热至高温

第三章　单烯烃

1. 在烯烃与 HX 的亲电加成反应中，主要生成卤素连在含氢较（　　）的碳上。
A. 好 B. 差 C. 多 D. 少

2. 烯烃双键碳上的烃基越多，其稳定性越（　　）。
A. 一般 B. 难确定 C. 低 D. 高

3. 反应过程中出现碳正离子活性中间体，而且相互竞争的反应是（　　）。
A. S_N2 与 E2 B. S_N1 与 S_N2 C. S_N1 与 E1 D. E1 与 E2

4. 碳正离子① $R_2C=CH-C^+R_2$；② R_3C^+；③ $RCH=CHC^+HR$；④ $RC^+=CH_2$ 的稳定性次序为（　　）。
A. ①＞②＞③＞④ B. ②＞①＞③＞④
C. ①＞②≈③＞④ D. ③＞②＞①＞④

5. 下列烯烃发生亲电加成反应最活泼的是（　　）。
A. $(CH_3)_2C=CHCH_3$ B. $CH_3CH=CHCH_3$
C. $H_2C=CHCF_3$ D. $H_2C=CHCl$

6. 下列反应中间体的相对稳定性顺序由大到小为（　　）。

① $H_2\overset{+}{C}\!\!-\!\!CH_2\!\!-\!\!CH_3$　② $H_3C\!\!-\!\!\overset{+}{C}\!\!-\!\!CH_3$　③ $H_3C\!\!-\!\!\underset{CH_3}{\overset{+}{C}}\!\!-\!\!CH_3$

A. ①＞②＞③ B. ①＞③＞② C. ③＞②＞① D. ②＞③＞①

7. 1-己烯、顺-3-己烯和反-3-己烯三者相对稳定性的次序是（　　）。
A. 反-3-己烯 ＞ 顺-3-己烯 ＞ 1-己烯 B. 1-己烯 ＞ 顺-3-己烯 ＞ 反-3-己烯
C. 顺-3-己烯 ＞ 1-己烯 ＞ 反-3-己烯 D. 1-己烯 ＞ 顺-3-己烯 ＝ 反-3-己烯

8. 在烯烃与 HX 的加成反应中，反应经两步完成，生成（　　）的一步是速率较慢的步骤。

A. 碳正离子　　　　B. 碳负离子　　　　C. 自由基　　　　D. 碳正离子和自由基

9. 分子式为 C_5H_{10} 的烯烃，其异构体数为（　　）。
A. 3个　　　　B. 4个　　　　C. 5个　　　　D. 6个

10. 在下列化合物中，最容易进行亲电加成反应的是（　　）。
A. $CH_2\!=\!CHCH\!=\!CH_2$　　　　B. $CH_3CH\!=\!CHCH_3$
C. $CH_3CH\!=\!CHCHO$　　　　D. $CH_2\!=\!CHCl$

11. 马尔科夫经验规律适用于（　　）。
A. 游离基的稳定性　　　　B. 离子型反应
C. 不对称烯烃的亲电加成反应　　　　D. 游离基的取代反应

12. 下列加成反应不遵循马尔科夫经验规律的是（　　）。
A. 丙烯与溴化氢反应
B. 2-甲基丙烯与浓硫酸反应
C. 2-甲基丙烯与次氯酸反应
D. 2-甲基丙烯在有过氧化物存在下与溴化氢反应

13. 若正己烷中有杂质 1-己烯，用（　　）试剂洗涤除去杂质。
A. 水　　　　B. 汽油　　　　C. 溴水　　　　D. 浓硫酸

14. 有一碳氢化合物，其分子式为 C_6H_{12}，能使溴水褪色，并溶于浓硫酸，加氢生成正己烷，用过量 $KMnO_4$ 氧化，生成两种不同的羧酸，则其结构为（　　）。
A. $CH_2\!=\!CHCH_2CH_2CH_2CH_2$　　　　B. $CH_3CH\!=\!CHCH_2CH_2CH_3$
C. $CH_3CH_2CH\!=\!CHCH_2CH_3$　　　　D. $CH_3CH_2CH\!=\!CHCH\!=\!CH_2$

15. 下列正碳离子中，最稳定的是（　　）。

A. 　　B. 　　C. 　　D.

16. 具有顺反异构体的物质是（　　）。

A. $CH_3\!-\!CH\!=\!C(CH_3)\!-\!COOH$　　　　B. $CH_3\!-\!CH\!=\!C(CH_3)\!-\!CH_3$

C. $CH_3CH_2\!-\!CH\!=\!C(CH_3)\!-\!CH_3$　　　　D. $CH_2\!=\!CH_2$

17. 分子式为 C_4H_8 的烯烃与稀、冷 $KMnO_4$ 溶液反应，得到内消旋体的是（　　）

A. $CH_2\!=\!CHCH_2CH_3$　　　　B. $CH_2\!=\!C(CH_3)_2$

C. $\begin{array}{c}H_3C\\H\end{array}\!C\!=\!C\!\begin{array}{c}CH_3\\H\end{array}$　　　　D. $\begin{array}{c}H_3C\\H\end{array}\!C\!=\!C\!\begin{array}{c}H\\CH_3\end{array}$

18. 下列反应哪一个较快（　　）。

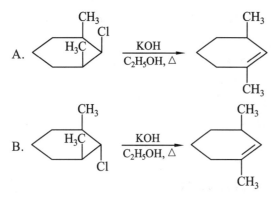

19. 下列化合物稳定性最大的是（　　）。

A. B.

C. D.

第四章　炔烃和二烯烃

1. 在含水丙酮中，p-$CH_3OC_6H_4CH_2Cl$ 的水解速度是 $C_6H_5CH_2Cl$ 的一万倍，原因是（　　）。

　　A. 甲氧基的 $-I$ 效应　　　　　　　B. 甲氧基的 $+C$ 效应
　　C. 甲氧基的 $+C$ 效应大于 $-I$ 效应　　D. 甲氧基的空间效应

2. 下列化合物中氢原子最易离解的是（　　）。
　　A. 乙烯　　　　B. 乙烷　　　　C. 乙炔　　　　D. 都不是

3. 二烯体 1,3-丁二烯与下列亲二烯体化合物发生 Diels-Alder 反应时活性较大的是（　　）。
　　A. 乙烯　　　　B. 丙烯醛　　　C. 丁烯醛　　　D. 丙烯

4. 下列化合物中酸性较强的是（　　）。
　　A. 乙烯　　　　B. 乙醇　　　　C. 乙炔　　　　D. H_2

5. 在 $H_3CCH = CHCH_2CH_3$ 化合物的自由基取代反应中，（　　）氢被溴取代的活性最大。
　　A. 1-位　　　　B. 2-位及 3-位　　C. 4-位　　　　D. 5-位

6. 下列物质能与 $Ag(NH_3)_2^+$ 反应生成白色沉淀的是（　　）。
　　A. 乙醇　　　　B. 乙烯　　　　C. 2-丁炔　　　D. 1-丁炔

7. 下列物质能与 CuCl 的氨水溶液反应生成红色沉淀的是（　　）。
　　A. 乙醇　　　　B. 乙烯　　　　C. 2-丁炔　　　D. 1-丁炔

8. 以下反应过程中，不生成碳正离子中间体的反应是（　　）。
　　A. S_N1　　　B. E1　　　　C. 烯烃的亲电加成　　　D. Diels-Alder 反应

9. 在 sp^3, sp^2, sp 杂化轨道中，p 轨道成分最多的是（　　）杂化轨道。
　　A. sp^3　　　B. sp^2　　　C. sp　　　　　D. sp^3d

10. 鉴别环丙烷、丙烯与丙炔需要的试剂是（   ）。
   A. AgNO₃ 的氨溶液；KMnO₄ 溶液   B. HgSO₄/H₂SO₄；KMnO₄ 溶液
   C. Br₂ 的 CCl₄ 溶液；KMnO₄ 溶液   D. AgNO₃ 的氨溶液

11. 结构式为 CH₃CHClCH=CHCH₃ 的化合物，其立体异构体数目是（   ）。
   A. 1   B. 2   C. 3   D. 4

12. 1-戊烯-4-炔与 1 mol Br₂ 反应时，预期的主要产物是（   ）。
   A. 3,3-二溴-1-戊-4-炔   B. 1,2-二溴-1,4-戊二烯
   C. 4,5-二溴-1-戊炔   D. 1,5-二溴-1,3-戊二烯

13. 某二烯烃和一分子溴加成生成 2,5-二溴-3-己烯，该二烯烃经高锰酸钾氧化得到两分子乙酸和一分子草酸，该二烯烃的结构式是（   ）。
   A. CH₂=CHCH=CHCH₂CH₃   B. CH₃CH=CHCH=CHCH₃
   C. CH₃CH=CHCH₂CH=CH₂   D. CH₂=CHCH₂CH₂CH=CH₂

14. 下列化合物无对映体的是（   ）。
   A. （环己烷上带=CHCH₃，另一位带H）
   B. CH₃CH=C=C(CH₃)₂
   C. H₅C₆CH=C=CHC₆H₅
   D. C₆H₅—N⁺(C₃H₇)(CH₃)(C₂H₅) I⁻

15. 下列炔烃中，在 HgSO₄-H₂SO₄ 的存在下发生水合反应，能得到醛的是（   ）。
   A. H₃C—C≡C—CH₃   B. H₃C—CH₂—C≡CH
   C. H₃C—C≡CH   D. HC≡CH

16. 一化合物分子式为 C₅H₈，该化合物可吸收两分子溴，不能与硝酸银的氨溶液作用，用过量的酸性高锰酸钾溶液作用，生成两分子二氧化碳和一分子丙酮酸。推测该化合物的结构式（   ）。
   A. H₃CC≡CCH₂CH₃   B. HC≡CCH(CH₃)CH₃
   C. CH₂=CHCH=CHCH₃   D. CH₂=CC(CH₃)=CH₂

17. 下面三种化合物与一分子 HBr 加成反应活性最大的是（   ）
   A. CH₂=CHC₆H₅   B. CH₂=CHC₆H₄—NO₂-p
   C. CH₂=CHC₆H₄—CH₃-p   D. CH₂=CHC₆H₄—OH-p

第五章 脂环烃

1. 环己烷的所有构象中，最稳定的构象是（   ）。

97

A. 船式　　　　　　B. 扭船式　　　　　C. 椅式　　　　　　D. 半椅式

2. 下列化合物的稳定性顺序为（　　）。
① 环丙烷　　　　　② 环丁烷　　　　　③ 环己烷　　　　　④ 环戊烷
A. ③＞④＞②＞①　　　　　　　　　B. ①＞②＞③＞④
C. ④＞③＞②＞①　　　　　　　　　D. ④＞①＞②＞③

3. 下列四种环己烷衍生物其分子内非键张力（Enb）大小顺序应该是（　　）。

① (H₃C)₃C—⌬—CH₃　　　② (H₃C)₃C—⌬—CH₃ (轴向)

③ C(CH₃)₃—⌬—CH₃　　　④ ⌬—CH₃ / C(CH₃)₃

A. ①＞②＞③＞④　　　　　　　　　B. ①＞③＞④＞②
C. ④＞③＞②＞①　　　　　　　　　D. ④＞①＞②＞③

4. 1,4-二甲基环己烷不可能具有（　　）。
A. 构象异构　　　B. 构型异构　　　C. 几何异构　　　D. 旋光异构

5. 环烷烃的环上碳原子是以（　　）轨道成键的。
A. sp^2 杂化轨道　　B. s 轨道　　C. p 轨道　　D. sp^3 杂化轨道

6. 碳原子以 sp^2 杂化轨道相连成环状，不能使高锰酸钾溶液褪色，也不与溴加成的化合物是（　　）。
A. 环烯烃　　　B. 环炔烃　　　C. 芳香烃　　　D. 脂环烃

7. 环烷烃的稳定性可以从它们的角张力来推断，下列环烷烃（　　）稳定性最差。
A. 环丙烷　　　B. 环丁烷　　　C. 环己烷　　　D. 环庚烷

8. 单环烷烃的通式是下列（　　）。
A. C_nH_{2n}　　B. C_nH_{2n+2}　　C. C_nH_{2n-2}　　D. C_nH_{2n-6}

9. 下列物质的化学活泼性顺序是 ① 丙烯　② 环丙烷　③ 环丁烷　④ 丁烷（　　）。
A. ①＞②＞③＞④　　　　　　　　　B. ②＞①＞③＞④
C. ①＞②＞④＞③　　　　　　　　　D. ①＞②＞③＝④

10. 下列物质中，与异丁烯不属同分异构体的是（　　）。
A. 2-丁烯　　　B. 甲基环丙烷　　　C. 2-甲基-1-丁烯　　　D. 环丁烷

11. CH₃—⌬—CH₂CH₃ 的正确名称是（　　）。
A. 1-甲基-3-乙基环戊烷　　　　　B. 顺-1-甲基-4-乙基环戊烷
C. 反-1-甲基-3-乙基戊烷　　　　　D. 顺-1-甲基-3-乙基环戊烷

12. 环己烷的椅式构象中，12 个 C—H 键可区分为两组，每组分别用符号（　　）表示。
A. α 与 β　　B. σ 与 π　　C. a 与 e　　D. R 与 S

13. 下列（　　）反应不能进行。

A. [环己烯-CH₃] + KMnO₄ →(H⁺)　　B. [环戊烷] + H₂ →(Ni/高温)

C. [环丁烷] + Br₂ →(hv)　　D. [环丙烷] + KMnO₄ →(H₂O)

14. 下列化合物燃烧热最大的是（　　）。

A. [环戊烷]　　B. [双环]　　C. [螺环]　　D. [甲基环丁烷]

15. 下列物质与环丙烷为同系物的是（　　）。

A. [环丙基-CH(CH₃)₂]　　B. [环戊烷]　　C. [CH₂=CH-CH₃]　　D. [甲基环丁烷]

16. 1,2-二甲基环己烷最稳定的构象是（　　）。

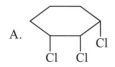　　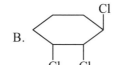

A.　　　　　　　　　　　　　B.

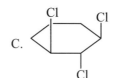

C.　　　　　　　　　　　　　D.

17. 下列 1,2,3-三氯环己烷的三个异构体中，最稳定的异构体是（　　）。

　　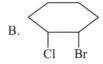

A.　　　　　　B.　　　　　　C.

第六章　对映异构

1. 下列物质中具有手性的为（　　）。（F 表示特定构型的一种不对称碳原子，a 表示一种非手性基团）

A. [C with F, F, a, a]　　B. [环己烷-Cl, Br]

C. CH₃-C(Cl)(Br)-CH₃　　D. [环己烷-CH₃, CH₃]

2. 下列化合物中，有旋光性的是（　　）。

A. 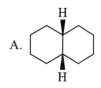　　B.

C. 　　D.

3. 下列化合物中没有手性的是（E 为含有手性碳的基团）（　　）。

A. 　　B.

C. 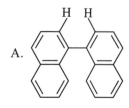　　D.

4. 化合物具有手性的主要判断依据是分子中不具有（　　）。
A. 对称轴　　　　B. 对称面　　　　C. 对称中心　　　　D. 对称面和对称中心

5. 将手性碳原子上的任意两个基团对调后将变为它的（　　）。
A. 非对映异构体　B. 互变异构体　C. 对映异构体　D. 顺反异构体

6. "构造"一词的定义应该是（　　）。
A. 分子中原子的连接次序和方式　　B. 分子中原子或原子团在空间的排列方式
C. 分子中原子的相对位置　　　　　D. 分子中原子或原子团的个数

7. 对映异构体产生的必要和充分条件是（　　）。
A. 分子中有不对称碳原子　　　　B. 分子具有手性
C. 分子无对称中心　　　　　　　D. 分子无对称轴

8. 对称面的对称操作是（　　）。
A. 反映　　　　B. 旋转　　　　C. 反演　　　　D. 翻转

9. 对称轴的对称操作是（　　）。
A. 反映　　　　B. 旋转　　　　C. 反演　　　　D. 翻转

10. 由于 σ 键的旋转而产生的异构称为（　　）异构。
A. 构造　　　　B. 构型　　　　C. 构象　　　　D. 构成

11. 下列各对 Fischer 投影式中，构型相同的是（　　）。

C.

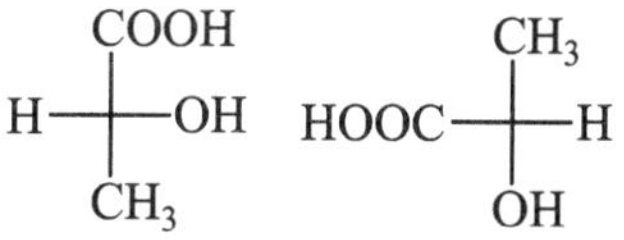

D.

12. 下列化合物中，有旋光性的是（　　）。

A.

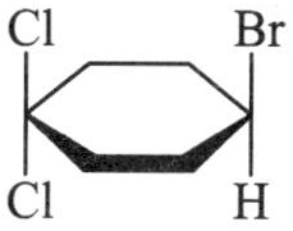

B.

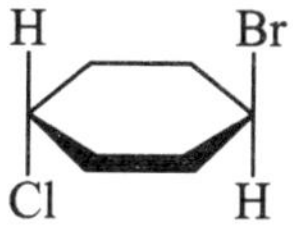

C.

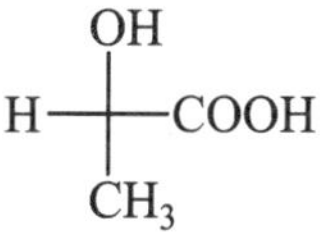

D.

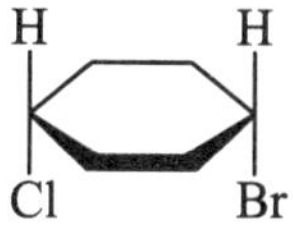

13. 下列有旋光性的化合物是（　　）。

A.

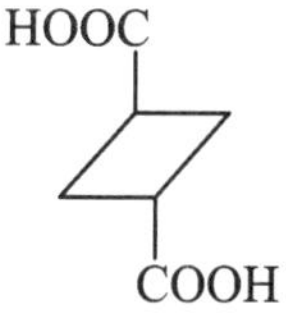

B.

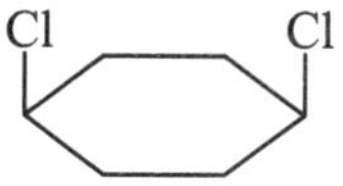

C.

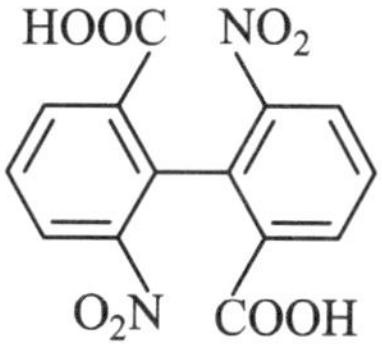

D.

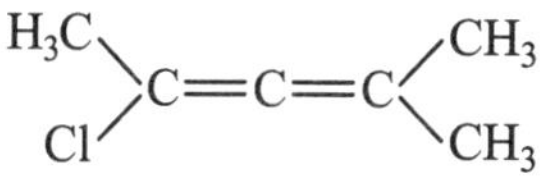

14. 下面化合物（　　）是手性分子。

A.

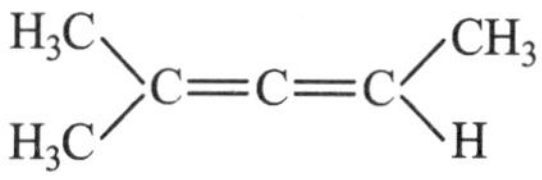

B.

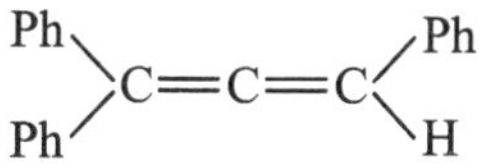

C.

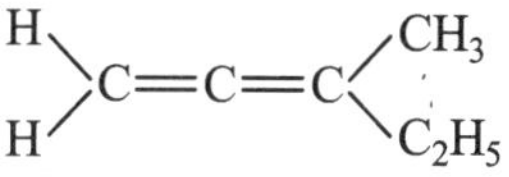

D.

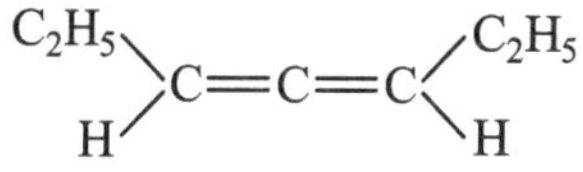

15. 下列化合物中，具有手性的分子是（　　）。

A.

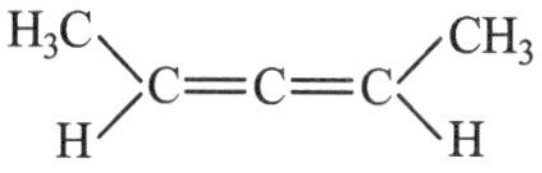

B.

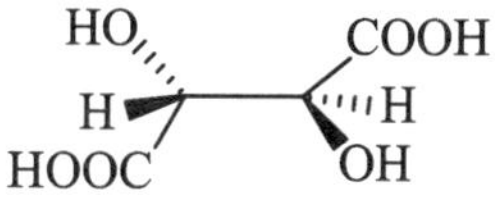

C.

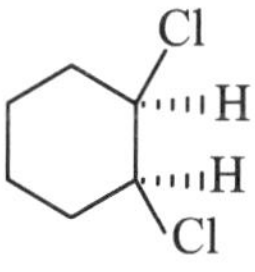

D.

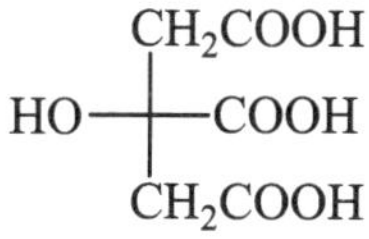

16. 下列结构与 H_3CH_2C—$\overset{CH_3}{\underset{H}{|}}$—OH 等同的是（　　）。

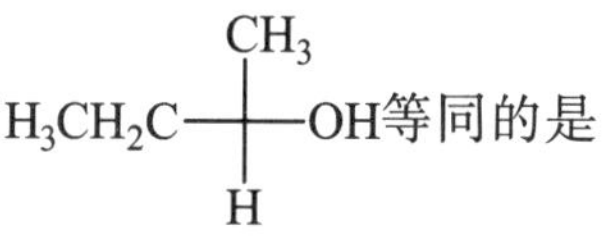

A.

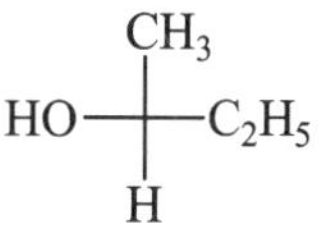

B.

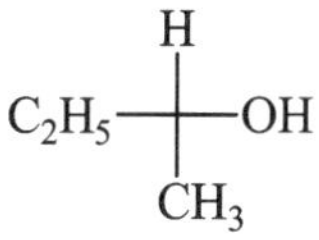

C.

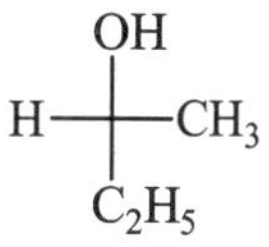

17. 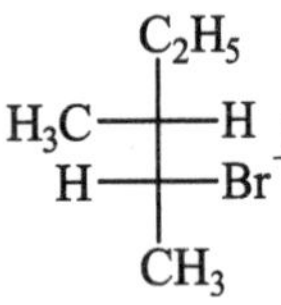 [Fischer projection structures] 为（　　）。

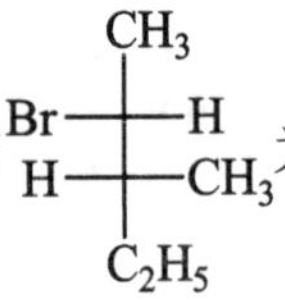

A. 对映异构体　　B. 位置异构体　　C. 碳链异构体　　D. 同一物质

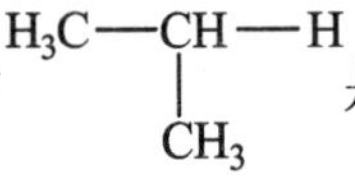

18. 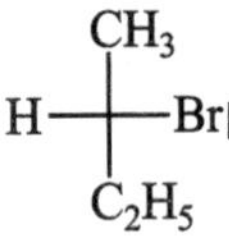 [Fischer projection structure] Br的对映体是（　　）。

A. 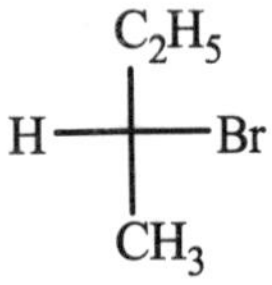 [structure]　　B. 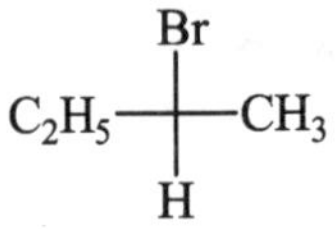 [structure]　　C. 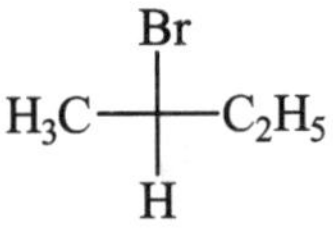 [structure]

19. 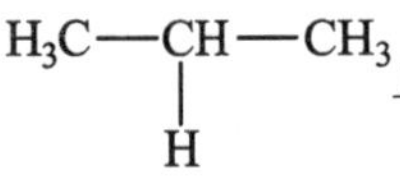 H₃C—CH—CH₃ 与 H₃C—CH—H 是（　　）的关系。
         | |
         H   CH₃

A. 对映异构体　　B. 位置异构体　　C. 碳链异构体　　D. 同一化合物

第七章　芳　烃

1. 下列化合物发生亲电取代反应活性最高的是（　　）。
   A. 甲苯　　　　B. 苯酚　　　　C. 硝基苯　　　　D. 萘
2. 下列物质中不能发生 Friedel-Crafts（付-克）反应的是（　　）。
   A. 甲苯　　　　B. 苯酚　　　　C. 苯胺　　　　　D. 萘
3. 下列物质不具有芳香性的是（　　）。
   A. 吡咯　　　　B. 噻吩　　　　C. 吡啶　　　　　D. 环辛四烯
4. 下列化合物进行硝化反应时，最活泼的是（　　）。
   A. 苯　　　　　B. 对二甲苯　　C. 间二甲苯　　　D. 甲苯
5. 下列物质发生亲电取代反应的活性顺序为（　　）。
   A. 氯苯　　　　B. 苯酚　　　　C. 苯甲醚　　　　D. 硝基苯　　E. 苯
   A. b＞c＞e＞a＞d　　　　　　　B. a＞b＞c＞d＞e
   C. d＞a＞b＞c＞e　　　　　　　D. e＞d＞c＞b＞a
6. 下列化合物进行硝化反应时，最活泼的是（　　）。
   A. 苯　　　　　B. 对二甲苯　　C. 甲苯　　　　　D. 均三苯
7. 苯环上的亲电取代反应的历程是（　　）。
   A. 先加成，后消去　　　　　　B. 先消去，后加成
   C. 协同反应　　　　　　　　　D. 取代
8. 物质具有芳香性不一定需要的条件是（　　）。
   A. 环闭的共轭体　　　　　　　B. 体系的π电子数为 $4n+2$
   C. 有苯环存在　　　　　　　　D. 有萘环存在

9. 以下反应过程中，不生成碳正离子中间体的是（　　）。
   A. S_N1　　　　　　　　　　　　　　　　B. E1
   C. 芳环上的亲核取代　　　　　　　　　　　D. 烯烃的亲电加成
10. 下列化合物不能进行 Friedle-Crafts（付-克）反应的是（　　）。
    A. 甲苯　　　　　B. 苯酚　　　　　C. 硝基苯　　　　　D. 萘
11. 下列化合物（　　）没有芳香性。
    A. 噻吩　　　　　B. 环辛四烯　　　C. [18]轮烯　　　　D. 奥
12. 下列化合物中，不具有芳香性的是（　　）。

13. 下列四种物质发生芳环上的亲电取代反应，活性最高的是（　　）。

14. 最容易发生亲电取代的化合物是（　　）。

15. 下列化合物中具有芳香性的是（　　）。

16. 下列环状烯烃分子中有芳香性的是（　　）。

C. ⬡(环辛四烯) D. (环庚三烯基环戊二烯)

17. 苯乙烯用浓的 KMnO₄ 氧化，得到（   ）。

A. C₆H₅-CH₂COOH   B. C₆H₅-CH(OH)CH₂OH

C. C₆H₅-COOH   D. C₆H₅-CH₂COOH

18. 下列化合物酸性最强的是（   ）。

A. 芴   B. 二苯甲烷

C. CH₃CH₃   D. 硝基苯

第八章 现代物理实验方法在有机化学中的应用

1. 醛类化合物的醛基质子在 ^{1}H NMR 谱中的化学位移值（δ）一般应为（   ）。
 A. 9～10 ppm   B. 6～7 ppm   C. 10～13 ppm   D. 2.5～1.5 ppm
2. 下列化合物在 IR 谱中于 1 680～1 800 cm^{-1} 之间有强吸收峰的是（   ）。
 A. 乙醇   B. 丙炔   C. 丙胺   D. 丙酮
3. 紫外光谱也称为（   ）光谱。
 A. 分子   B. 电子能   C. 电子   D. 可见
4. 下列物质在 ^{1}H NMR 谱中出现两组峰的是（   ）。
 A. 乙醇   B. 1-溴代丙烷   C. 1,3-二溴代丙烷   D. 正丁醇
5. 表示核磁共振的符号是（   ）。
 A. IR   B. NMR   C. UV   D. MS
6. 某有机物的质谱显示有 M 和 M + 2 峰，强度比约为 1∶1，该化合物一定含有（   ）。
 A. S   B. Br   C. Cl   D. N
7. 在 NMR 谱中，CH₃- 上氢的 δ 值最大的是（   ）。
 A. CH₃Cl   B. CH₃SH   C. CH₃OH   D. CH₃NO₂
8. 下列化合物在 IR 谱中于 3 200～3 600 cm^{-1} 之间有强吸收峰的是（   ）。
 A. 丁醇   B. 丙烯   C. 丁二烯   D. 丙酮
9. 下列化合物中，碳氮键的伸缩振动频率在 IR 光谱中的波数大小顺序为（   ）。
 ① H₃CC≡N   ② CH₃CH=NCH₃   ③ CH₃NH₂
 A. ①＞②＞③   B. ②＞①＞③   C. ③＞②＞①   D. ③＞①＞②
10. 分子式为 C₈H₁₀ 的化合物，其 NMR 谱只有两个吸收峰，δ = 7.2 ppm, 2.3 ppm。其可能的结构为（   ）。

A. 甲苯　　　　　　B. 乙苯　　　　　　C. 对二甲苯　　　　D. 苯乙烯

11. 有机化合物的价电子跃迁类型有下列四种，一般说来所需能量最小的是（　　）。
A. σ → σ*　　　　　B. n → σ*　　　　　C. π → π*　　　　　D. n → π*

12. 有机化合物共轭双键数目增加，其紫外吸收带可以发生（　　）。
A. 红移　　　　　　B. 紫移　　　　　　C. 不变　　　　　　D. 无规律

13. $CH_3CH_2CH=CH_2$ 中有几种化学不等价质子（　　）。
A. 3　　　　　　　　B. 6　　　　　　　　C. 4　　　　　　　　D. 5

14. 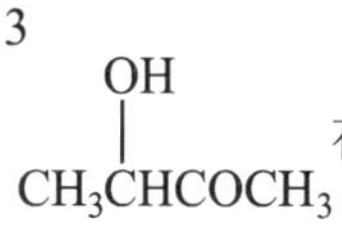 $CH_3CHOHCOCH_3$（OH 在中间碳上）在通常情况下核磁共振谱中将出现几组吸收峰（　　）。
A. 3　　　　　　　　B. 4　　　　　　　　C. 5　　　　　　　　D. 6

15. 下列化合物中，其 ^1H NMR 谱中氢原子化学位移最大的是（　　）。

A. 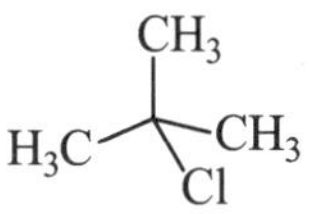 $(CH_3)_3CCl$　　　B. 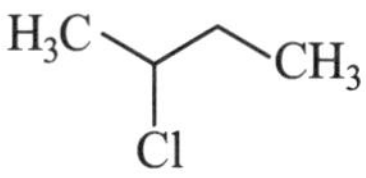 $(CH_3)_2CHCl$

C.  $CH_3CH_2CH_2Cl$　　　D. 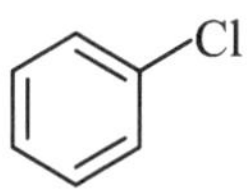 氯苯

16. 下列化合物的 ^1H NMR 谱中，具有最大化学位移的是（　　）。

A.  苯　　　　　　　B. $H_2C=CH_2$　　　C. $HC≡CH$

17. 能用紫外光谱区别的一对化合物是（　　）。

A. 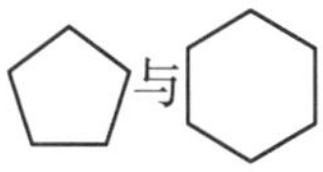 环戊烷与环己烷　　　　　B. 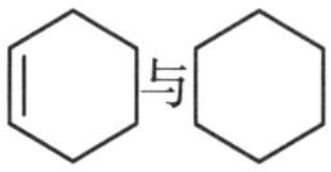 环己烯与环己烷

C. 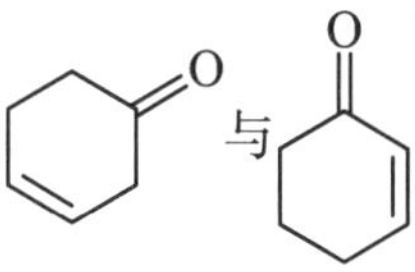 2-环己烯酮与3-环己烯酮　　　D. 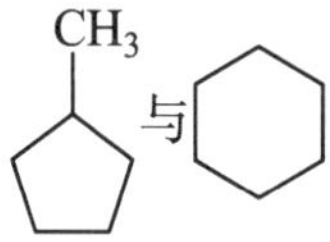 甲基环戊烷与环己烷

18. 下列化合物紫外吸收 λ_{max} 值最大的是（　　）。

A. 　　　　　　　　　　　　　B.
C. 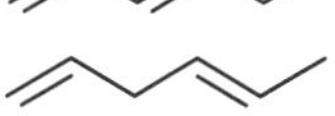 　　　　　　　　　　　　　D.

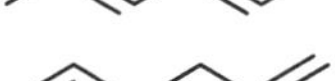

第九章　卤代烃

1. 一般说来 S_N2 反应的动力学特征是（　　）。
A. 一级反应　　　　B. 二级反应　　　　C. 可逆反应　　　　D. 两步反应

2. 卤代烷的烃基结构对 S_N1 反应速度影响的主要原因是（　　）。
A. 空间位阻　　　　　　　　　　　　　B. 碳正离子的稳定性
C. 中心碳原子的亲电性　　　　　　　　D. A 和 C

3. 在卤素为离去基团的 S_N 反应中，Br 负离子离去倾向比 Cl 负离子大的原因是（　　）。
   A. Br 的电负性比 Cl 小   B. Br 的半径比 Cl 大
   C. 溴离子的亲核性强   D. C—Br 键的键能比 C—Cl 键小

4. 在 N, N-二甲基甲酰胺（DMF）等非质子极性溶剂中，卤素负离子的亲核性大小次序为 $F^- > Cl^- > Br^- > I^-$ 的原因是（　　）。
   A. 与卤素负离子的碱性顺序一致   B. 这些溶剂的极性小
   C. 与溶剂形成氢键造成的   D. 溶剂使卤素负离子几乎完全裸露

5. Walden 转化指的是反应中（　　）。
   A. 生成外消旋化产物   B. 手型中心碳原子构型转化
   C. 旋光方向改变   D. 生成对映异构体

6. 手型碳原子上的亲核取代反应，若邻位基团参与了反应，则产物的立体化学是（　　）。
   A. 构型保持   B. 构型转化   C. 外消旋化   D. A、B、C 都不对

7. 在含水丙酮中，$p\text{-}CH_3OC_6H_4CH_2Cl$ 的水解速度是 $C_6H_5CH_2Cl$ 的一万倍，原因是（　　）。
   A. 甲氧基的 $-I$ 效应   B. 甲氧基的 $+C$ 效应
   C. 甲氧基的 $+C$ 效应大于 $-I$ 效应   D. 甲氧基的空间效应

8. Grignard 试剂指的是（　　）。
   A. R—Mg—X   B. R—Li   C. R_2CuLi D. R—Zn—X

9. 试剂 I^-、Cl^-、Br^- 的亲核性由强到弱顺序一般为（　　）。
   A. $I^- > Cl^- > Br^-$ B. $Br^- > Cl^- > I^-$ C. $I^- > Br^- > Cl^-$ D. $Br^- > I^- > Cl^-$

10. 化合物 A. $C_6H_5CH_2X$、B. $CH_2=CHCH_2X$、C. CH_3CH_2X、D. $(CH_3)_2CHX$ 发生 S_N2 反应的相对速度次序为（　　）。
    A. A > B > C > D   B. A ≈ B > C > D   C. B > C > D > A   D. C > D > A > B

11. S_N2 反应中，产物分子若有手性，其构型与反应物分子构型的关系是（　　）。
    A. 相反   B. 相同   C. 无一定规律   D. 无法判断

12. 烃的亲核取代反应中，氟、氯、溴、碘几种不同的卤素原子作为离去基团时，离去倾向最大的是（　　）。
    A. 氟   B. 氯   C. 溴   D. 碘

13. S_N2 反应历程的特点是（　　）。
    A. 反应分两步进行   B. 反应速率与碱的浓度无关
    C. 反应过程中生成活性中间体 R^+ D. 产物的构型完全转化

14. 比较下列各离子的亲核性大小
    ① HO^-；② $C_6H_5O^-$；③ $CH_3CH_2O^-$；④ CH_3COO^-（　　）。
    A. ③ > ① > ② > ④   B. ④ > ② > ① > ③
    C. ③ > ① > ④ > ②   D. ② > ③ > ④ > ①

15. 下列情况属于 S_N2 反应的是（　　）。
    A. 反应历程中只经过一个过渡态   B. 反应历程中生成碳正离子
    C. 溶剂的极性越大，反应速率越快   D. 产物外消旋化

16. 在亲核取代反应中，主要发生构型转化的反应是（　　）。
    A. S_N1 B. S_N2 C. E2   D. E1

17. 脂肪族卤代烃发生消去反应中,两种常见的极端历程是( )。
A. S_N1 和 S_N2　　　B. E1 和 E2　　　C. 均裂和异裂　　　D. S_N1 和 E1

18. S_N2 反应的特征包括下列四方面的( )。
① 生成正碳离子中间体
② 立体化学发生构型翻转
③ 反应速率受反应物浓度影响,与亲核试剂浓度无关
④ 在亲核试剂的亲核性强时容易发生
A. ①②　　　B. ③④　　　C. ①③　　　D. ②④

19. 氯苄水解生成苄醇属于什么反应( )。
A. 亲电加成　　　B. 亲电取代　　　C. 亲核取代　　　D. 亲核加成

第十章　醇、酚和醚

1. 下列物质与 Lucas（卢卡斯）试剂作用,最先出现浑浊的是( )。
A. 伯醇　　　B. 仲醇　　　C. 叔醇　　　D. 叔醇和伯醇

2. 下列物质酸性最强的是( )
A. H_2O　　　B. CH_3CH_2OH　　　C. 苯酚　　　D. $HC\equiv CH$

3. 下列化合物的酸性次序是( )。
① C_6H_5OH；② $HC\equiv CH$；③ CH_3CH_2OH；④ $C_6H_5SO_3H$
A. ① > ② > ③ > ④
B. ① > ③ > ② > ④
C. ② > ③ > ① > ④
D. ④ > ① > ③ > ②

4. 下列醇与溴化氢进行 S_N1 反应的速率次序是( )。
① 苯-CH_2OH　　② O_2N-苯-CH_2OH　　③ H_3CO-苯-CH_2OH
A. ② > ① > ③　　　B. ① > ③ > ②　　　C. ③ > ① > ②　　　D. ③ > ② > ①

5. 下列物质可以在 50% 以上 H_2SO_4 水溶液中溶解的是( )。
A. 溴代丙烷　　　B. 环己烷　　　C. 乙醚　　　D. 甲苯

6. 下列哪种化合物能够形成分子内氢键( )。
A. o-CH_3—C_6H_4OH
B. p-O_2N—C_6H_4—OH
C. p-CH_3—C_6H_4—OH
D. o-O_2N—C_6H_4—OH

7. 鉴别 1-丁醇和 2-丁醇,可用哪种试剂( )。
A. KI/I_2　　　B. $I_2/NaOH$　　　C. $ZnCl_2$　　　D. Br_2/CCl_4

8. 常用来防止汽车水箱结冰的防冻剂是( )。
A. 甲醇　　　B. 乙醇　　　C. 乙二醇　　　D. 丙三醇

9. 不对称的仲醇和叔醇进行分子内脱水时,消除的取向应遵循( )。
A. 马氏规则　　　B. 次序规则　　　C. 扎依采夫规则　　　D. 醇的活性次序

10. 下列化合物中,具有对映异构体的是( )。
A. CH_3CH_2OH
B. CCl_2F_2
C. $HOCH_2CHOHCH_2OH$
D. $CH_3CHOHCH_2CH_3$

11. 医药上使用的消毒剂"煤酚皂",俗称"来苏儿",是47%~53%(　　)的肥皂水溶液。
    A. 苯酚　　　　　　　B. 甲苯酚　　　　　　C. 硝基苯酚　　　　　D. 苯二酚

12. 下列 RO⁻ 中碱性最强的是(　　)。
    A. H_3^-　　　　　　B. $CH_3CH_2O^-$　　　C. $(CH_2)_2CHO^-$　　D. $(CH_3)_3CO^-$

13. 邻硝基苯酚与对硝基苯酚被水蒸气蒸馏分出,是因为前者(　　)。
    A. 可形成分子内氢键　　　　　　　　　　B. 硝基是吸电子基
    C. 羟基吸电子作用　　　　　　　　　　　D. 可形成分子间氢键

14. 苯酚易进行亲电取代反应是由于(　　)。
    A. 羟基的诱导效应大于共轭效应,结果使苯环电子云密度增大
    B. 羟基的共轭效应大于诱导效应,使苯环电子云密度增大
    C. 羟基只具有共轭效应
    D. 羟基只具有诱导效应

15. 禁止用工业酒精配制饮料酒,是因为工业酒精中含有下列物质中的(　　)。
    A. 甲醇　　　　　　　B. 乙二醇　　　　　　C. 丙三醇　　　　　　D. 异戊醇

16. 下列化合物中,与 HBr 反应速率最快的是(　　)。
    A. 1-苯基-1-丙醇　　　　　　　　　　　　B. 2-苯基乙醇
    C. 1-苯基-2-丙醇　　　　　　　　　　　　D. 2-苯基-1-丙醇

17. 下列酚类化合物中,pK_a 值最大的是(　　)。

    A. 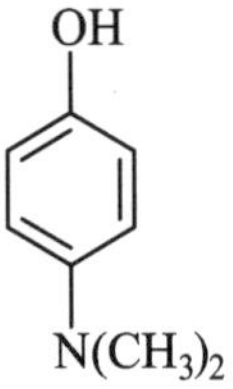 对-N(CH₃)₂ 苯酚
    B.  对氯苯酚
    C. 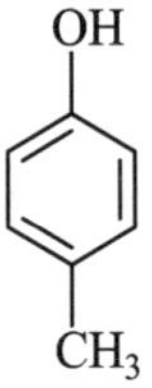 对甲基苯酚
    D. 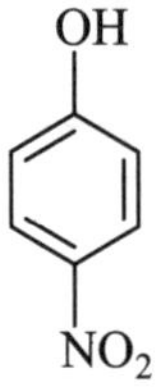 对硝基苯酚

18. 最易发生脱水成烯反应的(　　)。

    A. 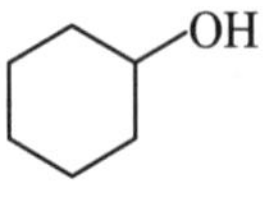 环己醇
    B. 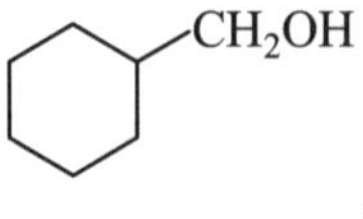 环己基甲醇
    C. 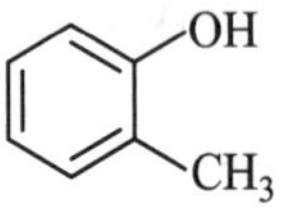 邻甲基苯酚
    D. 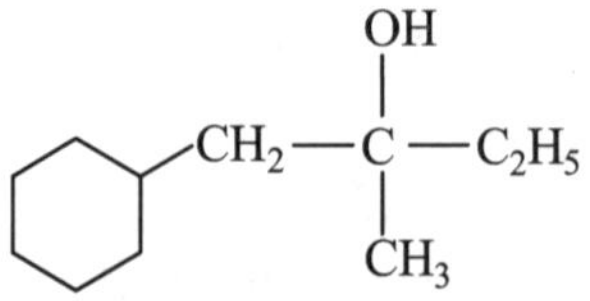 环己基-CH₂-C(OH)(CH₃)-C₂H₅

19. 与 Lucas 试剂反应最快的是(　　)。
    A. $CH_3CH_2CH_2CH_2OH$　　　　　　　B. $(CH_3)_2CHCH_2OH$
    C. $(CH_3)_3COH$　　　　　　　　　　　D. $(CH_3)_2CHOH$

20. 加适量溴水于饱和水杨酸溶液中,立即产生(　　)白色沉淀。

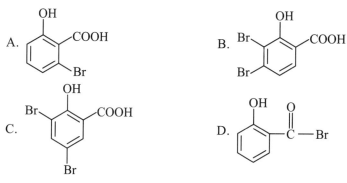

21. 下列化合物中，沸点最高的是（　　）。
A. 甲醚　　　　　B. 乙醇　　　　　C. 丙烷　　　　　D. 氯甲烷

22. 丁醇和乙醚是（　　）异构体。
A. 碳架　　　　　B. 官能团　　　　C. 几何　　　　　D. 对映

23. 一脂溶性成分的乙醚提取液，在回收乙醚过程中，（　　）操作是不正确的。
A. 在蒸除乙醚之前应先干燥去水
B. "明"火直接加热
C. 不能用"明"火加热且室内不能有"明"火
D. 温度应控制在 30 ℃ 左右

24. 乙醇沸点（78.3 ℃）与分子量相等的甲醚沸点（-23.4 ℃）相比高得多，是由于（　　）。
A. 甲醚能与水形成氢键
B. 乙醇能形成分子间氢键，甲醚不能
C. 甲醚能形成分子间氢键，乙醇不能
D. 乙醇能与水形成氢键，甲醚不能

25. 下列四种分子所表示的化合物中，有异构体的是（　　）。
A. C_2HCl_3　　　B. $C_2H_2Cl_2$　　　C. CH_4O　　　D. C_2H_6

26. 下列物质中，不能溶于冷浓硫酸中的是（　　）。
A. 溴乙烷　　　　B. 乙醇　　　　　C. 乙醚　　　　　D. 乙烯

27. 己烷中混有少量乙醚杂质，可使用的除杂试剂是（　　）。
A. 浓硫酸　　　　B. 高锰酸钾溶液　C. 浓盐酸　　　　D. 氢氧化钠溶液

28. 下列化合物可用作相转移催化剂的是（　　）。
A. 冠醚　　　　　B. 瑞尼镍　　　　C. 分子筛　　　　D. 超强酸

29. 用 Williamson 法合成环己基叔丁基醚最适宜的方法是（　　）。

A. 环己醇 + $(CH_3)_3COH$ $\xrightarrow{H^+}$　　B. 环己基-ONa + $(CH_3)_3C-Br$ →

C. 环己基-Br + $(CH_3)_3C-ONa$ →　　D. 环己基-ONa + $(CH_3)_3C-OH$ →

30. 下列化合物能与镁的乙醚溶液反应生成格氏试剂的是（　　）。

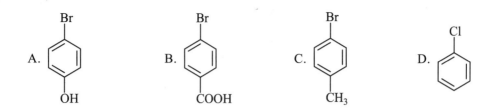

第十一章 醛、酮

1. 下列反应实际上得不到加成产物,欲制备加成产物[(CH$_3$)$_3$C]$_3$—OH,需对试剂或条件更改为（　　）。

$$(CH_3)_3C-\overset{O}{\underset{\|}{C}}-C(CH_3)_3 + (CH_3)_3CMgBr \xrightarrow[\text{2) H}_3O^+]{\text{1) Et}_2O}$$

A. 第一步反应需加热　　　　　　　　B. 换 (CH$_3$)$_3$CMgBr 为 (CH$_3$)$_3$CLi
C. 换 (CH$_3$)$_3$CMgBr 为 [(CH$_3$)$_3$C]$_2$CuLi　　D. 换溶剂 Et$_2$O 为 DMSO

2. 黄鸣龙是我国著名的有机化学家,他的贡献是（　　）。
A. 完成了青霉素的合成　　　　　　　B. 在有机半导体方面做了大量工作
C. 改进了用肼还原羰基的反应　　　　D. 在元素有机方面做了大量工作

3. 醛类化合物的醛基质子在 ^{1}H NMR 谱中的化学位移值（δ）一般应为（　　）。
A. 9～10 ppm　　　B. 6～7 ppm　　　C. 10～13 ppm　　　D. 2.5～1.5 ppm

4. 下列物质不能发生碘仿反应的是（　　）。
A. 乙醇　　　　　B. 乙醛　　　　　C. 异丙醇　　　　　D. 丙醇

5. 下列能发生碘仿反应的化合物是（　　）。
A. 异丙醇　　　　B. 戊醛　　　　　C. 3-戊酮　　　　　D. 2-苯基乙醇

6. 下列能进行 Cannizzaro（康尼查罗）反应的化合物是（　　）。
A. 丙醛　　　　　B. 乙醛　　　　　C. 甲醛　　　　　　D. 丙酮

7. 下列化合物的相对稳定性次序为（　　）。
① HCHO　　　② CH$_3$CHO　　　③ CH$_3$COCH$_3$　　　④ C$_6$H$_5$COC$_6$H$_5$
A. ①＞②＞③＞④　　　　　　　　　B. ①＞③＞④＞②
C. ④＞③＞②＞①　　　　　　　　　D. ④＞①＞②＞③

8. Baeyer-Villiger 氧化反应中,不对称结构的酮中烃基迁移的活性次序近似为（　　）。
A. 苯基＞伯烷基＞甲基　　　　　　　B. 伯烷基＞甲基＞苯基
C. 甲基＞伯烷基＞苯基　　　　　　　D. 几乎相同

9. 下列化合物在 IR 谱中于 3 200～3 600 cm^{-1} 之间有强吸收峰的是（　　）。
A. 丁醇　　　　　B. 丙烯　　　　　C. 丁二烯　　　　　D. 丙酮

10. 下列哪一种化合物不能用来制取醛酮的衍生物（　　）。
A. 羟胺盐酸盐　　B. 2,4-二硝基苯肼　　C. 氨基脲　　　　D. 苯肼

11. 下列羰基化合物发生亲核加成反应的速率次序是（　　）。
① HCHO　　　② CH$_3$COCH$_3$　　　③ CH$_3$CHO　　　④ C$_6$H$_5$COC$_6$H$_5$

A. ①＞②＞③＞④　　　　　　　　　　　B. ④＞③＞②＞①
C. ④＞②＞③＞①　　　　　　　　　　　D. ①＞③＞②＞④

12. 缩醛与缩酮在（　　）条件下是稳定的。
A. 酸性　　　　　　B. 碱性　　　　　　C. 中性　　　　　　D. 强酸性

13. 能够将羰基还原为亚甲基的试剂为（　　）。
A. Al(i-PrO)$_3$，i-PrOH　　　　　　　B. H$_2$NNH$_2$, NaOH, (HOCH$_2$CH$_2$)$_2$O, △
C. 1) HSCH$_2$CH$_2$SH　2) H$_2$/Ni　　　D. NaBH$_4$

14. 下列试剂对酮基无作用的有（　　）。
A. 酒石酸钾钠　　　B. Zn-Hg/HCl　　　C. R$_2$CuLi　　　D. PhNH$_2$

15. 下列（　　）反应能增长碳链。
A. 碘仿反应　　B. 羟醛缩合反应　　C. 康尼查罗反应　　D. 银镜反应

16. 下列物质中不能发生碘仿反应的是（　　）。

A. 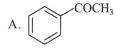 B. (苯甲醛 PhCHO)

C. CH$_3$CH$_2$CH$_2$COCH$_3$　　　　　　D. CH$_3$CH$_2$CH$_2$CH$_2$CH(OH)CH$_3$

17. 下列化合物中不发生碘仿反应的是（　　）。

A. (苯乙酮 PhCOCH$_3$)　　　　　　B. (环己基-CH(OH)CH$_3$)

C. CH$_3$CH$_2$OH　　　　　　　　　　D. (1-甲基-1-羟基环己烷)

18. 下列两个环酮与 HCN 加成的平衡反应中，平衡常数较大的是（　　）。

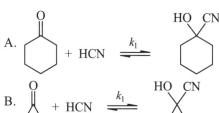

19. 下列含氧化合物中不被稀酸水解的是（　　）。

A. (2,2-二甲基-1,3-二氧戊环)　B. (2-甲氧基四氢呋喃)　C. (1,3-二氧六环)　D. (1,4-二氧六环)

20. 下列化合物沸点最高的是（　　）。

A. (正丁醇 CH$_3$CH$_2$CH$_2$CH$_2$OH)　　　　　B. (2-戊醇)

C. (CH$_3$CH$_2$CH$_2$CHO)　　　　　　　　D. (丁酮)

21. 酰氯与重氮甲烷反应生成α-重氮酮，α-重氮酮经Wolff重排，水解后生成（　　）。
   A. 酯　　　　B. 酮　　　　C. 羧酸　　　　D. 酰胺

22. 利用迈克尔（Michael）反应，一般可以合成（　　）。
   A. 1,3-二官能团化合物　　　　B. 1,5-二官能团化合物
   C. α,β-不饱和化合物　　　　D. 甲基酮类化合物

23. 下列反应不能用来制备α,β-不饱和酮的是（　　）。
   A. 丙酮在酸性条件下发生醇醛缩合反应
   B. 苯甲醛和丙酮在碱性条件下发生反应
   C. 甲醛和苯甲醛在浓碱条件下发生反应
   D. 环己烯臭氧化水解，然后在碱性条件下加热反应

24. 下面哪种金属有机化合物只能与α,β-不饱和醛酮发生1,4-加成（　　）。
   A. R_2CuLi　　B. RLi　　C. R_2Cd　　D. RMgX

25. 下列化合物中，能与溴进行亲电加成反应的是（　　）。
   A. 苯　　B. 苯甲醛　　C. 苯乙烯　　D. 苯乙酮

26. β-丁酮酸乙酯能与2,4-二硝基苯肼作用产生黄色沉淀，也能与三氯化铁起显色反应，这是因为存在（　　）。
   A. 构象异构体　　B. 顺反异构体　　C. 对映异构体　　D. 互变异构体

27. 丙烯醛与1,3-丁二烯发生Diels-Alder反应，下列叙述错误的是（　　）。
   A. 是立体专一的顺式加成　　B. 是加成反应
   C. 是协同反应　　D. 1,3-丁二烯的S-反式构象比S-顺式构象反应活性大

28. 保护醛基常用的反应是（　　）。
   A. 氧化反应　　B. 羟醛缩合　　C. 缩醛的生成　　D. 还原反应

29. 可以进行分子内酯缩合的是（　　）。
   A. 丙二酸二乙酯　　　　B. 丁二酸羰基化合物
   C. 对苯二甲酸二乙酯　　　　D. 己二酸二乙酯

30. 下列化合物最易形成水合物的是（　　）。
   A. CH_3CHO　　B. CH_3COCH_3　　C. Cl_3CCHO　　D. $ClCH_2CHO$

31. 下列化合物发生亲核加成反应的活性大小次序是（　　）。
   ① $NCCH_2CHO$　　② CH_3OCH_2CHO　　③ CH_3SCH_2CHO　　④ $HSCH_2CH_2CHO$
   A. ①>②>③>④
   B. ②>④>③>①
   C. ①>④>②>③
   D. ①>③>④>②

32. 下列化合物中不发生碘仿反应的是（　　）。
   A. CH_3CHCH_3 | OH
   B. $PhCHOHCH_3$
   C. CH_3CH_2OH
   D. 丁酮

33. 下列化合物中亚甲基上的氢酸性最大的是（　　）。
   A. $CH_2(CHO)_2$
   B. $CH_2(COCH_3)(COOCH_3)$
   C. $CH_2(COOCH_3)_2$
   D. $CH_2(COOCH_3)(CH_3)$

34. 下列化合物烯醇式含量最多的是（　　）。
A. 乙酰丙酮　　　　B. 乙酰乙酸乙酯　　C. 苯甲酰丙酮　　D. 丁酮

35. 2,4-戊二酮其较稳定的烯醇结构式（热力学控制）为（　　）。

A. 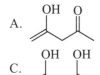　　　　　　　　　　B.

C. 　　　　　　　　　　D.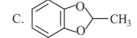

36. 比较下面三种化合物，发生碱性水解反应最快的是（　　）。
A. $CH_3CH=CHCH_2Br$　　B. $CH_3CH_2CH_2CH_2Br$　　C. CH_3COCH_2Br

37. 下列化合物能在酸性条件下水解后互变成羰基化合物的是（　　）。

A.

第十二章　羧　酸

1. 手性碳原子上的亲核取代反应，若邻位基团参与了反应，则在产物中该手性碳的立体化学是（　　）。
A. 构型保持　　　　B. 构型转化　　　　C. 外消旋化　　　　D. A、B、C 都不对

2. 三氯乙酸的酸性大于乙酸，主要是由于氯的（　　）影响。
A. 共轭效应　　　　B. 吸电子诱导效应　　C. 给电子诱导效应　　D. 空间效应

3. 下列化合物中，能发生银镜反应的是（　　）。
A. 甲酸　　　　　　B. 乙酸　　　　　　C. 乙酸甲酯　　　　D. 乙酸乙酯

4. 下列化合物中，酸性最强的是（　　）。
A. 甲酸　　　　　　B. 乙酸　　　　　　C. 乙酸甲酯　　　　D. 乙酸乙酯

5. RMgX 与下列（　　）化合物用来制备 RCOOH。
A. HCHO　　　　　B. CH_3OH　　　　C. CO_2　　　　　D. HCOOH

6. 脂肪酸 α-卤代作用的催化剂是（　　）。
A. 无水 $AlCl_3$　　　B. Zn-Hg　　　　　C. Ni　　　　　　　D. P

7. 己二酸加热后所得的产物是（　　）。
A. 烷烃　　　　　　B. 一元羧酸　　　　C. 酸酐　　　　　　D. 环酮

8. 羧酸具有明显酸性的主要原因是（　　）。
A. σ-π 超共轭效应　　　　　　　　　　B. –COOH 的 –I 效应
C. 空间效应　　　　　　　　　　　　　D. p-π 共轭效应

9. 下列化合物与苯甲酸发生酯化反应，按活性顺序排列应是（　　）。
① 叔戊醇　　　　② 仲丁醇　　　　③ 正丙醇　　　　④ 甲醇
A. ③>④>①>②　　　　　　　　　　B. ④>③>②>①
C. ④>②>③>①　　　　　　　　　　D. ①>②>③>④

10. 氯化苄与氰化钠在乙醇中反应，得到的产物是（   ）。
   A. $C_6H_5CH_2COOH$ B. $C_6H_5CH_2CN$
   C. $C_6H_5CH_2CH_2CN$ D. $C_6H_5CH_2COONa$

11. 下列化合物中加热能生成内酯的是（   ）。
   A. 2-羟基丁酸   B. 3-羟基戊酸   C. 邻羟基丙酸   D. 5-羟基戊酸

12. 下列物质中虽然含有氨基，但不能使湿润的红色石蕊试纸变蓝的是（   ）。
   A. CH_3NH_2 B. CH_3CONH_2 C. NH_3 D. $(CH_3)_3N$

13. 下列羧酸中能经加热脱羧生成 HCOOH 的是（   ）。
   A. 丙酸   B. 乙酸   C. 草酸   D. 琥珀酸

14. 己二酸在 BaO 下加热所得的产物是（   ）。
   A. 烷烃   B. 一元羧酸   C. 酸酐   D. 环酮

15. 下列酸性最强的是（   ）。

   A. 邻氟苯甲酸   B. 邻氯苯甲酸   C. 邻碘苯甲酸   D. 邻甲氧基苯甲酸

16. 下列羧酸酸性最强的是（   ）。

   A. 对甲基苯甲酸   B. 对硝基苯甲酸   C. 2,4-二硝基苯甲酸   D. 2,4,6-三硝基苯甲酸

17. 下列化合物中酸性最强的是（   ）。
   A. 顺丁烯二酸   B. 丁炔二酸   C. 反丁烯二酸   D. 乳酸

18. 下列化合物中，受热时易发生分子内脱水而生成 α,β-不饱和酸的是（   ）。

   A. $CH_3-\underset{\underset{OH}{|}}{\overset{\overset{CH_3}{|}}{C}}-CH_2COOH$ B. CH_3-CHCH_2COOH 带 CH_2OH

   C. $CH_3-\underset{\underset{CH_2CH_2OH}{|}}{\overset{\overset{CH_3}{|}}{C}}-COOH$ D. $CH_2CH_2CHCOOH$ 带 OH 和 CH_3

19. 某羟基酸依次与 HBr、Na_2CO_3 和 KCN 反应，再经水解，得到的水解产物加热后生成甲基丙酸。原羟基酸的结构式为（   ）。
   A. β-羟基丁酸   B. γ-羟基丁酸   C. α-羟基丁酸   D. α-甲基-α-羟基丙酸

20. 下列物质能与 Fehling（费林）试剂作用的是（   ）。
   A. 苯甲醛   B. 苯甲酸   C. 丁醛   D. 苯甲醇

21. 用于 Reformatsky 反应的溴化物是（   ）。
   A. δ-溴代戊酸乙酯   B. β-溴代丁酸乙酯
   C. α-溴代丁酸乙酯   D. γ-溴代丁酸乙酯

22. 下列化合物的烯醇式含量由多到少排列次序为（   ）。

① 丁酮　　　　　　　② 乙酰丙酮　　　　　　　③ 乙酰乙酸乙酯
④ 1,1-二乙酰丙酮　　⑤ 丙二酸二乙酯
A. ④＞⑤＞②＞③＞①　　　　　　B. ①＞③＞②＞⑤＞④
C. ④＞②＞③＞⑤＞①　　　　　　D. ①＞②＞③＞④＞⑤

23. 下列化合物中酸性最弱的是（　　）。
A. CH_3CH_2OH　　　B. CF_3COOH
C. CF_3CH_2OH　　　D. $ClCH_2COOH$

24. $LiAlH_4$ 可使 $CH_2=CHCH_2COOH$ 还原为（　　）。
A. $CH_3CH_2CH_2COOH$　　　　B. $CH_3CH_2CH_2CH_2OH$
C. $CH_2=CHCH_2CH_2-OH$　　D. $CH_2=CHCH_2CH_3$

25. 下列化合物中加热能生成内酯的是（　　）。
A. 2-羟基丁酸　　　　　　　　B. 3-羟基戊酸
C. 邻羟基丙酸　　　　　　　　D. 5-羟基戊酸

26. 下列化合物中加热易脱羧生成酮的是（　　）。
A. β-羟基戊酸　　B. 邻羟基苯甲酸　　C. 对羟基苯甲酸　　D. 乙酰乙酸

27. 下列叙述错误的是（　　）。
A. 脂肪族饱和二元酸的 Ka1 总是大于 Ka2
B. 脂肪族饱和二元酸两个羧基间的距离越大 Ka1 与 Ka2 之间的差值就越小。
C. 无取代基的脂肪族饱和二元羧酸中，草酸的酸性最强
D. —COOH 是吸电子基团，—COO⁻ 是更强的吸电子基团。

28. 下列具有还原性的酸是（　　）。
A. 乙酸　　　　B. 草酸　　　　C. 丁二酸　　　　D. 丙酸

29. 下列酸中属于不饱和脂肪酸的是（　　）。
A. 甲酸　　　　B. 草酸　　　　C. 硬脂酸　　　　D. 油酸

30. 下列化合物在水溶液中酸性强弱顺序为（　　）。
① CH_3COOH　　　② FCH_2COOH　　　③ $ClCH_2COOH$　　　④ $BrCH_2COOH$
A. ①＞②＞③＞④　　　　　　B. ④＞③＞②＞①
C. ②＞③＞④＞①　　　　　　D. ①＞④＞③＞②

31. 乙酰乙酸乙酯合成法，一般用于制备（　　）。
A. 1,3-二官能团化合物　　　　B. 1,5-二官能团化合物
C. α,β-不饱和化合物　　　D. 甲基酮类化合物

32. 利用克莱森（Claisen）缩合反应，可制备（　　）。
A. 开链 β-酮酸酯　　　　　B. 环状 β-酮酸酯
C. α,β-不饱和化合物　　　D. 甲基酮类化合物

33. 下列反应不属水解反应的是（　　）。
A. 丙酰胺和 Br_2、NaOH 共热　　B. 皂化
C. 乙酰氯在空气中冒白雾　　　　D. 乙醚与 H_2O 共热

34. 下列物质中，既能使高锰酸钾溶液褪色，又能使溴水褪色，还能与 NaOH 发生中和反应的是（　　）。

A. CH₂=CHCOOH   B. C₆H₅—CH₃   C. C₆H₅—COOH   D. CH₃COOH

35. 对于苯甲酸而言，下列（ ）描述是不正确的。

A. 它是一种白色的固体，可用作食品防腐剂

B. 它的酸性弱于甲酸，强于其他饱和一元酸

C. 它的钠盐比它容易脱羧

D. –COOH 是一个第二类定位基，它使间位的电子云密度升高，故发生亲电取代时，使第二个取代基进入间位

第十三章　羧酸衍生物

1. 原酸酯的通式是（ ）。

    B. HC(OEt₃)   C. RCN   D. CH₂(OR)₂

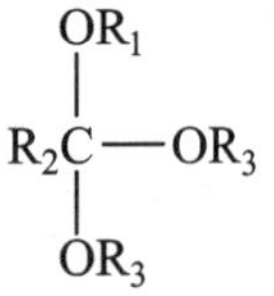

2. 下列物质中碱性最弱的是（ ）。

A. 二甲胺   B. N-甲基乙酰胺   C. N-甲基苯胺   D. 甲基乙基胺

3. 下列酯类化合物在碱性条件下水解速率最快的是（ ）。

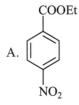

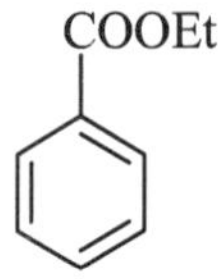

4. 以 LiAlH₄ 还原法制备 2-甲基丙胺，最合适的酰胺化合物是（ ）。

A. 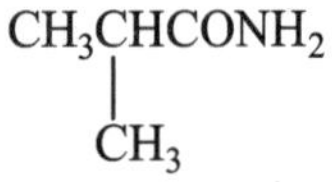 CH₃CHCONH₂
       |
       CH₃

B. 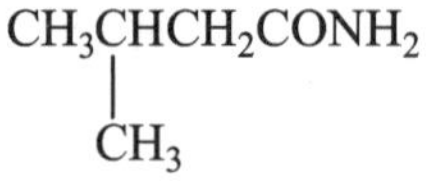 CH₃CHCH₂CONH₂
        |
        CH₃

C.  CH₃CHCH₂COCH₂NH₂
        |
        CH₃

D.  CH₃CHCONHCH₃
       |
       CH₃

5. 在乙酰乙酸乙酯中加入溴水，反应的最终产物是（ ）。

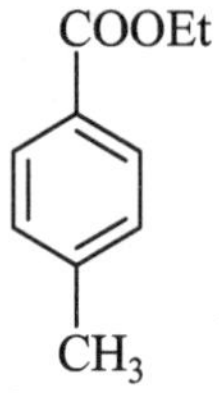

A. 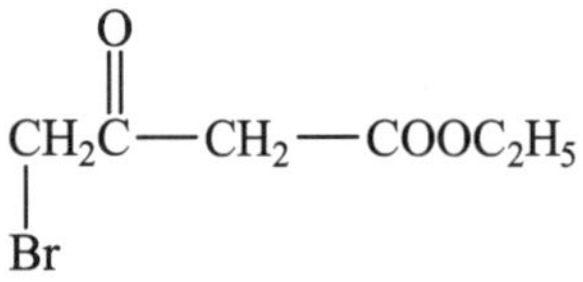 CH₂C—CH₂—COOC₂H₅
   |
   Br
   (with O on C)

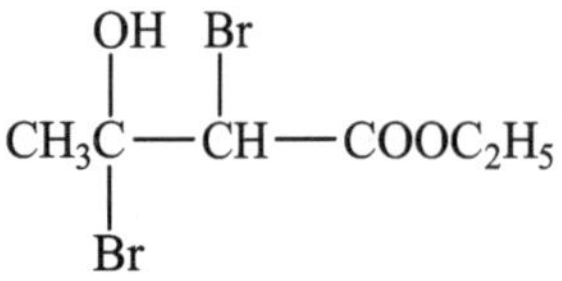

B. CH₃C—CH—COOC₂H₅
       ‖ |
       O Br

C. CH₃C—CH—COOC₂H₅
      | |
      OH Br
      |
      Br

D. 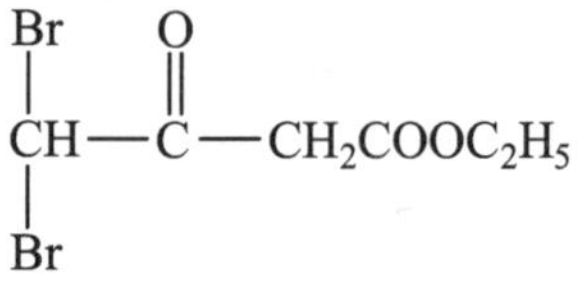 CH—C—CH₂COOC₂H₅
   | ‖
   Br O

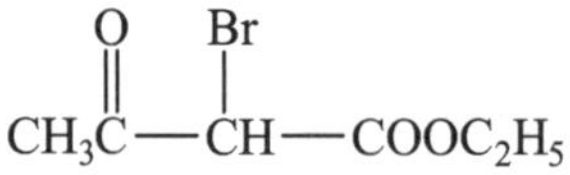

6. 下列物质中不属于羧酸衍生物的是（ ）。

116

A. α-氨基丙酸 B. N,N-二甲基乙酰胺
C. 油脂 D. 乙酰氯

7. 在羧酸的下列四种衍生物中，水解反应速率最慢的是（　　）。
A. 乙酰胺　　　　B. 乙酸乙酯　　　　C. 乙酰氯　　　　D. 乙酸酐

8. 酮肟在酸性催化剂存在下重排成酰胺（Beckmann 重排）的反应是通过（　　）进行的。
A. 碳正离子　　　B. 缺电子的氮原子　C. 碳负离子　　　D. 自由基

9. 通式为 $RCONH_2$ 的化合物属于（　　）。
A. 胺　　　　　　B. 酰胺　　　　　　C. 酮　　　　　　D. 酯

10. 下列还原剂中，能将酰胺还原成伯胺的是（　　）。
A. $LiAlH_4$　　　B. $NaBH_4$　　　　C. $Zn+HCl$　　　D. H_2+Pt

11. 下列化合物中水解最快的是（　　）。
A. CH_3COCl　　B. CH_3CONH_2　　C. CH_3COOCH_3　　D. 乙酐

12. 乙酰乙酸乙酯与 40% 的氢氧化钠溶液共热，生成的产物是（　　）。
A. $CH_3COCOONa$ 和 CH_3CH_2OH　　B. CH_3COONa 和 CH_3CH_2OH
C. CH_3COONa 和 $CH_3COOC_2H_5$　　D. CH_3COCH_3、CH_3CH_2OH 和 CO_2

13. 下列化合物中（　　）是丁酸的同分异构体，但不属于同系物。
A. 丁酰溴　　　　B. 丙酰胺　　　　C. 甲酸丙酯　　　D. 丁酰胺

14. 下列羧酸酯在酸性条件下水解反应的速率次序是（　　）。
① 乙酸叔丁酯　　② 乙酸乙酯　　③ 乙酸异丙酯　　④ 乙酸甲酯
A. ④>②>③>①　　　　　　　　　　B. ①>③>②>④
C. ④>③>②>①　　　　　　　　　　D. ①>②>③>④

第十四章　含氮有机化合物

1. 单线态碳烯的结构是（　　）。

A. 　　B. 　　C. 　　D.

2. 下列化合物碱性最强的是（　　）。
A. 苯胺　　　　B. N-甲基苯胺　　C. 乙酰苯胺　　　D. 邻苯二甲酰亚胺

3. 下列四种含氮化合物中，能够发生 Cope 消去反应的是（　　）。
A. 三甲基环己基氯化铵　　　　　　B. 环己基氯化重氮盐
C. 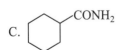　　　　　　　　　D.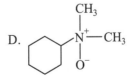

4. 试比较下面四种化合物与 CH_3ONa 发生 S_N 反应活性最高的是（　　）。

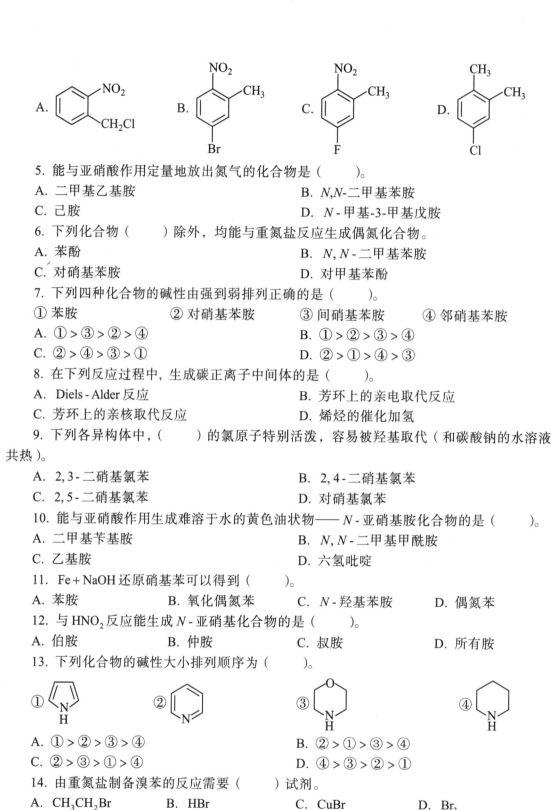

5. 能与亚硝酸作用定量地放出氮气的化合物是（　　）。

A. 二甲基乙基胺　　　　　　　　　　B. N,N-二甲基苯胺

C. 己胺　　　　　　　　　　　　　　D. N-甲基-3-甲基戊胺

6. 下列化合物（　　）除外，均能与重氮盐反应生成偶氮化合物。

A. 苯酚　　　　　　　　　　　　　　B. N,N-二甲基苯胺

C. 对硝基苯胺　　　　　　　　　　　D. 对甲基苯酚

7. 下列四种化合物的碱性由强到弱排列正确的是（　　）。

① 苯胺　　　　② 对硝基苯胺　　　　③ 间硝基苯胺　　　　④ 邻硝基苯胺

A. ①＞③＞②＞④　　　　　　　　　B. ①＞②＞③＞④

C. ②＞④＞③＞①　　　　　　　　　D. ②＞①＞④＞③

8. 在下列反应过程中，生成碳正离子中间体的是（　　）。

A. Diels-Alder 反应　　　　　　　　B. 芳环上的亲电取代反应

C. 芳环上的亲核取代反应　　　　　　D. 烯烃的催化加氢

9. 下列各异构体中，（　　）的氯原子特别活泼，容易被羟基取代（和碳酸钠的水溶液共热）。

A. 2,3-二硝基氯苯　　　　　　　　　B. 2,4-二硝基氯苯

C. 2,5-二硝基氯苯　　　　　　　　　D. 对硝基氯苯

10. 能与亚硝酸作用生成难溶于水的黄色油状物——N-亚硝基胺化合物的是（　　）。

A. 二甲基苄基胺　　　　　　　　　　B. N,N-二甲基甲酰胺

C. 乙基胺　　　　　　　　　　　　　D. 六氢吡啶

11. Fe＋NaOH 还原硝基苯可以得到（　　）。

A. 苯胺　　　B. 氧化偶氮苯　　　C. N-羟基苯胺　　　D. 偶氮苯

12. 与 HNO_2 反应能生成 N-亚硝基化合物的是（　　）。

A. 伯胺　　　B. 仲胺　　　　　　C. 叔胺　　　　　　D. 所有胺

13. 下列化合物的碱性大小排列顺序为（　　）。

A. ①＞②＞③＞④　　　　　　　　　B. ②＞①＞③＞④

C. ②＞③＞①＞④　　　　　　　　　D. ④＞③＞②＞①

14. 由重氮盐制备溴苯的反应需要（　　）试剂。

A. CH_3CH_2Br　　B. HBr　　　　C. CuBr　　　　D. Br_2

15. 由重氮盐制备苯酚的反应条件为（　　）。

A. H_3PO_2　　　B. H_2O/加热　　C. C_2H_5OH　　D. HCl

16. 由重氮盐制备苯腈需要的试剂为（　　）。

A. CuCN/KCN　　B. CH_3CN/KCN　　C. KCN/H_2O　　D. HCN/KCN

17. 由邻甲氧基苯胺制备邻甲氧基乙酰苯胺需要的试剂为（　　）。

A. CH_3COOH　　B. $CH_3CH_2OCH_3$　　C. $(CH_3CO)_2O$　　D. CH_3CH_2OCHO

18. 下列物质中碱性最弱的是（　　）。

A. 苯胺　　B. *N*-甲基苯胺　　C. 乙酰苯胺　　D. 邻苯二甲酰亚胺

19. 下列化合物碱性最强的是（　　）。

A. 二甲胺　　B. *N*-甲基乙酰胺　　C. *N*-甲基苯胺　　D. 乙酰胺

20. 下列物质发生消去反应，产物为扎依切夫（Saytzeff）烯的是（　　）。

A.

B.

C.

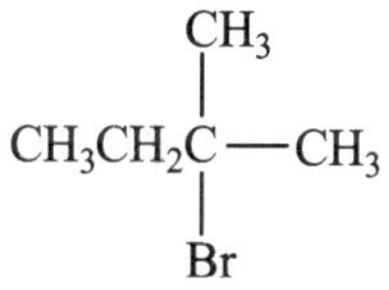

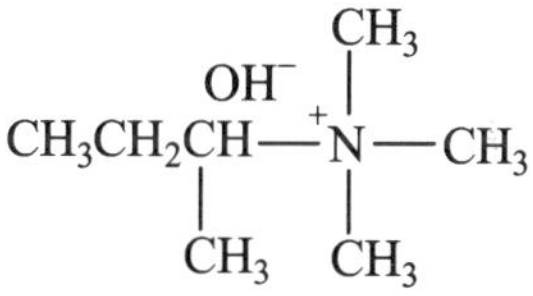

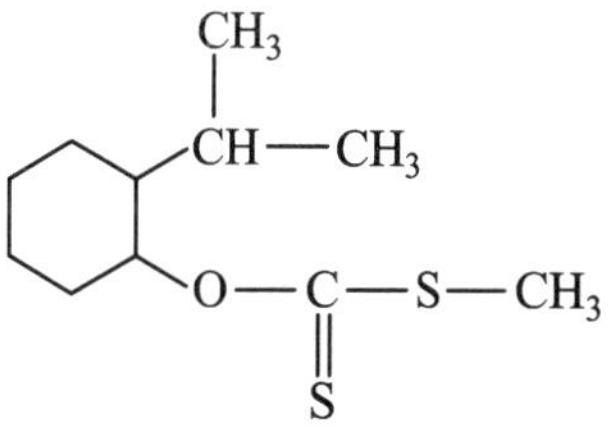

21. 下列物质发生消去反应，主要产物为霍夫曼（Hoffmann）烯的是（　　）。

A.

B.

C.

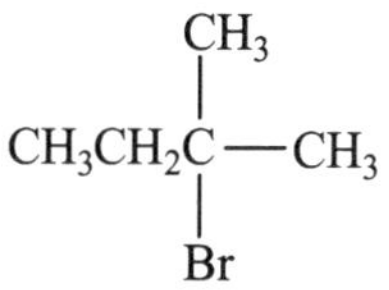

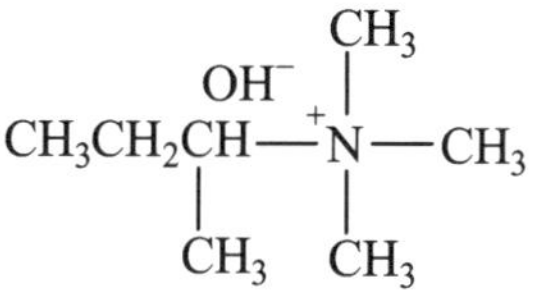

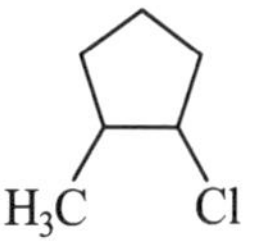

22. 下列化合物碱性最强的是（　　）。

A. 苯胺　　B. 邻氯苯胺　　C. 对硝基苯胺　　D. 乙胺

23. 下列化合物碱性最强的是（　　）。

A. 苯胺　　B. 对甲氧基苯胺　　C. 对氯苯胺　　D. 对硝基苯胺

24. 下列化合物中除（　　）外，其余均为芳香胺。

A. *N*-甲基苯胺　　B. 二苯胺　　C. 苯胺　　D. 苄胺

25. 下列化合物中属于季铵盐类的是（　　）。

A.

B.

C.

D. $CH_3CH_2\overset{+}{N}(CH_3)_3\ I^-$

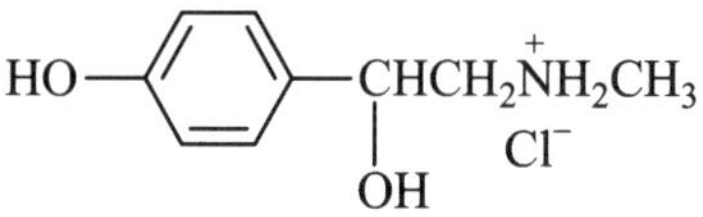

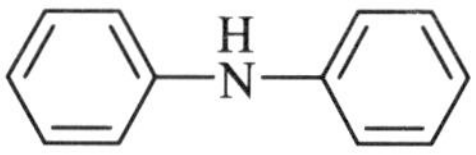

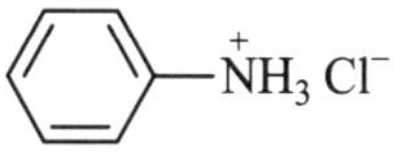

26. 在低温条件下能与盐酸和亚硝酸钠反应生成重氮盐的是（　　）。

A.

B.

C.

D.

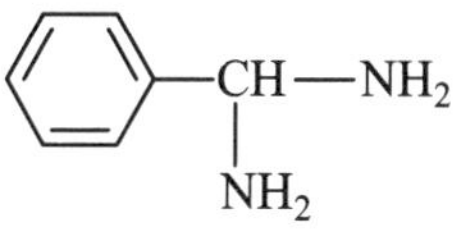

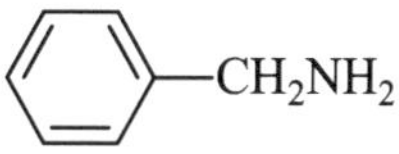

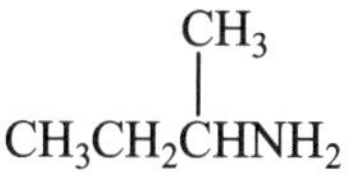

27. 有关 Hoffmann 消去反应的特点，下列说法不正确的是（　　）。

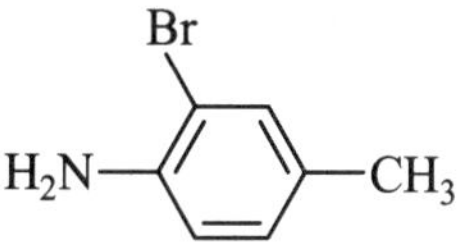

A. 生成双键碳上烷基较少的烯   B. 生成双键碳上烷基较多的烯
C. 在多数情况下发生反式消去

28. 下列化合物在 IR 谱中于 $1\,680 \sim 1\,800\ \text{cm}^{-1}$ 之间有强吸收峰的是（   ）。
A. 乙醇   B. 丙炔   C. 丙胺   D. 丙酮

29. 能将伯、仲、叔胺分离开的试剂为（   ）。
A. 费林试剂   B. 硝酸银的乙醇溶液
C. 苯磺酰氯的氢氧化钠溶液   D. 碘的氢氧化钠溶液

30. 脂肪胺中与亚硝酸反应能够放出氮气的是（   ）。
A. 季胺盐   B. 叔胺   C. 仲胺   D. 伯胺

31. 干燥苯胺不应选择下列哪种干燥剂（   ）。
A. K_2CO_3 B. $CaCl_2$ C. $MgSO_4$ D. 粉状 NaOH

32. 下列化合物按碱性递减顺序排列是（   ）。
① 三苯胺   ② N-甲基苯胺   ③ 对硝基苯胺   ④ 苯胺
A. ② > ④ > ③ > ①   B. ① > ② > ③ > ④
C. ③ > ② > ④ > ①   D. ④ > ① > ③ > ②

33. 下列化合物按酸性排列次序是（   ）。
① $CH_3CH_2\overset{O}{\overset{\|}{C}}\overset{+}{N}H_3$ ② $ClCH_2CH_2\overset{+}{N}H_3$
③ $CH_3CH_2CH_2\overset{+}{N}H_3$ ④ $CH_3CH_2SO_2\overset{+}{N}H_3$
A. ④ > ① > ② > ③   B. ① > ③ > ② > ④
C. ② > ③ > ① > ④   D. ④ > ③ > ② > ①

34. $CH_3CON(CH_3)_2$ 的正确名称为（   ）。
A. 二甲基乙酰胺   B. N-甲基乙酰胺
C. N,N-二甲基乙酰胺   D. 乙酰基二甲胺

第十五章 含硫、含磷和含硅有机化合物

1. Wittig 反应中，在磷叶立德试剂（$Ph_3P=CR_2$）的制备反应时，亲核性原子为（   ）。
A. Ph_3P 中的磷原子   B. $n\text{-}C_4H_9Li$ 中的碳原子
C. $R_2CH\text{—}X$ 中的碳原子   D. A, B, C 全不对

2. C_6H_5SH 与酸性高锰酸钾反应生成（   ）。
A. $C_6H_5SO_3H$ B. $C_6H_5SO_2H$ C. C_6H_5OH D. C_2H_5COOH

3. 下列哪个化合物是硫醚（   ）。
A. CH_3CH_2SH B. CH_3SCH_3 C. $C_6H_5SO_2OCH_3$ D. $C_6H_5SO_3H$

4. $(CH_3)_4Si$ 简写作（   ）。
A. TMS   B. THF   C. PPA   D. DMSO

5. 苯磺酰胺的结构是（   ）。
A. $PhSO_2NH_2$ B. $PhNHSO_2$ C. $PhSNH_2$ D. $PhSO_3H$

6. 磷叶立德$(C_6H_5)_3P$=CH_2是一个（   ），对水或空气都不稳定，因此在合成时一般不将它分离出来，直接进行下一步的合成。

    A. 黄色固体   B. 白色固体   C. 蓝色固体   D. 绿色固体

7. 下列化合物不能与Ph_3P=$CHCH_2CH_3$反应的是（   ）。

    A. ![PhCH2CHO]   B. $(CH_3CH_2)_2CO$

    C. 环己酮   D. $CH_3COOC_2H_5$

8. 下列反应：Ph_3P=CH_2 + $PhCH$=O ⟶ $PhCH$=CH_2，称为（   ）。

    A. Wittig 反应   B. Michael 反应

    C. Gabriel 反应   D. Hoffmann 重排反应

9. 制备苯乙烯的办法，最好使用下列（   ）试剂。

    A. Ph_3P=CH_2 B. CH_3MgBr C. CH_2N_2 D. HCHO

10. DMSO 的结构是（   ）。

    A. CH_3SOCH_3 B. $CH_3SO_2CH_3$ C. 吡咯烷   D. 四氢呋喃

第十七章　周环反应

1. 在(Z, E)-2,4-己二烯的热反应中，其最高占有轨道为（   ）。

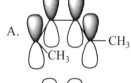
A.

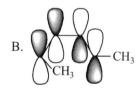
B.

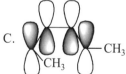
C.

D.

2. 等摩尔的环戊二烯与2,3-二氰基对苯二醌共热，主要生成的产物为（   ）。

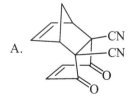
A.

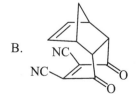
B.

C. 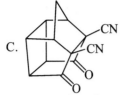 D.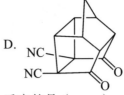

3. 下列化合物作为双烯体能发生 Diels-Alder 反应的是（　　　）。

A. 　　B. 　　C. 　　D.

4. 下列化合物作为双烯体不能发生 Diels-Alder 反应的是（　　　）。

A. 　　B. 　　C. 　　D.

5. 下述反应是在（　　　）条件下进行的。

$$\underset{}{\text{PhOCH}_2\text{CH}=\text{CH}_2} \longrightarrow \underset{}{\text{邻-HOC}_6\text{H}_4\text{CH}_2\text{CH}=\text{CH}_2}$$

A. 加热　　　　B. 光照　　　　C. 加酸　　　　D. 加碱

6. 周环反应的条件是（　　　）。

A. 光　　　　B. 热　　　　C. 酸、碱或自由基引发剂　　　　D. A 或 B

7. 含 $4n+2$ 个 π 电子的共轭烯烃在发生电环化反应时（　　　）。

A. 加热时按对旋方式反应，光照时按对旋方式反应
B. 光照时按对旋方式反应，加热时按顺旋方式反应
C. 加热时按顺旋方式反应，光照时按顺旋方式反应
D. 光照时按顺旋方式反应，加热时按对旋方式反应

8. 提出协同反应中"分子轨道对称性守恒原则"的科学家是（　　　）。

A. Haworth 与 A. Michael　　　　B. 福井谦一与 R. B. Woodward
C. Wolff、Kishner 以及黄鸣龙　　　　D. R. B. Woodward 与 R. Hoffmann

9. 下列化合物与乙烯进行 Diels-Alder 反应活性最大的是（　　　）。

A. (Z, Z)-2, 4-己二烯　　　　B. 顺-1, 3-丁二烯　　　　C. 反-1, 3-丁二烯

10. 比较下列化合物与环戊二烯反应的活性大小（　　　）。

① 环戊二烯　　② 丙烯酸乙酯　　③ 顺丁烯二酸酐　　④ 四氰基乙烯
A. ④>③>②>①　　B. ①>②>③>④　　C. ③>②>④>①　　D. ②>③>④>①

第十八章　杂环化合物

1. 下列化合物发生亲核取代反应活性最强的是（　　　）。

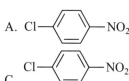

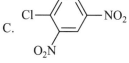

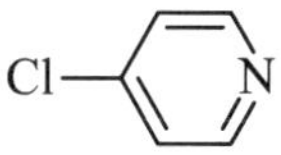

2. 下列杂环化合物中碱性最大的是（　　）。

A. 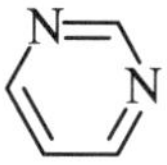   B. 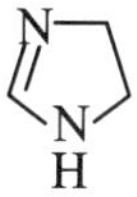   C. 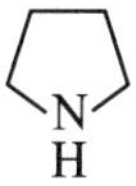   D.

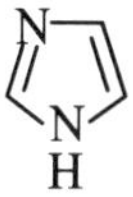

3. THF 的结构是（　　）。

A.    B. 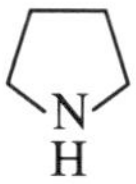   C.    D.

4. 亲核性最强的是（　　）。

A. 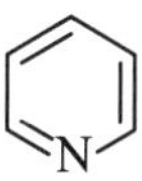   B. 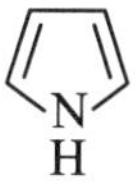   C. 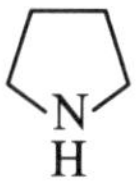   D.

5. 下列化合物碱性由强到弱排列的顺序为（　　）。

① 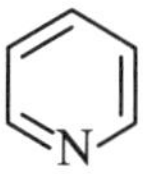   ② 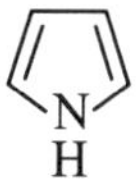   ③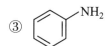

A. ①＞②＞③   B. ①＞③＞②   C. ③＞②＞①

6. 喹啉的衍生物 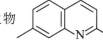 的名称为（　　）。

A. 2,8-二甲基喹啉   B. 1,4-二甲基喹啉   C. 对称二甲基喹啉   D. 2,7-二甲基喹啉

7. 吡啶的硝化反应发生在（　　）。

A. α-位   B. β-位   C. γ-位

8. 下列化合物的芳香性（稳定性）由强到弱的次序是（　　）。

①    ②    ③ 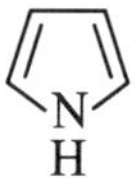   ④

A. ①＞②＞③＞④   B. ④＞②＞③＞①
C. ③＞②＞①＞④   D. ④＞①＞②＞③

9. 吡咯是一个（　　）化合物。

A. 中性   B. 酸性   C. 碱性   D. 两性

10. NH_3、吡啶、苯胺碱性最强的是（　　）。

A. NH_3 B. 吡啶   C. 苯胺

11. 下列四种化合物：苯、呋喃、吡啶、噻吩，在进行亲电取代反应时活性最大的是（　　）。

A. 苯   B. 呋喃   C. 吡啶   D. 噻吩

12. 除去苯中少量的噻吩，可以采用加入浓硫酸萃取的方法，是因为（　　）。

A. 苯与浓硫酸互溶

B. 噻吩与浓硫酸形成 β-噻吩磺酸

C. 苯发生亲电取代反应的活性比噻吩高，室温下形成 α-噻吩磺酸

13. N-氧化吡啶发生硝化反应时，硝基进入（　　）。

A. α-位　　　　　B. β-位　　　　　C. γ-位　　　　　D. α-和 β-位各一半

14. 吡咯分子中 N 原子的轨道类型是（　　）。

A. sp 杂化轨道　　　　　　　　　B. sp^3 杂化轨道

C. sp^2 杂化轨道　　　　　　　　D. sp^3 不等性杂化轨道

15. 吡啶分子中氮原子的未共用电子对类型是（　　）。

A. s 电子　　　　B. sp^2 电子　　　　C. p 电子　　　　D. sp^3 电子

16. CH_2N_2 在加热下生成（　　）。

A. :CH_2　　　　　B. ·CH_2　　　　　C. CH_3CH_3

17. 吡咯中的 N 有仲胺的结构，但是它的化学性质却符合下面哪一个（　　）。

A. 碱性与脂肪族胺的碱性强弱相当　　　B. 碱性大于脂肪族仲胺

C. 无酸性　　　　　　　　　　　　　　D. 具有微弱的酸性

18. 吡咯磺化时，用的磺化剂是（　　）。

A. 发烟硫酸　　　B. 浓硫酸　　　C. 混酸　　　D. 吡啶三氧化硫

19. 区别吡咯和四氢吡咯的试剂是（　　）。

A. 固体 KOH　　　B. $Na + C_2H_5OH$　　　C. 盐酸　　　D. $KMnO_4/H^+$

20. 区别吡啶和 α-甲基吡啶的试剂是（　　）。

A. 浓 HCl　　　B. NaOH 溶液　　　C. $KMnO_4/H^+$　　　D. 乙醇

第十九章　糖类化合物

1. β-D-(+)-葡萄糖的构象式是（　　）。

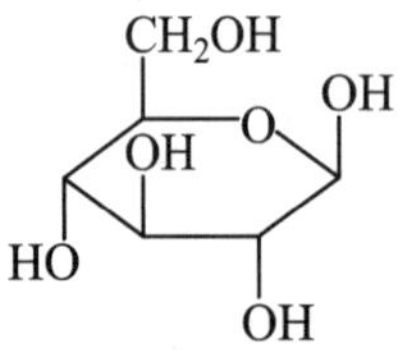

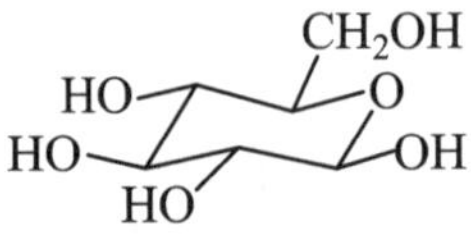

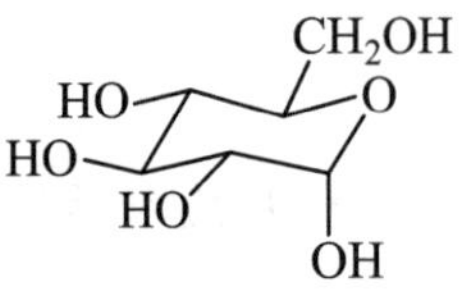

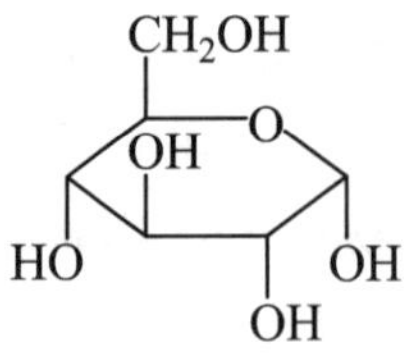

2. 下列结构中具有变旋现象的是（　　）。

A. 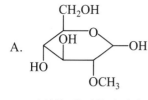 B. 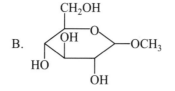 C.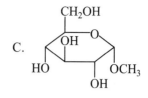

3. 下列物质不能发生银镜反应的是（　　）。
A. 麦芽糖　　　　　B. 果糖　　　　　C. 庶糖　　　　　D. 葡萄糖
4. β-麦芽糖中两个葡萄糖单元是与（　　）结合的。
A. 1,4-β-苷键　　B. 1,4-α-苷键　　C. 1,6-β-苷键　　D. 1,1-α-苷键
5. 蔗糖、麦芽糖、淀粉属于还原性糖的是（　　）。
A. 蔗糖　　　　　B. 麦芽糖　　　　　C. 淀粉
6. D-葡萄糖的碱性水溶液中不可能存在（　　）。
A. D-葡萄糖　　B. D-半乳糖　　C. D-果糖　　D. D-甘露糖
7. D-葡萄糖与D-甘露糖互为（　　）异构体。
A. 官能团　　　　B. 位置　　　　C. 碳架　　　　D. 差向
8. 葡萄糖的半缩醛羟基是（　　）。
A. C_1OH　　　　B. C_2OH　　　　C. C_3OH　　　　D. C_4OH
9. 纤维素经酶或酸水解，最后产物是（　　）。
A. 葡萄糖　　　　B. 蔗糖　　　　C. 纤维二糖　　　　D. 麦芽糖
10. 葡萄糖是属于（　　）。
A. 酮糖　　　　　B. 戊酮糖　　　　C. 戊醛糖　　　　D. 己醛糖
11. 果糖是属于（　　）。
A. 醛糖　　　　　B. 戊醛糖　　　　C. 己醛糖　　　　D. 己酮糖
12. 果糖的半缩酮羟基是（　　）。
A. C_1OH　　　　B. C_2OH　　　　C. C_3OH　　　　D. C_4OH
13. 纤维素的结构单位是（　　）。
A. D-葡萄糖　　　B. 纤维二糖　　　　C. L-葡萄糖　　　　D. 核糖
14. 下列（　　）组糖生成的糖脎是相同的。
A. 乳糖、葡萄糖、果糖　　　　　　B. 甘露糖、果糖、半乳糖
C. 麦芽糖、果糖、半乳糖　　　　　D. 甘露糖、果糖、葡萄糖
15. D-(+)-葡萄糖的手性碳原子R,S符号是（　　）。
A. $2R,3S,4S,5R$　　　　　　　　B. $2R,3S,4R,5R$
C. $2R,3R,4S,5R$　　　　　　　　D. $2S,3R,4S,5S$
16. 自然界存在的葡萄糖是（　　）。
A. D 型　　　　　B. L 型　　　　C. D 型和 L 型　　　　D. 绝大多数是 D 型
17. 6.48% 的葡萄糖水溶液，在 20 ℃，用钠光灯作为灯源，在 1 dm 长的盛液管内，测得旋光度是 +3.4°，它的比旋光度为（　　）。
A. +26.25°　　　　B. +30.5°　　　　C. -30.5°　　　　D. +52.5°
18. 原子在空间的排列方式叫（　　）。
A. 顺反异构　　　　B. 构型　　　　C. 结构　　　　D. 构造

19. 水解前和水解后的溶液都能发生银镜反应的物质是（　　）。
A. 核糖　　　　　　B. 蔗糖　　　　　　C. 果糖　　　　　　D. 麦芽糖

第二十章　蛋白质和核酸

1. 氨基酸在等电点时表现为（　　）。
A. 溶解度最大　　　B. 溶解度最小　　　C. 化学惰性　　　　D. 向阴极移动
2. 构成蛋白质的氨基酸序列不同，所引起的结构变化属于（　　）结构的不同。
A. 一级　　　　　　B. 二级　　　　　　C. 三级　　　　　　D. 四级
3. 下列化合物与水合茚三酮能显色的是（　　）。
A. 葡萄糖　　　　　B. 氨基酸　　　　　C. 核糖核酸　　　　D. 甾体化合物
4. 氨基酸在 pH 为其等电点的水溶液中溶解度（　　）。
A. 最大　　　　　　B. 最小　　　　　　C. 不大也不小　　　D. 不能说明什么
5. 某氨基酸的纯水溶液 pH＝6，则此氨基酸的等电点（　　）6。
A. 大于　　　　　　B. 小于　　　　　　C. 等于
6. 蛋白质是（　　）物质。
A. 酸性　　　　　　B. 碱性　　　　　　C. 两性　　　　　　D. 中性
7. 蛋白质中的肽键是指（　　）。
A. 酯键　　　　　　B. 酰胺键　　　　　C. 氢键　　　　　　D. 离子键
8. 色氨酸的等电点为 5.89，当其溶液的 pH＝9 时，它（　　）。
A. 以负离子形式存在，在电场中向正极移动
B. 以正离子形式存在，在电场中向阳极移动
C. 以负离子形式存在，在电场中向阴极移动
D. 以正离子形式存在，在电场中向负极移动
9. 鱼精蛋白的等电点为 12.0～12.4，当其溶液的 pH＝12.2 时，它们以（　　）形式存在。
A. 中性分子　　　　B. 两性离子　　　　C. 正离子　　　　　D. 负离子
10. 使蛋白质从水溶液中析出而又不变质的方法是（　　）。
A. 渗析　　　　　　　　　　　　　　　B. 加饱和 $(NH_4)_2SO_4$ 溶液
C. 加浓 HNO_3　　　　　　　　　　　D. 加 $AgNO_3$
11. 下列化合物中既可以和盐酸又可以和氢氧化钠发生反应的是（　　）。
A. C_2H_5COOH　　B. $C_2H_5NH_2$　　C. H_2NCH_2COOH　　D. 浓 HNO_3
12. 生鸡蛋煮熟是蛋白质的（　　）。
A. 水解　　　　　　B. 氧化　　　　　　C. 变性　　　　　　D. 盐析
13. 不含有手性碳原子的氨基酸是（　　）。
A. 丙氨酸　　　　　B. 丝氨酸　　　　　C. 甘氨酸　　　　　D. 亮氨酸
14. 能与水合茚三酮呈蓝紫色反应的是（　　）。
A. 丙酮酸　　　　　B. 丙醛酸　　　　　C. 脯氨酸　　　　　D. 以上都不能
15. 羧肽酶法是用来鉴别（　　）。
A. 氨基酸　　　　　B. 蛋白质　　　　　C. N-末端氨基酸　　D. C-末端氨基酸

16. 盐析蛋白时最常用的盐析剂是（　　）。
A. NaCl　　　　　　B. Na_2SO_4　　　　　C. NH_4Cl　　　　　D. $(NH_4)_2SO_4$
17. 可作为蛋白质沉淀剂的是（　　）。
A. 苯　　　　　　　B. 氯仿　　　　　　　C. 酒精　　　　　　　D. 氨水
18. 能发生双缩脲反应的化合物是（　　）。
A. 甘丙二肽　　　　B. 草酰胺　　　　　　C. 牛黄胆酸　　　　　D. 甘氨酸
19. 有一个三肽，它的实验式是缬-苏-苯丙，其中氨基酸的可能排列方式有（　　）种。
A. 5　　　　　　　　B. 3　　　　　　　　C. 2　　　　　　　　D. 6
20. 下列含氮化合物中，熔点最高的是（　　）。

A. H_2NCH_2COOH　　　　　　　　　　B. $CH_3\overset{\overset{O}{\|}}{C}NHCH_2COOH$

C. $H_2NCH_2COOCH_3$　　　　　　　　　D. $(CH_3)_2NCH_2COOCH_3$

第四章 有机化学各章习题及精解

第一章 绪 论

1. 根据碳是四价，氢是一价，氧是二价，把下列分子式写成任何一种可能的构造式：
（1）C_3H_8 （2）C_3H_8O （3）C_4H_{10}

2. 区别键的解离能和键能这两个概念。

3. 指出下列化合物所含官能团的名称。
（1）$CH_3CH=CHCH_3$ （2）CH_3CH_2Cl （3）CH_3CHCH_3
　　　　　　　　　　　　　　　　　　　　　　　　　　　　$|$
　　　　　　　　　　　　　　　　　　　　　　　　　　　　OH
（4）$CH_3CH_2CH=O$ （5）CH_3CCH_3 （6）CH_3CH_2COOH
　　　　　　　　　　　　　$\parallel$
　　　　　　　　　　　　　O
（7）〈benzene〉$-NH_2$ （8）$CH_3C\equiv CH$

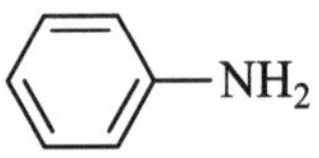

4. 根据电负性数据，用 δ^+ 和 δ^- 标明下列键或分子中带部分正电荷和部分负电荷的原子。

$$C=O \quad O-H \quad CH_3CH_2-Br \quad N-H$$

5. 有机化学的研究主要包括哪几个方面？

6. 下列各化合物哪个有偶极距？画出其方向。
（1）Br_2 （2）CH_2Cl_2 （3）HI
（4）$CHCl_3$ （5）CH_3OH （6）CH_3OCH_3

7. 一种有机化合物，在燃烧分析中发现含有 84% 的碳 $[A_r(C)=12.0]$ 和 16% 的氢 $[A_r(H)=1.00]$，这个化合物的分子式可能是哪个？
（1）CH_4O （2）$C_6H_{14}O_2$ （3）C_7H_{16} （4）C_6H_{10}
（5）$C_{14}H_{22}$

答 案

1. 解：（1）$CH_3CH_2CH_3$ （2）$CH_3CH_2CH_2OH$　$CH_3CHOHCH_3$　$CH_3OCH_2CH_3$
　　　（3）$CH_3CH_2CH_2CH_3$　$CH_3CH(CH_3)_2$

2. 解：键的解离能：化学键断裂所需要的能量。
　　　键能：分子中键的解离能的平均值。

3. 解：（1）$C=C$　碳碳双键 （2）$-Cl$　氯基 （3）$-OH$　羟基

（4）CH＝O 醛基 （5）C＝O 羰基 （6）—COOH 羧基

（7）—NH₂ 氨基 （8）C≡C 碳碳三键

4. 解：

$$\overset{\delta^+}{C}=\overset{\delta^-}{O} \quad \overset{\delta^-}{O}-\overset{\delta^+}{H} \quad \overset{\delta^+}{CH_3CH_2}-\overset{\delta^-}{Br} \quad \overset{\delta^-}{N}-\overset{\delta^+}{H}$$

5. 答：有机化学的研究主要包括有机化合物的组成、结构、性质、立体化学、合成和反应历程。

6. 解：（2）（3）（4）（5）（6）有偶极矩。各个偶极矩的方向标示如下：

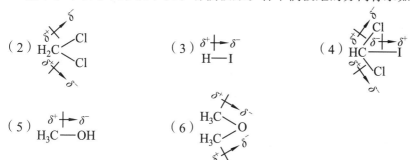

（5） $\overset{\delta^+}{H_3C}\longrightarrow \overset{\delta^-}{OH}$

（6） $H_3C \overset{\delta^-}{O} \overset{\delta^+}{CH_3}$

7. 解：这个化合物是（3）。

已知：$N(C) : N(H) = 84/12 : 16/1 = 7 : 16$

只有（3）与分析结果一致。

第二章 烷 烃

1. 用系统命名法命名下列化合物。

（1）CH₃CH(CH₃)CH₂CH(CH₃)CH₂CH₃ 上有 CH₂CH₃ 支链

（2）(C₂H₅)₂CHCH(C₂H₅)CH₂CH₂CH₃ 上有 CH(CH₃)₂ 支链

（3）CH₃CH(CH₂CH₃)CH₂C(CH₃)₂C(CH₂CH₃)CH₃

（4）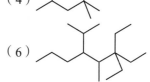

（5）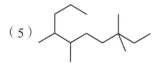

（6）

2. 写出下列化合物的构造式和键线式，并用系统命名法命名之。

（1）仅含有伯氢，没有仲氢和叔氢的 C₅H₁₂；

（2）仅含有一个叔氢的 C₅H₁₂；

（3）仅含有伯氢和仲氢的 C₅H₁₂。

3. 写出下列化合物的构造简式。

（1）2,2,3,3-四甲基戊烷；

（2）由一个丁基和一个异丙基组成的烷烃；

（3）含一个侧链甲基，相对分子质量是 86 的烷；

（4）相对分子质量为 100，同时含有伯、叔、季碳原子的烷烃；

（5）3-ethyl-2-methylpentane；

（6）2, 2, 5-trimethyl-4-propylnonane；

（7）2, 2, 4, 4-tetramethylhexane；

（8）4-tertbutyl-5-methylnonane。

4. 试指出下列各组化合物是否相同，为什么？

（1）

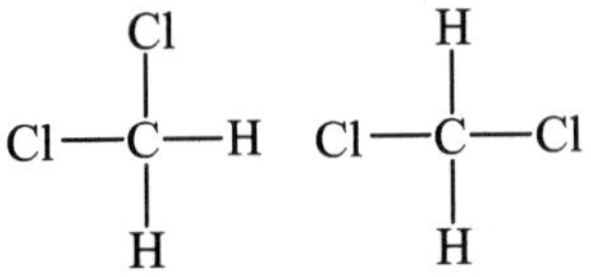

（2）

5. 用轨道杂化理论阐述丙烷分子中的 C — C 键和 C — H 键的形成。

6. （1）把下列三个锯架透视式写成楔形透视式和纽曼投影式，它们是不是不同的构象？

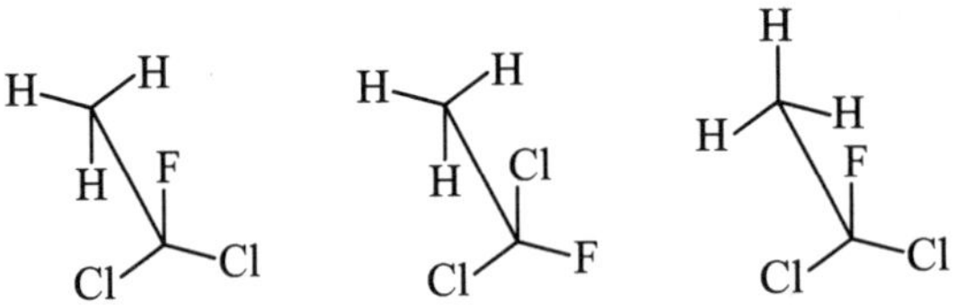

（2）把下列两个楔形透视式写成锯架透视式和纽曼投影式，它们是不是不同的构象？

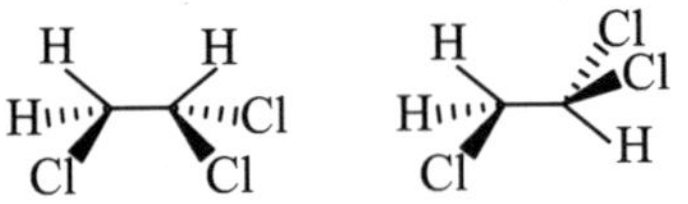

（3）把下列两个纽曼投影式写成锯架透视式和楔形透视式，它们是不是不同的构象？

7. 写出 2, 3-二甲基丁烷的主要构象式（用纽曼投影式表示）。

8. 将下列烷烃按其沸点的高低排列成序。

（1）2-甲基戊烷　　　（2）正己烷　　　（3）正庚烷　　　（4）十二烷

9. 写出在室温时，将下列化合物进行一氯代反应，预计得到的全部产物的构造式。

（1）正己烷　　　（2）异己烷　　　（3）2, 2-二甲基丁烷

10. 根据以下溴代反应事实，推测相对分子质量为 72 的烷烃异构体的构造式。

（1）只生成 1 种溴代产物；　　　　　（2）生成 3 种溴代产物；

（3）生成 4 种溴代产物。

11. 试写出乙烷氯代（日光下）反应生成氯乙烷的反应历程。

12. 试写出下列各反应生成的一卤代烷，预测所得异构体的比例。

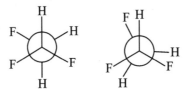

(1) $CH_3CH_2CH_3 + Cl_2 \xrightarrow{h\nu}$　　　（2）$(CH_3)_3CCH(CH_3)_2 \xrightarrow{Br_2}{h\nu}$

（3）$(CH_3)_3CH \xrightarrow[h\nu]{Br_2}$

13. 试绘出下列反应能量变化曲线图：

$$H_3C—H + F\cdot \longrightarrow H—F + CH_3\cdot$$
$$435.1 \text{ kJ}\cdot\text{mol}^{-1} \quad\quad 564.8 \text{ kJ}\cdot\text{mol}^{-1}$$
$$\Delta H = -129.7 \text{ kJ}\cdot\text{mol}^{-1}, \quad E = 5 \text{ kJ}\cdot\text{mol}^{-1}$$

14. 下列多步骤反应：

① $A \longrightarrow B - Q$ \quad\quad ② $B + C \longrightarrow D + E - Q$

③ $E + A \longrightarrow 2F + Q$ \quad\quad $\Delta H < 0$

试回答：

（1）哪些化合物可以认为是反应物、产物、中间体？

（2）写出总的反应式。

（3）绘出一张反应能量曲线草图。

15. 下列自由基按稳定性由大至小排列成序。

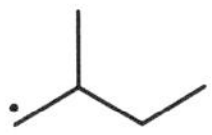

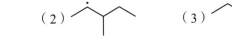

答　案

1. 解：（1）2,5-二甲基-3-乙基己烷 　　　（2）2-甲基-3,5,6-三乙基辛烷

　　　（3）3,4,4,6-四甲基辛烷 　　　　　（4）2,2,4-三甲基戊烷

　　　（5）3,3,6,7-四甲基癸烷 　　　　　（6）4-甲基-3,3-二乙基-5-异丙基辛烷

2. 解：

（1）$C(CH_3)_4$ 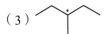 （2）$(CH_3)_2CHCH_2CH_3$ （3）$CH_3CH_2CH_2CH_2CH_3$

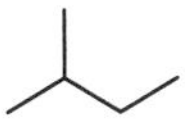

　　2,2-二甲基丙烷 　　　　2-甲基丁烷 　　　　　　戊烷

3. 解：

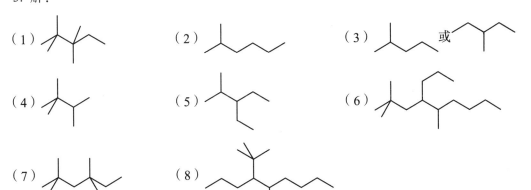

4. 答：下列各组化合物是相同的，仅仅是构象有些差别而已。

5. 解：碳碳键的形成：

碳氢键的形成:

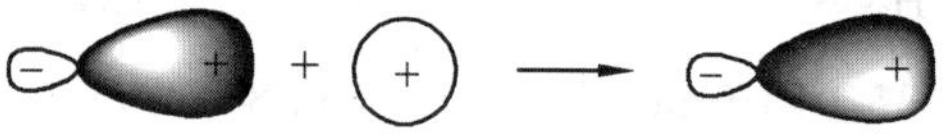

6. 解：

（1） 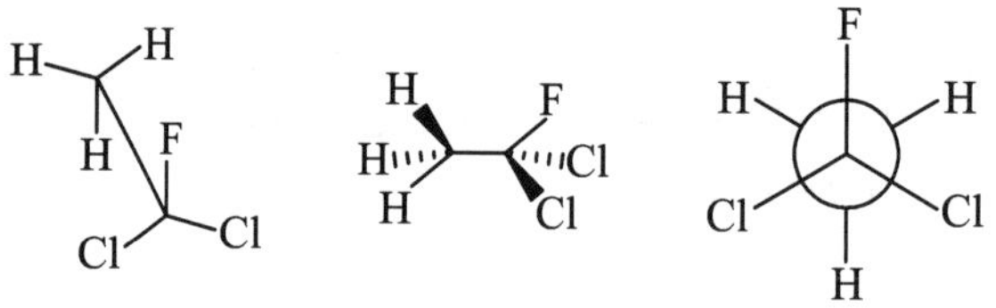 [structures]

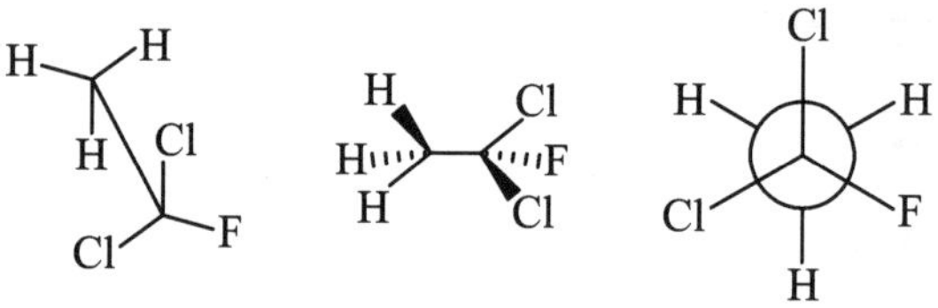

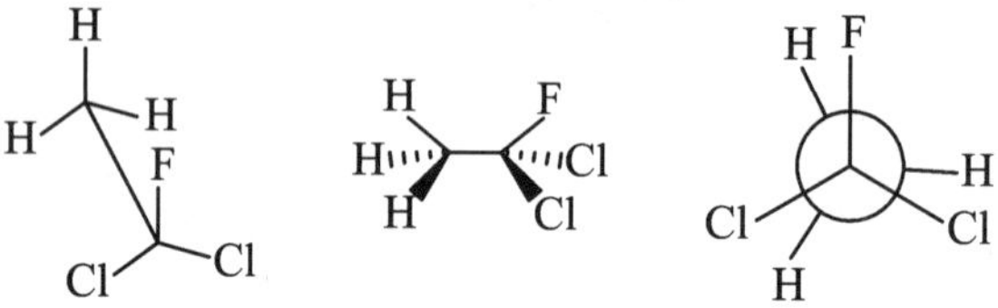

它们是不同的构象。

（2） 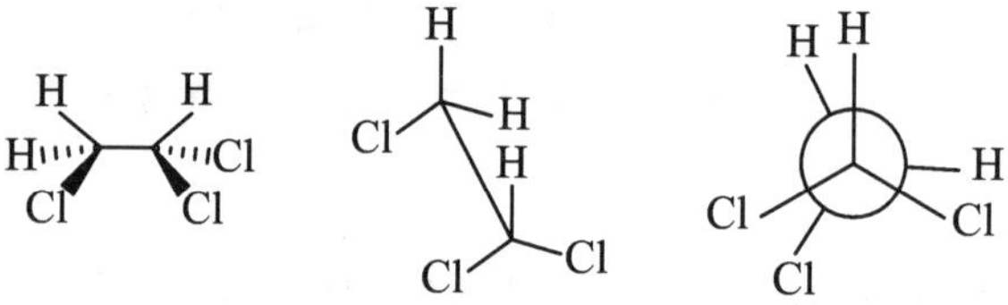 [structures]

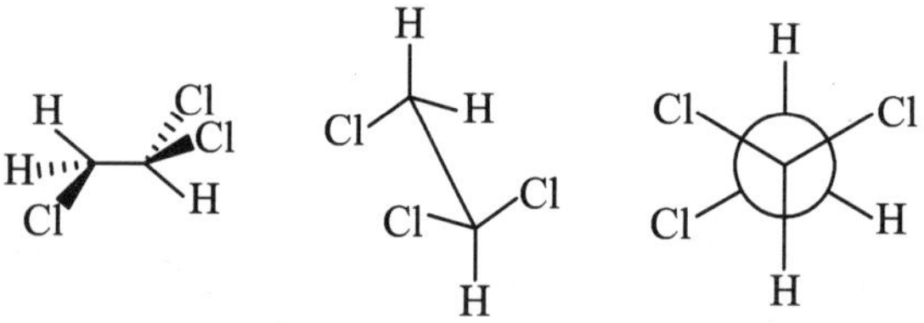

它们是不同的构象。

（3） 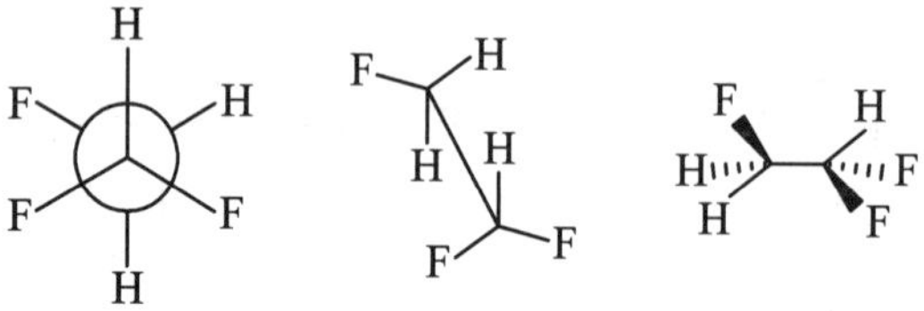 [structures]

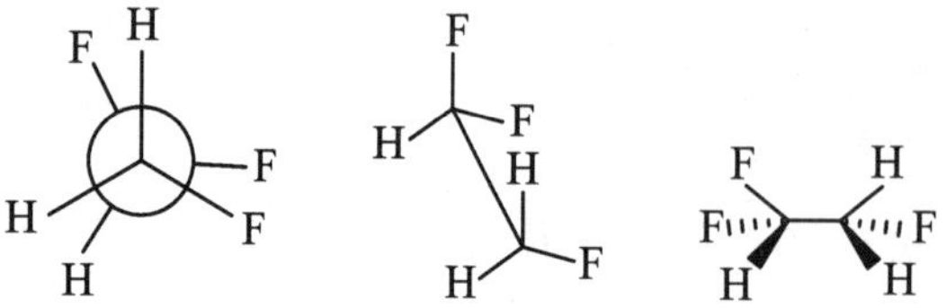

它们是不同的构象。

7. 解：2,3-二甲基丁烷的主要构象如下：

对位交叉式　　　　部分重叠式　　　　邻位交叉式　　　　全重叠式

8. 解：（4）＞（3）＞（2）＞（1）

9. 解：（1）

（2）

（3）

10. 解：它们对应的构造简式如下：
（1）$C(CH_3)_4$　　（2）$CH_3CH_2CH_2CH_2CH_3$　　（3）$(CH_3)_2CHCH_2CH_3$

11. 解：生成氯乙烷的反应历程如下：

$Cl-Cl \xrightarrow{h\nu} 2Cl\cdot$

$Cl\cdot + CH_3CH_3 \longrightarrow CH_3CH_2\cdot + HCl$

$CH_3CH_2\cdot + Cl_2 \longrightarrow CH_3CH_2Cl + Cl\cdot$

12. 解：（1）

$CH_3CH_2CH_3 + Cl_2 \xrightarrow{h\nu} CH_3CH_2CH_2Cl + CH_3CHClCH_3$

$$\frac{1\text{-氯丙烷数量}}{2\text{-氯丙烷数量}} = \frac{\text{伯氢总数}}{\text{仲氢总数}} \times \frac{\text{伯氢相对活性}}{\text{仲氢相对活性}} = \frac{6}{2} \times \frac{1}{4} = \frac{3}{4}$$

1-氯丙烷所占比例：$3 \div (3+4) \times 100\% = 43\%$

2-氯丙烷所占比例：$4 \div (3+4) \times 100\% = 57\%$

（2）

$(CH_3)_3CCH(CH_3)_2 \xrightarrow[h\nu]{Br_2} H_2CC(CH_3)_2CH(CH_3)_2 + (CH_3)_3CC(CH_3)_2 + (CH_3)_3CCHCH_2Br$
$\qquad\qquad\qquad\qquad\qquad\qquad |\qquad\qquad\qquad\qquad\quad |\qquad\qquad\qquad |$
$\qquad\qquad\qquad\qquad\qquad\qquad Br\qquad\qquad\qquad\qquad\quad Br\qquad\qquad\qquad CH_3$

$$\frac{n(A)+n(C)}{n(B)} = \frac{\text{伯氢总数}}{\text{叔氢总数}} \times \frac{\text{伯氢相对活性}}{\text{叔氢相对活性}} = \frac{15}{1} \times \frac{1}{1600}$$

已知：$n(A):n(B):n(C) = 9:1600:6$

所以 $w(A) = 9÷(9+1600+6)×100\% = 0.6\%$ $w(C) = 6÷(9+1600+6)×100\% = 0.4\%$

$w(B) = 1600÷(9+1600+6)×100\% = 99\%$

（3）

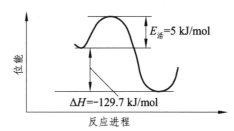

$\dfrac{h(A)}{h(B)} = \dfrac{9}{1} × \dfrac{1}{1600} = \dfrac{9}{1600}$

所以 $w(A) = 9÷(9+1600)×100\% = 0.6\%$

$w(B) = 1600÷(9+1600)×100\% = 99.4\%$

13. 解：如图 4-1 所示。

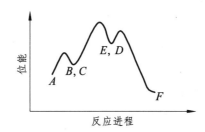

图 4-1 反应能量曲线

14. 解：（1）反应物：A, C；产物：D, F；中间体：B, E。

（2）$2A + C \longrightarrow D + 2F$

（3）反应能量曲线如图 4-2 所示

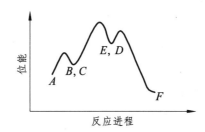

图 4-2 反应能量曲线

15. 解：稳定性排列：（3）>（2）>（1）

第三章 单烯烃

1. 写出戊烯的所有开链烯烃异构体的构造式，用系统命名法命名之，如有顺反异构体，则写出构型式，并标以 Z, E。

2. 命名下列化合物，如有顺反异构体，则写出构型式，并标以 Z, E。

（1）$(CH_3)_2C = CHCH(CH_3)CH_2CH_2CH_3$ （2）$(CH_3)_3CCH_2CH(C_2H_5)CH = CH_2$

（3）$CH_3CH = C(CH_3)C_2H_5$ （4）

（5） 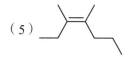 （6）

3. 写出下列化合物的构造式（键线式）。
（1）2, 3-dimethyl-1-pentene　　　　　　（2）*cis*-3, 5-dimethyl-2-heptene
（3）(*E*)-4-ethyl-3-methyl-2-hexene　　　（4）3, 3, 4-trichloro-1-pentene

4. 写出下列化合物的构造式。
（1）(*E*)-3, 4-二甲基-2-戊烯　　　　　（2）2, 3-二甲基-1-己烯
（3）反-4, 4-二甲基-2-戊烯　　　　　　（4）(*Z*)-3-甲基-4-异丙基-3-庚烯
（5）2, 2, 4, 6-四甲基-5-乙基-3-庚烯

5. 对下列错误的命名给予改正：
（1）2-甲基-3-丁烯　　　　　　　　　（2）2, 2-甲基-3-庚烯
（3）1-溴-1-氯-2-甲基-1-丁烯　　　　　（4）3-乙烯基戊烷

6. 完成下列反应式，用楔形式表示带"*"反应的结构。

（1）CH₃CH=C(CH₃)₂ $\xrightarrow{\text{HCl}}$ 　　（2） $\xrightarrow[450\ ℃]{\text{Cl}_2}$

（3）CH₂=CHCH(CH₃)₂ $\xrightarrow[\text{2) H}_2\text{O}]{\text{1) H}_2\text{SO}_4}$ 　（4） $\xrightarrow[\text{H}_2\text{O}_2]{\text{HBr}}$

（5）(CH₃)₂C=CH₂ $\xrightarrow{\text{B}_2\text{H}_6}$ 　　（6） $\xrightarrow{\text{Br}_2 / \text{CCl}_4}$

（7）*n*CH₃CH=CH₂ $\xrightarrow{\text{催化剂}}$ 　　（8） $\xrightarrow[\text{H}_2\text{O}]{\text{Cl}_2}$

（9）(CH₃)₂C=CHCH₃ $\xrightarrow[\text{2) H}_3\text{O}^+]{\text{1) RCOOOH/CH}_2\text{Cl}_2}$ 　（10） $\xrightarrow[\Delta]{\text{O}_2/\text{PdCl}_2\text{-CuCl}_2}$

（11） $\xrightarrow[\text{2) NaHSO}_3]{\text{1) OsO}_4/\text{吡啶}}$ 　（12）= $\xrightarrow{\dfrac{\text{O}_2}{\text{Ag}}}$

7. 写出下列各烯烃的臭氧氧化、还原水解产物。
（1）H₂C=CHCH₂CH₃　　　　　　　（2）H₃CHC=CHCH₃
（3）(CH₃)₂C=CHCH₂CH₃

8. 裂化汽油中含有烯烃，用什么方法能除去烯烃？

9. 试写出下列反应中的 A 及 B 的构造式：
（1）A + Zn ⟶ B + ZnCl₂
（2）B + KMnO₄ $\xrightarrow{\Delta}$ CH₃CH₂COOH + CO₂ + H₂O

10. 试举出区别烷烃和烯烃的两种化学方法。

11. 化合物甲，其分子式为 C₅H₁₀，能吸收 1 分子氢，与 KMnO₄/H₂SO₄ 作用生成一分子 C₄酸，经臭氧氧化还原水解后得到 2 个不同的醛，试推测甲可能的构造式。这个烯烃有无顺反异构？

12. 某烯烃的分子式为 $C_{10}H_{20}$，它有四种异构体，经臭氧氧化还原水解后 A 和 B 分别得到少一个碳原子的醛和酮，C 和 D 反应后都得到乙醛，C 还得到丙醛，而 D 得到丙酮。试推测该烯烃的可能构造式。

13. 在下列位能-反应进程图（图 4-3）中，回答 1、2、3、E_1、E_2、ΔH_1、ΔH_2、ΔH 的意义。

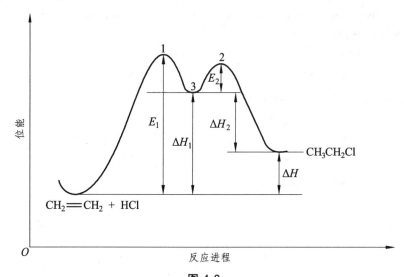

图 4-3

14. 绘出乙烯与溴加成反应的位能-反应进程图。

15. 试用生成碳正离子的难易解释下列反应。

16. 把下列碳正离子按稳定性的大小排列成序。

（1）　　　　（2）　　　　（3）　　　　（4）

17. 下列溴代烷脱 HBr 后得到多少产物，哪些是主要的。

（1）$BrCH_2CH_2CH_2CH_3$　　（2）$CH_3CHBrCH_2CH_3$　　（3）$CH_3CH_2CHBrCH_2CH_3$

18. 分析下列数据，说明了什么问题，怎样解释？

烯烃及其衍生物	烯烃加溴的速率比
$(CH_3)_2C=C(CH_3)_2$	14
$(CH_3)_2C=CH-CH_3$	10.4

$(CH_3)_2C=CH_2$	5.53
$CH_3CH=CH_2$	2.03
$CH_2=CH_2$	1.00
$CH_2=CH-Br$	0.04

19. 碳正离子是否属于路易斯酸？为什么？
20. 试列表比较σ键和π键（提示：从存在、重叠、旋转、电子云分布方面去考虑）。
21. 用指定的原料制备下列化合物，试剂可以任选（要求：常用试剂）。

（1）由 2-溴丙烷制 1-溴丙烷　　　　（2）由 1-溴丙烷制 2-溴丙烷

（3）从丙醇制 1,2-二溴丙烷　　　　（4）由 1-丁烯制备顺-2,3-丁二醇

（5）由丙烯制备 1,2,3-三氯丙烷　　（6）由 2-溴丁烷制备反-2,3-丁二醇

答　案

1. 解：$CH_3CH_2CH_2CH=CH_2$　　　　　　$CH_3CH_2\underset{CH_3}{\overset{|}{C}}=CH_2$

　　　　1-戊烯　　　　　　　　　　　　2-甲基丁烯

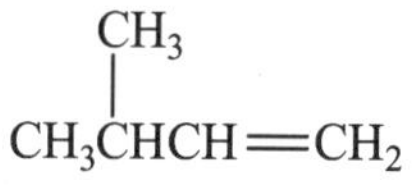

　$CH_3\overset{CH_3}{\overset{|}{C}H}CH=CH_2$　　　　$CH_3CH=\underset{|}{\overset{CH_3}{C}}CH_3$

　　3-甲基丁烯 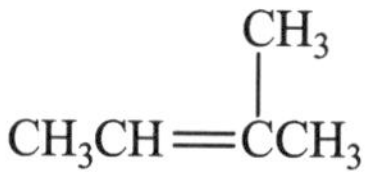　　　　　　　2-甲基-2-丁烯

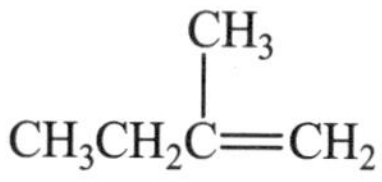

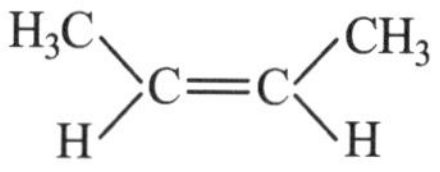

(Z)-2-戊烯 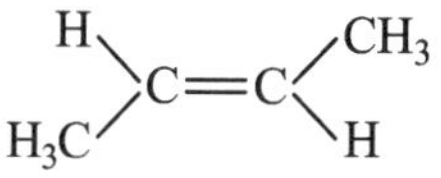　　　　　　　　(E)-2-戊烯

2. 解：（1）2,4-二甲基-2-庚烯　　　　（2）5,5-二甲基-3-乙基己烯

（3）3-甲基-2-戊烯

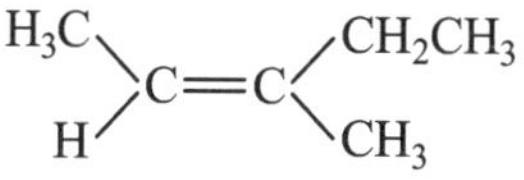

(Z)-3-甲基-2-戊烯 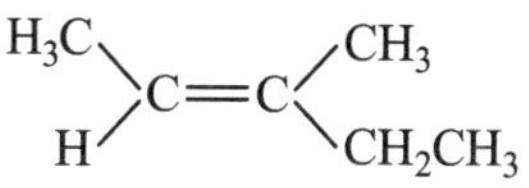　　　　(E)-3-甲基-2-戊烯

（4）4-甲基-2-乙基戊烯

（5）(Z)-3,4-二甲基-3-庚烯

（6）(E)-2,5,6,6-四甲基-4-辛烯

3. 解：

（1）$CH_2=\underset{\underset{CH_3}{|}}{\overset{\overset{CH_3}{|}}{C}}CHCH_2CH_3$ （2-甲基-3-甲基戊烯）

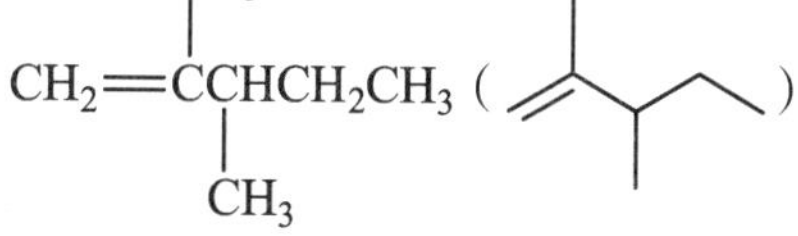

(2) structure: H₃C-CH=C(CH₃)-CH(C₂H₅)-CH₂- ... (结构式)

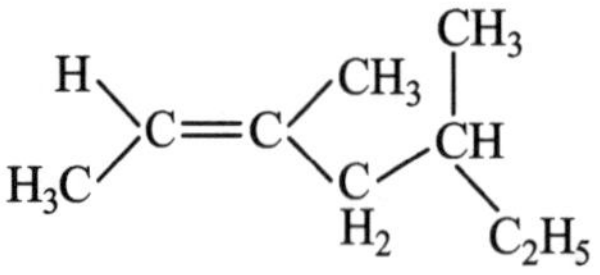

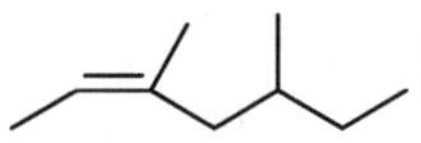

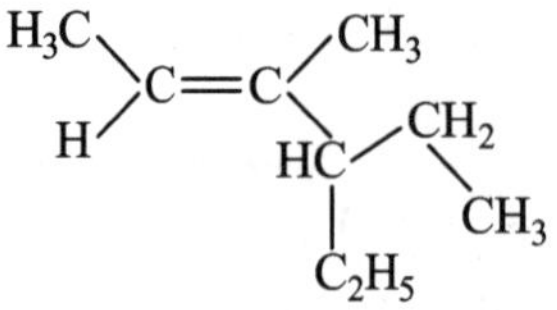

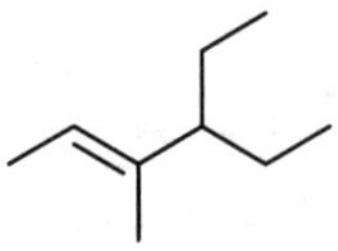

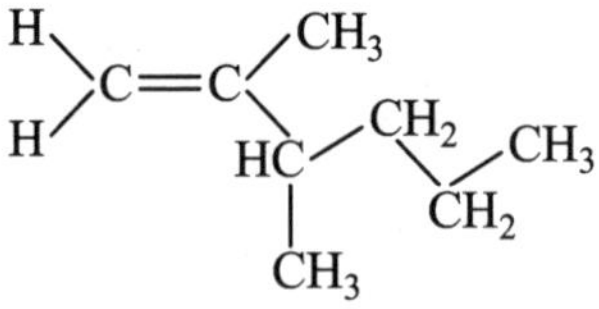

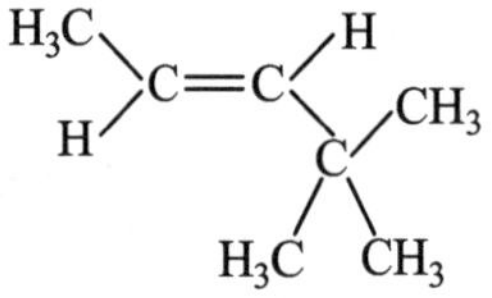

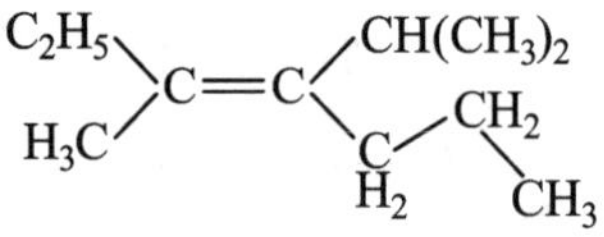

(3) structure

(4) structure

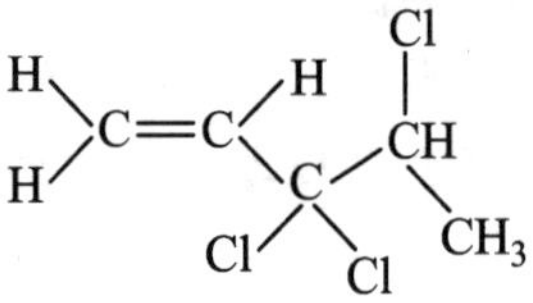

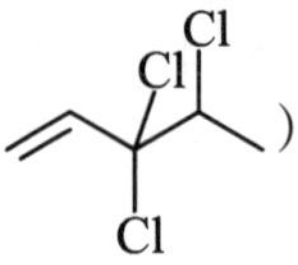

4. 解：

(1) 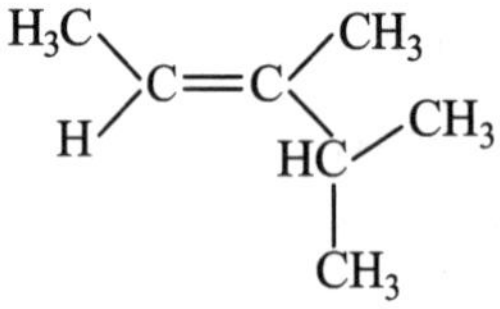 结构式

(2) 结构式

(3) 结构式

(4) 结构式

(5) $(H_3C)_3CCH=C(CH_3)CH(C_2H_5)CH(CH_3)_2$ 型结构

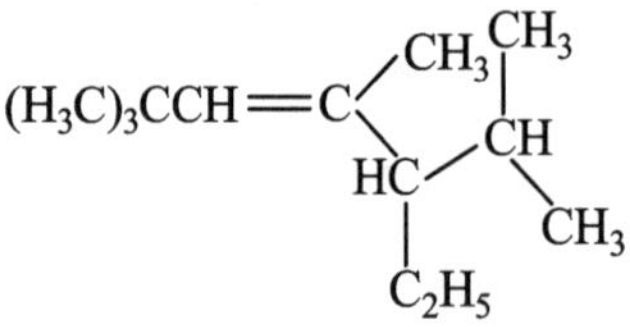

5. 解：（1）错误，正确命名应为：3-甲基丁烯

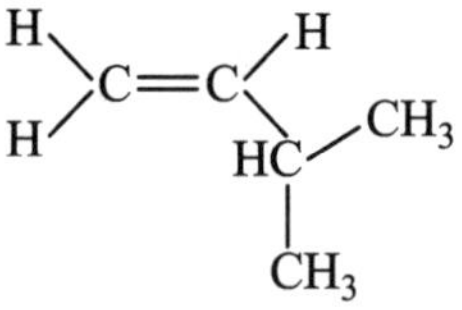

$$\text{H}_2\text{C}=\text{CH}-\text{CH}(\text{CH}_3)-\text{CH}_3$$

（2）错误，正确命名应为：6,6-二甲基-3-庚烯

$$C_2H_5HC=CHCH_2C(CH_3)_3$$

（3）错误，正确命名应为：2-甲基-1-氯-1-溴丁烯

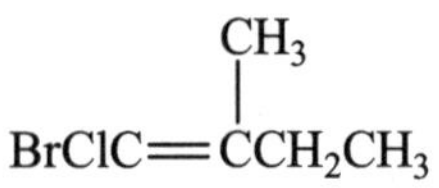

$$BrClC=C(CH_3)CH_2CH_3$$

（4）错误，正确命名应为：3-乙基戊烯

$$H_2C=CHCH_2CH_3$$
$$\quad\quad\quad\;\; |$$
$$\quad\quad\quad\; C_2H_5$$

6. 解：

（1）$CH_3CH_2-C(CH_3)_2$
            $\quad\quad\quad\quad\;\; |$
            $\quad\quad\quad\quad\; Cl$

（2）含Cl的2-戊烯 + 1-氯-2-戊烯结构

（3）$CH_3-CH-CH(CH_3)_2$
            $\quad\quad\; |$
            $\quad\quad\; OH$

（4）3-溴-2-甲基戊烷结构

（5）$[(CH_3)_2CHCH_2]_3B$

（6）二溴代产物（两种立体异构体）

（7）$+CH-CH_2+_n$
          $\;\;\;|$
          $\;CH_3$

（8）含Cl和OH的结构

（9）两个立体异构体（邻二醇）

（10）$CH_3COCH(CH_3)_2$ 结构（甲基异丙基酮）

（11）两个邻二醇立体异构体

（12）环氧乙烷

7. 解：（1）$CH_2=O + CH_3CH_2CH=O$　　（2）$2CH_3CH=O$
（3）$CH_3CH_2CH=O + CH_3COCH_3$

8. 解：室温下，用浓 H_2SO_4 洗涤，烯烃与 H_2SO_4 作用生成酸性硫酸酯而溶于浓 H_2SO_4 中，烷烃不溶而分层，可以除去烯烃。

9. 解：

A. $CH_3CH_2CHCH_2Cl$
      $\quad\quad\quad\; |$
      $\quad\quad\quad\; Cl$

B. $CH_3CH_2CH=CH_2$

10. 解：方法一，使酸性 $KMnO_4$ 溶液褪色的为烯烃，烷烃无此反应。
方法二，室温下无光照，迅速使 Br_2/CCl_4 溶液褪色者为烯烃，烷烃无此反应。

11. 解：由题意：

$$C_3H_7COOH \xleftarrow{KMnO_4/H^+} C_5H_{10} \xrightarrow{H_2/Pt} C_5H_{12}\text{（可能是单烯烃或环烷烃）}$$

$$C_5H_{10} \xrightarrow[\text{2) }H_2O/Zn]{\text{1) }O_3} C_3H_7CHO + CH_2=O$$

所以，甲可能的结构式为：$CH_3CH_2CH_2CH=CH_2$ 或 $(CH_3)_2CHCH=CH_2$，该烯烃没有顺反异构体。

12. 解：由题意：
A. $H_2C=CHCH_2CH_2CH_3$ 或 $H_2C=CHCH(CH_3)_2$
B. $H_2C=C(CH_3)CH_2CH_3$
C. $H_3CHC=CHCH_2CH_3$
D. $H_3CHC=C(CH_3)_2$

13. 解：1 为乙烯与氢离子反应的过渡态；2 乙基碳正离子中间体与氯离子反应所形成的过渡态；3 为乙烯与氢离子反应所形成的碳正离子中间体；E_1 为乙烯与氢离子反应所需要的活化能；E_2 为乙基碳正离子与氯离子反应所需要的反应活化能；ΔH_1 为乙烯与HCl反应生成碳正离子中间体的反应焓；ΔH_2 为碳正离子中间体进一步与氯负离子反应的反应焓；ΔH 为乙烯与HCl反应生成氯乙烷的反应焓。

14. 解：如图4-4所示。

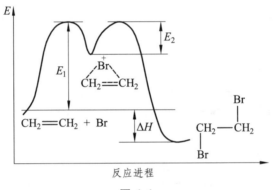

图 4-4

15. 解：从电子效应分析，3°碳正离子有8个C—H键参与σ-P共轭，而2°碳正离子只有4个C—H键参与共轭，离子的正电荷分散程度3°>2°，所以离子的稳定性3°>2°，因此，3°碳正离子比2°碳正离子容易形成，综上考虑，产物以 $CH_3CH_2\underset{|}{\overset{Cl}{C}}(CH_3)_2$ 为主。

16. 解：（1）>（3）>（4）>（2）

17. 解：（1）一种产物，$CH_2=CHCH_2CH_3$
（2）两种产物，$CH_3CH=CHCH_3$（主） $CH_2=CH-CH_2CH_3$（次）
（3）一种产物，$CH_3CH=CHCH_2CH_3$

18. 解：分析数据，由上至下，烯烃加溴的速率比依次减小，可从两方面来解释。
（1）不饱和碳上连有供电子基越多，电子云变形程度越大，越有利于亲电试剂进攻，反应速率越快；相反，当连有吸电子基时，则使反应速率减小。
（2）不饱和碳上连有供电子基，使反应中间体溴鎓离子正电性得到分散而稳定，易形成，所以反应速率增快；如果连有吸电子基，则溴鎓离子不稳定，反应速率减慢。

19. 解：Lewis酸是指在反应过程中能够接受电子对的分子和离子，C^+ 是缺电子的活性中间体，反应时能接受电子对生成中性分子，故它属于Lewis酸。

20. 解:

表 4-1 σ 键与 π 键的区别

	σ 键	π 键
存　在	可单独存在	必须与 σ 键共存
重　叠	"头碰头",重叠程度大	"肩并肩",重叠程度小
旋　转	可绕键轴自由旋转	不能绕键轴旋转
电子云分布	沿键轴呈圆柱形对称分布	通过分子平面对称分布

21. 解:

(1) CH₃CHCH₃ | Br $\xrightarrow[\Delta]{OH^-/EtOH}$ CH₂=CHCH₃ $\xrightarrow[RO-OR]{HBr}$ CH₃CH₂CH₂Br

(2) CH₃CH₂CH₂Br $\xrightarrow[\Delta]{OH^-/EtOH}$ CH₂=CHCH₃ $\xrightarrow{HBr}$ CH₃CHCH₃ | Br

(3) CH₃CH₂CH₂OH $\xrightarrow[\Delta]{H^+}$ CH₂=CHCH₃ $\xrightarrow{Br_2}$ CH₃CHBrCH₂Br

(4) ⌒⌒ + H₂O $\xrightarrow{H^+}$ OH $\xrightarrow[\Delta]{H^+}$ H₃CC=CHCH₃ $\xrightarrow[低温]{稀KMnO_4}$ H₃CHC—CHCH₃ | OH OH

(5) H₂C=CHCH₃ + Cl₂ $\xrightarrow{h\nu}$ ⌒⌒Cl $\xrightarrow{Cl_2}$ Cl—CH₂CHClCH₂Cl

(6) Br | $\xrightarrow{KOH/EtOH}$ H₃CC=CHCH₃ $\xrightarrow[2) H_3O^+]{1) RCOOOH}$ HO H \ / C—C / \ H₃C CH₃ OH

第四章　炔烃和二烯烃

1. 写出 C₆H₁₀ 的所有炔烃异构体的构造式,并用系统命名法命名之。
2. 命名下列化合物:
   (1) (CH₃)₃CC≡CCH₂C(CH₃)₃　　　　(2) CH₃CH=CHCH(CH₃)C≡CCH₃
   (3) HC≡CC≡CCH=CH₂　　　　　　(4)

   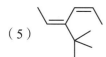

   (5)

3. 写出下列化合物的构造式和键线式,并用系统命名法命名。
   (1) 烯丙基乙炔　　　　　　　　　(2) 丙烯基乙炔
   (3) 二叔丁基乙炔　　　　　　　　(4) 异丙基仲丁基乙炔

4. 写出下列化合物的构造式，并用系统命名法命名之。

（1）5-ethyl-2-methyl-3-heptyne　　　　　　（2）(Z)-3, 4-dimetyl-4-hexen-1-yne

（3）(2Z, 4E)-hexadiene　　　　　　　　　（4）2, 2, 5-trimethyl-3-hexyne

5. 下列化合物是否存在顺反异构体，如存在，则写出其构型式：

（1）$CH_3CH = CHC_2H_5$　　　　　　　　（2）$CH_3CH = C = CHCH_3$

（3）$H_3CC \equiv CCH_3$　　　　　　　　　　（4）$HC \equiv C — CH = CHCH_3$

6. 利用共价键的键能，计算如下反应在 25 °C 气态下的反应热。

（1）$HC \equiv CH + Br_2 \longrightarrow CHBr = CHBr$　　　$\Delta H = ?$

（2）$2\ HC \equiv CH \longrightarrow HC \equiv C—CH = CH_2$　　　$\Delta H = ?$

（3）$CH_3C \equiv CH + HBr \longrightarrow CH_3—\underset{Br}{C}=CH_2$　　　$\Delta H = ?$

7. 1, 3-戊二烯氢化热的实测值为 226 kJ/mol，与 1, 4-戊二烯相比，它的离域能为多少？

8. 写出下列反应的产物：

（1）$H_3CH_2CH_2CC \equiv CH + HBr$（过量）$\longrightarrow$

（2）$H_3CH_2CC \equiv CCH_2CH_3 + H_2O \xrightarrow{HgSO_4 / H_2SO_4}$

（3）$CH_3C \equiv CH + [Ag(NH_3)_2]^+ \longrightarrow$

（4）$nCH_2 = CCl—CH = CH_2 \xrightarrow{聚合}$

（5）$H_3CC \equiv CCH_3 + HBr \longrightarrow$

（6）$CH_3CH = CH(CH_2)_2CH_3 \xrightarrow{Br_2} (\ ) \xrightarrow{NaNH_2} (\ ) \xrightarrow{(\ )}$ 顺-2-已烯

（7）$H_2C = CHCH_2C \equiv CH + Br_2 \longrightarrow$

9. 用化学方法区别下列各组化合物：

（1）2-甲基丁烷，3-甲基-1-丁炔，3-甲基-1-丁烯

（2）1-戊炔，2-戊炔

10. 1.0 g 戊烷和戊烯的混合物，能使 5 mL Br_2-CCl_4 溶液（每 1 000 mL 含 Br_2 160 g）褪色，求此混合物中戊烯的质量分数。

11. 有一炔烃，分子式为 C_6H_{10}，当它加 H_2 后可生成 2-甲基戊烷，它与硝酸银溶液作用生成白色沉淀，求这一炔烃的构造式。

12. 某二烯烃和一分子溴加成生成 2,5-二溴-3-已烯，该二烯烃经臭氧化还原水解而生成两分子乙醛和一分子乙二醛。

（1）写出该二烯烃的构造式。

（2）若上述二溴加成物再加一分子溴，得到的产物是什么？

13. 某化合物的相对分子质量为 82，每摩尔该化合物可吸收 2 mol H_2，当它和 $[Ag(NH_3)_2]^+$ 溶液作用时，没有沉淀生成；当它吸收 1 mol H_2 时，产物为 2,3-二甲基-1-丁烯，写出该化合物的构造式。

14. 从乙炔出发合成下列化合物，其他试剂可以任选。

（1）氯乙烯　　　　　　（2）1, 1-二溴乙烷　　　　　　（3）1, 2-二氯乙烷

（4）1-戊炔　　　　　　（5）2-已炔　　　　　　　　　（6）顺-2-丁烯

（7）反-2-丁烯　　　　　（8）乙醛

15. 指出下列化合物可由哪些原料通过双烯合成制得。

（1）[环己烯基-CH=CH₂] （2）[环己烯基-CH₂Cl]

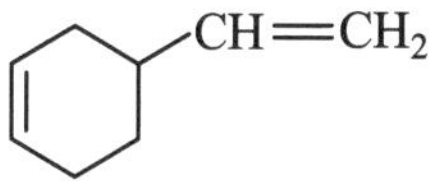

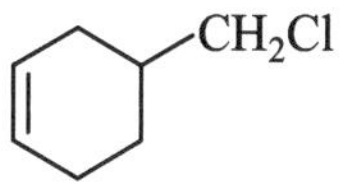

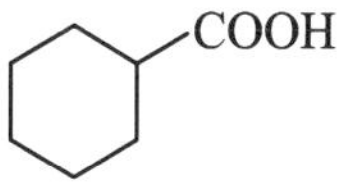

（3）[环己烷基-COOH] （4）[环己烷基-CH₂CH₃]

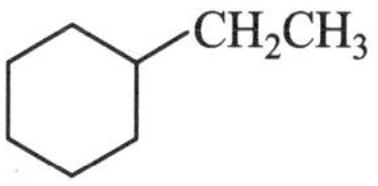

16. 以丙炔为原料合成下列化合物。
（1）2-溴丙烷　（2）正丙醇　（3）丙酮　（4）正己烷　　（5）2,2-二溴丙烷

17. 什么是平衡控制？什么是速率控制？解释下列事实：
（1）1,3-丁二烯和 HBr 加成时，1,2-加成比 1,4-加成快。
（2）1,3-丁二烯和 HBr 加成时，1,4-加成比 1,2-加成产物稳定。

18. 用什么方法区别乙烷、乙烯和乙炔？用方程式表示。

19. 写出下列各反应式括号中化合物的构造式。

（1）$CH_3C\equiv CH + H_2O \xrightarrow[H_2SO_4]{HgSO_4}$ （　）

（2）$H_3CH_2CH_2CC\equiv CH \xrightarrow{[Ag(NH_3)_2]^+}$ （　）$\xrightarrow{HNO_3}$ （　）

（3）$CH_3C\equiv CNa + H_2O \longrightarrow$ （　）

（4）$CH_2=C(CH_3)-CH=CH_2 + HCl \longrightarrow$ （　）+（　）

（5）[1,3-丁二烯] + [乙烯基衍生物] ⟶ （　）

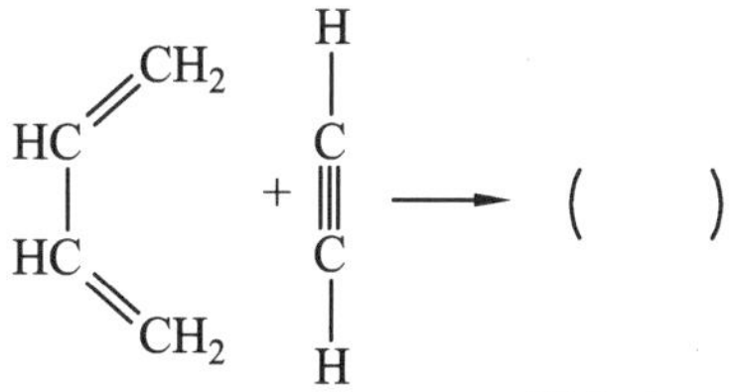

（6）$H_3CH_2CH_2CC\equiv CH \xrightarrow[OH^-, H_2O]{KMnO_4}$ （　）+（　）

（7）$H_3CH_2CH_2CC\equiv CH \xrightarrow[2)\ H_2O]{1)\ O_3}$ （　）+（　）

20. 将下列碳正离子按稳定性由大到小顺序排列。

（1） 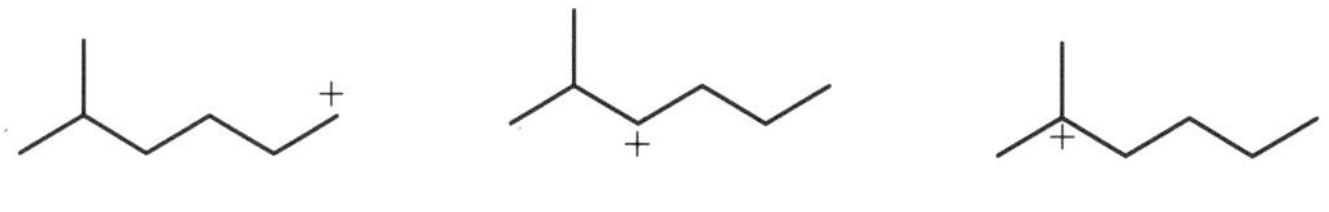
（2） 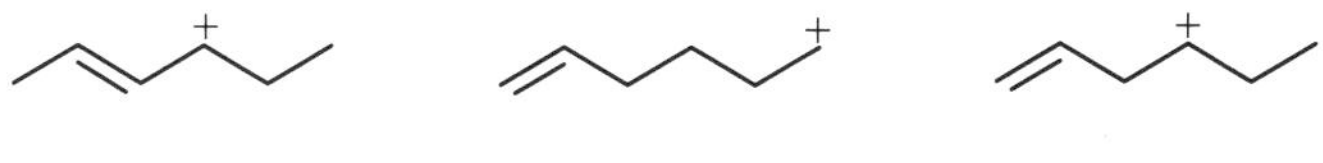
（3）

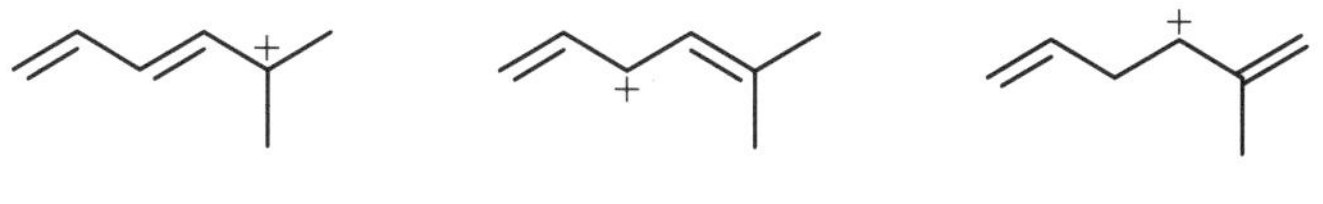

答　案

1. 解：

$CH_3CH_2CH_2CH_2C\equiv CH$ $CH_3CHCH_2C\equiv CH$
                                                  $|$
                                                CH_3

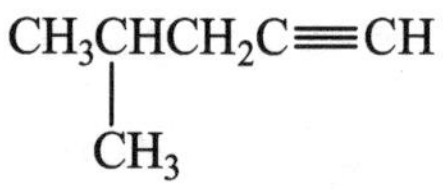

　　　　1-己炔　　　　　　　　　　4-甲基-1-戊炔

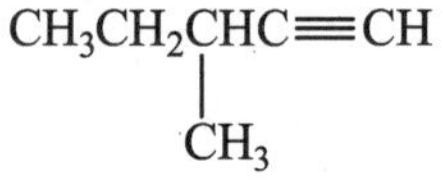

$CH_3CH_2CHC\equiv CH$
　　　$|$
　　CH_3 $(CH_3)_3CC\equiv CH$

　3-甲基-1-戊炔　　　　　　　　3,3-二甲基-1-丁炔

$CH_3CH_2CH_2C\equiv CCH_3$ $CH_3CHC\equiv CCH_3$
                                                  $|$
                                                CH_3

　　　　2-己炔　　　　　　　　　　4-甲基-2-戊炔

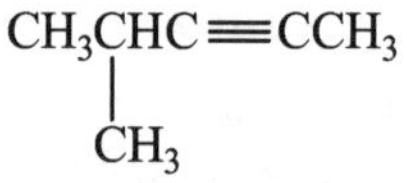

$CH_3CH_2C\equiv CCH_2CH_3$

　　　　3-己炔

2. 解：（1）2,2,6,6-四甲基-3-庚炔　　　　（2）4-甲基-5-庚烯-2-炔
　　　（3）1-己烯-3,5-二炔　　　　　　　　（4）(Z)-5-异丙基-5-壬烯-1-炔
　　　（5）(2Z, 4E)-4-叔丁基—2,4—己二烯

3. 解：（1）$CH_2=CHCH_2C\equiv CH$ 　　　　1-戊烯-4-炔

　　　（2）$CH_3CH=CHC\equiv CH$ 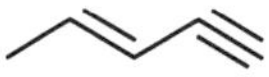　　　　　3-戊烯-1-炔

　　　（3）$(CH_3)_3CC\equiv CC(CH_3)_3$ 　　　　2,2,5,5-四甲基-3-己炔

　　　（4）$(CH_3)_2CHC\equiv CCHCH_2CH_3$　　　2,5-二甲基-3-庚炔
　　　　　　　　　　　　　$|$
　　　　　　　　　　　　CH_3

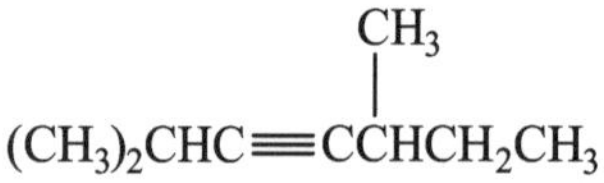

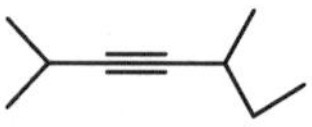

4. 解：

（1）$(CH_3)_2CHC\equiv CCHCH_2CH_3$　　　2-甲基-5-乙基-3-庚炔
　　　　　　　　　　　$|$
　　　　　　　　　C_2H_5

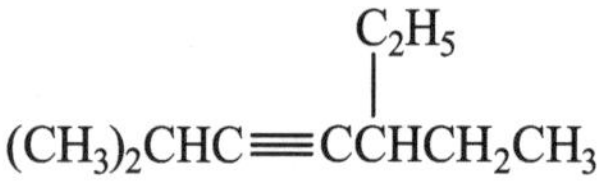

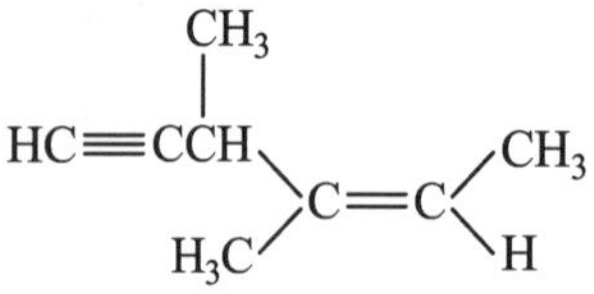

（2）$HC\equiv CCH\cdots$　　(Z)-3,4-二甲基-4-己烯-1-炔
　　　　　　　$|$
　　　　　CH_3

（3）　　　　　　　　　(2E, 4E)-2,4-己二烯

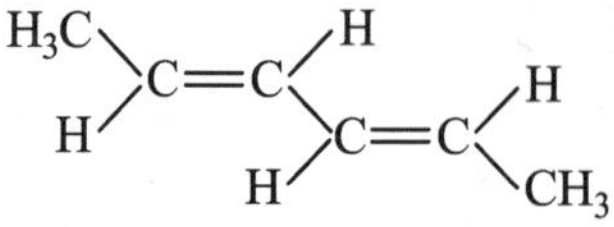

（4）$(CH_3)_3C-C\equiv C-CH(CH_3)_2$　　2,2,5-三甲基-3-己炔

5. 解：

（1）
$$\begin{matrix}H_3C\\H\end{matrix}C=C\begin{matrix}C_2H_5\\H\end{matrix}$$
（Z）

$$\begin{matrix}H_3C\\H\end{matrix}C=C\begin{matrix}H\\C_2H_5\end{matrix}$$
（E）

（2）无顺反异构体　　　　　　　　（3）无顺反异构体

（4）
$$\begin{matrix}H_3C\\H\end{matrix}C=C\begin{matrix}C\equiv CH\\H\end{matrix}$$
（Z）

$$\begin{matrix}H_3C\\H\end{matrix}C=C\begin{matrix}H\\C\equiv CH\end{matrix}$$
（E）

6.（1）$\Delta H^\ominus = E_{C\equiv C} + E_{Br-Br} + 2E_{C-H} - (2E_{C-Br} + E_{C=C} + 2E_{C-H})$

$= E_{C\equiv C} + E_{Br-Br} - 2E_{C-Br} - E_{C=C}$

$= 835.1 + 188.3 - 2 \times 284.5 - 610$

$= -155.6$ (kJ/mol)

（2）同理：$\Delta H^\ominus = E_{C\equiv C} - E_{C=C} = 835.1 - 610 - 345.6 = -120.5$ (kJ/mol)

（3）$\Delta H = E_{C\equiv C} + E_{H-Br} - E_{C=C} - E_{C-Br} - E_{C-H} - E_{C-C} = 835.1 + 368.2 - 610 - 284.5 - 415.3$

$= -106.5$ (kJ/mol)

7. 解：1,4-戊二烯氢化热预测值：$2\times 125.5 = 251$ (kJ/mol)，而 1,3-戊二烯氢化热的实测值为 226 kJ/mol

所以 $E_{离域能} = 251 - 226 = 25$ (kJ/mol)

8. 解：

（1） $CH_3CH_2CH_2CBr_2CH_3$

（2） $CH_3CH_2COCH_2CH_3$

（3） $CH_3C\equiv CAg$

（4）
$$\left[CH_2=C-C=CH_2 \atop Cl \right]_n$$

（5）
$$\begin{matrix}H_3C\\H\end{matrix}C=C\begin{matrix}Br\\CH_3\end{matrix}$$

（6） $CH_3CHBrCHBr(CH_2)_2CH_3$　　$CH_3C\equiv C(CH_2)_2CH_3 \xrightarrow[Pd-BaSO_4]{H_2}$ $\begin{matrix}H_3C\\H\end{matrix}C=C\begin{matrix}(CH_2)_2CH_3\\H\end{matrix}$

（7） $CH_2-CH-CH_2-C\equiv CH$ 其中 CH 上连 Br，CH_2 上连 Br

9. 解：

（1）$\left.\begin{array}{l}(CH_3)_2CHCH_2CH_3\\(CH_3)_2CHCH=CH_2\\(CH_3)_2CHC\equiv CH\end{array}\right\} \xrightarrow{[Ag(NH_3)_2]^+} \left\{\begin{array}{l}-\\-\\+\text{ 灰白色}\downarrow\end{array}\right. \xrightarrow{KMnO_4} \left\{\begin{array}{l}-\\+\text{ 紫红色褪去}\end{array}\right.$

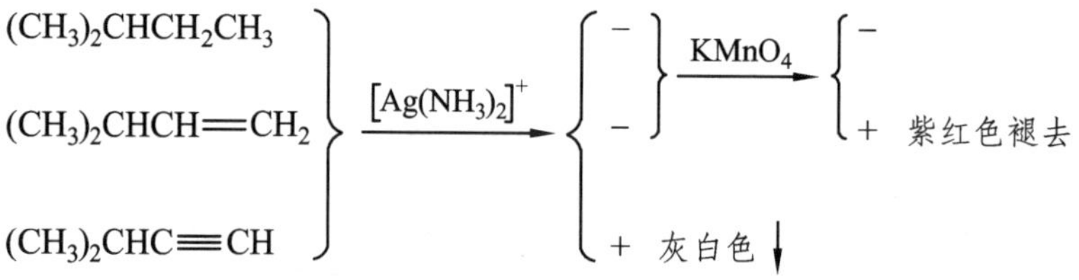

（2）$\left.\begin{array}{l}CH_3(CH_2)_2C\equiv CH\\CH_3CH_2C\equiv CCH_3\end{array}\right\} \xrightarrow{[Ag(NH_3)_2]OH} \left\{\begin{array}{l}+\text{ 灰白色沉淀}\\-\end{array}\right.$

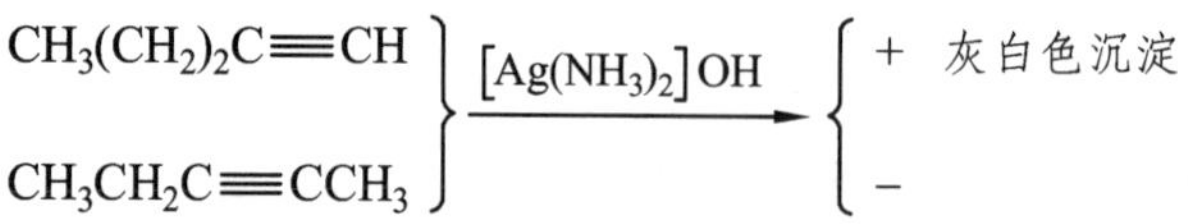

10. 解：设 1.0 g 戊烷中所含戊烯的量为 x g，则

$$C_5H_{10} + Br_2 \longrightarrow C_5H_{10}Br_2$$

$\quad\quad 70 \quad\quad 2\times 79.9 \quad\quad\quad\quad\quad x = \dfrac{70\times 5\times 160/1000}{2\times 79.9} = 0.35 \text{ (g)}$

$\quad\quad X \quad\quad 5\times 160/1000$

所以，混合物中含戊烯：$0.35/1\times 100\% = 35\%$

11. 解：按照已知条件推测该炔烃为

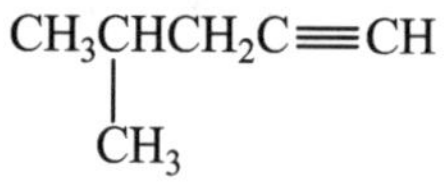

$$\underset{\underset{CH_3}{|}}{CH_3CHCH_2C\equiv CH}$$

有关反应如下：

$$C_4H_9C\equiv CAg\downarrow \xleftarrow{[Ag(NH_3)_2]^+} C_6H_{10} \xrightarrow{[H]} \underset{\underset{CH_3}{|}}{CH_3CHCH_2CH_2CH_3}$$

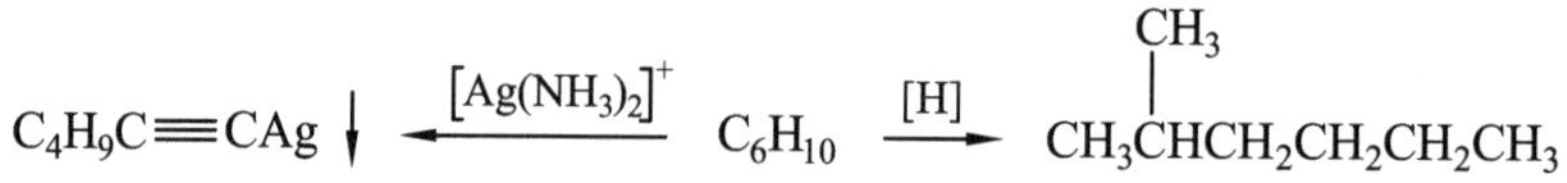

12. 解：（1）该二烯烃的结构为 2,4-己二烯：$\diagup\!\!\diagdown\!\!\diagup\!\!\diagdown$

有关反应如下：

$$CH_3CHBrCH=CHCHBrCH_3 \xleftarrow{Br_2} CH_3CH=CH-CH=CHCH_3 \xrightarrow[2)\,H_2O/Zn]{1)\,O_3}$$

$$2CH_3CH=O + O=HC-CH=O$$

（2）二溴加成物再加成 1 分子 Br_2 的产物为 $CH_3CHBrCHBrCHBrCHBrCH_3$

13. 解：该化合物的结构为

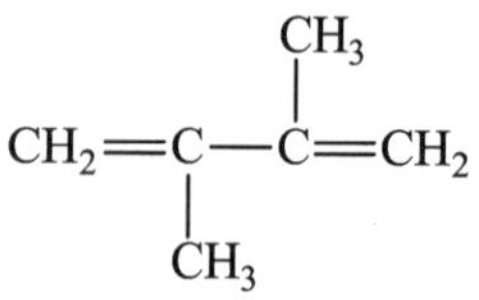

$$CH_2=C-\underset{\underset{CH_3}{|}}{\overset{\overset{CH_3}{|}}{C}}-C=CH_2$$
（此处中间碳上两个甲基，左侧C上无取代）

$$CH_2=\underset{}{C}-\underset{\underset{CH_3}{|}}{\overset{\overset{CH_3}{|}}{C}}=CH_2$$

有关反应如下：

$$CH_3-CH-\underset{CH_3}{\overset{CH_3}{C}}=CH_2 \xleftarrow{H_2} CH_2=\underset{CH_3}{\overset{CH_3}{C}}-\overset{CH_3}{C}=CH_2 \xrightarrow{2H_2} CH_3-\underset{CH_3}{CH}-\underset{CH_3}{\overset{CH_3}{CH}}-CH_3$$

14. 解：

(1) $HC\equiv CH + HCl \xrightarrow[\Delta]{HgCl_2} CH_2=CH-Cl$

(2) $HC\equiv CH + 2HBr \longrightarrow CH_3CHBr_2$

(3) $HC\equiv CH + Cl_2 \longrightarrow CHCl=CHCl \xrightarrow{H_2Ni} CH_2Cl-CH_2Cl$

(4) $HC\equiv CH \xrightarrow{NaNH_2} HC\equiv CNa \xrightarrow{CH_3Cl} HC\equiv CCH_3 \xrightarrow{H_2}{Pd\text{-}BaSO_4}$

$CH_3CH=CH_2 \xrightarrow[RO-OR]{HBr} CH_3CH_2CH_2Br \xrightarrow{HC\equiv CNa} HC\equiv CCH_2CH_2CH_3$

(5) $CH_3CH_2CH_2C\equiv CH \xrightarrow{NaNH_2} CH_3CH_2CH_2C\equiv CNa \xrightarrow{CH_3Cl} CH_3CH_2CH_2C\equiv CCH_3$

(6) $HC\equiv CH \xrightarrow{NaNH_2} NaC\equiv CNa \xrightarrow{CH_3Cl} CH_3C\equiv CCH_3 \xrightarrow[Pd\text{-}BaSO_4]{H_2}$

$\underset{H}{\overset{H_3C}{>}}C=C\underset{H}{\overset{CH_3}{<}}$

(7) $HC\equiv CH \xrightarrow{NaNH_2} NaC\equiv CNa \xrightarrow{CH_3Cl} CH_3C\equiv CCH_3 \xrightarrow[NH_3(l)]{Na}$

$\underset{H}{\overset{H_3C}{>}}C=C\underset{CH_3}{\overset{H}{<}}$

(8) $HC\equiv CH \xrightarrow[HgSO_4]{H_2O/H_2SO_4} CH_3CH=O$

15. 解：

(1) ![] + ![] ⟶ ![cyclohexene with vinyl group]

(2) ![] + ![CH₂Cl] ⟶ ![cyclohexene with CH₂Cl]

(3) ![] + ![COOH] ⟶ ![cyclohexene with COOH] $\xrightarrow{H_2/Ni}$![cyclohexane with COOH]

(4) ![] + ![] ⟶ ![cyclohexene with vinyl] $\xrightarrow{H_2/Ni}$![ethylcyclohexane]

16. 解：

(1) $CH_3C\equiv CH \xrightarrow{H_2}_{Pd-BaSO_4} H_3CHC=CH_2 \xrightarrow{HBr} CH_3CHBrCH_3$

(2) $H_3CC\equiv CH \xrightarrow{H_2}_{Pd-BaSO_4} CH_3CH=CH_2 \xrightarrow{B_2H_6}$

$(CH_3CH_2CH_2)_3B \xrightarrow{H_2O_2}_{OH^-} CH_3CH_2CH_2OH$

(3) $CH_3C\equiv CH \xrightarrow{H_3O^+}_{HgSO_4} CH_3\overset{O}{\underset{\|}{C}}CH_3$

(4) $CH_3C\equiv CH \xrightarrow{H_2}_{Pd-BaSO_4} CH_3CH=CH_2 \xrightarrow{HBr}_{RO-RO}$

$CH_3CH_2CH_2Br \xrightarrow{Na} CH_3(CH_2)_4CH_3$

(5) $CH_3C\equiv CH \xrightarrow{2HBr} CH_3-\underset{\underset{Br}{|}}{\overset{\overset{Br}{|}}{C}}-CH_3$

17. 解：一种反应向多种产物方向转变时，在反应未达到平衡前，利用反应快速的特点控制产物叫速度控制。利用达到平衡时出现的反应来控制的，叫平衡控制。

（1）速率控制

$CH_2=CH-CH=CH_2 + HBr \xrightarrow{-20\ ℃} CH_3-\underset{\underset{Br}{|}}{CH}-CH=CH_2$

1,2-加成所需要的反应活化能比 1,4-加成所需要的活化能小，在低温条件下，有利于 1,2-加成。

（2）平衡控制

$CH_2=CH-CH=CH_2 + HBr \xrightarrow{40\ ℃} CH_3-CH=CH-CH_2Br$

1,4-加成的产物比 1,2-加成的产物更稳定，所以在较高温度条件下，反应具有较高的活化能，生成比较稳定的产物。

18. 解：

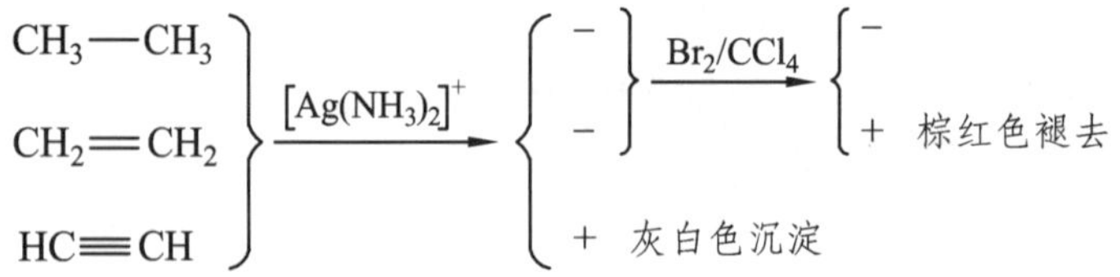

$\left.\begin{array}{l}CH_3-CH_3\\CH_2=CH_2\\HC\equiv CH\end{array}\right\} \xrightarrow{[Ag(NH_3)_2]^+} \left\{\begin{array}{l}-\\-\\+\ 灰白色沉淀\end{array}\right. \xrightarrow{Br_2/CCl_4} \left\{\begin{array}{l}-\\+\ 棕红色褪去\end{array}\right.$

反应方程式：

$HC\equiv CH \xrightarrow{[Ag(NH_3)_2]^+} AgC\equiv CAg\downarrow$

$CH_2=CH_2 \xrightarrow{Br_2/CCl_4} BrCH_2CH_2Br$

19. 解：

（1）CH₃COCH₃　　（2）₃H₂CH₂CHCC≡CAg　　H₃CH₂CH₂CC≡CH
（3）H₃CC≡CH

（4）CH₃-C(CH₃)(Cl)-CH=CH₂　　(CH₃)₂C=CHCH₂Cl　　（5）

（6）CH₃CH₂CH₂COOH + HCOO⁻　　　　（7）CH₃CH₂CH₂COOH + HCOOH

20. 解：

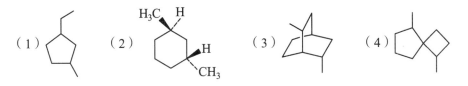

第五章　脂环烃

1. 写出 C_5H_{10} 所代表的脂环烃的各构造异构体的构造式（包括五元环、四元环和三元环）。
2. 写出顺-1-甲基-4-异丙基环己烷的稳定构象式。
3. 写出下列各对二甲基环己烷可能的椅式构象，并比较各异构体的稳定性，说明原因。
（1）顺-1, 2-、反-1, 2-　　（2）顺-1, 3-、反-1, 3-　　（3）顺-1, 4-、反-1, 4-
4. 写出下列化合物的构造式（用键线式表示）。
（1）1, 3, 5, 7-四甲基环辛四烯　　（2）二环[3.1.1]庚烷　　（3）螺[5.5]十一烷
（4）methylcyclopropane　　（5）cis-1, 2-dimetylcyclohexane
5. 命名下列化合物。

6. 完成下列反应，带"*"的写出产物构型。

（7）* 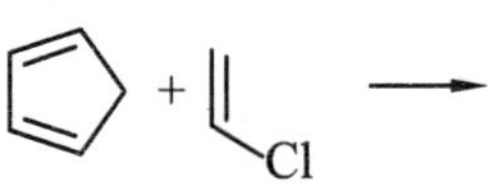 ⬠ + CH₂=CHCl ⟶   （8）* 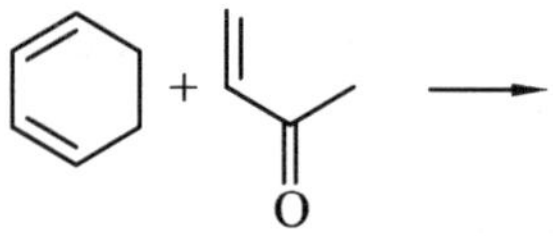 ⬡ + CH₂=CH-CO-CH₃ ⟶

（9）* 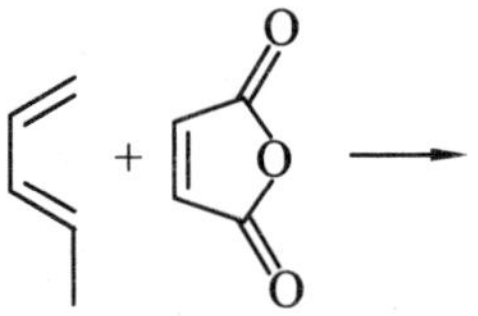 CH₃-CH=CH-CH=CH₂ + 顺丁烯二酸酐 ⟶   （10） 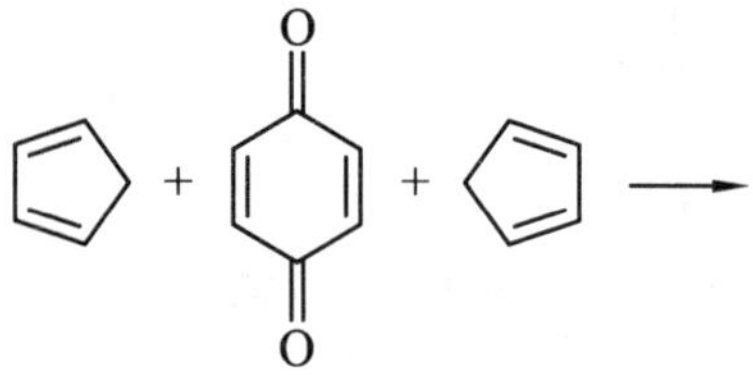 ⬠ + 对苯醌 + ⬠ ⟶

（11） 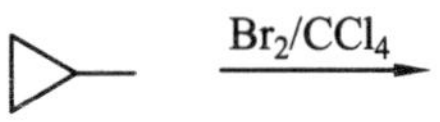 △ $\xrightarrow{Br_2/CCl_4}$ （12）  △—□ $\xrightarrow[80\ ^\circ C]{Ni,\ H_2}$

7. 丁二烯聚合时，除生成高分子化合物外，还有一种环状结构的二聚体生成。该二聚体能发生下列反应：① 还原生成乙基环己烷；② 每摩尔溴化时加上 4 个溴原子；③ 氧化时生成 β-羧基己二酸。试根据这些事实，推测该二聚体的结构，并写出各步反应式。

8. 化合物 A 分子式为 C_4H_8，它能使溴溶液褪色，但不能使稀的 $KMnO_4$ 溶液褪色。1 mol A 与 1 mol HBr 作用生成 B，B 也可以从 A 的同分异构体 C 与 HBr 作用得到。化合物 C 能使溴溶液褪色，也能使稀的高锰酸钾溶液褪色。试推测化合物 A、B、C 的构造式，并写出各步反应式。

9. 写出下列化合物最稳定的构象式。
（1）反-1-甲基-3-异丙基环己烷　（2）顺-1-氯-2-溴环己烷
（3）顺-1,3-环己二醇　（4）2-甲基十氢化萘

10. 写出在 –60 ℃ 时，Br_2 与三环$[3.2.1.0^{1,5}]$辛烷反应的产物，并解释原因。

11. 合成下列化合物：
（1） 以环己醇为原料合成己二醛（ OHC — CH₂ — CH₂ — CH₂ — CH₂ — CHO ）；
（2）以环戊二烯为原料合成金刚烷；
（3）以烯烃为原料合成：

A.  (结构：二氯并含 CH₂Cl 的双环化合物)   B. 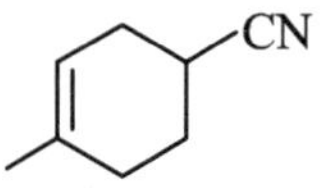 (4-甲基环己-3-烯腈)

答　案

1. 解：

⬠　▱　△(带取代)　△(带取代)　△(带取代)　△(带取代)

2. 解：顺-1-甲基-4-异丙基环己烷的最稳定构象：

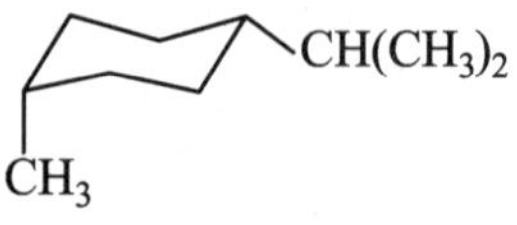

(环己烷椅式构象，CH(CH₃)₂ 和 CH₃ 取代)

3. 解：（1）稳定性比较：

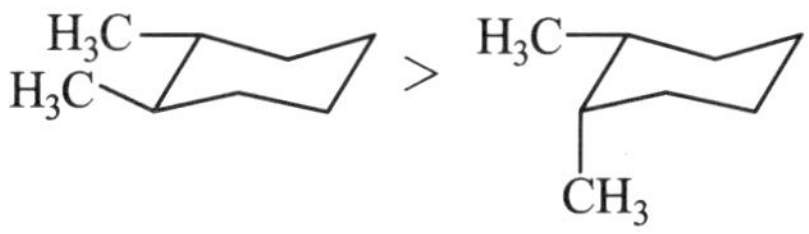

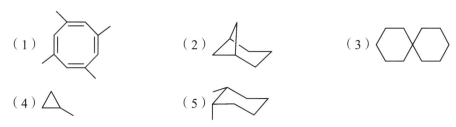

前者两个较大的甲基均在 e 键上，较稳定；而后者有一个较大的基团——甲基在 a 键上，与前者相比稳定性较差。

（2）稳定性比较：

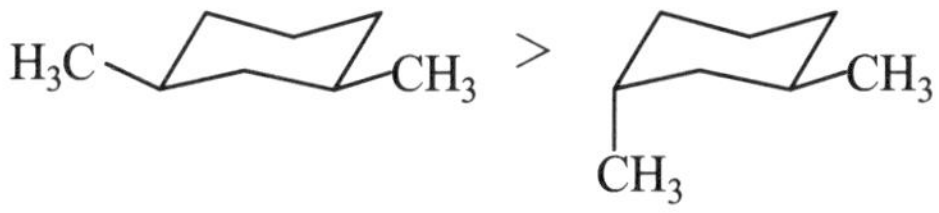

前者两个较大的甲基均在 e 键上，较稳定；而后者有一个较大的基团——甲基在 a 键上，与前者相比稳定性较差。

（3）稳定性比较：

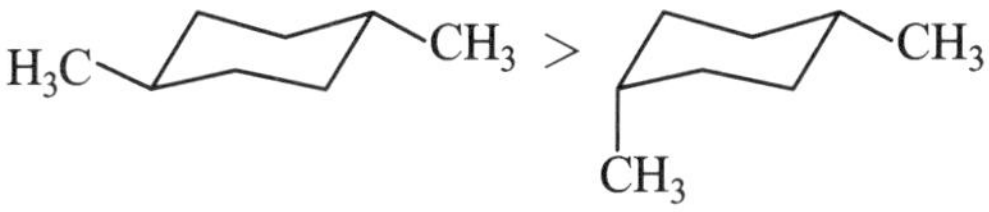

前者两个较大的甲基均在 e 键上，较稳定；而后者有一个较大的基团——甲基在 a 键上，与前者相比稳定性较差。

4. 解：

5. 解：（1）1-甲基-3-乙基环戊烷　　　　　（2）反-1,3-二甲基环己烷
　　　（3）2,6-二甲基二环[2.2.2]辛烷　　　（4）2,5-二甲基螺[3.4]辛烷

6. 解：

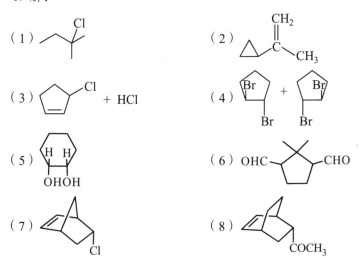

(9) [structure: cyclopentene with CH₃, two H, and cyclic anhydride -OC-O-CO-]

(10) [structure: anthraquinone-like diketone with two norbornene bridges]

(11) BrCH₂CH₂CHBrCH₃ (drawn as zig-zag with two Br)

(12) H₃CH₂CH₂C—[cyclobutane]

7. 解：由题意推测可知该二聚体的构造式为

[4-vinylcyclohexene structure]

有关反应如下：

[butadiene] → [4-vinylcyclohexene] $\xrightarrow{[H]}$ [ethylcyclohexane]

[4-vinylcyclohexene] $\xrightarrow{2Br_2}$ [tetrabromide product with Br on ring and on side chain CHBr-CH₂Br]

[4-vinylcyclohexene] $\xrightarrow{[O]}$ HOOC—CH(COOH)—CH₂—CH₂—COOH

8. 解：由题意推测 A、B、C 结构如下：

A. ▷— B. CH₃CHBrCH₂CH₃ C. CH₂=CHCH₂CH₃ 或 CH₃CH=CHCH₃

有关反应如下：

▷— $\xrightarrow{Br_2}$ BrCH₂CH₂CHBrCH₃

▷— $\xrightarrow{HBr}$ CH₃CH₂CHBrCH₃

CH₃CH₂CH=CH₂（或 CH₃CH=CHCH₃）$\xrightarrow{HBr}$ CH₃CH₂CHBrCH₃

CH₃CH₂CH=CH₂（或 CH₃CH=CHCH₃）$\xrightarrow{Br_2}$ CH₃CH₂CHBrCH₂Br（或 CH₃CHBrCHBrCH₃）

CH₃CH₂CH=CH₂ $\xrightarrow{KMnO_4}$ CH₃CH₂COOH + HCOOH

CH₃CH=CHCH₃ $\xrightarrow{KMnO_4}$ 2CH₃COOH

9. 解：

(1) [cyclohexane with CH₃ and CH(CH₃)₂ substituents]

(2) [cyclohexane with Br and Cl substituents]

（3） 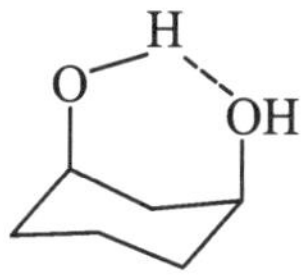    （4）

10. 解：

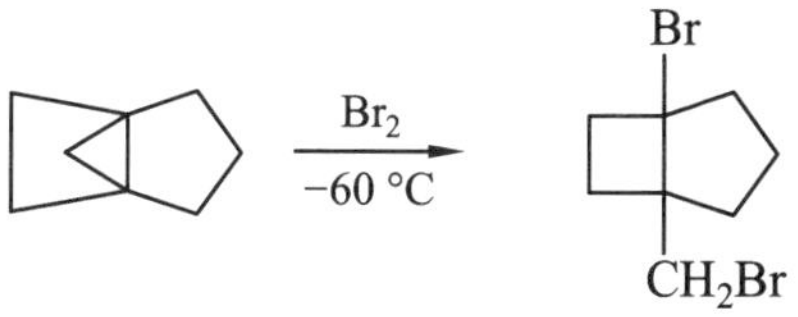

三元环的张力最大，在这个三环化合物的结构中，张力最大的三元环首先开环加成。

11. 解：

（1）

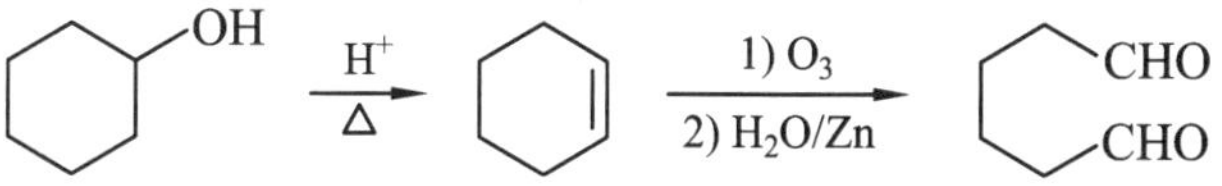

（2）

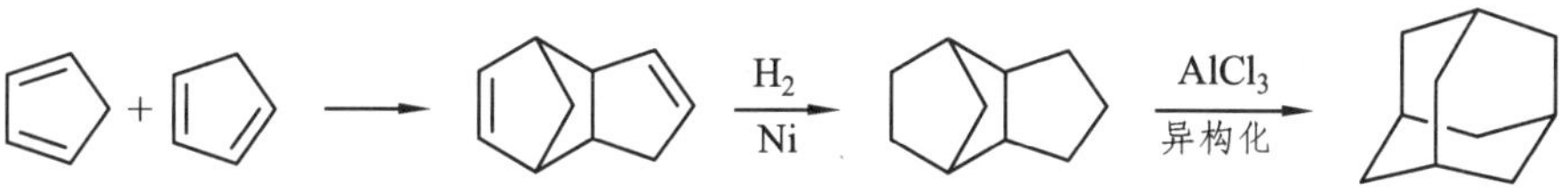

（3）

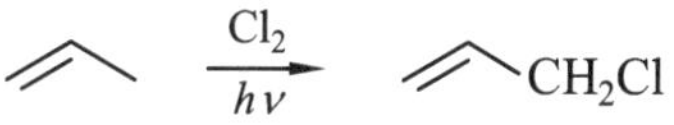

B. $CH_2=CH-CH_3 + NH_3 + 1\frac{1}{2}O_2 \xrightarrow{Bi_2O_5, MoO_2} CH_2=CH-CN$

第六章 对映异构

1. 举例说明下列各名词的意义。
（1）旋光性　　　　　　（2）比旋光度　　　　　　（3）对映异构体
（4）非对映异构体　　　（5）外消旋体　　　　　　（6）内消旋体

2. 判断下列化合物哪些具有手性碳原子（用*表示手性碳原子），哪些没有手性碳原子但有手性。

（1）$BrCH_2-CHD-CH_2Cl$

（2）$HOOC-\overset{Cl}{\underset{}{CH}}-COOH$

（3）

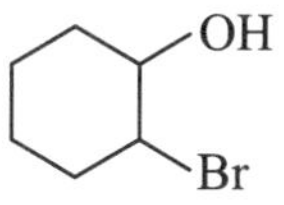

（4）$CH_3-\overset{OH}{\underset{}{CH}}-CH_2-CH_3$

153

（5）1,3-二氯丙二烯　　　　　　（6）1-氯-1,2-丁二烯
（7）3-甲基-1-氯-1,2-丁二烯　　（8）1-氯-1,3-丁二烯

（9）溴代环己烷

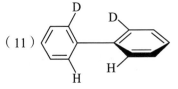

3. 写出分子式为 C_3H_6DCl 所有构造异构体的结构式，在这些化合物中哪些具有手性？用投影式表示它们的对应异构体。

4.（1）丙烷氯化已分离出二氯化合物 $C_3H_6Cl_2$ 的 4 种构造异构体，写出它们的构造式。

（2）从各个二氯化物进一步氯化后，可得的三氯化物（$C_3H_5Cl_3$）的数目已由气相色谱法确定。从 A 得到 1 个三氯化物，B 得到 2 个，C 和 D 各得到 3 个，试推出 A、B 的结构。

（3）通过另一合成方法得到有旋光性的化合物 C，那么 C 的构造式是什么？D 的构造式是怎样的？

（4）有旋光的 C 氯化时，所得到的三氯丙烷化合物中有一个是有旋光性的，另两个无旋光性，它们的构造式怎样？

5. 指出下列构型式是 R 还是 S。

6. 画出下列各化合物所有可能的光学异构体的构型式，标明成对的对映体和内消旋体，以 R，S 标定它们的构型。

（1）$CH_3CH_2-\underset{\underset{Br}{|}}{CH}-CH_2CH_3$　　　（2）$CH_3CHBrCH(OH)CH_3$

（3）$C_6H_5-CH(CH_3)-CH(CH_3)C_6H_5$　　（4）$CH_3CH(OH)CH(OH)CH_3$

（5）$\underset{H_2C-CHCl}{H_2C-CHCl}$

7. 画出下列化合物的费歇尔投影式。

(4) [纽曼投影式: CH₃, H, Cl, OH, H, CH₃]   (5) [纽曼投影式: CH₃, H₃C, H, H, H, Cl]   (6) H₂C—COOH, Cl—Br, H₃C—H 楔形式

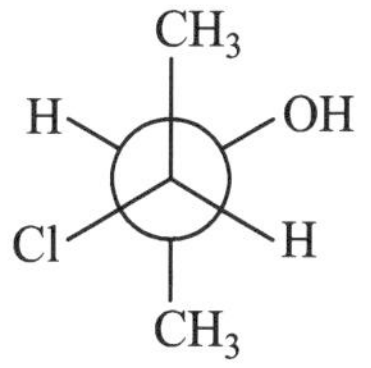

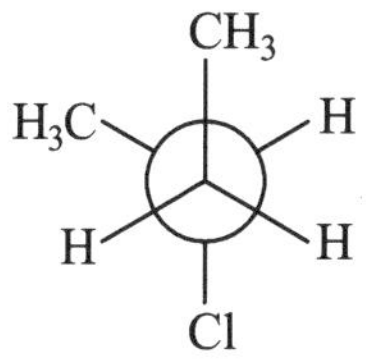

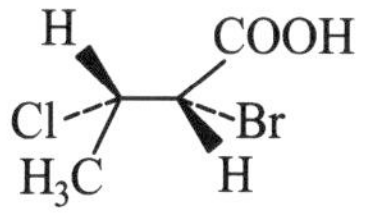

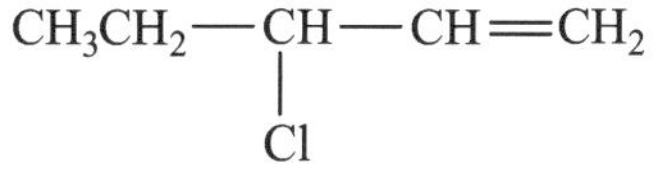

(7) CH₃CH₂—CH—CH=CH₂
                  |
                  Cl
    （S 构型）

(8) 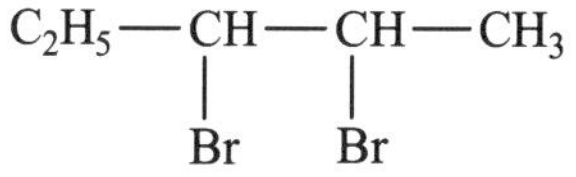 C₂H₅—CH—CH—CH₃
          | |
          Br   Br
    （2R, 3S 构型）

(9) 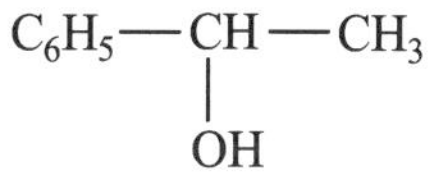 C₆H₅—CH—CH₃
          |
          OH
    （R 构型）

8. 用费歇尔投影式画出下列化合物的构型式。

（1）(R)-2-丁醇
（2）2-氯-(4S)-4-溴-(E)-2-戊烯
（3）meso-3, 4-二硝基己烷
（4）(R)-2-甲基-1-苯基丁烷
（5）(2R, 3S, 4S)-3, 4-二氯-2-己醇

9.（1）指出下列化合物的构型是 R 还是 S。

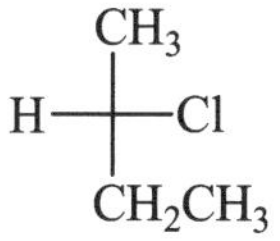

[楔形式: CH₃, H, Cl, CH₂CH₃]

（2）在下列各构型式中，哪些与上述化合物的构型相同？哪些是它的对映体？

A. 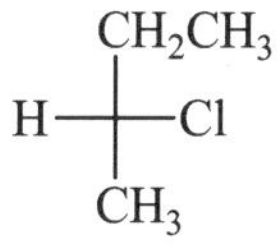 [费歇尔: CH₂CH₃ 上, H—Cl, CH₃ 下]

B. 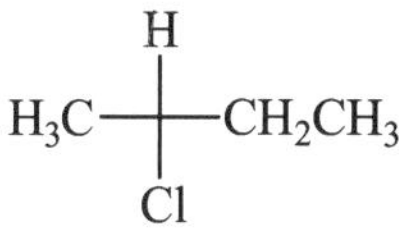 H₃C—CH₂CH₃ (H 上, Cl 下)

C. 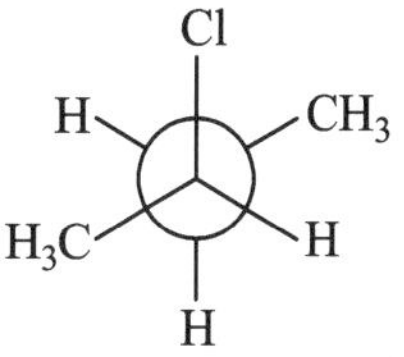 [纽曼: Cl, H, CH₃, H₃C, H, H]

D. 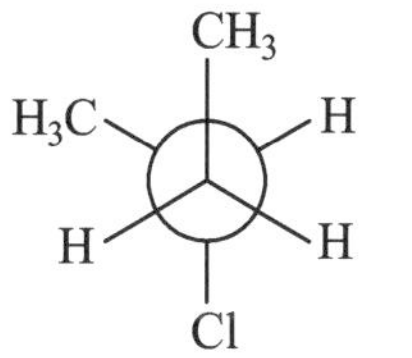 [纽曼: CH₃, H₃C, H, H, H, Cl]

E. 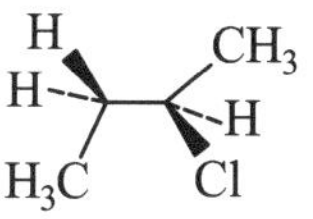 [H, CH₃; H₃C, H; Cl 楔形]

F. 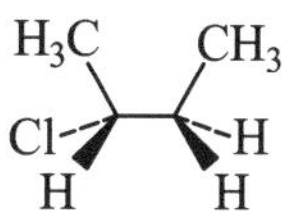 [H₃C, CH₃; Cl, H; H 楔形]

10. 将下列化合物的费歇尔投影式画成纽曼投影式（顺叠和反叠），并画出它们的对映体的相应式子。

（1） 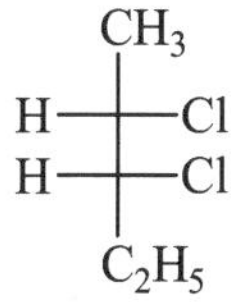 CH₃   （2） CH₃
     H—Cl   H—OH
     H—Cl   H—C₆H₅
     C₂H₅   CH₃

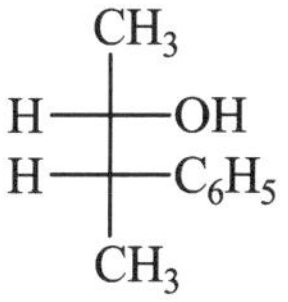

11. 画出下列化合物可能有的立体异构的构型。

（1）HOOC—[环戊烷]—COOH （2）H₃C—[环己烷(OH, CH(CH₃)₂)]

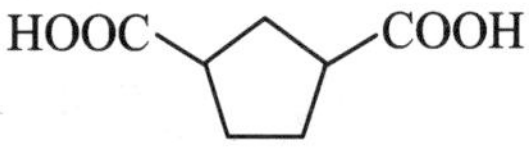

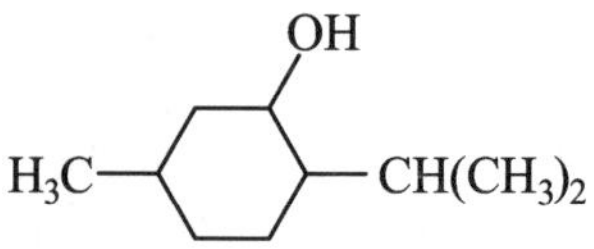

12. 下列各对化合物哪些属于对映体、非对映体、顺反异构体、构造异构体或同一化合物？

(1) 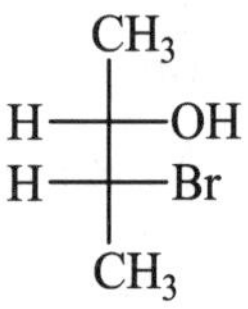 [Fischer投影式] 和 [Fischer投影式]

(2) [楔形式] 和 [楔形式]

(3) [Newman投影式] 和 [Newman投影式]

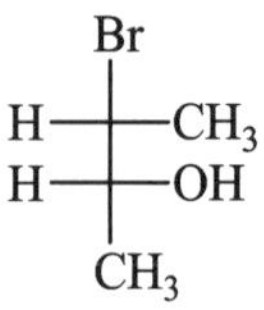

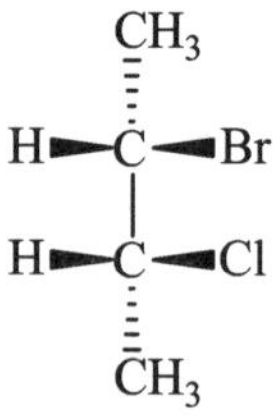

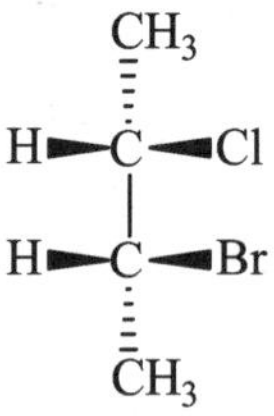

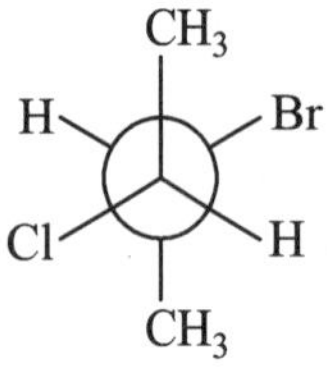

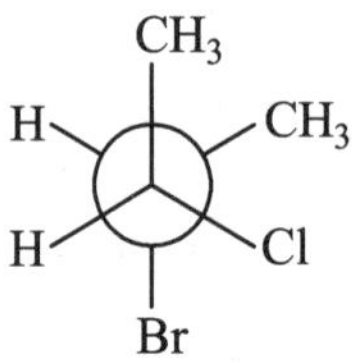

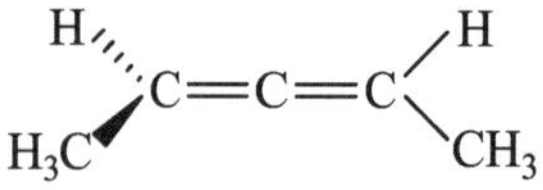

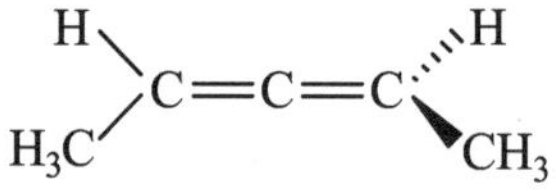

(4) [丙二烯衍生物] 和 [丙二烯衍生物]

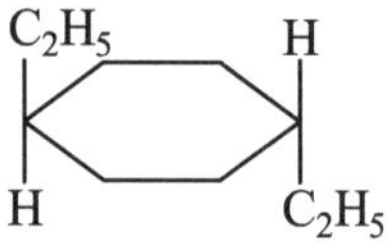

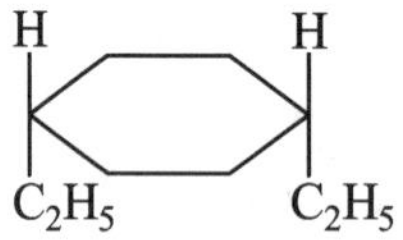

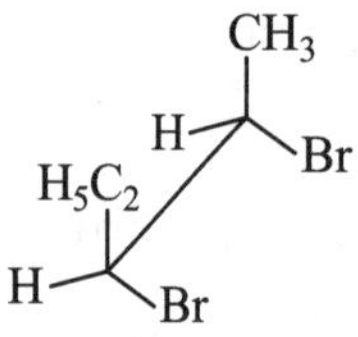

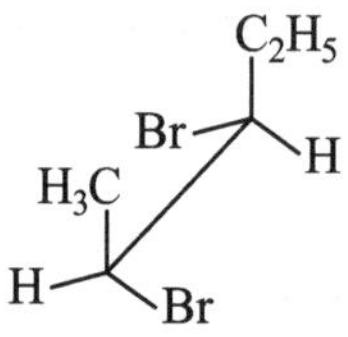

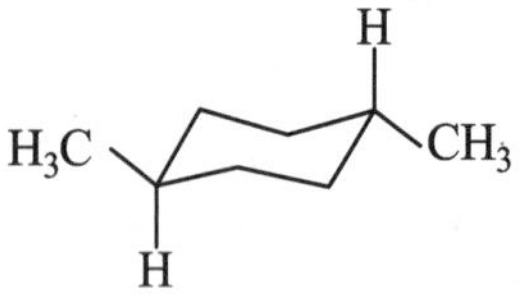

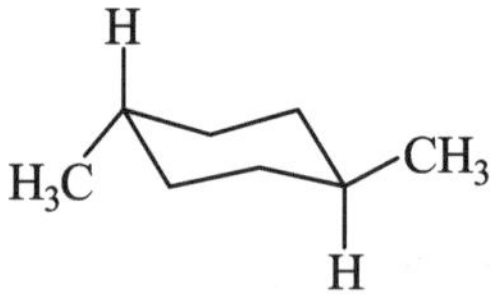

(5) [环己烷二取代] 和 [环己烷二取代]

(6) [Fischer投影式] 和 [Fischer投影式]

(7) [环己烷二甲基] 和 [环己烷二甲基]

(8) [环丁烷] 和 [甲基环丙烷]

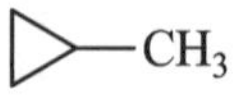

13. 在下列化合物的构型式中哪些是相同的？那些是对映体？那些是内消旋体？

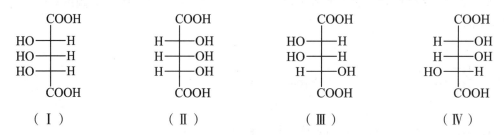

（Ⅰ）　　　（Ⅱ）　　　（Ⅲ）　　　（Ⅳ）

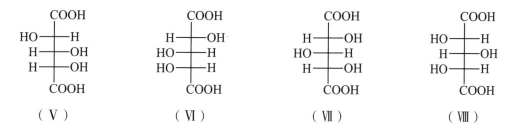

（Ⅴ）　　　　（Ⅵ）　　　　（Ⅶ）　　　　（Ⅷ）

14. 2-丁烯与氯水反应可以得到氯醇（3-氯-2-丁醇），顺-2-丁烯生成氯醇Ⅰ和它的对映体，反-2-丁烯生成Ⅱ和它的对映体，试说明氯醇形成的立体化学过程。

（Ⅰ）　　　　（Ⅱ）

15. 用 $KMnO_4$ 与顺-2-丁烯反应，得到一个熔点为 32 ℃ 的邻二醇，而与反-2-丁烯反应得到的为熔点 19 ℃ 的邻二醇。

$$CH_3—CH=CH—CH_3 + KMnO_4 + H_2O \longrightarrow CH_3—CH—CH—CH_3$$
$$||$$
$$OHOH$$

两个邻二醇都是无旋光的，将熔点为 19 ℃ 的进行拆分，可以得到旋光度绝对值相同、方向相反的一对对映体。

（1）试推测熔点为 19 ℃ 的及熔点为 32 ℃ 的邻二醇各是什么构型。
（2）用 $KMnO_4$ 羟基化的立体化学是怎样的？

16. 完成下列反应式，产物以构型式表示。

（1）环己烯—CH_3 $\xrightarrow{HOCl}$　　　（2）$H_3C—C\equiv C—CH_3$ $\xrightarrow{HCl}$ $\xrightarrow{Br_2}$

（3）环戊烯—CH_3 $\xrightarrow{\text{稀、冷}KMnO_4\text{溶液}}$

17. 有一光学活性化合物 A（C_6H_{10}），能与 $AgNO_3/NH_3$ 溶液作用生成白色沉淀 B（C_6H_9Ag）。将 A 催化加氢生成 C（C_6H_{14}），C 没有旋光性。试写出 B、C 的构造式和 A 的对映体的投影式，并用 R，S 命名法命名 B。

18. 化合物 A 的分子式为 C_8H_{12}，有光学活性。A 用铂催化加氢得到 B（C_8H_{18}），B 无光学活性；用 Lindlar 催化剂小心氢化得到 C（C_8H_{14}），C 有光学活性；A 和钠在液氨中反应得到 D（C_8H_{14}），D 无光学活性。试推测 A、B、C、D 的结构。

19. (S)-2-碘丁烷的比旋光度为 + 15.9°·m^2·kg^{-1}。
（1）写出(S)-2-碘丁烷的结构（费歇尔投影式）；
（2）预测(R)-2-碘丁烷的比旋光度；

（3）若某(R)-2-碘丁烷和S-2-碘丁烷混合物的比旋光度为 – 7.95°·m²·kg⁻¹，计算其组成。

20. 下列化合物是否有光学活性？

（1）2,6-二氨基-2'-碘-6'-羧基联苯

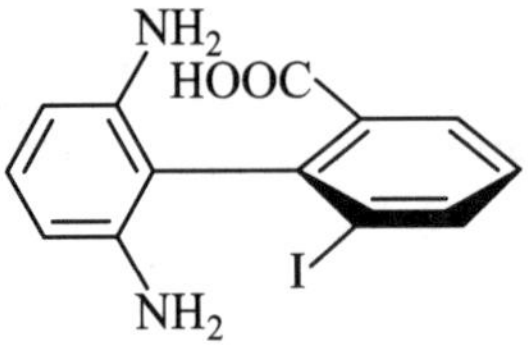

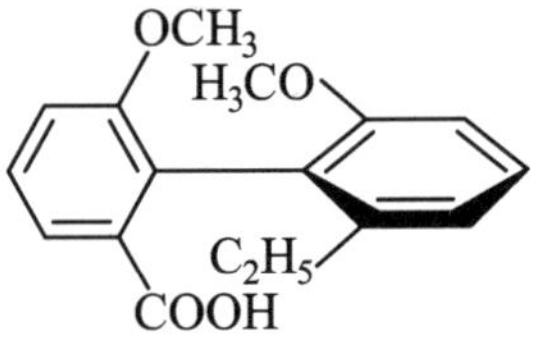

（2）2,6-二甲氧基-2'-羧基-6'-乙基联苯

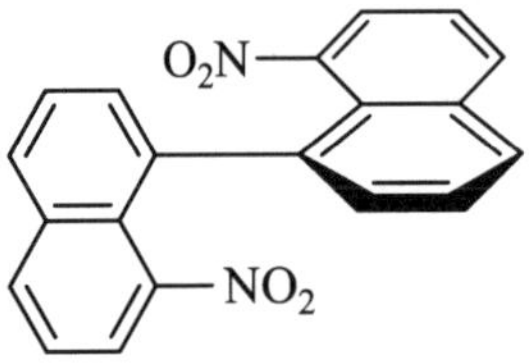

（3）8-硝基-8'-硝基-1,1'-联萘

（4）2-甲基-6-氯-3-(3-吡啶基)苯甲酸

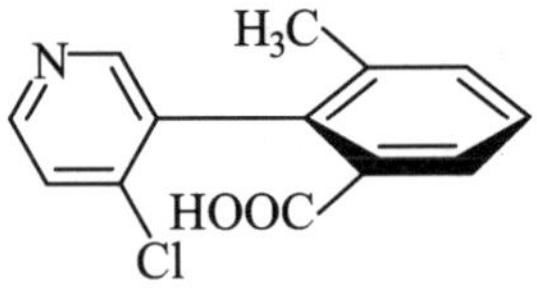

答 案

1. 解：（1）能使偏光振动平面发生偏转的性质，称为物质的旋光性，如葡萄糖，果糖等具有旋光性。

（2）通常规定 1 mL 含 1 g 旋光性物质的溶液，放在 1 dm（10 cm）长的盛液管中测得的旋光度，称为该物质的比旋光度。

（3）构造式相同的两个分子，由于原子在空间的排列不同，彼此互为镜象，不能重合，互称对映异构体。

（4）构造式相同，构型不同，但不是实物与镜象关系的化合物互称非对映异构体。

（5）一对对映异构体的右旋体和左旋体的等量混合物叫外消旋体。

（6）分子内，含有构造相同的手性碳原子，但存在对称面的分子，称为内消旋体，用 meso 表示。

2. 解：（2）（5）（6）（7）（8）（9）（10）（11）无手性碳原子；有手性碳的化合物有：

（1）BrCH₂—*CHD—CH₂Cl　　（3）环己醇-2-溴（含两个手性碳）　（4）2-丁醇　（12）氯代降冰片烯

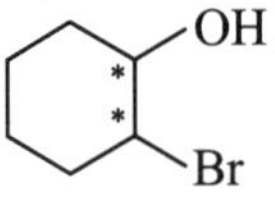

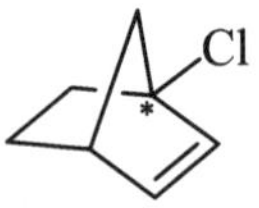

其中（5）（6）（10）（11）是没有手性碳的手性分子。

3. 解：

（1）CH₃CH₂*CHDCl（手性）　　　　　（2）CH₃CDClCH₃（无手性）

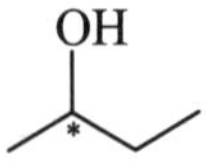

（3）CH₃*CHDCH₂Cl（手性）　　　　　（4）CH₂ClCH₂CH₂D（无手性）

（5）CH₃*CHClCH₂D（手性）

其中（1）（3）（5）手性分子的对映异构体如下：

（1）对映异构体：H–C(C₂H₅)(D)(Cl) 及其镜像

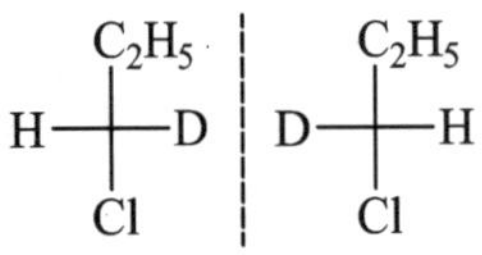

（3）对映异构体：H–C(CH₃)(D)(CH₂Cl) 及其镜像

（5）对映异构体：H–C(CH₃)(Cl)(CH₂D) 及其镜像

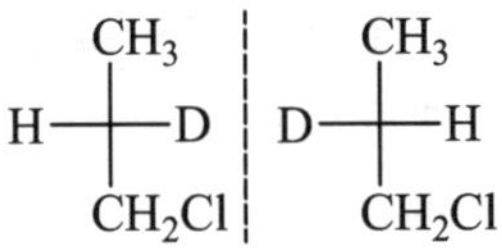

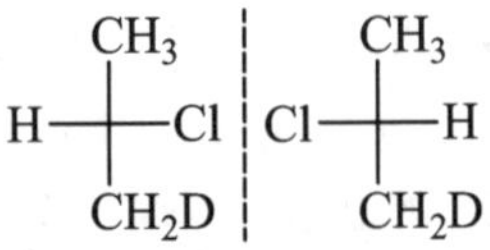

4. 解：（1）

CH$_3$CH$_2$CHCl$_2$（Ⅰ）　ClCH$_2$CH$_2$CH$_2$Cl（Ⅱ）　CH$_3\overset{*}{C}$HClCH$_2$Cl（Ⅲ）　CH$_3$CCl$_2$CH$_3$（Ⅳ）

（2）A. CH$_3$CCl$_2$CH$_3$　　　　　　B. ClCH$_2$CH$_2$CH$_2$Cl

（3）C. CH$_3\overset{*}{C}$HClCH$_2$Cl　　　　　D. CH$_3$CHClCH$_2$Cl

（4）解：有旋光性的为CH$_3\overset{*}{C}$HClCHCl$_2$

另两个无旋光性的为：CH$_2$ClCHClCH$_2$Cl 和 CH$_3$CCl$_2$CH$_2$CH$_3$

5. 解：第1个为 R 型，其余为 S 型。

6. 解：

（1）CH$_3$CH$_2$CHBrCH$_2$CH$_2$CH$_3$

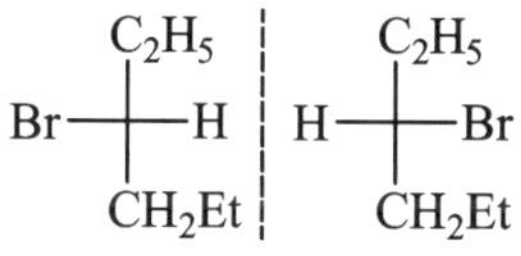

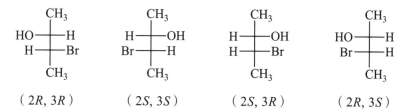

（2）CH$_3$CHBrCHOHCH$_3$（3-溴-2-丁醇）

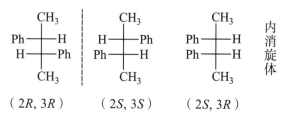

（2R, 3R）　　（2S, 3S）　　（2S, 3R）　　（2R, 3S）

（3）PhCH(CH$_3$)CH(CH$_3$)Ph

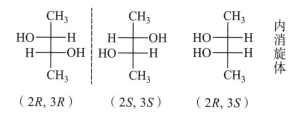

（2R, 3R）　　（2S, 3S）　　（2S, 3R）内消旋体

（4）CH$_3$CHOHCHOHCH$_3$

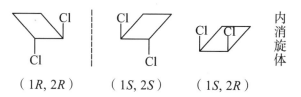

（2R, 3R）　　（2S, 3S）　　（2R, 3S）内消旋体

（5）1, 2-二氯环丁烷

（1R, 2R）　　（1S, 2S）　　（1S, 2R）内消旋体

7. 解：

（1）Fischer投影式：CH₃（上）、H（左）、OH（右）、Et（下）

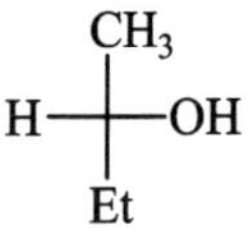

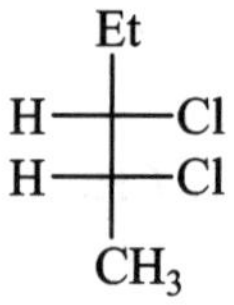

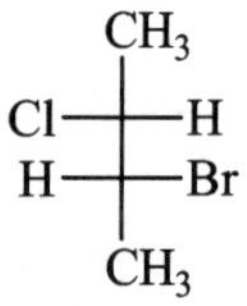

（2）Fischer投影式：Et（上）、上碳H/Cl，下碳H/Cl，CH₃（下）

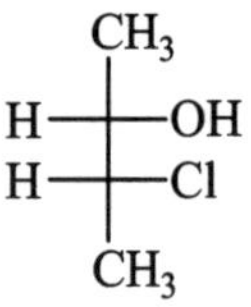

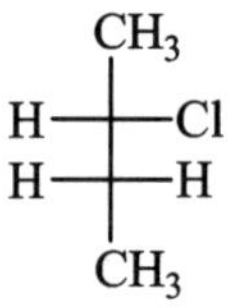

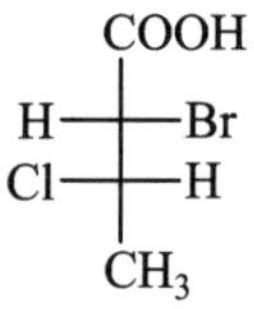

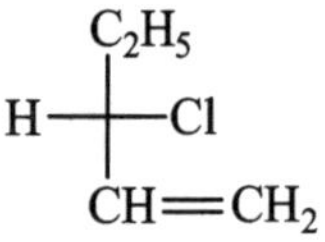

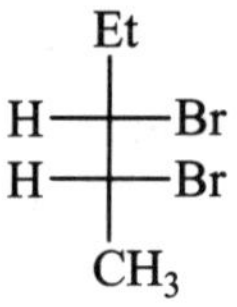

（3）Fischer投影式：CH₃（上）、上碳Cl/H，下碳H/Br，CH₃（下）

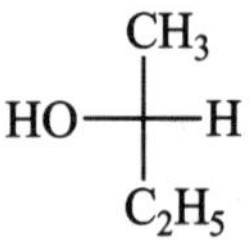

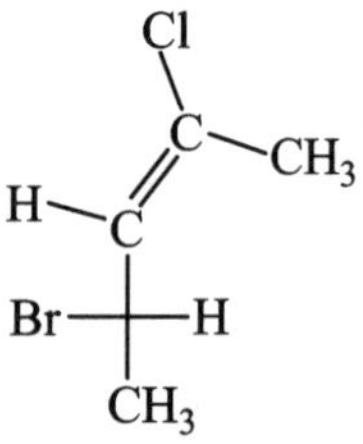

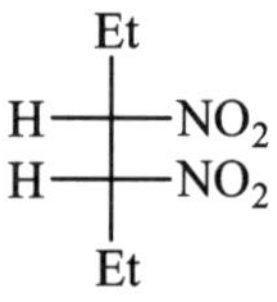

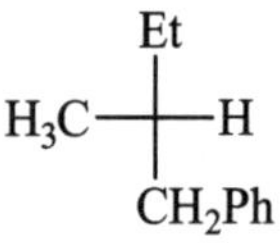

（4）Fischer投影式：CH₃（上）、上碳H/OH，下碳H/Cl，CH₃（下）

（5）Fischer投影式：CH₃（上）、上碳H/Cl，下碳H/H，CH₃（下）

（6）Fischer投影式：COOH（上）、上碳H/Br，下碳Cl/H，CH₃（下）

（7）Fischer投影式：C₂H₅（上）、H/Cl、CH=CH₂（下）

（8）Fischer投影式：Et（上）、上碳H/Br，下碳H/Br，CH₃（下）

（9）Fischer投影式：CH₃（上）、HO/H、Ph（下）

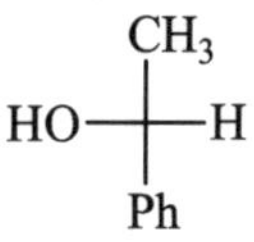

8. 解：

（1）CH₃（上）、HO/H、C₂H₅（下）

（2）含Cl、CH₃、H及Br、H、CH₃的双键结构

（3）Et（上）、上碳H/NO₂，下碳H/NO₂，Et（下）

（4）Et（上）、H₃C/H、CH₂Ph（下）

（5）CH₃（上）、HO/H、H/Cl、Cl/H、Et（下）

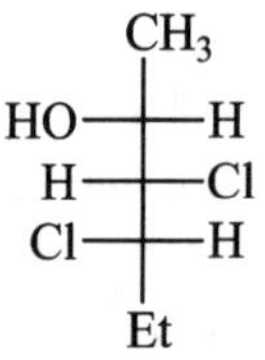

9. 解：（1）S 构型。

（2）A、E 和 F 的构型为 R 型，是（1）的对映体；B、C 和 D 与（1）同。

10. 解：

（1）反叠式及其对映体 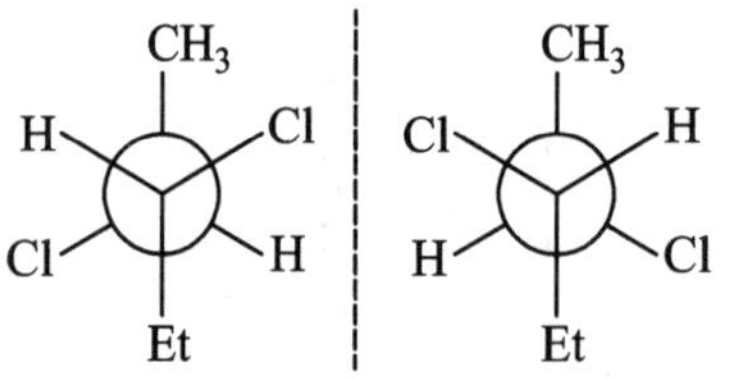 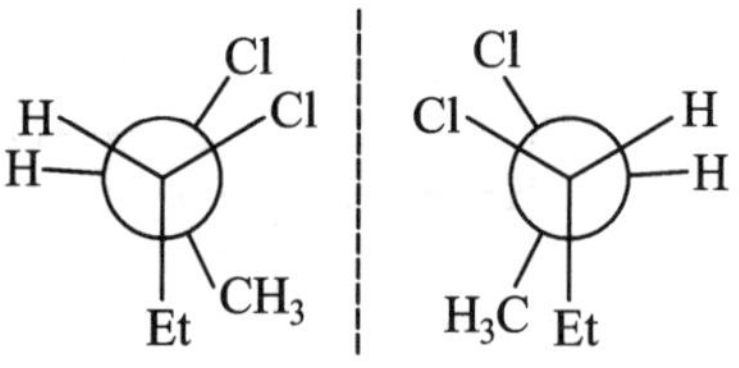 | 顺叠式及其对映体

（2）反叠式及其对映体 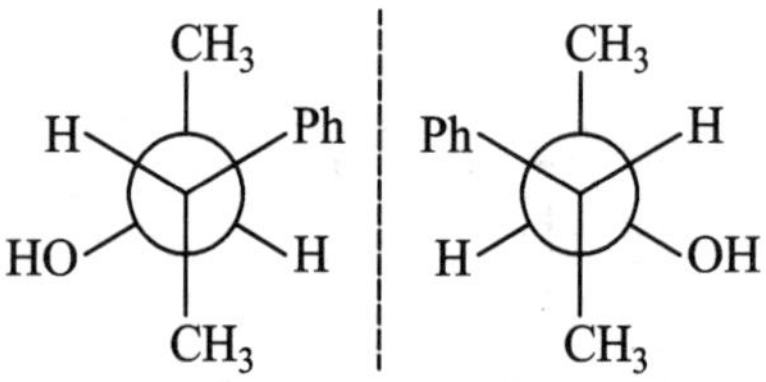 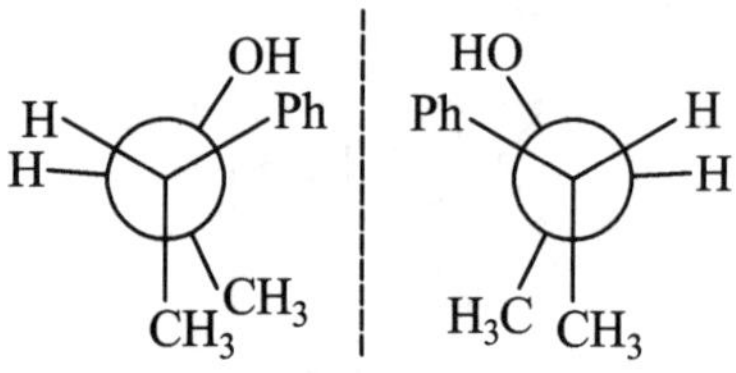 | 顺叠式及其对映体

11. 解：

(1) 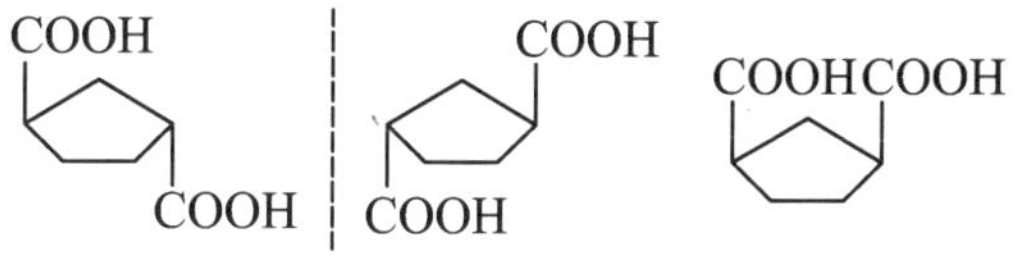 [structures: cyclopentane-1,2-dicarboxylic acid (two stereoisomers) and cyclopentane-1,1-dicarboxylic acid]

(2) [structures of methyl isopropyl cyclohexanol stereoisomers]

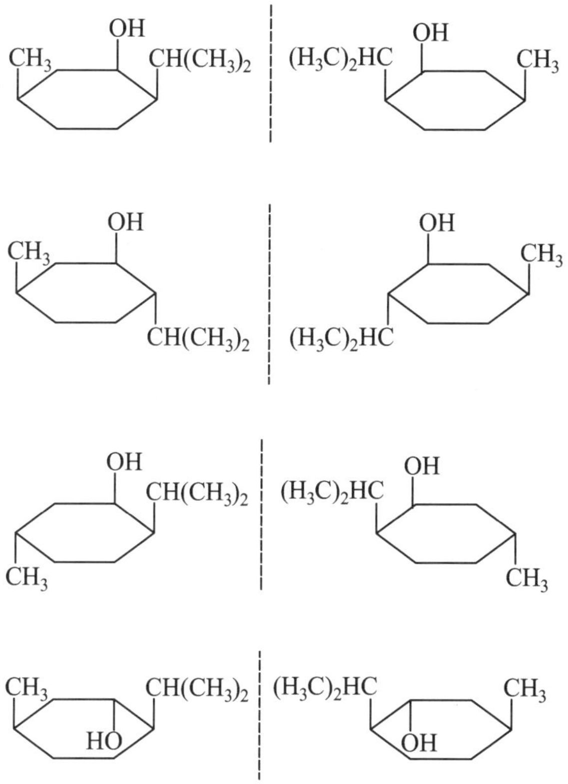

12. 解：（1）非对映体　　　　（2）对映体　　　　　（3）对映体
　　　（4）对映体　　　　　（5）顺反异构体　　　（6）非对映体
　　　（7）同一化合物（有对称面）　　　　　　　（8）构造异构体

13. 解：Ⅰ与Ⅱ、Ⅶ与Ⅷ相同，都是内消旋体；Ⅲ与Ⅴ、Ⅴ与Ⅵ都是对映体；Ⅳ与Ⅵ、Ⅲ与Ⅴ相同。

14. 解：顺-2-丁烯与氯水反应生成氯醇（Ⅰ）和它的对映体，说明该反应是按反式加成进行的，反应通过一个环状氯鎓离子使 C—C 单键的自由转受到阻碍，从而使 OH^- 只能从三元环的反面进攻环上的两个 C，同时，由于 OH^- 进攻 C2、C3 的机会均等，因此得到（Ⅰ）和它的对映体。

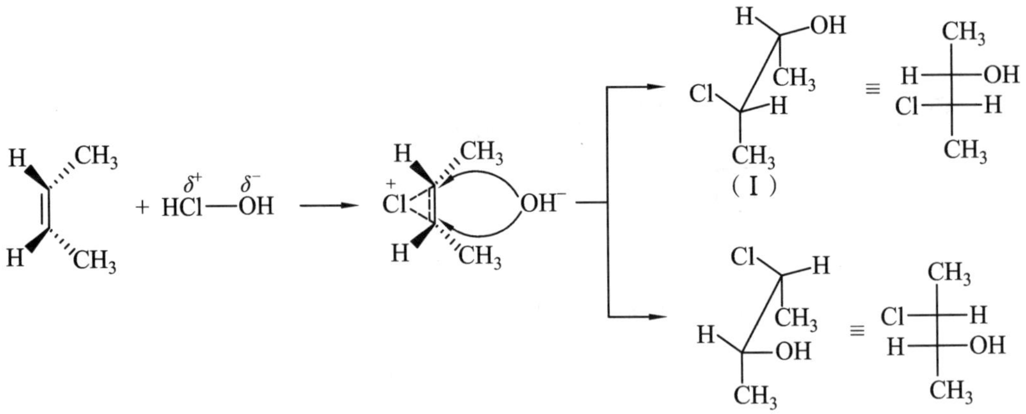

反-2-丁烯与氯水反应生成氯醇（Ⅱ）和对映体，说明反应也是按反式加成进行的。反应时也是通过三元环氯鎓离子，但形成的却是两个不同的环状氯鎓离子 A 和 B，同时，OH⁻ 从 A 的反面进攻环上的两个 C 均得Ⅱ，而从 B 的反面进攻环上的两个 C，均得Ⅱ的对映体Ⅲ。反应的立体化学过程如下：

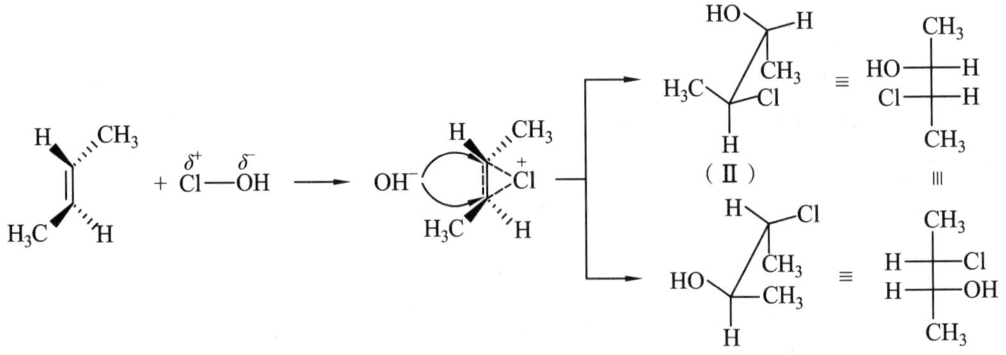

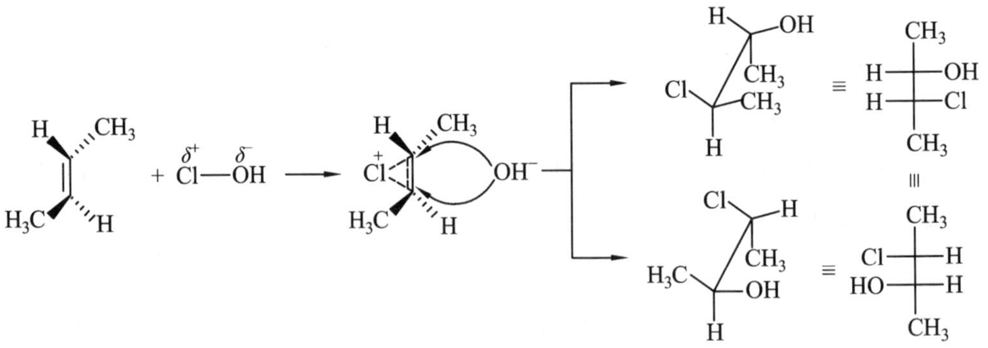

15. 解：（1）按题意，两种邻二醇的构型不同，但构造式相同，故熔点为 19 ℃ 的邻二醇是外消旋体，熔点为 32 ℃ 的邻二醇是内消旋体，它们的构型如下：

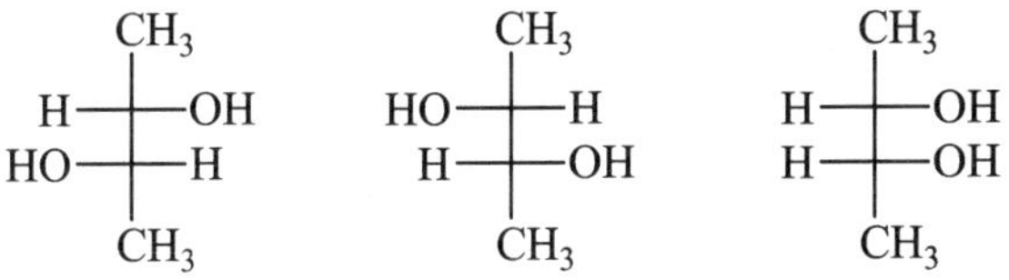

(2S, 3S)　　　(2R, 3R)　　　(2S, 3R)

（2）用 $KMnO_4$ 羟基化反应是一种经过五元环中间体的顺式加成过程。

顺-2-丁烯的反应立体化学过程如下：

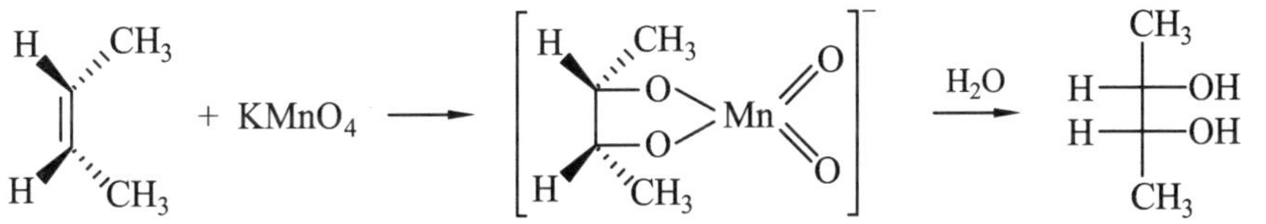

反-2-丁烯的反应立体化学过程如下：

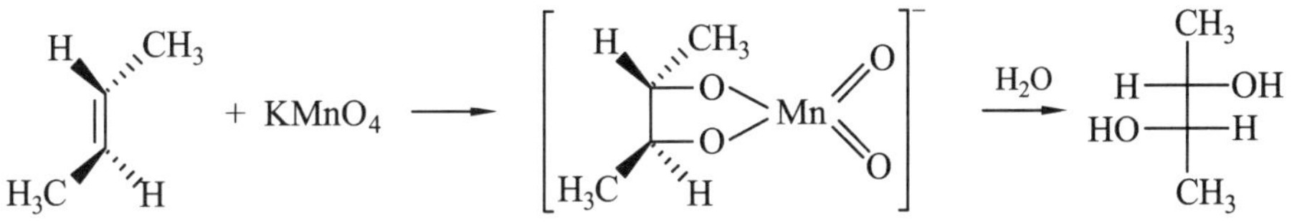

以及下列立体化学过程：

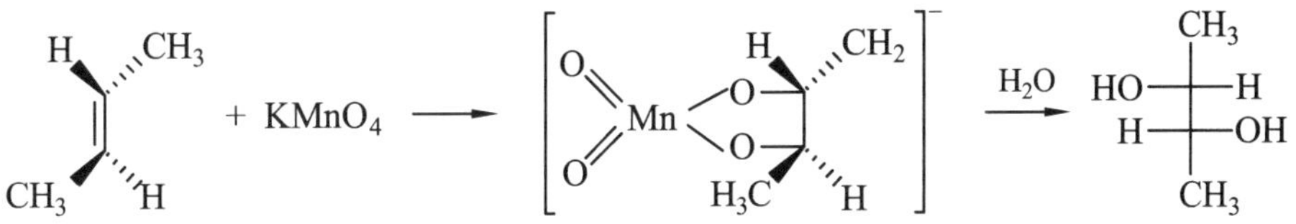

16. 解：

（1）

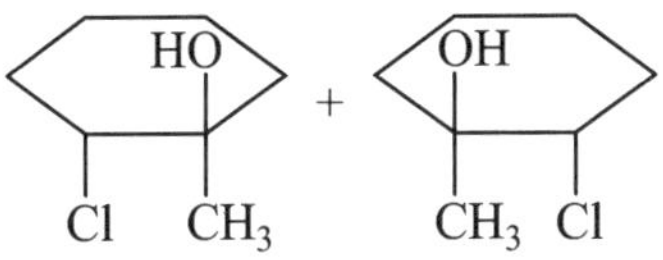

（2）

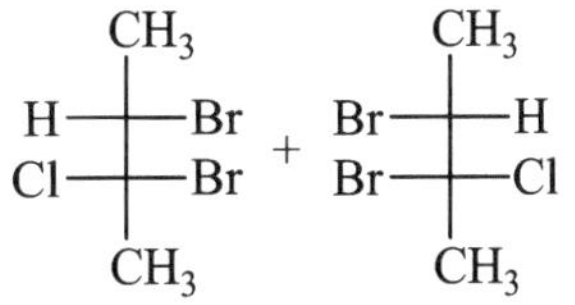

（3）

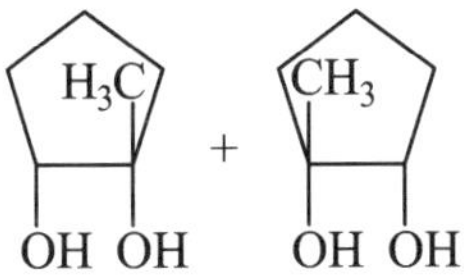

17. 解：依题意推测，A、B、C 的结构分别是

A. 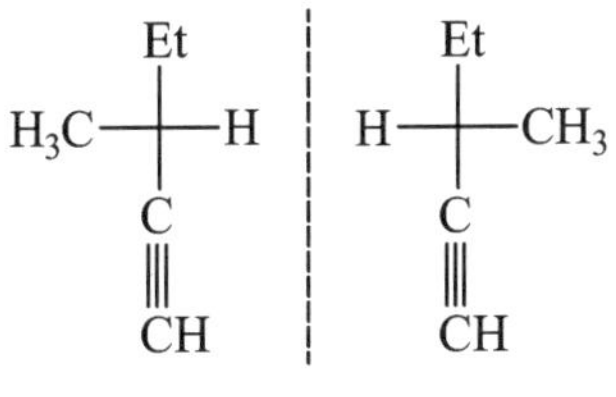　　　　　B. 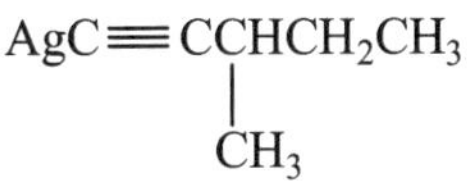 $AgC{\equiv}CCHCH_2CH_3$　　　C. 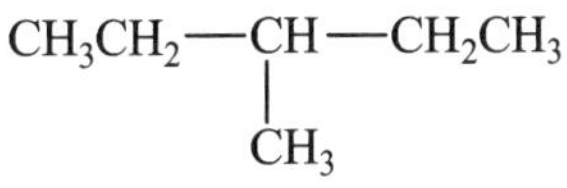 $CH_3CH_2-CH-CH_2CH_3$
　　　　　　　　　　　|　　　　　　　　　　　　　　　　　　|
　　　　　　　　　　CH_3　　　　　　　　　　　　　　　CH_3

有关反应如下：

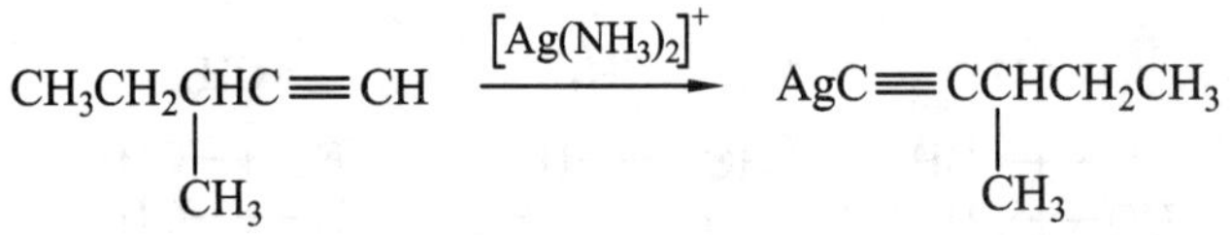

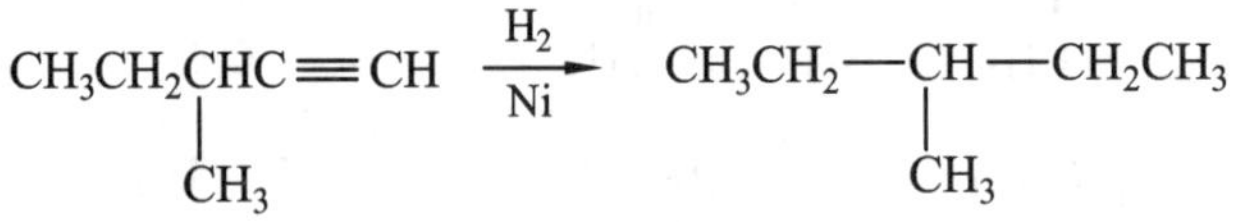

$$\underset{\underset{CH_3}{|}}{CH_3CH_2CHC}\!\equiv\!CH \xrightarrow{[Ag(NH_3)_2]^+} \underset{\underset{CH_3}{|}}{AgC\!\equiv\!CCHCH_2CH_3}$$

$$\underset{\underset{CH_3}{|}}{CH_3CH_2CHC}\!\equiv\!CH \xrightarrow{\underset{Ni}{H_2}} \underset{\underset{CH_3}{|}}{CH_3CH_2\!-\!CH\!-\!CH_2CH_3}$$

B 的对映体如下：

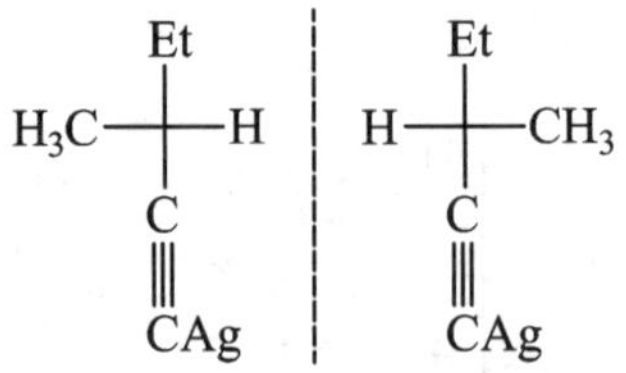

$$\begin{array}{c|c} \text{Et} & \text{Et} \\ | & | \\ H_3C\!-\!C\!-\!H & H\!-\!C\!-\!CH_3 \\ | & | \\ C & C \\ \|\| & \|\| \\ CAg & CAg \end{array}$$

(R)-3-甲基-1-戊炔银　　(S)-3-甲基-1-戊炔银

18. 解：A、B、C 和 D 的结构为

A. 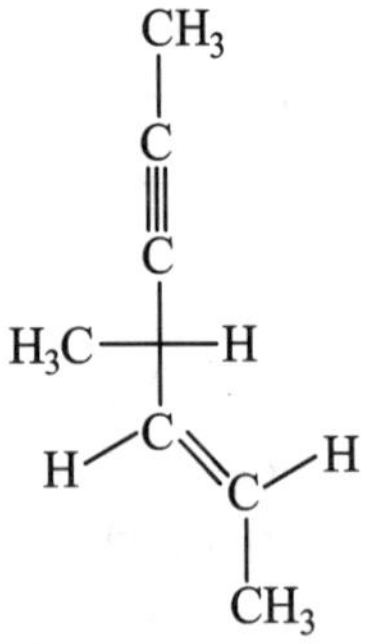 (structure with CH₃-C≡C-, H₃C-CH, and CH=CH-CH₃ group)

B. $CH_3CH_2CH_2\underset{\underset{CH_3}{|}}{CH}CH_2CH_3$

C. (structure with two CH=CH groups and central H₃C-CH)

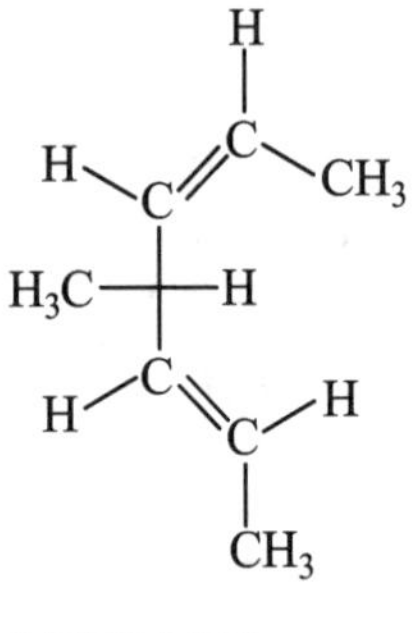

D. 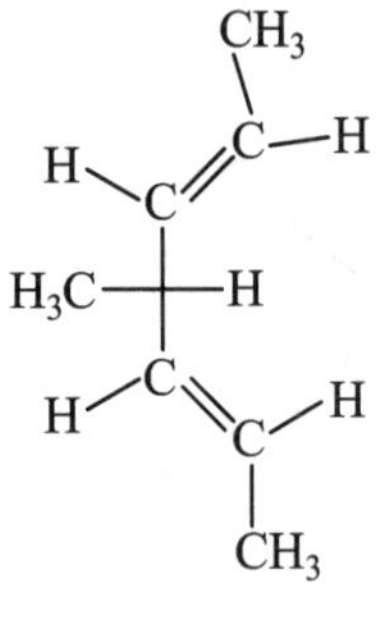 (structure with two CH=CH-CH₃ groups and central H₃C-CH)

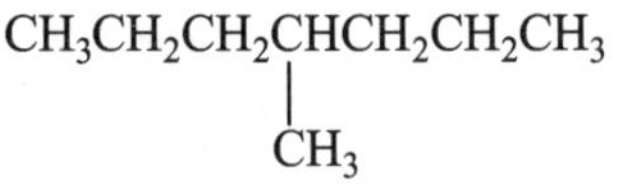

有关反应如下：

(structure) $\xrightarrow{\underset{Pt}{H_2}}$ $CH_3CH_2CH_2\underset{\underset{CH_3}{|}}{CH}CH_2CH_3$

164

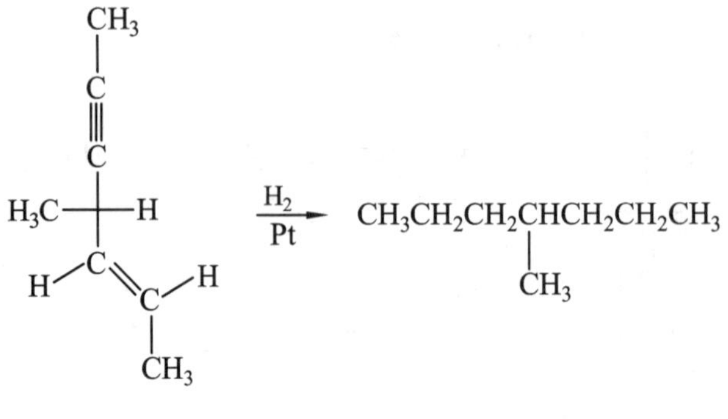

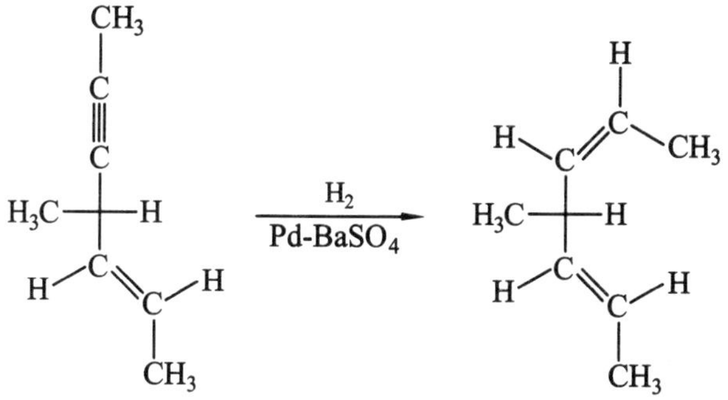

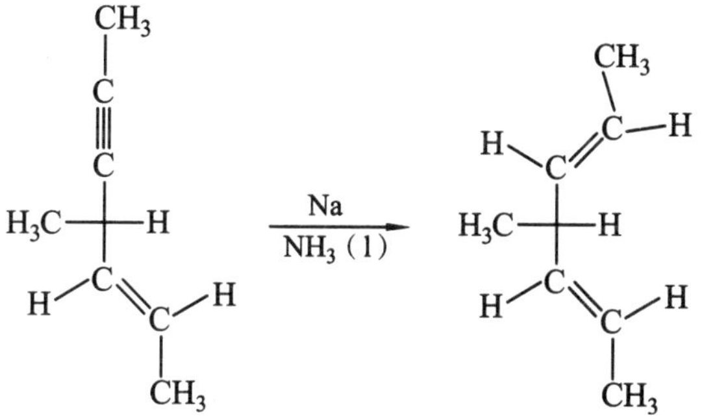

19. 解：

（1） 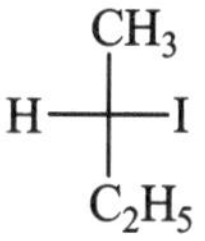
```
    CH3
    |
H───┼───I
    |
    C2H5
```

（2）(R)-2-碘丁烷的比旋光度数值与(S)-2-碘丁烷相同，但方向相反，应是 −15.9°·m²·kg⁻¹；

（3）根据公式：
因为

$$e(\%) = \frac{n(R) - n(S)}{n(R) + n(S)} \times 100\%$$

所以，$e(\%) = (7.95 \div 15.9) \times 100\% = 50\%$

所以，R 构型为 25%，S 构型为 75%。

20. 解：（2）（3）和（4）均有光学活性。

第七章 芳 烃

1. 写出单环芳烃 C_9H_{12} 的同分异构体的构造式并命名之。
2. 写出下列化合物的构造式。
（1）2-硝基-3,5-二溴甲苯　　　（2）2,6-二硝基-3-甲氧基甲苯
（3）2-硝基对甲苯磺酸　　　　（4）三苯甲烷
（5）反二苯乙烯　　　　　　　（6）环己基苯

（7）3-苯基戊烷 （8）间溴苯乙烯
（9）对溴苯胺 （10）对氨基苯甲酸
（11）8-氯-1-萘甲酸 （12）(E)-1-苯基-2-丁烯

3. 写出下列化合物的构造式。

（1）2-nitrobenzoic acid （2）*p*-bromotoluene
（3）*o*-dibromobenzene （4）*m*-dinitrobenzene
（5）3,5-dinitrophenol （6）3-chloro-1-ethoxybenzene
（7）2-methyl-3-phenyl-1-butanol （8）*p*-chlorobenzenesulfonic acid
（9）benzyl bromide （10）*p*-nitroaniline
（11）*o*-xylene （12）*tert*-butylbenzene
（13）*p*-cresol （14）3-phenylcyclohexanol
（15）2-phenyl-2-butene （16）naphthalene

4. 在下列各组结构中应使用"→"或"⇌"才能把它们正确地联系起来，为什么？

（1） 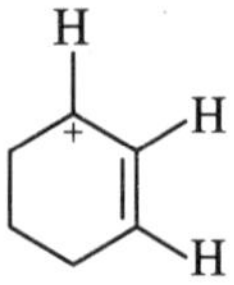 与

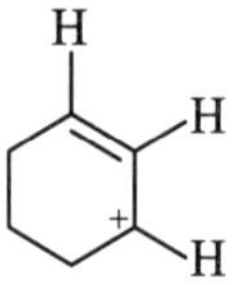

（2） 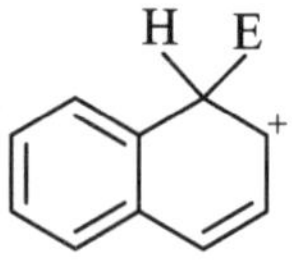 与

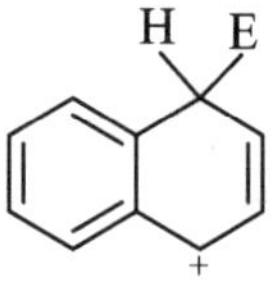

（3） 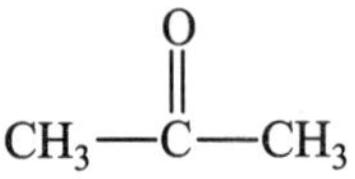 $CH_3-\underset{\underset{O}{\|}}{C}-CH_3$ 与 $CH_3-\underset{\underset{OH}{|}}{C}=CH_2$

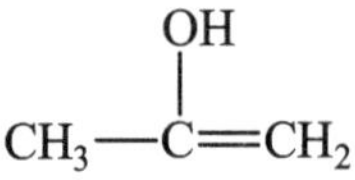

（4）$CH_3COCH_2COOC_2H_5$ 与 $CH_3-\underset{\underset{OH}{|}}{C}=CHCOOC_2H_5$

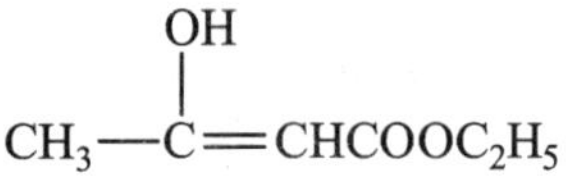

5. 写出下列反应的反应物的构造式。

（1）$C_8H_{10} \xrightarrow[\triangle]{KMnO_4 溶液}$ C₆H₅COOH (邻位)

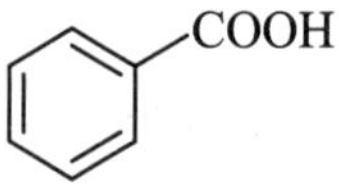

（2）$C_8H_{10} \xrightarrow[\triangle]{KMnO_4 溶液}$ HOOC-C₆H₄-COOH

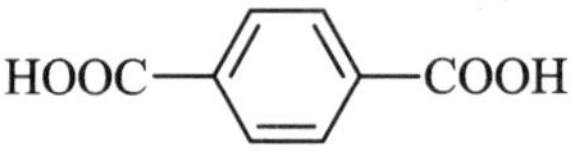

（3）$C_9H_{12} \xrightarrow[\triangle]{KMnO_4 溶液}$ C_6H_5COOH

（4）$C_9H_{12} \xrightarrow[\triangle]{KMnO_4 溶液}$ 间苯二甲酸

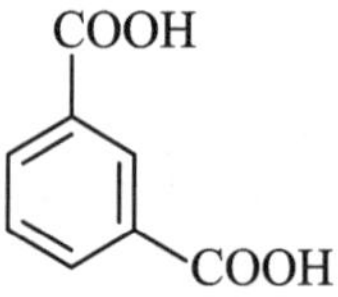

6. 完成下列反应：

（1）[benzene] + ClCH$_2$CH(CH$_3$)CH$_2$CH$_3$ $\xrightarrow{\text{AlCl}_3}$　　（2）[benzene]（过量）+ CH$_2$Cl$_2$ $\xrightarrow{\text{AlCl}_3}$

（3）[phenylcyclohexane] $\xrightarrow[0\ ^\circ\text{C}]{\text{HNO}_3,\ \text{H}_2\text{SO}_4}$

（4）[benzene] $\xrightarrow[\text{HF}]{(\text{CH}_3)_2\text{C}=\text{CH}_2}$ （　） $\xrightarrow[\text{AlCl}_3]{\text{C}_2\text{H}_5\text{Br}}$ （　） $\xrightarrow[\text{H}_2\text{SO}_4]{\text{K}_2\text{Cr}_2\text{O}_7}$

（5）[C$_6$H$_5$CH$_2$CH$_2$COCl] $\xrightarrow{\text{AlCl}_3}$　　（6）[naphthalene] $\xrightarrow[\text{Pt}]{2\text{H}_2}$ （　） $\xrightarrow[\text{AlCl}_3]{\text{CH}_3\text{COCl}}$

（7）[1-cyclohexenyl-4-ethylbenzene] $\xrightarrow[\text{H}^+,\ \Delta]{\text{KMnO}_4}$　　（8）[1-methylnaphthalene] $\xrightarrow{\text{HNO}_3 \atop \text{H}_2\text{SO}_4}$

7. 写出下列反应主要产物的构造式和名称。

（1）C$_6$H$_6$ + CH$_3$CH$_2$CH$_2$CH$_2$Cl $\xrightarrow[100\ ^\circ\text{C}]{\text{AlCl}_3}$　　（2）m-C$_6$H$_4$(CH$_3$)$_2$ + (CH$_3$)$_3$CCl $\xrightarrow[100\ ^\circ\text{C}]{\text{AlCl}_3}$

（3）C$_6$H$_6$ + CH$_3$CHClCH$_3$ $\xrightarrow{\text{AlCl}_3}$

8. 试解释下列傅-克反应的实验事实。

（1）[benzene] + CH$_3$CH$_2$CH$_2$Cl $\xrightarrow{\text{AlCl}_3}$ [C$_6$H$_5$CH$_2$CH$_2$CH$_3$] + HCl

(产率极差)

（2）苯与 RX 在三卤化铝存在下进行单烷基化需要使用过量的苯。

9. 怎样从苯和脂肪族化合物制取丙苯？用反应方程式表示。

10. 将下列化合物进行一次硝化，试用箭头表示硝基进入的位置（指主要产物）。

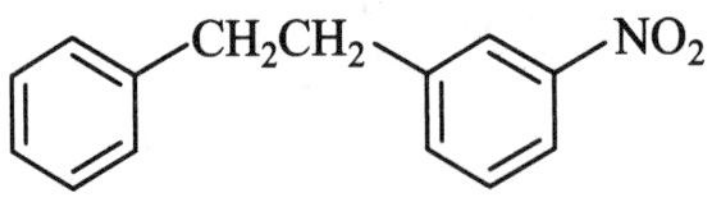

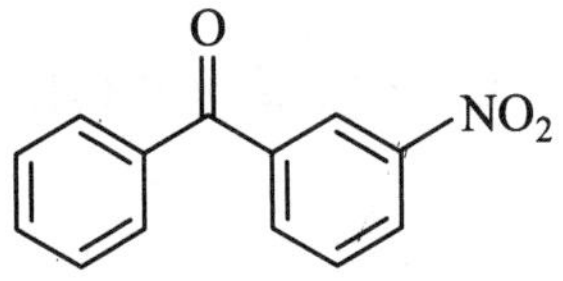

苯基-CH₂CH₂-(间硝基苯)   苯基-CO-(间硝基苯)

11. 比较下列各组化合物进行硝化反应时的难易。
（1）苯、1, 2, 3-三甲苯，甲苯，间二甲苯
（2）苯、硝基苯、甲苯
（3）对苯二甲酸、对甲苯甲酸、苯甲酸、甲苯
（4）硝基苯、硝基苄、乙苯

12. 以甲苯为原料合成下列化合物。请提供合理的合成路线。

（1）O_2N—C₆H₄—COOH
（2）H_3C—C₆H₄—$CH(CH_3)_2$ 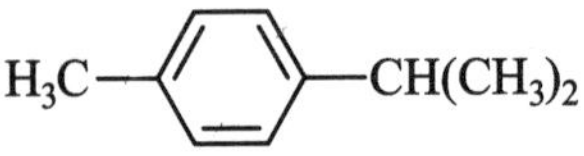
（3）4-Br-3-NO_2-C₆H₃-COOH
（4）4-Br-C₆H₄-CH_2Cl
（5）2,6-二溴-4-硝基甲苯
（6）3-氯苯甲酸

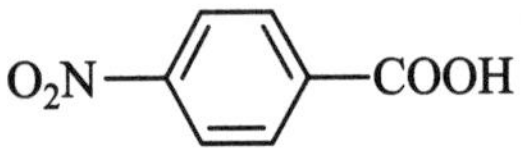

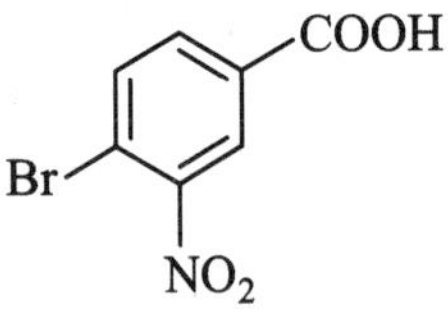

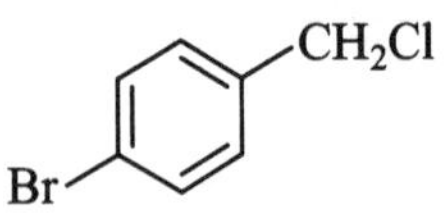

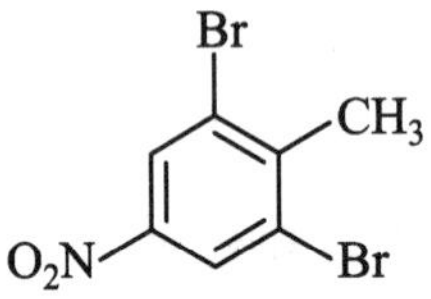

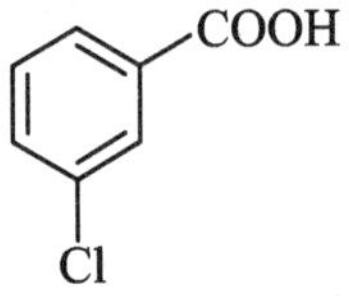

13. 某芳烃的分子式为 C_9H_{12}，用重铬酸钾的硫酸溶液氧化得到一种二元酸，将原来的芳烃进行硝化所得的一元硝基化合物主要有两种。该芳烃的可能构造式有哪些？写出各步反应的方程式。

14. 甲、乙、丙三种芳烃分子式同为 C_9H_{12}，氧化时甲得一元羧酸，乙得二元酸，丙得三元酸。但经硝化时甲和乙分别得到两种一硝基化合物，而丙只得一种一硝基化合物。求甲、乙、丙三者的结构。

15. 比较下列碳正离子的稳定性。

R_3C^+ $ArCH_2^+$ Ar_3C^+ Ar_2CH^+ CH_3^+

16. 下列傅-克反应过程中，哪一个产物是平衡控制产物？

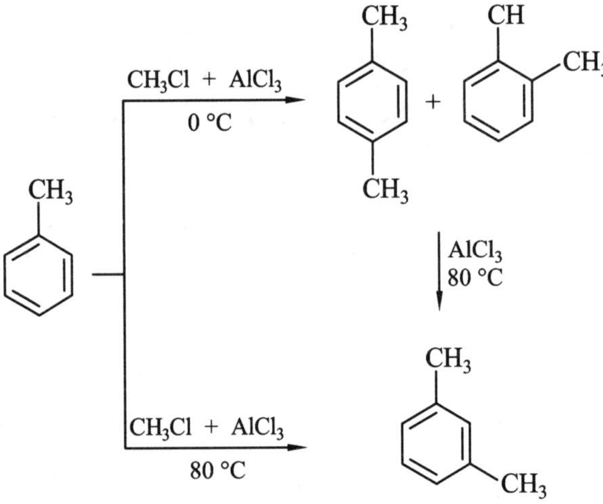

甲苯 —CH₃Cl + AlCl₃, 0 ℃→ 对二甲苯 + 邻二甲苯
         ↓ AlCl₃, 80 ℃
         间二甲苯

甲苯 —CH₃Cl + AlCl₃, 80 ℃→ 间二甲苯

17. 解释下列事实：

（1）甲苯硝化可得到 50% 邻位产物，而将叔丁基苯进行硝化只得 16% 的邻位产物。

（2）用重铬酸钾的酸溶液做氧化剂，使甲苯氧化成苯甲酸，反应产率差；而将对硝基甲苯氧化成对硝基苯甲酸，反应产率好。

18. 下列化合物在单质溴和三溴化铁存在下发生溴代反应，将得到什么产物？

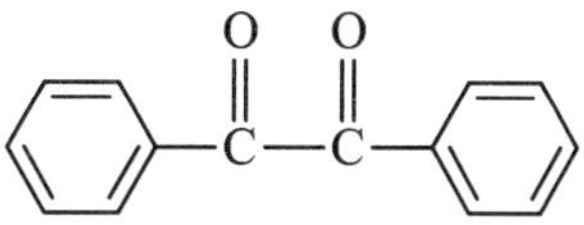

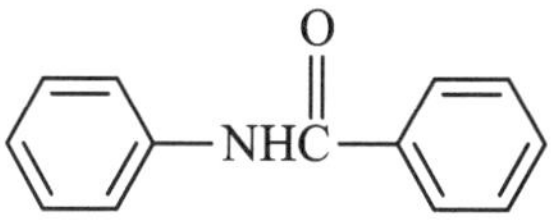

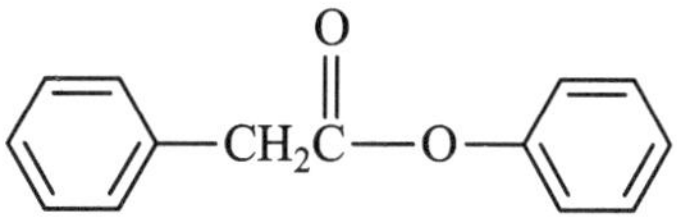

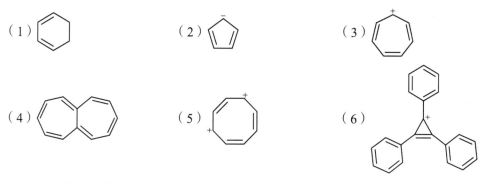

19. 下列化合物或离子哪些具有芳香性，为什么？

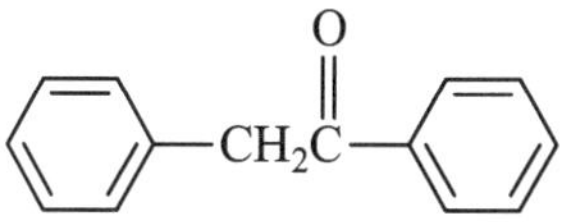

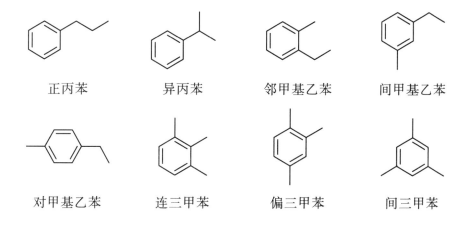

20. 某烃类化合物 A，分子式为 C_9H_8，能使溴的四氯化碳溶液褪色，在温和的条件下就能与 1 mol 氢气加成生成 B（分子式为 C_9H_{10}）；在高温高压下，A 能与 4 mol 氢气加成；剧烈条件下氧化 A，可得到一个邻位的二元芳香羧酸。试推测 A 可能的结构。

答　案

1. 解：

正丙苯　　异丙苯　　邻甲基乙苯　　间甲基乙苯

对甲基乙苯　　连三甲苯　　偏三甲苯　　间三甲苯

2. 解：

（1）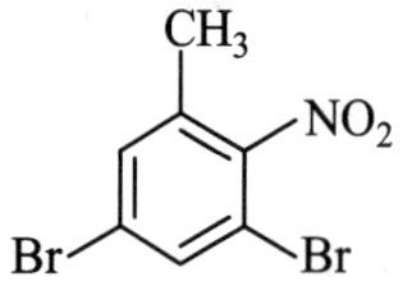　（2）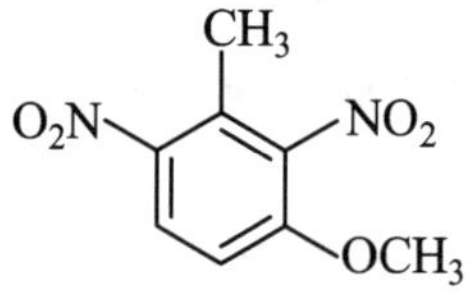　（3）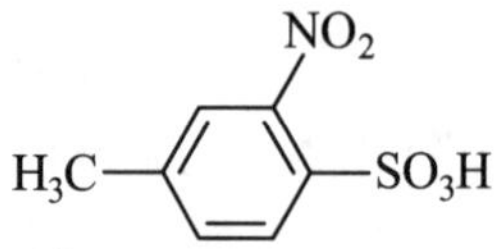

（4）Ph_3CH　（5）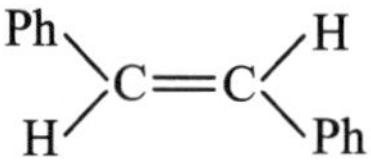　（6）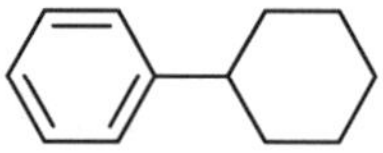

（7）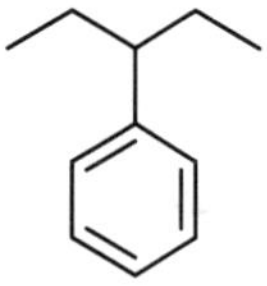　（8）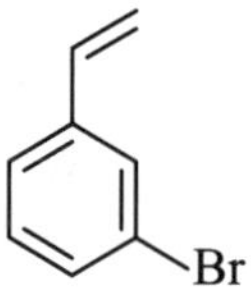　（9）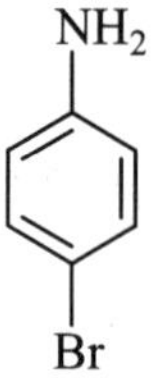

（10）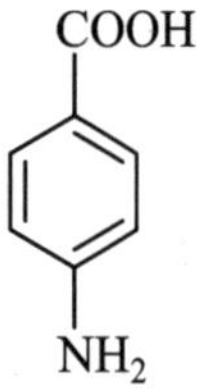　（11）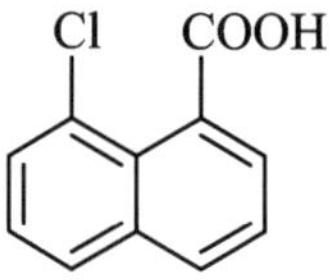　（12）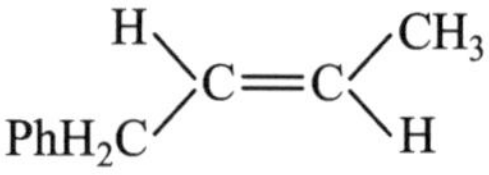

3. 解：

（1）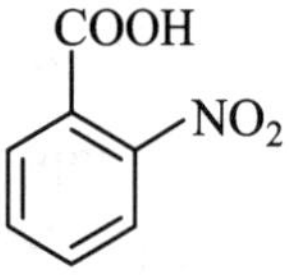　（2）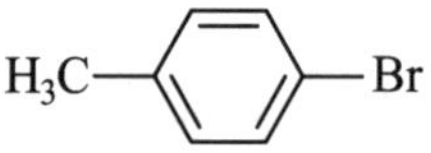　（3）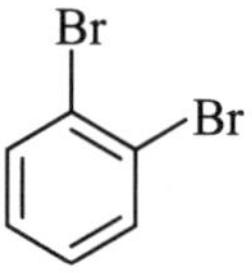

（4）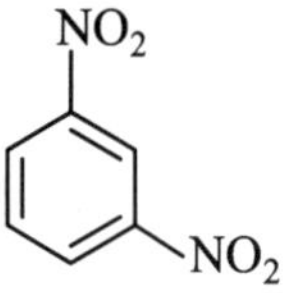　（5）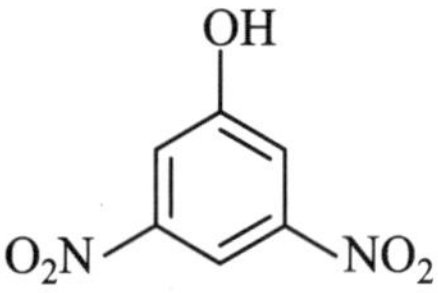　（6）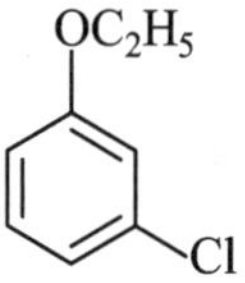

（7）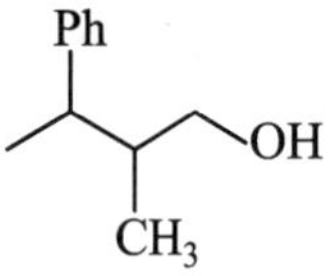　（8）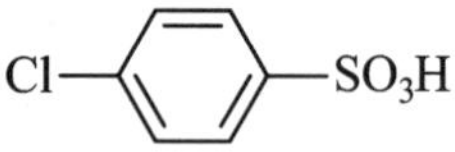　（9）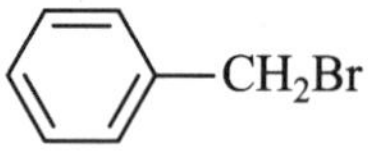

（10）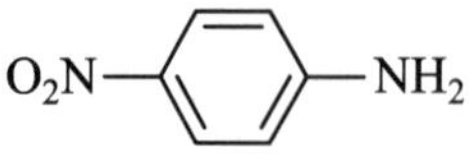　（11）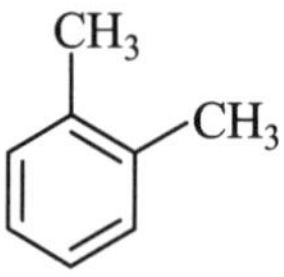　（12）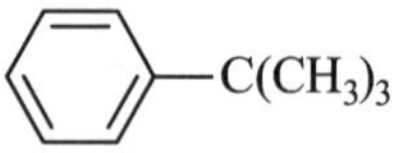

（13）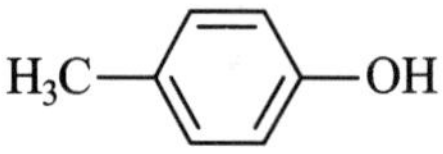　（14）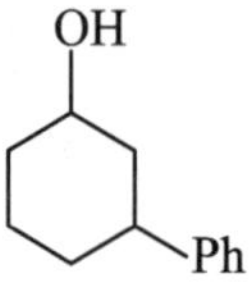　（15）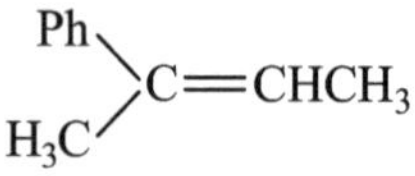

(16) 萘

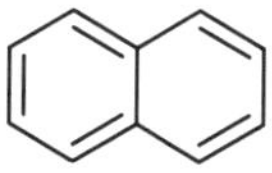

4. 解:

(1) 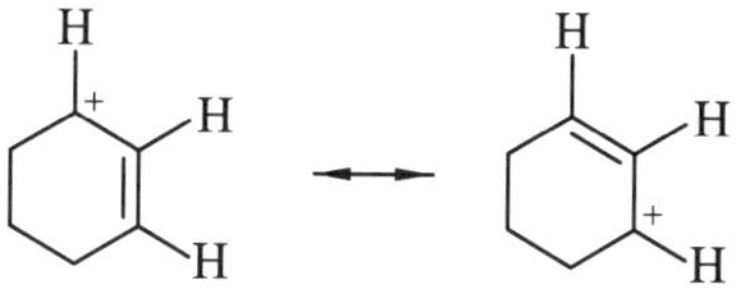 两组结构都为烯丙型 C^+ 共振杂化体。

(2) 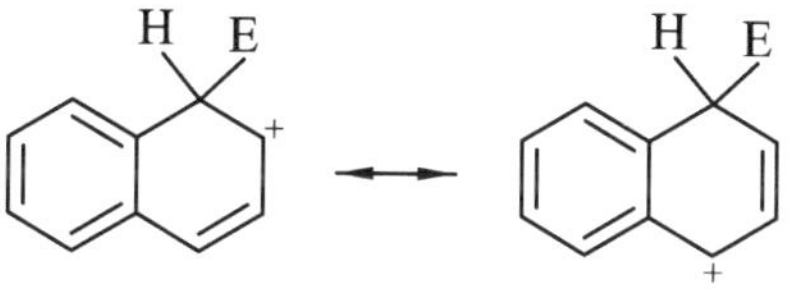 与(1)相同。

(3) $(CH_3)_2C=O \rightleftharpoons CH_3-\underset{OH}{\overset{|}{C}}=CH_2$ 两者为酮式与烯醇式互变异构平衡体。

(4) $CH_3COCH_2COOC_2H_5 \rightleftharpoons CH_3-\underset{OH}{\overset{|}{C}}=CHCOOC_2H_5$ 与(3)相同。

5. 解:

(1) 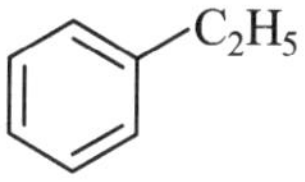 PhC$_2$H$_5$

(2) 1,4-H$_3$C-C$_6$H$_4$-CH$_3$

(3) PhCH(CH$_3$)$_2$ 或 PhCH$_2$CH$_2$CH$_3$

(4) 1,3-(C$_2$H$_5$)(CH$_3$)C$_6$H$_4$

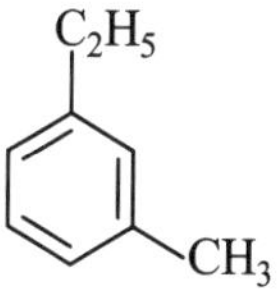

6. 解:

(1) 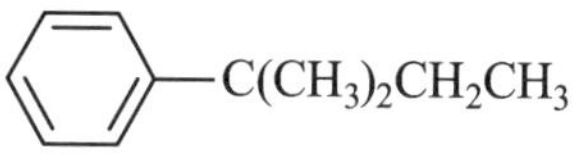 PhC(CH$_3$)$_2$CH$_2$CH$_3$

(2) Ph$_2$CH$_2$

(3) O_2N-C$_6$H$_4$-环己基 (对位)

(4) PhC(CH$_3$)$_3$; 1,4-(CH$_3$)$_3$C-C$_6$H$_4$-C$_2$H$_5$; 1,4-(CH$_3$)$_3$C-C$_6$H$_4$-COOH

(5) 茚满-1-酮

(6) 四氢萘; 2-乙酰基-3,4,5,6,7,8-六氢萘

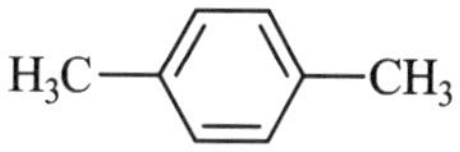

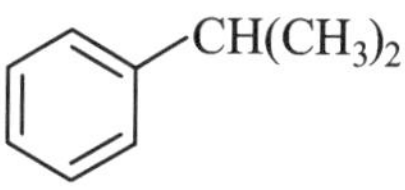

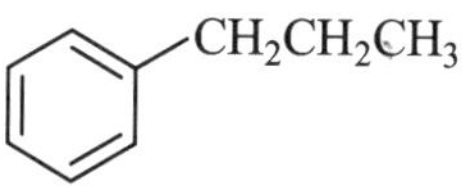

(7) HOOC-C$_6$H$_4$-CO(CH$_2$)$_4$COOH (对位)

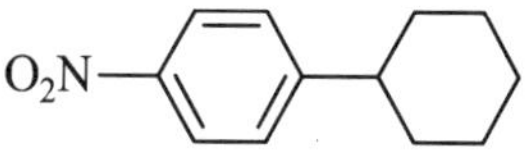

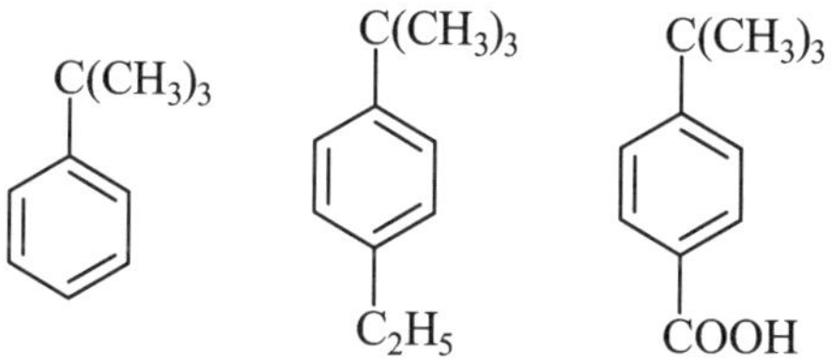

(8) 1-甲基-4-硝基萘

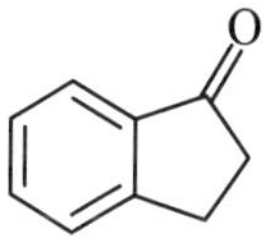

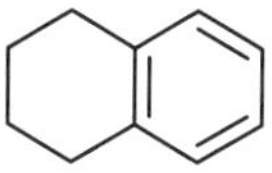

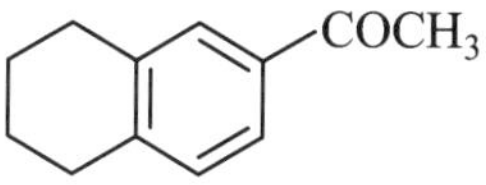

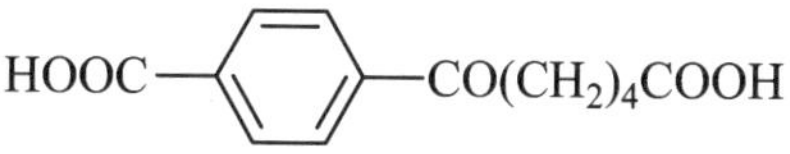

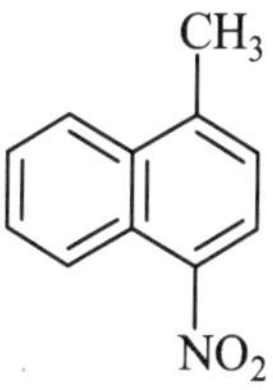

7. 解：

(1) 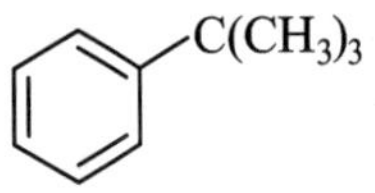 C₆H₅-C(CH₃)₃

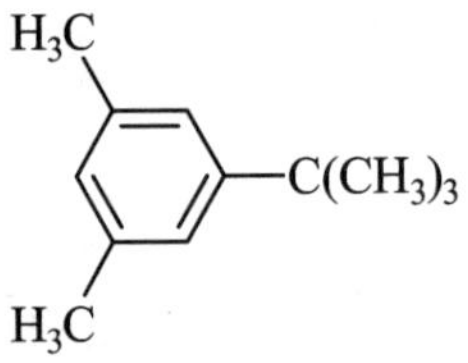

(2) 3,5-二甲基-叔丁基苯

(3) C₆H₅-CH(CH₃)₂

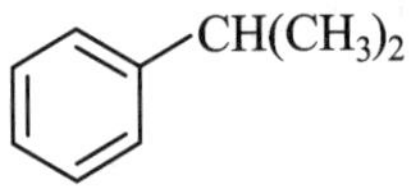

8. 解：

（1）付-克烷基化反应中有分子重排现象，反应过程中 $CH_3CH_2\overset{\delta^+}{CH_2}\cdots Cl\cdots \overset{\delta^+}{AlCl_3}$ 多重排为更稳定的仲碳正离子。所以 1-苯基丙烷的产率极差，主要生成异丙苯。

（2）加入过量苯后，就有更多的苯分子与 RX 碰撞，从而减少了副产物二烷基苯及多烷基苯的生成几率。

9. 解：

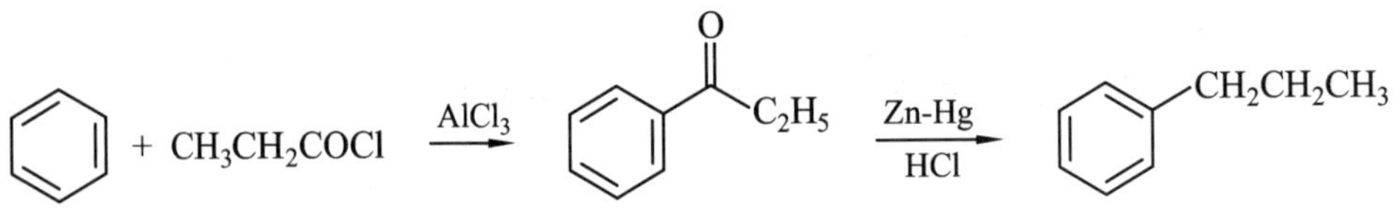

$$C_6H_6 + CH_3CH_2COCl \xrightarrow{AlCl_3} C_6H_5COC_2H_5 \xrightarrow[HCl]{Zn-Hg} C_6H_5CH_2CH_2CH_3$$

10. 解：

（给出的取代苯系列产物结构，指出下一步亲电取代的位置）

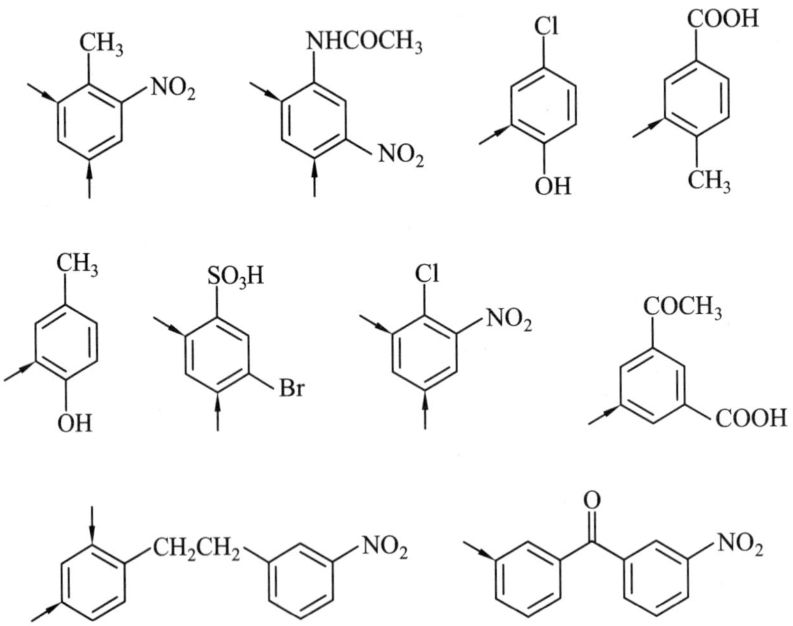

11. 解：（1）1,2,3-三甲苯 > 间二甲苯 > 甲苯 > 苯

（2）甲苯 > 苯 > 硝基苯

(3) 甲苯 > 对甲苯甲酸 > 苯甲酸 > 对苯二甲酸
(4) 乙苯 > 硝基苄 > 硝基苯

12. 解：

(1) 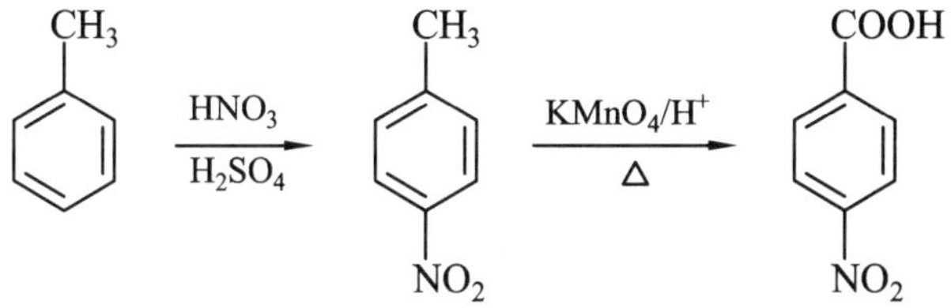 甲苯 $\xrightarrow{\text{HNO}_3/\text{H}_2\text{SO}_4}$ 对硝基甲苯 $\xrightarrow[\Delta]{\text{KMnO}_4/\text{H}^+}$ 对硝基苯甲酸

(2) 甲苯 $\xrightarrow[\text{AlCl}_3, \text{微量HCl}]{\text{CH}_3\text{CH}=\text{CH}_2}$ 对异丙基甲苯

(3) 甲苯 $\xrightarrow{\text{Br}_2/\text{Fe}}$ 对溴甲苯 $\xrightarrow{\text{KMnO}_4/\text{H}^+}$ 对溴苯甲酸 $\xrightarrow{\text{HNO}_3/\text{H}_2\text{SO}_4}$ 4-溴-3-硝基苯甲酸

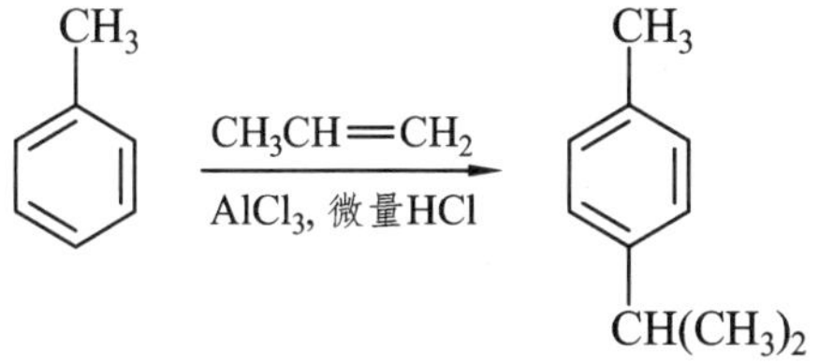

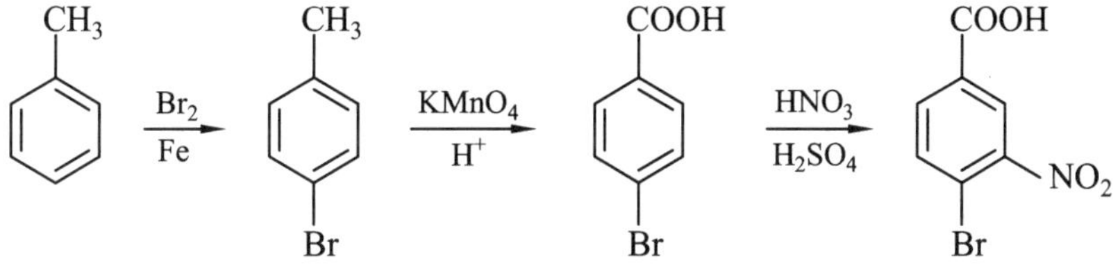

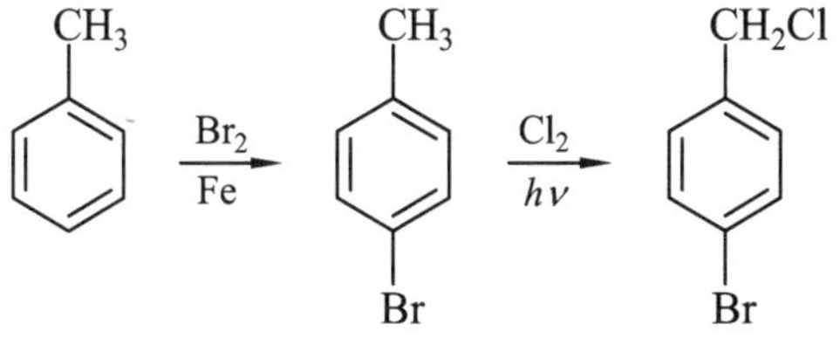

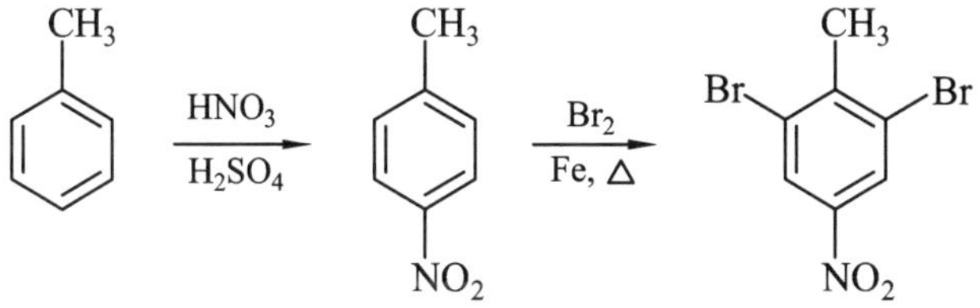

(4) 甲苯 $\xrightarrow{\text{Br}_2/\text{Fe}}$ 对溴甲苯 $\xrightarrow{\text{Cl}_2/h\nu}$ 对溴氯苄

(5) 甲苯 $\xrightarrow{\text{HNO}_3/\text{H}_2\text{SO}_4}$ 对硝基甲苯 $\xrightarrow{\text{Br}_2/\text{Fe}, \Delta}$ 2,6-二溴-4-硝基甲苯

(6) 甲苯 $\xrightarrow{\text{KMnO}_4/\text{H}^+}$ 苯甲酸 $\xrightarrow{\text{Cl}_2/\text{FeCl}_3}$ 间氯苯甲酸

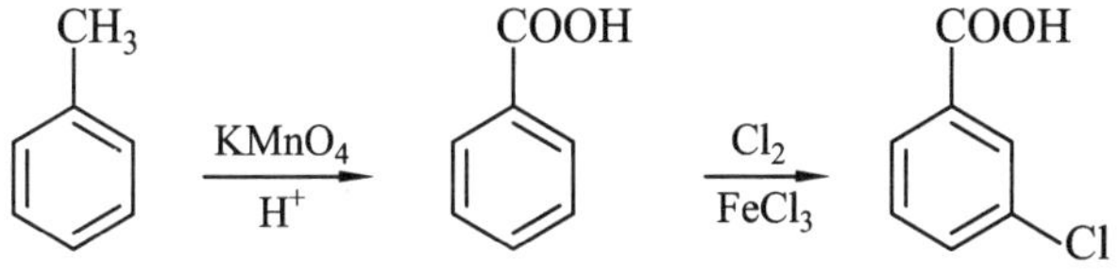

13. 解：由题意，芳烃 C_9H_{12} 有 8 种同分异构体，但能氧化成二元酸的只有邻、间、对三种甲基乙苯，该三种芳烃经一元硝化得：

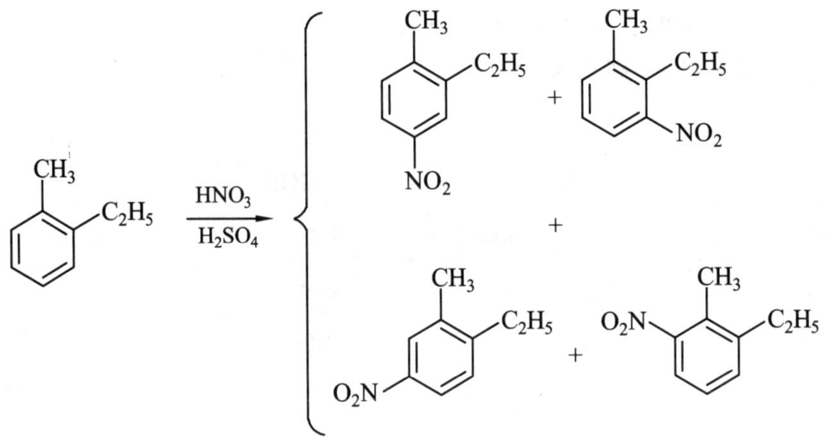

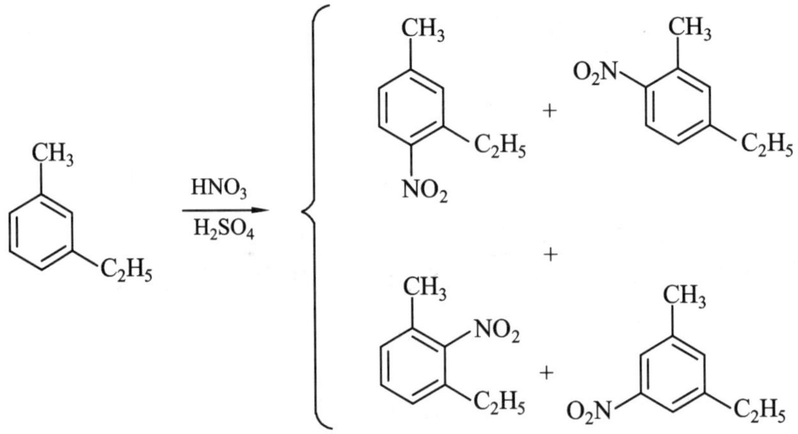

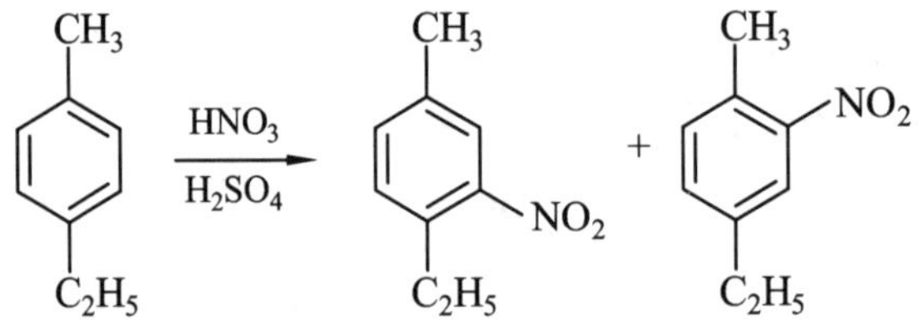

因将原芳烃进行硝化所得一元硝基化合物主要有两种，故该芳烃应是间甲基乙苯，氧化后所得的二元酸为间苯二甲酸。

14. 解： 由题意，甲、乙、丙三种芳烃分子式同为 C_9H_{12}，但经氧化得一元羧酸，说明苯环只有一个侧链烃基，因此是丙苯或异丙苯。两者一元硝化后，均得邻位和对位两种主要一硝基化合物，故甲应为正丙苯或异丙苯。

能氧化成二元羧酸的芳烃 C_9H_{12}，只能是邻、间、对甲基乙苯，而这 3 种烷基苯中，经硝化得两种主要一硝基化合物的有对甲基乙苯和间甲基乙苯。

能氧化成三元羧酸的芳烃 C_9H_{12}，在环上应有 3 个烃基，只能是三甲苯的 3 种异构体，而经硝化只得一种硝基化合物，则 3 个甲基必须对称，故丙为 1,3,5-三甲苯。

15. 解： Ar_3C^+ > Ar_2C^+H > ArC^+H_2 ≈ R_3C^+ > CH_3^+

16. 解：

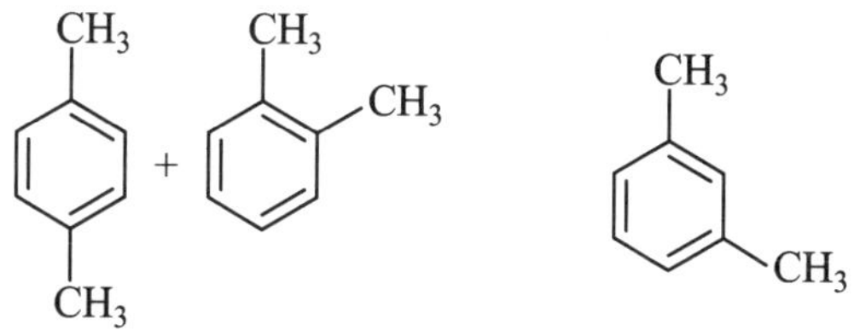

速率控制产物　　　平衡控制产物

17．解：

（1）由于—C(CH₃)₃ 的体积远大于—CH₃，则基团进入邻位位阻较大，而基团主要进攻空间位阻小的对位，故硝化所得邻位产物较少。

（2）由于—NO₂ 吸电子，降低了苯环电子云密度，O₂N←⬡←CH₂←H，从而促使甲基的电子向苯环偏移，使—CH₃ 中的 C←H 极化，易被氧化剂进攻，断裂 C—H 键，故氧化所得对硝基苯甲酸产率高。

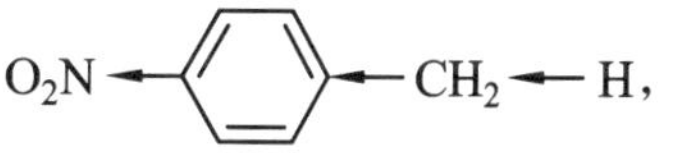

18．解：

（1）Br—C₆H₄—CH₂—CO—Ph + 邻-Br—C₆H₄—CH₂—CO—Ph

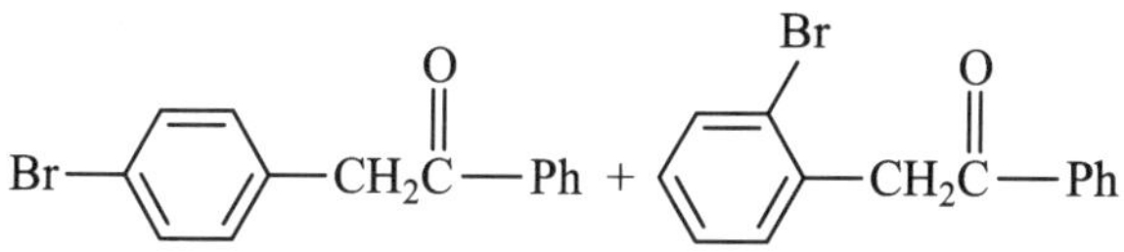

（2）间-Br—C₆H₄—CO—CO—Ph

（3）Br—C₆H₄—NHCO—Ph + 邻-Br—C₆H₄—NHCO—Ph

（4）Ph—CH₂—COO—C₆H₄—Br（对位）+ Ph—CH₂—COO—C₆H₄—Br（邻位）

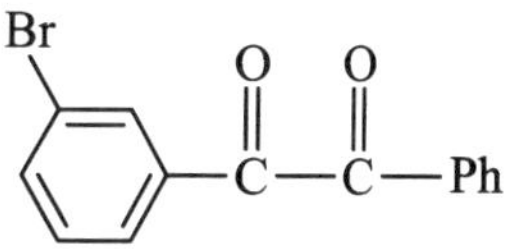

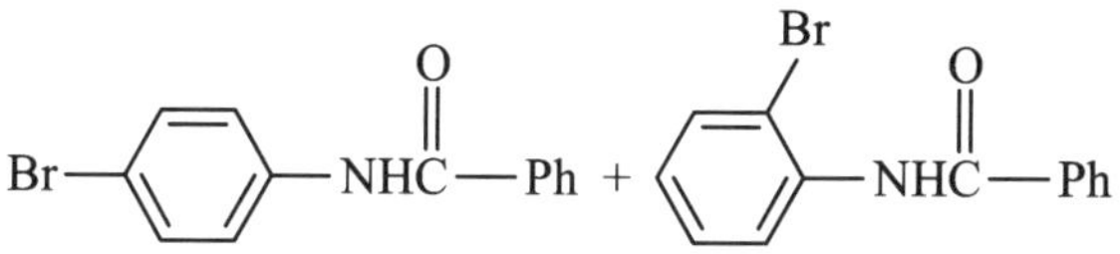

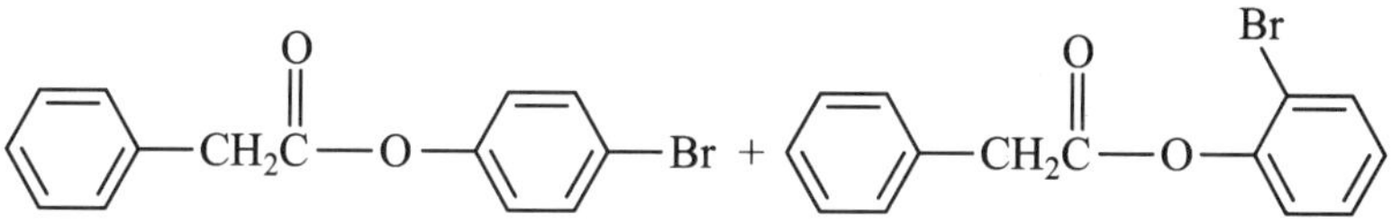

19．解：（2）（3）（5）（6）均具有芳香性。（2）（3）（5）是闭环的共轭体系，π 电子数均为 6 个；（6）的三元环则为 2 个，符合 $4n+2$ 规则；它们均具有较好的共平面性，因而具有芳香性。

20．解： A 和 B 的结构为

A. 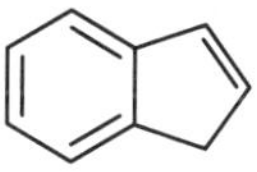 茚（indene）   B. 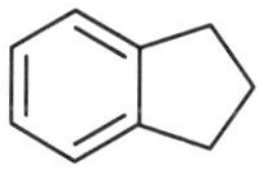 2,3-二氢茚（indane）

有关反应如下：

茚 + Br₂ → 1,2-二溴-2,3-二氢茚

茚 + 1 mol H₂ (Pt) → 2,3-二氢茚

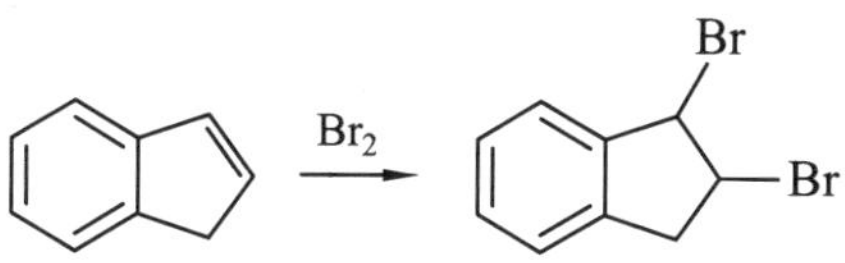

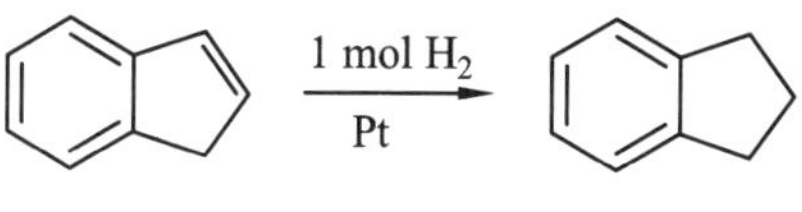

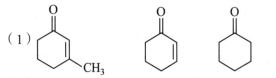

第八章 现代物理实验方法在有机化学中的应用

1. 指出下列化合物能量最低的电子跃迁的类型。

（1）$CH_3CH_2CH=CH_2$　　　（2）$CH_3CH_2CHCH_3$ 下标 OH　　　（3）$CH_3CH_2CCH_3$ 下标 O

（4）$CH_3CH_2OCH_2CH_3$　　　（5）$CH_2=CH-CH=O$

2. 按紫外吸收波长长短的顺序，排列下列各组化合物。

（1）（3-甲基-2-环己烯酮、2-环己烯酮、环己酮）

（2）$CH_3-CH=CH-CH=CH_2$　　$CH_2=CH-CH=CH_2$　　$CH_2=CH_2$

（3）CH_3I　　CH_3Br　　CH_3Cl

（4）（苯、氯苯、硝基苯）

（5）顺-1,2-二苯乙烯和反-1,2-二苯乙烯

3. 指出哪些化合物可在近紫外区产生吸收带。

（1）$CH_3CH_2CHCH_3$ 下 CH_3　　　　（2）$CH_3CH_2OCH(CH_3)_2$

（3）$CH_3CH_2C\equiv CH$　　　　　　（4）$CH_3CH_2CCH_3$ 下 O

（5）$CH_2=C=O$　　　　　　　　（6）$CH_2=CH-CH=CH-CH_3$

4. 图 4-5 和图 4-6 分别是乙酸乙酯和 1-己烯的红外光谱图，试识别各图的主要吸收峰：

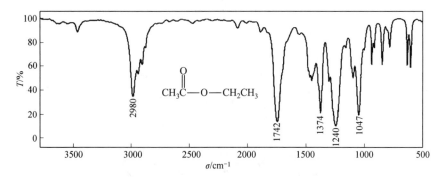

图 4-5　乙酸乙酯的 IR 图

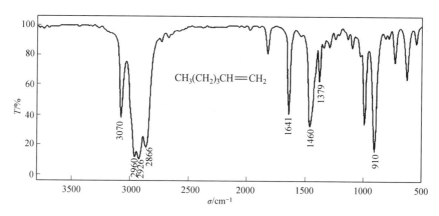

图 4-6　1-己烯的 IR 图

5. 指出如何应用红外光谱来区分下列各对异构体：

（1）$CH_3—CH=CH—CHO$ 和 $CH_3—C≡C—CH_2OH$

（2）
$\begin{array}{c} H \\ Ph \end{array} C=C \begin{array}{c} Ph \\ H \end{array}$ 和 $\begin{array}{c} Ph \\ H \end{array} C=C \begin{array}{c} Ph \\ H \end{array}$

（3）环己烯基-CO-CH₃ 和 环戊烯基-CO-CH₃

（4）环己基=C=环己基 和 环己烯基-CH₂-环己烯基

（5）$\begin{array}{c} Ph \\ Ph \end{array} C=C=C \begin{array}{c} CN \\ CH_3 \end{array}$ 和 $\begin{array}{c} Ph \\ Ph \end{array} C=C=N—CH=CH_2$

6. 化合物 E，分子式为 C_8H_6，可使 Br_2/CCl_4 溶液褪色，用硝酸银氨溶液处理，有白色沉淀生成；E 的红外光谱如图 4-7 所示，E 的结构是什么？

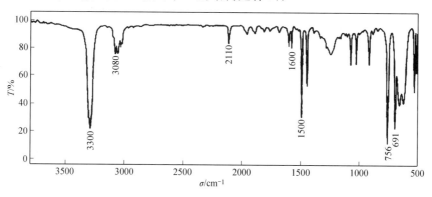

图 4-7　化合物 E 的 IR 图

7. 试解释如下现象：乙醇以及乙二醇的四氯化碳溶液的红外光谱在 3350 cm⁻¹ 处都有一个宽的 O—H 吸收带，当用 CCl_4 稀释这两种醇溶液时，乙二醇光谱的这个吸收带不变，而乙醇光谱的这个带被 3600 cm⁻¹ 一个尖峰代替。

8. 预计下列每个化合物将有几个核磁共振信号？

（1）CH₃CH₂CH₂CH₃ （2）CH₃CH—CH₂（环氧） （3）CH₃—CH=CH₂

（4）反-2-丁烯 （5）1,2-二溴丙烷 （6）CH₂BrCl

（7）CH₃—C(=O)—OCH(CH₃)₂ （8）2-氯丁烷

9. 写出具有下列分子式但仅有一个核磁共振信号的化合物结构式。

（1）C_5H_{12} （2）C_3H_6 （3）C_2H_6O （4）C_3H_4

（5）$C_2H_4Br_2$ （6）C_4H_6 （7）C_8H_{18} （8）$C_3H_6Br_2$

10. 二甲基环丙烷有 3 个异构体，分别给出 2、3 和 4 个核磁共振信号，试画出这 3 个异构体的构型式。

11. 按化学位移 δ 值的大小，将下列每个化合物的核磁共振信号排列成序。

（1）CH₃CH₂CH₂CH₃ （2）(H₃C)(H)C=C(H)(CH₃)

（3）CH₃CH₂OCH₂CH₃ （4）C₆H₅CH₂CH₂CH₃

（5）Cl₂CHCH₂Cl （6）ClCH₂CH₂CH₂Br

（7）CH₃CHO （8）CH₃—C(=O)—OCH₂CH₃

12. 在室温下，环己烷的核磁共振谱只有一个信号，但在 –100 ℃ 时分裂成两个峰。试解释环己烷在这两种不同温度下的 NMR 图。

13. 化合物 A，分子式为 C_9H_{12}，图 4-8、图 4-9 分别是它的核磁共振谱和红外光谱，写出 A 的结构。

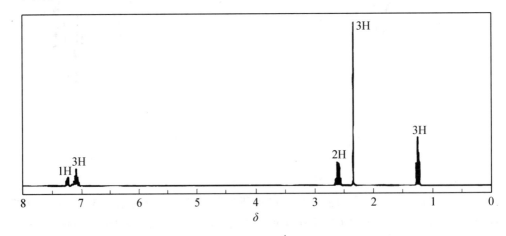

图 4-8　化合物 A 的 ¹H NMR 图

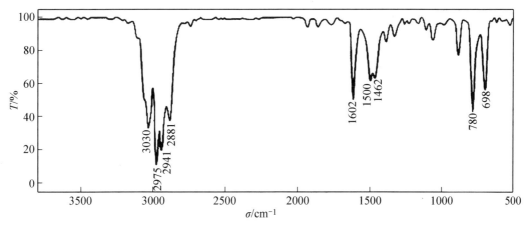

图 4-9 化合物 A 的 IR 图

14. 试推测具有下列分子式及 NMR 谱的化合物的构造式，并标出各组峰的相对面积。

（1）$C_2H_4Br_2$

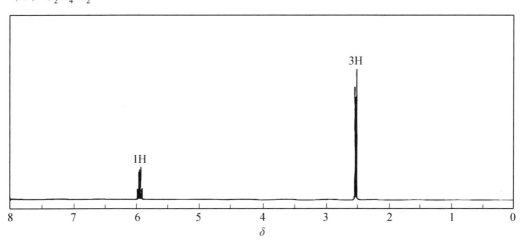

图 4-10 化合物（1）的 ^{1}H NMR 图

（2）C_8H_9Br

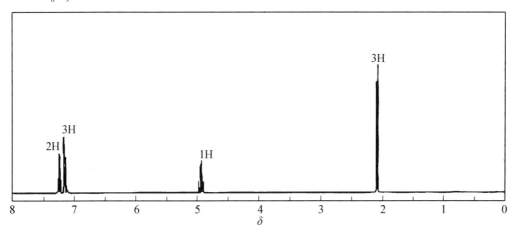

图 4-11 化合物（2）的 ^{1}H NMR 图

15. 从以下数据，推测化合物的结构。

实验式：C_3H_6O

NMR：$\delta=1.2(6H)$，$\delta=2.2(3H)$ 单峰，$\delta=2.6(2H)$ 单峰，$\delta=4.0(1H)$ 单峰。

IR：在 1700 cm^{-1} 及 3400 cm^{-1} 处有吸收带

16. 有 1 mol 丙烷和 2 mol Cl_2 进行游离基氯化反应时，生成氯化混合物，小心分馏得到 4 种二氯丙烷 A、B、C、D，从这 4 种异构体的核磁共振谱的数据，推定 A、B、C、D 的结构。

化合物 A（b.p. 69 °C）：$\delta=2.4(6H)$ 单峰

化合物 B(b.p. 88 °C)：$\delta=1.2(3H)$ 三重峰，1.9(2H)多重峰，5.8(1H)三重峰

化合物 C(b.p. 96 °C)：$\delta=1.4(3H)$ 二重峰，3.8(2H)二重峰，4.3(1H)多重峰

化合物 D(b.p. 120 °C)：$\delta=2.2(2H)$ 五重峰，3.7(4H)三重峰。

17. 化合物 A，分子式为 C_5H_8，催化反应后，生成顺-1,2-二甲基环丙烷。

（1）写出 A 可能的结构式。

（2）已知 A 在 890 cm^{-1} 处没有红外吸收，它可能的结构是什么？

（3）A 的 NMR 图在 $\delta=2.2$ 和 $\delta=1.4$ 处有共振信号，强度比为 3：1，A 的结构如何？

（4）在 A 的质谱中，发现基峰是 $m/z=67$，这个峰是什么离子造成的，如何解释它的相对丰度？

18. 间三甲苯的 NMR 图 $\delta=2.35(9H)$ 单峰，$\delta=6.70(3H)$ 单峰，在液态 SO_2 中，用 HF 和 SbF_5 处理间三甲苯，在 ^1H NMR 图中看到的都是单峰，$\delta=2.8(6H)$，$\delta=2.9(3H)$，$\delta=4.6(2H)$，$\delta=7.7(2H)$，这个谱是由什么化合物产生的？标明它们的吸收峰。

19. 1,2,3,4-四甲基-3,4-二氯环丁烯（Ⅰ）的 ^1H NMR 图在 $\delta=1.5$ 和 $\delta=2.6$ 各有一个单峰，当把（Ⅰ）溶解在 SbF_5 和 SO_2 的混合物中时，溶液的 ^1H NMR 图开始呈现 3 个单峰，$\delta=2.05(3H)$，$\delta=2.20(3H)$，$\delta=2.65(6H)$，但几分钟后，出现一个新的谱，只在 $\delta=3.68$ 处有一单峰。推测中间产物和最终产物的结构，并用反应式表示上述变化。

20. 某化合物的分子式为 C_7H_8O，其 $^{13}C\{^1H\}$ 谱中各峰的 δ 分别为 140.8、128.2、127.2、126.8 和 64.5，这些峰在偏共振去偶谱中分别表现为单峰、二重峰、二重峰、二重峰和三重峰。其 ^1H NMR 谱有三个单峰，δ 分别为 7.3（5H）、4.6（2H）和 2.4（1H）。试推测该化合物的结构式。

21. 一化合物的分子式为 $C_5H_{10}O$，其红外光谱在 1700 cm^{-1} 处有强吸收，^1H NMR 谱在 δ 为 9~10 处无吸收峰。从质谱知，其基峰 $m/z=57$，但无 $m/z=43$ 和 71 的峰，试确定该化合物的结构式。

22. 戊酮有 3 个异构体，A 的分子离子峰的 $m/z=86$，并在 $m/z=71$ 和 43 处各有一个强峰；但在 $m/z=58$ 处没有峰；B 在 $m/z=86$、57 处各有一个强峰，但没有 $m/z=43$、71 的强峰；C 有一个 $m/z=58$ 的强峰。试推出这三个戊酮的构造式。

23. 一中性化合物 $C_7H_{13}O_2Br$ 的 IR 谱在 2850~2950 cm^{-1} 有一些吸收峰，但在 3000 cm^{-1} 以上无吸收峰，另一强吸收峰在 1740 cm^{-1} 处。^1H NMR 谱在 $\delta=1.0$（三重逢，3H），1.3（二重峰，6H），2.1（多重峰，2H），4.2（三重峰，1H）和 4.6（多重峰，1H）有信号，碳谱在 $\delta=168$ 处有一个特殊的共振信号。试推测该化合物可能的结构，并给出各谱峰的归属。

答 案

1. 解：（1）CH$_2$=CHCH$_2$CH$_3$，能量最低的电子跃迁为 π→π*；

（2）CH$_2$CH$_2$CHOHCH$_3$，能量最低的电子跃迁为 n→σ*；

（3）CH$_3$CH$_2$COCH$_3$，能量最低的电子跃迁为 n→π*；

（4）CH$_3$CH$_2$OCH$_2$CH$_3$，能量最低的电子跃迁为 n→σ*；

（5）CH$_2$=CH—CH=O，能量最低的电子跃迁为 n→π*。

2. 解：

（1）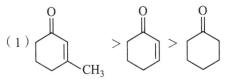

（2）CH$_3$—CH=CH—CH=CH$_2$ > CH$_2$=CH—CH=CH$_2$ > CH$_2$=CH$_2$

（3）CH$_3$I > CH$_3$Br > CH$_3$Cl

（4）C$_6$H$_5$NO$_2$ > C$_6$H$_5$Cl > C$_6$H$_6$

（5）反-1,2-二苯乙烯 > 顺-1,2-二苯乙烯

3. 解：可在近紫外区产生吸收带的化合物是（4）（5）（6）。

4. 解：图 4-5 乙酸乙酯的 IR 图的主要吸收峰是：① 2870~2980 cm^{-1} 为 —CH$_3$，>CH$_2$ 的 ν_{C-H} 碳氢键伸缩振动；② 1742 cm^{-1} 为 C=O 基伸缩振动；③ 1374 cm^{-1}、1240 cm^{-1} 是 —CH$_3$ 的 C—H 弯曲振动；④ 1047 cm^{-1} 为 C—O—C 伸缩振动。

图 4-6，1-己烯的 IR 图主要吸收峰是① 3070 cm^{-1} 为 =C—H 伸缩振动；② 2960~2866 cm^{-1} 为 —CH$_3$，>CH$_2$ 中 C—H 伸缩振动；③ 1641 cm^{-1} 为 C=C 伸缩振动；④ 1460、1379 cm^{-1} 为 C—H 不对称弯曲振动；⑤ 910 cm^{-1} 为 R—CH=CH$_2$ —取代烯的 C—H 面外弯曲振动。

5. 解：（1）CH$_3$CH=CHCH=O 和 CH$_3$—C≡C—CH$_2$OH

前者：$\nu_{C=C}$ 1650 cm^{-1}，$\nu_{C=O}$ 1720 cm^{-1} 左右

后者：$\nu_{C=C}$ 2200 cm^{-1}，ν_{O-H} 3200~3600 cm^{-1}

（2）（反）-1,2-二苯基乙烯的 =C—H 面外弯曲振动，反式，980~965 cm^{-1}，强峰；

（顺）-1,2-二苯基乙烯的 =C—H 面外弯曲振动，顺式，730~650 cm^{-1}，峰形弱而宽。

（3）在前者的共轭体系中，羰基吸收波数低于后者非共轭体系的羰基吸收。

（4）前者的 C=C=C 伸缩振动在 1980 cm^{-1}；后者彼此孤立的 C=C 伸缩振动为 1650 cm^{-1}。

（5）前者的红外吸收波数 $\nu_{C≡N}$ > $\nu_{C=C=N}$，$\nu_{C≡N}$ 在 2260~2240 cm^{-1} 左右；

后者的链端 C=C—H 的面外弯曲振动为 910~905 cm^{-1}。

6. 解：① 3300 cm^{-1} 是 ≡C—H 伸缩振动；② 3080 cm^{-1} 是 Ar—H 的伸缩振动；③ 2110 cm^{-1} 是 C≡C 的伸缩振动；④ 1600~1451 cm^{-1} 是苯环的骨架振动；⑤ 756 cm^{-1}，

691 cm^{-1} 表示苯环上单取代，所以化合物 E 的结构是苯乙炔。

7. 解：在 3350 cm^{-1} 是缔合—OH 的 IR 吸收带，在 3600 cm^{-1} 尖峰是游离—OH 吸收峰，乙醇形成分子间氢键，溶液稀释后，—OH 由缔合态变为游离态，乙二醇形成分子内氢键，当溶液稀释时，缔合氢键没有变化，吸收峰位置不变。

8. 解：（1）2 个　（2）4 个（必须是高精密仪器，因有顺反异构）　（3）4 个

（4）2 个　（5）3 个　（6）1 个　（7）3 个　（8）4 个

9. 解：

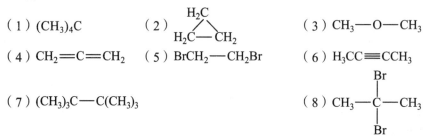

（1）$(CH_3)_4C$　（2）　（3）$CH_3—O—CH_3$

（4）$CH_2═C═CH_2$　（5）$BrCH_2—CH_2Br$　（6）$H_3CC≡CCH_3$

（7）$(CH_3)_3C—C(CH_3)_3$　（8）

10. 解：

2 组信号　3 组信号　4 组信号

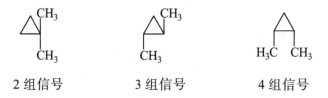

11. 解：结构中氢原子种类的排列，从左到右依次按 a、b、c、d 等进行排列。

（1）$\delta_b > \delta_a$　（2）$\delta_b > \delta_a$　（3）$\delta_b > \delta_a$　（4）$\delta_a > \delta_b > \delta_c > \delta_d$

（5）$\delta_a > \delta_b$　（6）$\delta_a > \delta_c > \delta_b$　（7）$\delta_b > \delta_a$　（8）$\delta_b > \delta_a > \delta_c$

12. 解：在室温下，环己烷的椅式构象以 104 ~ 105 次/s 快速翻转，使 6 个 a 键质子与 6 个 e 键质子处于平均环境中，所以，室温下 ^1H NMR 图只有一个单峰。当温度降至 –100 °C 时，环己烷的转环速度极慢，所以在 ^1H NMR 图中可记录下 a 键质子和 e 键质子各有一个单峰，即有两个峰。

13. 解：化合物 A 的结构为

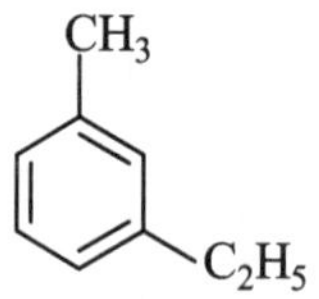

IR 中：710 ~ 690 cm^{-1} 和 810 ~ 750 cm^{-1} 有吸收，为间二取代芳烃。

14. 解：（1）Br_2CHCH_3，峰面积比为 3 : 1　（2）$C_6H_5—CHBrCH_3$ 峰面积比为 5 : 1 : 3

15. 解：这个化合物是

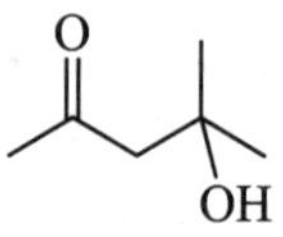

16. 解：

A. 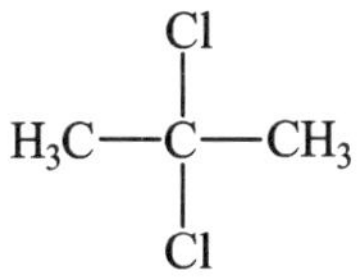 $H_3C-\underset{\underset{Cl}{|}}{\overset{\overset{Cl}{|}}{C}}-CH_3$ B. $CH_3CH_2CHCl_2$ C. $CH_3CHClCH_2Cl$ D. $ClCH_2CH_2CH_2Cl$

17. 解：（1）A 可能的结构为

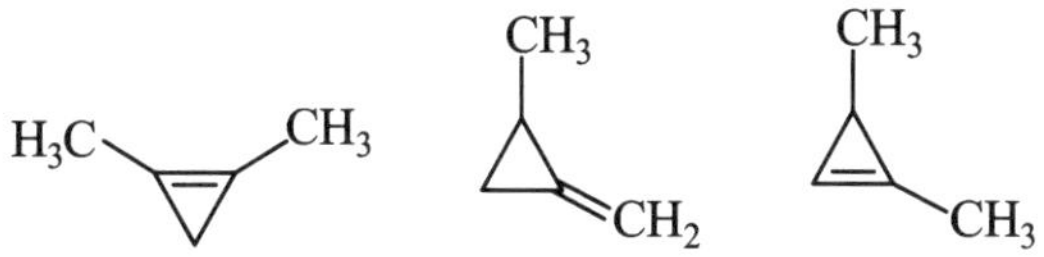

$H_3C-\triangle-CH_3$（环丙烯，两个甲基在双键碳上）   （甲基环丙烯，亚甲基）   （1-甲基-2-甲基环丙烯）

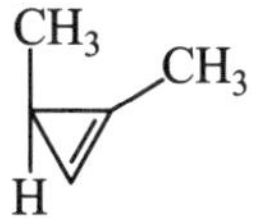

（2）$H_3C-\triangle-CH_3$ 或 含H的环丙烯结构

（3）$H_3C-\triangle-CH_3$

（4）$H_3C-\overset{\oplus}{\triangle}-CH_3$

因为它具有芳香性，稳定，所以相对丰度高。基峰是(M-1)峰。

18. 解：形成䓬正离子结构：

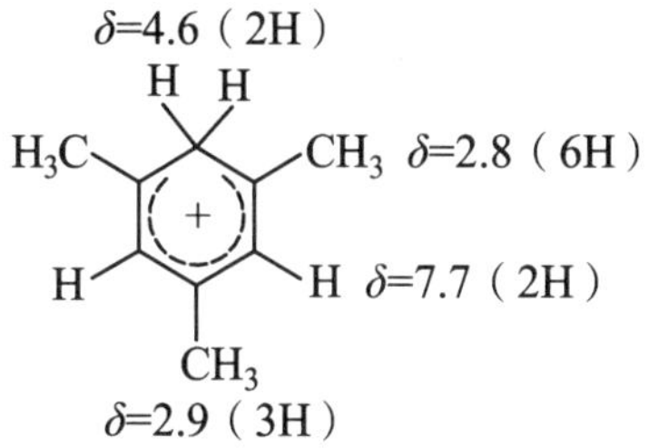

$\delta=4.6$（2H）
H_3C, CH_3 $\delta=2.8$（6H）
$\delta=7.7$（2H）
CH_3
$\delta=2.9$（3H）

19. 解：

$\underset{\underset{H_3C\ CH_3}{|}\ \ \ \underset{\delta=1.5}{}}{\overset{\delta=2.6}{H_3C}\underset{}{\square}\overset{CH_3}{\underset{Cl}{}}} \xrightarrow[SO_2(l)]{SbF_5} \underset{\underset{H_3C\ CH_3}{}\ \underset{\delta=2.2\ \delta=2.05}{}}{\overset{\delta=2.65}{H_3C}\underset{}{\square}\overset{CH_3}{\underset{Cl}{\oplus}}} \xrightarrow[SO_3(l)]{+SbClF_5^-} \underset{H_3C\ CH_3}{\overset{\delta=3.68}{H_3C}\underset{}{\square}\overset{CH_3}{\oplus}}$

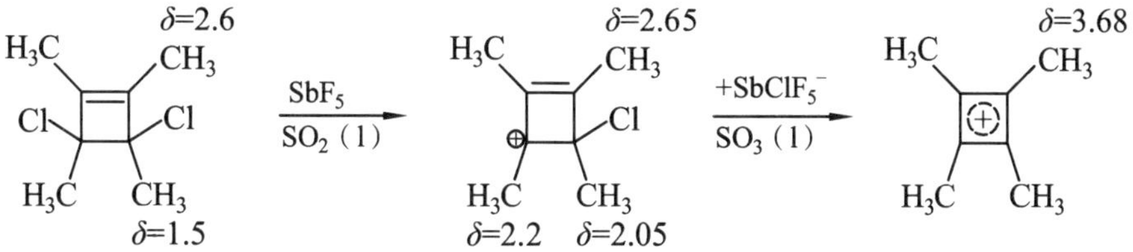

20. 解：该化合物的结构为

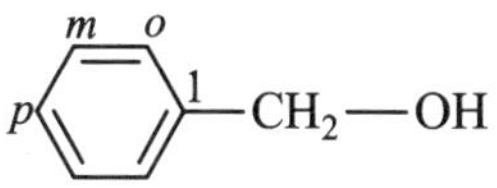

$\underset{p}{\overset{m\ \ o}{\bigcirc}}-CH_2-OH$（苯环，编号1位连CH₂OH）

支链碳的 p-化学位移为 64.5（单峰），芳环上 C1 为 140.8（三重峰），o-C 为 128.2（二重峰），m-C 为 127.2（二重峰），p-C 为 126.8（二重峰）。

芳环上的氢化学位移为 7.3，亚甲基的氢为 4.6，羟基上的氢为 2.4。

21. 解：IR 在 1700 cm^{-1} 处有强吸收，说明有 C=O；^{1}H NMR 在 9~10 间无化学位移，说明没有醛基的氢，所以该化合物是一个酮。又因没有 $m/z=43$ 和 $m/z=71$ 的基峰，所以该酮不是 2-戊酮。所以，该化合物应是 3-戊酮：

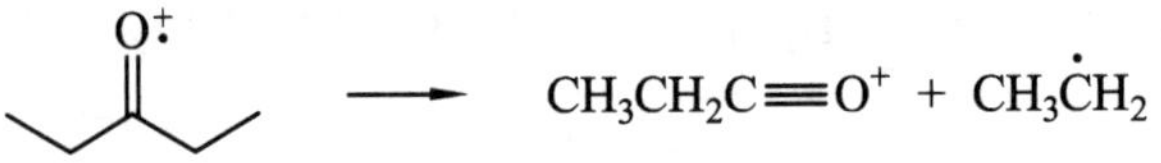

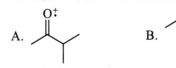 ⟶ $CH_3CH_2C\equiv O^+$ + $CH_3\dot{C}H_2$

$m/z = 86$ $m/z = 57$

22. 解：3 个戊酮所对应的结构是

A. （异丙基甲基酮结构） B. 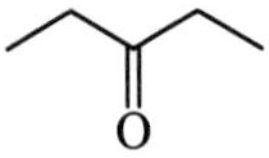 （3-戊酮结构） C. （2-戊酮结构）

A 裂分的方式为：

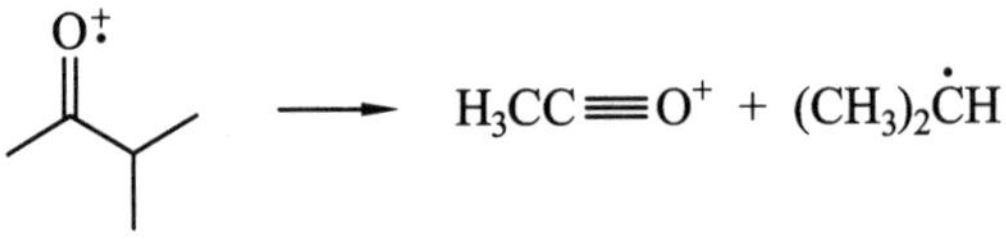

$m/z = 86$ ⟶ $H_3CC\equiv O^+$ + $(CH_3)_2\dot{C}H$
             $m/z = 43$

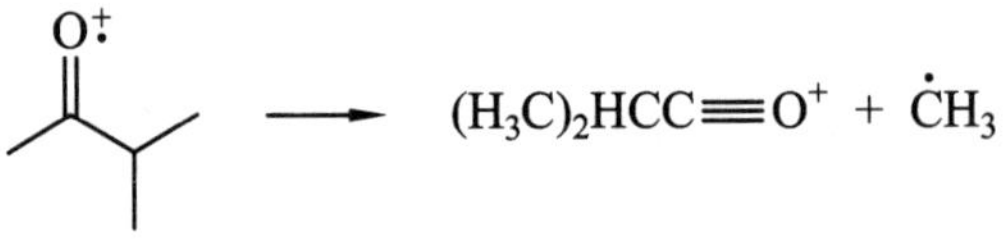

$m/z = 86$ ⟶ $(H_3C)_2HCC\equiv O^+$ + $\dot{C}H_3$
             $m/z = 71$

B 裂分的方式为

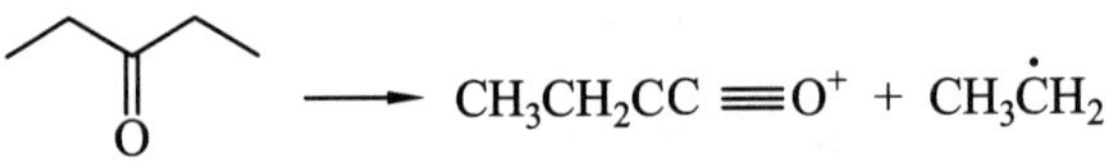

$m/z = 86$ ⟶ $CH_3CH_2C\equiv O^+$ + $CH_3\dot{C}H_2$
             $m/z = 57$

$H_3CH_2CC\equiv O^+$ ⟶ $CH_3\overset{+}{C}H_2$ + CO
$m/z = 57$ $m/z = 29$

C 裂分的方式为：

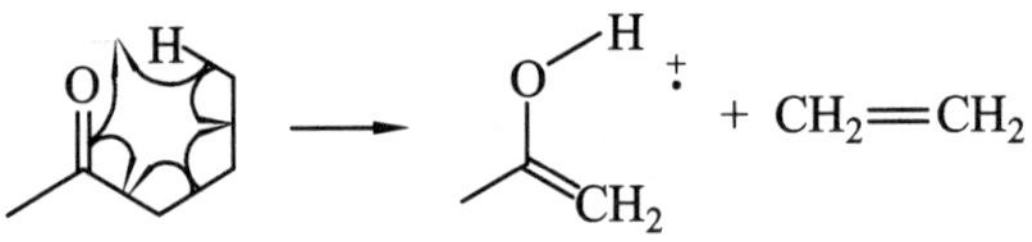

$m/z = 86$ ⟶ (烯醇离子) + $CH_2=CH_2$
             $m/z = 58$

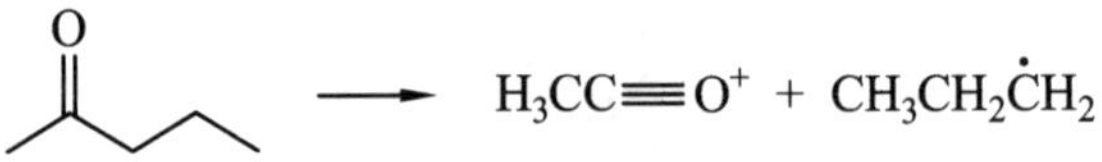

$m/z = 86$ ⟶ $H_3CC\equiv O^+$ + $CH_3CH_2\dot{C}H_2$
             $m/z = 43$

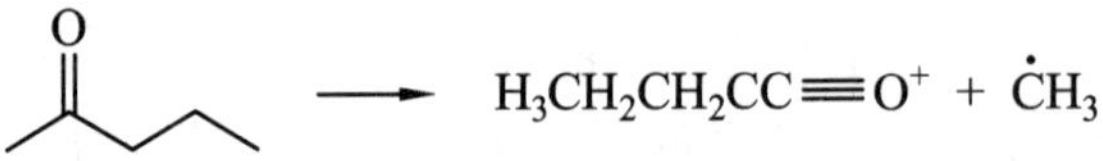

$m/z = 86$ ⟶ $H_3CH_2CH_2CC\equiv O^+$ + $\dot{C}H_3$
             $m/z = 71$

184

23. 解：该化合物在 2 850～2 950 cm^{-1} 的吸收峰为甲基、亚甲基等的 C—H 键伸缩振动吸收峰；在 3 000 cm^{-1} 以上没有吸收，说明不存在不饱和键上的 C—H，在 1 740 cm^{-1} 有强吸收，则为酯的羰基伸缩振动吸收。通过计算，其不饱和度为 1，以及有 5 种氢原子，可推测出该化合物的结构为

$$CH_3\underset{a}{-}CH_2\underset{b}{-}\underset{c}{\overset{Br}{C}H}-\underset{}{\overset{O}{\overset{\|}{C}}}-O-\underset{d}{\overset{CH_3}{\overset{|}{C}H}}-\underset{e}{CH_3}$$

结构中各种氢所对应的化学位移值分别为

δ_a = 1.0（三重峰），δ_b = 2.1（多重峰），δ_c = 4.2（三重峰），δ_d = 4.6（多重峰），δ_e = 1.0（二重峰）。

第九章　卤代烃

1. 用系统命名法命名下列各化合物：

（1）$(CH_3)_2CCH_2C(CH_3)_3$ 带 Br

（2）$(CH_3)_2CHCH_2CHCH_3$ 带 Br 和 Cl

（3）$H_3C-C\equiv C-CH_2-CH=CH_2$ 带 Br

（4）顺反异构烯烃 H_3C、H 在 C=C，另一侧 H、Br

（5）环己烷带 Cl 和 Br

（6）二环结构带 Cl

（7）苯环带 Br、Cl、$CH_2CH=CH_2$

（8）H_3CO—苯环—CH_2Br

（9）萘带 Br

2. 写出符合下列名称的构造式

（1）叔丁基氯　（2）烯丙基溴　（3）苄基氯　（4）对氯苄基氯

3. 写出下列有机物的构造式，有"*"的写出构型式。

（1）4-choro-2-methylpentane　　（2）*cis*-3-bromo-1-ethylcyclonexane

（3）*(R)*-2-bromootane　　（4）5-chloro-3-propyl-1, 3-heptadien-6-yne

4. 用方程式表示 α-溴代乙苯与下列化合物反应的主要产物。

（1）NaOH（水）　　　（2）KOH（醇）

（3）Mg、乙醚　　　　（4）NaI/丙酮

（5）产物（3）+ 乙炔　（6）NH$_3$

（7）丙炔钠　　　　　（8）AgNO$_3$，乙醇

5. 写出下列反应的产物。

(1) Cl—C₆H₄—CHCl(CH₃) + H₂O $\xrightarrow{NaHCO_3}$

(2) HO—CH₂CH₂CH₂—Cl + HBr ⟶

(3) HO—CH₂CH₂—Cl + KI $\xrightarrow{\text{丙酮}}$

(4) Cl—C₆H₄—Br + Mg $\xrightarrow{\text{乙醚}}$

(5) 环己烯 + NBS $\xrightarrow[\text{引发剂}]{CCl_4}$

(6) 甲苯 + CH_2O + HCl $\xrightarrow{ZnCl_2}$

(7) 邻-(CH=CHBr)(CH₂Cl)C₆H₄ + KCN ⟶

(8) $CH_3C\equiv CH$ + CH_3MgI ⟶

(9) 1-甲基环己烯 + Br_2 ⟶ ( ) $\xrightarrow[\Delta]{NaOH,\ \text{乙醇}}$ ( ) $\xrightarrow{\text{马来酸酐}, \Delta}$

(10) H_3C—C₆H₄—Br $\xrightarrow[\text{无水乙醚}]{Mg}$ ( ) $\xrightarrow{EtOH}$

(11) $(H_3C)_2HC$—C₆H₄—NO_2 + Br_2 $\xrightarrow{Fe}$ ( ) $\xrightarrow{Cl_2, h\nu}$

(12) $CH_3CH_2CH_2CH_2OH$ $\xrightarrow[\Delta]{H_2SO_4}$ ( ) $\xrightarrow[\text{引发剂}]{NBS}$ ( ) $\xrightarrow{Ph_2CuLi}$

6. 将以下各组化合物,按照不同要求排列成序:

(1) 水解速率:

A. C₆H₅—CH₂CH₂Cl   B. C₆H₅—CHCl(CH₃)   C. Cl—C₆H₄—CH₂CH₃

(2) 与硝酸银的乙醇溶液反应难易程度:

A. $BrCH=CHCH_3$ B. $(CH_3)_2CHBr$ C. $CH_3CH_2CH_2Br$ D. $(CH_3)_2C(Br)$-环丁基

(3) 进行 S_N2 反应的速率:

① A. 1-溴丁烷   B. 2,2-二甲基-1-溴丁烷   C. 2-甲基-1-溴丁烷   D. 3-甲基-1-溴丁烷

② A. 2-环戊基-2-溴丁烷   B. 1-环戊基-1-溴丙烷   C. 溴甲基环戊烷

(4) 进行 S_N1 反应的速率:

① A. 3-甲基-1-溴丁烷   B. 2-甲基-2-溴丁烷   C. 3-甲基-2-溴丁烷

② A. 苄基溴   B. α-苯基乙基溴   C. β-苯基乙基溴

③ A. 1-(氯甲基)环戊烯   B. 1-甲基-2-氯环戊烯   C. 3-氯-1-甲基环戊烯

7. 写出下列两组化合物在浓 KOH 醇溶液中脱卤化氢的反应式,并比较反应速率的快慢。
（1）3-溴环己烯　　　　（2）5-溴-1,3-环己二烯　　　　（3）溴代环己烷

8. 哪一种卤代烷脱卤化氢后可产生下列单一的烯烃？

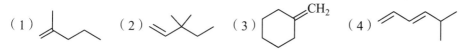

9. 卤代烷与氢氧化钠在水与乙醇混合物中进行反应,下列反应情况中哪些属于 S_N2 历程,哪些则属于 S_N1 历程？

（1）一级卤代反应烷速率大于三级卤代烷；

（2）碱的浓度增加,反应速率无明显变化；

（3）两步反应,第一步是决定速率的步骤；

（4）增加溶剂的含水量,反应速度明显加快；

（5）产物的构型 80% 消旋,20% 转化；

（6）进攻试剂亲核性越强,反应速率越快；

（7）有重排现象；

（8）增加溶剂含醇量,反应速率加快。

10. 用简便的化学方法鉴别下列化合物。

　　3-溴环己烯　　　　氯代环己烷　　　碘代环己烷

11. 写出下列亲核取代反应产物的构型式,判断反应产物有无旋光性,并标明 *R* 或 *S* 构型,它们是 S_N1 反应还是 S_N2 反应？

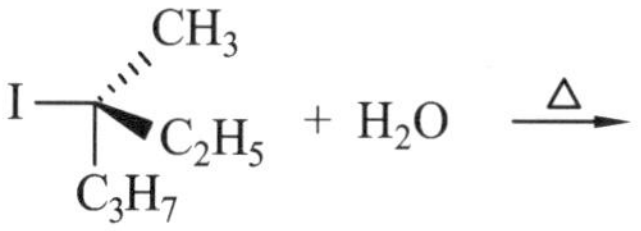

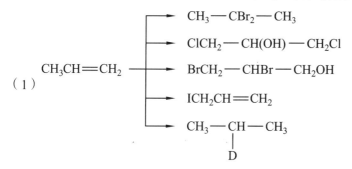

12. 在氯甲烷 S_N2 水解反应中,加入少量 NaI 或 KI 时,反应速率会加快很多。为什么？

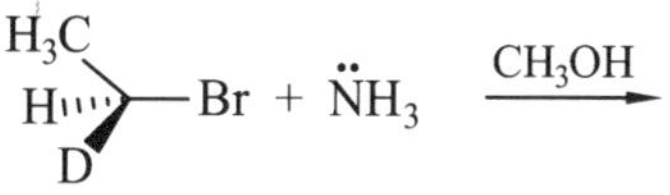

13. 解释以下结果：

已知 3-溴-1-戊烯与 C_2H_5ONa 在乙醇中的反应速率取决于 $c(RBr)$ 和 $c(C_2H_5O)$,产物是 3-乙氧基-1-戊烯；但是当它与 C_2H_5OH 反应时,反应速率只与 $c(RBr)$ 有关,除了产生 3-乙氧基-1-戊烯,还生成 1-乙氧基-2-戊烯。

14. 由指定的原料（其他有机或无机试剂可任选）,合成以下化合物。

（1） $CH_3CH=CH_2 \longrightarrow$
　　　　　　　　　　$CH_3—CBr_2—CH_3$
　　　　　　　　　　$ClCH_2—CH(OH)—CH_2Cl$
　　　　　　　　　　$BrCH_2—CHBr—CH_2OH$
　　　　　　　　　　$ICH_2CH=CH_2$
　　　　　　　　　　$CH_3—CH—CH_3$
　　　　　　　　　　　　　　|
　　　　　　　　　　　　　　D

（2）[苯] →
- C₆H₅-CH₂CN
- C₆H₅-CHClCH₂Cl
- C₆H₅-CH₂OC₂H₅
- Ph₂CuLi

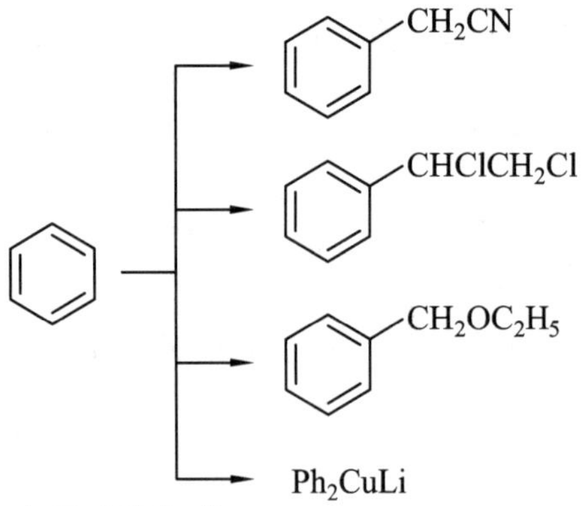

（3）由环己醇合成

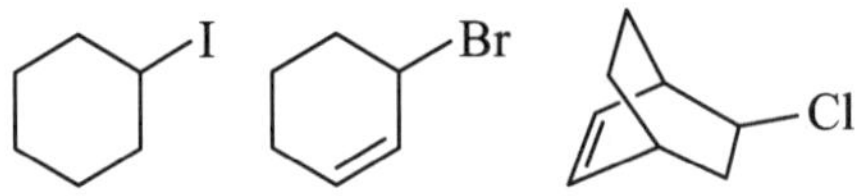

环己基碘，3-溴环己烯，5-氯-2-降冰片烯

15. 完成以下制备：

（1）由适当的铜锂试剂制备

① 2-甲基己烷 ② 2-甲基-1-苯基丁烷 ③ 甲基环己烷

（2）由溴代正丁烷制备

① 1-丁醇 ② 2-丁醇

16. 分子式为 C_4H_8 的化合物（A），加溴后的产物用 NaOH/醇处理，生成 C_4H_6（B），B 能使溴水褪色，并能与 $AgNO_3$ 的氨溶液反应生成沉淀。试推出 A、B 的结构式，并写出相应的反应式。

17. 某烃 C_3H_6（A）在低温时与氯作用生成 $C_3H_6Cl_2$（B），在高温时则生成 C_3H_5Cl（C）。C 与碘化乙基镁作用得 C_5H_{10}（D），D 与 NBS 作用生成 C_5H_9Br（E）。E 与氢氧化钾的酒精溶液共热，主要生成 C_5H_8（F），F 又可与丁烯二酸酐发生双烯合成得 G。写出各步反应式，以及由 A 至 G 的构造式。

18. 某卤代烃（A），分子式为 $C_6H_{11}Br$，用 NaOH 乙醇溶液处理得 C_6H_{10}（B），B 与溴反应的生成物再用 KOH-乙醇处理得 C，C 可与丙烯醛进行狄尔斯-阿尔德反应生成 D，将 C 臭氧化及还原水解可得丁二醛和乙二醛。试推出 A、B、C、D 的构造式，并写出所有的反应式。

19. 溴化苄与水在甲酸溶液中反应生成苯甲醇，反应速率与 $c(H_2O)$ 无关，在同样条件下对甲基苄基溴与水的反应速率是前者的 58 倍。

苄基溴与 $C_2H_5O^-$ 在无水乙醇中反应生成苄基乙基醚，速率取决于 $c(RBr)c(C_2H_5O^-)$，同样条件下对甲基苄基溴的反应速率仅是前者的 1.5 倍，相差无几。

为什么会有这些结果？试说明（1）溶剂极性；（2）试剂的亲核能力；（3）电子效应（给电子取代基的影响）对上述反应各产生何种影响。

20. 以 RX 与 NaOH 在水-乙醇中的反应为例，就表 4-2 中各项对 S_N1 和 S_N2 反应进行比较。

$$RX + NaOH \xrightarrow{\text{水-乙醇}} ROH + NaX$$

表 4-2 S_N1 和 S_N2 反应的异同

	S_N1	S_N2
1）动力学级数		
2）立体化学		
3）重排现象		
4）RCl、RBr、RI 的相对速率		
5）CH_3X、CH_3CH_2X、$(CH_3)_2CHX$、$(CH_3)_3CX$ 的相对速率		
6）$c(RX)$加倍对反应速率的影响		
7）$c(NaOH)$加倍对反应速率的影响		
8）增加溶剂中水的含量对反应速率的影响		
9）增加溶剂中乙醇的含量对反应速率的影响		
10）升高温度对反应速率的影响		

21. 试从适当的原料出发，用 5 种不同的方法制备辛烷。

22. 用 C6 和 C6 以下的卤化物合成。

（1）环戊基—CH_2—$C(CH_3)$=$CHCH_3$ （2）$Ph—CH_2(CH_2)_2CH_3$ （3）$Ph—CH(CH_3)CH=CH_2$

23. 下列反应中有无错误？如有错误，请改正并写出正确产物。

（1）$(CH_3)_3C—Br \xrightarrow{C_2H_5ONa} (CH_3)_3C—O—C_2H_5$

（2）$CH_2=CH—CH_2—CHBr—CH_2CH_3 \xrightarrow[C_2H_5OH]{KOH}$ $CH_2=CH—CH=CH—CH_3$

（3）$CH_3CBr=CH—CH_2—Br \xrightarrow[H_2O]{Na_2CO_3} CH_3—CO—CH_2—CH_2—Br$

（4）$CH_3CH_2MgCl + HOCH_2CH_2Cl \longrightarrow HOCH_2CH_2CH_2CH_3$

（5）$CH_2=C(CH_3)_2 + HCl \xrightarrow{H_2O_2} ClCH_2—CH(CH_3)_2 \xrightarrow{C_2H_5ONa} C_2H_5—O—CH_2CH(CH_3)_2$

24. 完成下列反应式。

（1）Ph—Br $\xrightarrow{NaNH_2\text{-液氨}}$ （　） $\xrightarrow[\Delta]{\text{环戊二烯}}$ （　）

（2） O₂N-C₆H₃(NO₂)-Cl + CH₃CH₂O⁻ ⟶

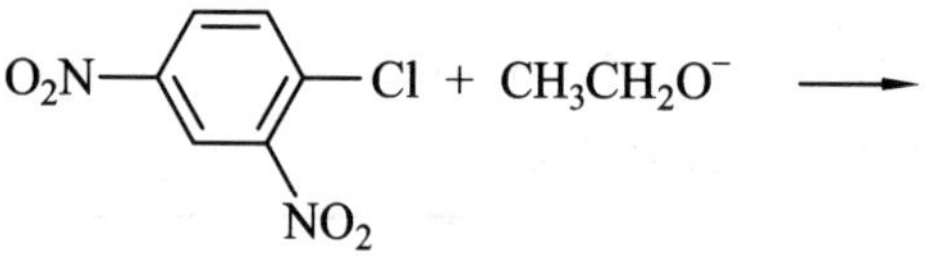

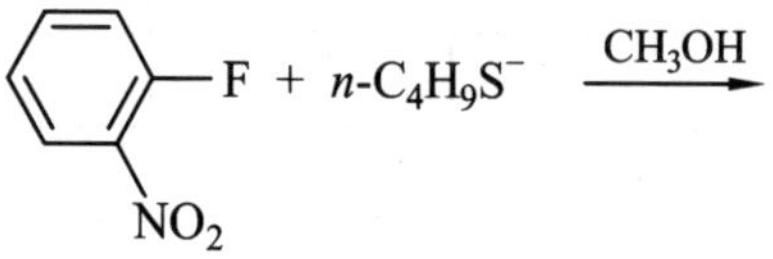

（3） o-F-C₆H₄-NO₂ + n-C₄H₉S⁻ $\xrightarrow{CH_3OH}$

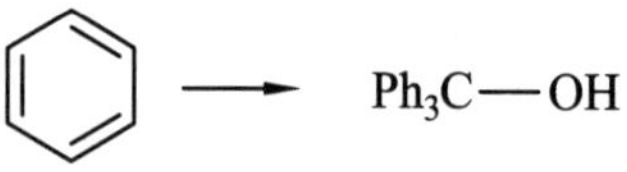

（4） 3-溴甲苯 $\xrightarrow{NaNH_2-液氨}$

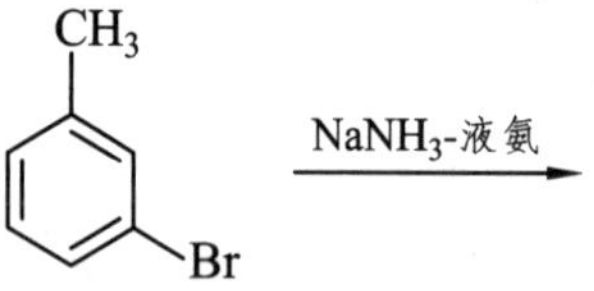

25. 完成下列转化。

（1） 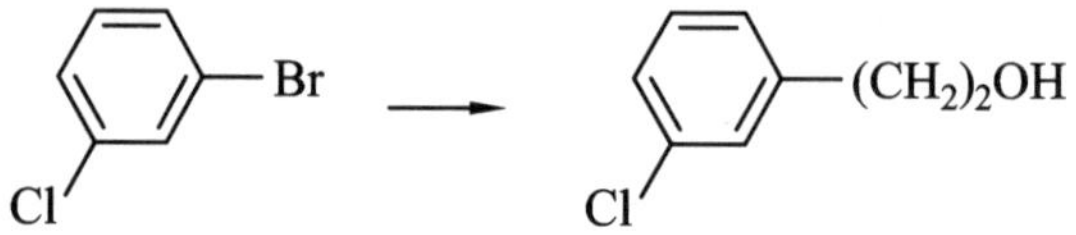 3-溴氯苯 ⟶ 3-氯苯基-(CH₂)₂OH

（2） 苯 ⟶ Ph₃C—OH

（3） 对二甲苯 ⟶ 2,5-二甲基苯甲酸

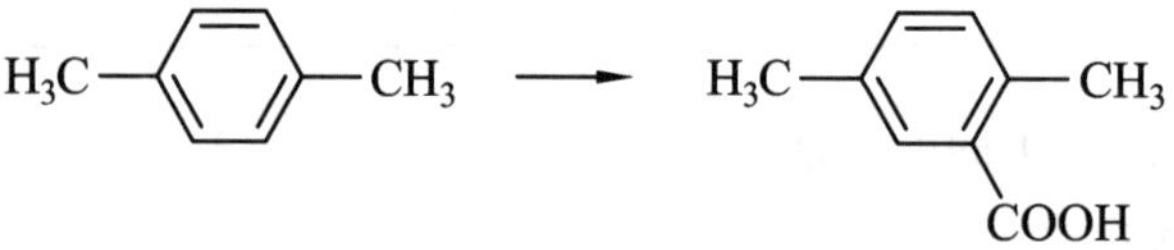

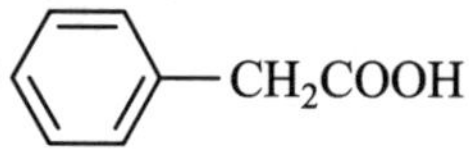

26. 以苯或甲苯为主要原料合成下列化合物（其他有机试剂和无机试剂任选）。

（1） 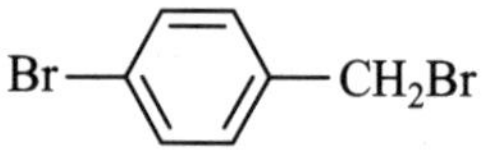 Br-C₆H₄-CH₂Br   （2） C₆H₅-CH₂COOH   （3） 4-BrC₆H₄-CH₂-CH=CH-CH₃ (反式)

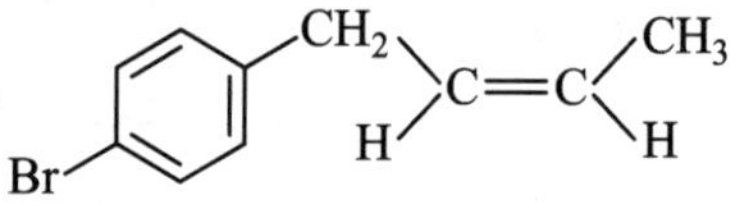

答 案

1. 解：（1）2,2,4-三甲基-4-溴戊烷　　　（2）2-甲基-5-氯-2-溴己烷
　　　 （3）2-溴-1-己烯-4-炔　　　　　（4）(Z)-1-溴丙烯
　　　 （5）(1R, 3S)-1-氯-3-溴环己烷　　（6）1-氯二环[2.2.1]庚烷
　　　 （7）3(2-氯-4-溴苯基)丙烯　　　　（8）对甲氧基苄基溴
　　　 （9）2-溴萘

2. 解：（1）(CH₃)₃C—Cl　（2）CH₂=CHCH₂Br　（3）PhCH₂Cl
　　　 （4）Cl-C₆H₄-CH₂Cl

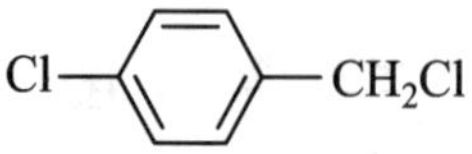

3. 解：（1）(CH₃)₂CHCH(Cl)CH₃　（2）1-溴-2-乙基环己烷

190

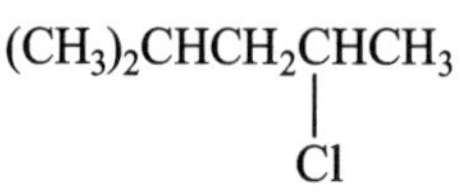

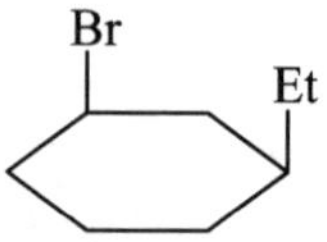

(3) 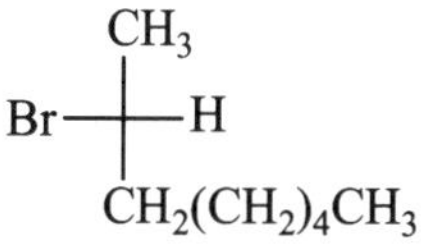
$$\begin{array}{c} CH_3 \\ | \\ Br{-}{\overset{|}{C}}{-}H \\ | \\ CH_2(CH_2)_4CH_3 \end{array}$$

(4) $HC{\equiv}CCHCH{=}CCH{=}CH_2$
        　　　$\underset{Cl}{|}$　$\underset{CH_2CH_2CH_3}{|}$

4. 解：(1) $PhCHBrCH_3 + NaOH$（水）$\longrightarrow PhCH(OH)CH_3 + NaBr$

(2) $PhCHBrCH_3 + KOH$（醇）$\longrightarrow PhCH{=}CH_2 + KBr + H_2O$

(3) $PhCHBrCH_3 \xrightarrow[Et_2O]{Mg} PhCH(CH_3)MgBr$

(4) $PhCHBrCH_3 \xrightarrow[丙酮]{KI} PhCHICH_3$

(5) $2PhCH(CH_3)MgBr + HC{\equiv}CH \longrightarrow BrMgC{\equiv}CMgBr + 2PhCH_2CH_3$

(6) $PhCHBrCH_3 + NH_3 \longrightarrow PhCH(CH_3)NH_2 + HBr$

(7) $PhCHBrCH_3 + H_3CC{\equiv}CNa \longrightarrow PhCH(CH_3)C{\equiv}CCH_3 + NaBr$

(8) $PhCHBrCH_3 + AgNO_3$（乙醇）$\longrightarrow PhCH(CH_3)ONO_2 + AgBr\downarrow$

5. 解：

(1) 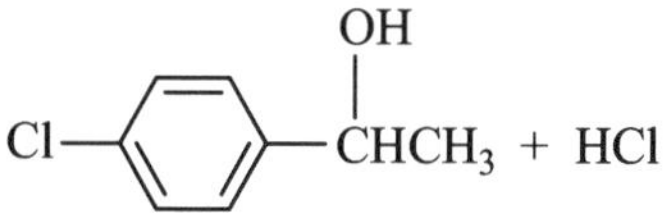 4-氯-α-甲基苄醇 $Cl{-}C_6H_4{-}CH(OH)CH_3$ + HCl

(2) $Cl{-}CH_2CH_2CH_2{-}Br$

(3) $HO{-}CH_2CH_2{-}I$ + KCl

(4) $Cl{-}C_6H_4{-}MgBr$

(5) 3-溴环己烯 + 丁二酰亚胺(NH)

(6) 邻甲基苄氯 + 对甲基苄氯

(7) 邻-($CH{=}CHBr$)(CH_2CN)苯

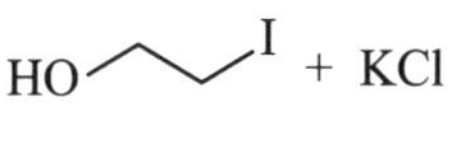

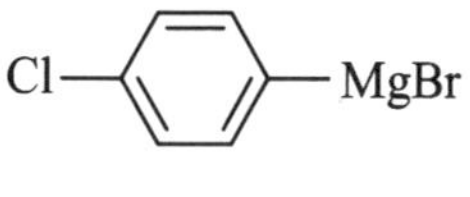

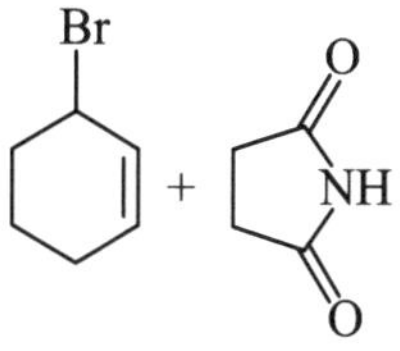

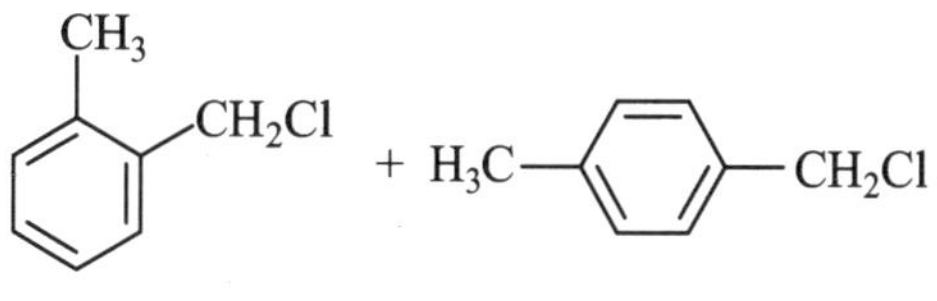

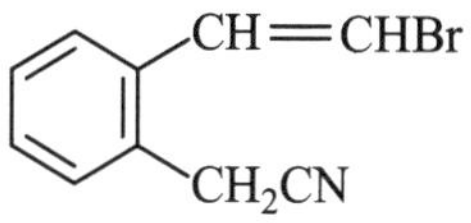

(8) $CH_3C{\equiv}CMgI + CH_4$

(9) [1-bromo-2-bromo-1-methylcyclohexane]   [toluene (methylcyclohexadiene)]   [methyl-substituted bicyclic anhydride]

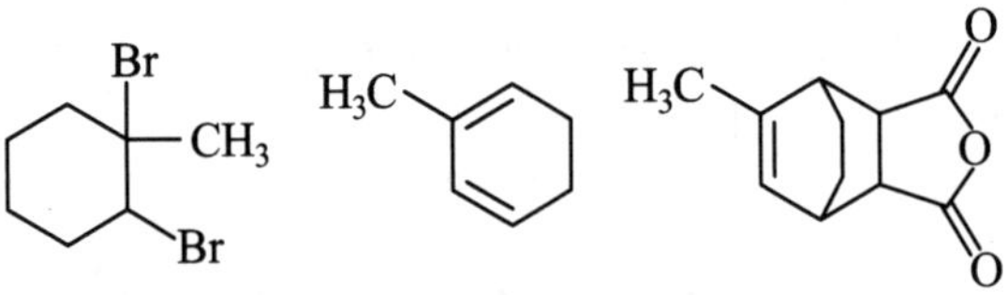

(10) H_3C—⟨⟩—MgBr H_3C—⟨⟩ C_2H_5O—MgBr

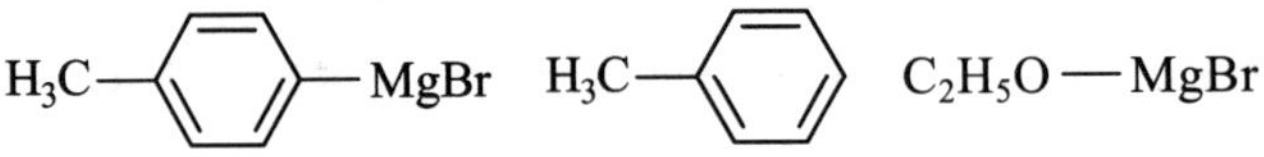

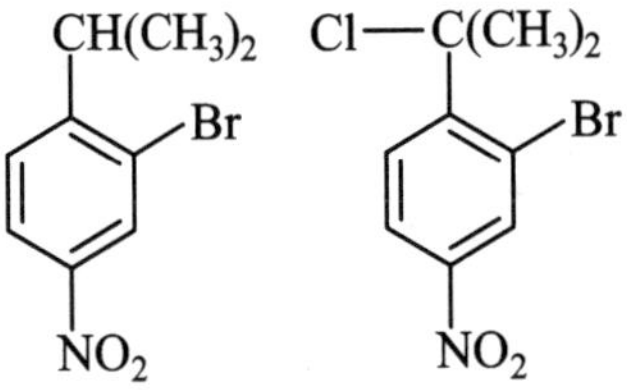

(11) [2-bromo-1-isopropyl-4-nitrobenzene]   [2-bromo-1-(2-chloropropan-2-yl)-4-nitrobenzene]

(12) $CH_3CH=CHCH_3$ $CH_3CH=CHCH_2Br$ $PhCH_2CH=CHCH_3$

6. 解：

(1) B > A > C

(2) D > B > C > A

(3) ① A > D > C > B

② C > B > A

(4) ① B > C > A

② B > A > C

③ A > C > B

7. 解：

(1) 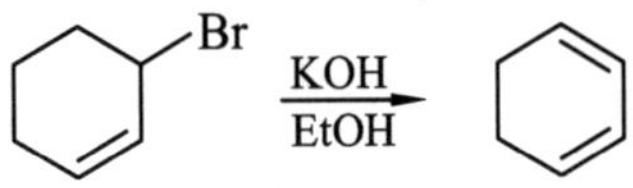 [3-bromocyclohexene] $\xrightarrow{\text{KOH}/\text{EtOH}}$ [benzene]

(2) [bromocyclohexadiene] $\xrightarrow{\text{KOH}/\text{EtOH}}$ [benzene]

(3) [bromocyclohexane] $\xrightarrow{\text{KOH}/\text{EtOH}}$ [cyclohexene]

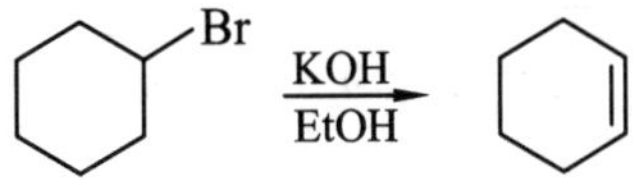

反应速率快慢如下：

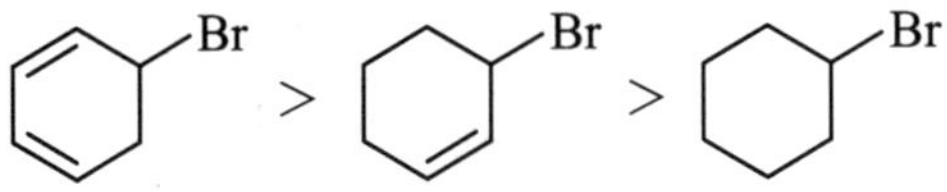

[bromocyclohexadiene] > [3-bromocyclohexene] > [bromocyclohexane]

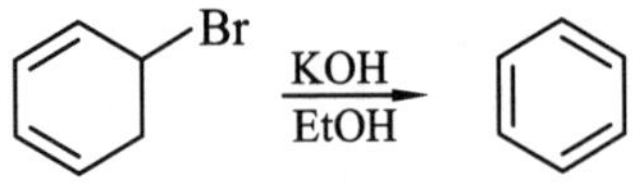

8. 解：

(1) 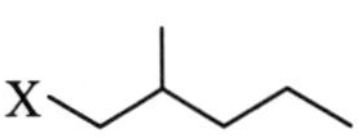 X—CH$_2$CH(CH$_3$)CH$_2$CH$_2$CH$_3$

(2) X—CH$_2$CH$_2$C(CH$_3$)$_2$CH$_2$CH$_3$

(3) [cyclohexyl-CH$_2$X]

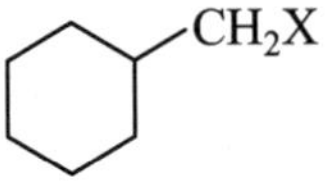

（4） $XCH_2CH_2CH(X)CH_2CH(CH_3)_2$ 或 $CH_3CH(X)CH(X)CH_2CH(CH_3)_2$

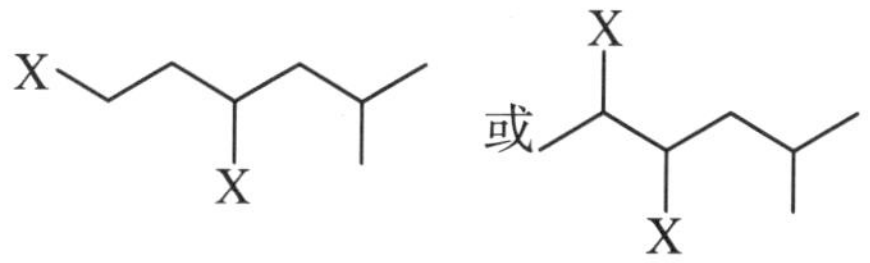

9. 解：（1）（6）（8）属于 S_N2 反应机理；（2）（3）（4）（5）（7）属于 S_N1 反应机理。

10. 解：

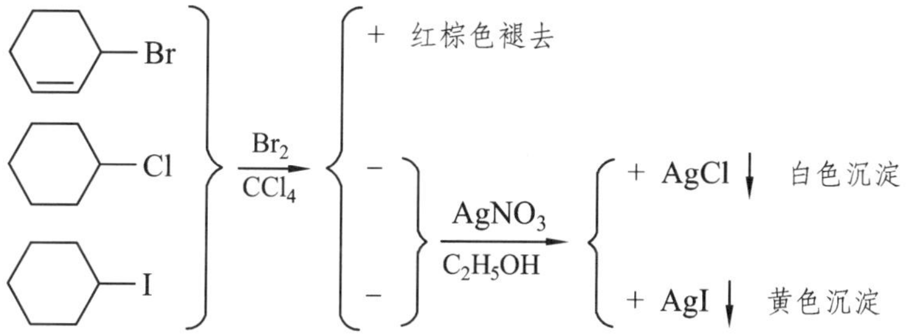

环己烯基-Br $\xrightarrow{Br_2/CCl_4}$ + 红棕色褪去

环己基-Cl $\xrightarrow{Br_2/CCl_4}$ − $\xrightarrow{AgNO_3/C_2H_5OH}$ + AgCl↓ 白色沉淀

环己基-I $\xrightarrow{Br_2/CCl_4}$ − $\xrightarrow{AgNO_3/C_2H_5OH}$ + AgI↓ 黄色沉淀

11. 解：

（1）$H_2N-C(CH_3)(H)(D)$

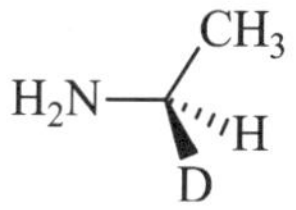

反应产物有旋光性，属于 R 构型；该反应属于 S_N2 反应。

（2）$HO-C(CH_3)(C_2H_5)(C_3H_7)$ + $(H_3C)(C_2H_5)(C_3H_7)C-OH$

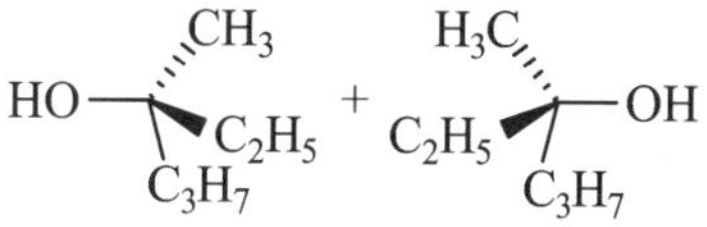

反应产物是一对对映体，没有旋光性；左侧的构型为 S 构型，右侧的构型属于 R 构型。该反应属于 S_N1 反应。

12. 解：因为碘负离子无论作为亲核试剂还是离去基团都表现出很高的活性，CH_3Cl 在 S_N2 水解反应中加入少量 I^-，作为强亲核试剂，I^- 很快就会取代 Cl^-，而后 I^- 又作为离去基团，很快被 OH^- 所取代。所以，加入少量 NaI 或 KI 时反应会加快很多，起到催化加速的作用。

13. 解：

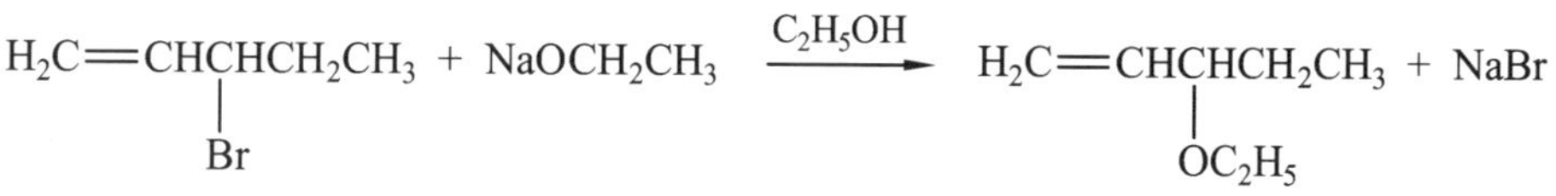

$H_2C=CHCHCH_2CH_3$ + $NaOCH_2CH_3$ $\xrightarrow{C_2H_5OH}$ $H_2C=CHCH(OC_2H_5)CH_2CH_3$ + NaBr
        |
        Br

该反应属于 S_N2 反应，所以反应速率与 $c(RBr)$ 和 $c(C_2H_5O^-)$ 有关。但是，下列反应是 S_N1 反应：

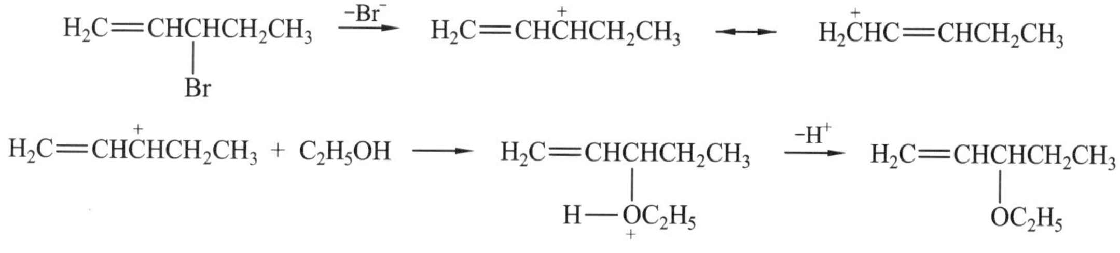

$H_2C=CHCH(Br)CH_2CH_3$ $\xrightarrow{-Br^-}$ $H_2C=CH\overset{+}{C}HCH_2CH_3$ $\longleftrightarrow$ $\overset{+}{H_2C}CH=CHCH_2CH_3$

$H_2C=CH\overset{+}{C}HCH_2CH_3$ + C_2H_5OH $\longrightarrow$ $H_2C=CHCH(\overset{+}{O}(H)C_2H_5)CH_2CH_3$ $\xrightarrow{-H^+}$ $H_2C=CHCH(OC_2H_5)CH_2CH_3$

$$H_3CH_2CHC\overset{+}{=}CHCH_2 + C_2H_5OH \longrightarrow H_3CH_2CHC=CHCH_2\overset{+}{O}C_2H_5 \xrightarrow{-H^+}$$
$$H \quad\quad$$

$$H_3CH_2CHC=CHCH_2OC_2H_5$$

14. 解：

(1) $CH_2=CHCH_3 \xrightarrow{Br_2} CH_3CHBrCH_2Br \xrightarrow{NaNH_2} HC\equiv C-CH_3 \xrightarrow{2HBr} (CH_3)_2CBr_2$

$CH_2=CHCH_3 \xrightarrow{Cl_2, 250°C} CH_2=CHCH_2Cl \xrightarrow{Cl_2, H_2O} ClCH_2CH(OH)CH_2Cl$

$CH_2=CHCH_3 \xrightarrow{Cl_2, 250°C} CH_2=CHCH_2Cl \xrightarrow{Na_2CO_3/H_2O} CH_2=CHCH_2OH \xrightarrow{Br_2} BrCH_2CHBrCH_2OH$

$CH_2=CHCH_3 \xrightarrow{Cl_2, 250°C} CH_2=CHCH_2Cl \xrightarrow{NaI/(CH_3)_2CO} CH_2=CHCH_2I$

$CH_2=CHCH_3 \xrightarrow{HBr} (CH_3)_2CHBr \xrightarrow{Mg/Et_2O} (CH_3)_2CHMgBr \xrightarrow{D_2O} (CH_3)_2CHD$

(2) $C_6H_6 \xrightarrow[ZnCl_2, \Delta]{CH_2=O, HCl} C_6H_5CH_2Cl \xrightarrow{NaCN} C_6H_5CH_2CN$

$C_6H_6 \xrightarrow[AlCl_3]{CH_3CH_2Cl} C_6H_5CH_2CH_3 \xrightarrow{NBS} C_6H_5CHBrCH_3 \xrightarrow[EtOH]{KOH}$

$C_6H_5CH=CH_2 \xrightarrow{Cl_2} C_6H_5CHClCH_2Cl$

$C_6H_6 \xrightarrow[ZnCl_2, \Delta]{CH_2=O, HCl} C_6H_5CH_2Cl \xrightarrow{NaOCH_2CH_3} C_6H_5CH_2OCH_2CH_3$

$C_6H_6 \xrightarrow[FeBr_3]{Br_2} C_6H_5Br \xrightarrow{2Li} C_6H_5Li \xrightarrow{CuI} Ph_2CuLi$

(3) cyclohexanol $\xrightarrow[ZnCl_2]{HCl}$ cyclohexyl chloride $\xrightarrow[(CH_3)_2CO]{KI}$ cyclohexyl iodide

cyclohexanol $\xrightarrow{H_2SO_4}$ cyclohexene $\xrightarrow{NBS}$ 3-bromocyclohexene

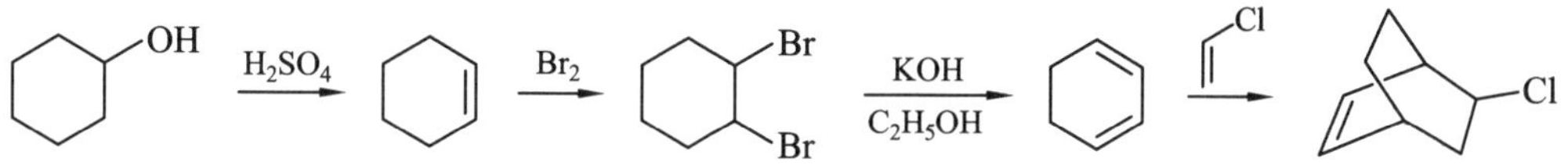

$$\text{C}_6\text{H}_{11}\text{OH} \xrightarrow{\text{H}_2\text{SO}_4} \text{cyclohexene} \xrightarrow{\text{Br}_2} \text{1,2-dibromocyclohexane} \xrightarrow[\text{C}_2\text{H}_5\text{OH}]{\text{KOH}} \text{benzene} \xrightarrow{\text{CH}_2=\text{CHCl}} \text{chloronorbornene}$$

15. 解：

（1）① $(\text{CH}_3-\underset{\underset{\text{CH}_3}{|}}{\text{CH}})_2\text{CuLi} + \text{CH}_3\text{CH}_2\text{CH}_2\text{CH}_2\text{Br} \longrightarrow \text{CH}_3-\underset{\underset{\text{CH}_3}{|}}{\text{CH}}-\text{CH}_2\text{CH}_2\text{CH}_3$

② $(\text{CH}_3\text{CH}_2-\underset{\underset{\text{CH}_3}{|}}{\text{CH}})_2\text{CuLi} + \text{PhCH}_2\text{Br} \longrightarrow \text{CH}_3\text{CH}_2-\underset{\underset{\text{CH}_3}{|}}{\text{CH}}-\text{CH}_2\text{Ph}$

③ $(\text{C}_6\text{H}_{11})_2\text{CuLi} + \text{CH}_3\text{Cl} \longrightarrow \text{C}_6\text{H}_{11}\text{CH}_3$

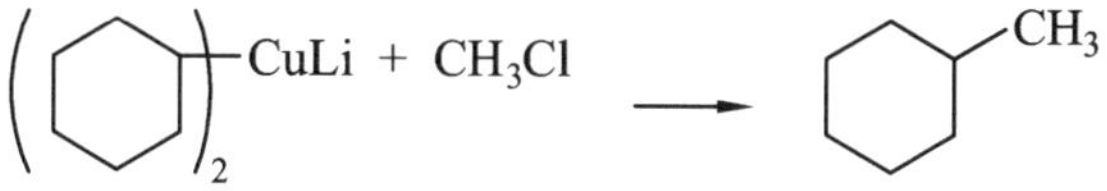

（2）① $\text{CH}_3\text{CH}_2\text{CH}_2\text{CH}_2\text{Br} \xrightarrow[\text{H}_2\text{O}]{\text{KOH}} \text{CH}_3\text{CH}_2\text{CH}_2\text{CH}_2\text{OH}$

② $\text{CH}_3\text{CH}_2\text{CH}_2\text{CH}_2\text{Br} \xrightarrow[\text{C}_2\text{H}_5\text{OH}]{\text{KOH}} \text{CH}_3\text{CH}_2\text{CH}=\text{CH}_2 \xrightarrow[\text{H}_2\text{O}]{\text{H}_2\text{SO}_4} \text{CH}_3\text{CH}_2\text{CH(OH)CH}_3$

16. 解：按照已知条件可推测出化合物 A 和 B 的结构如下：

A. $\text{CH}_3\text{CH}_2\text{CH}=\text{CH}_2$　　B. $\text{CH}_3\text{CH}_2\text{C}\equiv\text{CH}$

有关反应如下：

$\text{CH}_3\text{CH}_2\text{CH}=\text{CH}_2 \xrightarrow{\text{Br}_2} \text{CH}_3\text{CH}_2\text{CHBrCH}_2\text{Br} \xrightarrow[\text{C}_2\text{H}_5\text{OH}]{\text{NaOH}}$

$\text{CH}_3\text{CH}_2\text{C}\equiv\text{CH} \begin{array}{c} \xrightarrow{\text{Br}_2} \text{CH}_3\text{CH}_2\text{CBr}=\text{CHBr} \\ \xrightarrow[\text{AgNO}_3]{\text{NH}_3} \text{CH}_3\text{CH}_2\text{C}\equiv\text{CAg}\downarrow \end{array}$

17. 解：A ~ G 化合物的结构分别为

A. $\text{CH}_3\text{CH}=\text{CH}_2$　B. $\text{ClCH}_2\text{CHClCH}_3$　C. $\text{CH}_2=\text{CHCH}_2\text{Cl}$　D. $\text{CH}_2=\text{CHCH}_2\text{CH}_3$

E. $\text{CH}_2=\text{CHCHBrCH}_2\text{CH}_3$　F. $\text{CH}_2=\text{CHCH}=\text{CHCH}_3$　G. 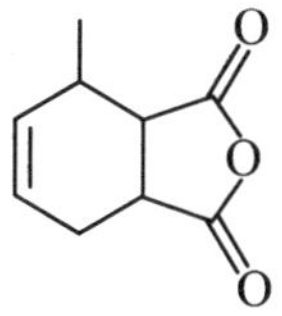 (methyl-substituted tetrahydrophthalic anhydride)

有关反应如下：

$\text{CH}_3\text{CH}=\text{CH}_2 \xrightarrow{\text{Cl}_2} \text{ClCH}_2\text{CHClCH}_3$

195

$$CH_3CH=CH_2 \xrightarrow[\text{高温}]{Cl_2} CH_2=CHCH_2Cl \xrightarrow{C_2H_5MgI} CH_2=CHCH_2CH_2CH_3 \xrightarrow{NBS}$$

$$CH_2=CHCHBrCH_2CH_3 \xrightarrow[C_2H_5OH]{KOH} CH_2=CHCH=CHCH_3 \xrightarrow{\text{(马来酸酐)}} \text{(产物)}$$

18. 解：A～D 化合物的结构分别为

A. 溴代环己烷 B. 环己烯 C. 苯（环己二烯） D. 双环结构-CHO

有关反应如下：

环己基溴 $\xrightarrow[C_2H_5OH]{NaOH}$ 环己烯 $\xrightarrow{Br_2}$ 1,2-二溴环己烷 $\xrightarrow[C_2H_5OH]{KOH}$ 1,3-环己二烯 $\xrightarrow{CH_2=CHCHO}$ 双环产物-CHO

1,3-环己二烯 $\xrightarrow[\text{2) Zn-H}_2O]{\text{1) O}_3}$ OHC-CH₂-CH₂-CHO + O=CHCH=O

19. 解：因为，前者溴化苄水解是 S_N1 反应历程，对甲基苄基溴中 —CH_3 对苯环有活化作用，使苄基正离子更稳定，更易生成，从而加快反应速率。后者溴化苄与乙氧基负离子的反应是 S_N2 反应历程。

（1）溶剂极性：极性溶剂能加速卤代烷的离解，对 S_N1 历程有利，而非极性溶剂有利于 S_N2 历程。

（2）试剂的亲核能力：取代反应按 S_N1 历程进行时，反应速率只取决于 RX 的解离，而与亲核试剂无关。因此，试剂的亲核能力对反应速率不发生明显影响。

取代反应按 S_N2 历程进行时，亲核试剂参加了过渡态的形成，一般来说，试剂的亲核能力越强，S_N2 反应的趋向越大。

（3）电子效应：给电子取代基可增大苯环的电子云密度，有利于苄基正离子形成，S_N2 反应不需要形成 C^+，而且甲基是一个弱给电子基，所以对 S_N2 历程影响不大。

20. 解：见表 4-3。

表 4-3 S_N1 和 S_N2 反应的异同

	S_N1	S_N2
1）动力学级数	一级	二级
2）立体化学	外消旋化	构型翻转
3）重排现象	有	无
4）RCl、RBr、RI 的相对速率	RI > RBr > RCl	RI > RBr > RCl
5）CH_3X、CH_3CH_2X、$(CH_3)_2CHX$、$(CH_3)_3CX$ 的相对速率	$(CH_3)_3CX > (CH_3)_2CHX >$ $CH_3CH_2X > CH_3X$	$CH_3X > CH_3CH_2X > (CH_3)_2CHX >$ $(CH_3)_3CX$

续表

	S_N1	S_N2
6）$c(RX)$加倍对反应速率的影响	加快	加快
7）$c(NaOH)$加倍对反应速率的影响	无影响	加快
8）增加溶剂中水的含量对反应速率的影响	有利	不利
9）增加溶剂中乙醇的含量对反应速率的影响	不利	有利
10）升高温度对反应速率的影响	加快	加快

21. 解：

（1） $2CH_3CH_2CH_2CH_2Br \xrightarrow{Na} CH_3(CH_2)_6CH_3$

（2） $CH_3CH_2CH_2CH_2Br \xrightarrow{CH_3(CH_2)_3MgBr} CH_3(CH_2)_6CH_3$

（3） $CH_3CH_2CH_2CH_2Br \xrightarrow{[CH_3(CH_2)_3]_2CuLi} CH_3(CH_2)_6CH_3$

（4） $HC\equiv CH \xrightarrow{NaNH_2} NaC\equiv CNa \xrightarrow{2CH_3CH_2CH_2Br} \xrightarrow{H_2/Pd} CH_3(CH_2)_6CH_3$

（5） $CH_2=CHCH=CH_2 \xrightarrow[2)\ H_2/Pd]{1)\ HBr} CH_3CH_2CH_2CH_2Br \xrightarrow[Et_2O]{2Li}$

$CH_3CH_2CH_2CH_2Li \xrightarrow{CH_3(CH_2)_3Br} CH_3(CH_2)_6CH_3$

22. 解：

（1） ![cyclopentyl]—Br $\xrightarrow{Li}$![cyclopentyl]—Li $\xrightarrow{CuI}$ (![cyclopentyl])$_2$CuLi

$\xrightarrow{\begin{array}{c}BrH_2C\\H_3C\end{array}\!\!C=CHCH_3}$![cyclopentyl]—$CH_2-\underset{\underset{CH_3}{|}}{C}=CHCH_3$

（2） $Ph-H \xrightarrow[ZnCl_2]{HCHO,\ HCl} Ph-CH_2Cl \xrightarrow{Li} Ph-CH_2Li \xrightarrow{CuI}$

$\xrightarrow{CH_3CH_2CH_2Br} Ph-CH_2(CH_2)_2CH_3$

（3） $Ph-H \xrightarrow[FeBr_3]{Br_2} Ph-Br \xrightarrow{Li} Ph-Li \xrightarrow{CuI}$

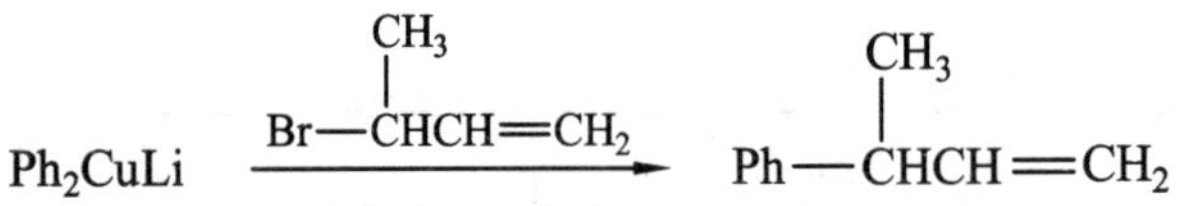

$$Ph_2CuLi \xrightarrow{Br-\underset{CH_3}{CH}CH=CH_2} Ph-\underset{CH_3}{CH}CH=CH_2$$

23. 解：

（1）错。改为

$$(CH_3)_3C-ONa + Br-C_2H_5 \longrightarrow (CH_3)_3C-O-C_2H_5 + NaBr$$

（2）错。产物应是稳定的札氏烯烃：

$$CH_2=CH-CH=CH-CH_2CH_3$$

（3）错。产物应是活泼的卤基发生水解：

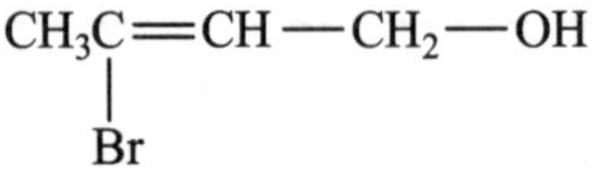

$$CH_3C=CH-CH_2-OH$$
$$\underset{Br}{|}$$

（4）错。格式试剂遇到活泼氢的醇被破坏生成对应的烃：

$$CH_3CH_3 + ClMgOCH_2CH_2Cl$$

（5）错。氯化氢没有过氧化效应，应该为

$$CH_2=C(CH_3)_2 + HBr \xrightarrow{H_2O_2} BrCH_2-CH(CH_3)_2 \xrightarrow{C_2H_5ONa} C_2H_5-O-CH_2CH(CH_3)_2$$

24. 解：

（1） 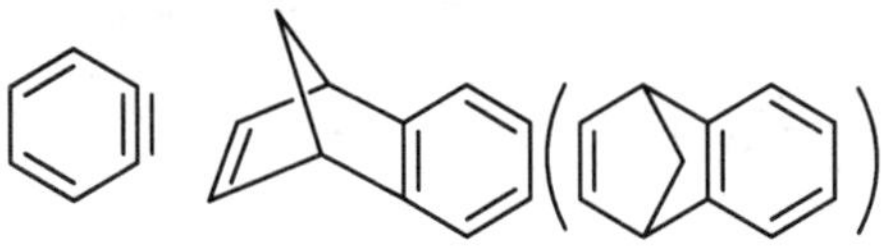 [benzene] + [cyclopentadiene] → [norbornene-benzene adduct] ([alternate structure])

（2） [2,4-dinitrophenetole: O_2N-benzene-OC_2H_5 with NO_2 ortho]

（3） [o-nitrophenyl n-butyl sulfide: benzene-SC_4H_9-n with NO_2 ortho]

（4） [o-methylaniline: CH_3, NH_2] + [m-methylaniline: CH_3, NH_2]
（主） （次）

25. 解：

（1） 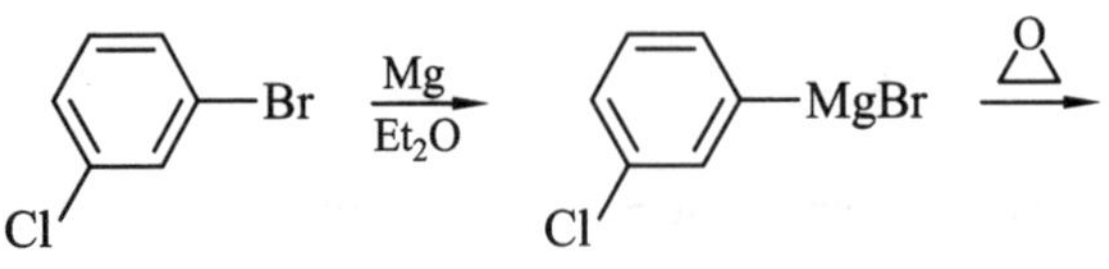
[3-chlorobromobenzene] $\xrightarrow{\text{Mg}}_{\text{Et}_2\text{O}}$ [3-chlorophenyl-MgBr] $\xrightarrow{\text{环氧乙烷}}$

[3-Cl-C$_6$H$_4$-(CH$_2$)$_2$OMgBr] $\xrightarrow{H_2O}$ [3-Cl-C$_6$H$_4$-(CH$_2$)$_2$OH]

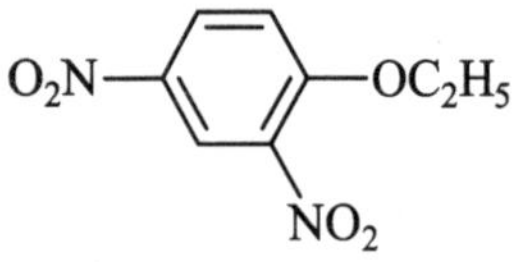

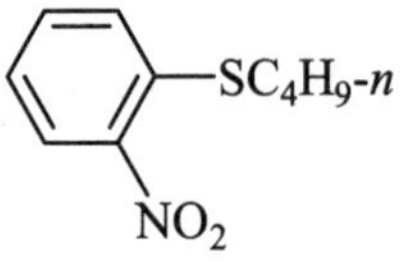

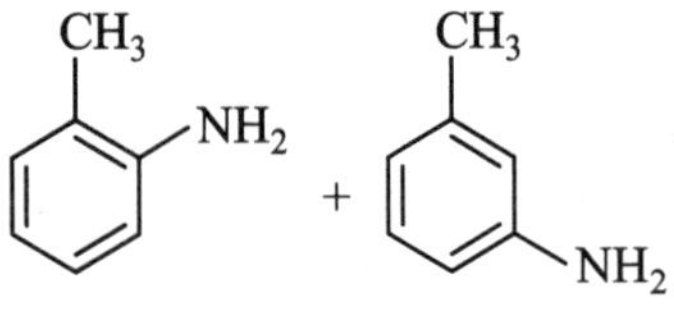

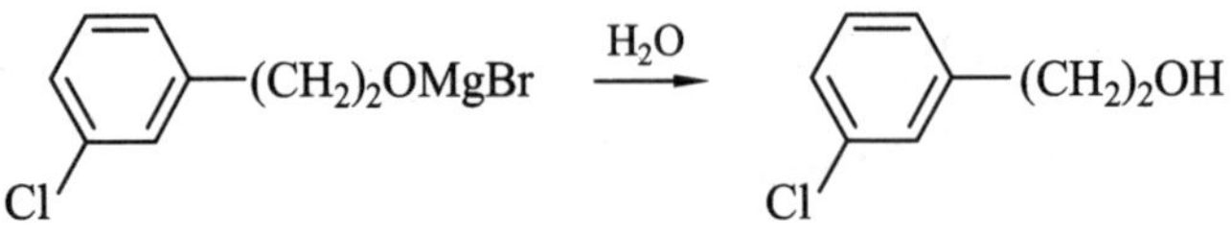

(2) Ph—H + Br$_2$ $\xrightarrow{\text{FeBr}_3}$ Ph—Br $\xrightarrow{\text{Mg}}{\text{Et}_2\text{O}}$ Ph—MgBr $\xrightarrow{\text{Ph}_2\text{CO}}{\text{Et}_2\text{O}}$

Ph$_3$C—O—MgBr $\xrightarrow{\text{H}_2\text{O}}$ Ph$_3$C—OH

(3) 2,5-dimethylbenzene $\xrightarrow{\text{Br}_2}{\text{FeBr}_3}$ 2,5-dimethyl-bromobenzene $\xrightarrow{\text{Mg}}{\text{Et}_2\text{O}}$ 2,5-dimethylphenyl-MgBr $\xrightarrow{\text{CO}_2,\ \text{H}_3\text{O}^+}$ 2,5-dimethylbenzoic acid

26. 解:

(1) toluene $\xrightarrow{\text{Br}_2}{\text{FeBr}_3}$ p-bromotoluene $\xrightarrow{\text{NBS}}$ p-bromobenzyl bromide

(2) toluene $\xrightarrow{\text{NBS}}$ benzyl bromide $\xrightarrow{\text{Mg}}{\text{Et}_2\text{O}}$ benzyl-MgBr $\xrightarrow{\text{CO}_2}$

PhCH$_2$COOMgBr $\xrightarrow{\text{H}_3\text{O}^+}$ PhCH$_2$COOH

(3) toluene $\xrightarrow{\text{Br}_2}{\text{FeBr}_3}$ p-bromotoluene $\xrightarrow{\text{NBS}}$ p-bromobenzyl bromide $\xrightarrow{\text{CH}_3\text{C}\equiv\text{CNa}}$

4-Br-C$_6$H$_4$-CH$_2$-C≡C-CH$_3$ $\xrightarrow{\text{H}_2}{\text{Pd/BaSO}_4}$ 4-Br-C$_6$H$_4$-CH$_2$-CH=CH-CH$_3$ (cis)

第十章 醇、酚和醚

1. 写出戊醇 C_5H_9OH 的异构体的构造式，并用系统命名法命名。
2. 写出下列结构式的系统命名。

（1）$CH_3CH_2-CH(CH_3)-CH(OH)-CH_3$

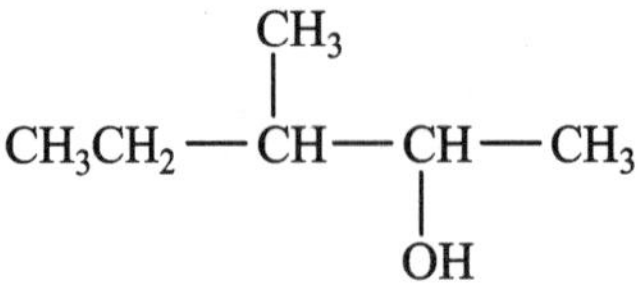

（2）$H_3C-CH=CH-CH_2CH(OH)CH_3$（顺反异构）

（3）$Cl-C_6H_4-CH_2CH_2OH$（对位）

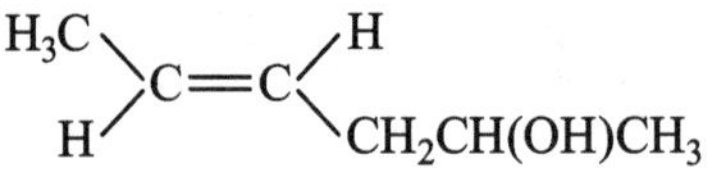

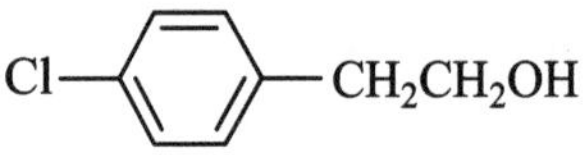

（4）1-乙基-2-甲基环己醇结构（环己烷上带 C_2H_5、OH、CH_3）

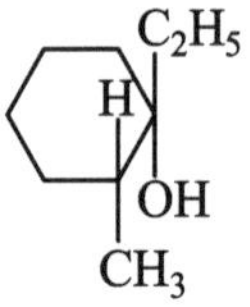

（5）$C_2H_5OCH_2(CH_3)_2$

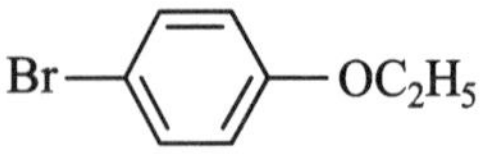

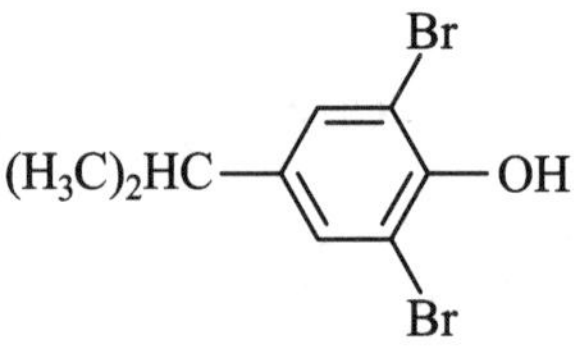

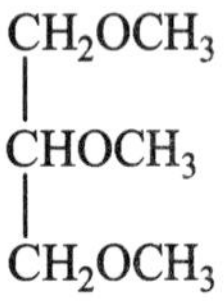

（6）苯环上有 OH、OH、Cl、O_2N 取代基结构

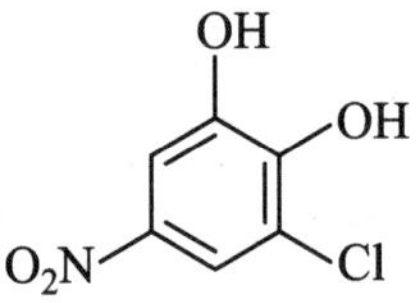

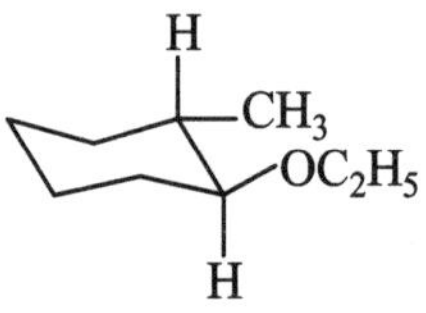

（7）$Br-C_6H_4-OC_2H_5$（对位）

（8）$(H_3C)_2HC-C_6H_2(Br)_2-OH$

（9）$\begin{array}{c} CH_2OCH_3 \\ CHOCH_3 \\ CH_2OCH_3 \end{array}$

（10）$H_2C-CHCH_3$（环氧乙烷结构）
        \\O/

（11）环己烷上带 H、CH_3、OC_2H_5、H 的立体结构

（12）$H_3CO-CH-CH-CH_2CH_3$（环氧结构）

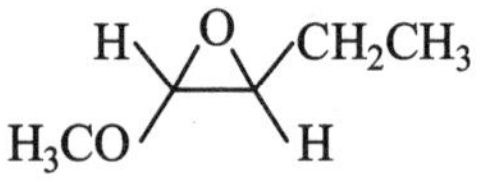

3. 写出下列化合物的构造式：

（1）(E)-2-丁烯-1-醇
（2）烯丙基正丙醚
（3）对硝基苄乙醚
（4）邻甲氧基苯甲醚
（5）2,3-二甲氧基丁烷
（6）α,β-二苯基乙醇
（7）新戊醇
（8）苦味酸
（9）2,3-环氧戊烷
（10）15-冠-5

4. 写出下列化合物的构造式。

（1）2,4-dimethyl-1-hexanol
（2）4-penten-2-ol

（3）3-bromo-4-methylphenol　　　　　（4）5-nitro-2-naphthol
（5）tertbutyl phenyl ether　　　　　　（6）1,2-dimethoxyethane

5. 写出异丙醇与下列试剂作用的反应式：
（1）Na　　　　　　　　　　　　　　（2）Al
（3）冷浓 H_2SO_4　　　　　　　　　　（4）H_2SO_4，>160 ℃
（5）H_2SO_4，<140 ℃　　　　　　　（6）NaBr + H_2SO_4
（7）红磷 + 碘　　　　　　　　　　　（8）$SOCl_2$
（9）$CH_3C_6H_4SO_2Cl$　　　　　　　　（10）（1）的产物 + C_2H_5Br
（11）（1）的产物 + 叔丁基氯　　　　（12）（5）的产物 + HI（过量）

6. 在叔丁醇中加入金属钠，当 Na 被消耗后，在反应混合物中加入溴乙烷，这时可得到 $C_6H_{14}O$；如在乙醇与 Na 反应的混合物中加入 2-溴-2-甲基丙烷，则有气体产生，在留下的混合物中仅有乙醇一种有机物，试写出所有的反应，并解释这两个实验为什么不同。

7. 有人试图从氘代醇（2-氘-2-丁醇）和 HBr、H_2SO_4 共热制备 2-氘-2-溴丁烷，得到的产物具有正确的沸点，但经过对其光谱性质的仔细考察，发现该产物是 $CH_3CHDCHBrCH_3$ 和 $CH_3CH_2CDBrCH_3$ 的混合物。试问反应过程中发生了什么变化？用反应式表示。

8. 完成下列各反应：

（1）$HOCH_2CH_2OH + HNO_3 \xrightarrow[\Delta]{H_2SO_4}$

（2）[2-methylcyclopentanol] $\xrightarrow{H_3O^+}$

（3）[methyl cyclohexyl bromide structure] $\xrightarrow{EtO^-}$

（4）[stereochemistry structure with Me, Ph, Br, H, Ph] $\xrightarrow{EtO^-}$

（5）[cyclohexanol] $\xrightarrow{H_3O^+}$:CH_2

（6）$(C_2H_5)_2CHOCH_3 + HI$（过量）$\xrightarrow{\Delta}$

（7）$HO\text{-}CH_2CH_2CH_2CH_2\text{-}OH \xrightarrow{H_3O^+}$

（8）$CH_3CH\text{—}CH_2 + HBr \longrightarrow$
　　　　　　$\underset{O}{\diagup\diagdown}$

（9）$CH_3CH\text{—}CH_2 + CH_3O^- \xrightarrow{CH_3OH}$
　　　$\underset{O}{\diagup\diagdown}$

（10）[2,2,5,5-tetramethyl cyclopentanol structure] $\xrightarrow{H_3O^+}$

（11）[3,4-dimethyl tetrahydrofuran] $\xrightarrow{过量浓HBr}$

（12）[methyl epoxide] $\xrightarrow[EtOH]{EtSNa}$

（13）[2,2-dimethyl epoxide] $\xrightarrow[2) H_3O^+]{1) (CH_3)_2CHMgCl, 乙醚}$

（14）[cis-2,3-dimethyl epoxide] $\xrightarrow[EtOH]{稀 H_2SO_4}$

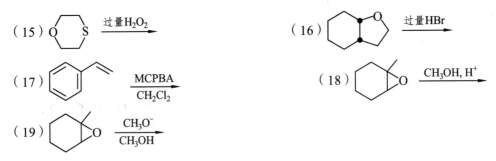

9. 写出下列各题中括弧中的构造式：

(1) ( ) + HIO$_4$ (1 mol) ⟶ OHC—CH$_2$CH$_2$CH$_2$CH(CH$_3$)—CHO

(2) ( ) + HIO$_4$ (2 mol) ⟶ CH$_3$CHO + CH$_3$COCH$_3$ + H—COOH

(3) ( ) $\xrightarrow[\text{2) H}_3\text{O}^+]{\text{1) C}_2\text{H}_5\text{MgBr}}$ [环戊基-C$_2$H$_5$-OH] $\xrightarrow[-\text{H}_2\text{O}]{\text{H}^+, \Delta}$ ( ) $\xrightarrow[\text{2) H}_2\text{O}_2, \text{OH}^-]{\text{1) B}_2\text{H}_6}$ ( )

10. 用反应式标明下列反应事实：

(1) CH$_3$—CH=CH—C$_6$H$_{11}$(OH) ⟶ CH$_3$—CH=CH—CH(Br)—C$_6$H$_{11}$ + CH$_3$—CH(Br)—CH=CH—C$_6$H$_{11}$

(2) CH$_3$—CH(OH)—CH(CH$_3$)$_2$ ⟶ CH$_3$—CH$_2$—C(Br)(CH$_3$)$_2$

11. 化合物 A 为反-2-甲基环己醇，将 A 与对甲苯磺酰氯反应的产物以叔丁醇钠处理，所获得的唯一烯烃是 3-甲基环己烯。

(1) 写出以上各步反应式。

(2) 指出最后一步反应的立体化学。

(3) 若将 A 用 H$_2$SO$_4$ 脱水，能否得到上述烯烃？

12. 选择适当的醛、酮和格氏试剂合成下列化合物：

(1) 3-苯基-1-丙醇 (2) 1-环己基乙醇

(3) 2-苯基-2-丙醇 (4) 2,4-二甲基-3-戊醇

(5) 1-甲基环己烯

13. 利用指定原料进行合成（无机试剂和 C2 以下的有机试剂可以任选）。

(1) 用正丁醇合成：

正丁酸 1,2-二溴丁烷 1-氯-2-丁醇 1-丁炔 2-丁酮

（2）用乙烯合成 $CH_3-CH-CH-CH_3$ （环氧，O桥）

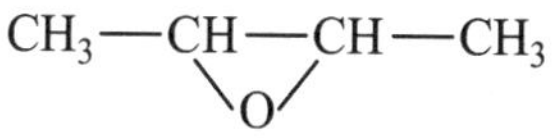

（3）用丙烯合成 $CH_2=CHCH_2O-C(CH_3)_2-CH_2CH_2CH_3$

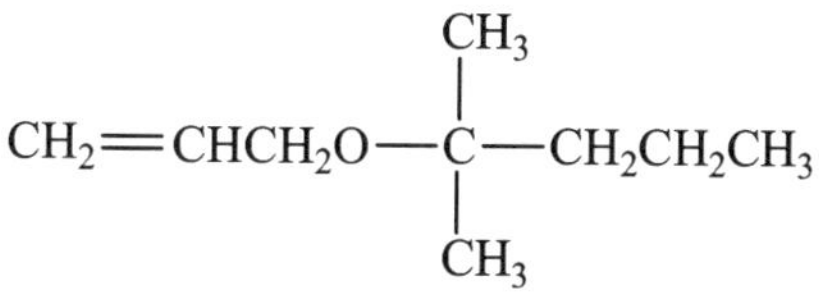

（4）用丙烯和苯合成

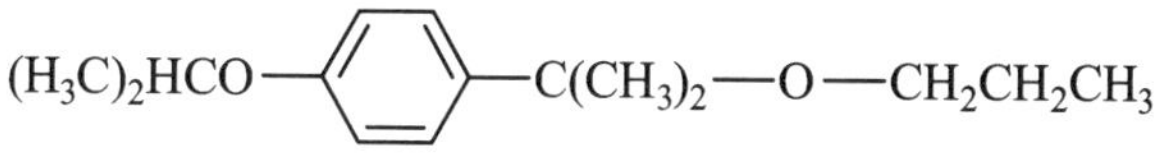

$(H_3C)_2HCO-\underset{}{C_6H_4}-C(CH_3)_2-O-CH_2CH_2CH_3$

（5）用甲烷合成 $H_3C-\underset{O}{C}-CH-CH_2$（末端环氧）

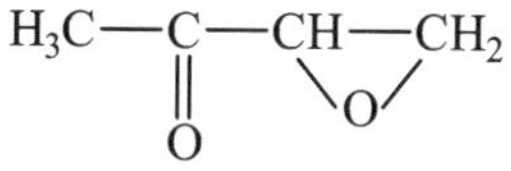

（6）用苯酚合成 1,1-二环己基-1-醇（两个环己基接在带OH的碳上）

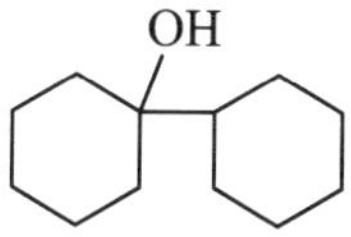

（7）用乙炔合成 $(CH_3)_2CH-CH_2-C(OH)(CH_3)_2$ 型结构

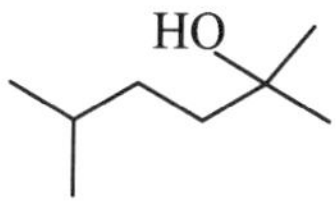

（8）用甲苯合成 $C_6H_5-CH_2OH$

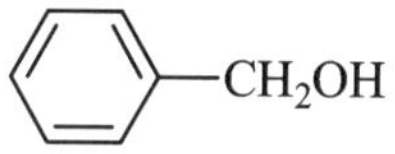

（9）用叔丁醇合成 1,1-二氯-2,2-二甲基环丙烷

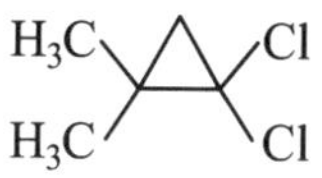

14. 用简单的化学方法区别以下各组化合物

（1）1,2-丙二醇、正丁醇、甲丙醚、环己烷。

（2）丙醚、溴代正丁烷、烯丙基异丙基醚。

（3）乙苯、苯乙醚、苯酚、1-苯基乙醇。

15. 试用适当的化学方法结合必要的物理方法将下列混合物中的少量杂质除去。

（1）乙醚中含有少量乙醇；

（2）乙醇中含有少量水；

（3）环己醇中含有少量苯酚。

16. 分子式为 $C_6H_{10}O$ 的化合物 A，能与 Lucas 试剂反应，也可被 $KMnO_4$ 氧化，并能吸收 1 mol Br_2，A 经催化加氢得 B，将 B 氧化得 C，C 的分子式为 $C_6H_{10}O$，将 B 在加热下与浓 H_2SO_4 作用的产物还原可得到环己烷，试推测 A 可能的结构，写出各步骤的反应式。

17. 化合物 A 分子式为 $C_6H_{14}O$，能与 Na 作用，在酸催化作用下可脱水生成 B，以冷 $KMnO_4$ 溶液氧化 B 可得到 C，C 的分子式为 $C_6H_{14}O_2$，C 与 HIO_4 作用只得到丙酮，试推 A、B、C 的构造式，并写出有关反应式。

18. 分子式为 $C_5H_{12}O$ 的一般纯度的醇，具有下列 ^1H NMR 数据（表 4-4），试推出该醇的结构式。

表 4-4　$C_5H_{12}O$ 的 ^1H NMR 数据

δ 值	质子数	信号类型
a. 0.9	6	二重峰
b. 1.6	1	多重峰
c. 2.6	1	单　峰
d. 3.6	1	八重峰
e. 1.1	3	二重峰

19. 某化合物 A 分子式为 $C_8H_{16}O$，A 不与金属 Na、NaOH 及 $KMnO_4$ 反应，能与浓氢碘酸作用，生成化合物 $C_7H_{14}O$（B），B 与浓 H_2SO_4 共热生成化合物 C_7H_{12}（C），C 经臭氧化水解后得产物 $C_7H_{12}O_2$（D），D 的 IR 谱图上在 1 750～1 700 cm^{-1} 处有强吸收峰，而在 NMR 谱图中有两组峰具有如下特征：一组为（1H）的三重峰（$\delta=10$），另一组是（3H）和单峰（$\delta=2$），C 在过氧化物存在下与氢溴酸作用得 $C_7H_{12}Br$（E），E 经水解得化合物 B。试推导出 A 的结构式，并用反应式表示上述变化过程。

20. 某化合物 A 分子式为 $C_4H_{10}O$，在 NMR 谱图中 $\delta=0.8$（双重峰 6H），1.7（复杂多重峰，1H），3.2（双重峰，2H）以及 4.2（单峰，1H，当样品与 D_2O 共振后此峰消失）。试推测 A 的结构。

21. 用两种方法合成 2-乙氧基-1-苯基丙烷得到的产物具有相反的光学活性，试解释之。

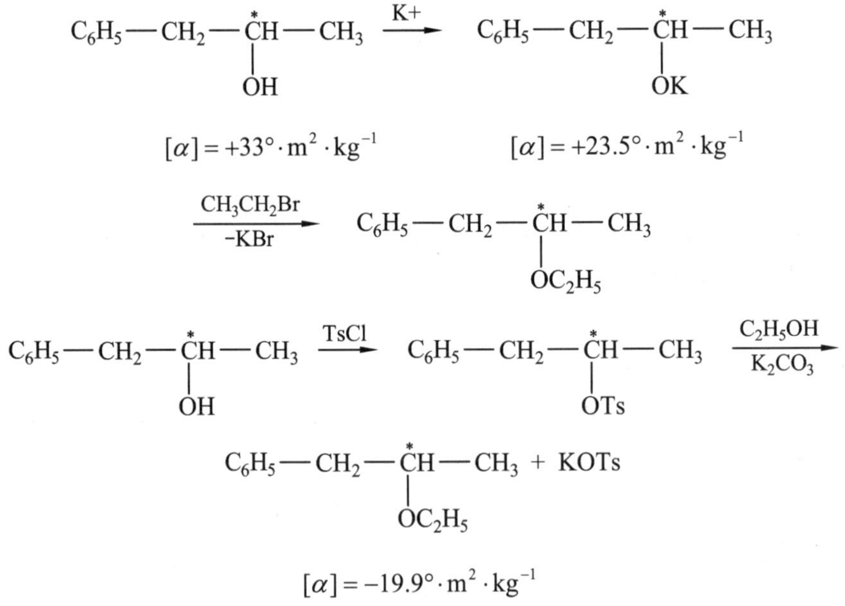

$$C_6H_5-CH_2-\overset{*}{C}H(OH)-CH_3 \xrightarrow{K+} C_6H_5-CH_2-\overset{*}{C}H(OK)-CH_3$$

$$[\alpha]=+33°\cdot m^2\cdot kg^{-1} \qquad [\alpha]=+23.5°\cdot m^2\cdot kg^{-1}$$

$$\xrightarrow[-KBr]{CH_3CH_2Br} C_6H_5-CH_2-\overset{*}{C}H(OC_2H_5)-CH_3$$

$$C_6H_5-CH_2-\overset{*}{C}H(OH)-CH_3 \xrightarrow{TsCl} C_6H_5-CH_2-\overset{*}{C}H(OTs)-CH_3 \xrightarrow[K_2CO_3]{C_2H_5OH}$$

$$C_6H_5-CH_2-\overset{*}{C}H(OC_2H_5)-CH_3 + KOTs$$

$$[\alpha]=-19.9°\cdot m^2\cdot kg^{-1}$$

22. 从下列信息推断化合物 A、B、C 的结构。

$$A(C_6H_{14}O_2) \xrightarrow[(CH_3CH_2)_3N,\ CH_2Cl_2]{2CH_3SO_2Cl} B(C_8H_{18}S_2O_6) \xrightarrow{Na_2S,\ H_2O,\ DMF}$$

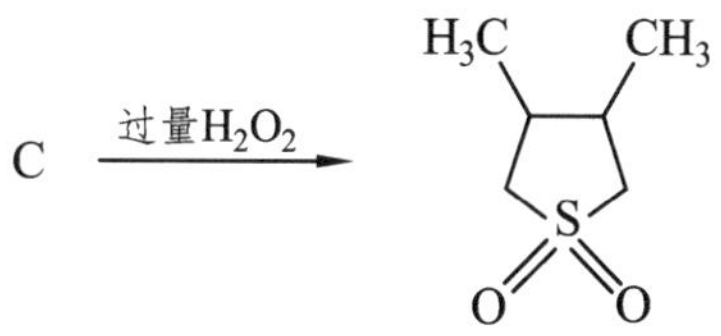

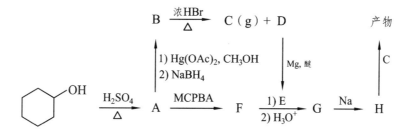

23. 以环己醇为原料合成反式-1-环己基-2-甲氧基环己烷。试写出下列中间体 A～H 的构造式。

24. 用反应机理解释下列反应。

（1）

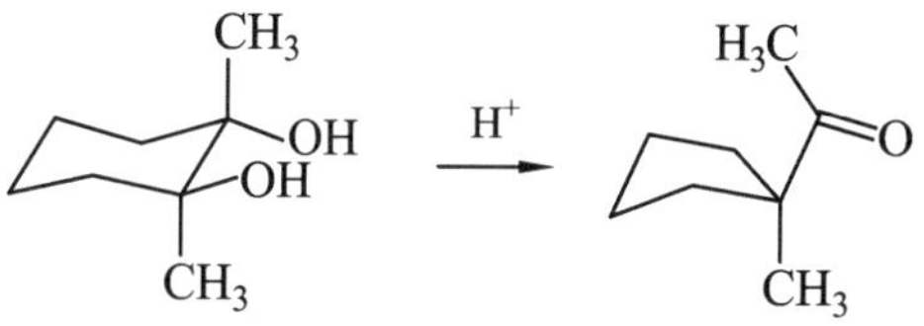

（2）

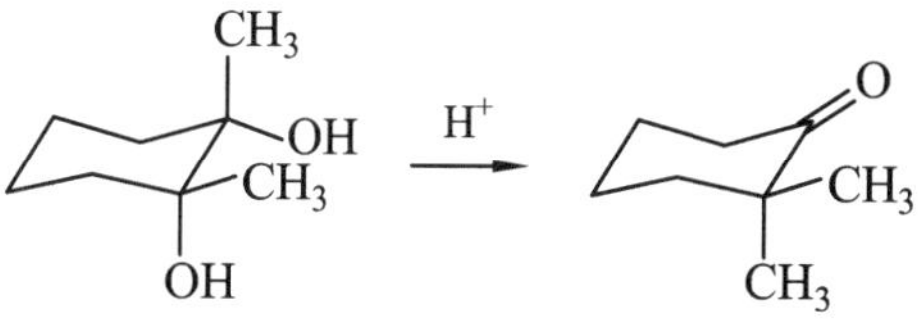

25. 解释下列反应。

（1）

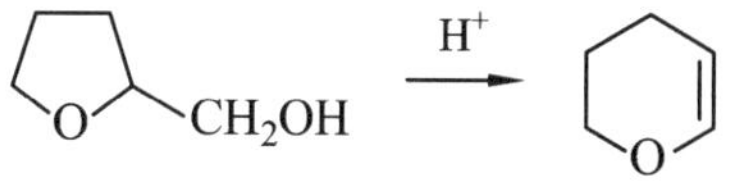

（2）

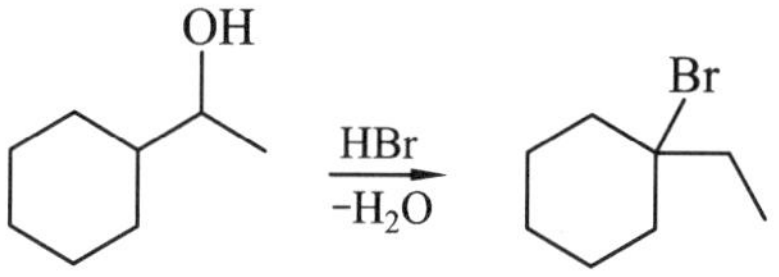

答　案

1. 解：

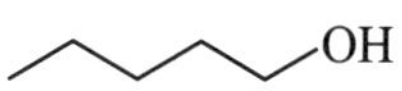

1-戊醇 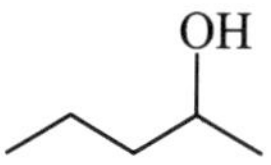　　　2-戊醇

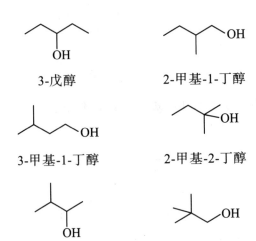

3-戊醇   2-甲基-1-丁醇

3-甲基-1-丁醇   2-甲基-2-丁醇

3-甲基-2-丁醇   2,2-二甲基-1-丙醇

2. 解：（1）3-甲基-2-戊醇　　　　　　　　（2）(*E*)-4-己烯-2-醇
（3）2-对氯苯基乙醇　或 β-对氯苯基乙醇
（4）(1*S*, 2*R*)-2-甲基-1-乙基环己醇　或顺-2-甲基-1-乙基环己醇
（5）1-乙氧基-2-甲基丙烷　或乙基异丁基醚　　（6）5-硝基-3-氯-1,2-苯二酚
（7）对溴苯乙醚　　　　　　　　　　　　　　（8）4-异丙基-2,6-二溴苯酚
（9）1,2,3-三甲氧基丙烷或丙三醇三甲醚　　　（10）1,2-环氧丁烷
（11）(1*S*, 2*S*)-2-甲基-2-乙氧基环己烷或反-2-甲基-1-乙氧基环己烷
（12）反-1-甲氧基-1,2-环氧丁烷

3. 解：

（1）$\begin{array}{c}H_3C\\H\end{array}C=C\begin{array}{c}H\\CH_2OH\end{array}$　　　　　　　（2）

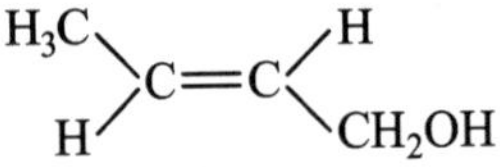

（3）$O_2N--CH_2OCH_2CH_3$ 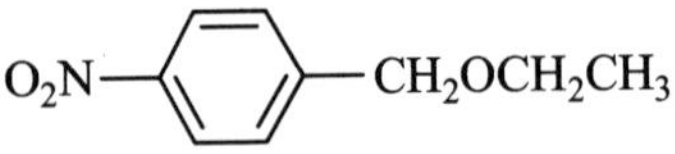　　　（4）

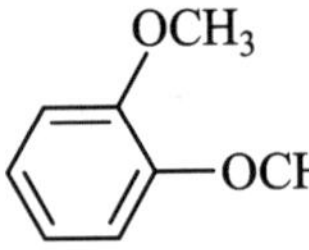

（5）$CH_3-CH-CH-CH_3$
　　　　OCH_3OCH_3　　　　　　（6）$Ph-CH_2-CH-OH$
　　　　　　　　　　　　　　　　　　　　　　　　　　　Ph

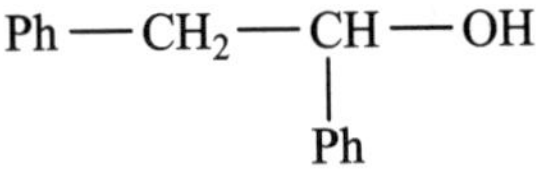

（7）$(CH_3)_3CCH_2OH$　　　　　　　　　　（8）

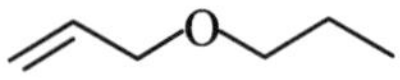

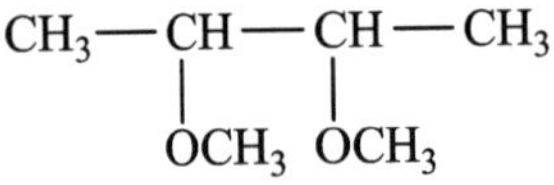

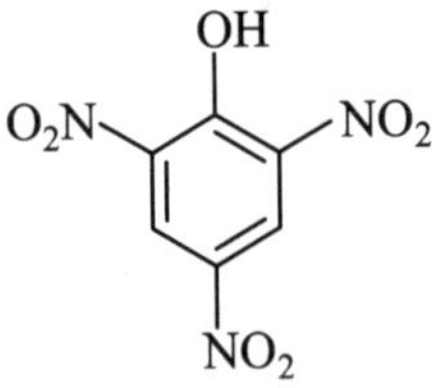

（9）$CH_3CH-CHCH_2CH_3$
　　　　　　$\diagdown O\diagup$　　　　　　　　　　　　　（10）

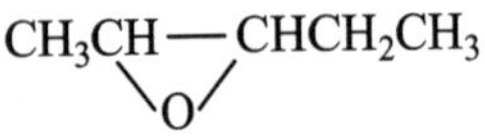

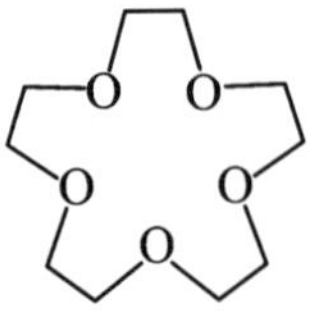

4. 解：

（1） CH₃CH₂CH(CH₃)CH(CH₃)CH₂OH

（2） CH₂=CHCH₂CH(OH)CH₃

（3） H₃C-C₆H₃(Br)-OH （3-溴-4-甲基苯酚结构）

（4） 5-硝基-2-萘酚（萘环上2位OH，5位NO₂）

（5） (CH₃)₃C—O—Ph

（6） CH₃OCH₂CH₂OCH₃

5. 解：

（1） CH₃CH(OH)CH₃ + Na ⟶ CH₃CH(ONa)CH₃ + 1/2 H₂↑

（2） 3CH₃CH(OH)CH₃ + Al ⟶ (CH₃CH(O)CH₃)₃Al + 3/2 H₂↑

（3） 3CH₃CH(OH)CH₃ + H₂SO₄（冷，浓）⟶ CH₃CH(OSO₂OH)CH₃ + H₂O

（4） (CH₃)₂CHOH $\xrightarrow[>160\ ℃]{H_2SO_4}$ CH₂=CHCH₃ + H₂O

（5） (CH₃)₂CHOH $\xrightarrow[<140\ ℃]{H_2SO_4}$ (CH₃)₂CHOCH(CH₃)₂ + H₂O

（6） 2(CH₃)₂CHOH + H₂SO₄ + 2NaBr ⟶ 2(CH₃)₂CHBr + Na₂SO₄ + 2H₂O

（7） (CH₃)₂CHOH $\xrightarrow[I_2]{P}$ (CH₃)₂CHI

（8） (CH₃)₂CHOH + SOCl₂ ⟶ (CH₃)₂CHCl + HCl↑ + SO₂↑

（9） (CH₃)₂CHOH + CH₃C₆H₄SO₂Cl ⟶ (CH₃)₂CHOSO₂C₆H₄CH₃ + HCl

（10） (CH₃)₂CHONa + CH₃CH₂Br ⟶ (CH₃)₂CHOCH₂CH₃ + NaBr

（11） (CH₃)₂CHONa + (CH₃)₃CCl ⟶ (CH₃)₂C=CH₂ + (CH₃)₂CHOH + NaCl

（12） (CH₃)₂CHOCH(CH₃)₂ + HI（过量）⟶ 2(CH₃)₂CHI + H₂O

6. 解：

（1） (CH₃)₃COH + Na ⟶ (CH₃)₃CONa $\xrightarrow{CH_3CH_2Br}$ (CH₃)₃COCH₂CH₃

（2） CH₃CH₂OH + Na ⟶ CH₃CH₂ONa $\xrightarrow{(CH_3)_3CBr}$ (CH₃)₂C=CH₂↑

第一个实验是亲核取代反应，第二个实验以消除反应为主，生成烯烃气体放出，过量的乙醇没参加反应而留下。

7. 解：

$$CH_3CH_2\underset{OH}{\overset{}{C}}DCH_3 \xrightarrow{H^+} CH_3CH_2\underset{\overset{+}{O}H_2}{\overset{}{C}}DCH_3 \xrightarrow{-H_2O} CH_3\overset{+}{C}H\underset{H}{\overset{}{C}}DCH_3 \longrightarrow CH_3\overset{+}{C}HCHDCH_3$$

$$\left.\begin{array}{c} CH_3CH_2\overset{+}{C}DCH_3 \\ \\ CH_3\overset{+}{C}HCHDCH_3 \end{array}\right\} \xrightarrow{Br^-} \left\{\begin{array}{c} CH_3CH_2\underset{Br}{\overset{}{C}}DCH_3 \\ \\ CH_3CHCHDCH_3 \\ \quad\ \ | \\ \quad\ \ Br \end{array}\right.$$

8. 解：

(1) $\underset{O_2NO\ \ \ ONO_2}{H_2C-CH_2}$ + H_2O

(2) [1-methylcyclopentene structure]

(3) [4-methylcyclohexene with H and CH₃]

(4) $\underset{H}{\overset{Ph}{}}C=C\underset{CH_3}{\overset{Ph}{}}$

(5) [bicyclic structure]

(6) $(C_2H_5)_2CHI + CH_3I$

(7) [tetrahydrofuran]

(8) $CH_3\underset{Br}{\overset{}{C}}HCH_2OH$

(9) $CH_3\underset{OH}{\overset{}{C}}HCH_2OCH_3$

(10) [1,2,3-trimethylcyclopentene]

(11) [2,3-dibromo-2,3-dimethylbutane structure with Br Br]

(12) $\underset{}{\overset{HO}{}}CH_3CHCH_2SCH_2CH_3$

(13) $H_3C-\underset{\underset{CH_3}{|}}{\overset{\overset{OH}{|}}{C}}-CH_2-CH(CH_3)_2$

(14) [two stereoisomers with HO, CH₃, H, OC₂H₅ groups]

(15) [1,4-oxathiane-4,4-dioxide structure]

(16) [bicyclic structure with Br and OH]

(17) Ph—[epoxide]

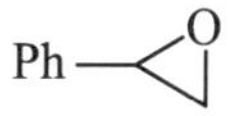

(18) [cyclohexane with CH₃O, OH, CH₃] + [cyclohexane with OCH₃, CH₃, OH]

(19) [cyclohexane with HO, CH₃O, CH₃] + [cyclohexane with OH, CH₃, OCH₃]

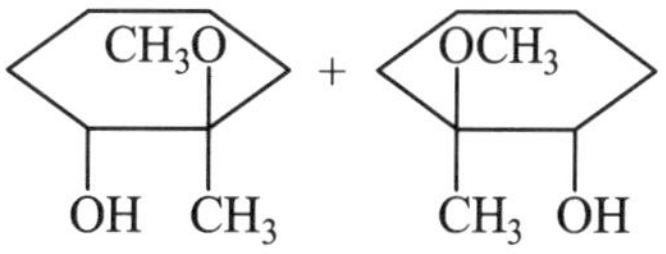

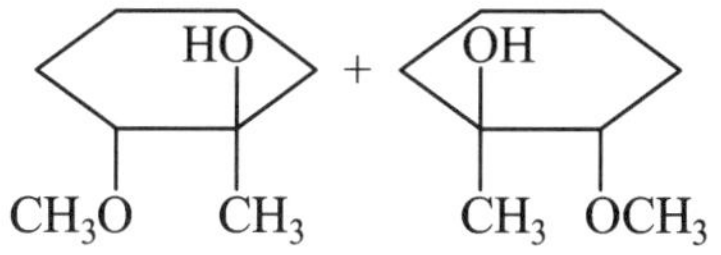

9. 解：

(1) 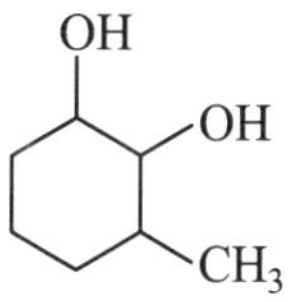 [cyclohexane with OH, OH, CH₃]

(2) CH₃CH—CH—C(CH₃)₂
   | | |
   OH OH OH

(3) [cyclopentanone]   [1-ethylcyclopentene]   [2-ethylcyclopentanol]

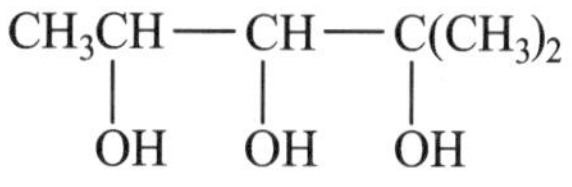

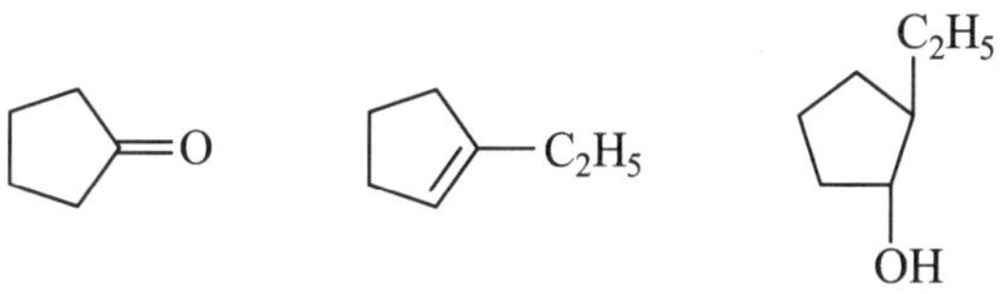

10. 解：

(1) 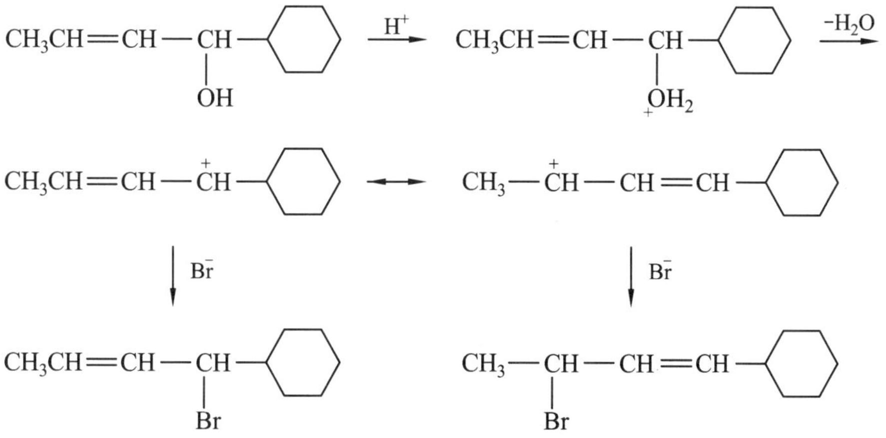 $CH_3CH=CH-CH(OH)-C_6H_{11}$ $\xrightarrow{H^+}$ $CH_3CH=CH-CH(\overset{+}{O}H_2)-C_6H_{11}$ $\xrightarrow{-H_2O}$

$CH_3CH=CH-\overset{+}{C}H-C_6H_{11}$ ⟷ $CH_3-\overset{+}{C}H-CH=CH-C_6H_{11}$

$\downarrow Br^-$ $\downarrow Br^-$

$CH_3CH=CH-CH(Br)-C_6H_{11}$ $CH_3-CH(Br)-CH=CH-C_6H_{11}$

(2) $CH_3CH(OH)CH(CH_3)_2$ $\xrightarrow{H^+}$ $CH_3CH(\overset{+}{O}H_2)CH(CH_3)_2$ $\xrightarrow{-H_2O}$ $CH_3\overset{+}{C}HCH(CH_3)_2$ ⟶

$\overset{H}{}$

$CH_3CH_2\overset{+}{C}(CH_3)_2$ $\xrightarrow{Br^-}$ $CH_3CH_2C(Br)(CH_3)_2$

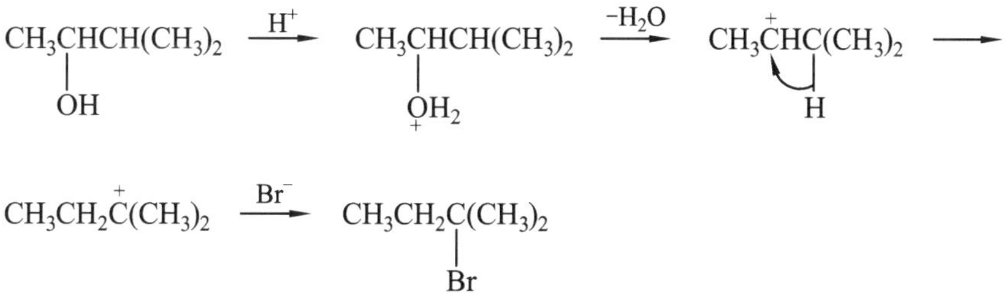

11. 解：

209

(1) [反应式: 2-甲基环己醇 $\xrightarrow{p\text{-}CH_3C_6H_4SO_2Cl}$ 对应的对甲苯磺酸酯 $\xrightarrow{(CH_3)_3CONa}$ 3-甲基环己烯]

(2) 最后一步反应的立体化学是 E2 反式消除。

(3) 若将 A 用 H_2SO_4 脱水，能得到少量上述烯烃和另外一种主要产物（1-甲基环己烯）。因为 $(CH_3)_3COK$ 是个体积大的碱在反应中只能脱去空间位阻小的 H，而得到 3-甲基环己烯。而用硫酸脱水时，反应按 E1 历程进行，所以主要产物是得到稳定的 1-甲基环己烯，而得不到 3-甲基环己烯。

12. 解：

(1) $PhCH_2CH_2MgBr + CH_2=O \xrightarrow{Et_2O} Ph\text{～}OMgBr \xrightarrow{H_3O^+} Ph\text{～}OH$

(2) 环己基-$MgBr + CH_3CHO \xrightarrow{Et_2O}$ 环己基-$CH(CH_3)OMgBr \xrightarrow{H_3O^+}$ 环己基-$CH(CH_3)OH$

(3) $PhMgBr + CH_3COCH_3 \xrightarrow{Et_2O} \xrightarrow{H_3O^+} PhC(CH_3)_2OH$

或 $PhCOCH_3 + CH_3MgBr \xrightarrow{Et_2O} \xrightarrow{H_3O^+} PhC(CH_3)_2OH$

(4) $(CH_3)_2CHMgBr + (CH_3)_2CHCH=O \xrightarrow{Et_2O} \xrightarrow{H_3O^+} (CH_3)_2CHCH(OH)CH(CH_3)_2$

(5) 环己酮 $+ CH_3MgBr \xrightarrow{Et_2O} \xrightarrow{H_3O^+}$ 1-甲基环己醇 $\xrightarrow[\Delta]{H^+}$ 1-甲基环己烯

13. 解：

(1) $CH_3CH_2CH_2CH_2OH \xrightarrow[H_2SO_4, \Delta]{K_2Cr_2O_7} CH_3CH_2CH_2COOH$

$CH_3CH_2CH_2CH_2OH \xrightarrow{HBr} \xrightarrow{EtONa} CH_3CH_2CH=CH_2 \xrightarrow{Br_2} CH_3CH_2CHBrCH_2Br$

$CH_3CH_2CH_2CH_2OH \xrightarrow{HBr} \xrightarrow{EtONa} CH_3CH_2CH=CH_2 \xrightarrow{Cl_2, H_2O} CH_3CH_2CH(OH)CH_2Cl$

$CH_3CH_2CHBrCH_2Br \xrightarrow{NaNH_2} CH_3CH_2C\equiv CH \xrightarrow[Hg^{2+}, \Delta]{H_3O^+} CH_3CH_2COCH_3$

（2）$CH_2=CH_2 \xrightarrow{HBr} CH_3CH_2Br \xrightarrow{Mg}{Et_2O} CH_3CH_2MgBr \xrightarrow{1)\ CH_3CH=O}{2)\ H_3O^+}$

$CH_3CH_2CHOHCH_3 \xrightarrow{H^+}{\Delta}$ CH$_3$CH=CHCH$_3$ $\xrightarrow{CH_3COOOH}$
$\begin{array}{c} H_3C \quad\quad CH_3 \\ HC-CH \\ \diagdown O \diagup \end{array}$

（3）$CH_2=CHCH_3 + HBr \xrightarrow{RO-OR} CH_3CH_2CH_2Br$

$CH_2=CHCH_3 \xrightarrow{NBS} CH_2=CHCH_2Br$

$CH_2=CHCH_3 + O_2 \xrightarrow{PdCl_2}{CuCl_2} CH_3COCH_3$

$CH_3CH_2CH_2Br \xrightarrow{Mg}{Et_2O} CH_3CH_2CH_2MgBr \xrightarrow{1)\ (CH_3)_2CO}{2)\ H_3O^+}$

$CH_3CH_2CH_2\underset{\underset{CH_3}{|}}{\overset{\overset{OH}{|}}{C}}CH_3 \xrightarrow{Na} \xrightarrow{\diagup\!\!\!\diagdown Br}$ (CH$_3$)$_2$C(CH$_2$CH$_3$)—O—CH$_2$CH=CH$_2$

（4）$\diagup\!\!\!\diagdown + HBr \longrightarrow \diagup\!\!\!\diagdown\!\!\!Br$

$\diagup\!\!\!\diagdown + HBr \xrightarrow{H_2O_2} \diagup\!\!\!\diagdown\!\!\!Br$

$C_6H_6 + \diagup\!\!\!\diagdown \xrightarrow{AlCl_3} C_6H_5CH(CH_3)_2 \xrightarrow{H_2SO_4} HO_3S-C_6H_4-CH(CH_3)_2 \xrightarrow{NaOH}{\Delta}$

$NaO-C_6H_4-CH(CH_3)_2 \xrightarrow{\diagup\!\!\!\diagdown Br} (H_3C)_2HCO-C_6H_4-CH(CH_3)_2 \xrightarrow{Cl_2}{h\nu}$

$(H_3C)_2HCO-C_6H_4-C(CH_3)_2Cl \xrightarrow{OH^-}{H_2O} (H_3C)_2HCO-C_6H_4-C(CH_3)_2OH \xrightarrow{Na}$

$\xrightarrow{\diagup\!\!\!\diagdown\!\!\!Br} (H_3C)_2HCO-C_6H_4-C(CH_3)_2-O-CH_2CH_2CH_3$

（5）$CH_4 + O_2H \xrightarrow{\text{高温}} \xrightarrow{\text{骤冷}} CH\equiv CH + CO + H_2 + H_2O$

$\left. \begin{array}{l} HC\equiv CH \xrightarrow{H_3O^+}{Hg^{2+}} CH_3CH=O \\ \\ HC\equiv CH \xrightarrow{NaNH_2} HC\equiv CNa \end{array} \right\} \longrightarrow HC\equiv C-\underset{\underset{CH_3}{|}}{\overset{\overset{ONa}{|}}{C}}H \xrightarrow{H_3O^+}{Hg^{2+}}$

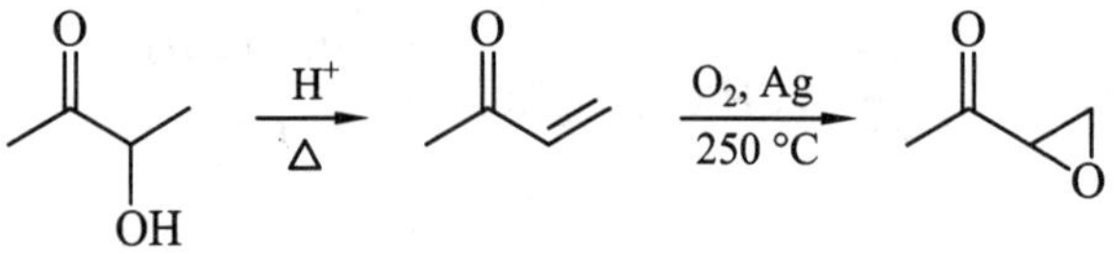

(6)
$$\text{PhOH} \xrightarrow{H_2/Pt} \text{环己醇} \xrightarrow{Cu/O_2,\ 250\ ℃} \text{环己酮}$$

$$\text{环己醇} \xrightarrow{PBr_3} \text{环己基溴} \xrightarrow{Mg/Et_2O} \text{环己基MgBr} \xrightarrow{\text{环己酮}/Et_2O} \text{二环己基(OMgBr)} \xrightarrow{H_3O^+} \text{二环己基甲醇(OH)}$$

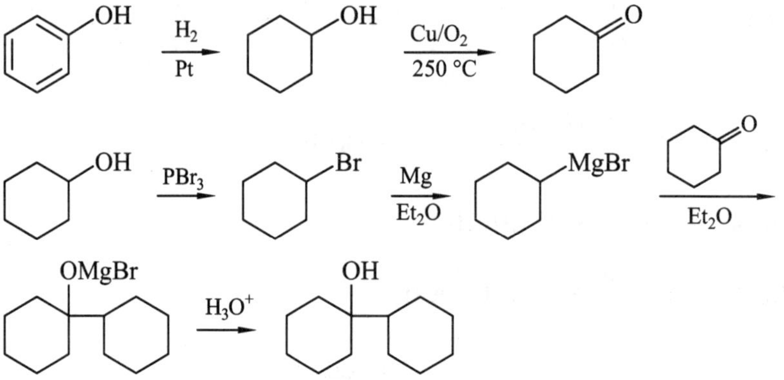

(7)
$$HC\equiv CH \xrightarrow{NaNH_2} HC\equiv CNa \xrightarrow{CH_3Cl} HC\equiv CCH_3 \xrightarrow{H_2/\text{Pd-BaSO}_4} \text{丙烯}$$

$$\text{丙烯} \xrightarrow{HBr} (CH_3)_2CHBr$$

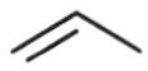

$$HC\equiv CCH_3 \xrightarrow[Hg^{2+}]{H_3O^+} CH_3COCH_3$$

$$HC\equiv CH \xrightarrow{NaNH_2} HC\equiv CNa \xrightarrow{(CH_3)_2CHBr} (CH_3)_2CHC\equiv CNa \xrightarrow{CH_3COCH_3}$$

$$(CH_3)_2CHC\equiv C-C(CH_3)_2-ONa \xrightarrow{H_3O^+} \xrightarrow{H_2/Pt} (CH_3)_2CHCH_2CH_2C(CH_3)_2OH$$

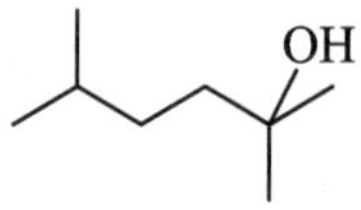

(8)
$$\text{PhCH}_3 + Cl_2 \xrightarrow{h\nu} \text{PhCH}_2Cl \xrightarrow[H_2O]{OH^-} \text{PhCH}_2OH$$

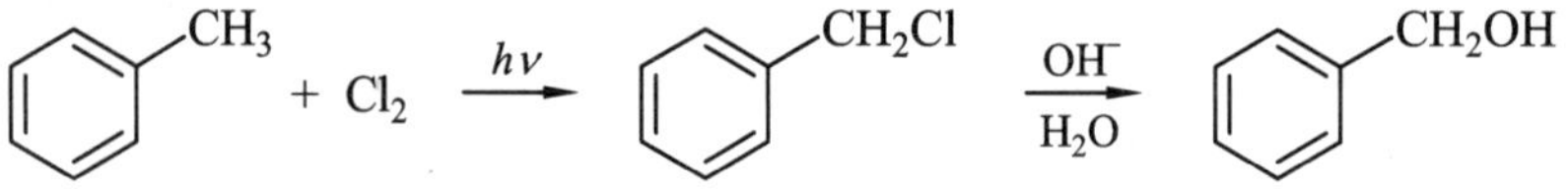

(9)
$$(CH_3)_3COH \xrightarrow[\Delta]{H_2SO_4} (CH_3)_2C=CH_2 \xrightarrow[NaOH]{CHCl_3} \text{1,1-二氯-2,2-二甲基环丙烷}$$

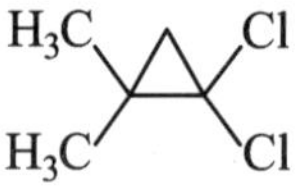

14. 解：

(1) 对 HOCH₂CH₂OH、CH₃CH₂CH₂CH₂OH、CH₃OCH₂CH₂CH₃、环己烷 分别用下列试剂鉴别：

- Cu(OH)₂：HOCH₂CH₂OH (+ 蓝紫色溶液)；其余 (−)
- Na：CH₃CH₂CH₂CH₂OH (+ H₂↑)；其余 (−)
- H₂SO₄(浓)：CH₃OCH₂CH₂CH₃ (+ 溶于浓硫酸)；环己烷 (−)

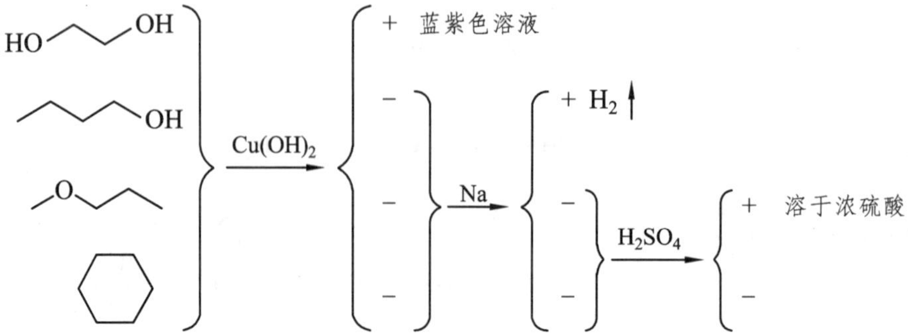

(2) $\begin{Bmatrix} \text{CH}_3\text{CH}_2\text{CH}_2\text{-O-CH}_2\text{CH}_2\text{CH}_3 \\ \text{CH}_3\text{CH}_2\text{CH}_2\text{CH}_2\text{Br} \\ \text{CH}_2\text{=CHCH}_2\text{-O-CH(CH}_3)_2 \end{Bmatrix} \xrightarrow{\text{Br}_2/\text{CCl}_4} \begin{Bmatrix} - \\ - \\ + \text{ 棕红色褪去} \end{Bmatrix} \xrightarrow{\text{H}_2\text{SO}_4} \begin{Bmatrix} + \text{ 溶于浓硫酸} \\ - \end{Bmatrix}$

(3) $\begin{Bmatrix} \text{Ph-CH}_2\text{CH}_3 \\ \text{Ph-O-CH}_2\text{CH}_3 \\ \text{Ph-OH} \\ \text{Ph-CH(OH)CH}_3 \end{Bmatrix} \xrightarrow{\text{Na}} \begin{Bmatrix} - \\ - \\ + \text{ H}_2\uparrow \\ + \text{ H}_2\uparrow \end{Bmatrix}$ 上两者 $\xrightarrow{\text{H}_2\text{SO}_4}$ $\begin{Bmatrix} - \\ + \text{ 溶于浓硫酸} \end{Bmatrix}$ 下两者 $\xrightarrow{\text{Br}_2/\text{H}_2\text{O}}$ $\begin{Bmatrix} + \text{ 白色沉淀} \\ - \end{Bmatrix}$

15. 解：（1）加入金属钠丝反应一段时间，然后蒸馏得纯乙醚。

（2）加入镁条和少量的碘反应一段时间，然后蒸馏得纯乙醇。

（3）加入 NaOH 溶液，振摇后静置分层，分离除去下层（苯酚溶于碱液中），上层为环己醇，经水洗至中性，加入中性干燥剂干燥，最后蒸馏得纯环己醇。

16. 解：

A. 环己-2-烯醇 或 环己-3-烯醇 B. 环己醇 C. 环己酮

有关反应如下：

环己-2-烯醇 $\xrightarrow{\text{Br}_2}$ 2,3-二溴环己醇

环己-2-烯醇 $\xrightarrow{[\text{H}]}$ 环己醇 $\xrightarrow{[\text{O}]}$ 环己酮

环己醇 $\xrightarrow{\text{H}_2\text{SO}_4}$ 环己烯 $\xrightarrow{[\text{H}]}$ 环己烷

17. 解：

A. $(\text{CH}_3)_3\text{C-CH(OH)-CH(CH}_3)_2$ (2,2,3-三甲基-3-羟基戊烷类结构，含OH)

B. $(\text{CH}_3)_2\text{C=C(CH}_3)_2$

C. $(\text{CH}_3)_2\text{C(OH)-C(OH)(CH}_3)_2$

213

有关反应如下:

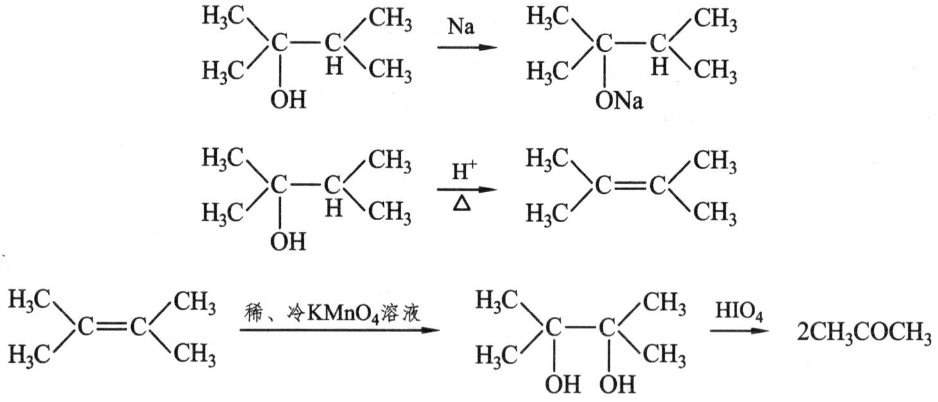

$$(CH_3)_2C(OH)-CH(CH_3)_2 \xrightarrow{Na} (CH_3)_2C(ONa)-CH(CH_3)_2$$

$$(CH_3)_2C(OH)-CH(CH_3)_2 \xrightarrow[\Delta]{H^+} (CH_3)_2C=C(CH_3)_2$$

$$(CH_3)_2C=C(CH_3)_2 \xrightarrow{\text{稀、冷} KMnO_4 \text{溶液}} (CH_3)_2C(OH)-C(OH)(CH_3)_2 \xrightarrow{HIO_4} 2CH_3COCH_3$$

18. 解：

$$(CH_3)_2CH-CH(OH)-CH_3$$
$\delta=0.9$ (H$_3$C), $\delta=1.6$ (CH), $\delta=3.6$ (CH), $\delta=1.1$ (CH$_3$), $\delta=2.6$ (OH)

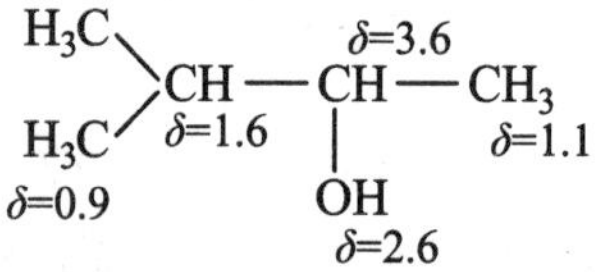

19. 解：化合物 A 不与金属钠、氢氧化钠、高锰酸钾反应，说明不是醇或酚以及带有碳碳双键、三键等基团的物质，有可能是醚类化合物，因此，A 的结构为

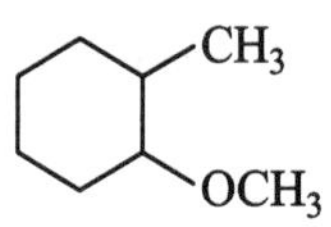

2-甲基-1-甲氧基环己烷 或 1,2-二甲基-3-甲氧基环戊烷 或 1,3-二甲基-2-甲氧基环戊烷

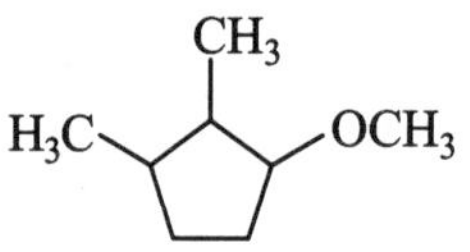

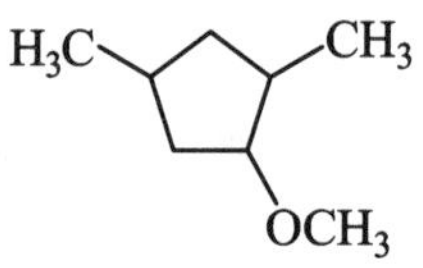

有关反应如下（以六元环化合物为例）：

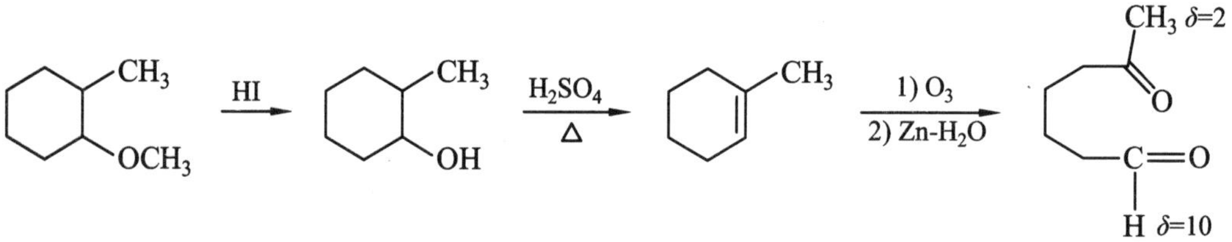

A: 2-甲基-1-甲氧基环己烷 $\xrightarrow{HI}$ B: 2-甲基环己醇 $\xrightarrow[\Delta]{H_2SO_4}$ C: 1-甲基环己烯 $\xrightarrow[2) Zn-H_2O]{1) O_3}$ D: CH$_3$COCH$_2$CH$_2$CH$_2$CHO ($\delta=2$ 为 CH$_3$，$\delta=10$ 为 CHO)

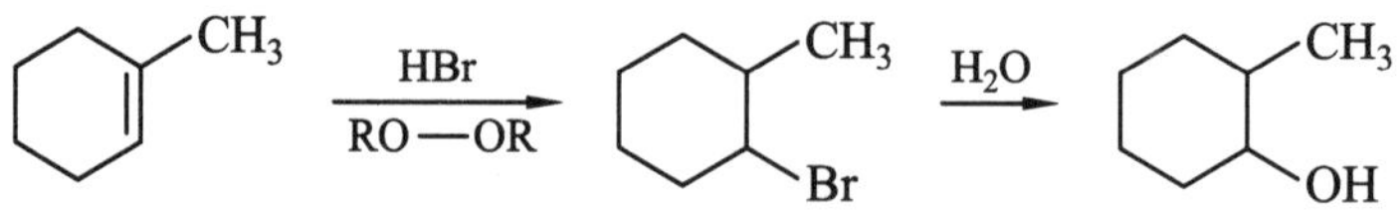

C: 1-甲基环己烯 $\xrightarrow[RO-OR]{HBr}$ E: 2-甲基-1-溴环己烷 $\xrightarrow{H_2O}$ B: 2-甲基环己醇

$1750 \sim 1700 \text{ cm}^{-1}$ 为羰基的伸缩振动吸收峰。

20. 解：化合物 $C_4H_{10}O$ 的结构如下：

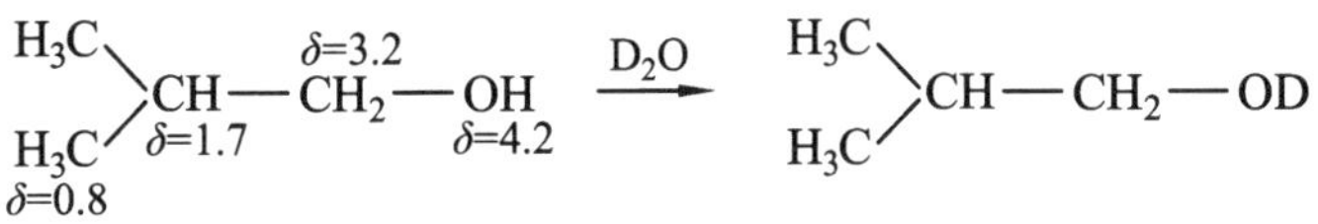

$$\underset{\substack{H_3C\\\delta=0.8}}{\overset{H_3C}{\diagdown}}\underset{\delta=1.7}{CH}\underset{\delta=3.2}{-CH_2}\underset{\delta=4.2}{-OH} \xrightarrow{D_2O} \underset{H_3C}{\overset{H_3C}{\diagdown}}CH-CH_2-OD$$

21. 解：（1）在第一个反应里，从反应物变成醇钾时的构型没有变，然后醇钾作为亲核试剂进攻溴乙烷 C—Br 键上的 C，最后溴离去形成的醚跟反应物的构型相同。比旋光度均为右旋。

（2）在第二个反应里，反应物与 TsCl 反应生成构型不变的磺酸酯，因为磺酸根是一个很好离去的离去基，然后乙醇作为亲核试剂和磺酸酯发生双分子亲核取代反应（S_N2），使磺酸根离去，形成构型反转的产物——醚。所以，产物的构型是左旋的。

22. 解：

A. 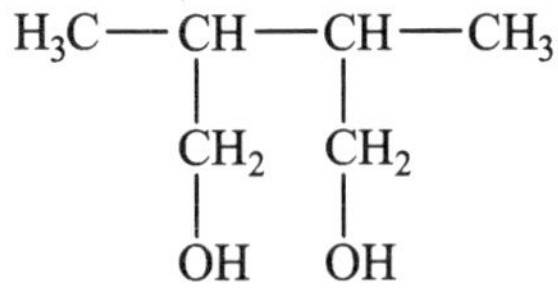 H₃C—CH—CH—CH₃
   | |
   CH₂ CH₂
   | |
   OH OH

B. 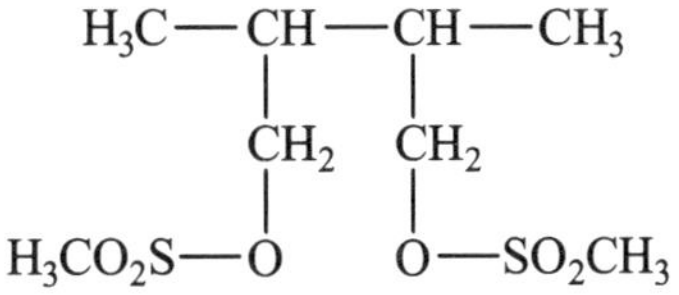 H₃C—CH—CH—CH₃
   | |
   CH₂ CH₂
   | |
H₃CO₂S—O O—SO₂CH₃

C. 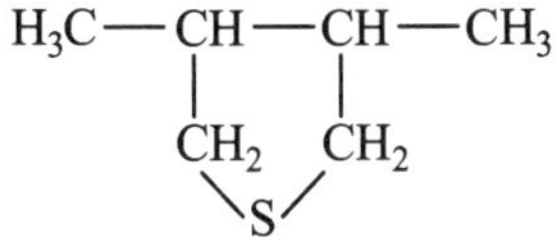 H₃C—CH—CH—CH₃
   | |
   CH₂ CH₂
    \ /
    S

23. 解：

A.  环己烯 B. 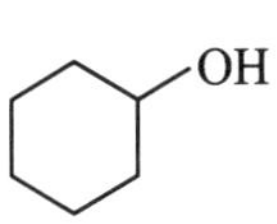 环己醇 C. CH_3Br D. 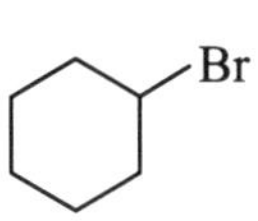 环己基溴 E. 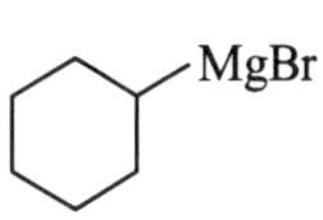 环己基MgBr

F. 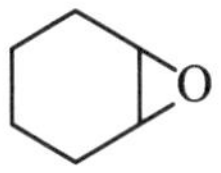 环氧环己烷 G. 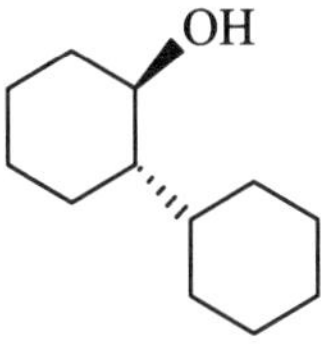 反-2-环己基环己醇 H. 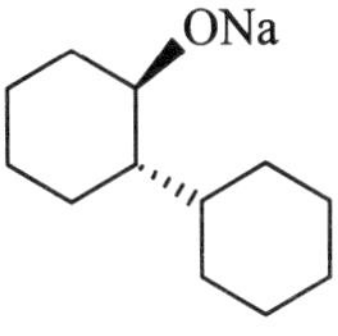 反-2-环己基环己醇钠

24. 解：

（1）

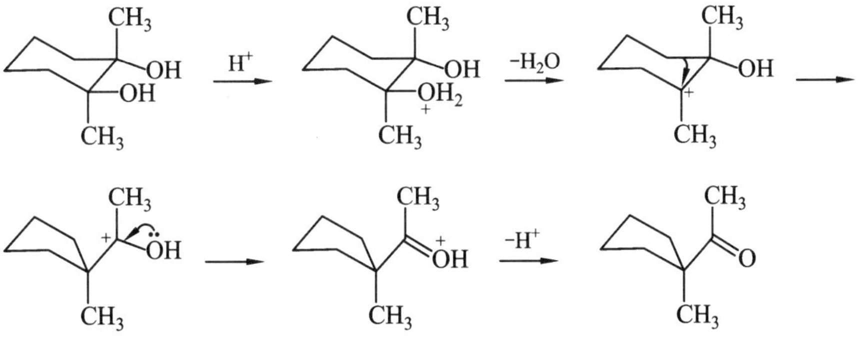

（2）

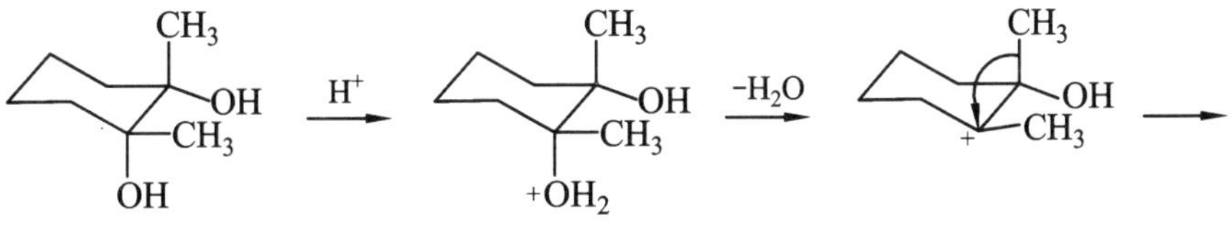

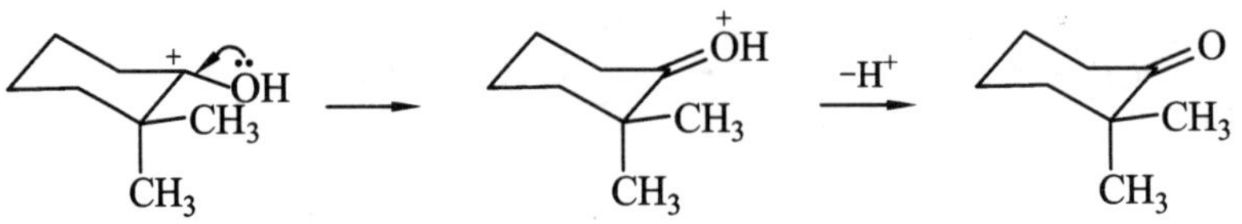

25. 解：

(1) 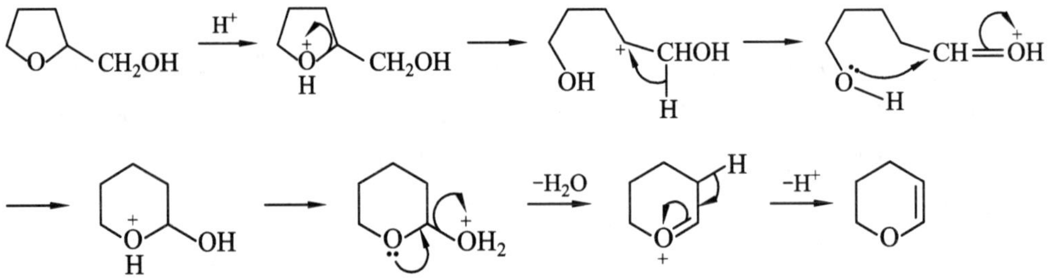 [reaction scheme showing furfuryl alcohol converting through protonation, ring opening, ring closure to dihydropyran]

(2) [reaction scheme showing 1-cyclohexylethanol + H⁺ → oxonium → −H₂O → carbocation → rearrangement → tertiary carbocation → Br⁻ → 1-bromo-1-ethylcyclohexane]

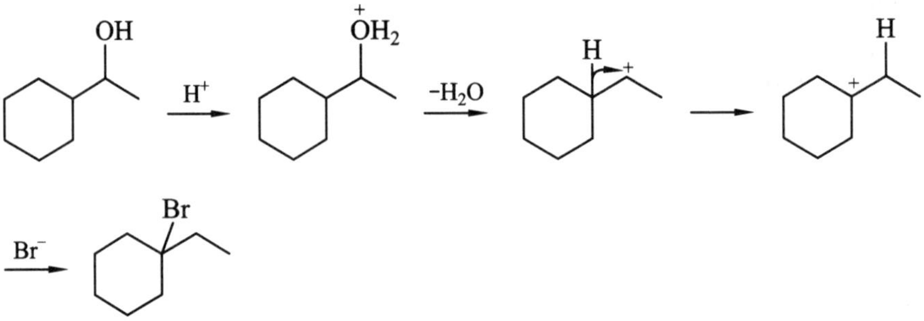

第十一章 醛、酮

1. 用系统命名法命名下列醛、酮。

(1) 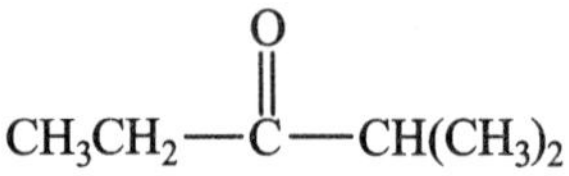 $CH_3CH_2-\underset{O}{\overset{\parallel}{C}}-CH(CH_3)_2$

(2) $CH_3CH_2\underset{CH_3}{\overset{|}{C}H}CH_2\underset{C_2H_5}{\overset{|}{C}H}-CHO$

(3) $\underset{H}{\overset{H_3C}{>}}C=C\underset{CH_2CH_2CHO}{\overset{H}{<}}$

(4) $H_3C-C\equiv C-\underset{O}{\overset{\parallel}{C}}-\underset{H_3C}{\overset{|}{C}}=C\underset{H}{\overset{CH_3}{<}}$

(5) [3-methoxy-4-hydroxybenzaldehyde structure]

(6) [4-methoxyacetophenone structure]

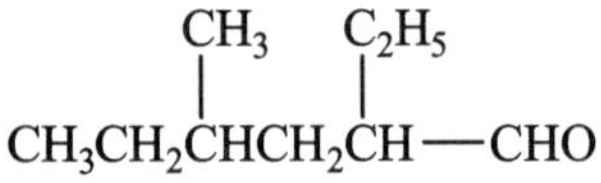

(7) [cyclohexane with CH₃ and CHO substituents, stereochemistry shown]

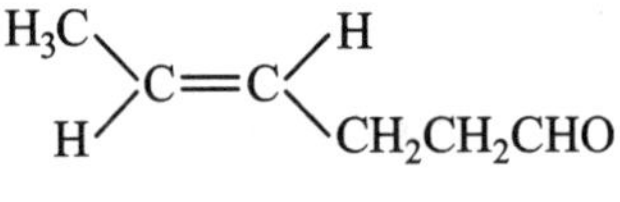

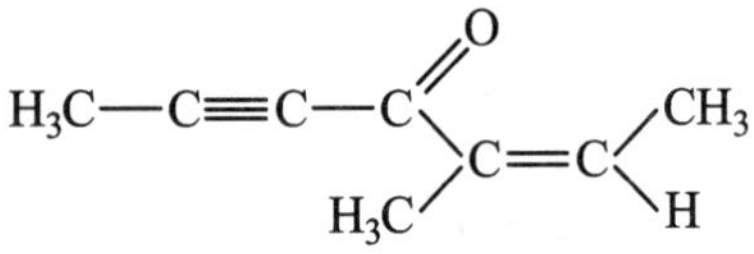

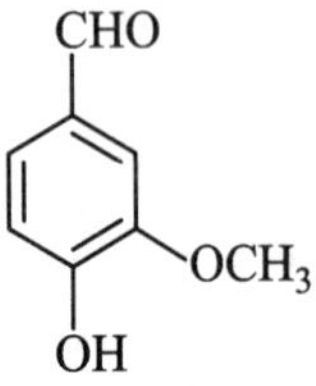

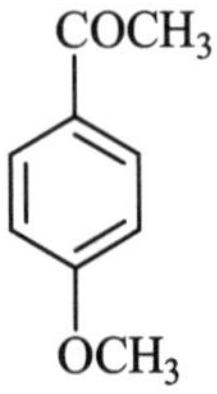

(8) $H-\underset{CH_3}{\overset{COCH_3}{\underset{|}{\overset{|}{C}}}}-Br$

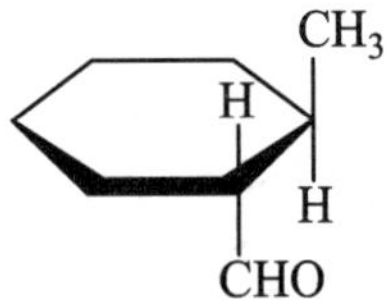

(9) $OHCCH_2\underset{CHO}{\overset{|}{C}H}CH_2CHO$

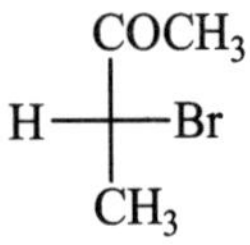

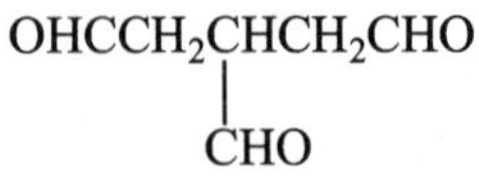

(10) [spiro[4.5]decan-8-one structure]

2. 比较下列羰基化合物与 HCN 加成时的平衡常数 K 的大小。
（1）① Ph_2CO ② $PhCOCH_3$ ③ Cl_3CCHO
（2）① $ClCH_2CHO$ ② $PhCHO$ ③ CH_3CHO

3. 将下列各组化合物按羰基活性大小排序。
（1）① CH_3CH_2CHO ② $PhCHO$ ③ Cl_3CCHO

（2）① 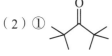 ② 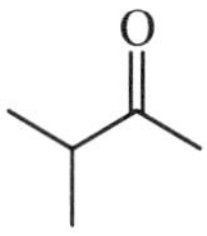 ③ 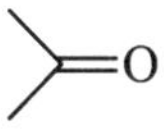 ④

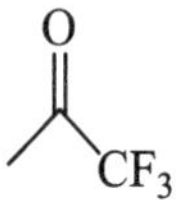

（3）① 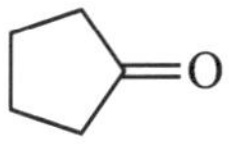 ② 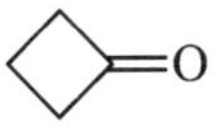 ③

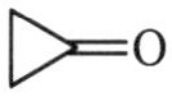

4. 在下列化合物中，将活性亚甲基的酸性由强到弱排列。
（1）$O_2NCH_2NO_2$ （2）$C_6H_5COCH_2COCH_3$
（3）$CH_3COCH_2COCH_3$ （4）$C_6H_5COCH_2COCF_3$

5. 下列羰基化合物都存在酮-烯醇式互变异构体，请按烯醇式含量大小排列。

（1） 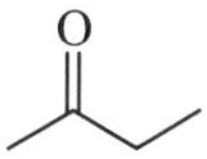 （2） 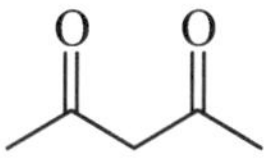 （3）

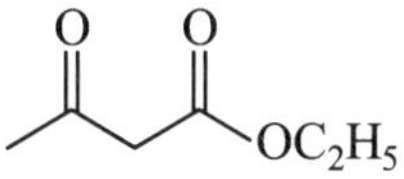

（4） 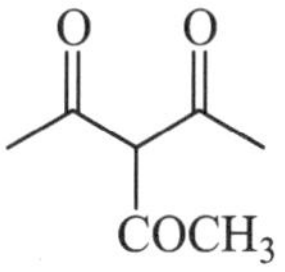 （5）

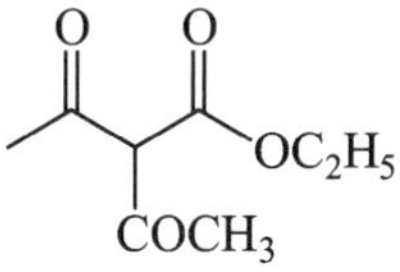

6. 完成下列反应式（对于有两种产物的请表明主、次产物）。
（1）$PhCHO + Ph-NH_2 \longrightarrow$
（2）$HC\equiv CH + 2CH_2=O \longrightarrow$

（3） 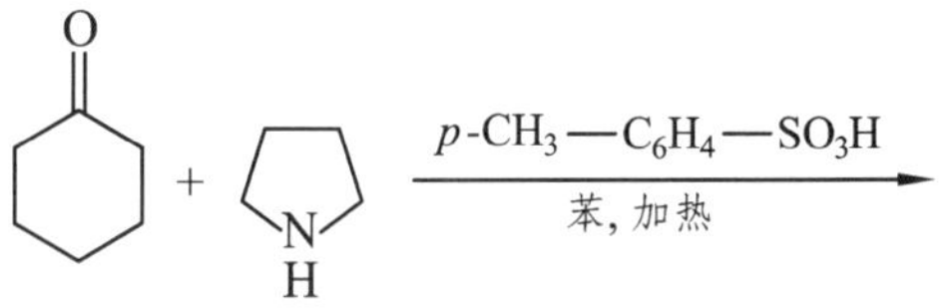
（4）

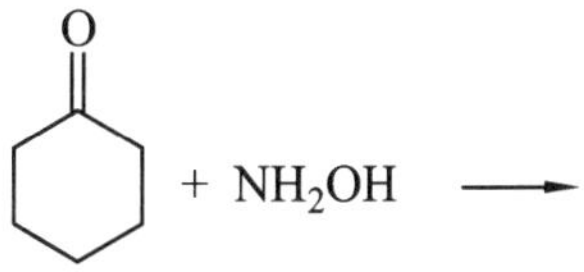

（5） 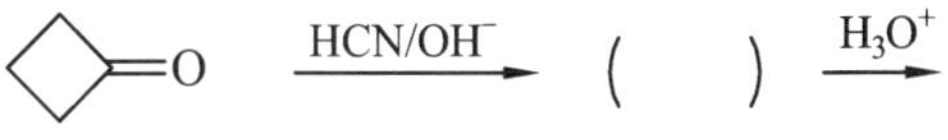
（6）

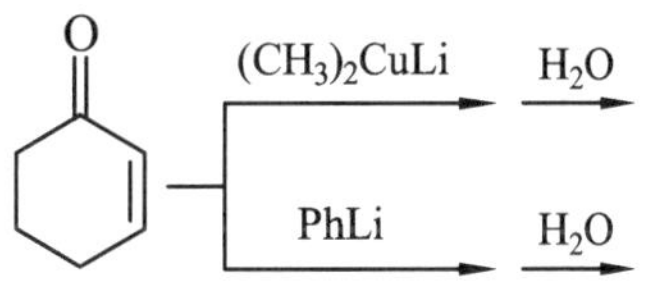

（7） 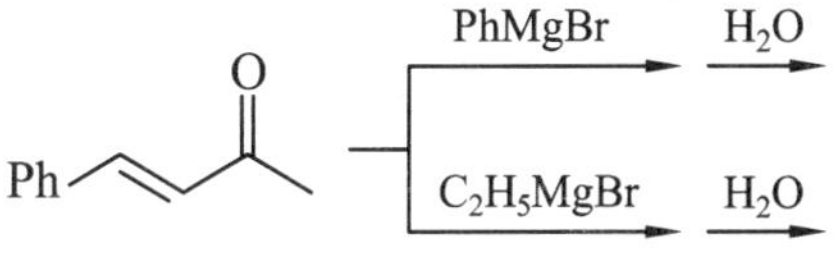
（8）

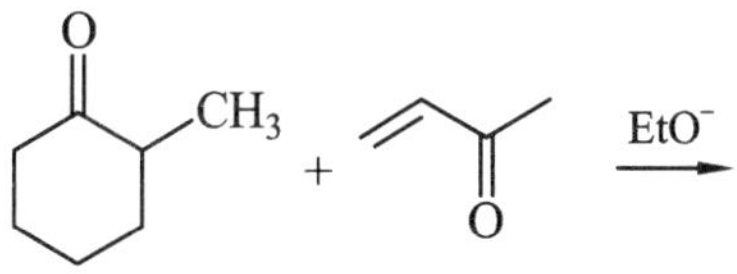

（9） 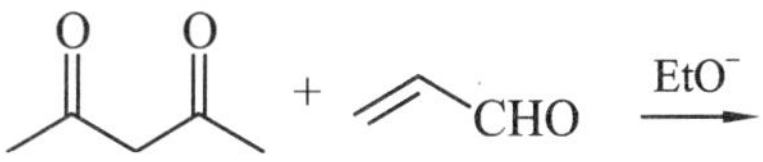
（10）

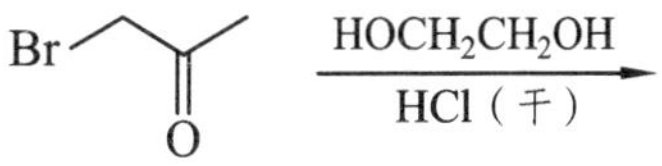

(11) ![3-methylcyclohex-2-enone] + H$_2$ $\xrightarrow{\text{Pd/C}}$

(12) 2,2-dimethyl-5-methylcyclohexanone $\xrightarrow[\text{(CH}_3\text{)}_2\text{CHOH}]{\text{NaBH}_4}$ $\xrightarrow{\text{H}_3\text{O}^+}$

(13) 4-tert-butylcyclohexanone $\xrightarrow[\text{(CH}_3\text{)}_2\text{CHOH}]{\text{LiBH(sec-OBu)}_3}$ $\xrightarrow{\text{H}_3\text{O}^+}$

(14) PhCOCH$_3$ $\xrightarrow[\text{苯}]{\text{Mg}}$ $\xrightarrow{\text{H}_3\text{O}^+}$

(15) CH$_3$COCH$_3$ + Br$_2$ $\xrightarrow[\Delta]{\text{H}_2\text{O, AcOH}}$

(16) Ph$_2$C=O + Ph$_3$P=CH$_2$ ⟶

(17) PhCHO + HCHO $\xrightarrow{\text{OH}^-}$

(18) cyclohexanone + CH$_3$COOOH $\xrightarrow[40\ ^\circ\text{C}]{\text{CH}_3\text{COOEt}}$

7. 鉴别下列化合物。

(1) CH$_3$CH$_2$COCH$_2$CH$_3$ 和 CH$_3$COCH$_2$CH$_3$

(2) PhCH$_2$CHO 和 PhCOCH$_3$

(3) CH$_3$CH$_2$CHO　　CH$_3$—CO—CH$_3$　　(CH$_3$)$_2$CHOH　　CH$_3$CH$_2$Cl

8. 醛、酮与 H$_2$NB（B=OH、NH$_2$、NHPh、NHCONH$_2$）反应生成相应衍生物，反应通常在弱酸性条件下进行，强酸或强碱都对反应不利。试用反应机理解释。

9. 甲基酮在次卤酸钠（X$_2$ + NaOH）作用下，发生碳碳键（R—CO⫩CX$_3$）断裂，生成卤仿和少一个碳原子的羧酸，其反应机理的最后一步是

$$\text{R}-\overset{\overset{\text{O}}{\|}}{\text{C}}-\text{CX}_3 + {}^-\text{OH} \rightleftharpoons \text{R}-\overset{\overset{\text{O}^-}{|}}{\underset{\text{OH}}{\text{C}}}-\text{CX}_3 \rightleftharpoons$$

$$R-\underset{\underset{}{\overset{O}{\|}}}{C}-OH + {}^-CX_3 \longrightarrow R-\underset{\underset{}{\overset{O}{\|}}}{C}-O^- + CHX_3$$

为什么在强碱作用下，α-H 未被卤代的醛、酮不发生相应的碳碳键（R—CO┼CH$_3$）断裂？

10. 选择适当的还原剂，将下列化合物中的羰基还原成亚甲基。

(1) BrCH$_2$CH$_2$CHO (2) (CH$_3$)$_2$CCH$_2$CH$_2$COCH$_3$ (3) PhCHCH$_2$CH$_2$COCH$_2$CH$_3$
                           | |
                          OH   OH

11. 试解释苯甲醛和 2-丁酮在酸和碱催化下生成不同的产物：

$$PhCHO + CH_3COCH_2CH_3 \xrightarrow[H_2O]{OH^-} PhCH=CHCOCH_2CH_3$$

$$PhCHO + CH_3COCH_2CH_3 \xrightarrow[HOAc]{H_2SO_4} PhCH=\underset{\underset{CH_3}{|}}{C}COCH_3$$

12. 如何实现下列转化？

(1)  环己酮 → 1,2-环己烷二甲醛

(2) [结构式转化]

(3) 螺[4.5]癸烷 → 十氢萘（双环烯）

13. 以甲苯为原料及必要的试剂合成下列化合物。

(1) 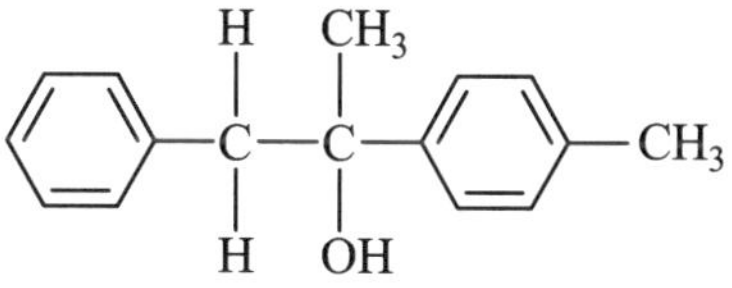 Ph-CH(H)-C(CH$_3$)(OH)-C$_6$H$_4$-CH$_3$

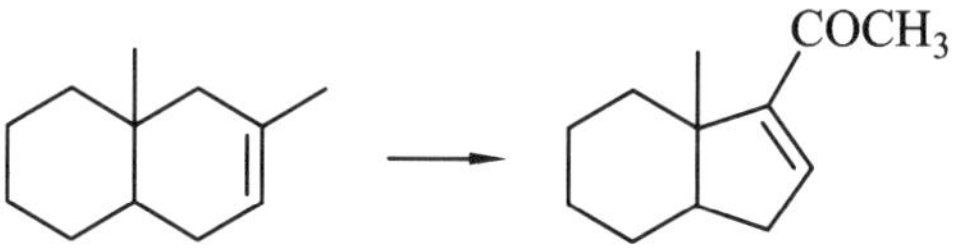

(2) (4-CH$_3$C$_6$H$_4$)$_2$C(OH)CH$_3$

(3) 4-O$_2$N-C$_6$H$_4$-CH=CHCHO

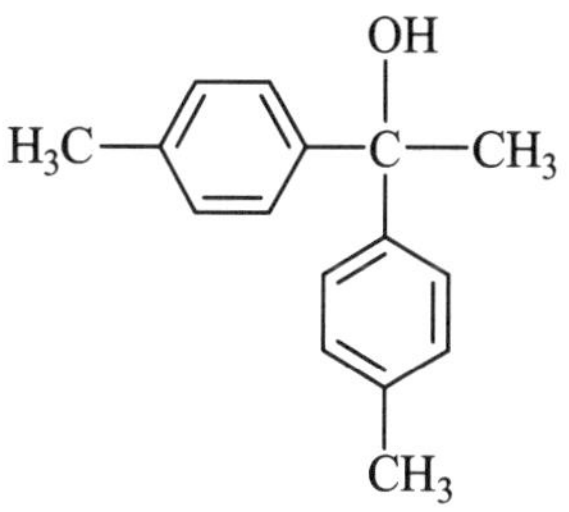

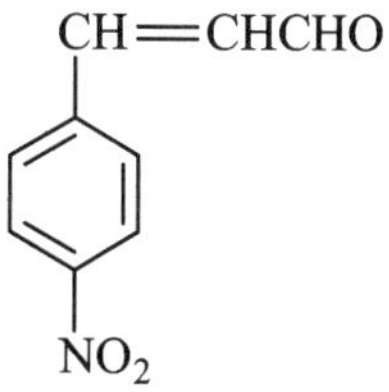

14. 以苯及不超过 2 个碳的有机物合成下列化合物。

（1） 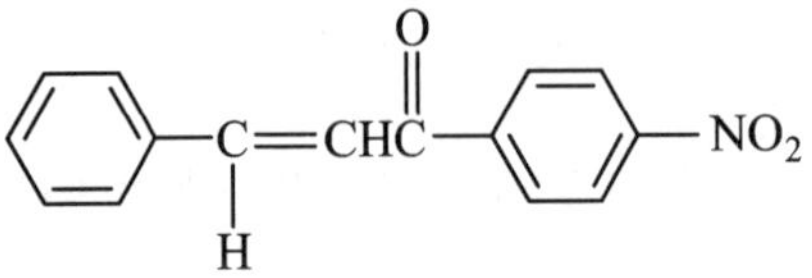 C₆H₅—CH=CH—CO—C₆H₄—NO₂

（2） C₆H₅—CH₂CH₂—C₆H₅

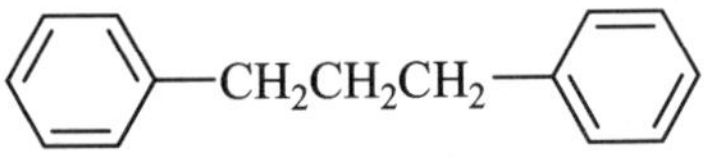

15. 以环己酮、丁二烯或不超过 3 个碳的有机物合成下列化合物。

（1） 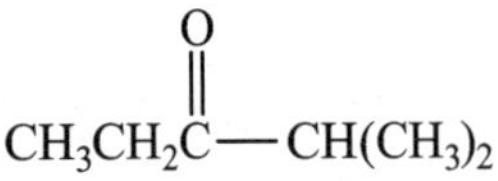 CH₃CH₂COCH(CH₃)₂

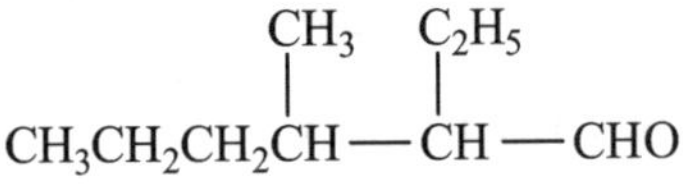

（2） CH₃CH₂CH₂CH(CH₃)—CH(C₂H₅)—CHO

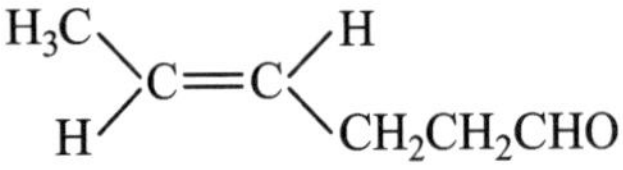

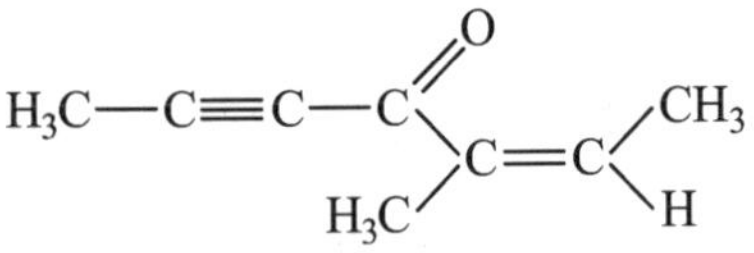

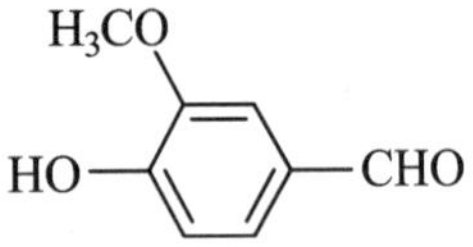

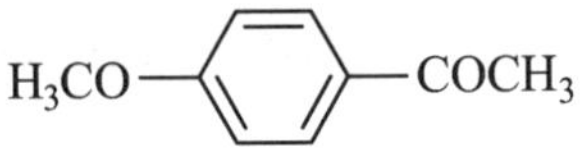

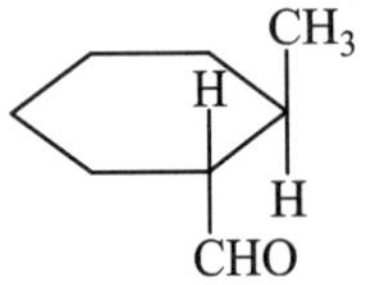

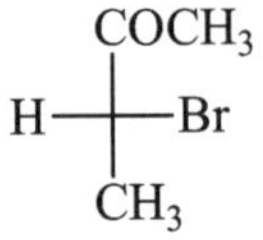

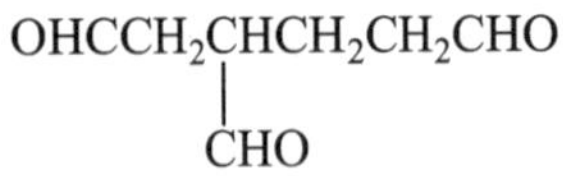

（3） (CH₃)(H)C=C(H)(CH₂CH₂CHO)

（4） CH₃—C≡C—CO—C(CH₃)=CH(CH₃)

（5） 3-甲氧基-4-羟基苯甲醛

（6） 4-甲氧基苯乙酮

（7） 2-甲基双环[2.2.1]庚烷-3-甲醛类结构

（8） (CH₃)₂C(Br)(COCH₃)

（9） OHCCH₂CH(CHO)CH₂CH₂CHO

（10） 螺[4.5]癸-8-酮

16. 用特定的原料和 3 个碳的有机物合成。

（1） 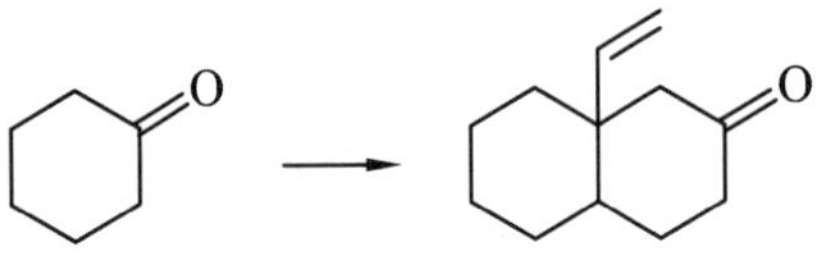 环己酮 → 8a-乙烯基八氢萘-1(2H)-酮

（2） 2-甲基环己酮 → 4,4,8a-三甲基-3,4,4a,5,6,7-六氢萘-2(8aH)-酮

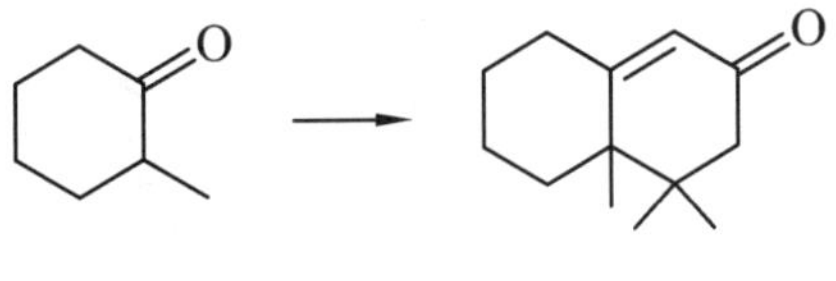

17. 对下列反应提出合理的反应机理。

（1） 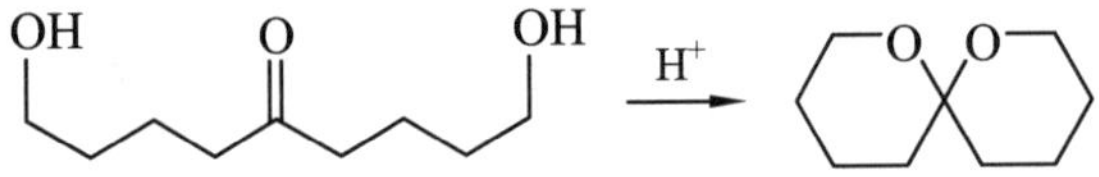 HO—(CH₂)₄—CO—(CH₂)₄—OH —H⁺→ 1,7-二氧杂螺[5.5]十一烷

（2） CH₃CO—CH₂CH₂—COCH₃ —H⁺→ 3-甲基环戊酮

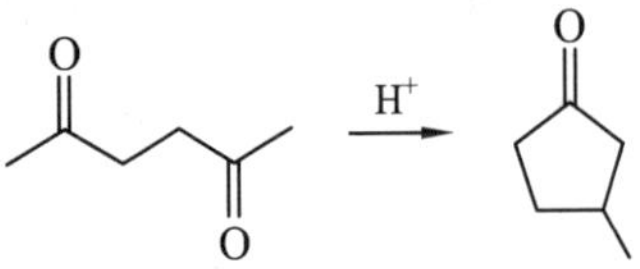

18. 化合物 F，分子式为 C₁₀H₁₆O，能发生银镜反应，F 对 220 nm 紫外线有强烈吸收，核磁共振数据表明 F 分子中有 3 个甲基，碳碳双键上的氢原子的核磁共振信号互相间无偶合作用，F 经臭氧氧化、还原水解后得等物质的量的乙二醛、丙酮和化合物 G，G 的分子式为 C₅H₈O₂，G 能发生银镜反应和碘仿反应。试推测化合物 F 和 G 的合理结构。

19. 化合物 A，分子式为 C₆H₁₂O₃，其 IR 谱在 1 710 cm⁻¹ 有强吸收峰，当用碘单质的氢氧化钠溶液处理时生成黄色沉淀，但不能与托伦试剂生成银镜。然而，在先经稀硝酸处理后，

再与托伦试剂反应，则有银镜生成。A 的 ^{1}H NMR 谱如下：δ2.1（s,3H），δ2.6（d,2H），δ3.2（s,6H），δ4.7（t,1H）。试推测其结构。

20. 某化合物 A，分子式为 $C_5H_{12}O$，具有光学活性，当用重铬酸钾氧化时得到没有旋光性的 B，分子式为 $C_5H_{10}O$，B 与丙基格氏试剂作用后水解，生成化合物 C，C 能被拆分为对映体。试推测 A、B、C 的结构。

答　案

1. 解：
（1）2-甲基-3-戊酮
（2）4-甲基-2-乙基己醛
（3）(E)-4-己烯醛
（4）(Z)-3-甲基-2-庚烯-5-炔-4-酮
（5）对羟基间甲氧基苯甲醛
（6）对甲氧基苯乙酮
（7）(1R，2R)-2-甲基-1-甲酰基环己烷
（8）(R)-3-溴丁酮
（9）3-甲酰基戊二醛
（10）螺[4.5]-8-癸酮

2. 解：（1）③ > ② > ①；　（2）① > ③ > ②

3. 解：（1）③ > ① > ②；　（2）④ > ③ > ② > ①；　（3）③ > ② > ①

4. 解：（1）>（4）>（2）>（3）

5. 解：（4）>（5）>（2）>（3）>（1）

6. 解：

（1）Ph—CH=N—Ph　　（2）HOH$_2$CC≡CCH$_2$OH　　（3）[环己烯基-吡咯烷]

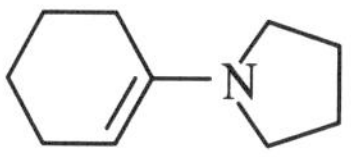

（4）[环己酮肟]　（5）[1-羟基环丁基腈 和 1-羟基环丁基甲酸]　（6）[3-甲基环己酮 和 1-苯基-1-羟基-2-环己烯]

（7）[Ph—CH=CH—C(OH)(Ph)(CH$_3$)（主）+ PhCH(Ph)CH$_2$COCH$_3$（次）]

[PhCH(C$_2$H$_5$)COCH$_3$（主）+ Ph—CH=CH—C(OH)(C$_2$H$_5$)(CH$_3$)（次）]

（8）[十氢萘酮衍生物]　（9）[2-乙酰基-2-环己烯酮]　（10）[含溴的二氧戊环结构]

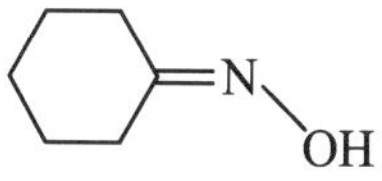

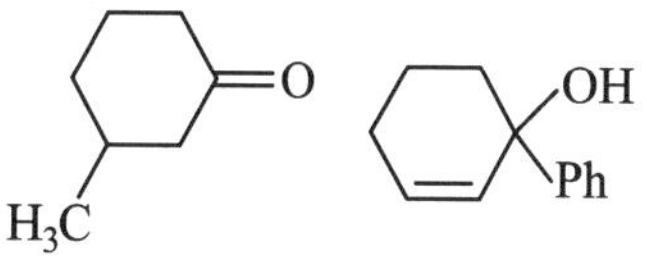

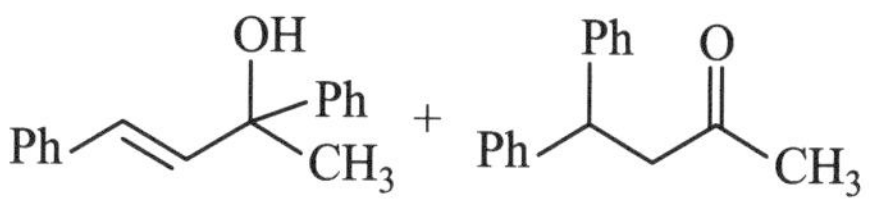

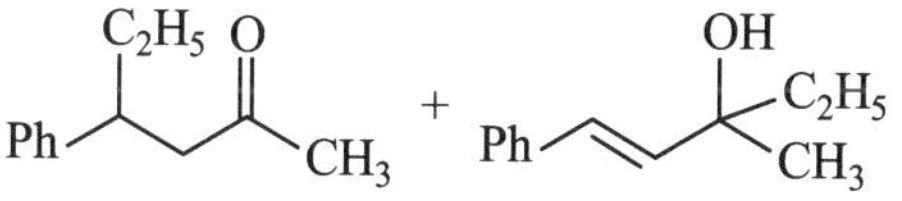

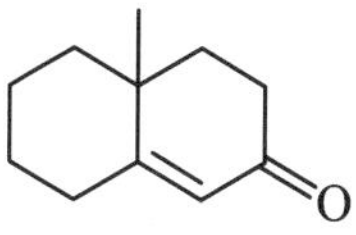

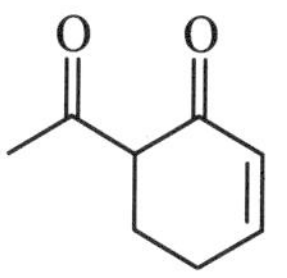

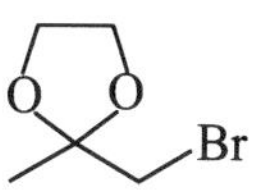

(11) [3-methylcyclohexanone structure] (12) [2,2-dimethylcyclohexanol structure with CH₃ groups]

(13) [4,4-dimethylcyclohexanol structure] (14) $Ph\!-\!\underset{\underset{OH}{|}}{\overset{\overset{CH_3}{|}}{C}}\!-\!\underset{\underset{OH}{|}}{\overset{\overset{CH_3}{|}}{C}}\!-\!Ph$ (15) CH_3COCH_2Br

(16) $\underset{Ph}{\overset{Ph}{>}}\!C\!=\!CH_2$ (17) $Ph\!-\!CH_2OH + HCO_2H$

(18) [7-membered ring lactone structure]

7. 解：

(1) $\left.\begin{array}{l}CH_3CH_2COCH_2CH_3 \\ CH_3COCH_2CH_3\end{array}\right\} \xrightarrow[NaOH]{I_2} \left\{\begin{array}{l}- \\ + \text{ 黄色沉淀}\end{array}\right.$

(2) $\left.\begin{array}{l}PhCH_2CHO \\ Ph\!-\!COCH_3\end{array}\right\} \xrightarrow{[Ag(NH_3)_2]OH} \left\{\begin{array}{l}+ Ag\downarrow \\ -\end{array}\right.$

(3) $\left.\begin{array}{l}CH_3CH_2CHO \\ CH_3COCH_3 \\ (CH_3)_2CHOH \\ CH_3CH_2Cl\end{array}\right\} \xrightarrow{\underset{NO_2}{\overset{NHNH_2,\;NO_2}{\text{(2,4-dinitrophenylhydrazine)}}}} \left\{\begin{array}{l}+\text{ 黄色沉淀} \\ +\text{ 黄色沉淀} \\ - \\ -\end{array}\right. \begin{array}{l}\xrightarrow{\text{希夫试剂}}\left\{\begin{array}{l}+\text{ 红色溶液} \\ -\end{array}\right. \\ \xrightarrow{NaOH,\;I_2}\left\{\begin{array}{l}+\text{ 黄色沉淀 }CHI_3\downarrow \\ -\end{array}\right.\end{array}$

8. 解：醛、酮与氨的衍生物的反应机理如下：

$$RCH\!=\!O + H^+ \longrightarrow RCH\!\overset{+}{=}\!OH \xrightarrow{H_2\ddot{N}\!-\!B} RCH\!-\!\overset{+H}{\underset{H}{N}}\!-\!B \xrightarrow{-H_2O}$$
$$\phantom{RCH\!=\!O + H^+ \longrightarrow RCH\!=\!OH \xrightarrow{H_2N\!-\!B} R}\underset{OH}{|}$$

$$RCH\!=\!\overset{H}{\underset{+}{N}}\!-\!B \xrightarrow{-H^+} RCH\!=\!N\!-\!B$$

反应过程中，氨的衍生物是亲核试剂，如果在强酸性条件下，H_2N—B 转变成没有亲核能力的 H_3N^+—B 铵根离子。所以，该反应不能在强酸性条件下进行。

该反应如果在强碱性条件下进行，将会发生下列羟醛缩合或歧化反应：

（1）有 α-活泼氢的醛、酮会发生羟醛缩合反应：

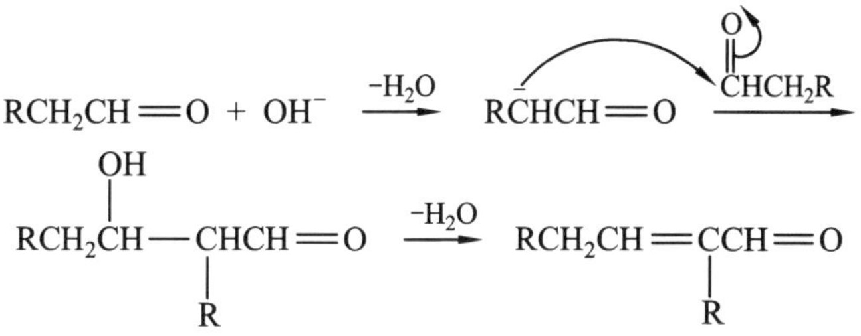

$$RCH_2CH=O + OH^- \xrightarrow{-H_2O} RCHCH=O \xrightarrow{\overset{O}{\overset{\|}{C}HCH_2R}}$$

$$RCH_2CH(OH)-CH(R)CH=O \xrightarrow{-H_2O} RCH_2CH=C(R)CH=O$$

（2）没有 α-活泼氢的醛、酮会发生歧化反应：

$$2PhCH=O + OH^- \longrightarrow PhCH_2OH + PhCOO^-$$

9. 解：主要原因是三卤甲基酮在氢氧根负离子作用下，三卤甲基碳负离子比较稳定，是比氢氧根负离子更好的离去基；以此对应的甲基酮，在氢氧负离子作用下，甲基负离子不稳定，比氢氧根负离子更难离去，因而酰基上的 C—C 键很难断裂。

10. 解：

（1）$BrCH_2CH_2CHO \xrightarrow{Zn-Hg, HCl} BrCH_2CH_2CH_3$

（2）$\underset{\text{OH}}{\text{（结构式）}} \xrightarrow[\text{O(CH}_2\text{CH}_2\text{OH)}_2]{\text{KOH, NH}_2\text{NH}_2} \text{（结构式）}$

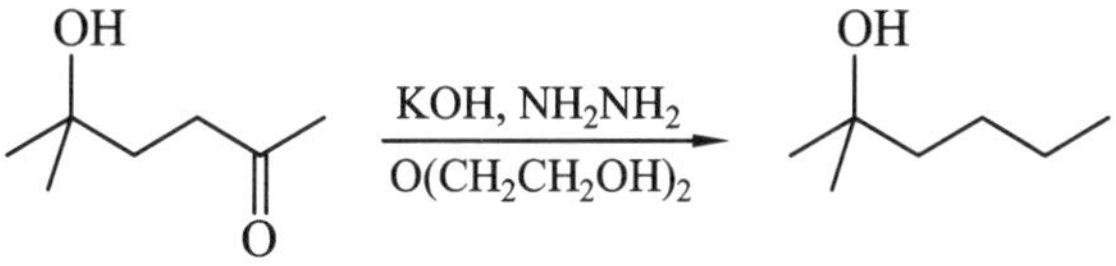

（3）$\underset{\text{Ph}}{\text{（结构式）}} \xrightarrow[\text{O(CH}_2\text{CH}_2\text{OH)}_2]{\text{KOH, NH}_2\text{NH}_2} \text{（结构式）}$

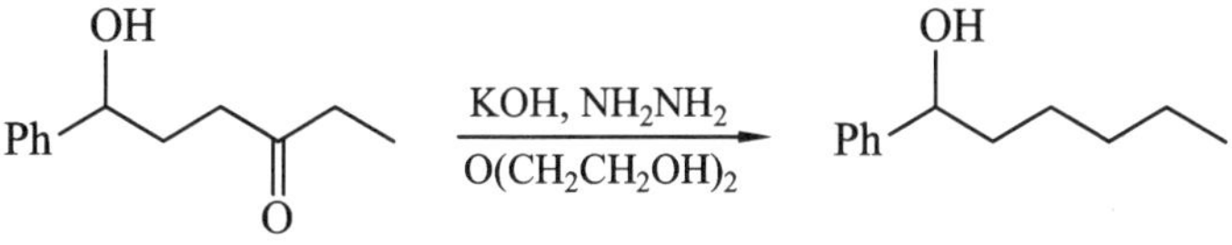

11. 解：

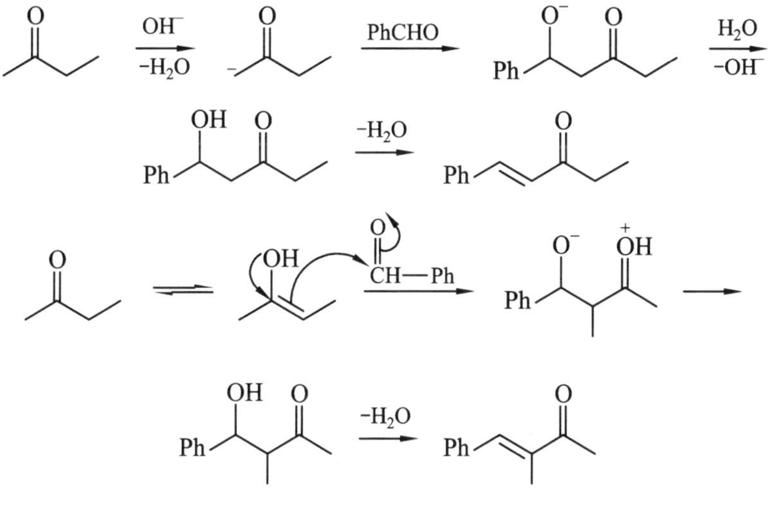

12. 解：

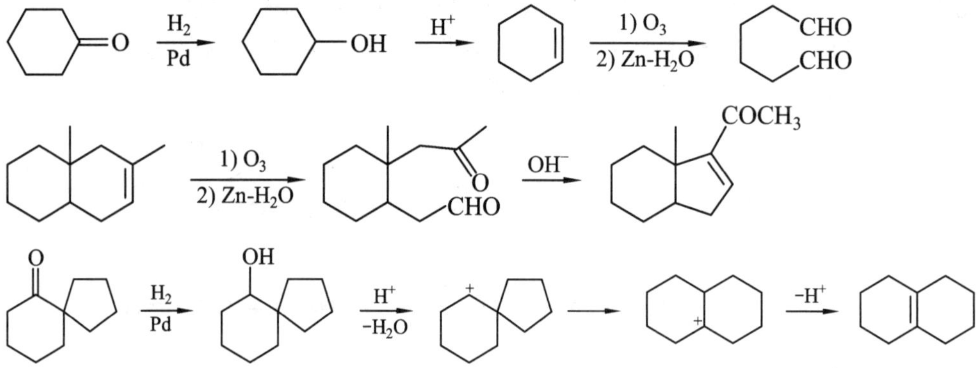

(1) 环己酮 →(H₂/Pd)→ 环己醇 →(H⁺)→ 环己烯 →(1) O₃; 2) Zn-H₂O)→ 己二醛(CHO, CHO)

(2) →(1) O₃; 2) Zn-H₂O)→ →(OH⁻)→

(3) 螺[4.5]癸酮 →(H₂/Pd)→ 螺[4.5]癸醇 →(H⁺, −H₂O)→ 碳正离子 → 重排碳正离子 →(−H⁺)→ 八氢萘

13. 解：

(1) PhCH₃ + NBS ⟶ PhCH₂Br →(Mg/Et₂O)→ PhCH₂MgBr

PhCH₃ + CH₃COCl →(AlCl₃)→ H₃C—C₆H₄—COCH₃ →(PhCH₂MgBr)→

PhCH₂—C(CH₃)(OMgBr)—C₆H₄—CH₃ →(H₃O⁺)→ PhCH₂—C(CH₃)(OH)—C₆H₄—CH₃

(2) PhCH₃ + Br₂ →(FeBr₃)→ H₃C—C₆H₄—Br →(Mg/Et₂O)→ H₃C—C₆H₄—MgBr

PhCH₃ + CH₃COCl →(AlCl₃)→ H₃C—C₆H₄—COCH₃ →(H₃C—C₆H₄—MgBr)→

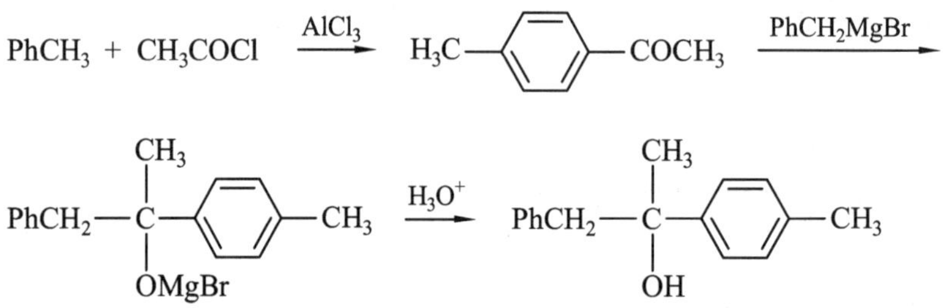

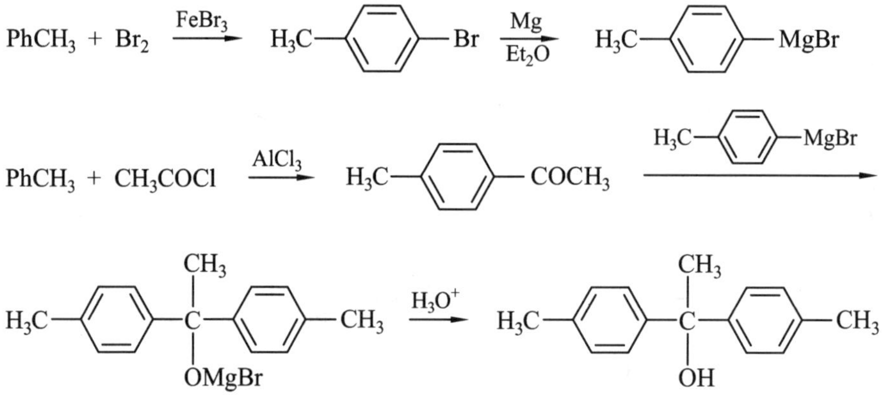

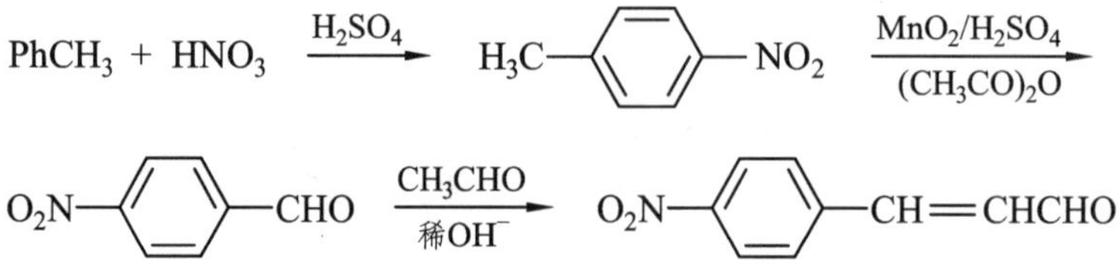

H₃C—C₆H₄—C(CH₃)(OMgBr)—C₆H₄—CH₃ →(H₃O⁺)→ H₃C—C₆H₄—C(CH₃)(OH)—C₆H₄—CH₃

(3) PhCH₃ + HNO₃ →(H₂SO₄)→ H₃C—C₆H₄—NO₂ →(MnO₂/H₂SO₄, (CH₃CO)₂O)→

O₂N—C₆H₄—CHO →(CH₃CHO, 稀OH⁻)→ O₂N—C₆H₄—CH=CHCHO

14. 解：

(1) C₆H₆ + CO + HCl →(AlCl₃/CuCl)→ PhCHO

$$C_6H_6 + CH_3CH_2Cl \xrightarrow{AlCl_3} PhCH_2CH_3 \xrightarrow[H_2SO_4]{HNO_3} O_2N\text{-}C_6H_4\text{-}CH_2CH_3$$

$$\xrightarrow[O_2,\ 130\ ^\circ C]{Mn(O_2CCH_3)_2} O_2N\text{-}C_6H_4\text{-}COCH_3 \xrightarrow[\text{稀 OH}]{PhCHO} O_2N\text{-}C_6H_4\text{-}CO\text{-}CH=CH\text{-}Ph$$

15. 解：

（1）丙醛 $\xrightarrow[H_2O]{OH^-}$ 3-羟基-2-甲基戊醛 $\xrightarrow[O(CH_2CH_2OH)_2]{KOH,\ NH_2NH_2}$ 3-甲基-2-戊醇 $\xrightarrow{Cu,\ O_2,\ \Delta}$ 2-甲基-3-戊酮

（2）乙醛 $\xrightarrow[H_2O]{OH^-}$ 丁烯醛 $\xrightarrow{H_2,\ 5\%Pd\text{-}C}$ 丁醛 $\xrightarrow[H_2O]{OH^-}$ 2-乙基-3-羟基己醛 $\xrightarrow[H^+]{HOCH_2CH_2OH}$

缩醛中间体 $\xrightarrow{Cu,\ O_2,\ 250\ ^\circ C}$ 酮缩醛 $\xrightarrow[2)\ H_3O^+]{1)\ CH_3MgBr}$ 叔醇缩醛 $\xrightarrow{Al_2O_3,\ \Delta}$

烯缩醛 $\xrightarrow{H_2,\ 5\%Pd\text{-}C}$ $\xrightarrow{H_3O^+}$ 2-乙基-3-甲基己醛

（3）乙醛 $\xrightarrow[H_2O]{OH^-}$ 丁烯醛 $\xrightarrow{NaBH_4}$ 2-丁烯-1-醇 $\xrightarrow{SOCl_2}$ 1-氯-2-丁烯 $\xrightarrow{Mg,\ Et_2O}$

$CH_3CH=CHCH_2MgCl$ $\xrightarrow{\text{环氧乙烷}}$ $CH_3CH=CHCH_2CH_2CH_2OMgCl$ $\xrightarrow{H_2O}$

4-己烯-1-醇 $\xrightarrow[Al[(CH_3)_2CHO]_3]{(CH_3)_2CO}$ 4-己烯醛

（4）解题思路，倒推分析：

$H_3CC\equiv C\text{-}CO\text{-}C(CH_3)=CHCH_3 \Longrightarrow H_3CC\equiv CH + HC(OH)\text{-}C(CH_3)=CHCH_3 \Longrightarrow$

$H_3CC\equiv CNa + OHC\text{-}C(CH_3)=CHCH_3 \Longrightarrow BrMg\text{-}C(CH_3)=CHCH_3 + HCHO$

合成：

$H_3CC\equiv CH \xrightarrow[CH_3Cl]{NaNH_2} H_3CC\equiv CCH_3 \xrightarrow{HBr} BrC(CH_3)=CHCH_3 \xrightarrow[Et_2O]{Mg} BrMgC(CH_3)=CHCH_3$

225

$$\xrightarrow[\text{2) H}_2\text{O}]{\text{1) H}_2\text{CO}} \begin{array}{c}\text{HOH}_2\text{C}\\\text{H}_3\text{C}\end{array}\!\!\!\!\text{C}\!\!=\!\!\text{C}\!\!\!\!\begin{array}{c}\text{CH}_3\\\text{H}\end{array} \xrightarrow[\text{Al[(CH}_3)_2\text{CHO]}_3]{(\text{CH}_3)_2\text{C}=\text{O}} \begin{array}{c}\text{O}=\text{HC}\\\text{H}_3\text{C}\end{array}\!\!\!\!\text{C}\!\!=\!\!\text{C}\!\!\!\!\begin{array}{c}\text{CH}_3\\\text{H}\end{array} \xrightarrow{\text{H}_3\text{CC}\equiv\text{CNa}}$$

$$\text{H}_3\text{CC}\!\equiv\!\text{C}\!-\!\text{HC}\!\!\begin{array}{c}\text{ONa}\\\\\end{array}\!\!\!\!\begin{array}{c}\\\text{H}_3\text{C}\end{array}\!\!\!\!\text{C}\!\!=\!\!\text{C}\!\!\!\!\begin{array}{c}\text{CH}_3\\\text{H}\end{array} \xrightarrow{\text{H}_2\text{O}} \xrightarrow[\text{Al[(CH}_3)_2\text{CHO]}_3]{(\text{CH}_3)_2\text{C}=\text{O}} \text{H}_3\text{CC}\!\equiv\!\text{C}\!-\!\overset{\overset{\text{O}}{\|}}{\text{C}}\!\!\begin{array}{c}\\\text{H}_3\text{C}\end{array}\!\!\!\!\text{C}\!\!=\!\!\text{C}\!\!\!\!\begin{array}{c}\text{CH}_3\\\text{H}\end{array}$$

（5）解题思路，倒推分析：

合成：

(6)

(7)

（8）解题思路，倒推分析：

合成：

$$H_3CC\equiv CH + CH_3Cl \xrightarrow{NaNH_2} H_3C-C\equiv C-CH_3 \xrightarrow[Pd-BaSO_4]{H_2}$$

（图：烯烃结构）$\xrightarrow[H_2O]{Br_2}$ （图：HO—C—结构） $\xrightarrow[\triangle]{Cu, O_2}$ （图：产物结构）

（9）解题思路，倒推分析：

$$OHCCH_2CH_2CHCH_2CHO \Rightarrow OHCCH_2CH_2CHCH_2CHO \Rightarrow$$

合成：

$$H_3CC\equiv CH + CH_3Cl \xrightarrow{NaNH_2} H_3C-C\equiv C-CH_3 \xrightarrow[Pd-BaSO_4]{H_2} （图）\xrightarrow{Br_2}$$

$$CH_3CHBr-CHBrCH_3 \xrightarrow[C_2H_5OH]{KOH} （图）\xrightarrow{（图）} （图）\xrightarrow[2) Zn-H_2O]{1) O_3}$$

$$OHCCH_2CH_2CHCH_2CHO \xrightarrow{H_3O^+} OHCCH_2CH_2CHCH_2CHO$$

（10）解题思路，倒推分析：

$\Rightarrow$ —OH $\Rightarrow$ —Br $\Rightarrow$ —Br

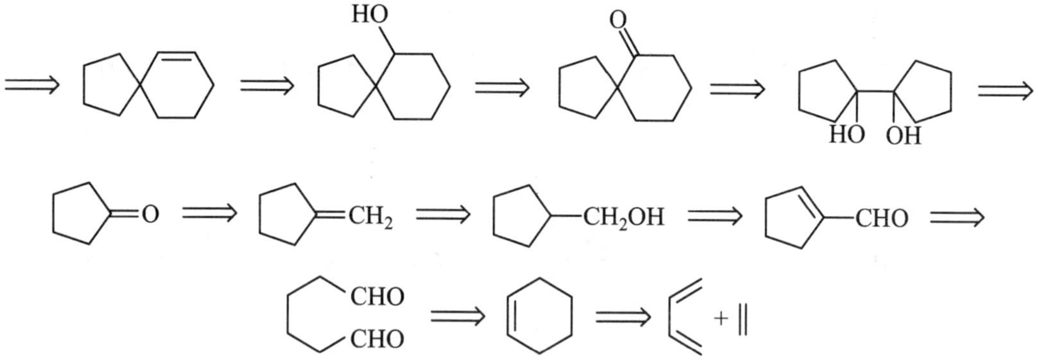

合成：

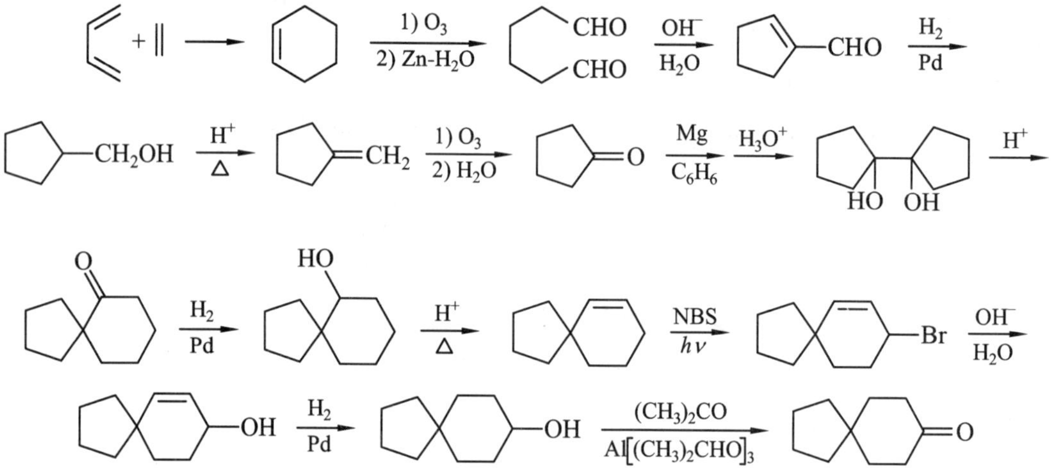

16.（1）解题思路，倒推分析：

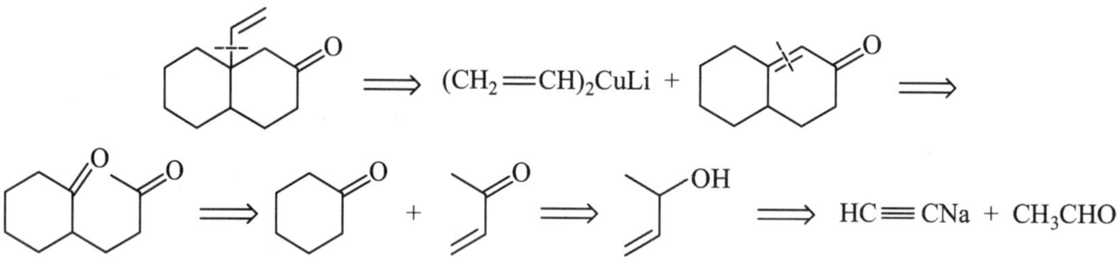

合成：

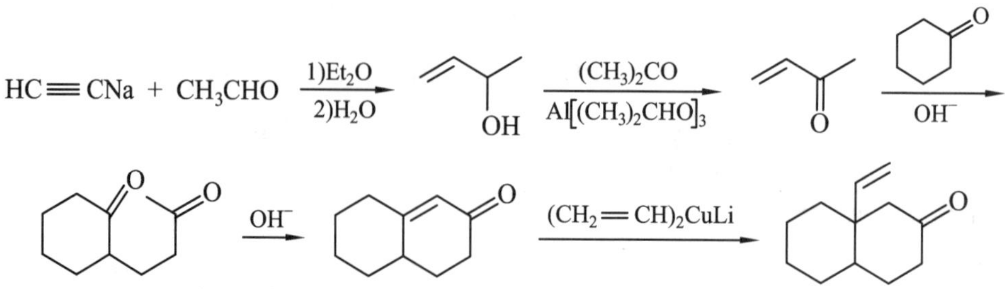

（2）解题思路，倒推分析：

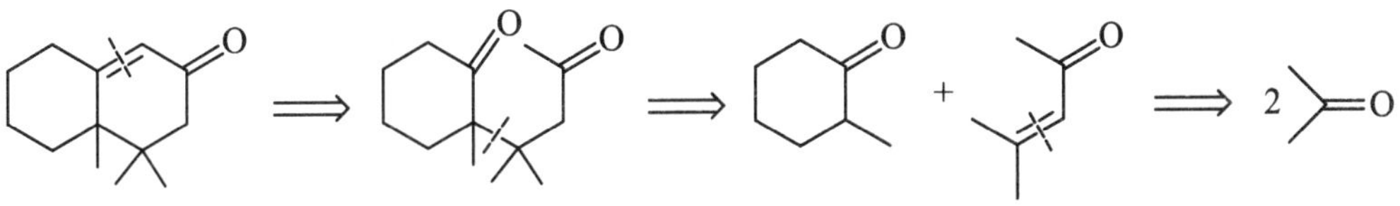

合成：

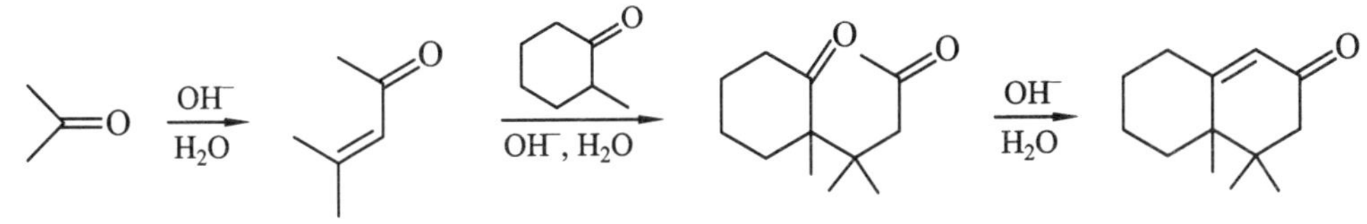

17.（1）解：

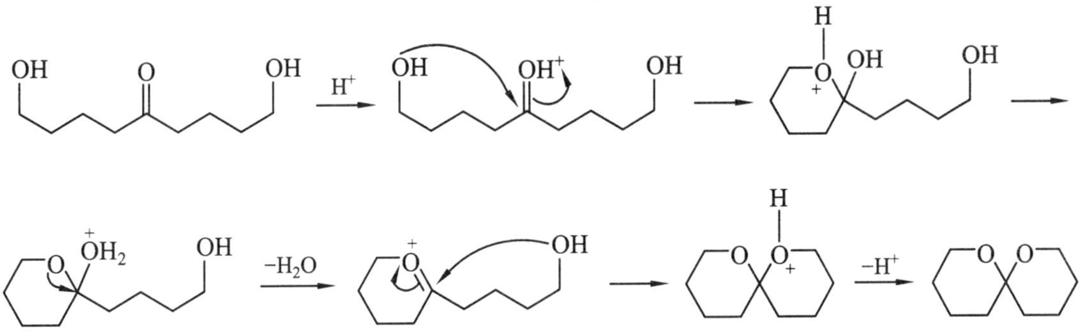

（2）解：

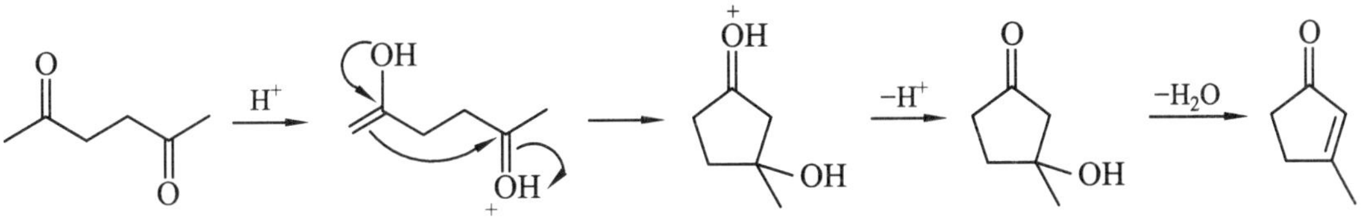

18. 解：

F. 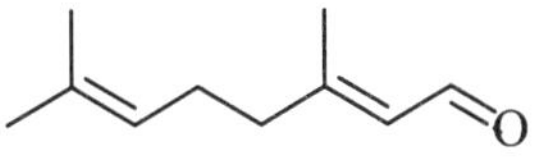 (structure shown) G. 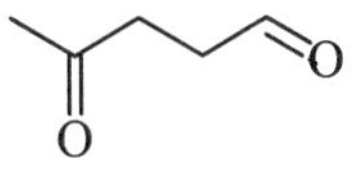 (structure shown)

有关反应如下：

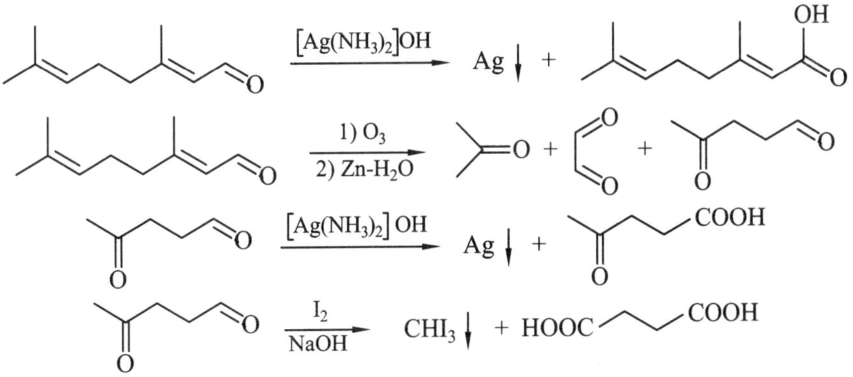

19. 解：化合物 A 的 IR 谱图在 1 710 cm^{-1} 有强吸收峰，说明 A 含有 C=O。依题意可推测 A 的结构为

$$CH_3-\underset{\delta=2.1}{\overset{O}{\underset{\|}{C}}}-\underset{\delta=2.6}{CH_2}-\underset{\delta=4.7}{CH}(\underset{\delta=3.2}{OCH_3})_2$$

有关反应如下：

$$\text{CH}_3\text{COCH}_2\text{CH(OCH}_3)_2 \xrightarrow[I_2]{OH^-} \text{HOOCCH}_2\text{CH(OCH}_3)_2 + \text{CHI}_3\downarrow$$

$$\xrightarrow{H^+} \text{CH}_3\text{COCH}_2\text{CHO} \xrightarrow{[Ag(NH_3)_2]NO_3} \text{CH}_3\text{COCH}_2\text{COOH} + \text{Ag}\downarrow$$

20. 解：

A. (CH₃)₂CHCH(OH)CH₃   B. (CH₃)₂CHCOCH₃   C. CH₃CH₂CH₂C(OH)(CH₃)CH(CH₃)₂ （结构示意）

有关反应如下：

$$\text{(CH}_3)_2\text{CHCH(OH)CH}_3 \xrightarrow{K_2Cr_2O_7} \text{(CH}_3)_2\text{CHCOCH}_3 \xrightarrow[Et_2O]{CH_3CH_2CH_2MgBr} \text{中间体} \xrightarrow{H_3O^+} \text{C}$$

第十二章　羧　酸

1. 命名下列化合物或根据名称写出化合物的结构。

（1）(CH₃)₂CHCH₂COOH

（2）4-Cl-C₆H₄-CH(CH₃)-CH₂COOH

（3）间苯二甲酸（1,3-苯二甲酸，COOH 在间位）

（4）CH₃(CH₂)₄CH=CHCH₂CH=CH(CH₂)₇COOH

（5）4-methylhexanoic acid   （6）2-hydroxybutanedioic acid

（7）2-chloro-4-methylbenzoic acid   （8）3,3,5-trimethyloctanoic acid

2. 试以方程式表示乙酸与下列试剂的反应：

（1）乙醇　（2）三氯化磷　（3）五氯化磷　（4）氨　（5）碱石灰，热熔

3. 区别下列各组化合物：

（1）甲酸、乙酸和乙醛　　　　（2）乙醇、乙醚和乙酸

（3）乙酸、草酸、丙二酸　　　　　　（4）丙二酸、丁二酸、己二酸

4. 完成下列转变：

（1）$CH_2=CH_2 \longrightarrow CH_3CH_2COOH$　　　（2）正丙醇 $\longrightarrow$ 2-甲基丙酸

（3）丙酸 $\longrightarrow$ 乳酸　　　　　　　　　　（4）丙酸 $\longrightarrow$ 丙酐

（5）溴苯 $\longrightarrow$ 苯甲酸乙酯

5. 怎样由丁酸制备下列化合物？

（1）正丁醇　（2）正丁醛　（3）1-溴丁烷　（4）戊腈　（5）1-丁烯　（6）丁胺

6. 化合物 A、B、C 的分子式都是 $C_3H_6O_2$，A 与碳酸钠作用放出二氧化碳，B 和 C 不能，但在氢氧化钠溶液中加热后可水解，B 的水解液蒸馏出的液体能发生碘仿反应，试推测 A、B、C 的结构。

7. 指出下列反应中的酸和碱：

（1）二甲醚和无水三氯化铝　　（2）氨和三氟化硼　　（3）乙炔钠和水

8.（1）按照酸性降低的次序排列下列化合物：

① 乙炔、氨、水　　　　② 乙醇、乙酸、环戊二烯、乙炔

（2）按照碱性降低的次序排列下列离子：

① CH_3^-，CH_3O^-，$HC\equiv C^-$　　② CH_3O^-，$(CH_3)_3CO^-$，$(CH_3)_2CHO^-$

9. 分子式为 $C_6H_{12}O$ 的化合物 A，氧化后得 $C_6H_{10}O_4$（B）。B 能溶于碱，若与乙酐（脱水剂）一起蒸馏则得化合物 C。C 能与苯肼作用，用锌汞齐及盐酸处理得化合物 D。后者的分子式为 C_5H_{10}，写出 A、B、C、D 的构造式。

10. 一个具有旋光性的烃类，在冷浓硫酸中能使高锰酸钾溶液褪色，并且容易吸收溴。该烃经过氧化后生成一个相对分子质量为 132 的酸，此酸中的碳原子数目与原来的烃相同。求该烃的结构。

11. 马尿酸是一个白色固体（m.p. 190 ℃），它可由马尿中提取，它的质谱给出分子离子峰 $m/z=179$，分子式为 $C_9H_9NO_3$。当马尿酸与 HCl 回流，得到两个晶体 D 和 E。D 微溶于水，m.p. 120 ℃，它的 IR 谱在 3 200～2 300 cm^{-1} 有一个宽谱带，在 1 680 cm^{-1} 有一个强吸收峰，在 1 600、1 500、1 400、750 和 700 cm^{-1} 有吸收峰。以酚酞做指示剂，用标准 NaOH 溶液滴定，得中和当量为 121±1。D 不能使 Br_2 的 CCl_4 溶液和 $KMnO_4$ 溶液褪色，但与 $NaHCO_3$ 作用放出 CO_2。E 溶于水，用标准 NaOH 溶液滴定时，分子中有酸性和碱性基团；元素分析含 N，相对分子质量为 75。求马尿酸的结构。

答　案

1. 解：（1）3-甲基丁酸　　　　　　　　（2）3-对氯苯基丁酸

　　　（3）间苯二甲酸　　　　　　　　（4）9,12-十八二烯酸

(7) 2-氯-4-甲基苯甲酸 H₃C-C₆H₃(Cl)-COOH

(8) CH₃CH₂CH₂CH(CH₃)C(CH₃)₂CH₂COOH

2. 解：

(1) $CH_3COOH + C_2H_5OH \underset{}{\overset{H^+}{\rightleftharpoons}} CH_3COOC_2H_5 + H_2O$

(2) $3CH_3COOH + PCl_3 \longrightarrow 3CH_3COCl + H_3PO_3$

(3) $CH_3COOH + PCl_5 \longrightarrow CH_3COCl + POCl_3 + HCl$

(4) $CH_3COOH + NH_3 \longrightarrow CH_3COONH_4 \xrightarrow{\Delta} CH_3CONH_2 + H_2O$

(5) $2CH_3COOH + 2NaOH + CaO \xrightarrow{\Delta} 2CH_4\uparrow + Na_2CO_H + CaCO_3 + H_2O$

3. 解：

(1) $\left.\begin{array}{l} HCOOH \\ CH_3COOH \\ CH_3CHO \end{array}\right\} \xrightarrow{Na_2CO_3} \left\{\begin{array}{l} + CO_2\uparrow \\ + CO_2\uparrow \\ - \end{array}\right\} \xrightarrow[\Delta]{[Ag(NH_3)_2]OH} \left\{\begin{array}{l} + Ag\downarrow \\ - \end{array}\right.$

(2) $\left.\begin{array}{l} C_2H_5OH \\ (C_2H_5)_2O \\ CH_3COOH \end{array}\right\} \xrightarrow{Na_2CO_3} \left\{\begin{array}{l} - \\ - \\ + CO_2\uparrow \end{array}\right\} \xrightarrow{Na} \left\{\begin{array}{l} + H_2\uparrow \\ - \end{array}\right.$

(3) $\left.\begin{array}{l} CH_3COOH \\ CH_2(COOH)_2 \\ (COOH)_2 \end{array}\right\} \xrightarrow{KMnO_4} \left\{\begin{array}{l} - \\ - \\ + 紫色褪去 \end{array}\right\} \xrightarrow{\Delta} \left\{\begin{array}{l} - \\ + CO_2\uparrow \end{array}\right.$

(4) $\left.\begin{array}{l} CH_2(COOH)_2 \\ (CH_2COOH)_2 \\ CH_2CH_2COOH \\ | \\ CH_2CH_2COOH \end{array}\right\} \xrightarrow[\Delta]{无水CuSO_4} \left\{\begin{array}{l} + CO_2\uparrow \\ + 变蓝色 \\ + CO_2\uparrow\ 变蓝色 \end{array}\right.$

4. 解：

(1) $H_2C=CH_2 + HBr \longrightarrow CH_3CH_2Br \xrightarrow{Mg}{Et_2O} CH_3CH_2MgBr \xrightarrow{1) CO_2}{2) H_3O^+} CH_3CH_2COOH$

(2) $CH_3CH_2CH_2OH \xrightarrow[\Delta]{H^+} CH_3CH=CH_2 \xrightarrow{HBr} (CH_3)_2CHBr \xrightarrow{Mg}{Et_2O}$

$(CH_3)_2CHMgBr \xrightarrow[2)\ H_3O^+]{1)\ CO_2} (CH_3)_2CHCOOH$

（3）$CH_3CH_2COOH \xrightarrow[Br_2]{P} CH_3CHBrCOOH \xrightarrow[2)\ H_3O^+]{1)\ NaOH} CH_3CH(OH)COOH$

（4）$CH_3CH_2COOH \xrightarrow[\Delta]{P_2O_5} (CH_3CH_2CO)_2O$

（5）PhBr $\xrightarrow[Et_2O]{Mg}$ PhMgBr $\xrightarrow[2)\ H_3O^+]{1)\ CO_2}$ PhCOOH $\xrightarrow[H^+,\ \Delta]{C_2H_5OH}$ PhCOOC$_2$H$_5$

5. 解：

（1）$CH_3CH_2CH_2COOH \xrightarrow{LiAlH_4} CH_3CH_2CH_2CH_2OH$

（2）$CH_3CH_2CH_2COOH \xrightarrow{LiAlH_4} CH_3CH_2CH_2CH_2OH \xrightarrow[\text{吡啶-盐酸}]{CrO_3} CH_3CH_2CH_2CHO$

（3）$CH_3CH_2CH_2COOH \xrightarrow{LiAlH_4} CH_3CH_2CH_2CH_2OH \xrightarrow{HBr} CH_3CH_2CH_2CH_2Br$

（4）$CH_3CH_2CH_2COOH \xrightarrow{LiAlH_4} CH_3CH_2CH_2CH_2OH \xrightarrow{HBr}$
$CH_3CH_2CH_2CH_2Br \xrightarrow{NaCN} CH_3CH_2CH_2CH_2CN$

（5）$CH_3CH_2CH_2COOH \xrightarrow{LiAlH_4} CH_3CH_2CH_2CH_2OH \xrightarrow{HBr}$
$CH_3CH_2CH_2CH_2Br \xrightarrow[\Delta]{NaOH,\ C_2H_5OH} CH_3CH_2CH=CH_2$

（6）$CH_3CH_2CH_2COOH \xrightarrow[\Delta]{NH_3} CH_3CH_2CH_2CONH_2 \xrightarrow{LiAlH_4} CH_3(CH_2)_2CH_2NH_2$

6. 解：
A. CH_3CH_2COOH　B. $HCOOC_2H_5$　C. CH_3COOCH_3

有关反应如下：

$CH_3CH_2COOH \xrightarrow{Na_2CO_3} CH_3CH_2COONa + CO_2\uparrow$

$HCOOC_2H_5 \xrightarrow{NaOH} HCOONa + C_2H_5OH$

$C_2H_5OH \xrightarrow[I_2]{NaOH} HCOONa + CHI_3\downarrow$

7. 按 Lewis 酸碱理论：凡可接受电子对的分子、离子或基团称为酸，凡可给予电子对的分子、离子或基团称为碱。

所以，Lewis 碱有：（1）二甲醚，（2）氨，（3）乙炔钠；

Lewis 酸有：（1）无水三氯化铝，（2）三氟化硼，（3）水。

8. 解：（1）酸性：① 水 > 乙炔 > 氨　② 乙酸 > 环戊二烯 > 乙醇 > 乙炔

（2）碱性：① $CH_3^- > CH\equiv C^- > CH_3O^-$　② $(CH_3)_3CO^- > (CH_3)_2CHO^- > CH_3O^-$

233

9. 解：根据题意，B 为二元酸，C 可与苯肼作用，为羰基化合物，D 为烃。故 A 可能为环醇或环酮，再根据分子式判断只能为环醇。所以，其结构：

A. 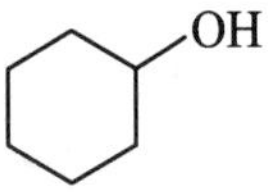 [环己醇 OH] B. 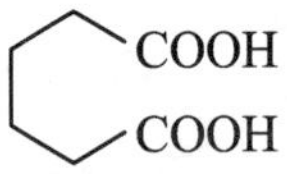 [环己二甲酸 COOH COOH] C. 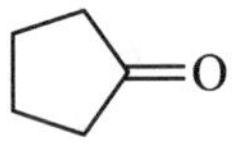 [环戊酮 =O] D.  [环戊烷]

10. 解：由题意：该烃氧化成酸后，碳原子数不变，故为环烯烃，通式为 C_nH_{2n-2}。

该烃有旋光性，氧化后生成二元酸，所以分子量 = 66×2 = 132。故二元酸为 2-甲基丁二酸。

综上所述，该烃是 3-甲基环丁烯：

[结构式：环丁烯-CH₃]

11. 由题意：$m/z = 179$，所以马尿酸的分子量为 179，它易水解得化合物 D 和 E。D 的 IR 谱图：3 200 ~ 2 300 cm^{-1} 为羟基中 O—H 键的伸缩振动；1 680 cm^{-1} 为共轭羧酸的 $\rangle C=O$ 的伸缩振动；1 600 ~ 1 500 cm^{-1} 是由二聚体的 O—H 键的面内弯曲振动和 C—O 键的伸缩振动之间偶合产生的两个吸收带；750 cm^{-1} 和 700 cm^{-1} 是一取代苯的 C—H 键的面外弯曲振动。再由化学性质可知 D 为羧酸，因此，D 为苯甲酸：

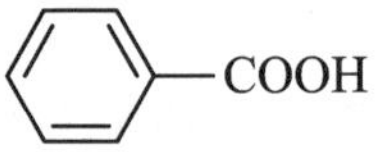

[结构式：苯-COOH]

又由题意：E 含有酸性基团和碱性基团，相对分子质量为 75，所以 E 的结构为 H₂NCH₂COOH。

综上所述，马尿酸的结构为

[结构式：苯-CONHCH₂COOH]

第十三章 羧酸衍生物

1. 解释下列名词：
酯、油脂、皂化值、干性油、碘值、非离子型洗涤剂、阴离子型洗涤剂、不对称合成。

2. 试用反应式表示下列化合物的合成路线：
（1）由氯丙烷合成丁酰胺；
（2）由丁酰胺合成丙胺；
（3）由邻氯苯酚、光气、甲胺合成农药"害扑威"（N-甲基邻氯苯氧基甲酰胺）。

3. 用简单的反应来区别下列各组化合物：
（1）2-氯丙酸和丙酰氯　　　　（2）丙酸乙酯和丙酰胺
（3）乙酸乙酯和丙酰氯　　　　（4）乙酸铵和乙酰胺
（5）乙酸酐和乙酸乙酯

4. 由亚甲基环戊烷合成环戊基乙腈。

5. 由丙酮合成 2,2-二甲基丙酸。

6. 由 5 个碳原子以下的化合物合成(Z)-2-甲基-5-癸烯。

7. 由 ω-十一碳烯酸[$CH_2=CH(CH_2)_8COOH$]合成 $H_5C_2OOC(CH_2)_{13}COOC_2H_5$。

8. 由己二酸合成 2-甲基环戊酮。

9. 由丙二酸二乙酯合成 1,4-环己烷二甲酸。

10. 由邻二甲苯合成 3,4-苯并环戊酮。

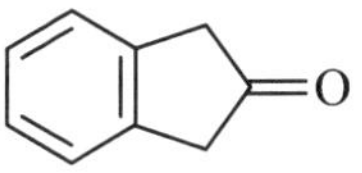

11. 由间苯二酚合成 2-硝基-1,3-苯二酚。

12. 由（图）合成（图）。

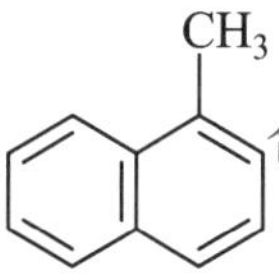

13. 由（图）合成（图）。

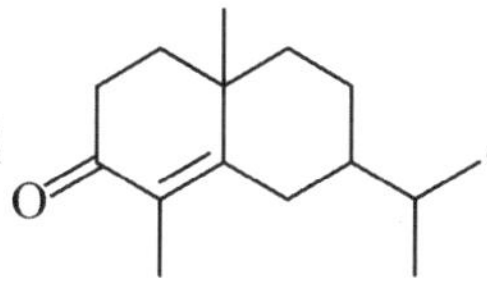

14. 由苯合成 α-苯基萘。

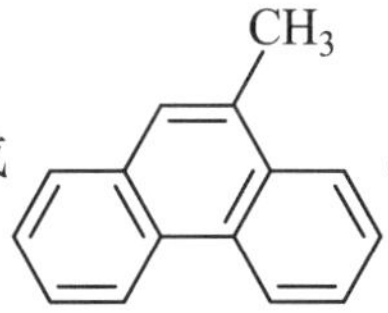

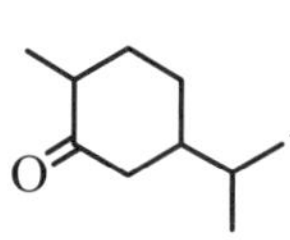

15. 某化合物 A 的熔点为 53 ℃，MS 谱图中分子离子峰在 m/z 480，A 不含卤素、氮和硫。A 的 IR 谱图在 1 600 cm^{-1} 以上只有 3 000~2 900 cm^{-1} 和 1 735 cm^{-1} 有吸收峰。A 用 NaOH 水溶液进行皂化，得到一个不溶于水的化合物 B；B 可用有机溶剂从水相中萃取出来，萃取后水相用酸酸化得到一个白色固体 C；C 不溶于水，m.p. 62~63 ℃；B 和 C 的 NMR 证明它们都是直链化合物；B 用铬酸氧化得到一个相对分子质量为 242 的羧酸。求 A、B、C 的结构。

答 案

1. 解：酯：由酸与醇脱水缩合而成的产物称为酯。

    油脂：高级脂肪酸甘油酯的统称。

    皂化值：1 g 油脂完全水解消耗氢氧化钾的质量（单位：mg）。

    干性油：油中特别是共轭不饱和键易聚合干结成膜块的油。

    碘值：100 g 油脂所能吸收单质碘的质量（单位：g）。

    非离子型洗涤剂：亲水基不带电荷即中性的洗涤剂。

    阴离子型洗涤剂：亲水基带阴离子的洗涤剂。

    不对称合成：凡合成产物具有旋光性的合成称为不对称合成。

2. 解：

（1）（图）$Cl \xrightarrow{KCN}$（图）$CN \xrightarrow{H_2O}$（图）NH_2

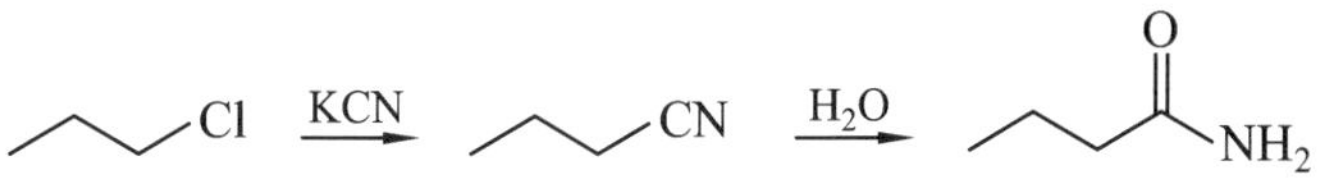

（2）（图）$NH_2 \xrightarrow[OH^-]{Br_2}$（图）$NH_2$

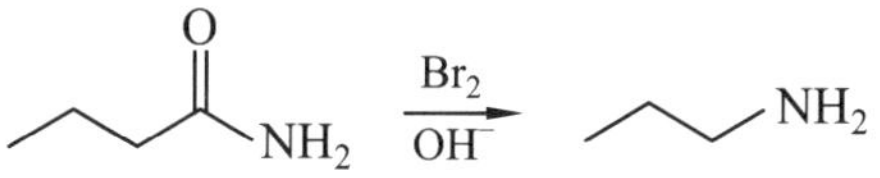

(3)

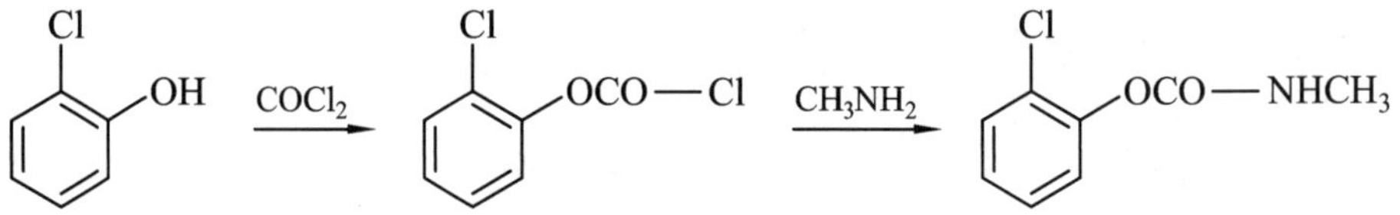

$\underset{\text{邻氯苯酚}}{\text{2-Cl-C}_6\text{H}_4\text{OH}} \xrightarrow{\text{COCl}_2} \text{2-Cl-C}_6\text{H}_4\text{-OCO-Cl} \xrightarrow{\text{CH}_3\text{NH}_2} \text{2-Cl-C}_6\text{H}_4\text{-OCO-NHCH}_3$

3. 解：

(1) 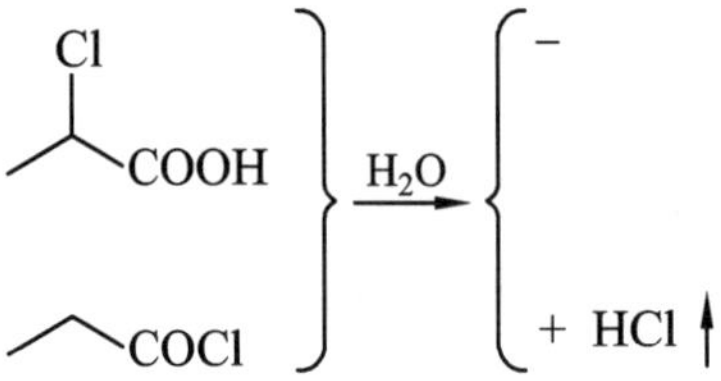 $\begin{Bmatrix} \text{CH}_3\text{CHClCOOH} \\ \text{CH}_3\text{CH}_2\text{COCl} \end{Bmatrix} \xrightarrow{\text{H}_2\text{O}} \begin{Bmatrix} - \\ + \text{HCl} \uparrow \end{Bmatrix}$

(2) $\begin{Bmatrix} \text{CH}_3\text{CH}_2\text{COOEt} \\ \text{CH}_3\text{CH}_2\text{CONH}_2 \end{Bmatrix} \xrightarrow[\text{H}_2\text{O}, \Delta]{\text{OH}^-} \begin{Bmatrix} - \\ + \text{NH}_3 \uparrow \end{Bmatrix}$

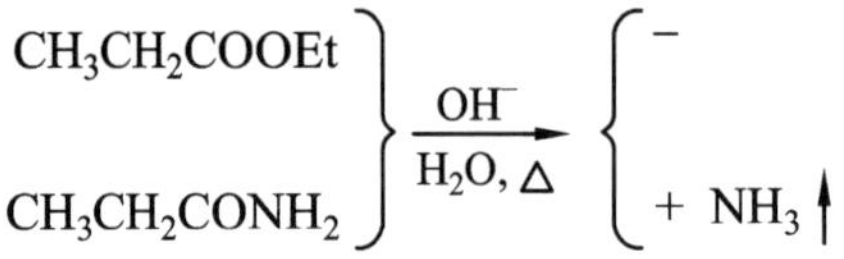

(3) $\begin{Bmatrix} \text{CH}_3\text{COOEt} \\ \text{CH}_3\text{CH}_2\text{COCl} \end{Bmatrix} \xrightarrow{\text{H}_2\text{O}} \begin{Bmatrix} - \\ + \text{HCl} \uparrow \end{Bmatrix}$

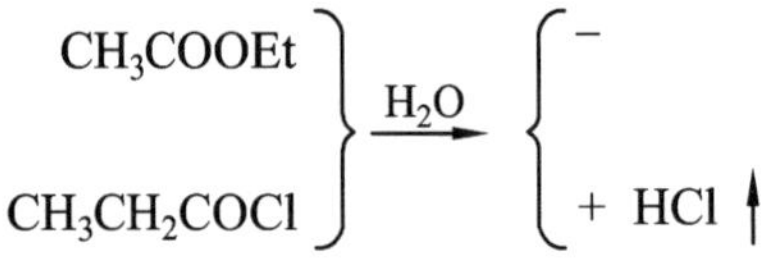

(4) 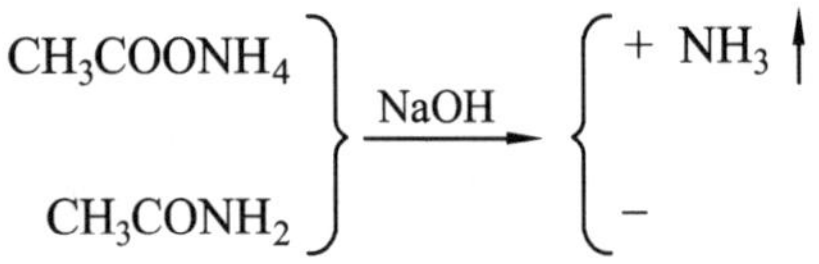 $\begin{Bmatrix} \text{CH}_3\text{COONH}_4 \\ \text{CH}_3\text{CONH}_2 \end{Bmatrix} \xrightarrow{\text{NaOH}} \begin{Bmatrix} + \text{NH}_3 \uparrow \\ - \end{Bmatrix}$

(5) 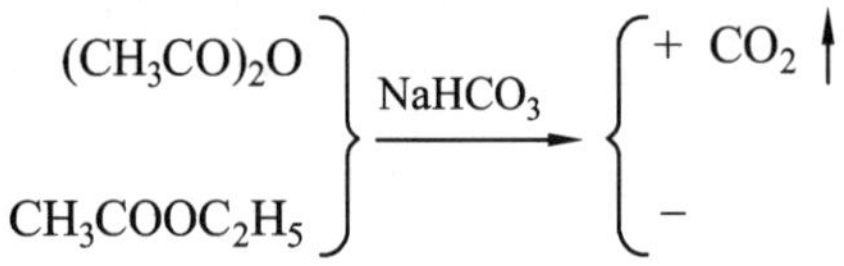 $\begin{Bmatrix} (\text{CH}_3\text{CO})_2\text{O} \\ \text{CH}_3\text{COOC}_2\text{H}_5 \end{Bmatrix} \xrightarrow{\text{NaHCO}_3} \begin{Bmatrix} + \text{CO}_2 \uparrow \\ - \end{Bmatrix}$

4. 解：

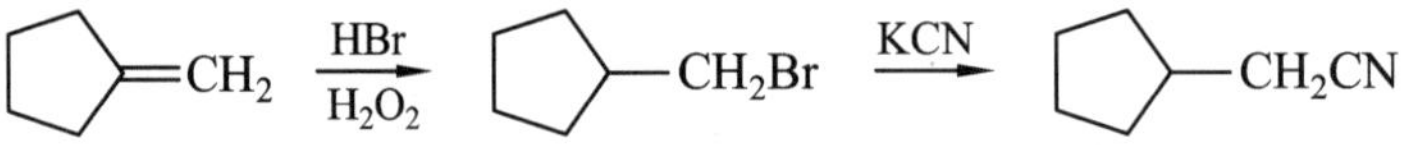

环戊基=CH$_2$ $\xrightarrow[\text{H}_2\text{O}_2]{\text{HBr}}$ 环戊基-CH$_2$Br $\xrightarrow{\text{KCN}}$ 环戊基-CH$_2$CN

5. 解：

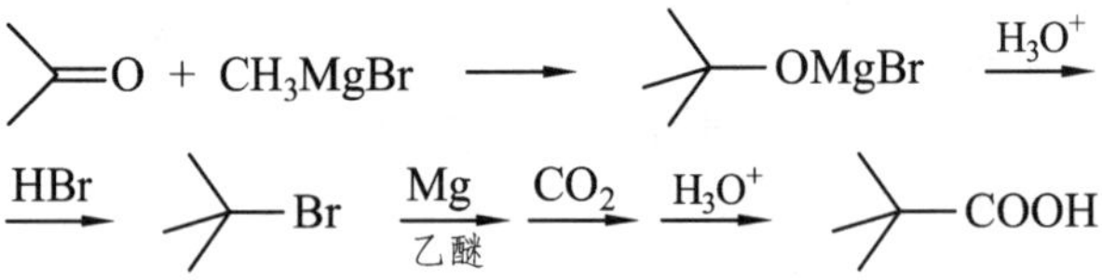

$(\text{CH}_3)_2\text{C=O} + \text{CH}_3\text{MgBr} \longrightarrow (\text{CH}_3)_3\text{C-OMgBr} \xrightarrow{\text{H}_3\text{O}^+}$

$\xrightarrow{\text{HBr}} (\text{CH}_3)_3\text{C-Br} \xrightarrow[\text{乙醚}]{\text{Mg}} \xrightarrow{\text{CO}_2} \xrightarrow{\text{H}_3\text{O}^+} (\text{CH}_3)_3\text{C-COOH}$

6. 解：

$(\text{CH}_3)_2\text{CH-Br} \xrightarrow[\text{Et}_2\text{O}]{\text{Mg}} \xrightarrow[\text{2) H}_3\text{O}^+]{\text{1) 环氧乙烷}} (\text{CH}_3)_2\text{CHCH}_2\text{CH}_2\text{OH} \xrightarrow{\text{HBr}} (\text{CH}_3)_2\text{CHCH}_2\text{CH}_2\text{Br} \xrightarrow{\text{NaC}\equiv\text{CH}}$

$(\text{CH}_3)_2\text{CHCH}_2\text{CH}_2\text{C}\equiv\text{CH} \xrightarrow{\text{NaNH}_2} \xrightarrow{\text{CH}_3\text{CH}_2\text{CH}_2\text{CH}_2\text{Br}} (\text{CH}_3)_2\text{CHCH}_2\text{CH}_2\text{C}\equiv\text{CCH}_2\text{CH}_2\text{CH}_2\text{CH}_3$

$\xrightarrow[\text{Pd-BaSO}_4]{\text{H}_2} (\text{CH}_3)_2\text{CHCH}_2\text{CH}_2\text{CH=CHCH}_2\text{CH}_2\text{CH}_2\text{CH}_3 \text{ (顺式)}$

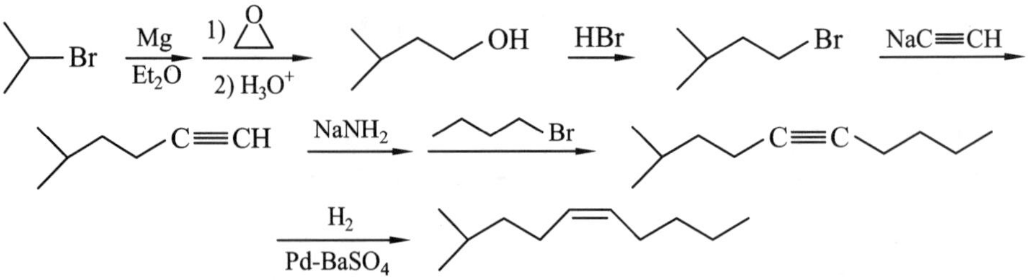

7. 解：

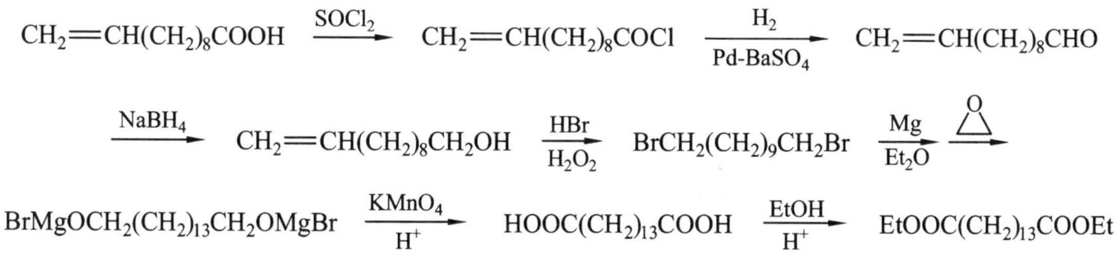

$$CH_2=CH(CH_2)_8COOH \xrightarrow{SOCl_2} CH_2=CH(CH_2)_8COCl \xrightarrow[Pd-BaSO_4]{H_2} CH_2=CH(CH_2)_8CHO$$

$$\xrightarrow{NaBH_4} CH_2=CH(CH_2)_8CH_2OH \xrightarrow[H_2O_2]{HBr} BrCH_2(CH_2)_9CH_2Br \xrightarrow[Et_2O]{Mg} \overset{O}{\triangle}$$

$$BrMgOCH_2(CH_2)_{13}CH_2OMgBr \xrightarrow[H^+]{KMnO_4} HOOC(CH_2)_{13}COOH \xrightarrow[H^+]{EtOH} EtOOC(CH_2)_{13}COOEt$$

8. 解：

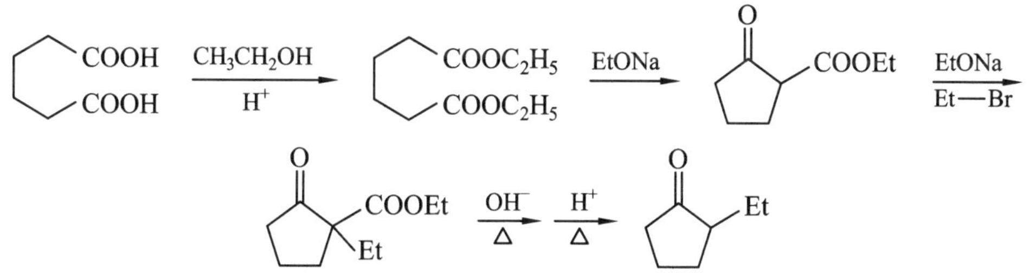

9. 解：

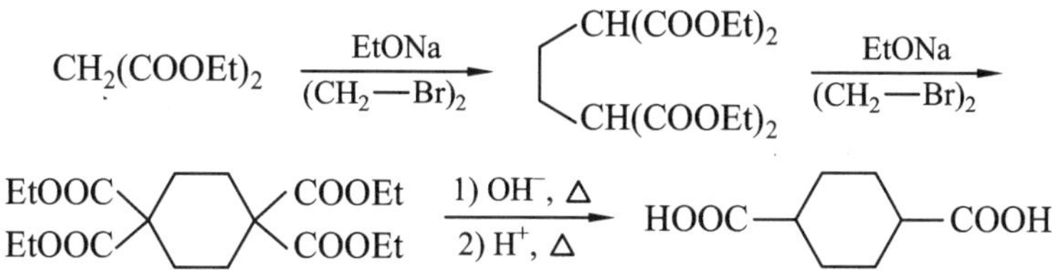

10. 解：

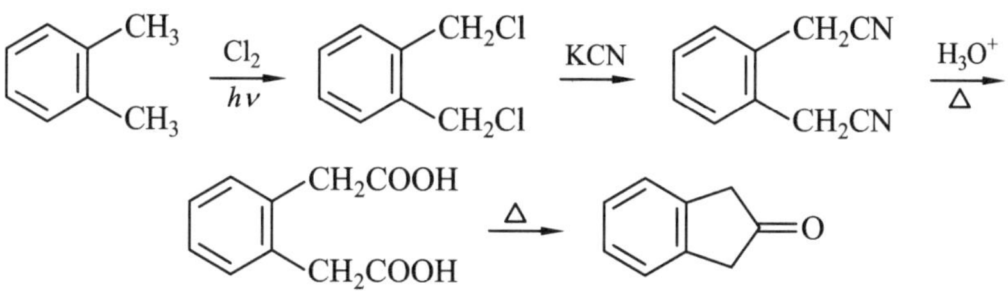

11. 解：

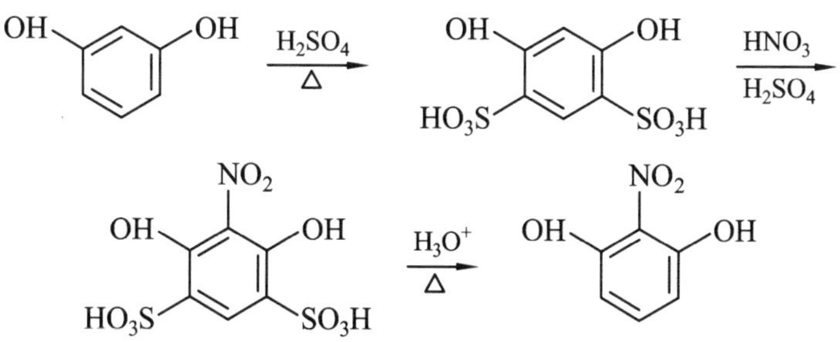

12. 解：

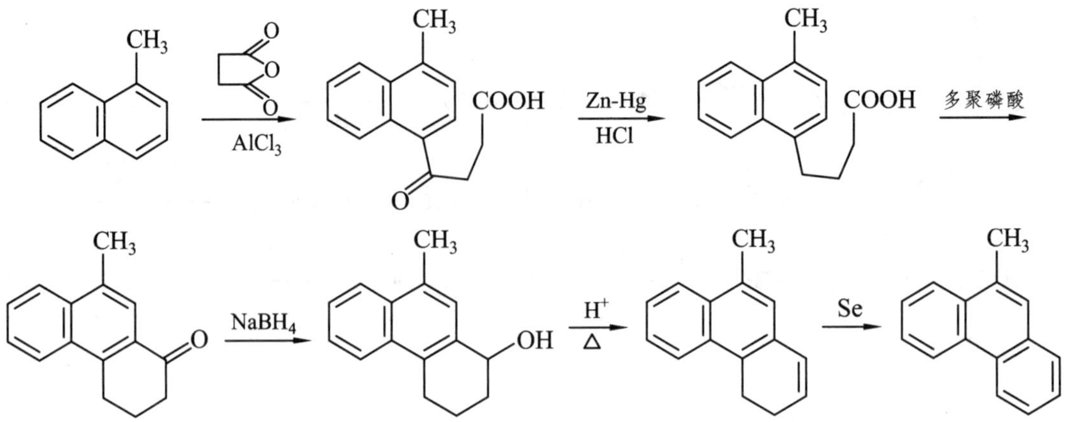

13. 解：

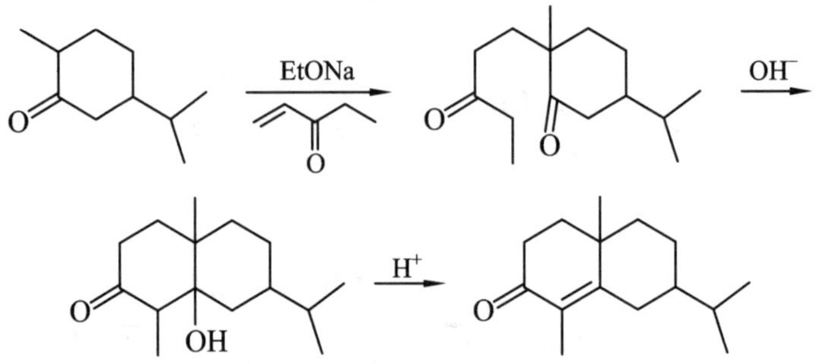

14. 解：

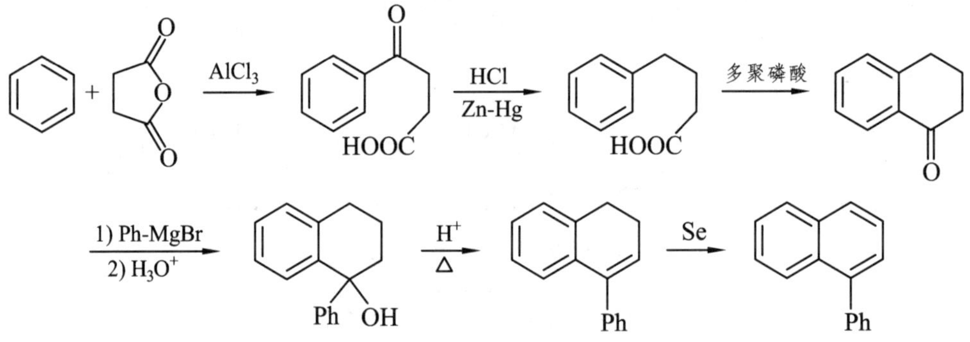

15. 解：$m/z = 480$，所以 A 的分子量为 480。

由题意，A 可用 NaOH 进行皂化，A 为酯，1 735 cm^{-1} 是 $>$C=O 的伸缩振动，3 000～2 900 cm^{-1} 为饱和烃基的 C—H 伸缩振动，IR 没有 C=C 吸收峰，故 A 为饱和一元酸（C）和饱和一元醇（B）生成的酯。

由题意知：B 氧化得羧酸，分子量应为 242，故 B 的分子量为 242，B 为 n-C$_{15}$H$_{31}$OH。

$$n\text{-C}_{15}\text{H}_{31}\text{OH} \xrightarrow{[O]} n\text{-C}_{14}\text{H}_{29}\text{COOH}$$

因为羧酸的 —COOH 中 —OH 与醇 —OH 中的 H 失水而生成酯，所以 C 的分子量为 270，故 C 的结构为 n-C$_{15}$H$_{31}$COOH。

综上所述，A 的结构为 $n\text{-}C_{16}H_{33}COOC_{15}H_{31}\text{-}n$
B 的结构为 $n\text{-}C_{15}H_{31}OH$
C 的结构为 $n\text{-}C_{16}H_{33}COOH$

第十四章　含氮有机化合物

1. 给出下列化合物的名称或写出结构式。
（1）对硝基氯化苄　（2）1,4,6-三硝基萘　（3）苦味酸
（4）1,4-环己基二胺　（5）N,N-二甲基乙胺　（6）$(CH_3CH_2)_2CHNH_2$
（7）$(CH_3)_2CHNH_2$　（8）$(CH_3)_2NCH_2CH_3$　（9）$PhNHCH_2CH_3$

（10）顺-4-甲基环己胺结构式　（11）间甲基-N-甲基苯胺结构式

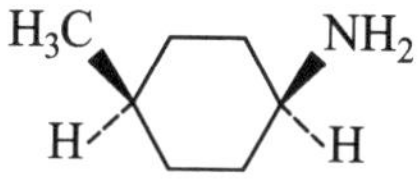

（12）4-硝基苯偶氮-2,4-二羟基苯结构式　（13）3-硝基-5-氰基苯重氮氯化物结构式

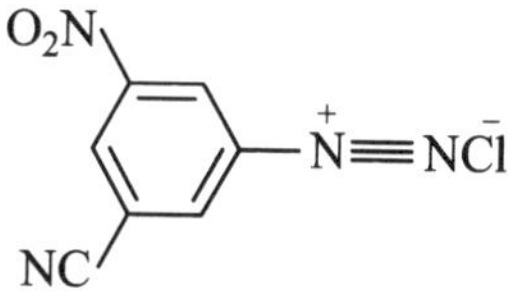

2. 由强到弱排列下列各组化合物的碱性顺序，并说明理由。

（1）苯胺、对硝基苯胺、对甲基苯胺

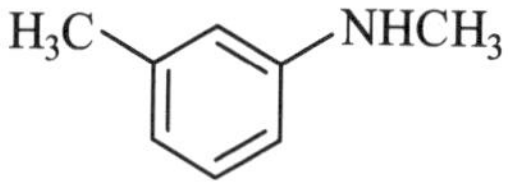

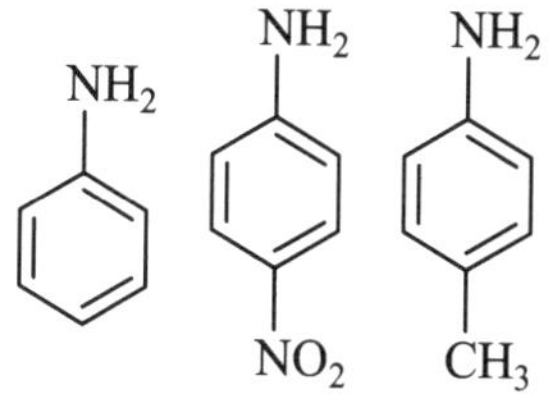

（2）CH_3CONH_2 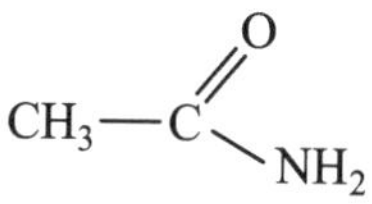　　CH_3NH_2　　NH_3

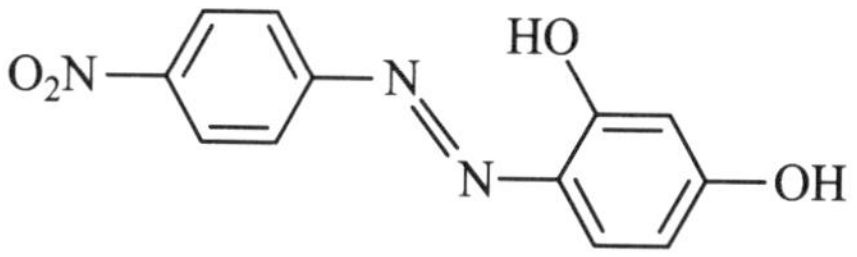

3. 比较正丙醇、正丙胺、甲乙胺、三甲胺和正丁烷的沸点高低，并说明理由。

4. 如何完成下列转变：

（1）$CH_2=CHCH_2Br \longrightarrow CH_2=CHCH_2CH_2NH_2$

（2）环己酮 $\longrightarrow$ N-甲基环己胺

（3）$(CH_3)_3CCOOH \longrightarrow (CH_3)_3CCOCH_2Cl$

（4）正丁基溴 $\longrightarrow$ 仲丁胺

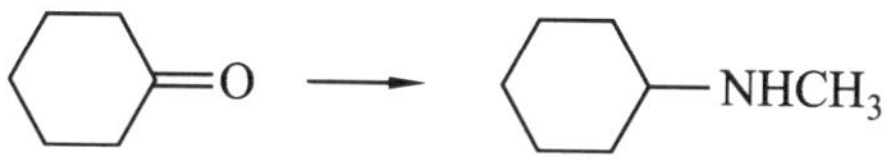

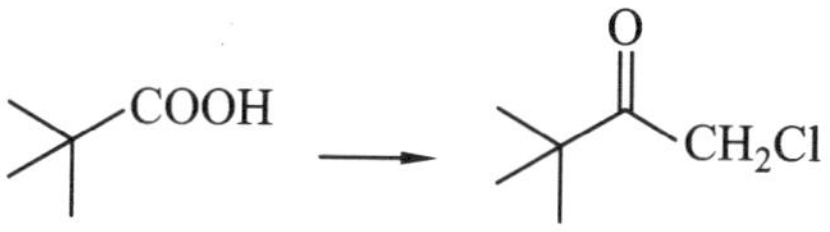

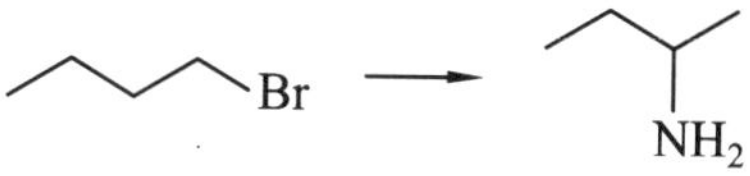

5. 完成下列各步反应，并指出最后产物的构型是 R 还是 S。

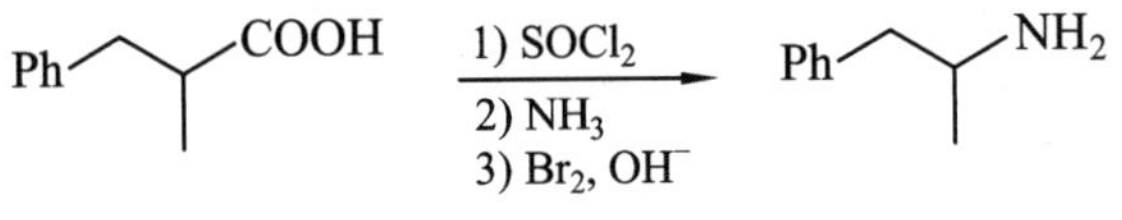

Ph-CH₂-CH(CH₃)-COOH —1) SOCl₂; 2) NH₃; 3) Br₂, OH⁻→ Ph-CH₂-CH(CH₃)-NH₂

S-(+)   (−)

6. 完成下列反应：

(1) 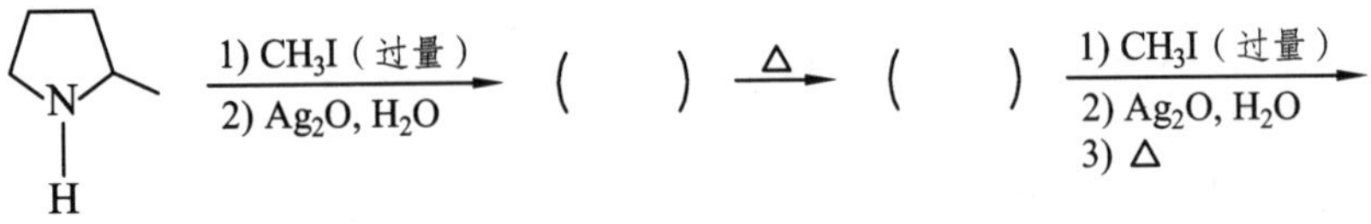 2-甲基吡咯烷 —1) CH₃I（过量）; 2) Ag₂O, H₂O→ ( ) —Δ→ ( ) —1) CH₃I（过量）; 2) Ag₂O, H₂O; 3) Δ→

(2) 甲苯 —( )→ 对硝基甲苯 —Fe + HCl→ ( ) —(CH₃CO)₂O→ ( ) —HNO₃/H₂SO₄→

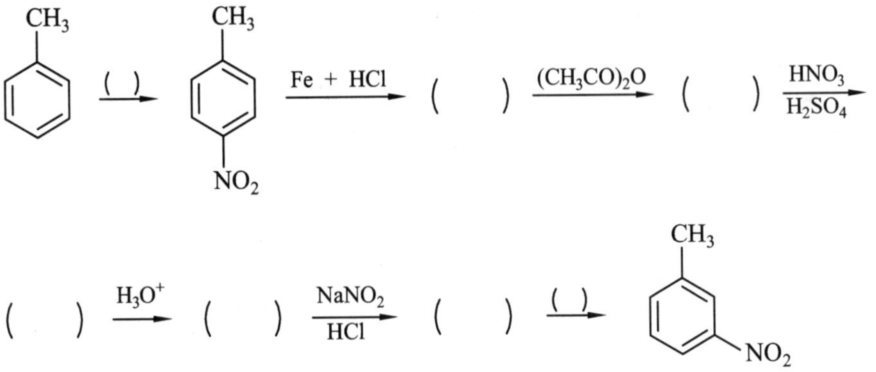

( ) —H₃O⁺→ ( ) —NaNO₂/HCl→ ( ) —( )→ 间硝基甲苯

(3) H₃CO—C₆H₄— ⟶ H₃CO—C₆H₄—NH₂

(4) C₆H₅—CH₃ ⟶ C₆H₅—CH₂N⁺(CH₃)₃Cl⁻

(5) O₂N—C₆H₄—CH₃ ⟶ O₂N—C₆H₄—NH₂

(6) C₆H₅—CH₃ ⟶ C₆H₅—CH₂CH₂NH₂

(7) 2-溴-N-乙酰苯胺 —HNO₃/AcOH→

(8) 2,4-二硝基氟苯 + H₂N-CH(CH₃)-C(O)-NH-C₆H₅ ⟶

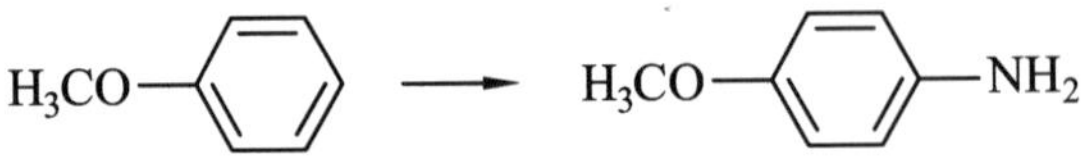

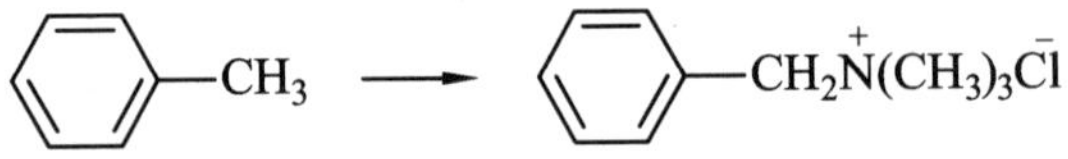

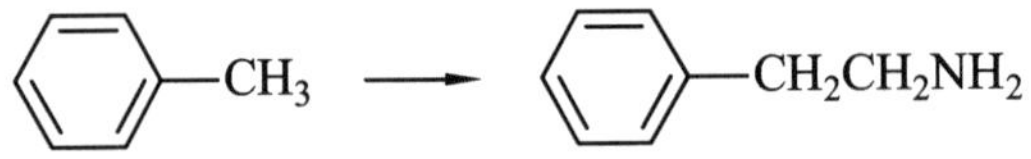

(9) 吡咯烷 + 2-甲基环己酮 —H⁺→ ( ) —CH₂=CH-COOEt→ ( ) —H⁺→

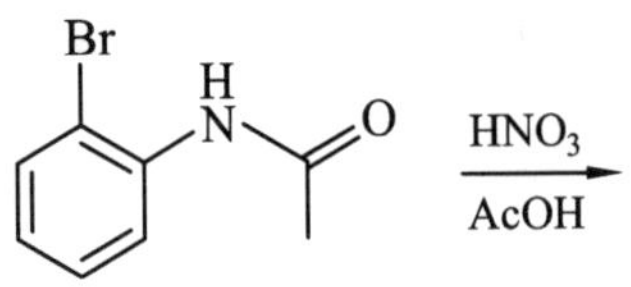

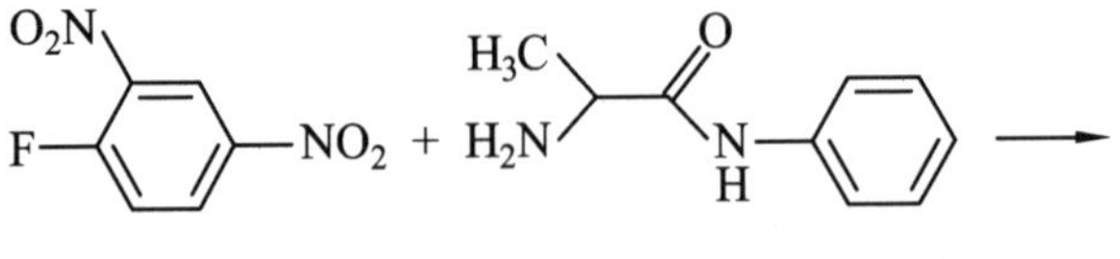

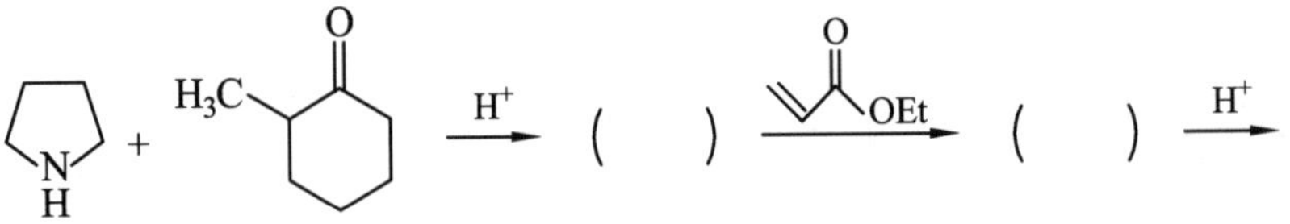

(10) PhCH₂CH(CH₃)N⁺(CH₃)₂O⁻ $\xrightarrow{\Delta}$

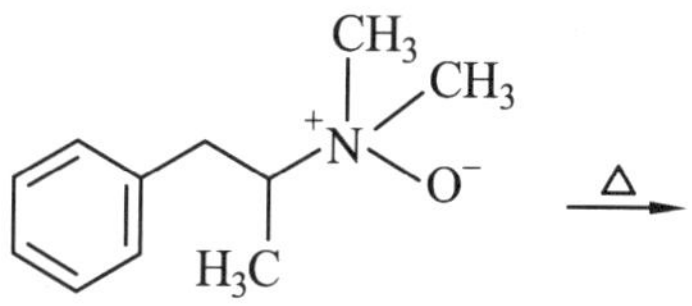

7. 指出下列重排反应的产物：

(1) 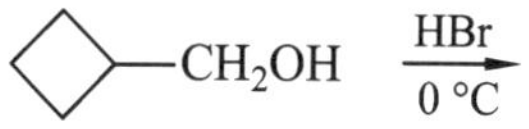 环丁基-CH₂OH $\xrightarrow{\text{HBr}}{0\ °C}$

(2) CH₂=CHCH₂CH₂OTs $\xrightarrow{\text{AcOH}}$

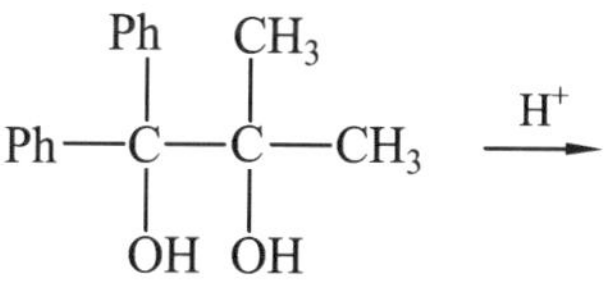

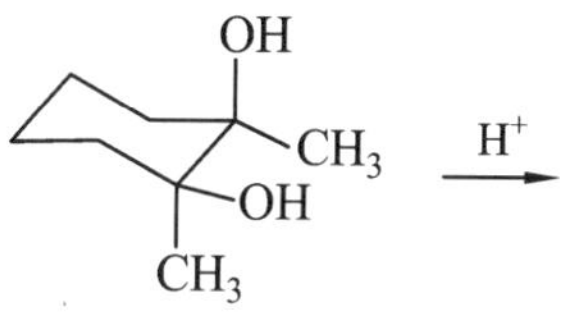

(3) Ph₂C(OH)-C(OH)(CH₃)₂ $\xrightarrow{\text{H}^+}$ (with Ph, CH₃ groups)

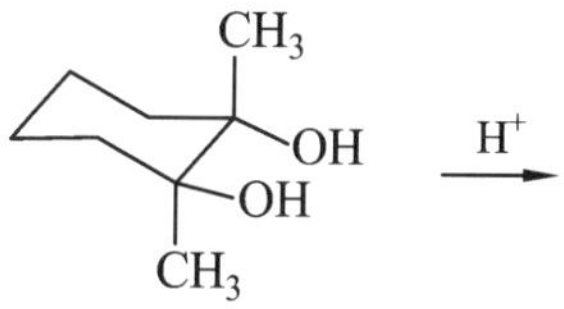

(4) 1,2-二甲基-1,2-环己二醇 (cis) $\xrightarrow{\text{H}^+}$

(5) 1,2-二甲基-1,2-环己二醇 (trans) $\xrightarrow{\text{H}^+}$

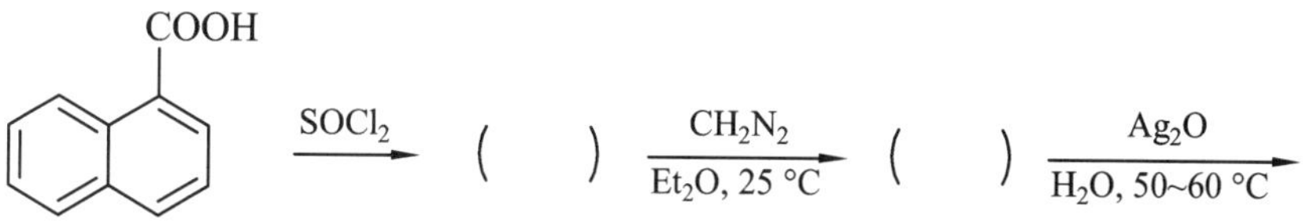

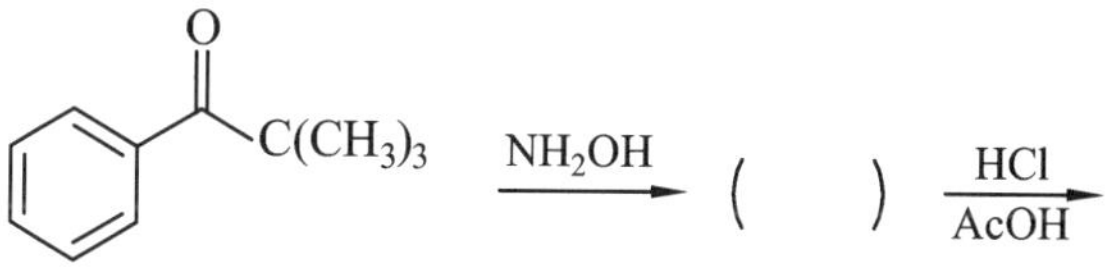

(6) PhCOCH₃ + CH₃COOOH ⟶

(7) 1-萘甲酸 $\xrightarrow{\text{SOCl}_2}$ ( ) $\xrightarrow[\text{Et}_2\text{O, 25 °C}]{\text{CH}_2\text{N}_2}$ ( ) $\xrightarrow[\text{H}_2\text{O, 50~60 °C}]{\text{Ag}_2\text{O}}$

(8) PhCOC(CH₃)₃ $\xrightarrow{\text{NH}_2\text{OH}}$ ( ) $\xrightarrow[\text{AcOH}]{\text{HCl}}$

(9) 1-甲基-2-(二甲氨基)-1,2-二氘代环己烷 $\xrightarrow{\text{H}_2\text{O}_2}$ $\xrightarrow{\Delta}$

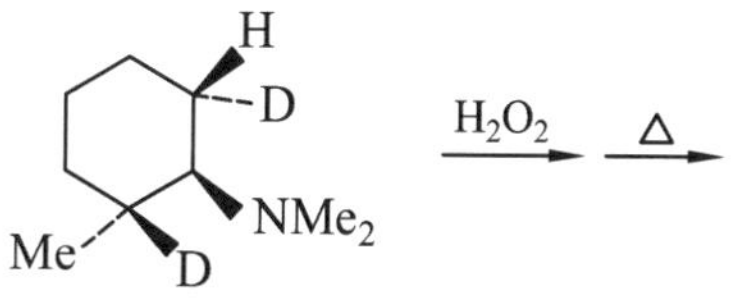

8. 解释下列实验现象：

(1) 对溴甲苯与 NaOH 在高温下反应，生成几乎等量的对和间甲苯酚。

（2）2,4-二硝基氯苯可以由氯苯硝化得到，但如果反应产物用 NaHCO₃ 水溶液洗涤除去酸，则得不到产品。

9. 写出下列反应的反应历程。

（1）环己酮-CN $\xrightarrow{H_2/Pd}$ 十氢喹啉

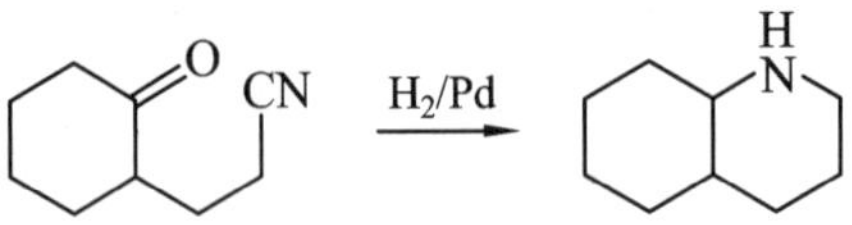

（2）$CH_3COCH_2COOC_2H_5 \xrightarrow{NH_2OH}$ 3-甲基异恶唑-5-酮

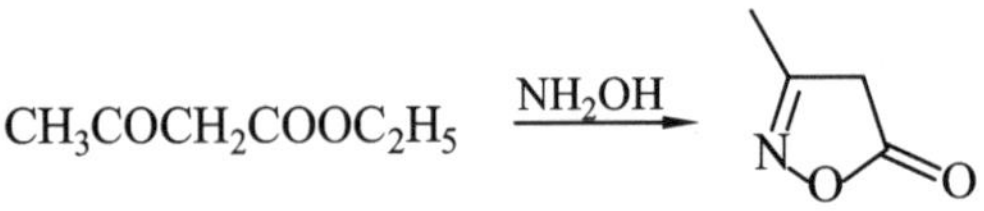

（3）环己基-CONH₂ $\xrightarrow[EtONa, EtOH]{Br_2}$ 环己基-NHCOOC₂H₅

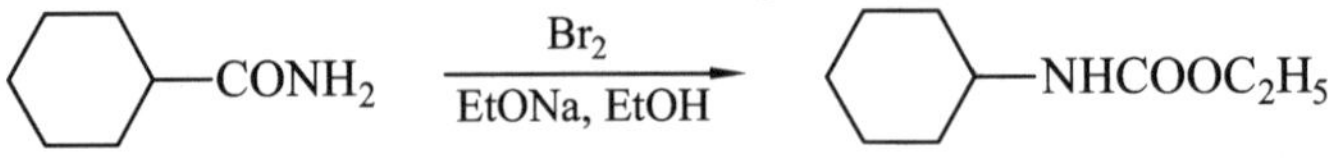

10. 从指定原料合成：
（1）从环戊酮和 HCN 制备环己酮
（2）从 1,3-丁二烯合成尼龙-66 的两个单体——己二胺和己二酸
（3）由乙醇、甲苯及其他无机试剂合成普鲁卡因（$H_2N-C_6H_4-COOCH_2CH_2NEt_2$）
（4）由简单的开链化合物合成 环己基-CH=C(NO₂)(CH₃)

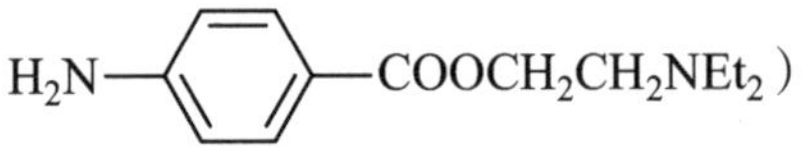

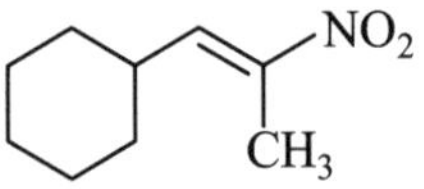

11. 选择适当的原料经偶联反应合成：
（1）2,2'-二甲基-4-硝基-4'-氨基偶氮苯；
（2）甲基橙（$(H_3C)_2N-C_6H_4-N=N-C_6H_4-SO_3Na$）

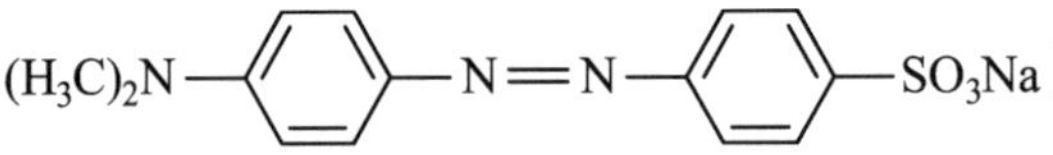

12. 从甲苯或苯开始合成下列化合物：
（1）间氨基苯乙酮　（2）邻硝基苯胺　（3）间硝基苯甲酸
（4）1,2,3-三溴苯　（5）4-羟基-3-硝基苯甲酸　（6）间硝基苯酚

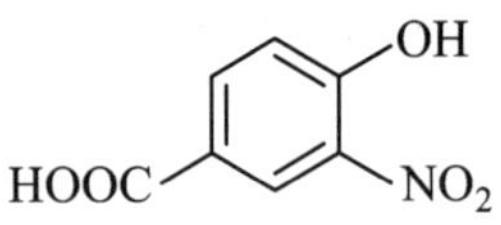

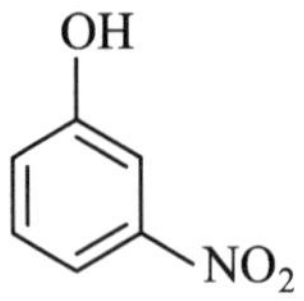

13. 试分离提纯下列各组化合物：
（1）PhNH₂、PhNHCH₃、PhN(CH₃)₂。
（2）苯甲酸、对甲苯酚、对甲苯胺

14. 利用便利的化学试剂鉴别丙胺、甲基乙基胺、三甲胺。

15. 某化合物 $C_8H_9NO_2$（A）在 NaOH 中被 Zn 还原产生 B，在强酸性下 B 重排生成芳香胺 C，C 用 HNO₂ 处理，再与 H₃PO₂ 反应生成 3,3'-二乙基联苯（D）。试写出 A、B、C 和 D 的结构式。

16. 某化合物 A，分子式为 $C_8H_{17}N$，其核磁共振谱无双重峰，它与 2 mol 碘甲烷反应，然后与 Ag₂O（湿）作用，接着加热，生成一个中间体 B，B 的分子式为 $C_{10}H_{21}N$。B 进一步

甲基化后与湿的 Ag_2O 作用，转变为氢氧化物，加热则生成三甲胺、1,5-辛二烯和 1,4-辛二烯混合物。写出 A 和 B 的结构式。

17. 化合物 A 分子式为 $C_{15}H_{17}N$，用苯磺酰氯和 KOH 溶液处理，没有作用，酸化该化合物得到一清澈的溶液，化合物 A 的核磁共振谱如图 4-12 所示。试推导出化合物 A 的结构式。

图 4-12 化合物 A 的 NMR 谱

答 案

1. 解：

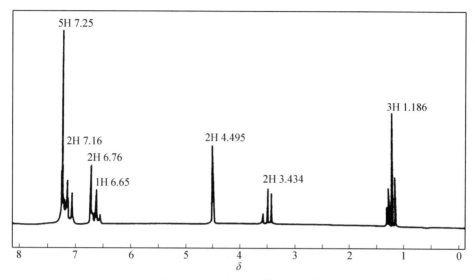

（6）3-氨基戊烷　（7）异丙胺　或 2-氨基丙烷　（8）二甲基乙基胺
（9）N-乙基苯胺　或苯乙胺　（10）顺-4-甲基环己胺
（11）N-甲基间甲苯胺　或 N,3-二甲基苯胺　（12）2,4-二羟基-4'-硝基偶氮苯
（13）氯化-3-氰基-5-硝基重氮苯

2. 解：

因为甲基是给电子基，使氨基氮上的电子云密度增大，碱性增强；而硝基是吸电子，使氨基氮上的电子云密度减小，故碱性减弱。

（2）CH_3NH_2 > NH_3 > $CH_3-\overset{\overset{O}{\|}}{C}-NH_2$

在甲胺中，甲基的给电子效应使氨基氮的电子云密度增大，碱性增强；在酰胺中，乙酰基是吸电子基，使氨基氮上的电子云密度减小，碱性减弱。

3. 解：正丙醇 > 正丙胺 > 甲乙胺 > 三甲胺 > 正丁烷

分子间形成氢键，沸点高，醇分子中的羟基极性强于胺的极性，一级胺可形成两条氢键，二级胺仅形成一条氢键，而三级胺不能形成氢键。但三级胺有极性，沸点最低应是正丁烷。

4. 解：

（1） $CH_2=CHCH_2Br \xrightarrow{NaCN} CH_2=CHCH_2CN \xrightarrow{LiAlH_4} CH_2=CHCH_2CH_2NH_2$

（2） 环己酮 $\xrightarrow{CH_3NH_2}$ 1-甲氨基-1-羟基环己烷 $\xrightarrow[-H_2O]{\Delta}$ N-甲基环己亚胺 $\xrightarrow{H_2/Pd}$ N-甲基环己胺

（3） $(CH_3)_3C-\overset{\overset{O}{\|}}{C}-OH \xrightarrow{SOCl_2} (CH_3)_3C-\overset{\overset{O}{\|}}{C}-Cl \xrightarrow{CH_2N_2} (CH_3)_3C-\overset{\overset{O}{\|}}{C}-CH_2Cl$

（4） $CH_3CH_2CH_2CH_2Br \xrightarrow[C_2H_5OH]{KOH} CH_3CH_2CH=CH_2 \xrightarrow{HBr} CH_3CH_2\underset{Br}{C}HCH_3 \xrightarrow{NH_3} CH_3CH_2\underset{NH_2}{C}HCH_3$

5. 解：

S-(+)-2-苄基丙酸 $\xrightarrow{SOCl_2}$ 酰氯 $\xrightarrow{NH_3}$ 酰胺 $\xrightarrow{Br_2/OH^-}$ S-(−)-2-苄基丙胺

6. 解：

（1） 2-甲基吡咯烷 $\xrightarrow[H_2O]{CH_3I（过量），Ag_2O}$ $\xrightarrow[H_2O]{CH_3I, Ag_2O} \xrightarrow{\Delta}$ 1,4-戊二烯

（2） 甲苯 $\xrightarrow{HNO_3/H_2SO_4}$ 对硝基甲苯 $\xrightarrow{Fe, HCl}$ 对甲基苯胺 $\xrightarrow{(CH_3CO)_2O}$ 对甲基乙酰苯胺 $\xrightarrow{HNO_3/H_2SO_4} \xrightarrow[\Delta]{H_3O^+}$

(2)
$$\underset{NH_2}{\underset{NO_2}{\text{CH}_3\text{-C}_6\text{H}_3}} \xrightarrow{\text{NaNO}_2,\ \text{HCl}}{0\sim5\ ^\circ\text{C}} \underset{N_2^+\text{Cl}^-}{\underset{NO_2}{\text{CH}_3\text{-C}_6\text{H}_3}} \xrightarrow{\text{H}_3\text{PO}_2} \underset{NO_2}{\text{CH}_3\text{-C}_6\text{H}_4}$$

(3) $H_3CO-C_6H_5 \xrightarrow{HNO_3 / H_2SO_4} H_3CO-C_6H_4-NO_2 \xrightarrow{Fe,\ HCl} H_3CO-C_6H_4-NH_2$

(4) $C_6H_5-CH_3 \xrightarrow{HCl + HCHO / ZnCl_2} CH_3-C_6H_4-CH_2Cl \xrightarrow{NH_3}$

$CH_3-C_6H_4-CH_2NH_2 \xrightarrow{CH_3I\ (过量)} H_3C-C_6H_4-CH_2\overset{+}{N}(CH_3)_3Cl^-$

(5) $O_2N-C_6H_4-CH_3 \xrightarrow{KMnO_4} O_2N-C_6H_4-COOH \xrightarrow{SOCl_2} O_2N-C_6H_4-COCl \xrightarrow{NH_3}$

$O_2N-C_6H_4-CONH_2 \xrightarrow{Br_2/OH^-} O_2N-C_6H_4-NH_2$

(6) $C_6H_5-CH_3 \xrightarrow{Cl_2 / h\nu} C_6H_5-CH_2Cl \xrightarrow{NaCN}$

$C_6H_5-CH_2CN \xrightarrow{LiAlH_4} C_6H_5-CH_2CH_2NH_2$

(7) 2-Br-C$_6$H$_4$-NHCOCH$_3$ $\xrightarrow{HNO_3 / AcOH}$ 2-Br-4-O$_2$N-C$_6$H$_3$-NHCOCH$_3$

(8) 2,4-(O$_2$N)$_2$-C$_6$H$_3$-F + CH$_3$CH(NH$_2$)CONH-C$_6$H$_5$ ⟶ 2,4-(O$_2$N)$_2$-C$_6$H$_3$-NHCH(CH$_3$)CONHC$_6$H$_5$

(9) 吡咯烷 + 2-甲基环己酮 $\xrightarrow{H^+}$ 1-(2-甲基-1-环己烯基)吡咯烷 $\xrightarrow{CH_2=CHCOOEt}$

中间体(烯胺加成产物,带 (CH$_2$)$_2$COOEt 及 CH$_3$ 取代基) $\xrightarrow{H_3O^+}$ EtOOC(CH$_2$)$_2$-(2-甲基环己酮基)

245

(10) PhCH$_2$CH(CH$_3$)N$^+$(CH$_3$)$_2$O$^-$ $\xrightarrow{\Delta}$ PhCH=CHCH$_3$ + (CH$_3$)$_2$N—OH

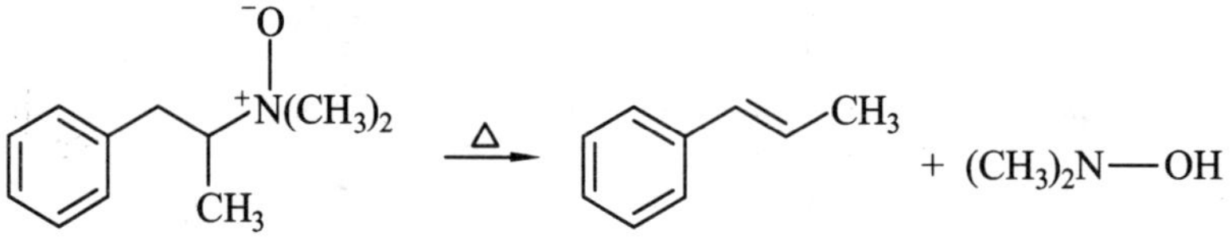

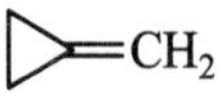

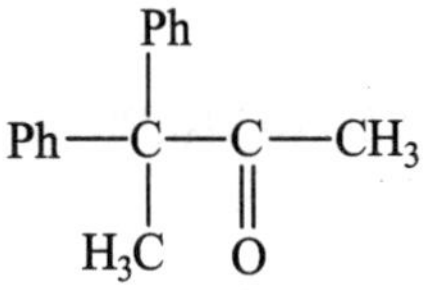

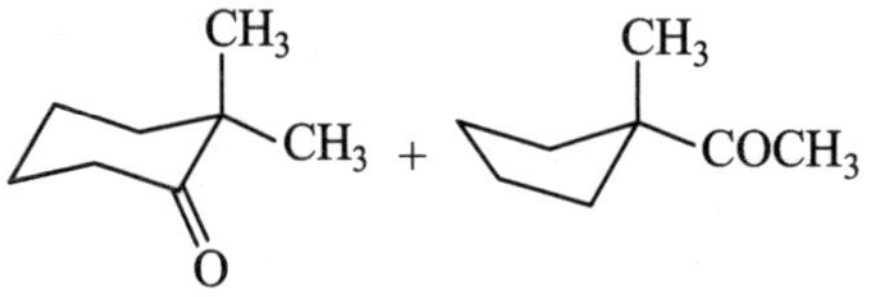

7. 解：

(1) 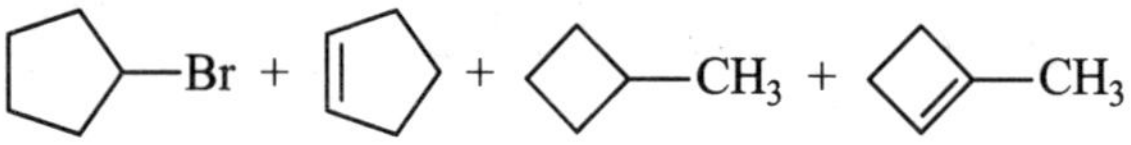 环戊基-Br + 环戊烯 + 甲基环丁烷 + 1-甲基环丁烯

(2) 环丙基=CH$_2$

(3) Ph—C(Ph)(CH$_3$)—C(=O)—CH$_3$

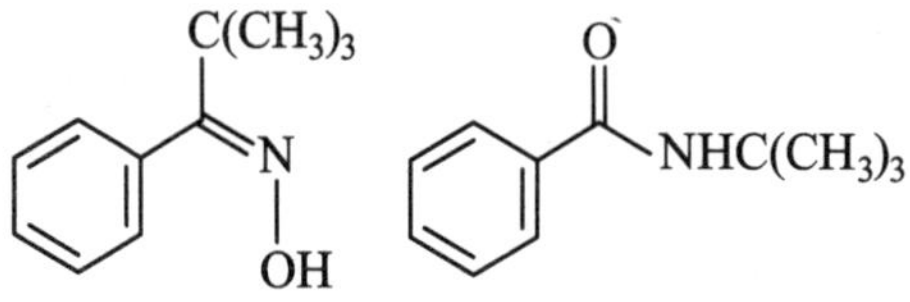

(4) 2,2-二甲基环己酮 + 1-甲基环己基甲基酮

(5) 1-甲基环己基-COCH$_3$

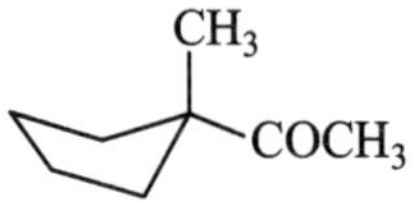

(6) Ph—O—COCH$_3$

(7) 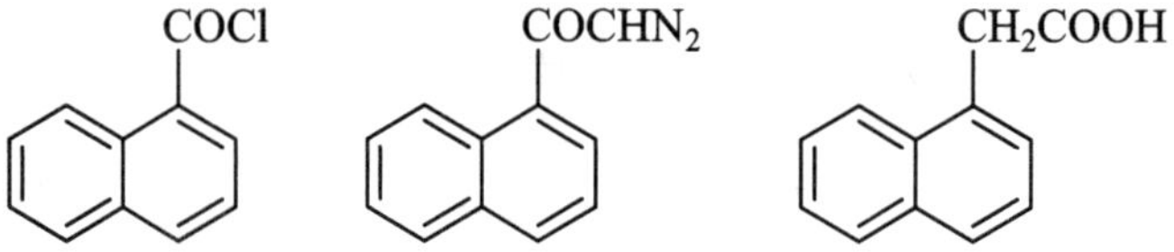 萘-1-COCl, 萘-1-COCHN$_2$, 萘-1-CH$_2$COOH

(8) Ph—C(=NOH)—C(CH$_3$)$_3$, PhC(=O)—NHC(CH$_3$)$_3$

(9) 3-甲基-3-氘代-1-氘代环己烯 (Me, D on C3; D on C1)

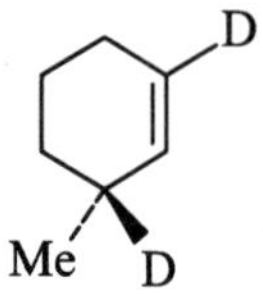

8. 解：(1) 由于反应的活性中间体是 ⌬—CH$_3$（苯炔），与 OH$^-$ 加成时存在两种不同方式，所以生成两种不同产物——间甲苯酚和对甲苯酚。

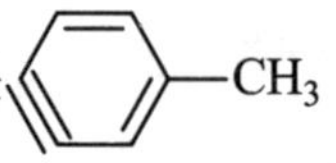

(2) ![structure] 邻氯硝基苯 $\xrightarrow{\text{NaHCO}_3}$ 邻硝基苯酚

9. 解：

(1) 2-(2-氰乙基)环己酮 $\xrightarrow{\text{H}_2/\text{Pd}}$ 2-(3-氨丙基)环己酮 → 双环氧负离子铵盐中间体 →

羟基氢化喹啉 $\xrightarrow{-\text{H}_2\text{O}}$ 亚胺 $\xrightarrow{\text{H}_2/\text{Pd}}$ 十氢喹啉

(2) $CH_3COCH_2COOC_2H_5 \xrightarrow{\text{NH}_2\text{OH}} CH_3C(=NOH)CH_2COOC_2H_5$ → 异噁唑啉中间体 →

→ 异噁唑啉正离子中间体 $\xrightarrow{-\text{C}_2\text{H}_5\text{OH}}$ 3-甲基异噁唑-5(4H)-酮

(3) 环己基-CONH$_2$ $\xrightarrow{\text{Br}_2}$ 环己基-CONHBr $\xrightarrow[-\text{C}_2\text{H}_5\text{OH, }-\text{NaBr}]{\text{C}_2\text{H}_5\text{ONa}}$ 环己基-CON: →

环己基-N=C=O $\xrightarrow{\text{C}_2\text{H}_5\text{OH}}$ 环己基-NHCOOC$_2$H$_5$

10. 解：

(1) 环戊酮 $\xrightarrow{\text{HCN}}$ 氰醇 $\xrightarrow{\text{LiAlH}_4}$ 氨基醇 $\xrightarrow{\text{NaNO}_2/\text{HCl}}$ 环己酮

(2) 丁二烯 $\xrightarrow{\text{Br}_2}$ 1,4-二溴-2-丁烯 $\xrightarrow{2\text{NaCN}}$ 二氰化物 $\xrightarrow{\text{H}_2/\text{Pd}}$ 1,6-己二胺

1,4-二溴-2-丁烯 $\xrightarrow{\text{H}_2/\text{Pd}}$ 1,4-二溴丁烷 $\xrightarrow{2\text{NaCN}}$ 己二腈 $\xrightarrow{\text{H}_3\text{O}^+}$ 己二酸

(3)
$$C_2H_5OH \xrightarrow{O_2, Cu}{250\ °C} CH_3CHO$$
$$C_2H_5OH \xrightarrow{NH_3} C_2H_5NH_2$$
$$\longrightarrow CH_3CH=NC_2H_5 \xrightarrow{H_2}{Pd} Et_2NH$$

$$C_2H_5OH \xrightarrow{H_2SO_4} CH_2=CH_2 \xrightarrow{O_2, Ag}{260\ °C} \overset{O}{\triangle} \xrightarrow{Et_2NH} Et_2NCH_2CH_2OH$$

$$\text{PhCH}_3 \xrightarrow{HNO_3}{H_2SO_4} \text{p-}O_2N\text{-C}_6H_4\text{-CH}_3 \xrightarrow{KMnO_4} \text{p-}O_2N\text{-C}_6H_4\text{-COOH} \xrightarrow{Fe}{HCl} \text{p-}H_2N\text{-C}_6H_4\text{-COOH} \xrightarrow{SOCl_2} \xrightarrow{Et_2NCH_2CH_2OH} TM$$

(4) butadiene + CH$_2$=CHCHO $\longrightarrow$ cyclohex-3-ene-1-carbaldehyde $\xrightarrow{H_2}{Pd/C\ (5\%)}$

cyclohexanecarbaldehyde $\xrightarrow{CH_3CH_2NO_2}{OH^-,\ \Delta}$ cyclohexyl-CH=C(CH$_3$)NO$_2$

11. 解:

(1) PhCH$_3$ $\xrightarrow{HNO_3}{H_2SO_4}$ p-O$_2$N-C$_6$H$_4$-CH$_3$ $\xrightarrow{Fe}{HCl}$ p-H$_2$N-C$_6$H$_4$-CH$_3$ $\xrightarrow{(CH_3CO)_2O}$ p-CH$_3$CONH-C$_6$H$_4$-CH$_3$ $\xrightarrow{HNO_3}{H_2SO_4}$ (4-methyl-2-nitro-NHCOCH$_3$-benzene) $\xrightarrow{H_3O^+}$

$\xrightarrow{NaNO_2, HCl}{0\sim5\ °C}$ $\xrightarrow{H_3PO_2}$ m-O$_2$N-C$_6$H$_4$-CH$_3$ $\xrightarrow{Fe}{HCl}$ m-H$_2$N-C$_6$H$_4$-CH$_3$

PhCH$_3$ $\xrightarrow{HNO_3, H_2SO_4}{\Delta}$ 2,4-dinitrotoluene $\xrightarrow{SnCl_2}{HCl}$ 2-amino-4-nitrotoluene $\xrightarrow{NaNO_2}{HCl}{0\sim5\ °C}$

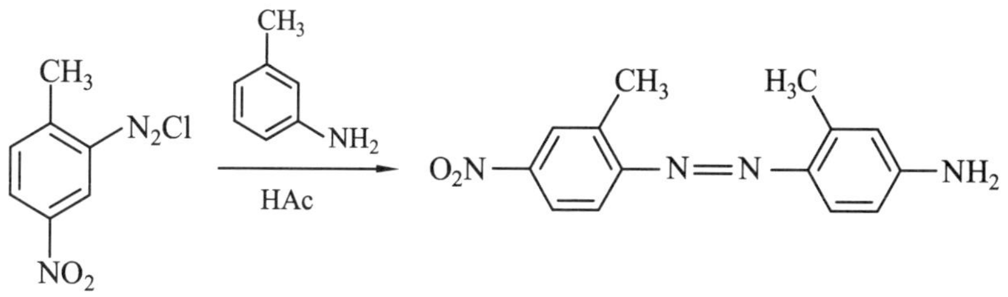

(1)

[Reaction scheme: 2-methyl-5-nitrobenzenediazonium chloride + m-toluidine (CH₃, NH₂) → (HAc) → O₂N–C₆H₃(CH₃)–N=N–C₆H₃(CH₃)–NH₂]

(2)

PhNH₂ →(CHI₃)→ PhN(CH₃)₂

PhNH₂ →(H₂SO₄, 180 °C)→ p-H₂N–C₆H₄–SO₃H →(NaNO₂, HCl, 0~5 °C)→ p-ClN₂–C₆H₄–SO₃H →(PhN(CH₃)₂, HAc)→ →(NaOH)→ TM

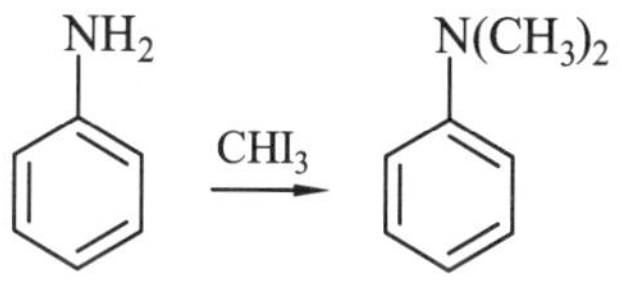

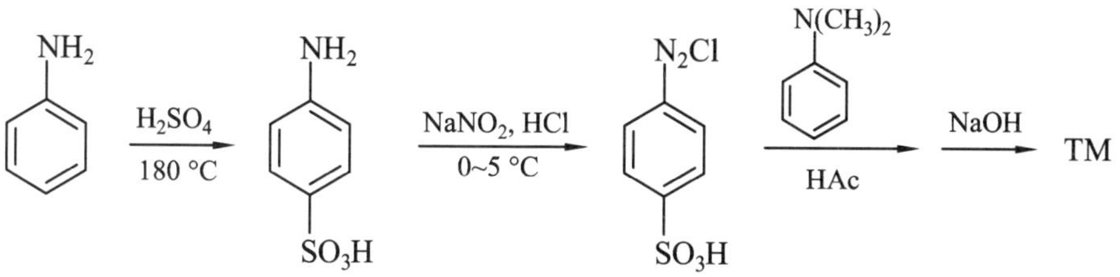

12. 解：

(1)

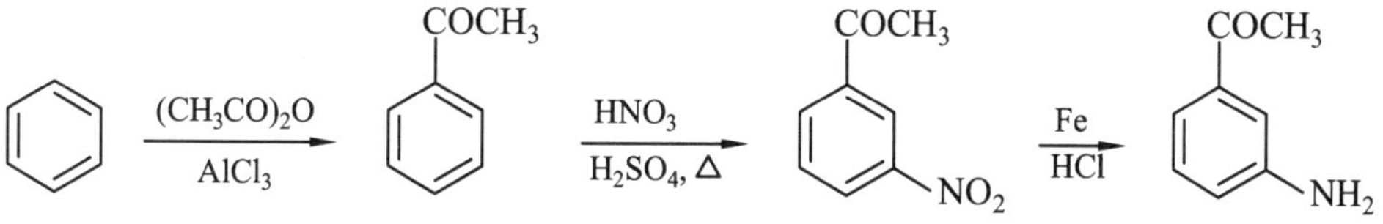

C₆H₆ →((CH₃CO)₂O / AlCl₃)→ PhCOCH₃ →(HNO₃ / H₂SO₄, Δ)→ 3-O₂N-C₆H₄-COCH₃ →(Fe / HCl)→ 3-H₂N-C₆H₄-COCH₃

(2)

C₆H₆ →(HNO₃ / H₂SO₄)→ PhNO₂ →(Fe / HCl)→ PhNH₂ →((CH₃CO)₂O)→ →(HNO₃ / (CH₃CO)₂O)→

o-(CH₃CONH)-C₆H₄-NO₂ →(H₃O⁺)→ o-H₂N-C₆H₄-NO₂

(3)

PhCH₃ →(HNO₃ / H₂SO₄)→ p-O₂N-C₆H₄-CH₃ →(Fe / HCl)→ p-H₂N-C₆H₄-CH₃ →(CH₃COCl)→ →(HNO₃ / H₂SO₄)→

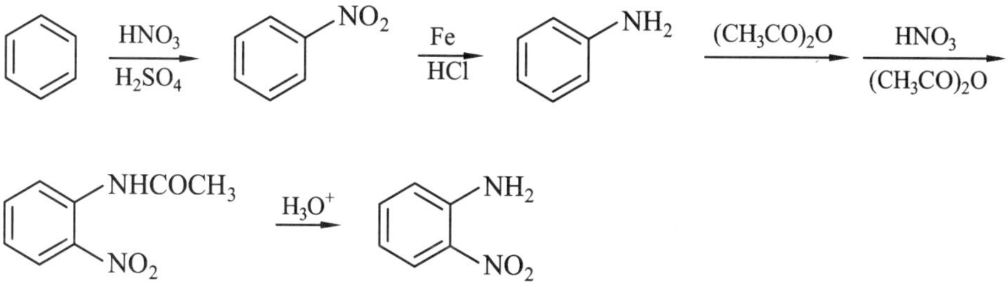

249

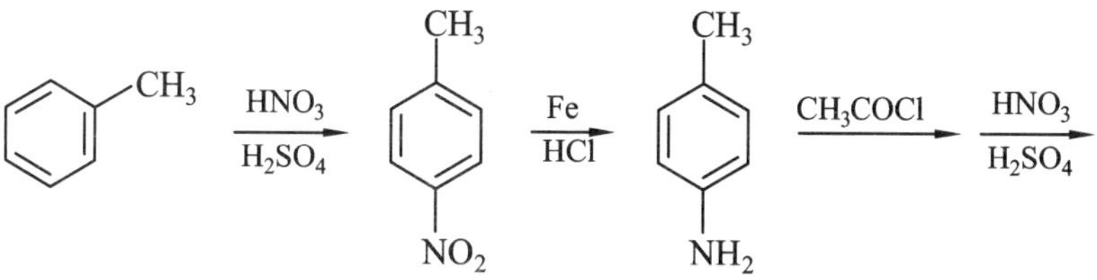

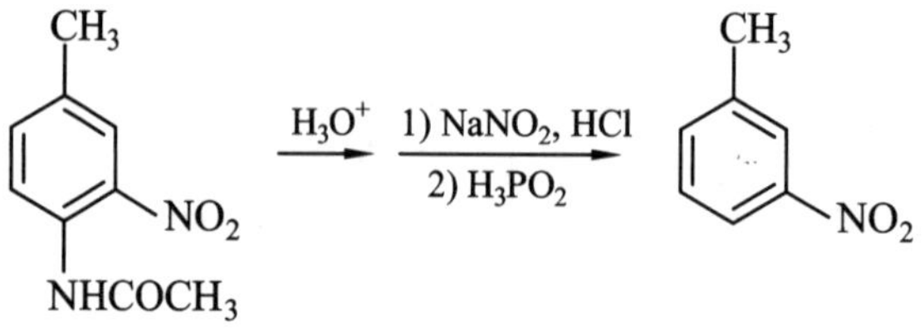

(4) Ph → (HNO₃/H₂SO₄) → PhNO₂ → (Fe/HCl) → PhNH₂ → (CH₃COCl) → PhNHCOCH₃ → (HNO₃/H₂SO₄) → 4-O₂N-C₆H₄-NHCOCH₃ → (H₃O⁺) → Br₂ →

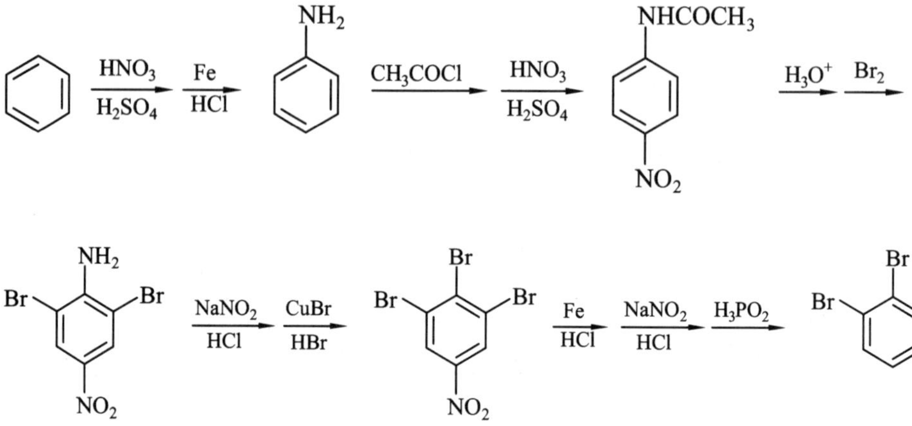

（见图，反应路线如图所示）

(5) 甲苯 →(H₂SO₄)→ 对甲苯磺酸 →(KMnO₄/H₃O⁺)→ 对磺基苯甲酸 →(NaOH, Δ)→ 对羟基苯甲酸钠 →(稀HNO₃/H₂SO₄)→ 3-硝基-4-羟基苯甲酸

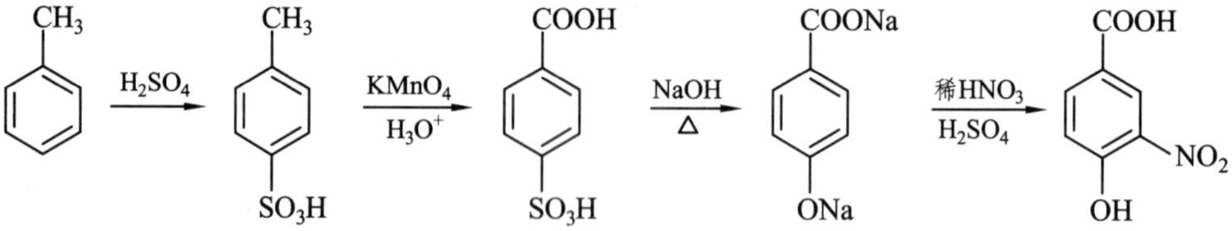

(6) 苯 →(HNO₃/H₂SO₄, Δ)→ 间二硝基苯 →((NH₄)₂S)→ 间硝基苯胺 →(NaNO₂, HCl, 0~5℃)→ 间硝基重氮盐 →(H₃O⁺, Δ)→ 间硝基苯酚

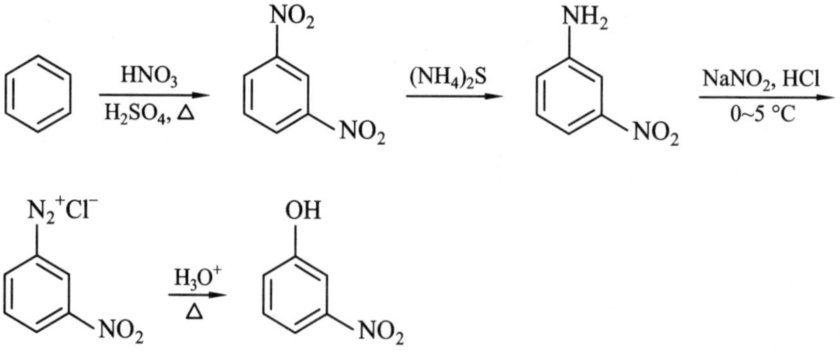

13. 解：

(1) PhNH₂, PhNHCH₃, PhN(CH₃)₂ →(TsCl)→
白色沉淀 →(NaOH)→
  不溶物 →(酸化)→ N-甲基苯胺
  液态物 →(酸化)→ 苯胺
液相为 N,N-二甲基苯胺

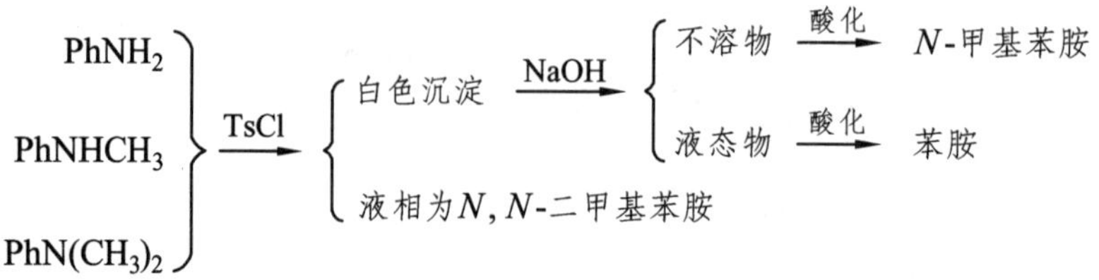

(2)

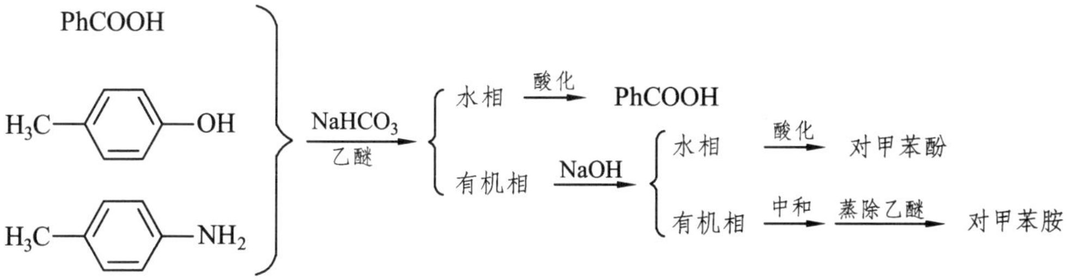

```
PhCOOH
H₃C—C₆H₄—OH      NaHCO₃     水相  —酸化→  PhCOOH
H₃C—C₆H₄—NH₂     乙醚       有机相 —NaOH→  水相  —酸化→  对甲苯酚
                                        有机相 —中和→蒸除乙醚→ 对甲苯胺
```

14. 解：

```
CH₃CH₂CH₂NH₂                + 白色沉淀              + 溶解
CH₃NHC₂H₅        —TsCl→     + 白色沉淀    —NaOH→   − 不溶解
(CH₃)₃N                     −
```

15. 解：

A. 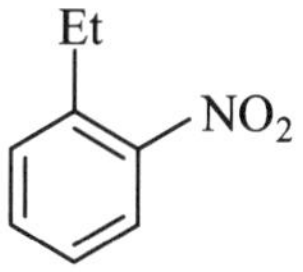 2-乙基硝基苯

B. 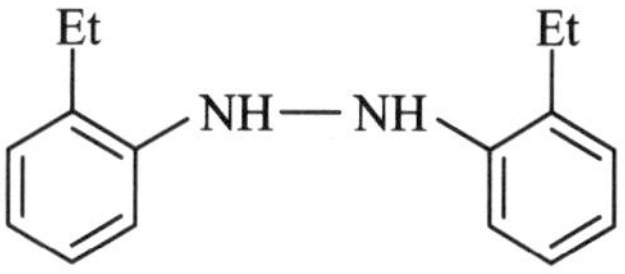 2,2'-二乙基联苯肼 (Et—C₆H₄—NH—NH—C₆H₄—Et)

C. 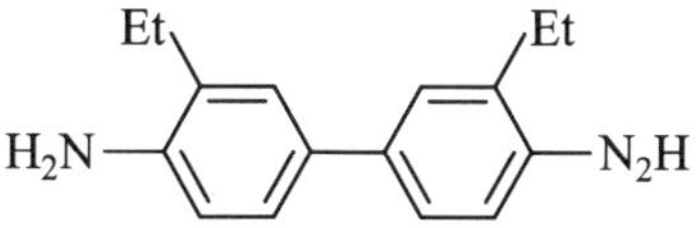 3,3'-二乙基-4,4'-二氨基联苯

D. 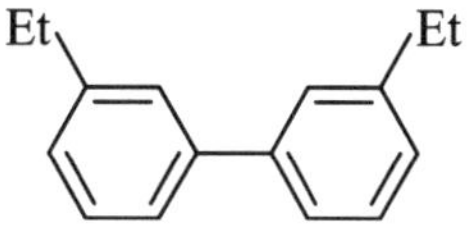 3,3'-二乙基联苯

有关反应如下：

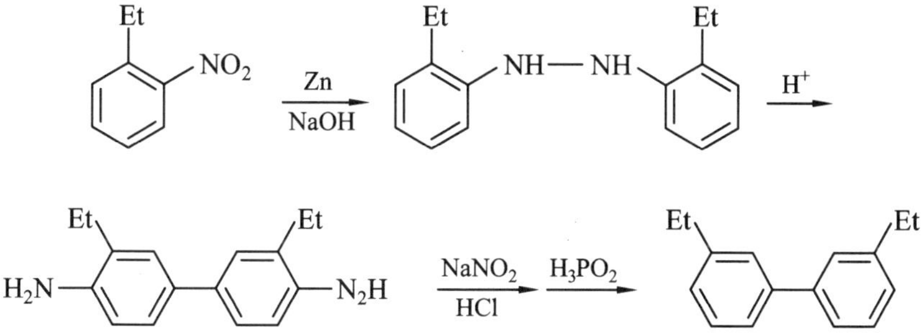

邻乙基硝基苯 —Zn/NaOH→ 2,2'-二乙基氢化偶氮苯 —H⁺→

3,3'-二乙基-4,4'-二氨基联苯 —NaNO₂/HCl, H₃PO₂→ 3,3'-二乙基联苯

16. 解：

A. 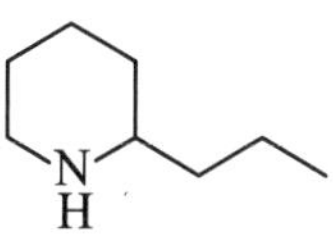 2-丙基哌啶

B. 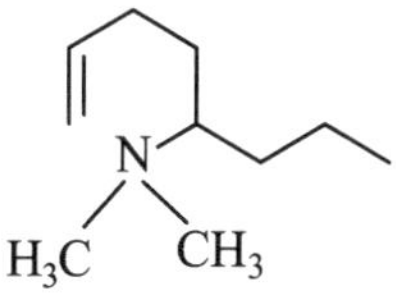 N,N-二甲基-(1-丙基-2,3-二氢吡啶基)胺

251

有关反应如下：

[反应式：2-丙基哌啶 →(2CH₃I) 季铵盐(N⁺(CH₃)₂,丙基) →(湿Ag₂O, Δ) N-甲基-2-丙基四氢吡啶(开环结构) →(CH₃I) →(湿Ag₂O, Δ)]

产物：CH₂=CH-CH₂-CH₂-CH₂-CH₂-CH₃ + CH₂=CH-CH₂-CH=CH-CH₂-CH₃ + N(CH₃)₃

17. 解：

化合物结构：PhCH₂-N(Ph)(CH₂CH₃)
- δ=4.50 (CH₂)
- δ=7.25 (苯环)
- δ=6.76 (N-苯环)
- δ=3.43 (NCH₂)
- δ=1.19 (CH₃)

第十五章 含硫、含磷和含硅有机化合物

1. 写出下列化合物的结构式：
（1）硫酸二乙酯　　　　　（2）甲磺酰氯　　　　　　（3）对硝基苯磺酸甲酯
（4）磷酸三苯酯　　　　　（5）对氨基苯磺酰胺　　　（6）2,2'-二氯代乙硫醚
（7）二苯砜　　　　　　　（8）环丁砜　　　　　　　（9）苯基亚膦酸乙酯
（10）苯基亚膦酰氯　　　（11）9-BBN　　　　　　　（12）三甲基硅基乙烯醇醚

2. 命名下列化合物：
（1）$HOCH_2CH_2SH$　　　　（2）$HSCH_2COOH$　　　　（3）$p\text{-}HO_3S—C_6H_4—COOH$

（4）$p\text{-}CH_3—C_6H_4—SO_3CH_3$　　（5）$HOCH_2SCH_2CH_3$　　（6）环己基-$S^+(CH_3)_2I^-$

（7）$(HOCH_2)_4P^+Cl^-$　　（8）$p\text{-}CH_3—C_6H_4—SO_2NHCH_3$　　（9）$C_6H_5—PO(OC_2H_5)_2$

（10）$CH_3CH_2P(CH_3)Cl$　　（11）$(C_6H_5)_3SiOH$　　（12）$(CH_3)_3C—O—Si(CH_3)_3$

3. 用化学方法区别下列化合物：
（1）C_2H_5SH 与 CH_3SCH_3
（2）$CH_3CH_2SO_3H$ 与 $CH_3SO_3CH_3$
（3）$HSCH_2CH_2SCH_3$ 与 $HOCH_2CH_2SCH_3$
（4）$p\text{-}CH_3—C_6H_4—SO_2Cl$ 与 $p\text{-}CH_3—C_6H_4—COCl$

4. 试写出下列反应的主要产物：
（1）$POCl_3 + 3H_3C\text{-}C_6H_4\text{-}OH \xrightarrow{\Delta}$　　　（2）$(n\text{-}C_4H_9O)_3P + n\text{-}C_4H_9Br \xrightarrow{\Delta}$

(3) $C_6H_5CHO + HS(CH_2)_3SH \xrightarrow[痕量]{HCl}$

(4) $H_2S + \triangle O \xrightarrow{1:1}$

(5) $(CH_3)_3S^+Br \xrightarrow[2) CH_3(CH_2)_2CHO]{1) n\text{-}C_4H_9Li}$

5. 完成下列转化：

(1) 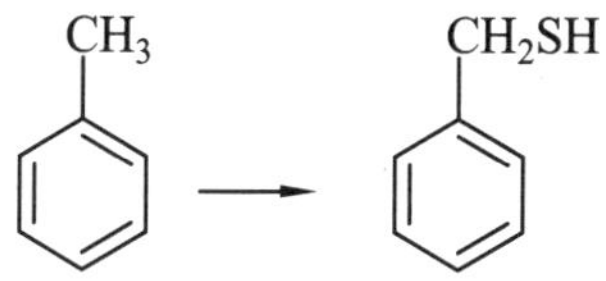 甲苯 → 苄硫醇 (PhCH₂SH)

(2) 对二甲苯 → 2,5-二甲基苯硫酚

(3) 甲苯 → 4,4'-二甲基二苯砜 $H_3C\text{-}C_6H_4\text{-}SO_2\text{-}C_6H_4\text{-}CH_3$

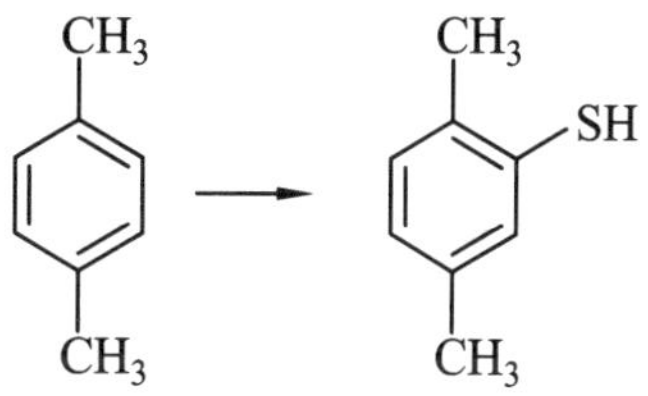

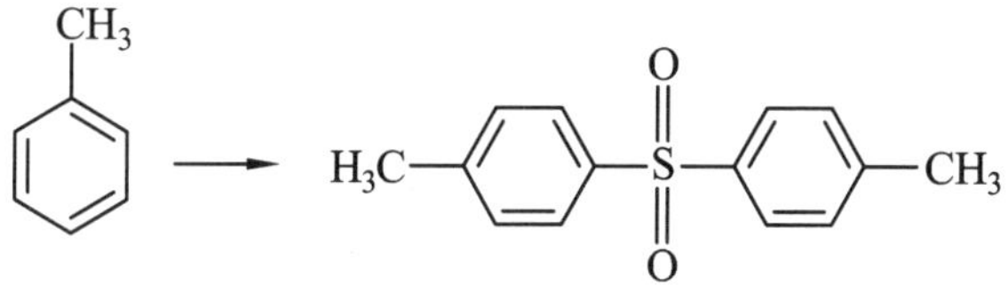

(4) $CH_3CH_2CH_2OH \longrightarrow CH_3CH_2CH_2S\text{-}C(=O)\text{-}CH_3$

(5) $CH_3CH=CH_2 \longrightarrow (CH_3)_2CHSCH_2CH_2CH_3$

(6)  四氢呋喃 → 四氢噻吩

(7) $C_6H_5\text{-}CH_2OH \longrightarrow C_6H_5\text{-}CH=P(C_6H_5)_2$

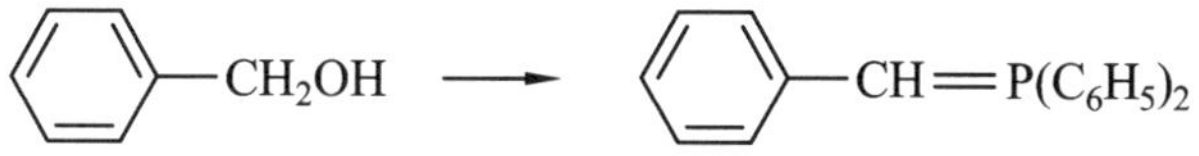

(8) 邻苯二甲醛 → 苯并环辛四烯

6. 使用有机硫试剂或有机磷试剂，以及其他有关试剂，完成下列合成：

(1) $CH_3CH_2\overset{O}{\underset{\|}{C}}CH_3 \longrightarrow CH_3CH_2COCH_3$

(2) 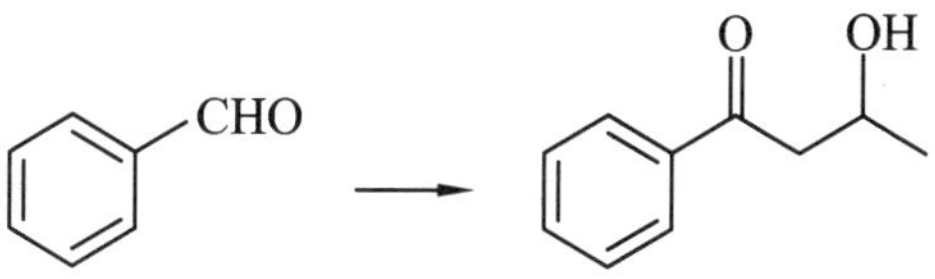 $C_6H_5CHO \longrightarrow C_6H_5\text{-}C(=O)\text{-}CH_2\text{-}CH(OH)\text{-}CH_3$

（3） BrCH₂COOC₂H₅ ⟶ $\underset{CH_3}{CH_3C}$=CHCOOC₂H₅ (with CH₃ on the first carbon)

答 案

1. 解：（1）(C₂H₅)₂SO₄ （2）CH₃SO₂Cl （3）O₂N—C₆H₄—SO₃CH₃

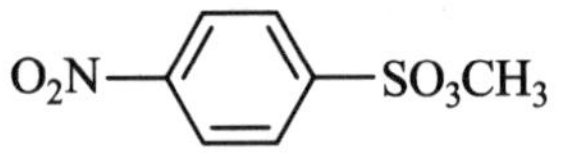

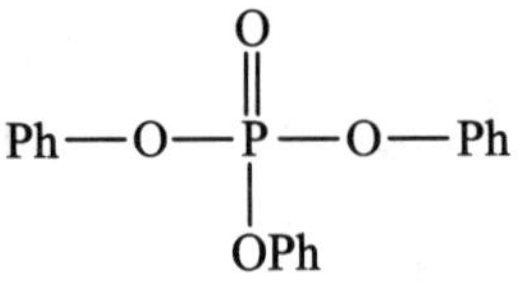

（4）Ph—O—P(=O)(OPh)—O—Ph （5）H₂N—C₆H₄—SO₂NH₂ （6）ClCH₂CH₂SCH₂CH₂Cl

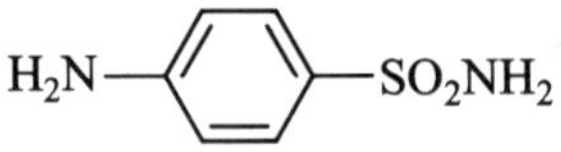

（7）Ph—SO₂—Ph （8）环丁砜(tetrahydrothiophene 1,1-dioxide) （9）C₆H₅—P⁺(OCH₂CH₃)₃Br⁻

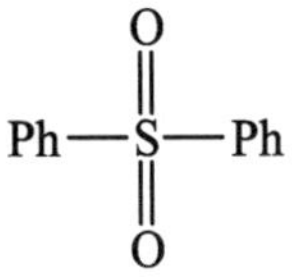

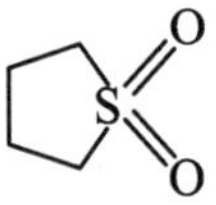

（10）C₆H₅—PCl₂ （11）9-BBN (9-borabicyclo[3.3.1]nonane, B—H) （12）(CH₃)₃SiO—CH=CH₂

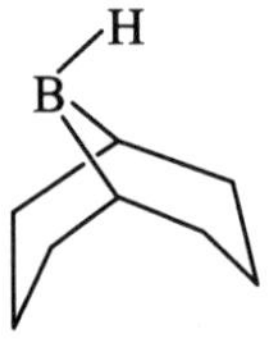

2. 解：（1）2-羟基乙硫醇 （2）巯基乙酸 （3）对磺酸基苯甲酸 （4）对甲苯磺酸甲酯 （5）羟甲基乙基硫醚 （6）碘化环己基二甲基锍 （7）氯化四羟甲基鏻 （8）N-甲基对甲苯磺酰胺 （9）O,O-二乙基苯膦酸脂 （10）甲基乙基亚膦酰氯 （11）三苯硅醇 （12）三甲基硅叔丁基醚

3. 解：（1）C₂H₅SH 可溶于 NaOH 溶液中，而 CH₃SCH₃ 不溶。

（2）乙磺酸呈强酸性，溶于 NaHCO₃ 溶液中，有 CO₂ 气体放出。

（3）β-巯基乙基甲基硫醚可溶于稀 NaOH 溶液，而 β-羟基乙基甲基硫醚则不溶。

（4）对甲苯甲酰氯遇水极易水解，在潮湿空气中冒白烟；而对甲苯磺酰氯在潮湿空气中不冒白烟，不易水解，较稳定。

4. 解：（1）(H₃C—C₆H₄—O)₃P=O （2）n-C₄H₉—P⁺(OC₄H₉-n)₃Br⁻

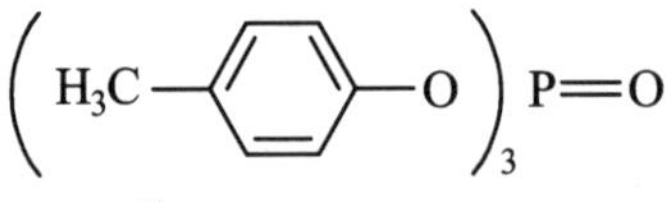

（3）Ph—(2-位)-1,3-二噻烷

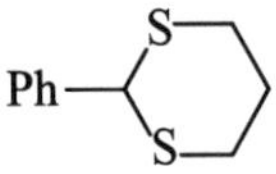

（4）HOCH₂CH₂SH （5）CH₃CH₂CH₂CH—CH₂（环氧，O连接）

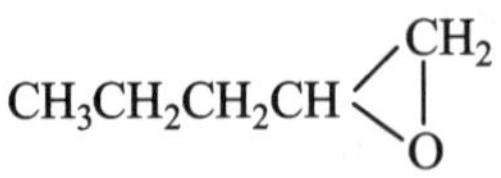

5. 解：（1）C₆H₅CH₃ $\xrightarrow{Br_2/h\nu}$ C₆H₅CH₂Br $\xrightarrow{NaHS}$ C₆H₅CH₂SH

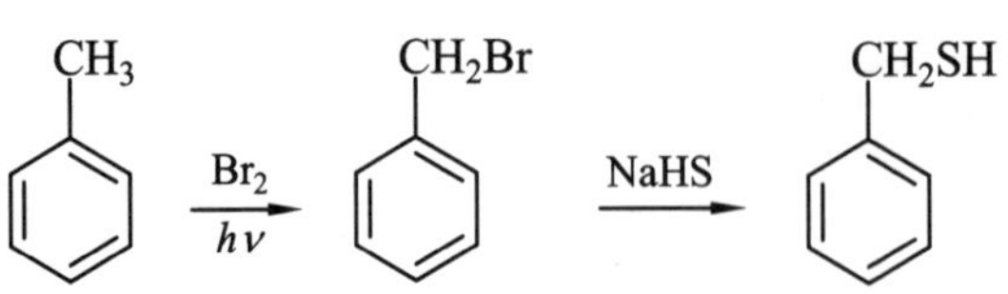

(2) $\text{p-xylene} \xrightarrow{\text{ClSO}_3\text{H}}$ 2,5-dimethylbenzenesulfonyl chloride $\xrightarrow{\text{Zn}/\text{H}_2\text{SO}_4}$ 2,5-dimethylthiophenol

(3) $\text{PhCH}_3 \xrightarrow{\text{ClSO}_3\text{H}} \text{ClO}_2\text{S-C}_6\text{H}_4\text{-CH}_3 \xrightarrow[\text{AlCl}_3]{\text{Ph-CH}_3} \text{H}_3\text{C-C}_6\text{H}_4\text{-SO}_2\text{-C}_6\text{H}_4\text{-CH}_3$

(4) $\text{CH}_3\text{CH}_2\text{CH}_2\text{OH} \xrightarrow{\text{HBr}} \text{CH}_3\text{CH}_2\text{CH}_2\text{Br} \xrightarrow{\text{NH}_2\text{-CS-NH}_2} \xrightarrow{\text{H}_3\text{O}^+}$

$\text{CH}_3\text{CH}_2\text{CH}_2\text{SH} \xrightarrow{(\text{CH}_3\text{CO})_2\text{O}} \text{CH}_3\text{C(O)-SCH}_2\text{CH}_2\text{CH}_3$

(5) $\text{CH}_2=\text{CHCH}_3 \xrightarrow[\text{RO-OR}]{\text{HBr}} \text{CH}_3\text{CH}_2\text{CH}_2\text{Br}$

$\text{CH}_2=\text{CHCH}_3 \xrightarrow{\text{HBr}} (\text{CH}_3)_2\text{CHBr} \xrightarrow{\text{NH}_2\text{-CS-NH}_2} \xrightarrow{\text{H}_3\text{O}^+} (\text{CH}_3)_2\text{CHSH} \xrightarrow[\text{NaOH}]{\text{CH}_3\text{CH}_2\text{CH}_2\text{Br}} (\text{CH}_3)_2\text{CH-S-CH}_2\text{CH}_2\text{CH}_3$

(6) $\text{THF} \xrightarrow{\text{HBr}} \text{Br(CH}_2)_4\text{Br} \xrightarrow{\text{NaHS}} \text{Br(CH}_2)_4\text{SH} \xrightarrow{\text{OH}^-} \text{tetrahydrothiophene}$

(7) $\text{PhCH}_2\text{OH} \xrightarrow{\text{HBr}} \text{PhCH}_2\text{Br} \xrightarrow{\text{Ph}_3\text{P}} \text{PhCH}_2\overset{+}{\text{P}}\text{Ph}_3 \xrightarrow{\text{KH}} \text{PhCH=PPh}_3$

(8) $\text{o-C}_6\text{H}_4(\text{CHO})_2 + \text{Ph}_3\text{P=CHCH}_2\text{CH}_2\text{CH=PPh}_3 \longrightarrow$ benzocyclooctatriene

6. 解：

(1) $\text{CH}_3\text{CH}_2\text{COCH}_3 \xrightarrow{\text{CH}_3\text{SOCH}_2\text{Na}} \text{CH}_3\text{CH}_2\text{C(O)CH}_2\text{S(O)CH}_3 \xrightarrow[\text{H}_2\text{O}]{\text{Al-Hg}} \text{CH}_3\text{CH}_2\text{C(O)CH}_3$

(2) $\text{PhCHO} \xrightarrow[\text{H}^+]{\text{HSCH}_2\text{CH}_2\text{CH}_2\text{SH}} \text{2-phenyl-1,3-dithiane} \xrightarrow[\text{2) ethylene oxide}]{\text{1) n-C}_4\text{H}_9\text{Li}}$

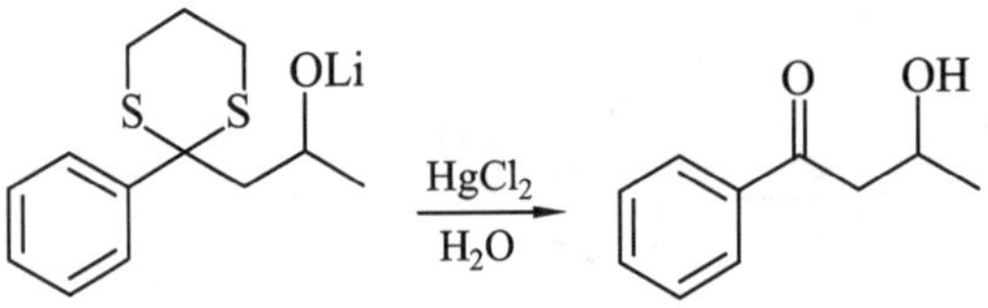

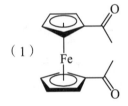

（3） BrCH₂COOC₂H₅ $\xrightarrow{(CH_3O)_3P}$ (CH₃O)₃⁺PCH₂COOC₂H₅ $\xrightarrow{KOH}$

(CH₃O)₃P=CHCOOC₂H₅ $\xrightarrow{\begin{array}{c}\diagdown\\ \diagup\end{array}=O}$ (CH₃)₂C=CHCOOC₂H₅

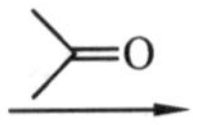

第十六章 过渡金属 π 配合物及其在有机合成中的应用

1. 解释下列名词，并举例说明之：
（1）过渡金属有机化合物　（2）π配合物　（3）氧化-加成反应
（4）催化氢化反应　　　　　（5）羰基化反应
2. 命名下列各化合物：

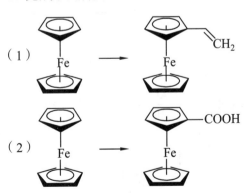

3. 写出下列物质的结构式：
（1）齐格勒-纳塔催化剂　　　（2）三苯膦羰基镍
（3）蔡塞盐　　　　　　　　（4）威尔金逊催化剂
4. 写出下列各反应的主产物：
（1）Ni(CO)₄ + (C₆H₅)₃P ⟶　　（2） ⬠ + NiCl₂ + Na ⟶
5. 完成下列转变：

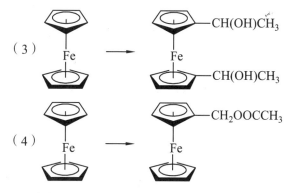

6. 请提出乙烯在铑的催化作用下加氢形成乙烷的可能反应机理。

7. 请提出在二氯化钯催化下乙烯被氧化形成乙醛的可能反应机理。

答 案

1. 解：

（1）过渡金属有机化合物：有机物分子中的 π 键与过渡金属成键的一大类化合物，如 $K[PtCl_3 \cdot C_2H_4]$、CdR_2。

（2）π 配合物：指由过渡金属与不饱和烃、芳烃（包括非苯芳烃）形成的金属有机化合物。

（3）氧化-加成反应：指硼烷首先对烯、炔的不饱和键加成，生成硼烷，不需要在碱性条件下分离，直接用 H_2O_2 氧化生成醇的反应。

（4）催化氢化反应：过渡金属与氢结合形成 M—H 键，易与 C＝C 或 C≡C 进行加成而生成相应的烃化物的反应。

（5）羰基化反应：指 CO、H_2 与烯烃在催化剂存在和一定压力下生成比原来的烃多一个碳原子的羰基化合物的反应。

2. 解：

（1）双乙酰基二茂铁　　　　　（2）二苯铬

3. 解：

（1）$R_3Al\text{-}TiCl_4$　　（2）$Ni(CO)_3PPh_3$　　（3）$K[PtCl_3 \cdot C_2H_4]$　　（4）$RhCl(PPh_3)_3$

4. 解：

（1）$Ni(CO)_3PPh_3$　　（2）二茂镍结构

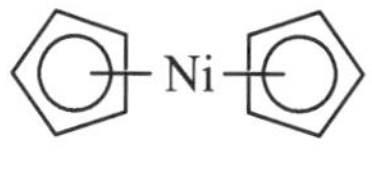

5. 解：

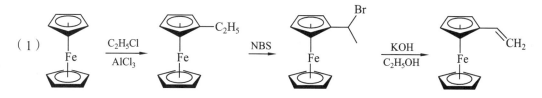

(2) Fc $\xrightarrow{\text{CH}_3\text{Cl}}{\text{AlCl}_3}$ Fc–CH$_3$ $\xrightarrow{\text{KMnO}_4}{\text{H}^+}$ Fc–COOH

(3) Fc $\xrightarrow{\text{CH}_3\text{COCl}}{\text{AlCl}_3}$ 1,1'-Fc(COCH$_3$)$_2$ $\xrightarrow{\text{NaBH}_4}$ 1,1'-Fc(CHOHCH$_3$)$_2$

(4) Fc $\xrightarrow[\text{ZnCl}_2]{\text{HCHO, HCl}}$ Fc–CH$_2$Cl $\xrightarrow[\text{H}_2\text{O}]{\text{OH}^-}$

Fc–CH$_2$OH $\xrightarrow{(\text{CH}_3\text{CO})_2\text{O}}$ Fc–CH$_2$OOCCH$_3$

6. 解：

$$\begin{array}{c}\text{L}\\ \text{Cl--Rh--L}\\ \text{L}\end{array} \xrightarrow{\text{H}_2} \begin{array}{c}\text{H}\\ \text{L--Rh--H}\\ \text{Cl}\ \ \text{L}\\ \text{L}\end{array} \xrightarrow[-\text{L}]{\text{CH}_2=\text{CH}_2} \begin{array}{c}\text{H}\\ \text{L--Rh--H}\\ \text{Cl}\ \ \text{L}\\ \text{CH}_2=\text{CH}_2\end{array}$$

$$\xrightarrow{\text{L}} \begin{array}{c}\text{H}\\ \text{L--Rh--CH}_2\text{CH}_3\\ \text{Cl}\ \ \text{L}\\ \text{L}\end{array} \longrightarrow \begin{array}{c}\text{L}\ \ \text{L}\\ \text{Cl--Rh--L}\\ \text{L}\end{array} + \text{CH}_3\text{CH}_3$$

7. 解：

$$\left[\begin{array}{c}\text{Cl}\ \ \ \text{Cl}\\ \text{Pd}\\ \text{Cl}\ \ \ \text{Cl}\end{array}\right]^{2-} \xrightleftharpoons[-\text{Cl}^-]{\text{CH}_2=\text{CH}_2} \left[\begin{array}{c}\text{Cl}\ \ \ \|\\ \text{Pd}\\ \text{Cl}\ \ \ \text{Cl}\end{array}\right]^{-} \xrightleftharpoons[-\text{H}^+]{\text{H}_2\text{O}} \left[\begin{array}{c}\text{Cl}\ \ \text{H}_2\text{C}\\ \text{Pd}\ \ \|\\ \text{Cl}\ \ \text{CH}_2\\ \text{O}\\ \text{H}\end{array}\right]^{-} \xrightleftharpoons{\text{H}_2\text{O}}$$

$$\left[\begin{array}{c}\text{H}_2\\ \text{Cl}\ \ \text{C}\\ \text{Pd}\ \ \ \text{CH}_2\\ \text{Cl}\ \ \text{OH}_2\ \ \text{OH}\\ +\end{array}\right] \xrightarrow{\text{消除}} \text{H}^+ + \text{Pd} + 2\text{Cl}^- + \text{CH}_2=\text{CH--OH}$$
$$\longrightarrow \text{CH}_3\text{CHO}$$

$$\text{Pd} + 2\text{CuCl}_2 \longrightarrow \text{PdCl}_2 + 2\text{CuCl}$$
$$2\text{CuCl} + 2\text{HCl} + 1/2\text{O}_2 \longrightarrow 2\text{CuCl}_2 + \text{H}_2\text{O}$$

第十七章 周环反应

1. 推测下列化合物电环化时产物的结构：

(1) 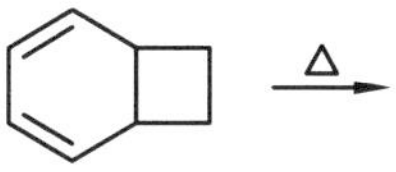 [benzocyclobutene] →Δ

(2) [cis-5,6-dimethyl-1,3-cyclohexadiene] →Δ

(3) [cis-5,6-dimethyl-1,3-cyclohexadiene] →hν

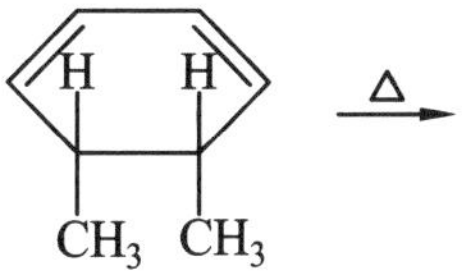

(4) [1,1'-bicyclohexenyl] →Δ

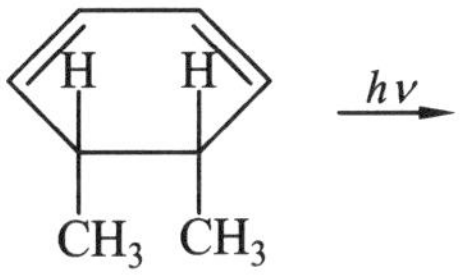

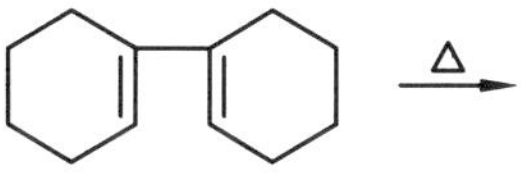

(5) [methyl-substituted cyclooctatriene] →Δ

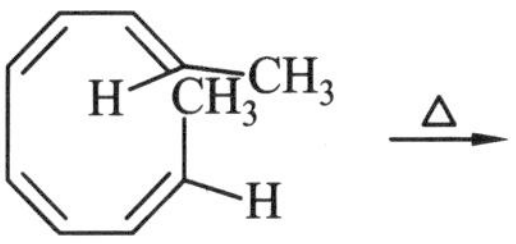

2. 推测下列化合物环加成时产物的结构：

(1) 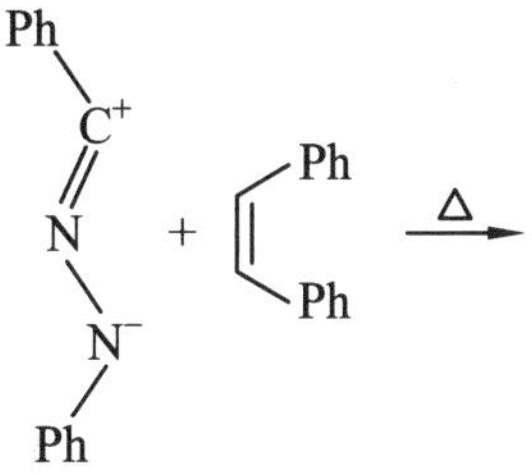 Ph-C⁺=N-N⁻-Ph + cis-PhCH=CHPh →Δ

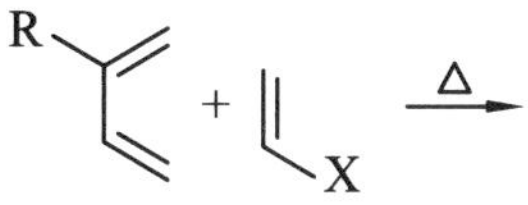

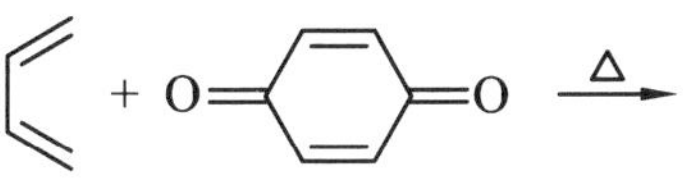

(2) R-substituted diene + CH₂=CHX →Δ

(3) 丁二烯 + 对苯醌 →Δ

(4) 环己二烯 + 环庚三烯酮 →Δ

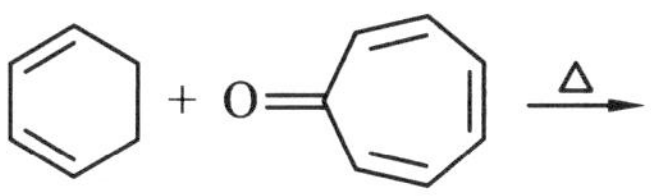

3. 马来酸酐和环庚三烯反应的产物如下，请说明这个产物的合理性。

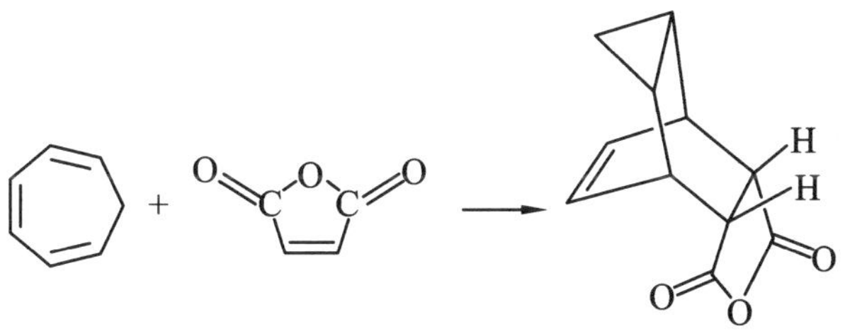

4. 指出下列反应过程所需的条件：

(1) 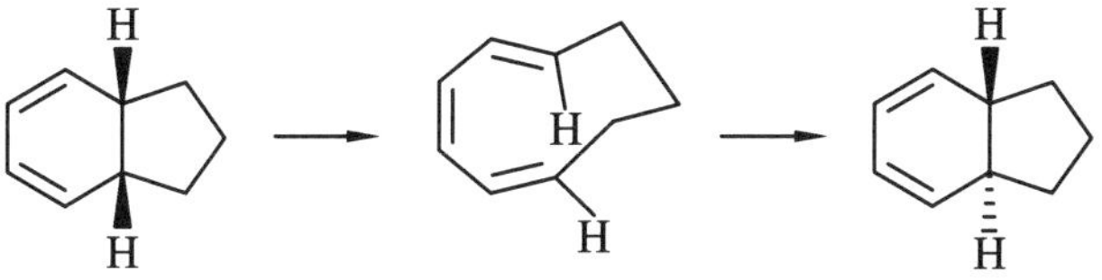 [bicyclic diene with H stereochemistry] → [ring-opened triene] → [bicyclic diene with H stereochemistry]

(2) [structures showing rearrangement via cyclooctatriene intermediate]

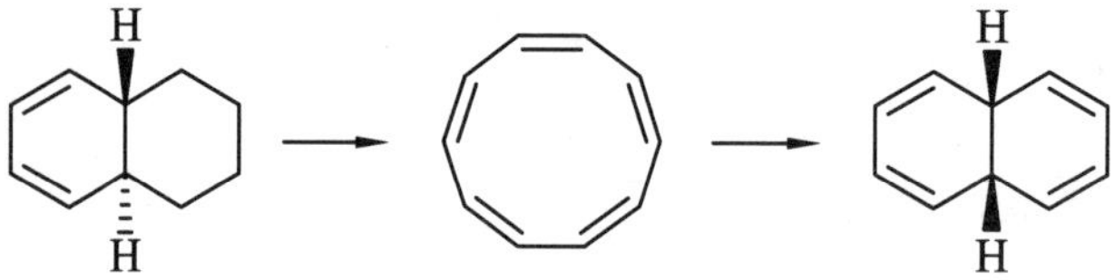

5. 说明下列反应从反应物到产物的过程：

[structures with D, R, H labels]

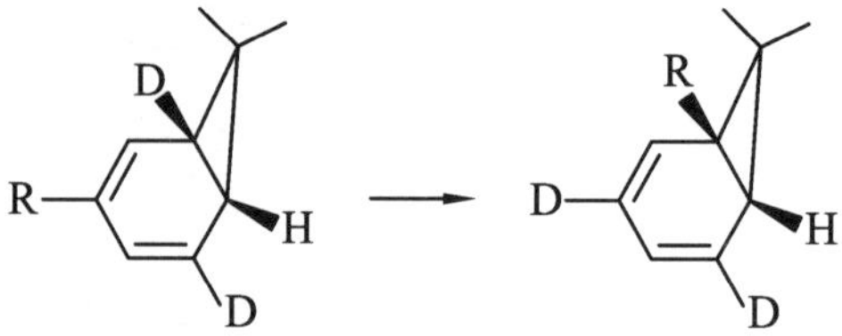

6. 自选原料通过环加成反应合成下列化合物。

(1) 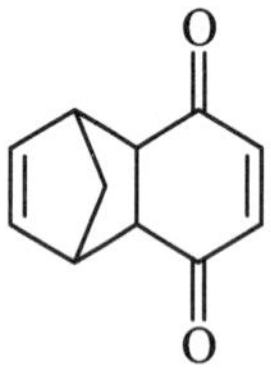 [tricyclic diketone structure]   (2) [dihydropyran-2-carbaldehyde structure]

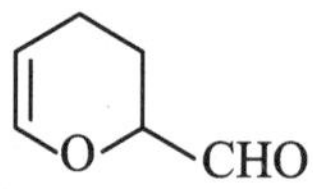

7. 加热下列化合物会发生什么样的变化？

(1) 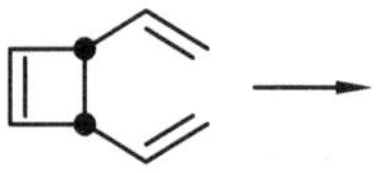 [cyclobutene-diene structure] →   (2) [R-substituted hexadiene] →

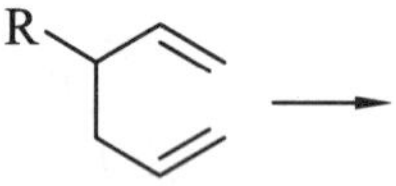

8. 下列的反应按光化学进行时，反应产物可得到哪一种（Ⅰ或Ⅱ）

(1) 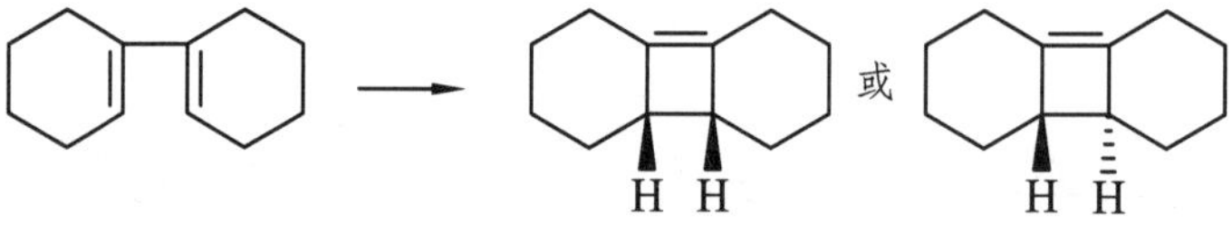 [bicyclohexenyl] → [structure Ⅰ] 或 [structure Ⅱ]
      （Ⅰ）   （Ⅱ）

(2) 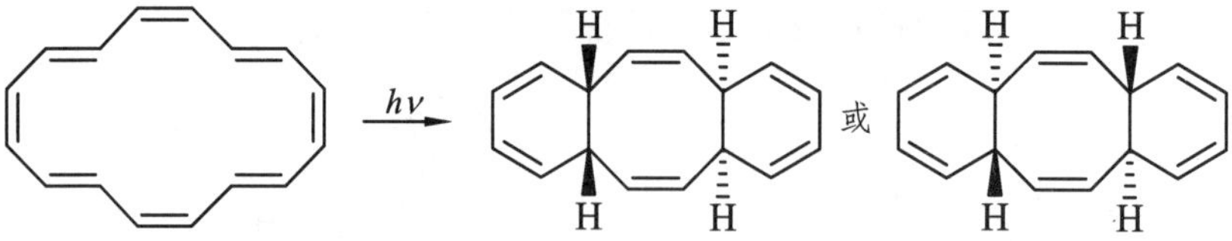 [cyclic polyene] $\xrightarrow{h\nu}$ [structure Ⅰ] 或 [structure Ⅱ]
      （Ⅰ）   （Ⅱ）

9. 完成下列反应。

[diphenylbenzocyclobutene] + [maleic anhydride] → [tricyclic product with Ph groups and anhydride]

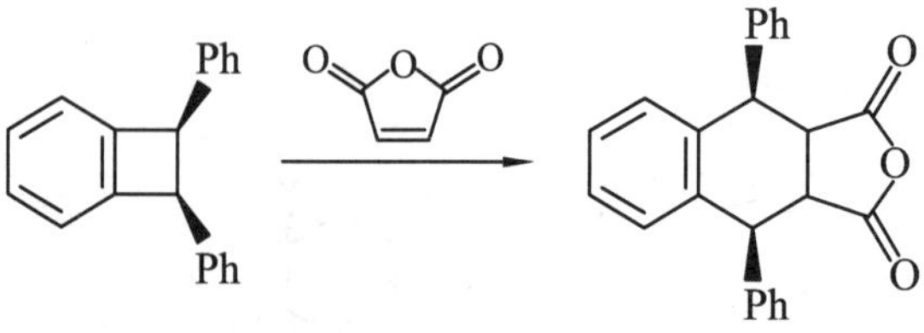

10. 如何使反-9,10-二氢萘转化成顺-9,10-二氢萘？

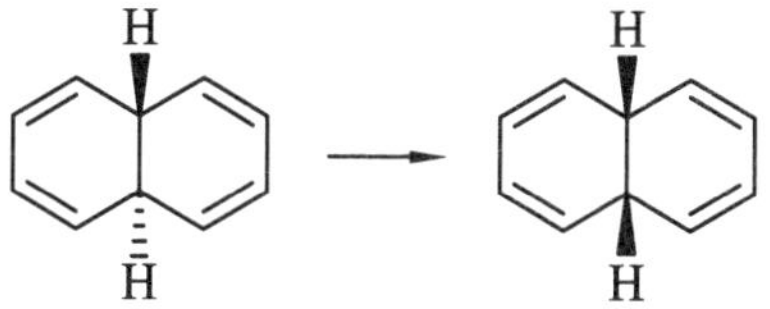

11. 指出加热条件时下列反应中所涉及的π电子个数：

(1)

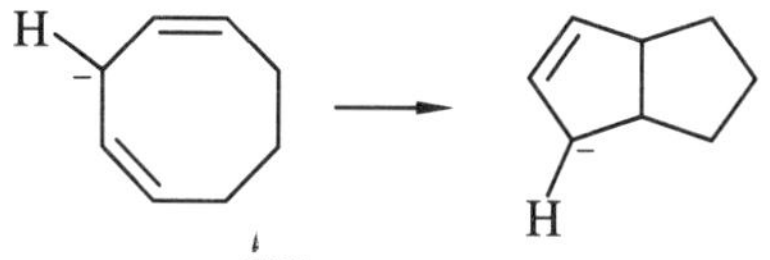

(2)

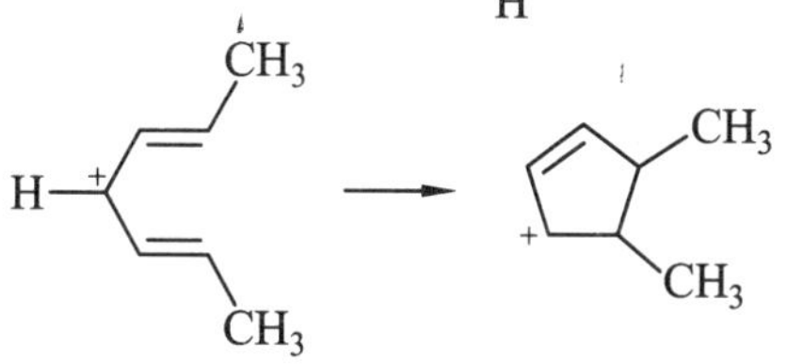

(3)

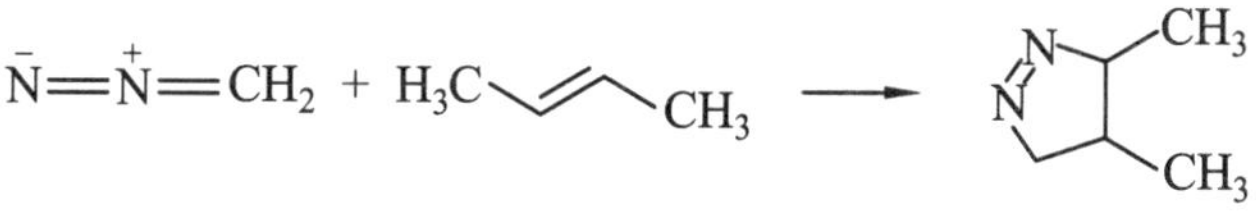

(4)

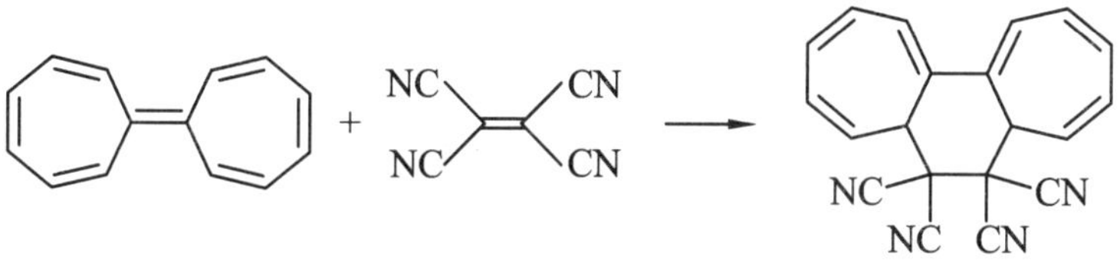

12. 解释下列现象：

(1) 在狄尔斯-阿尔德反应中，2-叔丁基-1,3-丁二烯反应速率比 1,3-丁二烯快。

(2) 在 -78 ℃ 时，下列反应 B 的反应速率比 A 快 10^{22} 倍。

A.

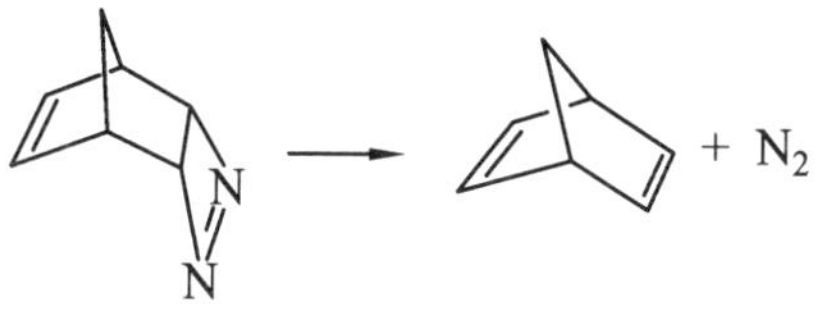

B.

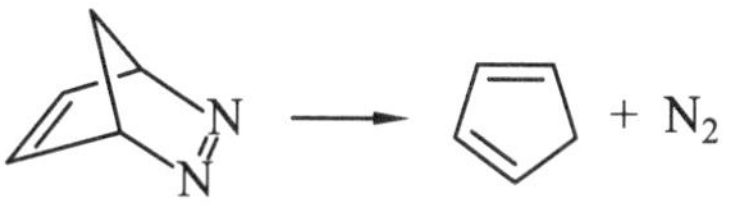

(3) 化合物 ⟨ ⟩=CH₂ 重排成甲苯放出大量的热，但它本身却相当稳定。

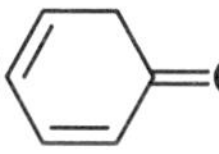

答　案

1. 解：

(1) 　(2) 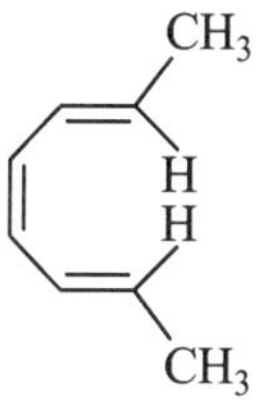　(3) 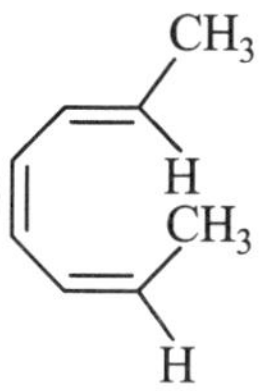　(4) 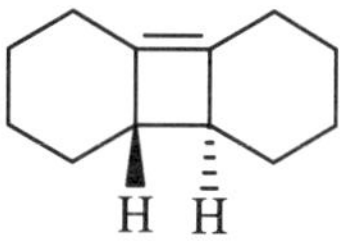　(5)

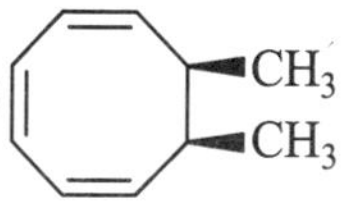

2. 解:

(1) 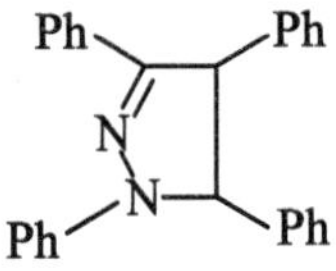 1,2-二苯基-3,5-二苯基吡唑啉 (Ph, N-Ph 结构)

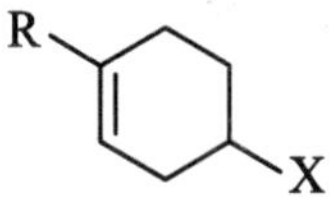

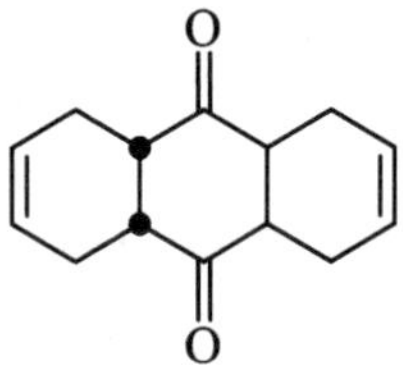

(2) R-环己烯-X

(3) 双酮稠环结构

(4) 桥环结构

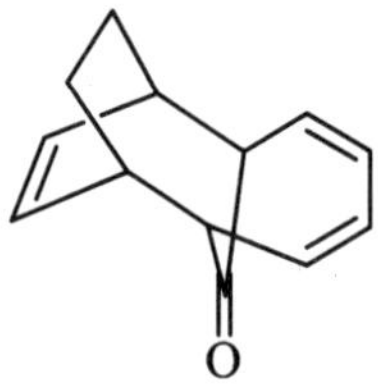

3. 解: 环庚三烯先经电环化反应生成 A。A 再和马来酸酐经环加成反应生成所给出的产物。

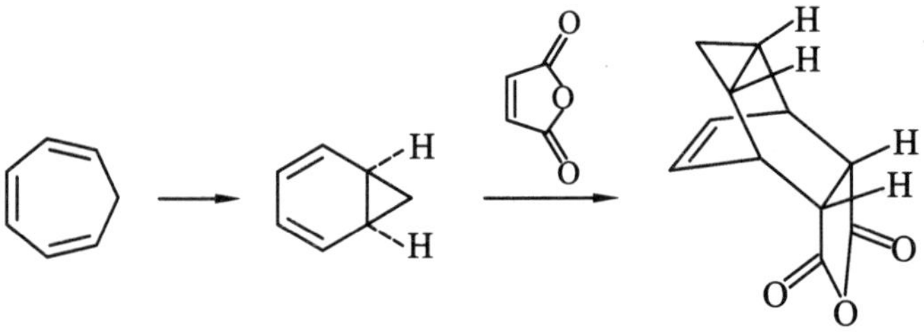

4. 解:

(1) 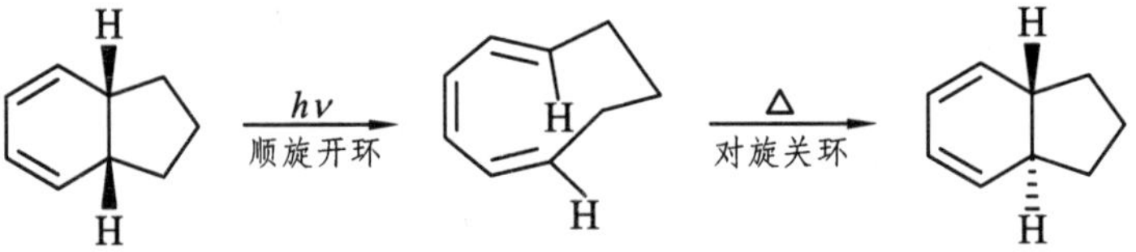 顺式氢化茚 $\xrightarrow{h\nu, \text{顺旋开环}}$ 中间体 $\xrightarrow{\Delta, \text{对旋关环}}$ 反式产物

(2) 顺式十氢萘 $\xrightarrow{h\nu, \text{顺旋开环}}$ 环辛四烯 $\xrightarrow{\Delta, \text{对旋关环}}$ 反式产物

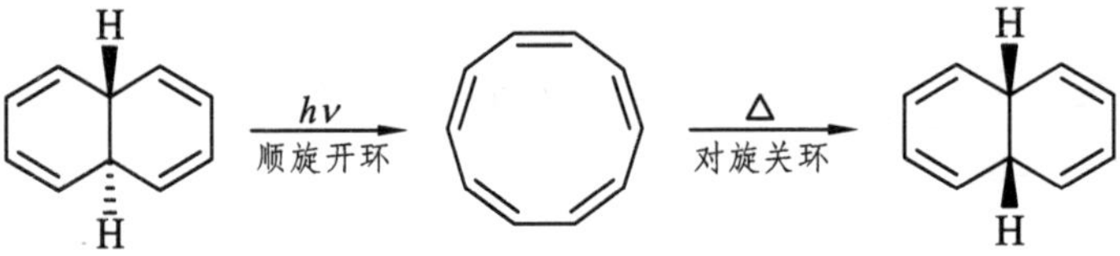

5. 解:

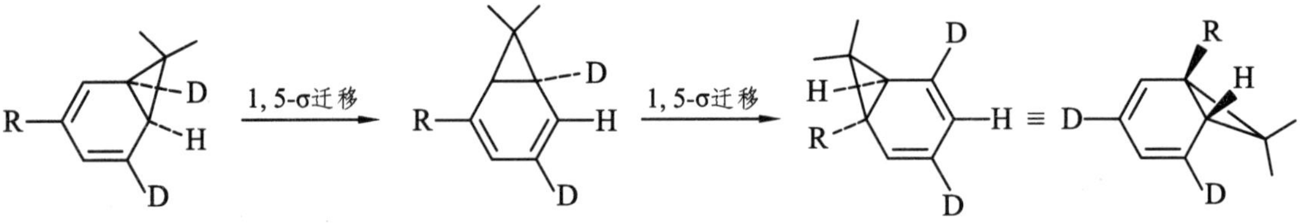

$\xrightarrow{1,5\text{-}\sigma\text{迁移}}$ $\xrightarrow{1,5\text{-}\sigma\text{迁移}}$

6. 解:

(1) 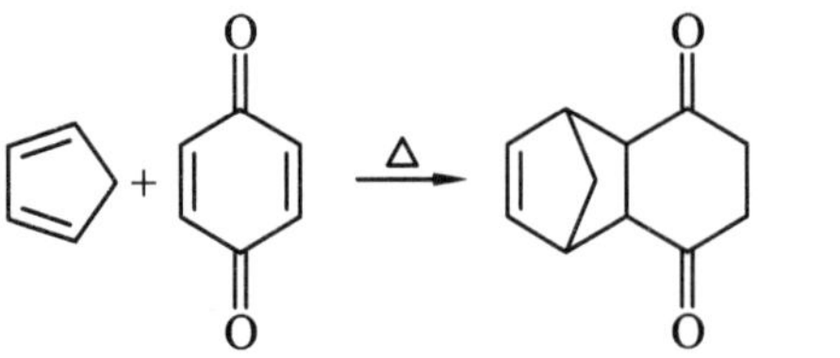 环戊二烯 + 对苯醌 $\xrightarrow{\Delta}$ Diels-Alder 加成产物

(2) 丙烯醛 + 丙烯醛 $\xrightarrow{\Delta}$ 2H-吡喃-2-甲醛

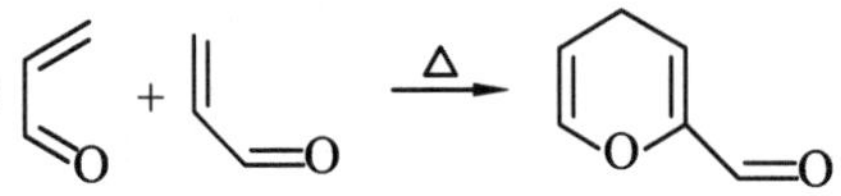

7. 解:

(1) [环丁二烯+丁二烯结构] → [环辛三烯结构]   (2) R-CH=CH-CH2-CH=CH2 → R-CH=CH-CH=CH-CH3

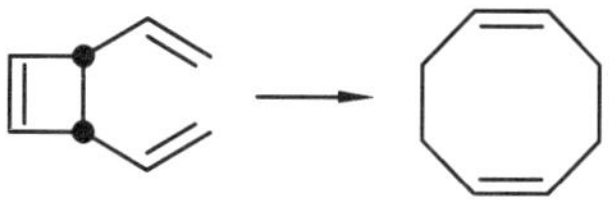

8. 解：(1) 产物为 I。电环化反应，4π 电子体系，光照对旋闭环。
(2) 产物为 II。电环化反应，6π 电子体系，光照顺旋闭环。

9. 解：

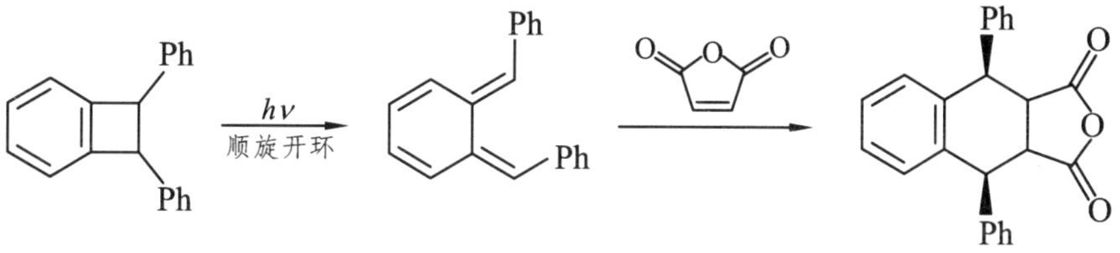

[苯并环丁烯-二苯基] $\xrightarrow[\text{顺旋开环}]{h\nu}$ [邻-二亚甲基环己二烯-二苯基] $\xrightarrow{\text{马来酸酐}}$ [Diels-Alder 加成产物]

10. 解：

[萘稠合结构] $\xrightarrow[\text{顺旋开环}]{h\nu}$ [开环产物] $\xrightarrow[\text{对旋关环}]{\Delta}$ [闭环产物]

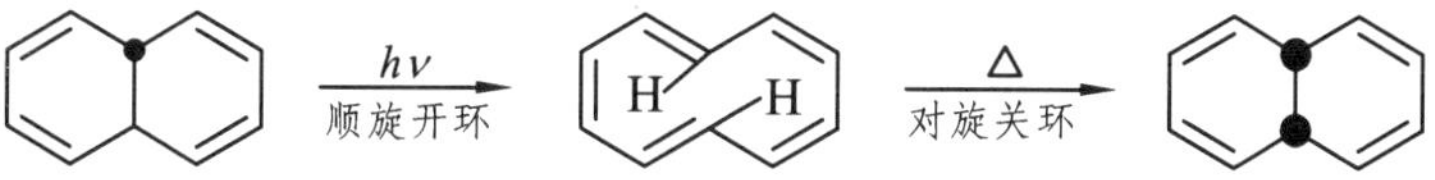

11. 解：
(1) 6 个   (2) 4 个   (3) 6 个   (4) [14 + 2]

12. 解：
(1) 叔丁基是供电子基，起到活化二烯烃的作用。
(2) 反应 B 为 [4 + 2]，热反应是允许的；然而反应 A 则属于 [2 + 2] 型，热反应是禁阻的。
(3) 该化合物重排成甲苯形成了高度共轭的环状大 π 键，因而放出较大的共轭能（共振能）；然而在常温条件下，要进行 [1, 7]σ 迁移属于异面迁移，同面迁移是禁阻的，即不易进行，因而相当稳定。

第十八章　杂环化合物

1. 命名下列化合物：

(1) 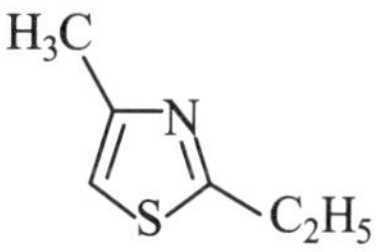 4-甲基-2-乙基噻唑
(2) 呋喃-2-甲酸
(3) N-甲基吡咯
(4) 4-甲基咪唑
(5) 邻苯二甲酸
(6) 3-乙基喹啉
(7) 异喹啉-5-磺酸
(8) 吲哚-3-乙酸
(9) 腺嘌呤

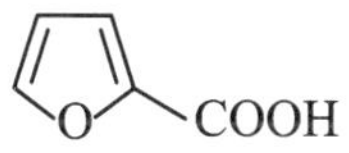

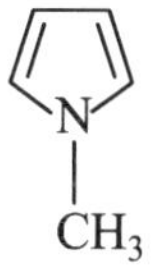

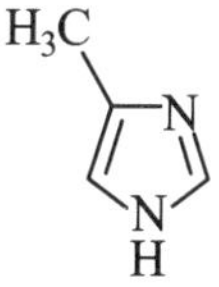

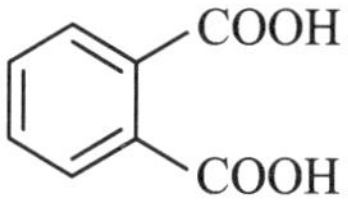

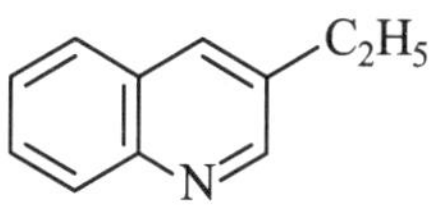

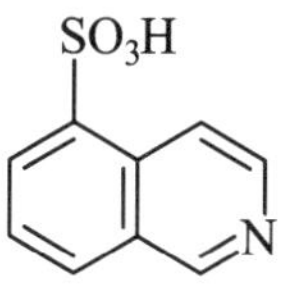

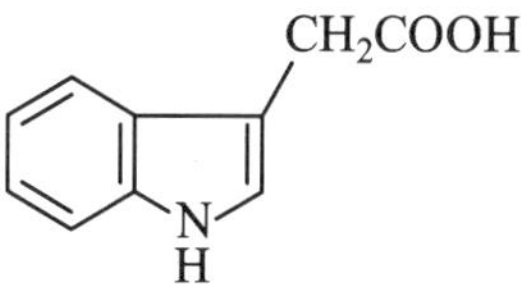

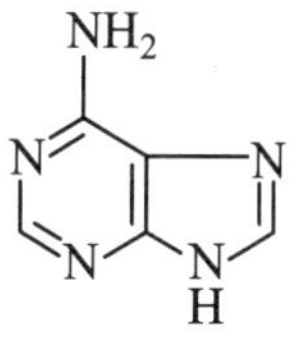

（10） 结构式：6-羟基嘌呤（次黄嘌呤结构）

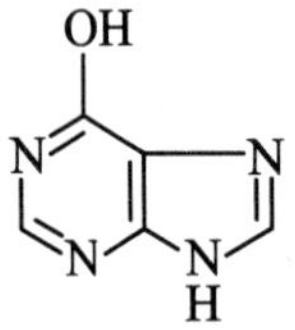

2. 为什么呋喃能与顺丁烯二酸酐进行双烯合成反应，而噻吩及吡咯则不能？试解释之。

3. 为什么呋喃、噻吩及吡咯容易进行亲电取代反应，试解释之。

4. 吡咯可发生一系列与苯酚相似的反应，例如可与重氮盐偶合，试写出反应式。

5. 比较吡咯与吡啶两种杂环。从酸碱性、环对氧化剂的稳定性、取代反应及受酸聚合性等角度加以讨论。

6. 写出斯克劳普合成喹啉的反应。如要合成 6-甲氧基喹啉，需用哪些原料？

7. 写出下列反应的主要产物：

（1）  呋喃 + (CH$_3$CO)$_2$O $\xrightarrow{BF_3}$

（2） 噻吩 + H$_2$SO$_4$ $\xrightarrow{25\ ^\circ C}$

（3） 呋喃 + Br$_2$ $\xrightarrow[25\ ^\circ C]{二噁烷}$

（4） 吡咯 + CH$_3$MgI $\longrightarrow$

（5） 噻吩 + 邻苯二甲酸酐 $\xrightarrow{AlCl_3}$

（6） 呋喃-2-甲醛（糠醛）+ Cl$_2$ $\longrightarrow$ （ ） $\xrightarrow{浓NaOH}$

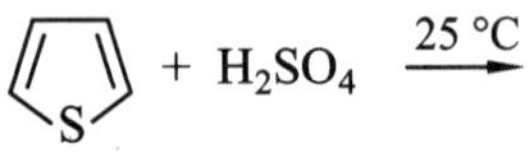

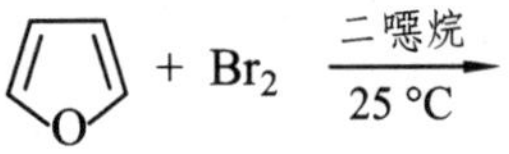

8. 用化学方法解决下列问题：

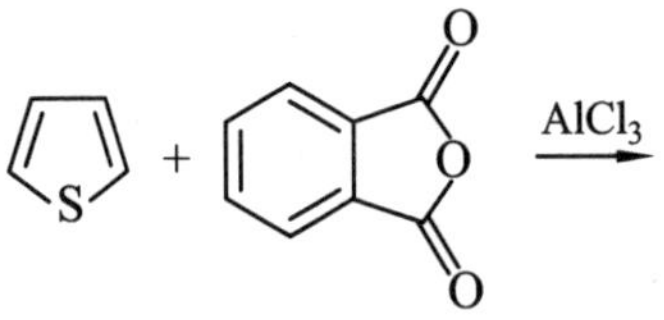

（1）区别吡啶和喹啉；
（2）除去混在苯中的少量噻吩；
（3）除去混在甲苯中的少量吡啶；
（4）除去混在吡啶中的六氢吡啶。

9. 合成下列化合物：

（1）由 3-乙基吡啶 合成 3-苯甲酰基吡啶；

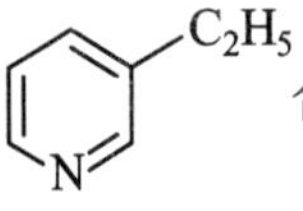

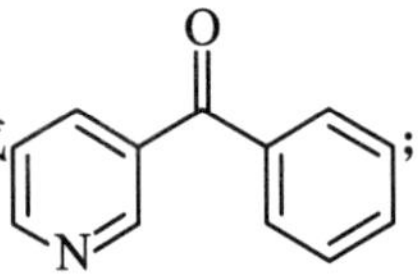

（2）由苯胺、吡啶为原料合成磺胺吡啶：

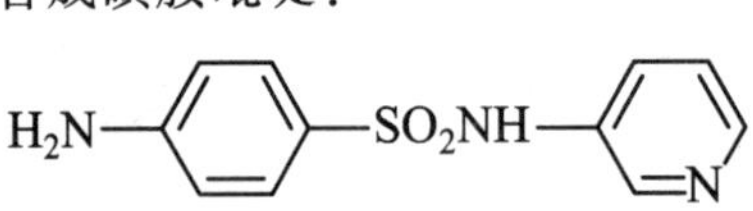

H$_2$N—C$_6$H$_4$—SO$_2$NH—（3-吡啶基）

（3）由邻甲基苯 合成 6-羧基-8-硝基喹啉。

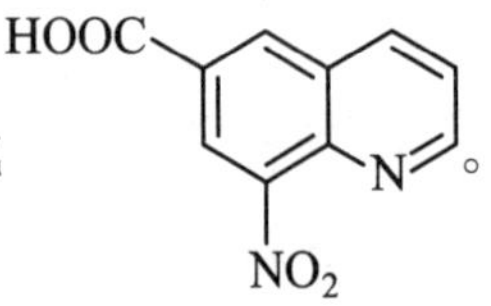

（4）由苯酚和 HOCH$_2$CH$_2$N(CH$_2$CH$_3$)$_2$ 合成盐酸普鲁卡因（procaine hydrochloride）：

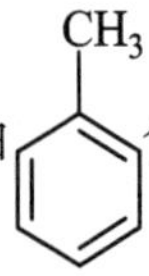

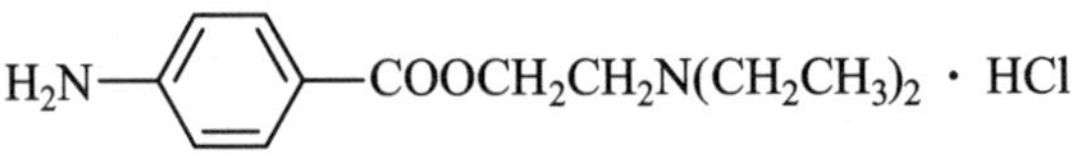

H$_2$N—C$_6$H$_4$—COOCH$_2$CH$_2$N(CH$_2$CH$_3$)$_2$ · HCl

（5）由胡椒醛和乙酰乙酸乙酯合成

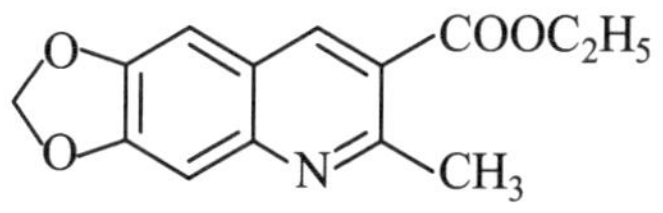

（6）以糠醛、乙醛、异丙胺为原料合成抗血吸虫药物——呋喃丙胺（furapromide）：

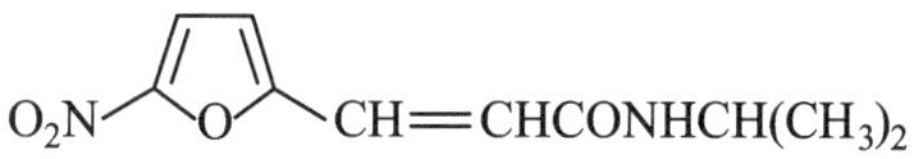

10. 杂环化合物 $C_5H_4O_2$ 经氧化后生成羧酸 $C_5H_4O_3$，把此羧酸的钠盐与碱石灰作用，转变为 C_4H_4O，后者与钠不起反应，也不具有醛和酮的性质，原来的 $C_5H_4O_2$ 是什么？

11. 写出下列 Friedlander 反应机理：

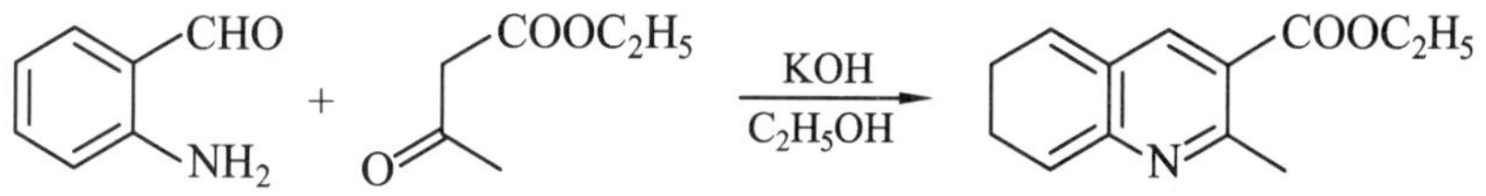

12. 用浓硫酸将喹啉在 220～230 ℃时磺化，得喹啉磺酸 A，把 A 与碱共熔，得喹啉的羟基衍生物 B，B 与用斯克劳普法从邻氨基苯酚制得的喹啉衍生物完全相同。A 和 B 是什么化合物？磺化时苯环活泼还是吡啶环活泼？

13. α,β-吡啶二甲酸脱羧生成 β-吡啶甲酸（烟酸）：

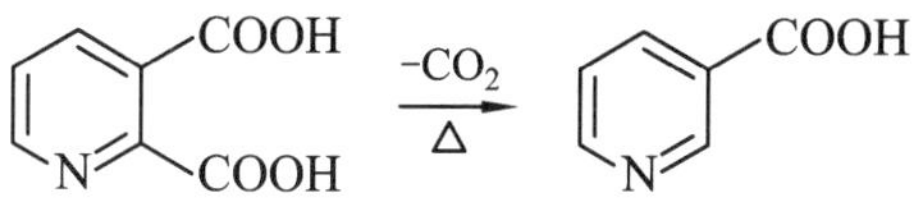

试解释为什么脱羧在 α-位？

14. 毒品有哪几类，它的主要危害是什么？

答　案

1. 解：
(1) 4-甲基-2-乙基噻唑　　(2) 2-呋喃甲酸或糠酸　　(3) N-甲基吡咯
(4) 4-甲基咪唑　　(5) α,β-吡啶二甲酸　　(6) 3-乙基喹啉
(7) 5-异喹啉磺酸　　(8) β-吲哚乙酸　　(9) 腺嘌呤
(10) 6-羟基嘌呤

2. 解：五元杂环的芳香性比较是：苯＞噻吩＞吡咯＞呋喃。

由于杂原子的电负性不同，呋喃分子中氧原子的电负性（3.5）较大，π电子共轭减弱，显现出共轭二烯的性质，易发生双烯合成反应；而噻吩和吡咯中由于硫和氮原子的电负性较小（分别为 2.5 和 3.1），芳香性较强，是闭环共轭体系，难显现共轭二烯的性质，不能发生双烯合成反应。

3. 解：呋喃、噻吩和吡咯的环状结构，是闭环共轭体系，同时在杂原子的 p 轨道上有一对电子参加共轭，属富电子芳环，使整个环的 π 电子云密度比苯环高，因此，它们比苯更容易进行亲电取代反应。

4. 解：

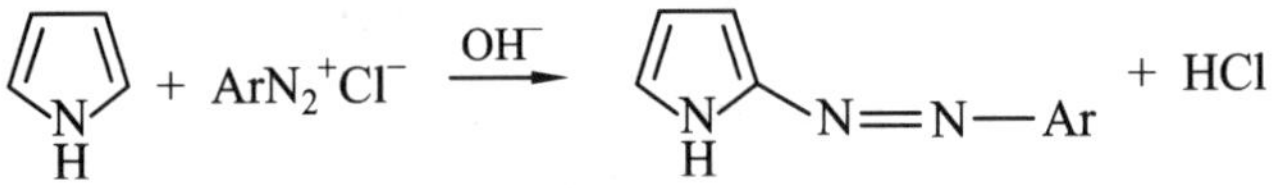

$$\text{吡咯} + ArN_2^+Cl^- \xrightarrow{OH^-} \text{2-(芳偶氮基)吡咯} + HCl$$

5. 解：吡咯与吡啶性质有所不同，与环上电荷密度差异有关，它们相对于苯的相对密度比较如下：

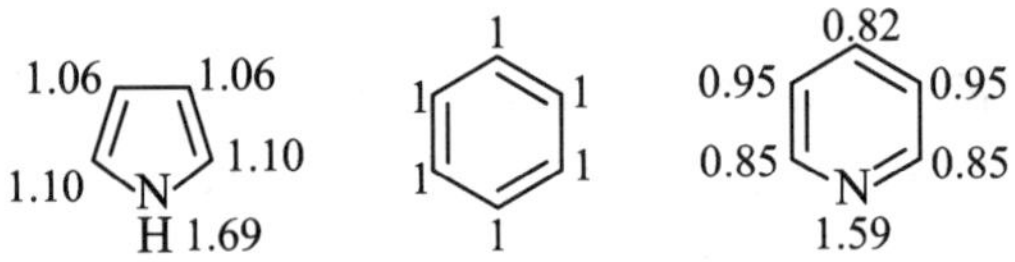

吡咯环上电荷密度：α位 1.06，β位 1.10，N—H 1.69
苯环上电荷密度：均为 1
吡啶环上电荷密度：α位 0.85，β位 0.95，γ位 0.82，N 1.59

吡咯和吡啶的性质比较见表 4-5。

表 4-5　吡咯与吡啶的性质比较

性质	吡咯	吡啶	主要原因
酸碱性	是弱酸（$K_a = 10^{-15}$，酸性比醇强），又是弱碱（$K_b = 2.5 \times 10^{-14}$，比苯胺弱）	弱碱（$K_b = 2.3 \times 10^{-9}$），碱性比吡咯强，比一般叔胺弱	吡啶环上 N 原子的 p 电子对未参与共轭，能接受一个质子
环对氧化剂的稳定性	比苯环易氧化，在空气中逐渐氧化变成褐色	比苯稳定，不易氧化	环上 π 电子密度不降者稳定
取代反应	比苯易发生亲电取代反应	比苯难发生亲电取代反应	与环上电荷密度有关（吡啶环上电荷密度低）
受酸聚合性	易聚合成树脂物	难聚合	与环上电荷密度及稳定性有关

6. 解：

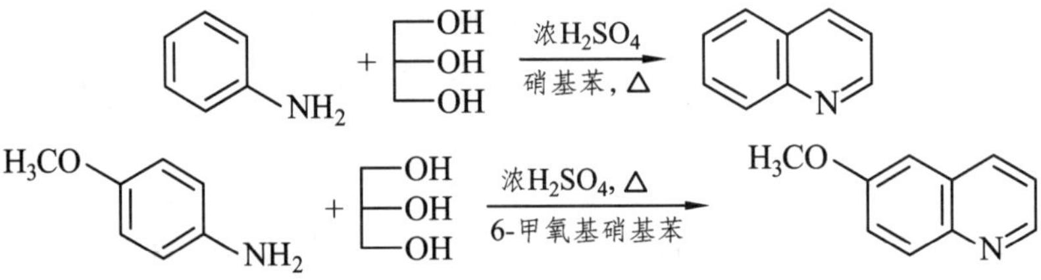

$$\text{苯胺} + \text{甘油(三个OH)} \xrightarrow[\text{硝基苯}, \Delta]{\text{浓}H_2SO_4} \text{喹啉}$$

$$\text{对甲氧基苯胺} + \text{甘油(三个OH)} \xrightarrow[\text{6-甲氧基硝基苯}]{\text{浓}H_2SO_4, \Delta} \text{6-甲氧基喹啉}$$

7. 解：

（1）$\text{呋喃} + (CH_3CO)_2O \xrightarrow{BF_3} \text{2-乙酰基呋喃}$

（2）$\text{噻吩} + H_2SO_4 \xrightarrow{25\ ^\circ C} \text{噻吩-2-磺酸}$

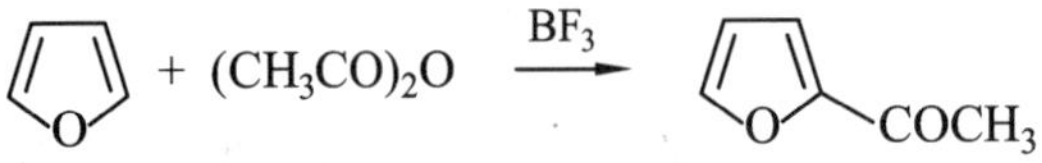

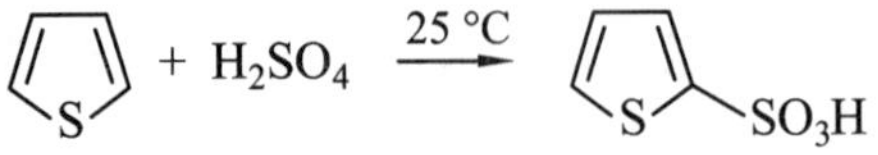

(3) $\underset{O}{\langle\!\!\!\text{furan}\!\!\!\rangle}$ + Br$_2$ $\xrightarrow[\text{dioxane}]{25\ ^\circ\text{C}}$ 2-bromofuran

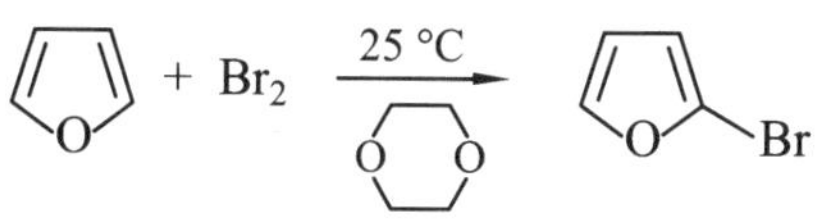

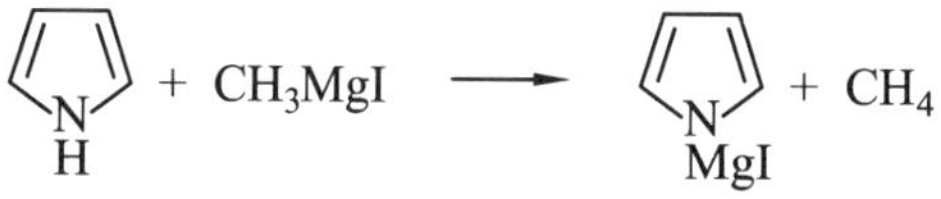

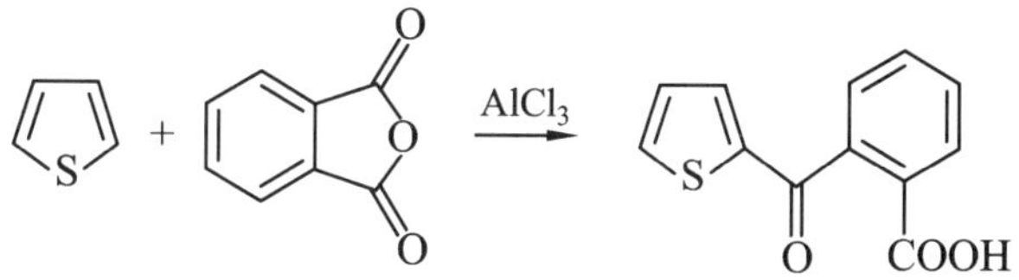

(4) pyrrole-NH + CH$_3$MgI ⟶ pyrrole-N-MgI + CH$_4$

(5) thiophene + phthalic anhydride $\xrightarrow{\text{AlCl}_3}$ 2-(thiophene-2-carbonyl)benzoic acid

(6) furfural + Cl$_2$ ⟶ 5-chlorofurfural $\xrightarrow{\text{浓 NaOH}}$ 5-chlorofuran-2-carboxylic acid + 5-chlorofurfuryl alcohol

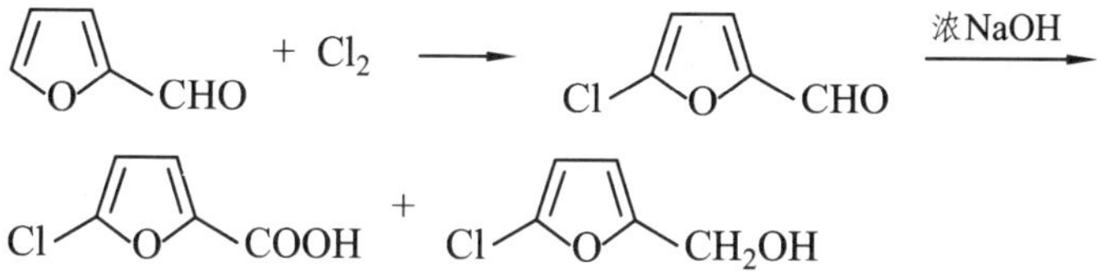

8. 解：

（1）吡啶溶于稀酸，喹啉不溶。

（2）用分液漏斗装入试样，加入浓 H$_2$SO$_4$ 振荡后分液，除去下层，得上层苯。

（3）用稀盐酸萃取甲苯中的吡啶，随后分液，除去下层酸液，得上层甲苯。

（4）滴加苯磺酰氯使其与六氢吡啶生成白色沉淀，过滤除去沉淀，蒸馏得吡啶。

9. 解：（1）

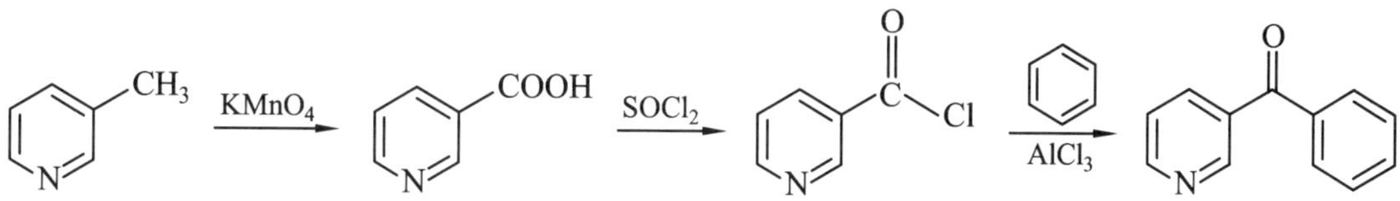

3-甲基吡啶 $\xrightarrow{\text{KMnO}_4}$ 烟酸 $\xrightarrow{\text{SOCl}_2}$ 烟酰氯 $\xrightarrow[\text{AlCl}_3]{\text{苯}}$ 3-苯甲酰吡啶

注意：该题不能将两边反过来设计，因为吡啶环不能发生傅-克反应。

（2）

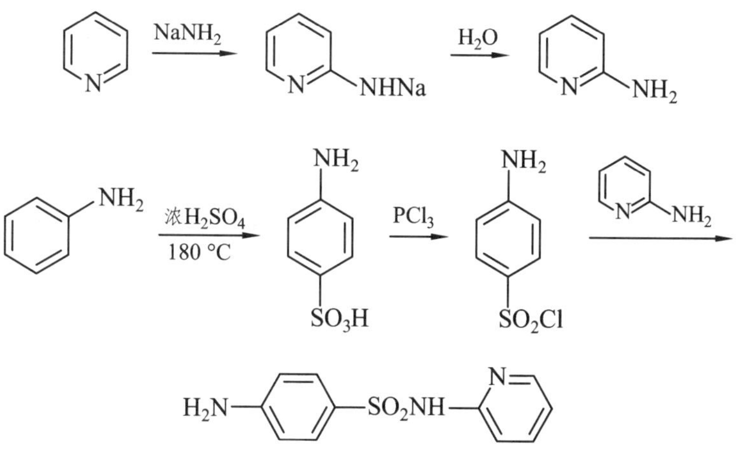

吡啶 $\xrightarrow{\text{NaNH}_2}$ 2-(NHNa)吡啶 $\xrightarrow{\text{H}_2\text{O}}$ 2-氨基吡啶

苯胺 $\xrightarrow[180\ ^\circ\text{C}]{\text{浓 H}_2\text{SO}_4}$ 对氨基苯磺酸 $\xrightarrow{\text{PCl}_3}$ 对氨基苯磺酰氯 $\xrightarrow{\text{2-氨基吡啶}}$

H$_2$N—C$_6$H$_4$—SO$_2$NH—(2-吡啶基)

267

或

$$\text{PhNH}_2 \xrightarrow{\text{CH}_3\text{COCl}} \text{PhNHCOCH}_3 \xrightarrow{\text{ClSO}_3\text{H}} \text{4-CH}_3\text{CONH-C}_6\text{H}_4\text{-SO}_2\text{Cl}$$

$$\xrightarrow{\text{1) 2-aminopyridine}}_{\text{2) H}_3\text{O}^+} \text{H}_2\text{N-C}_6\text{H}_4\text{-SO}_2\text{NH-(2-pyridyl)}$$

(3)

甲苯 $\xrightarrow{\text{HNO}_3 / \text{H}_2\text{SO}_4}$ 对硝基甲苯 $\xrightarrow{\text{Fe/HCl}}$ 对甲苯胺 $\xrightarrow{(\text{CH}_3\text{CO})_2\text{O}}$ 对乙酰氨基甲苯 $\xrightarrow{\text{HNO}_3/\text{H}_2\text{SO}_4}$ 4-甲基-2-硝基乙酰苯胺

$\xrightarrow{\text{H}_3\text{O}^+}$ 4-甲基-2-硝基苯胺 $\xrightarrow{\text{3,4-二硝基甲苯, 甘油, 浓 H}_2\text{SO}_4, \Delta}$ 6-甲基-8-硝基喹啉 $\xrightarrow{\text{KMnO}_4}$ 6-羧基-8-硝基喹啉

(4)

甲苯 $\xrightarrow{\text{HNO}_3/\text{H}_2\text{SO}_4}$ 对硝基甲苯 $\xrightarrow{\text{KMnO}_4}$ 对硝基苯甲酸 $\xrightarrow{\text{Fe/HCl}}$ 对氨基苯甲酸 $\xrightarrow{(\text{CH}_3\text{CO})_2\text{O}}$ 对乙酰氨基苯甲酸

$\xrightarrow{\text{SOCl}_2}$ 对乙酰氨基苯甲酰氯 $\xrightarrow{\text{HOCH}_2\text{CH}_2\text{N}(\text{CH}_2\text{CH}_3)_2}$ $\text{H}_3\text{COCHN-C}_6\text{H}_4\text{-COOCH}_2\text{CH}_2\text{N}(\text{CH}_2\text{CH}_3)_2$

$\xrightarrow{\text{H}_3\text{O}^+, \text{HCl}}$ $\text{H}_2\text{N-C}_6\text{H}_4\text{-COOCH}_2\text{CH}_2\text{N}(\text{CH}_2\text{CH}_3)_2 \cdot \text{HCl}$

(5)

胡椒醛 $\xrightarrow{\text{HOCH}_2\text{CH}_2\text{OH}, \text{H}^+}$ 缩醛 $\xrightarrow{\text{HNO}_3/\text{H}_2\text{SO}_4}$ 硝基化产物 $\xrightarrow{\text{1) LiAlH}_4}_{\text{2) (CH}_3\text{CO)}_2\text{O}}$

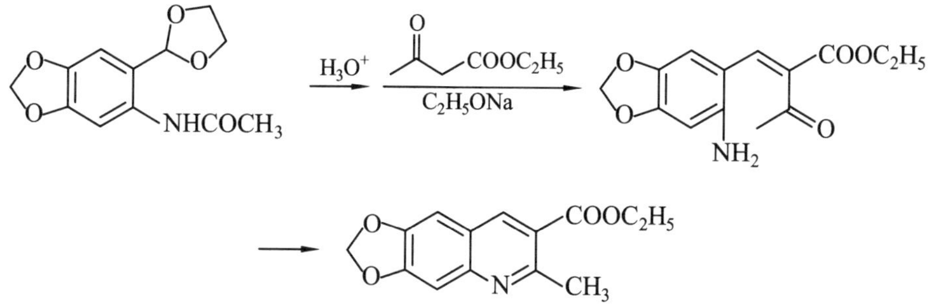

(6)

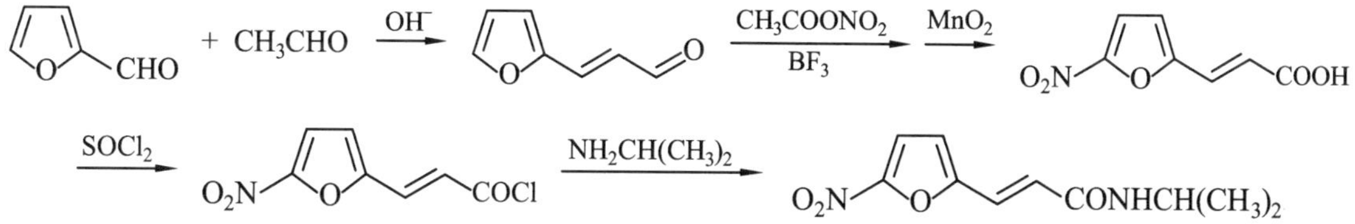

$$\text{furan-CHO} + CH_3CHO \xrightarrow{OH^-} \text{furan-CH=CH-CHO} \xrightarrow[BF_3]{CH_3COONO_2 \; MnO_2} O_2N\text{-furan-CH=CH-COOH}$$

$$\xrightarrow{SOCl_2} O_2N\text{-furan-CH=CH-COCl} \xrightarrow{NH_2CH(CH_3)_2} O_2N\text{-furan-CH=CH-CONHCH(CH_3)_2}$$

10. 解：原来的杂环化合物 $C_5H_4O_2$ 是

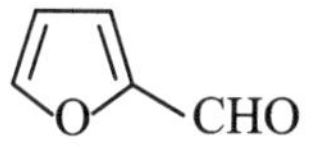

（呋喃-2-甲醛 furan-CHO）

11. 解：Friedländer 反应机理可能为

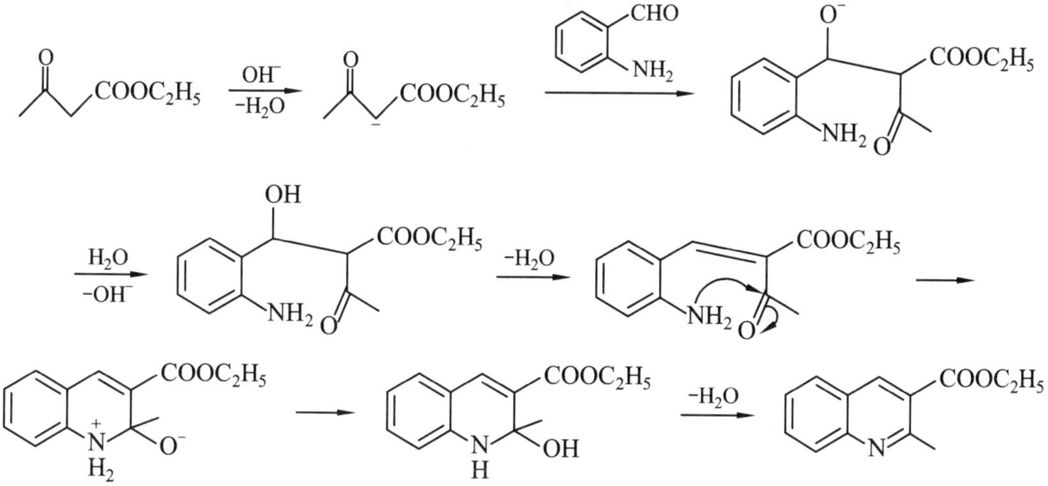

[机理示意图，从 $CH_3COCH_2COOC_2H_5$ 经 $OH^-/-H_2O$ 生成碳负离子，与邻氨基苯甲醛加成，再经 $H_2O/-OH^-$、$-H_2O$ 等步骤，最终经 $-H_2O$ 生成 3-乙氧羰基-2-甲基喹啉]

12. 解：磺化时苯环比吡啶环更活泼。A、B 的结构如下：

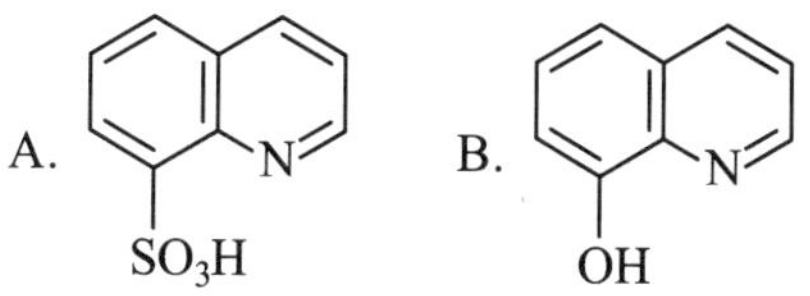

A. 8-喹啉磺酸（SO_3H 在 8 位）　　B. 8-羟基喹啉（OH 在 8 位）

13. 解：脱羧是以偶离子的形式进行的，可表示如下：

脱羧时涉及碳-碳键的异裂，吡啶环的 N 原子有较大的电负性。碳-碳键断裂时（联想一下该决定速率步骤的过渡态），负电荷处在 α-位能被电负性大的氮所分散，负电荷处在 β-位则不能被有效地分散，因此，脱羧发生在 α-位。

14.
解：毒品主要分为兴奋剂、幻觉剂和抑制剂。它的危害主要是毒害人们的身心健康，使人很容易形成对它的依赖性，对人体的神经系统、各个器官产生极其严重的损害。

第十九章　糖类化合物

1. 请解释下列概念。
（1）还原性糖　　　　（2）非还原性糖　　　　（3）醛糖的递升和递降
（4）糖的变旋现象　　（5）糖苷

2. 写出 D-(+)-甘露糖与下列物质反应的化学方程式、产物及其名称。
（1）羟胺　　　　　　（2）苯肼　　　　　　　（3）溴水
（4）HNO_3　　　　 （5）HIO_4　　　　　　（6）乙酐
（7）苯甲酰氯、吡啶　（8）CH_3OH、HCl
（9）CH_3OH、HCl，然后$(CH_3)_2SO_4$、NaOH
（10）上述（9）反应后再用稀 HCl 处理　　　　（11）（10）反应后再强氧化

3. D-(+)-半乳糖怎样转化成下列化合物？写出其反应式。
（1）甲基-β-D-半乳糖苷　　　　　（2）甲基-β-2,3,4,6-四甲基-D-半乳糖苷
（3）2,3,4,6-四-O-甲基-D-半乳糖　　（4）D-酒石酸

4. 果糖是酮糖，为什么也可以像醛糖一样和托伦试剂或费林试剂反应，可是又不能与溴水反应？

5. 有一戊糖 A($C_5H_{10}O_4$)与羟氨(NH_2OH)反应生成肟，与硼氢化钠反应生成 B($C_5H_{12}O_4$)。B 有光学活性，与乙酐反应得四乙酸酯。A 与 CH_3OH、HCl 反应得 C（$C_6H_{12}O_4$），再与 HIO_4 反应得 D（$C_6H_{10}O_4$）。D 在酸催化下水解，得等物质的量乙二醛（CHO—CHO）和 D-乳醛 [$CH_3CH(OH)CHO$]。从以上实验推导出戊糖 $C_5H_{10}O_4$ 的构造式。你导出的构造式是唯一的呢，还是可能有其他结构？

6. 在甜菜糖蜜中有一种三糖称为棉子糖。棉子糖部分水解后得到的双糖叫作蜜二糖。蜜二糖是个还原性双糖，是(+)-乳糖的异构物，能被麦芽糖酶水解，但不能被苦杏仁酶水解。蜜二糖经溴水氧化后彻底甲基化再酸催化水解，得 2,3,4,5-四-O-甲基-D-葡萄糖酸和 2,3,4,6-四-O-甲基-D-半乳糖。写出蜜二糖的构造式及其反应。

7. 柳树皮中存在一种糖苷叫作水杨苷，当用苦杏仁酶水解时得 D-葡萄糖和水杨醇（邻

羟基甲苯醇)。水杨苷用硫酸二甲酯和氢氧化钠处理得五-O-甲基水杨苷,酸催化水解得 2,3,4,6-四-O-甲基-D-葡萄糖和邻甲氧基甲酚。写出水杨苷的结构式。

8. 天然产物红色染料茜素是从茜草根中提取的,实际上存在于茜草根中的是茜根酸。茜根酸是一种糖苷,它不与托伦试剂反应。茜根酸小心水解得到茜素和一种双糖——樱草糖。茜根酸彻底甲基化后再酸催化水解得等物质的量的 2,3,4-三-O-甲基-D-木糖、2,3,4-三-O-甲基-D-葡萄糖和 2-羟基-1-甲氧基-9,10-蒽醌。根据上述实验写出茜根酸的构造式。茜根酸的结构还有什么未能肯定之处吗?

9. 脱氧核糖核酸(DNA)水解后得一单糖,分子式为 $C_5H_{10}O_4$(Ⅰ)。Ⅰ能还原托伦试剂,并有变旋现象。但不能生成脎。Ⅰ被溴水氧化后得一具有光学活性的一元酸Ⅱ;被 HNO_3 氧化则得一具有光学活性的二元酸Ⅲ。Ⅰ用 CH_3OH—HCl 处理后得 α 和 β-型苷的混合物(Ⅳ),彻底甲基化后得 $C_8H_{16}O_4$(Ⅴ)。Ⅴ催化水解后用 HNO_3 氧化得两种二元酸,其一是无光学活性的Ⅵ,分子式为 $C_3H_4O_4$,另一是有光学活性的Ⅶ,分子式为 $C_5H_8O_5$,此外还生成副产物甲氧基乙酸和 CO_2。测证Ⅰ的构型是属于 D 系列的。Ⅱ甲基化后得三甲基醚,再与磷和溴反应后水解得 2,3,4,5-四羟基正戊酸。Ⅱ的钙盐用勒夫降解法($H_2O_2 + Fe^{3+}$)降解后,再用 HNO_3 氧化,得内消旋酒石酸。写出Ⅰ~Ⅶ的构造式(立体构型)。

10. 怎样证明 D-葡萄糖、D-甘露糖、D-果糖这三种糖的 C_3、C_4 和 C_5 具有相同的构型?

11. 有两种化合物 A 和 B,分子式均为 $C_5H_{10}O_4$,与 Br_2 作用得到分子式相同的酸 $C_5H_{10}O_5$,与乙酐反应均生成三乙酸酯,用 HI 还原 A 和 B 都得到戊烷,用 HIO_4 作用都得到一分子 H_2CO 和一分子 HCO_2H,与苯肼作用 A 能生成脎,B 则不生成脎。推导 A 和 B 的结构。写出上述反应过程。找出 A 和 B 的手性碳原子,写出其对映异构体。

答 案

1. 解:(1)还原性糖:能生成糖脎,有变旋现象,具有还原性的糖。

(2)非还原性糖:不能生成糖脎,没有变旋现象,不具有还原性的糖。

(3)在一定条件下,醛糖由低碳原子的糖转变为多一个或几个碳的更高级的糖,称为醛糖的递升;反过来称为递降。

(4)糖的变旋现象:当把糖加入溶剂如水中,所呈现出的旋光度不断变化,直到若干时间后才稳定下来,这种糖在溶剂中呈现的旋光性不稳定的现象称为糖的旋现象。

(5)糖苷:由糖的半缩醛羟基和配基进行缩合而成的化合物。

2. 解:D-(+)-甘露糖在溶液中存在开链式与环氧式(α-型和 β-型)的平衡体系,与下列物质反应时有的可用开链式表示,有的必须用环氧式表示,在用环氧式表示时,为简单起见,仅写 α-型。

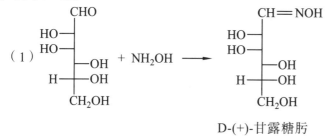

D-(+)-甘露糖肟

(2) 结构式 + NH$_2$NH—Ph ⟶ D-(+)-甘露糖脎

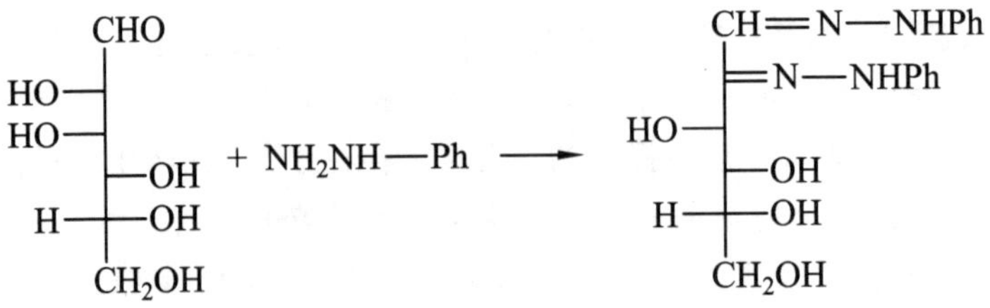

(3) 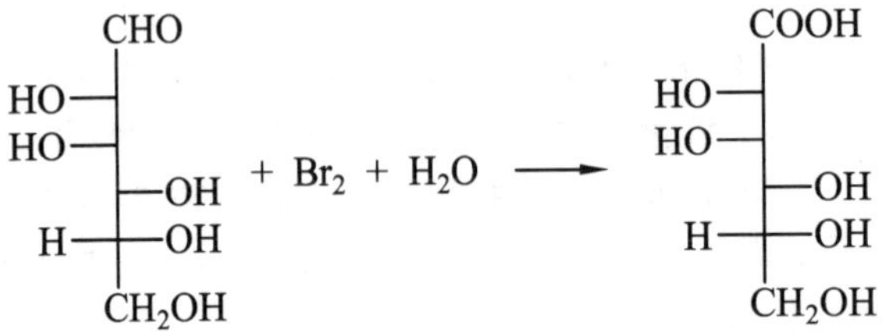 结构式 + Br$_2$ + H$_2$O ⟶ D-(+)-甘露糖酸

(4) 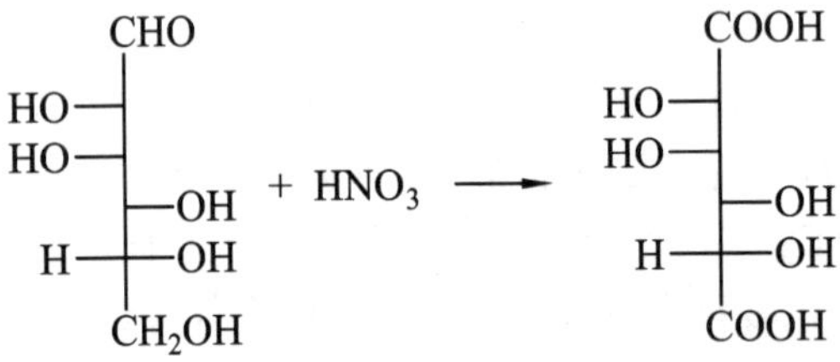 结构式 + HNO$_3$ ⟶ D-(+)-甘露糖二酸

(5) 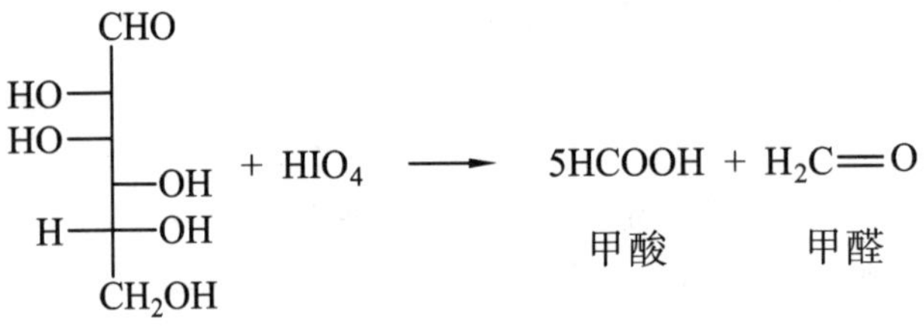 结构式 + HIO$_4$ ⟶ 5HCOOH + H$_2$C=O
    甲酸   甲醛

(6) 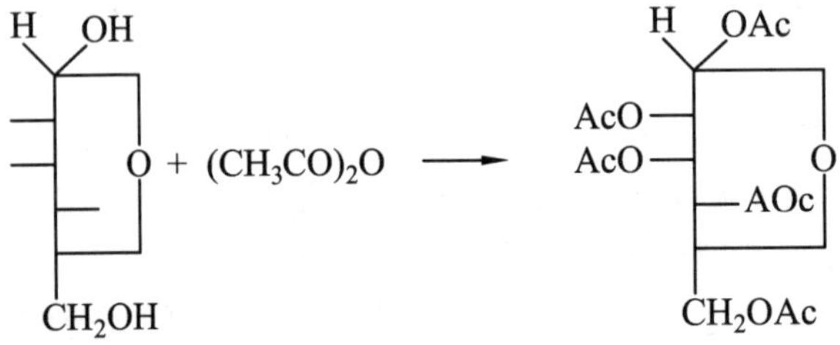 结构式 + (CH$_3$CO)$_2$O ⟶ 1,2,3,4,6-五乙酸-α-D-甘露糖酯

(7) 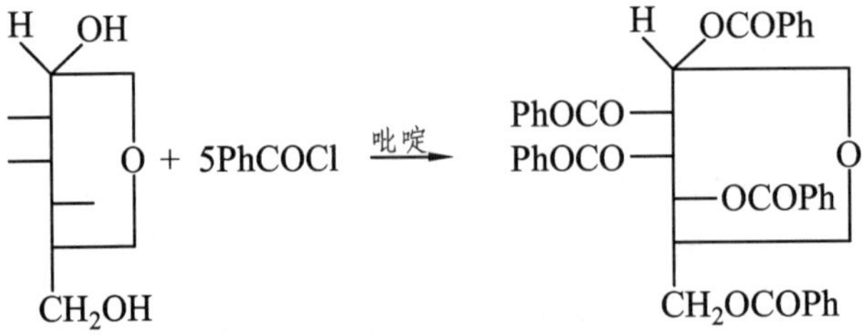 结构式 + 5PhCOCl —吡啶→ 1,2,3,4,6-五苯甲酸-α-D-甘露糖酯

(8) $\xrightarrow{\text{HCl}}$ 甲基-α-D-甘露糖苷

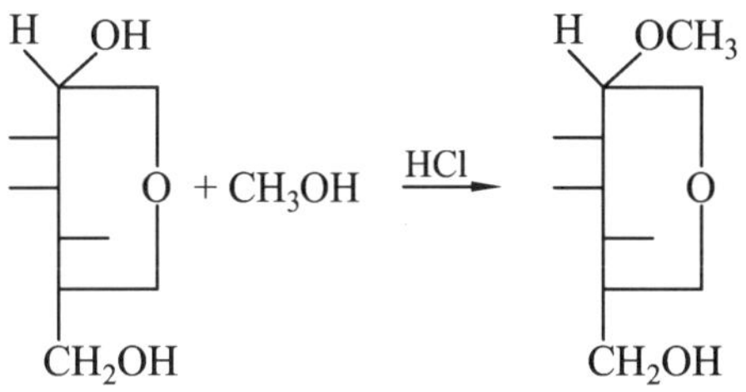

(9) 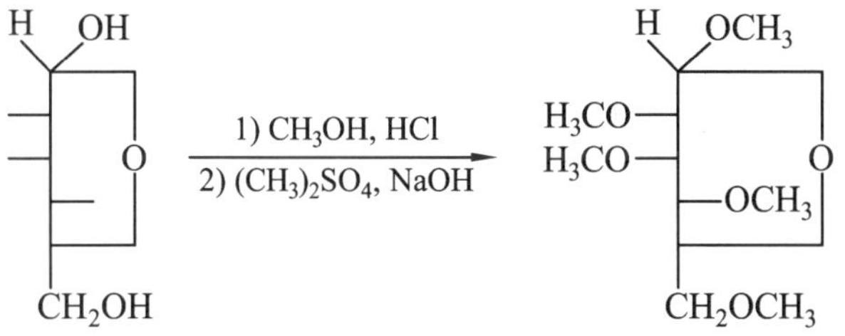 $\xrightarrow[\text{2) (CH}_3\text{)}_2\text{SO}_4\text{, NaOH}]{\text{1) CH}_3\text{OH, HCl}}$ 甲基-α-2,3,4,6-四-O-甲基-D-甘露糖苷

(10) 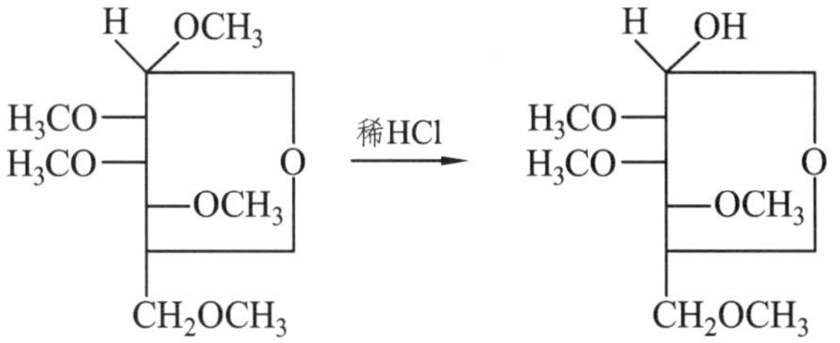 $\xrightarrow{\text{稀HCl}}$ 2,3,4,6-四-O-甲基-α-D-甘露糖

(11) 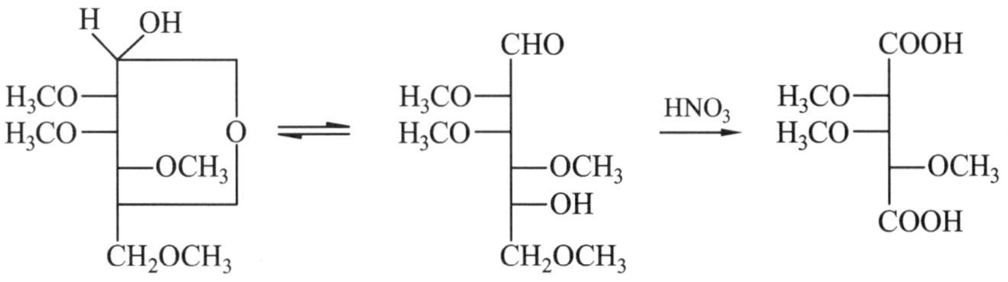 $\rightleftharpoons$ $\xrightarrow{\text{HNO}_3}$ 2,3,4-三甲氧基戊二酸

3. 解：

(1) 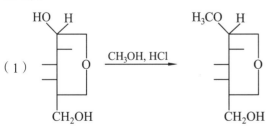 $\xrightarrow{\text{CH}_3\text{OH, HCl}}$

273

(2) [reaction scheme: sugar with HO, H, CH₂OH group → CH₃OH/HCl → methylated at anomeric OH → (CH₃)₂SO₄/NaOH → fully methylated sugar]

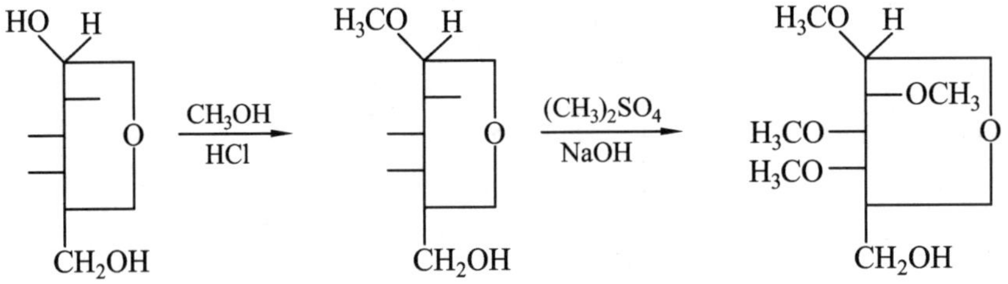

(3) [reaction scheme: fully methylated sugar → 稀HCl → hydrolysis of anomeric OCH₃ back to OH]

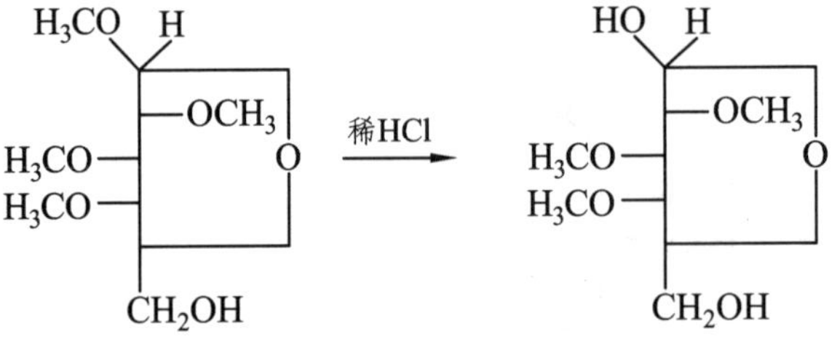

(4)

CHO group compound →(NH₂OH)→ CH=NOH →(2,4-dinitrofluorobenzene)→ CH=NO-Ar(NO₂)₂ →(Δ, 分解)→

CHO compound →(NH₂OH)→ CH=NOH →((CH₃CO)₂O)→ CN, AcO, OAc, CH₂OAc →(NH₃)→

AcO-CN(NHCOCH₃)₂ / OAc / CH₂OAc →(H₃O⁺)→ CHO / CH₂OH →(HNO₃)→ COOH / COOH

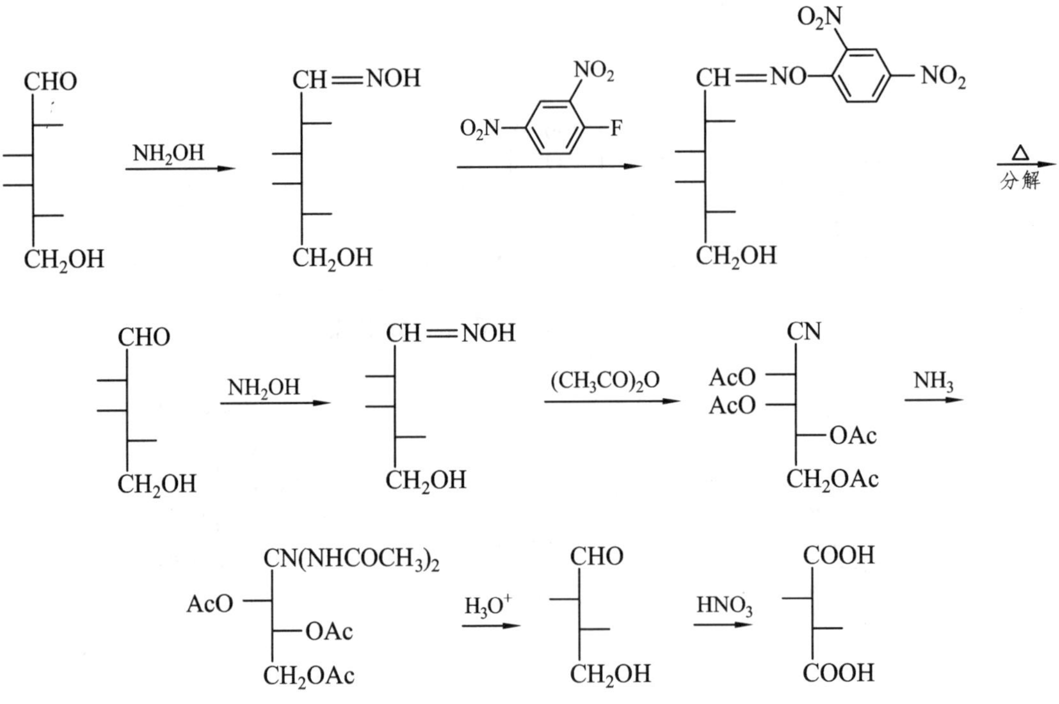

4. 解：在碱性条件下，酮糖发生了下列异构化：

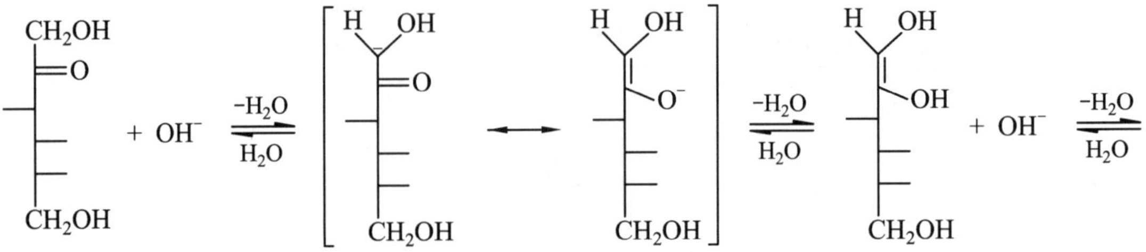

CH₂OH–C(=O)– + OH⁻ $\underset{H_2O}{\overset{-H_2O}{\rightleftharpoons}}$ [H–C(OH)–C(=O)– ↔ H–C(OH)=C(O⁻)–] $\underset{H_2O}{\overset{-H_2O}{\rightleftharpoons}}$ H–C(OH)=C(OH)– + OH⁻ $\underset{H_2O}{\overset{-H_2O}{\rightleftharpoons}}$

274

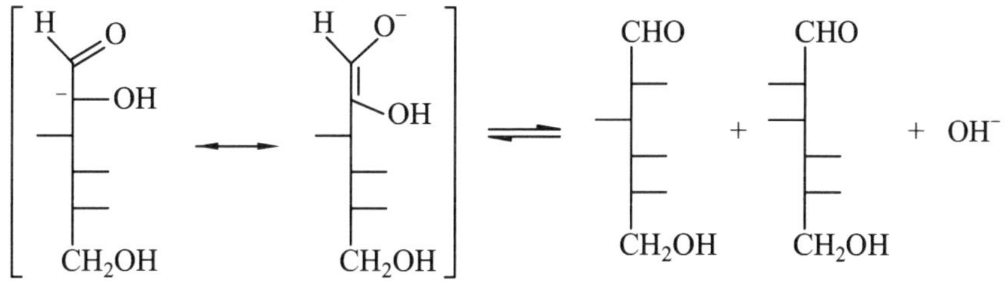

由于发生了异构化，酮糖转化成醛糖，具有还原性。但是，酮糖与溴水反应，属于酸性条件，可能不再发生异构化，所以酮糖与溴水不发生反应。

5. 解：推导过程如下

（1）戊糖与羟胺反应生成肟，说明有羰基存在。

（2）戊糖与 $NaBH_4$ 反应生成 $C_5H_{12}O_4$，说明是一个手性分子。

（3）$C_5H_{12}O_4$ 与乙酐反应得四乙酸酯，说明是四元醇（有一个碳原子上不连有羟基）。

（4）$C_5H_{10}O_4$ 与 CH_3OH、HCl 反应得糖苷 $C_6H_{12}O_4$，说明有一个半缩醛羟基与之反应。糖苷被 HIO_4 氧化得 $C_6H_{10}O_4$，碳原子数不变，只氧化断链，说明糖苷中只有两个相邻的羟基，为环状化合物。水解得乙二醛和 D-乳醛，说明甲基在分子末端，氧环式是呋喃型。

递推反应如下：

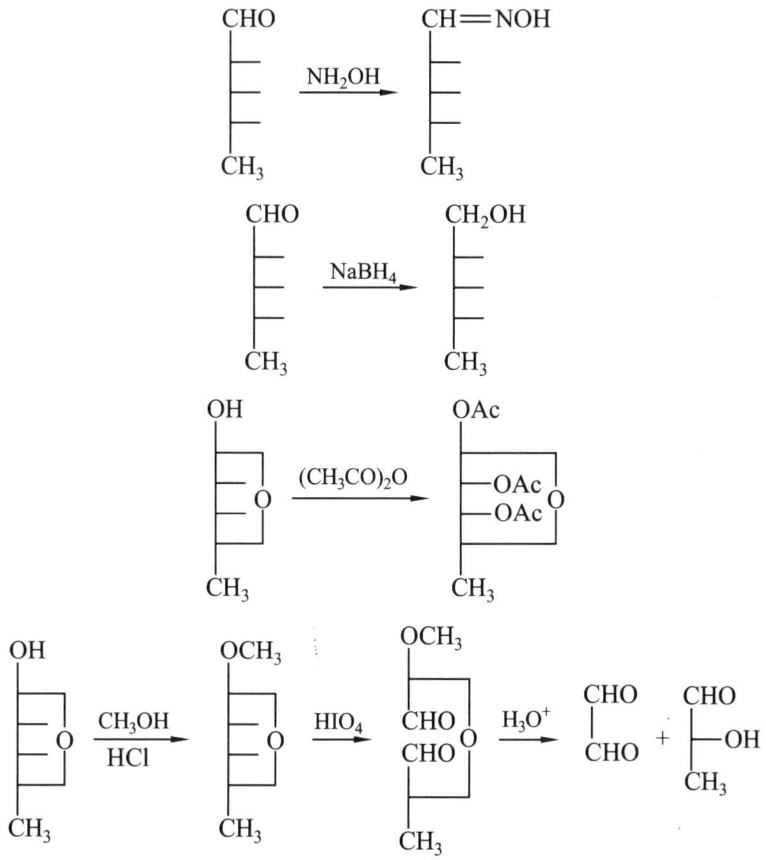

因此，该戊糖 $C_5H_{10}O_4$ 可能的结构式为

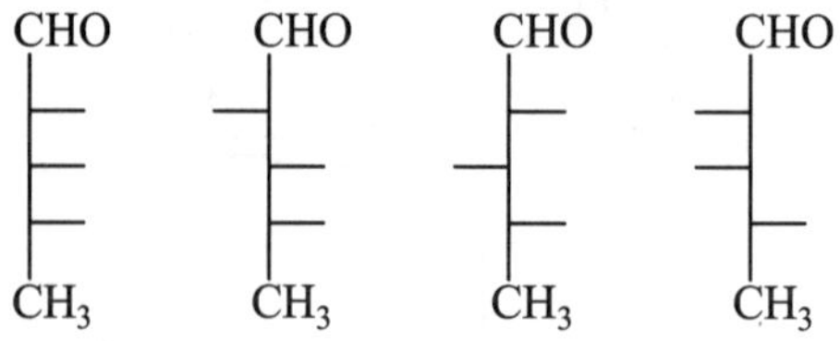

6.（1）蜜二糖是还原性双糖，说明它有游离的半缩醛羟基。

（2）蜜二糖是(+)-乳糖的异构物，能被麦芽糖酶水解，说明它是由半乳糖和葡萄糖以 α-苷键结合的双糖。

蜜二糖的结构式：

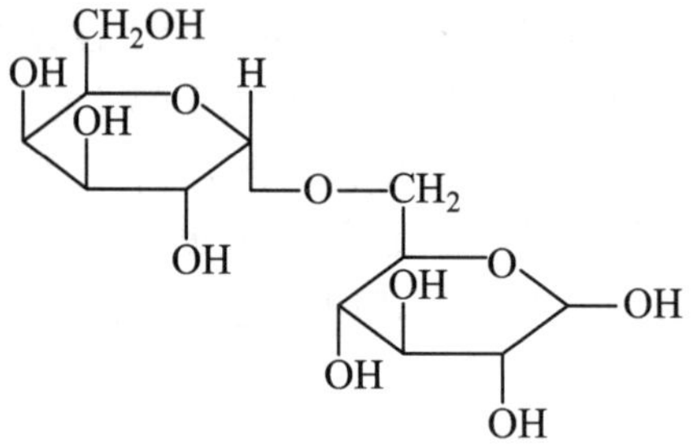

反应式：

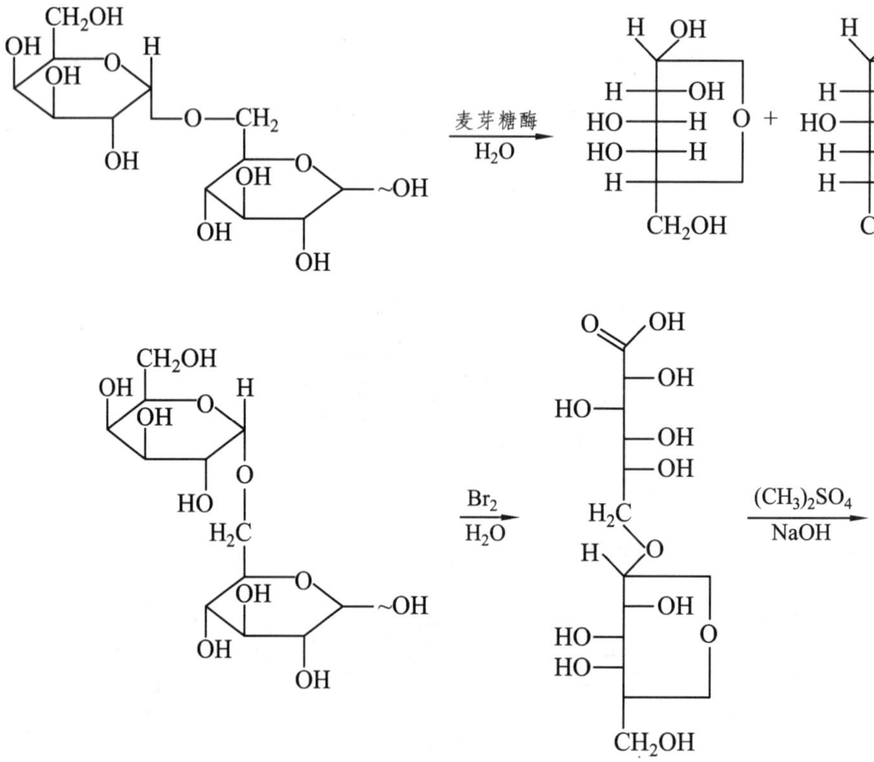

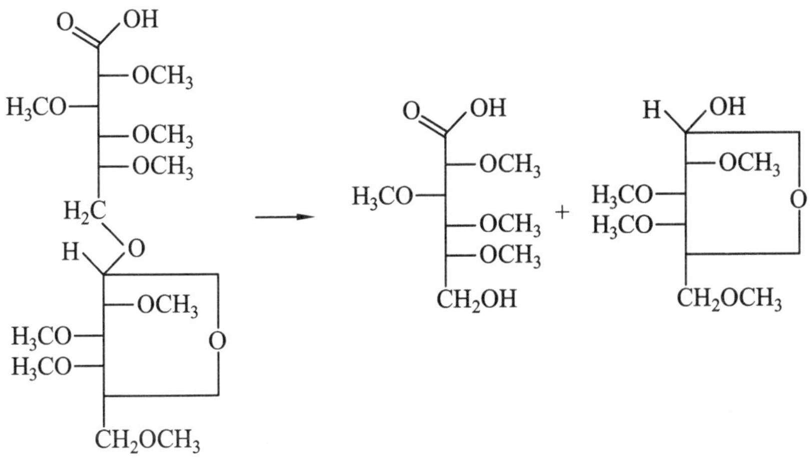

7. 解：（1）水杨苷用苦杏仁酶水解得 D-葡萄糖和水杨醇，说明葡萄糖以 β-苷键与水杨醇结合。

（2）水杨苷用 $(CH_3)_2SO_4$ 和 NaOH 处理得五甲基水杨苷，说明水杨苷有五个羟基。

产物酸化水解得 2,3,4,6-四甲基-D-葡萄糖和邻甲氧基甲酚（邻羟基苄甲醚），说明葡萄糖以吡喃式存在，并以苷羟基与水杨醇的酚羟基结合。

此水杨苷的结构如下：

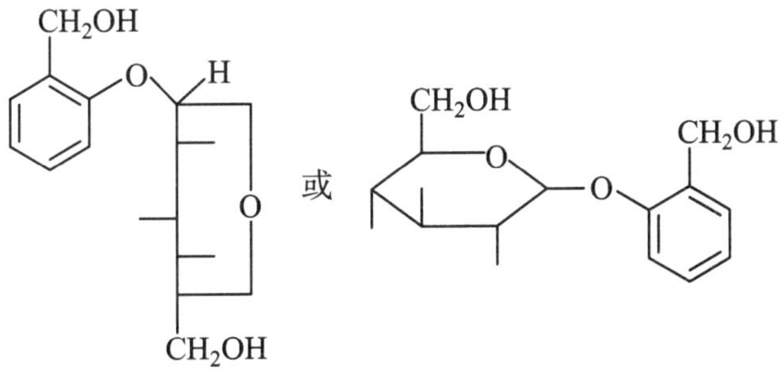

8. 解：推导过程：

（1）茜根酸不与托伦试剂反应，说明无游离半缩醛羟基存在。

（2）茜根酸 $\xrightarrow{(CH_3)_2SO_4}{NaOH}$ $\xrightarrow{H_3O^+}$ 产物

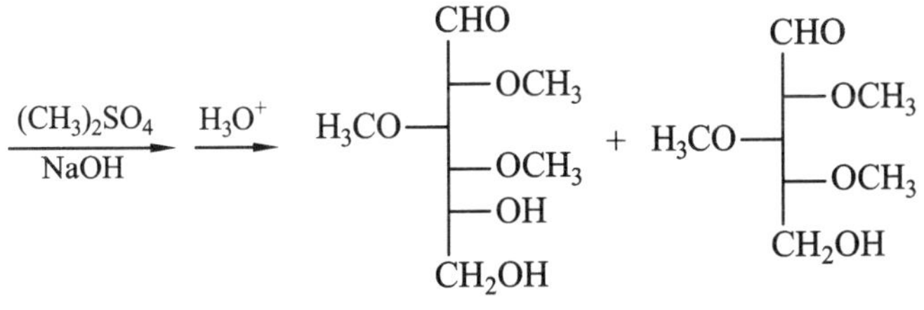

所得产物是等量的单糖，说明茜根酸中 D-木糖在分子的一端以吡喃环式存在，以 1-位相结合；茜素在分子另一端，以 2-位相结合；中间是 D-葡萄糖，它以吡喃环式存在，以 1-位和 6-位相结合。所以，茜酸根的结构式为

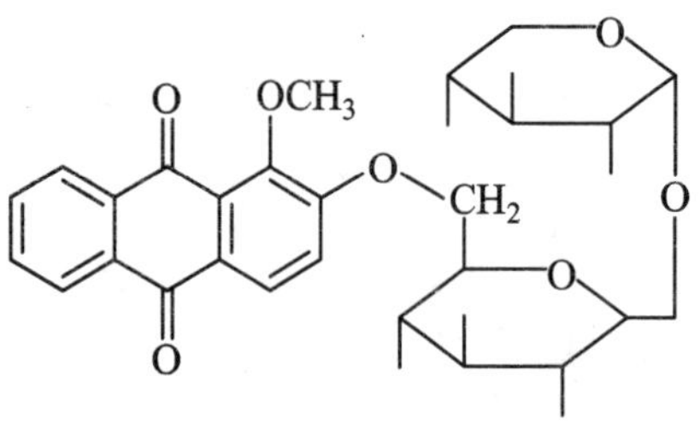

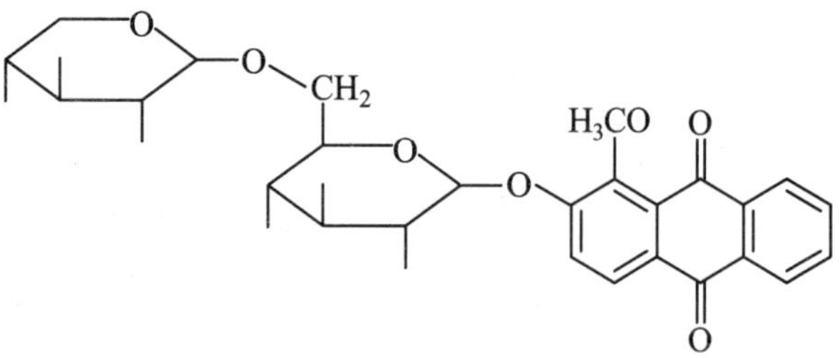

可见茜根酸的结构未肯定之处在于：(1) D-木糖和葡萄糖的构型（α, β-型）；(2) 樱草糖是否是还原糖，因此，樱草糖可能出现两种结构式。

9. 解：可见，Ⅰ是 D-型还原性单糖，不成脎说明 α-位上无羟基，Ⅰ经氧化、甲基化，酸的 α-溴代，水解生成四羟基正戊酸说明了此点，Ⅰ经 Ruff 降解得内消旋的酒石酸，证明 3,4-位上羟基同侧，所以由题意可推出Ⅰ的结构为

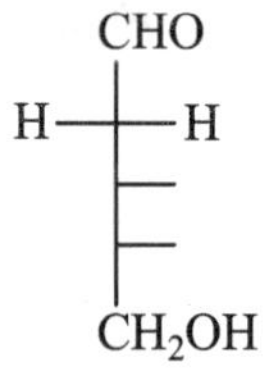

有关反应和Ⅱ～Ⅶ的结构如下：

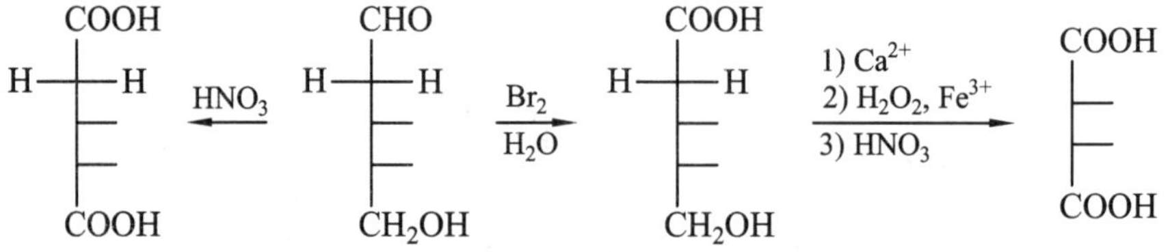

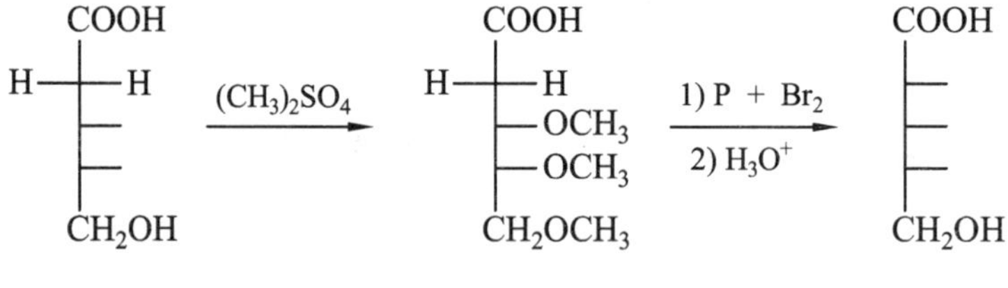

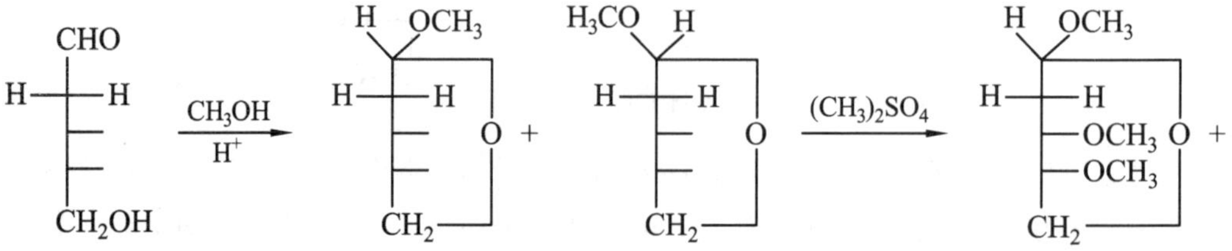

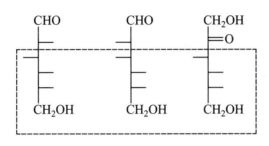

10. 解：成脎反应发生在 C_1 和 C_2 上，这三种糖都能生成同一种脎——D-葡萄糖脎，则可证明它们的 C_3、C_4、C_5 具有相同的构型：

    D-(+)-葡萄糖 D-(+)-甘露糖 D-(−)-果糖

11. 解：推导过程：

（1）A 与乙酸酐反应生成三乙酸酯，说明 A 上有三个羟基；

（2）A、B 与溴水反应生成酸，说明两者都是醛糖；

（3）A 与苯肼反应生成糖脎，说明该醛糖 C_2 上有羟基；

（4）A 经溴水氧化生成内酯，说明 γ-位或 δ-位有羟基；

（5）A 与高碘酸反应生成一分子甲醛和一分子甲酸，说明 A 与高碘酸的物质的量之比为 2∶1，糖 A 断开两条碳碳键。

根据上述分析，A 的可能结构如下：

B 的可能结构如下：

第二十章 蛋白质和核酸

1. 写出下列化合物的结构式：
（1）门冬酰门冬酰酪氨酸
（2）谷-半胱-甘三肽（习惯称谷胱甘肽）
（3）运动徐缓素 Arg-Pro-Pro-Gly-Ser-Pro-Phe-Arg
（4）3'-腺苷酸
（5）脲苷-2',3'-磷酸
（6）一个三聚核苷酸其序列为腺-胞-鸟
（7）苯丙氨酰腺苷酸

2. 写出下列化合物在标明的 pH 时的结构式。
（1）颉氨酸在 pH = 8 时　　（2）丝氨酸在 pH = 1 时　　（3）赖氨酸在 pH = 10 时
（4）谷氨酸在 pH = 3 时　　（5）色氨酸在 pH = 12 时

3. 举例说明下列名词的定义：
（1）α-螺旋结构　　（2）变性　　（3）脂蛋白
（4）三级结构　　（5）β-折叠型

4. 写出下列反应产物的结构：

(1) 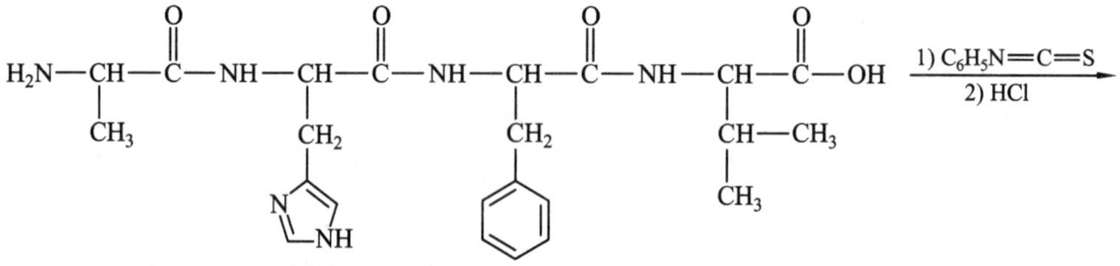 $H_2N-CH(CH_3)-CO-NH-CH(CH_2-\text{咪唑})-CO-NH-CH(CH_2-C_6H_5)-CO-NH-CH(CH(CH_3)_2)-COOH$ $\xrightarrow{\text{1) } C_6H_5N=C=S}{\text{2) HCl}}$

（2）Ala-His-Phe-Val $\xrightarrow[\text{胰凝乳蛋白酶}]{H_2O}$

5. 在冷丙醛的醚溶液中加入 KCN，之后通入气体 HCl，反应混合物用氨处理，所得化合物再加浓盐酸共沸。写出各反应的化学方程式。

6. 合成下列氨基酸：
（1）从 β-烷氧基乙醇合成丝氨酸；
（2）从苯甲醇通过丙二酸酯法结合加布里埃尔第一胺的方法合成苯丙氨酸。

7. 预计四肽丙氨酰谷氨酰甘氨酰亮氨酰（Ala-Glu-Gly-Leu）的完全水解和部分水解的产物是什么？

8. 一个七肽是由甘氨酸、丝氨酸、两个丙氨酸、两个组氨酸和门冬氨酸构成，它水解成三肽为：

Gly-Ser-Asp　　His-Ala-Gly　　Asp-His-Ala

试写出此七肽氨基酸的排列顺序。

答　案

1. 解：

（7）结构式：5′-磷酸腺苷衍生物（HO-P(O)(OH)-O-CH₂-核糖-腺嘌呤-NHCOCH(NH₂)CH₂C₆H₅）

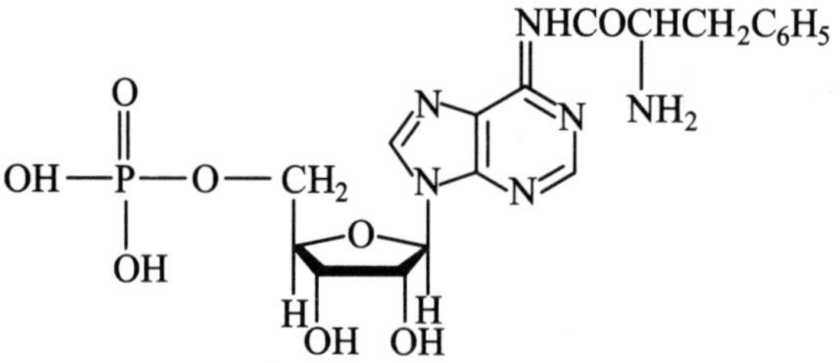

2. 解：

	等电点	指明的 pH	结构式
缬氨酸	5.96	8	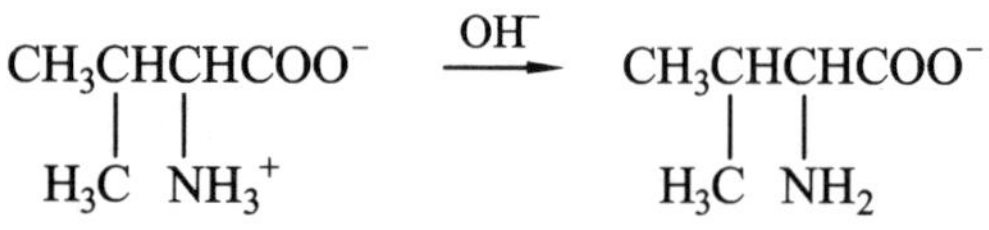 $CH_3CH(CH_3)CH(NH_3^+)COO^- \xrightarrow{OH^-} CH_3CH(CH_3)CH(NH_2)COO^-$
丝氨酸	5.68	1	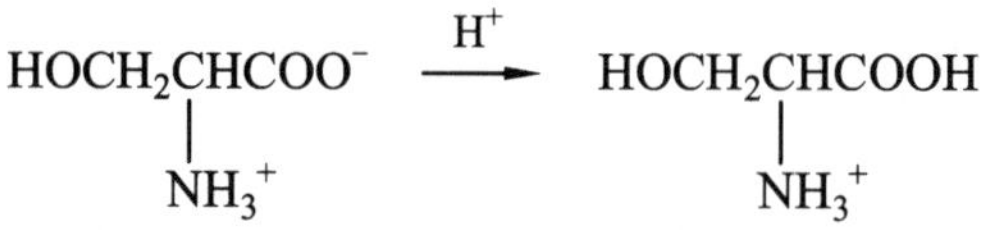 $HOCH_2CH(NH_3^+)COO^- \xrightarrow{H^+} HOCH_2CH(NH_3^+)COOH$
赖氨酸	9.74	10	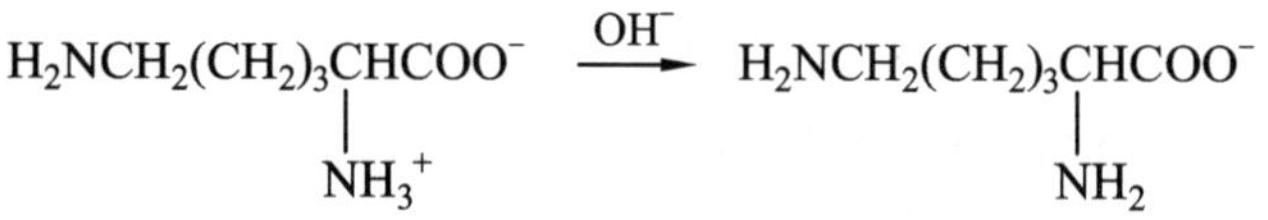 $H_2NCH_2(CH_2)_3CH(NH_3^+)COO^- \xrightarrow{OH^-} H_2NCH_2(CH_2)_3CH(NH_2)COO^-$
谷氨酸	3.22	3	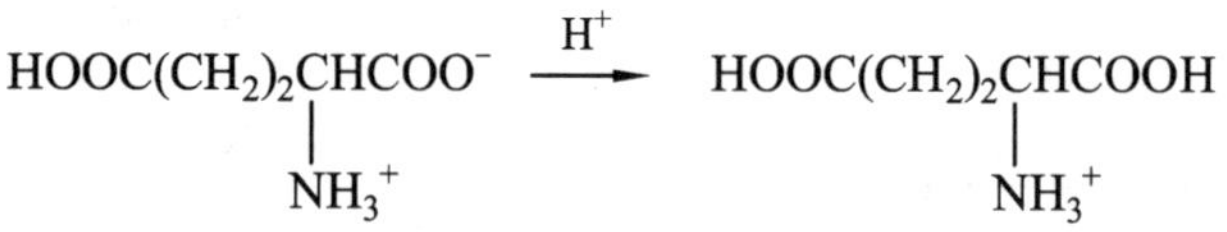 $HOOC(CH_2)_2CH(NH_3^+)COO^- \xrightarrow{H^+} HOOC(CH_2)_2CH(NH_3^+)COOH$
色氨酸	5.89	12	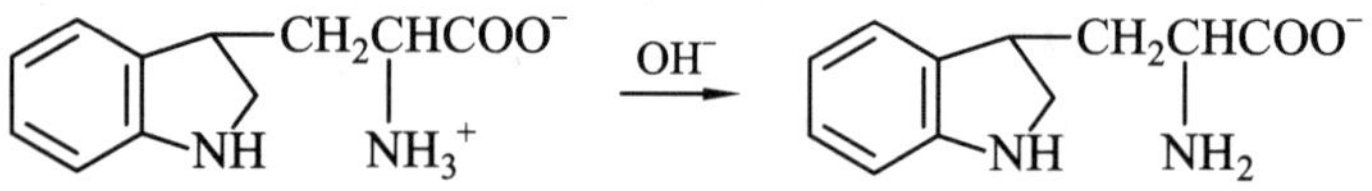 吲哚-CH₂CH(NH₃⁺)COO⁻ $\xrightarrow{OH^-}$ 吲哚-CH₂CH(NH₂)COO⁻

3. 解：

（1）α-螺旋构型：蛋白质的次级结构通常形式为α-螺旋结构，它是由同一条肽链上的—NH 和 >C=O 之间形成氢键，通过自身的氢键构成了折叠形式。每个螺旋圈中有 3.6 个氨基酸单位，侧链（R）伸向外侧，螺距为 0.55 nm。α-角蛋白属于纤维蛋白，几乎是 α-螺旋结构。

（2）变性：蛋白质受到加热、紫外光，或在酸、碱、有机溶剂、化学试剂等处理时，引起蛋白质分子结构的改变，导致性质及生物功能改变，称为蛋白质的变性。

（3）脂蛋白：脂蛋白为结合蛋白，辅基为脂肪。

（4）三级结构：蛋白质分子在二级结构的基础上进一步卷曲形成三级结构。

（5）β-折叠型：在这种形式中，多肽链平行或反平行排列，通过肽链间的氢键而维持较伸展的空间构象，因而保持一定刚性。

4. 解：

(1) $H_2N-CH(CH_3)-CO-NH-CH(CH_2-\text{(imidazole)})-CO-NH-CH(CH_2Ph)-CO-NH-CH(CH(CH_3)_2)-COOH$ $\xrightarrow{\text{1) } C_6H_5N=C=S}{\text{2) HCl}}$

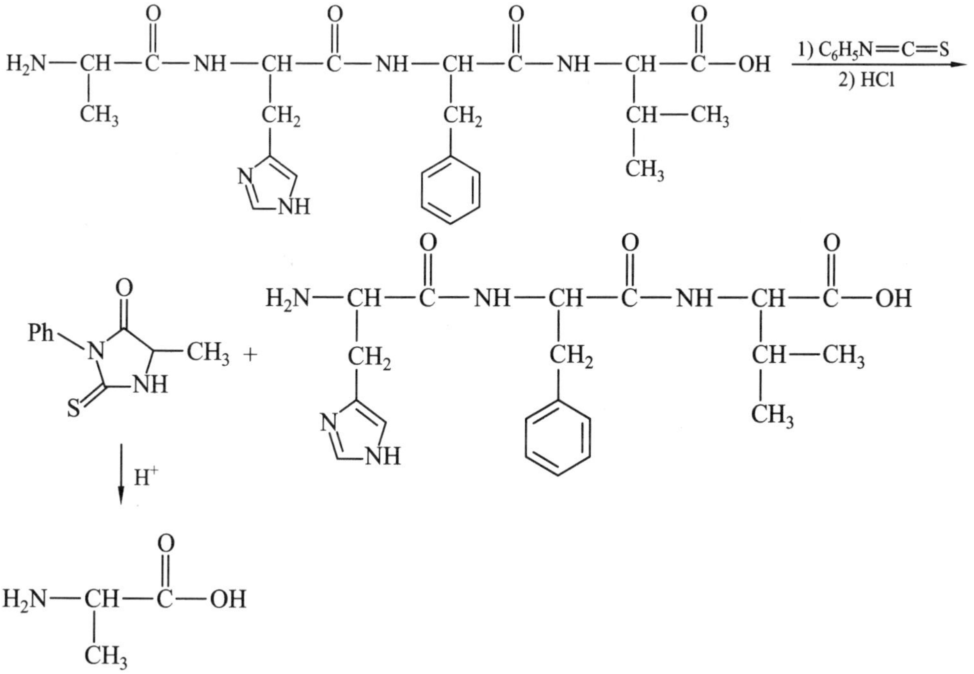

Ph-N(C=S)-NH-CH(CH_3)-C(=O) (phenylthiohydantoin of Ala) + H_2N-CH(CH_2-imidazole)-CO-NH-CH(CH_2Ph)-CO-NH-CH(CH(CH_3)_2)-COOH

$\xrightarrow{H^+}$ $H_2N-CH(CH_3)-COOH$

(2) Ala-His-Phe-Val $\xrightarrow[H_2O]{\text{胰凝乳蛋白酶}}$ $H_2N-CH(CH_3)-CONH-CH(CH_2-\text{imidazole})-CONH-CH(CH_2Ph)-COOH$ + $H_2N-CH(CH(CH_3)_2)-COOH$

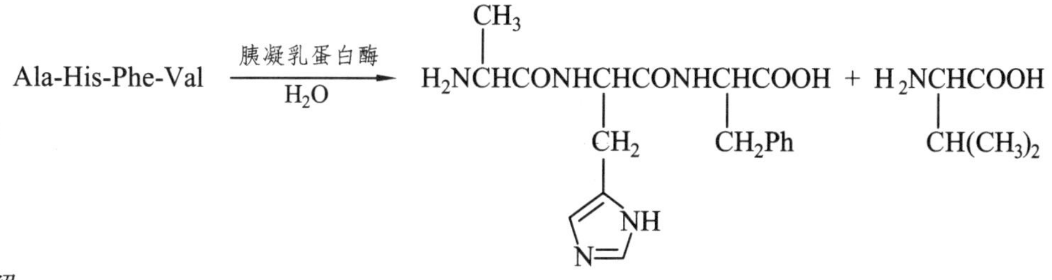

5. 解：

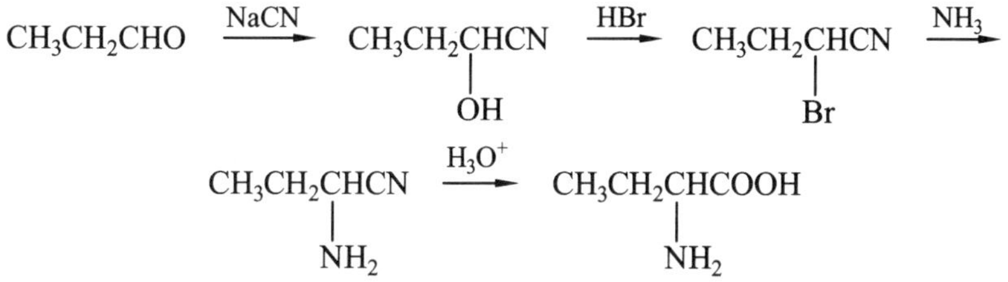

$CH_3CH_2CHO \xrightarrow{NaCN} CH_3CH_2CH(OH)CN \xrightarrow{HBr} CH_3CH_2CH(Br)CN \xrightarrow{NH_3}$

$CH_3CH_2CH(NH_2)CN \xrightarrow{H_3O^+} CH_3CH_2CH(NH_2)COOH$

6. 解：

(1) $R-OCH_2CH_2OH \xrightarrow[\text{吡啶}]{CrO_3} R-OCH_2CHO \xrightarrow{\text{1) HCN}}{\text{2) NH}_3}$

$R-OCH_2CH(NH_2)CN \xrightarrow[H_2O]{HI} HOCH_2CH(NH_2)COOH$

(2) $Ph-CH_2OH \xrightarrow{HBr} Ph-CH_2Br$

Phthalimide-K + Br-CH(COOC_2H_5)_2 ⟶ Phthalimide-N-CH(COOC_2H_5)_2 $\xrightarrow[\text{PhCH}_2Br]{C_2H_5ONa}$

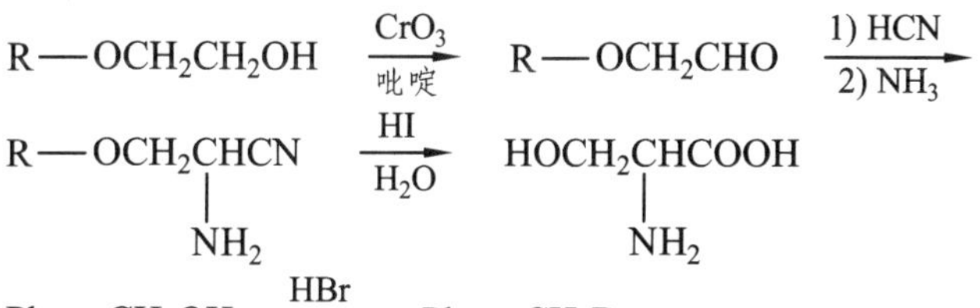

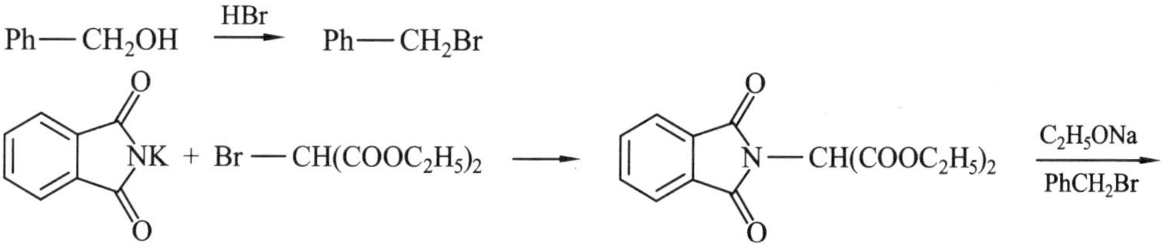

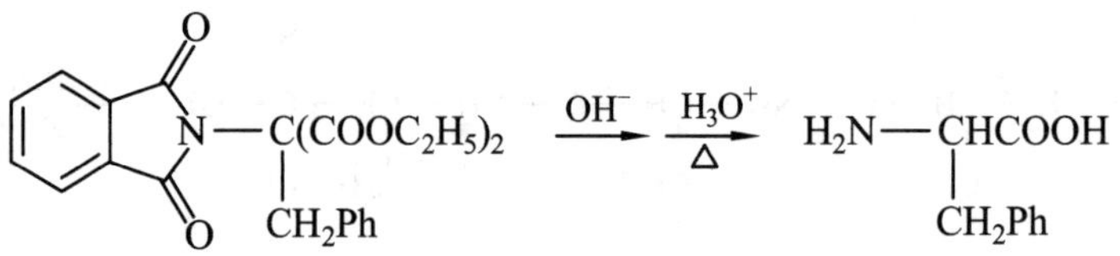

$$\underset{\underset{CH_2Ph}{|}}{\text{Phth-N-C(COOC}_2\text{H}_5)_2} \xrightarrow[\Delta]{OH^-\ \ H_3O^+} H_2N-\underset{\underset{CH_2Ph}{|}}{CHCOOH}$$

7. 解：
完全水解为：丙氨酸、谷氨酸、甘氨酸、亮氨酸
部分水解为：Ala-Glu-Gly；Glu-Gly-Leu；Ala-Glu；Glu-Gly；Gly-Leu
8. 解：七肽氨基酸的排列顺序为：His-Ala-Gly-Ser-Asp-His-Ala

第二十一章 萜类和甾族化合物

1. 找出下列化合物的手性碳原子，并计算一下在理论上有多少对映异构体？
（1）α-蒎烯　　　（2）2-α-氯蒎　　　（3）苧　　　（4）薄荷醇
（5）松香酸　　　（6）可的松　　　（7）胆酸
2. 指出下列化合物的碳干怎样分割成异戊二烯单位？
（1）香茅醛

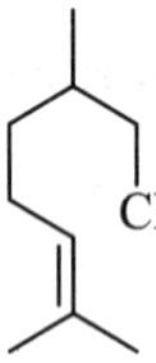

（2）樟脑

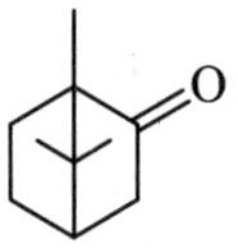

（3）蕃茄色素

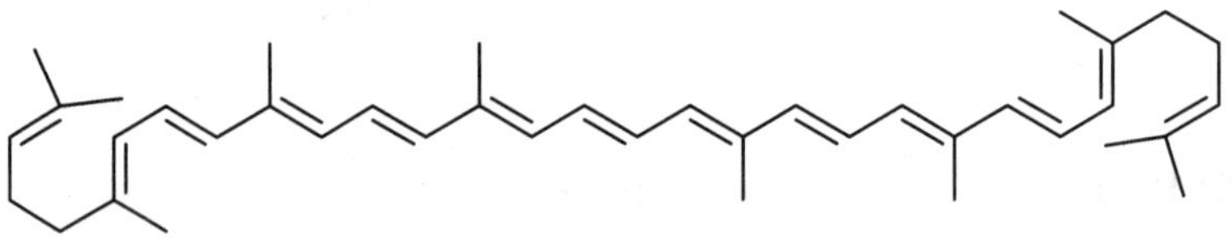

（4）甘草次酸

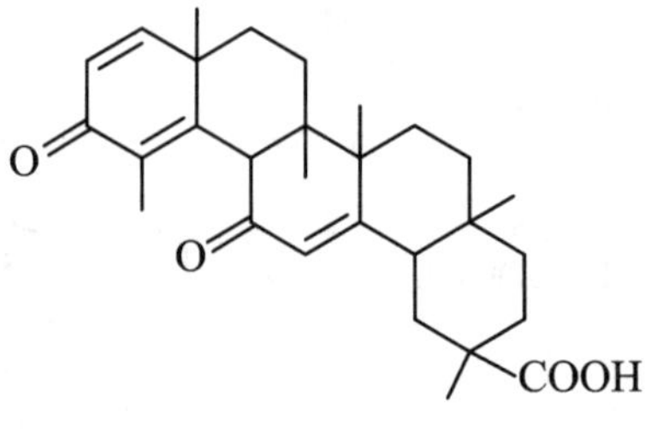

（5）α-山道年

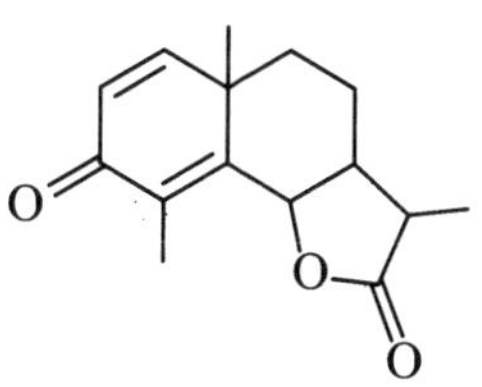

3. 指出用哪些简单的化学方法能区分下列各组化合物？
（1）角鲨烯、金合欢醇、柠檬醛和樟脑
（2）胆甾醇、胆酸、雌二醇、睾丸甾酮和孕甾酮

4. 萜类 β-环柠檬醛的分子式为 $C_{10}H_{16}O$，在 235 nm 处（$\varepsilon = 12\,500$ L·mol^{-1}·cm^{-1}）有一吸收峰。还原则得 $C_{10}H_{20}$，与托伦试剂反应生成酸（$C_{10}H_{16}O_2$）；把这一羧酸脱氢得间二甲苯、甲烷和二氧化碳。把 $C_{10}H_{20}$ 脱氢得 1,2,3-三甲苯。指出它的结构式（提示：参考松香酸的脱氢反应）。

5. β-蛇床烯的分子式为 $C_{15}H_{24}$，脱氢得 1-甲基-7-异丙基萘。臭氧化得两分子甲醛和 $C_{13}H_{20}O_2$。$C_{13}H_{20}O_2$ 与碘和氢氧化钠溶液反应生成碘仿和羧酸 $C_{12}H_{18}O_3$。指出 β-蛇床烯的结构式。

6. 在薄荷油中除薄荷脑外，还含有它的氧化产物薄荷酮 $C_{10}H_{18}O$。薄荷酮的结构最初是用下列合成方法来确定的：β-甲基庚二酸二乙酯加乙醇钠，然后加 H_2O 得到 B，分子式为 $C_{10}H_{16}O_3$。B 加乙醇钠，然后加异丙基碘得 C，分子式为 $C_{13}H_{22}O_3$。C 加 OH^-，加热；然后加 H^+，再加热得薄荷酮。
（1）写出上述合成法的反应式；
（2）根据异戊二烯规则，哪一个结构式与薄荷油中的薄荷酮更符合？

7. 溴对胆甾醇的反式加成生成的两种非对映体产物是什么？事实上其中一种占很大优势（85%）。试说明之。

答　案

1. 解：

（1）（4个）　（2）（8个）　（3）（2个）

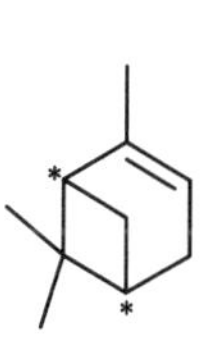

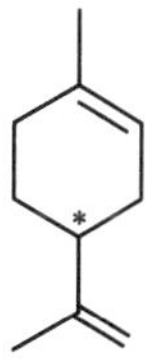

（4）（8个）　（5）（16种）

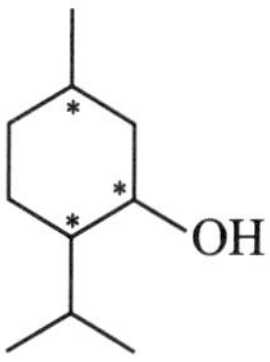

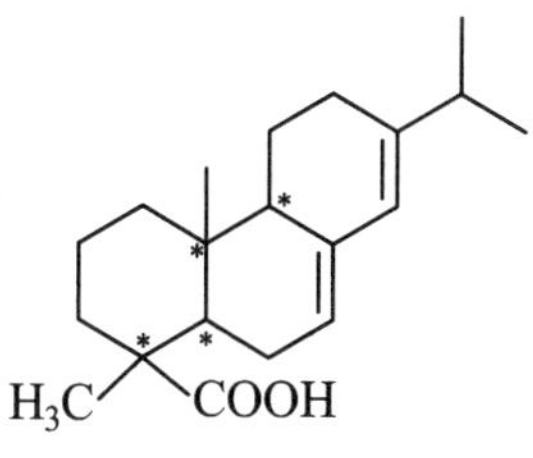

（6） 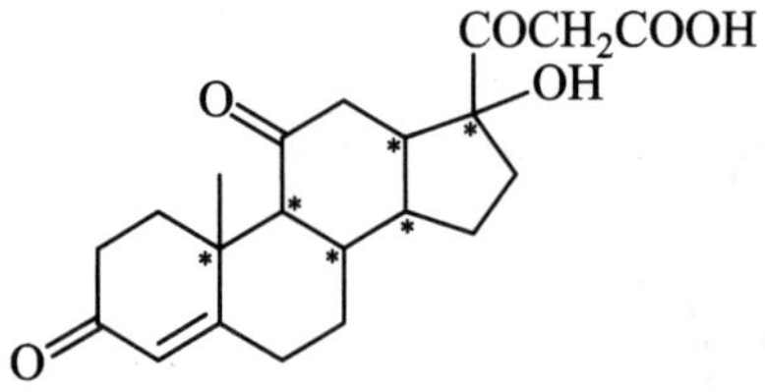 （64种）

（7） 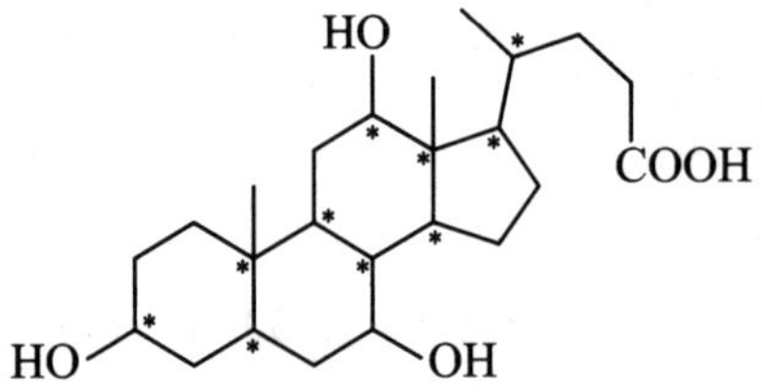 （624种）

2. 解：

（1）香茅醛　　　　　　（2）樟脑

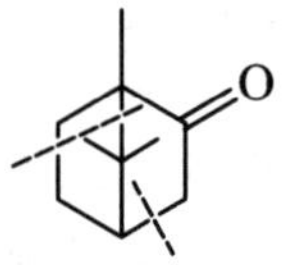

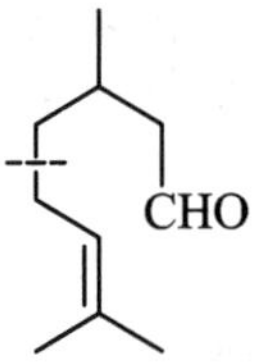

（3）蕃茄色素

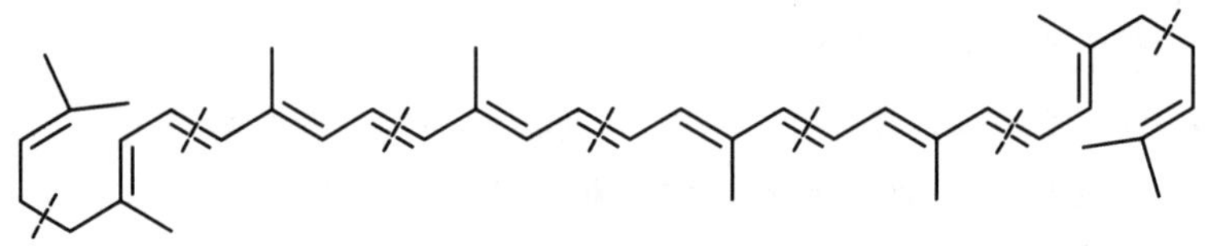

（4）甘草次酸

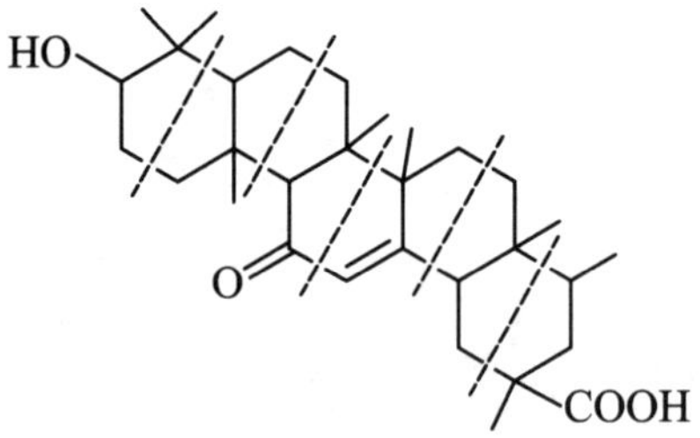

（5）α-山道年

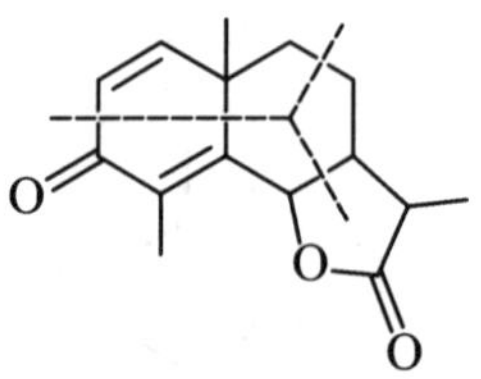

3. 解：

(1) 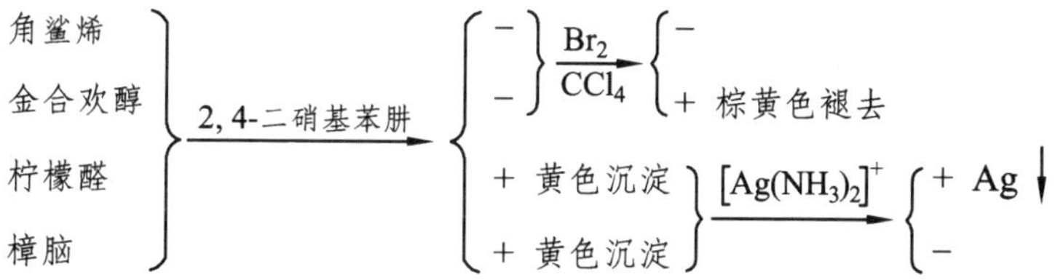 角鲨烯, 金合欢醇, 柠檬醛, 樟脑 $\xrightarrow{2,4\text{-二硝基苯肼}}$ { −, −, + 黄色沉淀, + 黄色沉淀 } $\xrightarrow{Br_2/CCl_4}$ { −, + 棕黄色褪去 } ; $\xrightarrow{[Ag(NH_3)_2]^+}$ { + Ag↓, − }

(2) 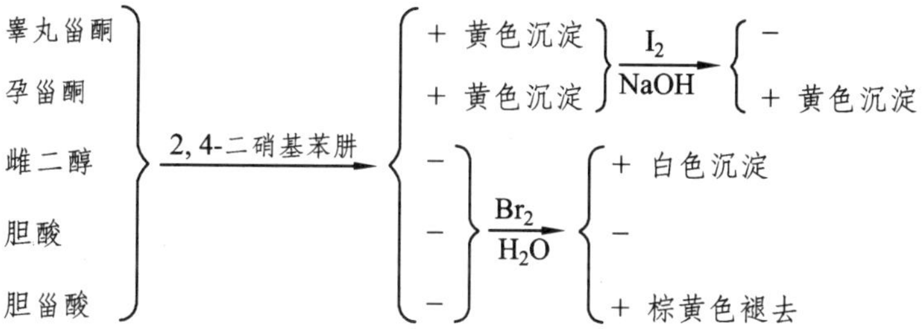 睾丸甾酮, 孕甾酮, 雌二醇, 胆酸, 胆甾醇 $\xrightarrow{2,4\text{-二硝基苯肼}}$ { + 黄色沉淀, + 黄色沉淀, −, −, − } $\xrightarrow{I_2/NaOH}$ { −, + 黄色沉淀 } ; $\xrightarrow{Br_2/H_2O}$ { + 白色沉淀, −, + 棕黄色褪去 }

4. 解：

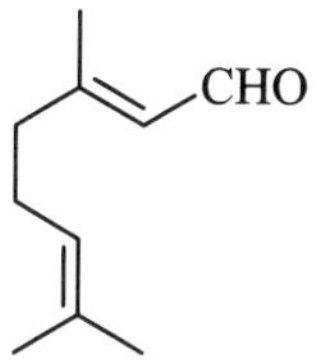

[结构式：含CHO的柠檬醛结构]

5. 解：

$C_{15}H_{24} \xrightarrow{脱氢}$ [1-异丙基-5,8-二甲基萘]

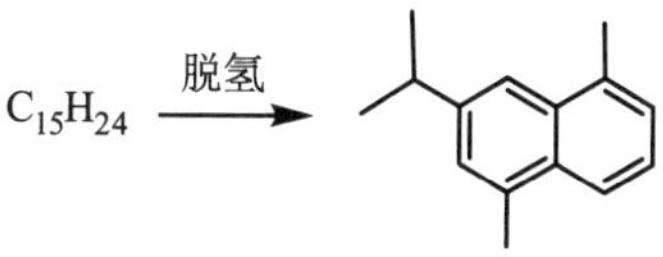

$C_{15}H_{24} \xrightarrow[2)\ Zn\text{-}H_2O]{1)\ O_3} 2HCHO + C_{13}H_{20}O_2$

$C_{13}H_{20}O_2 \xrightarrow[NaOH]{I_2} CHI_3 + C_{12}H_{18}O_3$

故此化合物含氢化萘的骨架，臭氧化得两分子甲醛，必须具有两个 $CH_2=\!\!=$，所以此化合物的可能结构式为

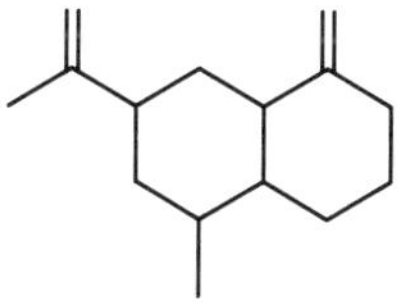

[氢化萘骨架结构式]

6. 解：

(1) 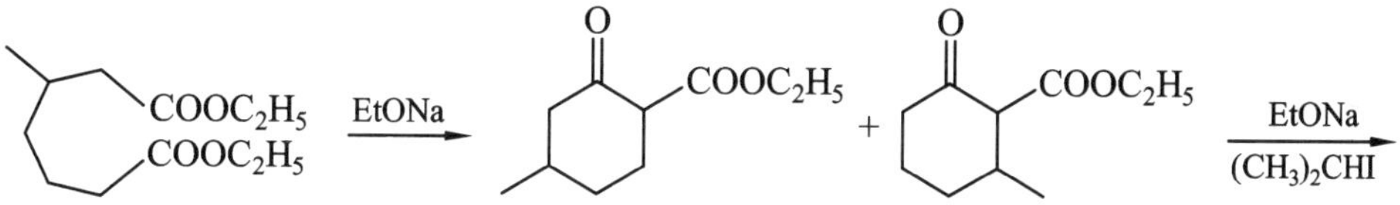 [结构式] $\xrightarrow{EtONa}$ [结构式] + [结构式] $\xrightarrow[(CH_3)_2CHI]{EtONa}$

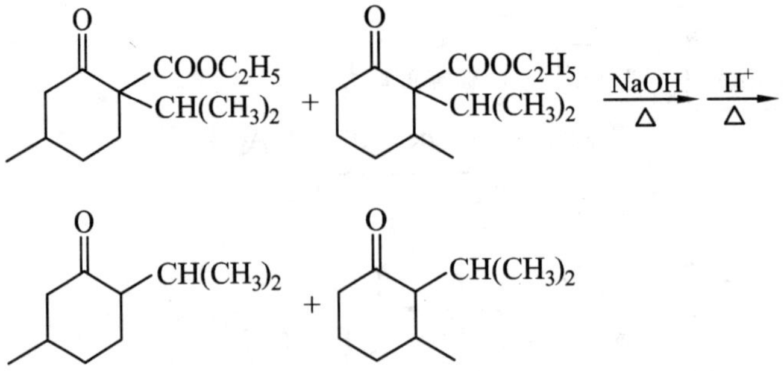

（2）根据异戊二烯规则，与薄荷油中的薄荷酮更符合的结构是

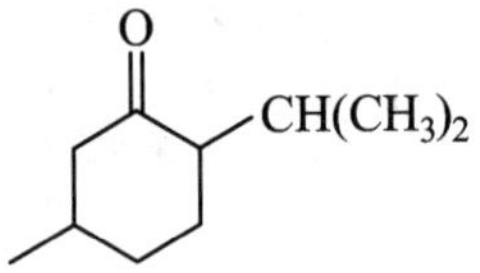

（结构图：5-甲基-2-异丙基环己酮）

7. 解：

（反应式：胆固醇与 Br₂ 的反式加成反应）

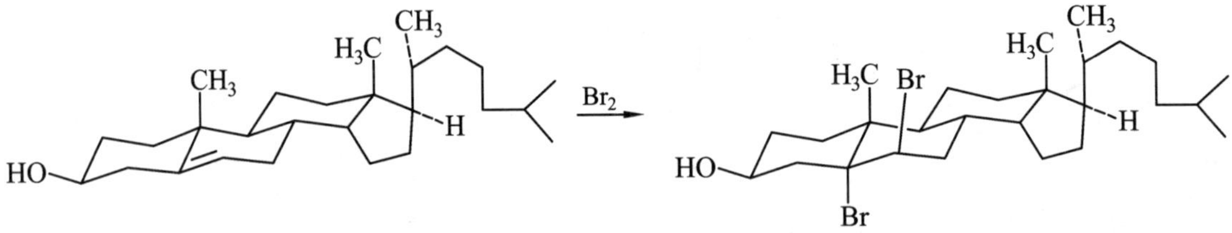

因为产物为反式加成，两个 Br 原子都在 a 键上，然而，顺式加成的产物则很少。

第五章　重要有机化学人名反应

Arbuzov 反应

亚磷酸三烷基酯作为亲核试剂与卤代烷作用,生成烷基膦酸二烷基酯和一个新的卤代烷:

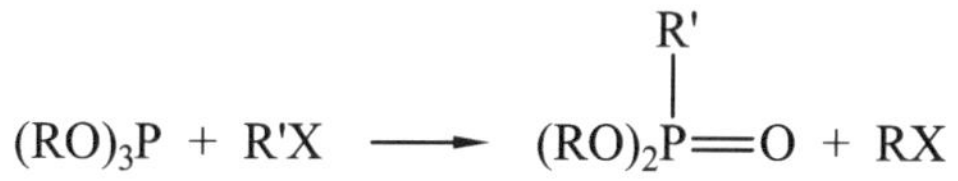

$$(RO)_3P + R'X \longrightarrow (RO)_2\overset{\overset{R'}{|}}{P}\!\!=\!\!O + RX$$

卤代烷反应时,其活性次序为:R'I>R'Br>R'Cl。除了卤代烷外,烯丙型或炔丙型卤化物、卤代醚、α-卤代羧酸或α-卤代酸酯、对甲苯磺酸酯等也可以发生反应。当亚磷酸三烷基酯中三个烷基各不相同时,总是先脱除含碳原子数最少的基团。

本反应是由醇制备卤代烷的很好方法,因为亚磷酸三烷基酯可以由醇与三氯化磷反应制得:

$$3ROH + PCl_3 \longrightarrow (RO)_3P$$

如果反应所用的卤代烷 R'X 的烷基和亚磷酸三烷基酯(RO)$_3$P 的烷基相同(即 R' = R),则 Arbuzov 反应如下:

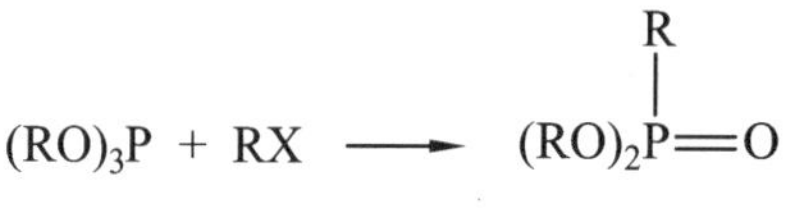

$$(RO)_3P + RX \longrightarrow (RO)_2\overset{\overset{R}{|}}{P}\!\!=\!\!O \quad (X = Br, Cl, I)$$

这是制备烷基膦酸酯的常用方法。

除了亚磷酸三烷基酯外,亚膦酸酯 RP(OR')$_2$ 和次亚膦酸酯 R$_2$POR'也能发生该类反应,例如:

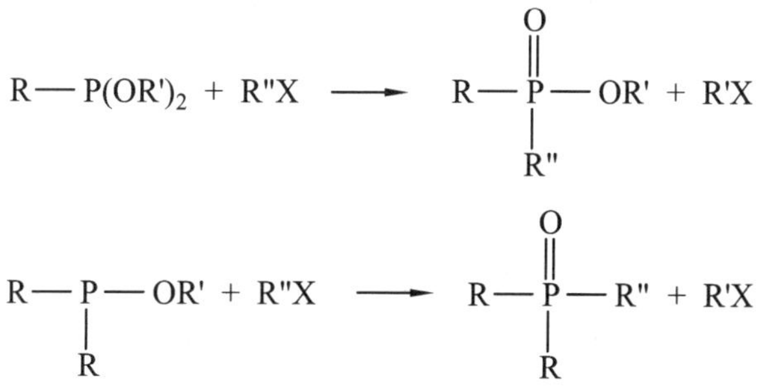

$$R\!-\!P(OR')_2 + R''X \longrightarrow R\!-\!\overset{\overset{O}{\|}}{\underset{\underset{R''}{|}}{P}}\!-\!OR' + R'X$$

$$R\!-\!\underset{\underset{R}{|}}{P}\!-\!OR' + R''X \longrightarrow R\!-\!\overset{\overset{O}{\|}}{\underset{\underset{R}{|}}{P}}\!-\!R'' + R'X$$

反应机理

一般认为是按 S_N2 进行的分子内重排反应:

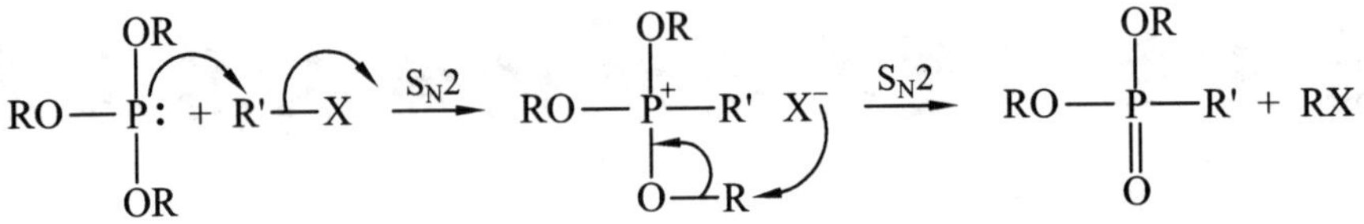

$$RO-\underset{\underset{OR}{|}}{\overset{\overset{OR}{|}}{P}}: + R'-X \xrightarrow{S_N2} RO-\underset{\underset{O-R}{|}}{\overset{\overset{OR}{|}}{P^+}}-R' \quad X^- \xrightarrow{S_N2} RO-\underset{\underset{O}{\|}}{\overset{\overset{OR}{|}}{P}}-R' + RX$$

反应实例

(1) $(C_2H_5O)_3P + CH_3I \xrightarrow{\Delta} CH_3-\overset{\overset{O}{\|}}{P}(OC_2H_5)_2 + C_2H_5I$
　　　　　　　　　　　　　　　　95%

(2) $(C_2H_5O)_3P + C_2H_5I \xrightarrow{\Delta} C_2H_5-\overset{\overset{O}{\|}}{P}(OC_2H_5)_2$

(3) 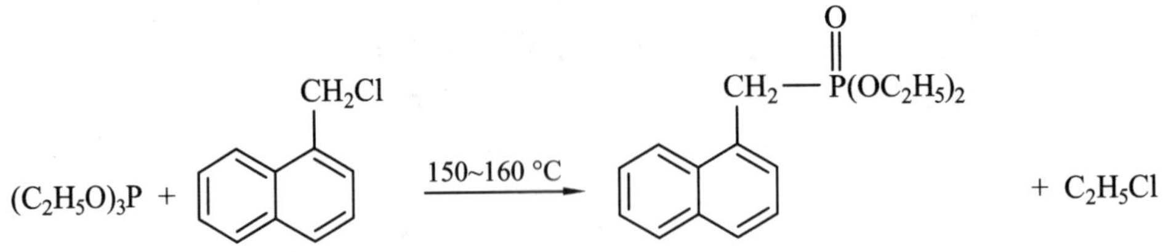 (C₂H₅O)₃P + 1-(氯甲基)萘 $\xrightarrow{150\sim160\ ℃}$ 1-萘基甲基膦酸二乙酯 + C₂H₅Cl
　　　　　　　　　　　　　　　　　　　　　　　　　　　　87%

Arndt-Eister 反应

酰氯与重氮甲烷反应,然后在氧化银催化下与水共热得到酸。

$$R\overset{\overset{O}{\|}}{C}-Cl + CH_2N_2 \longrightarrow R\overset{\overset{O}{\|}}{C}-CHN_2 \xrightarrow[H_2O]{Ag_2O} RCH_2COOH$$

反应机理

重氮甲烷与酰氯反应首先形成重氮酮(A),A 在氧化银催化下与水共热,得到酰基卡宾(B),B 发生重排得烯酮(C),C 与水反应生成酸,若与醇或氨(胺)反应,则得酯或酰胺。

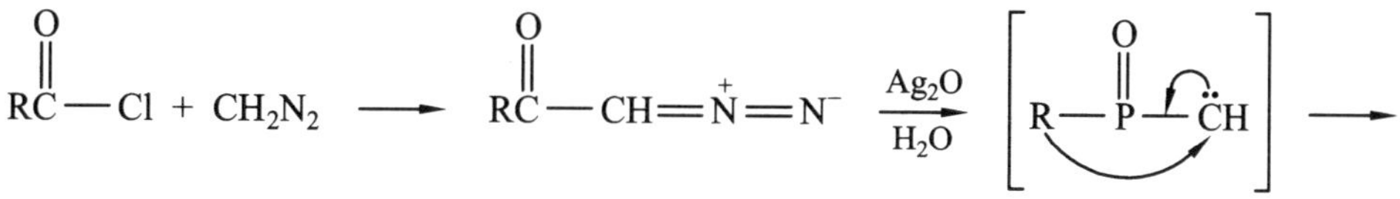

$$\underset{A}{RC(=O)-Cl + CH_2N_2 \longrightarrow RC(=O)-CH=\overset{+}{N}=N^-} \xrightarrow[H_2O]{Ag_2O} \underset{B}{\left[R-\overset{\overset{O}{\parallel}}{\underset{}{P}}-\overset{..}{C}H \right]} \longrightarrow$$

$$\underset{C}{[RCH=C=O]} \xrightarrow{H_2O} RCH_2COOH$$

反应实例

萘-1-COOH $\xrightarrow{SOCl_2}$ 萘-1-COCl $\xrightarrow{CH_2N_2}$ 萘-1-COCHN$_2$ $\xrightarrow[H_2O]{Ag_2O}$

萘-1-CH=C=O $\xrightarrow{H_2O}$ 萘-1-CH$_2$COOH

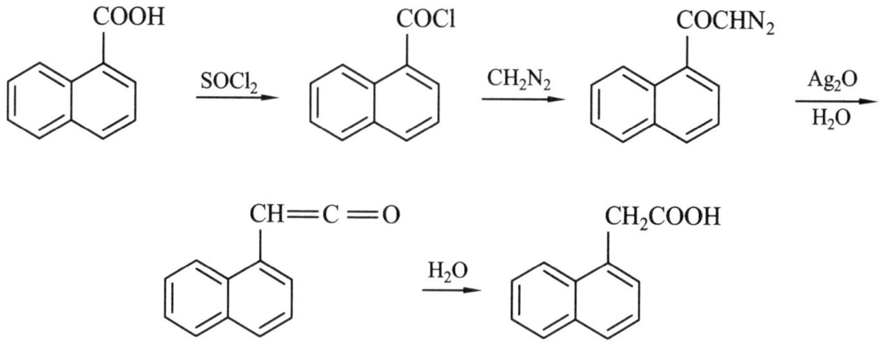

Baeyer-Villiger 氧化

酮类化合物用过氧酸如过氧乙酸、过氧苯甲酸、间氯过氧苯甲酸或三氟过氧乙酸等氧化，可在羰基旁边插入一个氧原子，生成相应的酯，其中三氟过氧乙酸是最好的氧化剂。这类氧化剂的特点是反应速率快，反应温度一般在 10 ~ 40 ℃，产率高。

环己酮 $\xrightarrow{CH_3COOOH}$ ε-己内酯

90%

$$Ph-\overset{\overset{O}{\parallel}}{C}-Ph \xrightarrow{C_6H_5COOOH} Ph-\overset{\overset{O}{\parallel}}{C}-OPh$$

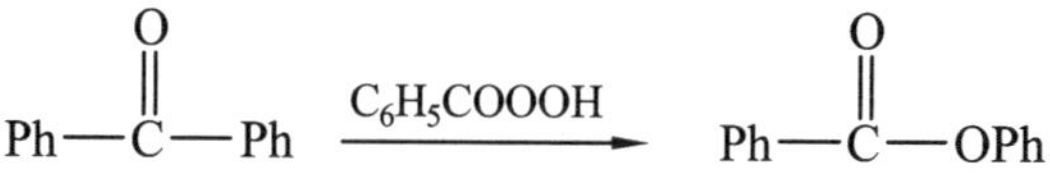

82%

反应机理

过氧酸先与羰基进行亲核加成，然后酮羰基上的一个烃基带着一对电子迁移到 —O—O— 基团中与羰基碳原子直接相连的氧原子上，同时发生 O—O 键异裂。因此，这是一个重排反应。

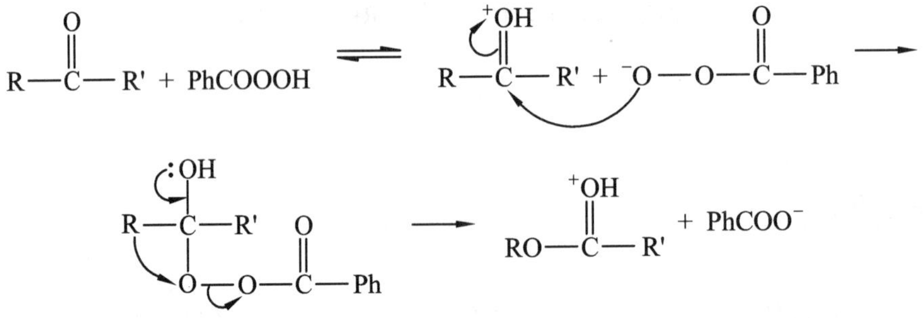

具有光学活性的 3-苯基丁酮和过氧酸反应，重排产物手性碳原子的构型保持不变，说明反应属于分子内重排：

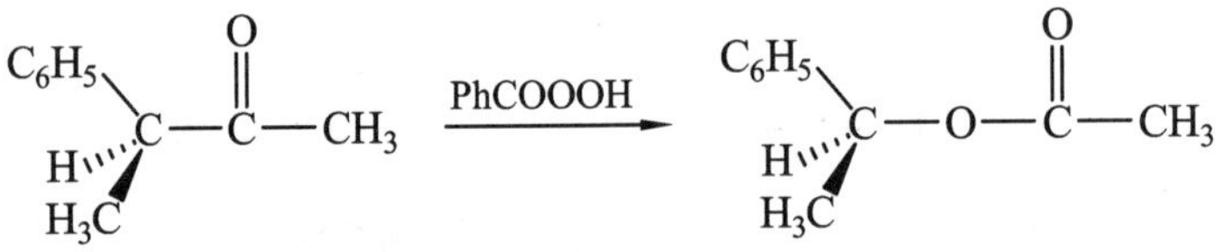

不对称的酮氧化时，在重排阶段，羰基两侧的烃基均可迁移，但实验证明还是有选择性的，烃基迁移有快慢之分，其迁移能力大小顺序为

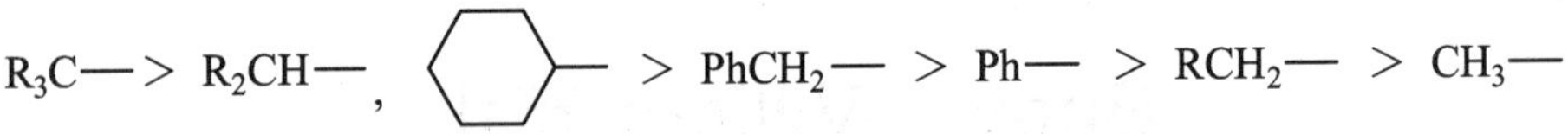

$$R_3C- > R_2CH-, \text{环己基} > PhCH_2- > Ph- > RCH_2- > CH_3-$$

醛氧化时的机理与此相似，但迁移的是氢负离子，得到的重排产物是羧酸：

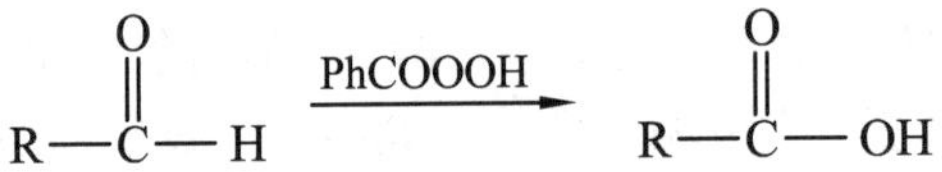

反应实例

（1）环己基-CO-CH$_3$ + PhCOOOH → 环己基-O-CO-CH$_3$

（2）$(CH_2)_n$ 环酮 + RCOOOH → 内酯

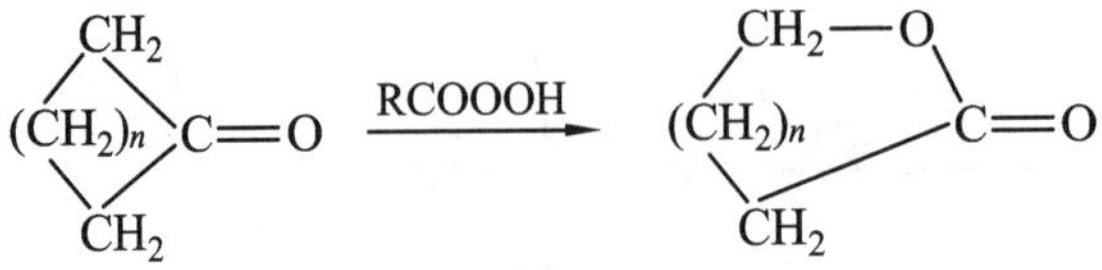

(3) [结构式] $\xrightarrow{\text{CH}_3\text{COOH, H}_2\text{O}_2}$ [结构式]
50 °C, 2 h, 85%~90%

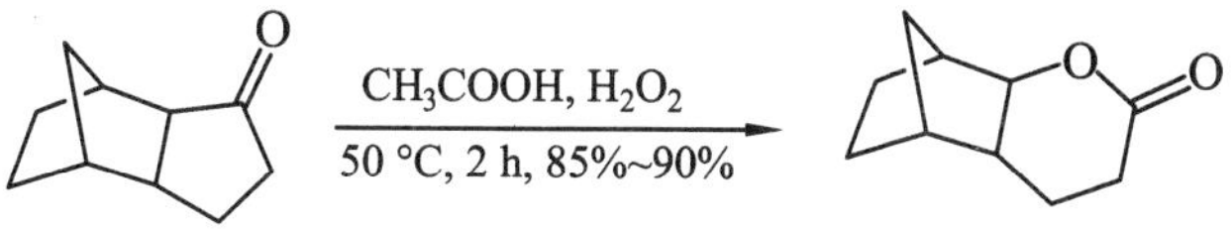

(4) PhCH=CH—COCH$_3$ $\xrightarrow{\text{CH}_3\text{COOH, H}_2\text{O}_2}$ PhCH=CH—O—COCH$_3$

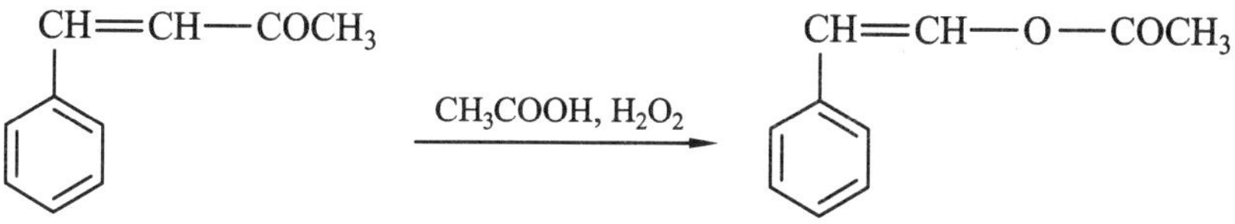

Beckmann 重排

肟在酸如硫酸、多聚磷酸以及能产生强酸的五氯化磷、三氯化磷、苯磺酰氯、亚硫酰氯等作用下发生重排，生成相应的取代酰胺，如环己酮肟在硫酸作用下重排生成己内酰胺：

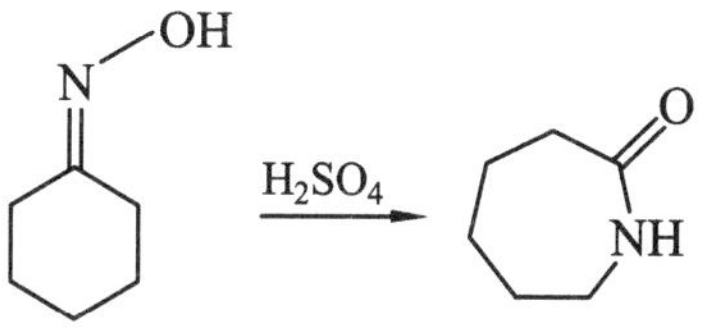

环己酮肟 $\xrightarrow{\text{H}_2\text{SO}_4}$ 己内酰胺

反应机理

在酸作用下，肟首先发生质子化，然后脱去一分子水，同时与羟基处于反位的基团迁移到缺电子的氮原子上，形成的碳正离子与水反应得到酰胺。

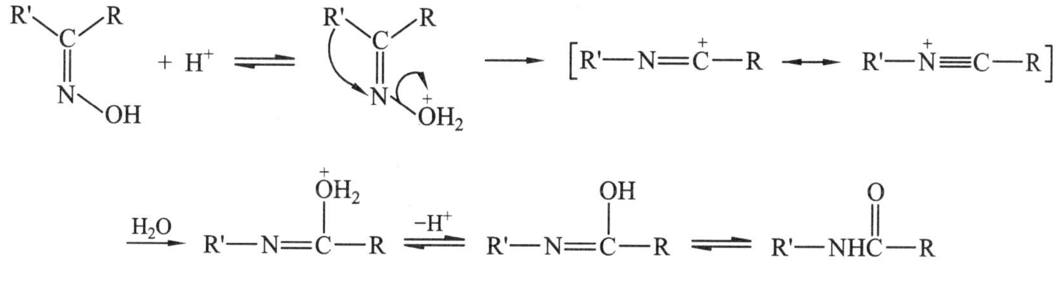

$$R'\underset{\text{NOH}}{\overset{R}{C}} + H^+ \rightleftharpoons R'\underset{\overset{+}{\text{NOH}_2}}{\overset{R}{C}} \longrightarrow [R'—N\overset{+}{=}C—R \longleftrightarrow R'—\overset{+}{N}\equiv C—R]$$

$$\xrightarrow{\text{H}_2\text{O}} R'—N=\underset{\overset{+}{\text{OH}_2}}{C}—R \underset{-H^+}{\rightleftharpoons} R'—N=\underset{\text{OH}}{C}—R \rightleftharpoons R'—NH\underset{\text{O}}{\overset{\|}{C}}—R$$

迁移基团如果是手性碳原子，则在迁移前后其构型不变，例如：

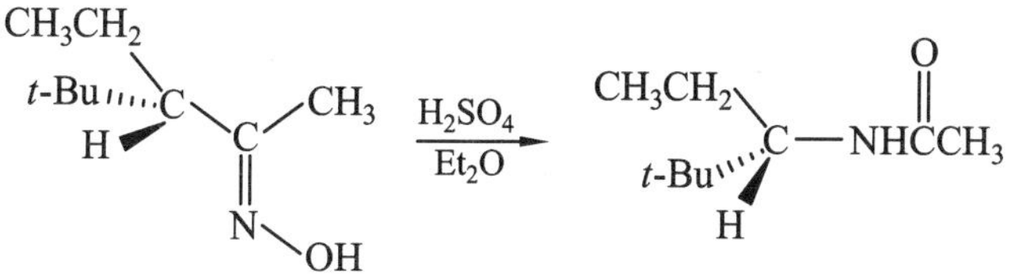

[手性肟结构式 t-Bu, CH$_3$CH$_2$, H, CH$_3$, NOH] $\xrightarrow[\text{Et}_2\text{O}]{\text{H}_2\text{SO}_4}$ [酰胺产物结构式 CH$_3$CH$_2$, t-Bu, H, NHCOCH$_3$]

反应实例

（1） 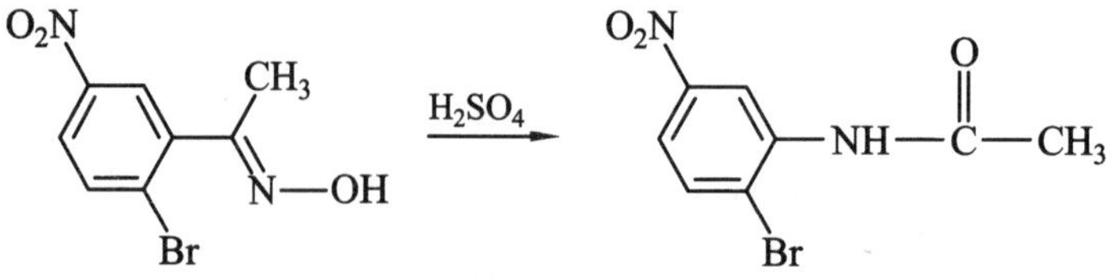
$$\underset{\text{(邻溴对硝基苯基甲酮肟)}}{\text{O}_2\text{N-C}_6\text{H}_3(\text{Br})-\text{C}(\text{CH}_3)=\text{N-OH}} \xrightarrow{\text{H}_2\text{SO}_4} \text{O}_2\text{N-C}_6\text{H}_3(\text{Br})-\text{NH-CO-CH}_3$$

（2）
$$\underset{\text{Ph}}{\overset{\text{H}_3\text{C}}{>}}\text{C}=\text{N}^{\text{OH}} \xrightarrow{\text{PCl}_5} \text{PhNH-CO-CH}_3$$

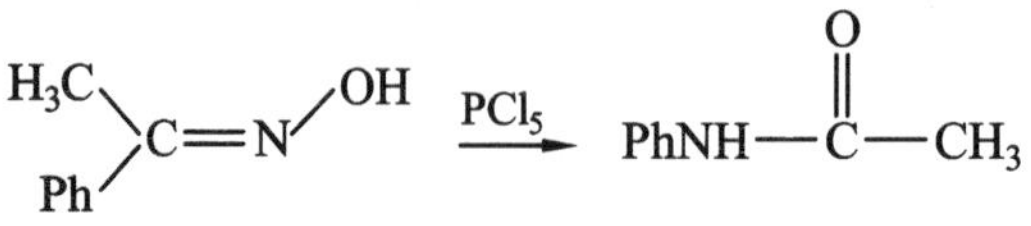

Birch 还原

芳香化合物用碱金属（钠、钾或锂）在液氨与醇（乙醇、异丙醇或仲丁醇）的混合液中还原，苯环可被还原成非共轭的 1,4-己二烯化合物。

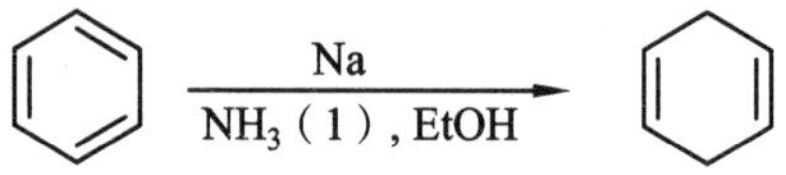

$$\text{C}_6\text{H}_6 \xrightarrow[\text{NH}_3(1),\text{EtOH}]{\text{Na}} \text{1,4-环己二烯}$$

反应机理

首先是钠和液氨作用生成溶剂化电子，然后苯环得到一个电子生成自由基负离子（A），这时苯环的π电子体系中有 7 个电子，加到苯环上的那个电子处在苯环分子轨道上，自由基负离子仍是一个环状共轭体系，A 表示的是其部分共振式。A 不稳定而被质子化，随即从乙醇中夺得一个质子生成环己二烯基自由基（B），B 再夺得一个溶剂化电子转变成环己二烯负离子（C），C 是一个强碱，迅速再在乙醇中夺取一个电子生成 1,4-环己二烯。

$$\text{Na} \xrightarrow{\text{NH}_3} \text{Na}^+ + e^-$$

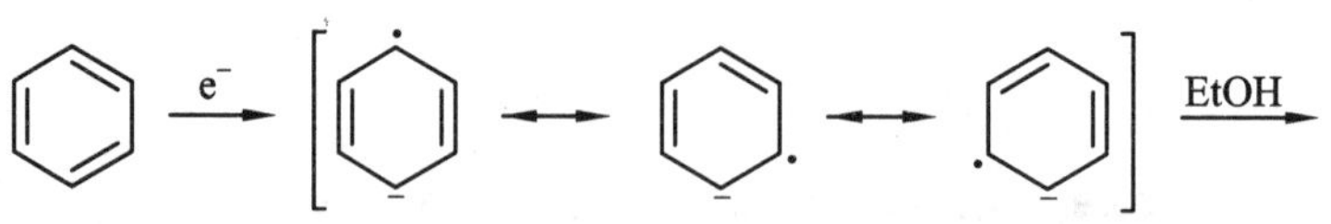

$$\text{C}_6\text{H}_6 \xrightarrow{e^-} [\text{A 共振式}] \xrightarrow{\text{EtOH}}$$

A

$$[\text{B 共振式}] \xrightarrow{e^-}$$

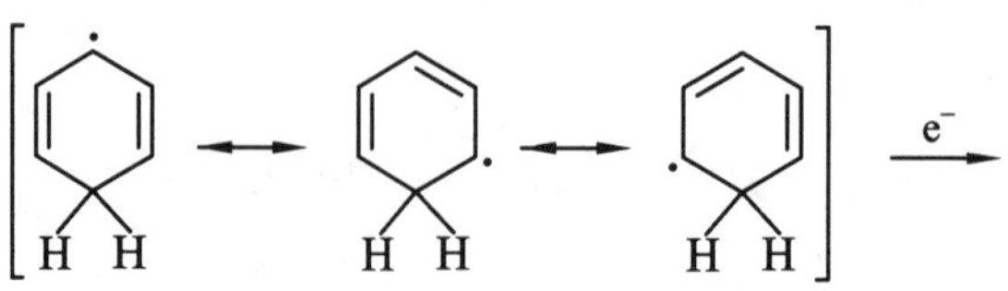

B

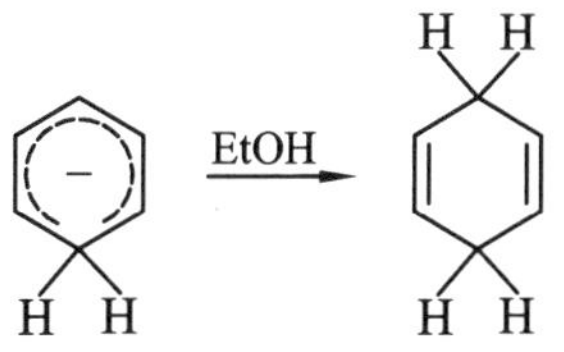

环己二烯负离子（C）在共轭链中的中间碳原子上质子化比在末端碳原子上质子化快，原因尚不清楚。

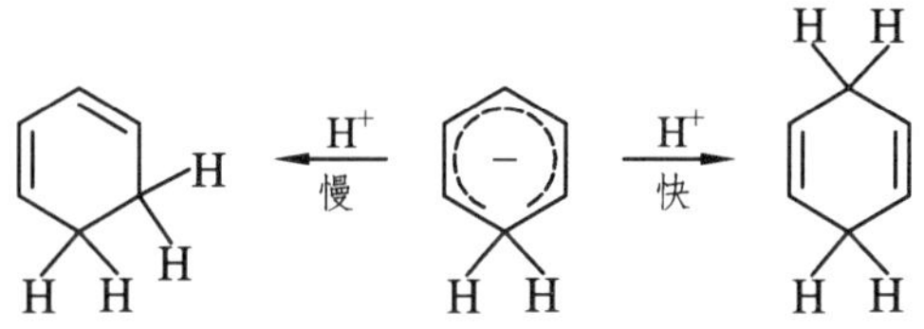

反应实例

取代的苯也能发生还原，并且通常得到单一的还原产物。例如：

（1）甲苯 $\xrightarrow{\text{Na}, \text{NH}_3(l), \text{EtOH}}$ 1-甲基-2,5-环己二烯

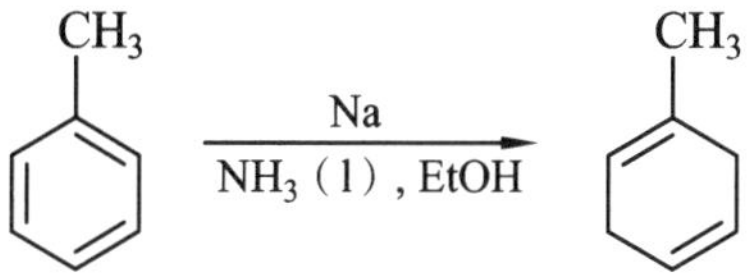

（2）邻二甲苯 $\xrightarrow{\text{Na}, \text{NH}_3(l), \text{EtOH}}$ 1,2-二甲基-3,5-环己二烯

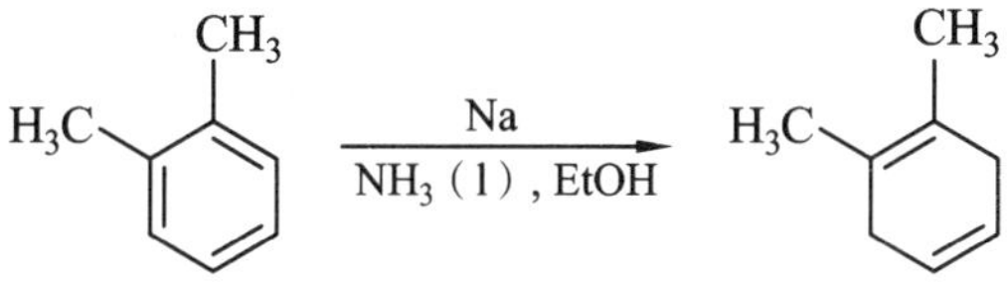

Bucherer 反应

萘酚及其衍生物在亚硫酸或亚硫酸氢盐存在下和氨在高温下进行反应，可得萘胺衍生物，反应是可逆的。

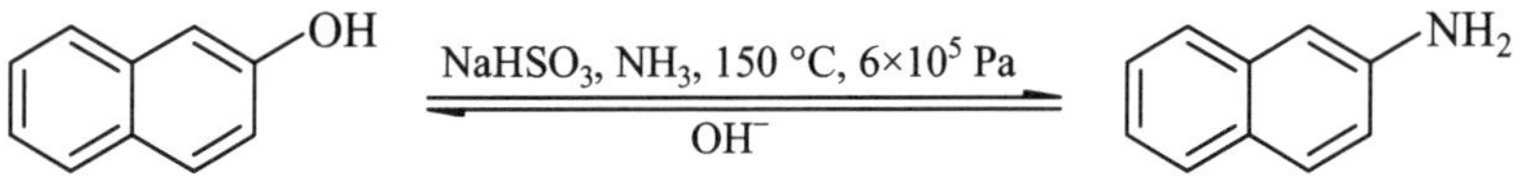

2-萘酚 $\xrightleftharpoons[\text{OH}^-]{\text{NaHSO}_3, \text{NH}_3, 150\ °C, 6\times10^5\ \text{Pa}}$ 2-萘胺

反应时，如用一级胺或二级胺与萘酚反应则得到二级或三级萘胺。例如，由萘胺制萘酚，可将其加入热的亚硫酸氢钠中，再加入碱，经煮沸除去氨而得。

反应机理

本反应的机理为加成消除过程，反应的第一步（无论从哪个方向开始）都是 $NaHSO_3$ 加成到环的双键上，得到烯醇（A）或烯胺（F），它们再进一步互变异构为酮（C）或亚胺（D）

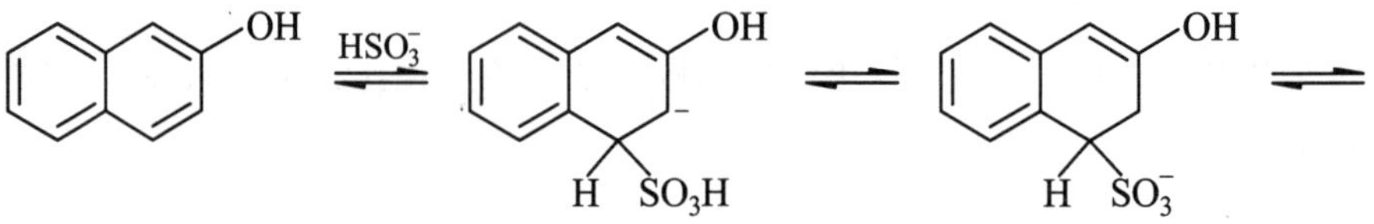

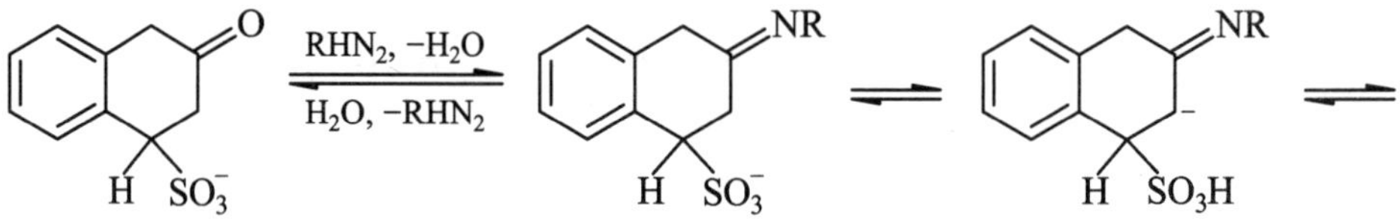

反应实例

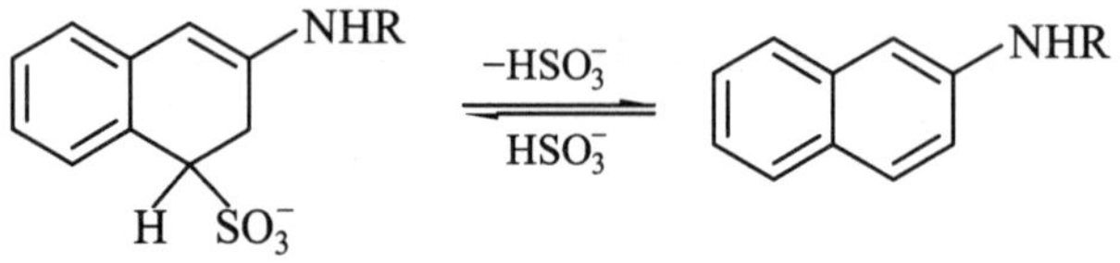

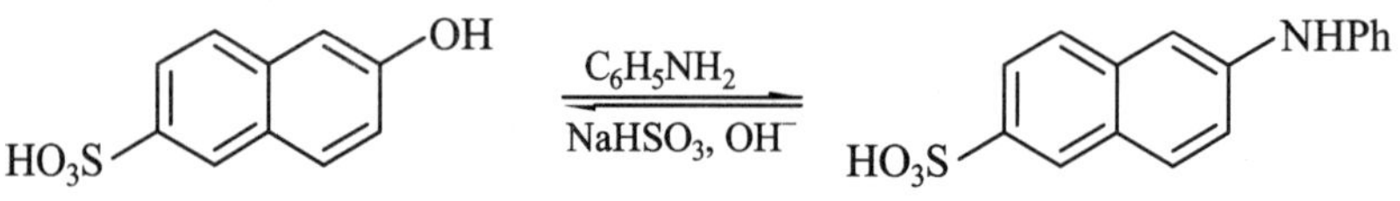

Cannizzaro 反应

无 α-活泼氢原子的醛，在强碱作用下，发生分子间氧化-还原反应，一个分子的醛基氢以氢负离子的形式转移到另一分子上，结果一分子被氧化成酸，而另一分子则被还原为一级醇，故又称为歧化反应。

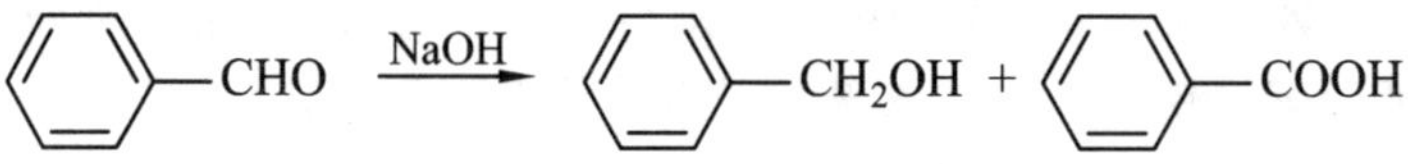

$$\text{HCHO} \xrightarrow{\text{NaOH}} \text{H}_3\text{COH} + \text{HCOO}^-$$

无 α-活泼氢原子的两种不同的醛也能发生这样的氧化还原反应,称为"交叉 Cannizzaro 反应",其中还原性强的醛被氧化成酸,还原性较弱的醛则被还原为醇,如甲醛和苯甲醛反应,甲醛被氧化成酸,苯甲醛被还原成苯甲醇:

$$\text{HCHO} + \text{PhCHO} \xrightarrow{\text{NaOH}} \text{HCOO}^- + \text{PhCH}_2\text{OH}$$

具有 α-活泼氢原子的醛和甲醛首先发生羟醛缩合反应,得到无 α-活泼氢原子的 β-羟基醛,然后再与甲醛进行交叉 Cannizzaro 反应,如乙醛和甲醛反应得到季戊四醇:

$$3\text{HCHO} + \text{CH}_3\text{CHO} \xrightarrow{\text{OH}^-} (\text{HOCH}_2)_3\text{CCHO} \xrightarrow[\text{OH}^-]{\text{HCHO}} \text{C}(\text{CH}_2\text{OH})_4 + \text{HCOO}^-$$

反应机理

这个反应可能是经过下列步骤完成的:醛首先和氢氧负离子进行亲核加成得到一个氧负离子,然后碳上的氢带着一对电子以氢负离子的形式转移到另一分子醛的羰基碳原子上。

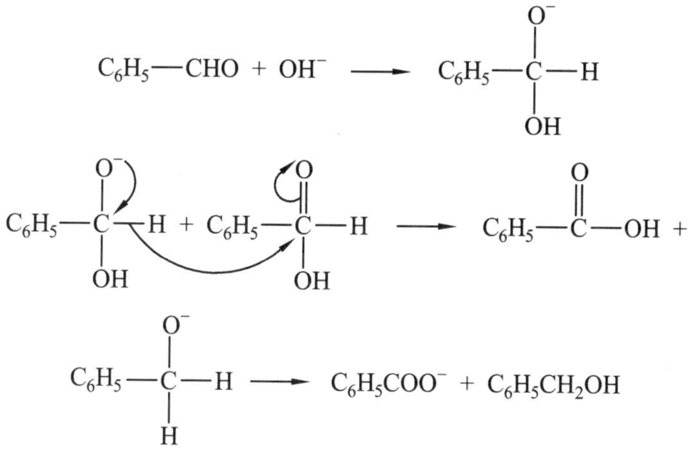

$$\text{C}_6\text{H}_5\text{—CHO} + \text{OH}^- \longrightarrow \text{C}_6\text{H}_5\overset{\text{O}^-}{\underset{\text{OH}}{\text{—C—H}}}$$

当此反应在重水中进行时,所得醇的 α-碳原子上不含重氢,表明这些 α-氢原子来自另一分子醛,而不是来自反应介质。

反应实例

(1) 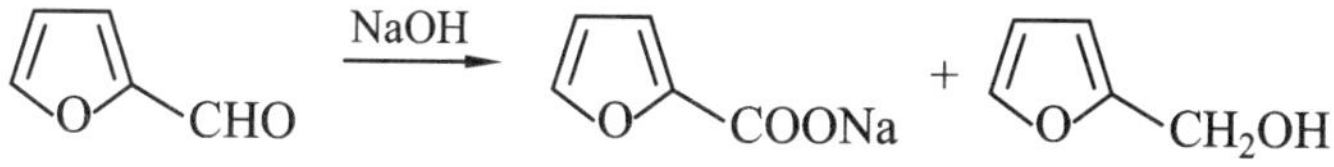 糠醛 $\xrightarrow{\text{NaOH}}$ 糠酸钠 + 糠醇

(2) 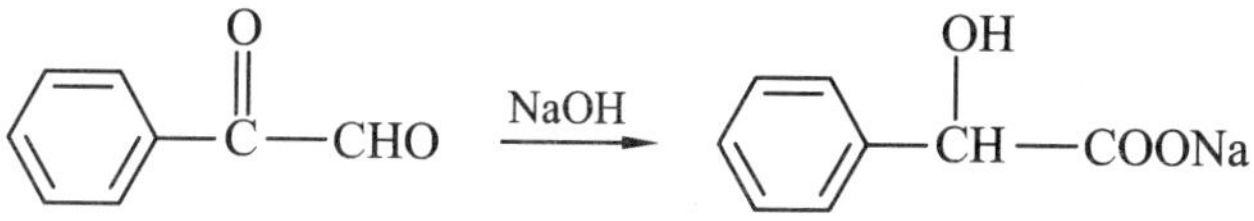 苯甲酰甲醛 $\xrightarrow{\text{NaOH}}$ 苯乙醇酸钠(扁桃酸钠)

Chichibabin 反应

杂环碱类与碱金属的氨基物一起加热时发生胺化反应，得到相应的氨基衍生物，如吡啶与氨基钠反应生成 2-氨基吡啶，如果 α-位已被占据，则得 γ-氨基吡啶，但产率很低。

$$\text{Py} + \text{NaNH}_2 \xrightarrow{100\sim200\ ^\circ\text{C}} \text{2-PyNHNa} \xrightarrow{\text{H}_2\text{O}} \text{2-PyNH}_2$$

本方法是在杂环上引入氨基的简便有效的方法，广泛适用于各种氮杂芳环，如苯并咪唑、异喹啉、吖啶和菲啶类化合物均能发生本反应。喹啉、吡嗪、嘧啶、噻唑类化合物反应较为困难。氨基化试剂除氨基钠、氨基钾外，还可以用取代的碱金属氨化物：

$$\text{Py} + \text{NaNHC}_4\text{H}_9 \xrightarrow{100\sim200\ ^\circ\text{C}\ \ \text{H}_2\text{O}} \text{2-PyNHC}_4\text{H}_9$$

反应机理

反应机理还不是很清楚，可能是吡啶与氨基首先加成得 A，A 转移一个负氢离子给质子给予体（HA），产生一分子氢气和少量的 2-氨基吡啶（B），此少量的 B 又可以作为质子的给予体，最后的产物是 2-氨基吡啶的钠盐，用水分解得到 2-氨基吡啶：

$$\text{Py} \xrightarrow{\text{NaNH}_2} \text{A} \xrightarrow{-\text{H}_2} \text{PyNH}^- \xrightarrow{\text{H}^+} \text{PyNH}_2$$
$$\quad\quad\quad\quad\quad\quad\quad\quad\quad\quad\quad\quad\quad \text{B}$$

$$\text{A} + \text{B} \xrightarrow{-\text{H}_2} \text{PyNH}_2 + \text{PyNH}^-$$

$$\text{PyNH}^- \xrightarrow{\text{H}_2\text{O}} \text{PyNH}_2$$

反应实例

$$\text{喹啉} + \text{NaNH}_2 \xrightarrow[100\ ^\circ\text{C}]{\text{二甲苯}\ \ \text{H}_2\text{O}} \text{2-氨基喹啉}$$
$$40\%$$

吡啶类化合物不易进行硝化，用硝基还原法制备氨基吡啶甚为困难。

Claisen 重排

烯丙基芳基醚在高温（200 ℃）下可以重排，生成烯丙基酚。

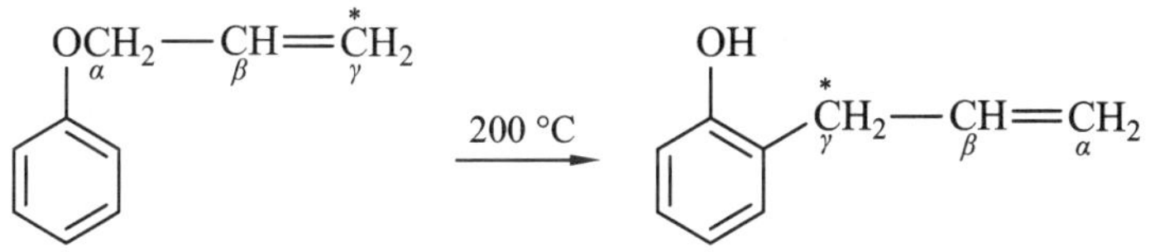

当烯丙基芳基醚的两个邻位未被取代基占满时，重排主要得到邻位产物，两个邻位均被取代基占据时，重排得到对位产物。对位、邻位均被占满时不发生此类重排反应。

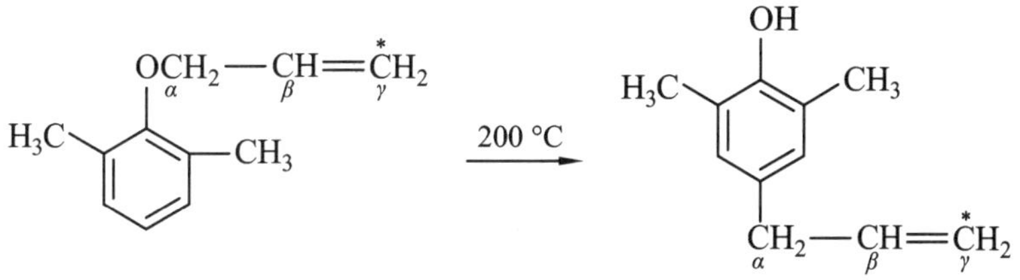

交叉反应实验证明：Claisen 重排是分子内的重排。采用同位素碳 ^{14}C 标记的烯丙基醚进行重排，重排后同位素碳原子与苯环相连，碳碳双键发生位移。两个邻位都被取代的芳基烯丙基酚，重排后同位素碳原子不与苯环相连。

反应机理

Claisen 重排是一个协同反应，中间经过一个环状过渡态，所以芳环上取代基的电子效应对重排无影响。

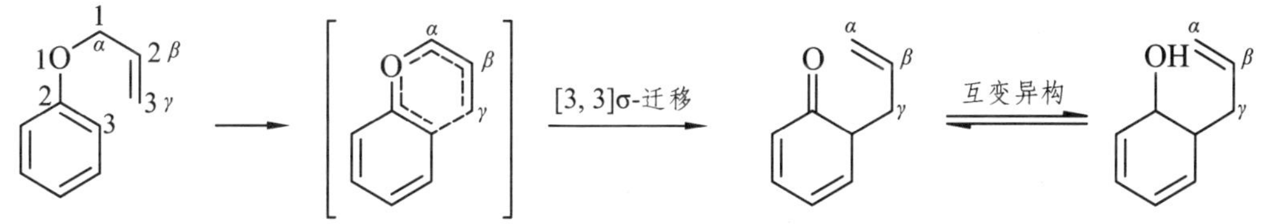

烯丙基苯基醚　　环状过渡态　　　　　　　　　　　　　邻烯丙基酚

从烯丙基芳基醚重排为邻烯丙基酚经过一次 [3,3]σ-迁移和一次由酮式到烯醇式的互变异构；两个邻位都被取代基占据的烯丙基芳基酚重排时先经过一次 [3,3]σ-迁移到邻位（Claisen 重排），由于邻位已被取代基占据，无法发生互变异构，接着又发生一次 [3,3]σ-迁移

（Cope 重排）到对位，然后经互变异构得到对位烯丙基酚。

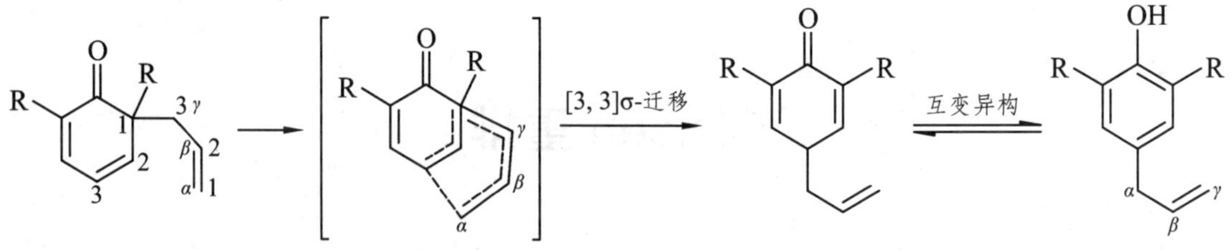

取代的烯丙基芳基醚重排时，无论原来的烯丙基双键是 Z-构型还是 E-构型，重排后的新双键的构型都是 E-型，这是因为重排反应所经过的六员环状过渡态具有稳定的椅式构象。

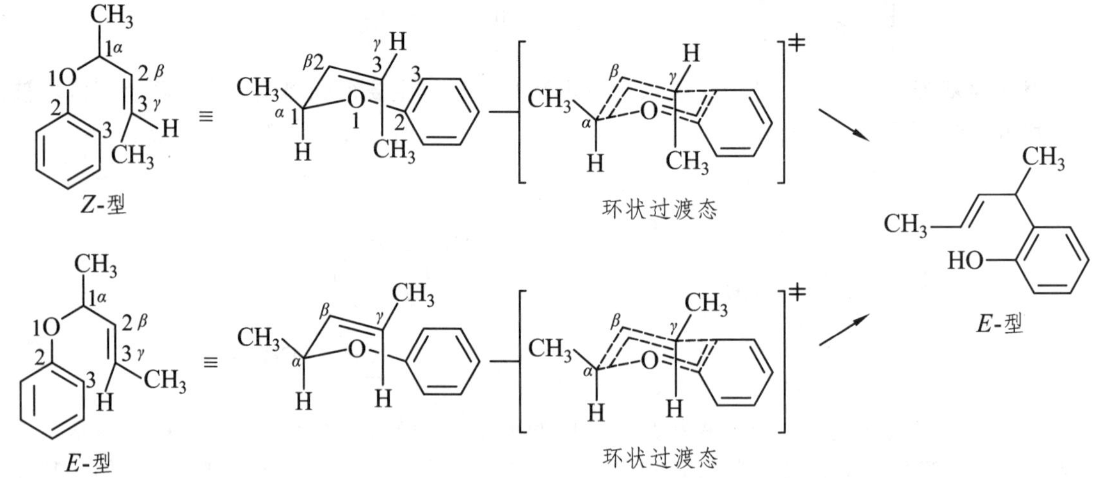

反应实例

（1）PhOCH$_2$—CH=CHC$_6$H$_5$ $\xrightarrow{200\ ^\circ\text{C}}$ 邻-HO-C$_6$H$_4$-CH(C$_6$H$_5$)-CH=CH$_2$

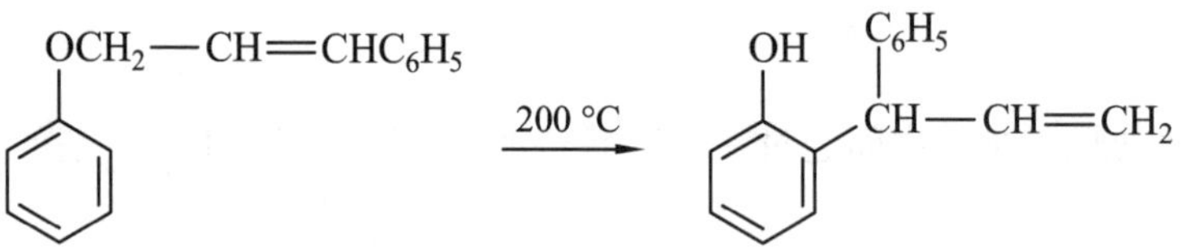

（2）4-Cl-C$_6$H$_4$-OCH$_2$-CH=CH$_2$ 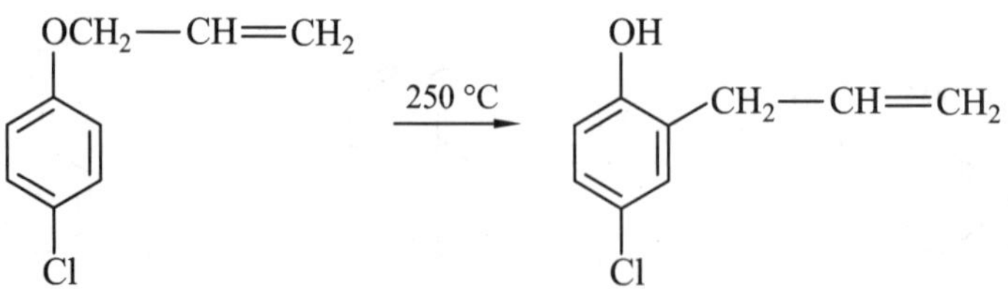 $\xrightarrow{250\ ^\circ\text{C}}$ 2-(CH$_2$CH=CH$_2$)-4-Cl-C$_6$H$_3$-OH

（3）2,6-(CH$_3$)$_2$-C$_6$H$_3$-OCH$_2$-CH=CHCH$_3$ $\xrightarrow{200\ ^\circ\text{C}}$ 2,6-(CH$_3$)$_2$-4-(CH$_2$CH=CHCH$_3$)-C$_6$H$_2$-OH

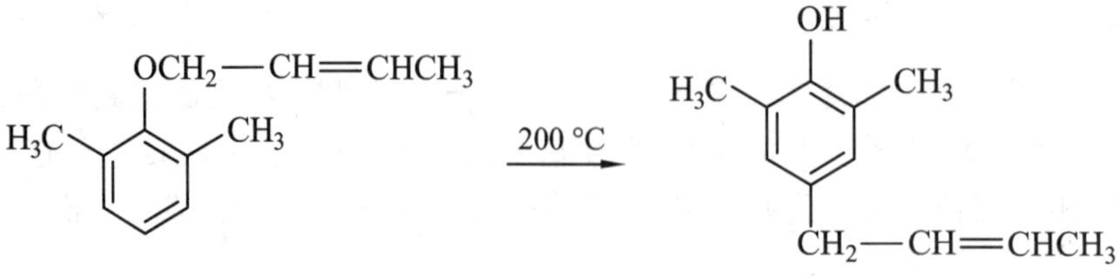

Claisen 重排具有普遍性，在醚类化合物中，如果存在烯丙氧基与碳碳相连的结构，就有可能发生 Claisen 重排。

Claisen 酯缩合反应

含有 α-氢的酯在醇钠等碱性缩合剂作用下发生缩合反应，失去一分子醇得到 β-酮酸酯。如两分子乙酸乙酯在金属钠和少量乙醇作用下发生缩合得到乙酰乙酸乙酯。

$$2CH_3COOC_2H_5 \xrightarrow{C_2H_5ONa} CH_3COCH_2COOC_2H_5$$
$$(75\%)$$

二元羧酸酯的分子内酯缩合见 Dieckmann 综合反应。

反应机理

乙酸乙酯的 α-氢酸性很弱（$pK_a \approx 24.5$），而乙醇钠又是一个相对较弱的碱（乙醇的 $pK_a \approx 15.9$），因此，乙酸乙酯与乙醇钠作用形成的负离子在平衡体系中是很少的。但由于最后产物乙酰乙酸乙酯是一个比较强的酸，能与乙醇钠作用形成很稳定的负离子，从而使平衡朝着正反应方向移动。所以，尽管反应体系中的乙酸乙酯负离子浓度很低，但一旦形成，就不断地反应，结果反应还是可以顺利完成。

$$CH_3COOC_2H_5 + C_2H_5O^- \rightleftharpoons {}^-CH_2COOC_2H_5 + C_2H_5OH$$

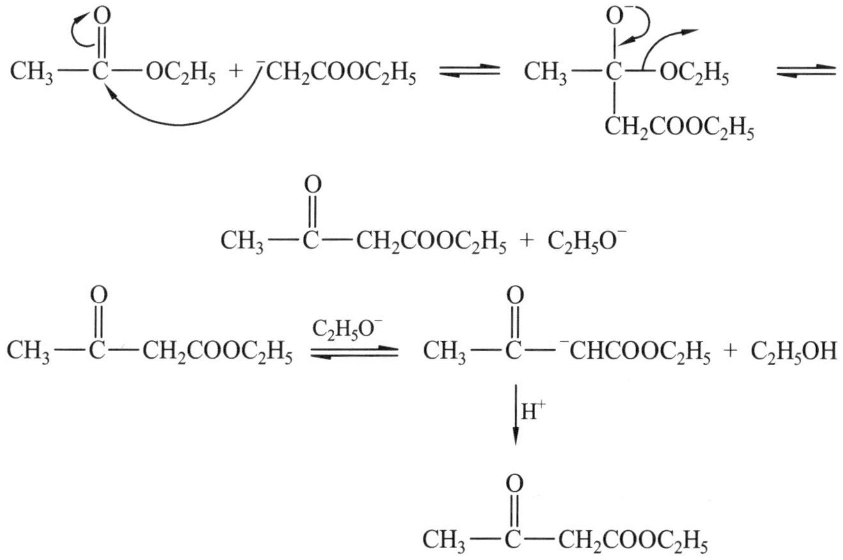

常用的碱性缩合剂除乙醇钠外，还有叔丁醇钾、叔丁醇钠、氢化钾、氢化钠、三苯甲基钠、二异丙氨基锂（LDA）和 Grignard 试剂等。

反应实例

如果酯的 α-碳上只有一个氢原子，由于酸性太弱，用乙醇钠难于形成负离子，需要用较强的碱才能把酯变为负离子。如异丁酸乙酯在三苯甲基钠作用下，可以进行缩合，而在乙醇钠作用下则不能发生反应：

$$2(CH_3)_2CHCOOC_2H_5 + (C_6H_5)_3C^-Na^+ \xrightarrow{Et_2O} (CH_3)_2CH-\underset{\underset{CH_3}{|}}{\overset{\overset{O}{\|}}{C}}-\underset{\underset{}{|}}{\overset{\overset{CH_3}{|}}{C}}COOC_2H_5 + (C_6H_5)_3CH$$

两种不同的酯也能发生酯缩合，理论上可得到四种不同的产物，称为混合酯缩合，在制备上没有太大的意义。但如果其中一个酯分子中既无 α-氢原子，而且烷氧羰基又比较活泼，则仅生成一种缩合物。如苯甲酸酯、甲酸酯、草酸酯、碳酸酯等，与其他含 α-氢原子的酯反应时，都只生成一种缩合产物。

（1）$C_6H_5COOCH_3 + CH_3CH_2COOC_2H_5 \xrightarrow{NaH} \xrightarrow{H^+} C_6H_5\overset{\overset{O}{\|}}{C}-\underset{\underset{}{|}}{\overset{\overset{CH_3}{|}}{CH}}COOC_2H_5$

56%

（2）$HCOOC_2H_5 + CH_3COOC_2H_5 \xrightarrow{C_2H_5ONa} \xrightarrow{H^+} OHCCH_2COOC_2H_5$

（3）$C_6H_5CH_2COOCH_3 + (COOC_2H_5)_2 \xrightarrow{C_2H_5ONa} \xrightarrow{H^+} C_6H_5\underset{\underset{COOC_2H_5}{|}}{CH}-\overset{\overset{O}{\|}}{C}-COOC_2H_5$

$\xrightarrow{175\ ^\circ C} C_6H_5\underset{\underset{COOC_2H_5}{|}}{CH}-COOC_2H_5$

80% ~ 85%

实际上这个反应不限于酯类自身的缩合，酯与含活泼亚甲基的化合物都可以发生这样的缩合反应，这个反应可以用下列通式表示：

$$R-\overset{\overset{O}{\|}}{C}-OC_2H_5 + -\underset{|}{CH}-R' \longrightarrow R-\overset{\overset{O}{\|}}{C}-\underset{|}{C}-R'$$

$R' = COOC_2H_5—, —CN, —COR$

Claisen-Schmidt 反应

一个无 α-氢原子的醛与一个带有 α-氢原子的脂肪族醛或酮在稀氢氧化钠水溶液或醇溶液存在下发生缩合反应，并失水得到 α,β-不饱和醛或酮：

$$\text{C}_6\text{H}_5\text{-CHO} + \text{CH}_3\text{CHO} \xrightleftharpoons{\text{NaOH水溶液}} \text{C}_6\text{H}_5\text{-CH=CH-CHO} + \text{H}_2\text{O}$$

反应机理

$$\text{CH}_3\text{CHO} \xrightarrow{\text{OH}^-} {}^-\text{CH}_2\text{CHO} \xrightarrow{\text{C}_6\text{H}_5\text{CHO}} \text{C}_6\text{H}_5\text{-CH(O}^-\text{)-CH}_2\text{CHO} \xrightarrow[-\text{OH}^-]{\text{H}_2\text{O}}$$

$$\text{C}_6\text{H}_5\text{-CH(OH)-CH}_2\text{CHO} \xrightarrow{-\text{H}_2\text{O}} \text{C}_6\text{H}_5\text{-CH=CHCHO}$$

反应实例

（1）$\text{C}_6\text{H}_5\text{-CHO} + \text{CH}_3\text{COCH}_3 \xrightleftharpoons{\text{NaOH水溶液}} \text{C}_6\text{H}_5\text{-CH=CH-CO-CH}_3 + \text{H}_2\text{O}$

（2）$\text{C}_6\text{H}_5\text{-CHO} + \text{CH}_3\text{COC}_6\text{H}_5 \xrightleftharpoons{\text{10%NaOH 醇溶液}} \text{C}_6\text{H}_5\text{-CH=CH-CO-C}_6\text{H}_5 + \text{H}_2\text{O}$

（3）$\text{furyl-CHO} + \text{CH}_3\text{COCH}_3 \xrightleftharpoons{\text{NaOH水溶液}} \text{furyl-CH=CH-CO-CH}_3 + \text{H}_2\text{O}$

Clemmensen 还原

醛类或酮类分子中的羰基被锌汞齐和浓盐酸还原为亚甲基：

$$\text{>C=O} \xrightarrow[\text{HCl}]{\text{Zn-Hg}} \text{-CH}_2\text{-} + \text{H}_2\text{O}$$

此法只适用于对酸稳定的化合物。对酸不稳定而对碱稳定的化合物可用 Wolff-Kishner-黄鸣龙反应还原。

反应机理

本反应的反应机理较复杂，目前尚不清楚。

反应实例

(1) 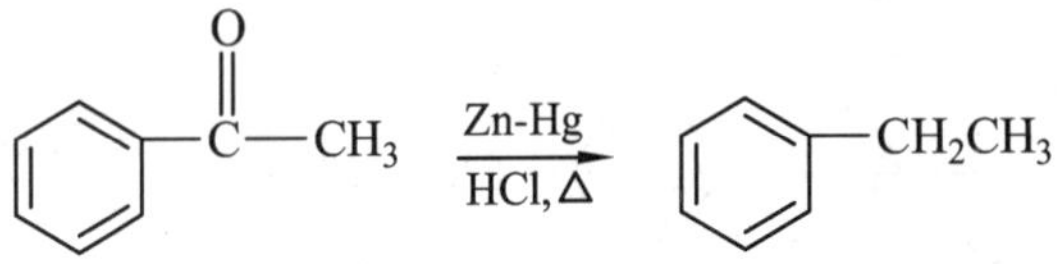 PhCOCH₃ $\xrightarrow[\text{HCl},\Delta]{\text{Zn-Hg}}$ PhCH₂CH₃   80%

(2) 4-羟基-3-甲氧基苯甲醛 $\xrightarrow[\text{HCl},\Delta]{\text{Zn-Hg}}$ 2-甲氧基-4-甲基苯酚   65%

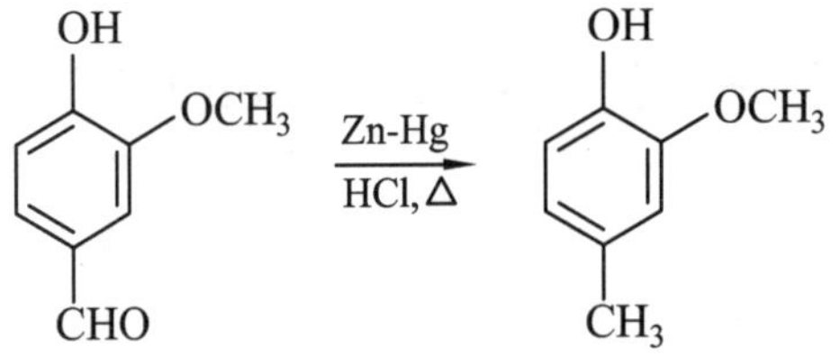

(3) 3-苯甲酰基丙酸 $\xrightarrow[\text{HCl}]{\text{Zn-Hg}}$ 4-苯基丁酸

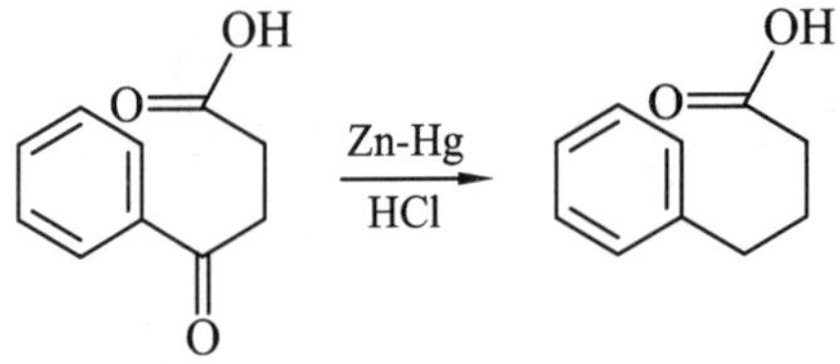

Combes 合成法

Combes 合成法是合成喹啉的另一种方法，是用芳胺与 1,3-二羰基化合物反应，首先得到高产率的 β-氨基烯酮，然后在浓硫酸作用下，羰基氧质子化后的羰基碳原子向氨基邻位的苯环碳原子进行亲电进攻，关环后，再脱水得到喹啉。

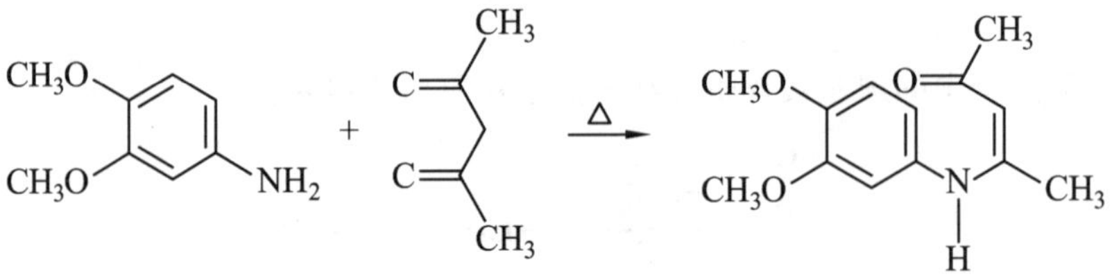

3,4-二甲氧基苯胺 + 2,4-二甲基-1,4-戊二烯-3-酮衍生物 $\xrightarrow{\Delta}$ 6,7-二甲氧基-2-甲基-4-(取代)-1,4-二氢喹啉

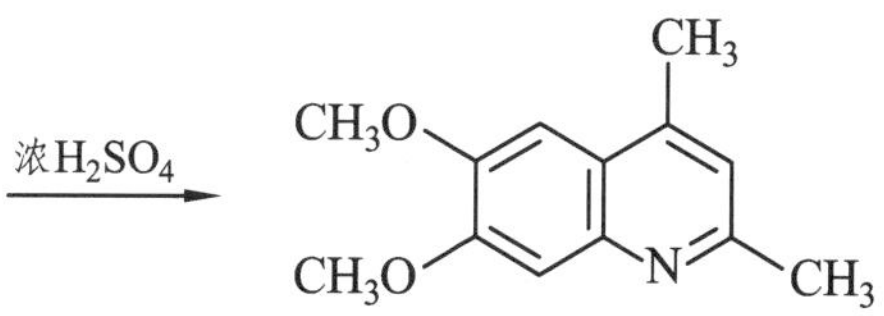

$$\xrightarrow{\text{浓 H}_2\text{SO}_4}$$ [结构式: 2,4-二甲基-6,7-二甲氧基喹啉]

在氨基的间位有强的邻、对位定位基团存在时，关环反应容易发生；但当强邻、对位定位基团存在于氨基的对位时，则不易发生关环反应。

反应实例

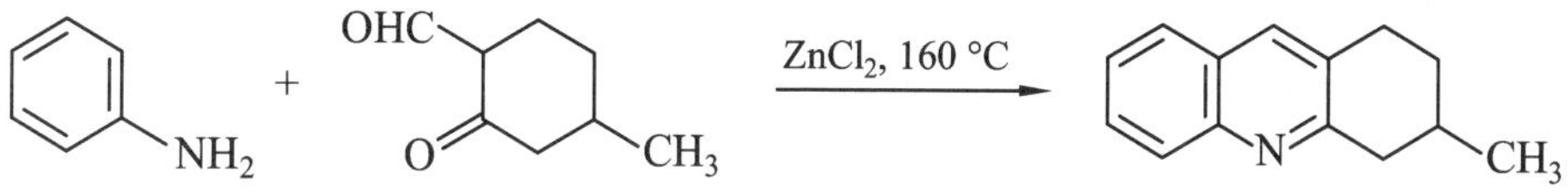

[苯胺 + 2-甲酰基-4-甲基环己酮] $\xrightarrow{\text{ZnCl}_2, 160\ ^\circ\text{C}}$ [3-甲基-1,2,3,4-四氢吖啶]

Cope 重排

1,5-二烯类化合物受热时发生类似于 O-烯丙基重排为 C-烯丙基的重排反应（Claisen 重排）反应称为 Cope 重排。这个反应 30 多年来引起人们的广泛注意。1,5-二烯在 150~200 ℃ 单独加热短时间就容易发生重排，并且产率非常好。

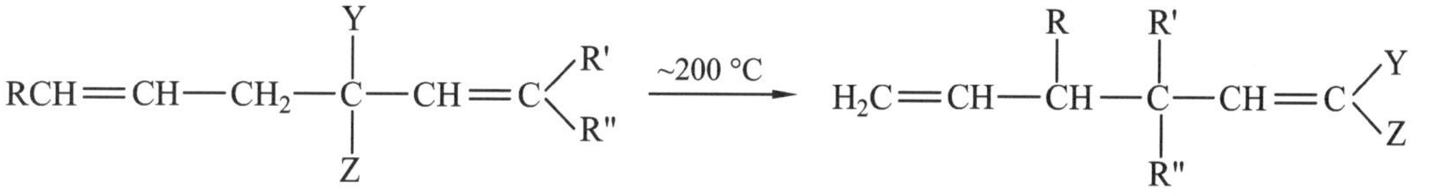

$$\text{RCH}=\text{CH}-\text{CH}_2-\underset{Z}{\overset{Y}{C}}-\text{CH}=\text{C}\underset{R''}{\overset{R'}{<}} \xrightarrow{\sim 200\ ^\circ\text{C}} \text{H}_2\text{C}=\text{CH}-\underset{}{\overset{R}{CH}}-\underset{R''}{\overset{R'}{C}}-\text{CH}=\text{C}\underset{Z}{\overset{Y}{<}}$$

（65%~90%）

（R, R', R'' = H, Alk；Y, Z = COOEt, CN, C$_6$H$_5$）

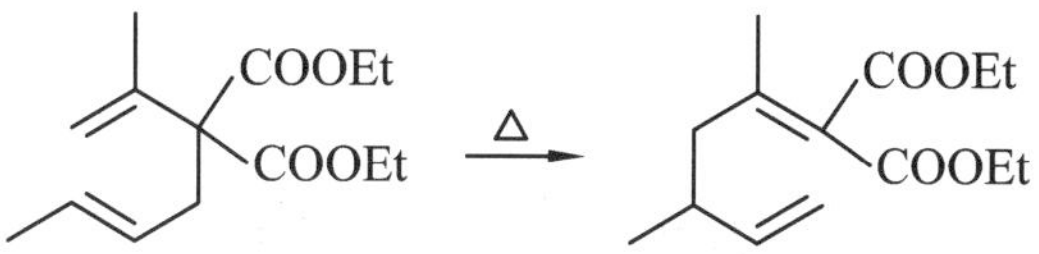

[结构式重排反应，产率 100%]

Cope 重排属于周环反应，它和其他周环反应的特点一样，具有高度的立体选择性。例如：内消旋-3,4-二甲基-1,5-己二烯重排后，得到的产物几乎全部是 (Z, E)-2,6 辛二烯：

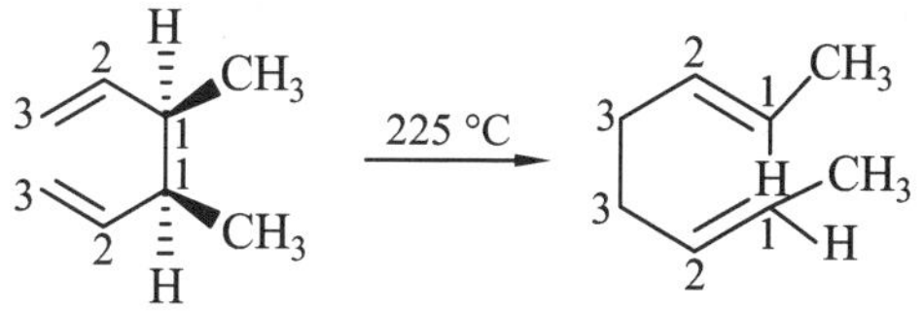

[内消旋-3,4-二甲基-1,5-己二烯] $\xrightarrow{225\ ^\circ\text{C}}$ [(Z,E)-2,6-辛二烯]

反应机理

Cope 重排是 [3,3]σ-迁移反应，反应过程是经过一个环状过渡态进行的协同反应：

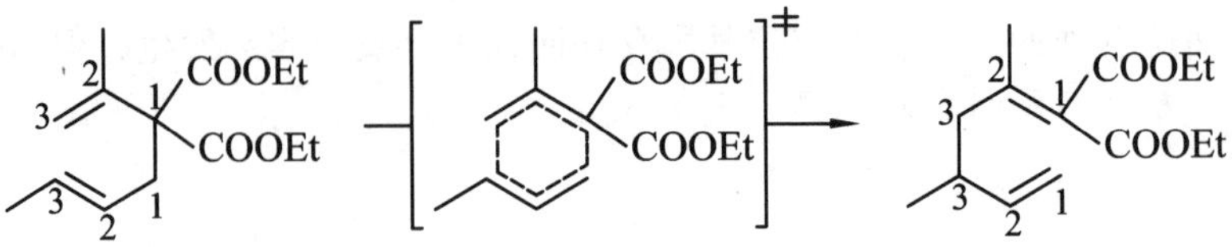

$$\text{二烯二酯} \longrightarrow [\text{椅式过渡态}]^{\ddagger} \longrightarrow \text{重排产物}$$

在立体化学上，表现为经过椅式环状过渡态：

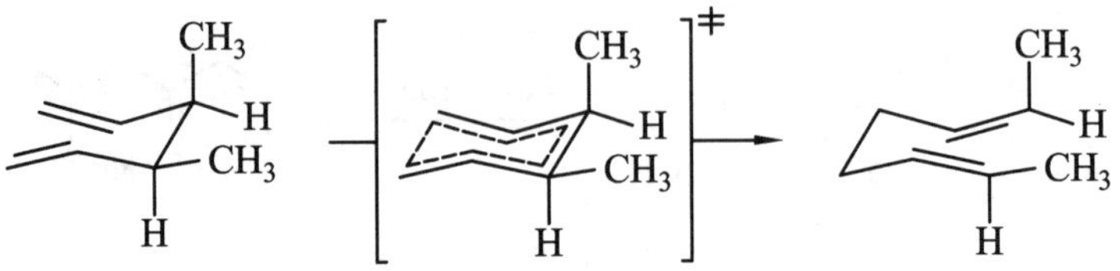

反应实例

（1）顺-二乙烯基环丙烷 $\xrightarrow{225\ ℃}$ 1,4-环庚二烯

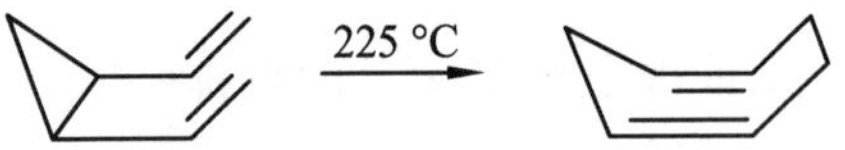

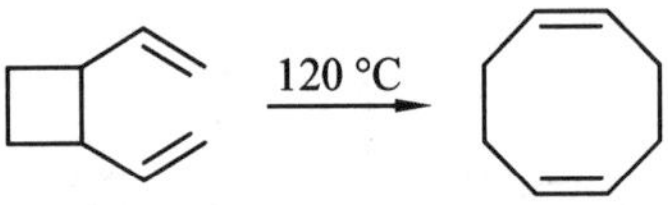

（2）$\xrightarrow{120\ ℃}$

（3）$\xrightarrow{120\ ℃}$

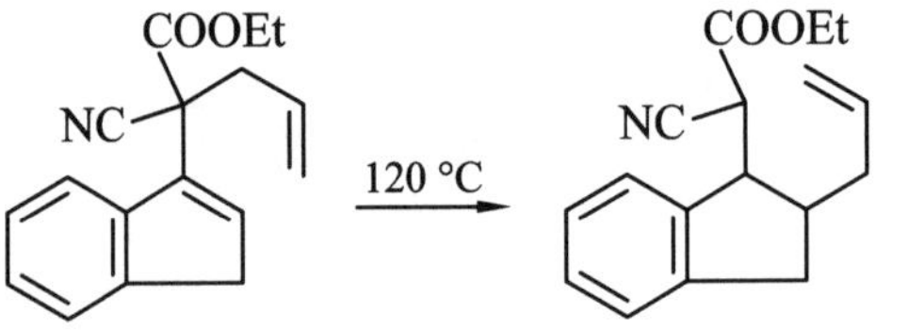

Cope 消除反应

叔胺的 N-氧化物（氧化叔胺）热解时生成烯烃和 N,N-二取代羟胺，产率很高。

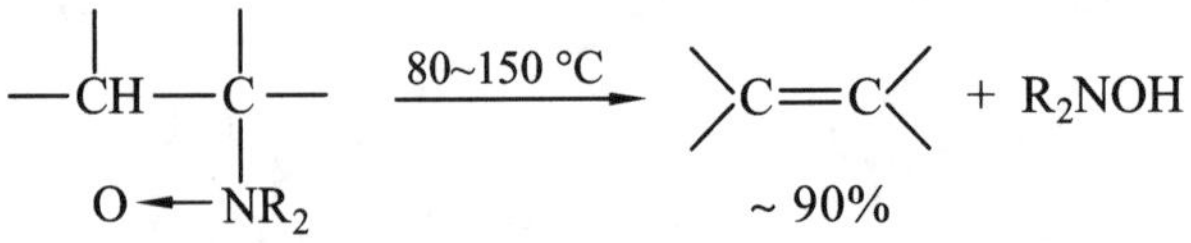

$$\underset{O \leftarrow NR_2}{-\overset{|}{C}H-\overset{|}{C}-} \xrightarrow{80\sim150\ ℃} \underset{\sim 90\%}{\searrow C=C\swarrow} + R_2NOH$$

实际上只需要将叔胺与氧化剂放在一起，不需要分离出氧化叔胺即可继续进行反应，例如在干燥的二甲亚砜或四氢呋喃中这个反应可在室温下进行。此反应条件温和、副反应少，反应过程中不发生重排，可用来制备许多烯烃。当氧化叔胺的一个烃基上两个 β-位有氢原

子存在时，消除得到的烯烃是混合物，但以 Hofmann 产物为主；如得到的烯烃有顺反异构，一般以 E 型为主。例如：

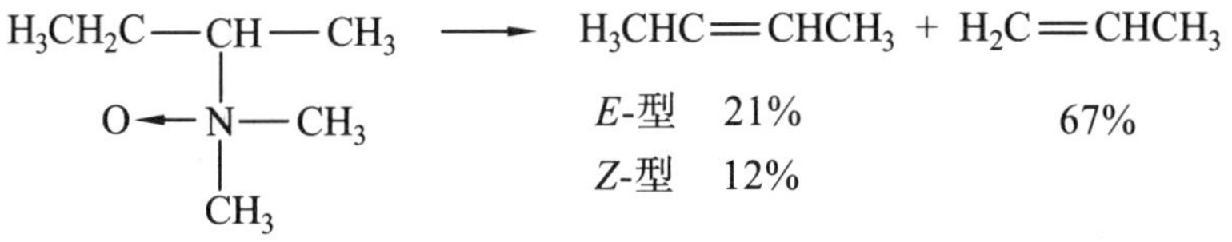

$$H_3CH_2C-CH-CH_3 \longrightarrow H_3CHC=CHCH_3 + H_2C=CHCH_3$$
（O←N(CH₃)₂）

E-型 21%　　　　　67%
Z-型 12%

反应机理

这个反应是 E2 顺式消除反应，反应过程中形成一个平面的五元环过渡态，氧化叔胺的氧作为进攻的碱：

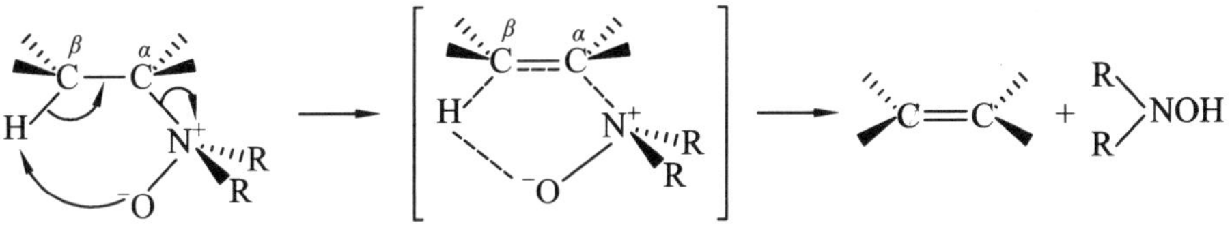

要产生这样的环状结构，氨基和 β-氢原子必须处于同一侧，并且在形成五元环过渡态时，α,β-碳原子上的原子或基团呈现重叠型，这样的过渡态需要较高的活化能，形成后也很不稳定，易于进行消除反应。

反应实例

（1）环己基-CH(H)-CH₂-N(O)(CH₃)₂ $\xrightarrow{160\ °C}$ 环己基=CH₂ + (CH₃)₂NOH
　　　　　　　　　　　　　　　　　　　　　　98%

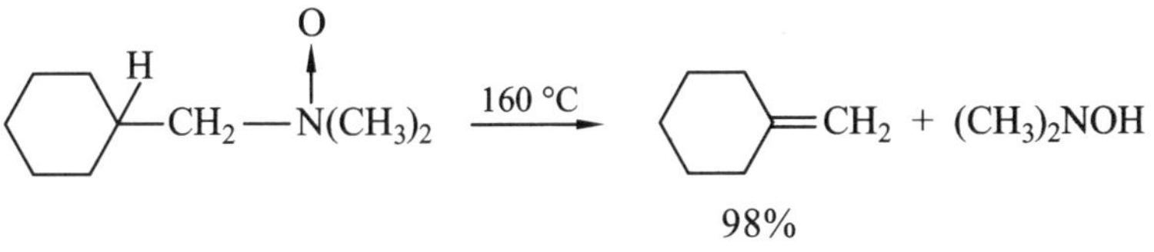

（2）2,4,6-三甲基环己基-N(O)(CH₃)₂ ⟶

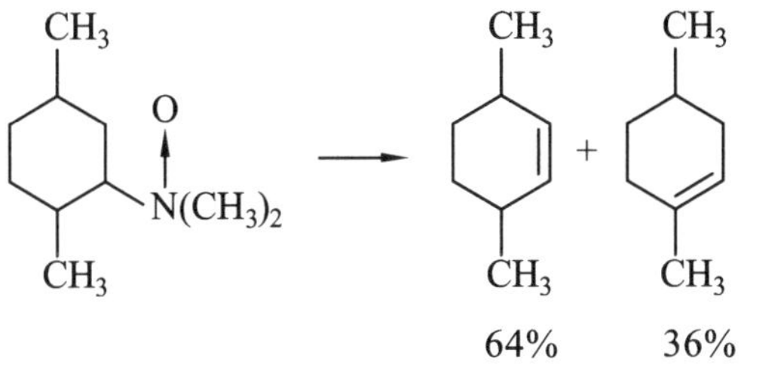

64%　　36%

（3）(CH₃)₂N(O)-CH(C(CH₃)₂OH)-CH₂-CH(CH₃)-CH₂-CH₂OH ⟶ (CH₃)₂C(OH)-CH=CH-CH₂-CH(CH₃)-CH₂-CH₂OH

94%

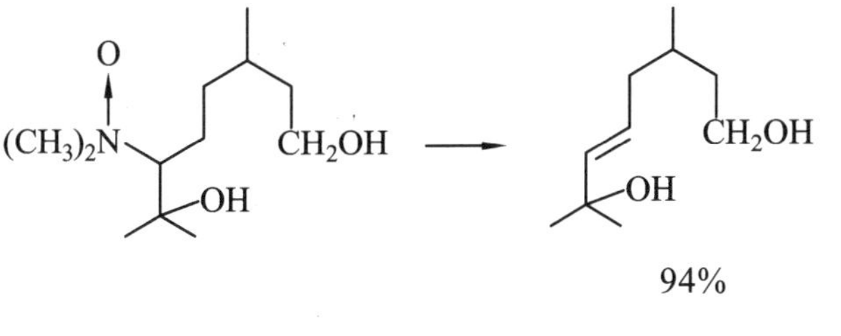

Curtius 反应

酰基叠氮化物在惰性溶剂中加热分解生成异氰酸酯：

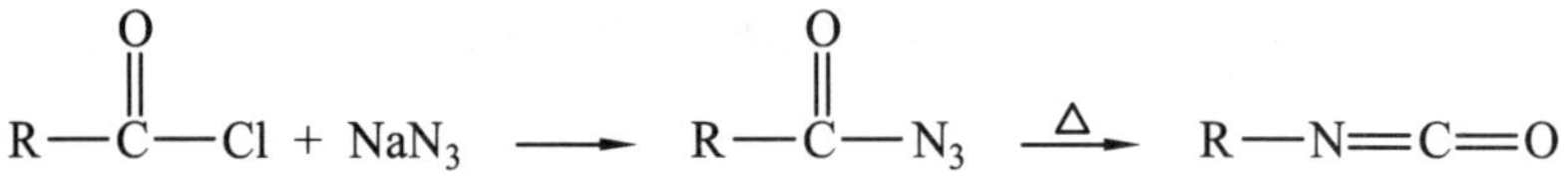

$$R-\underset{\underset{O}{\|}}{C}-Cl + NaN_3 \longrightarrow R-\underset{\underset{O}{\|}}{C}-N_3 \xrightarrow{\Delta} R-N=C=O$$

异氰酸酯水解则得到胺：

$$R-C=C=O \xrightarrow{H_2O} RNH_2$$

反应机理

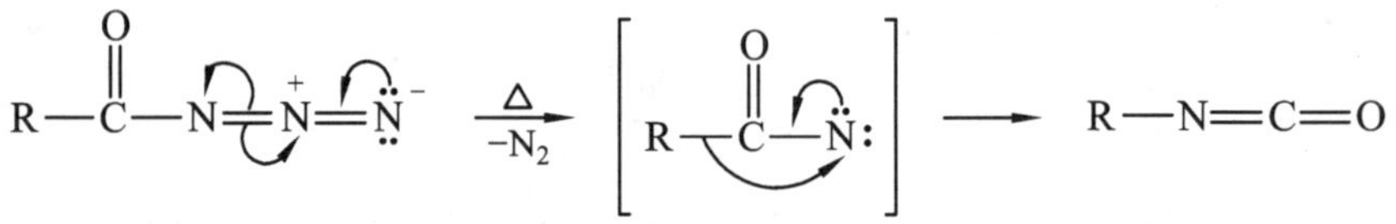

$$R-\underset{\underset{O}{\|}}{C}-\overset{..}{N}-\overset{+}{N}=\overset{..}{N}{^-} \xrightarrow[-N_2]{\Delta} \left[R-\underset{\underset{O}{\|}}{C}-N: \right] \longrightarrow R-N=C=O$$

反应实例

(1) 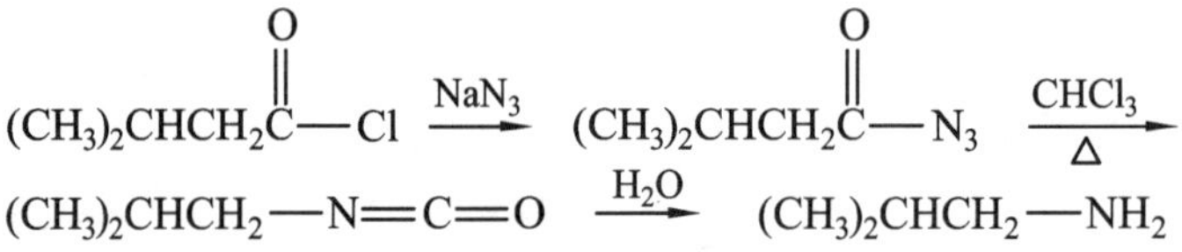 $(CH_3)_2CHCH_2\underset{\underset{O}{\|}}{C}-Cl \xrightarrow{NaN_3} (CH_3)_2CHCH_2\underset{\underset{O}{\|}}{C}-N_3 \xrightarrow[\Delta]{CHCl_3}$
$(CH_3)_2CHCH_2-N=C=O \xrightarrow{H_2O} (CH_3)_2CHCH_2-NH_2$
70%

(2)

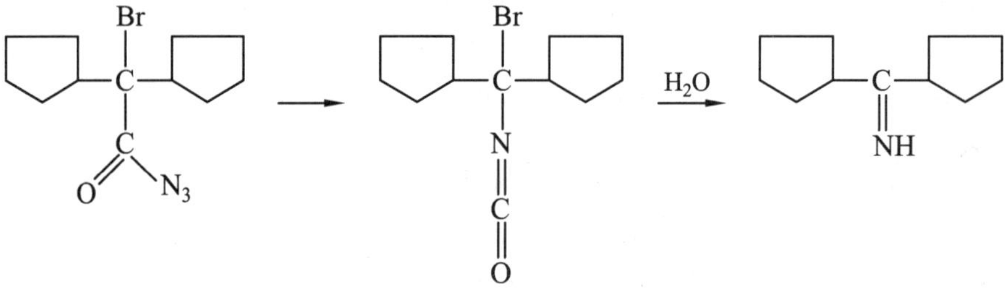

60%

Dakin 反应

邻位或对位有羟基（或氨基）的芳醛或芳酮在碱溶液中用过氧化氢或其他过氧化物氧化，

得到相应的多元酚：

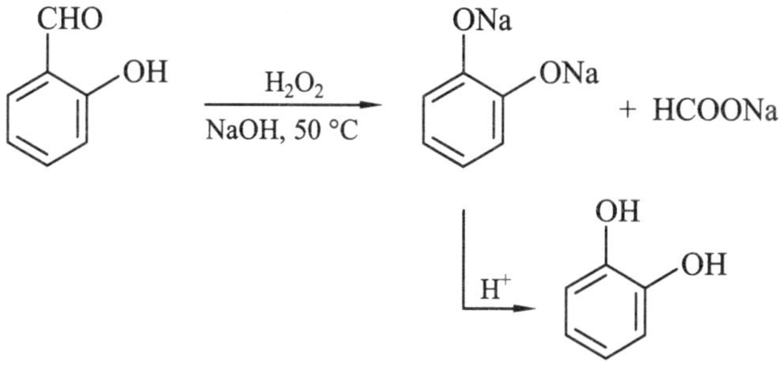

$$\underset{\text{OH}}{\text{C}_6\text{H}_4\text{CHO}} \xrightarrow[\text{NaOH, 50 °C}]{\text{H}_2\text{O}_2} \underset{\text{ONa}}{\text{C}_6\text{H}_4\text{ONa}} + \text{HCOONa} \xrightarrow{\text{H}^+} \underset{\text{OH}}{\text{C}_6\text{H}_4\text{OH}}$$

碱性试剂可以用氢氧化钠、氢氧化钾、三甲基苄基氢氧化铵等。含有羧基、硝基、卤素、氨基、甲氧基、甲基等各种取代基的羟基芳醛或芳酮都能发生此反应。

反应机理

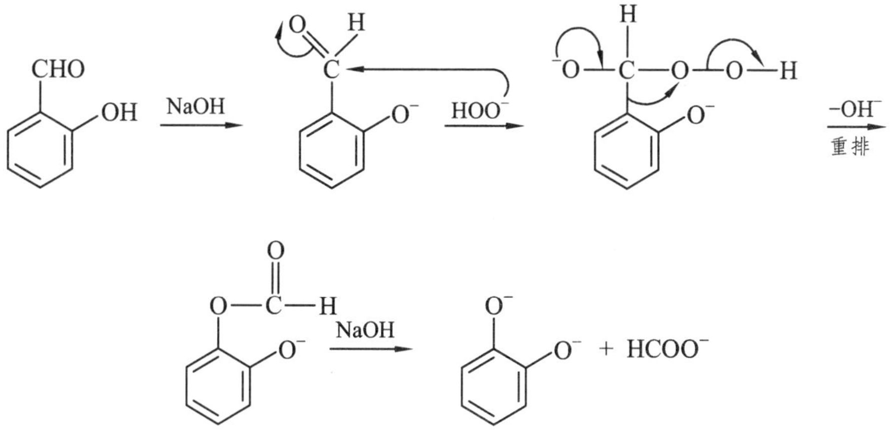

反应实例

（1）3-甲氧基水杨醛 $\xrightarrow[\text{NaOH}]{\text{H}_2\text{O}_2}$ 3-甲氧基邻苯二酚 + HCOOH

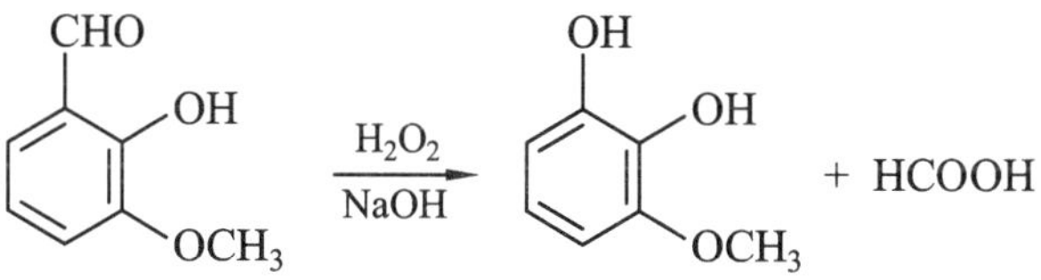

（2）对羟基苯甲醛 $\xrightarrow[\text{NaOH}]{\text{H}_2\text{O}_2}$ 对苯二酚 + HCOOH

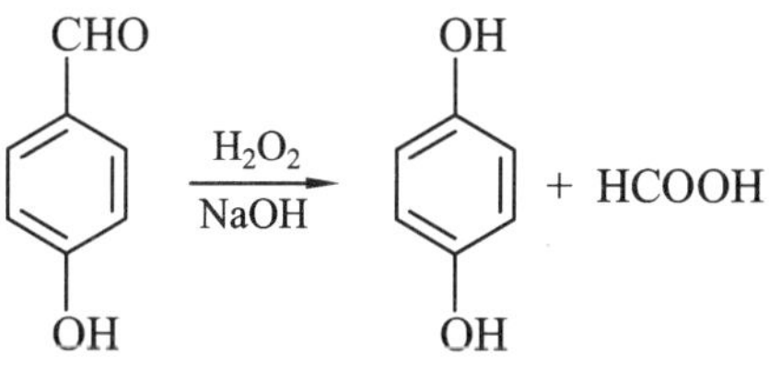

(3)
$$\text{4-hydroxyacetophenone} \xrightarrow[\text{NaOH}]{\text{H}_2\text{O}_2} \text{hydroquinone} + \text{HCOOH}$$

Darzens 反应

醛或酮在强碱(如醇钠、醇钾、氨基钠等)作用下与 α-卤代羧酸发生缩合反应,生成 α,β-环氧羧酸酯(即缩水甘油酸酯):

$$R-\underset{O}{C}-R(H) + XCHCOOC_2H_5 \xrightarrow{EtONa} R-\underset{(H)R}{\overset{R'}{C}}\overset{O}{-}\underset{R'}{C}-COOC_2H_5$$

本反应适用于脂肪族、脂环族、芳香族杂环以及 α,β-不饱和醛或酮。但脂肪醛的反应产率较低。含 α-活泼氢的其他化合物,如 α-卤代醛、α-卤代酮、α-卤代酰胺等也能与醛类或酮类发生类似反应。例如:

$$C_6H_5CHO + C_6H_5COCH_2Cl \xrightarrow[\text{EtOH}]{\text{EtOK}} C_6H_5-CH\overset{O}{-}CH-COC_6H_5$$

反应机理

α-卤代羧酸酯在碱的作用下,形成碳负离子,随即与醛或酮的羰基进行亲核加成,得到烷氧负离子,接着发生分子内的亲核取代反应,烷氧负离子氧上的负电荷进攻 α-碳原子,卤原子离去,生成 α,β-环氧羧酸酯:

$$XCHCOOC_2H_5 \xrightarrow{EtONa} \overset{R'}{\underset{X}{-CCOOC_2H_5}} + EtOH$$

$$R-\overset{O}{\underset{}{C}}-R(H) + \overset{R'}{\underset{X}{-CCOOC_2H_5}} \longrightarrow R-\underset{(H)R}{\overset{O^-}{C}}-\underset{X}{\overset{R'}{C}}-COOC_2H_5 \longrightarrow R-\underset{(H)R}{\overset{O}{C_\beta}}-\underset{R'}{\overset{}{C_\alpha}}-COOC_2H_5$$

反应实例

本反应广泛应用在有机合成中,生成的 α,β-环氧羧酸酯性质比较活泼,经水解、加热脱羧可制得比原来多一个碳原子的醛或酮:

$$C_6H_5-\underset{CH_3}{\overset{O}{C-CH}}-COOC_2H_5 \xrightarrow{H_2O \atop NaOH} C_6H_5-\underset{CH_3}{\overset{O}{C-CH}}-COONa \xrightarrow{H^+}$$

$$C_6H_5-\underset{CH_3}{\overset{O}{C-CH}}\cdots C=O \xrightarrow[\Delta]{-CO_2} C_6H_5-\underset{CH_3}{C}=CH-OH \rightleftharpoons C_6H_5-\underset{CH_3}{CH}-CHO$$

Demjanov 重排

环烷基甲胺或环烷基胺与亚硝酸反应,生成环扩大与环缩小的产物。如环丁基甲胺或环丁胺与亚硝酸反应,除得到相应的醇外,还有其他包括重排的反应产物:

$$\square-CH_2NH_2 \xrightarrow{HNO_2} \square-CH_2OH + \text{环戊醇} + \text{CH}_2=\text{CHCH}_2CH_2OH$$

$$\square-NH_2 \xrightarrow{HNO_2} \square-OH + \triangle-CH_2OH + \text{CH}_2=\text{CHCH}_2CH_2OH$$

这是一个重排反应,在合成上意义不大,但可以了解环发生的一些重排反应。

反应机理

$$\square-CH_2NH_2 \xrightarrow{HNO_2} \square-CH_2-N_2^+ \xrightarrow{-N_2} \square-\overset{+}{C}H_2$$

$$\square-\overset{+}{C}H_2 \begin{cases} \xrightarrow{H_2O} \square-CH_2\overset{+}{O}H_2 \xrightarrow{-H^+} \square-CH_2OH \\ \xrightarrow{\text{重排}} \overset{+}{\bigcirc} \xrightarrow{H_2O} \bigcirc-\overset{+}{O}H_2 \xrightarrow{-H^+} \bigcirc-OH \\ \longrightarrow \text{CH}_2=\text{CHCH}_2\overset{+}{C}H_2 \xrightarrow{H_2O} \text{CH}_2=\text{CHCH}_2CH_2\overset{+}{O}H_2 \xrightarrow{-H^+} \text{CH}_2=\text{CHCH}_2CH_2OH \end{cases}$$

反应实例

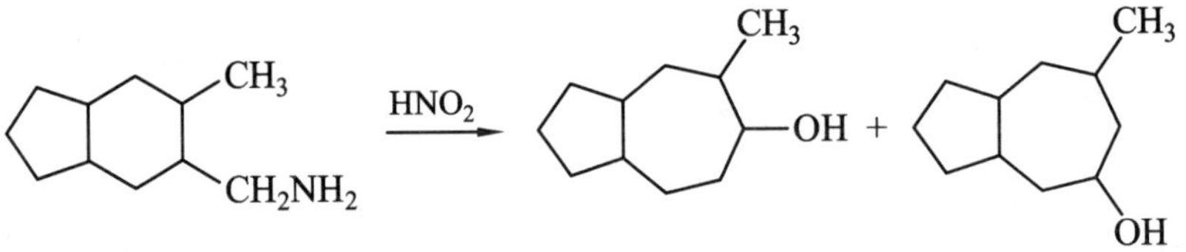

1-氨甲基环烷醇也能发生类似的重排反应，详见 Tiffeneau-Demjanov 重排。

Dieckmann 缩合反应

二元羧酸酯类在金属钠或醇钠、氢化钠等碱性缩合剂作用下发生分子内酯缩合反应，生成环状 β-酮酸酯。反应通常在苯、甲苯、乙醚、无水乙醇等溶剂中进行，缩合产物经水解、脱羧可得到脂环酮。本反应实质上是分子内的 Claisen 酯缩合反应。

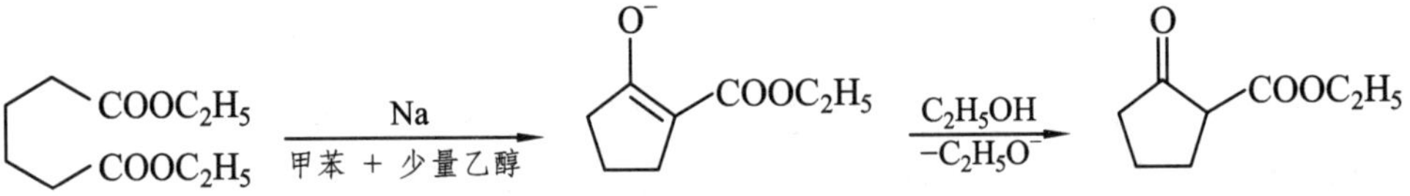

反应机理

参见 Claisen 酯缩合反应。

α-位取代基能影响反应速率，含不同取代基的化合物反应速率依下列次序递减：$H > CH_3 > C_2H_5$。不对称的二元羧酸酯发生分子内酯缩合时，理论上应得到两种不同产物，但通常得到的是酸性较强的 α-碳原子与羰基缩合的产物，因为这个反应是可逆的，最后产物是受热力学控制的，得到的总是最稳定的烯醇负离子。

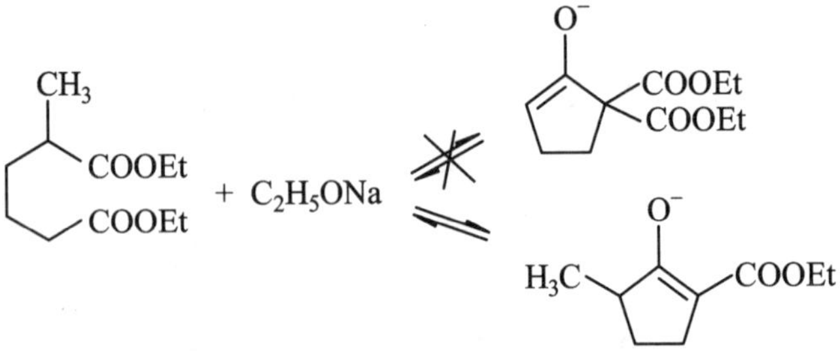

反应实例

Dieckmann 酯缩合反应对于合成 5, 6, 7-元环化合物是很成功的，但 9~12 元环产率极低或根本不反应。在高度稀释条件下，α,ω-二元羧酸酯在甲苯中用叔丁醇钾处理得到一元和二元环酮：

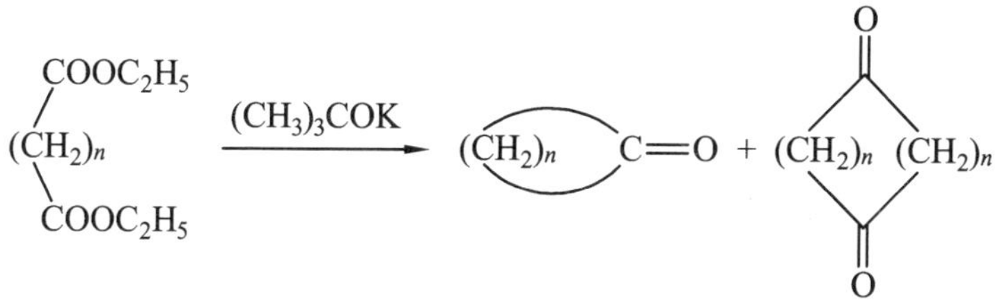

$$\begin{matrix} \text{COOC}_2\text{H}_5 \\ (\text{CH}_2)_n \\ \text{COOC}_2\text{H}_5 \end{matrix} \xrightarrow{(\text{CH}_3)_3\text{COK}} (\text{CH}_2)_n\!\!=\!\!\text{C}\!=\!\text{O} + \begin{matrix} (\text{CH}_2)_n\ \ (\text{CH}_2)_n \end{matrix}$$

Diels-Alder 反应

含有一个活泼的双键或三键的化合物（亲双烯体）与共轭二烯类化合物（双烯体）发生1,4-加成，生成六元环状化合物：

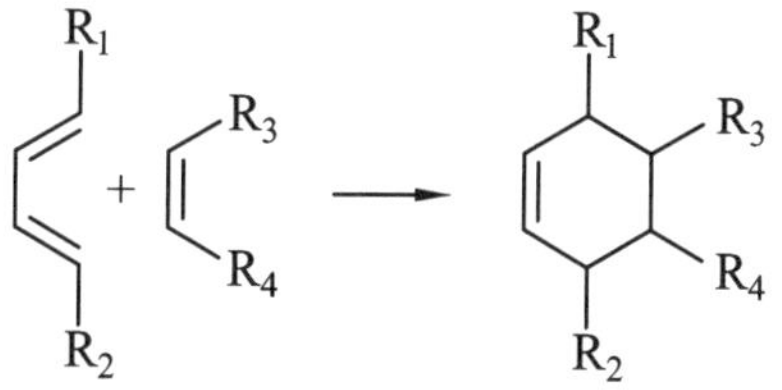

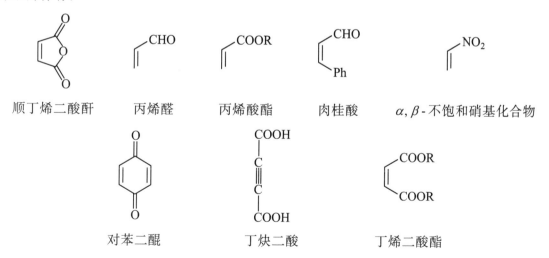

这个反应极易进行并且反应速率快，应用范围极广泛，是合成环状化合物的一个非常重要的方法。带有吸电子取代基的亲双烯体和带有给电子取代基的双烯体对反应有利。常用的亲双烯体有：

顺丁烯二酸酐　　丙烯醛　　丙烯酸酯　　肉桂酸　　α,β-不饱和硝基化合物

对苯二醌　　丁炔二酸　　丁烯二酸酯

下列基团也能作为亲双烯体发生反应：

$>\!\!\text{C}\!=\!\text{N}\!-$　　$-\text{N}\!=\!\text{O}$　　$\text{CH}_2\!=\!\text{O}$　　$\text{O}\!=\!\text{O}$　　$\text{O}\!\leftarrow\!\text{S}\!=\!\text{O}$

常用的双烯体有：

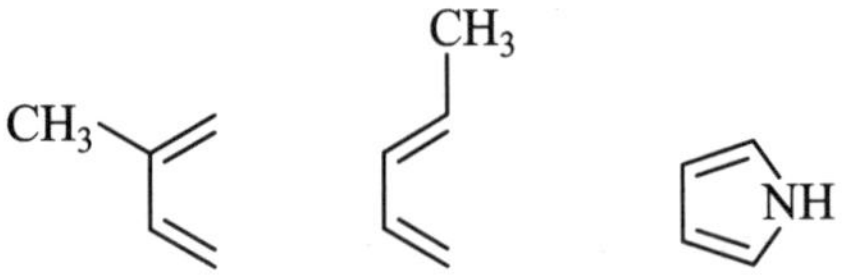

反应机理

这是一个协同反应，反应时，双烯体和亲双烯体彼此靠近，互相作用，形成一个环状过渡态，然后逐渐转化为产物分子：

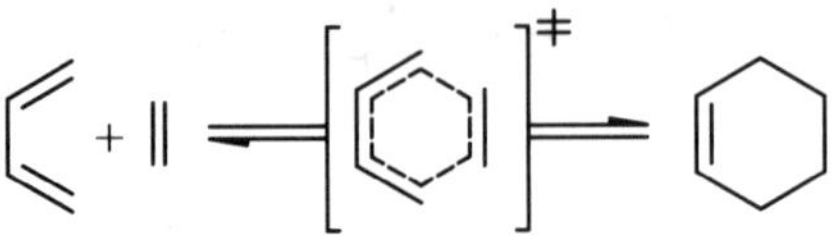

双烯体　亲双烯体　环状过渡态　产物

反应是按顺式加成方式进行的，反应物原来的构型关系仍保留在环加成产物中。例如：

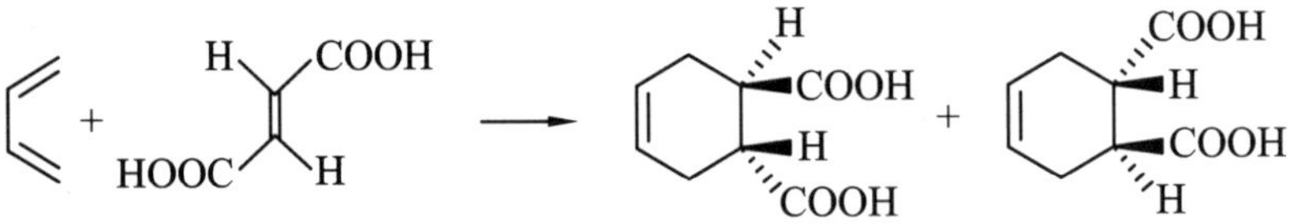

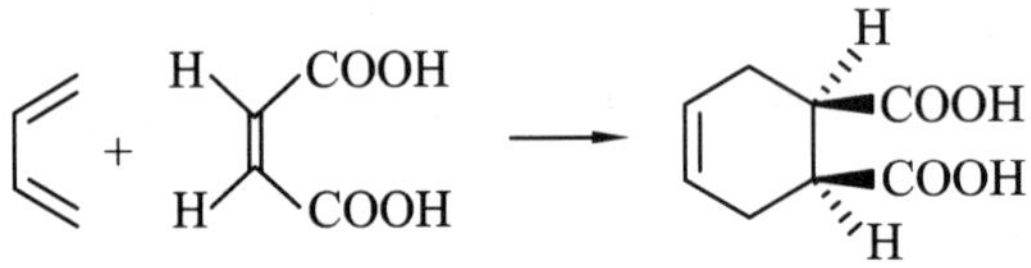

正常的 Diels-Alder 反应主要是由双烯体的 HOMO（最高已占轨道）与亲双烯体的 LUMO（最低未占轨道）发生作用。反应过程中，电子从双烯体的 HOMO "流入" 亲双烯体的 LUMO。也有由双烯体的 LUMO 与亲双烯体的 HOMO 作用发生反应的。

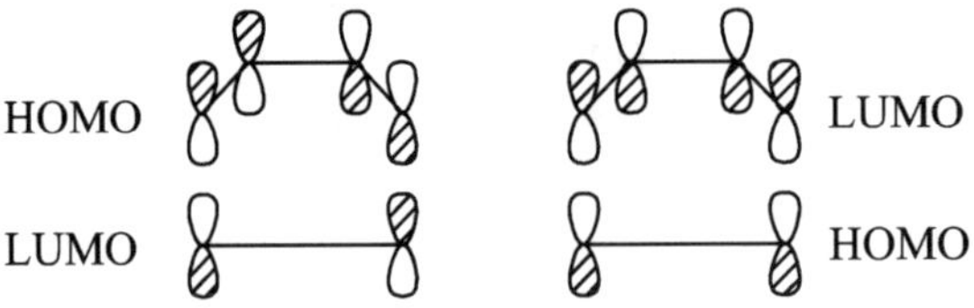

反应实例

（1） 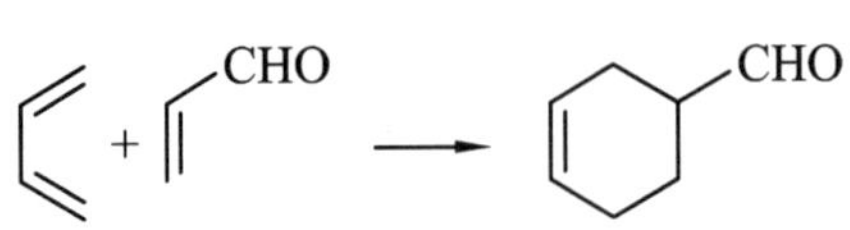　　　　　　100%

(2) [结构式] + [马来酸酐] → [四氢邻苯二甲酸酐]

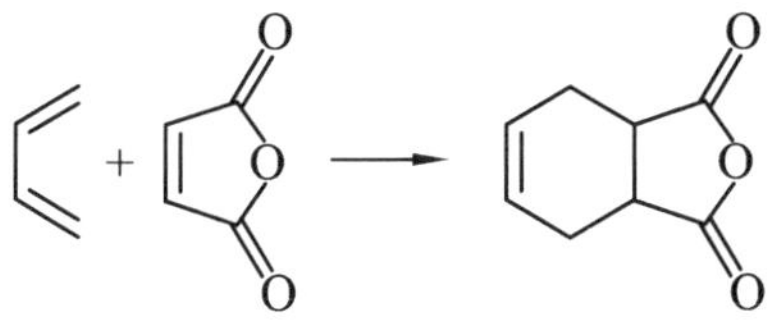

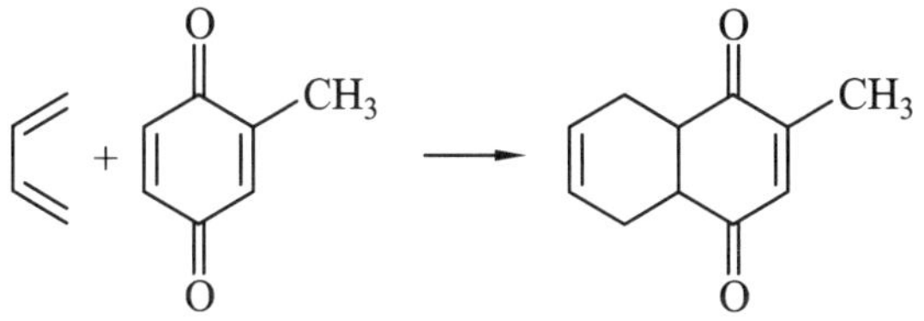

100%

(3) [丁二烯] + [2-甲基苯醌] → [产物]

(4) [环戊二烯] + [丙烯酸甲酯] → [降冰片烯羧酸甲酯]

本反应具有很强的区域选择性，当双烯体与亲双烯体上均有取代基时，主要生成两个取代基处于邻位或对位的产物，例如：

(1) 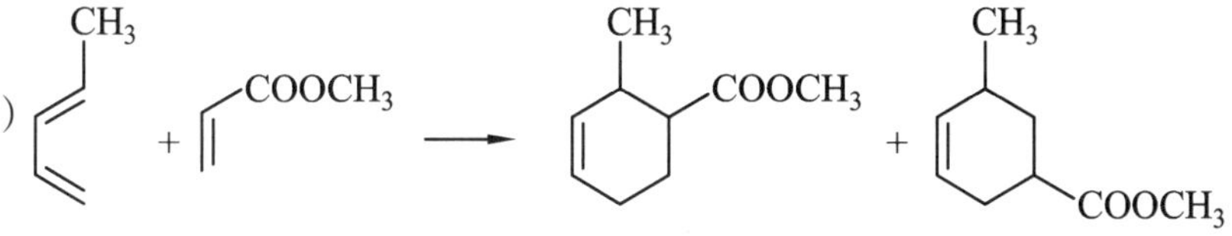 [1-甲基丁二烯] + [丙烯酸甲酯] → [邻位产物] + [对位产物]

61%　　　39%

邻位为主

(2) 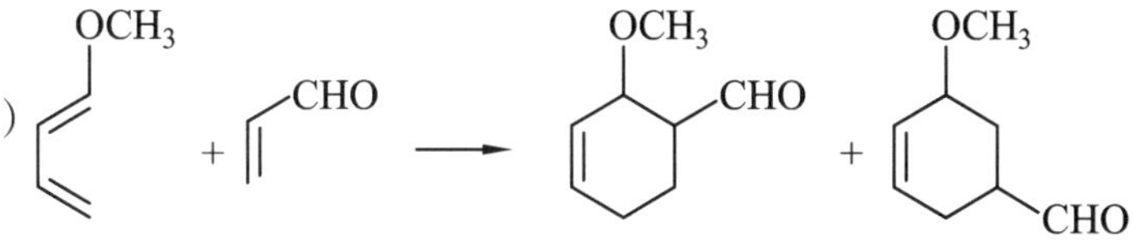 [1-甲氧基丁二烯] + [丙烯醛] → [邻位产物] + [对位产物]

100%　　　0%

邻位为主

(3) 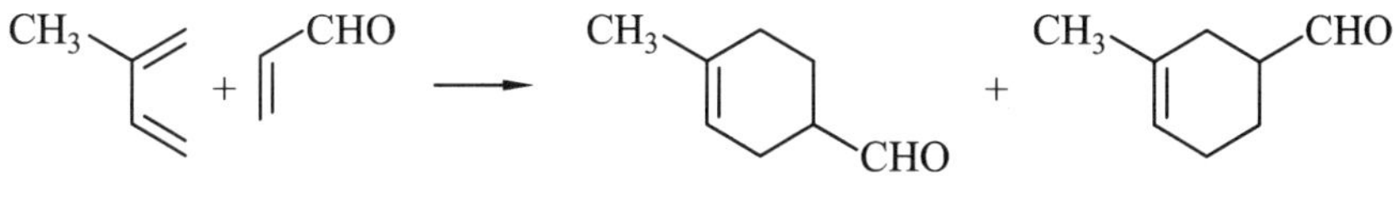 [2-甲基丁二烯] + [丙烯醛] → [对位产物] + [间位产物]

70%　　　30%

双位为主

当双烯体上有给电子取代基，亲双烯体上有不饱和基团如：

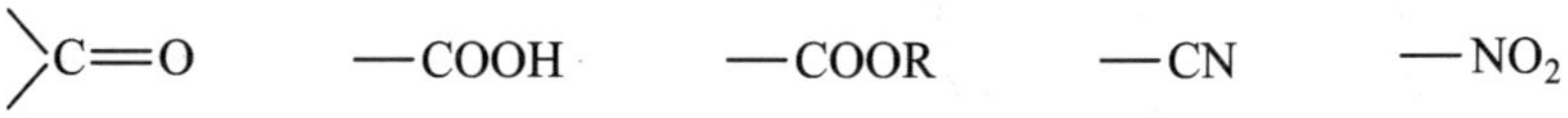

$$\diagdown C=O \qquad -COOH \qquad -COOR \qquad -CN \qquad -NO_2$$

与烯键（或炔键）共轭时，优先生成内型（endo）加成产物：

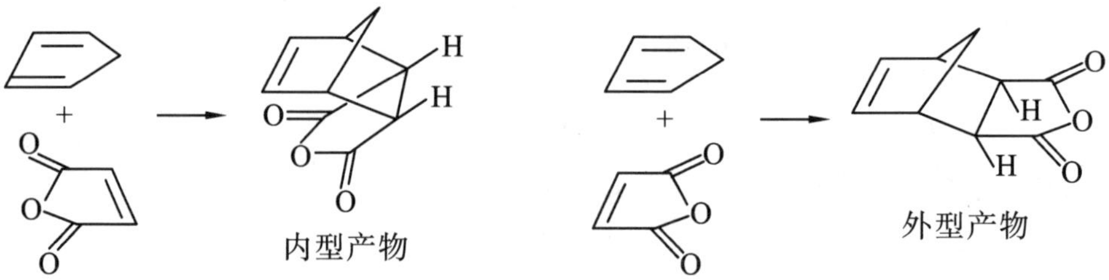

内型产物　　　　　　　　　　　外型产物

Elbs 反应

羰基的邻位有甲基或亚甲基的二芳基酮，加热时发生环化脱氢作用，生成蒽的衍生物：

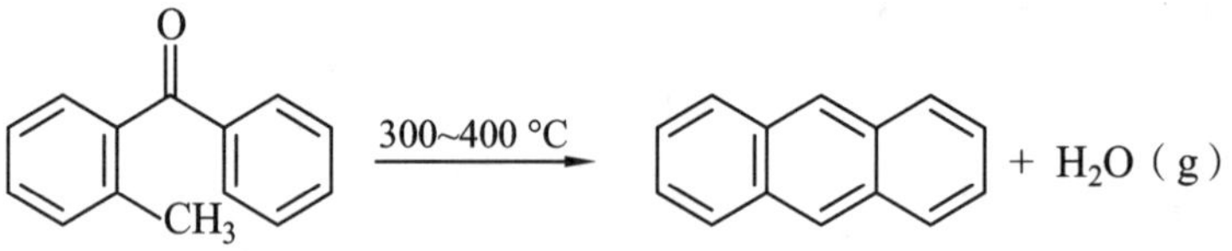

$$\text{(二芳基酮)} \xrightarrow{300\sim400\ ^\circ C} \text{(蒽)} + H_2O\ (g)$$

由于这个反应通常是在回流温度或高达 400～450 ℃ 的温度范围内进行，不用催化剂和溶剂，直到反应物没有水放出为止。在这样的高温条件下，一部分原料和产物发生炭化，部分原料酮被释放出的水所裂解，烃基发生消除或降解以及分子重排等副反应，使产率不高。

反应机理

本反应的机理尚不清楚。

反应实例

（1） 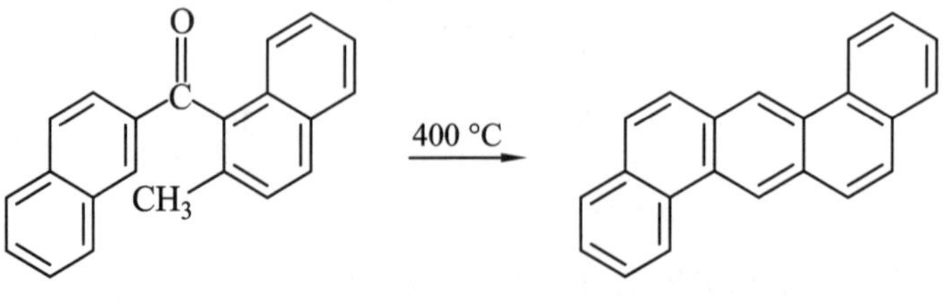 $\xrightarrow{400\ ^\circ C}$

（2）[结构式] $\xrightarrow{400\sim450\ °C}$ [结构式]

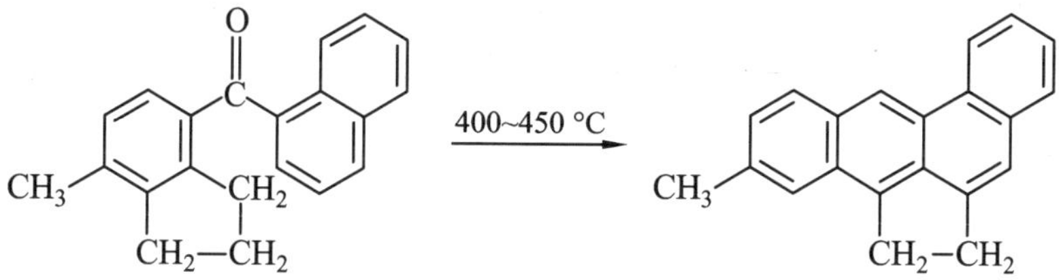

Eschweiler-Clarke 反应

在过量甲酸存在下，一级胺或二级胺与甲醛反应，得到甲基化后的三级胺：

$$R_2NH + HCHO \xrightarrow[100\ °C]{HCOOH} R_2NCH_3$$

$$RNH_2 + HCHO \xrightarrow[100\ °C]{HCOOH} RN(CH_3)_2$$

甲醛在这里作为一个甲基化试剂。

反应机理

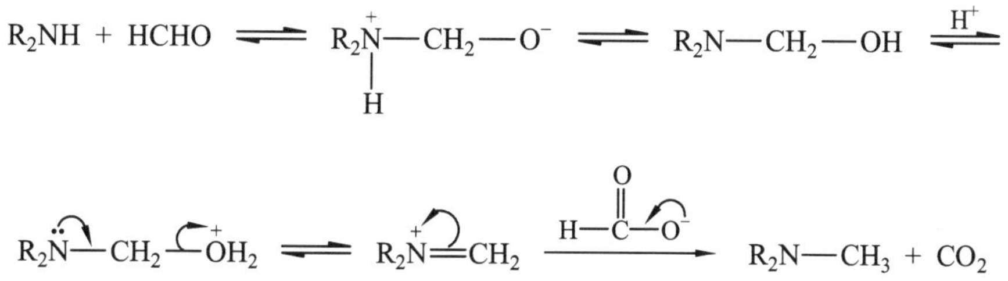

$$R_2NH + HCHO \rightleftharpoons \underset{\underset{H}{|}}{R_2\overset{+}{N}}-CH_2-O^- \rightleftharpoons R_2N-CH_2-OH \xrightarrow{H^+}$$

$$R_2\ddot{N}-CH_2-\overset{+}{O}H_2 \rightleftharpoons R_2N-CH_2 \xrightarrow{H-\overset{O}{\underset{\|}{C}}-O^-} R_2N-CH_3 + CO_2$$

反应实例

（1）[结构式] + HCHO $\xrightarrow[100\ °C]{HCOOH}$ [结构式]

94%

（2）[结构式]-CH_2CH_2NH_2 + HCHO $\xrightarrow[100\ °C]{HCO_2H}$ [结构式]-CH_2CH_2N(CH_3)_2

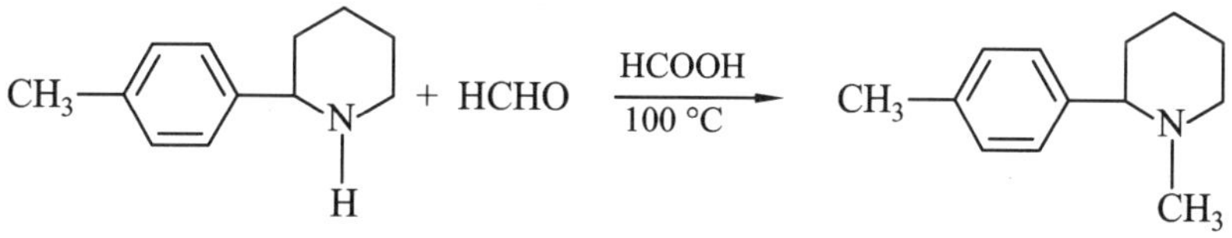

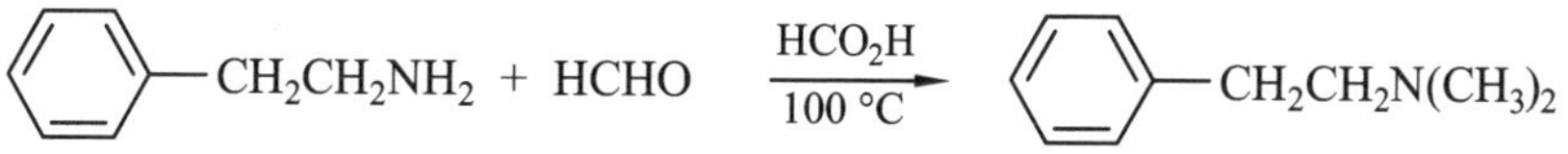

74% ~ 89%

Favorskii 反应

炔烃与羰基化合物在强碱性催化剂如无水氢氧化钾或氨基钠存在下,于乙醚中发生加成反应,得到炔醇:

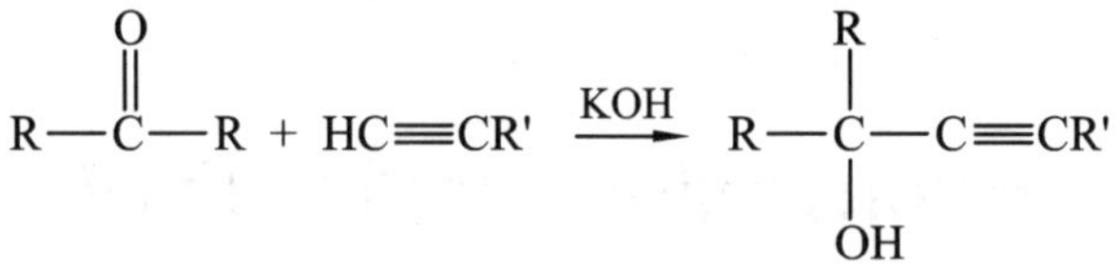

$$R-\overset{O}{\underset{}{C}}-R + HC\equiv CR' \xrightarrow{KOH} R-\underset{OH}{\overset{R}{\underset{|}{C}}}-C\equiv CR'$$

液氨、乙二醇醚类、四氢呋喃、二甲亚砜、二甲苯等均能作为反应的溶剂。

反应机理

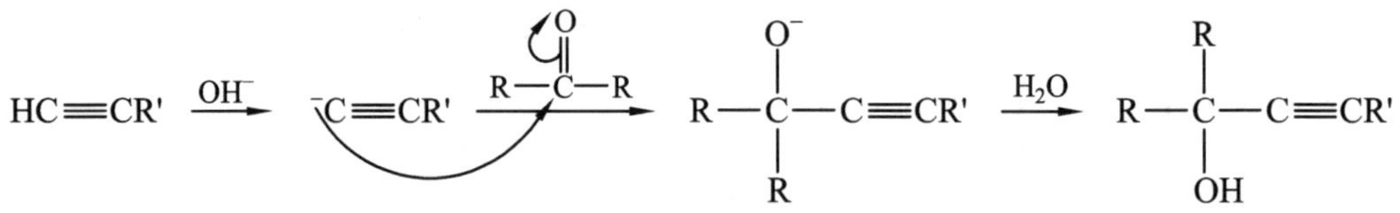

$$HC\equiv CR' \xrightarrow{OH^-} ^-C\equiv CR' \xrightarrow{R-\overset{O}{\underset{}{C}}-R} R-\underset{R}{\overset{O^-}{\underset{|}{C}}}-C\equiv CR' \xrightarrow{H_2O} R-\underset{OH}{\overset{R}{\underset{|}{C}}}-C\equiv CR'$$

反应实例

$$\underset{CH_3}{\overset{CH_3}{\diagdown}}C=O + HC\equiv CH \xrightarrow{KOH} CH_3-\underset{OH}{\overset{CH_3}{\underset{|}{C}}}-C\equiv CH \xrightarrow{H_2/Pd}$$

$$CH_3-\underset{OH}{\overset{CH_3}{\underset{|}{C}}}-CH=CH_2 \xrightarrow[-H_2O]{Al_2O_3} CH_2=\overset{CH_3}{\underset{|}{C}}-CH=CH_2$$

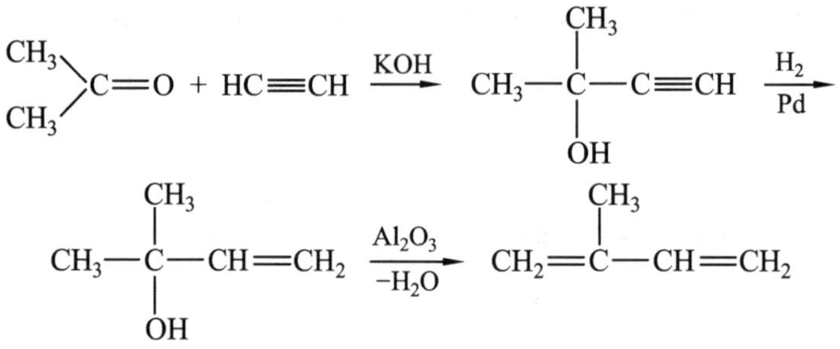

Favorskii 重排

卤代酮在氢氧化钠水溶液中加热重排生成含相同碳原子数的羧酸。如为环状 α-卤代酮,则环缩小。

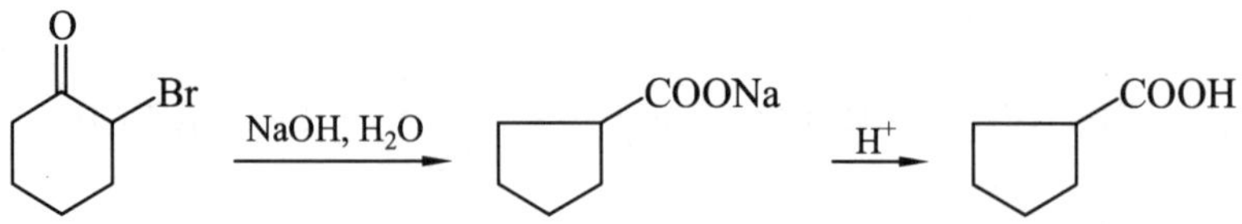

环己酮-2-Br $\xrightarrow{NaOH, H_2O}$ 环戊烷-COONa $\xrightarrow{H^+}$ 环戊烷-COOH

如用醇钠的醇溶液，则得羧酸酯：

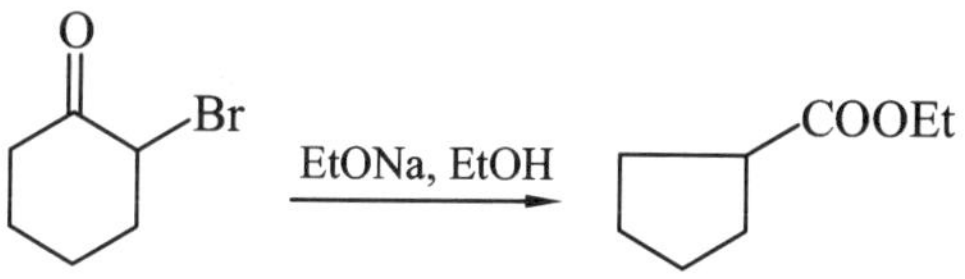

此法可用于合成张力较大的四元环。

反应机理

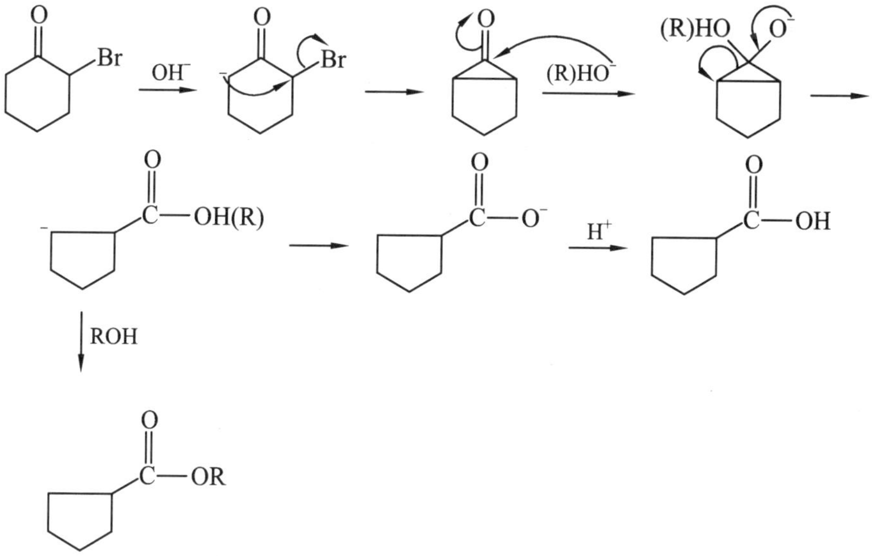

反应实例

（1） 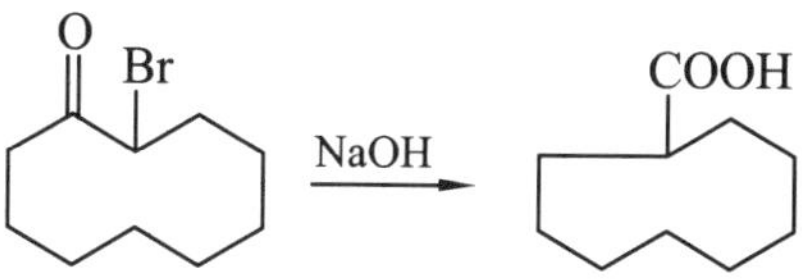 环癸酮α-溴代物 $\xrightarrow{\text{NaOH}}$ 环壬烷甲酸

（2） $CH_3-\underset{\underset{Br}{|}}{CH}-\underset{\underset{O}{\|}}{C}-CH_2Br \xrightarrow{KHCO_3} CH_3-CH=CH-COOH$

Friedel-Crafts 烷基化反应

芳烃与卤代烃、醇类或烯类化合物在 Lewis 催化剂（如 $AlCl_3$，$FeCl_3$，H_2SO_4，H_3PO_4，

BF$_3$，HF 等）存在下，发生芳环的烷基化反应。

$$Ar-H + RX \underset{}{\overset{AlCl_3}{\rightleftharpoons}} Ar-R + HX$$
$$(X = F, Cl, Br, I)$$

卤代烃反应的活泼性顺序为：RF > RCl > RBr > RI。当烃基超过 3 个碳原子时，反应过程中易发生重排。

反应机理

首先是卤代烃、醇或烯烃与催化剂如三氯化铝作用形成碳正离子：

$$RX + AlCl_3 \longrightarrow R^+ + AlCl_4^-$$

$$ROH + AlCl_3 \longrightarrow R^+ + {}^-OAlCl_3$$

$$ROH + H^+ \longrightarrow R\overset{+}{O}H_2 \longrightarrow R^+ + H_2O$$

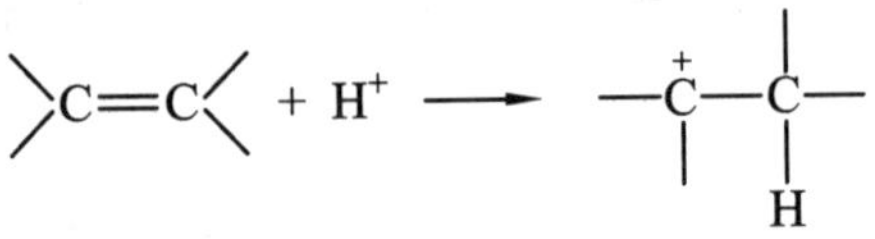

$$>C=C< + H^+ \longrightarrow -\overset{+}{C}-\underset{H}{C}-$$

所形成的碳正离子可能发生重排，得到较稳定的碳正离子：

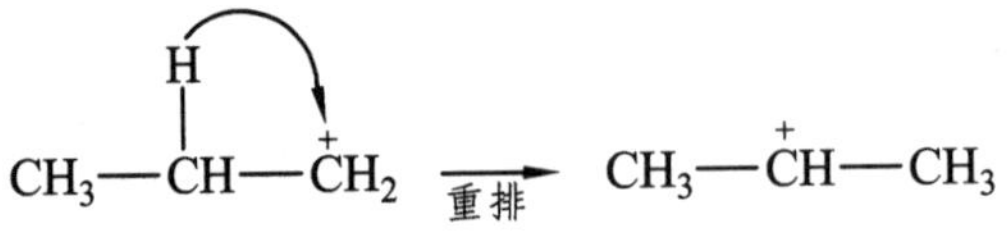

$$CH_3-\underset{}{CH}-\overset{+}{CH_2} \xrightarrow{\text{重排}} CH_3-\overset{+}{CH}-CH_3$$

碳正离子作为亲电试剂进攻芳环形成中间体，然后失去一个质子得到亲电取代产物：

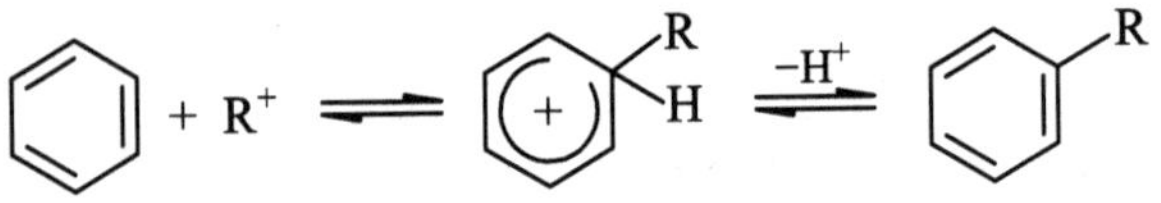

反应实例

（1） 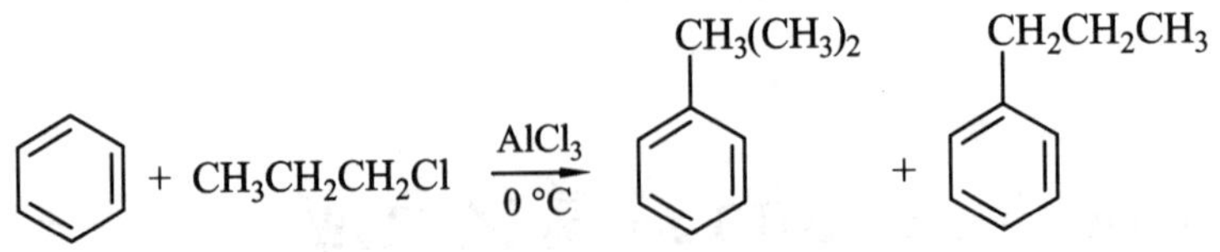 ⬡ + CH$_3$CH$_2$CH$_2$Cl $\xrightarrow[0\ ^\circ C]{AlCl_3}$ ⬡—CH(CH$_3$)$_2$ + ⬡—CH$_2$CH$_2$CH$_3$

（2） ⬡ + CH$_3$CH=CH$_2$ $\xrightarrow{H_2SO_4}$ ⬡—CH(CH$_3$)$_2$

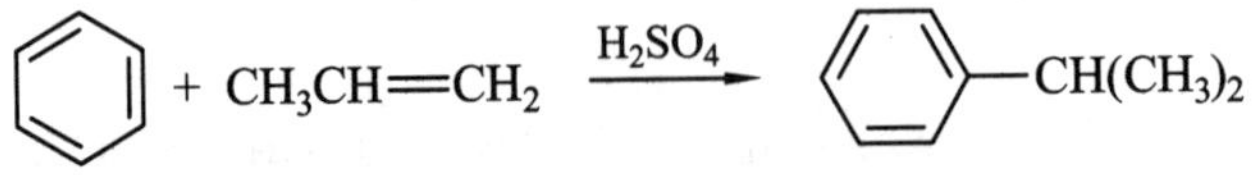

Friedel-Crafts 酰基化反应

芳烃与酰基化试剂如酰卤、酸酐、羧酸、烯酮等在 Lewis 酸（通常用无水三氯化铝）催化下发生酰基化反应，得到芳香酮：

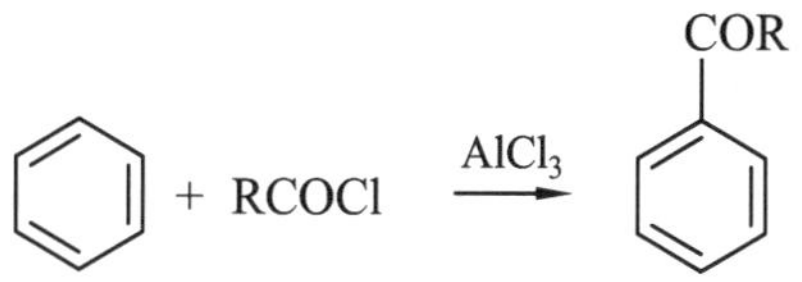

$$\text{C}_6\text{H}_6 + \text{RCOCl} \xrightarrow{\text{AlCl}_3} \text{C}_6\text{H}_5\text{COR}$$

这是制备芳香酮类最重要的方法之一，在酰基化中不发生烃基的重排。

反应机理

$$\text{RCOCl} + \text{AlCl}_3 \longrightarrow \text{R}-\overset{+}{\text{C}}=\text{O} + \text{AlCl}_4^-$$

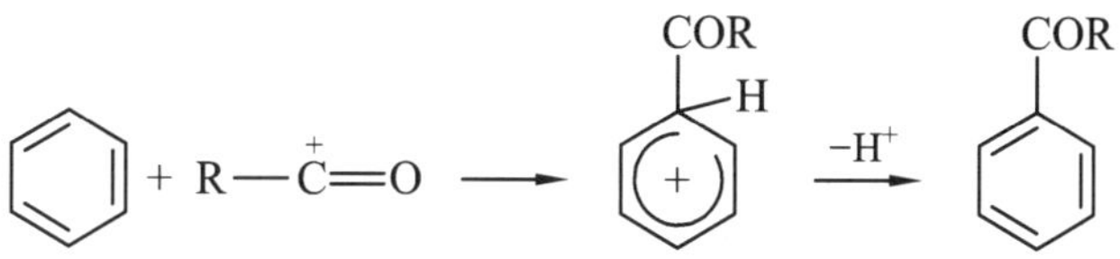

$$\text{C}_6\text{H}_6 + \text{R}-\overset{+}{\text{C}}=\text{O} \longrightarrow [\text{C}_6\text{H}_6\text{COR}]^+ \xrightarrow{-\text{H}^+} \text{C}_6\text{H}_5\text{COR}$$

反应实例

（1）$\text{CH}_3\text{O-C}_6\text{H}_5 + (\text{CH}_3\text{CO})_2\text{O} \xrightarrow[50\ ^\circ\text{C}]{\text{PPA}} \text{CH}_3\text{O-C}_6\text{H}_4\text{-CO-CH}_3$

（2）$\text{C}_6\text{H}_5\text{CH}_2\text{CH}_2\text{-CO-Cl} \xrightarrow{\text{AlCl}_3}$ 1-茚酮

（3）2-(苯胺基)苯甲酸 $\xrightarrow{\text{H}_2\text{SO}_4}$ 吖啶酮

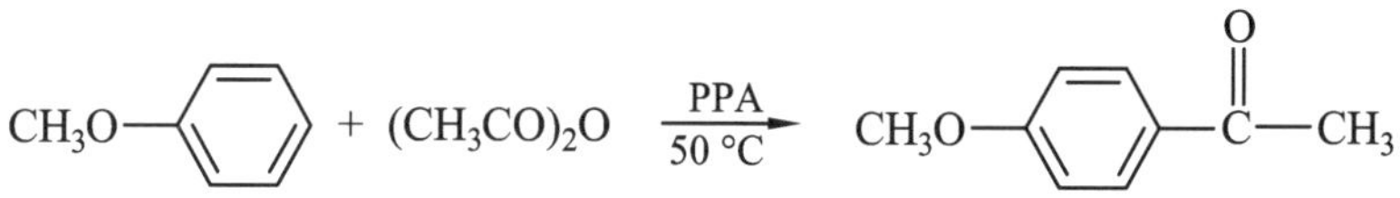

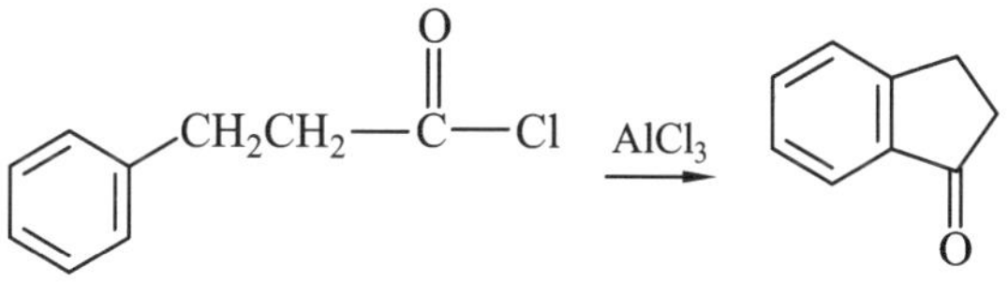

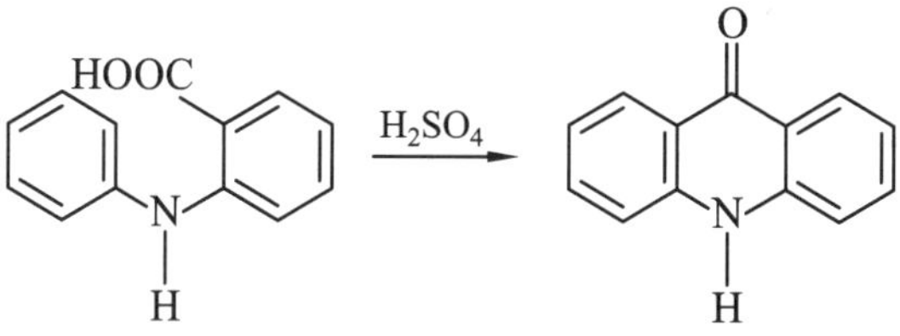

Fries 重排

酚酯在 Lewis 酸存在下加热,可发生酰基重排反应,生成邻羟基和对羟基芳酮的混合物。重排可以在硝基苯、硝基甲烷等溶剂中进行,也可以不用溶剂直接加热进行。

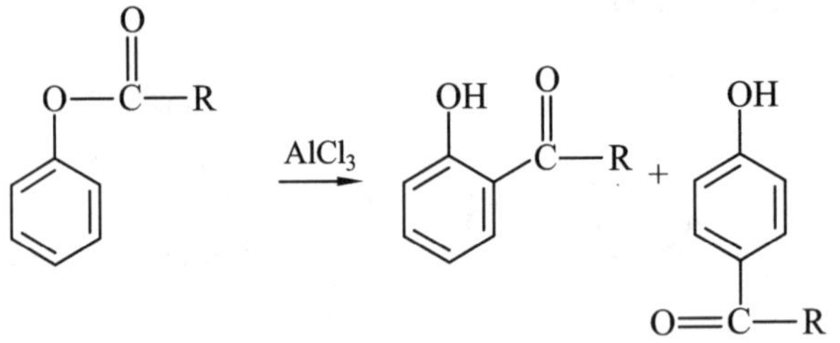

邻、对位产物的比例取决于酚酯的结构、反应条件和催化剂等。例如,用多聚磷酸催化时主要生成对位重排产物,而用四氯化钛催化时则主要生成邻位重排产物。反应温度对邻、对位产物比例的影响比较大,一般来讲,较低温度(如室温)下重排有利于形成对位产物(动力学控制),较高温度下重排有利于形成邻位产物(热力学控制)。

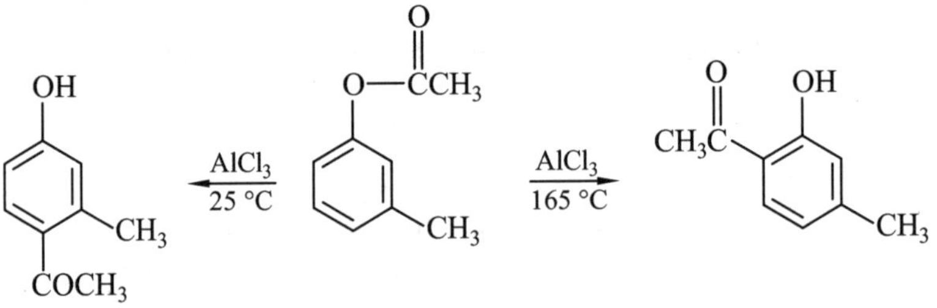

反应机理

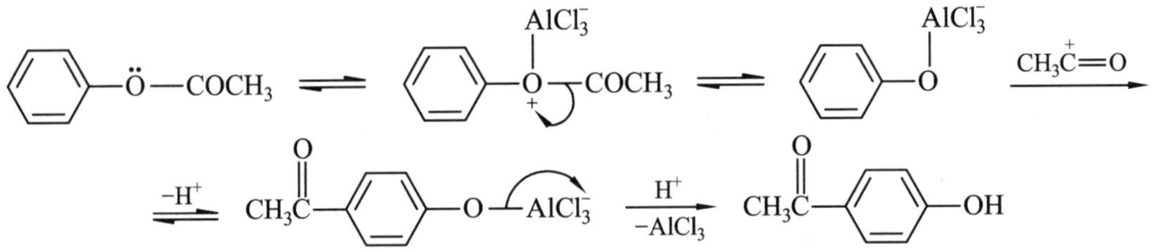

反应实例

(1)

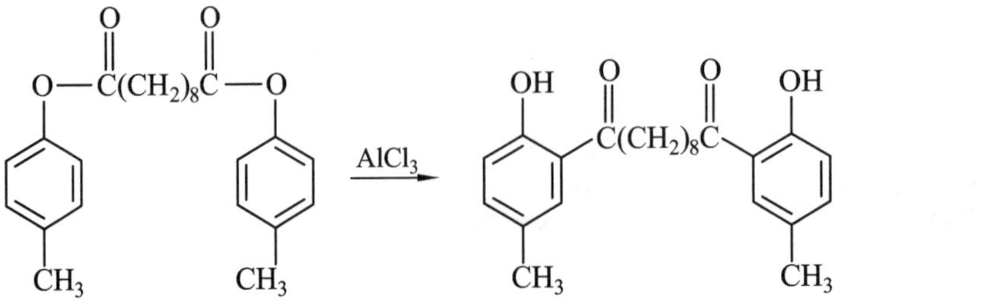

（2） [反应式：4-乙酰氧基香豆素 经 AlCl₃ / 150 °C 转化为 3-乙酰基-4-羟基香豆素，68%]

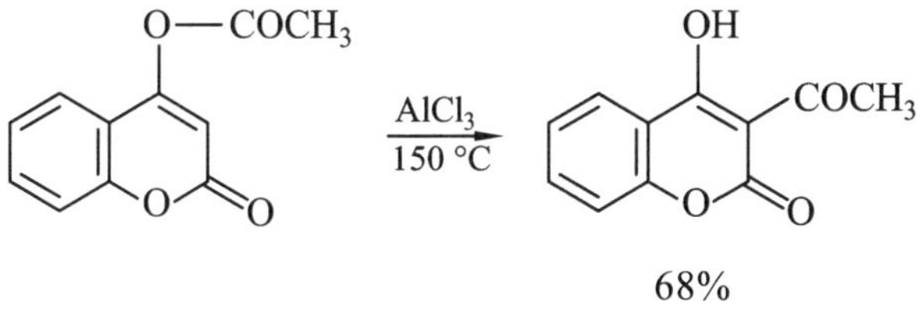

Gabriel 合成法

邻苯二甲酰亚胺与氢氧化钾的乙醇溶液作用转变为邻苯二甲酰亚胺盐，此盐和卤代烷反应生成 N-烷基邻苯二甲酰亚胺，然后在酸性或碱性条件下水解得到一级胺和邻苯二甲酸。这是制备纯净的一级胺的一种方法。

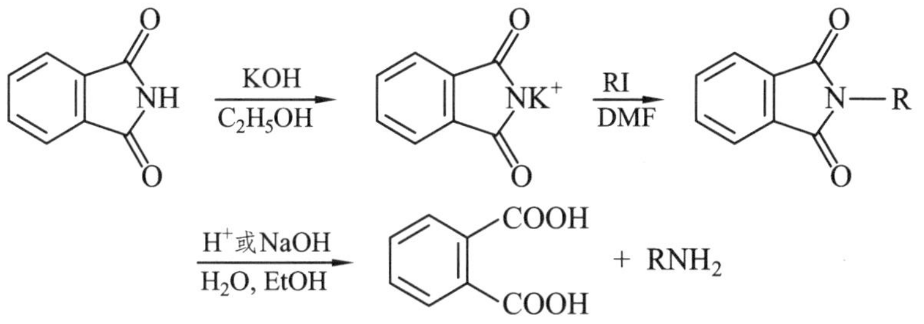

[反应式：邻苯二甲酰亚胺 —KOH/C₂H₅OH→ 钾盐 —RI/DMF→ N-R 邻苯二甲酰亚胺 —H⁺ 或 NaOH / H₂O, EtOH→ 邻苯二甲酸 + RNH₂]

有些情况下水解很困难，可以用肼解来代替：

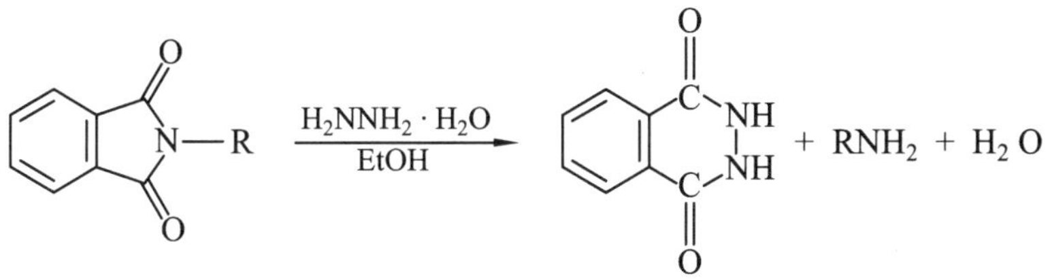

[反应式：N-R 邻苯二甲酰亚胺 —H₂NNH₂·H₂O / EtOH→ 2,3-二氢酞嗪-1,4-二酮 + RNH₂ + H₂O]

反应机理

邻苯二甲酰亚胺盐和卤代烷的反应是亲核取代反应，取代反应产物的水解过程与酰胺的水解相似。

反应实例

（1） 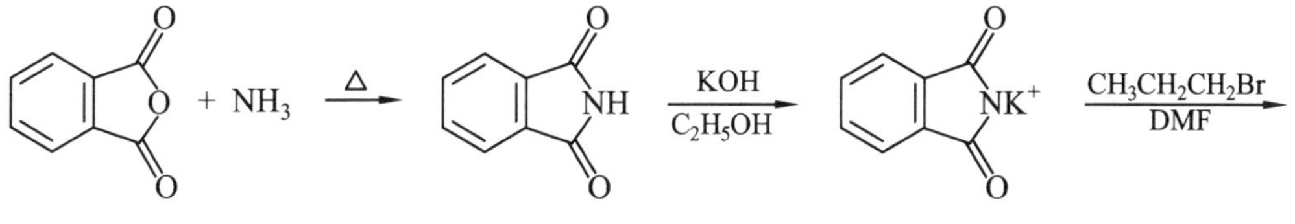 [反应式：邻苯二甲酸酐 + NH₃ —Δ→ 邻苯二甲酰亚胺 —KOH/C₂H₅OH→ 钾盐 —CH₃CH₂CH₂Br/DMF→]

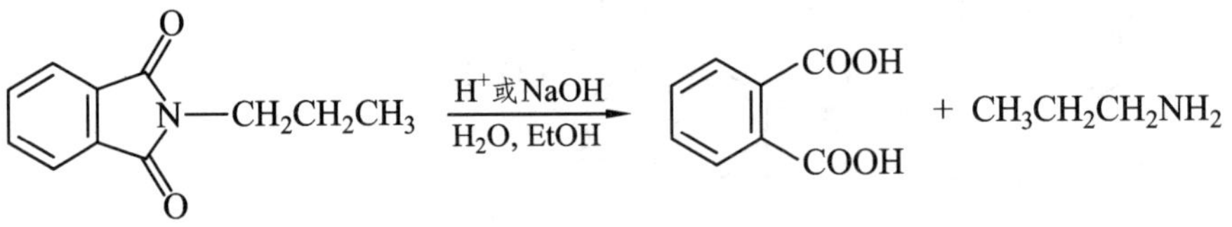

$$\text{邻苯二甲酰亚胺-N-CH}_2\text{CH}_2\text{CH}_3 \xrightarrow[\text{H}_2\text{O, EtOH}]{\text{H}^+\text{或NaOH}} \text{邻苯二甲酸} + \text{CH}_3\text{CH}_2\text{CH}_2\text{NH}_2$$

(2) 邻苯二甲酰亚胺-NK$^+$ + ClCH$_2$COOEt $\xrightarrow[\Delta]{\text{DMF}}$ 邻苯二甲酰亚胺-N—CH$_2$COOEt

$$\xrightarrow[\text{H}_2\text{O, EtOH}]{\text{H}^+\text{或NaOH}} \text{邻苯二甲酸} + \text{H}_2\text{NCH}_2\text{COOH}$$

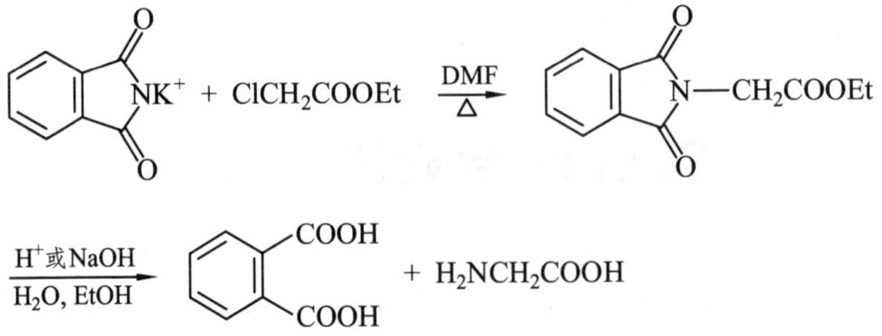

Gattermann 反应

重氮盐用新制的铜粉代替亚铜盐（见 Sandmeyer 反应）做催化剂，与浓盐酸或氢溴酸发生置换反应，得到氯代或溴代芳烃：

$$\text{Ar}-\text{N}_2^+\text{X}^- + \text{HX（浓）} \xrightarrow[\sim 50\,°\text{C}]{\text{Cu粉}} \text{Ar}-\text{X}$$

（X = Cl, Br, CN, NO$_2$）   40%~50%

本法优点是操作比较简单，反应可在较低温度下进行；缺点是其产率一般较 Sandmeyer 反应低。

反应机理

见 Sandmeyer 反应。

反应实例

(1) 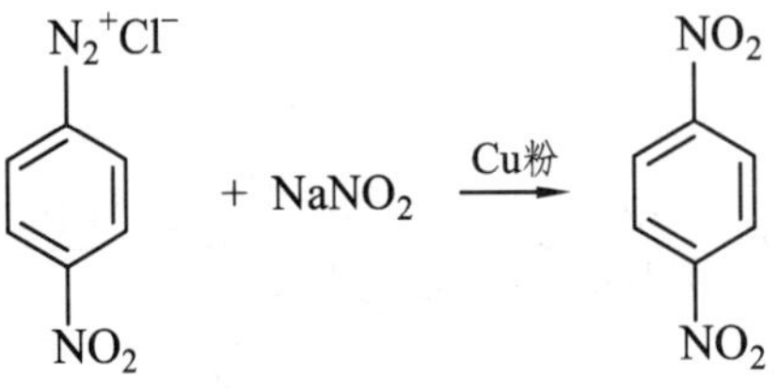 对硝基苯重氮氯化物 + NaNO$_2$ $\xrightarrow{\text{Cu粉}}$ 对二硝基苯

(2)
$\underset{\text{(benzene ring)}}{\text{C}_6\text{H}_5\text{N}_2^+\text{Cl}^-}$ + Na$_2$SO$_3$ $\xrightarrow{\text{Cu粉}}$ $\underset{\text{(benzene ring)}}{\text{C}_6\text{H}_5\text{SO}_3^-\text{Na}^+}$

(3)
$\underset{\text{(benzene ring)}}{\text{C}_6\text{H}_5\text{N}_2^+\text{Cl}^-}$ + KSCN $\xrightarrow{\text{Cu粉}}$ $\underset{\text{(benzene ring)}}{\text{C}_6\text{H}_5\text{SCN}}$

Gattermann-Koch 反应

芳香烃与等摩尔的一氧化碳及氯化氢气体在加压和催化剂（三氯化铝及氯化亚铜）存在下反应，生成芳香醛：

$$\text{C}_6\text{H}_6 + \text{CO} + \text{HCl} \xrightarrow[\Delta]{\text{AlCl}_3, \text{Cu}_2\text{Cl}_2} \text{C}_6\text{H}_5\text{CHO}$$

反应机理

$$\text{CO} + \text{HCl} \longrightarrow [\text{H}\overset{+}{\text{C}}=\text{O}]\text{AlCl}_4^-$$

$$\text{C}_6\text{H}_6 + [\text{H}\overset{+}{\text{C}}=\text{O}]\text{AlCl}_4^- \longrightarrow [\text{arenium ion}] \xrightarrow{-\text{H}^+} \text{C}_6\text{H}_5\text{CHO}$$

反应实例

(1)
$\underset{\text{(toluene)}}{\text{C}_6\text{H}_5\text{CH}_3}$ + CO + HCl $\xrightarrow[\Delta]{\text{AlCl}_3, \text{Cu}_2\text{Cl}_2}$ 4-CH$_3$-C$_6$H$_4$-CHO

(2)
$\underset{\text{(biphenyl)}}{\text{C}_6\text{H}_5\text{-C}_6\text{H}_5}$ + CO + HCl $\xrightarrow[\Delta]{\text{AlCl}_3, \text{Cu}_2\text{Cl}_2}$ 4-C$_6$H$_5$-C$_6$H$_4$-CHO

Gomberg-Bachmann 反应

芳香重氮盐在碱性条件下与其他芳香族化合物偶联生成联苯或联苯衍生物：

$$\text{Ph-N}_2^+\text{Cl}^- + \text{Ph-H} \xrightarrow{\text{NaOH}} \text{Ph-Ph}$$

反应机理

$$\text{Ph-N}_2^+\text{Cl}^- + \text{NaOH} \longrightarrow \text{Ph-N=N-OH} \xrightarrow{\Delta} \text{Ph}\cdot + \text{N}_2 + \cdot\text{OH}$$

$$\text{Ph}\cdot + \text{Ph-H} \longrightarrow \text{[Ph-Ph-H]}\cdot \xrightarrow{\cdot\text{OH}} \text{Ph-Ph}$$

反应实例

（1） $\text{Br-C}_6\text{H}_4\text{-N}_2^+\text{Cl}^- + \text{Ph-H} \xrightarrow{\text{NaOH}} \text{Br-C}_6\text{H}_4\text{-Ph}$

（2） $\text{Ph-N}_2^+\text{Cl}^- + \text{C}_6\text{H}_5\text{-NO}_2 \xrightarrow{\text{NaOH}} \text{Ph-C}_6\text{H}_4\text{-NO}_2$

Hantzsch 合成法

两分子 β-羰基酸酯和一分子醛及一分子氨发生缩合反应，得到二氢吡啶衍生物，再用氧化剂氧化得到吡啶衍生物。这是一个很普遍的反应，用于合成吡啶同系物。

$$\underset{R}{\overset{O}{\underset{\|}{R'O-C-CH_2-C}}}\text{=O} + \text{R''CHO} + \underset{R}{\overset{O}{\underset{\|}{C-CH_2-C-OR'}}}\text{=O} \xrightarrow{\text{NH}_3, \text{HNO}_2} \text{R'OOC}\underset{R\,\,N\,\,R}{\overset{R''}{\diagdown\!\diagup}}\text{COOR'}$$

反应机理

反应过程可能是一分子羰基酸酯和醛反应，另一分子羰基酸酯和氨反应生成氨基烯酸酯，所生成的这两个化合物再发生 Micheal 加成反应，然后失水关环生成二氢吡啶衍生物，它跟溶液脱氢而芳构化。例如，用亚硝酸或铁氰化钾氧化得到吡啶衍生物：

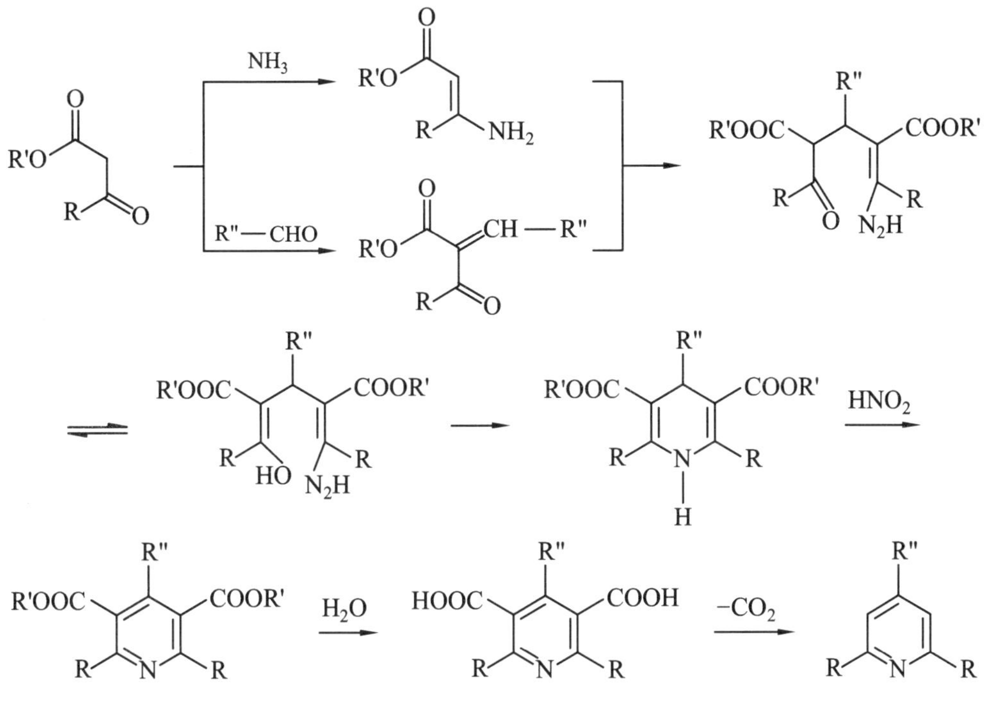

反应实例

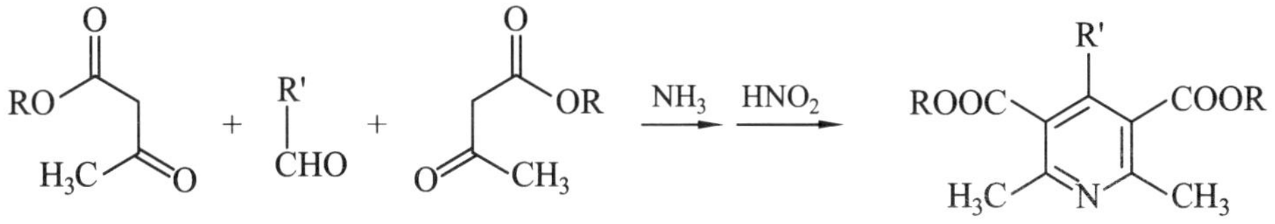

Haworth 反应

萘和丁二酸酐发生 Friedel-Crafts 酰化反应，然后按标准的方法还原、关环、还原、脱氢得到多环芳香族化合物。

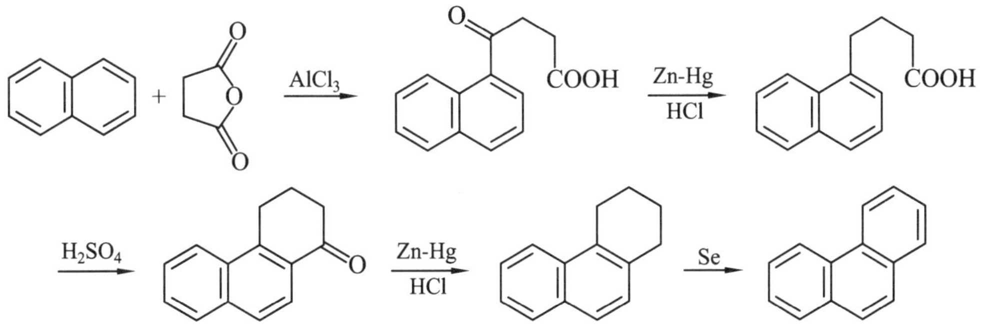

反应机理

见 Friedel-Crafts 酰化反应。

反应实例

(1) 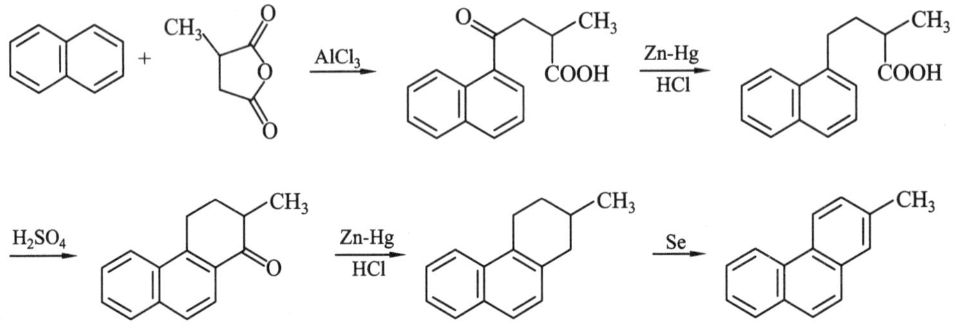 萘 + 甲基丁二酸酐 →(AlCl₃) 1-萘基-3-甲基-4-氧代丁酸 →(Zn-Hg/HCl) 1-萘基-3-甲基丁酸

→(H₂SO₄) 2-甲基-4-氧代-1,2,3,4-四氢菲 →(Zn-Hg/HCl) 2-甲基-1,2,3,4-四氢菲 →(Se) 2-甲基菲

(2) 萘 + 丁二酸酐 →(AlCl₃) 4-(1-萘基)-4-氧代丁酸 →(Zn-Hg/HCl) 4-(1-萘基)丁酸

→(H₂SO₄) 4-氧代-1,2,3,4-四氢菲 →(1) CH₃MgI; 2) H₂O) 4-甲基-4-羟基-1,2,3,4-四氢菲 →(−H₂O)

1-甲基-3,4-二氢菲 →(Se) 1-甲基菲

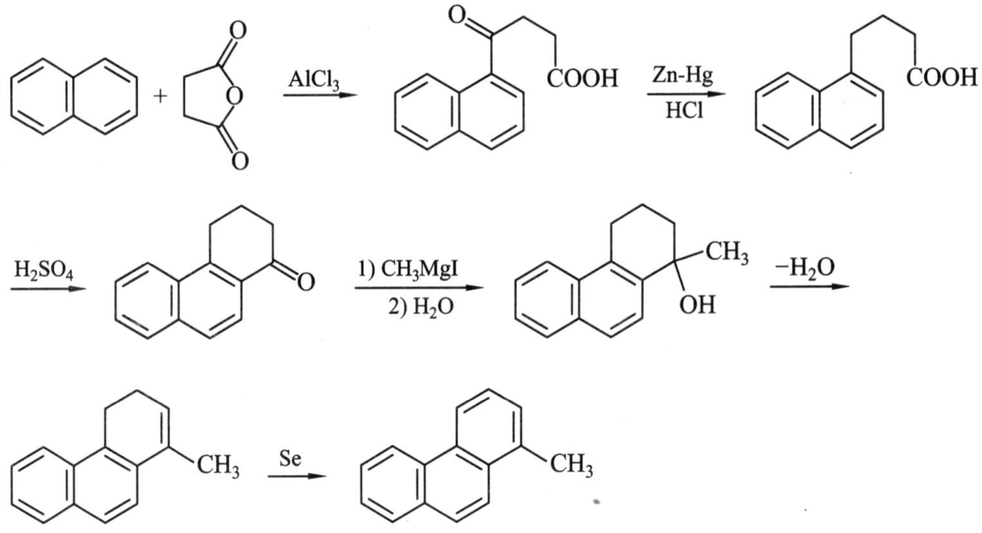

Hell-Volhard-Zelinski 反应

羧酸在催化量的三卤化磷或红磷作用下,能与卤素发生卤代反应生成卤代酸:

$$RCH_2COOH + Br_2 \xrightarrow{P} RCHCOOH \atop |\atop Br$$

本反应也可以用酰卤做催化剂。

反应机理

$$2P + 3Br_2 \longrightarrow 2PBr_3$$

$$RCH_2COOH + PBr_3 \longrightarrow RCH_2COBr + H_3PO_3$$

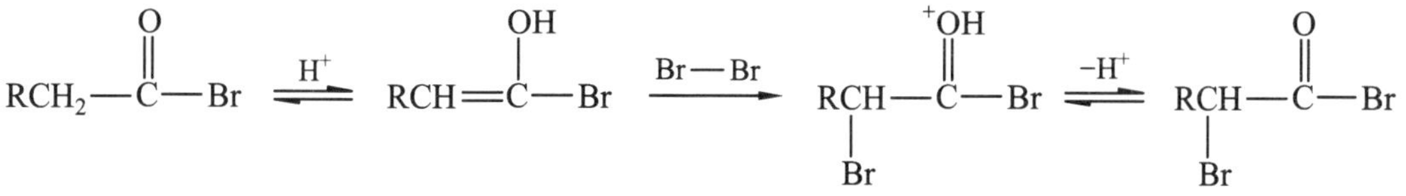

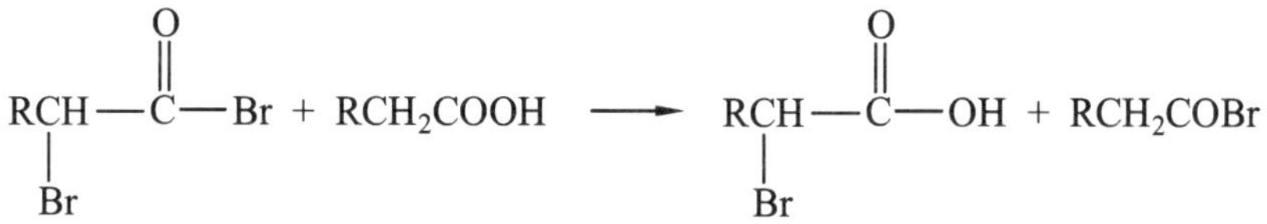

$$RCH_2\overset{O}{\underset{}{C}}-Br \xrightleftharpoons{H^+} RCH=\overset{OH}{\underset{}{C}}-Br \xrightarrow{Br-Br} RCH-\overset{\overset{+}{O}H}{\underset{}{C}}-Br \xrightleftharpoons{-H^+} RCH-\overset{O}{\underset{}{C}}-Br$$
$$\phantom{RCH=C-Br \xrightarrow{Br-Br} RC}\underset{Br}{|}\underset{Br}{|}$$

$$RCH-\overset{O}{\underset{}{C}}-Br + RCH_2COOH \longrightarrow RCH-\overset{O}{\underset{}{C}}-OH + RCH_2COBr$$
$$\underset{Br}{|}\underset{Br}{|}$$

反应实例

（1）$CH_3COOH + Cl_2 \xrightarrow{P} ClCH_2COOH$

（2）$CH_3(CH_2)_3CH_2COOH + Br_2 \xrightarrow{PBr_3} CH_3(CH_2)_3\underset{Br}{\overset{}{C}}HCOOH$

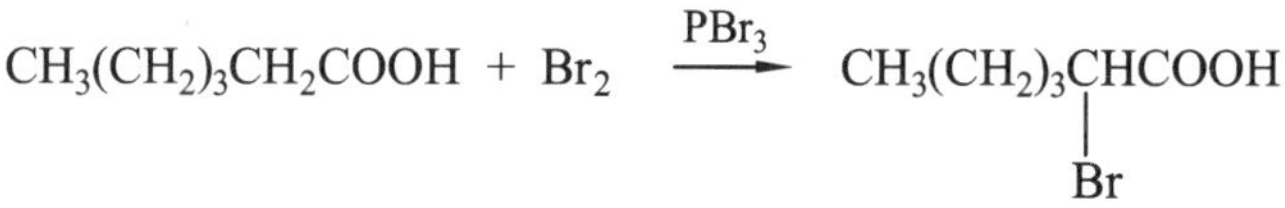

Hinsberg 反应

伯胺、仲胺分别与对甲苯磺酰氯作用生成相应的对甲苯磺酰胺沉淀，其中伯胺生成的沉淀能溶于碱（如氢氧化钠）溶液，仲胺生成的沉淀不溶，叔胺与对甲苯磺酰氯不反应。此反应可用于伯、仲、叔胺的分离与鉴定。

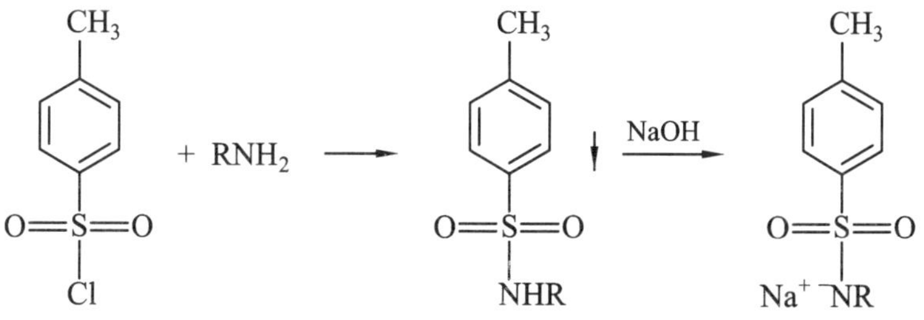

$$\text{TsCl} + RNH_2 \longrightarrow \text{TsNHR} \xrightarrow{NaOH} \text{TsN}^-R\ Na^+$$

（沉淀溶解）

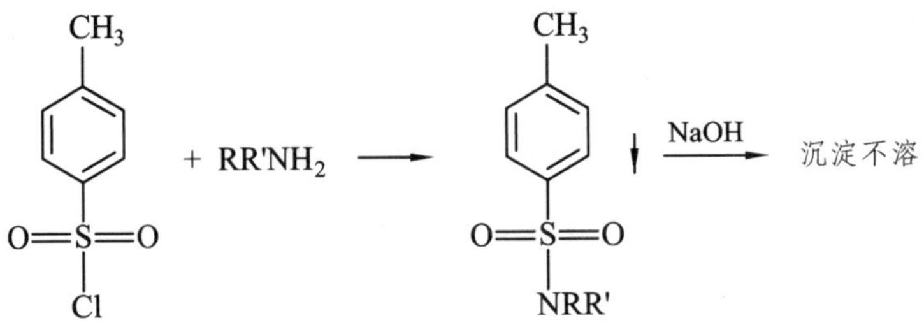

$$\text{CH}_3\text{-C}_6\text{H}_4\text{-SO}_2\text{Cl} + RR'NH_2 \longrightarrow \text{CH}_3\text{-C}_6\text{H}_4\text{-SO}_2\text{-NRR'} \xrightarrow{\text{NaOH}} \text{沉淀不溶}$$

Hofmann 烷基化

卤代烷与氨或胺发生烷基化反应，生成脂肪族胺类：

$$RX + NH_3 \longrightarrow R\overset{+}{N}H_3 X^- \xrightarrow{NH_3} RNH_2$$

由于生成的伯胺亲核性通常比氨强，能继续与卤代烃反应，因此本反应不可避免地产生仲胺、叔胺和季铵盐，最后得到的往往是多种产物的混合物。

$$RNH_2 + RX \longrightarrow R_2NH \xrightarrow{RX} R_3N \xrightarrow{RX} R_4\overset{+}{N}X^-$$

用大过量的氨可避免多取代反应的发生，从而可得到良好产率的伯胺。

反应机理

反应为典型的亲核取代反应（S_N1 或 S_N2）。

反应实例

（1）$CH_3(CH_2)_3\underset{Br}{CH}COOH + NH_3$（过量）$\longrightarrow CH_3(CH_2)_3\underset{NH_2}{CH}COOH$

62% ~ 67%

（2）$C_6H_5\text{-}CH_2Cl + NH_3$（过量40倍）$\xrightarrow{EtOH} C_6H_5\text{-}CH_2NH_2$

50%

Hofmann 消除反应

季铵碱在加热条件下（100～200 °C）发生热分解，当季铵碱的四个烃基都是甲基时，热分解得到甲醇和三甲胺：

$$[(CH_3)_4N]^+OH^- \xrightarrow{\Delta} CH_3OH + (CH_3)_3N$$

如果季铵碱的四个烃基不同，则热分解时总是得到含取代基最少的烯烃和叔胺：

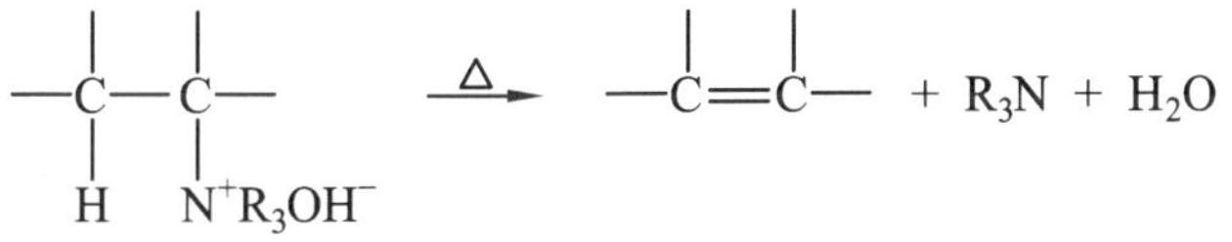

$$\underset{H \quad\; N^+R_3OH^-}{-\overset{|}{\underset{|}{C}}-\overset{|}{\underset{|}{C}}-} \xrightarrow{\Delta} -\overset{|}{C}=\overset{|}{C}- + R_3N + H_2O$$

反应实例

（1） 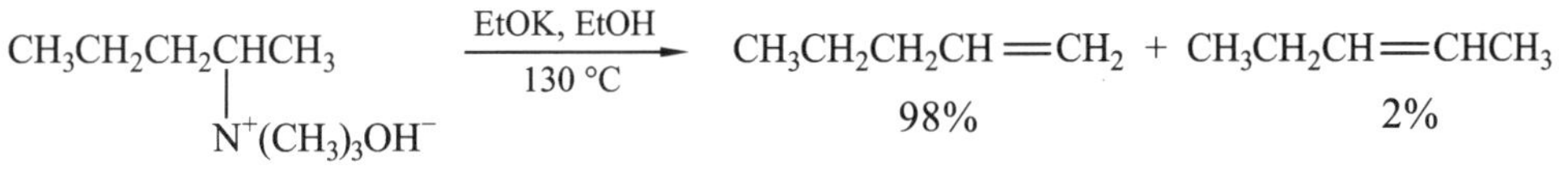 $\underset{\quad\;\; N^+(CH_3)_3OH^-}{CH_3CH_2CH_2\overset{|}{\underset{}{C}}HCH_3} \xrightarrow[130\,°C]{EtOK,\ EtOH} \underset{98\%}{CH_3CH_2CH_2CH=CH_2} + \underset{2\%}{CH_3CH_2CH=CHCH_3}$

（2）

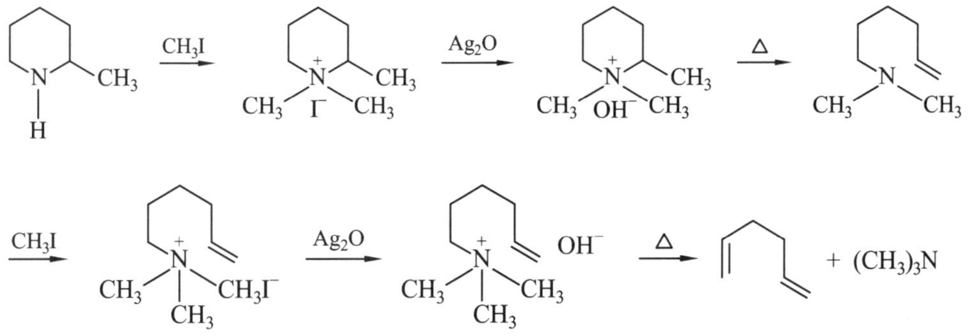

Hofmann 重排（降解）

酰胺用溴（或氯）在碱性条件下处理转变为少一个碳原子的伯胺：

$$R-\overset{O}{\underset{\|}{C}}-NH_2 \xrightarrow[NaOH]{Br_2} R-N=C=O \xrightarrow{H_2O} RNH_2$$

反应机理

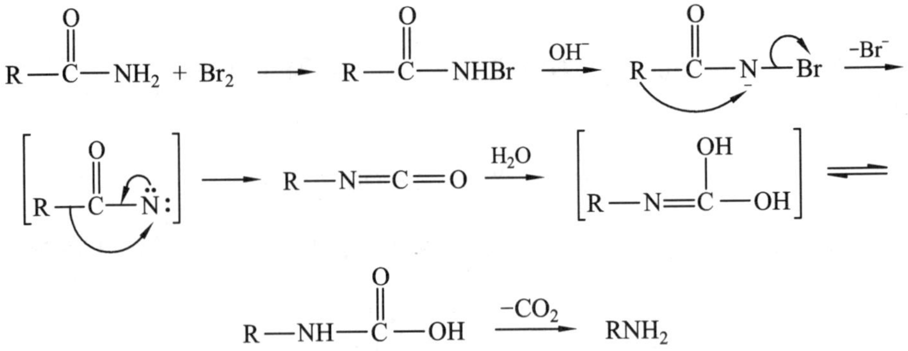

$$R-\underset{\underset{O}{\|}}{C}-NH_2 + Br_2 \longrightarrow R-\underset{\underset{O}{\|}}{C}-NHBr \xrightarrow{OH^-} R-\underset{\underset{O}{\|}}{C}-\overset{..}{N}-Br \xrightarrow{-Br^-}$$

$$\left[R-\underset{\underset{O}{\|}}{C}-\overset{..}{N}:\right] \longrightarrow R-N=C=O \xrightarrow{H_2O} \left[R-N=C\underset{OH}{\overset{OH}{\diagup}}\right] \rightleftharpoons$$

$$R-NH-\underset{\underset{O}{\|}}{C}-OH \xrightarrow{-CO_2} RNH_2$$

反应实例

（1）$(CH_3)_3CCH_2CONH_2 \xrightarrow{NaOBr} (CH_3)_3CCH_2NH_2$
　　　　　　　　　　　　　　　　　94%

（2） 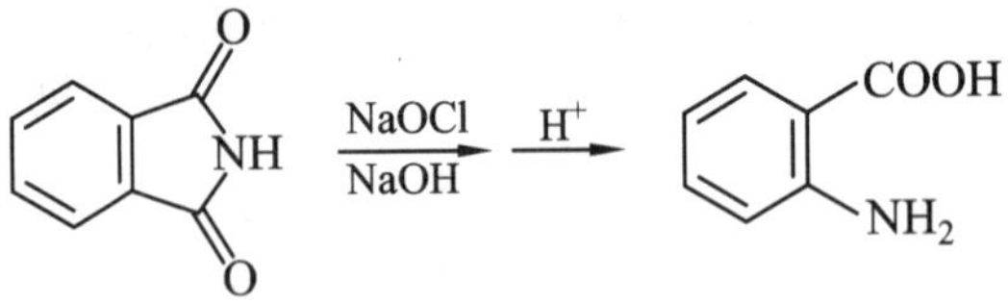 [phthalimide] $\xrightarrow[NaOH]{NaOCl} \xrightarrow{H^+}$ [2-aminobenzoic acid]

Houben-Hoesch 反应

酚或酚醚在氯化氢和氯化锌等 Lewis 酸的存在下，与腈作用，随后进行水解，得到酰基酚或酰基酚醚：

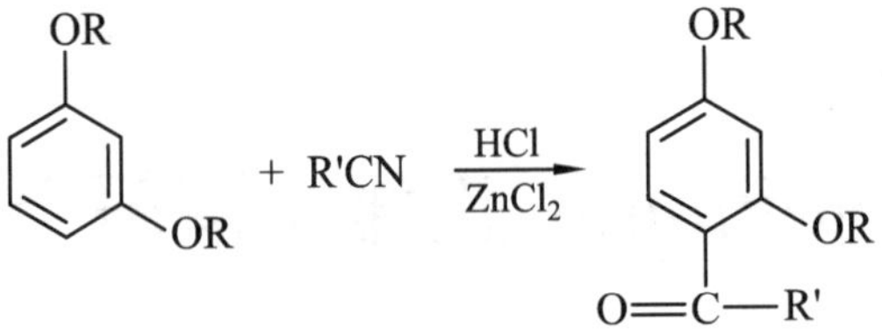

[1,3-dialkoxybenzene] + R'CN $\xrightarrow[ZnCl_2]{HCl}$ [2,4-dialkoxyaryl ketone O=C-R']

（R = H, Alk; R' = Alk, Ar）

反应机理

反应机理较复杂，目前尚未完全阐明。

反应实例

$$\underset{\text{HO}}{\overset{\text{OH}}{\bigodot}}\text{OH} + \text{CH}_3\text{CN} \xrightarrow[\text{Et}_2\text{O, 0 °C}]{\text{HCl, ZnCl}_2} \xrightarrow[\Delta]{\text{H}_2\text{O}} \underset{\text{HO}}{\overset{\text{OH}}{\bigodot}}\underset{\text{COCH}_3}{\text{OH}}$$

Hunsdiecker 反应

干燥的羧酸银盐在四氯化碳中与卤素一起加热放出二氧化碳，生成比原羧酸少一个碳原子的卤代烃：

$$\text{RCOOAg} + \text{X}_2 \xrightarrow{\Delta} \text{RX} + \text{AgX} + \text{CO}_2$$
（X = Br, Cl, I）

反应机理

$$\text{RCOOAg} + \text{X}_2 \longrightarrow \text{R}-\overset{\overset{\text{O}}{\parallel}}{\text{C}}-\text{O}\frown\text{X} \longrightarrow \text{R}-\overset{\overset{\text{O}}{\parallel}}{\text{C}}-\text{O}\cdot \xrightarrow{-\text{CO}_2}$$
$$+$$
$$\cdot\text{X}$$

$$\text{R}\cdot \overset{\cdot\text{X}}{\frown} \text{RX}$$

反应实例

（1）$\text{BrCH}_2\text{CH}_2\text{COOAg} \xrightarrow{\text{Br}_2, \text{CCl}_4} \text{BrCH}_2\text{CH}_2\text{Br} + \text{CO}_2$
$$69\%$$

（2）$\underset{\square}{\overset{\text{COOAg}}{}} \xrightarrow{\text{Br}_2, \text{CCl}_4} \underset{\square}{\overset{\text{Br}}{}} + \text{CO}_2$
$$53\%$$

（3）$\bigcirc\!\!-\text{COOAg} \xrightarrow{\text{Br}_2, \text{CCl}_4} \bigcirc\!\!-\text{Br} + \text{CO}_2$

Kiliani 氰化增碳法

糖在少量氨的存在下与氢氰酸加成得到 α-羟基腈,经水解得到相应的糖酸。此糖酸极易转变为内酯,将此内酯在含水的乙醚或水溶液中用钠汞齐还原,得到比原来的糖多一个碳原子的醛糖。

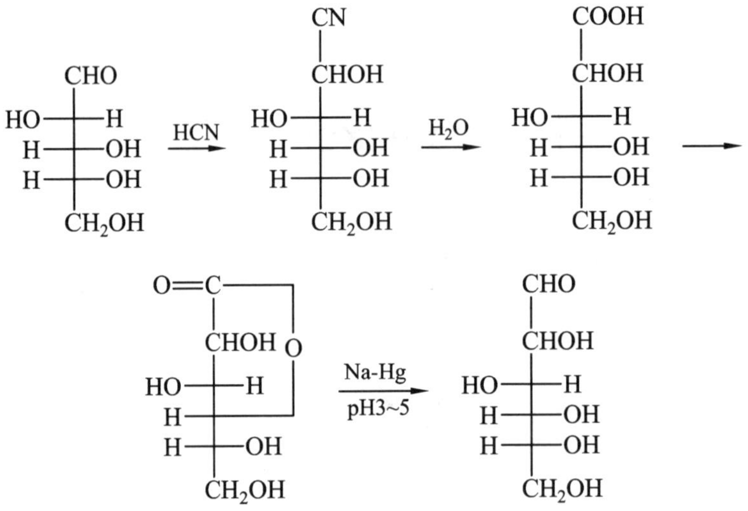

反应实例

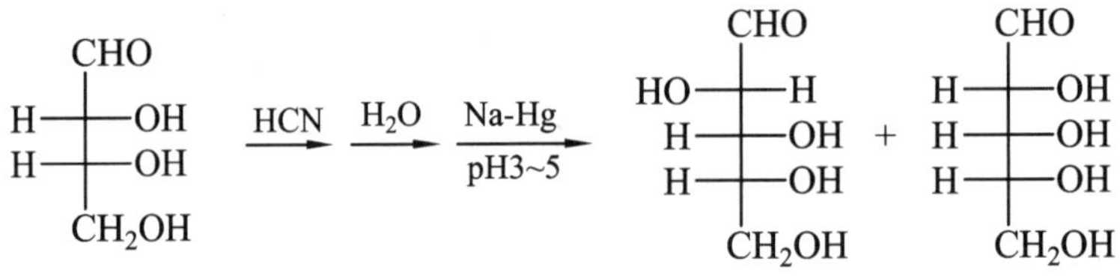

Knoevenagel 反应

含活泼亚甲基的化合物与醛或酮在弱碱性催化剂（氨、伯胺、仲胺、吡啶等有机碱）存在下缩合得到不饱和化合物。

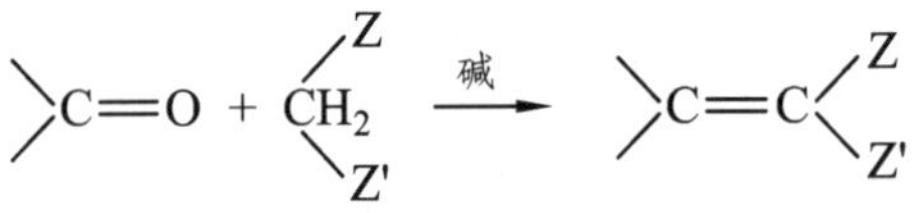

(Z, Z' = —CHO, —COR, —COOR, —CN, —NO$_2$, —SOR, —SO$_2$OR)

反应机理

$$\text{CH}_2\underset{Z'}{\overset{Z}{|}} \xrightarrow{B} {}^{-}\text{CH}\underset{Z'}{\overset{Z}{|}}$$

$$\underset{}{\overset{}{>}}\text{C}=\text{O} + {}^{-}\text{CH}\underset{Z'}{\overset{Z}{|}} \rightleftharpoons -\underset{|}{\overset{O^{-}}{\underset{|}{C}}}-\text{CH}\underset{Z'}{\overset{Z}{|}} \underset{BH}{\rightleftharpoons} -\underset{|}{\overset{OH}{\underset{|}{C}}}-\text{CH}\underset{Z'}{\overset{Z}{|}} \xrightarrow{-H_2O} \underset{}{\overset{}{>}}\text{C}=\text{C}\underset{Z'}{\overset{Z}{<}}$$

反应实例

(1) PhCHO + CH$_2$(COOH)$_2$ $\xrightarrow{\text{哌啶, 吡啶}}$ PhCH=C(COOH)$_2$

(2) 呋喃-CHO + CH$_2$(CN)$_2$ $\xrightarrow[0\,°C]{PhCH_2NH_2}$ 呋喃-CH=C(CN)$_2$

(3) $\underset{CH_3}{\overset{CH_3CH_2}{>}}$C=O + NCCH$_2$COOEt $\xrightarrow[C_6H_6, \Delta]{\text{哌啶, HOAc}}$ $\underset{CH_3}{\overset{CH_3CH_2}{>}}$C=C$\underset{COOEt}{\overset{CN}{<}}$

(4) PhCHO + CH$_3$NO$_2$ $\xrightarrow{NaOH}$ PhCH=CHNO$_2$

Knorr 反应

氨基酮与有活泼亚甲基的酮进行缩合反应，得到取代吡咯：

$$\underset{O}{\overset{NH_2}{R-\underset{||}{C}-\overset{|}{C}H-COOEt}} + R-\underset{O}{\overset{||}{C}}-CH_2-COOEt \longrightarrow \text{(取代吡咯)}$$

反应实例

$$CH_3-\underset{||}{\overset{O}{C}}-\underset{NH_2}{\overset{|}{C}H}COOEt + CH_3-\underset{||}{\overset{O}{C}}-CH_2COOEt \longrightarrow \text{(产物)}$$

Koble 反应

脂肪酸钠盐或钾盐的浓溶液电解时发生脱羧,同时两个烃基相互偶联生成烃类:

$$2RCOONa(K) + 2H_2O \xrightarrow{电解} R-R + 2CO_2 + H_2 + 2NaOH$$

如果使用两种不同脂肪酸的盐进行电解,则得到混合物:

$$RCOOK + R'COOK \xrightarrow{电解} R-R + R-R' + R'-R'$$

反应机理

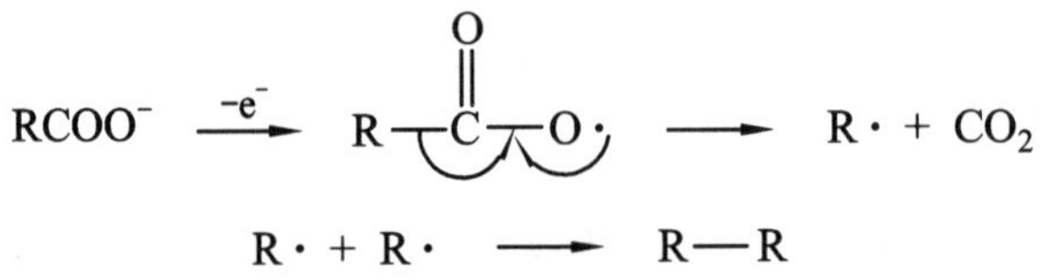

$$RCOO^- \xrightarrow{-e^-} R-C(=O)-O\cdot \longrightarrow R\cdot + CO_2$$

$$R\cdot + R\cdot \longrightarrow R-R$$

反应实例

(1) $2CH_3COONa + 2H_2O \xrightarrow{电解} CH_3CH_3 + 2CO_2$

(2) $2EtOOC(CH_2)_3COOK + 2H_2O \xrightarrow{电解} EtOOC(CH_2)_6COOEt + 2CO_2$

(3) 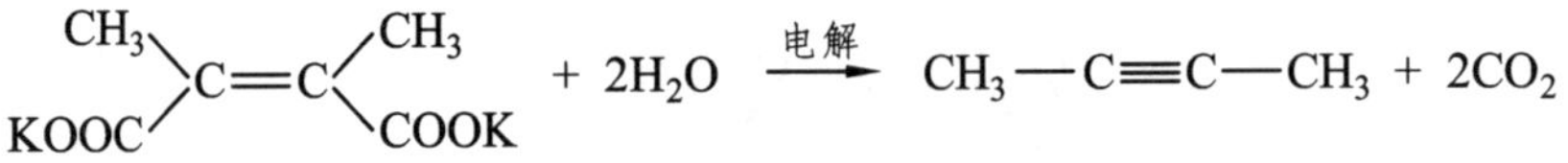 $\underset{KOOC}{\overset{CH_3}{>}}C=C\underset{COOK}{\overset{CH_3}{<}} + 2H_2O \xrightarrow{电解} CH_3-C\equiv C-CH_3 + 2CO_2$

Koble-Schmitt 反应

酚钠和二氧化碳在加压下于 125~150 ℃反应,生成邻羟基苯甲酸,同时有少量对羟基苯甲酸生成:

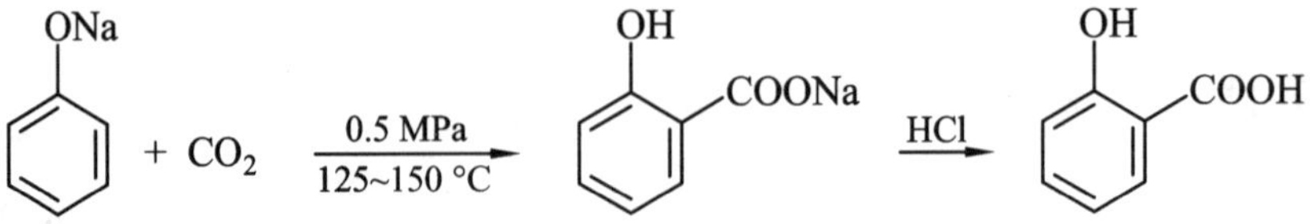

$$C_6H_5ONa + CO_2 \xrightarrow[125\sim 150\ ℃]{0.5\ MPa} \text{邻-}HOC_6H_4COONa \xrightarrow{HCl} \text{邻-}HOC_6H_4COOH$$

反应产物与酚盐的种类及反应温度有关,一般来讲,使用钠盐及在较低的温度下反应主要得到邻位产物,而用钾盐及在较高温度下反应则主要得对位产物:

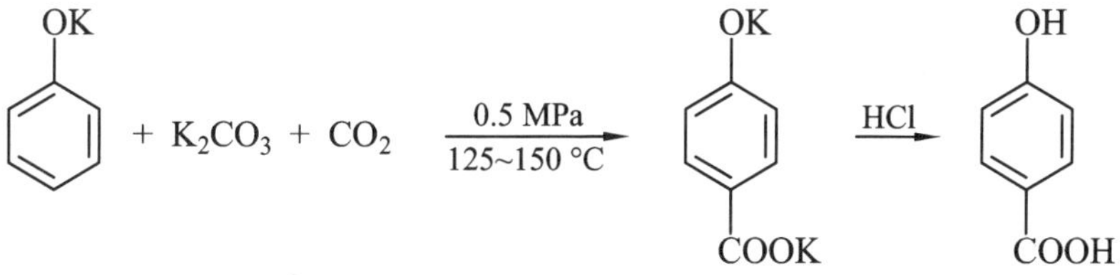

$$\underset{\text{}}{\text{C}_6\text{H}_5\text{OK}} + \text{K}_2\text{CO}_3 + \text{CO}_2 \xrightarrow[125\sim150\ ^\circ\text{C}]{0.5\ \text{MPa}} \underset{\text{4-HOC}_6\text{H}_4\text{COOK}}{} \xrightarrow{\text{HCl}} \underset{\text{4-HOC}_6\text{H}_4\text{COOH}}{}$$

邻位异构体在钾盐及较高温度下加热也能转变为对位异构体：

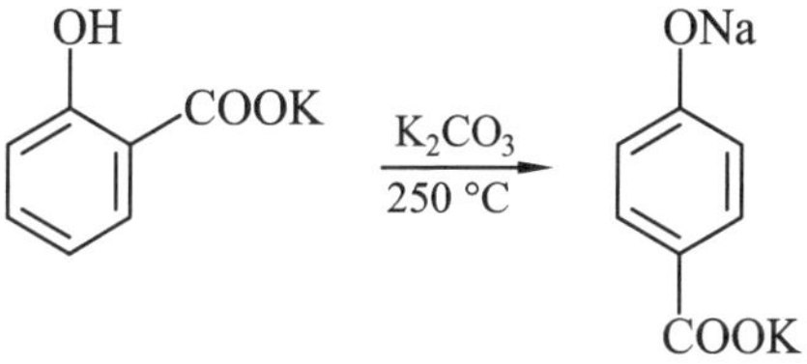

$$\underset{\text{水杨酸钾}}{} \xrightarrow[250\ ^\circ\text{C}]{\text{K}_2\text{CO}_3} \underset{\text{}}{}$$

反应机理

反应机理目前还不太清楚。

反应实例

（1）邻苯二酚 + CO_2 $\xrightarrow[\Delta]{(NH_4)_2CO_3}$ 3,4-二羟基苯甲酸

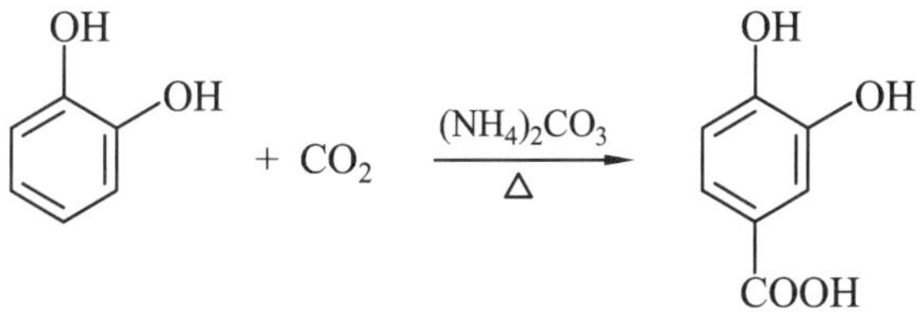

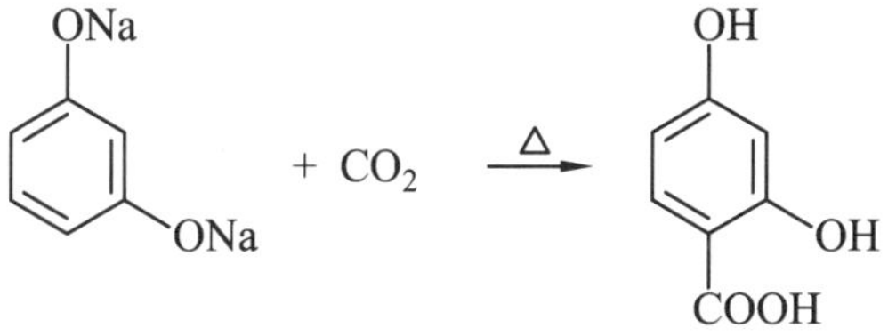

（2）间苯二酚钠 + CO_2 $\xrightarrow{\Delta}$ 2,4-二羟基苯甲酸

（3）2-萘酚钠 + CO_2 $\xrightarrow{200\sim250\ ^\circ\text{C}}$ 3-羟基-2-萘甲酸

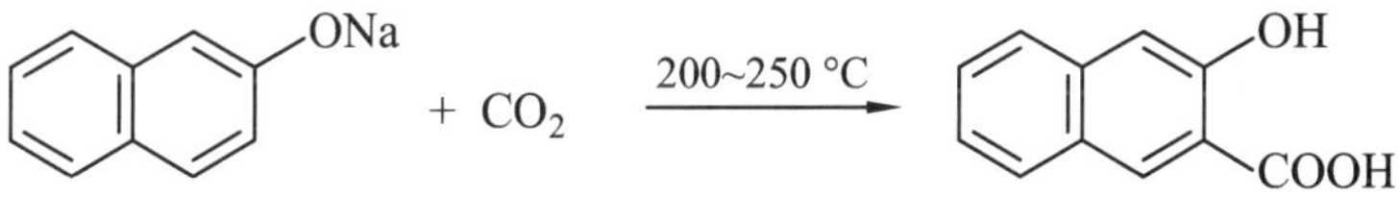

Leuckart 反应

醛或酮在高温下与甲酸铵反应得伯胺：

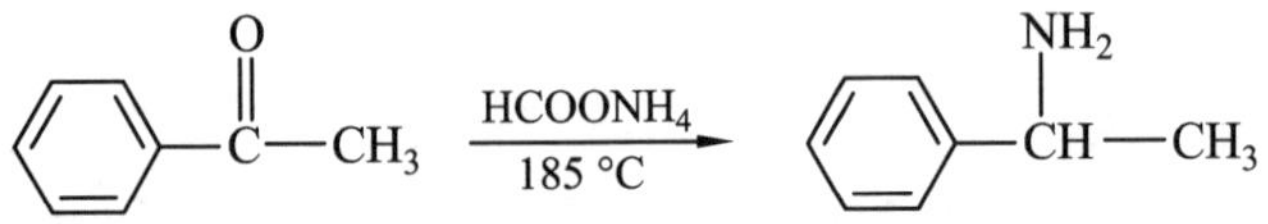

$$\text{C}_6\text{H}_5\text{-CO-CH}_3 \xrightarrow[185\,°C]{\text{HCOONH}_4} \text{C}_6\text{H}_5\text{-CH(NH}_2\text{)-CH}_3$$

除甲酸铵外，反应也可以用取代的甲酸铵或甲酰铵。

反应机理

反应中甲酸铵一方面提供氨，另一方面又作为还原剂。

$$\text{HCOONH}_4 \rightleftharpoons \text{HCOOH} + \text{NH}_3$$

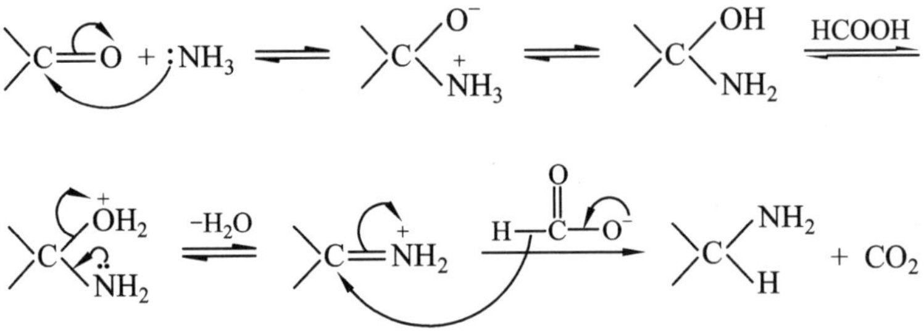

$$\text{\textgreater}C=O + :NH_3 \rightleftharpoons \text{\textgreater}C(O^-)(^+NH_3) \rightleftharpoons \text{\textgreater}C(OH)(NH_2) \xrightarrow{\text{HCOOH}}$$

$$\text{\textgreater}C(^+OH_2)(NH_2) \xrightleftharpoons{-H_2O} \text{\textgreater}C=^+NH_2 \xrightarrow{H-COO^-} \text{\textgreater}CH(NH_2) + CO_2$$

反应实例

（1） 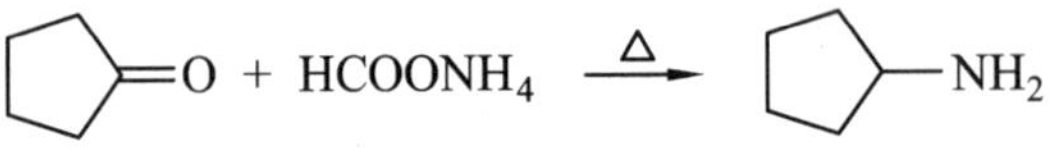 环戊酮 + HCOONH$_4$ $\xrightarrow{\Delta}$ 环戊胺（环戊基-NH$_2$）

（2） 呋喃-2-CHO + HCON(CH$_3$)$_2$ $\xrightarrow[150\sim 155\,°C]{\text{HCOOH}}$ 呋喃-2-CH$_2$N(CH$_3$)$_2$

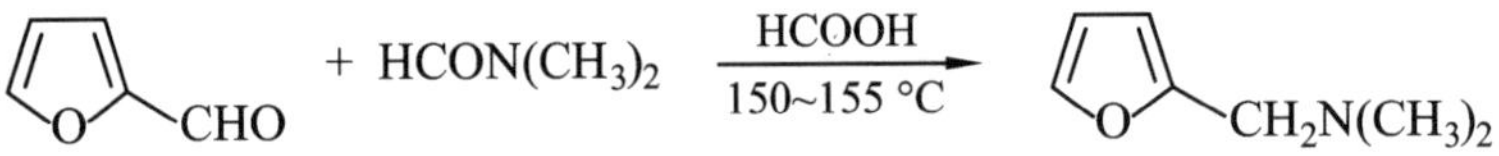

Lossen 反应

异羟肟酸或其酰基化物在单独加热或在碱、脱水剂（如五氧化二磷、乙酸酐、亚硫酰氯等）存在下加热，发生重排生成异氰酸酯，再经水解、脱羧得伯胺：

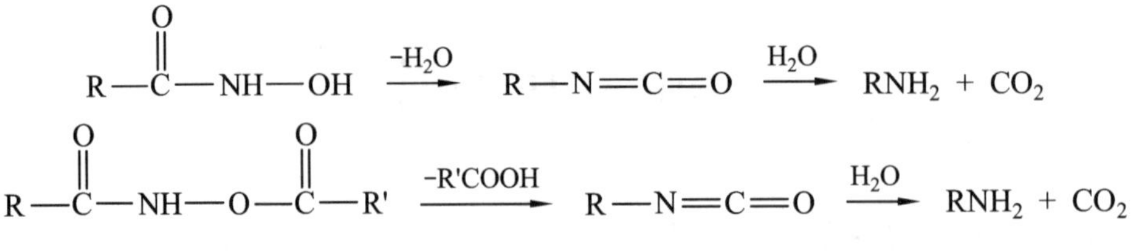

$$\text{R-C(=O)-NH-OH} \xrightarrow{-H_2O} \text{R-N=C=O} \xrightarrow{H_2O} RNH_2 + CO_2$$

$$\text{R-C(=O)-NH-O-C(=O)-R'} \xrightarrow{-R'COOH} \text{R-N=C=O} \xrightarrow{H_2O} RNH_2 + CO_2$$

本重排反应后来有两种改进方法。

反应机理

本重排反应的反应机理与 Hofmann 重排、Curtius 反应、Schmidt 反应机理类似，也是形成异氰酸酯中间体：

$$R-\underset{\underset{O}{\|}}{C}-NH-OH \xrightarrow[-H^+]{碱, \Delta} R-\underset{\underset{O}{\|}}{C}-\ddot{N}-OH \xrightarrow[重排]{-OH^-} R-N=C=O \xrightarrow{H_2O}$$

$$R-N=\underset{\underset{^+OH_2}{|}}{C}-O^- \longrightarrow R-N=\underset{\underset{OH}{|}}{C}-OH \rightleftharpoons R-NH-\underset{\underset{O}{\|}}{C}-OH \longrightarrow RNH_2 + CO_2$$

在重排步骤中，R 的迁移和离去基团的离去是协同进行的。当 R 是手性碳原子时，重排后其构型保持不变：

（R-型手性化合物 $\xrightarrow{C_6H_5COCl}$ 酰化产物 $\xrightarrow[\Delta]{NaOH}$）

（异氰酸酯 $\xrightarrow{H_2O}$ 胺 + CO_2）

反应实例

（1）$CH_3(CH_2)_{10}COOCH_3 \xrightarrow[KOH, 吡啶]{NH_2OH \cdot HCl} CH_3(CH_2)_{10}CONHOH \xrightarrow{C_6H_5COCl}$

$CH_3(CH_2)_{10}CONHOCOC_6H_5 \xrightarrow{\Delta} CH_3(CH_2)_{10}NH_2$

（2）$(CH_2)_8\begin{smallmatrix}CONHOH\\CONHOH\end{smallmatrix} \xrightarrow{-2H_2O} (CH_2)_8\begin{smallmatrix}N=C=O\\N=C=O\end{smallmatrix} \longrightarrow (CH_2)_8\begin{smallmatrix}NH_2\\NH_2\end{smallmatrix}$

（3）蒎烯-COOCH$_3$ $\xrightarrow{NH_2OH}$ 蒎烯-CONHOH $\xrightarrow{-H_2O}$ 蒎烯-N=C=O

$$\xrightarrow{H_2O} \text{[structure with NH}_2\text{]} \rightleftharpoons \text{[structure with NH]} \xrightarrow{H_2O} \text{[ketone structure]}$$

Mannich 反应

含有 α-活泼氢的醛、酮与甲醛及胺（伯胺、仲胺或氨）反应，结果一个 α-活泼氢被胺甲基取代，此反应又称为胺甲基化反应，所得产物称为 Mannich 碱。

$$R'-\underset{O}{\overset{\parallel}{C}}-CH_2R + HCHO + HN(CH_3)_2 \xrightarrow{H^+} R'-\underset{O}{\overset{\parallel}{C}}-\underset{R}{\overset{|}{CH}}-CH_2N(CH_3)_2$$

（Mannich 碱）

反应机理

$$H_2C=O + HN(CH_3)_2 \rightleftharpoons H_2C(OH)-N(CH_3)_2 \xrightleftharpoons{H^+} H_2C=\overset{+}{N}(CH_3)_2$$

$$R'-\underset{O}{\overset{\parallel}{C}}-CH_2R \xrightleftharpoons{H^+} R'-\underset{OH}{\overset{|}{C}}=CHR \xrightarrow{H_2C=\overset{+}{N}(CH_3)_2}$$

$$R'-\underset{+OH}{\overset{\parallel}{C}}-\underset{R}{\overset{|}{CH}}-CH_2N(CH_3)_2 \xrightleftharpoons{-H^+} R'-\underset{O}{\overset{\parallel}{C}}-\underset{R}{\overset{|}{CH}}-CH_2N(CH_3)_2$$

反应实例

(1) $C_6H_5-\underset{O}{\overset{\parallel}{C}}-CH_3 + HCHO + HN(CH_3)_2 \cdot HCl \longrightarrow C_6H_5-\underset{O}{\overset{\parallel}{C}}-CH_2-CH_2N(CH_3)_2$

(2) [dialdehyde] + H_2NCH_3 + [ketodicarboxylic acid] $\xrightarrow{pH=5}$ [tropane dicarboxylic acid structure] $\xrightarrow{-CO_2}$ [tropinone structure]

Meerwein-Ponndorf 反应

醛或酮与异丙醇铝在异丙醇溶液中加热，还原成相应的醇，而异丙醇则氧化为丙酮，将生成的丙酮从平衡体系中慢慢蒸出来，使反应朝正方向进行。这个反应相当于 Oppenauer 氧化的逆向反应。

$$\text{R}-\underset{\text{O}}{\overset{\|}{\text{C}}}-\text{R}' + \text{CH}_3\underset{\text{OH}}{\overset{|}{\text{CH}}}\text{CH}_3 \underset{}{\overset{\text{Al}[\text{OCH}(\text{CH}_3)_2]_3}{\rightleftharpoons}} \text{R}-\underset{\text{OH}}{\overset{|}{\text{CH}}}-\text{R}' + \text{CH}_3-\underset{\text{O}}{\overset{\|}{\text{C}}}-\text{CH}_3$$

反应机理

$$\text{R}-\underset{\text{O}}{\overset{\|}{\text{C}}}-\text{R}' + \text{H}-\underset{\text{CH}_3}{\overset{\text{CH}_3}{\text{C}}}-\text{OAl}[\text{OCH}(\text{CH}_3)_2]_2 \rightleftharpoons \text{R}-\underset{\text{H}}{\overset{\text{O}^-}{\overset{|}{\underset{|}{\text{C}}}}}-\text{R}' + \text{CH}_3-\underset{\text{O}}{\overset{\|}{\text{C}}}-\text{CH}_3$$

$$\downarrow$$

$$\text{R}-\underset{\text{H}}{\overset{\text{OH}}{\overset{|}{\underset{|}{\text{C}}}}}-\text{R}'$$

反应实例

$$\text{O}_2\text{N}-\text{C}_6\text{H}_4-\underset{\text{O}}{\overset{\|}{\text{C}}}-\underset{\text{NHCOCHCl}_2}{\overset{|}{\text{C}}}\text{H}\text{CH}_2\text{OH} + \text{CH}_3\underset{\text{OH}}{\overset{|}{\text{CH}}}\text{CH}_3 \overset{\text{Al}[\text{OCH}(\text{CH}_3)_2]_3}{\rightleftharpoons}$$

$$\text{O}_2\text{N}-\text{C}_6\text{H}_4-\underset{\text{H}}{\overset{\text{OH}}{\overset{|}{\underset{|}{\text{C}}}}}-\underset{\text{NHCOCHCl}_2}{\overset{|}{\text{C}}}\text{H}\text{CH}_2\text{OH}$$

Michael 加成反应

一个亲电的共轭体系和一个亲核的碳负离子进行共轭加成，称为 Micheal 加成：

$$A-CH_2-R + \underset{Y}{\overset{}{>}}C=C\underset{}{\overset{}{<}} \xrightarrow{:B^-} \underset{A}{\overset{R}{>}}CH-\underset{|}{\overset{|}{C}}-\underset{Y}{\overset{|}{C}}-H$$

(A, Y = CHO, C=O, COOR, NO2, CN;

B = NaOH, KOH, EtONa, t-BuOK, NaNH$_2$, Et$_3$N, R$_4$N$^+$OH$^-$, ⟨NH⟩)

反应机理

$$A-CH_2-R \xrightarrow{:B^-} A-\bar{C}H-R \xrightarrow{\underset{Y}{>}C=C<}$$

$$\underset{A}{\overset{R}{>}}CH-\underset{|}{\overset{|}{C}}-\bar{\underset{Y}{\overset{|}{C}}}< \xrightarrow{HB} \underset{A}{\overset{R}{>}}CH-\underset{|}{\overset{|}{C}}-\underset{Y}{\overset{|}{C}}-H$$

反应实例

(1) $CH_2(COOEt)_2 + CH_2=CH-\overset{O}{\underset{}{C}}-CH_3 \xrightleftharpoons{EtO^-} CH_2-CH_2-\overset{O}{\underset{}{C}}-CH_3$
$\phantom{CH_2(COOEt)_2 + CH_2=CH-C-CH_3 \xrightleftharpoons{EtO^-} }\underset{CH(COOEt)_2}{|}$

(2) $CH_3-\overset{O}{\underset{}{C}}-CH_2-\overset{O}{\underset{}{C}}-CH_3 + CH_2=CH-C\equiv N \xrightarrow[t\text{-BuOK, 25 °C}]{Et_3N}$

$CH_3-\overset{O}{\underset{}{C}}-CH-\overset{O}{\underset{}{C}}-CH_3$
$\underset{CH_2CH_2CN}{|}$

Norrish Ⅰ和Ⅱ型裂解反应

饱和羰基化合物的光解反应过程有两种类型，Norrish Ⅰ型和 Norrish Ⅱ型裂解。Norrish Ⅰ型的特点是光解时羰基与 α-碳之间的键断裂，生成酰基自由基和烃基自由基:

$$R-\overset{O}{\underset{}{C}}-R' \xrightarrow{h\nu} R-\overset{O}{\underset{}{C}}\cdot + R'\cdot \xrightarrow{-CO} R\cdot + R'\cdot \longrightarrow R-R'$$

不对称的酮发生Ⅰ型裂解时,有两种裂解方式,一般是采取形成两个比较稳定自由基的裂解方式。环酮在裂解后不发生脱羰作用,而是发生分子内的夺氢反应,生成不饱和醛:

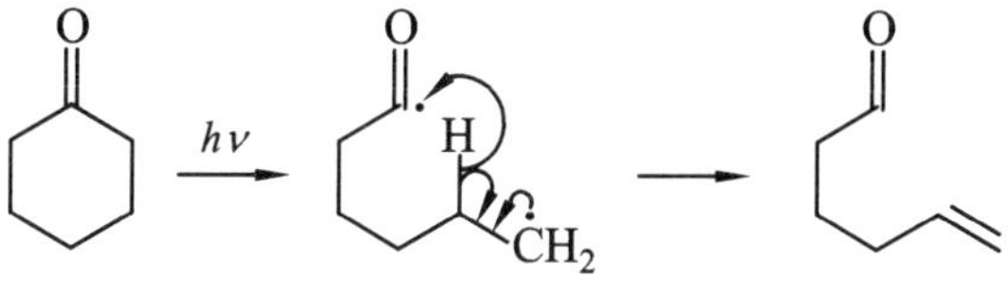

羰基旁若有一个三碳或大于三碳的烷基,分子有形成六元环的趋势。在光化反应后,就发生分子中夺氢的反应,通常是受激发的羰基氧夺取氢形成双自由基,然后再发生关环,成为环丁醇衍生物,或发生碳碳键的断裂,得到烯烃或酮。光化产物发生碳碳键的断裂称为 Norrish Ⅱ型裂解反应:

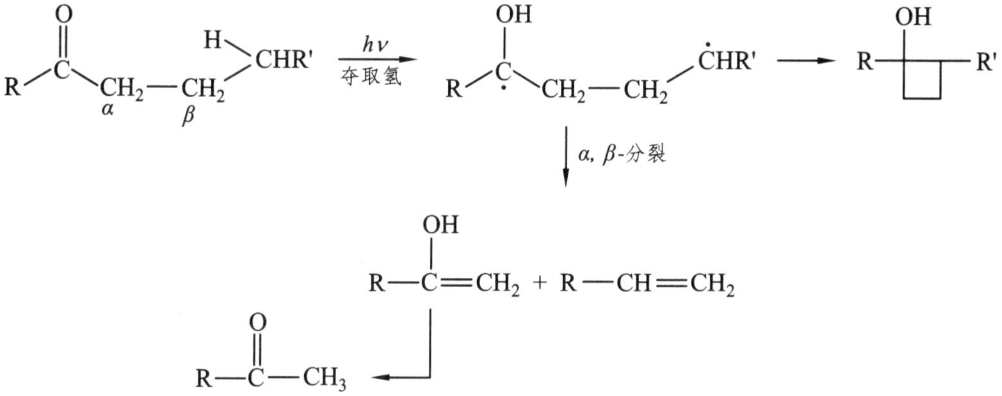

Oppenauer 氧化

仲醇在叔丁醇铝或异丙醇铝和丙酮作用下,氧化成为相应的酮,而丙酮则还原为异丙醇。这个反应相当于 Meerwein-Ponndorf 反应的逆向反应。

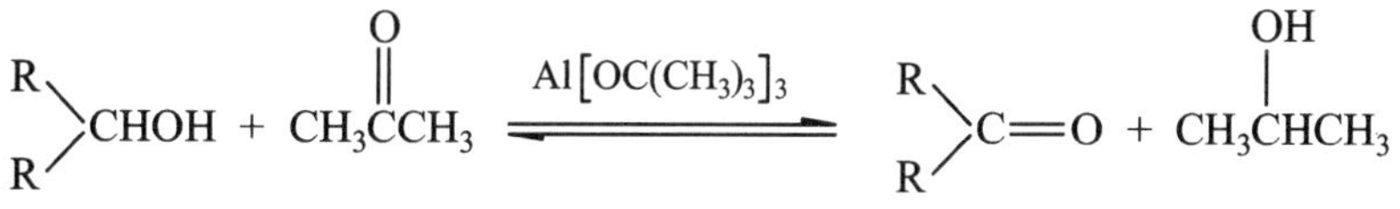

$$\underset{R}{\overset{R}{>}}CHOH + CH_3COCH_3 \underset{}{\overset{Al[OC(CH_3)_3]_3}{\rightleftharpoons}} \underset{R}{\overset{R}{>}}C=O + CH_3CHOHCH_3$$

反应机理

$$\underset{R}{\overset{R}{>}}CHOH + Al[OC(CH_3)_3]_3 \rightleftharpoons \underset{R}{\overset{R}{>}}CHOAl[OC(CH_3)_3]_2 + (CH_3)_3COH$$

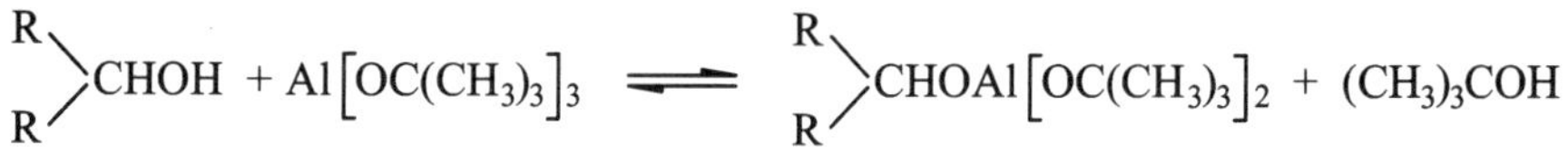

$$CH_3\overset{O}{\underset{}{C}}CH_3 + \underset{R}{\overset{R}{|}}CHOAl[OC(CH_3)_3]_2 \rightleftharpoons \begin{matrix}CH_3\\ |\\ CH_3-C\cdots O\cdots Al[OC(CH_3)_3]_2\\ |\quad\quad\quad |\\ H\quad\quad\quad\\ C\cdots O\\ R\;R\end{matrix} \rightleftharpoons$$

$$\begin{matrix}CH_3\\ \;\;\diagdown\\ CH_3-C-O\\ \;\;/\;\;\;\;\;|\\ H\quad\;\;\;Al[OC(CH_3)_3]_2\\ \quad\quad\;\;|\\ \quad\quad\;\;O\\ \quad\quad\;\;\|\\ \quad\quad\;\;C\\ \quad\;\;/\;\backslash\\ \quad R\;\;R\end{matrix} \xrightarrow{(CH_3)_3COH} CH_3\overset{OH}{\underset{|}{C}H}CH_3 + Al[OC(CH_3)_3]_3 + \underset{R\;R}{\overset{O}{\underset{\diagdown\;/}{C}}}$$

反应实例

（1）$CH_3\overset{OH}{\underset{|}{C}H}CH=CHCH=\overset{CH_3}{\underset{|}{C}}CH=CH_2 \xrightleftharpoons[\text{丙酮-苯}]{Al[OC(CH_3)_3]_3} CH_3\overset{O}{\underset{\|}{C}}CH=CHCH=\overset{CH_3}{\underset{|}{C}}CH=CH_2$

（2）$CH_3CH_2CH_2CH=CH\overset{OH}{\underset{|}{C}H}CH_3 \xrightleftharpoons[\text{丙酮-苯}]{Al[OC(CH_3)_3]_3} CH_3CH_2CH_2CH=CH\overset{O}{\underset{\|}{C}}CH_3$

Paal-Knorr 反应

1,4-二羰基化合物在无水的酸性条件下脱水，生成呋喃及其衍生物。1,4-二羰基化合物与氨或硫化物反应，可得吡咯、噻吩及其衍生物。

$$(CH_3)_3C\underset{O\;\;\;O}{\overset{\frown}{C}}C(CH_3)_3 \xrightarrow[\text{甲苯},\Delta]{TsOH} (CH_3)_3C\underset{O}{\overset{\frown}{\diagup\diagdown}}C(CH_3)_3$$

反应机理

$$(CH_3)_3C\underset{O\;\;\;O}{\overset{\frown}{C}}C(CH_3)_3 \xrightarrow[\text{甲苯},\Delta]{TsOH} \left[(CH_3)C\underset{H\overset{..}{O}}{\overset{\frown}{\diagup}}C(CH_3)_3\right] \rightleftharpoons$$

$$(CH_3)_3C\underset{\overset{+}{O}\;\;\;O^-}{\overset{\frown}{\diagup\diagdown}}\overset{C(CH_3)_3}{\underset{}{}} \rightleftharpoons (CH_3)_3C\underset{O}{\overset{\frown}{\diagup\diagdown}}\overset{C(CH_3)_3}{\underset{OH}{}} \xrightarrow{H^+}$$

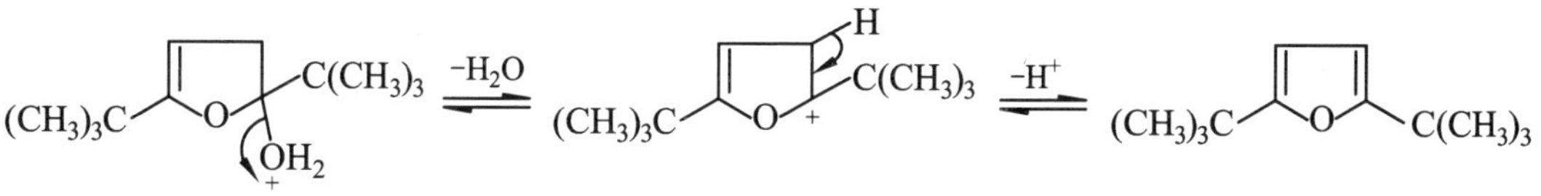

反应实例

(1) 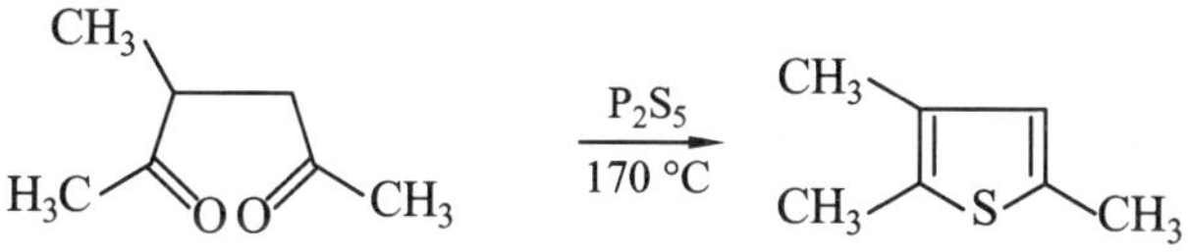 [reaction: 3-methyl-2,4-pentanedione → 2,4-dimethyl-3-methylthiophene, P₂S₅, 170 °C]

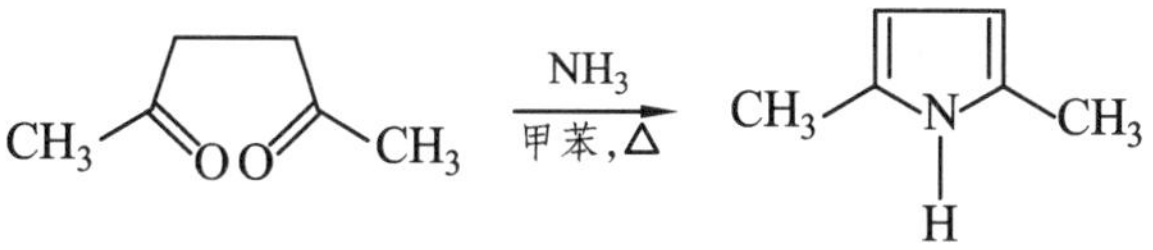

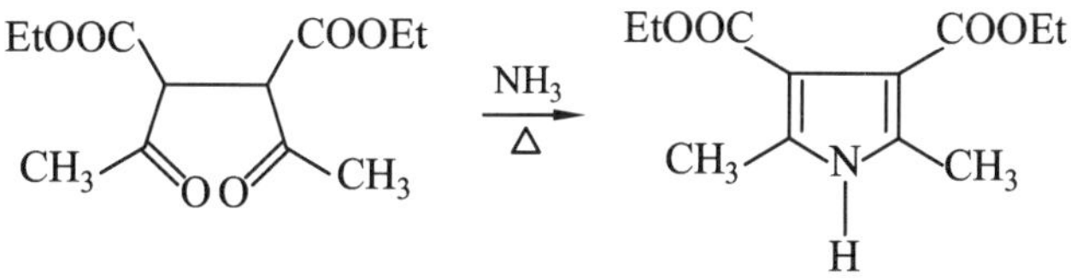

(2) [reaction: 2,5-hexanedione → 2,5-dimethylpyrrole, NH₃/甲苯, Δ]

(3) [reaction: diethyl 3,4-diacetylsuccinate analog → 3,4-bis(ethoxycarbonyl)-2,5-dimethylpyrrole, NH₃, Δ]

(4) [reaction: bicyclic diketone → N-methyl-1,2,3,4,5,6,7,8-octahydrocarbazole, CH₃NH₂/HOAc]

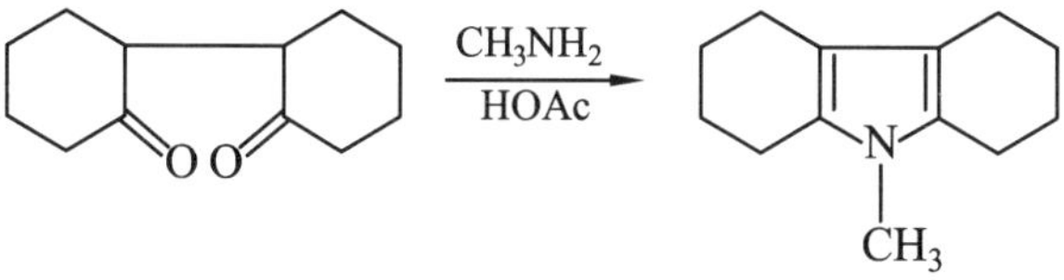

Pictet-Spengler 合成法

由苯乙胺与醛在酸催化下反应得到亚胺，然后关环得到四氢异喹啉，后者很容易脱氢生成异喹啉。

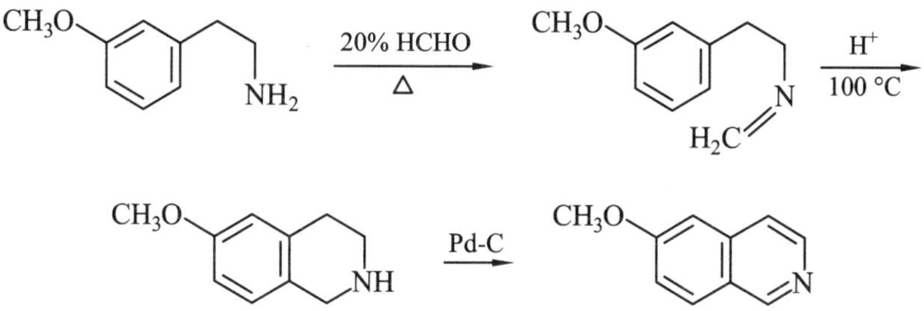

[reaction scheme: 3-methoxyphenethylamine + 20% HCHO, Δ → imine intermediate → H⁺, 100 °C → 6-methoxy-1,2,3,4-tetrahydroisoquinoline → Pd-C → 6-methoxyisoquinoline]

345

芳环上需有活化基团，才有利于反应。如活化基团在间位，关环在活化基团的对位发生，活化基团在邻位或对位，则不发生关环反应。

本合成法是 Bischler-Napieralski 合成法的改进方法，广泛用于合成四氢异喹啉。

反应机理

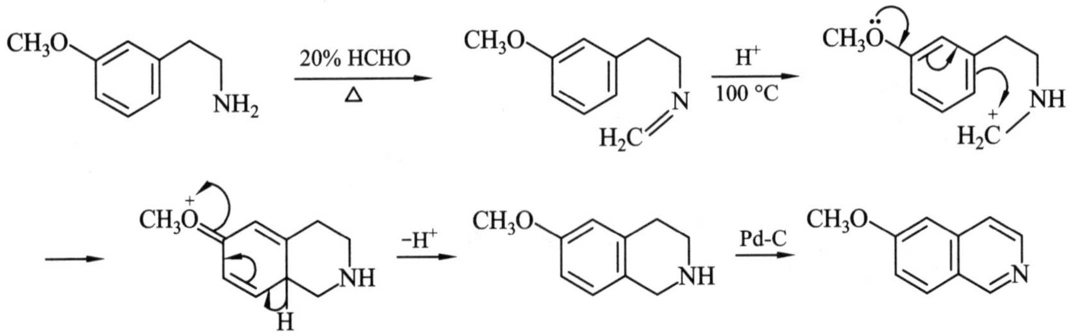

[反应机理示意图：3-甲氧基苯乙胺经20% HCHO、Δ生成亚胺中间体，经H⁺、100°C后关环，脱质子得到6-甲氧基-1,2,3,4-四氢异喹啉，再经Pd-C脱氢得到6-甲氧基异喹啉]

反应实例

[反应实例示意图：亚甲二氧基苯乙胺与HCHO反应生成相应的四氢异喹啉]

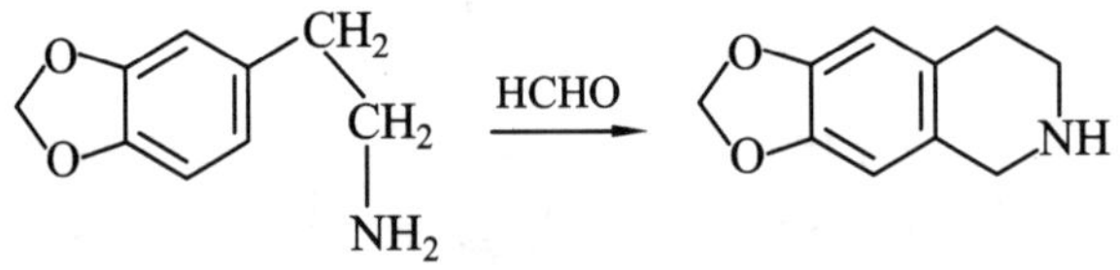

Pschorr 反应

重氮盐在碱性条件下发生分子内的偶联反应：

[反应示意图：邻位连接有Z基团的苯环重氮盐在碱作用下关环]

（Z = CH=CH, CH₂—CH₂, NH, CO, CH₂）

反应机理

一般认为，本反应是通过自由基进行的，在反应时，原料的两个苯环必须在双键的同一侧，并在同一个平面上。

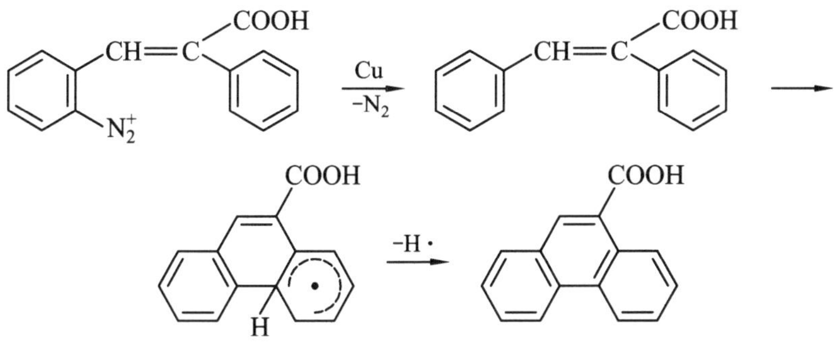

反应实例

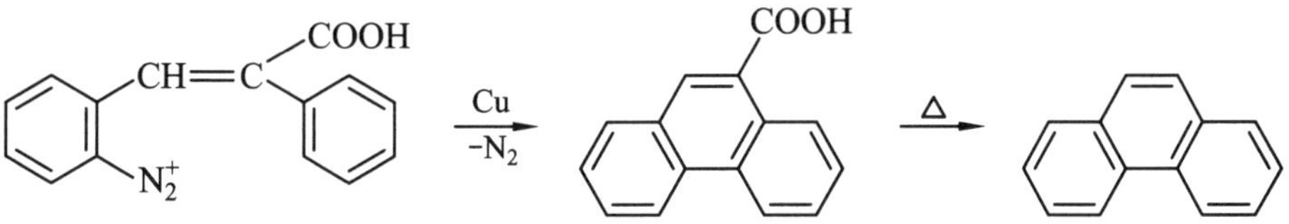

Reformatsky 反应

醛或酮与 α-卤代酸酯和锌在惰性溶剂中反应，经水解后得到 α-羟基酸酯。

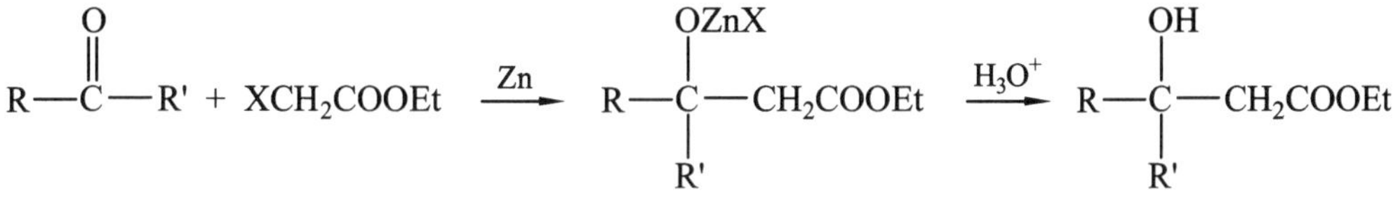

$$R-\underset{\underset{}{\|}}{C}(=O)-R' + XCH_2COOEt \xrightarrow{Zn} R-\underset{R'}{\overset{OZnX}{\underset{|}{C}}}-CH_2COOEt \xrightarrow{H_3O^+} R-\underset{R'}{\overset{OH}{\underset{|}{C}}}-CH_2COOEt$$

反应机理

首先是 α-卤代酸酯和锌反应生成中间体有机锌试剂，然后有机锌试剂与醛酮的羰基进行加成，再水解：

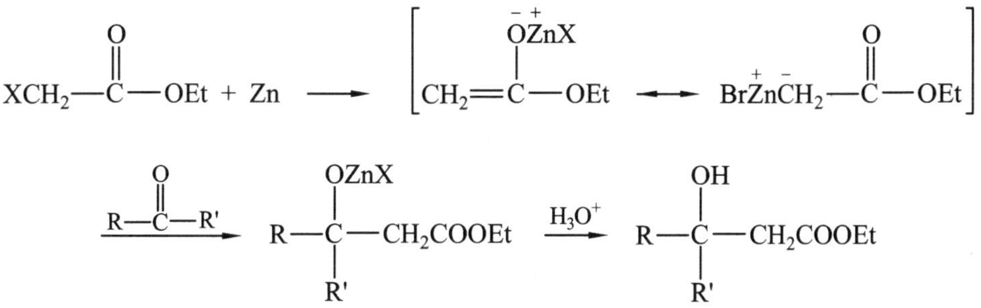

$$XCH_2-\overset{O}{\overset{\|}{C}}-OEt + Zn \longrightarrow \left[CH_2=\overset{\overset{-}{O}\overset{+}{Z}nX}{\underset{|}{C}}-OEt \longleftrightarrow BrZn\overset{+}{C}H_2-\overset{O}{\overset{\|}{C}}-OEt \right]$$

$$\xrightarrow{R-\overset{O}{\overset{\|}{C}}-R'} R-\underset{R'}{\overset{OZnX}{\underset{|}{C}}}-CH_2COOEt \xrightarrow{H_3O^+} R-\underset{R'}{\overset{OH}{\underset{|}{C}}}-CH_2COOEt$$

反应实例

(1) 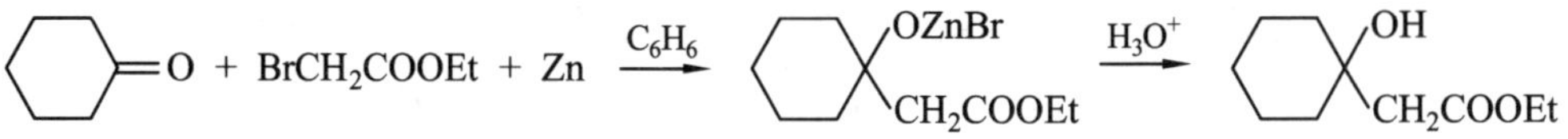 环己酮 + BrCH$_2$COOEt + Zn $\xrightarrow{C_6H_6}$ 1-(OZnBr)-1-(CH$_2$COOEt)环己烷 $\xrightarrow{H_3O^+}$ 1-OH-1-(CH$_2$COOEt)环己烷

(2) C$_6$H$_5$—CHO + CH$_3$CH(Br)C(O)OEt + Zn $\xrightarrow{Et_2O}$

C$_6$H$_5$—CH(OZnX)—CH(CH$_3$)COOEt $\xrightarrow{H_3O^+}$ C$_6$H$_5$—CH(OH)—CH(CH$_3$)COOEt

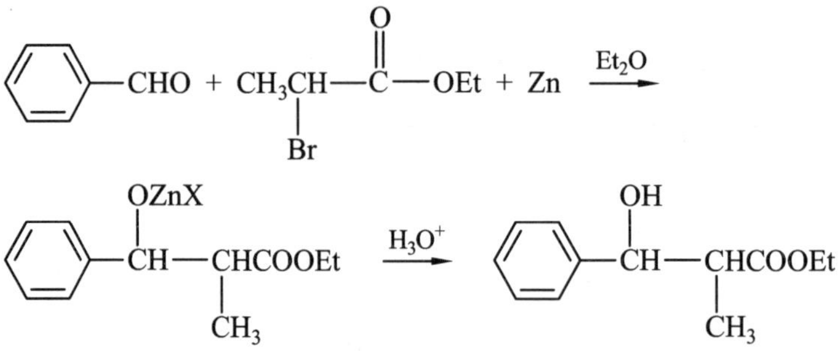

Reimer-Tiemann 反应

酚与氯仿在碱性溶液中加热生成邻位及对位羟基苯甲醛。含有羟基的喹啉、吡咯、氮杂茚等杂环化合物也能发生此反应。

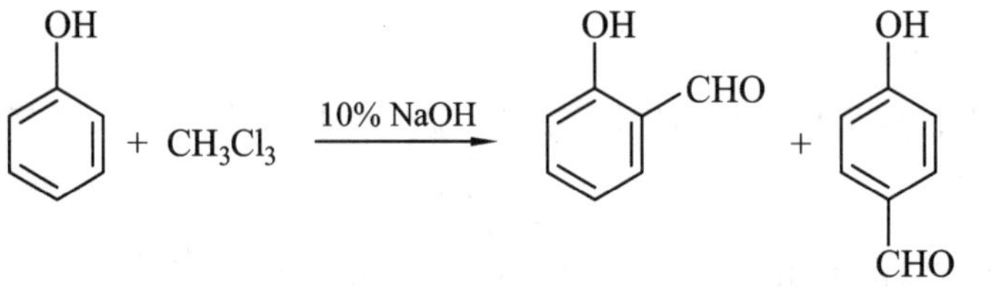

苯酚 + CHCl$_3$ $\xrightarrow{10\% NaOH}$ 水杨醛（邻羟基苯甲醛，20%~35%）+ 对羟基苯甲醛（8%~12%）

（注：图中标注"对甲基苯甲醛"，应为对羟基苯甲醛）

常用的碱溶液是氢氧化钠、碳酸钾、碳酸钠水溶液，产物一般以邻位为主，有少量对位产物。如果两个邻位都被占据则进入对位。不能在水中发生反应的化合物可在吡啶中进行，此时只得邻位产物。

反应机理

首先氯仿在碱溶液中形成二氯卡宾，它是一个缺电子的亲电试剂，与酚的负离子（B）发生亲电取代形成中间体（C），C 从溶剂或反应体系中获得一个质子，同时羰基的 α-氢离开形成 D 或 E，E 经水解得到醛。

$$CHCl_3 + OH^- \xrightarrow{-H_2O} {}^-CCl_3 \xrightarrow{-Cl^-} :CCl_2$$

二氯卡宾

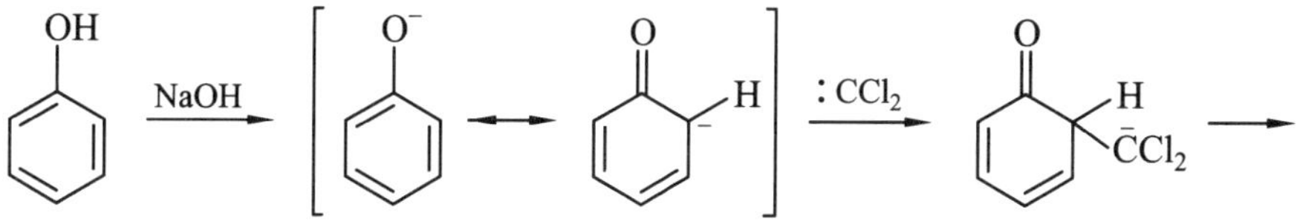

[反应机理图: 苯酚 →(NaOH) A ↔ B →(:CCl₂) C → D ↔ E →(H₂O) →(H⁺) 邻羟基苯甲醛]

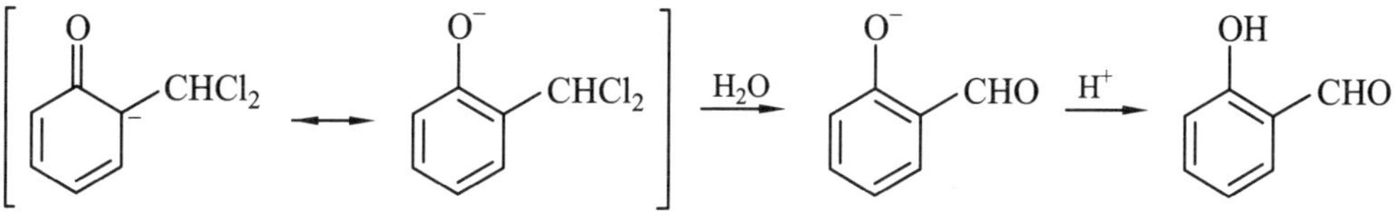

反应实例

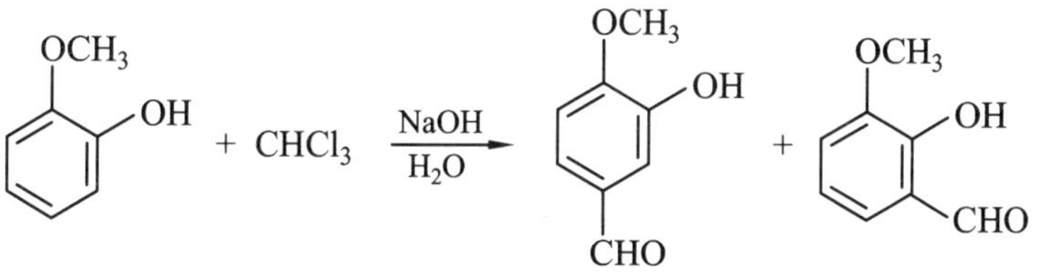

[愈创木酚 + CHCl₃ →(NaOH, H₂O) 香兰素 + 邻香兰素]

酚羟基的邻位或对位有取代基时，常有副产物 6,6-或 4,4-二取代的环己烯酮产生。例如：

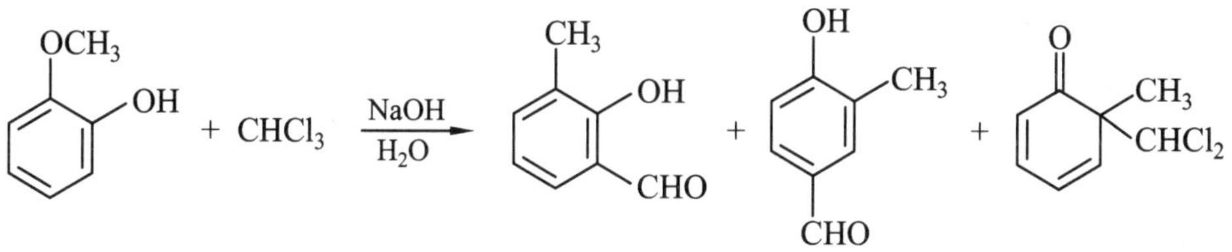

[邻甲氧基苯酚类 + CHCl₃ →(NaOH, H₂O) 产物三种，包括6-甲基-6-二氯甲基环己二烯酮]

Reppe 合成法

烯烃或炔烃、CO 与一个亲核试剂如 H_2O, ROH, RNH_2, RSH, $RCOOH$ 等在均相催化剂作用下形成羧基酸及其衍生物。

$$CH_2{=}CH_2 + CO + H_2O \xrightarrow{\text{催化剂}} CH_3CH_2COOH$$

$$CH\equiv CH + CO + H_2O \xrightarrow{\text{催化剂}} CH_2=CHCOOH$$

许多过渡金属如 Ni, Co, Fe, Rh, Ru, Pd 等的盐和络合物均可做催化剂。反应过程首先形成酰基金属，然后和水、醇、胺等发生溶剂解反应形成酸、酯、酰胺：

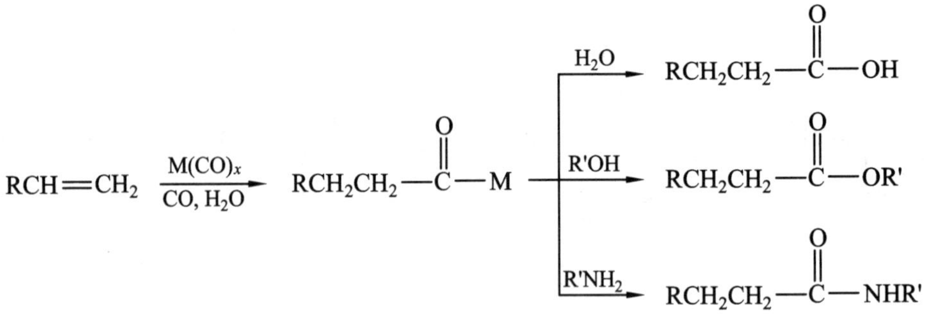

$$RCH=CH_2 \xrightarrow[CO, H_2O]{M(CO)_x} RCH_2CH_2-\underset{O}{\overset{\parallel}{C}}-M \begin{array}{l} \xrightarrow{H_2O} RCH_2CH_2-\underset{O}{\overset{\parallel}{C}}-OH \\ \xrightarrow{R'OH} RCH_2CH_2-\underset{O}{\overset{\parallel}{C}}-OR' \\ \xrightarrow{R'NH_2} RCH_2CH_2-\underset{O}{\overset{\parallel}{C}}-NHR' \end{array}$$

Robinson 缩环反应

含活泼亚甲基的环酮与 α, β-不饱和羰基化合物在碱存在下反应，形成一个二并六元环的环系：

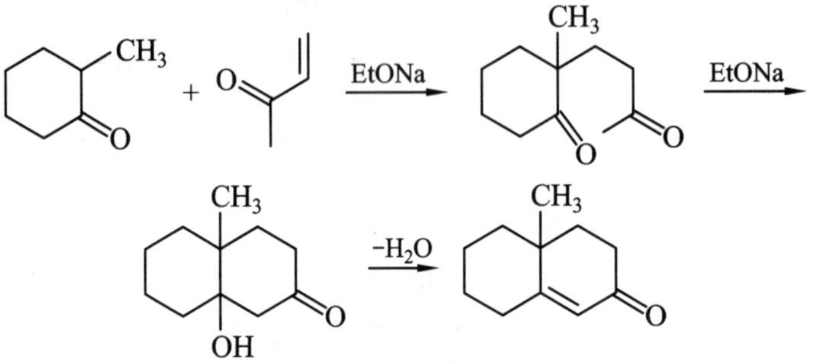

反应机理

本反应分两步进行，第一步是 Micheal 加成反应，第二步是羟醛缩合反应。

反应实例

（1）

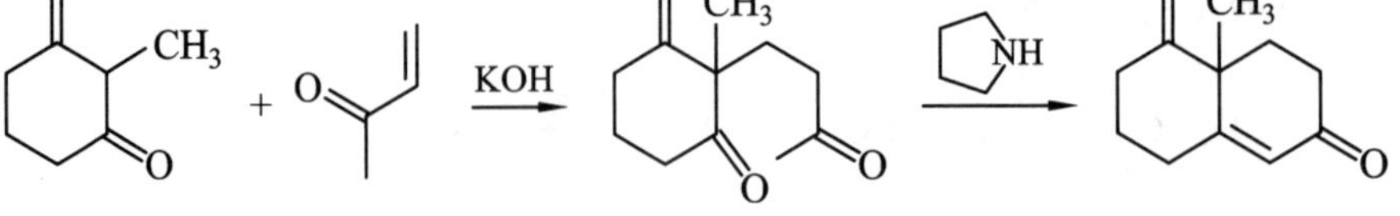

(2) [结构式：1-甲基-5-甲氧基-2-四氢萘酮] + [结构式：CH₃COCH₂CH₂N⁺(CH₃)₃X⁻] $\xrightarrow{\text{EtONa}}$ [中间体结构] ⟶ [产物结构]

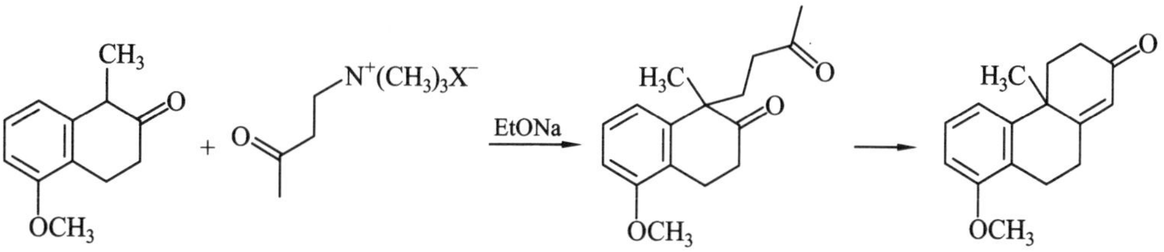

Robinson 还原反应

酰氯用受过硫-喹啉毒化的钯催化剂进行催化还原，生成相应的醛：

$$\text{RCOCl} + H_2 \xrightarrow[\text{硫-喹啉}]{\text{Pd-BaSO}_4} \text{RCHO} + \text{HCl}$$

反应物分子中存在硝基、卤素、酯基等基团时，不受影响。

反应实例

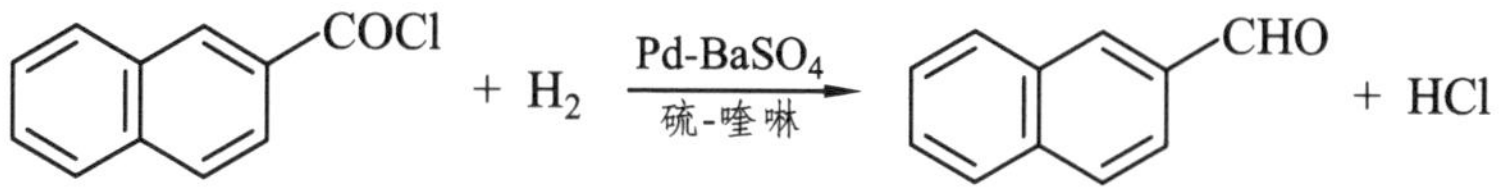

[萘-2-甲酰氯] + H_2 $\xrightarrow[\text{硫-喹啉}]{\text{Pd-BaSO}_4}$ [萘-2-甲醛] + HCl

Ruff 递降反应

糖酸钙在 Fe^{3+} 存在下，用过氧化氢氧化，得到一个不稳定的羰基酸，然后失去二氧化碳，得到低一级的醛糖：

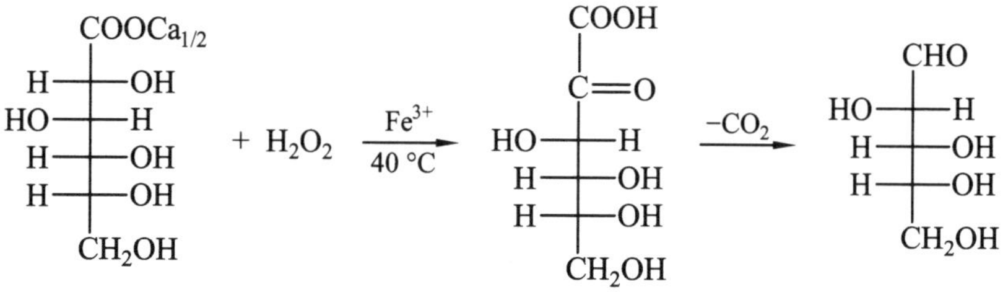

[D-葡萄糖酸钙结构] + H_2O_2 $\xrightarrow[40\ ^\circ\text{C}]{Fe^{3+}}$ [α-酮酸中间体] $\xrightarrow{-CO_2}$ [D-阿拉伯糖结构]

D-葡萄糖酸钙   D-阿拉伯糖

Sandmeyer 反应

重氮盐用氯化亚铜或溴化亚铜处理,得到氯代或溴代芳烃:

$$Ar-N_2^+X^- \xrightarrow{Cu_2X_2} Ar-X$$
$$(X = Cl, Br)$$

这个反应也可以用新制的铜粉和 HCl 或 HBr 来实现(Gattermann 反应)。

反应机理

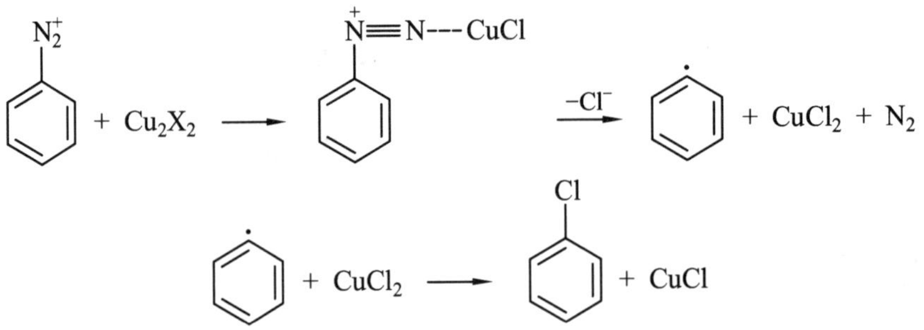

$$PhN_2^+ + Cu_2X_2 \longrightarrow Ph-N\equiv N\cdots CuCl \xrightarrow{-Cl^-} Ph\cdot + CuCl_2 + N_2$$

$$Ph\cdot + CuCl_2 \longrightarrow PhCl + CuCl$$

反应实例

(1) $PhN_2^+Cl^- + HCl \xrightarrow{Cu_2Cl_2} PhCl + N_2 + HCl$

(2) $PhN_2^+Cl^- + HBr \xrightarrow{Cu_2Br_2} PhBr + N_2 + HBr$

(3) $PhN_2^+Cl^- + KCN \xrightarrow{Cu_2(CN)_2} PhCN + N_2 + KCl$

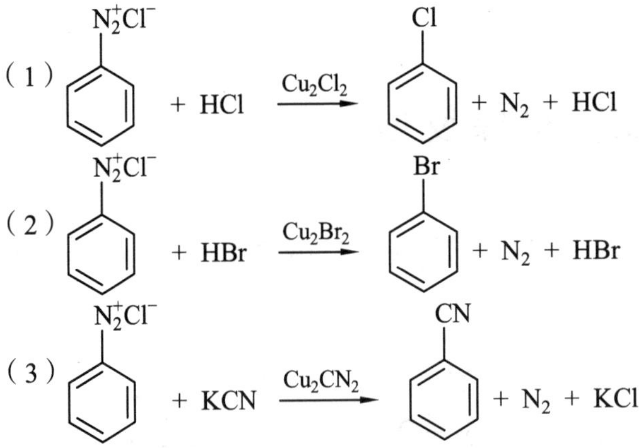

Schiemann 反应

芳香重氮盐和氟硼酸反应,生成溶解度较小的氟硼酸重氮盐,后者加热分解生成氟代芳烃:

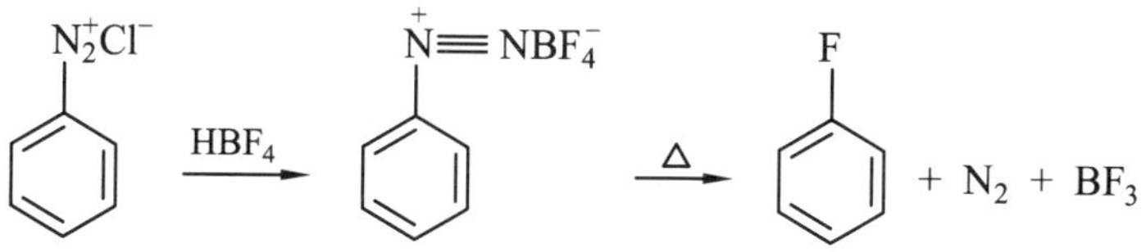

$$\underset{\text{}}{\text{C}_6\text{H}_5\text{N}_2^+\text{Cl}^-} \xrightarrow{\text{HBF}_4} \underset{\text{}}{\text{C}_6\text{H}_5\text{N}\equiv\text{NBF}_4^-} \xrightarrow{\Delta} \underset{\text{}}{\text{C}_6\text{H}_5\text{F}} + \text{N}_2 + \text{BF}_3$$

此反应与 Sandmeyer 反应类似。

反应机理

本反应属于单分子芳香亲核取代反应，氟硼酸重氮盐先是分解成苯基正离子，受到氟硼酸根负离子进攻，生成氟代苯。

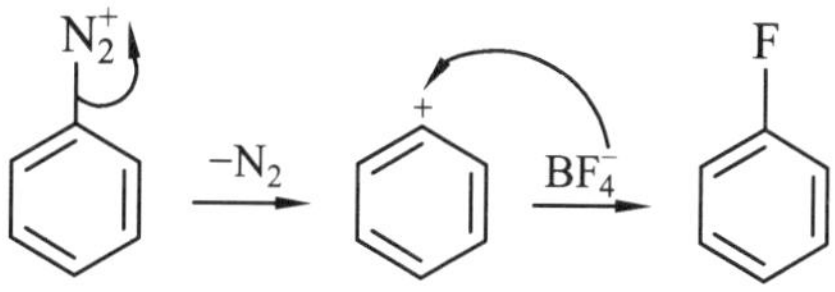

$$\text{PhN}_2^+ \xrightarrow{-\text{N}_2} \text{Ph}^+ \xrightarrow{\text{BF}_4^-} \text{PhF}$$

反应实例

(1) 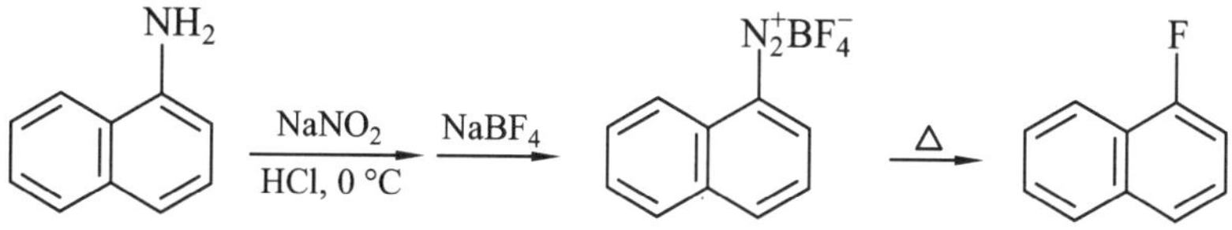 1-萘胺 $\xrightarrow[\text{HCl, 0 °C}]{\text{NaNO}_2, \text{NaBF}_4}$ 1-萘基重氮四氟硼酸盐 $\xrightarrow{\Delta}$ 1-氟萘

(2) $^+\text{N}_2\text{-C}_6\text{H}_4\text{-C}_6\text{H}_4\text{-N}_2^+ \xrightarrow{\text{HBF}_4, \Delta} \text{F-C}_6\text{H}_4\text{-C}_6\text{H}_4\text{-F}$

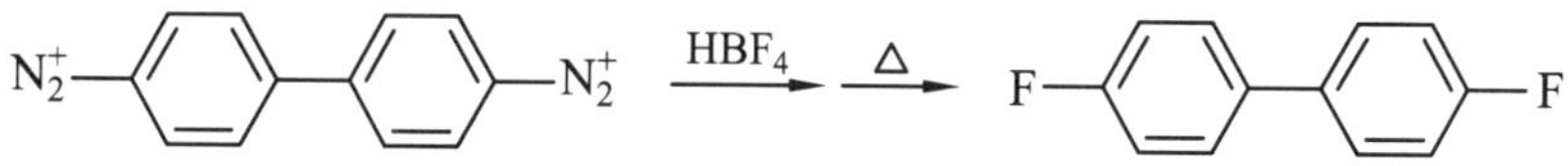

(3) 3-甲基-5-重氮基吡啶 $\xrightarrow{\text{HBF}_4, \Delta}$ 3-甲基-5-氟吡啶

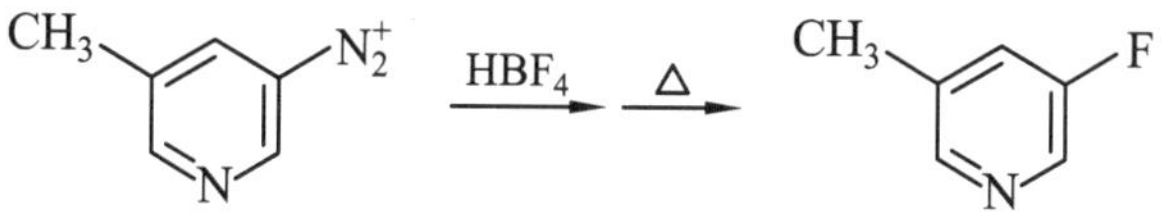

Schmidt 反应

羧酸、醛或酮分别与等摩尔的叠氮酸（HN_3）在强酸（硫酸、聚磷酸、三氯乙酸等）存在下发生分子内重排，分别得到胺、腈及酰胺：

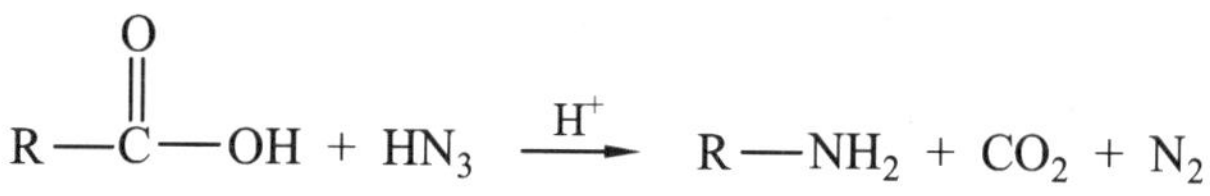

$$\text{R-COOH} + \text{HN}_3 \xrightarrow{\text{H}^+} \text{R-NH}_2 + \text{CO}_2 + \text{N}_2$$

$$R-\underset{\underset{O}{\|}}{C}-H + HN_3 \xrightarrow{H^+} R-CN + N_2$$

$$R-\underset{\underset{O}{\|}}{C}-R' + HN_3 \xrightarrow{H^+} R-\underset{\underset{O}{\|}}{C}-NHR' + N_2$$

其中以羧酸和叠氮酸作用直接得到胺的反应最为重要。羧酸可以是直链脂肪族的一元或二元羧酸、脂环酸、芳香酸等。与 Hofmann 重排、Curtius 反应和 Lossen 反应相比，本反应胺的收率较高。

反应机理

本反应的机理与 Hofmann 重排、Curtius 反应和 Lossen 反应机理相似，也是形成异氰酸酯中间体：

$$R-\underset{\underset{O}{\|}}{C}-OH \xrightleftharpoons{H^+} R-\underset{\underset{+OH}{\|}}{C}-OH \rightleftharpoons R-\underset{\underset{O}{\|}}{C}-\overset{+}{O}H_2 \longrightarrow$$

$$R-\overset{+}{C}\underset{\underset{O}{\|}}{} + H-\overset{-}{N}-\overset{+}{N}\equiv N \longrightarrow R-\underset{\underset{O}{\|}}{C}-\underset{H}{\overset{|}{N}}-\overset{+}{N}\equiv N \xrightarrow{-H^+} R-\underset{\underset{O}{\|}}{C}-\ddot{N}-\overset{+}{N}\equiv N$$

$$\longrightarrow \left[R-\underset{\underset{O}{\|}}{C}-\ddot{N} \right] \xrightarrow{重排} R-N=C=O \xrightarrow{H_3O^+} R-NH_2 + CO_2$$

当 R 为手性碳原子时，重排后手性碳原子的构型不变：

$$\underset{C_6H_5}{\overset{CH_3}{\underset{H}{\overset{|}{\underset{|}{C^*}}}}}-\underset{\underset{O}{\|}}{C}-OH \xrightarrow{HN_3} \underset{C_6H_5}{\overset{CH_3}{\underset{H}{\overset{|}{\underset{|}{C^*}}}}}-NH_2$$

R-型 $\qquad\qquad\qquad R$-型

反应实例

（1） $CH_3(CH_2)_{16}COOH + HN_3 \xrightarrow{H_2SO_4} CH_3(CH_2)_{16}NH_2$

$$96\%$$

（2） 环丁烷-1,2-二甲酸 $+ HN_3 \xrightarrow{H_2SO_4}$ 环丁烷-1,2-二胺

（3） $CH_3O-C_6H_4-COOH + HN_3 \xrightarrow{H_2SO_4} CH_3O-C_6H_4-NH_2$ 78%

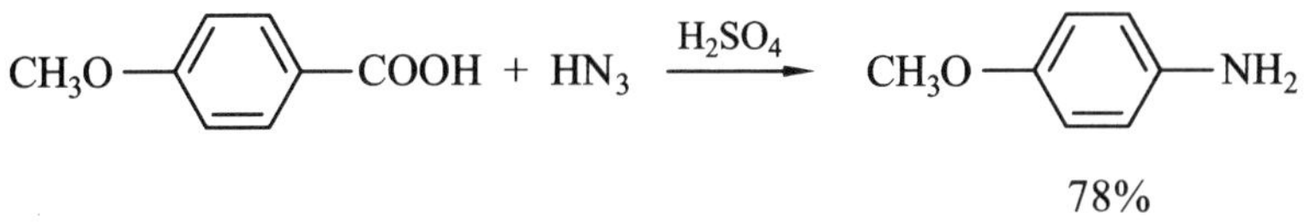

Skraup 合成法

苯胺（或其他芳胺）、甘油、硫酸和硝基苯（相应于所有芳胺）、五氧化二砷（As_2O_5）或三氯化铁等氧化剂一起反应，生成喹啉。本合成法是合成喹啉及其衍生物最重要的合成法。

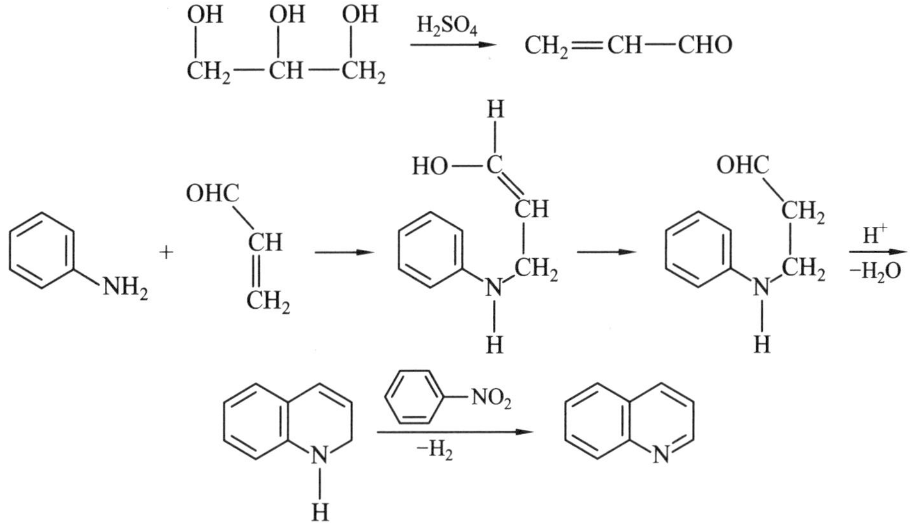

$$CH_2(OH)-CH(OH)-CH_2(OH) \xrightarrow{H_2SO_4} CH_2=CH-CHO$$

苯胺环上间位有给电子取代基时，主要在给电子取代基的对位关环，得 7-取代喹啉；当苯胺环上间位有吸电子取代基时，则主要在吸电子取代基的邻位关环，得 5-取代喹啉。很多喹啉类化合物均可用此法进行合成。

反应机理

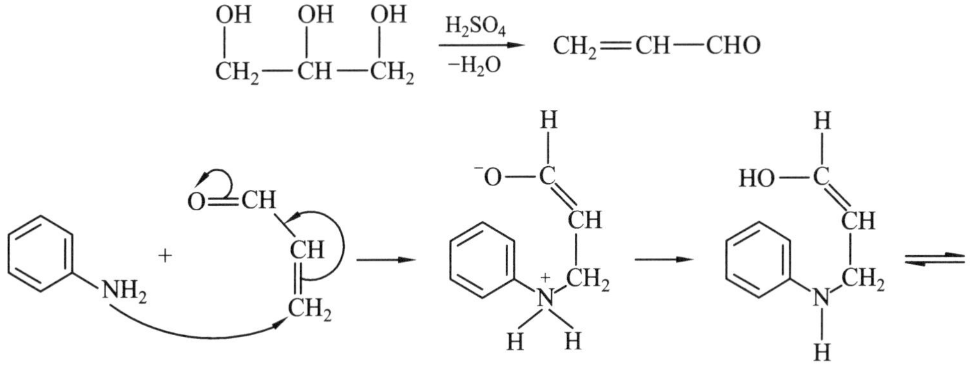

$$CH_2(OH)-CH(OH)-CH_2(OH) \xrightarrow[-H_2O]{H_2SO_4} CH_2=CH-CHO$$

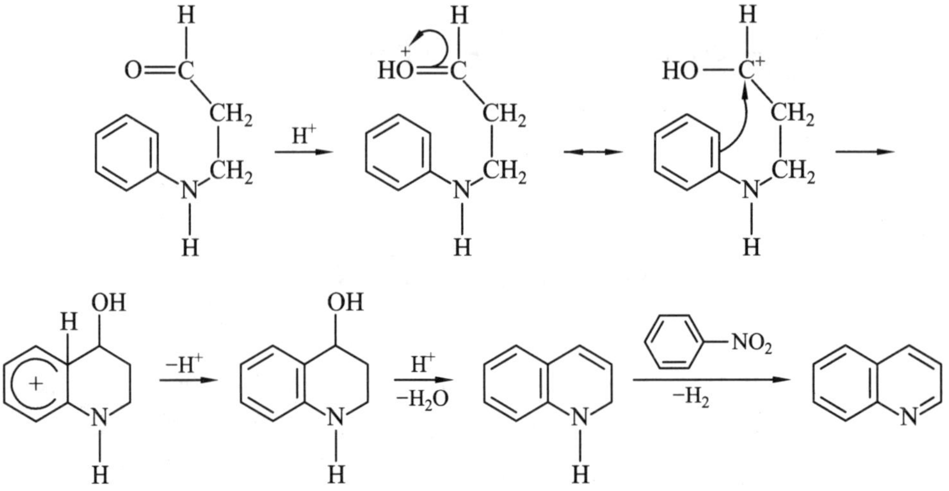

反应实例

也可用 α, β-不饱和醛或酮代替甘油，或用饱和醛先发生羟醛缩合反应得到 α, β-不饱和醛，再进行反应，其结果是一样的。

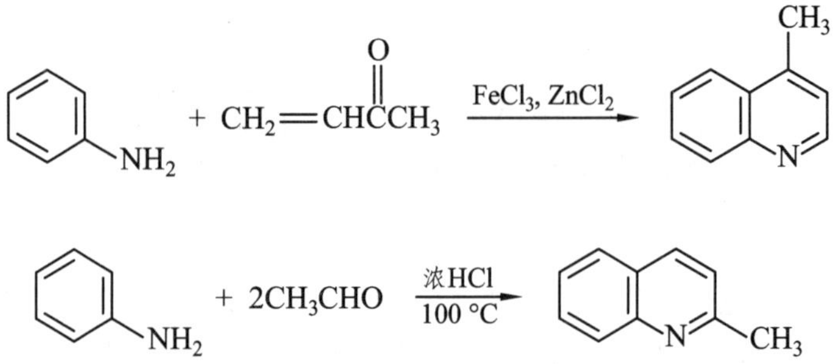

Sommelet 合成法

苯甲基季铵盐用氨基钠（或氨基钾）处理时得到苯甲基三级胺：

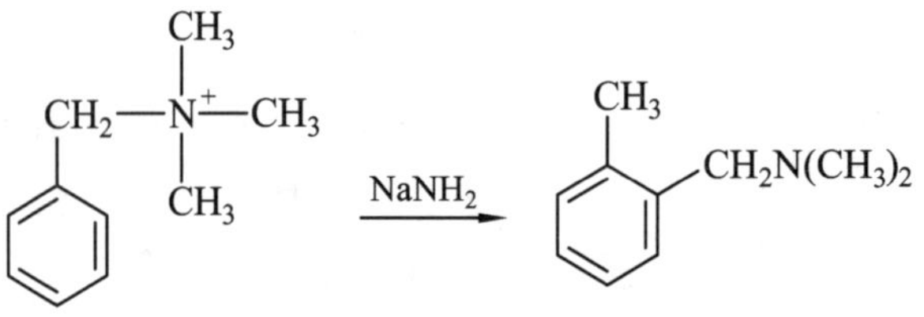

苯甲基硫 Yilide 重排生成（2-甲基苯基）-二甲硫醚：

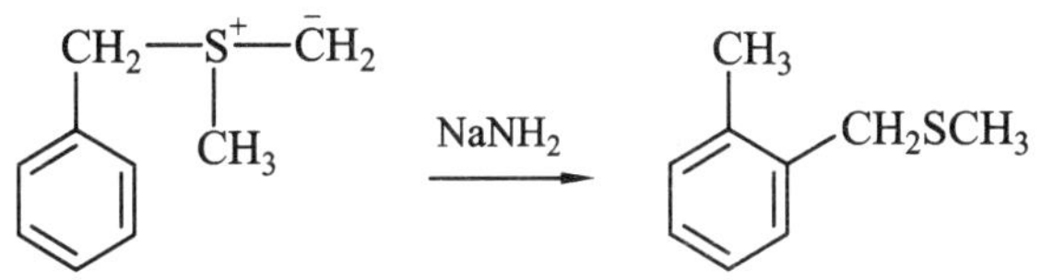

反应机理

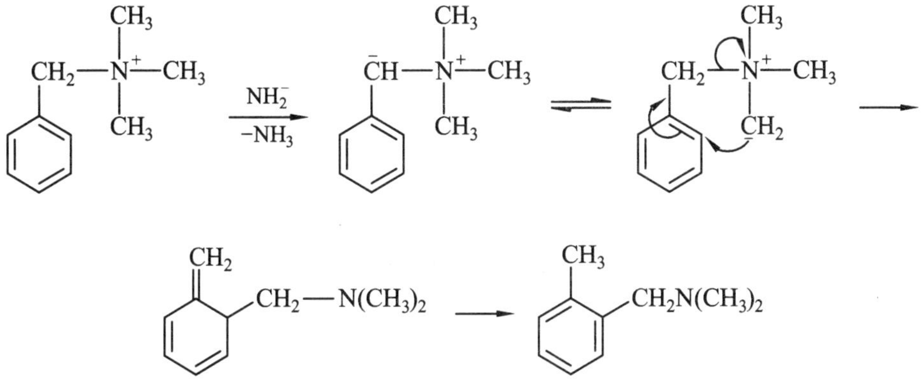

一般认为反应先是发生[2, 3]σ-迁移，然后互变异构得到重排产物：

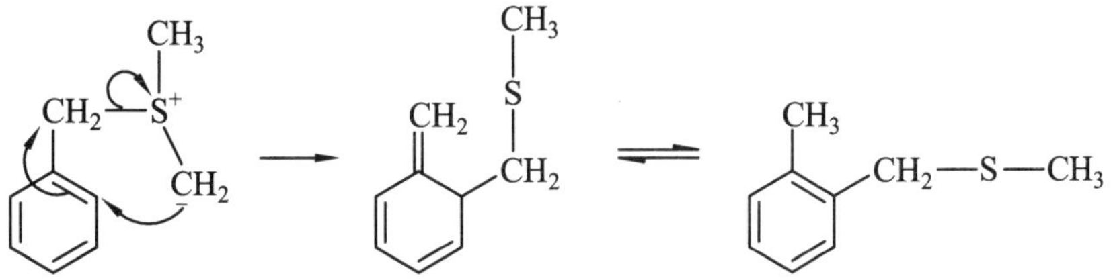

反应实例

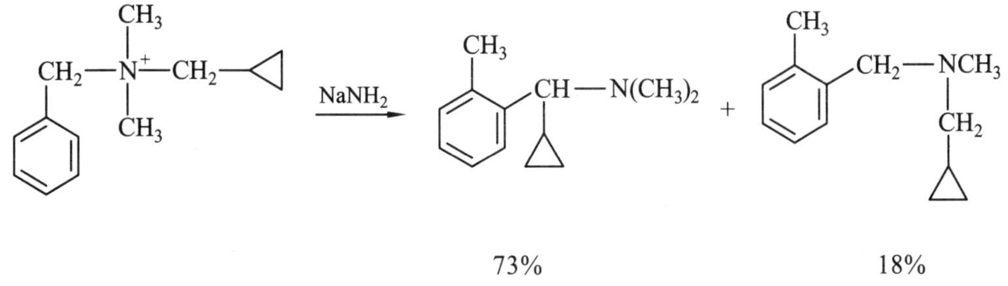

Stephen 还原

腈与氯化氢反应，再用无水氯化亚锡的乙醚悬浮液还原，水解生成醛：

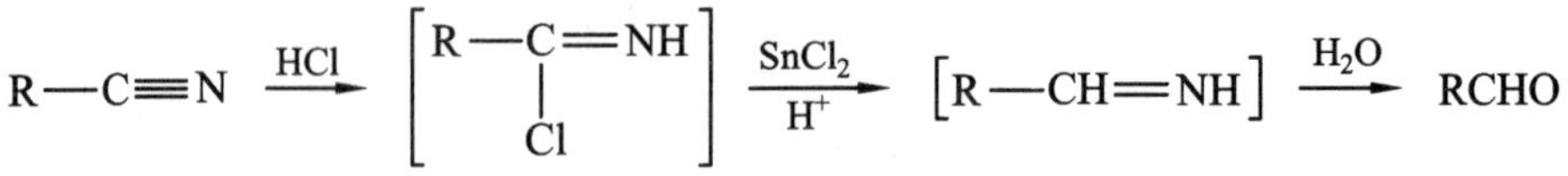

$$R-C\equiv N \xrightarrow{HCl} \left[R-\underset{Cl}{\overset{}{C}}=NH \right] \xrightarrow{SnCl_2/H^+} [R-CH=NH] \xrightarrow{H_2O} RCHO$$

反应实例

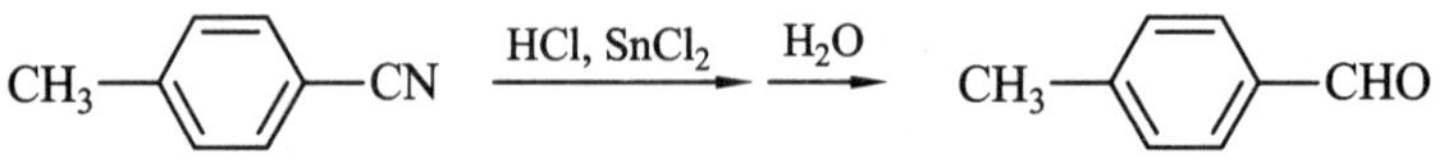

$$CH_3-C_6H_4-CN \xrightarrow{HCl, SnCl_2} \xrightarrow{H_2O} CH_3-C_6H_4-CHO$$

Stevens 重排

季铵盐分子中与氮原子相连的碳原子上具有吸电子的取代基 Y 时，在强碱作用下，得到一个重排的三级胺：

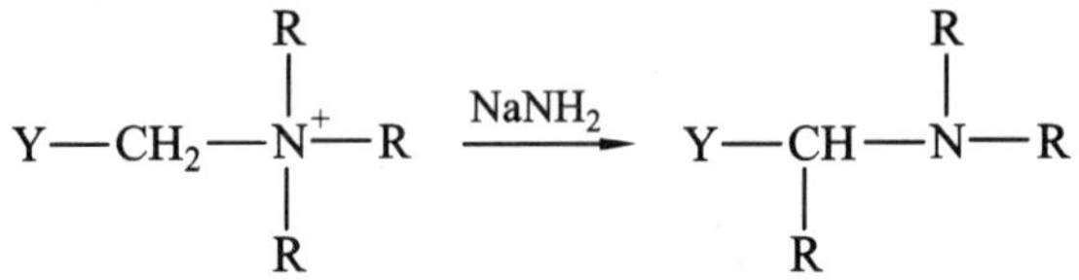

$$Y-CH_2-\overset{+}{N}R_3 \xrightarrow{NaNH_2} Y-CH(R)-NR_2$$

（Y = RCO, ROOC, Ph 等）

最常见的迁移基团为烯丙基、二苯甲基、3-苯基丙炔基、苯甲酰甲基等。
硫 Ylide 也能发生这样的反应：

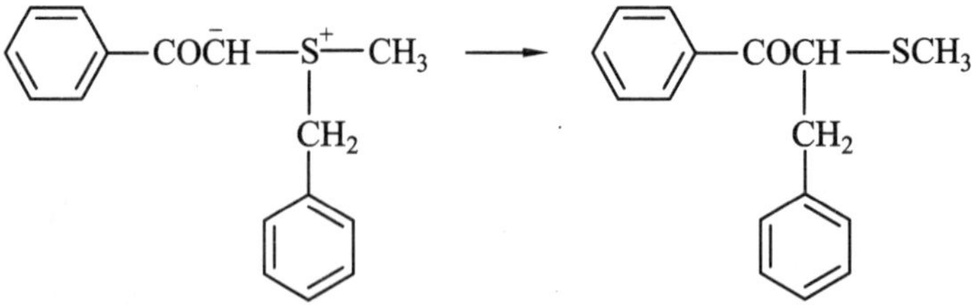

$$PhCO\overset{-}{C}H-\overset{+}{S}(CH_3)(CH_2Ph) \longrightarrow PhCOCH(SCH_3)(CH_2Ph)$$

反应机理

反应的第一步是碱夺取酸性的 α-氢原子形成内鎓盐，然后重排得三级胺。

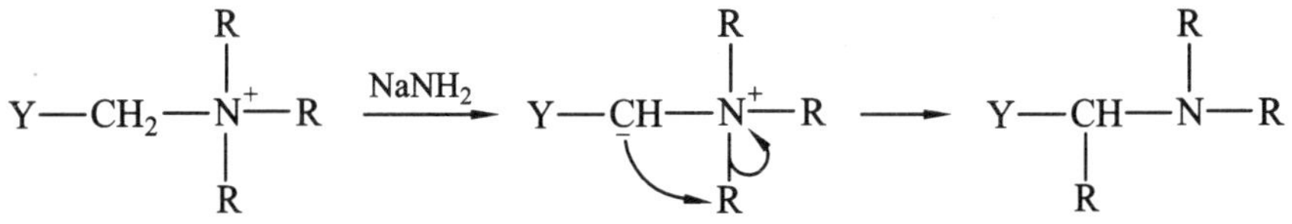

$$\text{Y-CH}_2-\overset{R}{\underset{R}{N^+}}-R \xrightarrow{\text{NaNH}_2} \text{Y-CH}-\overset{R}{\underset{R}{N^+}}-R \longrightarrow \text{Y-CH}-\overset{R}{\underset{R}{N}}-R$$

硫 Ylide 的反应是通过溶剂化的紧密自由基对进行重排，与硫原子相连的苯甲基转移到与硫相连的碳原子上。

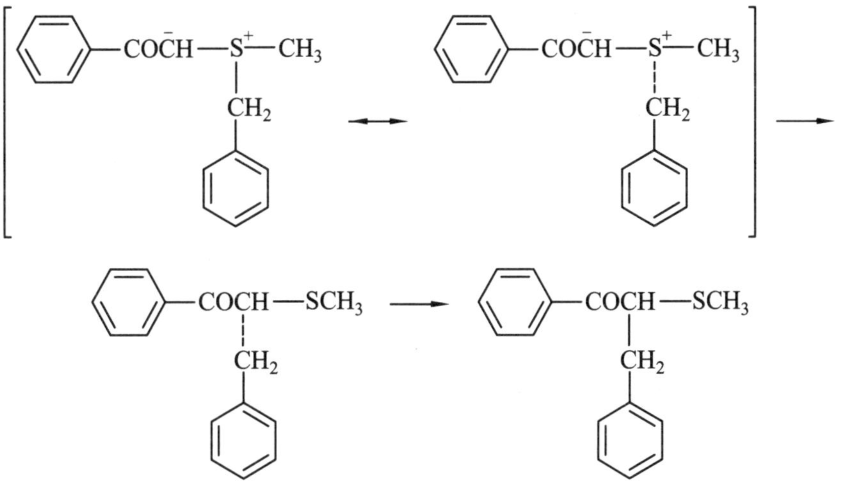

由于自由基对的结合非常快，因此，当苯甲基的碳原子是手性碳原子时，重排后其构型保持不变。

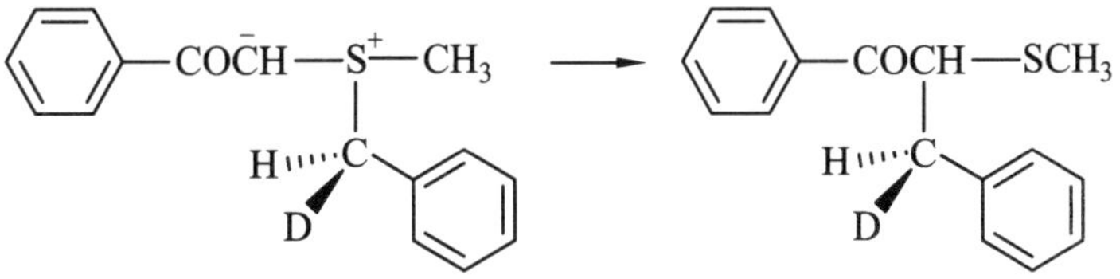

反应实例

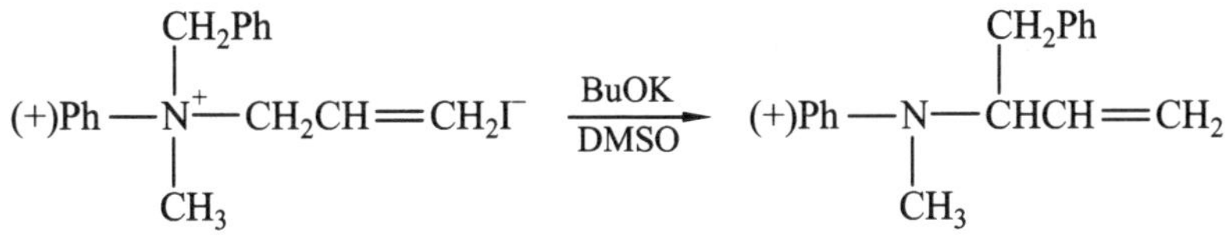

Strecker 氨基酸合成法

醛或酮与氰化钠、氯化铵反应，生成氨基腈，经水解生成氨基酸。这是制备氨基酸的一个简便方法。

$$\text{>C=O} + NH_4Cl + NaCN \longrightarrow \text{>C}\begin{smallmatrix}NH_2\\CN\end{smallmatrix} \xrightarrow[H^+\text{或}OH^-]{H_2O} \text{>C}\begin{smallmatrix}NH_2\\COOH\end{smallmatrix}$$

反应机理

$$R-\overset{O}{\underset{}{C}}H + NH_4^+ \rightleftharpoons R-\overset{\overset{+}{O}H}{\underset{}{C}}H + :NH_3 \rightleftharpoons R-\overset{OH}{\underset{}{C}}H-\overset{+}{N}H_3 \xrightarrow{-H^+}$$

$$R-\overset{OH}{\underset{}{C}}H-NH_2 \underset{}{\overset{H^+}{\rightleftharpoons}} R-\overset{\overset{+}{O}H_2}{\underset{}{C}}H-\ddot{N}H_2 \rightleftharpoons R-CH=\overset{+}{N}H_2 \xrightarrow{CN^-}$$

$$R-\underset{CN}{\overset{}{C}}H-NH_2 \xrightarrow{H_3O^+} R-\underset{NH_2}{\overset{}{C}}H-COOH$$

反应实例

$$CH_3CHO + NH_4Cl + NaCN \longrightarrow CH_3\underset{NH_2}{\overset{}{C}}H-CN \xrightarrow[H^+]{H_2O} CH_3\underset{NH_2}{\overset{}{C}}H-COOH$$

（±）丙氨酸

Tiffeneau-Demjanov 重排

1-氨甲基环烷醇与亚硝酸反应，得到增加一个碳原子的环酮，产率比 Demjanov 重排反应要好。

$$(CH_2)_n\overset{OH}{\underset{CH_2NH_2}{C}} \xrightarrow{HNO_2} (CH_2)_n\overset{C=O}{\underset{CH_2}{}}$$

本反应适合于制备 5~9 个碳原子的环酮，尤其是 5~7 个碳原子的环酮。

反应机理

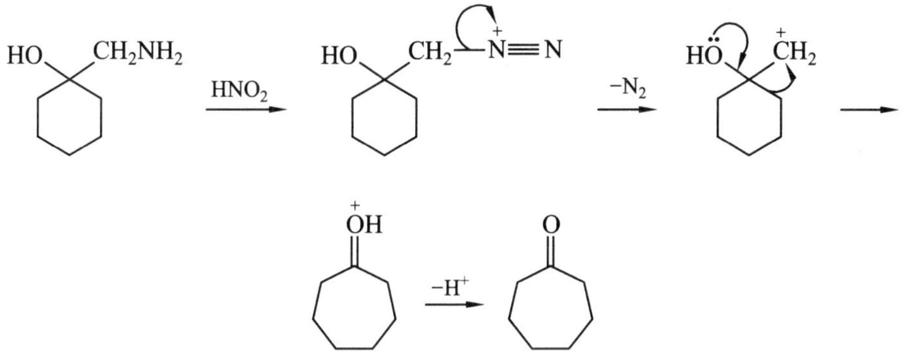

反应实例

本反应用于环扩大反应,可由环酮制备高一级的环酮:

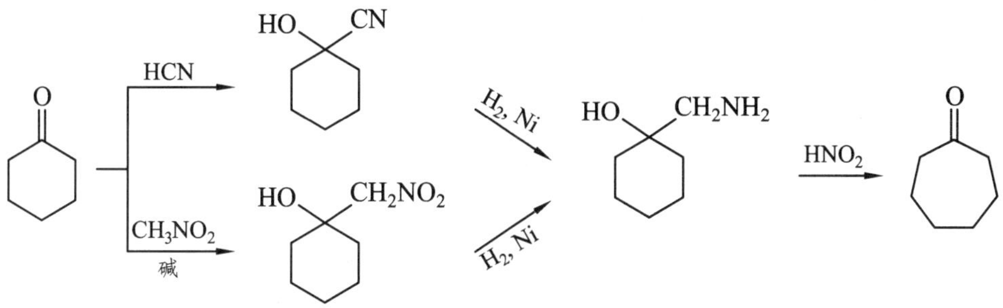

Ullmann 反应

卤代芳烃在铜粉存在下加热发生偶联反应,生成联苯类化合物。如碘代苯与铜粉共热得到联苯:

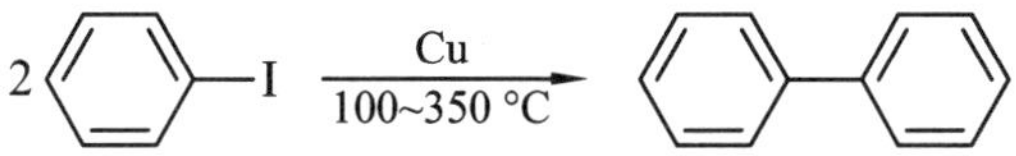

这个反应的应用范围广泛,可用来合成许多对称和不对称的联苯类化合物。芳环上有吸电子取代基存在时能促进反应的进行,尤其以硝基、烷氧羰基在卤素的邻位时影响最大,邻硝基碘苯是参与 Ullmann 反应最活泼的试剂之一。

反应机理

本反应的机理还不肯定，可能的机理如下：

$$Ar-I + Cu \longrightarrow ArCuI \xrightarrow{Ar-I} Ar-Ar$$

另一种观点认为反应的第二步是有机铜化合物之间发生偶联：

$$ArCuI + ArCuI \longrightarrow Ar-Ar + Cu + CuI$$

反应实例

(1) 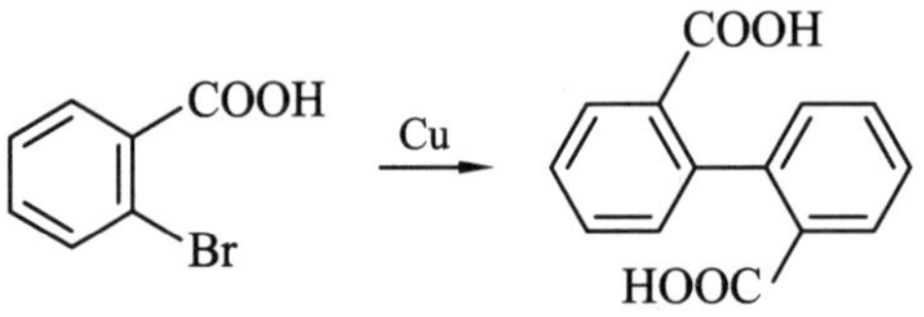 邻溴苯甲酸 $\xrightarrow{Cu}$ 2,2'-联苯二甲酸 43%

(2) 邻溴苯甲酸甲酯 $\xrightarrow{Cu}$ 2,2'-联苯二甲酸二甲酯 82%

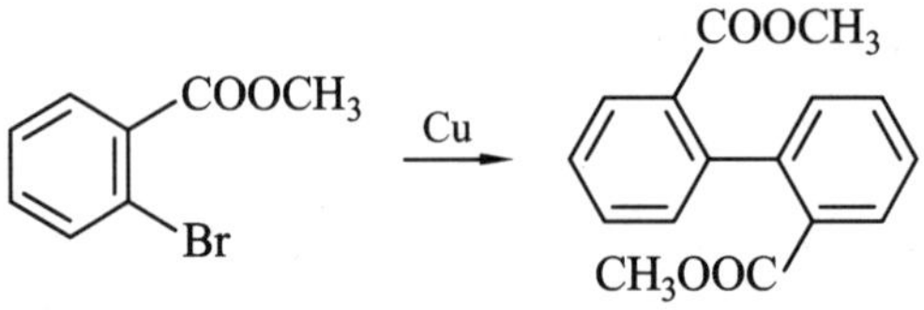

(3) 邻溴苯磺酸钠 $\xrightarrow{Cu}$ 2,2'-联苯二磺酸 12%

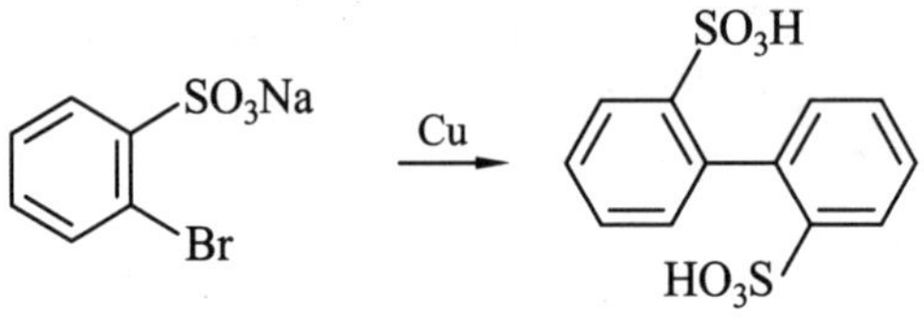

当用两种不同结构的卤代芳烃混合加热时，则有三种可能产物生成，但常常只得到其中一种。例如，2,4,6-三硝基氯苯与碘苯作用时主要得到 2,4,6-三硝基联苯：

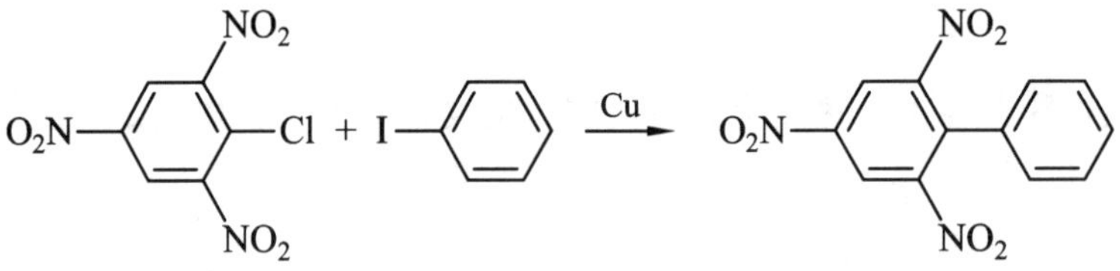

2,4,6-三硝基氯苯 + 碘苯 $\xrightarrow{Cu}$ 2,4,6-三硝基联苯

Vilsmeier 反应

芳烃、活泼烯烃化合物用二取代甲酰胺及三氯氧磷处理得到醛类：

$$ArH + RR'NCHO \xrightarrow{POCl_3} ArCHO + RR'NH$$

这是目前在芳环上引入甲酰基的常用方法。N,N-二甲基甲酰胺、N-甲基-N-苯基甲酰胺是常用的甲酰化试剂。

反应机理

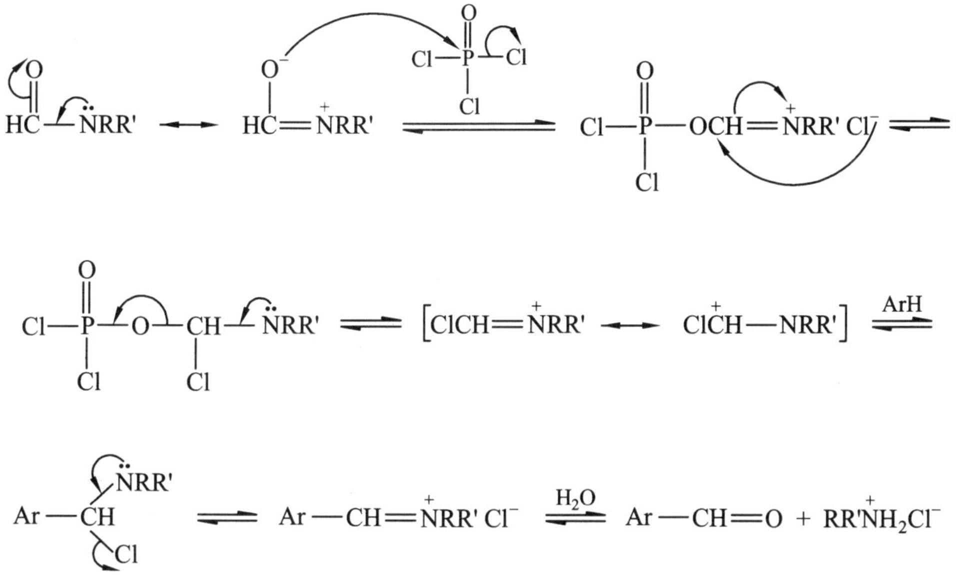

$$HC(=O)-NRR' \longleftrightarrow HC(-O^-)=\overset{+}{N}RR' \rightleftharpoons Cl_2P(=O)-OCH=\overset{+}{N}RR'\ Cl^-$$

$$Cl_2P(=O)-O-CH(Cl)-NRR' \rightleftharpoons [ClCH=\overset{+}{N}RR' \longleftrightarrow Cl\overset{+}{C}H-NRR'] \xrightarrow{ArH}$$

$$Ar-CH(NRR')(Cl) \rightleftharpoons Ar-CH=\overset{+}{N}RR'\ Cl^- \xrightarrow{H_2O} Ar-CH=O + RR'\overset{+}{N}H_2Cl^-$$

反应实例

(1) $(CH_3)_2N-C_6H_5 + (CH_3)_2NCHO \xrightarrow{POCl_3} (CH_3)_2N-C_6H_4-CHO$

(2) 吡咯 + $C_6H_5-N(CH_3)-CHO \xrightarrow{POCl_3}$ 2-甲酰基吡咯 + $C_6H_5NHCH_3$

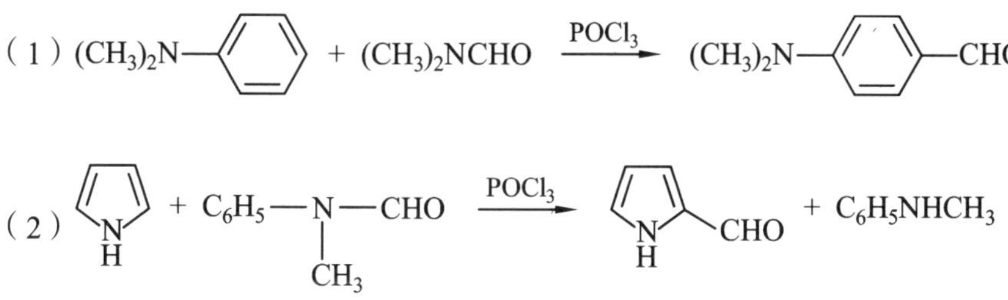

Wagner-Meerwein 重排

当醇羟基的碳原子是仲碳原子（二级碳原子）或叔碳原子（三级碳原子）时，在酸催化脱水反应中，常常会发生重排反应，得到重排产物：

$$R_2CH_2-\underset{\underset{R^3}{|}}{\overset{\overset{R^1}{|}}{C}}-\underset{\underset{R^5}{|}}{\overset{\overset{R^4}{|}}{C}}-OH + H^+ \longrightarrow \begin{cases} R^2CH=\underset{\underset{R^3}{|}}{\overset{\overset{R^4}{|}}{C}}-\underset{\underset{R^5}{|}}{\overset{\overset{R^1}{|}}{C}}-R^1 \\ \\ R^2CH_2-\underset{\underset{R^3}{|}}{\overset{\overset{OH}{|}}{C}}-\underset{\underset{R^5}{|}}{\overset{\overset{R^4}{|}}{C}}-R^1 \end{cases}$$

反应机理

$$R^2CH_2-\underset{\underset{R^3}{|}}{\overset{\overset{R^1}{|}}{C}}-\underset{\underset{R^5}{|}}{\overset{\overset{R^4}{|}}{C}}-OH + H^+ \longrightarrow R^2CH_2-\underset{\underset{R^3}{|}}{\overset{\overset{R^1}{|}}{C}}-\underset{\underset{R^5}{|}}{\overset{\overset{R^4}{|}}{C}}-\overset{+}{O}H_2 \xrightarrow{-H_2O}$$

$$R^2CH_2-\underset{\underset{R^3}{|}}{\overset{\overset{R^1}{|}}{C}}-\underset{\underset{R^5}{|}}{\overset{\overset{R^4}{|}}{C^+}} \longrightarrow R^2CH_2-\underset{\underset{R^3}{|}}{\overset{+}{C}}-\underset{\underset{R^5}{|}}{\overset{\overset{R^4}{|}}{C}}-R^1 \xrightarrow{-H^+} R^2CH=\underset{\underset{R^3}{|}}{\overset{\overset{}{|}}{C}}-\underset{\underset{R^5}{|}}{\overset{\overset{R^4}{|}}{C}}-R^1$$

（设 R^1 的重排能力最强）

$$\downarrow \begin{matrix} H_2O \\ -H^+ \end{matrix}$$

$$R^2CH_2-\underset{\underset{R^3}{|}}{\overset{\overset{OH}{|}}{C}}-\underset{\underset{R^5}{|}}{\overset{\overset{R^4}{|}}{C}}-R^1$$

反应实例

（1）

（2）

Wacker 反应

乙烯在水溶液中，在氯化铜及氯化钯的催化下，用空气氧化得到乙醛：

$$CH_2=CH_2 + O_2 \xrightarrow[H_2O]{CuCl_2\text{-}PdCl_2} CH_3CHO$$

反应机理

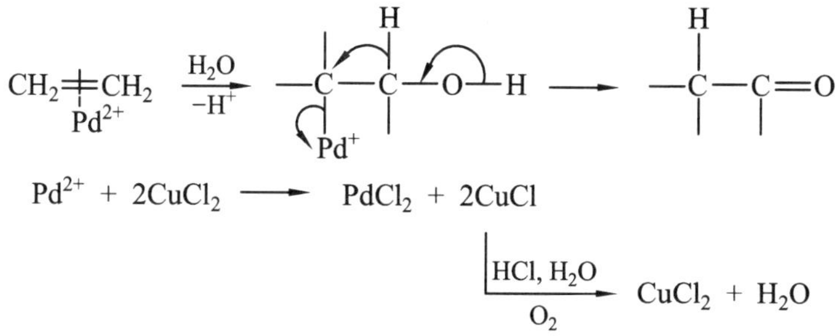

$$CH_2=CH_2 \cdot Pd^{2+} \xrightarrow[-H^+]{H_2O} \begin{array}{c}H\\|\\-C-C-O-H\\|\\Pd^+\end{array} \longrightarrow \begin{array}{c}H\\|\\-C-C=O\\|\end{array}$$

$$Pd^{2+} + 2CuCl_2 \longrightarrow PdCl_2 + 2CuCl$$

$$\xrightarrow[O_2]{HCl, H_2O} CuCl_2 + H_2O$$

Williamson 合成法

卤代烃与醇钠在无水条件下反应生成醚：

$$RONa + R'X \longrightarrow R-O-R' + NaX$$

如果使用酚类反应，则可以在氢氧化钠水溶液中进行：

$$ArOH + RX \xrightarrow[H_2O]{NaOH} ArOR + NaX$$

卤代烃一般选用较为活泼的伯卤代烃（一级卤代烃）、仲卤代烃（二级卤代烃）以及烯丙型、苄基型卤代烃，也可用硫酸酯或磺酸酯。

本方法既可以合成对称醚，也可以合成不对称醚。

反应机理

反应一般是按 S_N2 机理进行的：

$$(CH_3)_3CONa + CH_3I \longrightarrow (CH_3)_3COCH_3 + NaI$$

$(CH_3)_3CCH_2ONa + CH_3OSO_2C_6H_5 \longrightarrow (CH_3)_3CCH_2OCH_3$

$C_6H_5-OH + (CH_3)_2SO_4 \xrightarrow[H_2O]{NaOH} C_6H_5-OCH_3$

反应实例

(1) $(CH_3)_3CONa + CH_3I \longrightarrow (CH_3)_3COCH_3 + NaI$

(2) $(CH_3)_3CCH_2ONa + CH_3OSO_2C_6H_5 \longrightarrow (CH_3)_3CCH_2OCH_3$

(3) $C_6H_5-OH + (CH_3)_2SO_4 \xrightarrow[H_2O]{NaOH} C_6H_5-OCH_3$

Wittig 反应

Wittig 试剂与醛、酮的羰基发生亲核加成反应，形成烯烃：

$$Ph_3P + CH_3Br \longrightarrow Ph_3\overset{+}{P}-CH_3Br^- \xrightarrow[干燥乙醚]{C_6H_5Li} Ph_3\overset{+}{P}-\overset{-}{C}H_2$$

$$\begin{matrix}C_6H_5\\C_6H_5\end{matrix}\!\!>\!\!C=O + Ph_3\overset{+}{P}-\overset{-}{C}H_2 \longrightarrow \begin{matrix}C_6H_5\\C_6H_5\end{matrix}\!\!>\!\!C=CH_2 + (C_6H_5)_3P=O$$

反应机理

$$\begin{matrix}R\\R'\end{matrix}\!\!>\!\!C=O + Ph_3\overset{+}{P}-\overset{-}{C}H_2 \xrightarrow{-78\ ^\circ C} R-\underset{R'}{\overset{O^-}{\underset{|}{\overset{|}{C}}}}-CH_2-PPh_3 \longrightarrow$$

$$R-\underset{R'}{\overset{O-PPh_3}{\underset{|}{\overset{|}{C}}}}-CH_2 \xrightarrow{0\ ^\circ C} R-\underset{R'}{\overset{}{\underset{|}{C}}}=CH_2 + Ph_3P=O$$

反应实例

(1) 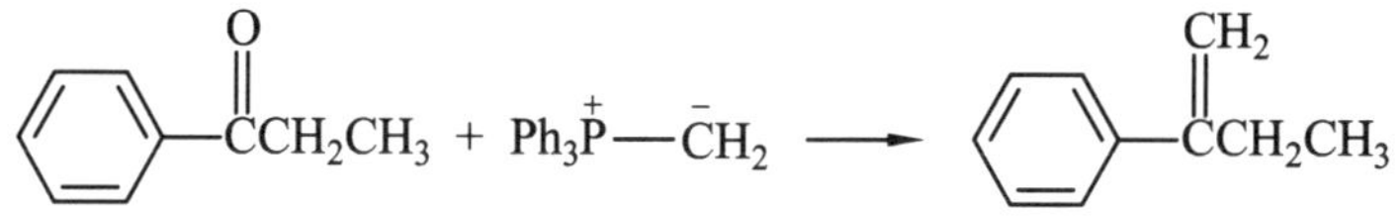 PhCOCH₂CH₃ + Ph₃P⁺—⁻CH₂ ⟶ PhC(=CH₂)CH₂CH₃

(2) CH₃CHO + Ph₃P⁺—⁻C(CH₃)(C₆H₅) ⟶ CH₃CH=C(CH₃)(C₆H₅)

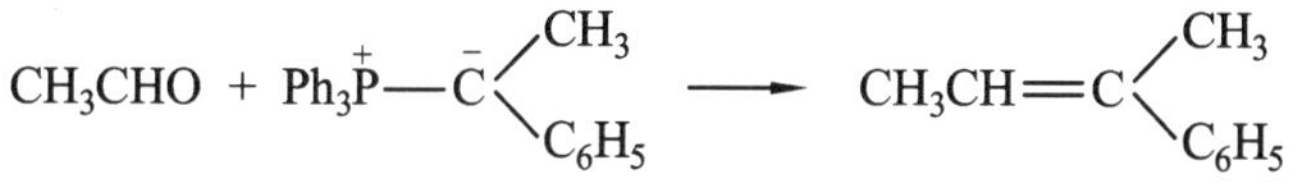

Wohl 递降反应

醛糖首先与羟胺反应转变成肟，将所形成的肟与乙酸酐共热发生乙酰化，再失去一分子乙酸得到五乙酰的腈，然后在甲醇钠的甲醇溶液中进行酯交换反应，并消除一分子氰化氢，得到减少一个碳原子的醛糖。例如，由葡萄糖得到阿拉伯糖：

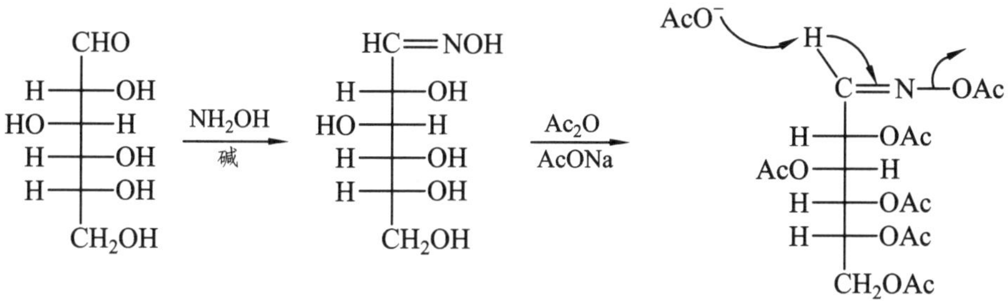

D-葡萄糖 →(NH₂OH/碱)→ 肟 →(Ac₂O/AcONa)→ 五乙酰腈 →(MeONa/MeOH)→ →D-阿拉伯糖

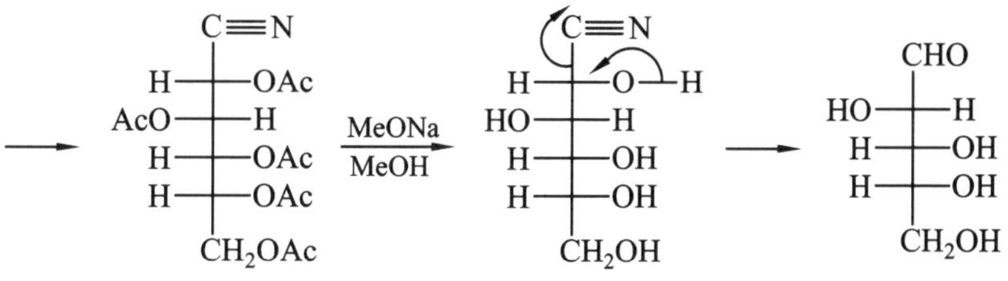

反应实例

(Fischer 投影式) →(NH₂OH)→ 肟 →((CH₃CO)₂O / CH₃COONa)→

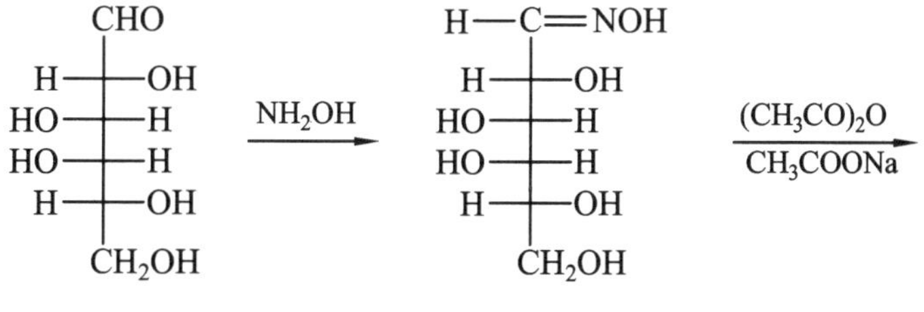

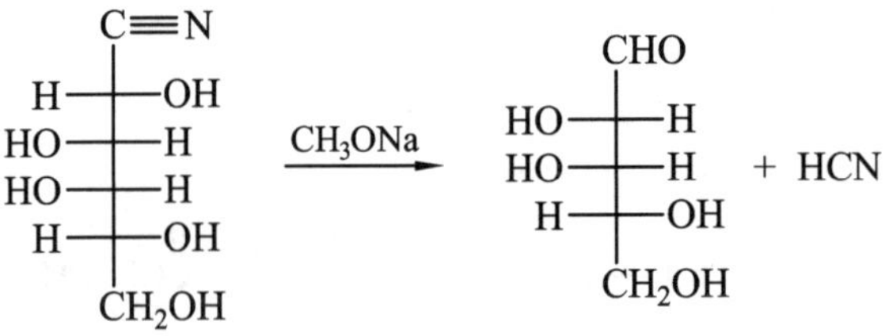

Zeisel 甲氧基测定法

甲基醚用氢碘酸处理时，分子发生裂解，生成碘甲烷和醇(或酚):

$$R-O-CH_3 + HI \xrightarrow{\Delta} ROH + CH_3I$$

这个反应用于测定甲氧基含量，测定时，取一定量的含甲氧基的化合物和过量的氢碘酸一起加热，把生成的碘甲烷从反应混合物中蒸馏出来，然后用重量法或滴定法测定。

第六章 有机化合物常见增长和缩短碳链的方法

第一节 增长碳链的方法

一、增加一个碳原子的常见方法

含有一个碳的化合物都可以作为增加一个碳的反应试剂。如 $HCH=O$，$HCOOC_2H_5$，$HC(OC_2H_5)_3$，CO，CO_2，$COCl_2$，CHX_3，CH_2X_2，HCN，CH_2N_2，DMF，$CO(NH_2)_2$，CH_3Li，$(CH_3)_2CuLi$，CH_3MgX，$Ph_3P=CH_2$ 等，与这些试剂的相关反应如下：

1. 亲核试剂与甲醛反应

转变成羟甲基，或氯甲基，或氨甲基。

（1）$RCH_2MgX + CH_2=O \longrightarrow RCH_2CH_2OMgX \xrightarrow{H_3O^+} RCH_2CH_2OH$

（2）$(RCH_2)_2CuLi + CH_2=O \longrightarrow RCH_2CH_2OLi \xrightarrow{H_3O^+} RCH_2CH_2OH$

（3）$R-Li + CH_2=O \longrightarrow RCH_2OLi \xrightarrow{H_3O^+} RCH_2OH$

（4）$CH_3CH=O + CH_2=O \xrightarrow{稀 OH^-} HOCH_2CH_2CH=O \xrightarrow[-H_2O]{\Delta} CH_2=CHCH=O$

$RCH_2CH=O + CH_2=O \xrightarrow{稀 OH^-} \underset{CH_2OH}{\underset{|}{RCHCH}}=O \longrightarrow \underset{CH_2}{\overset{\parallel}{RCCH}}=O$

$2CH_2=O + CH_2(COOC_2H_5)_2 \xrightarrow{NaHCO_3} (HOCH_2)_2C(COOC_2H_5)_2$

（5）$\underset{}{\bigcirc} + CH_2=O + HCl \xrightarrow{ZnCl_2} \underset{}{\bigcirc}-CH_2Cl$

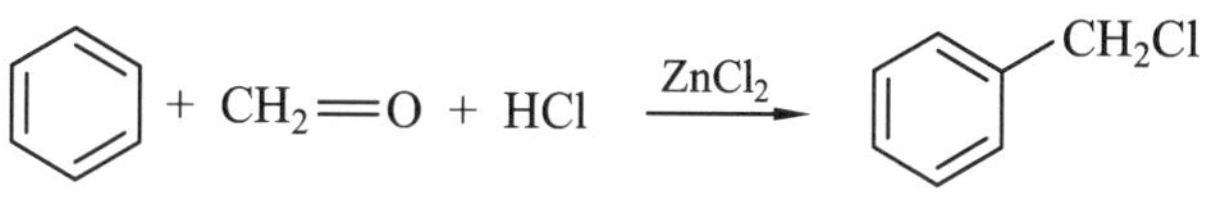

（6）

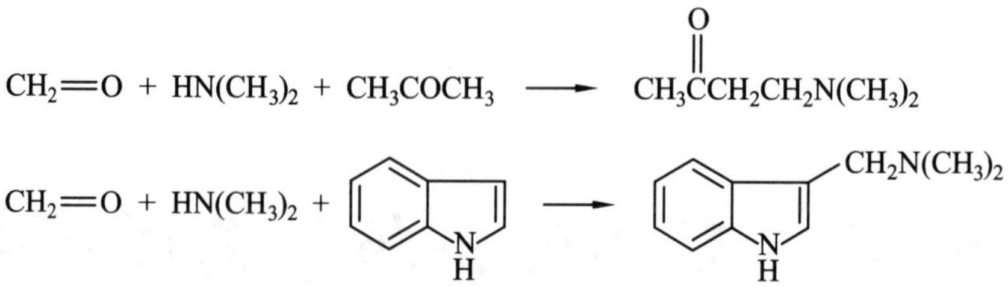

$CH_2=O + HN(CH_3)_2 + CH_3COCH_3 \longrightarrow CH_3\overset{O}{\overset{\|}{C}}CH_2CH_2N(CH_3)_2$

$CH_2=O + HN(CH_3)_2 +$ (indole) $\longrightarrow$ (3-((dimethylamino)methyl)indole)

2. 甲酰化反应，引入甲酰基

（1） (2-methylcyclohexanone) $+ HCOOC_2H_5 \xrightarrow{OH^-}$ (2-methyl-6-formylcyclohexanone)

(benzene) $+ H\overset{O}{\overset{\|}{C}}-Cl \xrightarrow{AlCl_3}$ (benzaldehyde)

（2） (2-chloroanisole) $+ HCN + HCl \xrightarrow{AlCl_3}$ (3-chloro-4-methoxybenzaldehyde)

（3） (N,N-dimethylaniline) $+ HCON(CH_3)_2 \xrightarrow{POCl_3} \xrightarrow{H_3O^+}$ (4-dimethylaminobenzaldehyde)

（4） (phenol) $+ HCCl_3 \xrightarrow{OH^-}$ (4-hydroxybenzaldehyde) $+$ (salicylaldehyde)

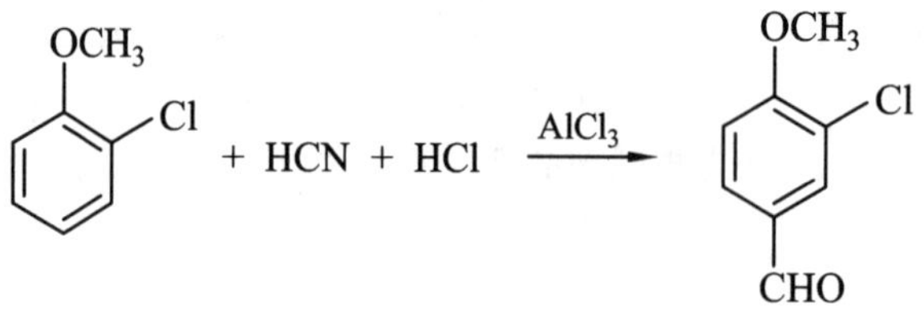

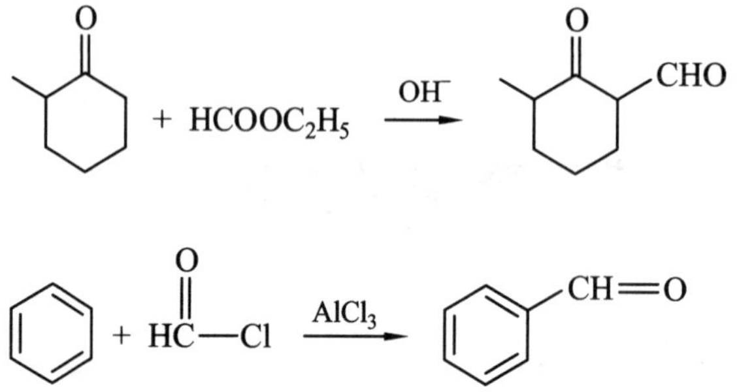

（5） (1-pyrrolidinyl-cyclohexene) $\xrightarrow{H\overset{O}{\overset{\|}{C}}Cl}$ (iminium intermediate) $\xrightarrow{H_3O^+}$ (2-formylcyclohexanone)

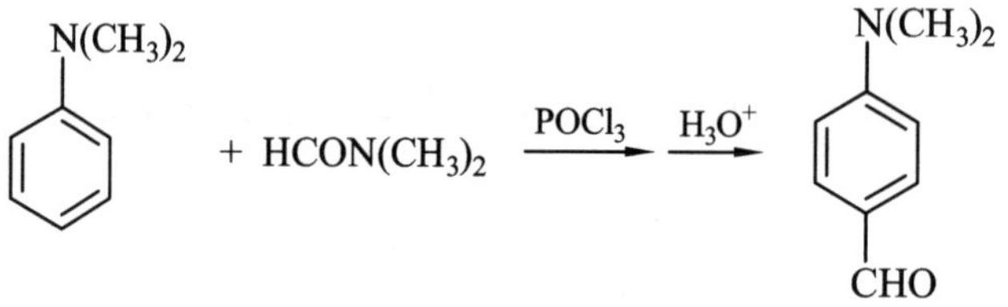

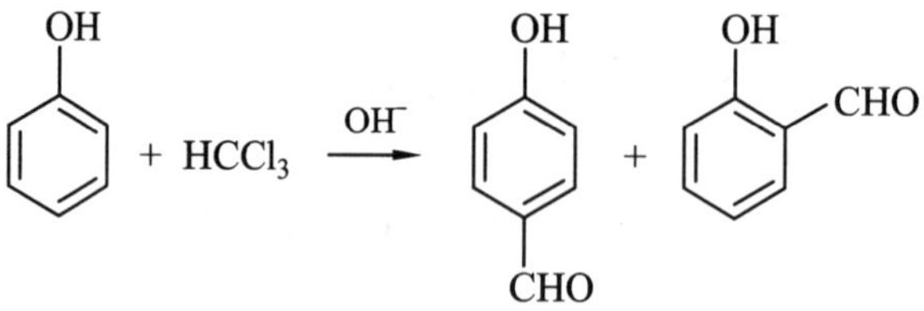

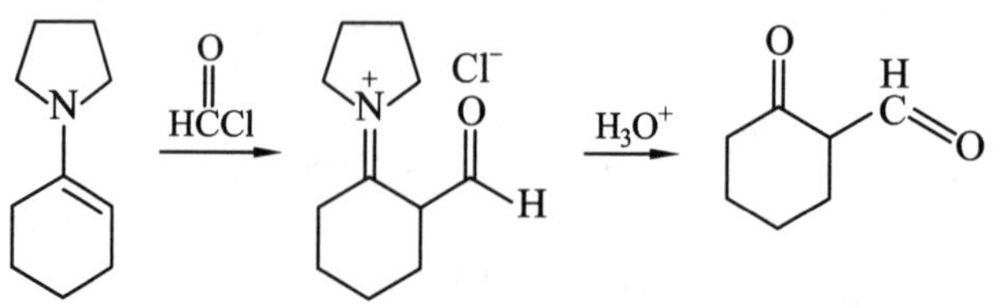

$$\text{C}_6\text{H}_6 + \text{CO} + \text{HCl} \xrightarrow{\text{ZnCl}_2} \text{C}_6\text{H}_5\text{CHO}$$

3. 通过反应，引入甲基

（1）亲核加成

$$\text{CH}_3\text{MgX} + \text{RCH}=\text{O} \xrightarrow{\text{H}_3\text{O}^+} \text{RCH(OH)}-\text{CH}_3$$

$$\text{CH}_3\text{Li} + \text{RCH}=\text{O} \xrightarrow{\text{H}_3\text{O}^+} \text{RCH(OH)}-\text{CH}_3$$

$$(\text{CH}_3)_2\text{CuLi} + \text{RCH}=\text{O} \xrightarrow{\text{H}_3\text{O}^+} \text{RCH(OH)}-\text{CH}_3$$

$$\text{CH}_3\text{MgX} + \text{RR'C}=\text{O} \xrightarrow{\text{H}_3\text{O}^+} \text{RR'C(OH)}-\text{CH}_3$$

（2）亲电取代

$$\text{C}_6\text{H}_6 + \text{CH}_3\text{Cl} \xrightarrow{\text{AlCl}_3} \text{C}_6\text{H}_5\text{CH}_3$$

（3）亲核加成和消去

$$\text{R}-\text{COOH} + 2\text{CH}_3\text{Li} \longrightarrow \text{R}-\underset{\underset{\text{OLi}}{|}}{\overset{\overset{\text{LiO}}{|}}{\text{C}}}-\text{CH}_3 \xrightarrow{\text{H}_3\text{O}^+} \text{R}-\text{CO}-\text{CH}_3$$

（4）亲核取代

环己基-Br + $(\text{CH}_3)_2\text{CuLi}$ ⟶ 环己基-CH_3

环己烯基-N(吡咯烷) $\xrightarrow{\text{CH}_3\text{Cl}}$ [亚胺盐-CH_3] Cl^- $\xrightarrow{\text{H}_3\text{O}^+}$ 2-甲基环己酮

4. 通过亲核加成，增加一个碳

（1） $CH\equiv CH + HCN \longrightarrow CH_2=CHCN \xrightarrow{H_3O^+} CH_2=CHCOOH$

（2） $\underset{H(R)}{\overset{R-C=O}{|}} + HCN \longrightarrow R-\underset{H(R)}{\overset{OH}{\underset{|}{C}}}-CN \xrightarrow{H_3O^+} R-\underset{H(R)}{\overset{OH}{\underset{|}{C}}}-COOH$

（3） $RCH_2MgX + CO_2 \longrightarrow RCH_2COOMgX \xrightarrow{H_3O^+} RCH_2COOH$

（4） $R-Li + CO_2 \longrightarrow RCOOLi \xrightarrow{H_3O^+} RCOOH$

（5） $(RCH_2)_2CuLi + CO_2 \longrightarrow RCH_2COOLi \xrightarrow{H_3O^+} RCH_2COOH$

（6） $RC\equiv CNa + CO_2 \longrightarrow RC\equiv CCOONa \xrightarrow{H_3O^+} RC\equiv CCOOH$

$NaC\equiv CNa + 2CO_2 \longrightarrow NaOOCC\equiv CCOONa \xrightarrow{H_3O^+} HOOC-C\equiv C-COOH$

（7） $CH_2=CH_2 + CO + H_2O \xrightarrow[Cu_2Cl_2]{CdCl_2} CH_3CH_2CH=O$

5. 通过亲核取代，增加一个碳

$R-CH_2-X + KCN \longrightarrow R-CH_2-CN \xrightarrow{H_3O^+} R-CH_2-COOH$

$Ph-CH_2-X + KCN \longrightarrow Ph-CH_2-CN \xrightarrow{H_3O^+} Ph-CH_2-COOH$

6. 通过其他方法

（1） $\underset{H(R)}{\overset{RC=O}{|}} + Ph_3P=CH_2 \longrightarrow \underset{H(R)}{\overset{RC=CH_2}{|}}$

（2） ⬡ + $CH_2=N=N \xrightarrow{h\nu}$ ⬡△

⬡ + $CHI_3 \xrightarrow[CuCl]{Zn}$ ⬡△

（3）ArCOOH $\xrightarrow{CH_2=N=N}$ $\xrightarrow[H_2O]{Ag_2O}$ ArCH$_2$COOH

二、增加两个碳原子的常见方法

（1）$\left.\begin{array}{l} R\text{—}MgX \\ R\text{—}Li \\ R_2CuLi \end{array}\right\}$ + CH$_3$CH$_2$—X $\longrightarrow$ $\left\{\begin{array}{l} RCH_2CH_3 + MgX_2 \\ RCH_2CH_3 + LiX \\ RCH_2CH_3 + RCu + LiX \end{array}\right.$

RC≡CNa + CH$_3$CH$_2$—X $\longrightarrow$ RC≡CCH$_2$CH$_3$

（2）$\left.\begin{array}{l} R\text{—}MgX \\ R\text{—}Li \\ R_2CuLi \end{array}\right\}$ + $\triangle$O $\longrightarrow$ $\left\{\begin{array}{l} RCH_2CH_2OMgX \xrightarrow{H_3O^+} RCH_2CH_2OH \\ RCH_2CH_2OLi \xrightarrow{H_3O^+} RCH_2CH_2OH \\ RCH_2CH_2OLi + RCu \end{array}\right.$
$\xrightarrow{H_3O^+}$ RCH$_2$CH$_2$OH

RC≡CNa + $\triangle$O $\longrightarrow$ RC≡CCH$_2$CH$_2$ONa $\xrightarrow{H_3O^+}$ RC≡CCH$_2$CH$_2$OH

（3）CH$_2$=CHCOCH$_3$ + (CH$_3$CH$_2$)$_2$CuLi $\longrightarrow$ CH$_3$CH$_2$CH$_2$CH=C(OLi)CH$_3$ + RCu

$\xrightarrow{H_3O^+}$ CH$_3$CH$_2$CH$_2$CH$_2$COCH$_3$

CH$_2$=CHCOOC$_2$H$_5$ + (CH$_3$CH$_2$)$_2$CuLi $\longrightarrow$ CH$_3$CH$_2$CH$_2$CH=C(OC$_2$H$_5$)(OLi) + RCu

$\xrightarrow{H_3O^+}$ CH$_3$CH$_2$CH$_2$CH$_2$COOC$_2$H$_5$

（4）丁二烯 + 乙烯 $\longrightarrow$ 环己烯

（5）2CH$_3$CH=O $\xrightarrow{\text{稀}OH^-}$ CH$_3$CH(OH)CH$_2$CH=O $\xrightarrow{-H_2O}$ CH$_3$CH=CHCH=O

PhCH=O + CH$_3$CH=O $\xrightarrow{\text{稀}OH^-}$ PhCH(OH)CH$_2$CH=O $\xrightarrow{-H_2O}$ PhCH=CHCH=O

373

(6) $PhCH=O + (CH_3CO)_2O \xrightarrow{CH_3COOK} PhCH=CHCOOH$

(7) $\underset{H(R)}{RC=O} + Ph_3P=CHCH_3 \longrightarrow \underset{H(R)}{RC=CHCH_3}$

(8) $C_6H_6 + CH_3CH_2X \xrightarrow{AlCl_3} C_6H_5CH_2CH_3$

$C_6H_6 + (CH_3CO)_2O \xrightarrow{AlCl_3} C_6H_5COCH_3$

(9) $\left.\begin{array}{l} RMgX \\ RLi \\ R_2CuLi \\ RC\equiv CNa \end{array}\right\} + CH_3CH=O \longrightarrow \left\{\begin{array}{l} RCH(OMgX)CH_3 \\ RCH(OLi)CH_3 \\ RCH(OLi)CH_3 \\ RC\equiv CCH(ONa)CH_3 \end{array}\right\} \xrightarrow{H_3O^+} \left\{\begin{array}{l} RCH(OH)CH_3 \\ RCH(OH)CH_3 \\ RCH(OH)CH_3 \\ RC\equiv CCH(OH)CH_3 \end{array}\right\}$

(10) cyclohexanone + pyrrolidine $\xrightarrow{H^+}$ enamine
- $\xrightarrow{CH_3CH_2Cl}$ iminium salt $\xrightarrow{H_3O^+}$ 2-ethylcyclohexanone
- $\xrightarrow{CH_3COCl}$ iminium salt $\xrightarrow{H_3O^+}$ 2-acetylcyclohexanone

(11) $2CH_3COOC_2H_5 \xrightarrow[C_2H_5OH]{C_2H_5ONa} CH_3COCH_2COOC_2H_5$

(12) $\underset{H(R)}{RC=O} + BrZnCH_2COOC_2H_5 \longrightarrow \underset{H(R)}{RC(OZnBr)-CH_2COOC_2H_5} \xrightarrow{H_3O^+}$

$\underset{H(R)}{RC(OH)-CH_2COOC_2H_5} \xrightarrow{-H_2O} \underset{H(R)}{RC=CHCOOC_2H_5}$

（13）$2CH_3COOC_2H_5 \xrightarrow[C_6H_6]{Na}$ [NaO-ONa diol structure] $\xrightarrow{H_3O^+}$ [CH3-CO-CH(OH)-CH3]

（14）$PhCHO + CH_3COOC_2H_5 \xrightarrow{C_2H_5ONa} PhCH=CHCOOC_2H_5$

（15）$CH_3COCH_2COOC_2H_5 \xrightarrow[C_2H_5Br]{C_2H_5ONa} CH_3COCH(C_2H_5)COOC_2H_5 \xrightarrow[\text{（酸式水解）}]{\text{浓}OH^-} \xrightarrow{H_3O^+}$ $CH_3CH_2CH_2COOH$

（16）$CH_2(COOC_2H_5)_2 \xrightarrow[C_2H_5Br]{C_2H_5ONa} C_2H_5CH(COOC_2H_5)_2 \xrightarrow[H_2O]{OH^-} \xrightarrow[-CO_2]{H_3O^+, \Delta}$ $CH_3CH_2CH_2COOH$

三、增加三个碳原子的常见方法

（1）$\left.\begin{array}{l} RMgX \\ RLi \\ R_2CuLi \\ RC\equiv CNa \end{array}\right\} \xrightarrow{CH_2=CHCH_2-X} \left\{\begin{array}{l} R-CH_2CH=CH_2 \\ R-CH_2CH=CH_2 \\ R-CH_2CH=CH_2 \\ RC\equiv CCH_2CH=CH_2 \end{array}\right.$

（2）[butadiene] + [CH2=CH-Y] → [cyclohexene-Y]

(Y = —CN, —COOH, —CH₃)

（3）$\begin{array}{l} CH_2=CH-CO-R \\ CH_2=CH-COOC_2H_5 \end{array} \xrightarrow{(CH_3CH_2CH_2)_2CuLi}$ [enolate lithium intermediates] $\xrightarrow{H_3O^+}$ [ketone and ester products]

（4）$(CH_3)_2C=O \xrightarrow[C_6H_6]{Mg}$ [pinacol Mg complex] $\xrightarrow{H_3O^+} (CH_3)_2C(OH)-C(OH)(CH_3)_2$

（5）[benzene] $+ CH_3CH_2CH_2-X \xrightarrow{FeCl_3}$ [Ph-CH₂CH₂CH₃]

(6)

$$\left.\begin{array}{l}\text{RMgX}\\ \text{R—Li}\\ \text{R}_2\text{CuLi}\\ \text{RC}\equiv\text{CNa}\end{array}\right\} \xrightarrow{\text{CH}_2=\text{CHCHO}} \left\{\begin{array}{l}\text{RCH(OMgX)CH}_2\text{CH}_2\text{CH}_3\\ \text{RCH(OLi)CH}_2\text{CH}_2\text{CH}_3\\ \text{RCH(OLi)CH}_2\text{CH}_2\text{CH}_3\\ \text{RC}\equiv\text{CCH(ONa)CH}_2\text{CH}_3\end{array}\right\} \xrightarrow{\text{H}_3\text{O}^+} \left\{\begin{array}{l}\text{RCH(OH)CH}_2\text{CH}_2\text{CH}_3\\ \text{RCH(OH)CH}_2\text{CH}_2\text{CH}_3\\ \text{RCH(OH)CH}_2\text{CH}_2\text{CH}_3\\ \text{RC}\equiv\text{CCH(OH)CH}_2\text{CH}_3\end{array}\right.$$

(7) $\text{R—C(=O)—H(R)} \xrightarrow{\text{Ph}_3\text{P}=\text{CHCH}_2\text{CH}_3} \text{R—C(H(R))=CHCH}_2\text{CH}_3$

(8) [cyclohexanone + pyrrolidine/H⁺ → enamine; with CH₃CH₂CH₂Cl → iminium Cl⁻ → H₃O⁺ → 2-propylcyclohexanone; with CH₃CH₂COCl → iminium Cl⁻ → H₃O⁺ → 2-propanoylcyclohexanone]

(9) $2\text{CH}_3\text{CH}_2\text{COOC}_2\text{H}_5 \xrightarrow[\text{C}_6\text{H}_6]{\text{Na}}$ [enediolate (NaO)(ONa)] $\xrightarrow{\text{H}_3\text{O}^+}$ [α-hydroxy ketone]

(10) [PhO–CH₂–CH=CHD → o-(CHDCH=CH₃)cyclohexadienone → o-(CHDCH=CH₂)phenol]

$\text{CH}_2(\text{COOC}_2\text{H}_5)_2 \xrightarrow[\text{CH}_2=\text{CHCH}_2\text{Br}]{\text{C}_2\text{H}_5\text{ONa}} \text{H}_2\text{C}=\text{CHCH}_2-\text{CH(COOC}_2\text{H}_5)_2 \xrightarrow[\text{H}_2\text{O}]{\text{OH}^-} \xrightarrow[-\text{CO}_2]{\text{H}_3\text{O}^+,\Delta}$

[structure: CH2=CH-CH2-COOH]

四、增加四个碳原子的常见方法

(1) 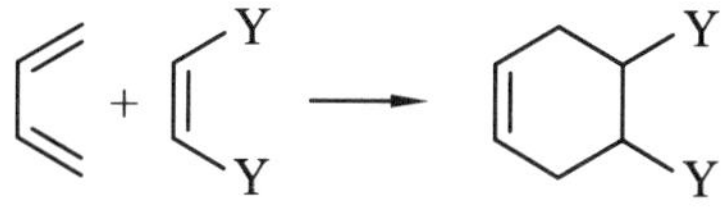 丁二烯 + 带Y基的烯烃 → 环己烯衍生物

(Y = —CN, —COOH, —CH$_3$)

(2) 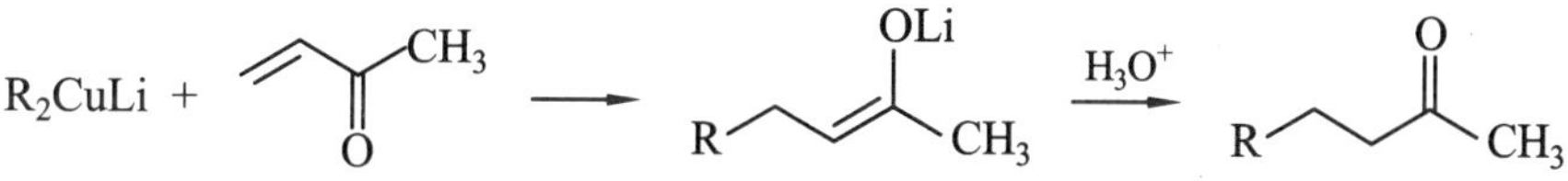 R_2CuLi + 甲基乙烯基酮 → 烯醇锂中间体 $\xrightarrow{H_3O^+}$ R-CH$_2$CH$_2$-CO-CH$_3$

(3) 2-甲基环己酮 + 甲基乙烯基酮 $\xrightarrow{\text{稀 OH}^-}$ 双环二酮 $\xrightarrow{\text{稀 OH}^-}$ 八氢萘酮

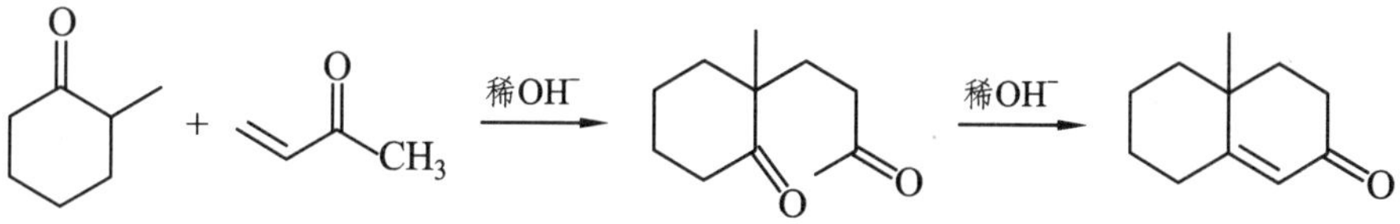

增加更多碳原子的方法与增加三个碳原子的方法相似，这里不再一一列举。

五、碳链倍增法

成倍增长碳链的反应有 Kolbe、Wurtz、羟醛缩合、安息香缩合、羰基化合物的双分子还原、醛酮的偶联反应、羰基化合物与等碳原子数的试剂反应、Ullmann 偶合、联苯胺的重排等。

(1) 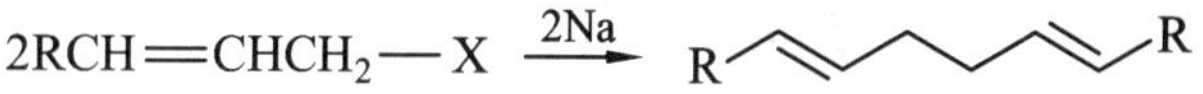 $2RCH=CHCH_2-X \xrightarrow{2Na} RCH=CH-CH_2-CH_2-CH=CHR$

(2) $Br(CH_2)_nCOOH \xrightarrow{\text{电解}} Br(CH_2)_n-(CH_2)_nBr$ ($n = 5 \sim 11$)

(3) 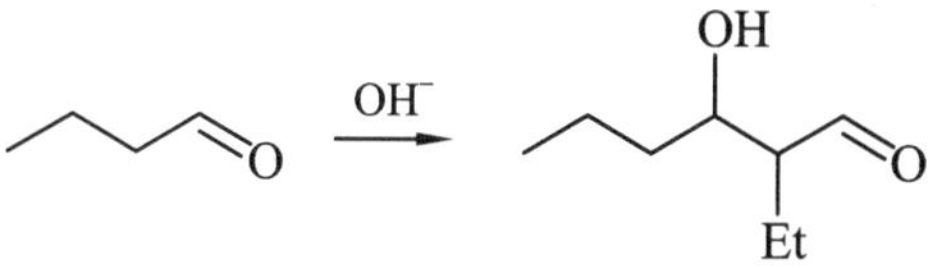 丁醛 $\xrightarrow{OH^-}$ 2-乙基-3-羟基己醛

(4) 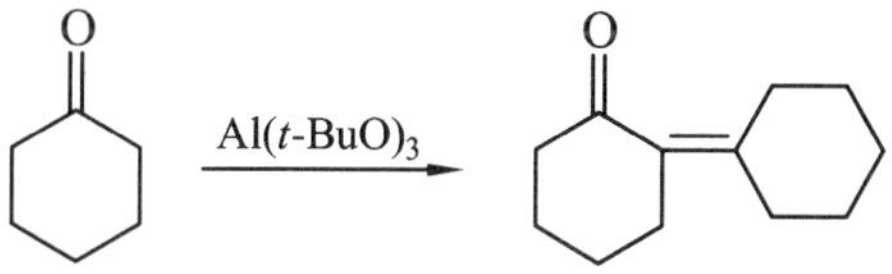 环己酮 $\xrightarrow{Al(t\text{-}BuO)_3}$ 环己亚基环己酮

(5) 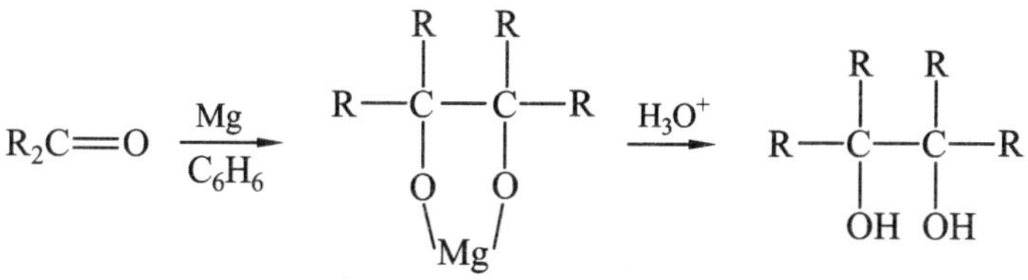 $R_2C=O \xrightarrow[C_6H_6]{Mg}$ 镁桥中间体 $\xrightarrow{H_3O^+}$ 频哪醇 R$_2$C(OH)-C(OH)R$_2$

（6） $2ArCH=O \xrightarrow{KCN} Ar-\underset{O}{\overset{}{C}}-\underset{}{\overset{OH}{CH}}-Ar$

（7） 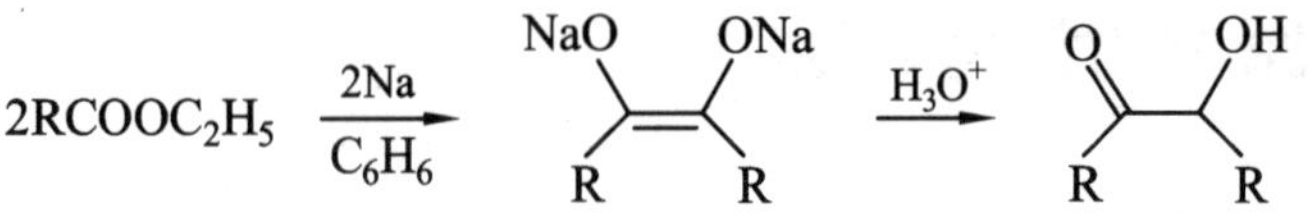 $2RCOOC_2H_5 \xrightarrow[C_6H_6]{2Na} \underset{R}{\overset{NaO}{C}}=\underset{R}{\overset{ONa}{C}} \xrightarrow{H_3O^+} \underset{R}{\overset{O}{C}}-\underset{R}{\overset{OH}{CH}}$

（8） 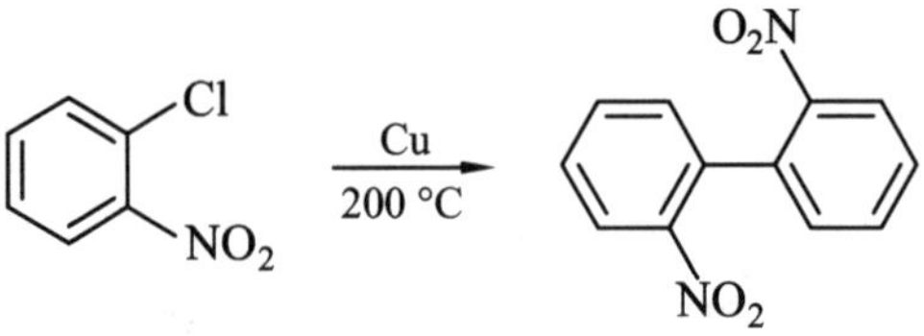 邻氯硝基苯 $\xrightarrow[200\ ℃]{Cu}$ 2,2'-二硝基联苯

（9） 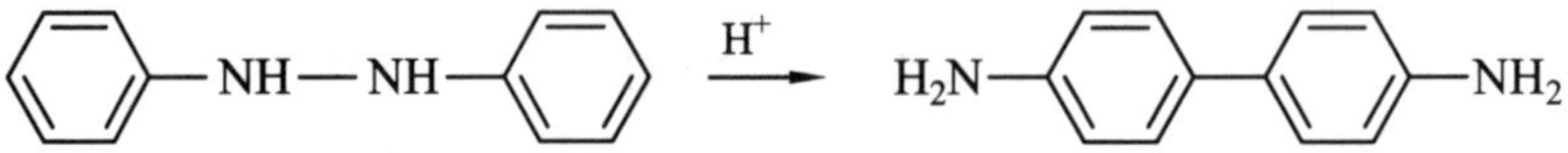 $C_6H_5-NH-NH-C_6H_5 \xrightarrow{H^+} H_2N-C_6H_4-C_6H_4-NH_2$

（10） 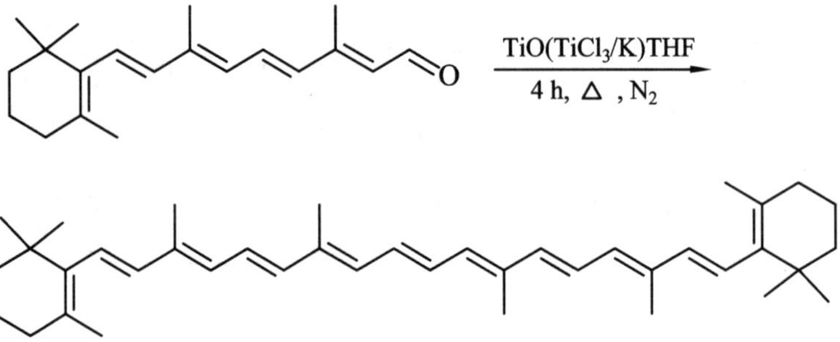 $\xrightarrow{TiO(TiCl_3/K)THF}_{4\ h,\ \triangle,\ N_2}$

第二节　缩短碳链的方法

根据有机合成的需要，有时需要减少一个碳的反应，即碳链的降级反应。常用的这类反应有：卤仿反应、Hofmann 重排、链端不饱和烃的氧化、Hunsdiecker 反应、Ruff 降级反应、Wohl 降级反应等。

一、减少一个碳原子的常见方法

（1） 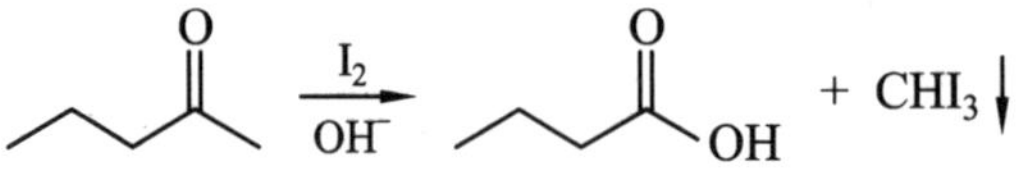 $CH_3CH_2COCH_3 \xrightarrow[OH^-]{I_2} CH_3CH_2COOH + CHI_3\downarrow$

（2） $Ar-CO-NH_2 \xrightarrow[OH^-]{Br_2} Ar-NH_2$

（3） 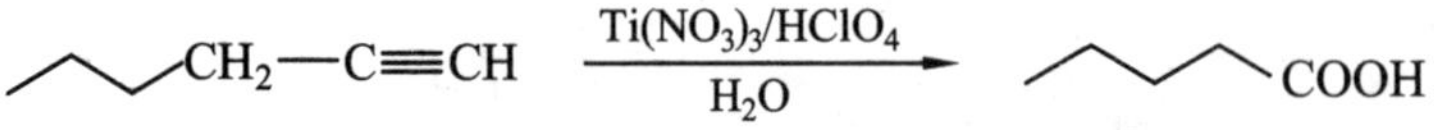 $CH_3CH_2CH_2-CH_2-C\equiv CH \xrightarrow[H_2O]{Ti(NO_3)_3/HClO_4} CH_3CH_2CH_2CH_2COOH$

(4) PhCOOAg $\xrightarrow{Br_2/CCl_4}$ PhBr

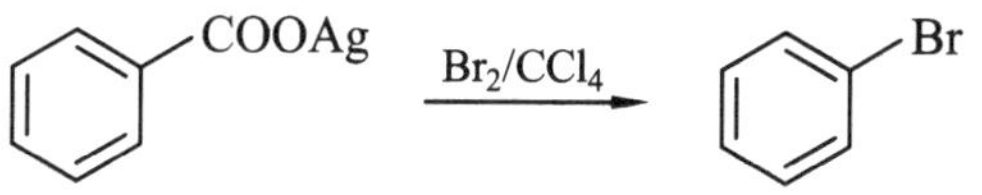

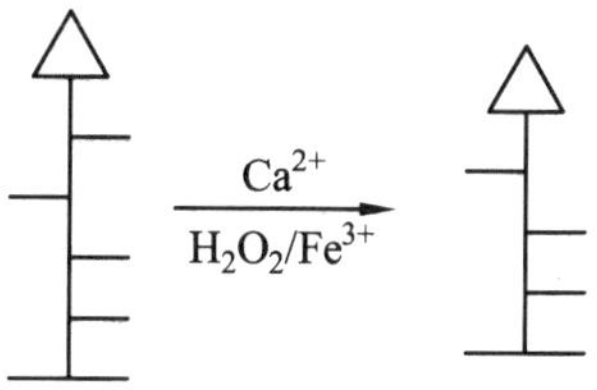

(5) [环丙基化合物] $\xrightarrow{Ca^{2+}}{H_2O_2/Fe^{3+}}$ [产物]

(6) [环丙基-R] $\xrightarrow{NH_2OH \cdot HCl}$ [=NOH, R] $\xrightarrow{PhCOCl}{C_5H_5N}$ PhCOO—C(CN)(R)—OOCPh $\xrightarrow{CHCl_3}{CH_3ONa}$ CHO—CR

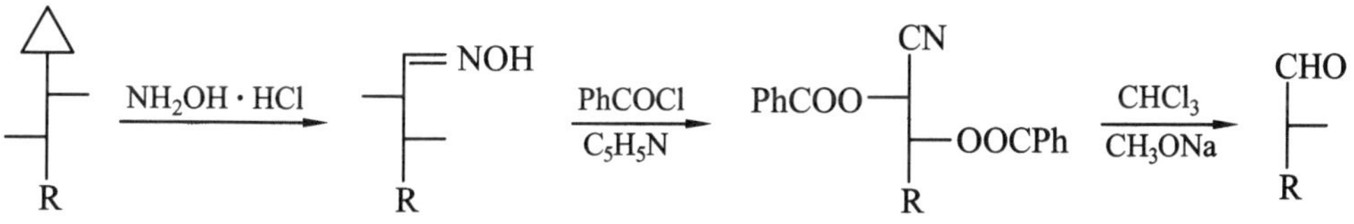

α,β-不饱和酰胺、α-羟基酰胺、α-甲氧基酰胺在碱性条件下，用次卤酸钠处理，可得到少一个碳的醛，称为 Weerman 降级。

(7) $RCH=CH-CO-NH_2 \xrightarrow{NaOCl} \xrightarrow{NaHSO_3} RCH_2CHO$

(8) 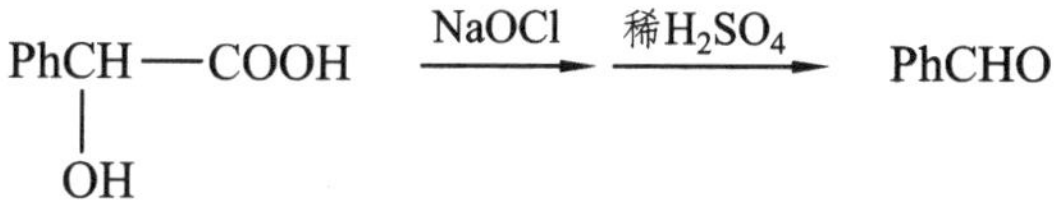 $\underset{OH}{PhCH}-COOH \xrightarrow{NaOCl} \xrightarrow{稀H_2SO_4} PhCHO$

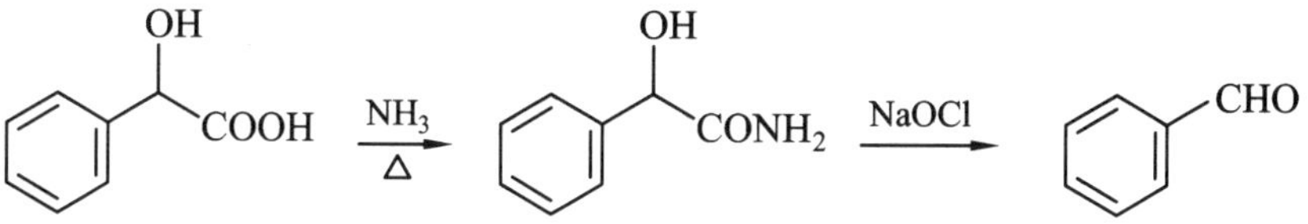

(9) PhCH(OH)COOH $\xrightarrow{NH_3}{\Delta}$ PhCH(OH)CONH$_2$ $\xrightarrow{NaOCl}$ PhCHO

(10) 己二酸 $\xrightarrow{\Delta}$ 环戊酮

庚二酸 $\xrightarrow{\Delta}$ 环己酮

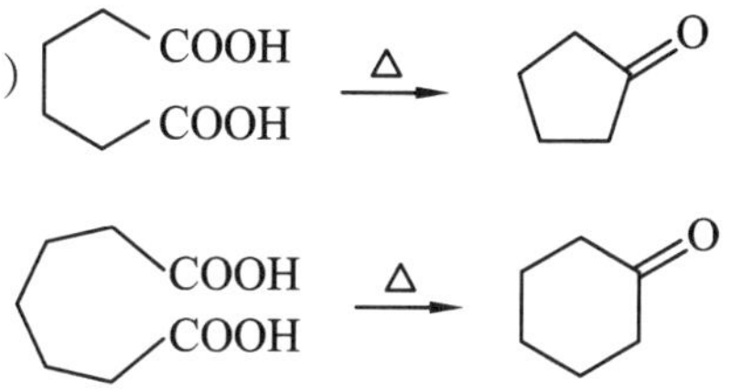

二、烯烃通过氧化断键减去一个及多个碳的方法

1. 氧化断键减少一个碳的方法

$RCH=CH_2 \xrightarrow{KMnO_4}{H^+} RCOOH + CO_2$

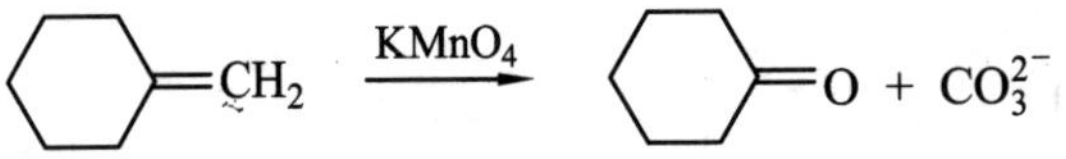

$$\text{C}_6\text{H}_{10}=\text{CH}_2 \xrightarrow{\text{KMnO}_4} \text{C}_6\text{H}_{10}=\text{O} + \text{CO}_3^{2-}$$

2. 氧化断键减少多个碳的方法

$$\text{RCH}=\text{CHR}' \xrightarrow[\text{H}^+]{\text{KMnO}_4} \text{RCOOH} + \text{R}'\text{COOH}$$

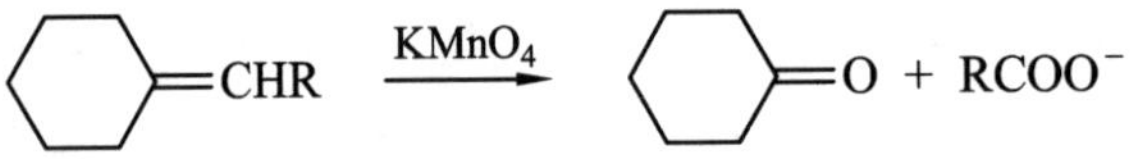

$$\text{C}_6\text{H}_{10}=\text{CHR} \xrightarrow{\text{KMnO}_4} \text{C}_6\text{H}_{10}=\text{O} + \text{RCOO}^-$$

第七章 有机合成50题及精解

本章主要列举了50个合成例子，用倒推法，即逆合成分析法进行分析，通过比较、评价，确定一条最佳的合成路线。最佳的合成路线标准，一般认为应该具备"三个尽可能"，即原料尽可能易得，步骤尽可能少，产率尽可能高。对多种方法进行评价的过程中，既包括了对已知的合成方法进行归纳、演绎、分析、综合等逻辑思维形式，又包括了在学术研究中的创造性思维形式。通过学习，掌握合成技巧，对于丰富学生的知识储备、培养学生的多维思维能力是非常重要的。

要较好把握倒推法，首先要熟悉几个术语：

1. 合成子与合成子等价物

合成子是指在切断过程中所得到的分子碎片。携带负电荷的碎片称电子给予体，用"d-合成子"表示；携带正电荷的碎片称电子接受体，用"a-合成子"表示。含有合成子的试剂称为合成子等价物。

2. 官能团互换

把一种官能团改写成另一种官能团的过程称为官能团互换。这种互换是建立在正确的化学反应基础上的。

倒推法所进行的切断要在熟练掌握相应的化学反应的基础上进行。切断成为合成子的过程，要讲究一定的策略。通常切断的策略有下列几点：

（1）优先考虑在官能团附近切断。

在官能团附近切断所得到的合成子较容易找到其对应的等价化合物。

（2）优先考虑碳杂键的切断。

碳与氮、氧等杂原子构成的杂原子键，往往不如碳碳键稳定，键的结合也比较容易合成。

（3）添加辅助基团后再切断。

有些化合物在结构上没有官能团或有官能团但找不到合适的合成子等价物，此时在适当位置添加辅助官能团，可更加顺利地找到切断的位置。通常在乙酰基或羧基的旁边添加一个羧基，就是常见的例子。

（4）利用目标分子结构的对称性进行切断。

如果分子对称性高，则考虑对半切断，满足使合成路线的步骤尽可能少的要求。

（5）优先考虑在"共用原子"附近切断。

对于稠环化合物，利用"共用原子"法可使这一问题大大简化。

（6）注意把握1,3-、1,4-、1,5-、1,6-含氧碳架倒推法。

（7）适当使用导向基、堵塞基、保护基等技术。

下面以 50 个例子进行倒推法分析，分别给出合成路线。为了方便学生学习，按照先给题目，在题目的后面统一给出倒推分析（逆合成分析）方案，最后写出合成路线等顺序进行编排。

1. 由甲苯、丙二酸二乙酯及其他必要试剂合成

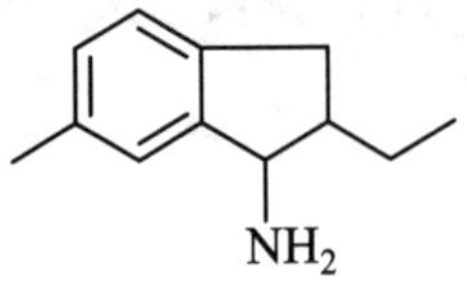

2. 由萘及其他必要试剂合成

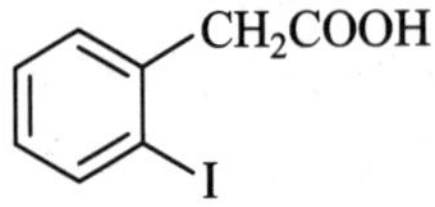

3. 完成下列合成

   （1）

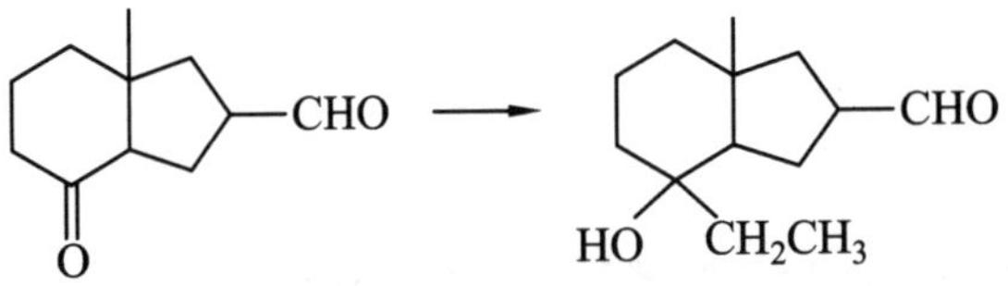

   （2）

4. 用乙酰乙酸乙酯和基本有机化工原料合成

   A.

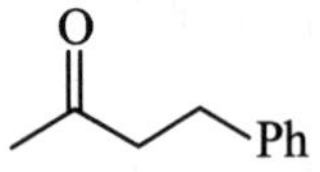

   B.

5. 完成下列转化

   A.

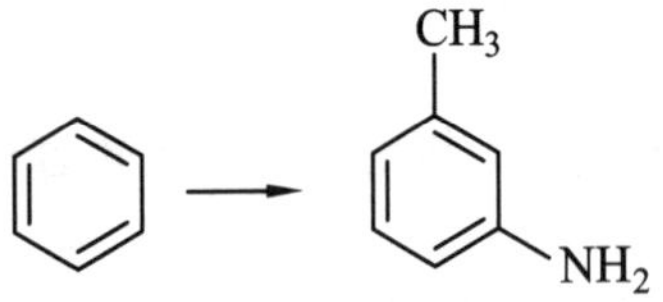

   B.

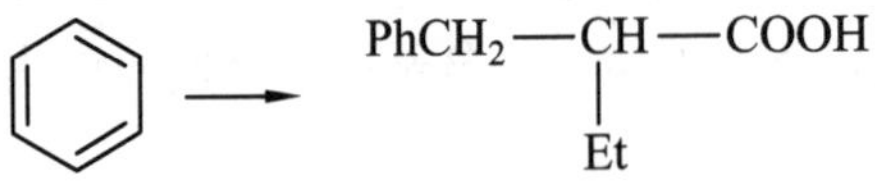

   C.

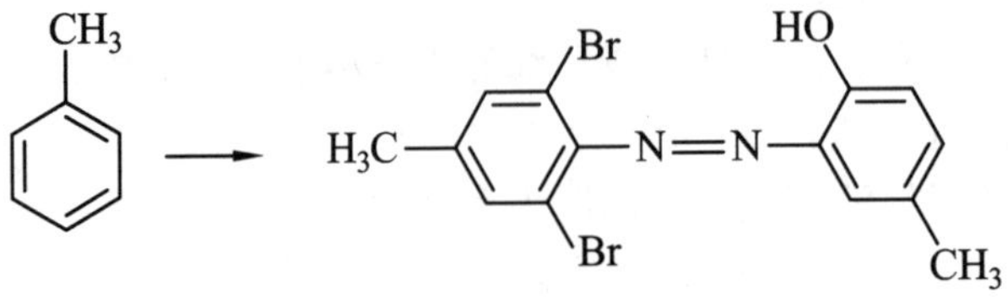

6. 完成下列转换（除指定原料必用外可选用任何原料和试剂）

（1） 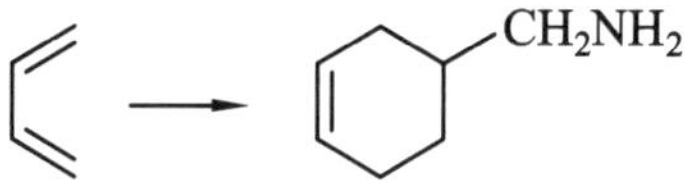 CH₂=CH-CH=CH₂ ⟶ 环己烯-CH₂NH₂

（2） 呋喃-2-COOH ⟶ 呋喃-CO-CH₂-CO-Ph

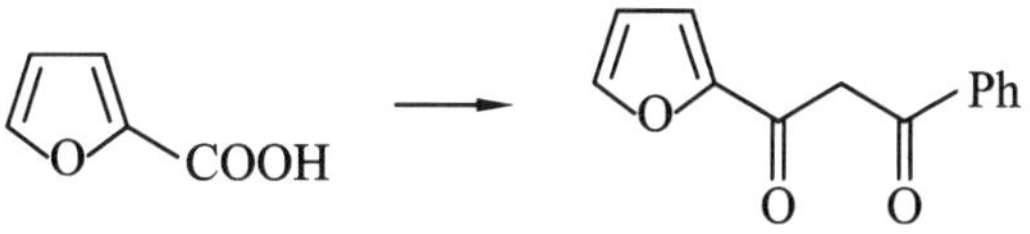

（3） HOH₂CC≡CH ⟶ HOH₂CC≡CCH₂CH₂OH

7. 由三乙和开链化合物及必要试剂合成

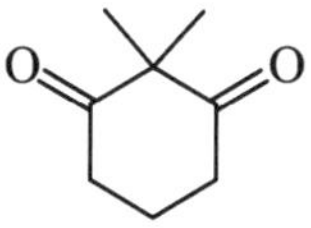

2,2-二甲基-1,3-环己二酮

8. 由苯和不超过 3 个碳的原料及必要试剂合成

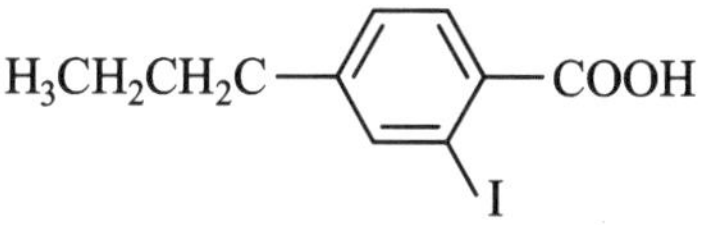

4-丙基-2-碘苯甲酸（H₃CH₂CH₂C—C₆H₃(I)—COOH）

9. 由环己烷合成

H₂N—(CH₂)₄—COOH（6-氨基己酸）

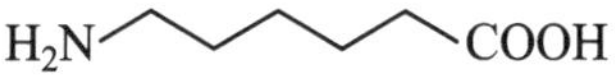

10. 由丙二酸二乙酯合成

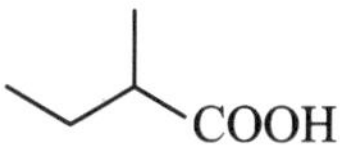

2-甲基丁酸

11. 由苯甲醚及其他必要原料和试剂合成

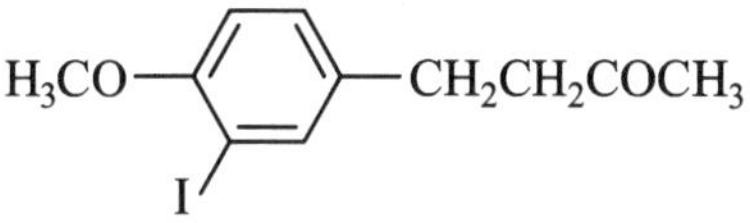

H₃CO—C₆H₃(I)—CH₂CH₂COCH₃

12. 由开链化合物和必要试剂合成

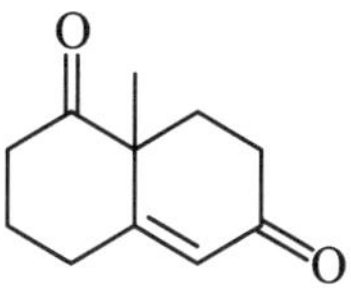

（八氢萘二酮结构）

13. 完成下列转化

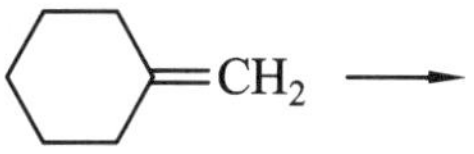

环己基=CH₂ ⟶ 1-甲基-1-氘环己烷

14. 完成下列转化

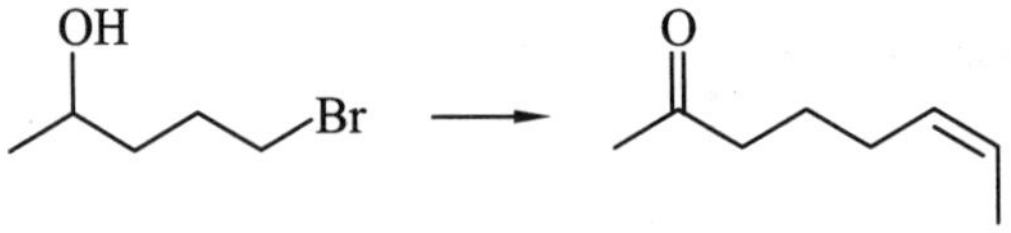

[结构式: 4-溴-2-丁醇衍生物 (HOCH(CH₃)CH₂CH₂CH₂Br 类似结构) → 顺式不饱和酮]

15. 完成下列转化

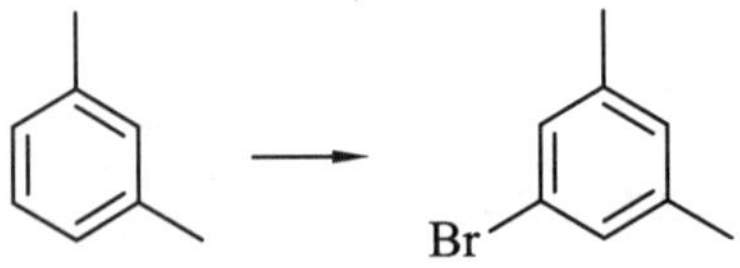

[间二甲苯 → 3,5-二甲基溴苯]

16. 完成下列转化

E-2-丁烯 ⟶ (1R,2S)-氨基醇 (H₂N 和 OH 分居两碳, CH₃ 在两碳上)

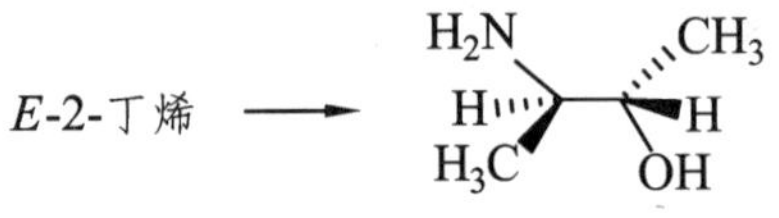

17. 完成下列转化

$(CH_3)_2CHCOOH \longrightarrow (CH_3)_2CH(CH_2)_6COOH$

18. 由甲苯和必要的试剂合成

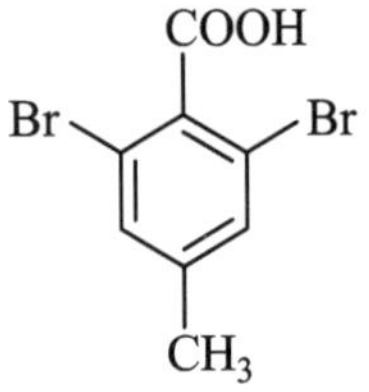

[2,6-二溴-4-甲基苯甲酸]

19. 由 1,3-丁二烯和必要的有机、无机原料和试剂合成

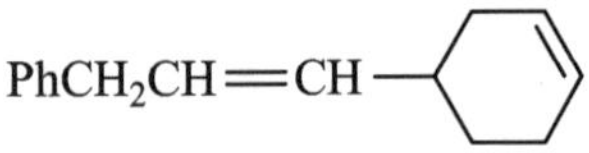

$PhCH_2CH=CH$—环己烯基

20. 由苯、苯甲醚和不超过 4 个碳的原料及必要的无机试剂合成

[8-甲氧基-2-苯基喹啉]

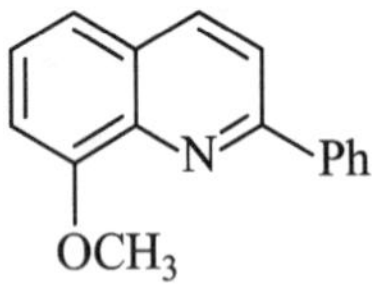

21. 由苯和不超过 4 个碳的原料及必要的无机试剂合成

[1-羟基-1-(乙氧羰基甲基)-1,2,3,4-四氢萘]

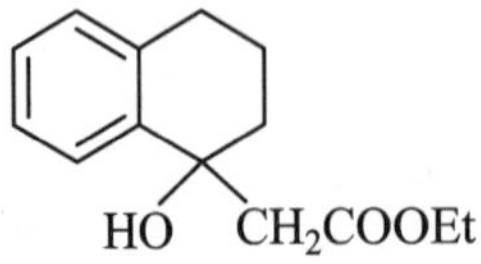

22. 由乙酰乙酸乙酯和不超过 4 个碳的原料及必要的无机试剂合成

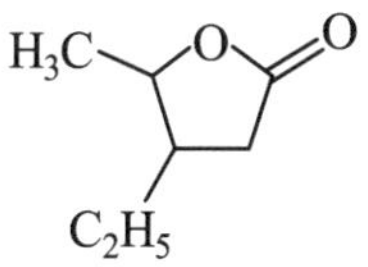

[结构式：3-乙基-2-甲基-γ-丁内酯]

23. 分别用下列 3 种不同的原料用不同的合成法合成对甲氧基苯乙酮

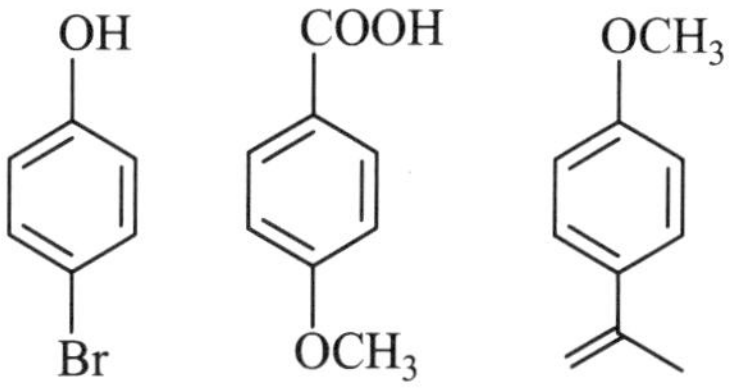

[结构式：对溴苯酚；对甲氧基苯甲酸；对甲氧基苯基丙烯]

24. 由 3 个碳（包括 3 个碳）以下的原料合成

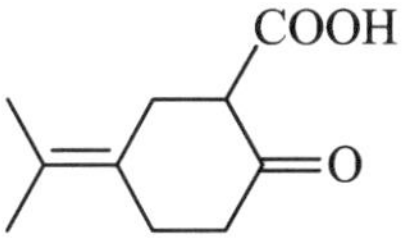

[结构式：4-异丙叉基-2-氧代环己烷甲酸]

25. 由 4 个碳（包括 4 个碳）以下的原料合成

[结构式：3-甲基-6-异丙基-2-环己烯酮]

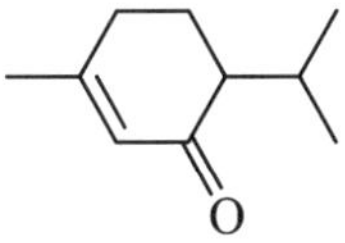

26. 由苯和 4 个碳（包括 4 个碳）以下的原料合成对氰基丁苯。

27. 完成下列转化

[环戊酮 → 螺[4.5]癸烷类结构]

28. 完成下列转化

$$CH_3CH_2COOH \longrightarrow CH_3CH_2CH_2COOH$$

29. 完成下列转化

$$CH_3CH_2CH_2COOH \longrightarrow CH_3CH_2COOH$$

30. 完成下列转化

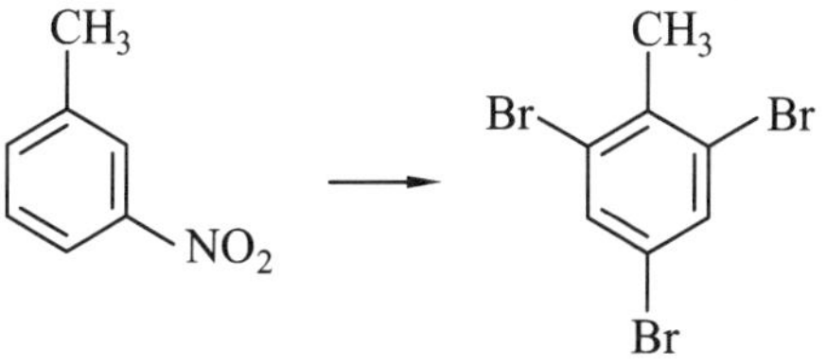

[间硝基甲苯 → 2,4,6-三溴甲苯（原NO₂位为H）]

31. 由丙二酸二乙酯及 3 个碳以下的有机原料合成

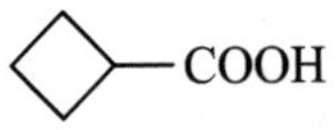

⌬—COOH

32. 由苯和4个碳以下的有机原料合成

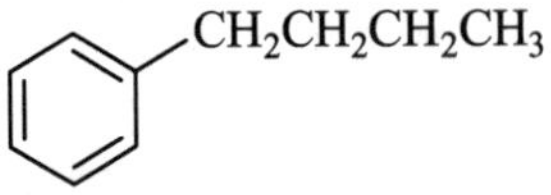

C₆H₅—CH₂CH₂CH₃

33. 由苯胺及合适的有机试剂合成甲基橙指示剂：

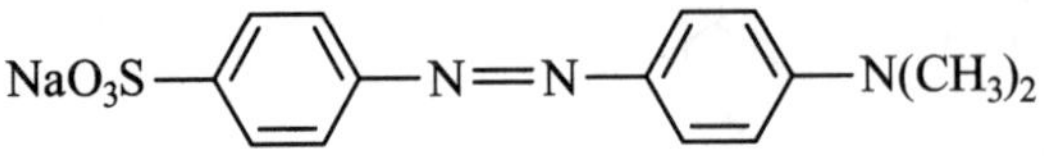

NaO₃S—C₆H₄—N=N—C₆H₄—N(CH₃)₂

34. 由萘为原料合成

1-氯-4-硝基萘

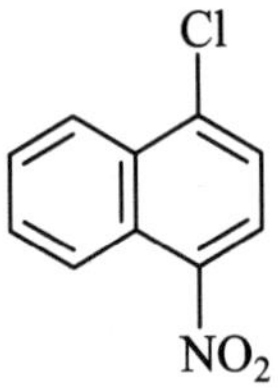

35. 由苯乙酮和 $H_2^{18}O$ 合成

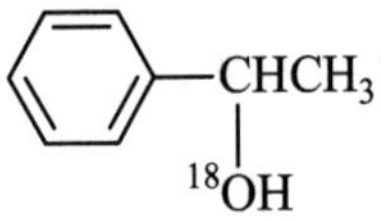

C₆H₅—CH(¹⁸OH)—CH₃

36. 由对溴苯甲醛和任意试剂合成

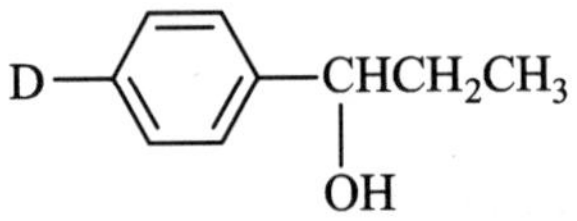

D—C₆H₄—CH(OH)—CH₂CH₃

37. 由3个C和3个C以下的任意有机原料（酯只计算羧酸的碳原子数）合成

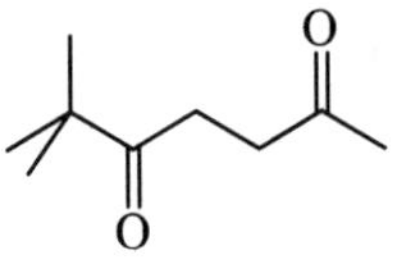

(CH₃)₃C—C(O)—CH₂CH₂—C(O)—CH₃

38. 完成下列转化

甲苯 → 2,6-二氯-4-乙基甲苯

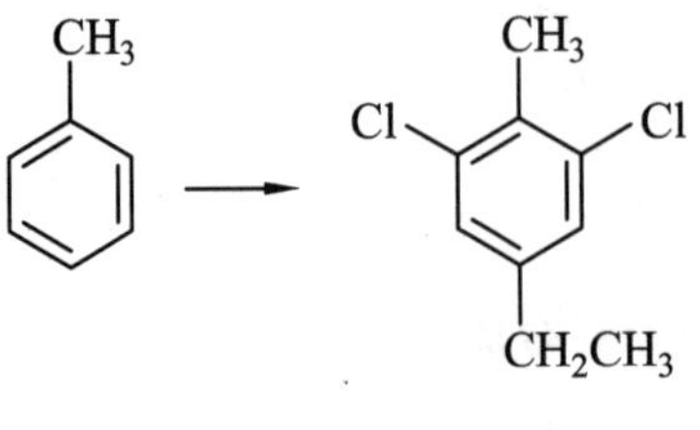

39. 完成下列转化

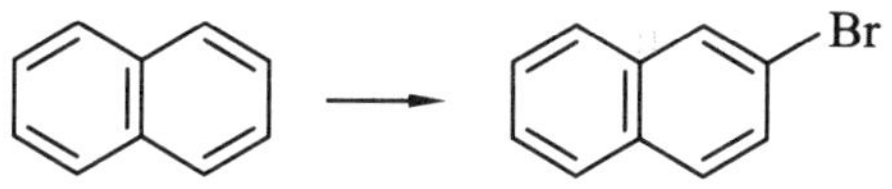

萘 → 2-溴萘

40. 完成下列转化

(CH₃)₂C=O → (CH₃)₂CHCH₂COOH （结构为 (CH₃)₃C-形式：(CH₃)₂C(CH₃)CH₂COOH... 即新戊酸类）

(丙酮 → 3,3-二甲基丁酸，即 (CH₃)₃CCH₂COOH)

41. 由丙二酸二乙酯合成

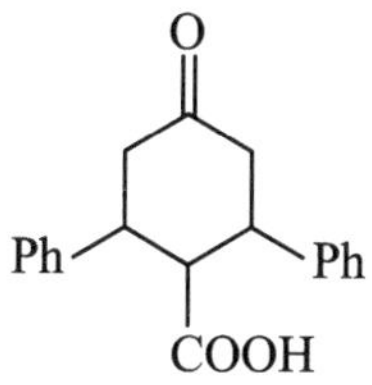

2,6-二苯基-4-氧代环己烷甲酸

42. 完成下列转化

5-甲基-5-溴-2-己酮 → 2-甲基-5-氧代-2-己酸 (2-甲基-5-氧代己酸)

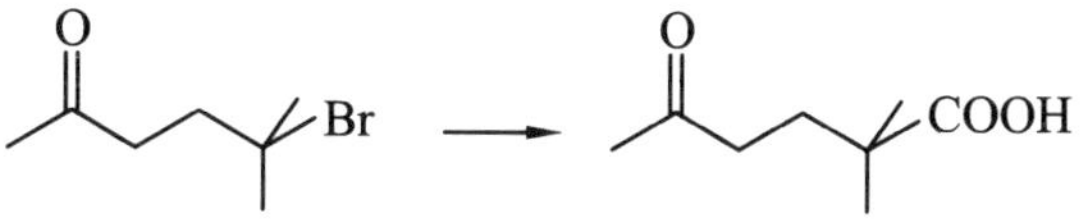

43. 以乙醇为原料和必要的无机试剂合成

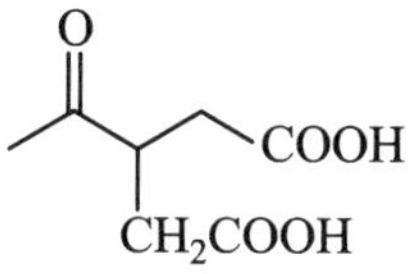

3-氧代-2-(羧甲基)丁二酸类结构：CH₃COCH(CH₂COOH)COOH

44. 由 1,4-二溴丁烷合成 2-羧基环戊酮。

45. 以甲苯和 2 个碳原子的有机原料合成

对氨基苯丙酮：H₂N-C₆H₄-CO-CH₂CH₂CH₃ （4-氨基苯基正丙基酮）

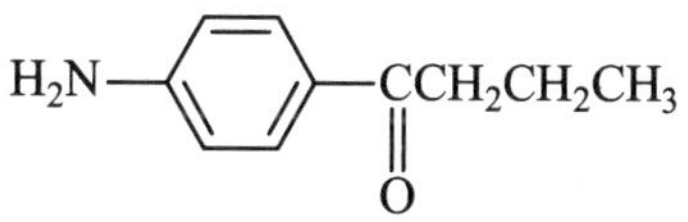

46. 由甲苯合成 2,5-二溴甲苯。

47. 由环己烯及 2 个碳原子的有机原料合成

2-环己基-2-丙醇类结构：C₆H₁₁-C(CH₃)₂OH （环己基-C(CH₃)(CH(CH₃))OH — 2-环己基-3-甲基-2-丁醇）

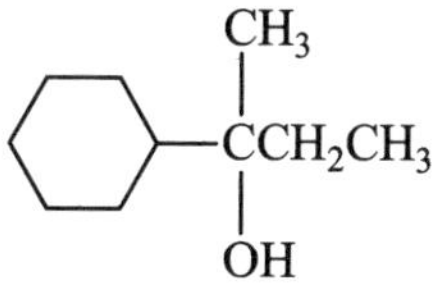

48. 由苯及其他有机试剂合成

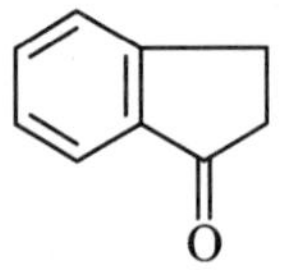

[structure: indan-1-one]

49. 由甲苯和必要的无机试剂合成

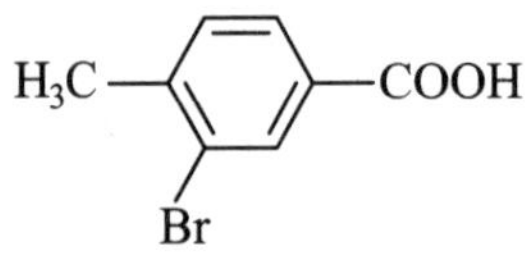

[structure: 4-methyl-3-bromobenzoic acid, H₃C— on one position, —COOH, —Br]

50. 由乙醇和必要的无机试剂合成

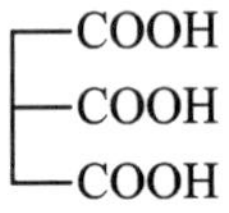

[structure: propane-1,2,3-tricarboxylic acid type, three —COOH groups]

题 解

1. 解：倒推法分析如下

[retrosynthesis scheme showing amine ⇒ imine ⇒ ketone ⇒ acid ⇒ acyl compound ⇒ toluene + Et-substituted malonic anhydride]

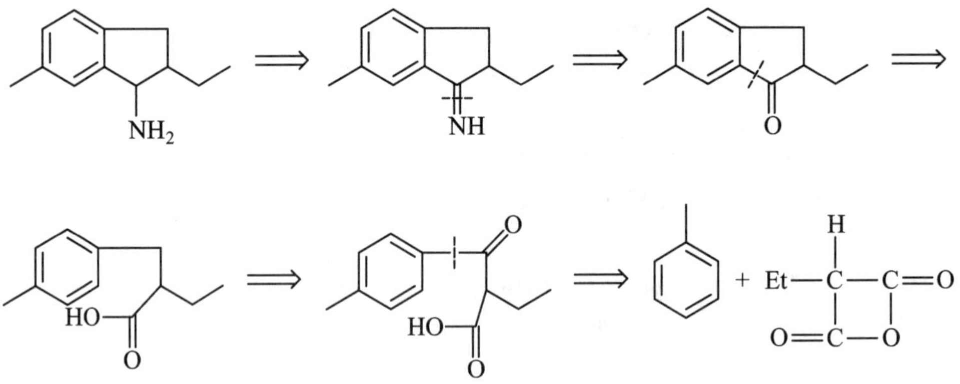

倒推时，首先转换官能团——亚氨基到羰基，再从共用原子出发进行切割；通过添加羰基，顺利找到酰基化合成子的等价物——丙二酸酐。

合成路线如下：

$$CH_2(COOC_2H_5)_2 \xrightarrow[C_2H_5Br]{C_2H_5ONa} EtCH(COOC_2H_5)_2 \xrightarrow{H_3O^+} \xrightarrow{(CH_3CO)_2O} EtCH(CO)_2O \xrightarrow[PhCH_3]{AlCl_3}$$

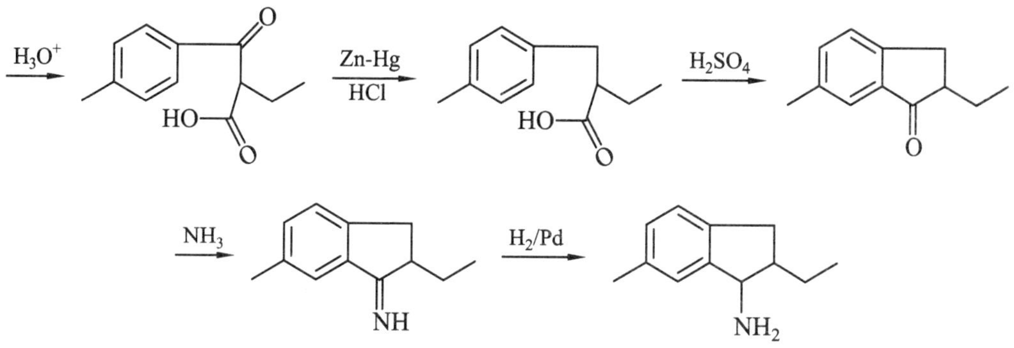

2. 解：倒推法分析如下

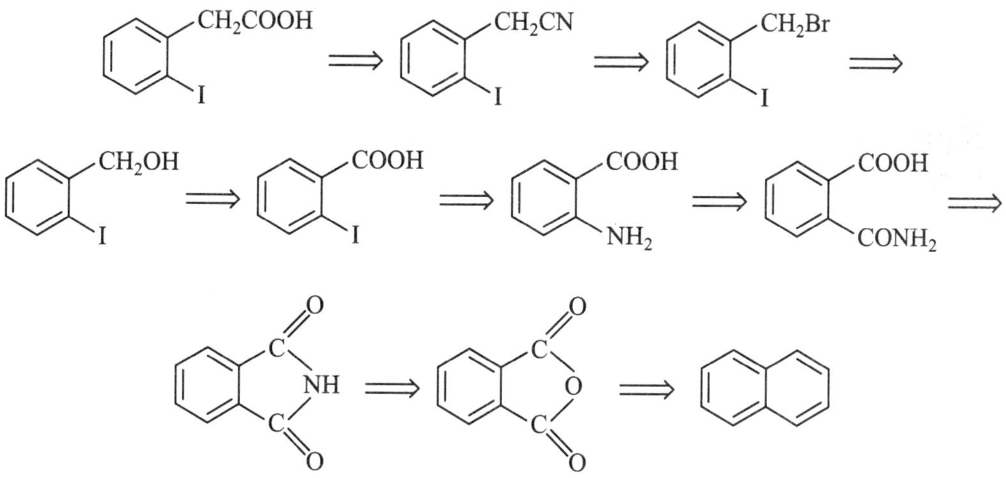

由萘和甲苯转换成目标物。官能团的转换很重要，由碘原子倒推至氨基，然后倒推至氨甲酰基，最后倒推至邻苯二甲酸酐。

合成路线如下：

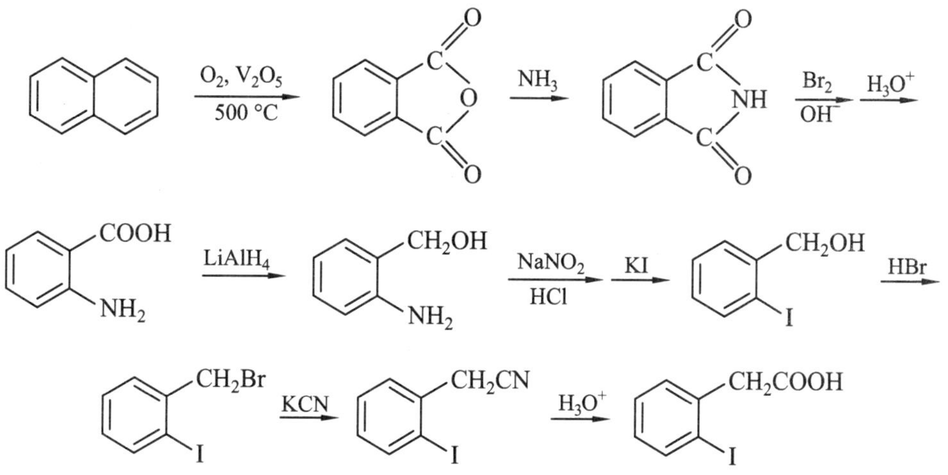

3. 解：

（1） [反应式：环状酮醛 + HOCH2CH2OH/H+ → 缩醛保护；再 EtMgBr/Et2O；H3O+ → 得到含羟基(CH2CH3)的醛产物]

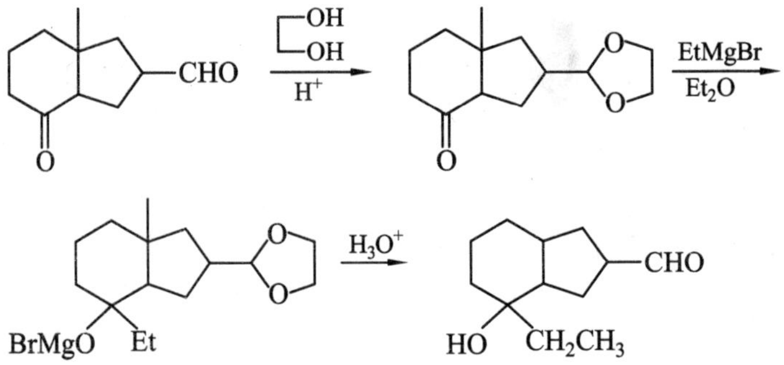

该路线关键是保护好更加活泼的醛基。

（2） 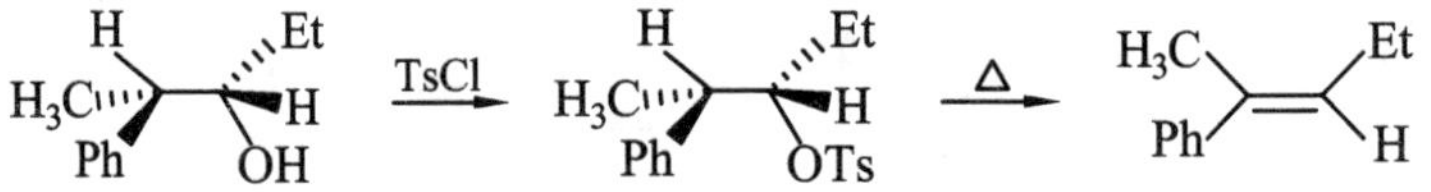 [反应式：(R,R)-PhCH(OH)CH(Et)CH3 类型结构 TsCl → OTs 中间体 → Δ → 烯烃 PhC(CH3)=CHEt]

该路线着重把不易离去的羟基转换成易离去的磺酸基，使反式消去变得容易。

4. 解：倒推法分析如下

A. 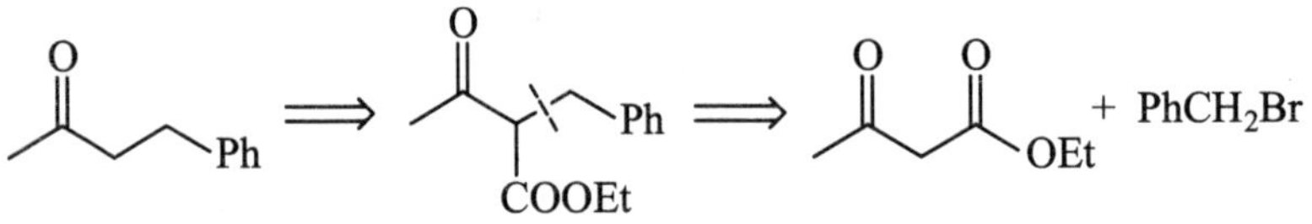 CH3COCH2CH2Ph ⟹ CH3COCH(COOEt)CH2Ph ⟹ CH3COCH2COOEt + PhCH2Br

B. 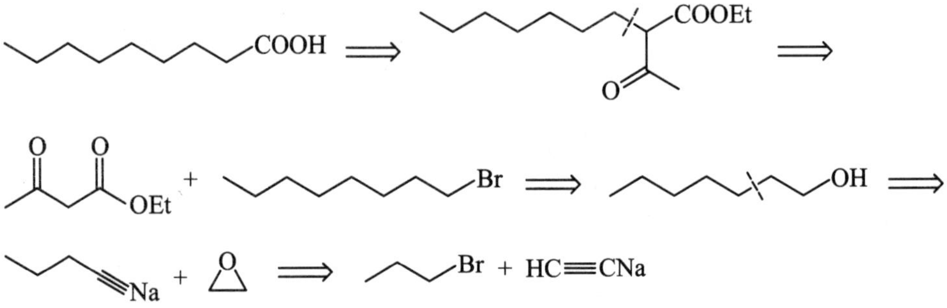 CH3(CH2)7COOH ⟹ 含酮和COOEt的中间体 ⟹

CH3COCH2COOEt + Br(CH2)nCH3 ⟹ HO(CH2)nCH3 ⟹

CH≡C-Na + 环氧乙烷 ⟹ CH3CH2CH2Br + HC≡CNa

在合成 A 的过程中使用三乙（乙酰乙酸乙酯）为原料，首先考虑在羰基 α-位添加羧基；以及合成的过程中，在 B 的羧基 α-位引入乙酰基，使切割变得可行。所得合成子的等价物——乙酰乙酸乙酯显现出来，满足题目的合成前提要求。

合成路线如下：

A. 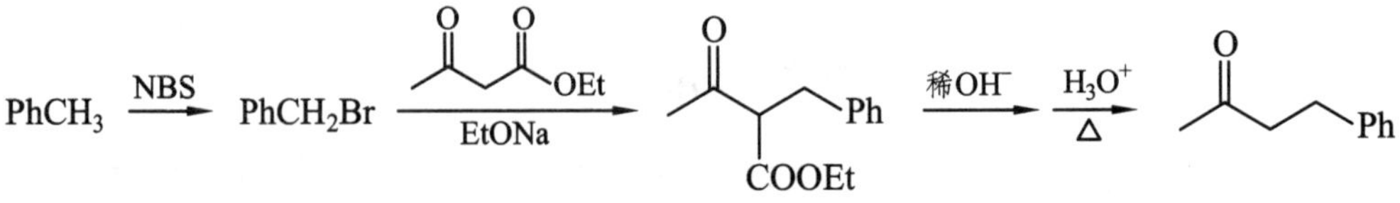 PhCH3 —NBS→ PhCH2Br —CH3COCH2COOEt / EtONa→ CH3COCH(COOEt)CH2Ph —稀OH⁻ / H3O+ / Δ→ CH3COCH2CH2Ph

B.  CH2=CH2 + CF3COOOH ⟶ 环氧乙烷

$$\text{CH}_2=\text{CHCH}_3 \xrightarrow[\text{H}_2\text{O}_2]{\text{HBr}} \text{CH}_3\text{CH}_2\text{CH}_2\text{Br} \xrightarrow{\text{HC}\equiv\text{CNa}} \text{CH}_3\text{CH}_2\text{CH}_2\text{C}\equiv\text{CNa} \xrightarrow{\triangle\text{O}} \xrightarrow{\text{H}_2/\text{Pd}} \xrightarrow{\text{H}_3\text{O}^+}$$

$$\text{CH}_3(\text{CH}_2)_6\text{OH} \xrightarrow{\text{HBr}} \text{CH}_3(\text{CH}_2)_6\text{Br} \xrightarrow[\text{EtONa}]{\text{CH}_3\text{COCH}_2\text{COOEt}}$$

$$\text{CH}_3(\text{CH}_2)_6\text{CH}(\text{COOEt})(\text{COCH}_3) \xrightarrow{\text{OH}^-} \xrightarrow{\text{H}_3\text{O}^+} \text{CH}_3(\text{CH}_2)_7\text{COOH}$$

5. 解：倒推法分析如下

A. 3-甲基苯胺 ⇒ 3-甲基硝基苯 ⇒ 4-甲基-2-硝基苯胺 ⇒

4-甲基苯胺 ⇒ 4-甲基硝基苯 ⇒ 甲苯 ⇒ 苯

B. PhCH$_2$—CH(Et)—COOH ⇒ PhCH$_2$—C(Et)(COOEt)$_2$ ⇒ CH$_2$(COOEt)$_2$ + PhCH$_2$Cl + EtBr

C. 2,6-二溴-4-甲基苯基偶氮-2-甲基-苯酚 ⇒ 对甲基苯酚 + 2,6-二溴-4-甲基苯重氮氯 ⇒

4-甲基苯胺 ⇒ 4-甲基硝基苯

在 A 的转化中，倒推时考虑在甲基对位上引入硝基，再转换成氨基（导向基），使得在甲基的间位上引进硝基，然后再转换成氨基。

在 B 的转化中，倒推时在羧基的 α-位添加羧基，使丙二酸二酯的合成子等价物显现出来。

在 C 的转化中，倒推时首先要考虑偶联反应的条件是重氮化合物仅与酚类、芳胺类反应，所以倒推时重氮基必须落在非酚类的芳环上，然后再从重氮基到氨基，再到硝基。

合成路线如下：

A. C6H6 —CH3Cl/AlCl3→ C6H5CH3 —HNO3/H2SO4→ 4-NO2-C6H4-CH3 —HCl/Fe→ —(CH3CO)2O→ 4-CH3-C6H4-NHCOCH3 —HNO3/H2SO4→

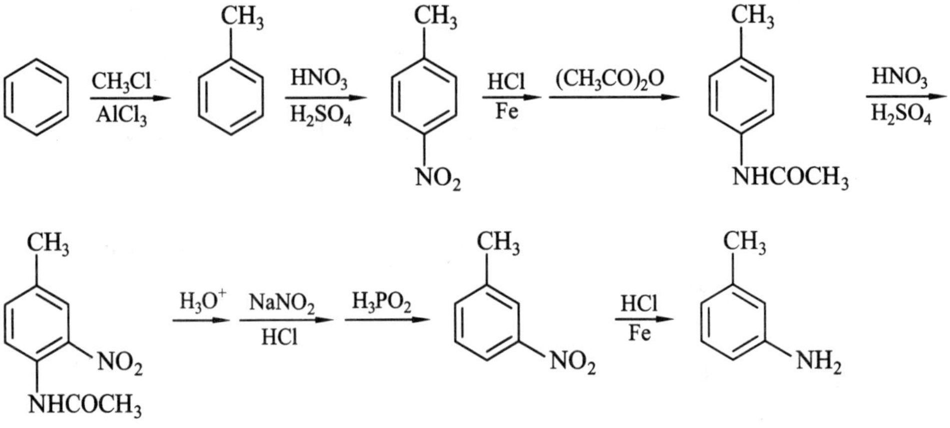

4-CH3-2-NO2-C6H3-NHCOCH3 —H3O+→ —NaNO2/HCl→ —H3PO2→ 3-NO2-C6H4-CH3 —HCl/Fe→ 3-NH2-C6H4-CH3

B. C6H6 + CH2=O + HCl —ZnCl2/60 °C→ C6H5CH2Cl

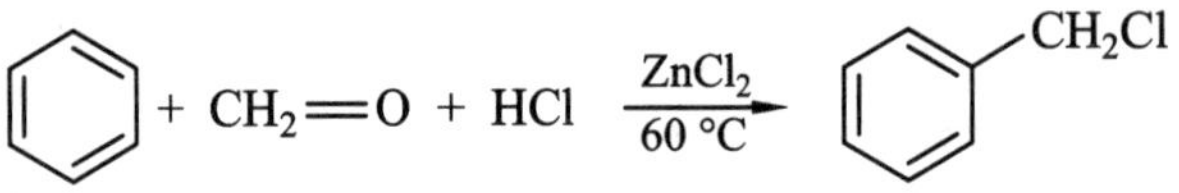

CH2=CH2 + HBr ⟶ EtBr

CH2=CH2 —H3O+→ C2H5OH —KMnO4/H+→ CH3COOH —Br2/P→ BrCH2COOH —NaCN→

NCCH2COOH —EtOH/H+→ CH2(COOEt)2 —PhCH2Cl/EtONa→ —EtBr/EtONa→

PhCH2—C(Et)(COOEt)2 —OH⁻→ —H3O+/Δ→ PhCH2—CH(Et)—COOH

C. C6H5CH3 —HNO3/H2SO4→ 4-NO2-C6H4-CH3 —HCl/Fe→ 4-NH2-C6H4-CH3 —NaNO2/HCl 0~5 °C→ —H3O+→ 4-HO-C6H4-CH3

4-NH2-C6H4-CH3 —Br2/H2O→ 2,6-Br2-4-CH3-C6H2-NH2 —NaNO2/HCl 0~5 °C→ HO-C6H4-CH3 →

(2,6-dibromo-4-methylphenyl)-N=N-(2-hydroxy-5-methylphenyl)

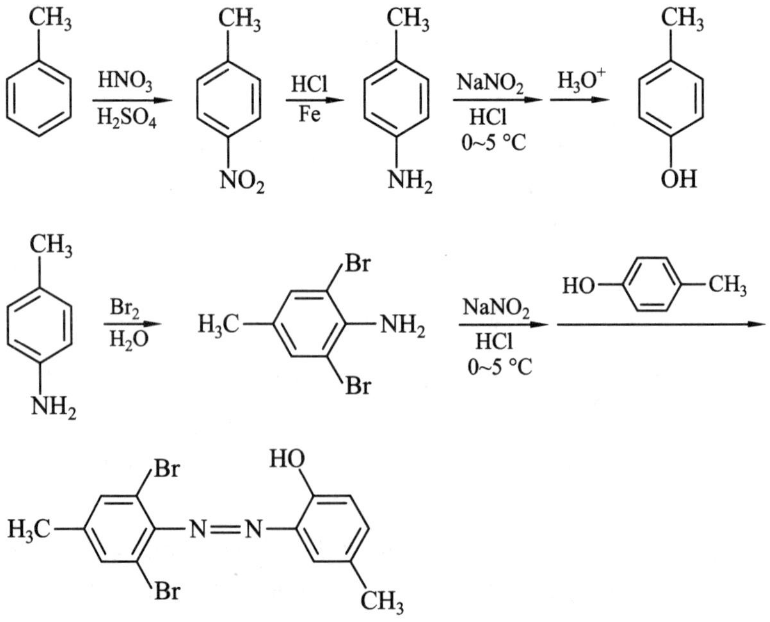

6. 解：

(1) 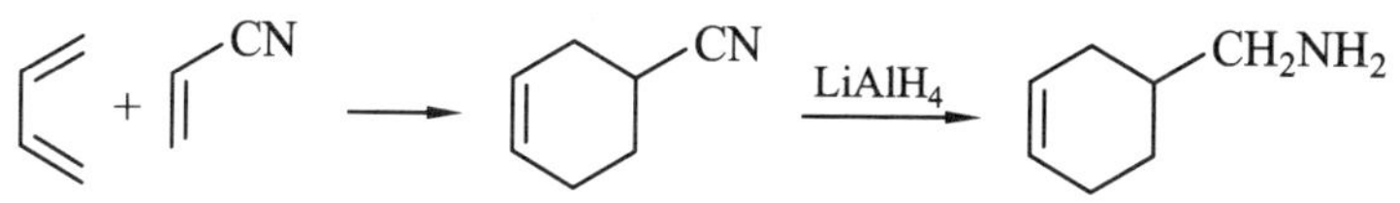 丁二烯 + CH₂=CHCN → 环己烯-CN $\xrightarrow{\text{LiAlH}_4}$ 环己烯-CH₂NH₂

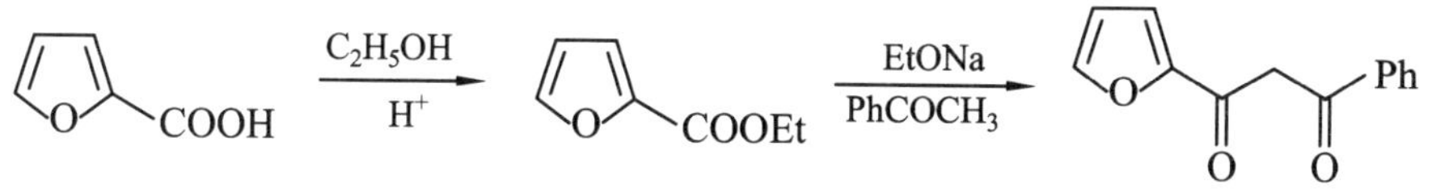

(2) 呋喃-COOH $\xrightarrow[\text{H}^+]{\text{C}_2\text{H}_5\text{OH}}$ 呋喃-COOEt $\xrightarrow[\text{PhCOCH}_3]{\text{EtONa}}$ 呋喃-CO-CH₂-CO-Ph

(3) HOH₂CC≡CH $\xrightarrow[\text{H}^+]{\text{THP-OH}}$ THP-OCH₂C≡CH $\xrightarrow{\text{NaNH}_2}$ THP-OCH₂C≡CNa $\xrightarrow{\text{环氧乙烷, H}_3\text{O}^+}$ HOH₂CC≡CCH₂CH₂OH

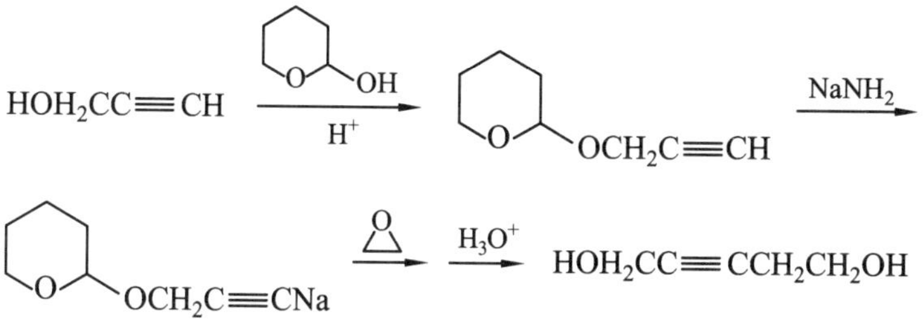

该题的转换都比较简单。① 仅涉及狄-阿反应及简单官能团的转换；② 仅涉及酮和酯的缩合；③ 增长碳链时，首先必须保护羟基。

7. 解：倒推法分析如下

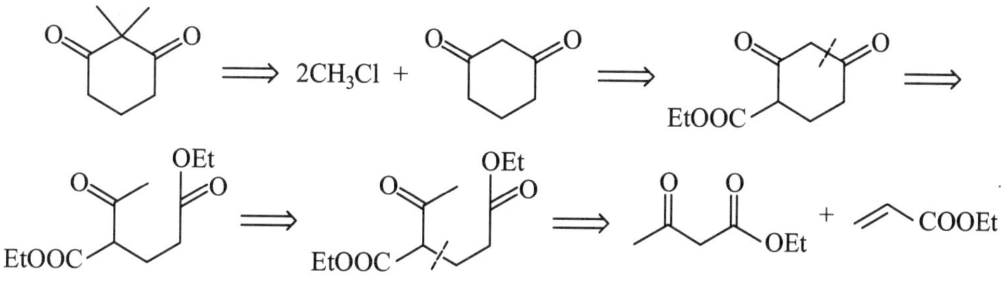

2,2-二甲基-1,3-环己二酮 ⇒ 2CH₃Cl + 1,3-环己二酮 ⇒ 2-EtOOC-1,3-环己二酮 ⇒ CH₃COCH(COOEt)CH₂CH₂COOEt ⇒ CH₃COCH₂COOEt + CH₂=CHCOOEt

该倒推法第一次切断在官能团附近进行，满足甲基化的要求；然后在羰基的α-位添加一个羧基，在官能团处切割，就明显地展示了三乙烷基化后的骨架。

合成路线如下：

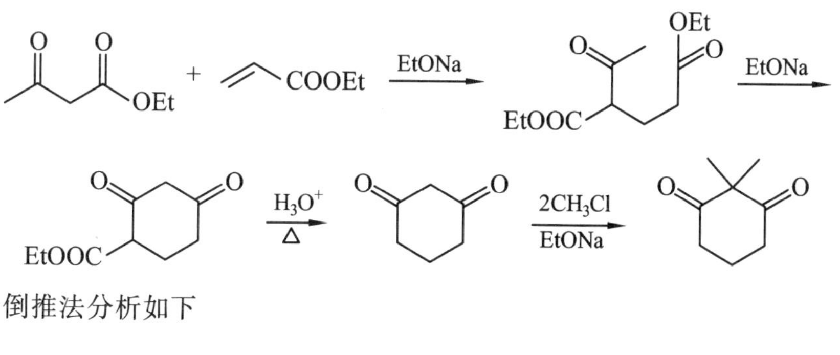

CH₃COCH₂COOEt + CH₂=CHCOOEt $\xrightarrow{\text{EtONa}}$ CH₃COCH(COOEt)CH₂CH₂COOEt $\xrightarrow{\text{EtONa}}$ 2-EtOOC-1,3-环己二酮 $\xrightarrow[\Delta]{\text{H}_3\text{O}^+}$ 1,3-环己二酮 $\xrightarrow[\text{EtONa}]{2\text{CH}_3\text{Cl}}$ 2,2-二甲基-1,3-环己二酮

8. 解：倒推法分析如下

2-I-4-丙基苯甲酸 ⇒ 2-H₂N-4-丙基苯甲酸 ⇒ 2-O₂N-4-丙基苯甲酸 ⇒

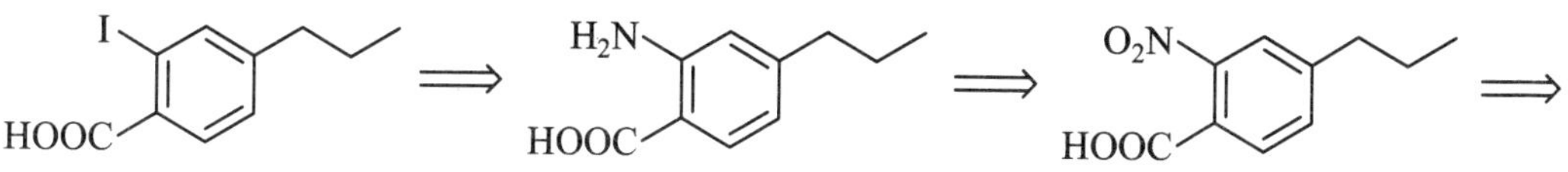

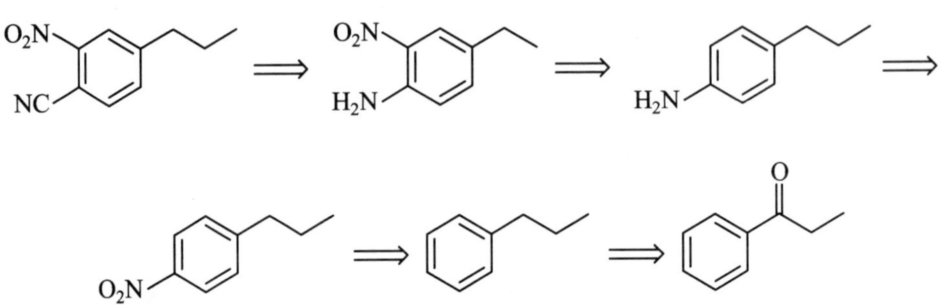

题目要求以苯为原料，分别在苯环上引进三个基团，显然 I 原子可以由氨基转化得来，其位置与丙基处于间位，无法由丙基来调控，所以该位置的调控由邻位的第一类定位基来完成，因此其邻位的羧基必须由第一类定位基氨基转化而来，氨基则由硝基转化得来。

合成路线如下：

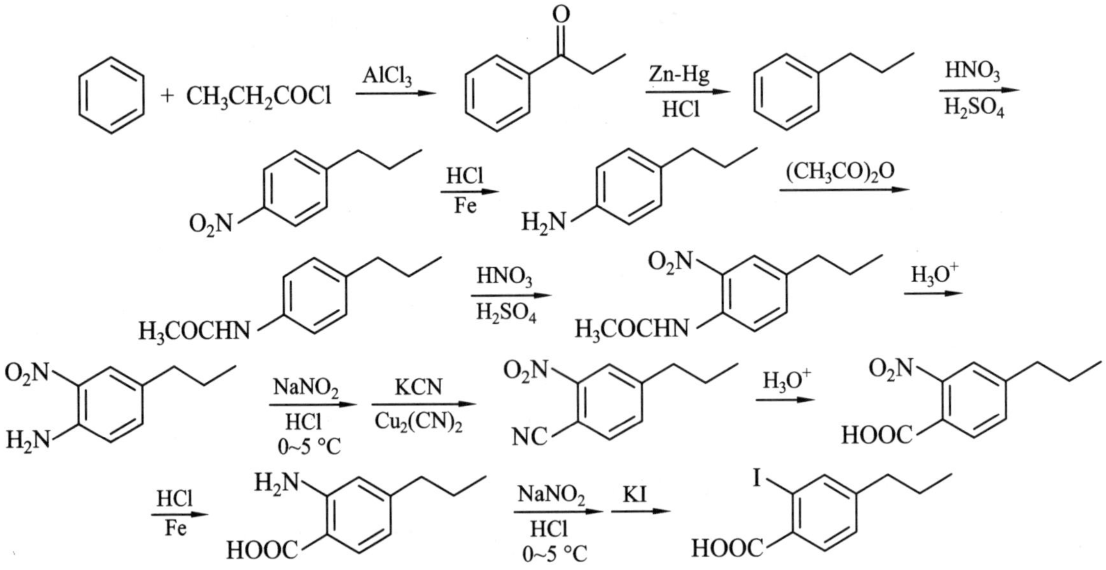

9. 解：倒推法分析如下

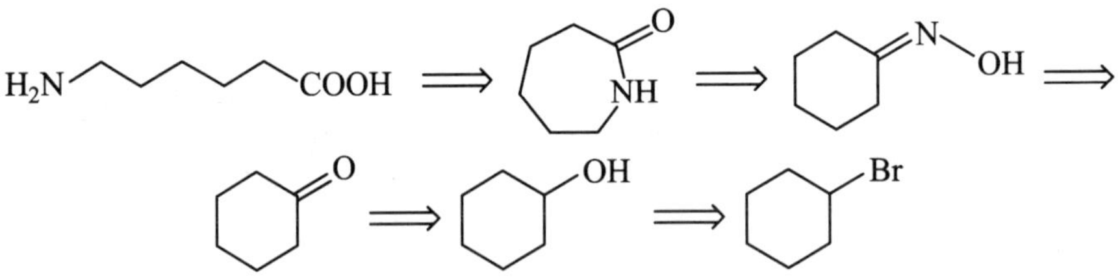

产物 ω-氨基己酸由环己烷合成，必须使用肟的重排反应才能达到反应步骤尽可能短的要求。所以，掌握和使用肟的重排反应很重要。

合成路线如下：

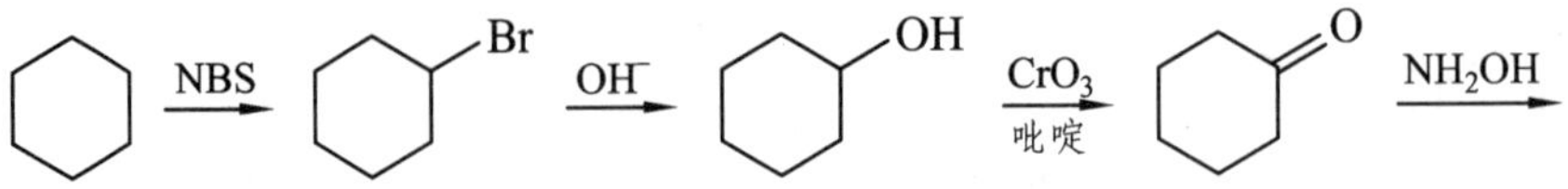

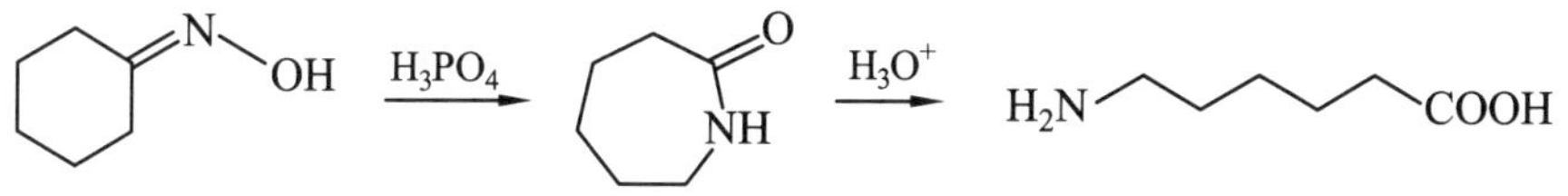

$$\text{环己酮肟} \xrightarrow{H_3PO_4} \text{己内酰胺} \xrightarrow{H_3O^+} H_2N-(CH_2)_5-COOH$$

10. 解：倒推法分析如下

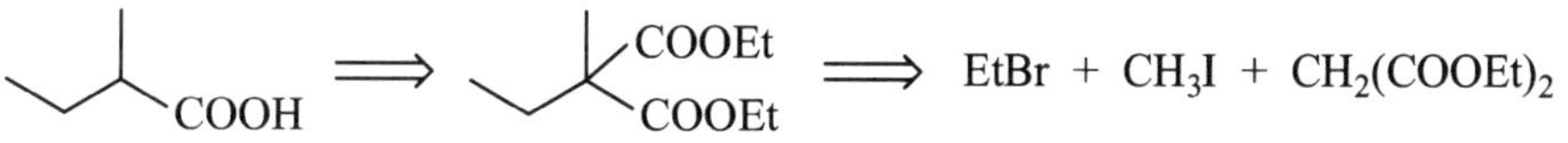

$$\text{CH}_3\text{CH}_2\text{CH(CH}_3\text{)COOH} \Longrightarrow \text{CH}_3\text{CH}_2\text{C(CH}_3\text{)(COOEt)}_2 \Longrightarrow EtBr + CH_3I + CH_2(COOEt)_2$$

倒推时首先考虑加入辅助基，即在羧基的 α-位添加一个羧基后，显示出明显的碳骨架结构，使我们很容易看出，合成目标物就是丙二酸二乙酯经过两次烷基化后的水解产物。

合成路线如下：

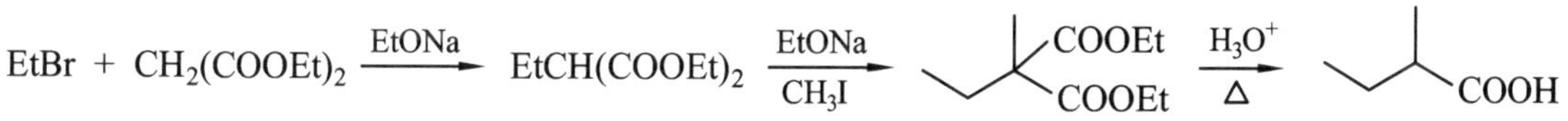

$$EtBr + CH_2(COOEt)_2 \xrightarrow{EtONa} EtCH(COOEt)_2 \xrightarrow[CH_3I]{EtONa} \text{EtC(CH}_3\text{)(COOEt)}_2 \xrightarrow[\Delta]{H_3O^+} \text{CH}_3\text{CH}_2\text{CH(CH}_3\text{)COOH}$$

11. 解：倒推法分析如下

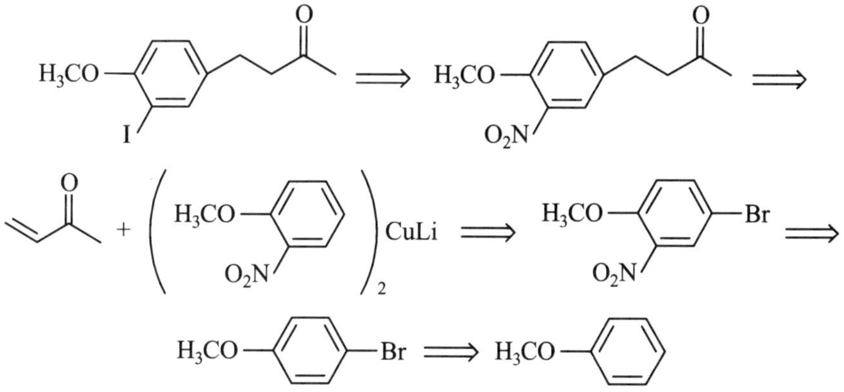

合成路线如下：

从苯甲醚到目标物，需要在苯环上引进两个基团，可知甲氧基是直接定位基，通过官能团的转换就可满足合成的需要。从中可看出，设计一个 1,4-亲核加成，满足合成步骤尽可能少的要求。

合成路线如下：

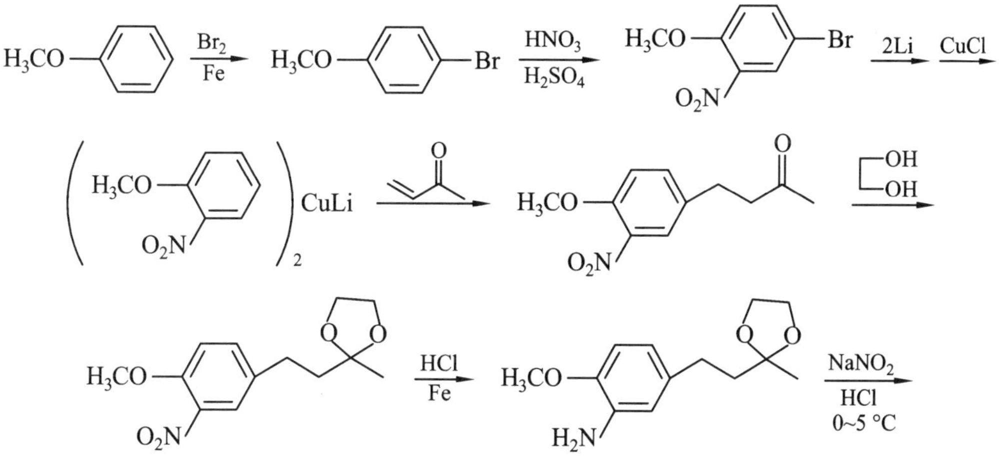

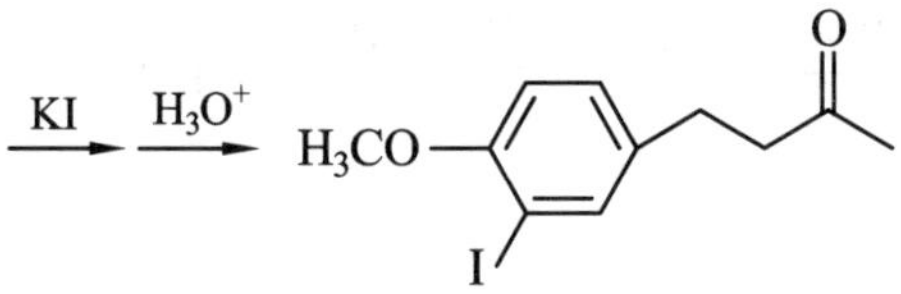

$$\xrightarrow{KI} \xrightarrow{H_3O^+} \text{H}_3\text{CO–C}_6\text{H}_3(\text{I})\text{–CH}_2\text{CH}_2\text{COCH}_3$$

12. 解：倒推法分析如下

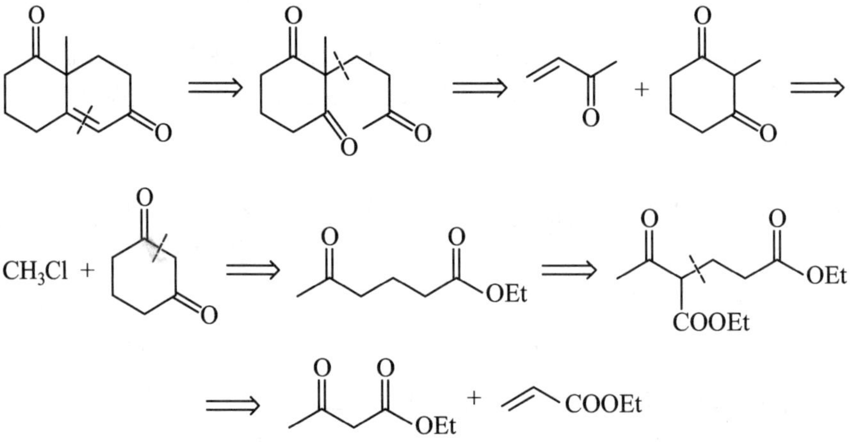

由链状化合物合成环状化合物，常使用缩合反应完成。在共用碳上的键切割是优先考虑的策略，其中经过两次 1,4-迈克尔（Michael）加成，也是缩短合成步骤的重要策略。

合成路线如下：

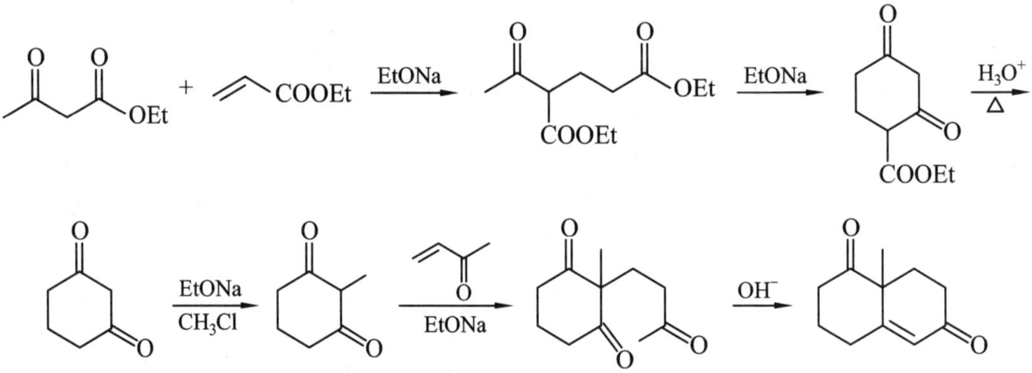

13. 解：倒推法分析如下

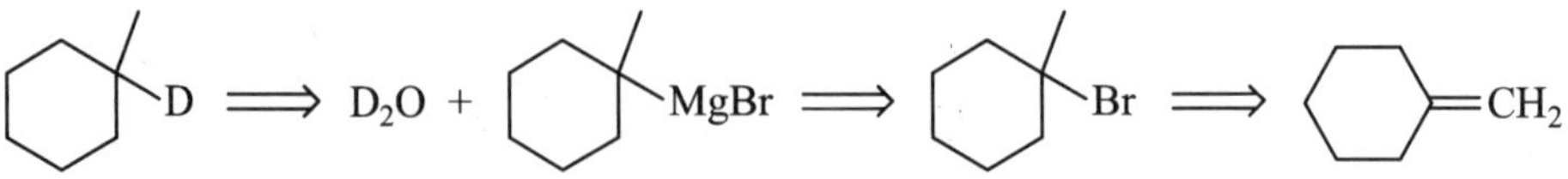

这里主要是把握通过格氏试剂在分子结构中引入同位素氘的方法。

合成路线如下：

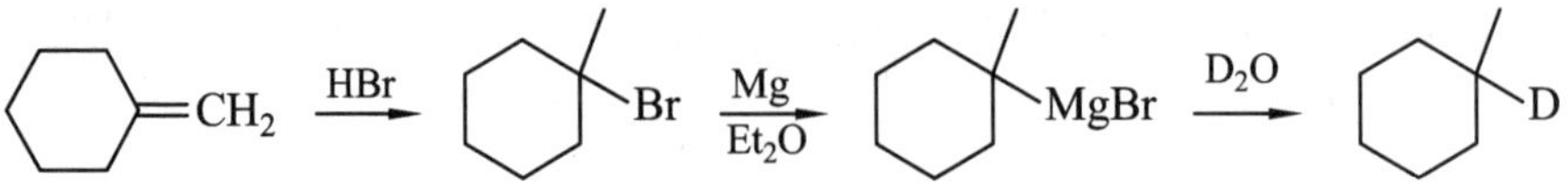

14. 解：倒推法分析如下

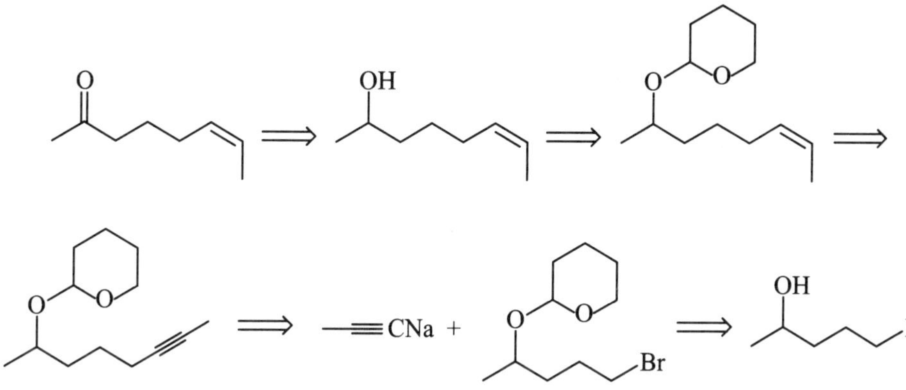

对于多官能团化合物，常常需要保护其中一个官能团；另外要获得顺式烯烃，必须使用林德勒催化剂加氢来完成。

合成路线如下：

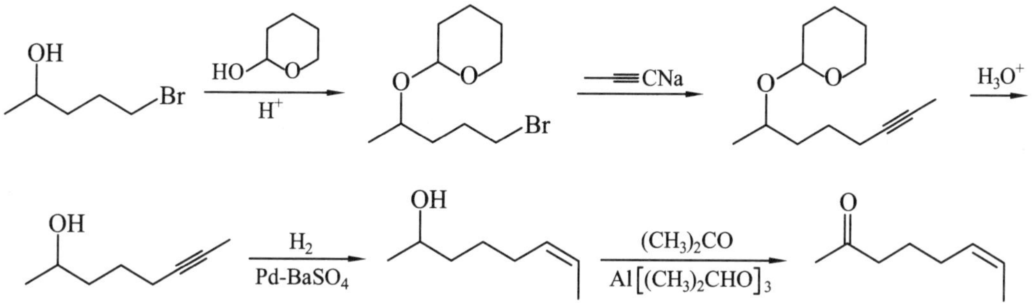

15. 解：倒推法分析如下

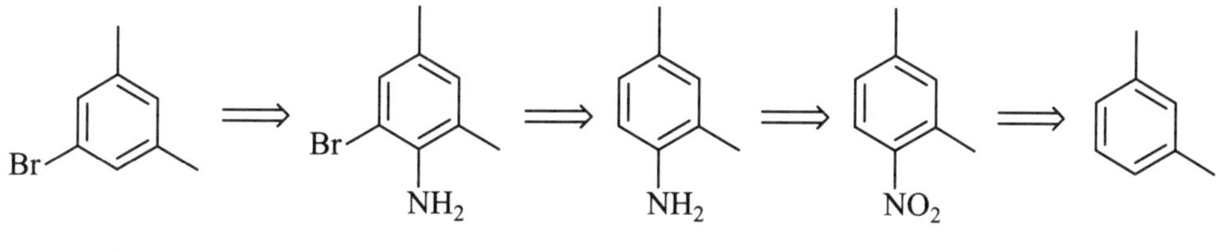

从转化信息知道，溴的引入都是在两个甲基的间位，所以为了顺利引入溴，必须先引入一个必要的导向基——氨基来完成，然后再把它去除掉。

合成路线如下：

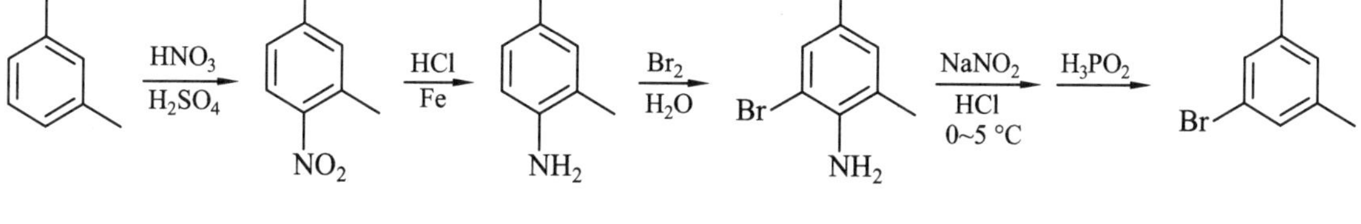

16. 解：倒推法分析如下

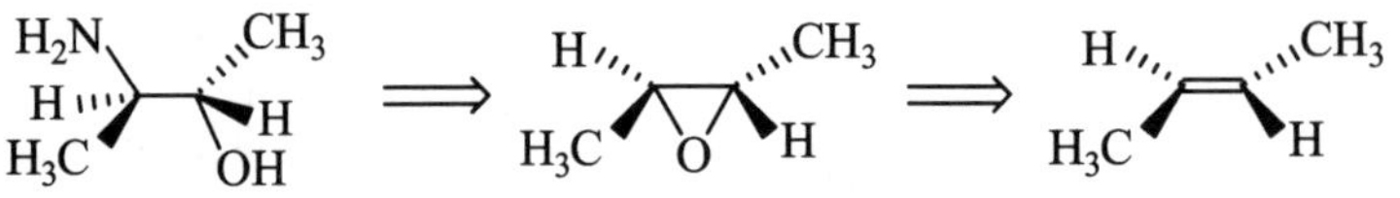

该转化主要考虑的是专一的立体化学要求。

合成路线如下：

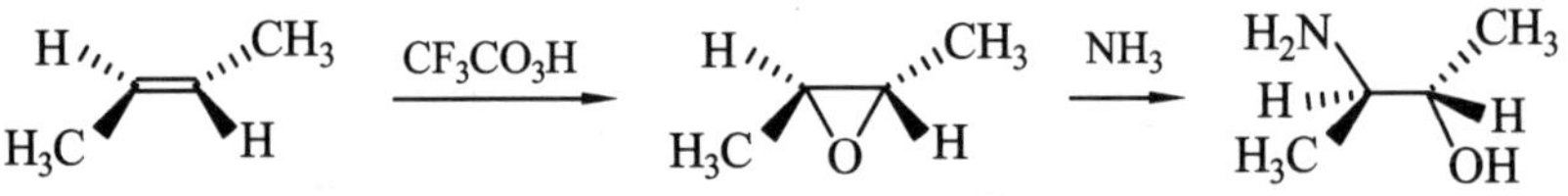

17. 解：倒推法分析如下

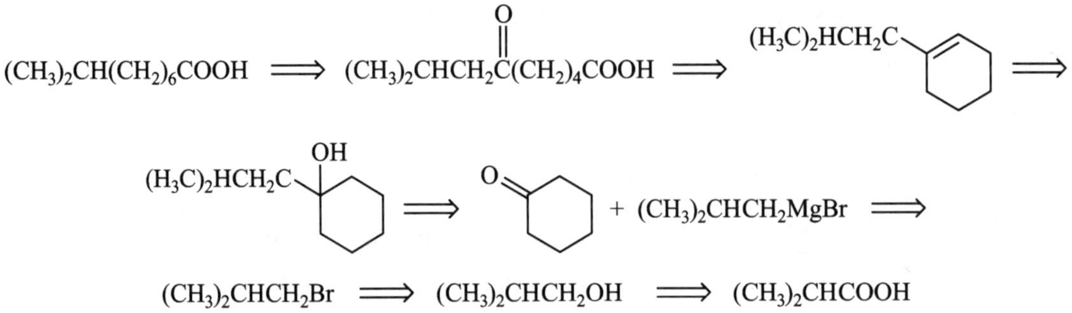

$(CH_3)_2CH(CH_2)_6COOH \Longrightarrow (CH_3)_2CHCH_2\overset{O}{\overset{\|}{C}}(CH_2)_4COOH \Longrightarrow (H_3C)_2HCH_2C\text{-}\bigcirc\!\!=\!\! \Longrightarrow$

$(H_3C)_2HCH_2C\text{-}\underset{OH}{\bigcirc} \Longrightarrow \bigcirc\!\!=\!\!O + (CH_3)_2CHCH_2MgBr \Longrightarrow$

$(CH_3)_2CHCH_2Br \Longrightarrow (CH_3)_2CHCH_2OH \Longrightarrow (CH_3)_2CHCOOH$

从反应物到产物，碳链增加了6个碳原子，为了达到尽可能少的步骤，引进一个六元环，然后通过官能团的转化来完成。

合成路线如下：

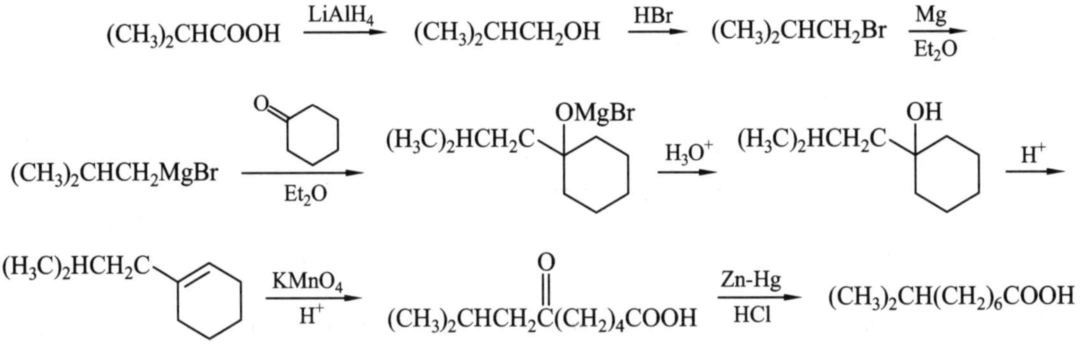

$(CH_3)_2CHCOOH \xrightarrow{LiAlH_4} (CH_3)_2CHCH_2OH \xrightarrow{HBr} (CH_3)_2CHCH_2Br \xrightarrow[Et_2O]{Mg}$

$(CH_3)_2CHCH_2MgBr \xrightarrow[Et_2O]{\bigcirc\!\!=\!\!O} (H_3C)_2HCH_2C\text{-}\underset{OMgBr}{\bigcirc} \xrightarrow{H_3O^+} (H_3C)_2HCH_2C\text{-}\underset{OH}{\bigcirc} \xrightarrow{H^+}$

$(H_3C)_2HCH_2C\text{-}\bigcirc\!\!=\!\! \xrightarrow[H^+]{KMnO_4} (CH_3)_2CHCH_2\overset{O}{\overset{\|}{C}}(CH_2)_4COOH \xrightarrow[HCl]{Zn\text{-}Hg} (CH_3)_2CH(CH_2)_6COOH$

18. 解：倒推法分析如下

398

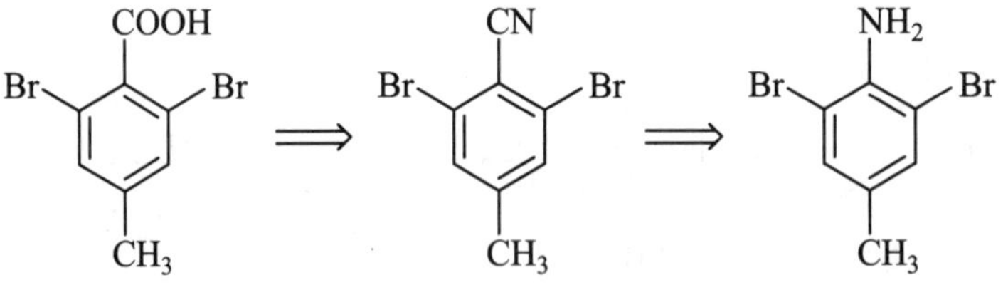

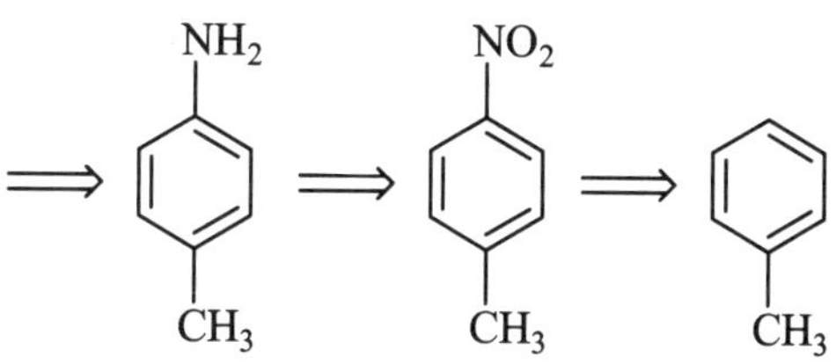

从甲苯转换成目标物，只有甲基的对位上的亲电取代反应引入相应的基团，但两个溴的引入，甲基不能起导向作用，必须使甲基对位上的基团担当导向基的作用，所以该基团需要多次官能团的转换才能完成。

合成路线如下：

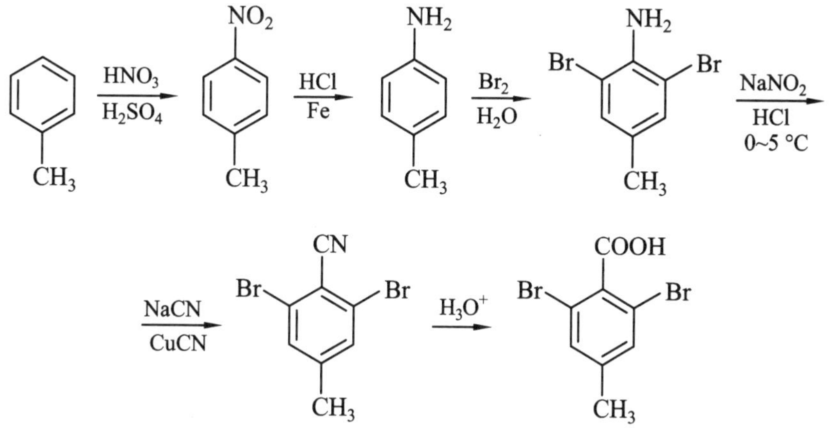

19. 解：倒推法分析如下：

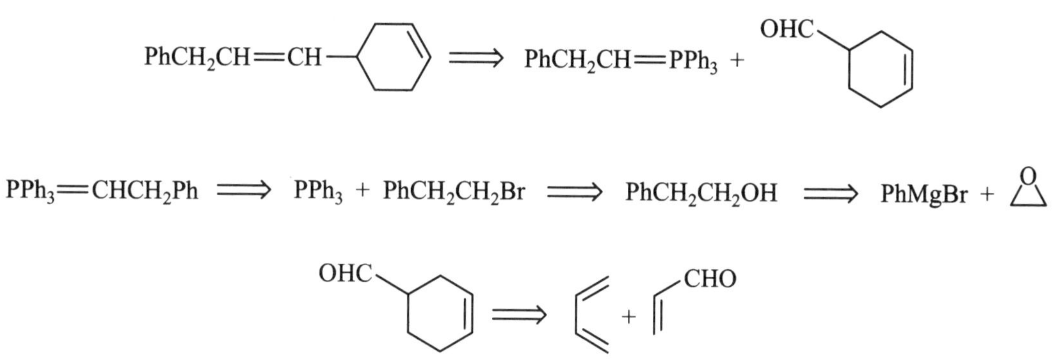

从 1,3-丁二烯转换成目标物，双键是定向的，通过消去反应难达到固定的位置，所以设计维梯斯（Wittig）试剂是优先要考虑的策略。

合成路线如下：

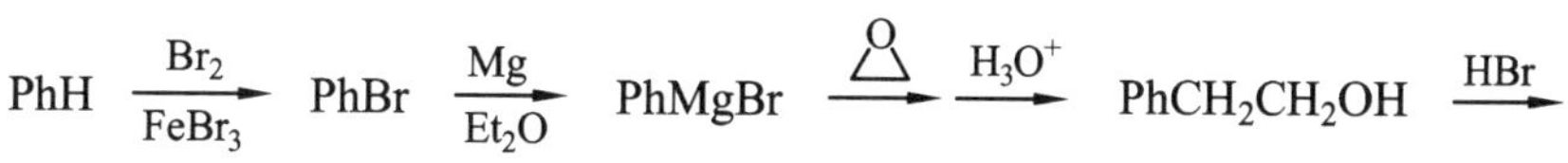

$$\text{butadiene} + \text{CH}_2\text{=CHCHO} \longrightarrow \text{(cyclohexenyl-CHO)} \xrightarrow{\text{PhCH}_2\text{CH=PPh}_3} \text{PhCH}_2\text{CH=CH-(cyclohexenyl)}$$

20. 解：倒推法分析如下

8-甲氧基-2-苯基喹啉 $\Longrightarrow$ 2-甲氧基苯胺 + PhCH=CHCHO

2-甲氧基苯胺 $\Longrightarrow$ 2-甲氧基硝基苯 $\Longrightarrow$ 苯甲醚 (PhOCH$_3$)

PhCH=CHCHO $\Longrightarrow$ CH$_3$CHO + PhCHO $\Longrightarrow$ 苯 + CO + HCl

由苯、苯甲醚合成目标物喹啉环，需要芳香胺和共轭不饱和醛通过 1,4-迈克尔亲核加成才能完成。

合成路线如下：

$$\text{PhOCH}_3 \xrightarrow[\text{H}_2\text{SO}_4]{\text{HNO}_3} \text{2-NO}_2\text{-PhOCH}_3 \xrightarrow[\text{Fe}]{\text{HCl}} \text{2-NH}_2\text{-PhOCH}_3$$

$$\text{苯} + \text{CO} + \text{HCl} \xrightarrow[\text{Cu}_2\text{Cl}_2]{\text{AlCl}_3} \text{PhCHO} \xrightarrow[\text{OH}^-]{\text{CH}_3\text{CHO}} \text{PhCH=CHCHO}$$

$$\text{PhCH=CHCHO} + \text{2-NH}_2\text{-PhOCH}_3 \xrightarrow[\text{2-NO}_2\text{-PhOCH}_3]{\text{H}_2\text{SO}_4, \Delta} \text{8-OCH}_3\text{-2-Ph-喹啉}$$

21. 解：倒推法分析如下

1-羟基-1-(乙氧羰基甲基)-四氢萘 $\Longrightarrow$ BrZnCH$_2$COOEt + 1-四氢萘酮 $\Longrightarrow$ PhCH$_2$CH$_2$CH$_2$COOH

$\Longrightarrow$ PhCOCH$_2$CH$_2$COOH $\Longrightarrow$ 苯 + (CH$_2$CO)$_2$O

由苯和不超过 4 个碳的有机物合成稠环化合物，倒推法优先切割与共用碳原子相连的键，然后通过一系列官能团的转化来完成。

合成路线如下：

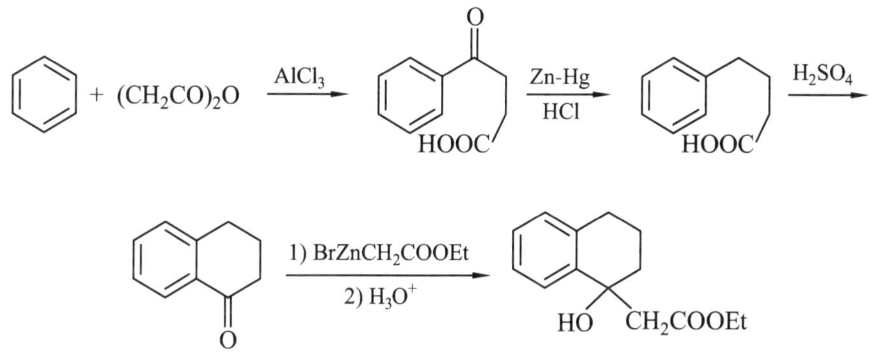

$$\text{苯} + (CH_2CO)_2O \xrightarrow{AlCl_3} \text{PhCOCH}_2\text{CH}_2\text{COOH} \xrightarrow[HCl]{Zn-Hg} \text{PhCH}_2\text{CH}_2\text{CH}_2\text{COOH} \xrightarrow{H_2SO_4}$$

$$\text{α-四氢萘酮} \xrightarrow[2) H_3O^+]{1) BrZnCH_2COOEt} \text{1-羟基-1-(乙氧羰基甲基)-四氢萘}$$

22. 解：倒推法分析如下

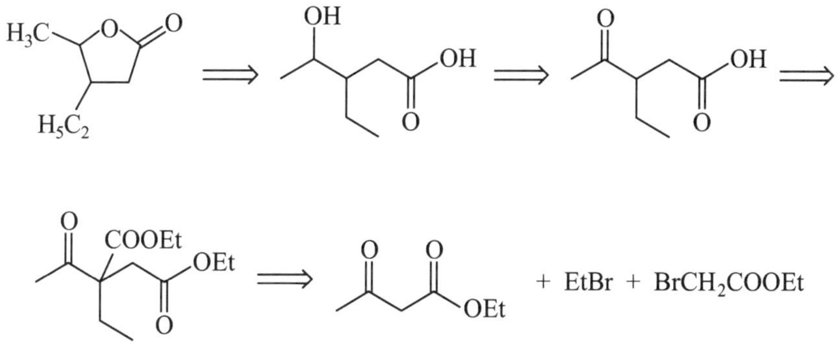

$$\underset{H_5C_2}{\overset{H_3C}{\bigcirc}}\!\text{内酯} \Rightarrow \text{β-羟基酸} \Rightarrow \text{β-酮酸} \Rightarrow$$

$$\text{二乙酯取代物} \Rightarrow \text{乙酰乙酸乙酯} + EtBr + BrCH_2COOEt$$

该题是从三乙出发合成目标物。切割目标物时，要找到适合的位置，也就是设法找到乙酰基，然后在乙酰基的 α-位添加一个羧基或在羧基的 α-位添加一个乙酰基，通过比较找出合理的切割位置。

合成路线如下：

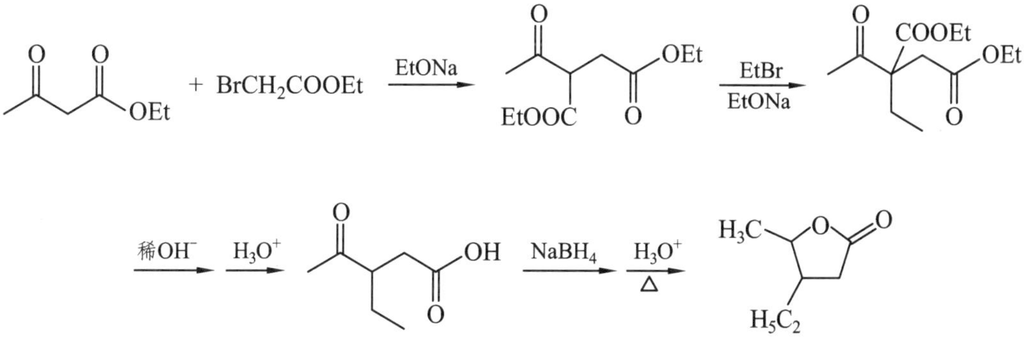

$$\text{CH}_3\text{COCH}_2\text{COOEt} + BrCH_2COOEt \xrightarrow{EtONa} \text{中间体} \xrightarrow[EtONa]{EtBr} \text{二取代物}$$

$$\xrightarrow{\text{稀}OH^-} \xrightarrow{H_3O^+} \text{β-酮酸} \xrightarrow{NaBH_4} \xrightarrow[\Delta]{H_3O^+} \text{目标内酯}$$

23. 解：

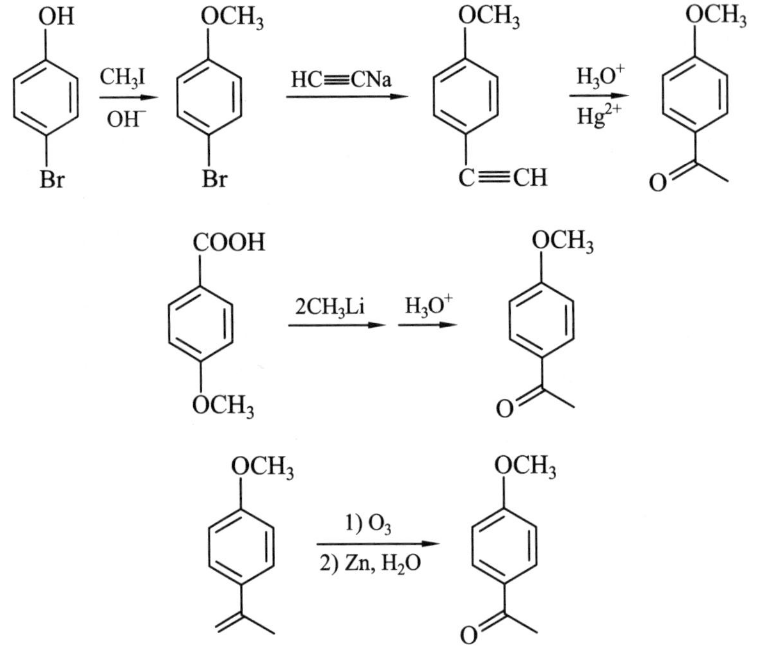

[Scheme 1: 4-bromophenol → (CH₃I/OH⁻) → 4-bromoanisole → (HC≡CNa) → 4-methoxyphenylacetylene → (H₃O⁺/Hg²⁺) → 4'-methoxyacetophenone]

[Scheme 2: 4-methoxybenzoic acid → (2CH₃Li, then H₃O⁺) → 4'-methoxyacetophenone]

[Scheme 3: 4-methoxy-α-methylstyrene → 1) O₃ 2) Zn, H₂O → 4'-methoxyacetophenone]

24. 解：倒推法分析如下

[Retrosynthetic analysis scheme showing successive disconnections from the target bicyclic compound back to (CH₃)₂CuLi and through intermediates to ethyl acetoacetate (CH₃COCH₂COOEt) + 2 CH₂=CHCOOEt]

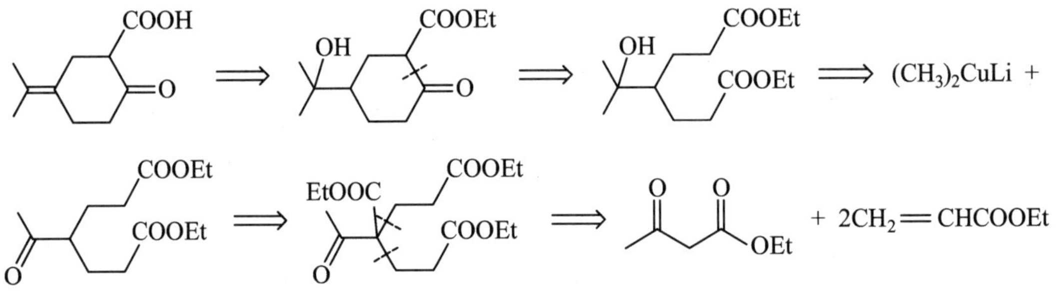

由三个碳及三个碳以下的有机物合成目标物，很关键的切割是转换成三乙与两个丙烯酸乙酯进行两次迈克尔加成形成的碳骨架，所以在目标物的碳骨架中，从碳碳双键倒推成羟基、再倒推成羰基的过程就变得很重要。

合成路线如下：

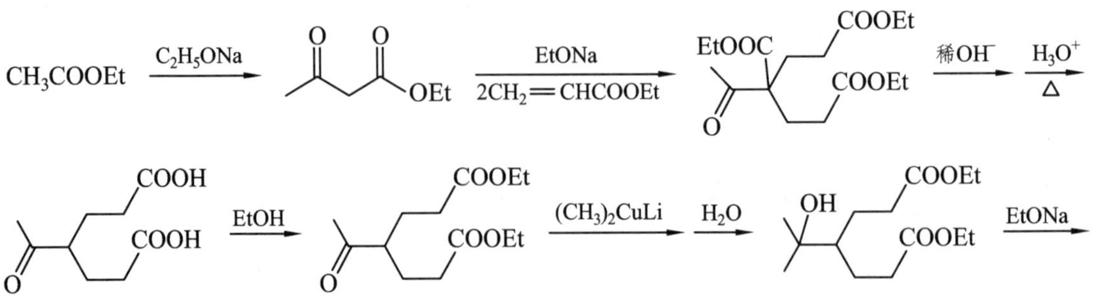

$$CH_3COOEt \xrightarrow{C_2H_5ONa} CH_3COCH_2COOEt \xrightarrow[2CH_2=CHCOOEt]{EtONa} \text{(triester)} \xrightarrow[\Delta]{稀OH^-, H_3O^+}$$

$$\text{(keto-diacid)} \xrightarrow{EtOH} \text{(keto-diester)} \xrightarrow[H_2O]{(CH_3)_2CuLi} \text{(hydroxy-diester)} \xrightarrow{EtONa}$$

402

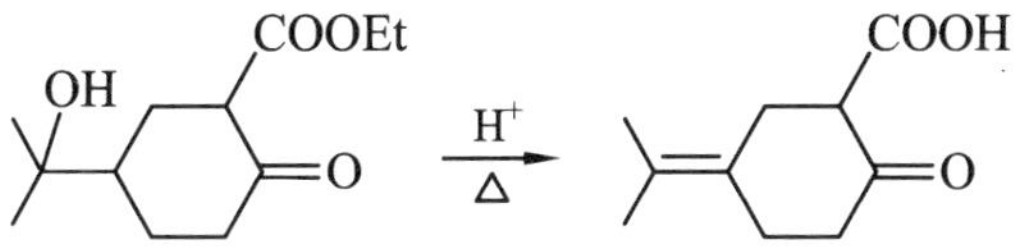

$$\underset{\text{OH}}{\overset{\text{COOEt}}{\bigotimes}} \xrightarrow[\Delta]{H^+} \underset{\text{O}}{\overset{\text{COOH}}{\bigotimes}}$$

25. 解：倒推法分析如下

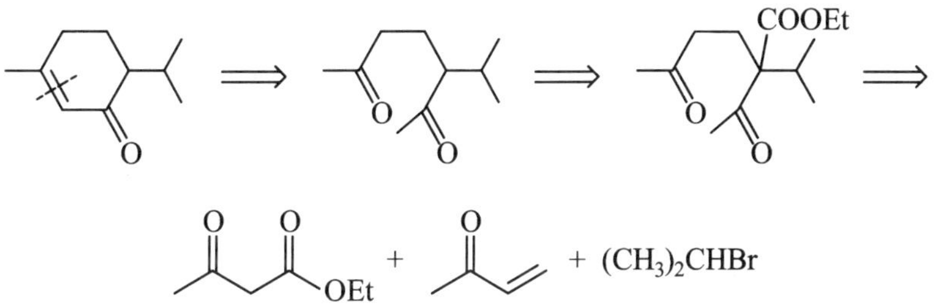

由四个碳及以下的有机物合成目标物，首先从官能团双键切割进行倒推，这是优先考虑的第一步；接下来就是 1,5-双羰基化合物的切割，此时在乙酰基的 α-位添加一个辅助基团——羧基变得很重要；后面的倒推就是在三乙的亚甲基上进行两次烷基化，一次可用亲核取代法完成，另一次使用迈克尔加成法实现。

合成路线如下：

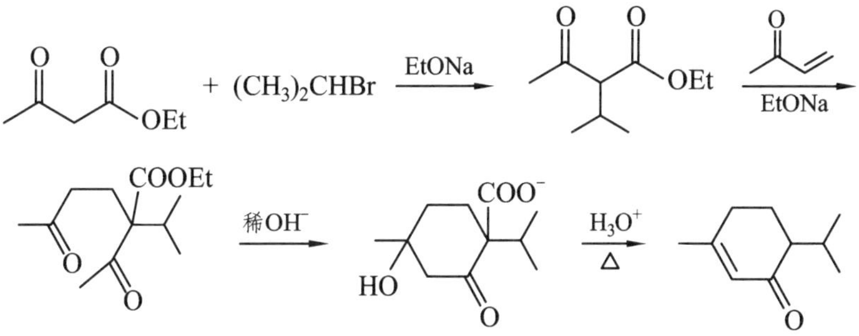

26. 解：倒推法分析如下

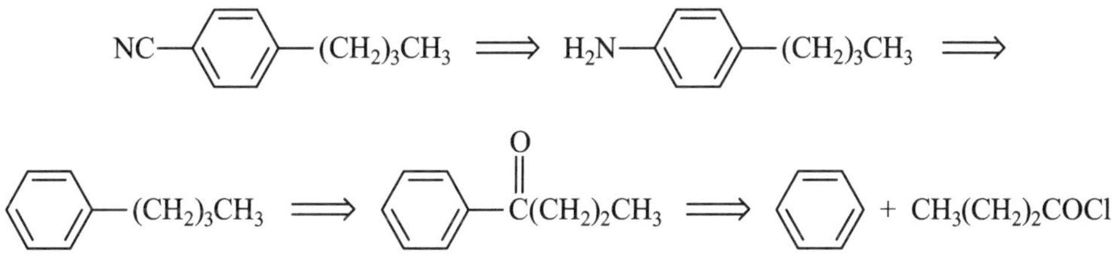

由苯和四个碳及四个碳以下的有机原料合成目标物，目标物中从苯环引入的两个取代基，其一为正丁基（第一类定位基），由倒推法正丁基可由丁酰基转化而来；丁基对位的氰基通过倒推可由硝基、氨基、重氮基转化而来。

合成路线如下：

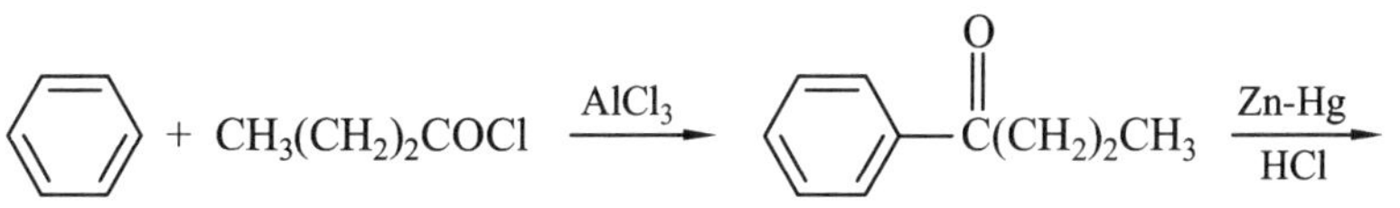

$$\text{PhCH}_2\text{CH}_2\text{CH}_2\text{CH}_3 \xrightarrow[\text{H}_2\text{SO}_4]{\text{HNO}_3} \text{O}_2\text{N-C}_6\text{H}_4\text{-(CH}_2)_3\text{CH}_3 \xrightarrow[\text{Fe}]{\text{HCl}}$$

$$\text{H}_2\text{N-C}_6\text{H}_4\text{-(CH}_2)_3\text{CH}_3 \xrightarrow[\substack{\text{HCl}\\0\sim 5\ ^\circ\text{C}}]{\text{NaNO}_2} \xrightarrow[\text{CuCN}]{\text{KCN}} \text{NC-C}_6\text{H}_4\text{-(CH}_2)_3\text{CH}_3$$

27. 解： 倒推法分析如下

<chemical scheme: spiro[4.5]decane ⇒ spiro ketone ⇒ pinacol diol ⇒ cyclopentanone>

由环戊酮转化成螺环烃，在目标物公用碳邻近添加辅助基最为重要，亚甲基由羰基倒推得到，引进羰基而得到酮，往往优先由酮倒推至频哪醇，从频哪醇的制法再倒推至环戊酮。

合成路线如下：

<chemical scheme: cyclopentanone —Mg/PhCH₃→ H₃O⁺→ pinacol —H₂SO₄→ spiro ketone —Zn-Hg/HCl→ spiro[4.5]decane>

28. 解：

$$\text{CH}_3\text{CH}_2\text{COOH} \xrightarrow{\text{LiAlH}_4} \text{CH}_3\text{CH}_2\text{CH}_2\text{OH} \xrightarrow{\text{HBr}} \text{CH}_3\text{CH}_2\text{CH}_2\text{Br} \xrightarrow{\text{NaCN}}$$

$$\text{CH}_3\text{CH}_2\text{CH}_2\text{CN} \xrightarrow{\text{H}_3\text{O}^+} \text{CH}_3\text{CH}_2\text{CH}_2\text{COOH}$$

29. 解：

$$\text{CH}_3\text{CH}_2\text{CH}_2\text{COOH} \xrightarrow{\text{Ag}_2\text{O}} \text{CH}_3\text{CH}_2\text{CH}_2\text{COOAg} \xrightarrow[\Delta]{\text{Br}_2} \text{CH}_3\text{CH}_2\text{CH}_2\text{Br} \xrightarrow{\text{OH}^-}$$

$$\text{CH}_3\text{CH}_2\text{CH}_2\text{OH} \xrightarrow{\text{H}_2\text{CrO}_4} \text{CH}_3\text{CH}_2\text{COOH}$$

30. 解： 倒推法分析如下

<chemical scheme: 2,4,6-tribromotoluene ⇒ 2,3,5-tribromo-6-aminotoluene ⇒ 3-methylaniline ⇒ 3-nitrotoluene>

该题由间硝基甲苯转化成 2,4,6-三溴甲苯，目标物没有原来的硝基，但是在原硝基的邻对位上增加了 3 个溴原子，倒推出原硝基位置必须是一个强活化苯环的基团，因此倒推出由硝基转换成氨基的过程。

合成路线如下：

$$\underset{NO_2}{\underset{|}{C_6H_4}}-CH_3 \xrightarrow{HCl, Fe} \underset{NH_2}{\underset{|}{C_6H_4}}-CH_3 \xrightarrow{Br_2, H_2O} \text{(2,4,6-三溴-3-甲基苯胺)} \xrightarrow[0\sim 5\,°C]{NaNO_2, HCl} \xrightarrow{H_3PO_2} \text{(2,4,6-三溴甲苯)}$$

31. 解：倒推法分析如下

$$\text{环丁基—COOH} \Longrightarrow \text{环丁基}\underset{COOEt}{\overset{COOEt}{\diagup\!\!\!\diagdown}} \Longrightarrow CH_2(COOEt)_2 + Br(CH_2)_3Br$$

由丙二酸和 3 个碳以下的有机物合成目标物。倒推时首先在羧基的 α-位添加一个羧基，这样就显示出丙二酸二乙酯的碳骨架，则可推知通过两次亲核取代形成一个四元环。

合成路线如下：

$$CH_2(COOEt)_2 + Br(CH_2)_3Br \xrightarrow{EtONa} \text{环丁基}\underset{COOEt}{\overset{COOEt}{\diagup\!\!\!\diagdown}} \xrightarrow{OH^-} \xrightarrow{H_3O^+} \text{环丁基—COOH}$$

32. 解：倒推法分析如下

$$C_6H_5-CH_2CH_2CH_2CH_3 \Longrightarrow C_6H_5-\underset{O}{\overset{\|}{C}}CH_2CH_2CH_3 \Longrightarrow + CH_3CH_2CH_2COCl + C_6H_6$$

该题由苯及 4 个碳以下的有机物转化而得目标物。目标物的环上引入 4 个碳的直链，可推知烷基化不能实现，需要酰基化，然后再由羰基转换成亚甲基得来。

合成路线如下：

$$CH_3CH_2CH_2COCl + C_6H_6 \xrightarrow{AlCl_3} C_6H_5-\underset{O}{\overset{\|}{C}}CH_2CH_2CH_3 \xrightarrow[HCl]{Zn-Hg} C_6H_5-CH_2CH_2CH_2CH_3$$

33. 解：倒推法分析如下

$$NaO_3S-C_6H_4-N=N-C_6H_4-N(CH_3)_2 \Longrightarrow$$

$$NaO_3S-C_6H_4-\overset{+}{N}\!\!\equiv\!\!N + C_6H_5-N(CH_3)_2$$

该目标物由苯胺及适合的有机物转化而来，从偶氮物倒推出目标物是由重氮化合物与芳胺（酚类）偶联而得，从而顺利地得到合成子的两个等价物。

合成路线如下：

$$C_6H_5-NH_2 \xrightarrow{2CH_3I} C_6H_5-N(CH_3)_2$$

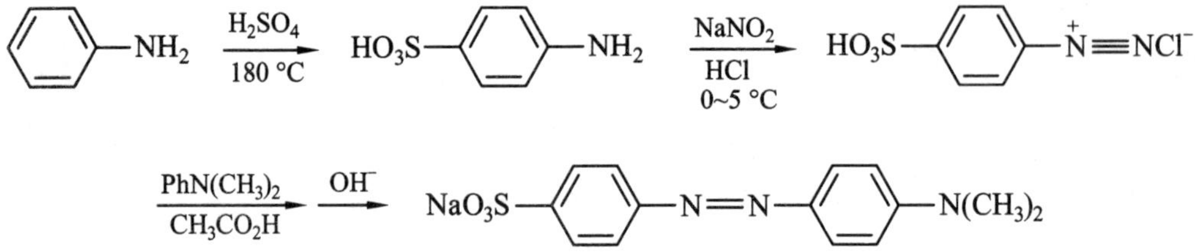

$$\underset{}{\bigcirc}-NH_2 \xrightarrow[180\ ℃]{H_2SO_4} HO_3S-\bigcirc-NH_2 \xrightarrow[0\sim 5\ ℃]{NaNO_2 \\ HCl} HO_3S-\bigcirc-\overset{+}{N}\equiv N\ Cl^-$$

$$\xrightarrow[CH_3CO_2H]{PhN(CH_3)_2} \xrightarrow{OH^-} NaO_3S-\bigcirc-N=N-\bigcirc-N(CH_3)_2$$

34. 解：倒推法分析如下

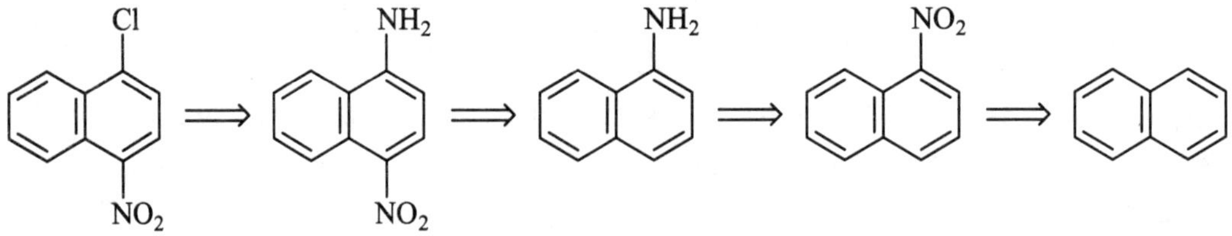

1-氯-4-硝基萘 ⟹ 1-氨基-4-硝基萘 ⟹ 1-氨基萘 ⟹ 1-硝基萘 ⟹ 萘

由萘出发在同一个环上的α-位引入两个取代基，倒推出第一个取代基处在α-位上，必须是一个活化芳环的第一类定位基，才能在同一环上的α-位引入第二个取代基，所以需要在倒推时进行官能团的转化。

合成路线如下：

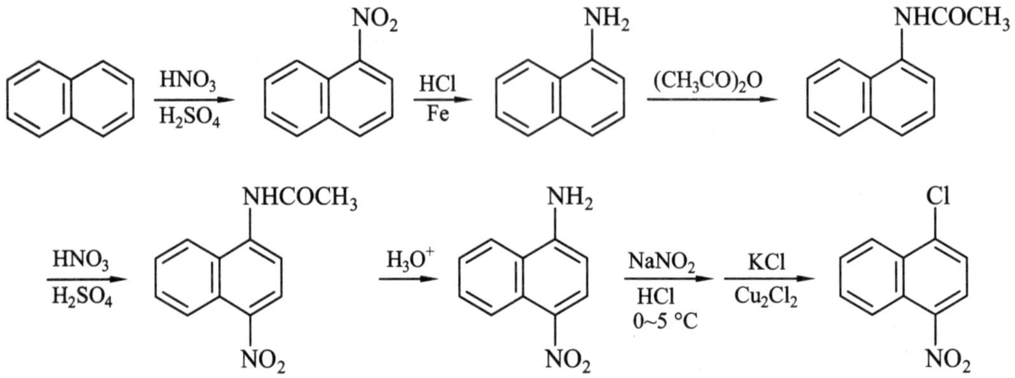

萘 $\xrightarrow[H_2SO_4]{HNO_3}$ 1-硝基萘 $\xrightarrow[Fe]{HCl}$ 1-氨基萘 $\xrightarrow{(CH_3CO)_2O}$ 1-NHCOCH$_3$萘

$\xrightarrow[H_2SO_4]{HNO_3}$ 1-NHCOCH$_3$-4-NO$_2$萘 $\xrightarrow{H_3O^+}$ 1-NH$_2$-4-NO$_2$萘 $\xrightarrow[0\sim 5\ ℃]{NaNO_2 \\ HCl}$ $\xrightarrow[Cu_2Cl_2]{KCl}$ 1-Cl-4-NO$_2$萘

35. 解：倒推法分析如下

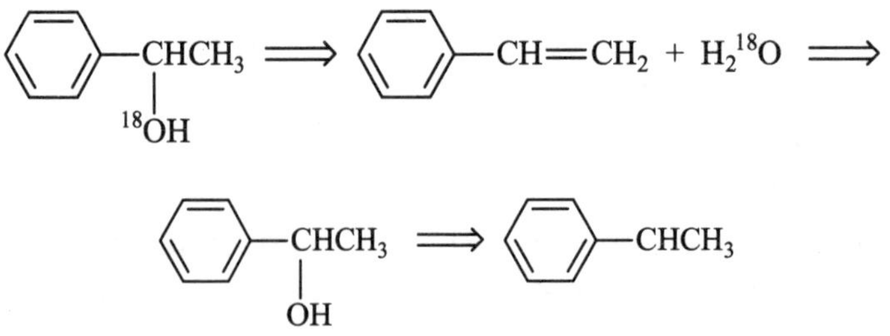

PhCH(^{18}OH)CH$_3$ ⟹ PhCH=CH$_2$ + H$_2^{18}$O ⟹

PhCH(OH)CH$_3$ ⟹ Ph-CHCH$_3$ (甲基苯)

由苯乙酮通过一系列反应转换成有氧同位素 ^{18}O 的苄醇衍生物。倒推时主要考虑官能团的转换方法，就能达到要求。

合成路线如下：

406

$$\text{PhCOCH}_3 \xrightarrow{\text{NaBH}_4} \text{PhCH(OH)CH}_3 \xrightarrow[\Delta]{\text{H}^+}$$

$$\text{PhCH=CH}_2 \xrightarrow[\text{H}_2{}^{18}\text{O}]{\text{H}^+} \text{PhCH(}^{18}\text{OH)CH}_3$$

36. 解： 这一合成路线涉及两个官能团的转换，分步进行即可，但是需要保护不参与反应的官能团。

$$\text{Br-C}_6\text{H}_4\text{-CHO} \xrightarrow[\text{H}^+]{\text{HOCH}_2\text{CH}_2\text{OH}} \text{Br-C}_6\text{H}_4\text{-(1,3-dioxolane)} \xrightarrow[\text{Et}_2\text{O}]{\text{Mg}} \text{BrMg-C}_6\text{H}_4\text{-(1,3-dioxolane)} \xrightarrow{\text{D}_2\text{O}}$$

$$\text{D-C}_6\text{H}_4\text{-CHO} \xrightarrow[\text{Et}_2\text{O}]{\text{EtMgBr}} \xrightarrow{\text{H}_3\text{O}^+} \text{D-C}_6\text{H}_4\text{-CH(OH)CH}_2\text{CH}_3$$

37. 解： 倒推法分析如下

目标物由 3 个碳及以下的化合物合成。倒推时首先在乙酰基的 α-位添加一个羧基，此时即可倒推出一个合成子的等价物是三乙，而另一个合成子的等价物是卤代烃。该卤代烃可由甲基酮得来，从而倒推出该甲基酮。由于该甲基酮为偶数个碳，所以优先倒推其由频哪醇重排得来，然后倒推出频哪醇的制取即可完成。

合成路线如下：

$$\text{CH}_3\text{COOC}_2\text{H}_5 \xrightarrow{\text{NaONa}} \text{CH}_3\text{COCH}_2\text{COOEt}$$

$$(\text{CH}_3)_2\text{C=O} \xrightarrow[\text{Et}_2\text{O}]{\text{Mg}} \xrightarrow{\text{H}_2\text{O}} \text{(CH}_3)_2\text{C(OH)C(OH)(CH}_3)_2 \xrightarrow{\text{H}_2\text{SO}_4} (\text{CH}_3)_3\text{CCOCH}_3 \xrightarrow[\text{AcOH}]{\text{Br}_2} (\text{CH}_3)_3\text{CCOCH}_2\text{Br} \xrightarrow[\text{EtONa}]{\text{CH}_3\text{COCH}_2\text{COOEt}}$$

$$(\text{CH}_3)_3\text{CCOCH}_2\text{CH(COOEt)COCH}_3 \xrightarrow[\Delta]{\text{H}_3\text{O}^+} (\text{CH}_3)_3\text{CCOCH}_2\text{CH}_2\text{COCH}_3$$

38. 解：倒推法分析如下

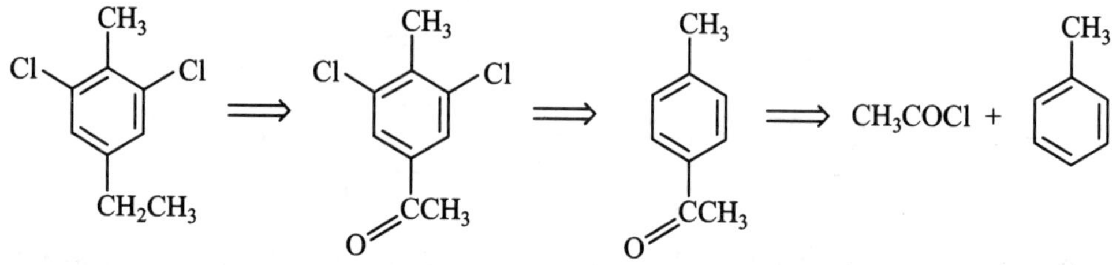

[逆合成分析：2,6-二氯-4-乙基甲苯 ⇒ 3,5-二氯-4-甲基苯乙酮 ⇒ 对甲基苯乙酮 ⇒ CH₃COCl + 甲苯]

目标物由甲苯为原料合成。目标物中包括甲基有 4 个取代基，可知甲基是第一类定位基起导向基的作用，所以可推测出分步引进其他取代基即可。为了避免副反应，在对位上首先引进一个第二类取代基，然后再实现官能团的转化而得。

合成路线如下：

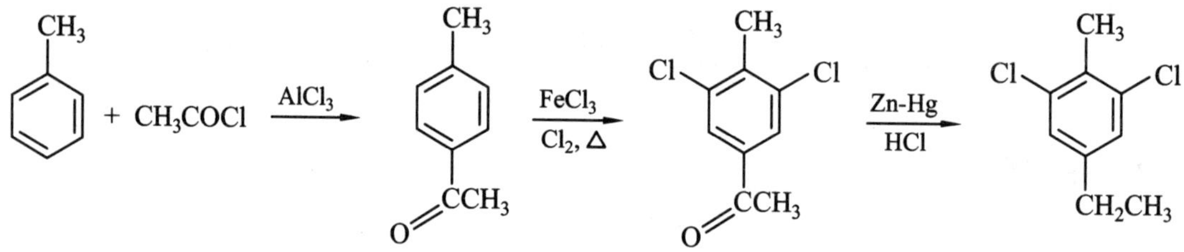

甲苯 + CH_3COCl $\xrightarrow{AlCl_3}$ 对甲基苯乙酮 $\xrightarrow[Cl_2, \Delta]{FeCl_3}$ 3,5-二氯-4-甲基苯乙酮 $\xrightarrow[HCl]{Zn-Hg}$ 2,6-二氯-4-乙基甲苯

39. 解：倒推法分析如下

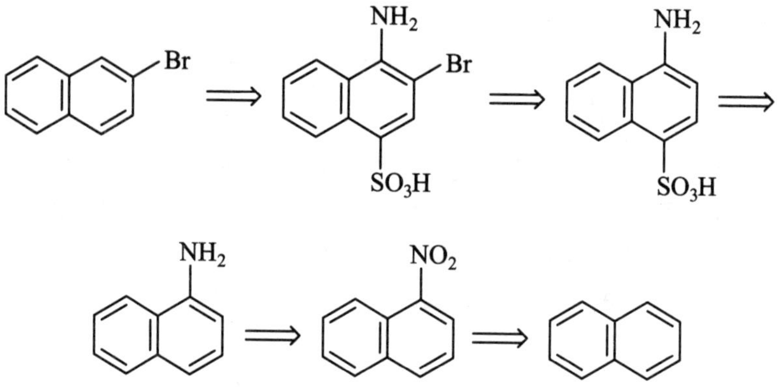

[逆合成分析：2-溴萘 ⇒ 4-氨基-3-溴萘-1-磺酸 ⇒ 4-氨基萘-1-磺酸 ⇒ 1-氨基萘 ⇒ 1-硝基萘 ⇒ 萘]

这条路线要顺利实现，主要考虑的是引入导向基和阻塞基，减少副反应，来达到产率尽可能高的目的。

合成路线如下：

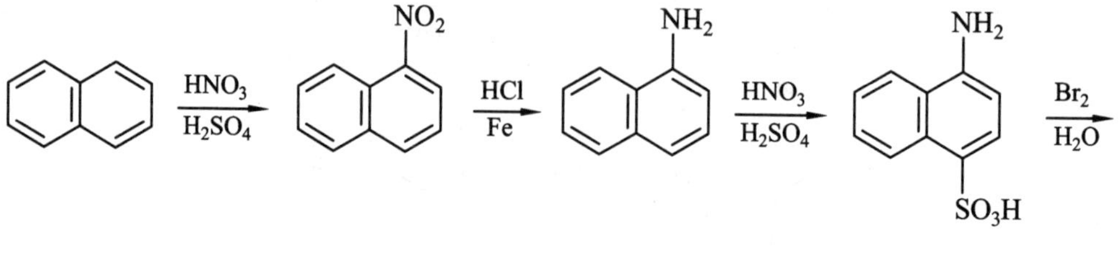

萘 $\xrightarrow[H_2SO_4]{HNO_3}$ 1-硝基萘 $\xrightarrow[Fe]{HCl}$ 1-氨基萘 $\xrightarrow[H_2SO_4]{HNO_3}$ 4-氨基萘-1-磺酸 $\xrightarrow[H_2O]{Br_2}$

$$\text{4-amino-3-bromonaphthalene-1-sulfonic acid} \xrightarrow[\Delta]{H_3O^+} \text{1-amino-2-bromonaphthalene} \xrightarrow[\text{HCl} \\ 0\sim5\ °C]{NaNO_2} \xrightarrow{H_3PO_2} \text{2-bromonaphthalene}$$

40. 解：倒推法分析如下

$$(CH_3)_3C\text{-}CH_2COOH \Rightarrow (CH_3)_3C\text{-}CH_2OH \Rightarrow \text{环氧乙烷} + (CH_3)_3C\text{-}MgBr \Rightarrow$$

$$(CH_3)_3C\text{-}Br \Rightarrow (CH_3)_3C\text{-}OH \Rightarrow (CH_3)_2C=O + CH_3MgBr$$

该目标物由丙酮转化而得到。倒推时优先考虑官能团的转化，然后再考虑其他合成子碳骨架的构建。

合成路线如下：

$$(CH_3)_2C=O + CH_3MgBr \xrightarrow{H_3O^+} (CH_3)_3C\text{-}OH \xrightarrow{HBr} (CH_3)_3C\text{-}Br \xrightarrow[Et_2O]{Mg} \xrightarrow{\text{环氧乙烷}}$$

$$(CH_3)_3C\text{-}CH_2\text{-}CH_2OMgBr \xrightarrow{H_3O^+} (CH_3)_3C\text{-}CH_2CH_2OH \xrightarrow{H_2CrO_4} (CH_3)_3C\text{-}CH_2COOH$$

41. 解：倒推法分析如下

<chemical scheme: 2,6-diphenyl-4-oxocyclohexanecarboxylic acid ⇒ 2,6-diphenyl-4-oxocyclohexane-1,1-dicarboxylic acid diethyl ester ⇒ CH₂(COOEt)₂ + >

PhCH=CH-CO-CH=CHPh ⇒ (CH₃)₂C=O + 2PhCH=O>

目标物由三乙合成。倒推时优先考虑在羧基的α-位添加一个羧基，即可看出丙二酸二乙酯及另一合成子的等价物，可通过两次相同的迈克尔加成得来。另一合成子的等价物是不饱和酮，倒推时从双键进行切断，倒推出它由丙酮和苯甲醛进行交叉羟醛缩合得来。

合成路线如下：

$$(CH_3)_2C=O + 2PhCH=O \xrightarrow{OH^-} PhCH=CH\text{-}CO\text{-}CH=CHPh \xrightarrow[EtONa]{CH_2(COOEt)_2}$$

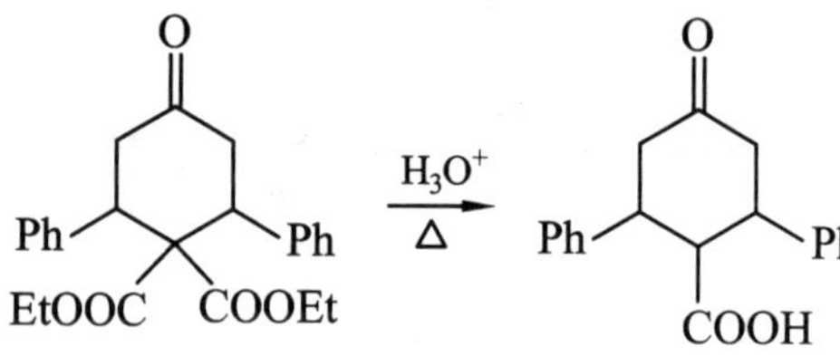

[Reaction scheme: cyclohexanone with two Ph groups and geminal di-COOEt → H₃O⁺/Δ → cyclohexanone with two Ph and one COOH]

42. 解：倒推法分析如下

[Retrosynthetic scheme showing target keto-acid ⟹ ketal-protected acid ⟹ ketal-protected COOMgBr ⟹ ketal-protected MgBr ⟹ bromide with ketone]

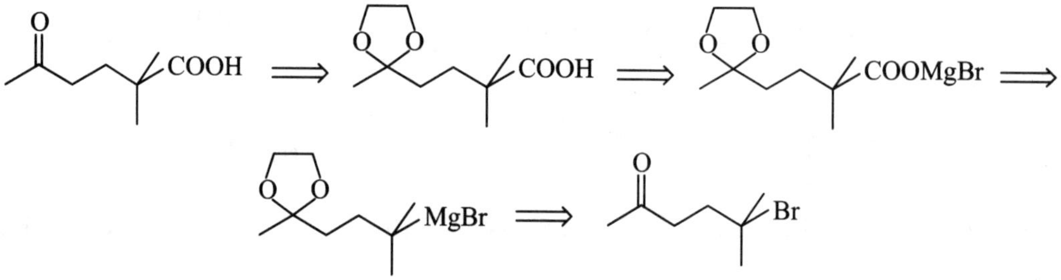

转化过程仅增加一个碳原子，所以重点是保护未参与反应的官能团。

合成路线如下：

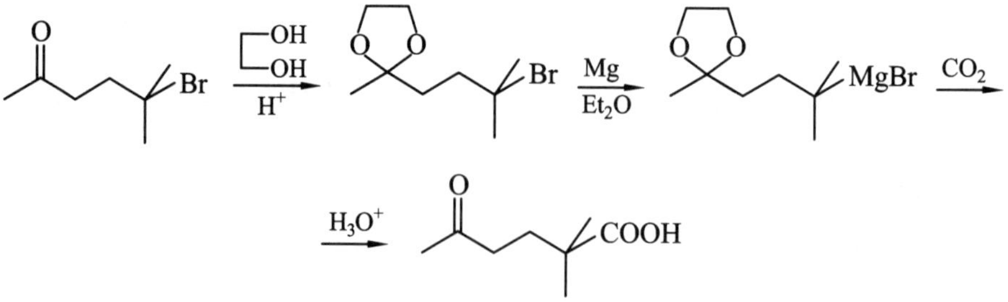

[Synthesis: bromo-ketone —HOCH₂CH₂OH/H⁺→ ketal-bromide —Mg/Et₂O→ Grignard —CO₂→ —H₃O⁺→ target]

43. 解：倒推法分析如下

[Retrosynthetic scheme: 3-acetyl-glutaric acid derivative ⟹ triester with quaternary carbon ⟹ 2 BrCH₂COOEt + CH₃COCH₂COOEt ⟹ CH₃COOEt]

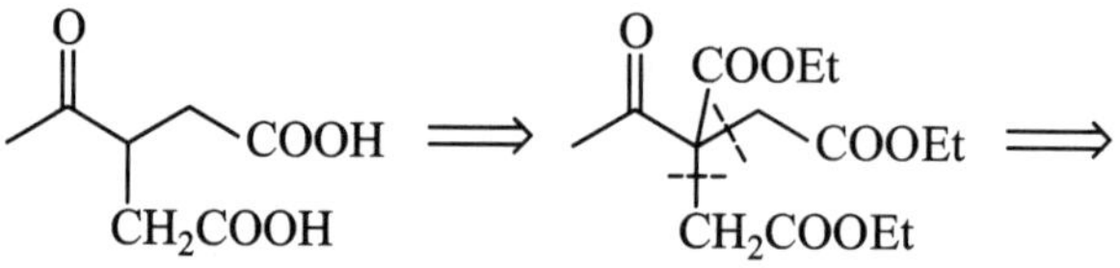

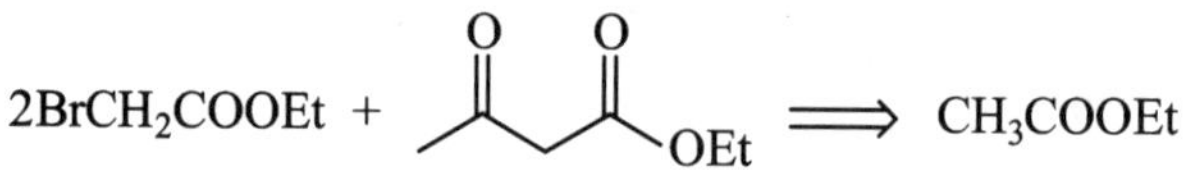

由乙醇及无机试剂合成目标物。倒推时优先在乙酰基的 α-位上添加一个羧基，此时即可看到其中一个合成子的等价物为三乙，另外两个合成子的等价物相同，即 α-卤代羧酸酯。

合成路线如下：

$$CH_3CH_2OH \xrightarrow{H_2CrO_4} CH_3COOH \xrightarrow[Br_2]{P} BrCH_2COOH \xrightarrow[H^+]{EtOH} BrCH_2COOEt$$

$$CH_3COOH \xrightarrow[H^+]{EtOH} CH_3COOEt \xrightarrow{EtONa} CH_3COCH_2COOEt \xrightarrow[EtONa]{BrCH_2COOEt}$$

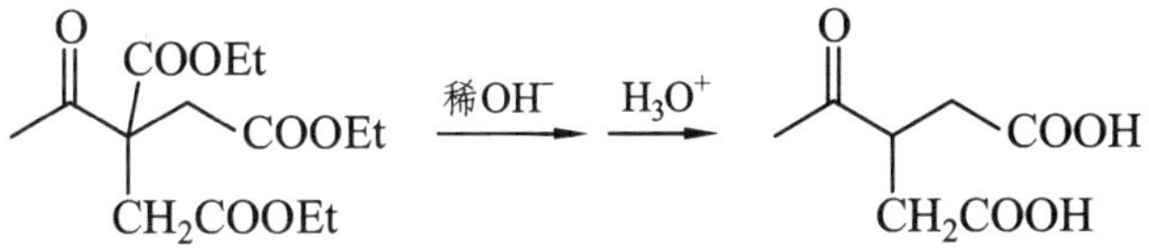

$$\underset{\substack{\text{CH}_2\text{COOEt}}}{\overset{\substack{\text{O}\\\|\\\text{COOEt}\\\text{COOEt}}}{\text{CH}_3-\text{C}-\text{C}-}} \xrightarrow{\text{稀 OH}^-} \xrightarrow{\text{H}_3\text{O}^+} \underset{\substack{\text{CH}_2\text{COOH}}}{\overset{\substack{\text{O}\\\|\\\text{COOH}}}{\text{CH}_3-\text{C}-\text{CH}-}}$$

44. 解：倒推法分析如下

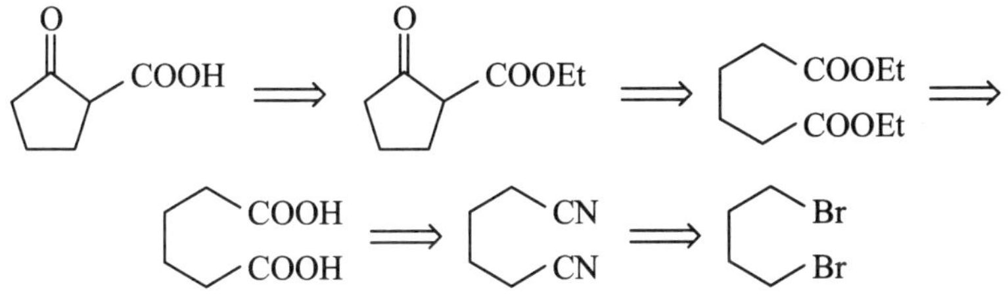

[环戊酮-2-甲酸] ⟹ [环戊酮-2-甲酸乙酯] ⟹ [己二酸二乙酯] ⟹

[己二酸] ⟹ [己二腈] ⟹ [1,4-二溴丁烷]

由 1,4-二溴丁烷合成目标物 α-环戊酮甲酸。倒推时优先将酮羰基与羧基之间的键切断得己二酸酯，己二酸由己二腈倒推得来，己二腈由 1,4-二溴丁烷转换官能团得来。

合成路线如下：

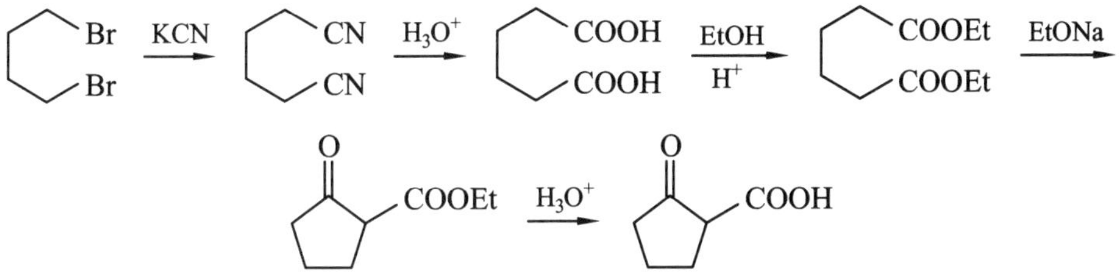

1,4-二溴丁烷 $\xrightarrow{\text{KCN}}$ 己二腈 $\xrightarrow{\text{H}_3\text{O}^+}$ 己二酸 $\xrightarrow[\text{H}^+]{\text{EtOH}}$ 己二酸二乙酯 $\xrightarrow{\text{EtONa}}$

环戊酮-2-甲酸乙酯 $\xrightarrow{\text{H}_3\text{O}^+}$ 环戊酮-2-甲酸

45. 解：倒推法分析如下

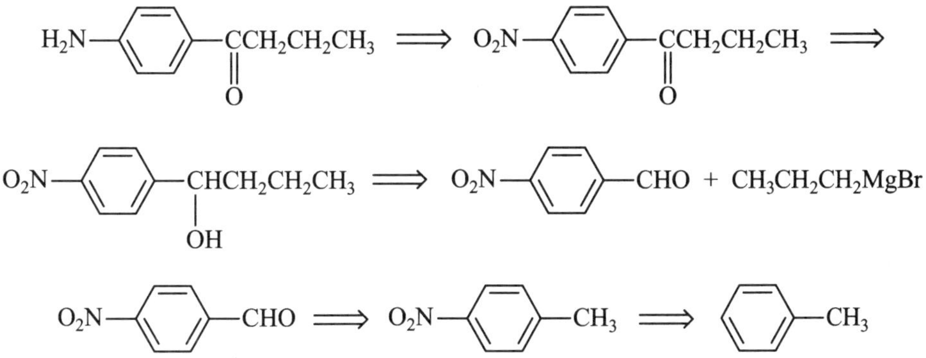

$\text{H}_2\text{N}-\text{C}_6\text{H}_4-\text{COCH}_2\text{CH}_2\text{CH}_3$ ⟹ $\text{O}_2\text{N}-\text{C}_6\text{H}_4-\text{COCH}_2\text{CH}_2\text{CH}_3$ ⟹

$\text{O}_2\text{N}-\text{C}_6\text{H}_4-\text{CH(OH)CH}_2\text{CH}_2\text{CH}_3$ ⟹ $\text{O}_2\text{N}-\text{C}_6\text{H}_4-\text{CHO}$ + $\text{CH}_3\text{CH}_2\text{CH}_2\text{MgBr}$

$\text{O}_2\text{N}-\text{C}_6\text{H}_4-\text{CHO}$ ⟹ $\text{O}_2\text{N}-\text{C}_6\text{H}_4-\text{CH}_3$ ⟹ $\text{C}_6\text{H}_5-\text{CH}_3$

$\text{CH}_3\text{CH}_2\text{CH}_2\text{MgBr}$ ⟹ $\text{CH}_3\text{CH}_2\text{CH}_2\text{Br}$ ⟹ $\text{CH}_3\text{CH}_2\text{CH}_2\text{OH}$ ⟹ $\text{CH}_3\text{CH}_2\text{MgBr}$ + HCHO

目标物由甲苯和2个碳的化合物合成。优先考虑官能团的转换，再从官能团的羟基处切割，分出两个合成子及其等价物，再由一系列官能团的转化来完成。

合成路线如下：

$\text{CH}_3\text{CH}_2\text{MgBr}$ + HCHO $\xrightarrow{\text{H}_3\text{O}^+}$ $\text{CH}_3\text{CH}_2\text{CH}_2\text{OH}$ $\xrightarrow{\text{HBr}}$

$$CH_3CH_2CH_2Br \xrightarrow{Mg}{Et_2O} CH_3CH_2CH_2MgBr$$

$$\text{PhCH}_3 \xrightarrow{HNO_3}{H_2SO_4} O_2N\text{-C}_6H_4\text{-CH}_3 \xrightarrow{CrO_3}{\text{吡啶}} O_2N\text{-C}_6H_4\text{-CHO} \xrightarrow{CH_3CH_2CH_2MgBr}$$

$$\xrightarrow{H_3O^+} O_2N\text{-C}_6H_4\text{-CH(OH)CH}_2CH_2CH_3 \xrightarrow{HCl}{Fe} H_2N\text{-C}_6H_4\text{-CH(OH)CH}_2CH_2CH_3$$

$$\xrightarrow{(CH_3)_2CO}{Al[(CH_3)_2CHO]_3} H_2N\text{-C}_6H_4\text{-COCH}_2CH_2CH_3$$

46. 解：倒推法分析如下

（结构式：2,4-二溴甲苯 ⟹ 4-溴-2-甲基苯胺 ⟹ 邻硝基甲苯 ⟹ 甲苯）

目标物由甲苯合成。优先考虑甲基邻位的溴转换成比甲基定位能力强的导向基，这样合成目标物就不再困难。

合成路线如下：

$$\text{PhCH}_3 \xrightarrow{HNO_3}{H_2SO_4} \text{o-O}_2N\text{-C}_6H_4\text{-CH}_3 \xrightarrow{HCl}{Fe} \text{o-H}_2N\text{-C}_6H_4\text{-CH}_3 \xrightarrow{Br_2}{CS_2}$$

$$\text{4-Br-2-CH}_3\text{-C}_6H_3\text{-NH}_2 \xrightarrow[\text{HCl, 0~5°C}]{NaNO_2} \xrightarrow{KBr, CuBr} \text{2,4-二溴甲苯}$$

47. 解：倒推法分析如下

$$\text{C}_6H_{11}\text{-C(CH}_3\text{)(OH)CH}_2CH_3 \Longrightarrow \text{C}_6H_{11}\text{-MgBr} + CH_3COCH_2CH_3 \Longrightarrow$$

$$HC\equiv CCH_2CH_3 \Longrightarrow HC\equiv CNa + BrCH_2CH_3$$

由环己烯和 2 个碳的化合物合成。倒推时优先从官能团处切割，分出两个合成子及其等价物。再考虑丁酮由 1-丁炔转化，后者可经乙炔钠亲核取代得来。

合成路线如下：

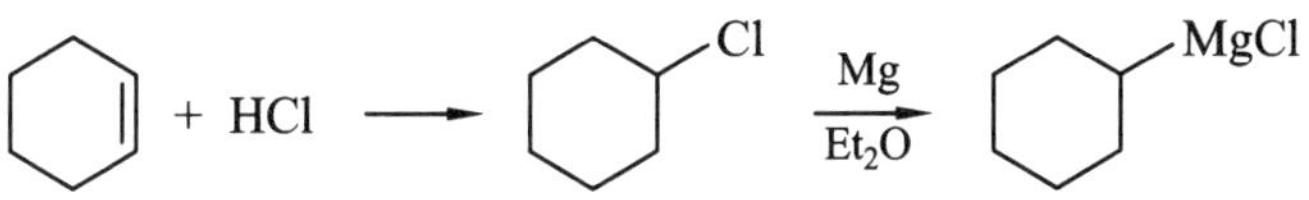

$$\text{环己烯} + HCl \longrightarrow \text{氯代环己烷} \xrightarrow[Et_2O]{Mg} \text{环己基MgCl}$$

$$HC\equiv CNa + BrCH_2CH_3 \longrightarrow HC\equiv CCH_2CH_3 \xrightarrow[Hg^{2+}]{H_3O^+}$$

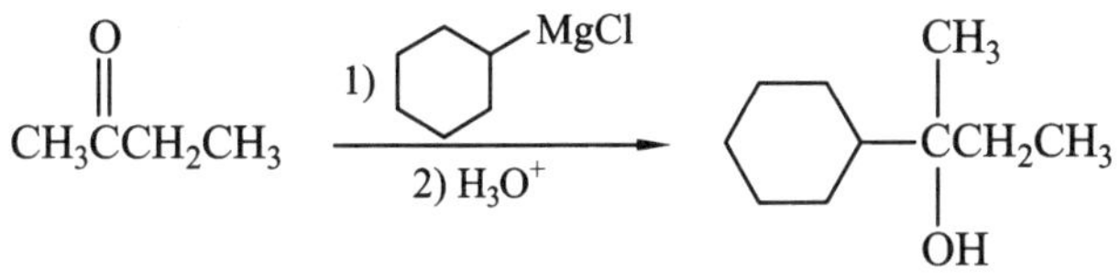

$$CH_3COCH_2CH_3 \xrightarrow[2)\ H_3O^+]{1)\ \text{环己基MgCl}} \text{2-环己基-2-丁醇}$$

48. 解： 倒推法分析如下

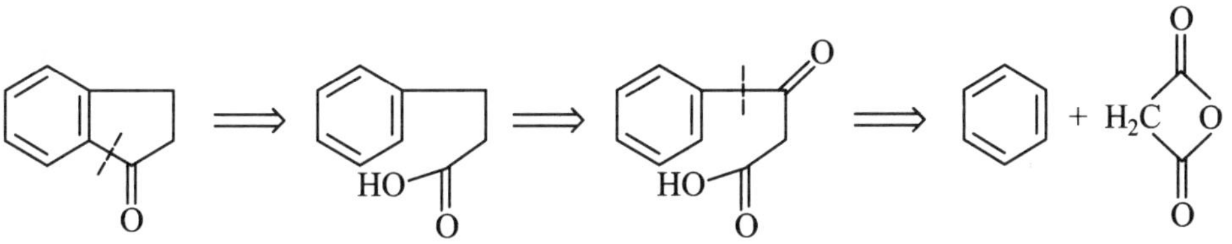

由苯合成目标物。倒推时优先考虑从共用碳的键切割，然后在苯环支链 α -位添加羰基，再切割就可得到两个合成子的等价物。

合成路线如下：

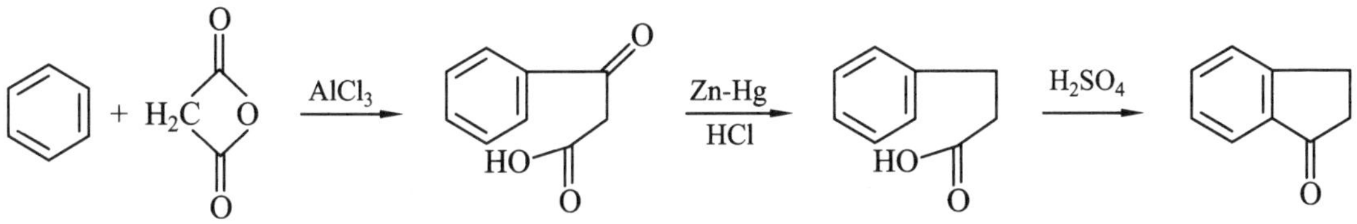

$$\text{苯} + \text{丙二酸酐} \xrightarrow{AlCl_3} \xrightarrow[HCl]{Zn-Hg} \xrightarrow{H_2SO_4} \text{1-茚酮}$$

49. 解： 倒推法分析如下

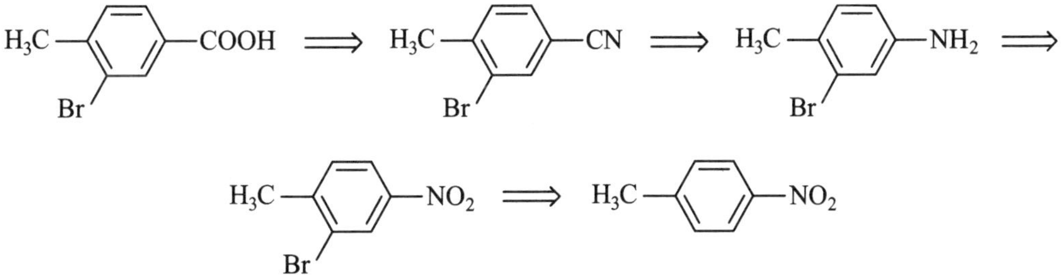

$$H_3C\text{-}C_6H_3(Br)\text{-}COOH \Longrightarrow H_3C\text{-}C_6H_3(Br)\text{-}CN \Longrightarrow H_3C\text{-}C_6H_3(Br)\text{-}NH_2 \Longrightarrow$$

$$H_3C\text{-}C_6H_3(Br)\text{-}NO_2 \Longrightarrow H_3C\text{-}C_6H_4\text{-}NO_2$$

由甲苯合成目标物。目标物甲基的对位和邻位分别引进羧基和溴原子，倒推时优先考虑羧基如何通过官能团转化得来。

合成路线如下：

$$H_3C\text{-}C_6H_5 \xrightarrow[H_2SO_4]{HNO_3} H_3C\text{-}C_6H_4\text{-}NO_2 \xrightarrow[Fe]{Br_2} H_3C\text{-}C_6H_3(Br)\text{-}NO_2 \xrightarrow[Fe]{HCl}$$

$$H_3C\text{-}C_6H_3(Br)\text{-}NH_2 \xrightarrow[0\sim5\ ^\circ C]{NaNO_2/HCl} \xrightarrow{KCN/CuCN} H_3C\text{-}C_6H_3(Br)\text{-}CN \xrightarrow{H_3O^+} H_3C\text{-}C_6H_3(Br)\text{-}COOH$$

50. 解：倒推法分析如下

$$\begin{matrix}\text{COOH}\\ \text{COOH}\\ \text{COOH}\end{matrix} \Longrightarrow EtOOC\text{-}C(COOEt)_3 \Longrightarrow CH_2(COOEt)_2 + BrCH_2COOEt$$

$$CH_2(COOEt)_2 \Longrightarrow CH_2(COOH)_2 \Longrightarrow NCCH_2COOH \Longrightarrow$$
$$BrCH_2COOH \Longrightarrow CH_3COOH \Longrightarrow CH_3CH_2OH$$

以乙醇为原料合成目标物。倒推时优先考虑在第二个羧基 α-位添加一个羧基，则此时丙二酸二乙酯的骨架就呈现出来了，切割后得到一个合成子的等价物——丙二酸二乙酯，另外两个合成子的等价物完全相同，即 α-卤代羧酸酯。这样添加羧基和切割的目的就是达到尽可能少的合成步骤。

合成路线如下：

$$BrCH_2COOH \xrightarrow[H^+]{EtOH} BrCH_2COOEt$$

$$CH_3CH_2OH \xrightarrow{H_2CrO_4} CH_3COOH \xrightarrow[P]{Br_2} BrCH_2COOH \xrightarrow{KCN} NCCH_2COOH \xrightarrow{H_3O^+}$$

$$CH_2(COOH)_2 \xrightarrow[H^+]{EtOH} CH_2(COOEt)_2 \xrightarrow[EtONa]{BrCH_2COOEt} EtOOC\text{-}C(COOEt)_3 \xrightarrow[\Delta]{H_3O^+} \begin{matrix}\text{COOH}\\ \text{COOH}\\ \text{COOH}\end{matrix}$$

第八章 有机反应历程50题及精解

研究反应机理是认识在反应过程中，发生反应体系中的原子或原子团在结合位置、次序和结合方式上所发生的变化，以及这种改变的方式和过程。有助于我们认识有机反应的实质。

我们知道，反应进行的途径主要是由分子本身的反应性能、进攻试剂的性能以及反应条件等内外因素决定的。化学反应包括由反应物向产物的转化，反应主要以单分子或双分子反应进行。

反应机理是由反应物转变为产物的途径，若为基元反应，则为一步反应得到产物；若不为基元反应，则可以分解为多步基元反应过程。反应机理就是将反应的各步基元反应都详细地表达出来，特别是对中间体杂化状态、能量变化的描述。

机理就是反应物通过化学反应变成产物所经历的全过程，实质上，就是分子中所有原子作为时间函数的正确位置，就是分子结构随时间变化的描述。但这是一种理想状态，目前无法实现，还没有什么办法来直接观察分子间起反应的实际过程。因为有机化学中所研究的分子的线性大小约为 10^{-10} m，分子间起反应实际所需时间 $10^{-12} \sim 10^{-14}$ s。

因此，关于有机反应机理的了解都是由间接的证明推理而来的，一个正确的机理必须与所有与此反应有关的已知事实相符合。

书写和判断合理机理的基本原则：

（1）提出的反应机理应明确解释所有已知的实验事实，同时应尽可能简单（任何化合物的每一步反应都是在该反应条件下的通用反应）。

（2）基元反应（没有中间体，只有过渡态）应是单分子或双分子的，通常不必考虑涉及三分子的其他反应。

（3）机理中的每一步在能量上是允许的，化学上则是合理的。

（4）机理应有一定的预见性。当反应条件或反应物结构变化时，应能对新反应的速率和产物变化做出正确的预测。

下面分别列举50个例子，描述和书写反应历程的方法和一些技巧，供大家借鉴。先给出相应的题目，在题目的后面再一一给出参考答案。

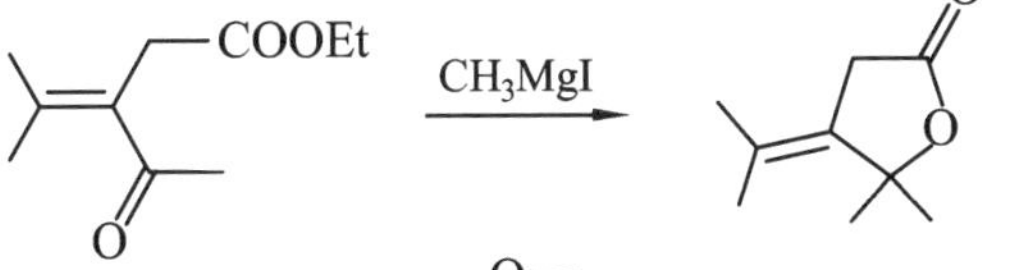

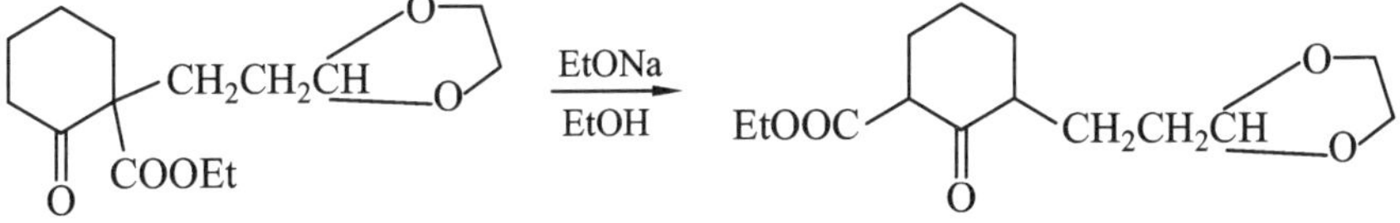

3. ![reaction 3]

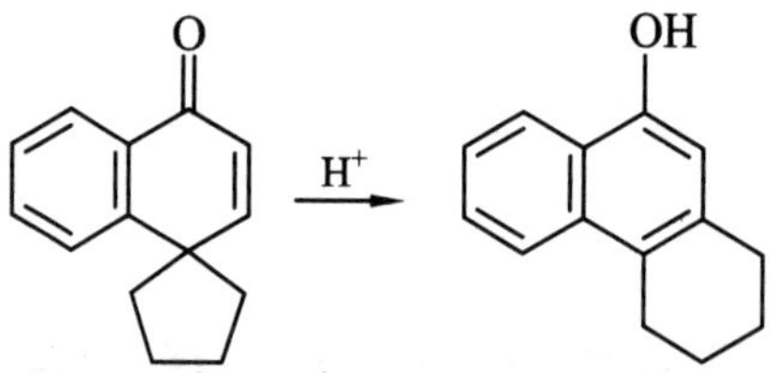

4. 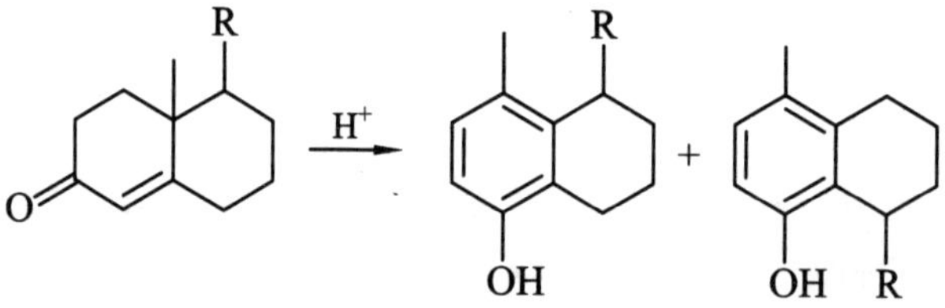 ![reaction 4]

5. ![reaction 5]

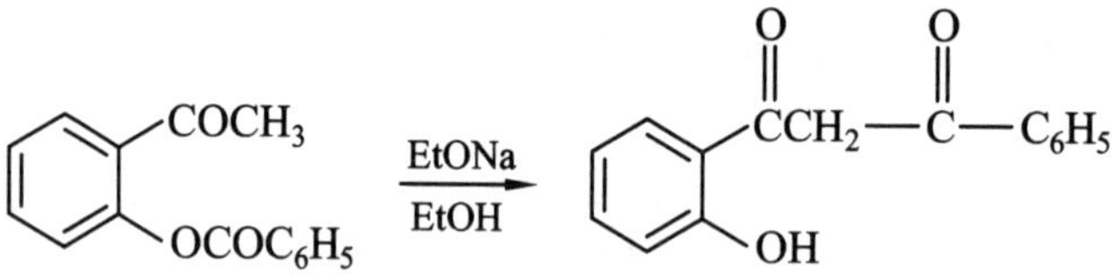

6. 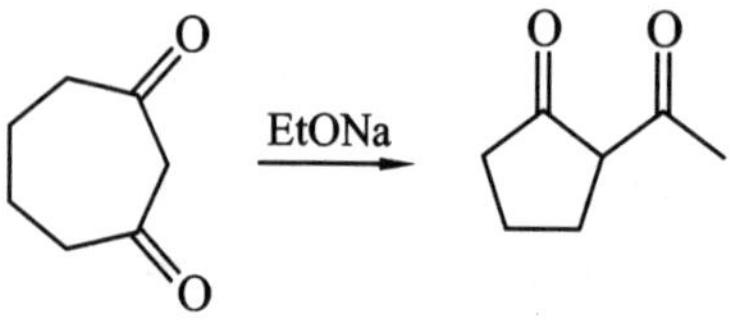 ![reaction 6]

7. ![reaction 7]

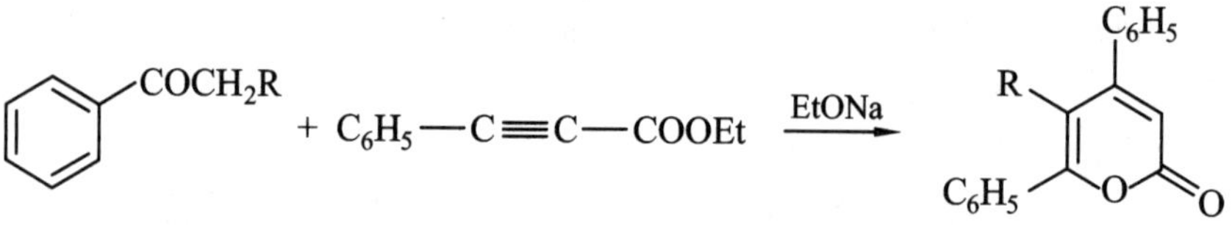

8. 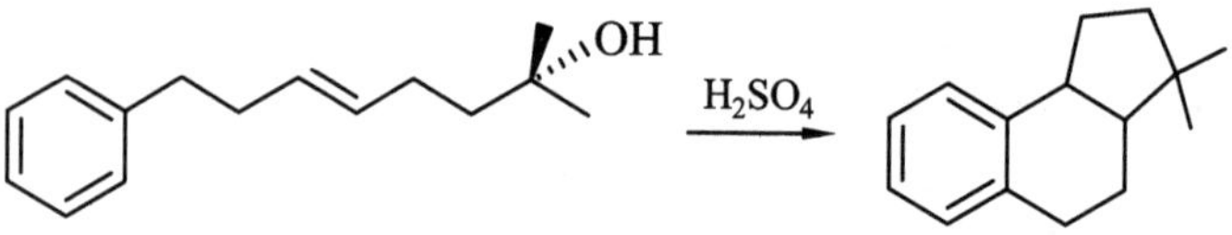 ![reaction 8]

9. $CO(CH_2COOH)_2$ + CH_3NH_2 + $\begin{array}{c}CH_2CHO\\CH_2CHO\end{array}$ $\xrightarrow[H_2O]{pH=8}$![product 9]

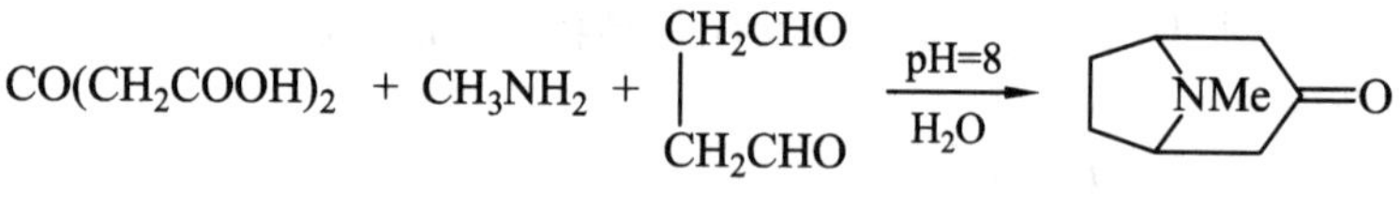

10. 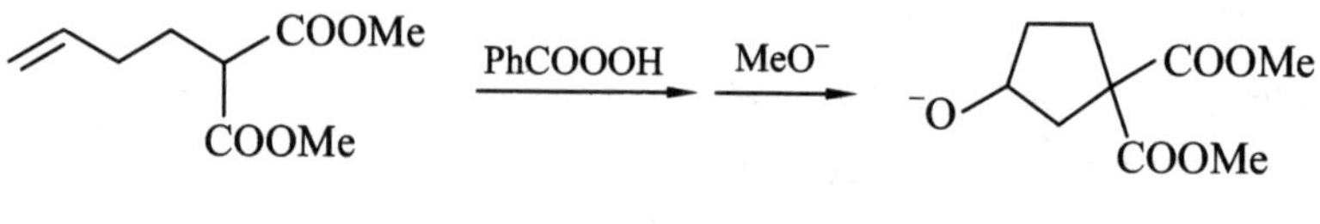 ![reaction 10]

11. 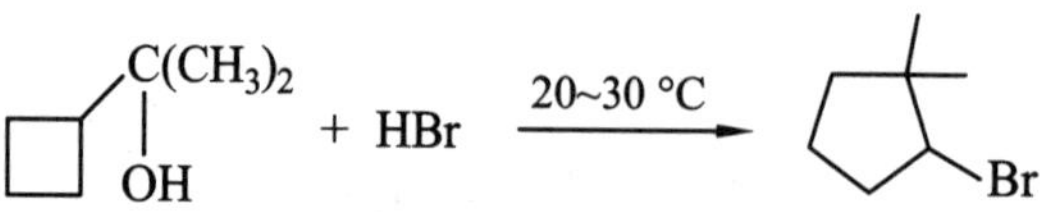 ![reaction 11]

12. 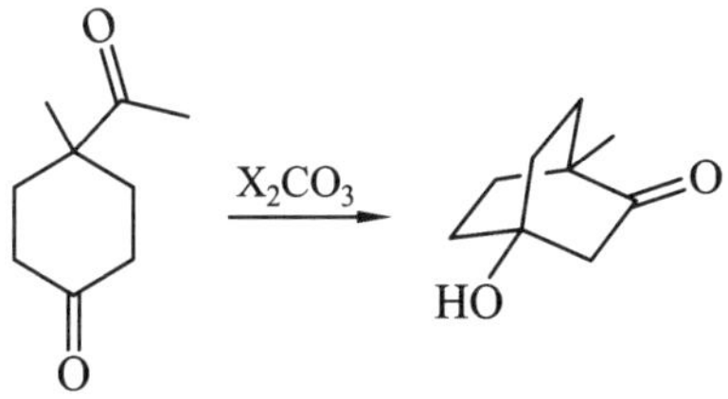 [structure: 1-methyl-1-acetyl-4-oxocyclohexane] $\xrightarrow{X_2CO_3}$ [bicyclic hydroxy ketone]

13. (CH$_3$)$_3$C—CH(Cl)—CHO $\xrightarrow[\text{CH}_3\text{OH}]{\text{CH}_3\text{ONa}}$ (CH$_3$)$_3$C—CH(OH)—CH(OCH$_3$)$_2$

14. 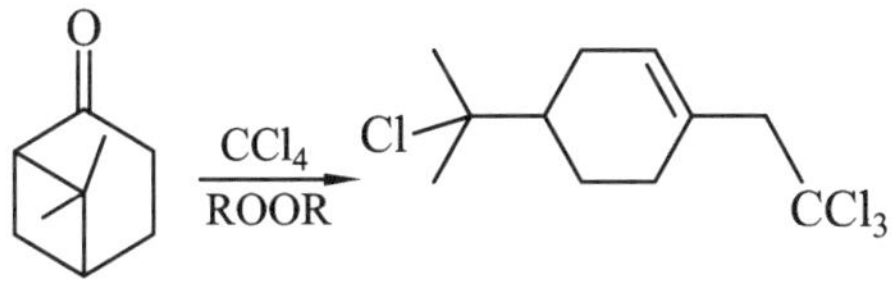 [pinene-like ketone] $\xrightarrow[\text{ROOR}]{\text{CCl}_4}$ [ring-opened product with Cl and CCl$_3$]

15. 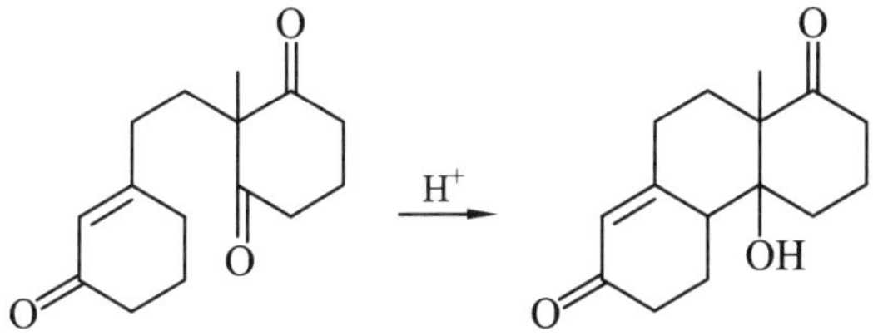 [bicyclic dione with cyclohexenone side chain] $\xrightarrow{H^+}$ [tricyclic hydroxy dione]

16. 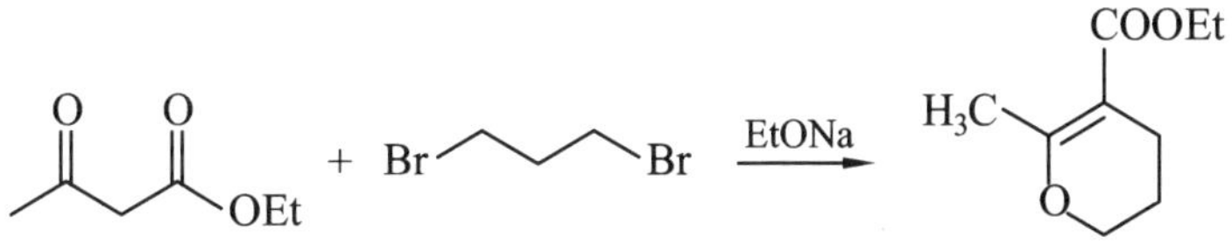 [ethyl acetoacetate] + Br—CH$_2$CH$_2$CH$_2$—Br $\xrightarrow{\text{EtONa}}$ [dihydropyran with COOEt and CH$_3$]

17. 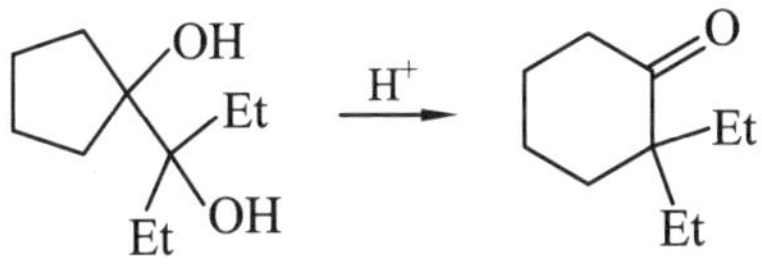 [1-(1,1-diethyl-1-hydroxymethyl)cyclopentanol] $\xrightarrow{H^+}$ [2,2-diethylcyclohexanone]

18. 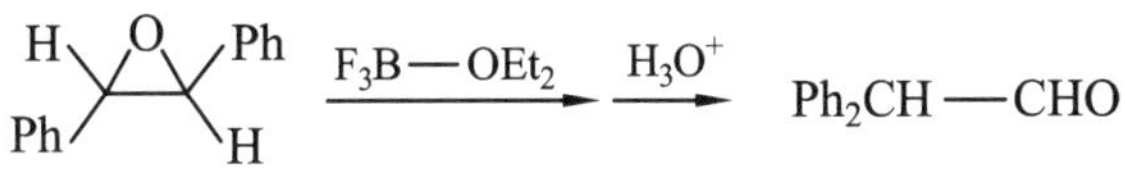 [stilbene oxide: Ph, H / H, Ph] $\xrightarrow{\text{F}_3\text{B—OEt}_2}$ $\xrightarrow{\text{H}_3\text{O}^+}$ Ph$_2$CH—CHO

19. 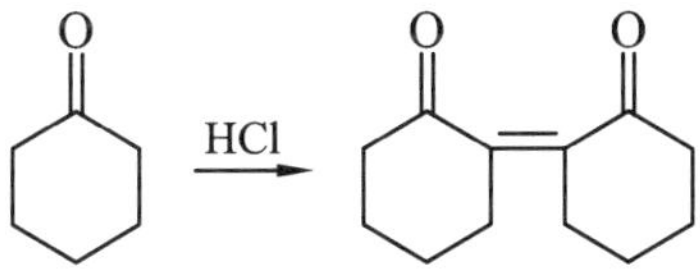 [cyclohexanone] $\xrightarrow{\text{HCl}}$ [2-(cyclohexylidene)cyclohexanone]

20. 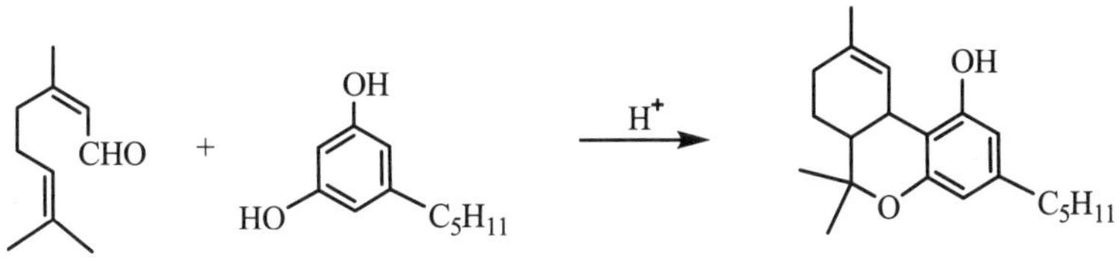 [citral] + [5-pentylresorcinol] $\xrightarrow{H^+}$ [THC-like structure]

417

21. 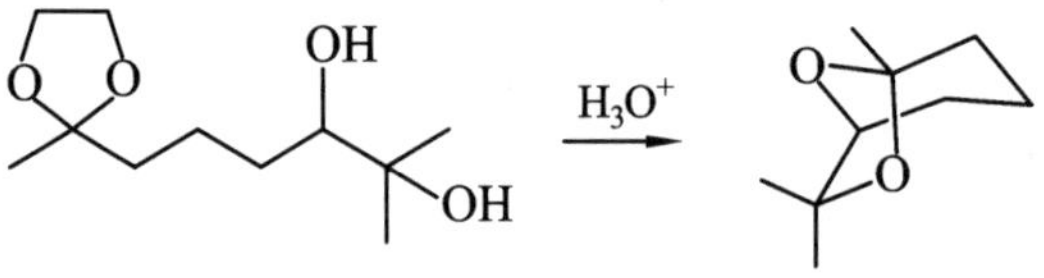 [structure with dioxolane, OH, OH] →(H₃O⁺) [bicyclic ketal structure]

22. 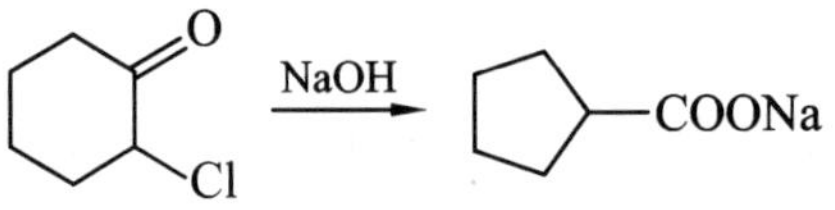 [2-chlorocyclohexanone] →(NaOH) [cyclopentane-COONa]

23.  [2H-pyran-2-one] + MeOOC—C≡C—COOMe → [benzene-1,2-dicarboxylate dimethyl ester] + CO_2

24. 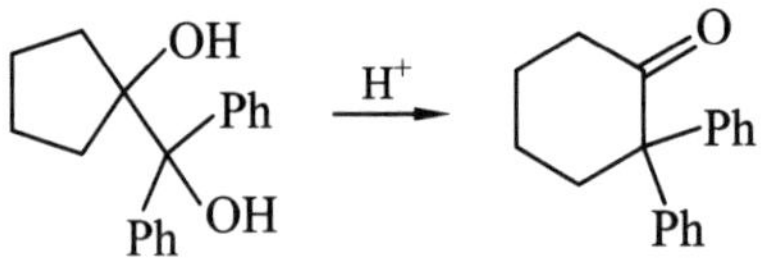 [1-(hydroxydiphenylmethyl)cyclopentan-1-ol] →(H⁺) [2,2-diphenylcyclohexanone]

25. 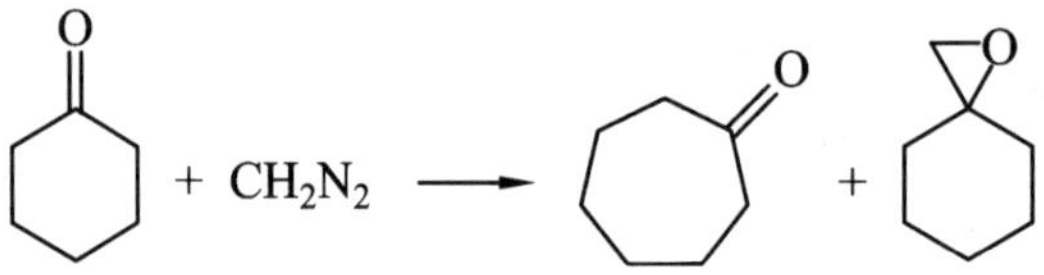 [cyclohexanone] + CH_2N_2 → [cycloheptanone] + [1-oxaspiro[2.5]octane]

26. 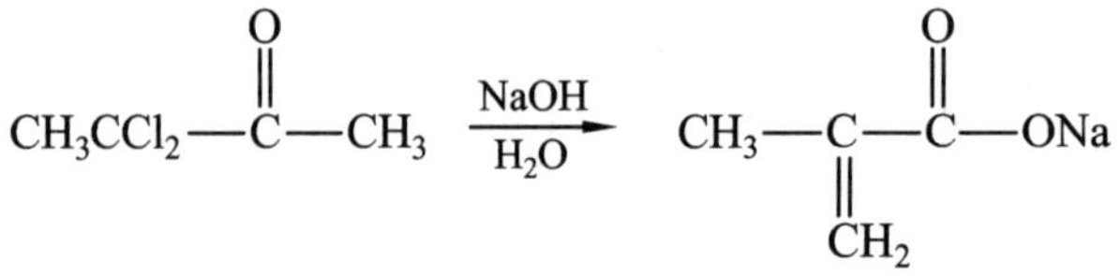 CH_3CCl_2—C(=O)—CH_3 →(NaOH, H_2O) CH_3—C(=CH$_2$)—C(=O)—ONa

27. 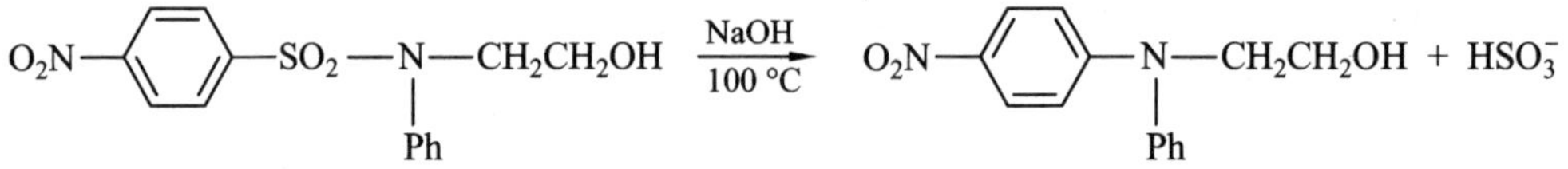 O_2N—C₆H₄—SO_2—N(Ph)—CH_2CH_2OH →(NaOH, 100 °C) O_2N—C₆H₄—N(Ph)—CH_2CH_2OH + HSO_3^-

28. 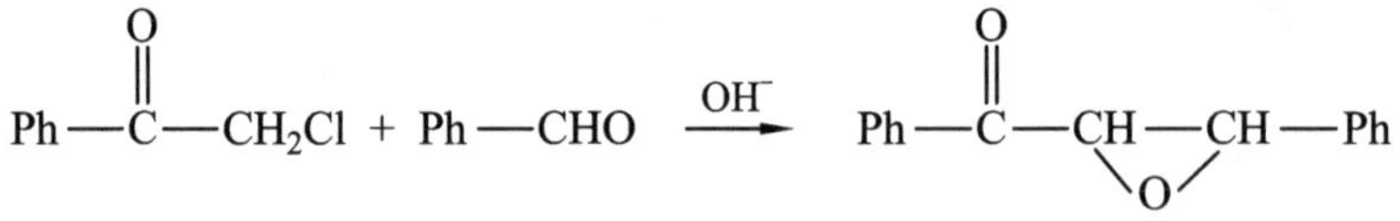 Ph—C(=O)—CH_2Cl + Ph—CHO →(OH⁻) Ph—C(=O)—CH—CH—Ph (with epoxide O bridge)

29. 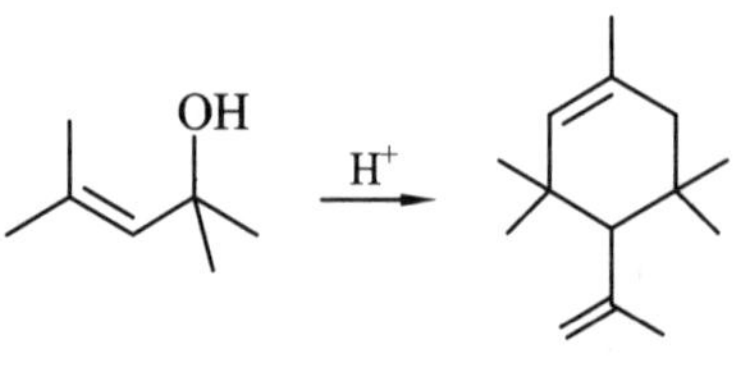 [2-methyl-2-buten-1-ol type tertiary alcohol] →(H⁺) [trimethylcyclohexene with isopropenyl substituent]

30. 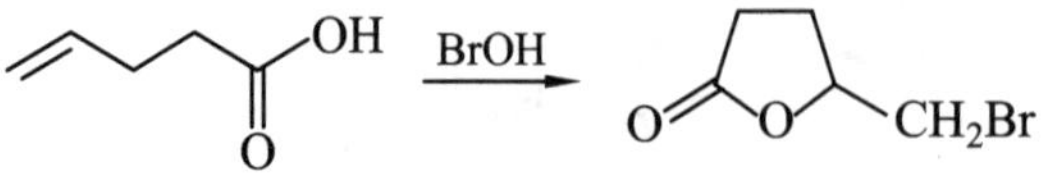 [pent-4-enoic acid] →(BrOH) [5-(bromomethyl)dihydrofuran-2(3H)-one]

418

31. 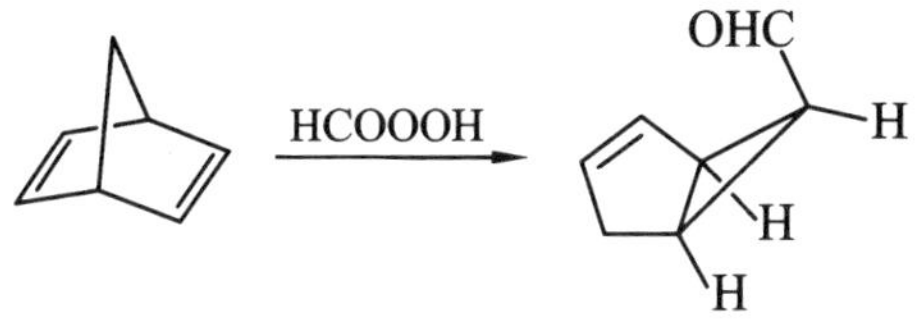 [norbornadiene] $\xrightarrow{HCOOOH}$ [tricyclic aldehyde product]

32. 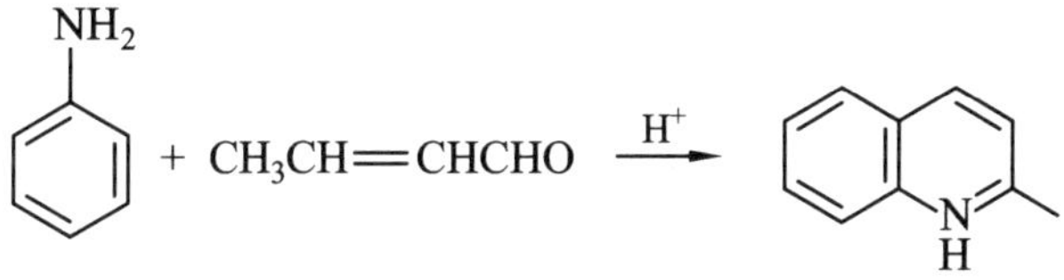 [aniline] + CH₃CH=CHCHO $\xrightarrow{H^+}$ [2-methylquinoline]

33. 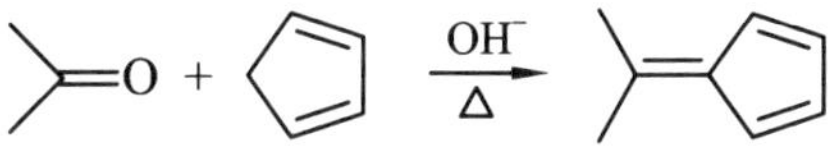 (CH₃)₂C=O + [cyclopentadiene] $\xrightarrow[\Delta]{OH^-}$ [fulvene]

34. 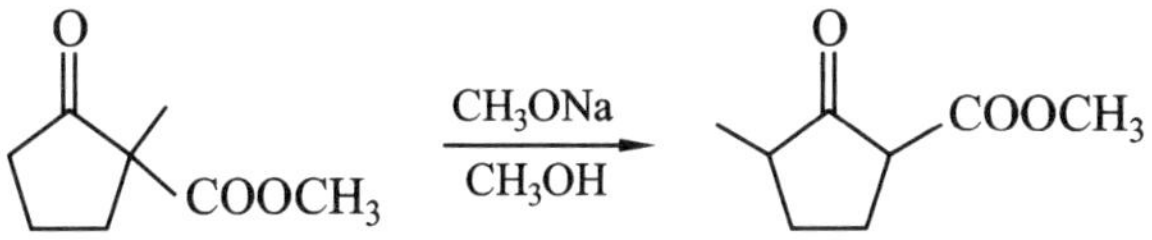 [methyl 1-methyl-2-oxocyclopentane-1-carboxylate] $\xrightarrow[CH_3OH]{CH_3ONa}$ [methyl 2-methyl-5-oxocyclopentane... rearranged product]

35. 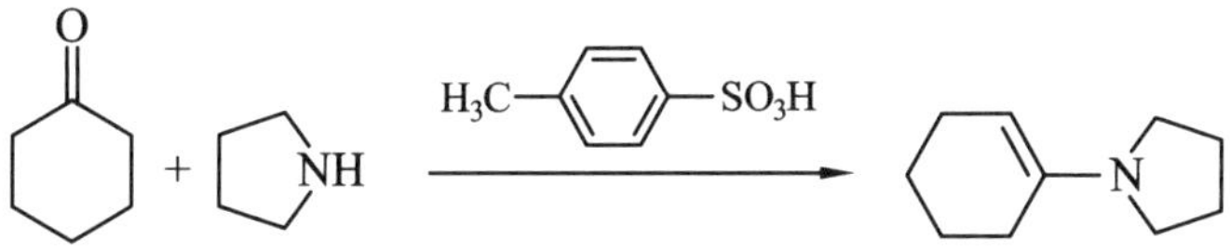 [cyclohexanone] + [pyrrolidine] $\xrightarrow{H_3C-C_6H_4-SO_3H}$ [1-(cyclohex-1-en-1-yl)pyrrolidine]

36. 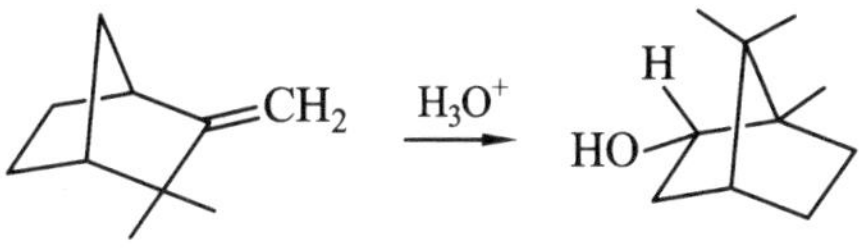 [β-pinene / methylenenorbornane] $\xrightarrow{H_3O^+}$ [borneol-type alcohol]

37. 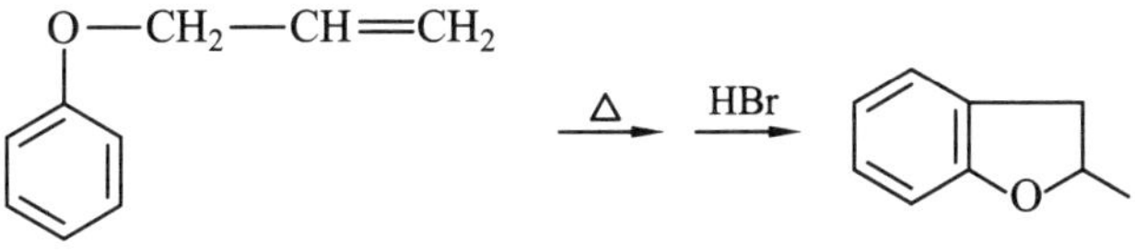 [allyl phenyl ether] $\xrightarrow{\Delta} \xrightarrow{HBr}$ [2-methyl-2,3-dihydrobenzofuran]

38. 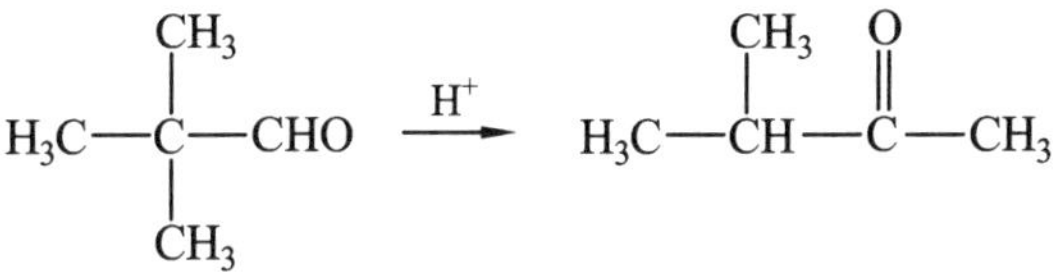 (CH₃)₃C—CHO $\xrightarrow{H^+}$ (CH₃)₂CH—C(O)—CH₃

39. 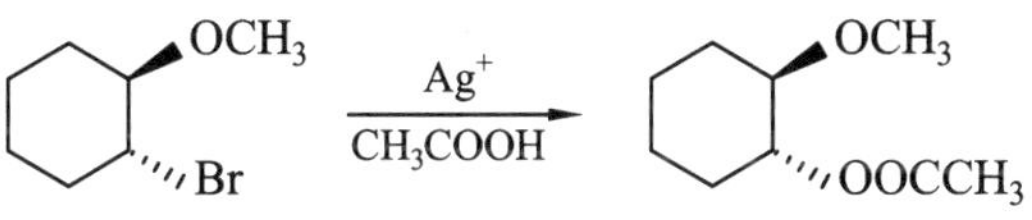 [trans-1-methoxy-2-bromocyclohexane] $\xrightarrow[CH_3COOH]{Ag^+}$ [trans-1-methoxy-2-acetoxycyclohexane]

40. 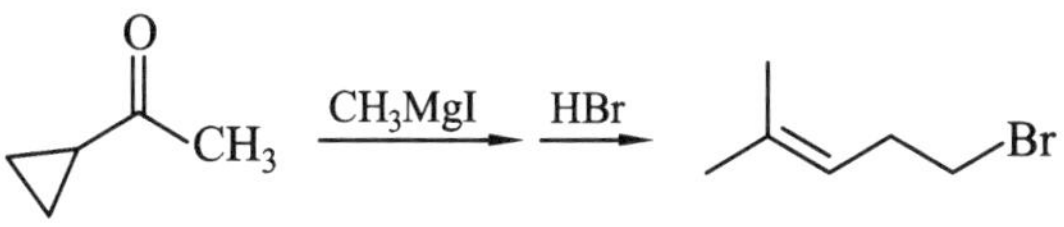 [cyclopropyl methyl ketone] $\xrightarrow{CH_3MgI} \xrightarrow{HBr}$ (CH₃)₂C=CH—CH₂—CH₂—Br

41. 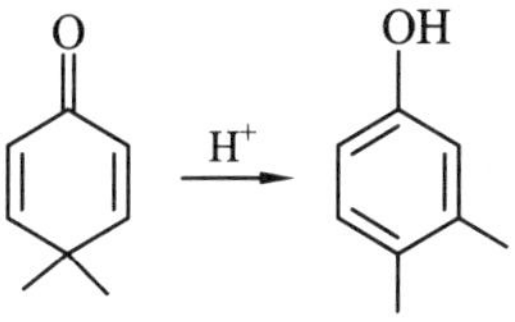 [4,4-dimethylcyclohexa-2,5-dienone] $\xrightarrow{H^+}$ [3,4-dimethylphenol]

42. 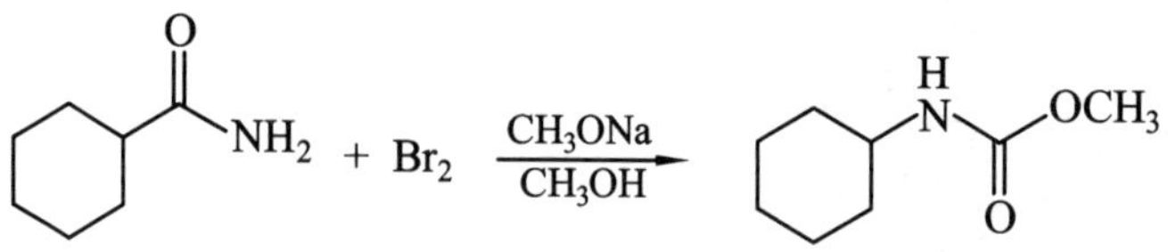 cyclohexyl-C(=O)-NH₂ + Br₂ →(CH₃ONa/CH₃OH) cyclohexyl-NH-C(=O)-OCH₃

43. 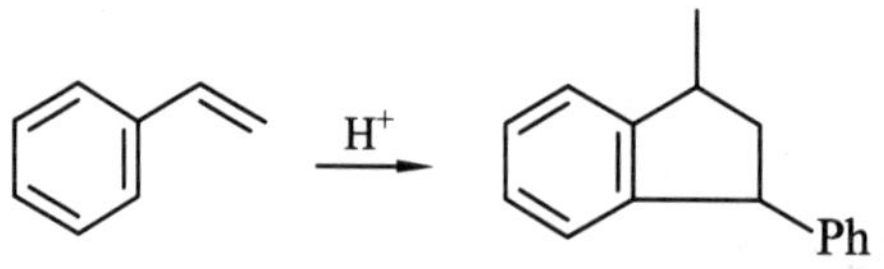 PhCH=CH₂ →(H⁺) 1-methyl-3-phenylindane

44. 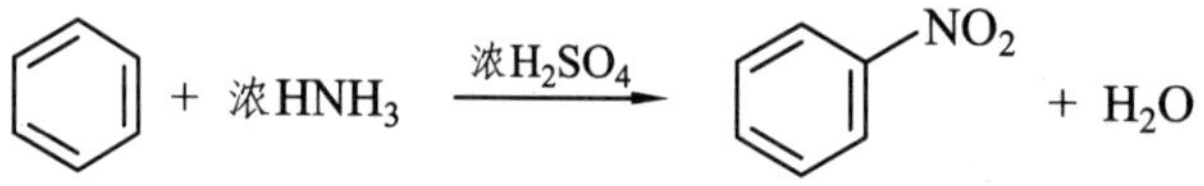 C₆H₆ + 浓HNO₃ →(浓H₂SO₄) C₆H₅NO₂ + H₂O

45. 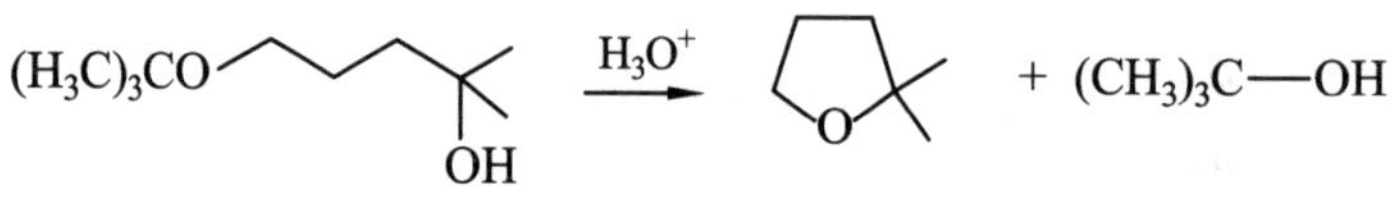 (H₃C)₃CO-CH₂CH₂-C(CH₃)₂-OH →(H₃O⁺) 2,2-dimethyltetrahydrofuran + (CH₃)₃C—OH

46. (1) 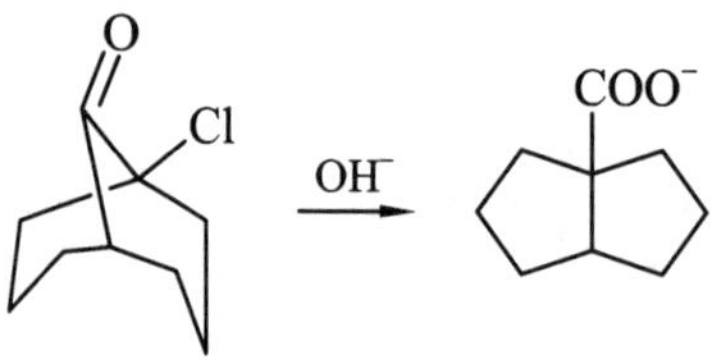 (bicyclic chloro-ketone) →(OH⁻) (bicyclopentane-carboxylate)

(2) 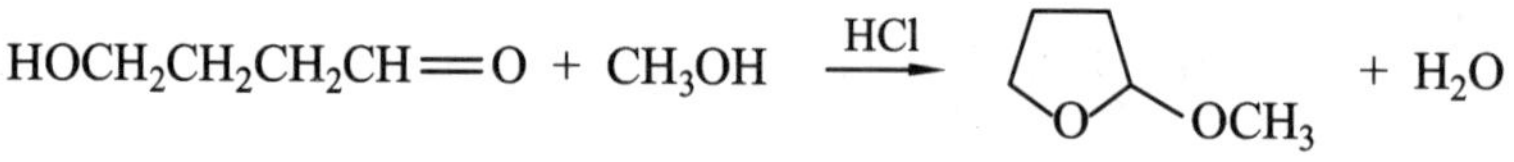 HOCH₂CH₂CH₂CH=O + CH₃OH →(HCl) 2-methoxytetrahydrofuran + H₂O

47. 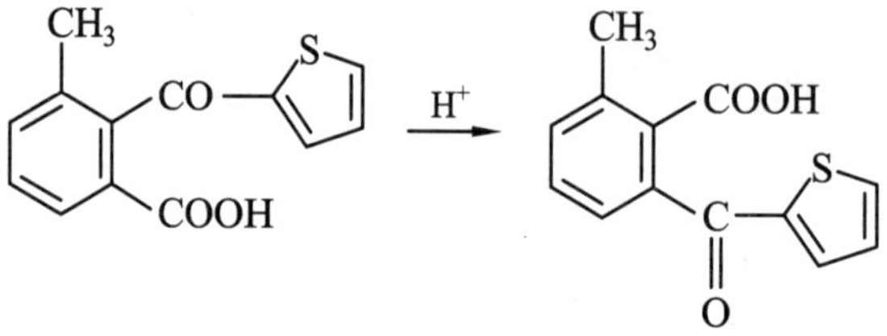 (2-methyl-6-(2-thienylcarbonyloxy)benzoic acid) →(H⁺) (2-methyl-6-(2-thienylcarbonyl)benzoic acid)

48. 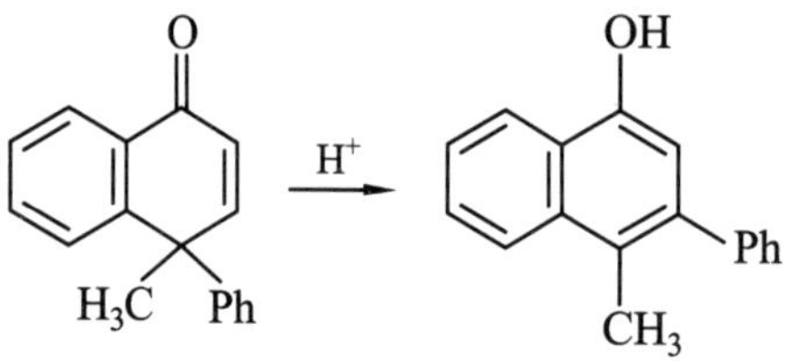 (4-methyl-4-phenyl-4H-naphthalen-1-one) →(H⁺) (1-methyl-2-phenyl-4-hydroxynaphthalene)

49. 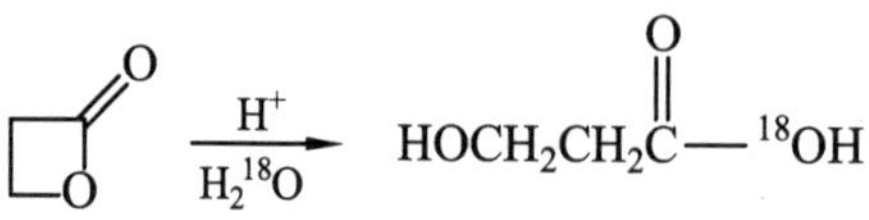 β-propiolactone →(H⁺, H₂¹⁸O) HOCH₂CH₂C(=O)—¹⁸OH

50. 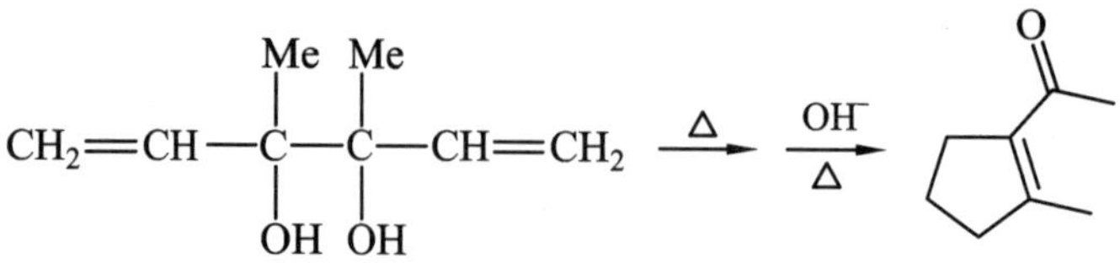 CH₂=CH—C(Me)(OH)—C(Me)(OH)—CH=CH₂ →(Δ, OH⁻, Δ) 1-acetyl-2-methylcyclopentene

题 解

1. 解：

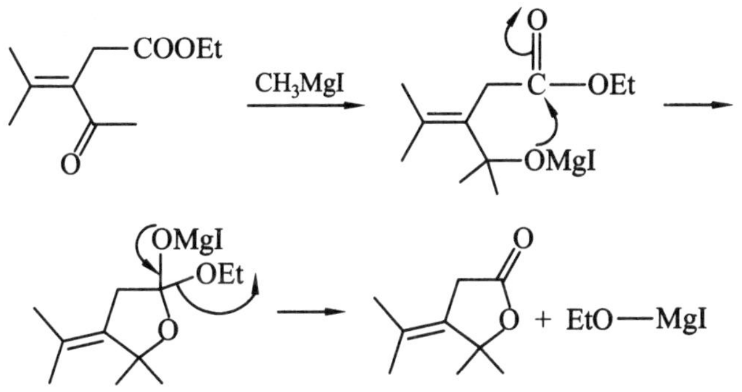

[Reaction scheme showing ethyl ester with α,β-unsaturated ketone reacting with CH₃MgI, forming intermediate with OMgI and OEt groups, then cyclizing to a γ-butyrolactone with isopropylidene group + EtO—MgI]

书写反应历程的时候，不能光盯着产物，首先要考虑的是在规定的条件下，判断出首先最可能发生的反应，然后再一步一步向产物靠近。

2. 解：

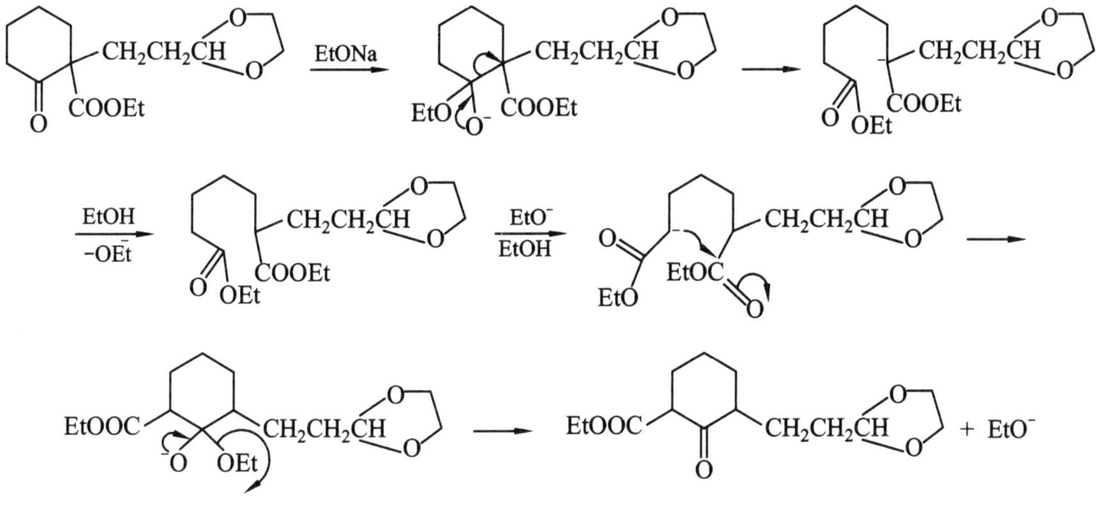

[Multi-step reaction scheme starting from cyclohexanone with CH₂CH₂CH(dioxolane) and COOEt substituents, treated with EtONa, going through several intermediates with EtOH/-OEt and EtO⁻/EtOH steps, ultimately transferring the ethoxycarbonyl group from right side to left side]

从形式上可见，右侧的乙氧甲酰基移到了左侧，这不可能一步完成，而是要在每一步的转变过程中，在能量上是允许的，化学上则是合理的。

3. 解：

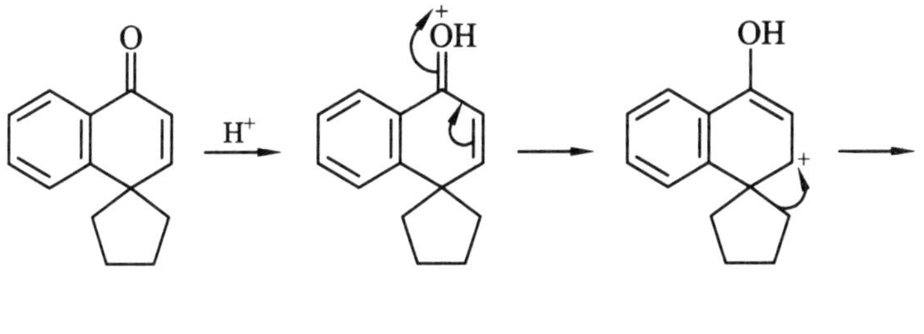

[Reaction scheme showing spirocyclic naphthalenone with cyclopentane spiro ring, protonation with H⁺ giving enol-type cation, then carbocation rearrangement]

421

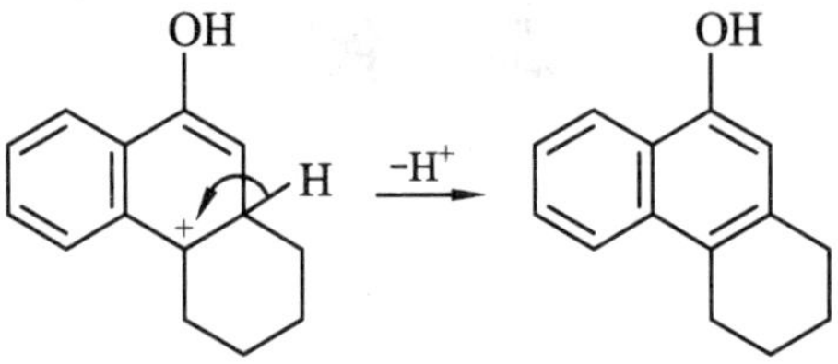

首先要考虑氢离子结合到什么位置，从可跟苯环、碳碳双键和羰基氧上的三种可能中，选择最可能的跟羰基氧结合。

4. 解：

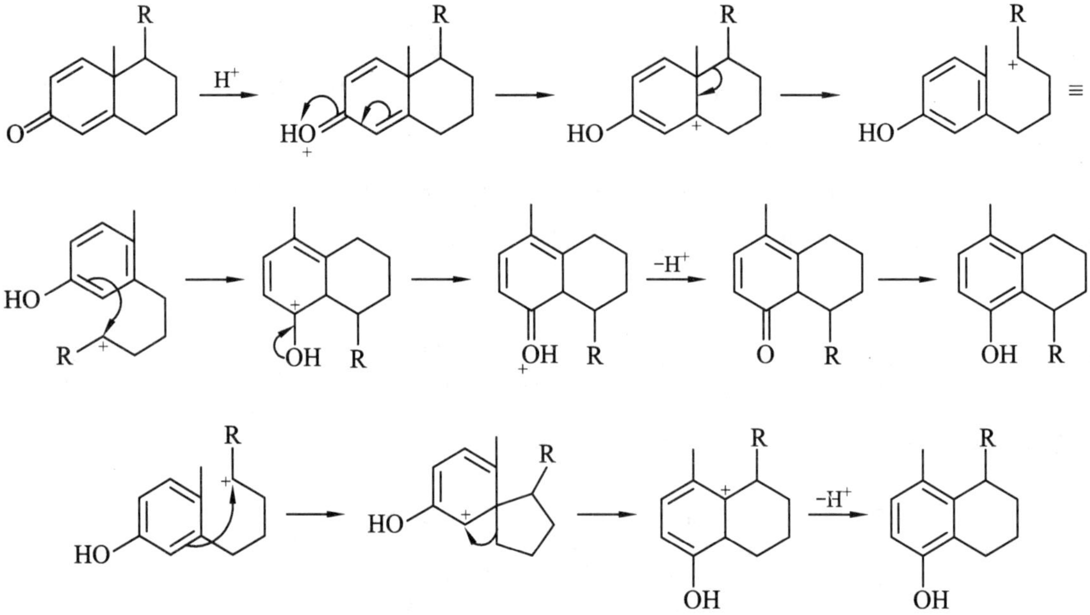

首先要考虑氢离子结合到什么位置。从氢离子可跟两个碳碳双键和羰基氧上的三种可能中，选择最可能的跟羰基氧结合。

5. 解：

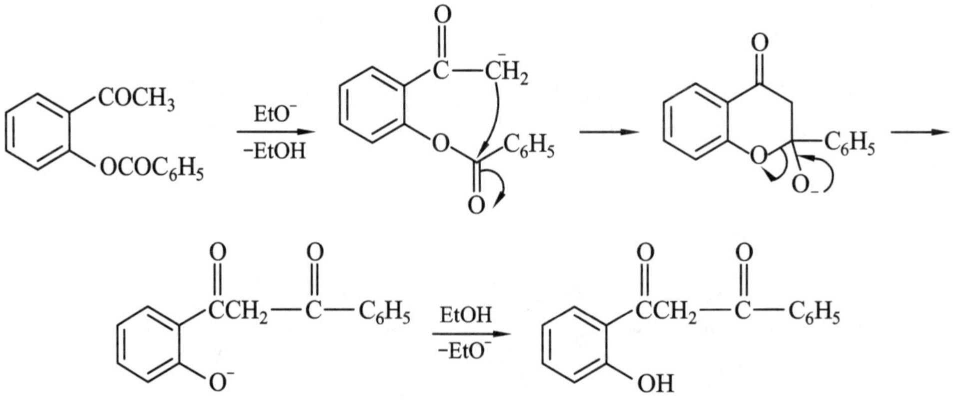

根据反应物与条件，在强碱作用下，酮与酯进行交叉缩合。

6. 解：

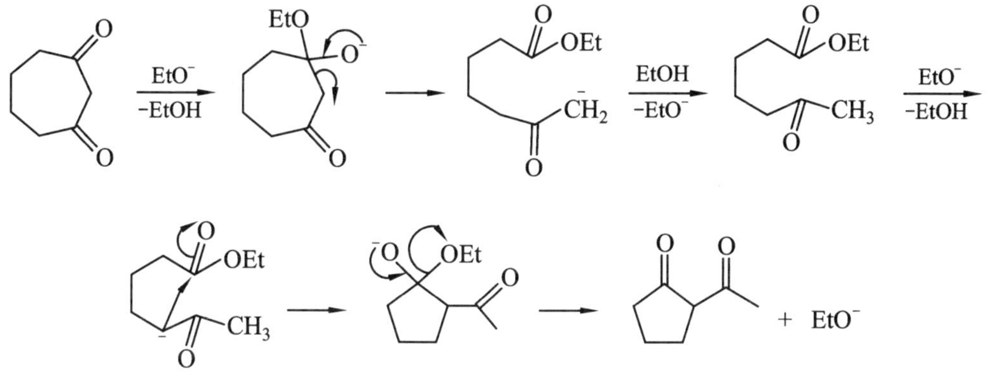

[Reaction scheme showing cycloheptane-1,3-dione with EtO⁻/−EtOH, through intermediates to form cyclopentanone with acetyl substituent + EtO⁻]

首先考虑强亲核试剂在夺取羰基 α-位的氢离子和进行亲核加成中选择亲核加成。然后再考虑分子内的酮酯交叉缩合。

7. 解：

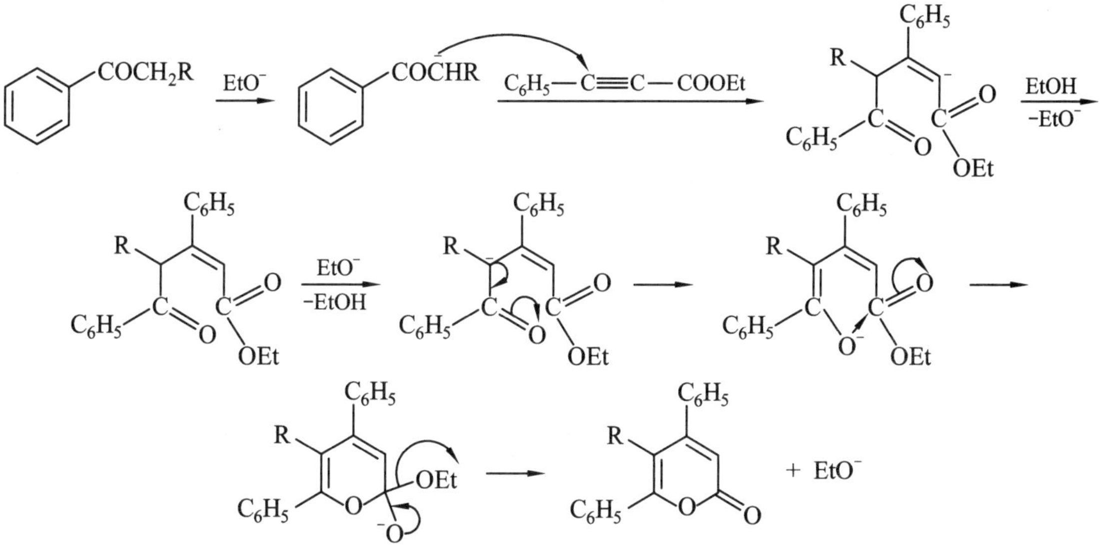

[Reaction scheme showing PhCOCH₂R with EtO⁻, then addition of C₆H₅—C≡C—COOEt, through Michael addition and intramolecular cyclization to form a 2H-pyran-2-one product + EtO⁻]

在规定的反应条件下，甲氧负离子夺取羰基 α-位的氢离子，所得到的碳负离子进行 1,4-迈克尔加成，然后考虑分子内缩合形成环状化合物。

8. 解：

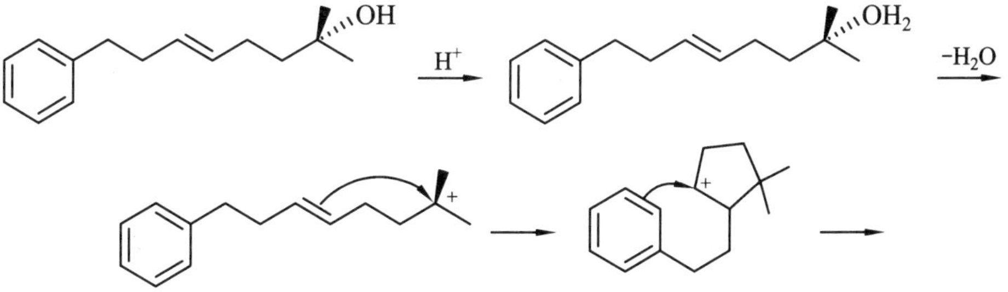

[Reaction scheme showing protonation of allylic alcohol, loss of H₂O, and cation cyclization to form bicyclic carbocation intermediate]

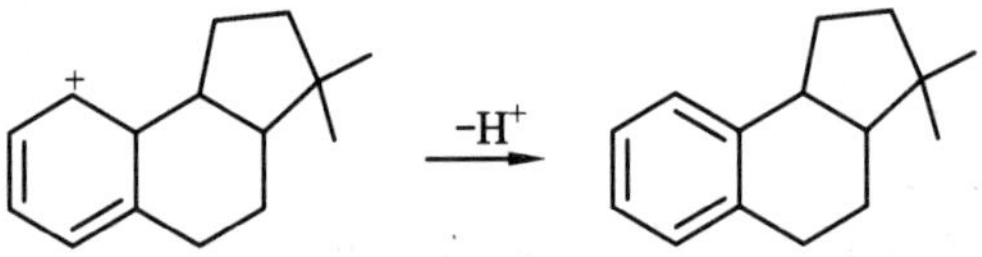

首先要在氢离子进攻苯环、与碳碳双键亲电加成、与羟基结合脱水三种反应中选择后者，然后向形成两个环状化合物转换。

9. 解：

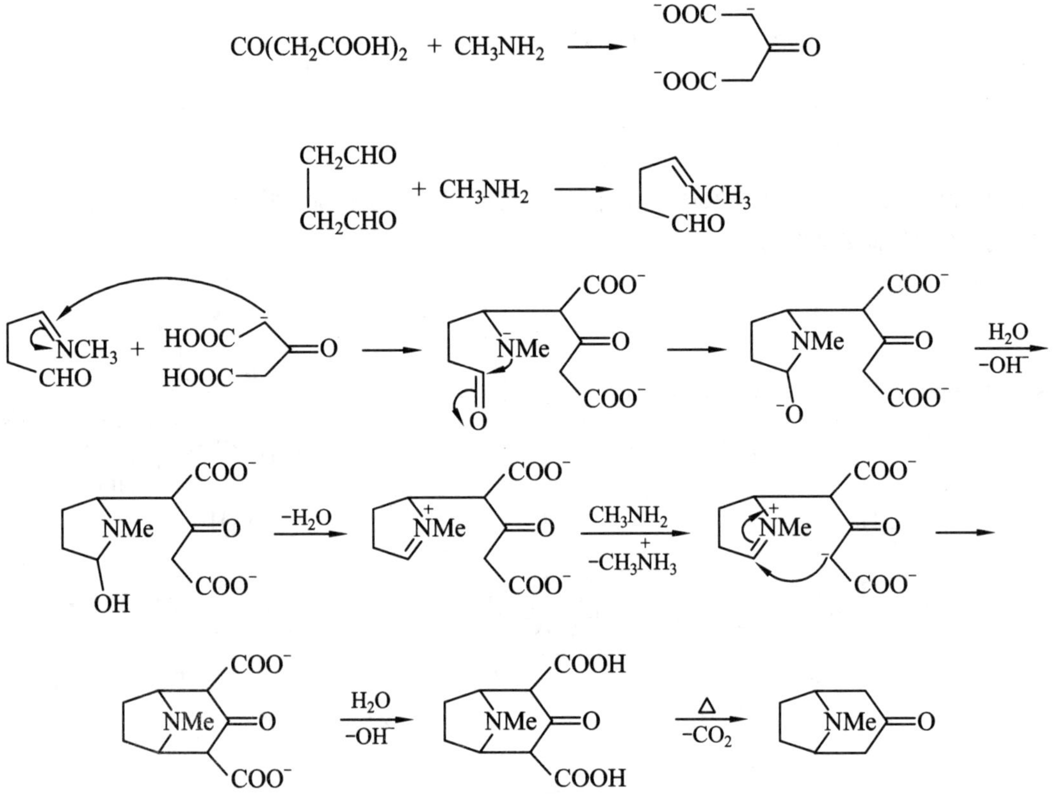

从反应物和反应条件可见，是曼尼茨反应在形成环的过程中的系列反应。

10. 解：

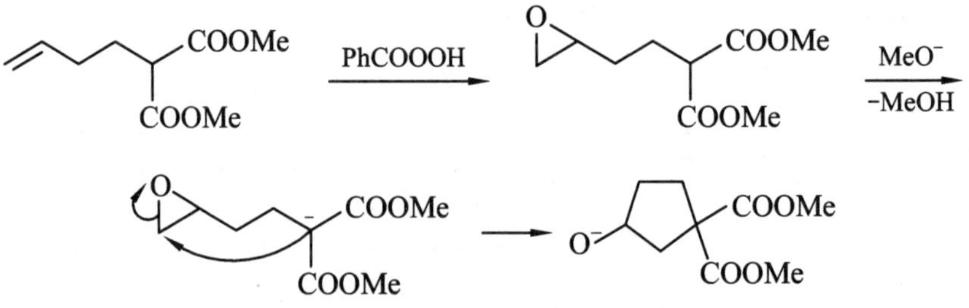

从反应条件得知，首先考虑的是过氧羧酸把碳碳双键氧化成环氧乙烷衍生物。然后在碱的作用下，使环氧乙烷衍生物发生亲核开环反应，最后缩合形成环状化合物。

11. 解：

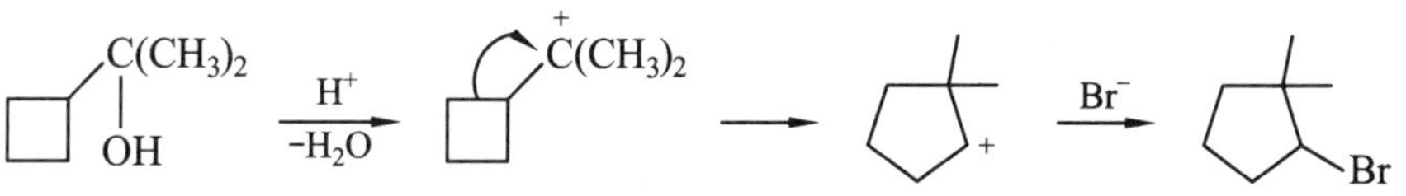

首先考虑的是在氢离子对四元环亲电开环还是与羟基结合脱水中选择后者，然后扩环解除环的张力，最后形成产物。

12. 解：

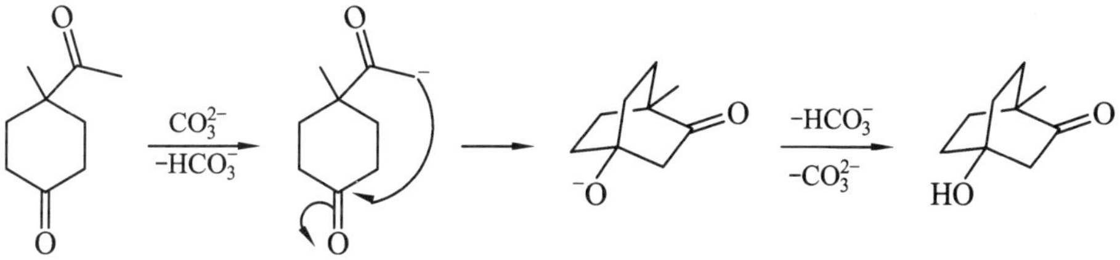

首先考虑在什么位置夺取 α-氢，新生成的碳负离子进行羟醛缩合。

13. 解：

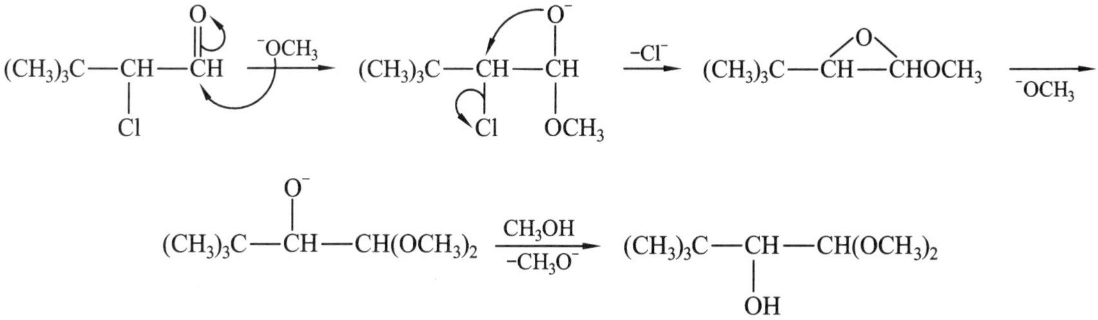

首先考虑的是甲氧负离子对羰基进行亲核加成形成氧负离子中间体，随后进行分子内亲核取代，生成环氧乙烷衍生物，最后甲氧负离子对环氧乙烷衍生物进行亲核开环。

14. 解：

$$ROOR \longrightarrow 2RO\cdot$$
$$RO\cdot + CCl_4 \longrightarrow ROCl + \dot{C}Cl_3$$

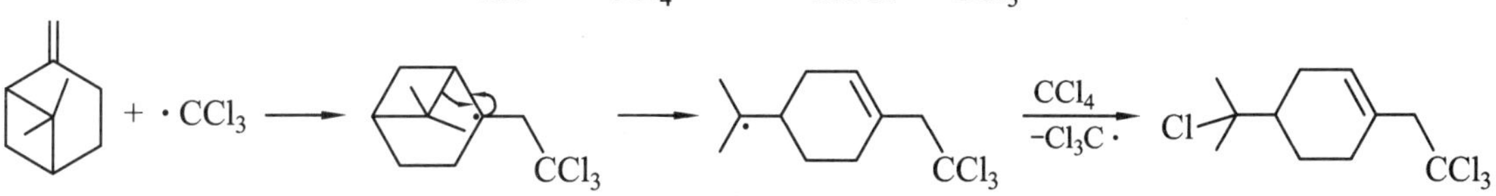

这是一个自由基历程，首先自由基对碳碳双键进行自由基加成、转换等反应。

15. 解：

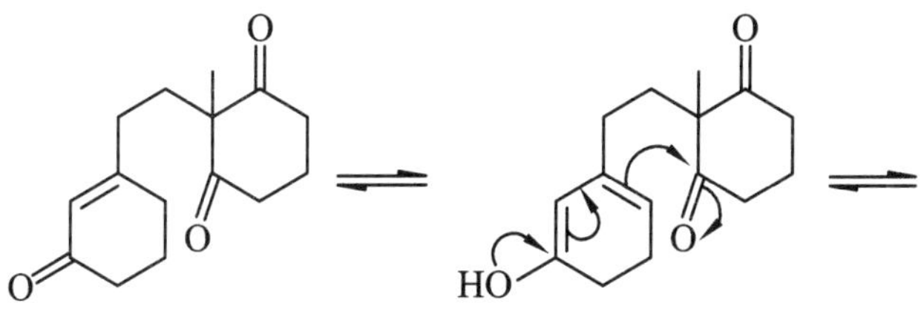

425

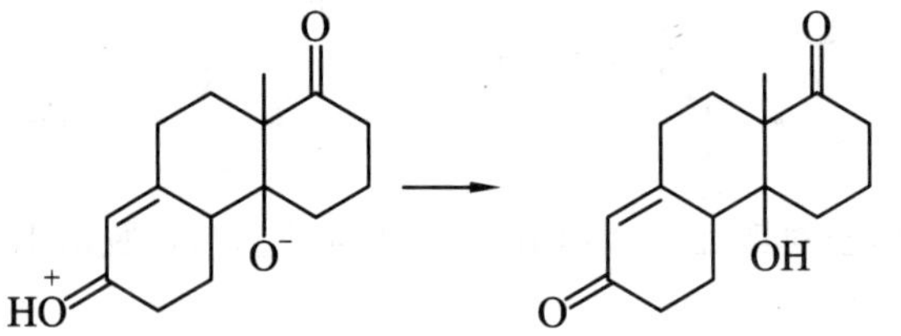

关环的关键是谁提供电子对第二个环的羰基进行亲核加成实现关环。所以，首先考虑不饱和酮的酮式与烯醇式的互换。

16. 解：

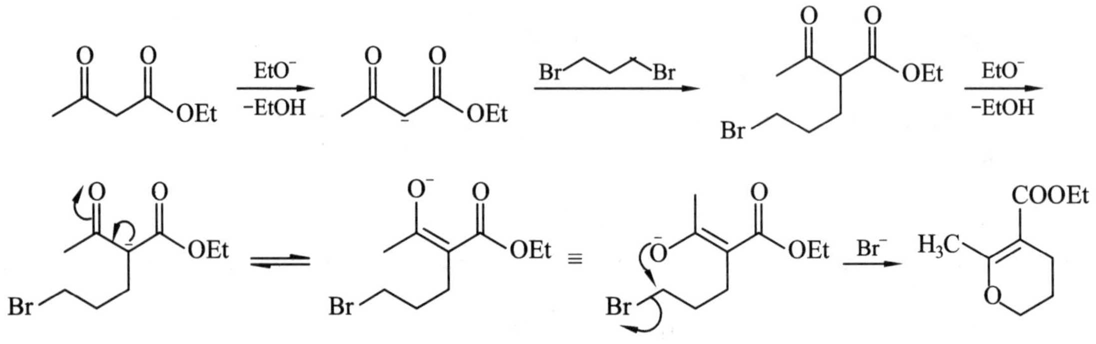

第一步要在三乙的亚甲基上实现烷基化，进一步完成碳负离子与氧负离子的互换，最后实现分子内的亲核取代反应。

17. 解：

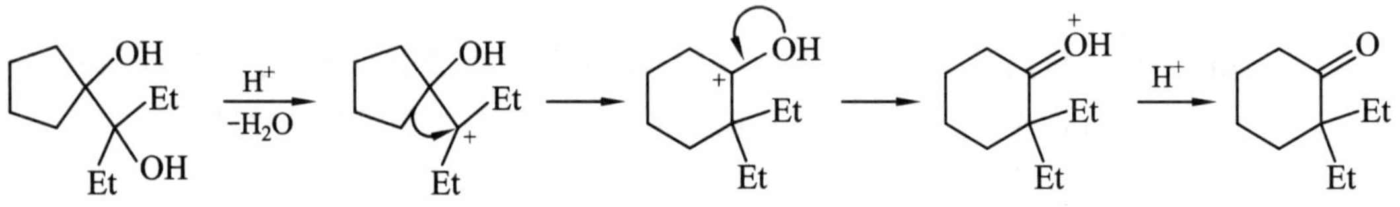

这是一个典型的频哪醇重排，首先考虑氢离子结合羟基脱水形成最稳定的碳正离子，然后扩环得到频哪酮。

18. 解：

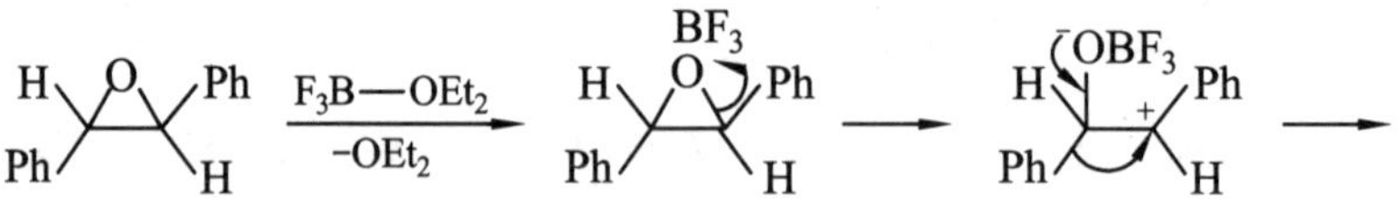

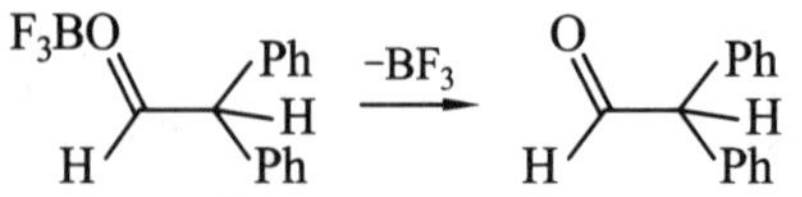

在路易斯酸催化作用下，首先形成稳定的碳正离子，然后发生重排得到频哪酮。

19. 解：

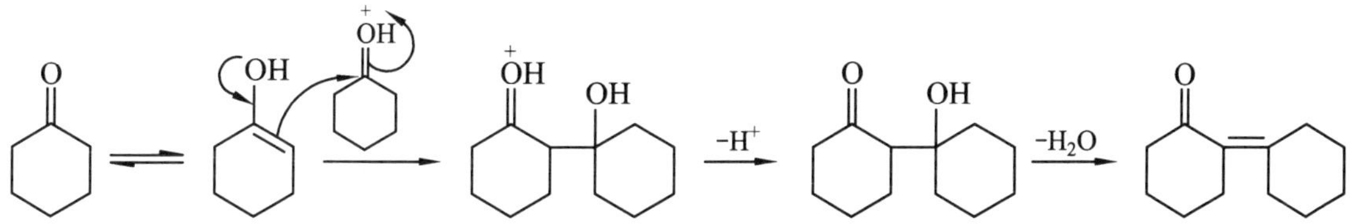

这是一个在酸性条件下的羟醛缩合反应，环状的酮异构化成烯醇，作为亲核试剂对另一环酮进行亲核加成，缩合形成产物。

20. 解：

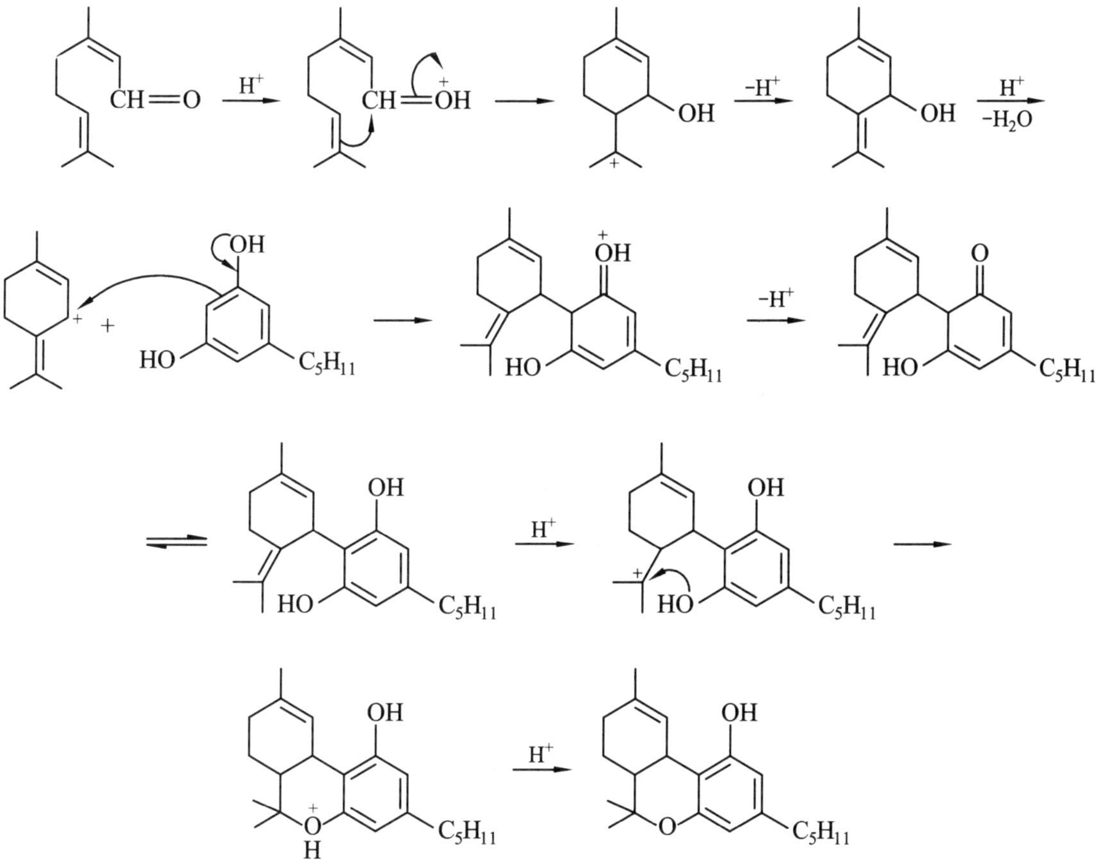

首先在氢离子作用下形成环状的稳定性较高的碳正离子，接着与二元酚发生亲电取代反应，再进一步在酸的作用下使烯烃与羟基进行缩合，形成六元环状化合物。

21. 解：

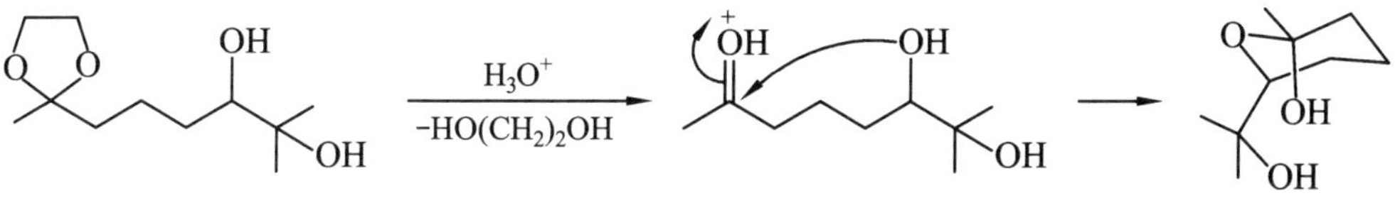

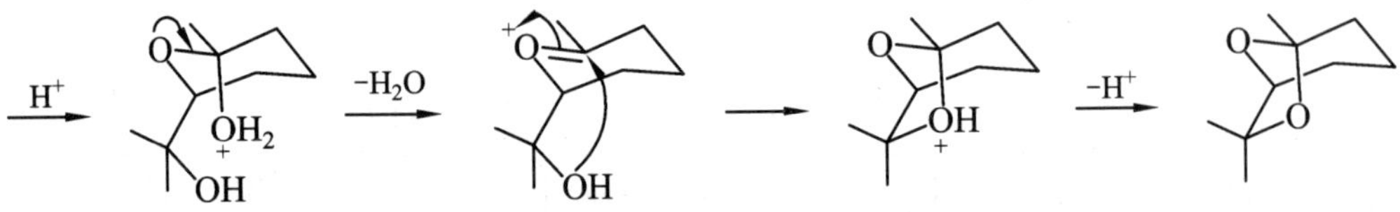

这是一个由原来的缩酮转换成分子内的缩酮反应。

22. 解：

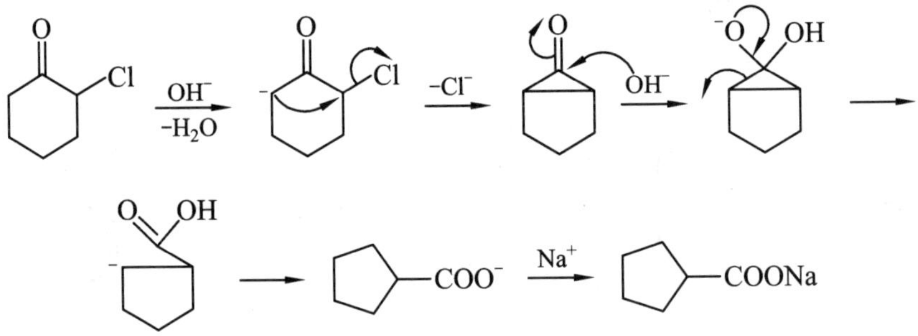

首先在碱的作用下夺取 α-氢形成稳定的碳负离子。后者作为亲核试剂发生分子内亲核取代反应。接下来是氢氧负离子对羰基进行亲核加成，然后发生消去使环缩小，最后得到五元环的取代羧酸。

23. 解：

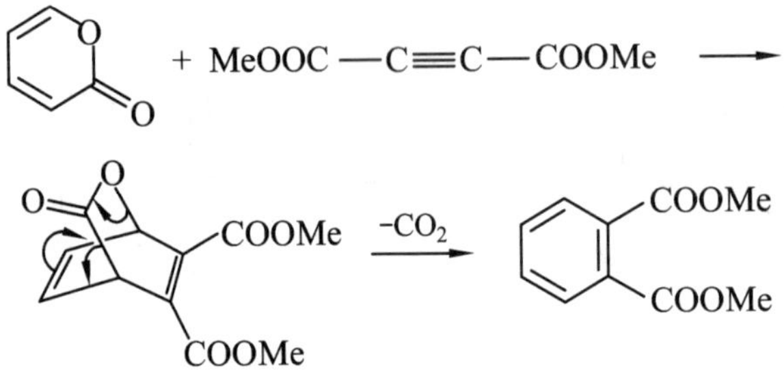

首先发生双烯合成反应，由于形成的中间体不稳定，然后发生脱羧。

24. 解：

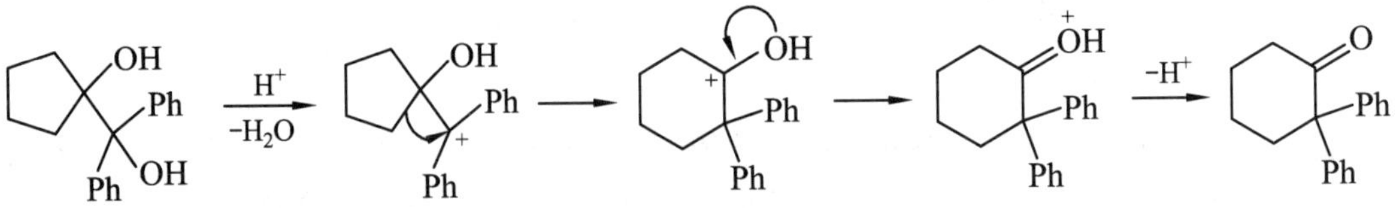

这一反应属于频哪醇扩环重排成较为稳定的频哪酮。

25. 解：

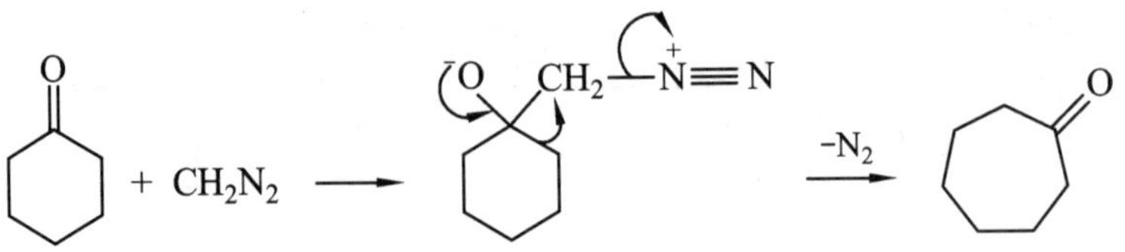

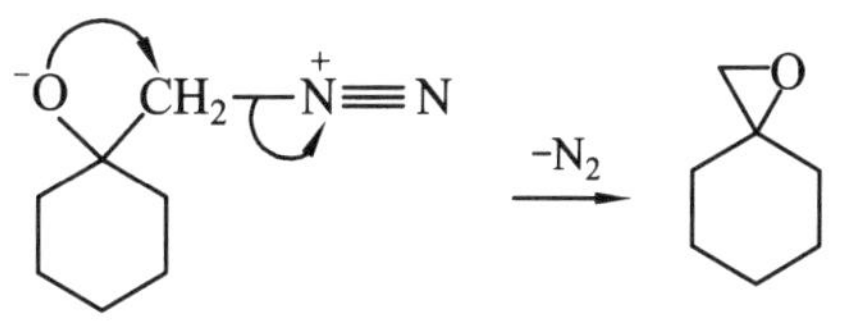

首先重氮甲烷对羰基进行亲核加成，然后发生分子内亲核取代或重排扩环成酮。

26. 解：

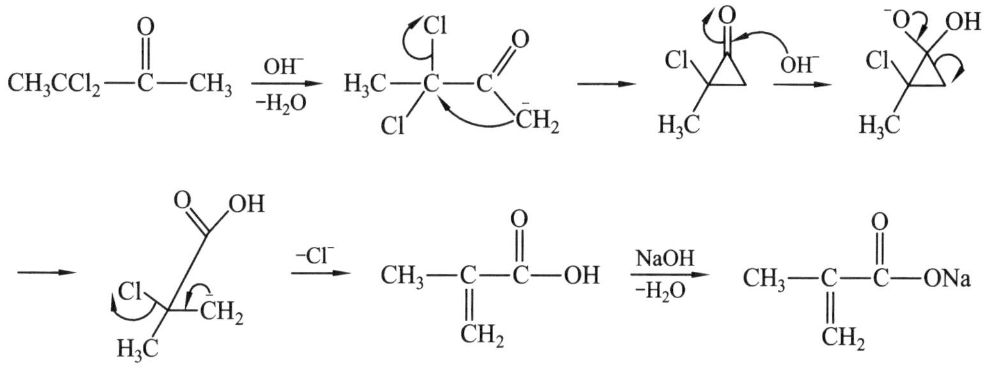

首先夺取 α-氢形成碳负离子，然后发生分子内亲核取代，接着氢氧根与羰基发生亲核加成-消去开环，最后消去氯负离子，形成碳碳双键。

27. 解：

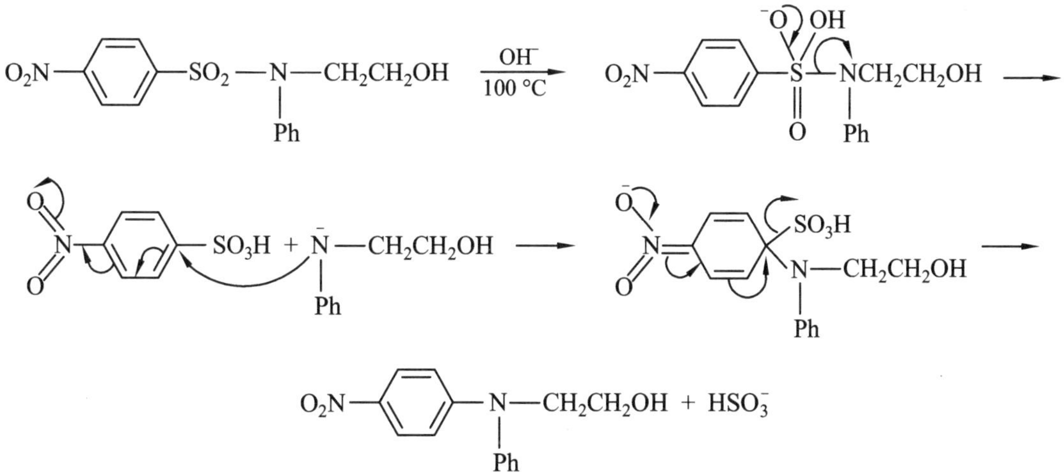

首先氢氧负离子对氧硫双键进行亲核加成，然后消去一个氮负离子，该氮负离子亲核性更强，把苯环上的磺酸基取代下来。

28. 解：

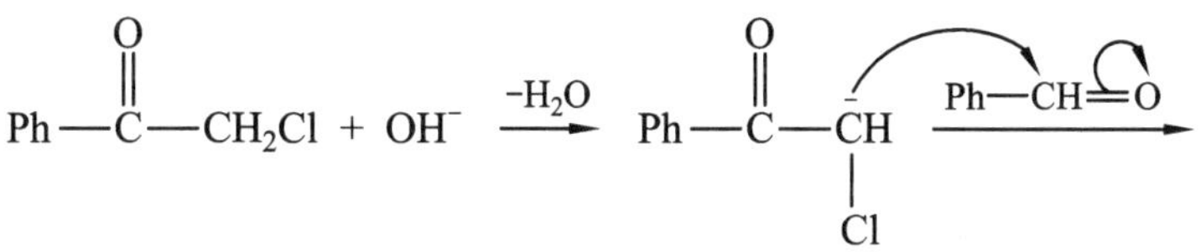

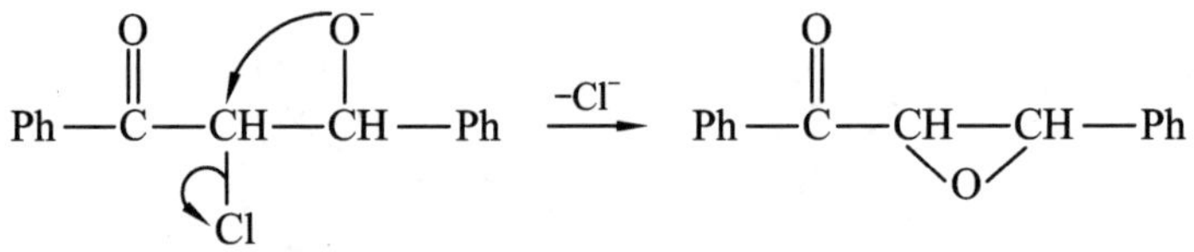

首先氢氧负离子在三种可能的反应，即对羰基进行亲核加成，或取代氯原子，或夺取酸性较强的氢离子，反应选择后者，形成的碳负离子中间体作为亲核试剂对苯甲醛进行亲核加成，形成新的氧负离子中间体，最后经过分子内亲核取代形成环氧乙烷衍生物。

29. 解：

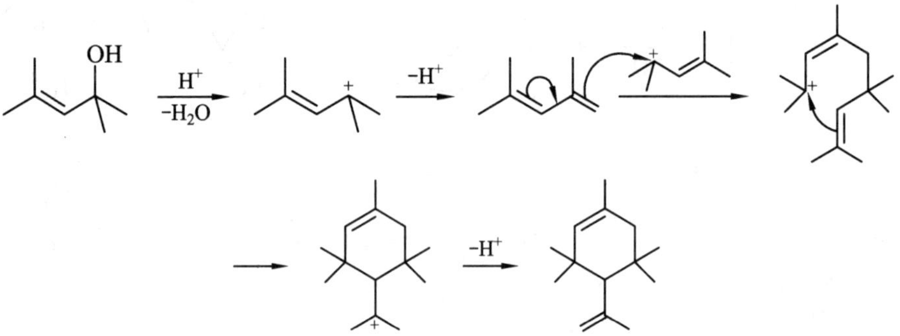

首先氢离子在两种可能的反应，即与碳碳双键进行亲电加成，或与羟基结合然后脱水等反应中选择后者，形成稳定的碳正离子，消去后形成共轭二烯烃。然后，共轭二烯烃再与稳定的烯丙式碳正离子结合形成新的稳定的烯丙式碳正离子，最后关环、消去氢离子，形成单环缩合产物。

30. 解：

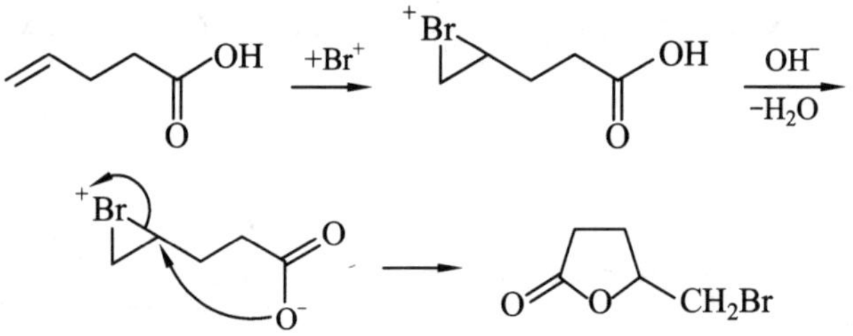

首先单质溴对双键加成形成溴鎓正离子，然后氧负离子亲核试剂对溴鎓正离子进行亲电开环，形成最终产物。

31. 解：

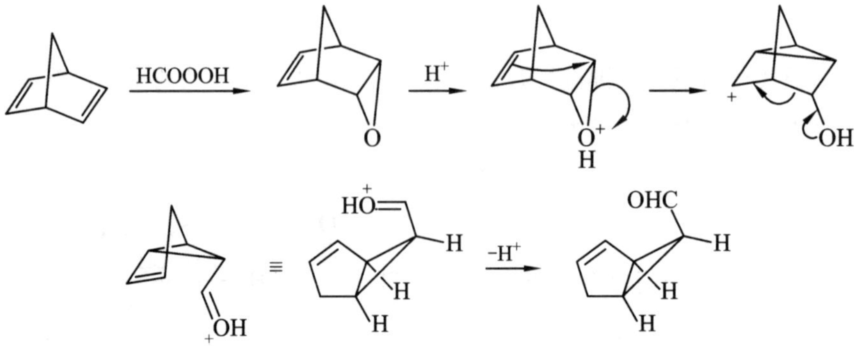

首先过氧酸把碳碳双键氧化形成环氧乙烷的衍生物,然后在邻近碳碳双键的影响下重排成新的产物。

32. 解:

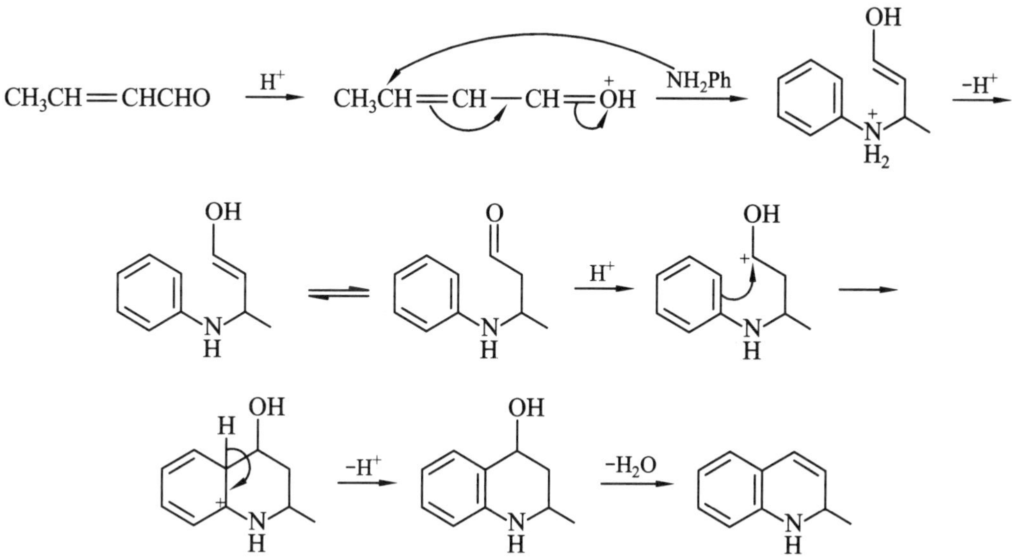

$$CH_3CH=CHCHO \xrightarrow{H^+} CH_3CH=CH-CH=\overset{+}{O}H \xrightarrow{NH_2Ph}$$

[反应机理图示：苯胺对巴豆醛的1,4-加成，中间经过烯醇、亚胺、碳正离子中间体，与苯环发生亲电取代形成稠合环，最后脱水形成2-甲基喹啉类不饱和产物]

在酸的活化作用下,苯胺对巴豆醛进行 1,4-迈克尔加成,所形成的碳正离子中间体与苯环发生亲电取代形成稠合环,最后脱水形成不饱和产物。

33. 解:

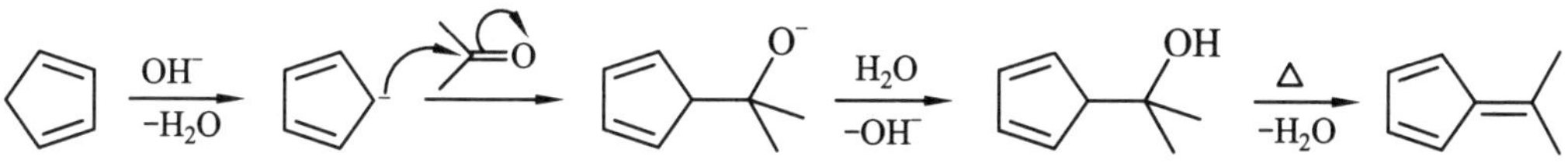

[环戊二烯在OH⁻作用下形成碳负离子，对丙酮进行亲核加成，经过醇中间体，加热脱水形成富烯（6,6-二甲基富烯）的反应机理图示]

首先在碱的作用下形成碳负离子,然后对丙酮进行亲核加成,然后脱水形成烯烃。

34. 解:

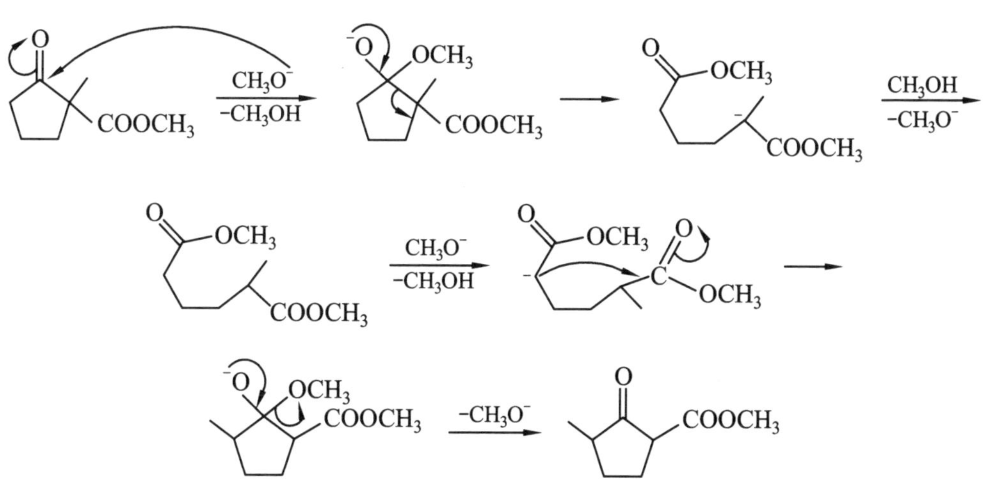

[2-甲基-2-甲氧羰基环戊酮在CH₃O⁻作用下开环，再在CH₃O⁻作用下关环，最终形成2-甲基-2-甲氧羰基环戊酮异构体的反应机理图示]

甲氧负离子首先在夺取羰基 α-位的氢离子或对酮羰基进行亲核加成中等反应选择后者，然后消去环打开，然后在碱的作用下进行迪克曼分子内酯缩合形成缩合产物。

35. 解：

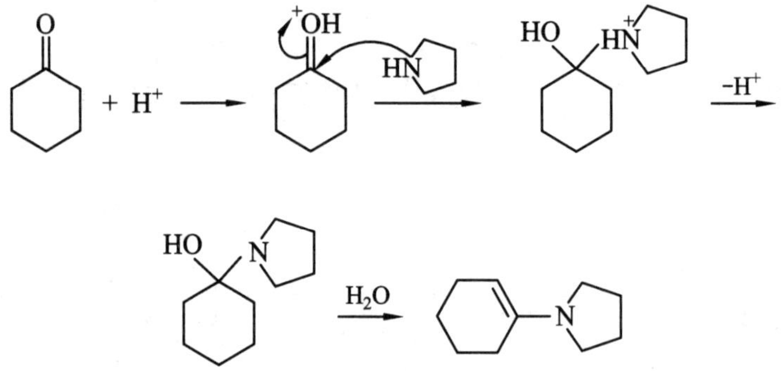

在酸的作用下，胺对羰基进行亲核加成，然后消去脱下一分子的水形成烯胺。

36. 解：

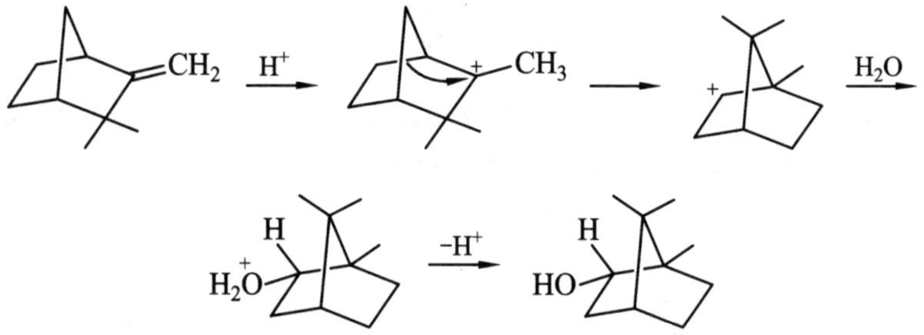

氢离子首先对碳碳双键进行亲电加成形成碳正离子，然后发生重排生成能量相差不大的另一碳正离子，再与水结合生成醇。

37. 解：

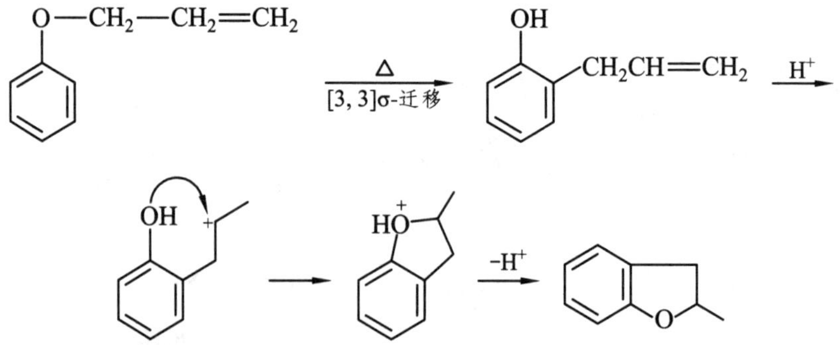

首先发生 [3,3]σ 键迁移，然后在氢离子的作用下，对碳碳双键进行亲电加成生成碳正离子，然后羟基与碳正离子结合形成环醚。

38. 解：

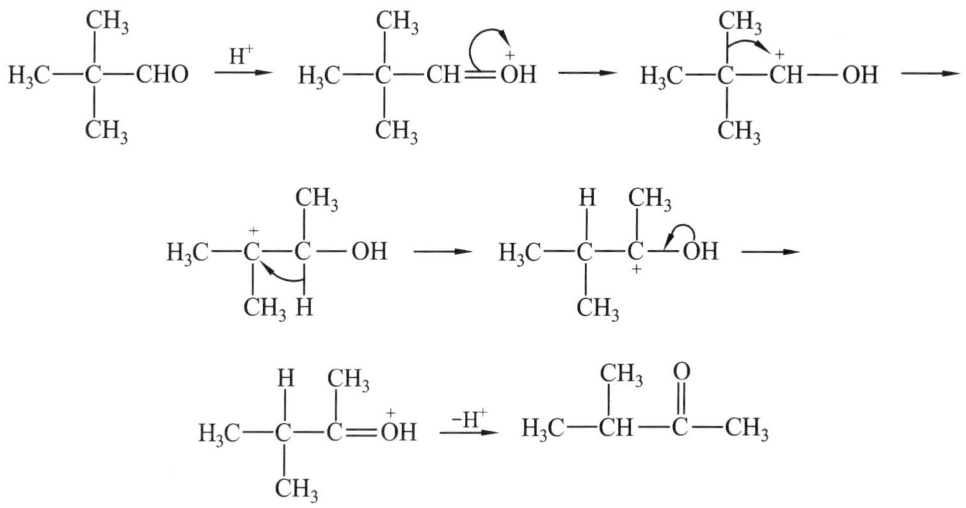

首先氢离子只能唯一地与羰基氧结合形成新的碳正离子，然后发生重排，形成新的酮。

39. 解：

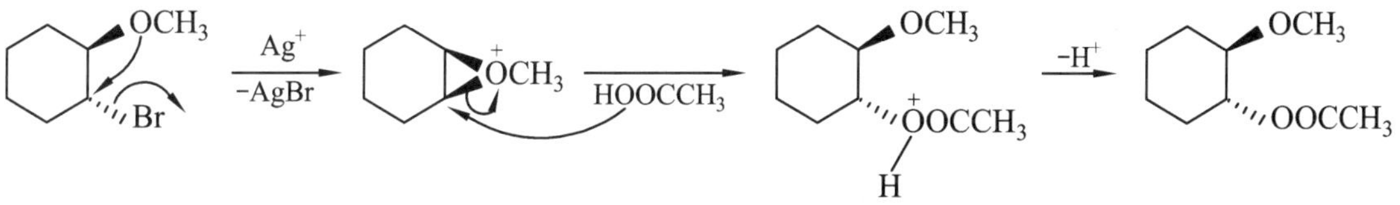

在银离子的催化作用下，相邻基团参与形成环氧乙烷的衍生物，然后乙酸作为亲核试剂从溴原子脱落的方向对环氧乙烷进行亲核开环，形成产物。

40. 解：

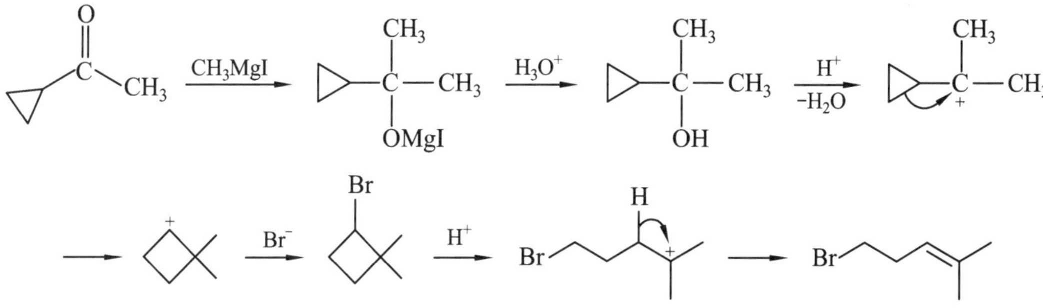

首先发生亲核加成，然后第二步与酸作用生成碳正离子，发生扩环生成四元环的碳正离子，再与溴负离子结合形成四元环的卤代烃，接着与氢离子结合亲电开环，形成可能的最稳定的碳正离子，最后脱去一个氢离子，生成碳碳双键。

41. 解：

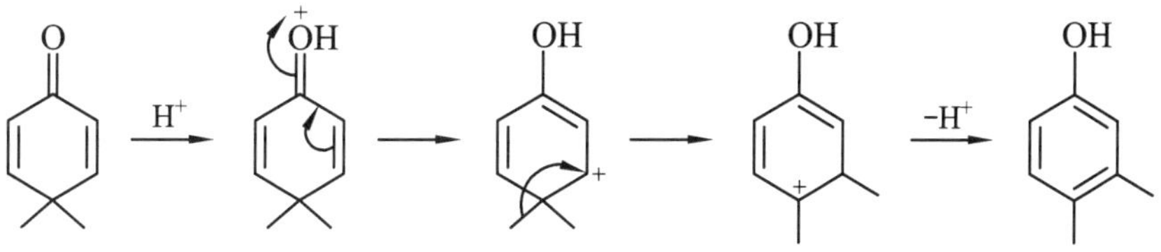

首先氢离子与羰基氧结合，然后转换成稳定的烯丙基碳正离子，随后发生重排，最后消去一个氢离子恢复成苯环。

42．解：

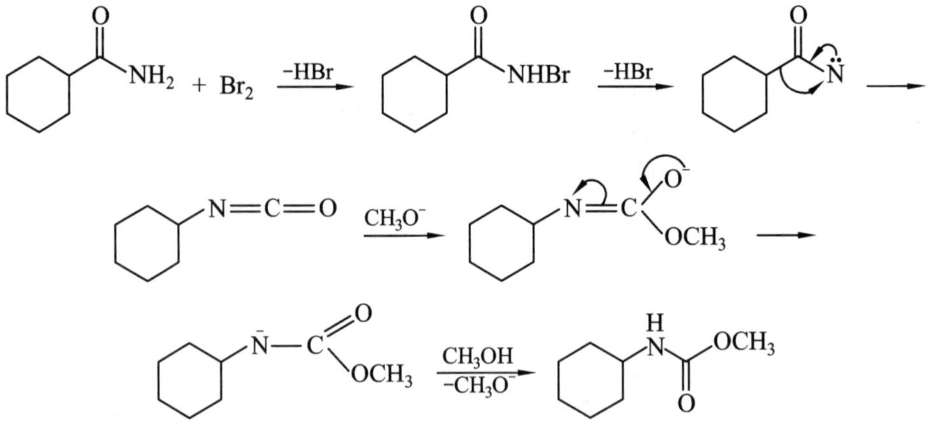

[反应式：环己基甲酰胺 + Br₂ →(-HBr) 环己基-CONHBr →(-HBr) 中间体 → 环己基-N=C=O →(CH₃O⁻) 环己基-N=C(O⁻)(OCH₃) → 环己基-N⁻-C(=O)-OCH₃ →(CH₃OH, -CH₃O⁻) 环己基-NH-C(=O)-OCH₃]

这是一个霍夫曼降级反应，由于换了甲醇做溶剂，最后产物为取代氨基甲酸酯。

43．解：

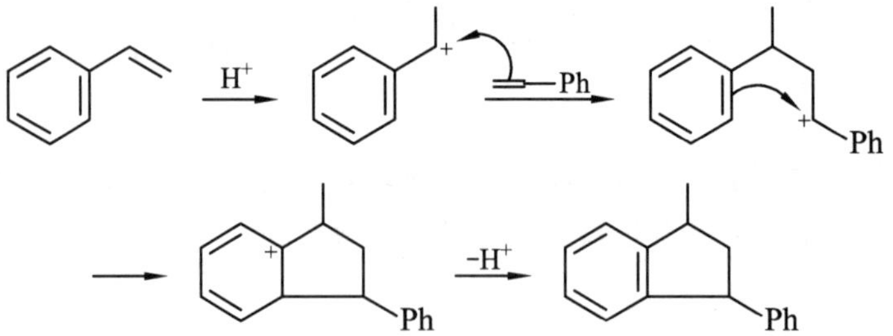

[反应式：苯乙烯 →(H⁺) 苄基碳正离子 →(Ph-CH=CH₂) 新碳正离子 → 环化中间体 →(-H⁺) 1-甲基-3-苯基茚满]

首先氢离子对不饱和键进行亲电加成形成苄基型碳正离子，随后对另一分子的苯乙烯进行亲电加成生成新的碳正离子，最后该碳正离子对苯环进行亲电取代形成稠合环。

44．解：

$$H_2SO_4 + HNO_3 \longrightarrow {}^+NO_2 + H_2O + HSO_4^-$$

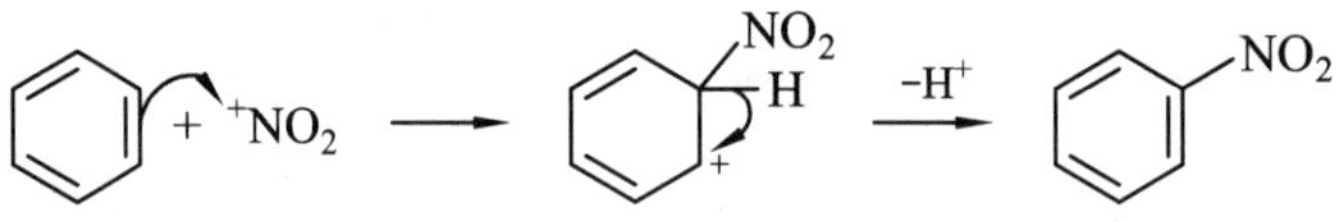

[反应式：苯 + ⁺NO₂ → 中间体 →(-H⁺) 硝基苯]

这是一个最普遍的亲电取代反应历程。

45．解：

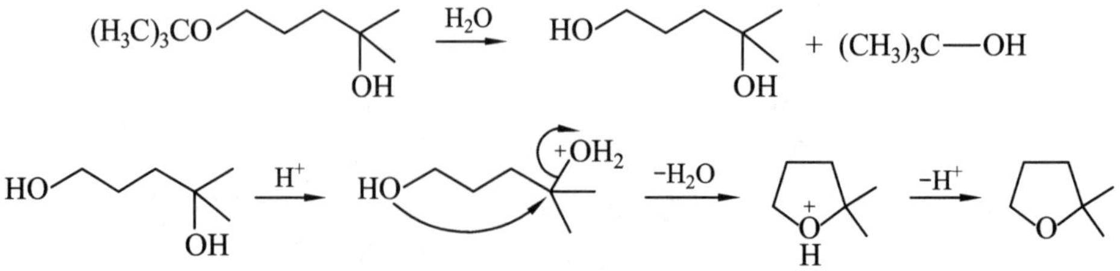

[反应式：(H₃C)₃CO-CH₂CH₂CH₂-C(CH₃)₂OH →(H₂O) HO-CH₂CH₂CH₂-C(CH₃)₂OH + (CH₃)₃C-OH]

[反应式：HO-CH₂CH₂CH₂-C(CH₃)₂OH →(H⁺) HO-CH₂CH₂CH₂-C(CH₃)₂-⁺OH₂ →(-H₂O) 质子化四氢呋喃 →(-H⁺) 2,2-二甲基四氢呋喃]

首先发生单分子取代反应，分子内的叔醇羟基首先结合氢离子，然后脱水形成碳正离子，伯醇羟基作为亲核试剂与分子内的叔碳正离子结合形成环状的醚。

46. 解：

(1) 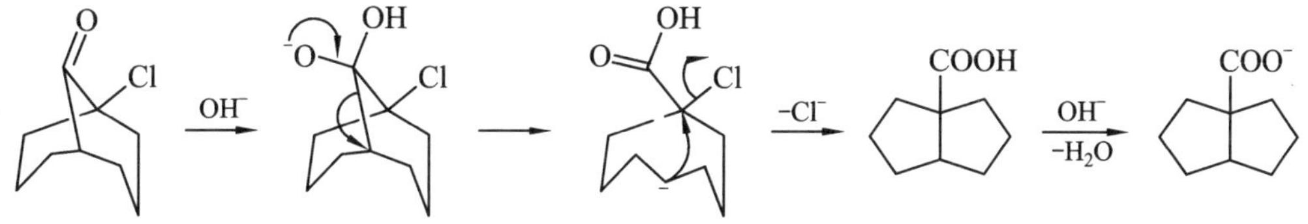 [反应机理图]

首先氢氧负离子进行亲核加成，然后消去生成碳负离子，接着分子内进行亲核取代形成稠环化合物。

(2) 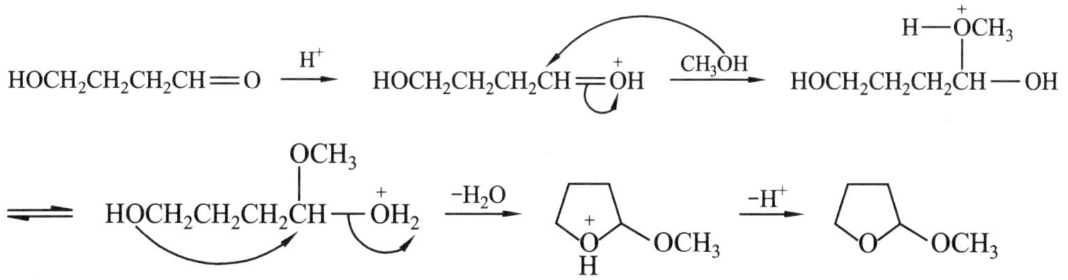 [反应机理图]

首先甲醇与醛基缩合形成半缩醛，然后分子内的羟基再与半缩醛羟基缩合形成环状缩醛。

47. 解：

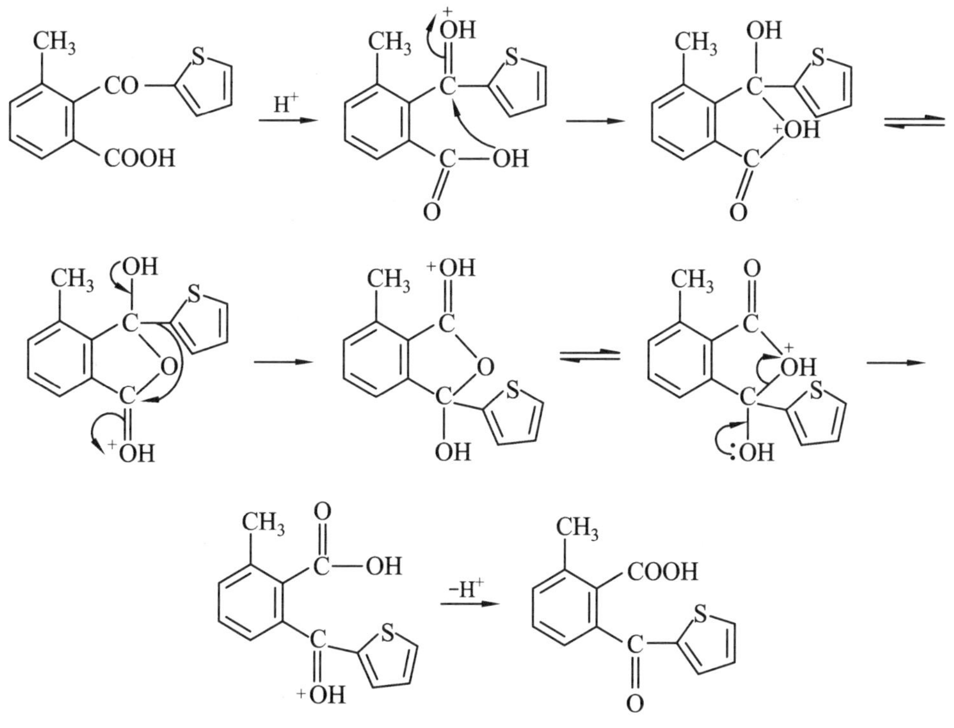

[反应机理图]

首先氢离子结合酮羰基氧，然后发生消去和噻吩环的迁移，形成最终产物。

48. 解：

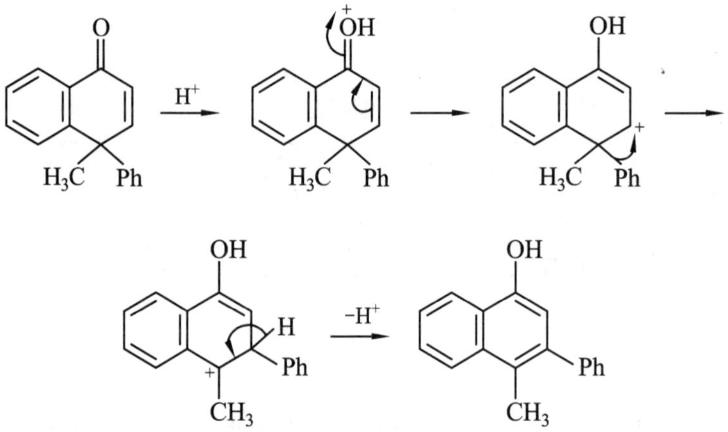

首先氢离子与羰基氧结合，随后转变为稳定的烯丙基碳正离子，然后发生重排，最后消去氢离子恢复苯环。

49. 解：

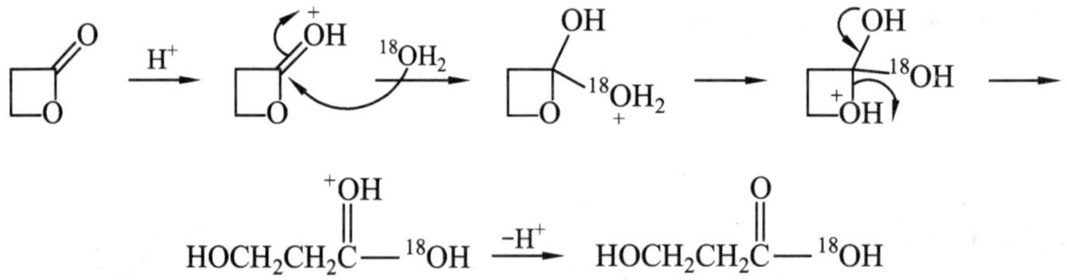

首先氢离子与羰基氧结合，随后 ^{18}O 同位素的水作为亲核试剂对羰基进行亲核加成，然后消去使环打开形成产物。

50. 解：

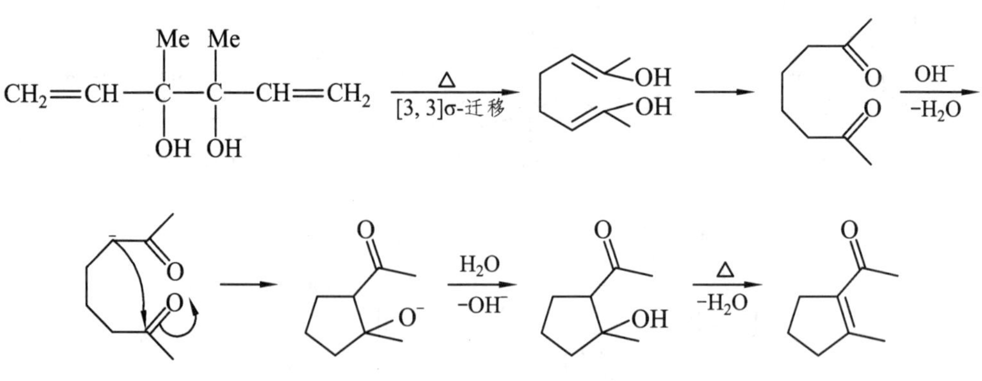

首先加热发生 [3,3]σ 键迁移，转换成二酮化合物，在碱的作用下发生分子内羟醛缩合，形成不饱和酮。

参考文献

[1] 李景宁. 有机化学[M]. 5版. 北京：高等教育出版社，2011.
[2] 张文勤，等. 有机化学[M]. 5版. 北京：高等教育出版社，2014.
[3] 邢其毅，等. 基础有机化学[M]. 3版. 北京：高等教育出版社，2005.
[4] 冯金城，郭生. 有机化学学习及解题指导[M]. 北京，科学出版社，1999.
[5] [美]LI J J. 有机人名反应：机理及应用[M]. 荣国斌，译. 北京：科学出版社，2011.
[6] 黄培强. 有机人名反应、试剂与规则[M]. 北京：化学工业出版社，2008.